中国矿产地质志·云南卷·普及本

云南矿产地质

施玉北　严城民　程胜辉　侯蜀光　邓茂林
张盛江　杨志鲜　李　晖　王学武　伍早生　编著
冯晓宏　曾　妍　李　蓉　谭玉荣　段云涛

地质出版社
·北　京·

内容提要

云南是中国矿产资源大省之一，素有“天然地质博物馆”、“有色金属王国”和“磷化工大省”之称，是旅游者的天堂，科学考察者的胜地，地学启蒙教育的热土，是地学界、矿业界研究开发的圣地。在这七彩大地上拥有个旧锡矿、兰坪金顶铅锌矿、鹤庆北衙金矿、会泽矿山厂-麒麟厂铅锌矿、普朗铜矿这样的世界级金属矿床及昆阳磷矿、东川铜矿、大红山铜铁矿、马关都龙锡锌矿等国内知名矿床。“锡都”个旧、“铜都”东川名扬天下。关于云南矿产资源方面的论著很多，但从所包含的矿种数量、资料的全、新等方面，中国矿产地质志・云南卷・普及本《云南矿产地质》是第一部。

《国土资源“十三五”规划纲要》在创新部分明确要求：“编制矿产地质志，全面反映矿产勘查成果和成矿规律”。本着“立足写实，有述有论，论而不泛，力求精准”的原则，本书录入了云南已发现并有资料记载的矿产193种，首次基本实现了矿产资源的全覆盖。

本书作为云南省矿产地质志普及版，除录入传统的矿产资源外，还特别录入了社会大众关心的石油、天然气、页岩气、煤层气、铀矿、宝石及观赏矿物、矿泉水、地热（温泉）、地质公园等科普性、可读性内容，并附有矿产资源常用名词、云南省地质简图等资料。可作为全面了解云南省矿产资源及其勘查、开发概貌的科普读物服务于社会大众；也可作为工具书供从事矿产资源勘查、成矿理论研究、矿业开发、矿政管理等各方面人士使用；同时可供地质矿产专业的广大师生阅读参考。

图书在版编目（CIP）数据

中国矿产地质志・云南卷・普及本・云南矿产地质/《中国矿产地质志・云南卷》编撰委员会编著. —北京：地质出版社，2019.3

ISBN 978-7-116-10939-1

Ⅰ.①中… Ⅱ.①施… Ⅲ.①矿产地质—概况—中国②矿产地质—概况—云南 Ⅳ.①P62

中国版本图书馆CIP数据核字（2018）第074806号

Yunnan Kuangchan Dizhi

责任编辑：白 铁 韩 博 杨 艳 谢玉淳
责任校对：关风云
出版发行：地质出版社
社址邮编：北京海淀区学院路31号，100083
咨询电话：（010）66554528（邮购部）；（010）66554625（编辑室）
网 址：http：//www.gph.com.cn
传 真：（010）66554686
印 刷：北京地大彩印有限公司
开 本：889 mm×1194 mm 1/16
印 张：34.25 插页：2张
字 数：600千字
版 次：2019年3月北京第1版
印 次：2019年3月北京第1次印刷
审 图 号：云S（2018）015号
定 价：180.00元
书 号：ISBN 978-7-116-10939-1

《中国矿产地质志·云南卷》系列丛书是集体劳动的结晶！

感谢支持云南省矿产地质志编著的各级矿政管理者、参与地勘单位、矿业企业、广大地质科技工作者和本项目工作的人们！

谨以此书献给耕耘在云南省地质矿产勘查开发、科学研究及在教学岗位上的广大地质工作者及矿业界同仁。

《中国矿产地质志》编委会

（第一届）

一、领导小组

二、专家委员会

张忠伟　张金带　张翼飞　陆瑞宝　陈一笠　陈　平
陈尔臻　陈华山　陈建平　邵和明　周　详　周特先
於崇文　郑大瑜　郑绵平　赵一鸣　赵文津　赵鹏大
胡瑞忠　侯增谦　施中爽　姜树叶　袁忠信　莫宣学
钱大都　倪　斌　徐水师　徐志刚　陶维屏　黄香定
黄崇轲　黄懋鸿　梅友松　盛继福　章少华　阎凤增
琚宜太　韩振新　裴荣富　潘行适

三、《中国矿产地质志》

总主编： 陈毓川　王登红

四、承担单位

中国地质科学院矿产资源研究所

五、项目办公室

主　任： 邢树文
副主任： 李　剑　龙宝林　傅旭杰
成　员： 朱明玉　黄　凡

责任编辑组： 白　铁　韩　博　吕　静　李　佳　刘云龙　潘　懋
代世锋　邢瑞玲　郝梓国　章雨旭　沈　镭　佘宏全
于春林　李进文　戚学祥　李　华

《中国矿产地质志》编委会

（第二届）

邵和明　陈尔臻　刘德权　任家琪　宋小文　张翼飞
王砚耕　付德明　李均权　黄懋鸿　伍广宇　张忠伟
黄香定　卢欣祥　艾宪森　李宏骥　周特先　杨明桂
陆　彦　任丰寿　张永山　石礼炎　陆瑞宝　韩振新
施中爽　王增护　陈一笠

三、《中国矿产地质志》

总主编：陈毓川　王登红

四、承担单位

中国地质科学院矿产资源研究所

五、项目办公室

主　任：邢树文　中国地质调查局资源评价部副主任
副主任：黄　凡　中国地质科学院矿产资源研究所
王　岩　中国地质科学院矿产资源研究所
成　员：蔺志永　中国地质调查局资源评价部矿产地质处处长
朱明玉　中国地质科学院
王成辉　中国地质科学院矿产资源研究所
孙　艳　中国地质科学院矿产资源研究所稀有稀土贵金属研究室副主任
曹瑞欣　中国地质科学院矿产资源研究所办公室副主任

责任编辑组：白　铁　韩　博　吕　静　李　佳　刘云龙　潘　懋
代世锋　邢瑞玲　郝梓国　章雨旭　沈　镭　佘宏全
于春林　李进文　戚学祥　李　华

《中国矿产地质志》编委会

（第三届）

沈保丰　赵一鸣　盛继福　徐志刚　朱明玉　[袁忠信]
白　鸽　邹天人　宋学信　杨岳清　李纯杰　陈华山
陈　平　邵和明　陈尔臻　刘德权　任家琪　宋小文
张翼飞　王砚耕　[付德明]　李均权　黄懋鸿　伍广宇
张忠伟　黄香定　卢欣祥　艾宪森　李宏骥　周特先
杨明桂　陆　彦　任丰寿　张永山　石礼炎　陆瑞宝
徐衍强　施中爽　王增护　陈一笠

三、《中国矿产地质志》

总主编： 陈毓川　王登红

四、承担单位

中国地质科学院矿产资源研究所

五、项目办公室

主　任： 谢国刚　国土资源部矿产勘查技术指导中心副主任
副主任： 黄　凡　中国地质科学院矿产资源研究所
王　岩　中国地质科学院矿产资源研究所
蔺志永　中国地质调查局资源评价部矿产地质处处长
成　员： 朱明玉　中国地质科学院
王成辉　中国地质科学院矿产资源研究所
孙　艳　中国地质科学院矿产资源研究所
曹瑞欣　中国地质科学院矿产资源研究所
刘　佳　中国地质科学院矿产资源研究所

责任编辑组： 白　铁　韩　博　吕　静　刘云龙　肖竣文　谢玉淳
潘　懋　代世锋　邢瑞玲　郝梓国　章雨旭　沈　镭
佘宏全　于春林　李进文　戚学祥　李　华

《中国矿产地质志·云南卷》
（云南省矿产地质志）

一、领导小组

组　长： 李连举　云南省国土资源厅副厅长

副组长： 张明晶　云南省国土资源厅总工程师

蒋　铮　云南省地质调查局党委书记

吴　军　云南省地质矿产勘查开发局党委副书记

崔银亮　云南省有色地质局副局长、总工程师

卢映祥　云南省地质调查局局长、副总工程师

罗　俊　云南省煤田地质局副局长

成　员： 任　坚　云南省国土资源厅地质勘查处处长

施玉北　云南省地质调查局规划科技处处长

李开毕　云南省地质调查院院长

侯蜀光　云南省地质调查局基础处处长

李　静　云南省地质调查院副院长、总工程师

和浪涛　云南省有色地质局地质地球物理化学勘查院院长

袁　玺　云南省煤田地质局高级工程师

杨柳扬　云南省地质矿产勘查院总工程师

何先富　中化地质矿山总局云南地质勘查院院长

杨金明　中国建筑材料工业地质勘查中心云南总队总队长

鲁　慧　云南省地质环境监测院院长

杨　艳　云南省地质技术信息中心主任

刘凤祥　云南省核工业二〇九地质大队队长

二、领导小组办公室

领导小组办公室设在省国土资源厅地质勘查处，办公室主任由地质勘查处处长担任。

《中国矿产地质志·云南卷》

（云南省矿产地质志）

项 目 负 责： 李文昌　卢映祥（后期）

副　负　责： 施玉北（常务）　侯蜀光　程胜辉

项目负责单位： 中国地质调查局

中国地质科学院矿产资源研究所

项目承担单位： 云南省地质调查局

项目组织单位： 云南省国土资源厅

项目参加单位： 云南省地质调查院

云南省有色地质局地质地球物理化学勘查院

云南省地质矿产勘查院

云南省煤田地质局

中化地质矿山总局云南地质勘查院

中国建筑材料工业地质勘查中心云南总队

云南省地质环境监测院

云南省地质技术信息中心

云南省核工业二〇九地质大队

特 邀 专 家： 张翼飞　任治机　赵　准　杨勤生　胡居贵　和中华

《中国矿产地质志·云南卷》
编撰委员会

主　任： 李连举　蒋　铮　李文昌

副主任： 卢映祥　施玉北　崔银亮　张明晶　侯蜀光　罗　俊　李开毕
和浪涛　杨柳扬　张盛江　杨志鲜　杨艳华　王学武　杨　艳

总　编： 施玉北　李文昌　卢映祥

副总编： 程胜辉　侯蜀光　邓茂林

委　员：（以姓氏笔画为序）

王　陶　王巨民　王外全　王　坚　王学武　邓茂林　卢映祥
包　钢　冯晓宏　朱多录　伍早生　任　坚　刘凤祥　刘心开
刘发刚　刘洪滔　李　晖　李　蓉　李　静　李开毕　李文昌
李丽辉　李连举　李建伟　李　斌　杨　艳　杨文杰　杨　功
杨志鲜　杨学善　杨柳扬　杨艳华　杨清标　吴　军　何　川
何先富　张兴恒　张明晶　张盛江　陈启良　林　旭　罗　俊
和浪涛　岳维好　赵　波　钟维敷　段生杰　侯蜀光　施玉北
高宏光　唐永洪　曹晓民　曹德斌　崔子良　崔银亮　蒋　铮
蒋成兴　程胜辉　程家龙　鲁　慧　曾　妍　谢岿锐　詹冬琴
谭玉荣　薛顺荣

《云南矿产地质》

中国矿产地质志·云南卷·普及本

研编人员： 施玉北　严城民　程胜辉　侯蜀光　邓茂林　张盛江
杨志鲜　李　晖　王学武　伍早生　冯晓宏　曾　妍
李　蓉　谭玉荣　段云涛

主编单位： 云南省地质调查局

参编单位： 云南省地质调查院
云南省地质环境监测院
中化地质矿山总局云南地质勘查院
中国建筑材料工业地质勘查中心云南总队
云南省核工业二〇九地质大队
云南省地质技术信息中心

总　　序

矿产资源是国家经济社会发展的物质基础，我国处于工业化中后期发展阶段，矿产资源需求量处于增长时期，需求的量大、矿种多。掌握全国的所有矿产的家底，是国家与人民十分需要的大事。新中国成立以来的60多年的历程中，地质工作者已为国家发现了172种矿产，其中159种矿产已获得资源储量，矿床、矿点等各类矿产地已达20多万处，积累了丰富的矿产地质资料，广大的矿产地质工作者为国家所需，迫切真诚地期望早日进行覆盖全国全部矿产信息的汇总，研编《中国矿产地质志》，今日终于得到国家的支持，得以实施，并且经过江西省的试点，在该省以杨明桂先生为首的研编组的共同努力下，《中国矿产地质志》省级第一卷《中国矿产地质志·江西卷》率先正式出版，供全国使用，这是中国矿产地质志研编工作史上的新起点。

新中国第一部《中国矿产地质志》，将汇总广大地质矿产工作者为国为民找矿的成果，汇集全国查获的全部矿产资源及其开采利用的状况，分析资源前景，并对找矿过程中获得的丰富的找矿经验和成矿规律认识进行阶段性的总结。这将是我国迄今为止矿产资源文集大全，将为全国及各省、自治区、直辖市政府矿产资源规划、部署、决策提供重要依据，为全国人民提供祖国矿产资源的现有家底及开发前景，为矿产资源勘查、开发、科学研究及地矿教育提供丰富的资料。

一百多年前，1906年光绪年间，顾琅、周树人（鲁迅）先生合著《中国矿产志》出版，附中国矿产一览表、地质时代一览表和中国矿产全图。清朝政府甚为重视，列为国民必读。这是我国第一本《中国矿产志》，由于历史条件所限，该书共列出10个金属矿产（金、银、铜、铁、锡、铅、水银、辰砂、锑、锰矿）和20个非金属矿产，全国共列出1203个矿产地。当时著名的地理学家马良先生为之作序，序言中说："顾、周两君学矿多年，颇有心得。慨祖国地大物博之无稽，爰著《中国矿产志》一册，罗列全国之所在，注之以图，陈之以说，使我国民深悉国产之所自有，以为后日开采之计，致富之源，强国之本，不致家藏货宝为他人所攘夺"。当时编写该志书是为国民知道国家的矿产，去开采致富，达到强国的目标。弹指一挥间，一百多年过去，天翻地覆，时代变了，祖国的盛世来临，现代化、和平民主的强大祖国就在面前。新中国第一部《中国矿产地质志》亦将面目一新，但研编的目标是一致的，都是为民、为国，为民所知，为民致富，为国所知，为国强大。我们将继承前人事业、继续往前走！

本次研编处于天时、地利、人和的大好时机，国家经济社会发展与日俱增，欣欣向荣，需要矿产资源，需要全国摸清矿产资源家底。新中国成立以来60多年矿产勘查与开发得到大发展，取得了丰硕的找矿成果和海量的矿产地质勘查、开发和科研资料。国土资源部近8年来组织完成了三大全国性矿情调查工作：矿业权核实、28个矿种资源现状利用调查和25个矿种资源潜力评价。开展中国矿产地质与区域成矿规律综合研究、研编《中国矿产地质志》得到了国土资源部、财政部、中国地质调查局等领导部门、各省（自治区、直辖市）政府部门及矿产地质领域专家、学者们的大力支持。社会需要，政府重视，研编条件具备，是本项工作得以进行的必要前提与重要保证。

研编工作的策划，充分吸取历来志书编纂的精髓，广泛听取并吸纳矿产资源领域各部门专家、领导的意见，并进行重要研编内容的工作试点，确定本矿产地质专业性志书采用“以述为主，述论结合”的原则，实现叙实性与学术性结合，矿产叙述必实，规律论述有据，做到资料真实、全面、最新、可查，文字论述简练易懂、图文并茂，研编技术统一要求，研编工作统一部署，研编组织有编纂专家队伍，亦广邀各方专家共同参与，集思广益。论述部分广纳有据论点，广迎百花，力争创新亮点，并为后人创新搭建平台。通过共同努力，使研编工作有序进行。

本次研编内容由3部分组成：各省（区、市）矿产地质志、全国矿产总志、全国区域成矿规律研究。每一部分都有书、图、数据库及普及本。各省（区、市）矿产地质志包含本地区所有矿产资源。全国矿产总志包含各主要矿产的矿产志及全国矿产汇总。全国区域成矿规律研究包含各主要成矿区带成矿规律研究及全国区域成矿规律研究汇总。整个研编工作自2014年开始至2020年完成。研编期间，研编成果实施边完成、边出版、边使用，使研编成果及时向社会提供，逐步积累，最终完成。

本项研编工作意义重大，任务繁重，涉及矿产资源勘查、开发、科研、教育领域各个部门各方专家。我们认为，只有共同参与、同心合作、政府支持才能胜利完成此项工作。我们衷心希望并坚信，参与工作的全体同仁为实现此国家重大目标，在政府与矿产资源工作有关部门与广大同仁专家的支持下，一定会坚定信心，同舟共济，共同奋斗，在2020年提交一份世纪性的矿产志书大成果。

2014年11月5日

前　言

为适应我国经济发展对矿产地质的需求，国土资源部启动了全国各省（自治区、直辖市）矿产地质志编写与研究项目，在试点的基础上提出编写与研究大纲，指导矿产地质志编写与研究的全面展开。为充分反映各省（自治区、直辖市）的矿产资源特色，国土资源部项目办公室要求各省（自治区、直辖市）在“编写大纲”的指导下，结合各省（自治区、直辖市）实际情况有所创新。

接受任务后，云南省地质调查局组织全省的相关单位共同承担此项任务，根据各单位的工作范围与资料情况，分别承担相应部分工作，并要求各单位将任务落实到个人。在多次会议研讨及审查基础上，加强稿件统一编纂，较高质量地完成了此项工作。

《中国矿产地质志·云南卷》分为专业版与普及版，以适应不同层次读者的需求。

本书为云南省矿产地质志的普及版，集科研性、资料性、科普性为一体，深入浅出地介绍了云南矿产地质及相关资料，具有资料新、矿种全、表现形式新颖的特点。此书是社会各界尤其是非矿产地质行业的广大人员认识了解云南省矿产地质的普及读物，也是矿产地质大专院校、科研机构、地勘单位、矿业企业了解和研究云南省矿产地质的重要参考资料。

本书具如下主要特点。

1）将云南省的矿产资源划分为能源矿产、黑色金属矿产、有色金属矿产、贵金属与稀有稀土分散元素矿产、工业矿物、工业岩石、宝玉石、水气矿产，录入了云南省已发现并有资料记载的矿产193种，首次基本实现了云南省矿产资源的全覆盖。

2）从资源概况、矿床实例、开发利用3个方面，系统介绍了云南省矿产资源勘查开发的最新成果与状况。

3）根据近期的地质调查成果，介绍了云南省成矿区带划分及重要矿集区。

4）较系统地介绍了云南旅游地学资源，把云南的旅游地学景观分为观赏型地学景观和科学考察型地学景观。

5）在附录中，介绍了矿产资源常用名词、矿产资源/储量规模划分标准、矿山生产建设规模划分标准、云南省发现的重要岩石与矿物、云南省区域年代地层与岩石地层划分、云南省重要断裂，并附有云南省地质简图，向社会各界全面普及了云南省地质矿产的相关知识。

在编写《云南矿产地质》的过程中，主要参考资料情况如下。

煤、铁、锰、铬、铜、铅、锌、镍、钨、锡、钼、锑、铝、金、银、稀土、磷、硫、钾、萤石、重晶石共21个矿种，主要参考《云南省矿产资源潜力评价成果报告》（云南省国土资源厅、云南省地质调查局，2013a）、《云南大百科全书》（云南省地质调查局，2014）。

石油与天然气主要参考中石化南方勘探开发分公司、中石化油田勘探开发事业部南方海相油气勘探项目经理部、滇黔桂石油勘探局、中石化勘探南方分公司1995~2009年的工作成果（内部资料）。

页岩气主要参考《云南省页岩气调查现状与认识》（云南煤层气资源勘查开发有限公司，2014）、《中国页岩气勘探开发进展及云南地区工作部署》（石砥石，2014）等内部资料。

煤层气主要参考《滇东-黔西煤层气资源评价》（滇黔桂石油勘探局，2000）、《云南省煤层气资源评价》（云南省煤炭地质勘查院，2001）及云南煤田地质局1991~2011年的工作成果（内部资料）。

铀主要参考云南省核工业二〇九地质大队1978~2015年的工作成果（内部资料）。

锗主要参考云南省核工业二〇九地质大队、薛步高、赵德顺1980~2015年的工作成果（内部资料）。

工业岩石主要参考中国建筑材料工业地质勘查中心云南总队以及各地勘单位的工作成果（内部资料）。

宝玉石矿产主要参考了《云南省宝石分布及找矿前景》（云南省地质矿产局，1986）、《云南省宝玉石资源调查及其开发利用研究》（云南省地质矿产勘查开发局，2003）、《云南省宝玉石资源调查报告》（云南省地质环境监测院，2015a）等资料。

水气矿产主要参考《云南省滇西地区矿泉水调查报告》（云南省地质矿产局第二水文地质工程地质大队，1989）、《云南省地下水资源报告》（云南省地质环境监测总站，2002）、《云南省地热能开发利用规划（2014~2020年）》（云南省地质环境监测院，2014）、《云南省地热资源调查评价与区划报告》（云南省地质环境监测院，2015b）等资料。

其余矿产主要参考：《云南省区域矿产总结》（云南省地质矿产局，1993），《云南省地质矿产概论》（郭远生，2004）。有色金属中之钴、铋，稀有金属中之铌、铍、锶、锆，分散元素中之镉、铟、铊、镓、硒、碲的资源概述，均引自《云南省地质矿产概论》（郭远生，2004）。

旅游地学资源主要参考《云南省地质矿产概论》（郭远生，2004）及网络资料。

矿产资源开发利用主要参考《云南省矿产资源利用现状调查报告》（云南省国土资源厅，2012）、云南省矿产资源开发利用数据库（云南省国土资源厅，2015）、《云南统计年鉴2016》（云南省统计局，中国统计出版社，2016）等资料。

区域成矿规律主要参考《云南省区域地质志》（云南省地质矿产局，1990）、《云南省重要矿种区域成矿规律研究成果报告》（云南省国土资源厅、云南省地质调查局，2013a）、《云南省矿产资源潜力评价成果报告》（云南省国土资源厅、云南省地质调查局，2013b）。

在编写过程中，承蒙下述单位和个人提供了宝贵资料：

云南省核工业二〇九地质大队提供了云南省建水县普雄地区稀土矿床资料；

中化地质矿山总局云南地质勘查院提供了部分工业矿物的典型矿床资料；

云南省国土资源厅李庆生提供了矿泉水开发利用现状资料；

云南省有色地质局崔银亮提供了部分宝玉石照片资料；

云南省地质矿产勘查开发局张兴恒、杨振华提供了屏边县五家寨、马卫钒多金属矿床资料；

云南锡业集团有限责任公司、云南驰宏锌锗股份有限公司、云南黄金矿业集团有限公司、云南铜业（集团）有限公司、云南金顶锌业有限公司、中国石油化工股份有限公司勘探分公司、中国石油化工股份有限公司西南油气田分公司、中国石油天然气股份有限公司浙江油田分公司等单位及个人提供了部分实物照片及资料。

在此一并表示感谢。

参加编写本书的作者较多、征集资料面极广，难免遗漏为编写本书提供宝贵资料的单位和个人，敬请各相关单位和个人见谅。

本书矿产资源按工业意义分类叙述。具体分类为：能源矿产、黑色金属矿产、有色金属矿产、贵金属与稀土稀有分散元素矿产、工业矿物、工业岩石、宝玉石矿产、水气矿产。其中地热（水）并入水气矿产中叙述。

矿种为单质或简单化合物时，在矿种名后的括号内加注元素符号或化学分子式。矿种为复杂化合物或混合物时，不再注明化学分子式。

主要矿种的编写内容为资源概况、矿床类型与矿床实例、矿床时空分布规律、开发利用。其他矿种仅介绍资源概况、矿床类型与矿床实例。

石炭纪（系）、二叠纪（系）有多种划分方案。虽经努力，本书仍未完全统一。为避免歧义，在相应部分对选用方案尽可能地进行批注。

云南省主要矿种的矿床类型复杂。现有矿床类型划分方案，均难以概括所有矿种的矿床类型。因此，本书的矿床类型划分，暂按《中国矿产地质志·省级矿产地质研编技术要求》（中国矿产地质志项目办公室、中国地质科学院矿产资源研究所，2016）划分方案及前述主要参考资料的方案进行划分。

本书的"上表储量"是指：经云南省矿产资源储量委员会审批，列入《云南省矿产资源储量简表》的资源储量。"上表矿山"是指：经云南省国土资源厅评审备案，列入《云南省矿产资源储量简表》的矿山。

为行文简洁，矿产地名称中省略"云南省"。例如："云南省香格里拉市普朗铜矿"省略为"香格里拉市普朗铜矿"。

1999年以前，不同地质系统对地质勘查阶段有不同的划分方案。这些划分方案与《固体矿产资源/储量分类》国家标准（GB/T17766-1999）有大致对应关系。预查大致相当于矿点检查（简称"检查"）、矿点踏勘（简称"踏勘"），详查大致相当于初步勘探（简称"初勘"），勘探大致相当于详细勘探（简称"详勘"）。

本书涉及的地理名称有居民地、河流、山脉，尽量采用知名度较大的居民地（市、州、县）、河流、山脉名称。为便于阅读，乡、镇、自然村名称之前尽可能加注所在县、市名称。虽经努力，部分引用资料的居民点名称仍无法查找到所在县、市名称。

目前，原丽江地区改称丽江市，原丽江县或丽江市划分为古城区和玉龙县。在难于查证的情况下，考虑到古城区面积不大，原有资料中丽江县或丽江市的矿产地统一套改为玉龙县。

岩石地层的划分与命名方案，随着地质研究程度在不断更新，限于资料与时间，部分矿床编写中仍使用了原勘查报告所用名称，请读者在使用过程中注意。

编写中国矿产地质志·云南卷·普及本《云南矿产地质》的工作时间为2014年6月~2017年9月，工作分6个阶段进行（表0-1）。

表0-1 《中国矿产地质志·云南卷·普及本》编写历程

阶段	时 间	主 要 工 作
第一阶段	2014年6月~2014年7月	人员组织、资料收集、"提纲"编写
第二阶段	2014年8月~2016年4月	完成《云南矿产地质》初稿的编写与统编
第三阶段	2016年5月~2016年8月	统编稿件返回编写单位与个人进行再次进行审定修改
第四阶段	2016年9月~2016年10月	完成《云南矿产地质》第二次统编
第五阶段	2016年11月~2017年3月	进行志书的内审、终审
第六阶段	2017年4月~2017年9月	评审后的修改，最终定稿后送出版社

本书为集体劳动与智慧的结晶。参加编写的主要单位有云南省地质调查局、云南省地质调查院、云南省地质环境监测院、中化地质矿山总局云南地质勘查院、中国建筑材料工业地质勘查中心云南总队、云南省核工业二〇九地质大队、云南省地质技术信息中心等。全省地理底图由云南省地图院统一编绘。

本书全文由施玉北、严城民、程胜辉统稿，施玉北、程胜辉最终审定。李蓉承担了本书编写的组织与联系工作，并负责更新相关数据及报告校验、排版、资料收集等工作。曾妍提出插图的编制要求，并负责全部插图的统编，鲁梦蕾、赵崇娟、王静参加了插图的编制与清绘。高子英、赵波、朱多录、詹冬琴、李永平、罗建宏等人也参与了部分编写及资料收集工作。

各章节的编写、审定人员见表0-2。

表0-2 《中国矿产地质志· 云南卷·普及本》编写单位与个人

章节	内容		编写	审定	插图
前言	前言		施玉北	程胜辉	
第一章	绪论		施玉北	程胜辉	曾妍
第二章	成矿区带与矿床类型、矿集区		施玉北、严城民	施玉北、程胜辉	曾妍
第三章	能源矿产	煤	严城民	程胜辉	王静
		石油与天然气	程胜辉	施玉北	
		页岩气与煤层气	程胜辉、冯晓宏	施玉北	王静
		泥炭与油页岩	冯晓宏、程胜辉	施玉北、程胜辉	
		铀矿	王学武、谭玉荣	王学武	谭玉荣
第四章	黑色金属矿产		施玉北、严城民	施玉北、程胜辉	鲁梦蕾
第五章	有色金属矿产		施玉北、严城民	施玉北、程胜辉	赵崇娟、王静
第六章	贵金属与稀有稀土分散元素矿产	金、银、铂族元素	施玉北、严城民	施玉北	赵崇娟、曾妍
		稀有金属、稀土金属、分散元素	施玉北、严城民	施玉北、程胜辉	曾妍
第七章 工业矿物	磷、硫、重晶石、萤石、盐类矿物		杨志鲜	严城民	曾妍、赵崇娟
	特种工业矿物、其他矿物		杨志鲜	严城民	曾妍
第八章	工业岩石		张盛江、段云涛	施玉北、程胜辉	曾妍
第九章	宝玉石		李晖	施玉北	曾妍
第十章	水气矿产	地下水资源	伍早生	杨艳华	曾妍
		矿泉水资源	伍早生	杨艳华	曾妍
		地热（水）资源	伍早生	杨艳华	曾妍
		二氧化碳气	程胜辉、李蓉	杨艳华	李蓉
第十一章	旅游地学资源		施玉北、严城民	程胜辉	曾妍
附录			严城民	施玉北	赵崇娟

张翼飞、崔银亮、张兴恒、王宇、赵准、和中华、胡居贵承担了本书的内审工作。

在本书编著过程中，《中国矿产地质志》专家委员会陈毓川院士、常务副主任王登红研究员，项目办公室邢树文研究员、黄凡博士、王岩博士给予了热情的帮助和精心的指导，借此机会致以诚挚的谢意！

因本书涉及的内容较多、编写时间仓促，个别观点认识有待商榷，敬请广大读者指正。

编　者

二〇一七年九月

目　录

第一章 绪　论

云南省是我国自然地理多样、地质情况复杂、矿产资源丰富的省份之一。20 世纪 40 年代以前，由于各种社会历史原因，云南的社会经济基础极为薄弱，科学文化事业发展缓慢，地质矿产研究程度较低，矿产资源开发利用较少。20 世纪 50 年代以来，云南的地质专业队伍从无到有，地质工作开始走向规范化、系统化。至 20 世纪 80 年代，云南的地质事业得到长足发展，矿产资源的开发利用，已经成为云南省的支柱产业之一，在社会经济发展中成为不可替代的重要产业。

第一节　地理概况

云南省地处祖国西南边陲，东邻贵州省、广西壮族自治区，北邻四川省，西北紧依西藏自治区，西部、南部与缅甸、老挝、越南三个国家接壤，国境线长 4060 km。地理坐标（极值）：东经 97°31′39″~106°11′47″，北纬 21°08′32″~29°15′08″。全境东西最大横距 864.90 km，南北最大纵距 990.00 km，总面积 $39.41\times10^4\ km^2$。

一、行政区划与交通运输

云南省是一个多民族省份，人口超过 5000 人的世居少数民族有 25 个。云南的山地面积较广，使得交通运输以公路为主，民用航空、铁路运输较为重要。

（一）行政区划

云南省共划分为 8 个地级市、8 个自治州，下设县级市、县、区 129 个（图 1-1）。

近年来，部分州（市）、县（县级市）的名称发生了变更。

1）地级市中，普洱市原名思茅市。

2）县级区中，除昆明市所辖的原 4 个区（盘龙区、五华区、西山区、官渡区）外，其余 10 个区均由“县或市”改为“区”。具体是：呈贡区原名呈贡县，晋宁区原名晋宁县、东川区原名东川市，麒麟区原名曲靖县，红塔区原名玉溪县，江川区原名江川县，隆阳区原名保山县，昭阳区原名昭通县，思茅区原名思茅县，临翔区原名临沧县。

3）丽江市古城区、玉龙纳西族自治县原合称丽江县。大理市包括原划分的下关市、大理县。

4）在县、自治县中，石林彝族自治县原名路南彝族自治县，宁洱哈尼族彝族自治县原名普洱哈尼族彝族自治县。

5）除大理市外，县级市均在县的基础上“撤县设市”，地理名称不变。具体是：安宁市原称安宁县，宣威市原称宣威县，芒市原称潞西县，楚雄市原称楚雄县，景洪市原称景洪县，泸水市原称泸水县，腾冲市原称腾冲县，香格里拉市原称香格里拉县（更早称为中甸县）。

（二）交通运输

云南省的交通枢纽以昆明为中心，交通网以公路、铁路为骨干，民航、水运为辅助。

公路以昆明、大理为中心。省内有 7 条国道：108 国道（昆明—四川平地）、213 国道（四川龙洞坪—昆明—勐腊磨憨）、214 国道（西藏盐井—大理—景洪勐养）、320 国道（胜境关—昆明—瑞丽）、323 国道（广西百色—建水—景谷）、324 国道（贵州兴义—昆明）、326 国道（贵州黑石—曲

图 1-1　云南省行政区划图

靖　河口)。重要公路已建成高速公路。主干公路旁侧的支线公路四通八达，连接全部村寨。

现有准轨铁路为成昆铁路（成都—昆明)、贵昆铁路（贵阳—昆明)、南昆铁路（南宁—昆明)、内昆铁路（内江—昆明)、昆玉铁路（昆明—玉溪)、广大铁路（广通—大理)、大丽铁路（大理—丽江)、玉蒙铁路（玉溪—蒙自)，总里程逾 3000 km。

2016 年 12 月 28 日 9 时 30 分，沪昆（上海—昆明）客运专线昆明—贵阳段、云桂铁路（昆明—桂林）昆明至广西百色段通车运营，标志着云南进入了全国高铁网，迈入高铁时代。

云南省的民用航空运输较为重要。除昆明长水国际机场外，香格里拉、丽江、腾冲、保山、大理、昭通、景洪、芒市、文山、普洱、临沧均有民航机场。国内航线可以直达北京、上海、成都、香港、澳门等 71 个国内城市，国际航线可以直达仰光、曼谷、新加坡等 23 个国际城市。

云南省水路交通里程较短，仅部分江河（澜沧江、南盘江、金沙江、元江等）与湖泊（滇池、洱海、抚仙湖、星云湖等）的航道可通行。重要的港口为水富港和思茅港。水富港沿金沙江、长江向东可达上海，思茅港沿澜沧江南下可达老挝琅勃拉邦。

二、自然地理

自然地理是地质构造格局的基本反映，地质构造格局控制了自然地理的发生与发展。云南的自然地理特征，是地史发展过程中内力地质作用与外力地质作用综合的结果。

（一）地形

云南是高原山区省份，地势总体上西北高、东南低。最高点位于滇藏交界的梅里雪山主峰，海拔6740 m。最低点位于河口县红河与南溪河的交汇处，海拔 76.4 m。地形一般以云岭山脉南段的宽谷（丽江—大理一线）—元江谷地、昆明—玉溪—建水一线为界，分为西、中、东三大地形区（图 1-2、表 1-1）。全省土地面积中，山地约占 84%，高原、丘陵约占 10%，盆地、河谷约占 6%。

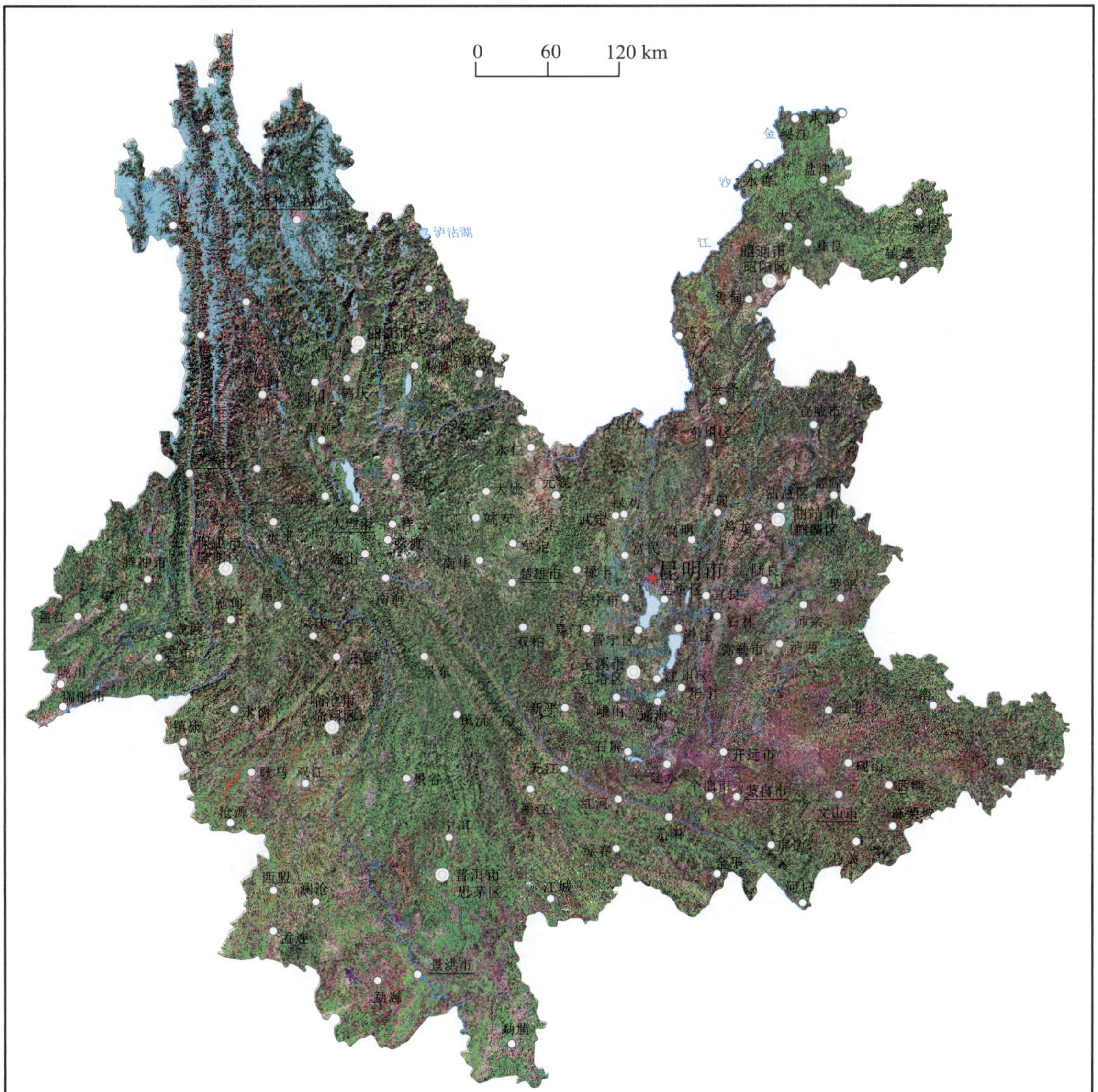

图 1-2　云南省卫星影像图

东部、中部合称为滇东，系云贵高原的组成部分。地形波状起伏，表现为起伏和缓的低山和浑圆丘陵，海拔<2000 m，发育着各种类型的岩溶地形。从山中镶嵌着>1 km^2 的坝子 1442 个。这些坝子的成因，多数与断陷作用有关。滇东岩溶高原湖盆亚区的石林喀斯特风景区，已被列为世界遗产。

表 1-1　云南省地形单元划分表

地区	地形区	地形亚区	主要行政区
滇东地区	滇东喀斯特高原	滇东北中山山原亚区	昭通市
		滇东岩溶高原湖盆亚区	曲靖市、昆明市、玉溪市东部、红河州中-东部
		滇东南岩溶山原亚区	文山州
	滇中红色高原	滇西北中山山原亚区	丽江市东部
		滇中红色高原亚区	丽江市中部、大理市东北部、楚雄市、玉溪市西部、红河州西部
滇西地区	滇西横断山地	高原峡谷亚区	迪庆州东部
		横断山北段	迪庆州西部、怒江州、大理市北部
		横断山南段中山峡谷亚区	大理市南东部、普洱市中-东部、西双版纳州东部
		滇西南中山宽谷亚区	保山市中-东部、临沧市、普洱市西部、西双版纳州西部
		滇西中山宽谷盆地亚区	保山市西部、德宏州

西部称为滇西，为横断山脉纵谷区，属青藏高原南延部分。山岭与峡谷的相对高差一般>1000 m。海拔>5000 m 的山峰终年积雪，形成奇异、雄伟的山岳冰川地貌。滇西地形以山谷相间为特征，平面呈向北收敛、向南撒开的扫帚状。其成因与印度板块与欧亚板块的碰撞有关。横断山北段的金沙江、云岭、澜沧江、碧罗雪山、怒江相间排布，构成举世闻名的“三江并流风景区”。高原峡谷亚区的金沙江虎跳峡为世界上著名的深大峡谷之一，山峰至谷底的相对高差>4000 m。滇西中山宽谷盆地亚区的腾冲附近，第四纪火山活动频繁，火山地貌与火山温泉颇具特色，世界闻名。

（二）河流

云南水系发育，共有大小河流 600 多条，分属六大水系。水力资源十分丰富，是全国水利资源开发的热点地区。

金沙江-长江水系。金沙江为长江上游，发源于青藏高原唐古拉山中段，经德钦县进入云南，从水富市流入四川境内，向东流至上海注入东海。金沙江在云南境内全长 1560 km，流域面积 $10.90\times10^4\ km^2$。

南盘江-珠江水系。南盘江发源于曲靖马雄山南麓，在罗平县三江口出省，与北盘江汇合后称珠江，最后注入南海。南盘江在云南境内全长 677 km，流域面积 $5.80\times10^4\ km^2$。

元江-红河水系。元江的东西源头分别发源于祥云县、巍山县，汇合后称礼社江，流入元江县后始称元江，在河口县流入越南，在云南境内全长 692 km。元江和李仙江在越南境内汇合称红河，最后由北部湾入南海。元江-红河水系在云南的流域面积 $7.48\times10^4\ km^2$。

澜沧江-湄公河水系。澜沧江发源于青藏高原唐古拉山北麓，从德钦县流入云南，从勐腊县出境。向南出境后称湄公河，经老挝、缅甸、泰国、柬埔寨、越南后注入南海。澜沧江在云南境内全长 1289.50 km，流域面积 $8.87\times10^4\ km^2$。

怒江-萨尔温江水系。怒江发源于青藏高原唐古拉山南麓，由贡山县进入云南，从芒市出境。怒江进入缅甸后称萨尔温江，由莫塔马湾归入印度洋。怒江在云南境内：全长 650 km，流域面积 $3.35\times10^4\ km^2$。

伊洛瓦底江水系。伊洛瓦底江是纵贯缅甸南北的著名大河，在云南的主要支流为独龙江、大盈江、瑞丽江。独龙江发源于西藏，流经贡山县，云南境内长 80 km，出境后汇入缅甸恩梅开江。大盈江、瑞丽江源于腾冲市，经德宏州流入缅甸，在云南境内全长分别为 186.10 km、332 km。该水系在云南境内流域面积为 $1.88\times10^4\ km^2$。

（三）湖泊

云南是我国湖泊最多的省份之一。面积>1 km^2 的湖泊共 37 个。湖泊总面积为 1066 km^2，集水面积 9000 km^2，总蓄水量约 300×10^8 m^3。滇东主要的湖泊有滇池、抚仙湖、阳宗海、杞麓湖及星云湖。滇西主要有洱海、程海、泸沽湖、剑湖、纳帕海、碧塔海。滇南主要有异龙湖、长桥海、大屯海。

湖泊容量>20×10^8 m^3 的有抚仙湖、洱海、程海、泸沽湖。湖泊平均水深>20 m 的有抚仙湖、泸沽湖、程海、阳宗海。湖面面积>200 km^2 的有滇池、洱海、抚仙湖。滇池是云南湖面最大的湖泊，在全国名列第六。抚仙湖的容水量和平均水深均名列全省湖泊之冠，是中国第二深的淡水湖泊。

云南湖泊多位于崇山峻岭之中，似颗颗高原明珠，像块块山间碧玉。它们山环水映、景色秀美、风光如画，是云南壮丽的自然景观的重要组成部分。

（四）气候

云南省地处低纬度高原地区，北回归线横贯南部，区域气候差异较大、垂直变化十分明显。受西南季风影响，全省气候干湿分明，年温差较小，每年 5 月～10 月为雨季，11 月至次年 4 月为旱季。不同地区的气温明显不同（表 1-2）。年平均降水量 1260 mm。80%的降水量集中在雨季，并有南多北少、西多东少之特点。“四季如春”的气候，主要分布在海拔 1500～2000 m 的地区。全省气候类型划分为北热带、南亚热带、中亚热带、北亚热带、南温带、中温带、高寒山区。

表 1-2　云南省不同地区的气温

地区	北部	中部	西北部
年平均气温/℃	>20	16	<6
1 月份平均气温/℃	>15	10	<-3
7 月份平均气温/℃	>25	20	<12

第二节　矿产资源

云南地处欧亚大陆与冈瓦纳大陆的交接部位，地质构造较为复杂。在漫长的地史发展过程中，沉积作用、岩浆作用、变质作用、构造作用、成矿作用长期活动，形式多样。一系列断裂将云南地壳分割为大小不等、性质各异的构造单元。各构造单元的地层发育情况和区域变质作用有明显差别。在构造单元的边缘，往往形成引人注目的构造岩浆带。复杂的地质作用，使得云南的矿产种类较全、资源较为丰富。

一、资源概况

云南省素称“有色金属王国”和“磷化工大省”之称，是全国矿产资源大省之一。矿产资源丰富，除有色金属和磷外，黑色金属、贵金属矿产在全国也占有重要地位。经过 60 多年勘查开发，全省共发现各类矿产 193 种（表 1-3）。现已形成了完整的矿业工业体系，矿业已发展成为云南不可替代的优势骨干产业。归纳起来：云南的优势及重要矿产有铅、锌、锡、铜、钨、金、银、磷、锗、铟、钛、煤、铁、锰、镍、钼、岩盐；富有矿产有铝土矿、稀有金属、锑、硫、天然饰面石材（大理石、花岗石）、建材用岩石、冶金与化工用白云岩、石灰岩、硅石、硅灰石、硅藻土、粘土、特种工业矿物（压电水晶）、矿泉水资源；特色矿产有钾盐、铀、铂族元素、宝玉石；稀缺矿产有石油与天然气、铬；新兴矿产有页岩气与煤层气、稀土金属、石墨、地热（水）资源。

表 1-3　云南省已发现矿产种类统计表

矿产种类		数量	矿产名称
能源矿产		10	煤、石煤、石油、天然气、页岩气、煤层气、油页岩、天然沥青、铀、钍
黑色金属矿产		5	铁、锰、铬、钒、钛
有色金属矿产		13	铜、铅、锌、铝土矿、镍、钴、钨、锡、铋、钼、汞、锑、镁
贵金属矿产		8	铂、钯、铱、铑、锇、钌、金、银
“三稀矿产”	稀有金属矿产	8	铌、钽、铍、锂、锆、锶、铷、铯
	稀土金属矿产	17	镧、铈、镨、钕、钷、钐、铕、钇、钆、铽、镝、钬、铒、铥、镱、镥、钪
	分散元素矿产	8	锗、镓、铟、铊、铼、镉、硒、碲
非金属矿产	工业矿物	38	石墨、磷、自然硫、硫铁矿、砷、钾盐、矿盐（岩盐、天然卤水）、水晶（压电水晶、熔炼水晶、工艺水晶）、刚玉、蓝晶石、硅线石、红柱石、金红石、硅灰石、滑石、石棉（温石棉）、蓝石棉、云母（白云母、金云母、碎云母）、长石、石榴子石（工业用石榴子石）、叶蜡石、透辉石、透闪石、锆石、蛭石、沸石、明矾石、芒硝（含钙芒硝）、石膏、（含硬石膏）、重晶石、方解石、冰洲石、菱镁矿、天青石、堇青石、萤石（普通萤石）、电气石、颜料矿物（赭石、颜料红土）
	工业岩石	42	石灰岩（电石用灰岩、制碱用灰岩、熔剂用灰岩、玻璃用灰岩、水泥用灰岩、建筑石料用灰岩、制灰用灰岩、饰面用灰岩）、泥灰岩、白垩、白云岩（冶金用白云岩、化肥用白云岩、玻璃用白云岩、建筑用白云岩、饰面用白云岩）、石英岩（冶金用石英岩、玻璃用石英岩、化肥用石英岩）、砂岩（冶金用砂岩、玻璃用砂岩、水泥配料用砂岩、砖瓦用砂岩、铸型用砂岩、陶瓷用砂岩、建筑用砂岩、饰面用砂岩）、天然石英砂（建筑用砂、水泥配料用砂、砖瓦用砂）、脉石英（冶金用脉石英、玻璃用脉石英）、粉石英、天然油石、含钾砂页岩（海绿石砂岩）、硅藻土、页岩（陶粒页岩、砖瓦用页岩、水泥配料用页岩）、高岭土、陶瓷土、耐火粘土、海泡石粘土、伊利石粘土、膨润土、铁矾土、其他粘土（铸型用粘土、砖瓦用粘土、陶粒用粘土、水泥配料用粘土、水泥配料用泥岩）、橄榄岩（化肥用橄榄岩）、蛇纹岩（化肥用蛇纹岩、饰面用蛇纹岩）、玄武岩（铸石用玄武岩、岩棉用玄武岩、建筑用玄武岩、饰面用玄武岩、集料用玄武岩）、辉绿岩（饰面用辉绿岩、建筑用辉绿岩、耐火材料用辉绿岩）、安山岩（饰面用安山岩、建筑用安山岩）、闪长岩（饰面用闪长岩、建筑用闪长岩）、花岗岩（建筑用花岗岩、饰面用花岗岩）、麦饭石、浮石、粗面岩（水泥用粗面岩、铸石用粗面岩、建筑用粗面岩、饰面用粗面岩）、霞石正长岩（饰面用霞石正长岩、陶瓷用霞石正长岩、玻璃用霞石正长岩）、凝灰岩（水泥用凝灰岩、大坝用凝灰岩）、绢英岩（陶瓷用绢英岩）、大理岩（饰面用大理岩、建筑用大理岩、水泥用大理岩）、板岩（饰面用板岩）、片麻岩（饰面用片麻岩）、角闪岩、辉石岩、辉长岩（饰面用辉长岩）、正长岩（饰面用正长岩）、泥炭
宝玉石矿产	宝石	22	红宝石、蓝宝石、祖母绿、海蓝宝石、碧玺、托帕石（黄玉）、石榴石（镁铝榴石、铁铝榴石）、水晶（紫晶、烟晶、芙蓉石）、锡石、绿帘石、金绿宝石、尖晶石、天河石、重晶石、冰洲石、硅铁灰石、橄榄石、透辉石、红柱石、月光石、磷灰石、蓝晶石
	玉石	18	石英岩玉（黄龙玉、东陵石）、玉髓、玛瑙（南红）、碧石、蛋白石（欧泊）、岫玉（蛇纹石）、软玉、汉白玉（碳酸盐质玉石）、青田石（叶腊石）、萤石、葡萄石、绿松石、菱锌矿、木变石（虎睛石）、孔雀石、异极矿、阳起石、蔷薇辉石
水气矿产		4	地下水、地热（水）、矿泉水、二氧化碳
合　计		193	

注：“中华人民共和国国务院令（第 152 号），中华人民共和国矿产资源法实施细则，矿产资源分类细目”中列入宝玉石矿产只有 4 种，云南实际发现宝玉石矿产有 40 种。按照中华人民共和国国务院令（第 152 号）统一口径统计，云南发现矿种为 157 种，占全国发现 173 个矿种的 91%。

（一）滇中片区

滇中片区包括昆明市（不含东川区和寻甸县）、玉溪市、楚雄彝族自治州。矿产资源以铁、钛、铜、磷、石盐为主，金、钛、铝、铂、钯、煤、石棉、石英砂、红宝石较为重要。

铁矿主要分布在新平县、峨山县、玉溪市红塔区、武定县、禄丰县、牟定县。重要矿床有：新平县大红山铁铜矿、新平县鲁奎山铁矿、峨山县化念铁矿、峨山县他达铁矿、红塔区上厂铁矿、武定县迤纳厂铁矿、禄丰县鹅头厂铁矿、武定县鱼子甸铁矿、牟定县安益铁铂钯矿。

钛矿主要分布在富民县、武定县、禄劝县，产于二叠纪的基性侵入岩、火山岩的风化壳。重要矿床有：富民县东村钛铁矿、富民县关家营钛铁矿、禄劝县干坝塘钛铁矿、禄劝县拿左箐钛铁矿、武定县长冲钛铁矿、武定县麻栗棵钛铁矿、武定县分洲钛铁矿。

铜矿主要分布在新平县、易门县、元江县、禄丰县、大姚县、牟定县。重要矿床有：新平县大红山铁铜矿、易门县易门铜矿、元江县鸡冠山铜矿、禄丰县小新厂铜矿、大姚县大村铜矿、大姚县六苴铜矿、牟定县郝家河铜矿。

磷矿分布在滇池周边的昆明市晋宁区、昆明市西山区、安宁市、澄江县、华宁县、玉溪市江川区，产于震旦—寒武系灯影组中谊村段（$Z\in d^z$）。重要矿床有晋宁区中谊村磷矿、晋宁区王家湾磷矿、西山区观音山磷矿、西山区海口磷矿、西山区尖山磷矿、澄江县渔户村磷矿、华宁县火特磷矿、江川区清水沟磷矿。

岩盐矿主要分布在安宁市、富民县、禄丰县。重要矿床有：安宁市安宁盐矿、富民县者北硝盐矿、禄丰县黑井盐矿。

此外，新平县双沟铬铁矿、双柏县石羊场铅锌银多金属矿、呈贡县马头山铝土矿、楚雄市小水井金矿、元谋县朱布铂钯矿、牟定县安益铂钯矿、永仁县珙山箐铂钯矿、峨山县塔甸煤矿、武定县狮山石棉矿、武定县洒普山石棉矿、红塔区洛河硅石用石英岩矿、西山区玻璃用石英砂岩矿、元江县沙枯红宝石矿也有较明显的经济意义。

（二）滇东北片区

滇东北片区包括昭通市、曲靖市，昆明市的东川区和寻甸县。矿产资源以煤、铜、铅、锌、金、锗为主，磷、铁、银、锰也较为重要。

烟煤、无烟煤主要产于宣威市、富源县、师宗县的上二叠统地层中。重要矿床为宣威市羊场煤矿、富源县恩洪煤矿、富源县老厂煤矿、师宗县鸭子塘煤矿。在昭通盆地中，褐煤的资源储量属大型规模。

铜、金矿主要分布在东川区、富源县。重要矿床有：东川区落雪铜矿、东川区汤丹铜矿、东川区因民铜矿、东川区滥泥坪铜矿、东川区播卡-拖布卡金矿、富源县胜境关-东铺金矿。

铅、锌矿主要产于会泽县、富源县、鲁甸县、巧家县。重要矿床有：会泽县矿山厂铅锌矿、会泽县麒麟厂铅锌矿、罗平县富乐厂铅锌矿、会泽县五星厂铅锌矿、鲁甸县乐红铅锌矿、巧家县茂租铅锌矿。

锗为铅锌矿的共（伴）生矿产，主要产于会泽县、彝良县、巧家县、东川区。重要的含锗矿山有：会泽县矿山厂铅锌矿、会泽县麒麟厂铅锌矿、彝良县毛坪铅锌矿、巧家茂租铅锌矿。

此外，东川区包子铺铁矿、鲁甸县乐马厂银矿、宣威市格学锰矿、沾益县德泽磷矿也有较明显的经济意义。

（三）滇东南片区

滇东南片区包括文山壮族苗族自治州、红河哈尼族彝族自治州。矿产资源以钨、锡、锰、金、铅、锌、银、铝为主，锑、镍、钛也较为重要。

锡矿主要产于个旧市、马关县、麻栗坡县，成因与燕山期花岗岩有关。重要矿床为：个旧市卡房锡矿、个旧市老厂锡矿、个旧市松树脚锡矿、个旧市马拉格锡矿、个旧市高松锡矿、个旧市芦塘坝锡矿、麻栗坡县新寨锡多金属矿、马关县都龙锡锌多金属矿。

钨矿主要产于石屏县、麻栗坡县、马关县。重要矿床为：石屏县龙潭钨矿、麻栗坡县南温河南秧田钨矿、马关县老君山钨矿、马关县花石头钨锡矿。

锰矿主要产于砚山县、建水县、蒙自县、文山县，含矿地层为中-上三叠统法郎组（$T_{2-3}f$）。重要矿床为：砚山县斗南锰矿、建水县白显锰矿、蒙自县岩子脚锰矿、文山县老乌锰矿。

金矿主要产于广南县、金平县、元阳县。重要矿床有：广南县老寨湾金矿、金平县长安金矿、元阳县大坪金矿。

铅、锌、银矿主要产于建水县、蒙自县、砚山县、马关县。重要矿床有：建水县普雄铅钼矿、建水县暮阳铅锌矿、建水县苏租铅锌矿、建水县荒田铅锌矿、建水县官厅铅锌矿、建水县虾洞铅矿、蒙自市白牛场银多金属矿、砚山县芦柴冲铅锌矿、砚山县旧城大花园锌矿、砚山县铅厂铅锌矿、马关县南当厂铅矿、马关县水硐厂银铅锌多金属矿。

铝土矿主要产于砚山县、西畴县、麻栗坡县、广南县、丘北县。重要矿床有：砚山县红舍克铝土矿、西畴县卖酒坪铝土矿、麻栗坡县黄家塘铝土矿、麻栗坡县铁厂铝土矿、广南县板茂铝土矿、丘北县飞尺角铝土矿。

其他重要矿床有：广南县木利锑矿、金平县白马寨镍矿。钛矿主要分布在富宁县。

（四）滇西南片区

滇西南片区包括普洱市、西双版纳傣族自治州、临沧市。矿产资源以铁、铜、铅、锌、镍、金、锗、石盐为主，锡、钾较为重要。

铁矿主要产于景洪市、澜沧县、勐腊县。重要矿床有：景洪市大勐龙铁矿、景洪市疆峰铁矿、景洪市国防铁矿、景洪市曼纳铁矿、澜沧县惠民铁矿、勐腊县新山铁矿。

铜矿主要产于普洱市思茅区、云县。重要矿床有：思茅区大平掌铜矿、云县铜厂街铜矿。

铅锌矿主要产于澜沧县、镇康县、勐腊县、沧源县。重要矿床有：澜沧县老厂铅锌矿、镇康县芦子园铅锌矿、勐腊县勐户铅锌矿、勐腊县易田铅锌矿、沧源县芒哈铅锌矿。

镍矿主要分布在墨江县、元江县。重要矿床有：墨江县金厂—元江县安定镍矿、墨江县—元江县外围镍矿。

金矿主要产于镇源县、墨江县。重要矿床有：镇源县老王寨金矿、墨江县金厂金矿、沧源县拱丁金矿。

岩盐矿产主要产于景谷县、江城县、宁洱县、勐腊县。重要矿床有：景谷县文卡盐矿、景谷县凤岗盐矿、江城县整董盐矿、宁洱县磨黑盐矿（正在开采）、勐腊县磨歇盐矿。

锗为煤矿的共（伴）生矿产，主要产于临沧市临翔区。重要的含锗矿床有：临翔区大寨锗煤矿、临翔区腊东煤矿白塔井、临翔区韭菜坝煤（锗）矿。

此外，西盟县阿莫锡矿、临翔区砂岩型铀矿、江城县勐野井钾盐矿也较为重要。

（五）滇西片区

滇西片区包括保山市、德宏傣族景颇族自治州。矿产资源以锡、铅、锌、褐煤为主，铁、金、汞、钛、硅藻土较为重要。

锡矿主要产于腾冲市、梁河县、昌宁县。重要矿床有：梁河县来利山锡矿、腾冲市小龙河锡矿、腾冲市老平山锡矿、腾冲市铁窑山锡矿、腾冲市分水岭锡矿、腾冲市红岩头锡矿、昌宁县薅坝地锡矿。

铅锌矿主要产于芒市、保山市隆阳区、龙陵县、施甸县、腾冲市。重要矿床有：芒市大矿山铅锌矿、龙陵县勐兴铅锌矿、隆阳区核桃坪铅锌矿、隆阳区金厂河铅锌矿、施甸县摆田铅锌矿、施甸县东山铅锌矿、腾冲市铜厂山铅锌矿、腾冲市大硐厂铅锌多金属矿。

褐煤主要产于隆阳区、龙陵县、昌宁县。重要矿床有：隆阳盆地的褐煤、龙陵县大坝的褐煤、昌宁县红星的褐煤。

此外，腾冲市滇滩铁矿、腾冲市砂岩型铀矿田（床）、隆阳区崇岗金矿、隆阳区板桥钛铁矿、芒市上芒岗金矿、施甸县水银厂汞矿、腾冲市白石岩硅灰石矿、腾冲盆地的硅藻土矿也较为重要。

（六）滇西北片区

滇西北片区包括大理白族自治州、丽江市、迪庆藏族自治州、怒江傈僳族自治州。矿产资源以铁、铜、铅、锌、钨、锡、金为主，铂、钯、锰、锑、煤、石盐、大理石、石膏、石灰岩较为重要。

铁矿主要产于维西县、德钦县、剑川县。重要矿床有：维西县楚格扎铁矿、维西县菖蒲塘铁矿、维西县庆福铁矿、德钦县江波铁矿、剑川县建基铁矿。

铜矿主要产于香格里拉市、德钦县、永平县、玉龙县、永胜县。重要矿床有：香格里拉市普朗铜矿、香格里拉市红山铜多金属矿、香格里拉市雪鸡坪铜矿、香格里拉市红牛铜矿、香格里拉市烂泥塘铜矿、香格里拉市铜厂沟铜钼矿、德钦县羊拉铜矿、永平县水泄铜矿、永平县厂街铜矿、永胜县宝坪厂铜矿、玉龙县劳马古铜矿。部分铜矿中，共（伴）生银，例如：兰坪县铜银多金属矿、兰坪县“三山”铜银矿。

铅、锌矿主要产于兰坪县、香格里拉市、维西县。重要矿床有：兰坪县金顶铅锌矿、兰坪县莱子地铅锌矿、兰坪县白秧坪铅锌多金属矿、兰坪县富隆厂铅锌银矿、兰坪县灰山铅锌矿、兰坪县吴底厂铅锌矿、香格里拉市安乐铅锌矿、维西县洛扎铅锌矿、维西县巴洛铅锌矿、维西县白岩子铅锌矿、维西县老楼房-铁厂铅锌矿。

钨矿主要产于香格里拉市、泸水市。重要矿床有：香格里拉市麻花坪钨矿、香格里拉市休瓦促钨钼矿、泸水市石缸河钨锡矿。

锡矿主要产于云龙县、贡山县。重要矿床有：云龙县铁厂锡矿、贡山县格咱锡矿。

金矿主要产于鹤庆县、祥云县、巍山县、永胜县、宁蒗县。重要矿床有：鹤庆县北衙金多金属矿、祥云县马厂箐金多金属矿、巍山县扎村金矿。砂金矿山有：永胜县金江街砂金矿、宁蒗县翠依砂金矿。

此外，鹤庆县小天井锰矿、鹤庆县猴子坡锰矿、巍山县笔架山锑矿、弥渡县金宝山铂钯矿、凤庆县荒草坝铂钯矿、华坪县的煤矿、洱源县乔后盐矿、大理市苍山大理石矿、兰坪县金顶石膏矿、弥渡县金宝山石膏矿、凤仪县青山石灰岩矿也较为重要。

二、资源特点

云南的矿产资源的主要特点是：资源储量较大，找矿潜力巨大，空间分布较广，分区聚集明显，矿石质量一般较好、共（伴）生元素较多。

（一）资源储量较大

据国土资源部《全国矿产资源储量通报》（2016）统计，云南省有 79 种固体矿产保有资源储量排在全国前十位（表 1-4）。居全国第 1 位至第 3 位的矿产中，铅、锌、锡、铜、铟、锗、铂族元素、钛铁矿、磷既有资源优势，又有规模开发的优势。铜、金、铝土矿、硫铁矿是云南省近几年资源储量增长较快的矿种，开发前景较好。

在有色金属和磷方面，云南省的资源储量居全国前列，奠定了云南省“有色金属王国”和“磷化工大省”的地位。

截至 2015 年底，全省查明主要矿产保有资源储量见表 1-5。其中：煤 347.48×10^8 t、铁矿石 40.77×10^8 t、锰矿石 8683.26×10^4 t、钛铁矿（TiO_2）423.26×10^4 t、铜 1351.14×10^4 t、铅 1137.10×10^4 t、锌 2613.24×10^4 t、镍 75.22×10^4 t、钨（WO_3）39.12×10^4 t、锡 128.07×10^4 t、金 608.32 t、银 29601 t、磷矿石 462727.50×10^4 t、岩盐（NaCl）142.64×10^8 t、硅灰石 3016.80×10^4 t。

表 1-4　云南省保有资源储量列全国前 10 位的矿产

位次	矿产名称	矿种数
1	锡、钛（钛铁砂矿）、铂钯（铂钯未分）、钽（钽铁矿）、铊、镉、铍（绿柱石）、蓝石棉	8
2	钛（高钛矿）、铜、铅、锌、银、铂族金属、磷、铱、铑、砷、硅灰石、泥灰岩	12
3	钌、铌（褐钇铌矿）、锗、芒硝、自然硫、泥炭、霞石正长岩、铟	8
4	白钨矿、伴生金、硫铁矿、锆（锆英石）、铋、锇、钾盐、制灰用灰岩、化肥用蛇纹岩、水泥配料用砂岩、水泥用凝灰岩、普通萤石（矿石）	12
5	锰、钨、锑、镍、钴、镓、石棉、普通萤石（矿石矿物）、铌钽矿、压电水晶、锶（天青石）	11
6	铝土矿、铂、铍（BeO）、盐矿、金、电石用灰岩	6
7	煤、钛（金红石）、伴生硫、硅藻土、水泥配料用页岩	5
8	铁、钛（原生钛（磁）铁矿）、汞、熔炼水晶、玻璃用白云岩、水泥配料用泥岩、铸石用玄武岩	7
9	钯、黑钨矿、建筑用大理岩	3
10	炼焦用煤、钽（Ta_2O_5）、碲、砖瓦用粘土、石膏、晶质石墨、玻璃用脉石英	7

注：据国土资源部 2016 年 5 月《截至二〇一五年底全国矿产资源储量汇总表》数据统计。

表 1-5　截至 2015 年底云南省重要矿种保有资源储量

类型	矿种	资源储量单位	保有资源储量	类型	矿种	资源储量单位	保有资源储量
能源及黑色金属	煤	原煤 10^8 t	347.48	贵金属	岩金	金 t	457.68
	铁	矿石 10^8 t	40.77		砂金	金 t	6.25
	锰	矿石 10^4 t	8683.26		伴生金	金 t	144.39
	钛	矿物 10^4 t	2729.32		银	银 t	29601.00
	钛铁矿	二氧化钛 10^4 t	423.26	稀土金属	轻稀土	独居石 t	39378.00
	铬	矿石 10^4 t	0.79		重稀土	磷钇矿 t	2984.00
有色金属	铜	铜 10^4 t	1351.14		稀土	稀土氧化物 t	17426.00
	铅	铅 10^4 t	1137.10	非金属	磷	矿石 10^4 t	462727.50
	锌	锌 10^4 t	2613.24		钾盐	氯化钾 10^4 t	1633.10
	铝土矿	矿石 10^4 t	11105.10		萤石	矿石 10^4 t	305.30
	镍	镍 10^4 t	75.22		伴生萤石	氟化钙 10^4 t	743.90
	钨	WO_3 10^4 t	39.12		硫铁矿	矿石 10^4 t	47269.90
	钼	钼 10^4 t	21.98		伴生硫	硫 10^4 t	2633.80
	锑	锑 10^4 t	29.40		重晶石	矿石 10^4 t	396.70
	锡	锡 10^4 t	128.07		硅灰石	矿石 10^4 t	3016.80

注：资料来源：《云南省 2015 年矿区及所属矿山矿产资源储量简表》，云南省国土资源厅。

云南省大型、超大型矿产地数量多、所占资源储量比例较大。个旧市锡多金属矿、东川区铜矿、香格里拉市普朗铜矿、兰坪县金顶铅锌矿、会泽县富锗铅锌矿、新平县大红山铁铜矿等，均为世界知名的大型、超大型矿床。

（二）找矿潜力巨大

云南省成矿地质条件优良，地质勘查程度总体偏低，《云南省矿产资源潜力评价成果报告》（云南省国土资源厅、云南省地质调查局，2013a），对煤、铁、铝、铜、铅、锌、钨、锑、金、钾盐、磷、稀土、锡、银、钼、锰、镍、硫等 21 个矿种资源潜力结果说明，云南优势与重要矿产有巨大的找矿潜力，尚有资源潜力煤矿 450×10^8 t、铁矿石 138×10^8 t、铝土矿石 4.5×10^8 t、锰矿 9245×10^4 t、铜矿 4330×10^4 t、铅锌矿 7850×10^4 t、锡矿 395×10^4 t、钨矿 140×10^4 t、钼矿 275×10^4 t、镍矿 87×10^4 t、

锑矿 154×10^4 t、金矿 2810 t、银矿 31210 t、磷矿石 136×10^8 t、钾盐 3.9×10^8 t、稀土矿 4.65×10^4 t。此外，稀有和分散元素矿产、页岩气、饰面石材大理石花岗石、石墨、宝玉石、地热、天然矿泉水等都有较大找矿潜力。

近年来，通过加大地质勘查投入，利用创新成矿理论，采用先进勘查手段，地质找矿取得重大成果。在西南三江有色金属成矿带云南部分，新发现多处具有大型—超大型远景的矿床。迪庆州的铜矿、金平县的金矿、威信县的煤矿、昆明市的磷矿、文山州的铝土矿、马关县的铅锌银锡矿、麻栗坡县的钨矿、澜沧县的钼矿等一批大型矿产地的发现，充分证明了云南省具有巨大找矿潜力。

会泽铅锌矿、澜沧铅矿、个旧锡矿、东川铜矿等开采历史悠久的老矿山，曾经面临资源枯竭的局面。近年来，这些老矿山的深部找矿和外围找矿也取得重大进展，有效延长了矿山服务年限。

（三）矿石质量一般较好

云南省查明的矿产资源储量中，富矿比例相对较大。占全国富矿保有资源储量较高的矿种为：富磷矿（34.42%）、富锰矿（45.32%）、富铁矿（27.70%）、富铜矿（13.55%）。大量富矿支持了云南省矿业近半个世纪的发展。经多年开采，这些易采、易选的富矿大量消耗，需要合理利用及补充。

云南省共（伴）生矿产丰富，综合利用价值潜力巨大。已经查明资源储量的矿床中，近三分之一的矿床中均有共（伴）生矿种。截至 2015 年底，主要伴生矿种保有资源储量为：铟 6135 t、铊 11369 t、镉 131333 t、锗 913 t、钴 56483 t、铋 29107 t、镓 6749 t、金 153.2 t、银 20745 t、锡 30275 t、硫 2634 t。

共（伴）生矿种在一定程度上增加了主矿种的选矿、冶炼的困难。但如果对共（伴）生矿种进行综合利用，则能大幅度提高矿床的经济价值。例如：兰坪县金顶超大型铅锌矿，其伴生的银、镉、铊、锶等矿产综合利用后，其价值相当于主金属总价值的一半。

稀有、分散元素在地壳中的丰度值较低，很难富集成为独立矿床，主要共（伴）生于其他矿床中。例如：会泽县铅锌矿中共（伴）生锗、镉；个旧市锡多金属矿中共（伴）生铋、铌、铍、铟；蒙自市白牛厂银多金属矿共（伴）生铟；马关县都龙锡多金属矿中共（伴）生铟，文山州铝土矿床中共（伴）生镓等。

云南省已经查明的非金属矿产，矿石品位较高、资源储量较大、地理分布相对集中、多数具有良好的开采条件，开发利用价值较高。例如：优质石英砂岩、硅藻土、硅灰石、高岭土、水泥用灰岩、硅石等。非金属矿产的开发是今后矿业发展的潜在增长点。

（四）部分资源目前难于利用

云南省查明的资源储量中，目前部分矿产难于利用，其中铁、磷、铅、锌、铜、锡、铂、钯等所占资源储量较大（表 1-6）。难于利用的主要原因是：矿石类型复杂，品位低，有害元素含量高。

表 1-6　云南省暂难利用的矿产资源统计

地区	元谋、弥渡、大理	元江、墨江	澜沧惠民矿区	昆明地区	兰坪地区	东川地区
矿种	铂族元素矿产	镍矿	铁矿	磷矿	铅锌矿	铜矿
资源储量	102 t	64×10^4 t	20×10^8 t	$>10\times10^8$ t	$>1000\times10^4$ t	$>100\times10^4$ t
原因	品位低	难选冶	难选冶	品位低	氧化、混合矿	氧化、混合矿

第三节　矿产资源开发利用

云南省矿产资源的开发利用程度较高。经过 60 余年的发展，已建立起地质勘查、采矿、选矿、冶炼、加工、科研、销售基本配套的综合体系，经济和社会效益明显，矿业已成为云南省支柱产业之一。

一、开发现状

云南省矿产资源配置组合关联度较好。钢铁、有色金属、磷化工、建材非金属等矿产资源齐全，品种配套，原料基本自成体系，加之水电资源潜量巨大，有利于矿产业发展精深加工的优势和潜力，多行业多种市场互补协同发展。

截至 2015 年底，全省矿山总数 10326 个。其中，国土资源部发证采矿权 7 个、省级发证采矿权 2920 个、州（市）、县（县级市、区）级发证采矿权 7399 个（大多数为砂石采矿权）。省级发证 2920 个采矿权中，大中型矿山 362 个（大型 82 个、中型 280 个）占 12.40%（图 1-3）；小型和小型以下矿山 2558 个，占 87.60%。28 个国家级绿色矿山试点单位中：金属矿山 17 个、非金属矿山 11 个；大型矿山 13 个、中型矿山 10 个、小型矿山 5 个。矿山企业从业人员 28.11 万人（云南省国土资源厅，2016），开采矿产 100 余种。主要开采矿种有煤、铁、锰、铜、铅、锌、锡、锑、金、镍、钨、磷、石盐、水泥与建筑用灰岩、建筑用砂岩、砖瓦用粘土、熔剂用灰岩、冶金用石英岩、建筑用页

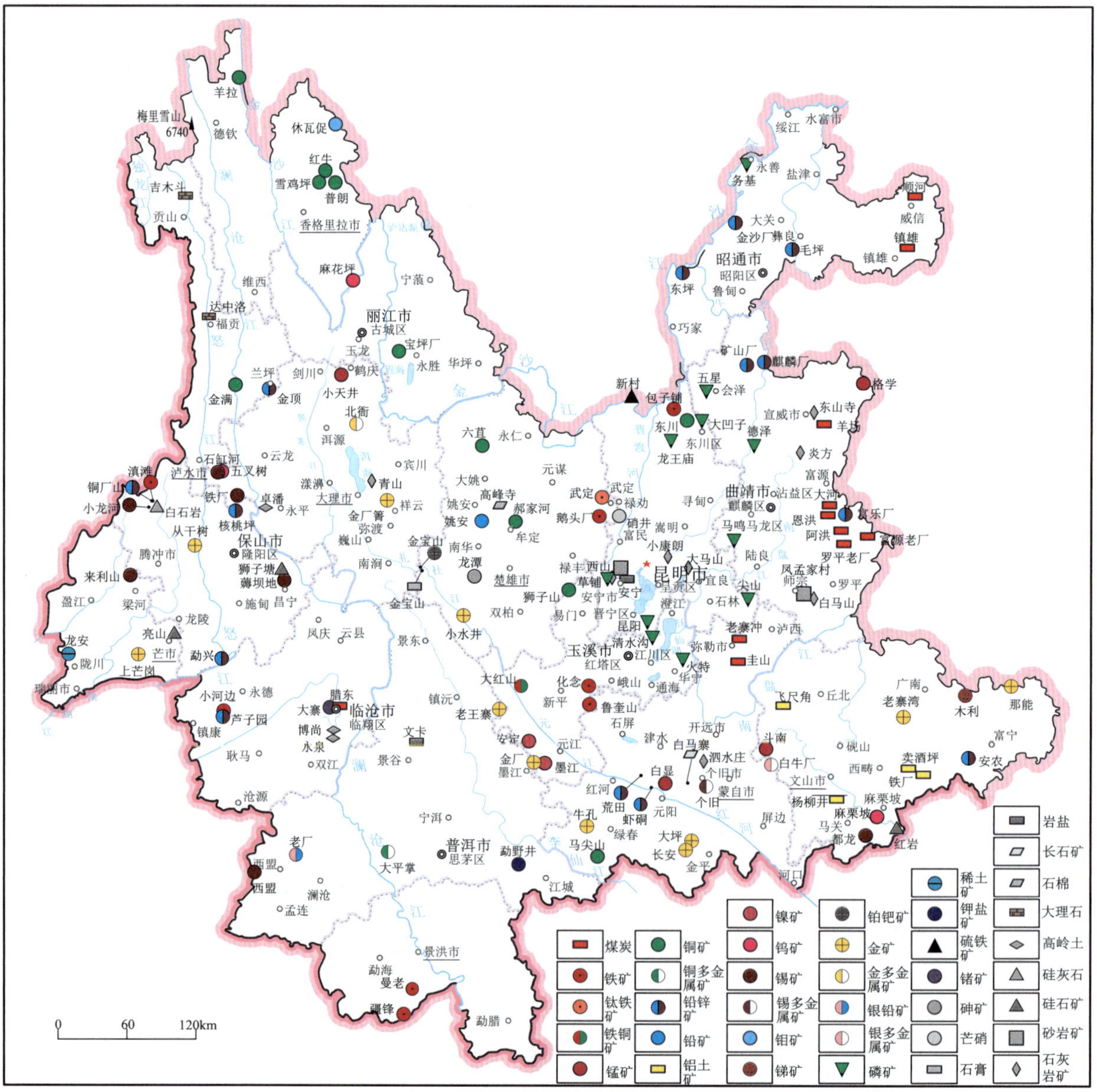

图 1-3　云南省重要大中型矿山分布图

（数据来源：云南省矿产资源储量统计数据库，2015）

岩、地下热水、矿泉水等20余种。年采掘矿石量24520.59×10^4 t（不含天然气、石油和煤层气）。

2014年云南省年经营业务收入2000万元及以上工业企业完成工业总产值（当年价）10521.79亿元，矿业企业完成工业总产值3874.46亿元，占36.82%。其中：采矿业工业总产值866.89亿元；非金属矿物制品业工业总产值491.06亿元；黑色金属冶炼和压延加工业工业总产值995.77亿元；有色金属冶炼和压延加工业工业总产值1520.74亿元。

云南已经初步建成了5个矿业开发加工基地：①以兰坪金顶—香格里拉普朗一带为中心的西南三江有色金属开发基地，②以昆明市为中心的滇中磷化工、有色金属、钢铁开发加工基地，③以会泽县为中心的滇东北铅、锌、锗、银开发基地，④以个旧—马关一带为中心的滇东南锡、锌、铟、铝、金开发基地，⑤以曲靖市为中心的滇东煤炭开发生产基地。

多年来，云南省在矿产资源采、选、冶、加工和管理方面作了一些有益的探索，对合理利用和保护矿产资源起到了较好的促进作用。

1）强化了资源整合力度，使优势资源向优势企业倾斜，促进了矿业向规模化、集约化方面发展，较好地改善了矿山规模结构和产能结构（表1-7）。

表1-7 云南省主要矿产资源整合情况

资源种类	整合主体	资源占有率
锡	云南锡业集团	60%
铜	云南铜业集团	60%
铅、锌	云南冶金集团、云南金鼎锌业有限公司、祥云飞龙公司	64%
铁	昆明钢铁集团、德钢公司	71%
优质磷矿	正向云天化集团整合	
优质煤炭	逐渐整合于云南煤化工集团等骨干企业	

2）加强了矿山开采回采率、选矿回收率、综合利用率和“三废”排放的监督管理，引导和促进矿山企业采用先进方法、先进技术、先进设备，使云南省矿山企业采矿回采率、选矿回收率偏低的状况有了一定程度改善（表1-8）。

表1-8 2014年度云南省主要矿产资源“三率”基本情况表

矿种	开采回采率平均值/%	选矿回收率平均值/%	共（伴）生矿产资源综合利用率平均值/%	矿产资源综合利用率平均值/%
铅	82.72	79.92	50.81	60.82
锌	89.92	89.05	57.23	67.13
锡	92.14	65.17	61.60	76.18
铜	83.55	86.13	45.46	67.63
钨	79.34	83.44	48.03	65.84
金	92.87	82.22	70.90	74.28
磷	95.68	89.41	/	87.61
煤	84.70	91.99	12.89	23.13
铁	81.91	82.92	24.39	61.83
锰	85.58	80.74	78.32	74.36
镍	93.30	57.69	50.98	56.01
钼	90.00	86.00	50.40	77.40

3）冶炼技术明显进步。云南省目前引进的澳斯麦特炼锡技术、艾萨炉炼铜技术、ISA-YMC粗铅冶炼技术等均处于国际领先水平。由生产企业自主研发的“低品位复杂氧化锌矿萃取浸出技术”和“硫化锌精矿直接加压浸出技术”拥有发明专利，并在国内首次实现了高铁闪锌矿高压浸出工业应用。

4）利用中低品位磷矿、铂钯矿、难选冶的菱铁矿、氧化铜矿、低品位氧化-混合铅锌矿、金矿等方面的选冶工艺取得进展，提高了云南省矿产资源的利用效率。

5）矿山环境恢复治理取得初步成效。2005~2009年，全省共投入资金1.58亿元，对4213.78公顷土地进行了复垦和生态环境建设。55家大中型矿山企业投入2.16亿元，对因矿产资源开采引起的矿山地质环境问题进行了恢复治理，已取得较好效果。

二、形势与要求

目前，国内外资源形势发生深刻变化，矿业结构调整、转型升级和管理改革十分紧迫，矿产资源勘查开发面临新的机遇和挑战。

1）重要矿产资源供需形势仍然严峻。云南省矿产资源保障程度不高与资源需求之间的矛盾日趋突出。油、气全靠从省外和国外购进，钾盐基本靠省外供应，铁、铜、铝土矿、铅、锌、钨、原生锡矿、锑、金（岩金）矿、重晶石等十种矿产查明资源储量的静态保障年限<15年，保障程度低。锰、磷矿静态保障程度为15~20年，保障程度不高。煤、镍、轻稀土、锗、铟、硫铁矿、萤石、水泥用灰岩静态保障程度为27~88年，保障程度较好。

2）地质找矿工作面临诸多困难。基础地质调查工作程度总体偏低，大中比例尺区域地质调查和矿产远景调查进展缓慢，矿产资源勘查滞后，资金投入总体不足，找矿难度大。矿产勘查面临向隐伏矿、深部矿、新类型、新用途矿转移、延伸，技术要求高，勘查风险大。

3）生态文明建设对环境保护提出更高要求。落实“三屏两带一区多点”生态安全格局，树立“绿水青山就是金山银山”的理念，坚持保护优先，以生态文明先行示范区建设为抓手，推动形成绿色发展方式。“三屏”系指青藏高原东南缘生态屏障、哀牢山—无量山生态屏障、南部边境生态屏障。“两带”系指滇东—滇东南喀斯特地带、干热河谷地带。“一区”为高原湖泊区。“多点”为点状分布的重要生态区。

按照生态文明建设战略要求，需要着力加强矿山生态和环境保护、矿产资源勘查与开发过程中的矿山地质环境治理恢复和保护工作，重点开展地质环境保护、地质灾害监测预警和防治、地质环境调查评价监测等工程，提高矿山地质环境治理恢复率和土地复垦率，防范矿产资源开发利用诱发的地质灾害、水土流失、植被破坏等情况。

第二章　成矿区带与矿床类型、矿集区

第一节　成矿区带划分

一、构造单元

云南省地壳演化大致经历三个重要阶段（古元古代—新元古代青白口纪的基底形成、演化阶段，新元古代南华纪—中三叠世的洋-陆转化阶段，晚三叠世至今的陆内发展演化阶段）。其中洋-陆转化阶段在云南地壳的发展演化中起到承前启后的作用，留下丰富多彩的沉积岩建造、火山岩建造、侵入岩建造、变质岩建造组合及相关的构造行迹。大地构造分区以怒江断裂（北部）、沧源断裂（南部）、怒江断裂（中部）、双江-竹塘断裂（南部）、三江口断裂（北部）、金沙江—哀牢山断裂（中部、南部）为边界，将云南省划分为4个一级大地构造单元（构造域）、10个二级大地构造单元（造山带或陆块）、29个三级大地构造单元（图2-1，表2-1）。

二、成矿区带

云南省Ⅰ、Ⅱ、Ⅲ级成矿区带，原则上按照《中国主要成矿区带矿产资源远景评价》（陈毓川，1999）、《中国成矿区带划分方案》（徐志刚等，2008）进行划分。在Ⅲ级成矿区带内，根据地质构造环境和区域成矿特征，进行Ⅳ级矿带划分。

（一）成矿区带的命名与划分

1. 成矿区带命名

成矿单元常用的地质构造环境术语为：结合带、岛弧、火山弧、岩浆弧、地块、断块、隆起、坳陷、盆地、推覆带。

成矿区带名称的通式为：地名+大地构造环境+矿种+不同级别成矿区带专属名称+成矿时代。

Ⅰ级成矿区带称成矿域，属全球成矿单元，与全球构造域相对应。

Ⅱ级成矿区带称成矿省，是Ⅰ级成矿区带内部的次级成矿区带，与全球性Ⅱ级大地构造单元相对应，成矿作用形成于1个或几个大地构造旋回。

Ⅲ级成矿区带称成矿带，是Ⅱ级成矿区带内部的次级成矿区带，是一种或多种矿化集中分布区，成矿作用受控于某一期次的沉积作用、岩浆作用、区域变质作用、构造作用。

Ⅳ级成矿区带称矿带，是Ⅲ级成矿区带内部的次级成矿单元。

Ⅰ级成矿单元采用全国成矿区带统一名称。Ⅱ、Ⅲ级名称原则上保留全国成矿区带统一名称，地名采用云南地名。

2. 成矿区带划分方案

成矿域划分边界与全国成矿区带划分方案一致。边界断裂北部为三江口-白汉场断裂，南部为哀牢山断裂。西部属特提斯成矿域（$Ⅰ_1$），东部属滨太平洋成矿域（$Ⅰ_2$）。

云南省共划分出Ⅰ级成矿域2个、Ⅱ级成矿省4个、Ⅲ级成矿带13个、Ⅳ级矿带30个（图2-2，表2-2）。

（二）成矿省特征

云南省分属4个成矿省，主要特征如下。

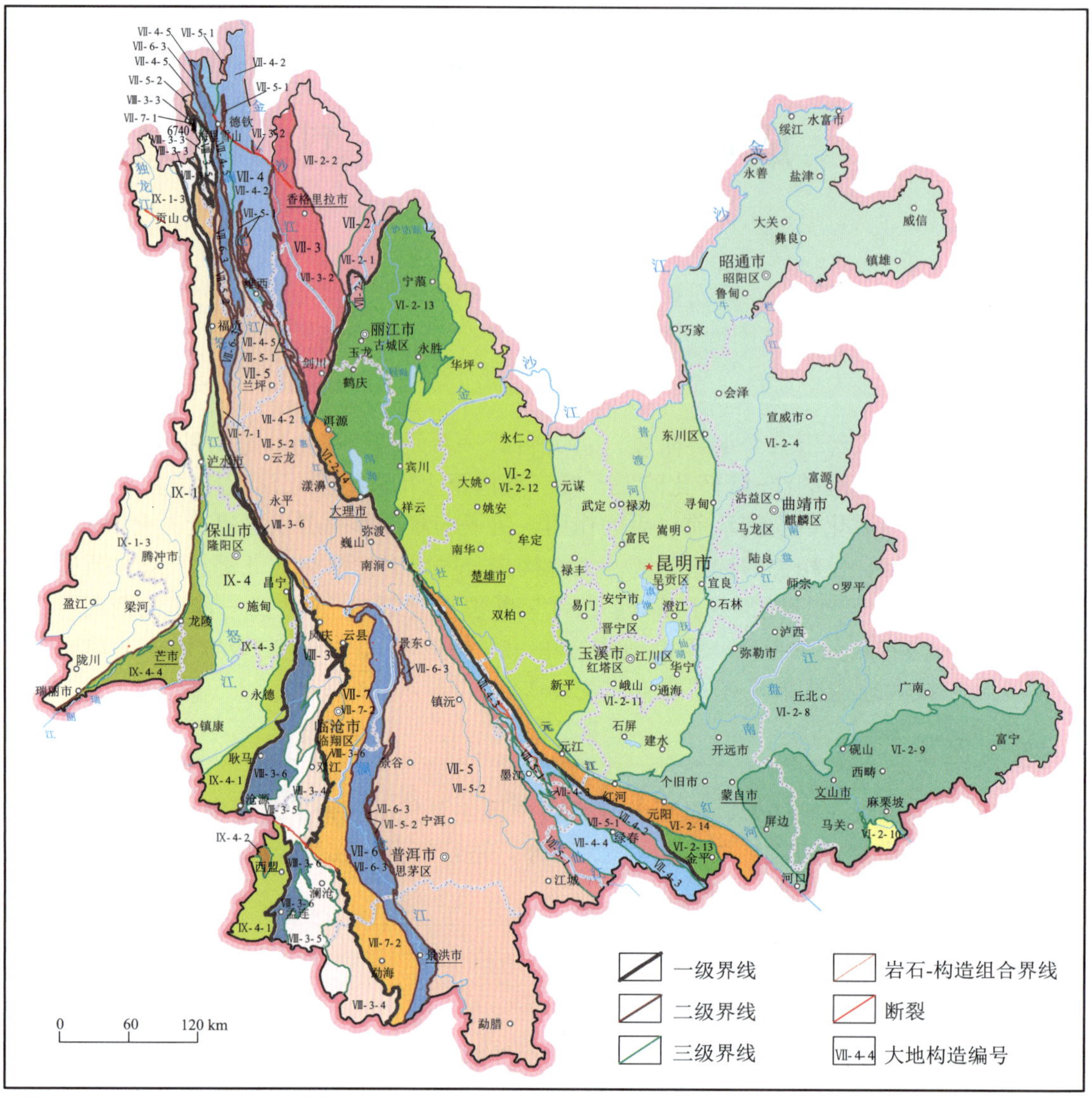

一级	二级	三级	一级	二级	三级
VI 扬子陆块区	VI-2 上扬子古陆块	VI-2-4滇东被动陆缘(Pz)	VII 羌塘—三江造山系	VII-5 昌都—兰坪—思茅地块	VII-5-1江达-维西-绿春陆缘弧(P_2-T)
		VI-2-8泸西被动陆缘(T)			VII-5-2昌都-兰坪-思茅地块(S-T)
		VI-2-9富宁-那坡被动陆缘(Pz)		VII-6 乌兰乌拉—澜沧江结合带	VII-6-3澜沧江俯冲增生杂岩(Pt_2-T)
		VI-2-10都龙变质核杂岩(J)			
		VI-2-11康滇基底断隆带(Pt_2)			
		VI-2-12楚雄陆内盆地(T_3-E)		VII-7 崇山—临沧地块	VII-7-1碧罗雪山-崇山变质基底杂岩(T-K)
		VI-2-13盐源-丽江被动陆缘(Pz_2)			
		VI-2-14哀牢山变质基底杂岩(Pt_1)			VII-7-2临沧岩浆弧(P-T)
VII 羌塘—三江造山系	VII-2 甘孜—理塘弧盆系	VII-2-1甘孜-石鼓蛇绿混杂岩(P_2-T_3)	VIII 班公湖—双湖—怒江—昌宁—孟连对接带	VIII-3 班公湖—怒江结合带	VIII-3-3怒江蛇绿混杂岩(Pz_2)
		VII-2-2义敦-沙鲁里岛弧(T_3)			VIII-3-4双江-西定陆壳残片(Pt_2)
	VII-3 中咱—中甸地块	VII-3-2中甸地块(T)			VIII-3-5澜沧俯冲增生杂岩(C-P)
					VIII-3-6昌宁孟连蛇绿混杂岩(Pz_2)
	VII-4 西金乌兰湖—金沙江—哀牢山结合带	VII-4-2金沙江蛇绿混杂岩(C-T)	IX 喜马拉雅—冈底斯造山系	IX-1 冈底斯—察隅弧盆系	IX-1-3班戈-腾冲岩浆弧(J-K-Q)
		VII-4-3哀牢山蛇绿混杂岩(C-P)		IX-4 保山地块	IX-4-1耿马被动陆缘(Pt_3-Pz_1)
		VII-4-4墨江被动陆缘(S-P)			IX-4-2西盟基底变质杂岩(Pt_1)
		VII-4-5德钦蛇绿混杂岩(C-P)			IX-4-3保山陆表海(Є-T_2)
					IX-4-4潞西被动陆缘(Z-T_2)

图 2-1 云南省大地构造分区图

（图中构造单元代号与表 2-1 相同）

表 2-1　云南省大地构造单元划分方案

<table>
<tr><th>一级单元</th><th>二级单元</th><th>三级单元</th></tr>
<tr><td rowspan="6">Ⅸ冈底斯-喜马拉雅造山系</td><td>Ⅸ-1 冈底斯-察隅弧盆系</td><td>Ⅸ-1-3 班戈-腾冲岩浆弧（J-K-Q）</td></tr>
<tr><td colspan="2">——怒江断裂（北部、中部）、龙陵-瑞丽断裂（南部）——</td></tr>
<tr><td rowspan="4">Ⅸ-4 保山地块</td><td>Ⅸ-4-4 潞西被动陆缘（$Z-T_2$）</td></tr>
<tr><td>Ⅸ-4-3 保山陆表海（$\epsilon-T_2$）</td></tr>
<tr><td>Ⅸ-4-2 西盟基底变质杂岩（Pt_1）</td></tr>
<tr><td>Ⅸ-4-1 耿马被动陆缘褶冲带（Pt_3-Pz_1）</td></tr>
<tr><td colspan="3">——怒江断裂（北部）、沧源断裂（南部）——</td></tr>
<tr><td rowspan="4">Ⅷ班公湖-双湖-怒江-昌宁-孟连对接带</td><td rowspan="4">Ⅷ-3 班公湖-怒江结合带</td><td>Ⅷ-3-6 昌宁-孟连蛇绿混杂岩（Pz_2）</td></tr>
<tr><td>Ⅷ-3-5 澜沧俯冲增生杂岩（C-P）</td></tr>
<tr><td>Ⅷ-3-4 双江-西定陆壳残片（Pt_2）</td></tr>
<tr><td>Ⅷ-3-3 怒江蛇绿杂岩（Pz_2）</td></tr>
<tr><td colspan="3">——怒江断裂（北部）、双江-竹塘断裂（南部）——</td></tr>
<tr><td rowspan="17">Ⅶ羌塘-三江造山系</td><td rowspan="2">Ⅶ-7 崇山-临沧地块</td><td>Ⅶ-7-2 临沧岩浆弧（P-T）</td></tr>
<tr><td>Ⅶ-7-1 碧罗雪山-崇山变质基底杂岩（T-K）</td></tr>
<tr><td colspan="2">——碧罗雪山断裂（北部）、澜沧江断裂（南部）——</td></tr>
<tr><td>Ⅶ-6 乌兰乌拉-澜沧江结合带</td><td>Ⅶ-6-3 澜沧江俯冲增生杂岩（Pt_2-T）</td></tr>
<tr><td colspan="2">——吉岔断裂、芒怀-酒房断裂——</td></tr>
<tr><td rowspan="2">Ⅶ-5 昌都-兰坪-思茅地块</td><td>Ⅶ-5-2 昌都-兰坪-思茅地块（S-T）</td></tr>
<tr><td>Ⅶ-5-1 江达-维西-绿春陆缘弧（P_2-T）</td></tr>
<tr><td colspan="2">——羊拉-东竹林断裂（北部）、阿墨江断裂（南部?）——</td></tr>
<tr><td rowspan="4">Ⅶ-4 西金乌兰湖-金沙江-哀牢山结合带</td><td>Ⅶ-4-5 德钦蛇绿混杂岩（C-P）</td></tr>
<tr><td>Ⅶ-4-4 墨江被动陆缘（S-P）</td></tr>
<tr><td>Ⅶ-4-3 哀牢山蛇绿混杂岩（C-P）</td></tr>
<tr><td>Ⅶ-4-2 金沙江蛇绿混杂岩（C-T）</td></tr>
<tr><td colspan="2">——金沙江-哀牢山断裂——</td></tr>
<tr><td>Ⅶ-3 中咱-中甸地块</td><td>Ⅶ-3-2 中甸地块（T）</td></tr>
<tr><td colspan="2">——香格里拉断裂——</td></tr>
<tr><td rowspan="2">Ⅶ-2 甘孜-理塘弧盆系</td><td>Ⅶ-2-2 义敦-沙鲁里岛弧（T_3）</td></tr>
<tr><td>Ⅶ-2-1 甘孜-石鼓蛇绿混杂岩（P_2-T_3）</td></tr>
<tr><td colspan="3">——三江口断裂（北部）、金沙江-哀牢山断裂（中部、南部）——</td></tr>
<tr><td rowspan="8">Ⅵ扬子陆块区</td><td rowspan="8">Ⅵ-2 上扬子古陆块</td><td>Ⅵ-2-14 哀牢山变质基底杂岩（Pt_1）</td></tr>
<tr><td>Ⅵ-2-13 盐源-丽江被动陆缘（Pz_2）</td></tr>
<tr><td>Ⅵ-2-12 楚雄陆内盆地（T_3-E）</td></tr>
<tr><td>Ⅵ-2-11 康滇基底隆断带（Pt_2）</td></tr>
<tr><td>Ⅵ-2-10 都龙变质核杂岩（J）</td></tr>
<tr><td>Ⅵ-2-9 富宁-那坡被动陆缘（Pz）</td></tr>
<tr><td>Ⅵ-2-8 泸西被动陆缘（T）</td></tr>
<tr><td>Ⅵ-2-4 滇东被动陆缘（Pz）</td></tr>
</table>

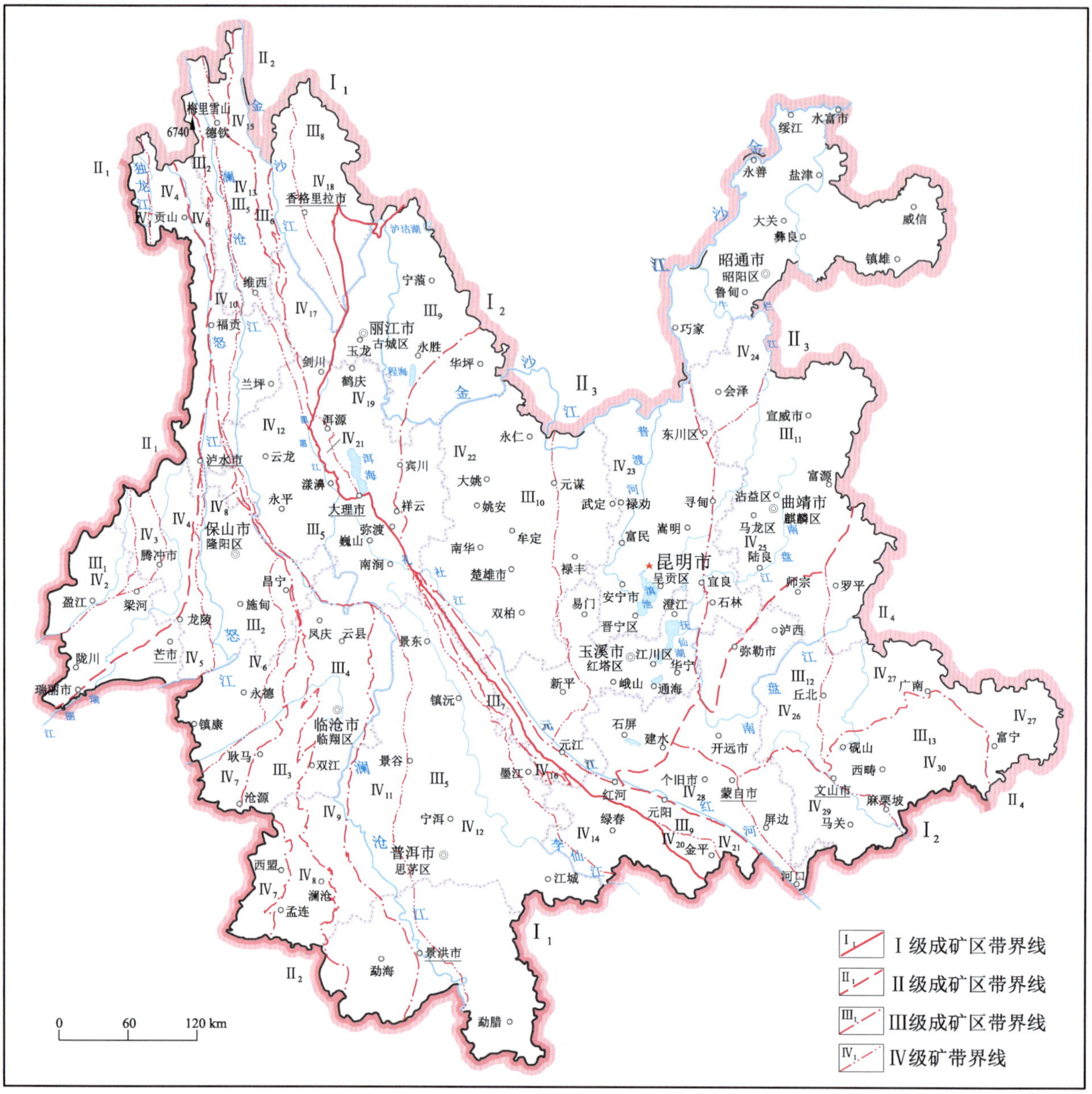

图 2-2　云南省成矿区带划分图

（图中成矿区带代号与表 2-2 相同）

1. 腾冲（造山带）成矿省（Ⅱ$_1$）

腾冲（造山带）成矿省（Ⅱ$_1$）是冈底斯-腾冲（造山带）成矿省之南延部分在云南境内的简称。冈底斯-腾冲成矿省包括班公湖-怒江板块缝合带及其之南、至雅鲁藏布江缝合带之北广大地区。同《云南省区域矿产总结》（云南省地质矿产局，1993）划分的冈底斯-念青唐古拉成矿带中之波密-腾冲成矿带范围基本一致。

该成矿省范围与构造单元对照，同《云南省矿产资源潜力评价成果报告》（云南省国土资源厅等，2013a）中之冈底斯-察隅弧盆系一致。在云南境内主要是怒江、龙陵-瑞丽断裂以西，包括贡山、福贡、腾冲、瑞丽等地区。区内形成与晚侏罗世（J_3）末—早白垩世（K_1）花岗岩类有关的矽卡岩型、云英岩型锡钨、铁、铅锌、铜多金属矿床。

表 2-2　云南省成矿单元划分方案

<table>
<tr><th>Ⅰ级单元</th><th>Ⅱ级单元</th><th>Ⅲ级单元</th><th>Ⅳ级单元</th></tr>
<tr><td rowspan="18">特提斯成矿域（Ⅰ$_1$）</td><td rowspan="4">腾冲（造山带）成矿省（Ⅱ$_1$）</td><td rowspan="4">独龙江-腾冲（岩浆弧）Sn-W-Be-Nb-Ta-Rb-Li-Fe-Pb-Zn-Au 成矿带（M$_Z$、C$_Z$）（Ⅲ$_1$）</td><td>独龙江（燕山期岩浆弧）Au-Pb-Zn 矿带（Ⅳ$_1$）</td></tr>
<tr><td>槟榔江（喜马拉雅期岩浆弧）Be-Nb-Ta-Li-Rb-W-Sn-Au 矿带（Ⅳ$_2$）</td></tr>
<tr><td>棋盘石-小龙河（燕山晚期岩浆弧）Sn-W-Fe-Pb-Zn-Cu-Ag 矿带（Ⅳ$_3$）</td></tr>
<tr><td>东河-明光（燕山期岩浆弧）Sn-Cu-Pb-Zn-Ag-Fe-Mn 矿带（Ⅳ$_4$）</td></tr>
<tr><td rowspan="14">三江（造山带）成矿省（Ⅱ$_2$）</td><td rowspan="3">保山（陆块）Pb-Zn-Ag-Fe-Au-Cu-Sn-Hg-Sb-As 成矿带（K$_2$-E、Q）（Ⅲ$_2$）</td><td>潞西（断块）Cu-Pb-Zn-Fe-Au-Sn-W 矿带（Ⅳ$_5$）</td></tr>
<tr><td>保山（地块）Pb-Zn-Cu-Fe-Hg-Sb-As-Au 矿带（Ⅳ$_6$）</td></tr>
<tr><td>耿马（被动边缘褶冲带）Pb-Zn-Ag-Sn 矿带（Ⅳ$_7$）</td></tr>
<tr><td>昌宁-孟连（结合带/裂谷-洋盆）Pb-Zn-Ag-Cu-Mo-S-Hg（C）成矿带（Ⅲ$_3$）</td><td>昌宁-孟连（结合带/裂谷-洋盆）Pb-Zn-Ag-Cu-Mo-S-Hg 矿带（Ⅳ$_8$）</td></tr>
<tr><td>临沧-勐海（岩浆弧）Fe-Pb-Zn-Ag-Au-Sn-Ge-REE 成矿带（Ⅲ$_4$）</td><td>临沧-勐海（岩浆弧）Fe-Pb-Zn-Ag-Au-Sn-Ge-REE 矿带（Ⅳ$_9$）</td></tr>
<tr><td rowspan="5">兰坪-普洱（陆块）Cu-Pb-Zn-Ag-Fe-Hg-Sb-As-Au-石膏-菱镁矿-盐类成矿带（P$_Z$、M$_Z$、C$_Z$）（Ⅲ$_5$）</td><td>碧罗雪山（岩浆弧）Fe-Pb-Zn-Ag-Sn 矿带（Ⅳ$_{10}$）</td></tr>
<tr><td>云县-景洪（火山弧）Cu 多金属矿带（Ⅳ$_{11}$）</td></tr>
<tr><td>兰坪-普洱（地块）Cu-Pb-Zn-Ag-Fe-Hg-Sb-As-Au-盐类矿带（Ⅳ$_{12}$）</td></tr>
<tr><td>德钦-维西（火山弧）Cu-Pb-Zn-Ag-Fe-Mn-Au 矿带（Ⅳ$_{13}$）</td></tr>
<tr><td>墨江-绿春（火山弧）Au-Cu-Mo-Pb-Zn 矿带（Ⅳ$_{14}$）</td></tr>
<tr><td>金沙江（结合带/小洋盆）Cu-Fe-Pb-Zn-Au-Cr 成矿带（P$_Z$、M$_Z$、C$_Z$）（Ⅲ$_6$）</td><td>金沙江（结合带/小洋盆）Cu-Fe-Pb-Zn-Au 矿带（Ⅳ$_{15}$）</td></tr>
<tr><td>哀牢山（结合带/小洋盆）Au-Cu-Mo-Cr 成矿带（Ⅲ$_7$）</td><td>哀牢山（结合带/小洋盆）Au-Cu-Mo-Cr 矿带（Ⅳ$_{16}$）</td></tr>
<tr><td rowspan="2">香格里拉（陆块）Cu-Pb-Zn-W-Mo-Au 成矿带（M$_Z$、C$_Z$）（Ⅲ$_8$）</td><td>巨甸（地块）Cu-Pb-Zn-Au 矿带（Ⅳ$_{17}$）</td></tr>
<tr><td>香格里拉（岛弧）Cu-Pb-Zn-W-Mo-Au 矿带（Ⅳ$_{18}$）</td></tr>
<tr><td rowspan="5">滨太平洋成矿域（Ⅰ$_2$）</td><td rowspan="5">上扬子（陆块）成矿省（Ⅱ$_3$）</td><td rowspan="3">丽江-大理-金平（陆缘坳陷）Au-Cu-Ni-Pt-Pd-Mo-Mn-Fe-Pb-Zn 成矿带（P$_Z$、M$_Z$、C$_Z$）（Ⅲ$_9$）</td><td>丽江（陆缘坳陷）Au-Cu-Pt-Pd-Mo-Mn-Fe-Pb-Zn 矿带（Ⅵ$_{19}$）</td></tr>
<tr><td>金平（断块）Cu-Ni-Au-Mo 矿带（Ⅵ$_{20}$）</td></tr>
<tr><td>点苍山-哀牢山（逆冲推覆带）Cu-Fe-V-Ti-宝玉石矿带（Ⅵ$_{21}$）</td></tr>
<tr><td rowspan="2">滇中（基底隆起带）Fe-Cu-Pb-Zn-Ag-Au-Pt-Pd-Ni-Ti-Sn-W-REE-P-S-重晶石-蓝石棉-盐类-煤成矿带（Pt、Pz、M$_Z$、C$_Z$）（Ⅲ$_{10}$）</td><td>楚雄（前陆盆地）Fe-Cu-Pb-Zn-Ag-Au-Pt-Pd-Ni-REE-蓝石棉-盐类-煤成矿带（Ⅳ$_{22}$）</td></tr>
<tr><td>东川-易门（基底隆起带）Fe-Cu-Pb-Zn-Ti-Sn-Al-W-Mn-P-S-重晶石-盐类矿带（Ⅳ$_{23}$）</td></tr>
</table>

续表

<table>
<tr><th>Ⅰ级单元</th><th>Ⅱ级单元</th><th>Ⅲ级单元</th><th>Ⅳ级单元</th></tr>
<tr><td rowspan="7">滨太平洋成矿域（Ⅰ$_2$）</td><td rowspan="2">上扬子（陆块）成矿省（Ⅱ$_3$）</td><td rowspan="2">昭通-曲靖（弧间盆地）Pb-Zn-Cu-Au-Ag-Fe-Mn-Hg-Sb-P-S-煤-煤层气成矿带（P_Z、M_Z、C_Z）（Ⅲ$_{11}$）</td><td>镇雄-巧家-会泽（断褶带）Pb-Zn-Ag-Fe-REE-Al-P-煤-煤层气矿带（Ⅳ$_{24}$）</td></tr>
<tr><td>曲靖-石林（褶冲带）Au-Pb-Zn-Cu-Fe-P-重晶石-煤-煤层气矿带（Ⅳ$_{25}$）</td></tr>
<tr><td rowspan="5">华南（陆块）成矿省（Ⅱ$_4$）</td><td rowspan="2">罗平-开远（右江海槽）Pb-Zn-Au-Sb-Mn-S-煤成矿带（M_Z、C_Z）（Ⅲ$_{12}$）</td><td>弥勒-师宗-开远（前陆盆地）Cu-Al-Pb-Zn-Au-Mn-As矿带（Ⅳ$_{26}$）</td></tr>
<tr><td>罗平-广南-富宁（右江海槽）Au-Al-Hg-Sb-Cu-Fe-Ti-Mn 矿带（Ⅳ$_{27}$）</td></tr>
<tr><td rowspan="3">个旧-文山-富宁（地块）Sn-W-Ag-Pb-Zn-Au-Sb-Mn-Al 成矿带（M_Z、C_Z）（Ⅲ$_{13}$）</td><td>个旧-河口（个旧断块）Sn-W-Bi-Al-Pb-Zn-Mn-Cu 矿带（Ⅳ$_{28}$）</td></tr>
<tr><td>薄竹山-马关（文山-麻栗坡褶皱带）Ag-Sn-W-Pb-Zn矿带（Ⅳ$_{29}$）</td></tr>
<tr><td>文山-西畴（西畴拱凹）Au-Sb-Al-Cu-Pb-Zn 矿带（Ⅳ$_{30}$）</td></tr>
</table>

2. 三江（造山带）成矿省（Ⅱ$_2$）

三江（造山带）成矿省（Ⅱ$_2$）是喀喇昆仑-三江（造山带）成矿省在云南境内的简称。主要是怒江、龙陵-瑞丽断裂以东，与薰洞-剑川断裂、哀牢山断裂、藤条河断裂之间夹持的区域，同《云南省区域矿产总结》（云南省地质矿产局，1993）划分的成矿单元比较，相当于松潘-甘孜成矿带之中甸（香格里拉）成矿带和唐古拉-昌都-兰坪-思茅（普洱）成矿带（包括澜沧江成矿带、云岭成矿带、兰坪-思茅（普洱）成矿带）。

该成矿省同构造单元对照，包括了羌塘-三江造山系中甘孜-理塘弧盆系、中咱-中甸（香格里拉）地块、西金乌兰湖-金沙江-哀牢山结合带、昌都-兰坪-思茅（普洱）地块、乌兰乌拉-澜沧江结合带、崇山-临沧地块、班公湖-双湖-怒江-昌宁-孟连对接带之班公湖-怒江结合带、冈底斯-喜马拉雅造山系之保山地块（云南省国土资源厅等，2013a）。三江地区经历了多次地壳剧烈变动，构造-岩浆活动强烈，区域地质基本格架由“三线、三带、两盆”构成。金沙江-红河、澜沧江、怒江三条深断裂构成“三线”，沿三条深断裂两侧分布的变质带及岩浆岩带构成“三带”，分布于三条断裂带间的保山-镇康（孟连）古生代沉积盆地和兰坪-思茅（普洱）中、新生代沉积盆地构成“两盆”。三江（造山带）成矿省东侧的哀牢山浅变质岩带是云南产金的主要矿带，昌宁-澜沧（孟连）裂谷赋存火山-沉积型富银铅锌矿，兰坪-普洱堑沟赋存热水沉积及改造型铅锌银多金属矿床，香格里拉地区上三叠统岛弧火山岩中赋存斑岩-矽卡岩型铜矿床。成矿作用显示了改造叠加的普遍性、物质来源的多源性、成矿元素的多样性和成矿时代的新生性等重要特色。

3. 上扬子（陆块）成矿省（Ⅱ$_3$）

上扬子（陆块）成矿省在云南部分为熏洞-剑川断裂-哀牢山断裂-藤条河断裂以东、师宗-弥勒断裂带以北地区，相当于一些学者称之为扬子准地台（黄汲清，1945；任纪舜等，1980、1999）。同《云南省区域矿产总结》（云南省地质矿产局，1993）划分的成矿单元比较，相当于扬子成矿区之丽江-宁蒗成矿区、川滇成矿区、滇东成矿区、哀牢山成矿带。

该成矿省同构造单元对照，包括了上扬子古陆块之哀牢山变质基底杂岩、盐源-丽江被动陆缘、楚雄陆内盆地、康滇基底断隆带滇东被动陆缘（李文昌等，2011）。区内地层主要有古元古界大红山群、苴林群、哀牢山群及瑶山群，以及中元古界昆阳群，构造线以南北向及北东向为主，多为控矿构造，局部有东西向断裂。火山岩以峨眉山玄武岩组最发育，侵入岩在元谋-牟定、安宁九道湾、峨山等地均有中酸性岩体产出（与锡、钨、铅、锌有关）；基性-超基性岩在牟定安益、元谋朱布、金平白马寨等地产出（与钛磁铁矿、铂钯、铜、镍等矿产有关）；沿金沙江-哀牢山有喜马拉雅期富碱斑岩侵入活动，伴有“碱性斑岩型金矿”等成矿作用，是云南省最重要的金矿类型与成矿时期。成矿省主要矿床类型有火山-沉积（变质）型铜铁矿、沉积变质型铁矿、砂岩型铜矿、斑岩型金矿、基性-超基性岩型铂钯铜镍矿、层控碳酸岩型（MVT）铅锌矿、海相沉积型磷矿等。

4. 华南成矿省（$Ⅱ_4$）

华南在地理上是指长江以南、云贵川以东地区。中国科学院贵阳地球化学研究所（1979）和南京大学地质系（1981）之“华南花岗岩”之地域大致按此概念。华南成矿省在云南部分为熏洞-剑川断裂—哀牢山断裂—藤条河断裂以东、师宗-弥勒断裂带以南之滇东南地区，同《云南省区域矿产总结》（云南省地质矿产局，1993）划分的成矿单元比较，相当于华南成矿区之滇东南成矿带。

该成矿省同构造单元对照，同扬子古陆块之泸西被动陆缘、富宁-那坡被动陆缘、都龙变质核杂岩基本一致（云南省国土资源厅等，2013）。区内形成与晚侏罗世（J_3）末—早白垩世（K_1）中酸性岩浆热液有关矽卡岩型、锡石-硫化物型、热液-层控型、陆相火山岩型、层控碳酸岩型（MVT）锡银铜铅锌矿床，微细浸染型金矿，沉积型及堆积型铝土矿，沉积型锰矿，晚三叠世时期中-大型煤田。

第二节　矿床类型划分

云南的矿产种类全、资源丰富，矿床类型多而复杂，现有矿床类型划分方案，均难于概括云南所有矿产的矿床类型。

一、矿床类型划分原则

本书矿床类型划分，原则上采用《中国矿产地质志·省级矿产地质研编技术要求》（中国矿产地质志项目办公室、中国地质科学院矿产资源研究所，2016）划分方案。该方案综合考虑已有矿床成因分类和工业分类，并参照《重要矿产和区域成矿规律研究技术要求》（陈毓川等，2010）、《矿床学》（翟裕生等，2011）、《矿产资源工业要求手册》（《矿产资源工业要求手册》编委会，2012）等提出的矿床类型划分方案，遵循删繁就简、整体包容、多类合一、共识通用的基本原则，以矿床的成矿作用为主导，突出了成矿主岩（便于野外辨认和找矿），共分出 18 个矿床类型（表 2-3）。

表 2-3 中尚有下述问题需进行说明。

1）一级分类以内生、外生成因及二者叠加成因来划分。内生矿床是指在地壳内由岩浆作用、变质作用及其他地质作用形成的矿床。外生矿床是指在水圈、气圈内形成的矿床。在气圈内形成的矿床为表生矿床，在水圈内形成的矿床为沉积矿床。二级分类主要以成矿作用来划分。三级分类则加入了容矿主岩和成矿作用来划分。一、二级分类的名词后不加“型”字，三级分类的名词后加“型”。“型”专用于矿床类型。

2）浅成（中）低温热液型矿床主要产于各类地层及构造中与岩浆作用、变质作用无关的流体成矿，或与岩浆作用、变质作用尚无明显直接成因联系的似层状、顺层状或受构造控制的脉状、囊状热液型矿床，目前尚成因不明或颇具争议，如有一些铅锌、汞、锑矿床等。

3）叠加（复合/改造）类矿床不是由单一的成矿作用形成的，是由几种成矿作用的复合、叠加所致。在图件上表示，突出主要成矿作用的类型，文字上要全面论述各种成矿作用及其叠加（复合/改造）的特点。

表 2-3　“中国矿产地质志”矿床（成因/工业）类型划分表

一级分类	二级分类	三级分类	
内生矿床	岩浆作用矿床	1. 岩浆型矿床	
		2. 伟晶岩型矿床	
		3. 云英岩型矿床	
		4. 接触交代型（矽卡岩型）矿床	
		5. 斑岩型矿床	
		6. 岩浆热液型矿床	
		7. 陆相火山岩型矿床	火山-沉积型、爆破角砾型、矿浆型、火山热液交代型、火山热液充填型等矿床
		8. 海相火山岩型矿床	
	变质作用矿床	9. 受变质型矿床	
		10. 变成型矿床	
	含矿流体作用矿床（非岩浆-非变质作用矿床）	11. 浅成中-低温热液型矿床及成因不明矿床	
外生矿床	表生作用矿床	12. 风化型矿床	
	沉积作用矿床	13. 砂矿型矿床	
		14. 机械沉积型矿床	
		15. 化学沉积型矿床	
		16. 蒸发沉积型矿床	
		17. 生物化学沉积型矿床	
		18. 叠加（复合/改造）矿床	

二、重要矿产矿床类型划分

根据《中国矿产地质志·省级矿产地质研编技术要求》（中国矿产地质志项目办公室等，2016）划分方案，结合云南实际，云南重要矿产矿床类型划分见表 2-4。

表 2-4　云南省重要矿产矿床类型划分表

矿产种类	矿床类型（成因/工业）	代表性矿床	备注
铅锌	矽卡岩型矿床	腾冲市大硐厂铅锌矿	接触交代型矿床
	斑岩型矿床	姚安县老街子铅锌矿	
	岩浆热液型矿床	个旧市龙树脚铅锌矿	
	砂、砾岩型矿床	兰坪县金顶铅锌矿	
	碳酸盐岩型矿床	会泽县矿山厂-麒麟厂铅锌矿	
	海相火山岩型	澜沧县老厂铅锌矿	
	风化型矿床	砚山县铅厂（小花园）铅锌矿	
	砂矿型矿床	澜沧县老厂铅锌矿（砂矿）	
铜	岩浆型矿床	金平县白马寨铜矿	与基性-超基性岩有关矿床
	矽卡岩型矿床	德钦县羊拉铜矿	接触交代型矿床
	斑岩型矿床	香格里拉市普朗铜矿	
	岩浆热液型	个旧市东瓜林铜矿	
	海相火山岩型矿床	普洱市思茅区大平掌铜矿	火山沉积型矿床
	浅成中-低温热液型矿床	兰坪县金满铜矿	构造蚀变岩、热液型矿床
	沉积型矿床	大姚县六苴铜矿	海相沉积型、陆相沉积型（砂岩型铜矿）、沉积（改造）型矿床
	沉积变质型矿床	东川区汤丹铜矿	

续表

矿产种类	矿床类型（成因/工业）	代表性矿床	备注
锡	矽卡岩型矿床	个旧市老厂锡矿	接触交代型矿床、岩浆热液型矿床
	伟晶岩型矿床	腾冲市宝华山锡矿	
	云英岩型矿床	腾冲市小龙河锡矿	
	砂矿型矿床	腾冲市上山寨砂锡矿	
钨	矽卡岩型矿床	麻栗坡县南秧田钨矿	接触交代型矿床
	岩浆热液型矿床	香格里拉市麻花坪钨矿	
镍	岩浆型矿床	金平县白马寨镍矿	
	岩浆热液型矿床	墨江县金厂金镍矿	
	风化型矿床	墨江县金厂镍矿	
钼	斑岩型矿床	澜沧县老厂钼多金属矿	
	矽卡岩型矿床	香格里拉市红山铜钼矿	接触交代型矿床
	岩浆热液型矿床	香格里拉市休瓦促钨钼矿	
	海相火山岩型矿床	武定县迤纳厂铜铁矿	
	沉积型矿床	黑色岩系中钼多金属矿	
锑	岩浆热液型矿床	双江县南美河锑矿	
	浅成中-低温热液型矿床	广南县木利锑矿	
金	斑岩型矿床	鹤庆县北衙金多金属矿	矽卡岩-斑岩型矿床
	浅成中-低温热液型矿床	镇沅县老王寨金矿	破碎蚀变岩型、剪切带型（石英脉型、破碎蚀变岩型）、破碎带蚀变岩型、构造-蚀变岩型矿床
		广南县老寨湾金矿	微细粒浸染型（类卡林型）矿床
	陆相火山岩型矿床	腾冲市两河金矿	热泉型矿床
	砂矿型矿床	永胜县金江砂金矿	
银	蚀变破碎岩型矿床	鲁甸县乐马厂银矿	
	岩浆热液型矿床	蒙自市白牛厂银多金属矿	中酸性岩浆热液有关的脉状银多金属矿床
	海相火山岩型矿床	澜沧县老厂银铅矿	
	砂、砾岩型矿床	兰坪县金顶铅锌矿	伴生银矿
	沉积型矿床	大姚县六苴铜矿	
	斑岩型矿床	鹤庆县北衙金多金属矿	
稀土	风化型矿床	陇川县龙安稀土矿	风化壳淋积型（离子吸附型、淋积-堆积型矿床）
	机械沉积型矿床	勐海县勐往独居石矿	砂矿型
铁	岩浆型矿床	金平县棉花地铁矿	
	岩浆热液型矿床	瑞丽市芒亮铁矿	
	矽卡岩型矿床	腾冲市滇滩铁矿	接触交代型矿床
	海相火山岩型矿床	新平县大红山铁矿	
	浅成中-低温热液型矿床	巍山县马鞍山铁矿	
	沉积型矿床	武定县鱼子甸铁矿	
	机械沉积型矿床	马龙区天花铁矿	
	风化型矿床	勐海县盘龙山铁矿	风化残积型、风化淋滤型、风化壳型

续表

矿产种类	矿床类型（成因/工业）	代表性矿床	备注
锰	沉积型矿床	砚山县斗南锰矿	沉积变质型矿床
	热液型矿床	安宁市禄表锰矿	
	风化型矿床	建水县白显锰矿	风化淋积型矿床
铝	沉积型矿床	麻栗坡县铁厂铝土矿	
	风化型矿床	西畴县卖酒坪铝土矿	堆积型矿床
铬	岩浆型矿床	新平县双沟铬铁矿	
钛	风化型矿床	富民县大营钛铁矿	风化壳型砂矿
	机械沉积型矿床	保山市隆阳区板桥钛铁矿	湖积型、洪冲积型砂矿

第三节 矿 集 区

矿集区是Ⅳ级成矿单元内矿产资源空间分布相对集中的区域。划分原则为：①有 1 个超大型矿床分布的地区；②有 2 个大型，或 5 个中型，或 10 个以上小型矿床出现的地区；③目前矿床数量虽然达不到上述要求，但具有较大的找矿潜力地区，如德钦县羊拉、镇康县芦子园等。

根据上述原则，对云南省钨、锡、铜、铅、锌、银、金、铁、镍、磷等重要矿种圈定了 23 个重要矿集区（图 2-3，表 2-5）。

表 2-5 云南省主要矿集区

编号	矿集区名称	主要矿产	代表矿床
K1	德钦县羊拉	铜、铅、锌	德钦县羊拉铜多金属矿
K2	香格里拉市格咱	铜、铅、锌、钼	香格里拉市普朗铜矿、红山铜铅锌矿
K3	鹤庆县北衙	金、铅、锌、铜、银、铁	鹤庆县北衙金多金属矿
K4	兰坪县金顶	铅、锌、银	兰坪县金顶铅锌矿
K5	兰坪县白秧坪	铜、银、铅、锌	兰坪县白秧坪铅锌多金属矿
K6	腾冲市—梁河县	锡、铁、铅、锌、铜	梁河县小龙河锡矿、腾冲市滇滩铁矿
K7	隆阳区—云龙县	铜、铅、锌、锡、铁	隆阳区核桃坪铅锌矿、云龙县漕涧锡矿
K8	镇康县芦子园	铜、铅、锌、铁	镇康县芦子园铅锌多金属矿
K9	澜沧县惠民	铁	澜沧县惠民铁矿
K10	景洪市大勐龙	铁	景洪市大勐龙铁矿
K11	武定县—禄劝县	铁、钛、铜、铅、锌	武定县鱼子甸铁矿
K12	易门县—新平县	铁、铜	新平县鲁奎山铁矿、易门县铜厂铜矿
K13	镇沅县—墨江县	金、镍、钴	镇沅县老王寨金矿、墨江县墨江镍矿
K14	大关县—彝良县	铅、锌、银	彝良县毛坪铅锌矿
K15	巧家县茂租	铅、锌、银	巧家县茂租铅锌矿
K16	会泽县矿山厂	铅、锌、锗、银、铜	会泽县矿山厂、麒麟厂铅锌矿
K17	个旧市	锡、铜、铅、锌、钨	个旧锡多金属矿
K18	文山市薄竹山	银、钨、铅、锌	蒙自县白牛厂银多金属矿
K19	麻栗坡县老君山	锡、钨、铜、铅、锌	都龙锌锡矿、麻栗坡县南温河钨矿
K20	金平县—元阳县	金、铜、镍	金平县大坪金矿、元阳金矿
K21	安宁市—华宁县	磷矿	晋宁磷矿、昆明海口磷矿
K22	东川区乌龙	磷矿	东川区白龙潭磷矿
K23	沾益县—东川区	磷矿	沾益县德泽磷矿、东川区田坝磷矿

（云南省国土资源厅，云南省地质调查局，2013）

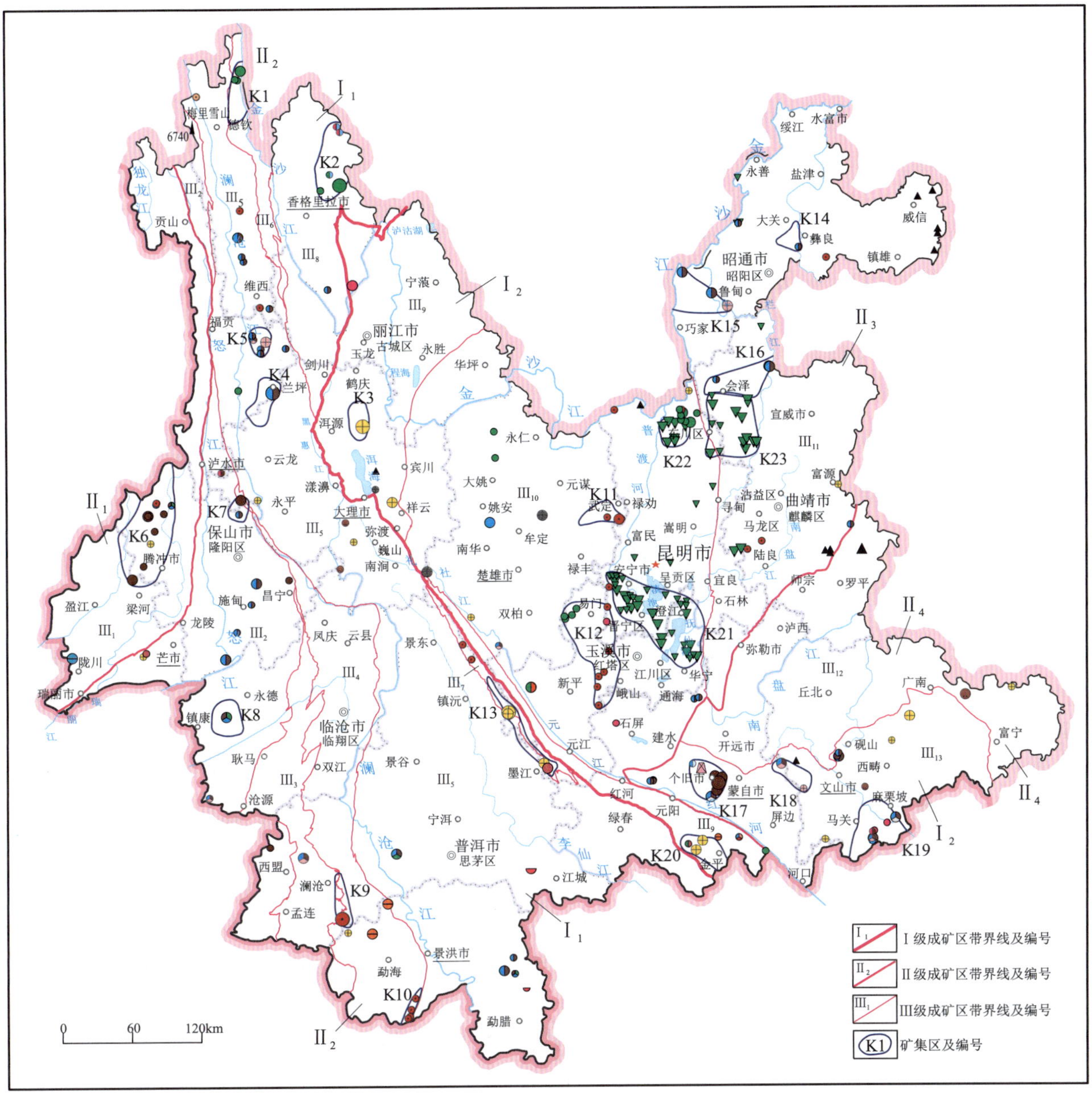

矿种	超大型	大型	中型	矿种	超大型	大型	中型
铁矿	●	●	●	钨钼矿			●
菱铁矿			●	锡矿	●	●	●
钒钛磁铁矿			●	锡多金属矿		●	
铜矿	●	●	●	锑矿		●	●
铜钼多金属矿			●	铂钯矿		●	●
铜镍钴矿			●	金矿	●	●	●
铜铁矿		●		银矿		●	●
铅矿		●	●	银多金属矿		●	●
铅钼矿			●	硫铁矿		▲	▲
锌矿			●	磷矿		▼	▼
铅锌矿	●	●	●	钾盐矿		●	●
铅锌铜多金属矿		●		霞石正长岩(氧化钾)矿		●	
镍矿		●	●	稀土矿		●	
钨矿		●	●	独居石矿		●	●

图 2-3　云南省重要矿产矿集区分布图

（据云南省国土资源厅，云南省地质调查局，2013）

第三章　能源矿产

能源矿产又称燃料矿产，是赋存于地表或者地下的，由地质作用形成的，呈固态、气态及液态的，能提供现实意义或潜在意义能源价值的天然富集物。

能源矿产中使用较广、历史较长的是煤炭、石油、天然气、油页岩及泥炭，新开发的有煤层气、油砂、天然沥青、页岩气。20世纪以来，又将核能（铀、钍）和地热资源作为能源开发利用。

云南的能源矿产主要有煤、石油、天然气、页岩气、煤层气、泥炭、石煤、油页岩、铀、钍、地热等，其中地热并入第十章水气矿产部分叙述。

第一节　煤

煤（C）被称为“工业的粮食”、“黑色的金子”，是人类最早开发利用的能源矿产之一，是工业、农业及生活中的重要燃料，是冶金工业、化学工业、建材工业的重要原料。

在燃料方面，可用于炼焦、生产耐火材料、火力发电、蒸汽机及各种工业窑炉。冶金工业方面，可从中提取锗、镓、铟、钒等微量元素。化学工业方面，通过煤的焦化加工等过程，可以获得许多重要的化工原料和化工产品。建材工业方面，煤矸石、灰渣可用作水泥、建筑用砖的原料与配料。含油率较高的煤炭，可以用来提取人造石油。

煤是目前能源矿产中提供能量最多的矿产。中国的煤炭消费结构以发电（45%）、制造业（41%）为主，次为采掘业（9%），生活（2%）、农业（1%）、商业（1%）、其他（1%）（数据来源：矿业界，2016）。

《中国煤炭分类国家标准》（GB/T 5751—2009）中，据煤化程度将煤炭分为无烟煤、烟煤、褐煤。无烟煤按变质程度进一步划分为无烟煤一号、二号、三号。烟煤进一步划分为贫煤、贫瘦煤、瘦煤、焦煤、1/3焦煤、肥煤、气肥煤、气煤、1/2中粘煤、弱粘煤、不粘煤、长焰煤12种类别。褐煤进一步划分为褐煤一号、褐煤二号。

煤是云南省主要的燃料矿产，在一次性能源消费结构中占比达60%左右。

一、资源概况

云南查明保有煤资源储量较大，是云南的优势矿种之一。截至2015年底，全省列入《云南省矿产资源储量简表》的煤矿区490处，累计查明煤炭资源储量 366.43×10^8 t，保有 347.48×10^8 t（表3-1）。小型以上（含小型）的煤矿产地主要有72处（图3-1，表3-2）。

表3-1　云南省累计查明与保有的煤炭资源储量分布

序号	州（市）	保有/10^8 t	累计查明/10^8 t	序号	州（市）	保有/10^8 t	累计查明/10^8 t
1	昆明市	8.14	9.58	9	德宏州	0.094	0.11
2	曲靖市	140.30	149.10	10	怒江州	0.011	0.014
3	玉溪市	4.77	5.14	11	迪庆州	0.032	0.033
4	保山市	3.10	3.26	12	大理州	1.50	1.82
5	昭通市	119.02	121.18	13	楚雄州	10.17	10.79
6	丽江市	2.15	2.59	14	红河州	41.15	43.89
7	普洱市	1.14	1.37	15	文山州	1.96	2.18
8	临沧市	0.56	0.63	16	西双版纳州	0.27	0.28

注：据《云南省2015年矿区及所属矿山矿产资源储量简表》，云南省国土资源厅，2016。

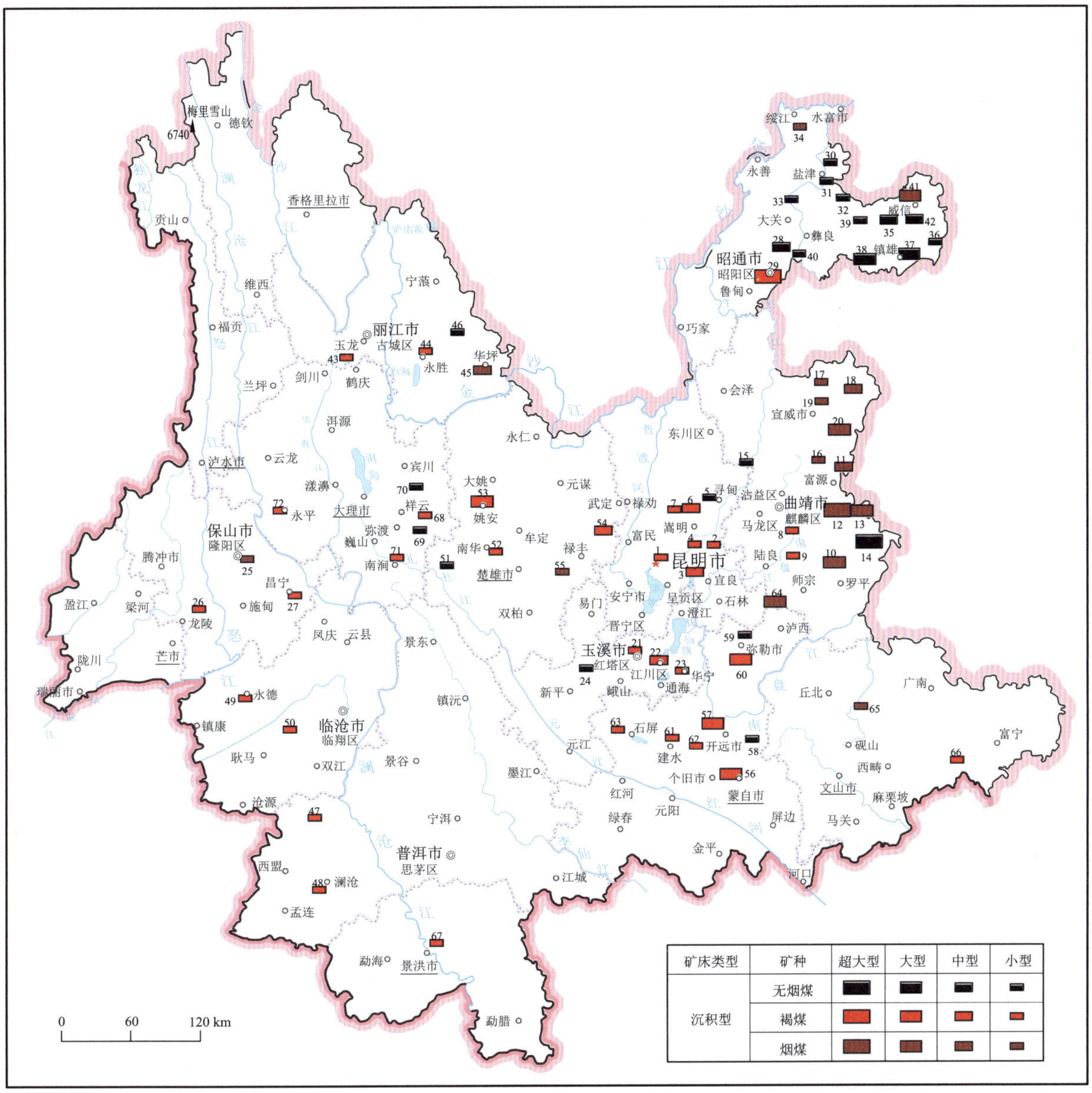

图 3-1　云南省煤矿主要矿产地分布图

表 3-2　云南省煤矿主要矿产地

编号	州（市）	矿产地名称	规模	成矿时代	工作程度	储量/10^4 t	煤田或盆地群
1	昆明市	昆明市松花煤矿（昆明盆地）	小型	上新世	详查	7136.78	昆明盆地群
2		宜良县马街煤矿	小型	上新世	勘探	5048.93	昆明盆地群
3		宜良县可保矿区	中型	中新世	详查	39514.50	昆明盆地群
4		嵩明县杨林煤矿	小型	上新世	详查	2045.00	昆明盆地群
5		寻甸县金所煤矿	小型	上新世	普查	3091.08	昆明盆地群
6		寻甸县先锋矿区	中型	中新世	勘探	30595.89	昆明盆地群
7		寻甸县可郎煤矿	小型	中新世	普查	3664.20	昆明盆地群
8	曲靖市	曲靖市越州盆地	小型	上新世	普查	13318.50	曲靖盆地群
9		陆良县石槽河煤矿	小型	中新世	勘探	2222.38	曲靖盆地群
10		罗平县阿岗矿区	大型	晚二叠世	普查	148380.30	老厂圭山煤田

续表

编号	州（市）	矿产地名称	规模	成矿时代	工作程度	储量/10^4 t	煤田或盆地群
11	曲靖市	富源县后所庆云矿区	中型	晚二叠世	勘探	37597.51	宣富煤田
12		富源县恩洪矿区	超大型	晚二叠世	勘探	549571.66	宣富煤田
13		富源县古木矿区	大型	晚二叠世	普查	88817.91	宣富煤田
14		富源县老厂矿区	超大型	晚二叠世	勘探	455030.68	老厂圭山煤田
15		沾益区塘二水煤矿	小型	中二叠世	勘探	2474	会泽煤田
16		沾益区罗木矿区	小型	晚二叠世	详查	14597	宣富煤田
17		宣威市倘塘矿区	小型	晚二叠世	勘探	15991.16	宣富煤田
18		宣威市宝山矿区	中型	晚二叠世	勘探	46962.46	宣富煤田
19		宣威市来宾矿区	小型	晚二叠世	勘探	19539.1	宣富煤田
20		宣威市羊场矿区	大型	晚二叠世	勘探	51483.34	宣富煤田
21	玉溪市	玉溪市玉溪盆地	小型	上新世	勘探	10515.01	昆明盆地群
22		江川区江川盆地	中型	上新世	普查	21209.09	昆明盆地群
23		华宁县华宁矿区	小型	中新世	勘探	16084.91	昆明盆地群
24		峨山县塔甸矿区	小型	晚三叠世	勘探	2426.22	祥云—平浪煤田
25	保山市	保山市保山盆地	小型	上新世	勘探	12308.30	保山盆地群
26		龙陵县大坝盆地	小型	上新世	勘探	12299.00	保山盆地群
27		昌宁县昌宁矿区	小型	上新世	勘探	5187.90	保山盆地群
28	昭通市	昭通市靖安矿区	中型	早石炭世	勘探	22282.18	昭阳煤田
29		昭通市昭通矿区	超大型	上新世	勘探	823799.59	昭阳煤田
30		盐津县兴隆矿区	小型	晚二叠世	普查	9010.56	镇威煤田
31		盐津县芭蕉矿区	小型	晚二叠世	普查	11131.00	镇威煤田
32		盐津县庙坝矿区	小型	晚二叠世	普查	14694.00	镇威煤田
33		大关县柑子煤矿	小型	中二叠世	勘探	4309.30	镇威煤田
34		绥江县三渡中村矿区	小型	晚三叠世，晚二叠世	普查	6844.35	绥江煤田
35		镇雄、威信县马河矿区	中型	晚二叠世	详查	40388.00	镇威煤田
36		镇雄县母享则底矿区	小型	晚二叠世	普查	18441.23	镇威煤田
37		镇雄县镇雄矿区	大型	晚二叠世	勘探	114408.62	镇威煤田
38		镇雄县牛场-以古矿区	大型	晚二叠世	普查、勘探	104978.32	镇威煤田
39		彝良县洛旺矿区	小型	晚二叠世	普查、勘探	17106.00	镇威煤田
40		彝良县小发路矿区	小型	早石炭世	详查	14604.02	昭阳煤田
41		威信县新庄矿区	大型	晚二叠世	勘探	65743.73	镇威煤田
42		威信县石坎矿区	中型	晚二叠世	详查	35925.00	镇威煤田
43	丽江市	丽江市汝南煤矿	小型	上新世	普查	4215.50	华坪煤田
44		永胜县盐塘河煤矿	小型	上新世	普查	2181.80	华坪煤田
45		华坪县华坪矿区	中型	晚三叠世	勘探	24908.32	华坪煤田
46		宁蒗县汉家厂矿区	小型	晚三叠世	普查、勘探	2139.50	华坪煤田
47	普洱市	澜沧县上允盆地	小型	中新世	勘探	5138.50	临沧盆地群
48		澜沧县勐滨盆地	小型	上新世	勘探	2994.82	澜沧盆地群
49	临沧市	永德县户乃盆地	小型	中新世	勘探	2216.63	耿马盆地群
50		耿马县勐撒盆地	小型	中新世	普查	3447.00	耿马盆地群

续表

编号	州（市）	矿产地名称	规模	成矿时代	工作程度	储量/10^4 t	煤田或盆地群
51	楚雄州	楚雄市三街矿区	小型	晚三叠世	详查	3332. 10	祥云—平浪煤田
52		南华县吕合矿区	小型	中新世	勘探	12391. 97	祥云—平浪煤田
53		姚安县姚安盆地	大型	上新世	详查	63002. 38	祥云—平浪煤田
54		禄丰县罗茨盆地	中型	上新世	勘探	24005. 20	昆明盆地群
55		禄丰县一平浪矿区	小型	晚三叠世	勘探	4586. 60	祥云—平浪煤田
56	红河州	蒙自市蒙自盆地	大型	中新世	普查	200874. 00	蒙自盆地群
57		开远市小龙潭矿区	大型	中新世	勘探	109656. 30	
58		开远市大庄矿区	小型	晚二叠世	普查	7025. 15	丘砚煤田
59		弥勒市脚落沼矿区	小型	晚二叠世	普查、详查	15204. 36	老厂圭山煤田
60		弥勒市跨竹矿区	大型	中新世	勘探	63831. 40	弥勒盆地群
61		建水县建水盆地	小型	中新世	普查	7927. 16	建水盆地群
62		建水县漾田盆地	小型	中新世	普查	14437. 02	建水盆地群
63		石屏县大田坝心煤矿	小型	中新世	详查	2400. 00	
64		泸西、石林县圭山矿区	大型	晚二叠世	普查、勘探	66131. 17	老厂圭山煤田
65	文山州	砚山县干海子煤矿	小型	晚二叠世	勘探	7832. 68	丘砚煤田
66		富宁县普阳矿区	小型	中新世	勘探	9641. 00	
67	西双版纳州	景洪市小勐养盆地	小型	上新世	勘探	2130. 27	景洪盆地群
68	大理州	祥云县云南驿矿区	小型	上新世	普查	2447. 30	祥云—平浪煤田
69		祥云、弥渡县鹿鸣矿区	小型	晚三叠世	普查、详查	2331. 81	祥云—平浪煤田
70		祥云、宾川县香么所矿区	小型	晚三叠世	详查	3748. 70	祥云—平浪煤田
71		弥渡县弥渡盆地	小型	上新世	普查	4189. 28	
72		永平县永平盆地	小型	中新世	普查	2665. 35	

据《全国矿产资源储量通报》（国土资源部，2016），云南省保有煤炭资源储量在全国各省、市、自治区中居第 7 位。在南方 15 个省、市、自治区保有煤炭资源储量中，云南省居第 2 位（占比 22. 2%），仅次于贵州（占比 38. 2%），具有区位优势。

云南省煤矿主要产于 5 个层位。上二叠统、上三叠统、新近系的较好，下石炭统、中二叠统含煤性较差。主要煤田有镇威煤田、宣富煤田、老厂-圭山煤田、会泽煤田、华坪煤田、祥云-一平浪煤田、昭阳煤田等。

云南省具有工业价值的煤炭资源，产于 6 个州（市）、12 个县（县级市）中，煤炭开发程度较高、矿山企业较为集中。即：曲靖市的宣威市、富源县、麒麟区、师宗县；昆明市的宜良县、寻甸县；丽江市的华坪县；红河州的开远市、泸西县；楚雄州的禄丰县；昭通市的镇雄县、威信县。富源老厂矿区探明晚二叠世无烟煤储量近 40×10^8 t，昭通盆地探明新近纪褐煤储量 82×10^8 t。这 2 个含煤区是我国西南地区目前最大的无烟煤和褐煤基地。

总体而言，云南省煤炭资源具有以下 4 个特点。

1）资源分布不均，全省 129 个县（市）中，89 个县有煤炭资源，但主要集中分布在昭通市、曲靖市、红河州，累计查明资源储量约占全省 88%以上（图 3-2）。

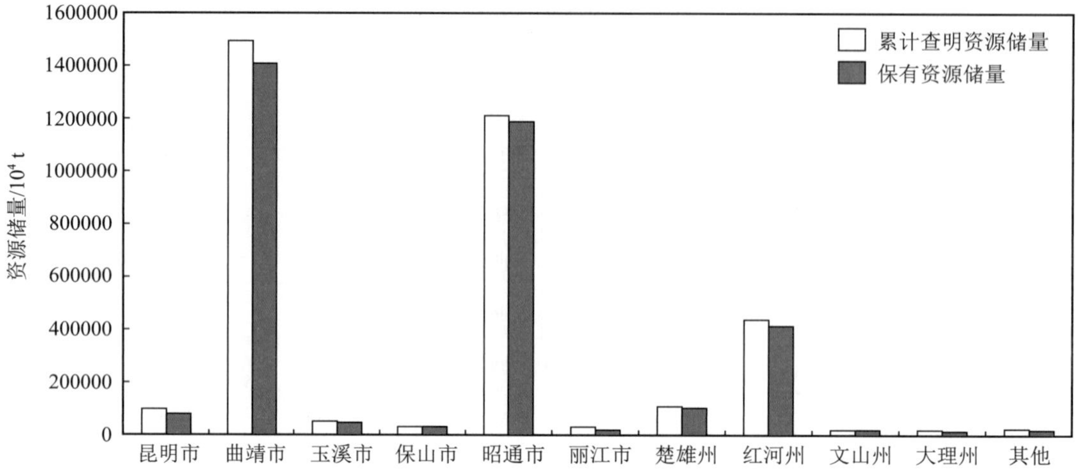

图 3-2 云南省各州（市）查明煤炭资源储量分布直方图

（数据来源：《云南省 2015 年矿区及所属矿山矿产资源储量简表》，云南省国土资源厅，2016）

2）成煤期多，煤类不平衡，褐煤所占比例大。主要成煤期为新近纪、晚三叠世、晚二叠世、中二叠世、早石炭世。早石炭世、晚二叠世煤几乎全分布在滇东。晚三叠世煤主要分布在楚雄、大理、丽江、玉溪及滇东北绥江等地。新近纪褐煤遍布全省，仍以滇中、滇东为主。其中，昭通盆地褐煤资源储量 82×10^8 t，占全省累计查明褐煤资源储量的 60%。

3）煤类齐全、煤质好（表 3-3）。

表 3-3 云南省累计查明煤炭资源储量中各种煤类所占比例

煤类	占比/%	煤类	占比/%	煤类	占比/%
无烟煤	21.91	肥煤	0.55	长焰煤	0.16
贫煤	2.83	气肥煤	0.33	褐煤	45.57
贫瘦煤	0.21	气煤	1.64	未分类炼焦用煤	0.00
瘦煤	3.79	1/2 中粘煤	0.03	未分类非炼焦用煤	0.08
焦煤	19.64	弱粘煤	0.10	分类不明煤	0.58
1/3 焦煤	2.58	不粘煤	0.01		

注：资料来源：《云南省煤炭资源利用现状调查成果汇总报告》，云南省国土资源厅，2011。

4）地质构造较复杂，矿区规模小。煤层多保存在断块或规模不大的向斜中，以分散的中、小矿区（井田）为主。煤层以薄-中厚煤层为主，适宜综合开采、建设大型矿井的矿区不多。

二、主要含煤层位与煤田

云南省的主要含煤层位为上二叠统、上三叠统、新近系。上二叠统的主要煤田有镇威煤田、宣富煤田、老厂-圭山煤田。上三叠统的典型煤田（矿）有华坪煤田、塔甸煤矿。新近系的主要煤田为昭通盆地群。

（一）上二叠统

上二叠统有 3 个重要煤田。

1. 镇威煤田

镇威煤田位于滇东北，西与绥江煤田、昭阳煤田相邻，北、东、南三面至省界。煤田东西长130 km，南北宽80 km，面积约1.04×10^4 km^2。行政区划包括镇雄县、威信县全部及彝良县、盐津县、大关县的大部区域。

含煤地层为：下石炭统万寿山组，中二叠统梁山组，上二叠统宣威组、龙潭组、长兴组，上三叠统须家河组，分布面积约4530 km^2。煤田内分布母享则底、石坎、马河、新庄、洛旺、彝良、牛场-以古、庙坝、两河、镇雄、芭蕉、兴隆、炭厂湾矿区，主要开采上二叠统龙潭组、长兴组中的煤层。

龙潭组和长兴组属海陆交互相沉积，主要分布于滇东北威宁-昭通地区的则底-黑树庄-青山、石坎-马河-牛场-以古、新庄-洛旺-彝良及两河-庙坝4个分区及新庄和镇雄2个赋煤中心。

龙潭组中上部及长兴组下部含煤层数多达22层，最大含煤厚度11.04 m；可采煤层1~6层，最大可采煤层总厚7.66 m。煤类多属中灰-中高灰、中硫-高硫、较高发热量的贫煤或无烟煤。煤田中部以贫煤为主，南部和北部以无烟煤为主。

主要矿区的资源丰度为：庙坝矿区297×10^4 t/km^2，马河矿区469×10^4 t/km^2，新庄矿区550×10^4 t/km^2，石坎矿区北翼222×10^4 t/km^2，镇雄矿区733×10^4 t/km^2。

2. 宣富煤田

宣富煤田位于昭通-曲靖赋煤带中部东侧，西、南分别与会泽煤田、老厂-圭山煤田相邻，北、东至省界。煤田南北长165 km，东西宽10~80 km，面积约6937 km^2，行政区划主要属宣威市和富源县。

主要含煤地层为上二叠统宣威组。宣富煤田内分布倘塘、宝山、来宾、羊场、罗木、后所庆云、恩洪矿区。

宣威组属以碎屑岩为主的陆相含煤沉积，含煤地层主要分布于滇东北南部的恩洪-羊场-来宾、罗木-卡居-宝山-明德-龙潭-可渡分区。在盘县、富源一带形成聚煤中心。

区内一般含煤25~60层，煤层总厚13~27 m。可采煤层2~15层，总厚1.5~15 m。在煤田北部主要分布于煤系上段，南部主要位于煤系中段。煤田内煤质差异较大。恩洪矿区C9-16煤层属低-中灰、低硫、低磷焦煤，北部徐家庄一带见少量肥煤，营上、大河等地见少量焦煤，东北部后所、庆云一带为气煤、肥煤，东南部富村一带为贫煤-无烟煤。羊场矿区C9煤层为低-中灰、低硫、低磷焦煤，可选性较差。来宾矿区煤的灰分增高，煤质变差。倘塘矿区主采煤层C1属中灰、低硫、低磷焦煤。

资源丰度由恩洪矿区的1303×10^4 t/km^2，向北至倘塘矿区降低为154×10^4 t/km^2。

3. 老厂-圭山煤田

老厂-圭山煤田位于昭通-曲靖赋煤带南端，西至贵州省界，北、南与宣富煤田、丘砚煤田相邻，南东以南盘江断裂为界。煤田长150 km，宽40~70 km，面积9706 km^2。行政区划属富源、罗平、师宗、泸西、石林及弥勒市。

含煤地层主要为上二叠统龙潭组和长兴组，属滨海斜坡碎屑岩含煤沉积。区内分布老厂、阿岗、圭山、脚落沼、师宗、大同、纳省矿区。煤田位于滇东北与滇东南的过渡带上。由北东向南西煤系地层厚度从300~460 m（老厂矿区）变为100~120 m（圭山、脚落沼矿区），煤层层数及可采总厚逐渐减少，在老厂矿区形成聚煤中心。

地层含煤层数最多33层，煤层累计总厚32.49 m。可采煤层主要赋存在煤系地层中部及上部，可采煤层最多14层，可采总厚最大16.36 m。煤质多为中-高灰、低-中硫、低磷、高发热量煤。

资源丰度由老厂矿区的2621×10^4 t/km^2，降至脚落沼矿区的484×10^4 t/km^2。

（二）上三叠统

云南省上三叠统煤层以上扬子古陆块（康滇古陆）东侧的华南赋煤区华坪-楚雄赋煤带赋煤性最好。该带西、南至滇西赋煤区边界，东至元谋-绿汁江断裂，北部至云南与四川省界。在赋煤带内，东部含煤性较好，西部含煤性普遍较差；北部以焦煤为主，南部以无烟煤为主。

宏观煤岩类型为半暗型-半亮型煤，局部为半亮型-光亮型煤。煤岩组分以亮煤为主，夹少量镜煤条带及丝炭。无机组分以粘土类为主，次为石英、方解石。煤中有黄铁矿呈星点状、结核状零星分布。烟煤呈黑色，油脂光泽、玻璃光泽。无烟煤呈钢灰色、灰黑色，具金属状光泽、强玻璃状光泽。煤多呈块状、碎块状及鳞片状。煤质主要属中灰、特低硫-高硫煤。煤类以 1/3 焦煤、肥煤、无烟煤为主，少量贫煤、瘦煤和弱粘煤。

华坪矿区含煤地层为上三叠统大箐组，该组由四川宝鼎向西至华坪地区，属“山前平原型”沉积。下段含煤性好，含煤 20 余层，可采煤层 1~5 层，可采总厚 0. 48~6. 49 m。上段不含煤。可采煤层均属薄煤层，单层平均厚度为 0. 5~1. 13 m，集中于含煤地层的下部及底部。含煤地层以腊石沟一带最好，往南煤层数减少，含煤性变差。

塔甸矿区位于康滇古陆西侧海湾部位，含煤性差，仅在上三叠统干海资组中形成 1 层有工业价值的煤。上三叠统最下部的普家村组第一段是山麓、冲洪积产物，不含煤。普家村组第二段，发生了一次短暂的海侵，形成了不稳定的 4、5 煤层。继往上的干海资组为三角洲平原-三角洲前缘沉积，有利于成煤。再往上的舍资组为河流、湖泊砂页岩岩相沉积。资料表明，塔甸矿区含煤地层具有海陆交互相含煤建造的旋回结构特征，古地理类型属滨海-三角洲。

（三）新近系

1. 概况

云南省境内新近纪内陆山间盆地分布广泛，盆地规模不等，面积多数为数十平方千米。以滇东和滇西地区分布较为密集，滇西北、滇东北及滇东南相对稀少。

已知含煤盆地为 150 余个（探明储量超过 155×10^{8} t），含煤一层至数十层，煤层厚度几米至二百余米，资源储量一般为数十万吨至数十亿吨。具有小盆地成大矿的特点，如开远市小龙潭煤矿（照片 3-1），盆地面积 7. 82 km^2，煤层厚 2. 37~215. 68 m，平均 72 m，查明煤矿资源储量109656×10^{4} t。

照片 3-1　开远市小龙潭褐煤矿露天开采现场

（高子英供稿）

宏观煤岩类型以木质型煤为主，也有碎屑型煤，常见保存完好的木质树干和清晰的年轮。煤多为块状、粒状，常见阶梯状或不平整、贝壳状断口，无光泽、暗淡或沥青状光泽，条痕褐色，层状构造，木质状或条带状结构，混有泥质或钙质包体，层面上常可见斑状、薄膜状、球状黄铁矿。在高硫煤中，黄铁矿常呈细晶状、透镜状或结核状黄铁矿产出。在空气中易风化碎裂成小块或粉状，污手性弱，易燃、不结焦、不膨胀。

煤质以中灰、低硫-高硫、低磷煤为主。煤类以褐煤为主，少数矿区为长焰煤，个别矿区（如景谷盆地、马关盆地等）出现有气煤、焦煤、弱粘煤和不粘煤。普遍含有腐植酸、苯萃取物和焦油。其中，昆明松华等矿区（或井田），分别属富腐植酸，高、中等级苯萃取物或富、高焦油煤。

新近纪含煤盆地成煤时代较晚，煤层一般埋藏浅，上覆地层较薄，易于开采。

2. 昭通盆地褐煤

昭通盆地是一个群山环绕的大型山间盆地，呈北东向展布，为一不规则的近似椭圆形，南北长约20 km，东西宽约15 km，面积230 km^2。其中含煤面积140 km^2 左右，主要分布在昭阳区。含煤地层为上新统昭通组，划分为3个岩性段，第三段为主要含煤段。根据普查勘探钻探，发现 M_1、M_2、M_3 三个褐煤层（组），煤类均属褐煤1号，褐煤挥发分52%～59%，发热量16～17 MJ/kg，灰分14%～25%，为高水分、高挥发分、低-中硫、低磷、低发热量、低熔点的褐煤，大部分适合露天开采。

昭通褐煤盆地可为海子、荷花和诸葛营3个向斜。海子向斜位于矿区东北部，煤层厚度最大，比较稳定，可采煤层为 M_2、M_3 两层，一般可采纯煤厚度100 m，最厚达197.4 m。荷花向斜位于矿区西部，仅有 M_2 煤层，可采煤层厚度30～56 m。诸葛营向斜位于矿区东南部，南高北低，可采煤层厚度一般为40 m，最厚为85～93 m，开采条件较为复杂。

昭通盆地褐煤探明保有资源储量达 82×10^8 t，为我国南方最大褐煤田。褐煤是发展火电、气化、液化和生产甲醇、合成氮及其他煤化工的良好原料，可供综合利用。由于城市压覆及其他种种原因，现仅在煤层露头附近小规模开采。

三、矿床时空分布规律

云南省共有5个具工业价值的含煤地层，其中下石炭统、中二叠统、上二叠统、上三叠统煤层为无烟煤或烟煤，新近系煤层为褐煤。上二叠统、上三叠统、新近系的煤质较好，下石炭统、中二叠统含煤性较差。

下石炭统含煤岩系分布于康滇古陆东侧的南北向坳陷中，即昆明—巧家一线以东，为海陆交替相沉积。受古地理、古植物等条件的影响，含煤性较差。含局部可采煤层1～2层，单层厚约1～2 m。含可采煤层的矿区主要分布于昭阳区煤田的靖安-小发路矿区、嵩明县四营、宜良县万寿山等地，煤层属较稳定型。其他地区煤层多呈透镜状、鸡窝状，属零星可采煤层。

中二叠统含煤岩系分布于康滇古陆东侧，范围扩大到昆明、玉溪、昭通、曲靖一带，属海陆交替沉积。可采煤层主要出露于昭通-曲靖赋煤带的会泽煤田，含局部可采煤层1～2层。煤层厚度变化大，呈透镜状、鸡窝状产出，少数似层状。

上二叠统是云南省的主要含煤岩系。含煤岩系分布于康滇古陆两侧，以古陆东侧为主。沉积区具有从陆相至海相的顺序变化。可采煤层以薄-中厚煤层为主，主要分布于昭通-曲靖赋煤带的镇威煤田、宣富煤田、老厂-圭山煤田，蒙自-文山赋煤带东部的丘砚煤田。华坪-楚雄赋煤带西北部宁蒗、永胜一带也有局部分布。

上三叠统含煤岩系分布较广，在滇西北、滇南、滇中、滇东北均有分布。各区的地层层位、岩石组合、沉积环境、厚度及含煤性差异较大。煤层主要分布于华坪-楚雄赋煤带的华坪煤田、祥云-一平浪煤田，蒙自-文山赋煤带东部也有零星分布。煤层多呈透镜状、鸡窝状，少数呈似层状。可采煤层一般2～4层，煤层单层厚0.4～1.5 m。

新近纪含煤地层十分发育，分布于滇东和滇西2个地层大区，5个地层区，9个地层分区，15个地层小区，均属陆相碎屑沉积。煤炭分布于大小不等、互不相连的中、小型内陆山间盆地或谷地中。沉积环境多属冲积扇、湖泊-沼泽，少数为河流。云南东部地区含煤性一般较好。含煤层数少则一层，多则数十层，一般3～5层。煤层可采总厚度由数米至278 m（寻甸县先锋盆地）。

四、开发利用

云南省煤炭的勘查开发起始年代，至今无从考证。据清代康熙《云南通志》记载，云南省在公元10世纪后才开始使用煤炭，明代才有煤炭应用于人民生活的确切记载。清朝末期，大批外省商人到云南开采煤矿。与此同时，外国地质学者先后十余次到云南进行地质调查，较多成果涉及煤矿资源。这些成果，为开展煤田地质勘查提供了重要参考资料。中华人民共和国成立后，通过大规模勘查，发现和查明了大量的煤炭资源。

（一）产业链

煤炭的下游产品较多，主要产业链见图3-3、表3-4。

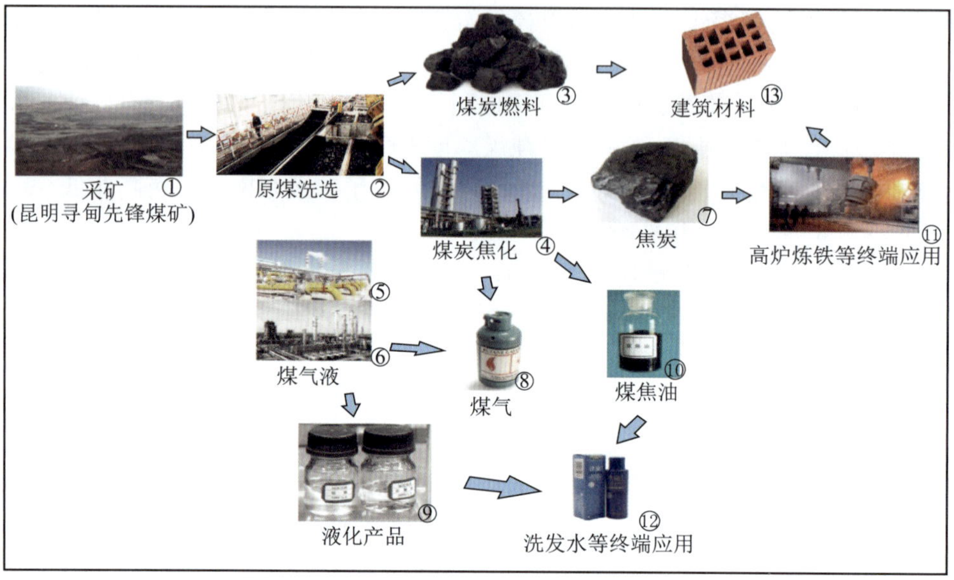

图3-3　煤炭产业链示意图

（图①由高子英提供；图②http://www.zbslk.cn/info.asp? id=3310；图③https://baike.sogou.com/v16756.htm? fromTitle=%E7%85%A4；图④https://baike.sogou.com/v362379.htm? fromTitle=%E7%84%A6%E5%8C%96；图⑤https://baike.sogou.com/v8290816.htm；图⑥侯杰，2010；图⑦https://baike.sogou.com/ v639801.htm? fromTitle=%E7%84%A6%E7%82%AD；图⑧https://baike.sogou.com/v31582.htm? fromTitle =%E7%85%A4%E6%B0%94；图⑨王乐意，2010，http://www.ccin.com.cn/ccin/2696/2699/index.shtml；图⑩https://baike.baidu.com/item/煤焦油；图⑪http://www.huazn.com/mtbd/331.html；图⑫http://www.t-chs.com/pche213202/13909647836.html；图⑬https://baike.sogou.com/v8069434.htm?）

表3-4　煤炭产业链

<table>
<tr><td colspan="2">煤矿开采</td><td colspan="12">原煤</td></tr>
<tr><td colspan="2">洗选分类</td><td colspan="9">精煤</td><td rowspan="4">煤矸石</td><td rowspan="4">洗中煤</td><td rowspan="4">煤泥</td></tr>
<tr><td colspan="2">精煤分类</td><td colspan="8">低硫煤、中硫煤</td><td rowspan="3">高硫煤</td></tr>
<tr><td colspan="2" rowspan="2">低硫煤、中硫煤分类</td><td colspan="3">无烟煤</td><td colspan="2">烟煤</td><td colspan="3">褐煤</td></tr>
<tr><td>粉煤</td><td colspan="2">块煤</td><td colspan="2">炼焦煤</td><td>动力煤</td><td colspan="2">非动力煤</td></tr>
<tr><td colspan="2">主要用途</td><td>炼铁</td><td colspan="2">煤化工</td><td colspan="2">炼焦</td><td colspan="2">发电、建材、民用</td><td>煤化工</td><td colspan="4">发电、建材、民用</td></tr>
<tr><td colspan="2">初级产品</td><td colspan="12">各种煤炭</td></tr>
<tr><td rowspan="2">下游产业</td><td>产业</td><td colspan="2">燃料</td><td colspan="2">冶金</td><td colspan="4">化学</td><td colspan="4">建材</td></tr>
<tr><td>产品用途</td><td colspan="2">炼焦、生产耐火材料、火力发电、蒸汽机及各种工业窑炉</td><td colspan="2">提取锗、镓、铟、钒等微量元素</td><td colspan="4">煤气、煤焦油、人造石油、氮肥、医药品、农药、染料、塑料、合成化纤、合成橡胶、糖精、香料、石墨、活性炭、碳化钙、碳化硅等上百种产品</td><td colspan="4">煤矸石、灰渣用作水泥、建筑用砖的原料与配料</td></tr>
</table>

（二）开发利用现状

云南省的煤炭开发程度较高，矿山企业较多，煤炭资源开发利用与资源储量相适应。据统计，2009 年度原煤生产平均成本约为 350 元/t，精煤平均生产成本 993 元/t，矿山平均采区回采率：大型矿山 79.39%，中型矿山 78.51%，小型矿山 79.12%。

1. 矿山企业概况

云南省的开采煤矿的企业主要集中在曲靖市（宣威市、富源县、麒麟区、师宗县）、昭通市（镇雄县、威信县）、昆明市（宜良县、寻甸县）、红河州（开远市、泸西县）、丽江市华坪县、楚雄州禄丰县。

据云南省国土资源厅开发利用数据库资料统计，截至 2015 年底，云南省有 759 家开采煤矿的矿山企业。其中：大型矿山企业 3 家，中型 25 家，小型及以下 731 家，从业人员约 7.87 万人。至 2015 年底，全省共有省级发证的煤矿采矿权 1398 个。

2. 资源利用情况

云南省煤矿资源利用情况较好，保有资源储量利用情况总体正常。主要存在问题为开采回采率偏低，有些煤层未开采。今后应设法提高开采回采率，薄煤层和厚煤层同时开采。劣质煤（如高硫煤）应同时采出堆放，等待科技水平提高了再进行使用。

据统计，2007~2013 年间，云南省原煤产量逐年提高，至 2014、2015 年，受宏观经济结构调整及云南省煤炭行业转型升级改造影响，原煤产量下降至不到 0.5×10^8 t，煤炭行业暂时陷入低谷（表 3-5）。

表 3-5　云南省 2007~2015 年原煤产、销量统计表

年份	2007 年	2008 年	2009 年	2010 年	2011 年	2012 年	2013 年	2014 年	2015 年
产量/10^4 t	7755	8657	8921	9763	9957	7610	8186	4014	4884
销量/10^4 t	/	/	/	/	/	11200	12000	5811	6216

注：2015 年前数据来自云南统计年鉴，2015 年数据来自国家发改委。

第二节　石油与天然气

石油也称原油，是一种在地下形成并贮集于各种岩石孔隙、缝隙中呈液态、可燃的碳氢化合物的混合物。从煤或油页岩中提炼出来的可燃液体，称为人造石油。从石油中提炼的汽油、柴油等，是飞机、轮船、内燃机、发电机必需的燃料。因此，常把石油称为“工业的血液”。

天然气以气态形式赋存于地下岩石的孔隙、裂缝、孔洞等储集空间中，在常温常压下仍为气态的可燃、无色、无味、可压缩的气体。天然气具有安全、洁净、经济的特点，被人们誉为“绿色能源”。天然气热值高，发热量 39.46 J/m^3（高于常规城市煤气），成为最优质的城市燃气。

石油和天然气是当今世界主要的能源和重要的化工原料，产品广泛应用于人类社会活动的各个领域，中国是世界上最早发现和利用天然气的国家，也是世界上最早发现和利用石油的国家之一。

一、资源与勘查开发概况

云南属于“缺油少气”的省份。虽然在楚雄、陆良等面积较大的盆地内进行了一定程度的勘查工作，但收效均不太明显。2010 年 6 月 3 日，由缅甸通往云南的油气输送管道正式开工建设。2013 年 7 月 28 日，中缅天然气管道全线贯通正式输气。2015 年 1 月 30 日，中缅石油管道全线贯通，2017 年 5 月 19 日 16 时，中缅输油管道原油正式由云南瑞丽进入中国。云南省油气短缺局面将得到一定改善。

（一）勘查开发

云南省存在中古生界海相、新近系陆相盆地等勘探领域，可供油气勘探面积约 18×10^4 km^2。其中海相沉积岩分布面积>16×10^4 km^2，沉积地层累积厚度>2×10^4 m。勘探主要以找气为主，部分地区具备找油的地质条件。

云南油气勘探历程大致可划分为4个阶段：①1954~1962年，全面石油地质调查和初探阶段；②1963~1969年，勘探调整阶段；③1970~1989年，勘探恢复阶段；④1990~2004年，勘探发展阶段。2004年之后，勘探再次陷入低谷。

20世纪90年代初开始的勘探发展阶段，在"以新生代盆地起步，中、古生代盆地求发展"思想指导下，原滇黔桂石油勘探局开展了云南新近系盆地的勘探，并在海相碳酸盐岩勘探领域优选了楚雄盆地、南盘江坳陷及兰坪-思茅盆地等开展工作。1990~1997年期间，在陆良、保山、景谷、曲靖、杨林、陇川、瑞丽、耿马等盆地先后实施了人工地震勘探，施工探井40余口。在此期间，滇黔桂石油勘探局、中国石油开发公司（大陆公司）所属的楚雄盆地油气勘探项目经理部及其后的中石化南方海相油气勘探项目经理部在楚雄盆地实施了大量的重力、航磁、MT、油气化探及二维地震勘探工作，于1990年10月和1999年8月、11月先后在楚雄盆地实施了楚参1井、乌龙1井、云参1井等一批深探井。通过这一阶段工作，在景谷、保山、陆良、曲靖盆地探明了部分石油、天然气储量，建成了小型油气田并投入开采。

至2015年，已完成地面地质调查及大量重力、电法、磁法勘探，累计实施二维数字地震勘探大于1.1×10^4 km，三维地震勘探面积约180 km^2，油气专探井150口以上。由于地形、地质条件复杂、勘探经费投入不足、装备与技术落后等原因，云南的油气勘探程度总体偏低。

据"全国矿产资源储量通报"（国土资源部矿产资源储量司等，2016）数据，截至2015年底云南省累计探明石油储量41.0×10^4 t，天然气8.73×10^8 m^3。2015年天然气产量约0.01×10^8 m^3，总体呈逐年下降趋势。

（二）勘探前景展望

陆良、保山、曲靖气田及景谷油田是当前和今后一段时期云南油气生产的主要基地。但存在油气藏储量规模小，产量低、接替资源不足，滚动勘探开发难度大，经济效益低的实际问题，可以说云南油气勘探至今未取得实质性突破。

云南中古生界海相地层具有良好的生油气背景，具备形成大中型油气田的先天条件。但由于多期次的构造运动，海相原型盆地及其上叠的前陆盆地大多被强烈改造，使油气生成、运移、聚集成藏、散失或再分配的过程漫长而又复杂，油气藏形成和保存所需条件十分苛刻。同时，由于勘探目的层埋藏深（如楚雄盆地三叠系目的层埋深普遍>3000 m），加之地表以山地为主，地形条件差，勘查施工困难、费用高、风险大，油气勘探十分艰难。但相信只要坚持工作，云南的油气勘探肯定会获得战略性突破和发展。

二、主要含油气盆地（区）

云南楚雄盆地（T_3）、南盘江坳陷（D-T_1）及兰坪-思茅坳陷（P-J），是最具勘探潜力的区块。安宁盆地、绥江坳陷等区块也有一定找矿远景。

（一）楚雄盆地

楚雄盆地处于云南省中部，呈北宽南窄的南北向楔形展布，南北长约305 km，东西平均宽125 km，面积约3.65×10^4 km^2。

楚雄盆地位于扬子板块西南边缘，是我国南方面积第三大的具有含油气远景的中-新生代沉积盆地。目前，油气勘探处于盆地评价勘查阶段，油气勘探主体单位主要为中国石油化工股份有限公司（简称"中石化"）。

地层特征。楚雄盆地的主要沉积盖层为上三叠统—古近系，总厚度逾10 km。上三叠统为海相碎屑岩夹碳酸盐岩（盆地西部）、海陆交互相-陆相的煤系地层（整个盆地）。侏罗系—白垩系为陆相红色砂泥岩夹泥灰岩。古近系为河湖相红色砂泥岩夹石盐岩，分布于盆地北部及东部。新近系零星分布，为浅灰色砂泥质岩石夹褐煤。古生界地层为海相碳酸盐岩夹少量碎屑岩，分布于盆地东部。

构造特征。楚雄中生代盆地（T_3-J）具东西分带、南北分块的构造格局，形成和演化可分为盆地形成前阶段、盆地发育阶段、盆地变形阶段及盆地改造阶段。现今表现为挤压改造型构造残留盆地。

成油气地质条件。楚雄盆地生成石油与天然气的主要母岩为上三叠统泥质岩及煤系，次为中上侏罗统、中下泥盆统、下寒武统。盆地的油气资源具有丰富的物质基础。楚雄盆地已发现油苗 16 处、气苗 8 处、沥青 18 处。沥青主要发现于三叠系及下侏罗统，油苗分布于泥盆系、白垩系，气苗主要发现于白垩系。

油气储集条件。储层是孔隙、裂缝、孔洞发育，可以容纳油气的岩石地层，楚雄盆地的上三叠统、侏罗系、白垩系及部分古生界的砂岩均属油气储层（照片 3-2、3-3）。

照片 3-2　楚雄盆地上三叠统干海资组黑色页岩及裂缝中的沥青脉（古油藏）
（武定县万德乡尼格村，程胜辉供稿）

照片 3-3　云参 1 井上三叠统舍资组灰色荧光细砂岩岩芯及干馏出来的原油
（据滇黔桂油田分公司勘探开发科学研究院，2001）

油气盖层条件。盆地盖层为侏罗系、白垩系、古近系，厚 2500~4000 m。侏罗系为第一套主力区域盖层，中上白垩统—古近系为第二套区域盖层。乌龙 1 井实钻地层水分析结果为重碳酸钠型，表明该构造具备一定的封闭条件。

楚雄盆地主体存在以上三叠统为烃源岩的含油气系统，盆地东部东山、云龙坳陷一带存在以下寒武统、中-下泥盆统为烃源岩的含油气系统。形成以上三叠统自生自储形成的原生油气藏勘探领域，以侏罗系、白垩系砂泥岩为封盖层及储集层的次生油气藏勘探领域，深盆气、页岩气、无机成因二氧化碳气 5 个勘探领域。

由于地质及构造演化的差异，楚雄盆地北部区块油气成藏与保存条件明显好于南部区块，其中黑井坳陷、永仁坳陷、东山坳陷、云龙坳陷北部为有利油气保存单元和勘探突破区带。这些区带中存在的大中型局部构造圈闭在进一步工作后可优选为钻探突破的目标。

（二）兰坪-思茅盆地

兰坪-思茅盆地位于云南省西部，面积 7.7×10^4 km²。盆地分为北部的兰坪坳陷及南部的思茅坳陷，本文重点介绍成油气条件较好的思茅坳陷。思茅坳陷北抵景东，南达国界，南宽北窄，呈北北西—南东扫帚状展布，南北长约 390 km，东西最宽 90~310 km，面积 4.7×10^4 km²。行政区划主要属普洱市、西双版纳州、红河州（注：兰坪-思茅盆地目前也称兰坪-普洱盆地）。

地层特征。思茅坳陷内地表出露奥陶系—古近系。泥盆系为滨海相碎屑岩沉积，石炭系—三叠系为海相碎屑岩及碳酸盐岩沉积，侏罗系为夹暗色碳酸盐岩（中部）的海陆交互相碎屑岩沉积，白垩系主要为陆相碎屑岩沉积。大部分地区缺失下三叠统、下侏罗统、上白垩统。

构造特征。盆地在印支期拉张形成弧后盆地，后期演化为前陆盆地，构造变形主期为燕山期。坳陷划分为墨江凸起、景星-江城坳陷、营盘山断凸、景勐坳陷、澜沧江凸起。其中营盘山断凸带位于坳陷中央。

成油气条件。思茅坳陷主要存在4套烃源岩：①中侏罗统花开左组烃源岩主要分布在景勐坳陷，岩石组合为灰、灰黑色泥岩，普文一带厚达297 m；②三叠系烃源岩主要分布在把边江以西，为泥质岩、碳酸盐岩，在普文-云仙一带最厚可达1300 m；③上二叠统龙潭组烃源岩分布在北部的景东，中部的通达河—骂泥街一线及南部的勐远一带，以泥质岩为主，存在少量碳酸盐岩；④下二叠统烃源岩以碳酸盐岩为主，为灰至深灰色泥灰岩、泥晶灰岩、含生物碎屑泥质灰岩，次为灰至灰黑色泥质岩，属浅海陆棚相沉积。除景谷新近系油田外，其余共发现17个油气苗显示点（表3-6）。

表3-6　思茅坳陷油气苗统计表

编号	层位	油气苗	产状	产地
1	J_2b	沥青	深色灰岩裂缝、孔洞	景谷县和平乡
2	T_2d	沥青	灰岩裂缝	思茅区黄竹林
3	P_2	沥青	砂岩粒间、灰岩孔洞、裂缝	思茅区震东
4	P_1m	沥青	灰岩裂缝、孔洞	普洱水泥厂
5	P_1m，P_1g	沥青	灰岩裂缝、孔洞	墨江县上密地
6	C	沥青	灰岩孔洞、裂缝	勐腊县勐醒
7	T_3	沥青	砂岩粒间、灰岩孔洞、裂缝	李仙江
8	T_2y	沥青	砂岩粒间、裂缝	勐腊县勐远
9	P_2c	沥青	灰岩孔洞、裂缝	勐腊县勐远
10	E	气苗	钙质泥岩裂缝，井喷，气体性质不明	勐腊县磨憨ZK29井
11	K_2m^1	气苗	砂岩粒间、孔隙	宁洱县磨黑盐矿
12	K_1j^3	沥青	粗粒砂岩粒间	景谷县那武
13	J_2h	沥青	灰岩及钙质泥岩孔洞、裂缝	景洪市三岔河
14	P_2	沥青	灰岩孔洞、裂缝	宁洱县西门岩子
15	P_2c	沥青	粉晶白云岩晶间孔	宁洱县德化
16	P_1m	沥青	灰岩裂缝	墨江县布龙
17	P_1?	油苗	盐水水面有油渍、硫磺臭味	江城县三楞

油气储集条件。思茅坳陷的储层分为碎屑岩型和碳酸盐岩型储集层。碎屑岩储层以下白垩统、中侏罗统为最好，次为上三叠统、上二叠统，中三叠统、泥盆系较差。碳酸盐岩储集层以下二叠统最好，次为中三叠统，中侏罗统、石炭系较差。大多数储集层中均有油气显示。

油气盖层条件。思茅坳陷的盖层主要为泥质岩，碳酸盐岩在裂缝不发育的局部地区也可作盖层。泥质岩类盖层主要分布在下白垩统、中侏罗统、中上三叠统、上二叠统。碳酸盐岩盖层主要分布在中三叠统、下二叠统、石炭系。从盖层的各项分析指标来看，下白垩统、中-上侏罗统泥质岩盖层累计厚度大（1000~2500 m），单层厚度一般>6 m。泥质岩类盖层已进入晚成岩期，可塑性差、裂缝发育、封闭性降低，对油气保存有不良影响，这是影响该盆地油气勘探远景评价的重要原因之一。其他层位的盖层性能较差，可作局部地区的盖层。

据烃源岩演化史研究，中侏罗统、三叠系、二叠系生油母岩于三叠纪晚期—早白垩纪中期开始生油，高峰期为中侏罗纪—晚白垩早期。二叠系现今已达干气阶段，三叠系、中侏罗统烃源岩现今仍处于凝析油湿气阶段。思茅坳陷主要以中上侏罗统为盖层，三叠系、二叠系为生油层及储积层的油气系统为目标，同时侏罗系、白垩系内的浅层次生油气藏也为需重视的勘探领域。

油气勘探有利区块为景勐坳陷的景谷次坳和普文次坳、景星-江城坳陷。主要目的层为二叠系、三叠系，次要目的层为中侏罗统、石炭系。以上区块属于沉积与生油坳陷中心，发育与二叠系有关的最佳生储盖组合，同时处于构造相对稳定地区，岩浆及变质作用较弱，有利于油气保存。

（三）南盘江坳陷

南盘江坳陷行政区划跨滇黔桂三省（区），面积约 9×10^4 km²。坳陷主体位于贵州、广西境内，云南部分主要为其东部的罗平断阶及坝林坳陷，面积约 1.7×10^4 km²。

“六五”期间进行了第一次资源评价，以云南境内罗平、师宗县坝林等地区为勘探重点，钻探了11 口探井，总进尺>4×10^4 m（表 3-7）。

表 3-7　南盘江坳陷云南部分钻井资料汇总

构造	井号	钻孔位置	完钻井深 m	完钻层位	油气水显示
罗平断阶	罗 1 井	罗平县金歹	2714	P_2	见气泡，点火不燃；岩芯油浸、岩屑中见沥青。裸眼测试（816.98~898 m）产少量淡水
	罗 2 井	罗平县金歹	3200	P_2	浅层 2 处井漏，3115~3118 m 测试无流体产出
	罗 3 井	罗平县革来	3206	P_2	共 14 处井漏，岩芯多处冒气泡，中途测试 6 层产水，水型为 $NaHCO_3$ 型，产微量气，甲烷为主
	罗 4 井	罗平县金歹	3656	P_1	共有 36 个漏失层段、1 个气显示层段、2 个油显示层段，射孔试油 2 层均产少量水和溶解气
	杨 1 井	泸西县小五者水库	3211	D_2	7 处井漏，中途测试均产淡水 30.2~42.72 m³/d，水型为重碳酸钠型水
	花 1 井	师宗县五七畜牧场	3203	P_2	5 处井漏，未测试
	霸 1 井	师宗县花贵	2786	P_2	2 处井漏，未测试
坝林坳陷	拖 1 井	弥勒市家租	3000	D_2	2 处井漏，岩屑缝洞中见沥青，对 D、P 共 4 层测试，产水 2~12.87 m³/d，为重碳酸钠型水，产微量气，以氮气为主
	塘 2 井	丘北县马者龙	3203	P_2	12 处井漏，玄武岩中见沥青显示，未测试
	盘参井	师宗县鲁古	4435	C	24 处井漏，玄武岩油浸 6 处，P_1m 岩芯油浸，射孔未获流体
	设 1 井	师宗县蚌别	2882	P_2	160~172 m 见油浸，265~334 m 产水 55 m³/d，未测试

资料来源：中石化勘探南方分公司，2008。

烃源岩为泥质岩和碳酸盐岩。主要生油岩为二叠系盆地相深色碳酸盐岩和泥质岩。次要生油岩为石炭系盆地相的深色碳酸盐岩和泥盆系的深色泥岩。

南盘江坳陷主要勘探目的层为：下-中泥盆统高峰街组灰岩（或礁、滩灰岩），下二叠统茅口组—上二叠统灰岩（或礁灰岩）。晚古生代区内呈现“台盆相间”的沉积格局，丘台、生物礁为储集体，台盆沉积了厚度巨大的泥质岩、碳酸盐岩烃源岩。盆地相中孤立的碳酸盐岩丘台为该区油气勘探的主要目标。

南盘江坳陷至今尚未取得油气勘探的突破。由于烃源岩有机质和热演化已达到生气高峰阶段，勘探以找气为主，应特别注意天然气的成藏与保存条件研究。

（四）安宁盆地

安宁盆地位于云南省中部，东距昆明市 32 km，面积 264 km²（侏罗系底界范围）。盆地为中生代内陆河湖相含盐碎屑岩沉积，受基地构造控制，形成一个东西向长，南北向窄，东侧较西侧宽的近长方形盆地。

1982 年初，云南省地矿局一大队在安宁官庄以北 1 km 施工的 ZK1 号钻孔中，首先发现了泥质白云岩中有油浸现象，其他井也发现不同程度油显示（照片 3-4）。

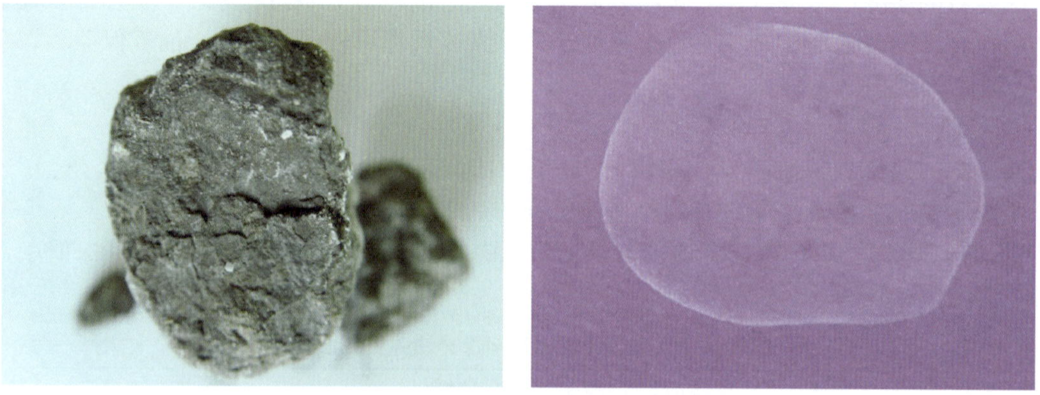

照片 3-4　安 8 井井深 847~848 m 褐灰色泥晶砂砾屑灰岩及金黄色片状荧光显示（色偏浅、紫）
（据中石化南方勘探开发分化公司研究院资料，2003）

当把有油浸的岩芯取出后，发现岩石中的石油慢慢向外渗透，并散发出很浓的汽油味。该井共发现 9 处油显示，显示层位均被上下盐层所挟持，厚度一般为 2 m 左右，累计厚度在 20~40 m。随后施工的 8 个钻孔中，均见有油显示，并可相互对比，层位均为上侏罗统安宁组，由此引起业界重视。

原云南石油地质科研所曾经收集有关地质资料并进行野外剖面观察，采集了各种岩样地化标本。2008 年中国石化西南油气分公司开展了全盆地的二维地震勘探普查，共施工 9 条测线，总长 159.0 km，基本查明盆地结构。盆地构造形态为北断南超、东断西超不对称箕状向斜结构。盆地内部构造简单，东部为深凹的主体，西部变浅，东、北边缘发育逆断层，盆底有微小的起伏。

安宁盆地基底岩系从老到新出露有震旦系、寒武系、泥盆系和二叠系，为古生代海相碳酸盐岩沉积和碎屑岩沉积（上二叠统为玄武岩）。盆地沉积地层从老至新有上三叠统、侏罗系、白垩系，总厚度逾 3000 m。

盆地内与油气相关的地层为侏罗系，为一套红色含膏盐的陆源碎屑沉积。其中上侏罗统安宁组分为 3 个岩性段，总厚度 725~440 m，为安宁盆地的主要含盐层段。下段的白云质泥质粉砂岩夹层靠上部有油浸现象；中段膏盐层所夹青灰色含泥质钙芒硝岩或深灰色白云质泥岩多处发现有油浸现象；上段的深灰-灰黑色含白云质泥岩与含方解石泥岩泥灰岩互层中，同样见油浸现象，但不如中下段明显。

安宁盆地有 2 套主要生油岩：①中-下侏罗统禄丰组，暗色泥岩厚度约 200 m，特征与安宁组生油岩较为相似，目前未进行系统评价；②上侏罗统安宁组中的青灰色灰质泥岩、泥质白云岩可作为生油层及储层，形成自生自储含油气系统。

上侏罗统安宁组为膏盐和其他岩石呈韵律状产出，是很好的油气封盖层，保存条件较好。

安宁盆地是油盐共生型的盆地，具有面积小、岩石组合好的特点，是云南省中生代盆地中唯一见可流动石油显示的盆地。其中，石油显示明显的井主要位于凹陷斜坡带上，反映了盆地已存在油气生成及运移过程，但盆地资源潜力需要进一步落实。

（五）新近系盆地

云南是我国西南地区新近系山间沉积盆地（民间俗称“坝子”）最为发育的省份，区内有新近系盆地共 258 个。其中，面积>50 km^2 的有 54 个，累计面积达 1.1×10^4 km^2。面积>200 km^2 或沉积厚度>1000 m 的计有 26 个。

新近系盆地具有面积小、地层新、埋深浅的特点，盆地基底埋深大多<2000 m。沉积地层以砂、泥为主，普遍含褐煤。地层中的有机质尚处于生成生物气（甲烷为主）及低熟石油的阶段，有一定的油气资源潜力。同时新近系盆地多处于云南省州（市）、县政治及经济文化中心，油气开发利用市场前景较好。

截至2015年，探明了陆良大嘴子、保山永铸街、曲靖3个浅层小型气田及景谷大牛圈小型油田并投入开采。昆明盆地、越州盆地等钻井过程发生天然气井喷，陇川盆地实钻井下见油砂，耿马盆地在找煤钻探时发现煤块中见油滴和油膜显示。

1. 景谷盆地大牛圈油田

景谷盆地位于景谷彝族傣族自治县，为南北向不规则椭圆形山间小盆地，长18 km，宽3.5~6.5 km，面积约88 km^2。大牛圈油田位于盆地东部大牛圈村附近南北长约2.3 km、宽0.8 km的范围内，油田因村得名，属陆相小型含油气盆地之微型油田。

（1）油田概况

景谷盆地形成于新近纪中新世，为叠置于兰坪-思茅中生代盆地之上的残留盆地，沉积盖层最大埋深超过3000 m。中新统地层下为三号沟组、上为回环组。三号沟组为深灰、灰黑色泥岩、碳质页岩、煤岩，厚约200~2000 m，为盆地主要生油气母岩（烃源岩）及储集层。回环组为盖层，形成良好的生、储、盖组合。形成的原油为低硫石蜡型黑色原油（照片3-5），伴生少量天然气。

照片3-5　景谷大牛圈油田生产的黑色原油

（中石化西南油气田分公司云南采气厂供稿）

大牛圈油田被南北向及东西向断层交互切割，形成一系列小型、超小型断块油田。其中，牛2、牛4块为主要含油断块。储集层为水下扇砂体中-细粒石英砂岩，单层砂体0.8~24 m，孔隙度3.81%~46%，油藏埋深在250~370 m，油藏高度80余米，具边水驱动特征。

大牛圈油田地面原油平均密度0.9 g/cm^3，含硫1.6%，含蜡36.2%，沥青质3.25%，凝固点32.1℃±，原油具有粘度高、含蜡量高、胶质、硅质高、凝固点高的特点，不利于开采。

（2）勘查历史

景谷盆地的石油勘探历史悠久，1958年墨江地质队在进行煤田调查时在浅井中发现有油气显示。

1970~1975年云南省石油会战指挥部在全盆地进行石油普查勘探。钻探中共有44口井见油气显示，试油井15口/50层。试采井4口，单井日产为百余公斤规模，累计产油108.5 m^3。钻井呈现“处处见油，井井不流”的现象，达不到工业化开采要求。此后，勘探工作暂停。

20世纪80年代后期，经综合评价后重新恢复了石油勘探工作。这时期的钻探工作主要集中于盆地东部断阶带，共钻井26口，进尺逾1.2×10^4 m，试油达21口井63层。其中，牛2井在352~373井段发现10余米厚油层，测试获日产原油11.0 t，是该地区获得的单井最高日产量。

1996年3月8日，经全国矿产储量委员会审批，大牛圈地区牛2、牛4区块0.3 km^2的范围内，获Ⅰ类探明石油地质储量数十万吨，属中等丰度、浅层、低产小型油田。

（3）开发概况

油田自1993年正式投入开采，大多采用提捞、抽汲方式采油（照片3-6）。

油田陆续投产过20余口油井，高峰时日产原油曾达10 t左右，年产量从1989年的13余吨至

a—采油井井口

b—生产中的抽油机（俗称“磕头机”）

照片 3-6　景谷大牛圈油田生产现场照片

（中石化西南油气田分公司云南采气厂供稿）

1994 年最高的 3400 多吨。由于产层压力低、油层水淹、产量自然递减、工程报废等原因，正常生产的仅有少量油井。由于没有新的接替储量发现，产量日趋下降，至今仍处于小规模开采中。截至 2014 年底，累计生产原油约 2.4×10^4 t，所产原油主要作为燃料供周边企业使用。

2008~2009 年，中石化西南油气分公司在景谷盆地主体部位完成了 24 km^2 三维地震勘探，2010~2011 年在盆地西部坳陷、东部斜坡分别实施了景谷 3、景谷 2 井钻探，总进尺近 3500 m，钻井见显示但未获工业油气流。经历了 50 多年的持续勘探后，在石油地质条件较好，埋深适中的盆地中部斜坡带，至今未取得勘探突破，打造“小而肥”油气田的目标未能实现。

2. 陆良盆地大嘴子气田

陆良盆地位于云南省东部，居南盘江上游，四面环山，中间是开阔平坦的湖积盆地，境内海拔 1840 m。新近纪上新世时期由于地壳拉张形成盆地，属断陷构造残留盆地，具东断西超箕状特征。大嘴子气田位于盆地东南角三岔河镇大嘴子村附近，是云南第一个向国家提交天然气储量报告及投入工业开采的气田。

盆地沉积上新统茨营组浅湖-半深湖砂泥岩地层，局部见河流-三角洲平原相、三角洲前缘-滨湖沼泽相沉积，纵向上呈粗—细—粗的单一沉积旋回，最厚达 2000 m 左右。其中，茨营组中段泥岩与粉砂岩呈不等厚互层，是盆地主要含气层位。

1994 年 6 月，陆良盆地第一口探井——陆参 1 井在大嘴子背斜 595.34 m 深处钻遇气层，引发强烈井喷（预计日喷出天然气$>100\times10^4$ m^3）。封井抢险成功后，紧急钻探了救援井——陆斜 1 井，同时再成功钻探陆 2 井，陆 2 井测试获日产无阻流量 105×10^4 m^3 的高产天然气流。气龙降伏，宣告了大嘴子气田的发现。气田分为背斜区的陆 2 块、陆 3 块及坳陷区的陆 9 块。气藏主体埋深 420~710 m，属于自生自储构造-岩性复合型气藏。天然气中，甲烷含量达 96%以上，为生物成因浅层气。背斜区的陆 2 块含气砂岩有效厚度>20 m，孔隙度 30%~38%，含气饱和度 64%，在横向上具有一定稳定性。

1996 年 3 月 8 日，经全国矿产储量委员会审批，陆良盆地大嘴子气田探明含气面积 6.3 km^2，基本探明储量 10×10^8 m^3 以上，为小型、低丰度、中-高产的浅层气藏。

气田于 1996 年 12 月基本结束勘探投入试采，陆 2 井的稳定产量为 16×10^4 m^3/d，陆 9 井的稳定产量为 4×10^4 m^3/d，1997 年产天然气 1×10^6 m^3。此后产量逐年上升，高峰期的 2004 年，共有天然气生产井 6 口，日均产气量达 5.4×10^4 m^3，年产气量逾 1800×10^4 m^3，生产的天然气主要供陆良县城工业与民用。由于气田储量规模较小，生产中出水、出砂影响较为严重，产量逐年下降。目前气田气井已经全部关停，累计产气约 1.3×10^8 m^3。

陆良盆地的勘探得到原中国石油天然气总公司支持，首次在云南地区实施了高精度三维地震勘探（图 3-4），成效显著，极大提高了云南地区油气勘探技术水平。

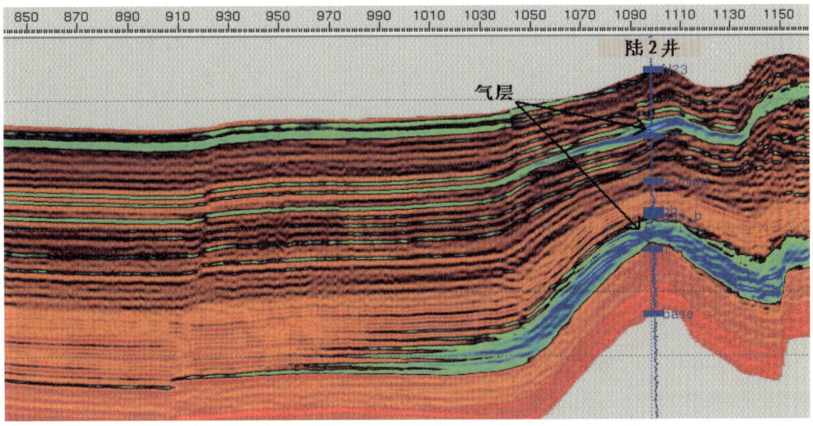

图 3-4　陆良大嘴子气田典型过井三维地震波阻抗剖面

（据滇黔桂油田分公司勘探开发科学研究院，2001）

随后几年中，部分民营企业继续在陆良盆地开展勘探工作，先后获得一些小规模的发现。如陆 9 块外围陆元 1 井钻获工业气流、华侨农场农 2 井发生井喷等（照片 3-7）。

照片 3-7　陆良县华侨农场农 2 井井喷现场，喷高超过二层钻井平台（>25m）

（据中石化南方勘探开发分公司研究院，2007）

3. 曲靖气田

曲靖盆地主体呈南北向，长 23.5 km，宽 10 km，面积 213 km^2。区内地形平缓，地表几乎全被第四系沉积所覆盖，仅盆地边缘局部见中新统出露。陆良、越州、曲靖盆地由南向北呈串珠状分布于云南省东部，地质界曾有 3 个盆地原为一体，后期抬升分异的说法。

1994~1996 年，受陆良盆地天然气勘探发现的启示，原滇黔桂石油勘探局优选曲靖盆地实施了二维地震勘探。1997 年在盆地中部断陷带钻探第一口油气探井——曲参 1 井，完钻井深 1126 m，未发现油气。

2004 年，原中石化南方勘探开发分公司在重新评价基础上实施了 5 口井钻探。盆地西部来凤村背斜的凤 1 井首先预探成功，在 324~335 m 井段完井测试获天然气无阻流量 10×10^4 m^3。2004 年 12 月，位于陆家台子的曲 2 井钻获 25×10^4 m^3 的高产工业气流，奠定了曲靖盆地天然气开发基础（照片 3-8）。

照片 3-8　曲靖盆地曲 2 井天然气开采集输站

（中国石化西南油气分公司云南采气厂供稿）

2007 年，中石化西南油气田分公司实施的曲 8 井在上新统茨营组三段获日产 7×10^4 m^3 工业气流，夯实了曲靖盆地天然气开发基础。同年，曲靖气田向国家提交了凤 1 块、曲 2 块上新统茨营组三段气藏天然气探明储量报告。

截至 2014 年 12 月，曲靖盆地累计完钻各类钻井 14 口，进尺约 9.6 km，获天然气工业气流井 5 口，气田累计生产天然气 0.3×10^8 m^3。至 2016 年底，气井已基本全部关停。

4. 保山盆地永铸街气田

保山新近系盆地面积 245 km^2。盆地构造形态为两凹夹一凸，南部为摆宴屯坳陷、中部唐官屯低凸起、北部岔河坳陷，西部为区域性控盆断裂。盆地结构有利于天然气的运聚成藏，永铸街气田即位于盆地中部唐官屯低凸起之上。

盆地主要沉积上新统羊邑组地层。上段浅湖—半深湖泥岩为主，夹薄层（泥质）粉砂岩，靠西部断层一侧发育大套三角洲沉积的砂砾岩。下段以粉砂岩、砂岩、砂砾岩为主，为河流、滨湖、三角洲及水下扇沉积。羊邑组上段为盆地主要含气层位。

1994 年 11 月，盆地第一口油气参数井保参 1 井在永铸街背斜高部位开钻，该井完钻井深 1786 m，综合解释气层 34.7 m/7 层。经测试，595.0~599.5 m 井段获日产天然气 2.0×10^4 m^3 的工业气流。气藏类型为背斜控制下的构造-岩性浅层生物气藏，属自生自储富集成藏。

经钻探及地球物理综合技术手段控制，气田纵向上共发现 60 多个气层，圈定 30 多个含气砂体。矿区具有单井钻遇含气砂层多、厚度小的特点，一般厚 1.2~7.0 m。单个气砂体规模小，面积一般 $<$ 1.0 km^2，底部普遍含水。气田开采中单井产量低，出水早、易出砂，气田采气速度、采出程度均较低。

永铸街气田共完成二维地震勘探 438.0 km，探井 6 口，总进尺 $>$ 6190 m，获工业气井 5 口/35 层，基本查明永铸街背斜天然气富集情况。1996 年 3 月，经全国矿产储量委员会审批，气田获基本探明含气面积 4.4 km^2，基本探明天然气储量近十亿立方米。

气田于 1997 年投入试采，当年生产天然气 110×10^4 m^3。此后产量基本保持上升的态势，至高峰期的 2005 年，气田共有生产气井 6 口，日均产气 1.6×10^4 m^3，年产天然气 600×10^4 m^3。在随后的勘探开发中，再未获良好发现。至 2014 年 12 月底，已累计生产天然气约 2.3×10^8 m^3，采出天然气主要供本地工业及民用。至 2016 年底，由于开采中出砂严重，产量低，大部分气井已被关停。

5. 杨林盆地

杨林盆地位于云南中部，面积 327 km^2，为受小江断裂西支控制的断陷（经向中断）盆地，构造走向近南北向。

盆地沉积具有南北分异特点，南部—中部沉积以上新统茨营组为主，最大沉积厚度>1500 m，划分为 3 个岩性段。第二段为浅湖—沼泽相煤系地层，是主要含气层段。盆地北部则以第四系松散砂泥岩、粘土沉积为主。

截至 2003 年，盆地共进行了三轮钻探工作，钻井达 99 口，总进尺 2.68×10^4 m，证实和发现 50 多个气层，揭示了盆地第四系含有天然气。

杨检 1 井位于杨林盆地西部斜坡带马坊坳陷，1992 年 9 月于茨营组中段 450 m 完钻。钻井过程中发现 18 个井段有气测异常显示，其中钻至井深 423～425 m 时发生井喷，喷高 15 m。完钻后测试获 1.24×10^4 m^3/d 的工业气流。之后再无大的发现，仅有零星天然气试采。

杨林盆地天然气为生物气，天然气显示井段多属浅湖—沼泽相沉积，岩石组合以灰色泥岩、粉砂岩—中粒砂岩、褐煤层为主，反映出暗色泥岩、煤层为气源岩，处于未成熟阶段。

储集岩主要发育于上新统中下部及第四系，即湖泊沼泽叠置相大背景下的泥质粉砂岩、细砂岩，成岩性差，弱固结，储层孔隙度高（30%～40%），但渗透率低，天然气开采较为困难。

前期勘探在盆地不少部位均已钻获天然气，成藏具有普遍性。但存在出气井点多、富集程度不高的特点，盆地资源量基本未探明。

第三节　页岩气与煤层气

页岩气是一种新兴能源，是指以吸附和游离状态赋存于富含有机质的暗色（泥）页岩及其泥质粉砂岩、粉砂质泥岩夹层中的天然气，成分以甲烷为主。页岩气与天然气一母同根，主要区别在于其赋存形式上的差异。页岩气属非常规天然气的一种类型，广泛应用于燃料、化工等方面。

煤层气又称煤层甲烷，俗称“煤矿瓦斯”，是煤炭的重要伴生矿产资源之一，是一种从煤层中抽排出来的天然气，属于非常规天然气的一种类型，是宝贵的能源矿产。

云南的页岩气、煤层气成矿地质条件较好，但研究程度较低。随着地质勘查工作的不断深入，页岩气、煤层气有希望成为云南省的新兴能源矿产。

一、页岩气

云南省赋存页岩气地质层位主要有寒武系、志留系、石炭系、泥盆系、三叠系、二叠系，发育多套富有机质页岩。2014 年 9 月国土资源部新闻发布会资料显示，云南省页岩气地质资源潜力达 10×10^{12} m^3，可采资源潜力>2×10^{12} m^3。昭通地区的页岩气勘查研究程度最高，通过中国石油浙江油田分公司勘查，已获得工业性页岩气流，跻身于 4 个国家级页岩气产业示范区。2015 年 6 月，中国地质调查局发布了《中国页岩气资源调查报告（2014）》，昭通地区已获得最高日产 20×10^4 m^3 的工业气流。

云南省政府非常重视页岩气等非常规能源的勘查开发。2011 年底，曲靖市政府与华能集团云南分公司就建设曲靖页岩气勘探开发试验示范区达成战略合作协议。2013 年底，云南省发改委决定由云南省煤田地质局开展页岩气资源调查评价，全省重点地区页岩气调查评价工作随即展开。2015～2016 年，中国地质调查局油气中心实施了“云南楚雄地区 1∶5 万页岩气地质调查工程”、“云南楚雄地区 1∶5 万页岩气基础地质调查填图试点”项目。目前页岩气勘查、研究的重点在滇东北昭通地区、滇东曲靖地区、滇中楚雄盆地。

（一）滇东北昭通国家级页岩气示范区

2012 年 3 月 21 日，中华人民共和国国家发展和改革委员会和国家能源局正式批准设立“滇黔北昭通国家级页岩气示范区”。示范区位于四川、云南、贵州三省交界处，主体属云南省昭通市。页岩气勘查目标为下寒武统牛蹄塘组、志留系龙马溪组。

示范区 2009 年开始进行页岩气勘探。截止 2017 年，累计完成二维地震 4833 km、三维地震 964 km^2；完钻页岩气评价井 45 口、开发井 68 口，投产 68 口，累计生产页岩气 16.4×10^8 m^3；煤层气投产 401 口，累计生产煤层气 3.14×10^8 m^3。其中云南省境内二维地震勘探实现全覆盖，完成三维地震 200 km^2，完钻天然气探井 1 口、页岩气井 11 口，在钻 3 口，累计进尺 5.11×10^4 m。

2015 年 8 月 19 日，示范区筠连-威信地区黄金坝区块向国土资源部提交新增页岩气探明储量超过 500×10^8 m^3；2016 年 12 月 1 日，筠连区块提交新增煤层气探明储量近 100×10^8 m^3，目前所探明页岩气、煤层气储量主要分布于四川省境内。云南省境内主要探井简介如下：

昭 101 井：位于镇雄县赤水源镇螳螂村芒部背斜。于 2010 年 7 月完井，完钻井深 1806.97 m，完钻层位为震旦系灯影组。钻孔中下寒武统牛蹄塘组厚 727 m，富含高丰度有机质页岩主要发育于牛蹄塘组下部，有机质含量（TOC）平均 1.6%，镜质体反射率值（*Ro*）为 4.01%～4.44%（平均 4.18%），总体处于过成熟阶段。本井岩芯测试平均含气 0.51～0.98 m^3/t，含气量偏低，其原因主要为断层发育，影响了页岩气的保存和富集。

昭 103 井：位于云南省彝良县树林乡管坝村，设计井深 2700 m，目的层为下寒武统牛蹄塘组。该井在牛蹄塘组钻遇页岩气储层 105.5 m。地层有机质丰度与志留系龙马溪组相当，但有机质成熟度偏高，揭示页岩气地质条件较龙马溪组稍差。

YSH1-1 井：为水平压裂井，目的层为志留系龙马溪组。压裂施工用总液量 15803 m^3、砂 1020 t，测试气产量 1.7×10^4 m^3/d，测试结果揭示储层压力系数低，游离含气量少，压裂改造效果相对差。

2017 年中石油浙江油田公司在威信县旧城镇施工的 YS113、YS115 平台，均已成功排出页岩气（照片 3-9、3-10、3-11）。其中 YS113 平台所钻 H1-7 井试气最高日产气量达 26.60×10^4 m^3；YS115 平台所钻 H1-6 井试气最高日产气量达 5.27×10^4 m^3。2018 年 6 月，H1-7、H1-6 井日产气量分别达 5.0×10^4 m^3、2.0×10^4 m^3。

照片 3-9　威信县旧城镇境内 YS113 页岩气钻井平台远眺

（中国石油天然气股份有限公司浙江油田分公司供稿）

经过前期勘查，基本明确了下志留统龙马溪组—上奥陶五峰组页岩厚度大、有机碳丰度高、保存较好，为示范区页岩气开发的重点目标层系。下志留统龙马溪组—上奥陶统五峰组，主体属滞流盆地缺氧沉积环境形成的黑色页岩。龙马溪组主要岩性为黑色笔石页岩，上部常为泥灰岩及粉砂质灰岩，

YS113平台钻获的下志留统龙马溪组黑色页岩岩芯（TOC:3.75%）

YS115平台下志留统龙马溪组岩芯浸水实验，逸出气泡为页岩气

YS115平台钻获的下志留统龙马溪组黑色页岩岩芯（TOC:2.57%）

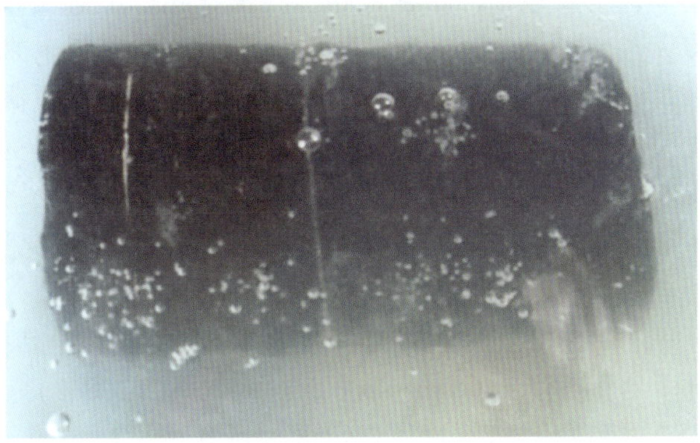

YS115平台上奥陶统五峰组岩芯浸水实验，逸出气泡为页岩气

照片 3-10　威信县旧城镇 YS113、YS115 页岩气钻井平台钻遇黑色页岩及浸水实验实景

（中国石油天然气股份有限公司浙江油田分公司供稿）

压裂施工现场

页岩气点火测试实景

照片 3-11　威信县旧城镇境内 YS113 页岩气钻井平台 H1-7 井压裂及页岩气放喷点火实景

（中国石油天然气股份有限公司浙江油田分公司供稿）

下部常含较多黄铁矿结核，厚度大多分布在 200～350 m 之间。五峰组主要为黑色笔石页岩。根据岩芯样品分析数据，龙马溪组 TOC 含量一般 0.4%～3.54%（下部>0.96%），Ro 一般 2%，孔隙度 1.56%～5.27%；五峰组 TOC 含量 2.34%～2.75%，Ro 一般在 2%，孔隙度 2.56%～4.58%。勘查揭示龙马溪组底部—五峰组优质页岩厚度约 40 m，TOC 含量 3.2%左右，有效孔隙度 3.4%，地层压力系

数 1.7，含气量 4.1 m^3/t。

在 2015 年 12 月举行的第 5 届亚洲页岩气峰会上，中石油浙江油田分公司对外表示："位于云南的昭通国家级页岩气示范区已建成 26 口水平井，年页岩气产能达到 5.5×10^8 m^3"。示范区已成为次于涪陵及长宁-威远的国内第三大页岩气开发项目。

（二）滇东地区

滇东地区主要指曲靖坝子及其周边地区，页岩气勘查目的层为下寒武统筇竹寺组和上志留统玉龙寺组。2013 年，云南省煤田地质局分别与华能澜沧江有限公司、云南省能源投资集团有限公司、云南华盛资丰页岩气开发有限公司合作，重点优选了滇东曲靖市沾益-马龙、宣威市热水-沾益区德泽、沾益区炎方、马龙区 4 个区块开展页岩气调查工作，总面积约 3600 km^2。

目标层位下寒武统筇竹寺组为黑色泥质粉砂岩、泥质页岩夹泥质白云岩、粉砂质页岩、粉砂岩，厚度>200 m，主要包括深水盆地相、浅槽盆相。上志留统玉龙寺组为黑、灰黑色易剥页岩夹泥灰岩、瘤状泥质灰岩，厚度一般为 20~60 m，主要分布在滇东曲靖地区。

下寒武统筇竹寺组黑色页岩中有机质含量（TOC）高（2%~6%）。玉龙寺组的 TOC 含量整体较低，多数 TOC<2%，部分样品 TOC 含量>2%。

镜质体反射率测试结果，筇竹寺组成熟度（Ro）平均值为 4.3%，玉龙寺组成熟度平均值为 4.2%。热演化程度均较高，岩石已达高成熟—过成熟阶段。

据页岩镜下观察，筇竹寺组微裂缝主要呈三向发育，并伴生较多次生裂隙，连通性较好，是页岩气成藏很好的储集空间。根据压汞实验，筇竹寺组样品孔隙度 0.885%~20.293%（平均 6.055%），玉龙寺组样品孔隙度 2.062%~2.620%（平均 2.208%）。

据 ZK2 井资料分析，筇竹寺组含气量 0.41~1.26 m^3/t，平均 0.908 m^3/t，稍高于滇东北的昭 101 井。等温吸附实验测试显示，在 30℃下，筇竹寺组泥（页）岩最大吸附量平均为 4.89 m^3/t，上志留统玉龙寺组泥（页）岩最大吸附量平均为 3.90 m^3/t。因 ZK2 井井深仅 210.7 m，在深部含气量应该更高。

曲靖地区筇竹寺组分布范围广、厚度大、有机质含量（TOC）较高（2.0%~8.0%），构造相对稳定，主要目的层埋深为 1500~3500 m，地表较为平坦，具有一定的资源潜力。

（三）楚雄盆地

楚雄盆地是云南省相对较稳定的中生界沉积盆地。从 20 世纪 50 年代开始，地质、石油部门对盆地持续开展过多轮常规油气勘探研究工作，至今仍未取得突破性进展。

1. 勘探目的层

楚雄盆地存在上三叠统富含有机质页岩和寒武系、泥盆系次要页岩。上三叠统页岩具有残余有机质丰度较高、生烃时间较早、成熟度较高、总生气量大的特点，有形成大规模页岩气资源的物质基础（照片 3-12）。

下寒武统筇竹寺组主要分布于盆地东部和北部外围地区的东山坳陷和云龙坳陷，为海相碳酸盐夹碎屑沉积，是盆地东部浅坳陷区的勘探目的层。烃源岩以泥岩为主，厚度为 25.0~99.3 m，单层厚可达 17 m，页岩处于高-过熟生气阶段。

泥盆系主要分布在云龙凹陷及其周缘，深灰色泥岩厚 16 m，页岩处于成熟—高成熟阶段。

上三叠统划分为云南驿组、罗家大山组、普家村组、干海资组、舍资组。云南驿组下部为厚约 200 m 的碳酸盐岩，上部为厚 1000~2000 m 的灰黑、灰黄色粉砂岩、泥岩、页岩，属浅海陆棚-半深海沉积。罗家大山组仅分布在盆地西部祥云以北的马鞍山一带，为碎屑浊积岩、火山碎屑浊积岩夹火山岩，厚千余米。普家村组为海陆交互相的灰色岩屑砂岩、粉砂岩夹泥岩。干海资组为三角洲及沼泽沉积，为细砂岩、粉砂岩、黑色泥（页）岩夹薄煤层，有机碳含量中等偏高，是盆地内分布广泛、质量较好的富含有机质页岩。舍资组为三角洲及沼泽沉积，以深色泥（页）岩、灰色砂岩夹薄煤层

照片 3-12　楚雄盆地上三叠统干海资组黑色页岩

（武定县万德乡尼格村，程胜辉供稿）

为主，富有机质页岩厚度较大（10~120 m），分布范围大，质量较好。

2. 勘探重点区划

楚雄盆地页岩气勘探可以划分如下 4 个重点远景区。

华坪-永仁重点远景区：区内发育上三叠统—古近系，是楚雄盆地构造形变最弱的地区。该区舍资组、干海资组富有机质页岩发育，分布广，埋深相对较浅，页岩气资源潜力好。

东山-云龙重点远景区：主要分布于盆地东部浅坳区，呈“两凹夹一隆”的构造格局（东山坳陷、云龙坳陷、迤纳厂凸起）。沉积盖层主要为上三叠统—古近系，沿断裂有少量新近系分布，总厚度可逾万米。上三叠统舍资组与干海资组页岩、下寒武统筇竹寺组页岩及泥盆系页岩为主要勘探目的层。

盐丰-楚雄-双柏远景区：为盆地主体，主要沉积为侏罗系—古近系，地质构造发育。上三叠统普家村组、舍资组、干海资组富有机质页岩发育，有机质含量高、分布广。该区页岩热演化程度高，上三叠统埋深相对较大。其中的黑井地区上三叠统热演化程度低、埋深浅，是勘探有利地区。

平川-云南驿远景区：由一系列北西向叠瓦状逆冲推覆体构成，构造变形强烈，具火成岩侵入，有轻微变质。该区晚三叠世地层发育最早、最全、沉积厚度最大，页岩发育最厚，但上三叠统埋藏较深，预测>6000 m。

二、煤层气

煤层气是一种无色无味的气体，主要成分是甲烷（CH_4），具有可燃和易爆炸性。煤层气热值与天然气相当，是通用煤的 2~5 倍。当煤层气在空气中的浓度达到 5%~16%时，遇明火会爆炸，这就是煤矿瓦斯爆炸事故的根源。

煤层气在煤层中以吸附态为主，部分呈游离气态，开采煤炭就会有煤层气（瓦斯）涌出，其无色无味，人的感观无法察觉。云南省高瓦斯、煤与瓦斯突出的矿井较多。2009 年，云南省的 1300 余对煤炭生产矿井中，高瓦斯及煤与瓦斯突出的矿井达 230 余对，主要集中在滇东的镇威、宣富、老厂-圭山煤田。

近几十年来，煤层气已成为发达国家的一种重要能源。

（一）资源概况

经过 20 余年的艰苦探索，我国煤层气勘探开发终于实现了局部商业化（苏现波等，2009）。2015 年 2 月 3 日，国家能源局发布了“煤层气勘探开发行动计划”，2016 年，我国煤层气产量为 $74.8\times10^{8}\ m^{3}$。

20 世纪 90 年代中期以来，云南省煤田地质局、滇黔桂石油勘探局、中国煤田地质局、国土资源部等单位至少组织过5轮较大规模的煤层气资源调查和概略评价。综合各种煤层气资源潜力评价结果，云南省埋深2000 m以浅的煤层气地质资源量为（4000～5000）$\times 10^8$ m^3，可采地质资源量约为3000$\times 10^8$ m^3；埋深1500 m以浅的煤层气地质资源量占总资源量的75%以上。

云南省煤层气资源分布与煤炭资源分布密切相关，具有“东部富集，中西部少”的分布特征。主要集中在滇东、滇东北的老厂-圭山、宣富（含恩洪）、镇威煤田。其中老厂-圭山煤田煤层气资源量最大，约占全省煤层气资源量的65%±，其次是宣富煤田和镇威煤田，煤层气资源量各占全省煤层气资源量的15%±。滇中和滇西以褐煤为主，煤炭资源和煤层气资源较少。

（二）煤层气的生成与分布规律

煤层气是成煤作用的伴生产品，煤层气的生成贯穿于成煤作用的全过程。煤炭源于陆生植物、浮游生物。成煤的原始有机物质主要是碳水化合物、木质素等。

1. 煤层气生成

成煤作用划分为泥炭化阶段和煤化阶段，后者进一步划分为3个亚阶段。

1）泥炭化阶段。有机质在低温（<50℃）和近地表（埋深<400 m）氧化环境中，由于细菌的作用，生成少量甲烷及二氧化碳，呈水溶状态或游离状态而散失。由泥炭向褐煤转化阶段，每形成1 t褐煤生成甲烷大约68.3 m^3，二氧化碳167.3 m^3。

2）褐煤阶段。地温在50℃±，有机质热降解作用开始并逐步加深，主要生成甲烷及其他挥发物，每吨褐煤生成甲烷68.0 m^3。由褐煤向烟煤过渡，每形成1 t烟煤生成甲烷161.6 m^3，二氧化碳124.9 m^3。

3）烟煤阶段。沉积物埋深达到1000～4500 m，地温达50～150℃。有机质处于成熟阶段，已经进入生油门槛，有机质经过热降解，有重烃、轻烃、甲烷及其他挥发物产出。在一般情况下，每形成1 t肥煤产甲烷230 m^3，形成1 t瘦煤产甲烷330 m^3。

由烟煤向无烟煤过渡，形成1 t无烟煤生成甲烷192.9 m^3，二氧化碳23.4 m^3。煤化作用的后期，贫煤、无烟煤阶段，埋深>4500 m，地温>150℃，有机质处于过成熟阶段，热降解产物主要是甲烷。在一般情况下，1 t无烟煤，产甲烷气>400 m^3。

2. 煤层含气量

云南省煤层含气量的高低首先与成煤时代有关。二叠系煤层含气量最高，三叠系煤层含气量较低，新近系煤层含气量最低。同一时代的煤层在不同煤田不同矿区之间，煤层含气量变化也有明显差别（表3-8）。

表3-8 云南省部分矿区煤层含气量统计特征

煤田	矿区	煤层时代	含气量/m^3·t^{-1}		
			最小	最大	平均
镇威	新庄	二叠系	0.04	40.62	9.10
宣富	羊场	二叠系	0.02	23.95	4.86
	恩洪	二叠系	0.03	30.32	5.85
圭山-老厂	老厂	二叠系	0.03	38.74	6.91
华坪		三叠系	0.24	4.00	1.10
昭通		新近系	一般<1.8		
蒙自		新近系	一般<2.2		

三叠系和新近系煤层的煤心含气量解吸数据很少。华坪煤田煤层含气量0.24～4.00 m^3/t，平均1.10 m^3/t，甲烷浓度3.33%～63.56%。昭通、蒙自等盆地，单件煤样实测含气量一般不超过2 m^3/t。

3. 煤层含气性分布规律

煤层气是一种非常规天然气藏。它与常规天然气藏的区别主要为：①下倾方向没有明确的气-水界面；②没有明显的封闭或圈闭；③分布面积大；④压力异常；⑤与生气源岩紧密相伴，生于煤层，储于煤层中；⑥采收率低。

煤层含气量分布特征的差异，受矿区所处地质背景、构造演化、构造特征影响，导致煤层及其顶底板的产状、厚度、结构、物性、地下水径流条件出现差异，进而影响到煤层气的保存条件和富集程度。

（1）滇东地区

滇东地区位于宣威、曲靖、弥勒一线以东，师宗以北，总面积约 3137 km^2。该区是云南省煤层气的主要赋存地区，含气量与饱和度高、质量好。煤层气含量为 8.0~42.9 m^3/t，平均 20 m^3/t。埋深 500 m 的煤层含气量>15 m^3/t。资源丰度>2×10^8 m^3/km^2。

煤层含气性的规律为：①煤层分布连续、面积较大，呈稳定-较稳定的层状，煤层集中段总厚度达 40 m，可采煤层平均厚度一般>15 m，物质基础较好；②从气煤到无烟煤均有发现，随煤阶增高而含气量增高；③具有生气率高、吸附高（>15 m^3/t）、可解吸率高（>70%）的特点，有利于煤层气的富集和开发；④煤层含气量和资源丰度由东向西递减，与煤阶展布特征一致；⑤煤系地层含气性受聚煤期构造和聚煤后期构造共同控制；⑥具备地层高压带和煤层气饱和—高饱和带，分带性明显。

恩洪矿区为一个轴部偏西的不对称向斜，呈北东向带状展布，长 53 km，宽 9~20 km，面积 620 km^2。煤系中部埋深 200~1500 m 范围面积 270 km^2。可采煤层厚 20~32 m（平均 26 m），瓦斯含量 10~20 m^3/t。煤类以气煤、肥煤、焦煤为主，瘦煤为次。盆地两侧地层倾角 5°~20°，中部倾角 5°~8°。矿区煤层含气量具有“向斜核部高，周缘斜坡低；西高东低，北高南低”的特征。

老厂矿区北东走向长 23 km，南东倾向宽 9~12 km，面积 201 km^2。煤层含气量主要受老厂复背斜控制，煤层含气量展现出“背斜核部低，周缘斜坡高；中部和西部低，北部、东部和南部高”的总体分布格局。

（2）滇东北地区

滇东北地区的聚煤环境比滇东地区差。煤层以二叠系为主，次为新近系。该区聚煤特点是含煤层数较多（>60 层）、可采煤层层数少、煤层较薄。煤层含气量及饱和度较高，但受后期构造影响，使煤层气资源相对分散。该区尚未进行实质性的煤层气研究和开发工作。

昭通矿区由荷花、海子、诸葛营 3 个向斜构成，发育巨厚褐煤层。含气量具有北东部高，西部和东南部低的分布规律，含气量普遍较低（图 3-5）。

（3）滇中及其他地区

滇中及其他地区成煤时代为三叠系和新近系，煤层含气量低，仅有部分煤盆地或煤矿的煤层气可供开发利用。

三叠系煤层以一平浪煤矿、华坪煤矿为代表，聚煤环境为陆相盆地边缘。聚煤中心煤层集中，分布范围不大，厚度小，层数少。例如：楚雄盆地边缘地区局部形成一些小型含煤盆地，盆地中心则不含煤。

新近系的煤层分布于盆地沉积中心。例如：开远市小龙潭煤矿、凤鸣村煤矿、弥勒朋普盆地煤矿等。这些规模较小的煤盆地也有极少量的煤层气，在已往煤田勘查中多发生过井喷现象。昆明盆地的含褐煤粉砂岩、砂岩、碳质泥岩，在地下水钻井过程中出现过天然气显示。

这类盆地的煤层含气量分布较为简单。不同盆地煤层气的分布规律、富气中心有所不同。如蒙自盆地煤层含气性具有“南高北低，深部高浅部低”的分布特点。

（三）开发利用

煤层气和常规天然气一样，燃烧后几乎不产生任何废气，是很好的工业和民用燃料。煤层气如果直接排放到大气中，产生的温室效应约为二氧化碳的 21 倍，对生态环境破坏性极强。在采煤之前先开采煤层气，则煤矿瓦斯爆炸率将降低 70%~85%，煤层气的综合开发利用具有一举多得的功效。

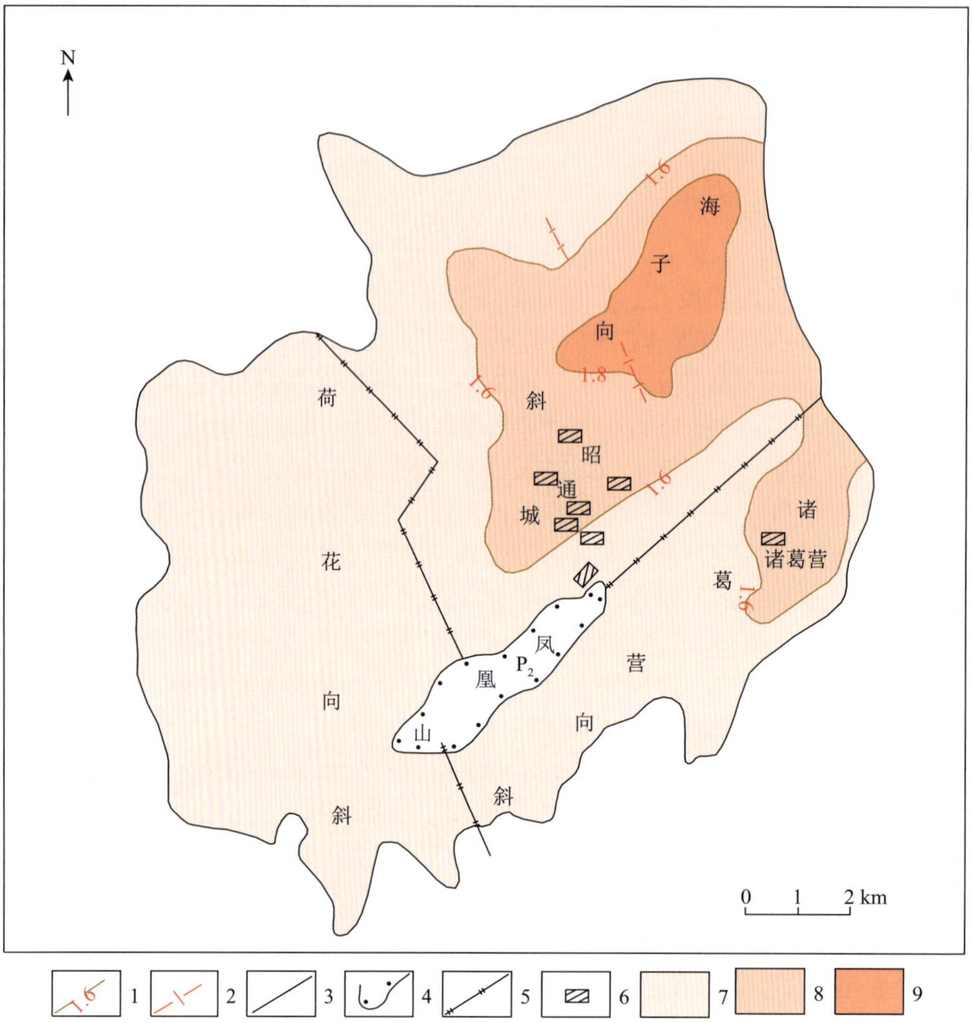

图 3-5　云南省昭通矿区 2 号煤层含气量等值线图

（据云南省煤田地质局，2011）

1—甲烷含量等值线；2—性质不明断层；3—可采边界线；4—基底界线；5—矿区边界；6—村镇；

7—甲烷含量<1.6 m^3/t；8—甲烷含量 1.6~1.8 m^3/t；9—甲烷含量>1.8 m^3/t

1. 勘查开发研究

云南省煤层气勘查开发研究始于 20 世纪 90 年代中期。重要成果为：《云南煤层吸附气有利开发区的选择及试验方案研究》（1994），《滇黔桂地区煤层气勘探前景研究》（1997），《滇黔桂煤层气勘探选区及目标评价》（1998），《云南煤层气成因、聚集规格研究及资源评价》（1998）等。研究总结出 8 项煤层气富集高产因素。

1）煤层分布广（煤层分布面积>200 km^2）；主力煤层有一定厚度且分布稳定（单层厚度>1.5 m，可采煤层累厚>15 m）；地层产状相对平缓（<20°）。

2）煤岩镜质组含量高（一般>80%）为好，煤岩物性焦煤最好，肥、瘦、贫煤次之，无烟煤较差。

3）处于区域岩浆热变质区较为有利；煤层沉积后至成烃高峰期，无大规模和长期的暴露剥蚀史。

4）现存煤田有好的盖层和保存条件（主煤层上覆直接盖层厚度>5 m）。

5）煤岩含气量高（一般>15 m^3/t），煤田钻井有较好的气显示。

6）处于承压水封堵区，主煤层埋深为 300~1500 m。

7）具备地层高压和煤层气饱和—高饱和条件。

8）交通、地形条件适合或允许钻采试压施工和井网作业。

截至2009年底，省内登记煤层气探矿权区块7个，开展了煤层气二维地震勘探以及煤层气大地电磁频谱探测工作，共施工煤层气勘探井和排采试验井31口。在中美合作区块恩洪矿区FCY-EH01、EH-02井，分别通过3个月、5个月的排采试验，获得了煤层气最高日产气量700 m^3 的初步成果，为小井网开采试验积累了重要经验。

2. 煤矿瓦斯抽采与利用

煤矿瓦斯一直是煤矿安全生产的重大隐患。云南煤矿安全监督管理局于2009年正式启动了煤矿瓦斯治理示范工程，确定10对矿井和2个县（区）开展示范建设。目前，全省已有1190余个井工矿安装了瓦斯监控系统，占井工矿总数的96%。重点产煤地区的12个县（市、区）和云南煤化工集团公司已经实现了县（市、区）、集团公司联网。

云南省煤矿瓦斯抽采利用率较低，全部为低浓度瓦斯发电。威信县花家坝煤矿（2006）和麒麟区小窑沟煤矿（2008）分别建成具有探索和示范作用的瓦斯发电站，装机容量分别为500 kW和2×500 kW，年瓦斯利用量约 3×10^6 m^3。截至2009年，全省装机容量12500 kW，共利用煤矿瓦斯 5.85×10^6 m^3。2009年底，全省235对高瓦斯和煤与瓦斯突出矿井中，有131对安装了地面固定式瓦斯抽放系统。

第四节　泥炭与油页岩

泥炭又名草炭、泥煤，主要用于农业、能源、建材、化工、环保及医药方面。全世界有60%的泥炭用于农业，用作改良土壤，提高土壤的通气疏水能力和土壤肥力。能源方面，可作低热值民用燃料，经高温成型的泥炭砖汽化后可获得中等热值的煤气。建材工业方面，用作轻体保温材料、纤维板、沥青油毡等。环境保护方面，用作废水净化的过滤剂，含油污水的吸附剂，重金属的捕获剂，放射性污水的处理剂。医疗方面，用作泥炭浴疗，制作泥炭膏，提取腐殖酸等。

油页岩又称油母页岩，是一种含有一定数量（一般4%~20%，最高可达30%）有机质（沥青、腐殖质、腐泥质等）的可以燃烧的细粒沉积岩。此类岩石一般为页岩，也可为细粒碳酸盐岩。油页岩是一种高灰分（40%~80%）的固体可燃有机岩（或称腐泥煤），属于可燃性矿产之一。油页岩在低温干馏（加热至500℃）条件下可以获得页岩油，页岩油是一种褐色粘稠有特殊刺激气味的液体，富含烷烃和芳烃，含有较多的不饱和烃类及氮、硫、氧等非烃有机化合物。

一、泥炭

目前，国内外对泥炭与褐煤的划分尚无统一标准。《云南省区域矿产总结》（云南省地质矿产局，1993）认为划分泥炭有3个标志：①含较多植物残体，肉眼能够观察辨认；②赋存于中更新统及其以上层位；③在低灰分样品中，干燥无灰基挥发分（V^{daf}）>60%，有机质>30%，全水分（W_Q）>70%。

（一）资源概况

云南省泥炭资源较为丰富，主要分布于北纬28°00′~23°40′的山间盆地中。全省共发现30处矿床（点）。其中：大型矿床3处，中型矿床3处，小型矿床1处，矿点23处（表3-9）。此外，尚有泥炭预测点83处。

云南泥炭具有点多面广的特点，已发现的大中型矿床，主要分布在昆明市、保山市、丽江市、楚雄州、红河州、文山州，曲靖市、大理州的矿产地均属矿点。

根据滇池、宝秀、腾冲、永胜等地泥炭的同位素测年成果，云南省形成泥炭的地质年代为全新世晚期（A）、全新世中期（B）、全新世早期（C）、更新世晚期（D）。更新世中期及其以前的碳质沉积，已经形成褐煤。

表 3-9　云南省主要泥炭产地

编号	州（市）	矿产地名称	规模	沉积环境	工作程度
1	昆明市	昆明市滇池泥炭	中型	滨湖沼泽	普查
2		晋宁区昆阳兴旺泥炭	矿点	滨湖沼泽	普查
3		晋宁区新街泥炭	矿点	滨湖沼泽	普查
4	曲靖市	麒麟区保良泥炭	矿点	河流阶地	预查
5		马龙区月望区泥炭	矿点	山间盆地	预查
6		沾益区松林泥炭	矿点	山间盆地	预查
7		陆良县中原泽泥炭	矿点	河漫滩	预查
8		陆良县马街泥炭	矿点	湖泊沼泽	预查
9		会泽县舍钟瓢把泥炭	矿点	断陷盆地	预查
10		会泽县花鱼洞泥炭	矿点	河流阶地	预查
11	玉溪市	通海县杞麓湖泥炭	矿点	断陷盆地	预查
12	保山市	施甸县施甸盆地泥炭	矿点	山间盆地	预查
13		腾冲市明光泥炭	矿点	河流阶地	预查
14		腾冲市荷花庄泥炭	矿点	山间盆地	预查
15		腾冲市腾冲盆地泥炭	大型	山间盆地	普查
16	昭通市	鲁甸县桃源泥炭	矿点	山间盆地	预查
17	丽江市	古城区丽江盆地泥炭	矿点	山间盆地	预查
18		永胜县盐塘河泥炭	中型	山间盆地	详查
19		永胜县卜甲泥炭	小型	断陷盆地	详查
20	德宏州	芒市遮放坝子泥炭	矿点	湖泊沼泽	预查
21	迪庆州	香格里拉市小中甸泥炭	矿点	河流阶地	预查
22	大理州	大理市洱海泥炭	矿点	湖泊沼泽	预查
23		洱源县洱源坝子泥炭	矿点	湖泊沼泽	预查
24		剑川县剑川坝子泥炭	矿点	湖泊沼泽	预查
25		鹤庆县鹤庆坝子泥炭	矿点	湖泊沼泽	预查
26	楚雄州	南华县上庄科泥炭	矿点	山间沟谷	预查
27		姚安县姚安盆地泥炭	大型	山间盆地	普查
28	红河州	石屏县宝秀泥炭	大型	断陷盆地	普查
29		石屏县异龙湖泥炭	矿点	断陷盆地	预查
30	文山州	丘北县新沟桥头泥炭	中型	岩溶盆地	普查

据《全国矿产资源储量通报》（国土资源部，2016），云南省保有泥炭资源储量 6053×10^4 t，在全国各省、市、自治区中居第 3 位。

（二）成因类型与矿床实例

云南省的泥炭成因按沉积环境划分为 4 类 11 型。4 种类型为盆地、河谷、沟谷洼地、冰蚀洼地。盆地进一步划分为断陷盆地、侵蚀盆地、溶蚀盆地、火山堰塞盆地。河谷进一步划分为河流阶地、牛轭湖。沟谷洼地进一步划分为谷源洼地、沟谷洼地、扇前洼地、泉水出口洼地。冰蚀洼地只有冰斗湖洼地一种类型。有工业意义的泥炭，常形成于各类盆地之中，属湖泊沉积。

1. 断陷盆地型——昆明市滇池泥炭

断陷盆地在形成过程中，断裂不仅控制了湖泊的形成，并且在沉积时继续活动，形成沉积特征各异的沉积盆地。断陷盆地型以昆明市滇池泥炭为矿床实例。

滇池断陷盆地受普渡河断裂控制，长轴呈南北向，长 70 km，宽 15～20 km，面积 1070 km^2，第四系厚度约 493.64 m。更新世早期以后，滇池水面逐渐缩小，形成湖泊三角洲泥炭，分属 A、B、C、D 层（表 3-10）。

表 3-10 昆明市滇池泥炭特征

泥炭分层	厚度/m	埋深或距上层深度/m
A 泥炭	0.79~11.56，平均 3.01	埋深 0~5.5
B 泥炭	0.9	上距 A 层 12
C 泥炭	0.68	上距 B 层 0.55~4.0
D 泥炭	0.26~1.2	上距 C 层 9~10

A 层泥炭具开发利用价值，泥炭干容重 0.22 g/cm^3，灰分较低，有机质中等，高腐殖酸。植物残体为低位苔草、芦苇泥炭。

在滇池北部成矿条件最好，其中，海埂中型泥炭矿床查明 D 级储量 210×10^4 t，预测 E 级储量 104×10^4 t。草海矿区预测资源量 243×10^4 t，可进一步工作。

2. 侵蚀盆地型——石屏县宝秀泥炭

石屏县宝秀盆地位于石屏县城北西 10 km，面积 17 km^2。

盆地基底为昆阳群灰岩、石英岩、板岩、千枚岩。上新统不整合于昆阳群之上，第四系与上新统呈微角度不整合接触。

植物残体以苔草泥炭为主，次为芦苇-苔草、草本-木本泥炭。

泥炭堆积于赤瑞湖四周，为粘土、亚粘土夹 5~10 层泥炭，总厚 82~91 m。单层泥炭厚度<15.5 m，平均可采厚度 31.38 m。泥炭厚度由盆地中心向四周逐渐变薄，直至尖灭。泥炭包括 A、B、C、D 层，分属上更新统和全新统。

查明 D 级资源储量 4559×10^4 t，预测 E 级资源量 5109×10^4 t，为大型泥炭矿床。

3. 火山堰塞盆地型-腾冲市腾冲盆地泥炭

腾冲盆地位于腾冲市城南东 3 km。盆地呈南北走向，长 11 km，宽约 3 km，面积 30 km^2，含泥炭面积 15 km^2。

盆地基底为燕山晚期黑云二长花岗岩。其上为更新统、全新统。上更新统下部为玄武质安山岩、砂砾石层，厚 7 m。中上部为泥炭层（D 层泥炭），泥炭层顶、底板均为粘土，总厚 45 m。全新统为亚粘土、亚砂土、粘土层，厚<10 m，局部含泥炭。

泥炭层主要产于上更新统，可分为 2 层。上层泥炭厚 1.5~16.8 m，下层泥炭厚<12 m。两层泥炭间一般有 3~12 m 的粉砂、砂、砾石层。泥炭由盆地中心向边缘逐渐变薄，直至尖灭。部分泥炭已成为褐煤。

查明 D 级资源储量 3051×10^4 t，预测 E 级资源量 986×10^4 t，属大型矿床。

云南部分泥炭实物标本见照片 3-13。

二、油页岩

油页岩通俗地讲就是可以提炼出石油的页岩。油页岩与煤的主要区别是煤的灰分一般<40%，油页岩灰分则一般>40%。煤的有机质组成主要为腐殖型，油页岩的有机质组成主要为腐泥型和腐泥-腐殖混合型。煤的有机质含量远远高于油页岩，油页岩热解生油量往往比煤高，发热量一般>4.18 J/kg。

油页岩与碳质页岩特征差异较大，油页岩质轻，具油腻感，用指甲刻画时划痕呈暗褐色，用小刀沿层面切削时常呈刨花状薄片，点火可燃，燃烧时冒烟，具油味。碳质页岩没有以上特征，所含有机质是碳化的植物碎屑，一般呈粉末状均匀分布，能污手，但不能点燃。

油页岩矿工业标准要求含油率≥3.5%，最低可采厚度≥0.7 m。

a—昆明市滇池海埂褐色草本泥炭

b—大理市凤仪镇华营村小湖溪褐色泥炭

c—腾冲市古永乡下街村褐色草本泥炭

d—彝良县杉树乡黄色海绵状苔藓泥炭

照片 3-13　云南省部分泥炭标本

（标本提供：侯蜀光）

（一）资源概况

油页岩与油砂、煤层气、页岩气等称为非常规油气资源，是未来具有巨大潜力的能源矿产。美国能源部 2004 年估计，全球页岩油可采资源量为 10670 亿桶。其中，美国、巴西、俄罗斯、扎伊尔、澳大利亚、加拿大、意大利、中国页岩油可采资源量分别为 6260、3000、410、380、170、160、130、100 亿桶。目前很多国家的油页岩资源并未做过详细的调查。

我国开发利用油页岩已有 70 多年历史。辽宁省抚顺油页岩矿曾经是世界上最大的页岩油生产基地之一，20 世纪 50 年代抚顺页岩油产量（1959 年为 72×10^4 t）曾占中国石油产量的一半（刘招君等，2009）。中国利用油页岩生产页岩油产量为：2009 年 40×10^4 t，2010 年 55×10^4 t，2015 年有望达到 80×10^4 t（李术元，2010，2011）。

2004~2006 年我国首次开展了全国性的油页岩资源评价工作，表明我国油页岩资源丰富，分布在 20 个省和自治区、47 个盆地，共有 80 个含矿区，探明储量>300×10^8 t，位列世界第四（刘招君等，2009）。

云南省油页岩资源勘查程度相当低。截至 2016 年，已开展过一定工作的油页岩矿点有 20 余处（表 3-11），初步估算油页岩资源量约 1.58×10^8 t，折合页岩油约 550×10^4 t。仅有维西县永春乡高泉小型油页岩矿纳入了云南省储量简表进行管理，一直未开发利用。

云南省油页岩在滇东、滇中、滇西均有分布。连片性较大的地区主要有：维西县永春乡高泉新近系油页岩矿，华坪县东北部、禄劝县北部泥盆系油页岩矿，楚雄盆地南部侏罗系—白垩系油页岩矿等。云南省油页岩矿点多、厚度薄、规模小。从含油率分析，下寒武统筇竹寺组和中泥盆统油页岩含油率普遍较高（最高可达 27%），其余矿床（点）含油率较低。

表 3-11　云南省已知油页岩矿点基本情况一览表

编号	州（市）	矿产地名称	油页岩长度 km	油页岩厚度 m	含油率 %	规模
1	昆明市	禄劝县乌尖	1.8	0.06~0.28	7.85~27.07	小型
2		禄劝县龙海	/	/	/	小型
3		禄劝县大莫	1.8	0.06~0.18	10.27~21.64	矿点
4		禄劝县老班甫	2.7	0.16~0.21	16.23	矿点
5		禄劝县马拉河	0.8	0.1~0.27	5.67	矿点
6	曲靖市	宣威市同兴	/	/	2~2.5	小型
7		会泽县大井乌孤梁子	4.5	0.6~1.2	5.71~6.28	矿点
8	玉溪市	峨山-新平一带	/	/	/	矿点
9	保山市	昌宁县更戛西米河	0.7	4.5	4~5	矿点
10	丽江市	华坪县箐龙黑山	0.67	0.6~1.4	3.0~6.0	矿点
11		华坪县关塘白沙坪	1.1	0.3~0.8	/	矿点
12		华坪县大兴大麦地	7.0	0.6~2.3	/	矿点
13	昭通市	镇雄县雨河茶坝	12	1.4~1.6	1~5	小型
14	临沧市	永德县湾甸大龙塘	/	0.65	/	矿点
15		耿马县河外仙平厂	/	0.15~0.25	>3	矿点
16	迪庆州	维西县永春乡高泉	53	2.5~21	3.5~6.62	小型
17	楚雄州	楚雄市洛苴美	2.7	0.4~0.95	1~6.5	小型
18		楚雄市冷水凹	6.9	0.6~1.23	2~15	小型
19		楚雄市代家村	6.9	0.7~1.0	2.89	小型
20		双柏县桤木本	0.1	0.1~1.1	5~6	小型
21		禄丰县罗茨高楼房	2.5	1.4~2.5	2.76~5.06	矿点
22		禄丰县邓厂	/	1.4	/	矿点
23	西双版纳州	勐腊县瑶区龙戛	0.01	1.5~2	3.68	矿点

（二）矿床实例

油页岩的矿床实例为维西县永春乡高泉新近系油页岩矿，是云南省内唯一载入资源储量表的小型油页岩矿床，累计查明油页岩资源储量 922×10^4 t，含油率 5.6%。矿区位于维西县北北东的永春河谷坝子中。矿体断续延长约 40 km，最宽处达 2.5 km，面积约 130 km^2。

含油页岩系为中新统双河组，由灰黑、浅白等杂色（角）砾岩、砂岩、（泥质）粉砂岩、灰岩及油页岩组成。油页岩产于中部，与煤线相伴产出。

油页岩矿区自北而南划分为阿南多-嘎嘎塘、勺乐、高泉（港老布）、龙转弯、打枪坝、维西-美光 6 个矿段。

在勺乐、高泉、龙转弯、打枪坝一带，油页岩层位均可对比。由于后期构造影响，矿区构造较为复杂。构造线总体上呈北西向，褶皱与断裂均较发育。以港老布矿段为例，从矿区西部至东部地层逐渐倒转。此外，在含油页岩岩系中有中新世次英安岩脉侵入，一般长几十至百余米。

矿区内含有工业价值的 0 号、Ⅰ号、Ⅱ号油页岩矿层。其中，0 号矿层仅分布在打枪坝矿段，长 200~300 m，油页岩厚度 4~5 m，含油率为 4.31%~4.48%；Ⅰ号矿层在勺乐矿段、高泉矿段均有分布，油页岩厚度 5~21 m，含油率 5%~6.62%；Ⅱ号矿层在勺乐、高泉和龙转弯矿段均有分布，油页岩厚度变化较大，由 2.5~14.95 m，含油率一般 3.5%~5.22%。

（三）潜在远景区

1. 地质背景

中国油页岩矿床时代分布从石炭纪—新近纪都有分布，以侏罗纪—白垩纪、新近纪较为重要。主要集中分布在中生界（77.7%），次为新生界（14.6%）和上古生界（7.6%）（刘招君等，2006）。云南省发现的油页岩矿点以下寒武统筇竹寺组、中泥盆统近底部、中新统双河组—上新统最为重要，中侏罗统、上白垩统江底河组下段次之，中石炭统、中—上三叠统也有发现。

目前发现的油页岩矿点多位于中、新生代断陷和坳陷盆地。共同特点是：富含有机质细粒物质沉积后，埋深尚未达到有机质演化进入到大量生成石油的“油窗”阶段就已经发生隆升，导致地层埋藏较浅，加上后期剥蚀，形成目前地表所见的油页岩矿床（点）。

云南油页岩形成环境主要为：陆表浅海低能环境（如昆明—禄丰—禄劝地区下寒武统筇竹寺组）、滨海—海湾潟湖相环境（如华坪、禄劝等地中泥盆统近底部油页岩）、断陷盆地（如维西油页岩）、内陆坳陷沉积（如楚雄盆地侏罗系、白垩系油页岩及滇东北侏罗系油页岩）。

2. 潜在远景区

（1）禄劝和华坪泥盆系远景区

禄劝城北17~40 km范围内，大河边-茶花箐一带已发现乌尖、大莫、老班甫、马拉河、龙海等矿点。油页岩赋存于中泥盆统近底部，矿层延伸达1.8~2.7 km。乌尖油页岩矿南起小者珠，北至保乌哈，全长1.8 km。大莫油页岩矿位于乌尖油页岩矿以南，长约1.8 km。老班甫油页岩矿位于乌尖油页岩矿以北，长约2.7 km。乌尖油页岩矿厚0.06~0.28 m，局部厚达0.40 m，含油率7.85%~27.07%。大莫油页岩矿厚0.06~0.18 m，含油率10.27%~21.64%。老班甫油页岩矿厚0.16~0.21 m，含油率16.23%。马拉河油页岩厚0.1~0.27 m，含油率5.67%。1960年，龙海、乌尖油页岩矿经楚雄州地质队普查，概算C级储量4.46×10^4 t。

华坪县东北约50 km，大兴大冷坎—大麦地—竹林坡一带，在长达40 km，宽2~3 km范围内，中泥盆统近底部20~50 m范围内油页岩断续分布，紧邻的四川盐边及鹤庆东北也有分布。目前已知华坪大兴大冷坎和大麦地—竹林坡一带黑山等油页岩矿点，油页岩厚度为0.6 m左右，最大1.25 m。含油率3%~6%，1959年，经云南省地质局矿产研究所概算储量达82.75×10^4 t。

上述2个片区均为泥盆纪康滇古陆两侧的海湾—潟湖相沉积区，研究程度高，勘查程度低，油页岩含油率高，为具有较好油页岩资源远景的地区。

（2）滇中-滇东寒武系远景区

滇中-滇东下寒武统筇竹寺组油页岩在禄丰县罗茨高楼房矿点延伸2.5 km，油页岩厚1.4~2.5 m，含油率2.76%~5.06%。该矿点系1958年云南省工业厅勘探队发现，仅施工过一个探槽，对深部未进行勘查。禄丰县邓厂下寒武统筇竹寺组中下部发现1层油页岩油，厚1.4 m，未进行较深工作。

（3）楚雄盆地南部白垩系远景区

楚雄盆地南部上白垩统江底河组发现4个矿点：楚雄市洛苴美、楚雄市冷水凹、楚雄市代家村、双柏县杞木本。

楚雄市洛苴美油页岩矿点位于楚雄城区东23 km的饱满街向斜南端，包括洛苴美和冷水凹2处。洛苴美油页岩延伸长2.7 km，含油率1.2%~6.5%。冷水凹油页岩长6.9 km，含油率2%~15%（一般2%~4%）。1958年，楚雄州地质队进行过勘查，估算油页岩资源量2505×10^4 t。此外，在饱满街西北江底河组下段泥灰岩中，尚见有宽1~2 mm具浓沥青味的沥青细脉。

代家村矿点位于楚雄城区西15 km，油页岩延伸长6.9 km，厚0.7~1.0 m，平均含油率2.89%。1959年，云南省冶金厅地质勘探公司309队进行过普查，估算油页岩资源量1223×10^4 t。

杞木本矿点位于双柏县云龙镇西约3 km向斜构造东翼。油页岩呈黑、褐黑色，延伸长100 m，厚度0.1~1.1 m，含油率5%~6%。1958年，云南省工业厅勘探队进行过预查，估算油页岩资源量5.75×10^4 t。

（四）开发利用

油页岩最常见的开发生产工艺是露天开采，干馏处理的方法。干馏温度约500℃，经过1小时左右，油页岩中的干酪根就可以转化成页岩油。这种方法工艺简单，但地面设备成本高，同时干馏后产生巨量矿渣堆积，对环境保护带来重大挑战。此外，初级产品页岩油的品质比常规原油差，必须采用加氢炼制才能获得更高级的油品。

另一种方法为原地转化法，目前处于先导试验研发阶段。这种方法通过钻井把油页岩层缓慢加热到约350℃，经过数月的时间，油页岩中的干酪根就可以转化为油气再进行抽汲生产。该方法可以避免产生巨量工业废渣，壳牌、埃克森、切夫龙等国际大公司一直在研发该项技术。

云南省自20世纪50~60年代的矿点调查及1971年维西县永春乡高泉油页岩详查完成后，已经多年没有进行过勘查工作。现有评价资料比较零星陈旧，评价标准不统一。维西县永春乡高泉油页岩至今未开发利用，也未进行过开发先导性试验。上述因素制约了云南省油页岩资源的开发利用和宏观管理，因此，建议开展全省系统的油页岩资源调查和评价，对重点区块及潜在远景区进行一定的勘查工作，为油页岩开发利用打下基础。

第五节　铀　　矿

铀（U）属天然放射性元素，是一种银白色金属，具放射性和核裂变现象，密度19.7 g/cm^3。熔点1130±2℃，沸点3818℃。铀的化学性质活泼，在自然界呈4价和6价，在一定条件下相互转化。铀为亲石元素，主要赋存在酸性火成岩中。

铀主要用作核原料，用于核电站、反应堆、同位素生产和核武器等方面。它通过反应堆能将铀的核能转变为热能，用来发电，开动舰船和火车、供热等。原子核分裂所产生的原子核辐射和人工制取的放射性同位素，在钢铁工业、机械制造、地质勘查、仪器制造、农业、医学、食品工业和高科技研究等方面都有广泛的应用。核技术已成为现代科学和技术部门最新最有效的研究技术方法之一。此外，铀的氧化物在搪瓷工业、玻璃工业中可作颜料使用。

云南铀矿的成矿地质条件较好，矿床类型多样，地质勘查程度普遍较低，大多数矿床尚未开发利用。

一、地质勘查与资源概况

（一）铀矿勘查史

云南省铀矿勘查地质工作主要由云南省核工业二〇九地质大队、云南省核工业地质调查院承担，至今已有60年历史。提交各类地质报告千余份，发现和落实了铀矿床14个（表3-12）、铀矿点62余个、铀矿化点89个。

表3-12　云南省主要铀矿矿产地

序号	矿产地名称	规模	序号	矿产地名称	规模	序号	矿产地名称	规模
1	384矿床	小型	6	108矿床	小型	11	203矿床	小型
2	50矿床	小型	7	602矿床	小型	12	3031矿床	小型
3	381矿床	中型	8	601矿床	小型	13	3032矿床	小型
4	382矿床	中型	9	2051矿床	中型	14	414矿床	中型
5	506矿床	小型	10	2052矿床	小型			

自1966年组建以来，云南省核工业二〇九地质大队一直致力于云南放射性矿产的勘查与研究（照片3-14），并取得以下成果。

1）云南发展成为中国重要的铀矿产地。在滇西发现和勘查了一批中、小型铀矿床、矿点、矿化点、异常点（带），使滇西铀成矿带发展成为中国12条铀成矿带之一。

2）发现了新的铀矿物种属。发现铀矿物15种、含铀矿物6种（照片3-15、3-16、3-17）。特别是与核工业北京地质研究院合作发现的新矿物——盈江铀矿，首次在中国云南发现斜方钛铀矿（附录D）。

照片3-14　攀登悬崖峭壁找铀矿
（云南省核工业二〇九地质大队供稿）

照片3-15　水铀钒矿标本
（云南省核工业二〇九地质大队供稿）

照片3-16　腾冲铀矿矿石标本
（云南省核工业二〇九地质大队供稿）

照片3-17　含铀煤型铀矿矿石标本
（云南省核工业二〇九地质大队供稿）

3）铀矿遥感技术应用。参与由中科院牵头多个部委参加的“遥感技术应用腾冲试验项目（7801工程）”、“铜矿遥感重点联合攻关项目（国家计委YX-91-8）”及“中国典型铀矿遥感影像特征研究项目”。对铀矿遥感找矿技术进行了推广应用。

4）大胆探索铀矿业开发。20世纪50~70年代，积极响应“全民办铀矿”号召，全省军民共建17个化工厂，生产“111”、“131”产品，为我国第一颗原子弹爆炸试验成功做出了贡献。80年代中前期，支持参与由核工业衡阳第六研究所承担的“原地浸出采铀”技术腾冲试验项目并取得成功，建成中国首个地浸采铀矿山，开启了中国地浸采铀新时代，为我国核工业发展做出了贡献。

5）开展广泛国际合作。20世纪80年代与日本开展“腾冲地区铀矿普查找矿合作”；90年代与俄罗斯、乌克兰、哈萨克斯坦等开展“地浸砂岩型铀矿找矿合作与交流”。

6）地质科技成果显著。先后完成《滇西中新生代盆地地质成矿规律及远景预测》、《龙川江盆地铀矿化规律及成矿预测》、《云南省铀成矿规律和成矿预测》、《龙川江盆地可地浸砂岩型铀矿成矿地质特征及远景预测》、《滇西临沧铀锗矿田成矿特征和成矿预测》、《云南天然铀2010~2025年规划》等科研报告。

（二）矿床类型与分布

云南省铀矿具有矿床（点）多、异常多，分布广而散，铀矿化类型齐全、工业类型高度集中，矿床规模小、工业矿床成片分布，共（伴）生组分多等特点。云南省铀矿工业类型可概括为 8 大类型（表 3-13）。其中，只有砂岩型和碱性岩型矿床具工业意义。

表 3-13　云南省铀矿床（点）类型及分布

矿床工业类型		矿床（矿点、矿化点）	分布	矿床成因类型
砂岩型	砂岩、砂砾岩型	2051 中型矿床、384（232、92）小型矿床、50 小型矿床、2052 小型矿床、203 小型矿床、3032 小型矿床、601 小型矿床	滇西	淋积型
		381 中型矿床	滇西	淋积型，多因复成
	含铀煤型	382 中型矿床	滇西	热水再造淋积型
	砂岩型	506 小型矿床	滇西	成岩淋积型
		108 小型矿床	滇西	后生淋积型
		602 小型矿床	滇西	热水淋积型
		3031 小型矿床、172 矿化点	滇西	沉积型淋积型
		305 矿点、860 矿点	楚雄盆地	
碱性岩型		414 中型矿床	滇南	气成、高温热液
		501 矿化点、409 矿化点、104 矿化点	滇西及兰坪思茅坳陷	
磷块岩型		220 矿点，HT-2-3、131 矿化点	滇东、滇东北	
碳酸盐岩型		504 矿点，905 矿化点、906 矿化点、503 矿化点	滇东、滇西北	
火山岩型	变钠质熔岩型	8174 矿化点	滇中	热液蚀变
	玄武质凝灰岩型	6201 矿点、61 矿点	滇东北	风化残积型
	石英斑岩型	45 矿化点、73 矿化点	滇西北	火山-沉积建造
	碱性火山岩型	505 矿点	滇西	火山碎屑-沉积岩型
花岗岩型		701 矿化点、901 矿化点、211 矿化点	滇西、滇南	热液型、接触交代型
混合岩型		507 矿点、1101 矿点、7231 矿化点	滇西、滇中	多成因型

砂岩型铀矿是云南省最主要的工业类型，主要分布在滇西临沧矿田、腾冲矿田，已探明资源储量占全省探明量的 86.64%。值得注意的是，滇西新近系盆地除富集铀矿外，还富集锗、镓等高价值稀散元素和煤，这为该区今后开展铀、锗、镓、煤综合找矿提供了依据。

二、矿床类型与矿床实例

云南的铀矿划分为 7 种类型。矿床以腾冲砂岩型铀矿田（床）、临沧矿田砂岩型（砂岩型、砾岩型、含铀煤型）铀矿床为主，碱性岩型铀钍矿床（414 矿床）次之，其余 4 种矿床较少。

（一）腾冲砂岩型铀矿田（床）

腾冲矿田东至泸水-高黎贡山-龙陵-瑞丽断裂带，西止腾冲-梁河-大盈江构造岩浆活动带。龙川江断裂、腾冲-梁河火山活动带、朱星街断裂带和大盈江断裂纵贯全区。燕山期多阶段形成的富含铀的 S 型复式勐连花岗岩体将矿田分为东西 2 个部分。东矿田以龙川江盆地为核心，西矿田以腾冲盆地、梁河盆地为核心组成。长期风化、剥蚀、移平作用，使岩体中的铀得以活化、迁移，为铀矿形成提供丰富的物质基础。强烈的构造运动下，在花岗岩的高地上形成众多的断陷盆地，为铀矿富集提供了场所。该铀矿田以 381 矿床（典型矿床）为例进行介绍。

1. 勘查概况与矿区地质

1959~1960 年，经槽探、井探、浅钻揭露和普查评价，初步确定为有远景的铀成矿地段。1971 年 4 月，中南 209 队第 9 队开展了以钻探为主的勘探工作。1976~1978 年转入详勘，1978 年 12 月提交了铀储量计算报告，资源量达小型规模。

矿区为受龙川江断裂带控制南北向盆地，东翼基底为高黎贡山中深变质岩，西翼基底为燕山期花岗岩，沉积地层主要为中新统芒棒组和第四系。芒棒组为湖泊沼泽相（主）、河流相（少）灰色含煤花岗质陆源碎屑沉积。第四系为河流相灰色花岗质陆源碎屑沉积。

该区侵入岩与喷出岩发育。侵入岩主要为中粗粒、中细粒黑云二长花岗岩。花岗岩中获同位素测年值为 167~169 Ma，属燕山期产物。火山岩为深灰色致密块状玄武岩、橄榄玄武岩，具多期喷发特征，形成于新近纪—第四纪。

2. 矿体地质

（1）矿体特征

381 矿床共发现Ⅰ、Ⅱ$_1$、Ⅲ、Ⅳ、Ⅴ、BR 六个矿层，矿体呈层状、似层状、透镜状。矿化与花岗岩关系密切，可分为砂岩型和风化花岗岩型矿化两种。

主矿体，沿走向、倾向较为连续（图 3-6），小矿体变化较大。矿体长 450~550 m，宽 90~500 m，平均厚度 1~2.05 m，铀的平均品位为 0.061%~0.114%。埋深一般 30~165 m。

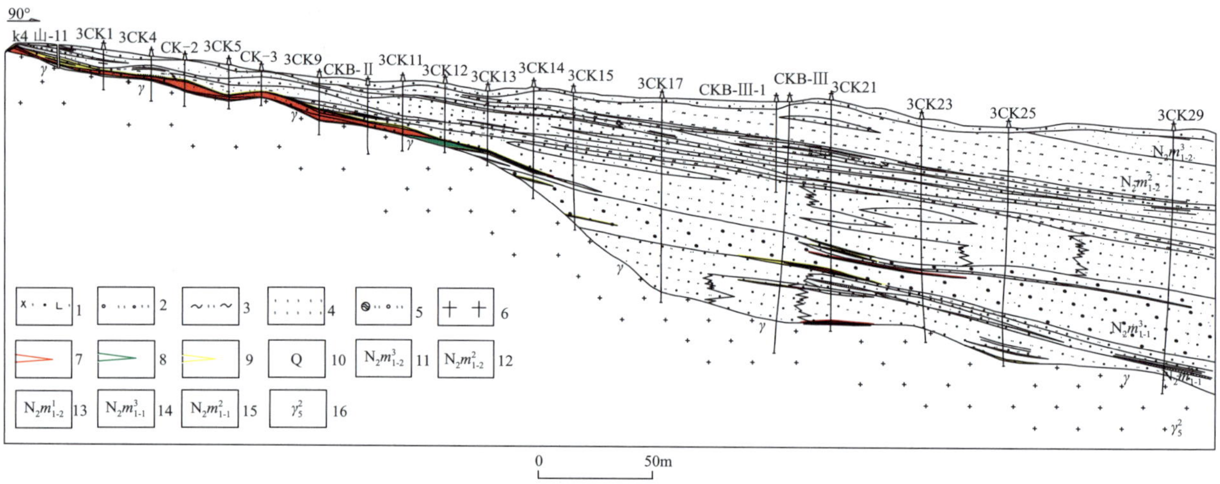

图 3-6　381 矿床 3 号勘探剖面图

（据云南省核工业二〇九地质大队，1997）

1—玄武凝灰质含砾砂岩；2—花岗质含砾砂岩；3—泥质粉砂岩；4—砂岩；5—片麻质含砾砂岩；6—基底花岗岩；7—矿体；8—矿化体；9—异常体；10—第四系；11—上新统芒棒组下段上亚段上部；12—上新统芒棒组下段上亚段中部；13—上新统芒棒组下段上亚段下部；14—上新统芒棒组下段下亚段上部；15—上新统芒棒组下段下亚段中部；16—中元古界燕山期花岗岩

（2）矿石特征

矿石主要为含铀碎屑岩型，次为含铀风化花岗岩型。

含铀碎屑岩型矿石的含矿岩石以复成分砂岩、石英长石砂岩、长石石英砂岩为主，粉砂岩、粉砂质泥岩次之。

含铀风化花岗岩型矿石的岩石为风化剧烈的中粗粒、细粒含黑云钾长花岗岩，岩石松软，长石大部分风化为粘土和绿泥石，黑云母大多蚀变为绿泥石。

铀矿物主要为沥青铀矿（照片 3-18、3-19）和铀黑。沥青铀矿主要呈显微粒状浸染分布于胶结物中，部分产于黄铁矿、白铁矿、有机质的成岩结核中，少数呈细脉状产出或沿锐钛矿解理充填。铀黑仅在黑色富碳的矿石中见到。

3. 矿床成因

矿床成因可能是淋积成因或成岩-淋积成因。

淋积成因，淋积成因是铀元素通过地下水搬运，沿含水层在游离氧所能达到的深度迁移，在氧化-还原带中进行富集成矿。

成岩-淋积成因，矿化受一定层位控制。矿体呈层状、似层状产出，赋存于含矿层中。

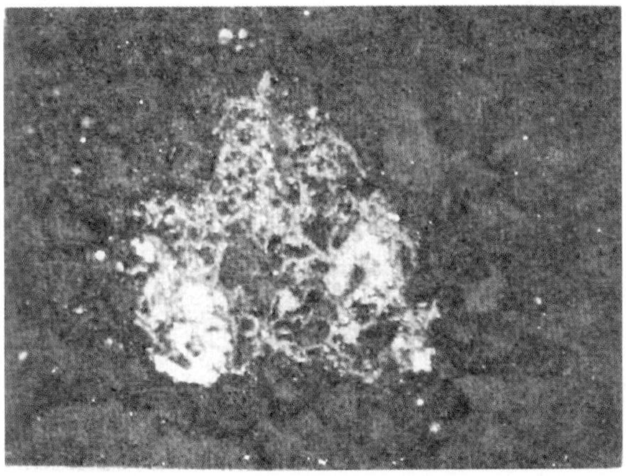

照片 3-18　胶状沥青铀矿呈网脉状穿插、溶蚀交代黄铁矿，并与其组成砂岩的胶结物
（云南省核工业二〇九地质大队供稿）

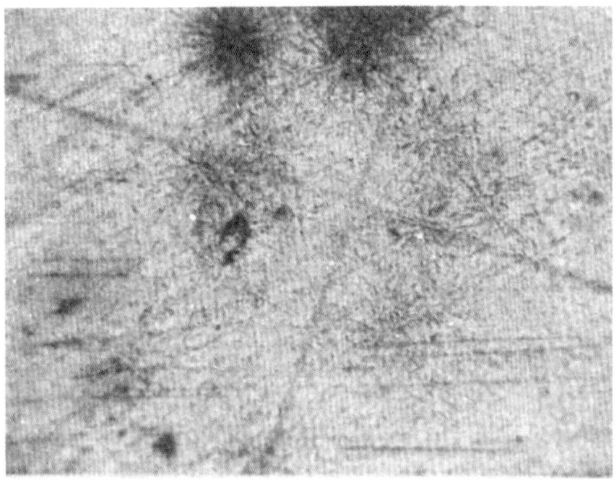

照片 3-19　超显微状产出的沥青铀矿 α 轨迹的形态，呈网脉状穿插、溶蚀交代黄铁矿，并与其组成砂岩的胶结物（放射性照相）
（云南省核工业二〇九地质大队供稿）

（二）临沧矿田砂岩型（砂岩型、砾岩型、含铀煤型）铀矿床

临沧矿田位于澜沧古岛弧中段，花岗岩体基底之上的新近纪断陷盆地为铀的主要富集区。代表性矿床有：3031、3032 含铀煤型铀矿床，2051、2052 砾岩型铀矿床，203 含铀砂岩型矿床。除砂岩型外，还产出花岗岩型铀矿，如 701、901 等。此外，该区砂岩铀矿中共生锗、伴生镓、铍、钼、钇、硒、碲、钒、锶，是铀、锗、镓综合找矿有利地区。

矿田内 3031 矿床为典型矿床，现将其矿区地质特征简介如下。

（1）矿区地质

沉积盆地以临沧花岗岩为基底，沉积盖层主要为新近系及第四系。在长期风化、剥蚀、夷平作用下，富铀碎屑物的堆积与富集，最终形成具工业意义的铀矿床。

新近系为灰色花岗质含煤陆源碎屑沉积，为铀矿的含矿岩系，形成于气候温暖潮湿的湖泊环境。

矿区岩浆岩以中细粒、中粗粒少斑状黑云二长花岗岩为主，细粒黑云二长花岗岩次之，细晶岩、伟晶岩、正长岩等脉岩较少。

（2）矿体地质

3031 矿床由 5 个矿段、2 个矿点构成。矿体产于新近系下部含煤地层的花岗质砂岩层（N^{1-1}）、煤层（N^{1-2}）及砾岩（N^{1-3}）中（图 3-7）。

其中花岗质砂岩中的铀矿体呈似层状、透镜状产出。煤层中的铀矿体为主要工业铀矿体，规模大而富，沿走向、倾向延伸较稳定。矿体一般厚 3~6 m，轴部最厚达 10~14 m。砾岩中的铀矿体产于Ⅴ号矿段，由砾岩超覆于花岗岩体上成矿，共有 2 个矿体。矿体长 30~60 m，平均厚度 2.03~3.33 m。

（3）矿床成因

矿床成因有“同生”和“后生”两种不同认识。

同生的依据是：贫矿化与围岩形成于同一过程的有机质有关，贫矿化与同生的黄铁矿共生。

后生的依据是：砂岩中矿体形态以层状、似层状透镜体为主，砾岩中矿体以透镜状为主。矿化与岩石的透水性有关，煤中铀的富集程度和部位受下伏岩石透水性所制约，一般在透水层与隔水层（Hm_1）界面上；铀矿化富集于一号煤层（Hm_1）下部，又同时赋存于煤和花岗质碎屑岩中，为两种不同岩性所控制。铀呈不均匀的斑点状，条带状，角砾状分布。

（三）碱性岩型铀钍矿床（414 矿床）

碱性岩型铀钍矿指产于碱性岩及其内外接触带中的铀矿，也包括成因上与碱性岩有成生联系的铀

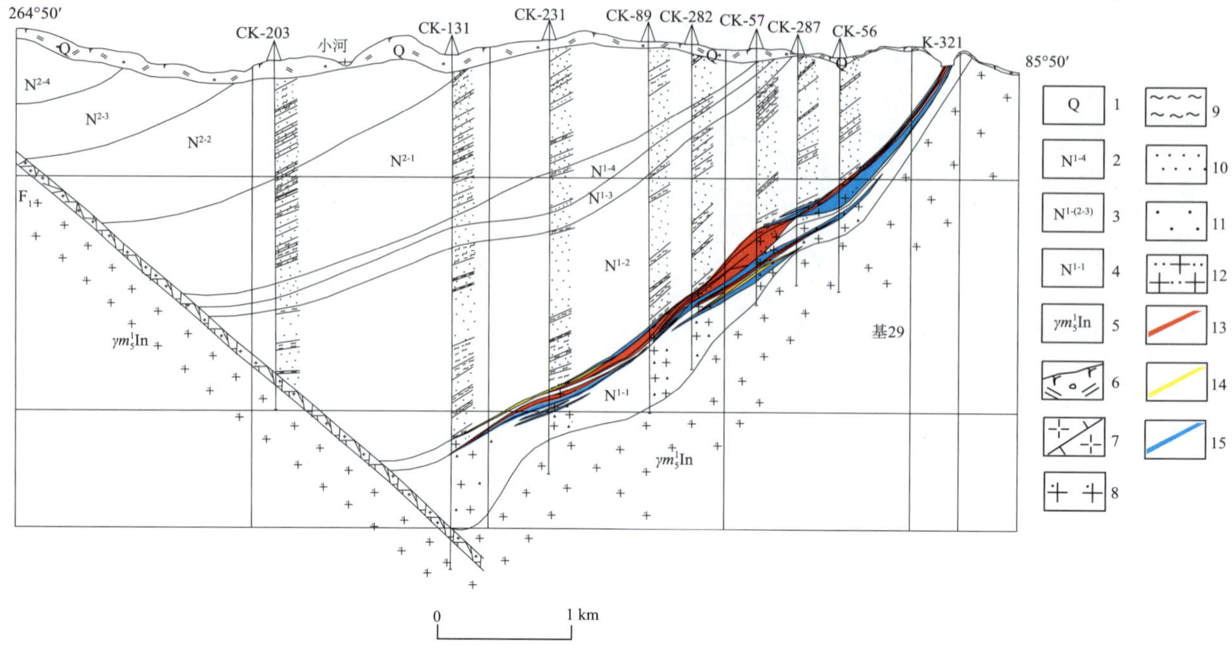

图 3-7　3031 铀矿床 29 号剖面图

（据云南省核工业二〇九地质大队，1990）

1—第四系　坡积、冲积物、植物生长层；2—新近系砂岩夹煤层；3—新近系复成分砾岩；4—新近系花岗碎屑岩；5—印支期黑云母混合花岗岩；6—第四系覆盖层；7—花岗碎裂岩；8—中粗粒黑云母混合花岗岩；9—粘土岩；10—细砂岩；11—粗砂岩；12—花岗碎屑岩；13—工业铀矿体；14—铀矿化体；15—铀异常体

矿。此类矿产以建水县长岭岗碱性岩接触带的 414 中型铀钍矿床为代表。

1959 年，由原中南二〇九队发现岩体内存在大批铀钍异常点。后经原中南二〇九队、核工业二〇九地质大队进行勘查，1980 年 5 月提交《云南省四一四铀钍矿床储量报告》。

矿区位于个旧断裂西侧，构造线方向以北东向为主。不同结构、构造的霞石正长岩广泛出露。

矿体赋存于长岭岗岩体北部及东北部边缘的矽卡岩带内（图 3-8），蚀变岩大多构成矿石。矿体多为层状、似层状、透镜状、似脉状、树枝状等。矿体埋深较浅，多数<100 m，最大埋深为 270 m。矿体一般长 70~150 m、宽 40 m、厚 1~2 m。矿体标高为 700~2100 m。产状随接触带产状变化。

矿石有 3 种自然类型：①方钍石型（U-Th 型）产于红色带，又称红色矿石；②烧绿石型（U-Nb）产于绿色带，故称绿色矿石；③晶质铀矿型（U 型）产于浅色带的褪色蚀变岩中，又称浅色矿石。矿石的工业类型属铀硅酸盐型矿石。

铀有 4 种存在形式：①以晶质铀矿、变生钛铀矿独立铀矿物形式呈浸染状存在于矿石中；②以类质同象形式存在于方钍石、钍石、烧绿石等矿物中，是本矿床铀的主要存在形式；③以吸附状态形式存在于粘土、褐铁矿中；④以分散状态形式存在于造岩矿物长石、霞石等矿物中。

钍有 3 种存在形式：①以独立钍矿物形式呈星散浸染状、斑点状、显微似脉状存在于方钍石、钍石或云母包裹体中；②呈类质同象形式存在于烧绿石、锆石等矿物中；③以吸附及分散状态形式存在于铁的氢氧化物及造岩矿物（长石）中。

矿床成因类型为岩浆热液型矿床。

（四）其他类型铀矿

其他类型的铀矿为：磷块岩型铀矿、碳硅泥岩型铀矿、碳酸盐岩型铀矿、火山岩型铀矿，矿床规模均属矿点。

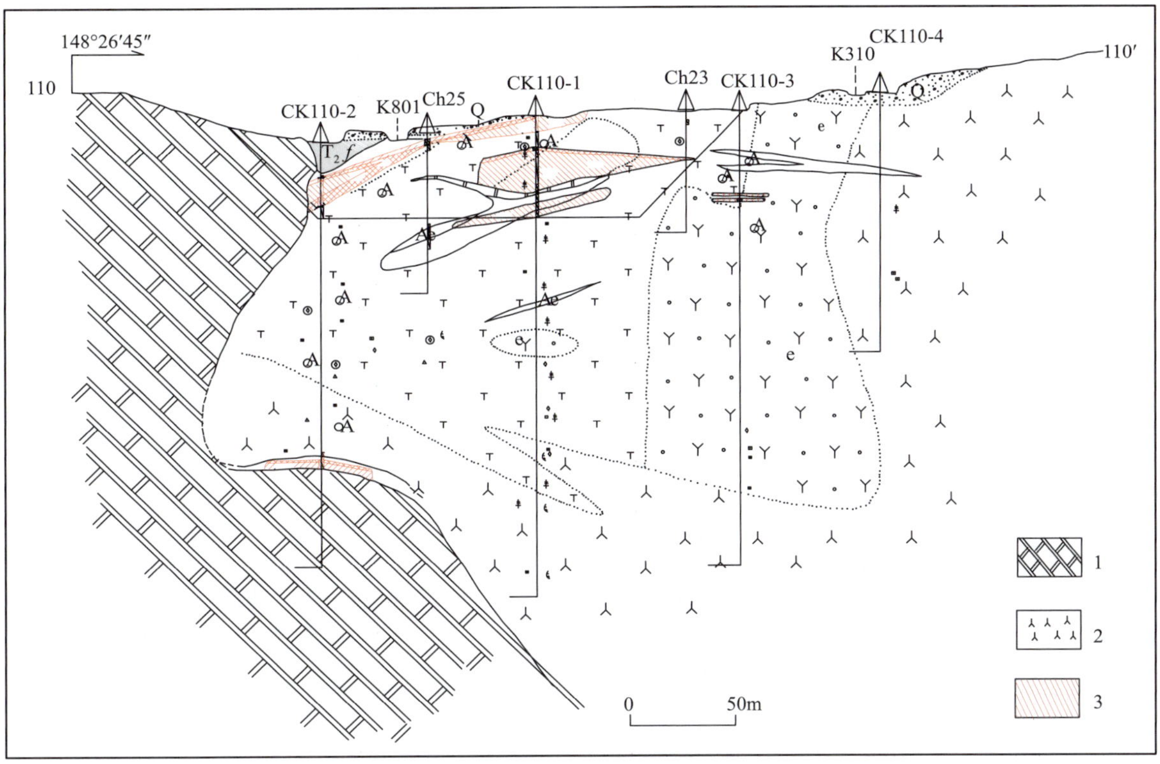

图 3-8　414 矿床 110-110′号剖面图

（据云南省核工业二〇九地质大队，1982）

1—大理岩；2—霞石正长岩；3—矿体

1. 磷块岩型铀矿

铀矿主要产于下寒武统渔户村组，次为中泥盆统含磷沉积。此类型铀矿化具有分布广、品位低的特点，为一种潜在的铀资源。

含矿岩系分布于小江断裂及其以东部分，在滇东北和滇东南也有分布。在康滇古陆与牛首山古岛之间，下寒武统渔户村组属浅海沉积。在会泽-寻甸-陆良一线以东属海洼区，其余为浅海区。铀矿化主要分布在浅海-海洼区界线附近，地层厚度 50~150 m。含矿岩系由含碳页岩、粉砂岩、磷块岩、硅质岩及泥质白云岩组成之黑色岩系。铀矿化主要产于硅质岩和磷块岩中，次为黑色岩和粉砂岩。

含铀层位：含铀层多（共有 8 个），层位稳定。第二段（硅质岩段）和第八段（黑色页岩段）是铀矿化的主要层位。铀品位一般稳定，多为 0.01%~0.03%。在构造破碎带和层间破碎带中，矿化程度明显提高。矿体多呈规模不大的串珠状、扁豆状产出。铀元素主要产于含铀褐铁矿、含铀泥质物、次生铀矿物中。

矿床成因属沉积-淋积型。铀含量高的层位是铀源体，有时构成规模大、品位低的贫铀矿体。

2. 碳硅泥岩型铀矿

碳硅泥岩型铀矿指产于碳质岩、硅质岩、泥质岩、板岩等岩石中的铀矿化。这类岩层形成于相对封闭的浅海环境，具胶体沉积特点，有较高的铀丰度值，是重要的铀源体。该类型铀矿化主要分布在滇东和滇中地区中元古界昆阳群（美党组和鹅头厂组）、下寒武统渔户村组及中三叠统（个旧组、法郎组）。在全省范围内，碳硅泥岩型铀矿化仅次于砂岩型，居第 2 位，但至今尚未找到具有工业价值的矿床。

铀矿化体赋存于碳硅板岩的挤压破碎带和角砾岩带的膨大、分支、复合部位。矿化岩石主要为碳硅板岩形成的构造角砾岩。岩石中碳、硅分离，硅质形成角砾，碳质聚集于胶结物中，分异越完全，铀矿化越有利。铀散布于胶结物中，呈团块状、网状、浸染状。矿体呈透镜状、扁豆状、团块状，厚度变化大，品位极不均匀，产状不稳定。岩石透水性好的地段有利于铀的富集。

成因为后生淋积型。碳硅板岩提供铀源，动力变质作用是成矿的必要条件，地下水将铀淋积于构造带有利地段形成矿化。

3. 碳酸盐岩型铀矿

碳酸盐岩中的铀矿化主要指产于中三叠统个旧组、法郎组碳酸盐岩中的铀矿化，也包括产于其他时代海相碳酸盐岩中的铀矿化（如上寒武统保山组的钍铀矿化）。此类铀矿化广泛分布于滇东地区，其他地区零星分布。

含矿地层为中三叠统个旧组、法郎组，是一套滨海-浅海相的碎屑岩和碳酸盐沉积。沉积环境动荡，氧化环境与还原环境相互交替。矿化岩石为有机质泥质铁质灰岩、碳质泥质岩，并与黄铁矿化关系密切。铀矿化不均匀，矿体的形状、产状、品位、厚度变化较大，并严格受构造破碎带控制。在构造复合、交叉部位矿化程度较高。铀元素可呈分散吸附状态，也可为含铀矿物和次生铀矿。铀矿成因属淋积型。

4. 火山岩型铀矿

火山岩型铀矿与火山岩在空间上相伴产出，在成因上有互相联系。在晋宁期、华力西期、印支期、喜马拉雅期的火山岩中，均发现铀异常和矿化。

具铀矿化的火山岩多为海相或海陆交互相，陆相火山盆地发现仅 1 处。铀矿化类型有：中元古代钠质火山岩中与铁铜矿床伴生的热液型铅矿铀矿化，二叠纪中基性火山岩系底部表生作用有关的铀矿化，三叠纪中酸性火山岩中的热液型铀矿化，新近纪碱性火山-沉积岩中的铀矿化。除玄武质凝灰岩中的铀矿化以外，其余均分布于火山岛弧上。

构造对铀矿化控制明显，不同构造的交汇部位为铀矿化有利区，火山岩内部构造（如破碎带、裂隙、层面、不整合面等）控制了矿化的形态特征。含矿岩石主要有变钠质熔岩，石英斑岩、流纹质晶屑凝灰岩，粗面质凝灰岩、沉凝灰岩等。含矿母岩伽玛底数一般较高，通常 30 γ。部分三叠纪酸性火山岩和二叠纪玄武质凝灰岩可达 50~60 γ。大红山组钠质火山岩虽只有 20 γ，但也比该地区其他岩石伽玛底数高一倍，且铅含量高。围岩蚀变强烈，主要近矿蚀变有硅化、赤铁矿化，次为水云母化、绢云母化、钠长石化。

三、开发利用

铀矿主要有露天开采、地下开采、原地浸出三种开采方式。原地浸出开采是通过地表钻孔将化学反应剂注入矿体，通过化学反应选择性地溶解矿石中铀元素，然后在浸出液中提取铀矿。该方法主要用于砂岩型铀矿开采，具有成本低、劳动强度小、环保等优点，但其仅适用于满足一定地质、水文条件的矿床。

云南铀矿开发较早。20 世纪 50~60 年代“全民办铀”时代，先后有 17 个军民共建化工厂生产“111”产品和“131”产品，为我国“两弹一星”工程和核工业发展作出了较大贡献。全省开发利用铀矿床 6 个、矿点 14 个。

381 矿床开采始于 1972 年，由 35101 部队化工厂以露天方式开采。1983 年由核工业衡阳六所在该区开展原地浸出采铀试验，获得成功后在云南建立了我国第一个地浸采铀矿山，作为我国地浸铀矿生产、科研、人才培养基地。同时，也作为生产矿山生产“111”产品。

2051 铀矿床于 1972~1976 年，由陆军十一军三十一师化工厂在Ⅲ号矿段进行地下开采。1974~1976 年，临沧地区化工二厂在Ⅱ号矿段的露头部分进行了剥采。1976 年两厂合并建立了七六五矿，以平硐开采Ⅱ、Ⅲ号矿段浅部矿体。1994 年初矿山停产闭坑。

2052 铀矿床于 1971 年由 35108 部队化工厂在Ⅵ号矿段 1880 m 以上进行开采。1976 年七六五矿在 1880 m 中段以上进行开采。1980 年开采Ⅴ号矿段。1994 年初停产闭坑。

其他开发利用铀矿企业有：永平县化工厂、农垦三师化工厂、省军区宣威化工厂、双江县化工厂、凤庆县化工厂、省独立师化工厂、保山 711 化工厂等，对 501、503、305、306、50、61、701 等矿点开采。

第四章　黑色金属矿产

黑色金属又称钢铁材料，包括含铁>90%的工业纯铁，含碳2%~4%的铸铁，含碳<2%的碳钢，以及各种用途的结构钢、不锈钢、耐热钢、高温合金、精密合金等。广义的黑色金属还包括铬、锰、钛、钒及其合金。

黑色金属矿产指能供工业上提取铁、锰、铬、钛、钒的矿产资源，是钢铁工业的主要原料。上述矿产在云南省均有发现。

第一节　铁　　矿

铁（Fe）是世界上发现最早，利用最广、用量最多的一种金属，其消耗量约占金属总消耗量的95%±。铁矿石主要用于钢铁工业，冶炼含碳量不同的生铁和钢。铁矿石还用作合成氨的催化剂（纯磁铁矿），天然矿物颜料（赤铁矿、镜铁矿、褐铁矿）、饲料添加剂（磁铁矿、赤铁矿、褐铁矿）及名贵药石（磁石）等。

钢铁是现代化工业最重要和应用最多的金属材料。人们常把钢、钢材的产量、品种、质量作为衡量一个国家工业、农业、国防和科学技术发展水平的重要标志。中国钢铁的消费结构以建筑业为主（52%），机械（20%）、汽车次之（7%），五金（4%）、船舶（3%）、家电（2%）、集装箱（1%）、石油化工（1%）、电力（1%）、其他较少（9%）（矿业界，2016）。

在自然界中，铁大多数呈氧化物、硫化物、含铁碳酸盐、含铁硅酸盐等矿物形式存在。目前，钢铁工业具有利用价值的铁矿物原料主要有磁铁矿、赤铁矿、镜铁矿、菱铁矿、褐铁矿和针铁矿。

云南省铁矿的开采与冶炼，大约始于公元初至13世纪中叶，也就是东汉至南宋时期。西汉时，云南省已有铁器生产。晋宁区石寨山、江川区李家山、安宁市太极山等地，都有西汉时期的铁器文物出土。东汉以后，铁矿的开采、冶炼、铸造技术有了进一步发展，铁器的使用更为普遍。据史料记载，保山、晋宁、临沧等地均为铁器主产地。昭通地区东汉墓葬（梁堆）中，发掘出铁制的锄、刀、剑、矛、钉等。

到了南诏时期，锻铸钢和铁淬火的技术有了较大提高，铁的应用领域也进一步扩大，出现了铁犁、铁铧、铁索桥。当时的“南诏剑”产量较多，人人佩剑、远销内地。昆明大观楼的古今第一长联所提及的“唐标铁柱”，即为铁矿的开采、冶炼、铸造技术的标志。铁柱至今保存在弥渡县铁柱庙内，高3.30 m，周长1.05 m，分几级浇铸而成。在电影《五朵金花》中，剑川小伙子阿鹏送给大理姑娘金花的定情信物，就选择一把永不生锈的钢刀，象征着阿鹏对金花的恋情地久天长。

一、资源概况

云南铁矿主要发现于20世纪50~80年代。20世纪90年代地质勘查行业进入低谷时期，在此之后的20余年间，云南的铁矿几乎没有进行较大规模的勘查。总体上看，云南铁矿的工作程度偏低，但铁矿的矿床（点）较多，找矿潜力较大，是云南的优势及重要矿产。截至2015年底，云南查明资源储量在30×10^4 t以上的铁矿产地有225处（图4-1，表4-1），全省保有铁矿石资源储量39.24×10^8 t。铁矿主要分布在普洱市、玉溪市、昆明市、楚雄州、保山市，见图4-2。

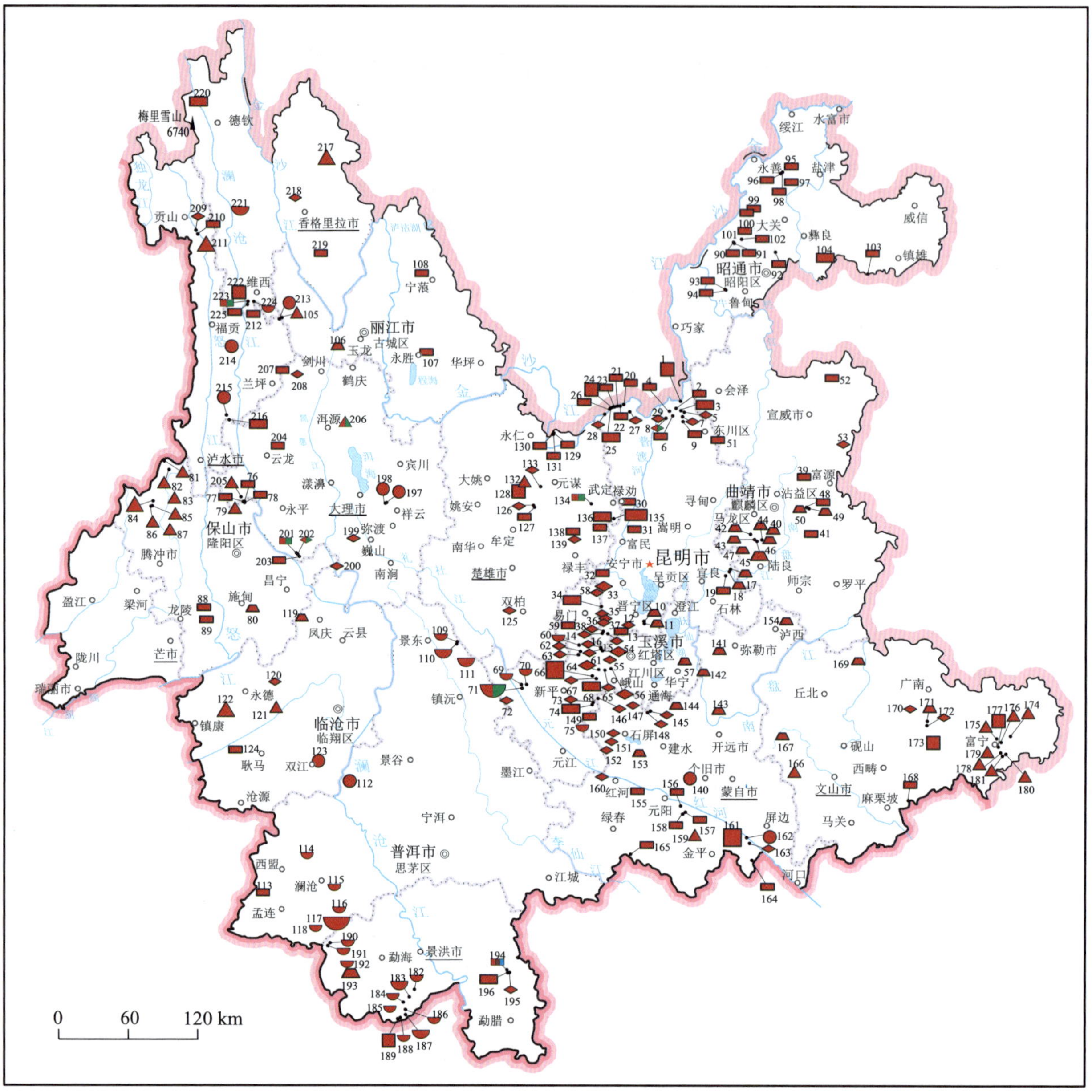

矿床类型	矿种	超大型	大型	中型	小型	矿床类型	矿种	超大型	大型	中型	小型
岩浆型	铁矿					沉积型	铁矿				
热液型	铁矿						铁铜矿				
海相火山岩型	铁矿						铁铅锌矿				
	铁铜矿					浅成中—低温热液型	铁矿				
接触交代型	铁矿						铁铜矿				
	铁铜矿					风化壳型	铁矿				

图 4-1 云南省铁矿主要矿产地分布图

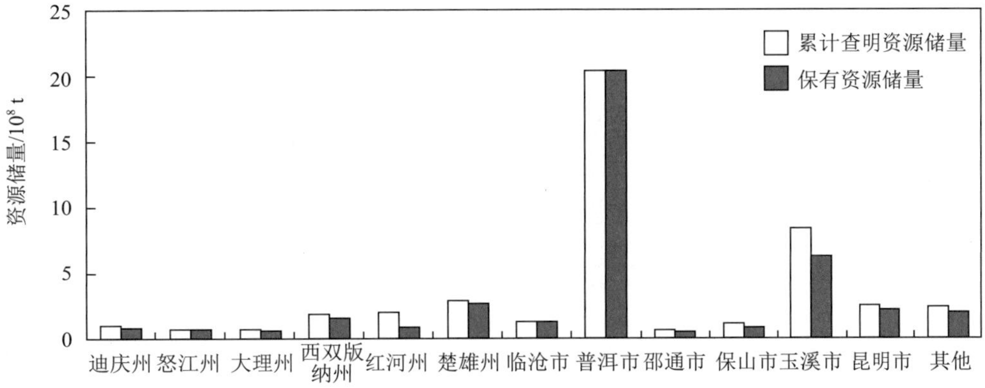

图 4-2　云南省各州（市）查明铁矿资源储量分布直方图

（数据来源：《云南省 2015 年矿区及所属矿山矿产资源储量简表》，云南省国土资源厅，2016）

表 4-1　云南省铁矿主要矿产地

编号	州（市）	矿产地名称	规模	矿床类型	成矿时代	工作程度	资源储量 10^4 t
1	昆明市	东川区鹦鸽嘴铁矿	小型	岩浆型	晚元古代	普查	118.91
2		东川区滥山铁矿	小型	沉积型	中元古代	普查	130.77
3		东川区包子铺铁矿	中型	沉积型	中元古代	勘探	1991.21
4		东川区观音岩铁矿	小型	沉积型	中元古代	普查	52.72
5		东川区羊圈口子铁矿	小型	浅成中-低温热液型	晚元古代	普查	40.30
6		东川区砂坝中路铁矿	小型	沉积型	中元古代	普查	133.57
7		东川区小坡头铁矿	小型	浅成中-低温热液型	晚元古代	普查	31.70
8		东川区岔河铁铜矿	小型	浅成中-低温热液型	早元古代	详查	162.20
9		东川区白锡腊铁矿	小型	沉积型	中元古代	普查	35.36
10		晋宁县上蒜铁矿	小型	风化型	第四纪	勘探	229.39
11		晋宁县洗澡塘铁矿	小型	风化型	第四纪	详查	576.40
12		晋宁县宝峰铁矿	小型	浅成中-低温热液型	晚元古代	普查	87.28
13		晋宁县天坝阿比村铁矿	小型	沉积型	晚震旦世	普查	56.28
14		晋宁县天井铁矿	小型	浅成中-低温热液型	晚元古代	详查	148.29
15		晋宁县汞山铁矿	小型	浅成中-低温热液型	晚元古代	普查	110.70
16		晋宁县白马龙铁矿	小型	浅成中-低温热液型	晚元古代	普查	234.25
17		宜良县大兑冲铁矿	小型	风化型	第四纪	普查	378.34
18		石林县响水箐铁矿	小型	风化型	第四纪	普查	72.13
19		石林县起杜槽铁矿	小型	沉积型	晚震旦世	普查	32.60
20		禄劝县大梁子铁矿	小型	沉积型	中元古代	详查	824.82
21		禄劝县付腥田铁矿	小型	沉积型	中元古代	普查	32.76
22		禄劝县菜园子铁矿	小型	沉积型	中元古代	勘探	104.18
23		禄劝县皎平东升铁矿	小型	沉积型	早元古代	普查	34.33
24		禄劝县上坪子铁矿	小型	岩浆型	晚元古代	普查	42.29
25		禄劝县笔架山铁矿	中型	沉积型	中元古代	详查	1428.91
26		禄劝县红门厂铁矿	小型	沉积型	中元古代	普查	152.00
27		禄劝县阿巧铁矿	小型	浅成中-低温热液型	中元古代	勘探	86.52
28		禄劝县细柞铁矿	小型	浅成中-低温热液型	早元古代	普查	107.39
29		禄劝县雪山铁矿	小型	浅成中-低温热液型	晚元古代	普查	56.14
30		禄劝县小菜园铁矿	小型	沉积型	中元古代	普查	37.90

续表

编号	州（市）	矿产地名称	规模	矿床类型	成矿时代	工作程度	资源储量 10^4 t
31	昆明市	寻甸县-富民县铁矿	小型	沉积型	早泥盆世	普查	129.80
32		安宁市禄脿小村铁矿	小型	沉积型	中元古代	普查	563.10
33		安宁市王家滩铁矿	中型	浅成中-低温热液型	晚元古代	勘探	2010.46
34		安宁市军哨-易门箐铁矿	中型	沉积型	中元古代	勘探	1958.80
35		安宁市八街铁矿红坡矿区	小型	浅成中-低温热液型	晚元古代	勘探	296.92
36		安宁市八街铁矿杨梅山铁矿	小型	浅成中-低温热液型	晚元古代	勘探	360.87
37		安宁市八街小营尖山铁矿	小型	浅成中-低温热液型	晚元古代	勘探	107.08
38		安宁市桃园哨铁矿	小型	浅成中-低温热液型	晚元古代	勘探	93.35
39	曲靖市	麒麟区罗郎铁矿	小型	沉积型	晚二叠世	普查	190.35
40		麒麟区长坡铁矿	小型	风化型	第四纪	普查	35.79
41		麒麟区桥头山铁矿	小型	沉积型	晚二叠世	普查	82.48
42		马龙区马鞍山铁矿	小型	风化型	第四纪	普查	87.94
43		马龙区牛首山铁矿天生坝矿区	小型	风化型	第四纪	详查	429.26
44		马龙区汤朗铁矿	小型	风化型	第四纪	详查	178.51
45		马龙区牛首山铁矿石龙矿区	中型	风化型	第四纪	详查	1869.50
46		陆良县板田铁矿	小型	风化型	第四纪	普查	108.54
47		陆良县天花铁矿	小型	风化型	第四纪	详查	730.48
48		富源县田冲铁矿	小型	沉积型	晚二叠世	详查	76.10
49		富源县福泰铁矿	小型	风化型	第四纪	普查	251.27
50		富源县欣云铁矿	小型	风化型	第四纪	普查	726.05
51		会泽县长坪子铁矿	小型	沉积型	早二叠世	普查	39.44
52		宣威市乐丰色官铁矿	小型	沉积型	晚二叠世	详查	36.75
53		宣威市自营铁矿	小型	浅成中-低温热液型	二叠纪	详查	102.37
54	玉溪市	红塔区上厂-白马龙铁矿	中型	浅成中-低温热液型	晚元古代	勘探	2728.36
55		红塔区洛河铁矿	小型	浅成中-低温热液型	晚元古代	普查	145.94
56		红塔区大六龙铁矿	中型	浅成中-低温热液型	晚元古代	勘探	1138.80
57		华宁县呼它铁矿	小型	风化型	第四纪	详查	41.40
58		易门县东山铁矿	小型	浅成中-低温热液型	晚元古代	详查	227.43
59		易门县大开裂山铁矿	小型	沉积型	中元古代	详查	57.00
60		峨山县大坟头铁矿	小型	海相火山岩型	中元古代	普查	31.94
61		峨山县小法竜铁矿	小型	浅成中-低温热液型	中元古代	普查	307.30
62		峨山县天心厂铁矿	小型	浅成中-低温热液型	晚元古代	详查	36.55
63		峨山县贡山-小假足铁矿	小型	浅成中-低温热液型	晚元古代	详查	800.62
64		峨山县他达铁矿	中型	浅成中-低温热液型	晚元古代	详查	2332.90
65		峨山县矿硐村铁矿	小型	浅成中-低温热液型	晚元古代	勘探	164.40
66		峨山县玉河寨铁矿	中型	岩浆型	二叠纪	普查	1059.34
67		峨山县山后厂铁矿	小型	浅成中-低温热液型	晚元古代	勘探	438.00
68		峨山县化念铁矿	中型	沉积型	中元古代	勘探	7551.67
69		新平县米底莫铁矿	小型	海相火山岩型	早元古代	详查	270.34
70		新平县底嘎母铁矿	小型	海相火山岩型	早元古代	普查	48.300

续表

编号	州（市）	矿产地名称	规模	矿床类型	成矿时代	工作程度	资源储量 10^4 t
71	玉溪市	新平县大红山铁铜矿	超大型	海相火山岩型	早元古代	详查	56346.72
72		新平县十里河铁矿	小型	浅成中-低温热液型	早元古代	详查	519.86
73		新平县阿者铁矿	小型	浅成中-低温热液型	晚元古代	普查	56.30
74		新平县鲁奎山铁矿	中型	沉积型	中元古代	详查	6537.34
75		元江县茂期卓铁矿	小型	海相火山岩型	早元古代	勘探	168.53
76	保山市	隆阳区中和铁矿	小型	沉积型	中志留世	普查	164.08
77		隆阳区宝和铁矿	小型	沉积型	晚二叠世	详查	93.17
78		隆阳区松坡铁矿	小型	沉积型	中志留世	普查	35.30
79		隆阳区瓦窑铁矿	小型	接触交代型	中白垩世	普查	72.29
80		施甸县龙塘铁矿	小型	风化型	第四纪	普查	125.68
81		腾冲市茨竹地铁矿	小型	接触交代型	中白垩世	普查	43.31
82		腾冲市木鱼山铁矿	小型	接触交代型	中白垩世	普查	117.37
83		腾冲市水箐铁矿	小型	接触交代型	中白垩世	普查	47.81
84		腾冲市滇滩铁矿	中型	接触交代型	中白垩世	详查	9013.56
85		腾冲市潘家寨铁矿	小型	接触交代型	中白垩世	普查	198.90
86		腾冲市黄家山铁矿	小型	接触交代型	中白垩世	普查	77.96
87		腾冲市铁帽山铁矿	小型	接触交代型	中白垩世	普查	560.29
88		龙陵县八〇八铁矿	小型	沉积型	晚寒武世	详查	291.59
89		龙陵县金星山铁矿	小型	沉积型	寒武纪	普查	74.10
90	昭通市	昭阳区苏甲铁矿	小型	沉积型	晚二叠世	详查	48.94
91		昭阳区布兴铁矿	小型	沉积型	晚二叠世	普查	44.82
92		昭阳区鲁家沟铁矿	小型	沉积型	晚二叠世	普查	66.96
93		鲁甸县大寨铁矿	小型	沉积型	晚二叠世	勘探	344.78
94		鲁甸县华富铁矿	小型	沉积型	晚二叠世	普查	39.35
95		大关县天星堡-漂坝铁矿	小型	沉积型	晚二叠世	普查	247.55
96		大关县山阳溪铁矿	小型	沉积型	晚二叠世	普查	117.48
97		大关县木杆铁矿	小型	沉积型	晚二叠世	普查	135.97
98		永善县长坪铁矿	小型	沉积型	晚二叠世	详查	55.40
99		永善县观音岩铁矿	小型	沉积型	晚二叠世	普查	44.85
100		永善县祥和铁矿	小型	沉积型	晚二叠世	普查	109.05
101		永善县茂林铁矿	小型	沉积型	晚二叠世	普查	32.99
102		永善县伍寨铁矿	小型	沉积型	晚二叠世	普查	50.19
103		镇雄县熊魁环山铁矿	小型	沉积型	早二叠世	普查	39.94
104		彝良县寸田铁矿	中型	沉积型	中泥盆世	勘探	5278.58
105	丽江市	玉龙县七别古铁矿	小型	接触交代型	三叠纪	详查	671.12
106		玉龙县通货落铁矿	小型	风化型	第四纪	勘探	82.84
107		永胜县文化-羊坪地区观音箐铁矿	小型	沉积型	早三叠世	详查	63.12
108		宁蒗县老龙洞铁矿	小型	沉积型	晚三叠世	普查	265.53

续表

编号	州（市）	矿产地名称	规模	矿床类型	成矿时代	工作程度	资源储量 10^4 t
109	普洱市	景东县大街里竹山铁矿	小型	海相火山岩型	二叠纪	普查	799.66
110		景东县里竹山铁矿	中型	海相火山岩型	二叠纪	普查	1453.3
111		景东县卜勺铁矿	中型	海相火山岩型	二叠纪	普查	1648.35
112		景谷县边江铁矿分厂	小型	热液型	三叠纪	普查	64.97
113		孟连县允沟铁矿	小型	沉积型	晚元古代	勘探	39.95
114		澜沧县竹塘白掌铁矿	小型	海相火山岩型	中石炭世	普查	36.96
115		澜沧县大南婆铁矿	小型	海相火山岩型	中元古代	普查	93.95
116		澜沧县磨刀河铁矿	小型	海相火山岩型	中元古代	勘探	38.6
117		澜沧县惠民铁矿	超大型	海相火山岩型	晚元古代	详查	199396.90
118		澜沧县班德挡铁矿	小型	海相火山岩型	晚元古代	勘探	46.04
119	临沧市	凤庆县习谦野姜林铁矿	小型	风化型	第四纪	普查	53.62
120		永德县永康底卡芭蕉林铁矿	小型	浅成中-低温热液型	晚元古代	普查	75.00
121		永德县忙蚌铁矿	小型	接触交代型	三叠纪	普查	59.10
122		镇康县小河边-天生桥铁矿	中型	接触交代型	中白垩世	详查	4582.80
123		双江县湾河铁矿	小型	热液型	石炭纪	普查	63.35
124		耿马县丘山铁矿	小型	沉积型	二叠纪	普查	85.34
125	楚雄州	双柏县硝塘铁矿	小型	浅成中-低温热液型	侏罗纪	普查	34.04
126		牟定县大湾山铁矿	小型	浅成中-低温热液型	早元古代	普查	110.80
127		牟定县新田铁矿	小型	沉积型	早元古代	详查	172.98
128		大姚县塔地铁矿	小型	岩浆型	二叠纪	普查	73.31
129		元谋县红坡铁矿	小型	沉积型	早元古代	普查	52.98
130		元谋县泥嘎姑铁矿	小型	沉积型	早元古代	普查	47.92
131		元谋县姜驿铁矿	小型	沉积型	早元古代	普查	327.77
132		元谋县上庄房铁矿	小型	接触交代型	早元古代	详查	59.00
133		元谋县大已堡铁矿	小型	浅成中-低温热液型	早元古代	普查	160.70
134		武定县迤纳厂铁铜矿	小型	沉积型	中元古代	详查	956.20
135		武定县鱼子甸铁矿	大型	沉积型	中泥盆世	勘探	24088.72
136		禄丰县鹅头厂铁矿	中型	沉积型	中元古代	勘探	2015.05
137		禄丰县温泉铁矿	小型	沉积型	中元古代	普查	371.87
138		禄丰县河西铁矿	小型	沉积型	中元古代	勘探	334.98
139		禄丰县红岩子铁矿	小型	浅成中-低温热液型	晚元古代	详查	83.53
140	红河州	个旧市云掌寨铁多金属矿	小型	热液型	白垩纪	勘探	107.48
141		弥勒市黑路丫口铁矿	小型	风化型	第四纪	普查	178.12
142		弥勒市石灰窑铁矿	小型	风化型	第四纪	普查	54.22
143		弥勒市大尖山铁矿	小型	风化型	第四纪	普查	66.60
144		建水县蚂蚁铁矿	小型	风化型	第四纪	普查	54.53
145		建水县曲作冲铁矿	小型	浅成中-低温热液型	晚元古代	普查	75.13
146		石屏县老厂山铁矿	小型	浅成中-低温热液型	晚元古代	普查	45.58
147		石屏县落水洞铁矿	小型	浅成中-低温热液型	晚元古代	详查	314.38
148		石屏县贡洞箐铁矿	小型	浅成中-低温热液型	晚元古代	普查	62.23

续表

编号	州（市）	矿产地名称	规模	矿床类型	成矿时代	工作程度	资源储量 10^4 t
149	红河州	石屏县西老河铁矿	小型	沉积型	晚三叠世	普查	50.02
150		石屏县龙口冲铁矿	小型	浅成中-低温热液型	晚元古代	普查	39.65
151		石屏县新寨铁矿	小型	浅成中-低温热液型	晚元古代	普查	136.90
152		石屏县岩子脚铁矿	小型	浅成中-低温热液型	晚元古代	普查	40.57
153		石屏县马鞍山铁矿	小型	风化型	第四纪	详查	249.23
154		泸西县杨梅山铁钴矿	小型	风化型	第四纪	详查	73.90
155		元阳县红土寨铁矿	小型	沉积型	早元古代	详查	869.40
156		元阳县风口木匠铁矿	小型	沉积型	早元古代	普查	48.12
157		元阳县鱼塘凹子铁矿	小型	沉积型	早元古代	普查	39.17
158		元阳县小土龙铁矿	小型	沉积型	早元古代	普查	36.56
159		元阳县太平寨铁矿	小型	接触交代型	早元古代	预查	213.23
160		红河县浪提铁矿	小型	浅成中-低温热液型	早元古代	详查	63.03
161		金平县棉花地钒钛磁铁矿	中型	岩浆型	二叠纪	普查	1722.79
162		金平县野猪冲铁矿	小型	热液型	第三纪	普查	33.75
163		金平县茅草坪铁矿	小型	浅成中-低温热液型	早元古代	普查	36.38
164		金平县普玛铁矿	小型	沉积型	早元古代	普查	73.60
165		绿春县大头铁矿	小型	沉积型	晚三叠世	详查	206.50
166	文山州	文山市冬瓜林铁矿	小型	接触交代型	白垩纪	普查	52.64
167		砚山县小新—马鞍山铁矿	小型	风化型	第四纪	普查	282.51
168		麻栗坡县采山坪铁矿	小型	沉积型	三叠纪	普查	105.70
169		丘北县白泥塘铁矿	小型	风化型	第四纪	普查	163.95
170		广南县底基铁矿	小型	浅成中-低温热液型	早泥盆世	普查	45.30
171		广南县老沙底铁矿	小型	风化型	第四纪	普查	45.59
172		广南县磨子冲铁矿	小型	浅成中-低温热液型	泥盆纪	普查	60.09
173		广南县麻渣里铁矿	小型	岩浆型	三叠纪	详查	250.04
174		富宁县牙牌山铁矿	小型	接触交代型	三叠纪	普查	103.71
175		富宁县桥勒-莫勺铁矿	小型	接触交代型	白垩纪	普查	116.55
176		富宁县玉林铁矿	小型	接触交代型	三叠纪	普查	103.94
177		富宁县那兰铁矿	小型	岩浆型	三叠纪	普查	39.04
178		富宁县牙牌山-安定铁矿	小型	接触交代型	三叠纪	普查	42.67
179		富宁县毛尖山铁矿	小型	接触交代型	三叠纪	普查	56.09
180		富宁县毛尖山-那纳铁矿	小型	接触交代型	白垩纪	普查	117.33
181		富宁县坤洪铁矿	小型	接触交代型	三叠纪	普查	46.15
182	西双版纳州	景洪市曼老铁矿	小型	海相火山岩型	晚三叠世	普查	162.70
183		景洪市曼养铁矿	中型	海相火山岩型	晚三叠世	勘探	3122.59
184		景洪市十二分厂铁矿	小型	海相火山岩型	中元古代	详查	86.45
185		景洪市曼南坎铁矿	小型	海相火山岩型	晚三叠世	勘探	727.09
186		景洪市大勐龙、曼允-曼纳铁矿	小型	海相火山岩型	晚三叠世	普查	202.22
187		景洪市大勐龙疆锋铁矿	中型	海相火山岩型	晚元古代	普查	5275.26
188		景洪市国防铁矿	小型	海相火山岩型	晚三叠世	普查	476.44

续表

编号	州（市）	矿产地名称	规模	矿床类型	成矿时代	工作程度	资源储量 10^4 t
189	西双版纳州	景洪市曼余铁矿	小型	岩浆型	三叠纪	普查	87.40
190		勐海县关双铁矿	小型	海相火山岩型	中元古代	详查	456.44
191		勐海县曼蚌铁矿	小型	海相火山岩型	晚元古代	详查	470.76
192		勐海县下曼来铁矿	小型	海相火山岩型	晚元古代	详查	427.92
193		勐海县盘龙山铁矿	中型	风化型	第四纪	勘探	1795.60
194		勐腊县鱼塘山铁铅锌矿	小型	沉积型	晚三叠世	勘探	101.69
195		勐腊县黄竹山铁矿	小型	浅成中-低温热液型	侏罗纪	勘探	84.21
196		勐腊县新山铁矿	中型	沉积型	三叠纪	普查	5410.42
197	大理州	祥云县乱硐山铁矿	小型	热液型	古近纪—新近纪	普查	61.59
198		祥云县马厂箐铁矿	小型	热液型	古近纪—新近纪	普查	74.31
199		巍山县马鞍山铁矿	小型	浅成中-低温热液型	白垩纪	普查	78.58
200		巍山县红旗铁矿	小型	浅成中-低温热液型	中三叠世	普查	55.48
201		永平县瓦厂铁铜矿	小型	沉积型	晚三叠世	普查	43.53
202		永平县菜园凹铜铁矿	小型	浅成中-低温热液型	三叠纪	勘探	577.34
203		永平县骑马箐铁矿	小型	沉积型	晚三叠世	普查	36.95
204		云龙县分水岭铁矿	小型	沉积型	中志留世	预查	406.16
205		云龙县铁厂铁矿山铁矿	小型	接触交代型	白垩纪	普查	55.36
206		洱源县礁石硐铁铜矿	小型	接触交代型	白垩纪	普查	54.89
207		剑川县建基铁矿	小型	沉积型	晚三叠世	勘探	351.65
208		剑川县新民铁矿	小型	浅成中-低温热液型	三叠纪	普查	50.27
209	怒江州	贡山县月角村铁矿	小型	浅成中-低温热液型	石炭纪	普查	291.82
210		贡山县独龙底铁矿	小型	沉积型	石炭纪	普查	274.72
211		贡山县腊早铁矿	中型	接触交代型	白垩纪	勘探	4663.59
212		兰坪县小箐铁矿	小型	沉积型	中侏罗世	普查	68.65
213		兰坪县多多义铁矿	小型	热液型	晚三叠世	普查	37.66
214		兰坪县燕窝山铁矿	小型	热液型	晚三叠世	普查	47.13
215		兰坪县贺别叶铁矿	小型	热液型	白垩纪	普查	130.40
216		兰坪县兔峨西布铁矿	中型	沉积型	中元古代	详查	2387.64
217	迪庆州	香格里拉市欠虽铁矿	中型	接触交代型	中白垩世	详查	1139.81
218		香格里拉市池巴龙五村铁矿	小型	浅成中-低温热液型	晚三叠世	普查	61.41
219		香格里拉市小中甸和平铁矿	小型	沉积型	早三叠世	普查	835.23
220		德钦县江波铁矿	中型	沉积型	晚三叠世	普查	1803.44
221		维西县楚格札铁矿	中型	海相火山岩型	晚三叠世	普查	4825.94
222		维西县拉嘎洛铁矿	小型	岩浆型	三叠纪	普查	177.6
223		维西县松坡铁铜矿	小型	沉积型	中侏罗世	详查	123.66
224		维西县庆福铁矿	小型	海相火山岩型	晚三叠世	普查	471.11
225		维西县菖蒲塘铁矿	小型	沉积型	早石炭世	详查	544.78

二、矿床类型与矿床实例

云南的铁矿成因（工业）类型复杂多样，现将主要类型介绍如下。

（一）海相火山岩型铁矿

1. 大红山式火山岩型铁铜矿

典型矿床为新平县大红山铁铜矿（铁铜共生）。矿床划分为东矿段铁矿、西矿段铜矿、浅部熔岩铁矿、首采区铜矿 4 个矿段，共生铜矿也达到大型矿床规模。同时伴生金、银、铂族金属、钴等矿产。

新平县大红山铁铜矿的矿体埋藏深度普遍>500 m，为隐伏矿床。1959~1960 年，地质部九〇二航空测量大队在哀牢山以东地区进行 1：20 万航空地质测量，发现大红山地区存在 300 km^2 的磁异常，异常强度达 7500 γ。1964 年，云南省地质局地球物理探矿大队对 M-24 航测磁异常区进行检查，证实了该区确实存在磁异常，并在矿区的肥味河河床中发现巨大的磁铁矿转石，认为值得进一步工作。经云南省地质局第二区域测量大队、云南省地质局第九地质大队等单位的共同努力，在东西长 5 km、南北宽 2 km，面积 10 km^2 的范围内，探明大红山铁铜矿（照片 4-1）。

照片 4-1　新平县大红山铁铜矿全景图
（云南铜业（集团）有限公司供稿）

为表彰发现与评价大红山铁铜矿作出卓越贡献的广大地质职工，1980 年，地质矿产部授予云南省地质局第二区域测量大队、云南省地质局第九地质大队“功勋地质队”称号；1985 年，地质矿产部授予大红山铁铜矿的探矿有功人员找矿一等奖。

新平县大红山铁铜矿含矿地层主要为古元古界大红山岩群海相火山喷发-沉积变质岩系曼岗河岩组、红山岩组。铁矿成因类型主要为火山气液充填交代型、火山熔浆型铁矿及受变质火山喷发沉积型铁矿床，金属矿物主要为磁铁矿，伴有铜矿物。

主要铁（铜）矿层赋存于曼岗河岩组第三岩段，容矿岩石主要为富凝灰质大理岩、石榴角闪黑云片岩、变钠质凝灰岩。主要铁（铜）矿体位于红山岩组，容矿岩石主要为变钠质火山岩、变钠质凝灰岩、火山角砾岩、火山集块岩。

矿体主要产于底巴都背斜及其南翼的次级向斜（大红山）中。铜矿体呈薄板状、似层状，厚 7.18~9.00 m。铁矿体呈透镜体、似层状，平均厚 72.58 m（照片 4-2）。其中，富矿体平均厚 35.45 m。铁矿体东西长 1400~2660 m，南北宽 400~750 m。常见铜铁共生，铜矿体主要为黄铜矿、磁铁矿。多数铁矿体为单一磁铁矿或黄铜矿-磁铁矿组合，巨厚的富铁矿体为赤铁矿-磁铁矿-石英组合。铜矿体上下及周边常过渡为菱铁矿±磁铁矿组合。成矿模式见图 4-3。

矿石具细-中粒晶粒结构、粒状变晶结构，浸染状构造、条纹状构造、条带状构造。矿床的平均

照片 4-2　新平大红山铁铜矿矿体模型

（摄于玉溪大红山矿业有限公司，程胜辉供稿）

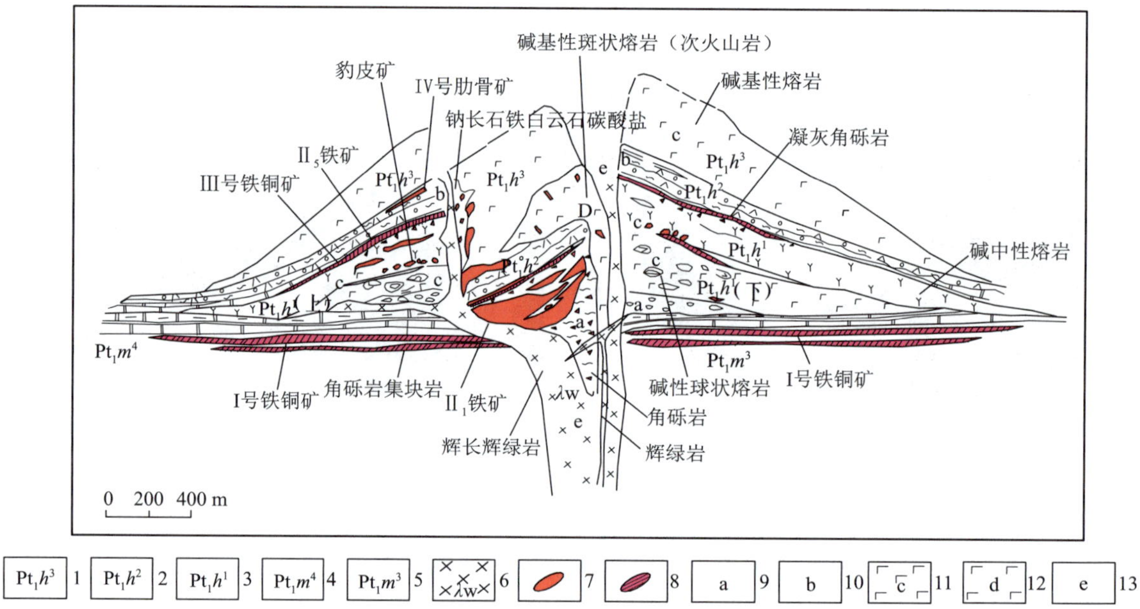

图 4-3　新平县大红山铁铜矿成矿模式图

（据云南省国土资源厅、云南省地质调查局，2013a）

1—红山组第三段；2—红山组第二段；3—红山组第一段；4—曼岗河组第四段；5—曼岗河组第三段；6—辉绿辉长岩；7—铁矿体；8—铁铜矿体；9—近火山口爆发碎屑岩相；10—喷发沉积相；11—熔岩流相；12—次火山岩相；13—浅成侵入相

品位：全铁 20.06%～41.22%、铜 0.22%～0.94%、金 0.0687～0.12 g/t、钴 0.0185%～0.046%（照片 4-3）。

截至 2015 年底，该铁铜矿 4 个矿段累计查明铁矿石资源储量 5.63×10^8 t，共生铜金属量 170×10^4 t，属大型铁铜矿床，是云南省已经开发利用的最大铁矿床。大红山铁矿已建成规模 450×10^4 t/a 原矿采选能力，成为昆明钢铁有限公司的主要铁矿石原料基地和主力矿山。经粗选后的铁矿石矿浆经长 171 km、高差达 1512 m 的管道通过三座压力泵从矿山直接输送至昆钢总部。大红山铁矿开发创多项全国第一，为中国最有名矿山之一。

2. 惠民式火山岩型铁矿

典型矿床为澜沧县惠民铁矿，伴生锰。

照片 4-3　新平县大红山铁铜矿深灰色薄层磁铁二云片岩标本
（李锡康供稿）

澜沧县惠民铁矿的部分矿体出露于地表。1958 年，当地群众对惠民附近地表残坡积铁矿进行土法开采和冶炼。同年，云南冶金地质勘探公司三〇五队惠民分队对矿区进行普查，探获铁矿储量 1.127×10^{8} t，预测远景储量 $>1.5\times10^{8}$ t。1971～1981 年，云南省地质局下属的第十六地质队、第十地质队、第十七地质队等多家单位先后对矿区进行普查和详查（图 4-4）。

矿区赋矿地层为中元古界澜沧岩群惠民岩组。惠民岩组由 3 个火山-沉积旋回组成，中部旋回由变基性熔岩-凝灰岩-鳞绿泥千枚岩-铁矿组成 9 个完整的火山喷发旋回，为主体矿的产出层位。基性熔岩以富铁、富铝、富镁、贫钛为特征，岩石化学成分接近洋中脊玄武岩。

矿体产于南东向宽缓褶皱内，呈似层状、透镜状产出。矿体产状与顶、底板围岩一致。长 1150～6500 m，厚 10～36 m，最厚 127.32 m。

矿石呈变胶状结构、粒状结构，条纹条带状构造、块状构造、角砾状构造。原生带矿物以菱铁矿、磁铁矿为主，次为鳞绿泥石、黑硬绿泥石、铁蛇纹石，石英、玉髓较少。氧化带矿物以褐铁矿为主，硬锰矿、软锰矿、假象赤铁矿、绢云母、高岭石较少。矿床全铁的平均含量 29.15%。铁矿中伴生锰，含量为 1.79%～2.44%。硫、磷等有害组分的含量较高。

该铁矿是云南省最大铁矿床，截至 2015 年底，累计查明铁矿石资源储量 19.94×10^{8} t，占全省查明铁矿石资源储量的 43.3%，属超大型矿床。因矿石的选冶难度较大，目前尚未规模化开采。

3. 疆峰式火山岩型铁矿

典型矿床为景洪市疆峰铁矿，代表矿床为景洪市的大勐龙铁矿、国防铁矿、曼养铁矿、曼允-曼纳铁矿，属大-中小型矿床。

景洪市疆峰铁矿的赋矿地层为古元古界大勐龙岩群。变质原岩为夹基性火山熔岩、火山凝灰岩、灰岩的砂泥质岩石。基性熔岩与铁矿关系最为密切。岩石以富铁、富铝、富镁、贫钛为特征，化学成分接近洋中脊玄武岩。

矿区南北长 4.5 km，东西宽 1 km。矿体主要产于复式背斜的核部。产状与围岩基本一致，走向为北东，倾角变化较大。现已查明的 4 个矿段/矿体群中，大部分为隐伏矿体。矿体埋深 40～600 m，600 m 以下尚未控制。每个矿体群由 3～4 个矿体组成。矿体呈似层状、透镜状、豆荚状，与围岩产状一致。矿体沿走向长 200～450 m，厚 2～14 m，倾向延深 160～600 m（图 4-5）。

矿石常见块状、浸染状、斑状结构，条带状构造。金属矿物以磁铁矿为主，黄铁矿次之，含少量赤铁矿和黄铜矿。脉石矿物以透辉石、透闪石、阳起石、绿帘石、钠长石为主，其次为绿泥石和方解石。钾长石、绢云母较少。矿石中全铁含量 52%～58%的富矿较少。全铁含量 26%～35%的贫铁矿较

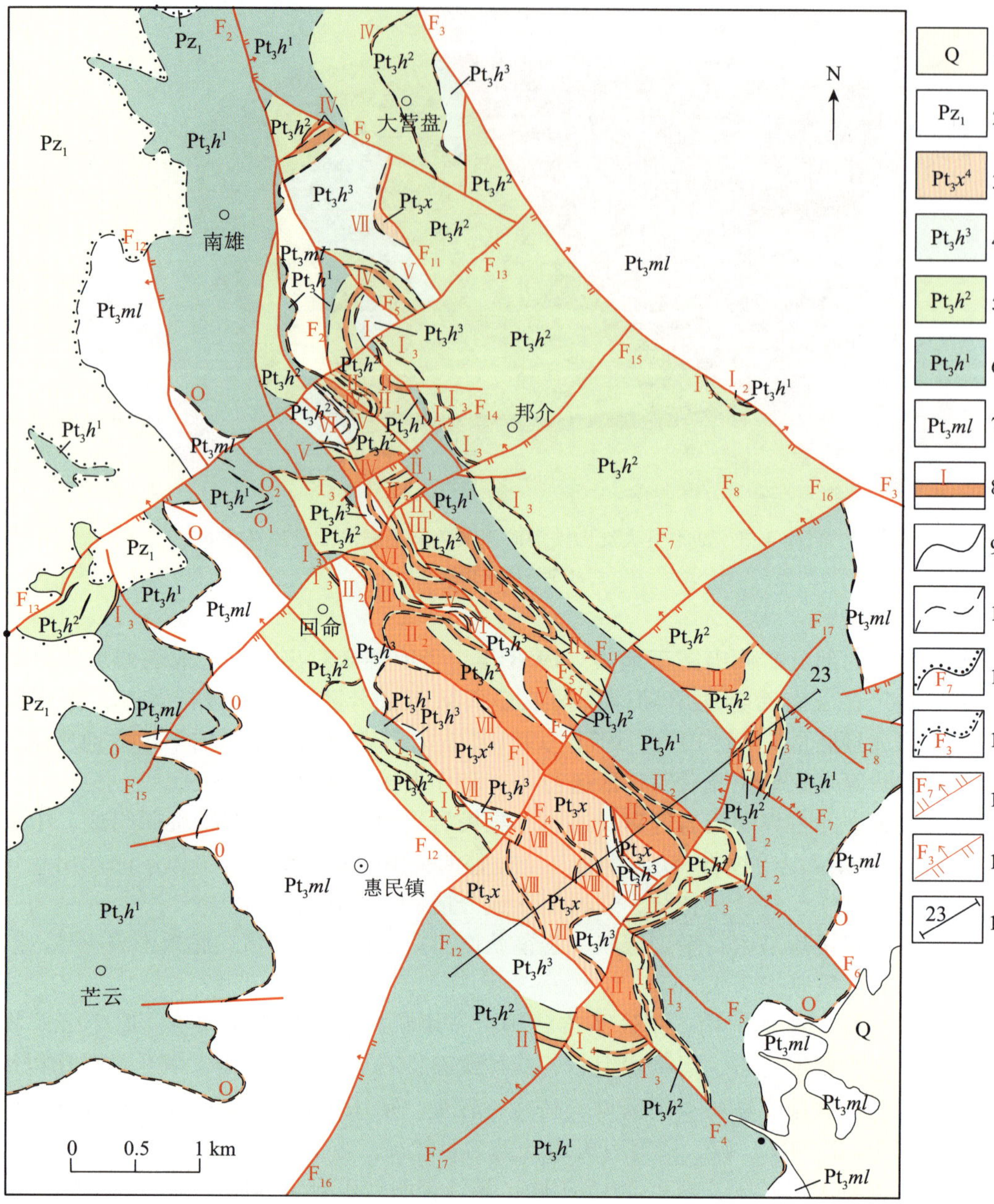

图 4-4　澜沧县惠民铁矿区地质简图

（据云南省地质矿产局第五地质大队，1982，有修改）

1—第四系；2—下古生界变质石英砂岩；3—新元古界惠民岩组第四段；4—新元古界惠民岩组第三段；5—新元古界惠民岩组第二段；6—新元古界惠民岩组第一段；7—曼来组；8—矿体及编号；9—实测地质界线；10—推测地质界线；11—正断层及编号；12—逆断层及编号；13—实测角度不整合地质界线；14—推测角度不整合地质界线；15—剖面线及编号

多，含量变化不大。硫的含量 1.12%~2.07%，钴的含量 0.01%~0.04%，均可综合回收。

截至 2015 年底，全区 4 个矿段累计查明铁矿石资源储量 0.53×10^8 t，为中型铁矿床。已开发。

4. 楚格扎式火山-沉积型铁矿

典型矿床为维西县楚格扎铁矿，代表矿床为勐腊县新山铁矿，属中小型矿床，共（伴）生铜、铅、锌、银、金多金属。

维西县楚格扎铁矿区的主要地层为上三叠统三合洞组和中三叠统攀天阁组。岩石组合以白云质灰岩为主，夹泥质岩、硅质岩、凝灰质岩、沉凝灰岩、流纹质凝灰熔岩、熔岩凝灰岩。火山岩以中酸性为主，属钙碱性系列流纹岩和碱性流纹岩，岩石有富钾向富钠演化的趋势。

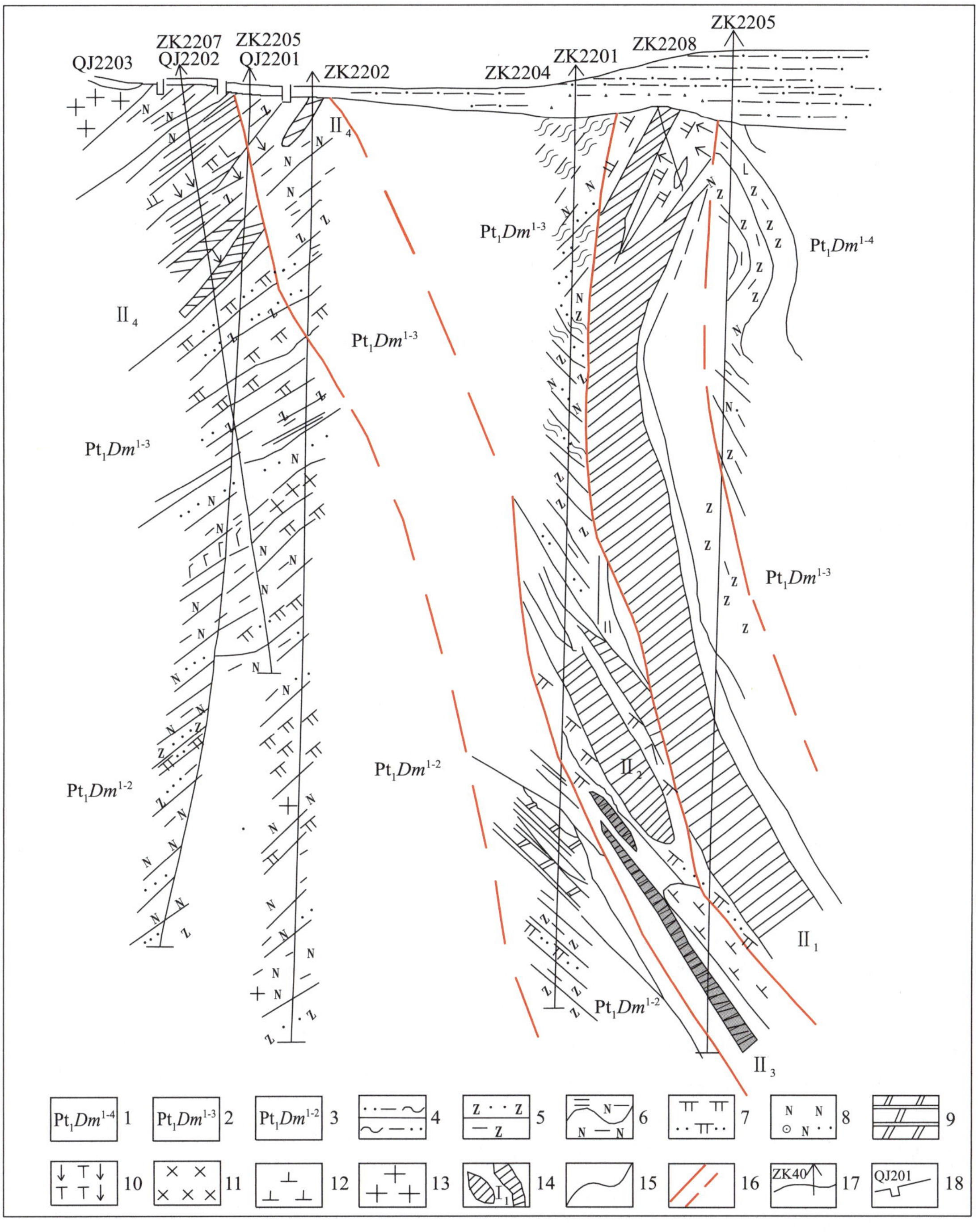

图 4-5　景洪市疆峰铁矿 22 线剖面图

（据云南省国土资源厅，云南省地质调查局，2013a）

1—古元古界大勐龙群下段第四亚段；2—古元古界大勐龙群下段第三亚段；3—古元古界大勐龙群下段第二亚段；4—云母石英片岩；5—黑云变粒岩；6—黑云斜长片麻岩；7—钠质岩；8—斜长角闪岩；9—白云大理岩；10—矽卡岩；11—辉绿岩；12—闪长岩；13—花岗岩；14—铁矿体及编号；15—地质界线；16—实测及推测断层；17—钻孔及编号；18—浅井及编号

矿区面积 1.83 km^2，主要有 5 个矿体。主要矿层位于中酸性火山岩（熔岩、凝灰岩、凝灰质灰岩）与灰岩的过渡部位。矿体呈似层状、透镜状，产状与岩层大致相同。主要矿体长 160~520 m，最大宽度 100~220 m，最大斜深 60~750 m，厚 4.04~100.40 m。

矿石呈粒状变晶结构、交代残晶-交代残余结构，块状-斑杂状构造、条纹条带状构造。矿石矿物主要为菱铁矿，次为褐铁矿，磁铁矿较少，赤铁矿微量，伴生少量软锰矿。脉石矿物有含铁方解石、含铁白云石、石英、长石、绿泥石、绢云母及有机质。菱铁矿的全铁平均含量 37.13%，褐铁矿的全铁平均含量 49.13%。矿区资源储量中，菱铁矿占 84.8%，褐铁矿占 15.2%。菱铁矿石的氧化锰含量一般为 2.37%~5.07%。硫、磷及其他有害杂质含量低，属含锰低硫低磷优质矿石。部分矿石中有铅、锌共生，品位 18.29%，开采中应引起重视。

截至 2015 年底，矿区累计查明铁矿石资源储量 0.48×10^8 t，为中型铁矿床。未开发。

5. 鹅头厂（稀矿山）式火山–沉积型铁铜矿

典型矿床为禄丰县鹅头厂铁铜矿，代表矿床为禄丰县迤纳厂铁矿、东川区稀矿山铁矿，属中小型矿床，共伴生铜多金属。

禄丰县鹅头厂铁矿区的含矿地层为昆阳群因民组，出露厚度>345 m。上部为含铁钠质凝灰岩，厚 255 m，全铁的含量 11.97%、氧化钠含量 5.63%，是Ⅰ号矿体（磁铁矿体）的矿源层，也是Ⅰ号矿体的赋矿围岩。下部为粗面质凝灰岩，厚度>90 m，全铁的含量 4.42%、氧化钾的含量 6.84%~7.12%，为Ⅱ号矿体（赤铁矿群）的赋矿围岩。

矿体呈似层状、鞍状、透镜状，大致沿岩层层面分布。Ⅰ号矿体为主矿体，以磁铁矿为主，长 1050 m，厚 12.25 m，最厚达 40 m，占总资源储量的 44.2%。Ⅱ号矿体位于Ⅰ号矿体之下，为赤铁矿群，长 340 m，单矿体最厚 18 m。

矿石具粒状结构，块状构造、浸染状构造。矿石类型主要为赤铁矿、磁铁矿。Ⅰ号矿体以磁铁矿为主，赤铁矿次之，黄铜矿、黄铁矿较少。Ⅱ号矿体全为赤铁矿石。脉石矿物有磷灰石、石英、方解石及少量重晶石。

铁矿受变质改造作用明显，金属矿物主要为磁铁矿，赤铁矿次之，大都伴有铜矿物。Ⅰ号矿体全铁平均含量 60.53%，Ⅱ号矿体全铁平均含量 53.85%。铁矿伴生五氧化二铌 0.002%~0.036%、氧化稀土总量 0.00045%~0.19%、钼 0.0003%~0.104%、铜 0.12%~2.99%、钴 0.003%~0.01%。

截至 2015 年底，矿区累计查明铁矿石储量 0.20×10^8 t，为中型铁矿床。已开发。

（二）矽卡岩型铁矿

矽卡岩型铁矿以腾冲市滇滩铁矿最为典型，命名为滇滩式矽卡岩型铁矿，共伴生铜、铅、锌。

腾冲市滇滩铁矿的矿体产于腾冲燕山早期—中期岩浆弧带古永花岗岩体东侧，黑云母花岗岩与石炭系空树河组碎屑岩、二叠系大东厂组碳酸盐岩的矽卡岩带、角岩化带、碎裂岩带中（图 4–6）。

矿区南北长 6000 m，东西宽 1000 m。围岩蚀变主要有矽卡岩化、角岩化及大理岩化。矽卡岩分带现象明显。矿体呈似层状、凸透镜状、脉状产出。矿体长 225~800 m，厚 2~60 m，倾斜延伸 60~300 m。

矿石具粒状结构、交代残余结构、胶状结构，块状构造、浸染状构造、条带状构造。金属矿物主要有磁铁矿（照片 4–4）、铁闪锌矿、异极矿、假象赤铁矿、赤铁矿、黄铜矿、磁黄铁矿、方铅矿。氧化带矿物主要有褐铁矿、针铁矿、孔雀石、铜蓝、水锌矿、黄铁矿、软锰矿。非金属矿物以硅镁石、透辉石、石榴子石等硅酸盐矿物为主。

矿石自然类型主要有 4 种形态：块状磁铁矿石、浸染状磁铁矿石、褐（赤）铁矿化磁铁矿石、多孔状（赤）褐铁矿石。矿石品级划分为 3 种类型（表 4–2）。

表 4–2　腾冲市滇滩铁矿矿石类型及其特征

矿石类型	富矿	贫矿	低品位矿
划分标准（全铁/%）	≥50	30~49.99	20~29.99
矿区平均品位（全铁/%）	55	35	24
最高品位（全铁/%）	67		

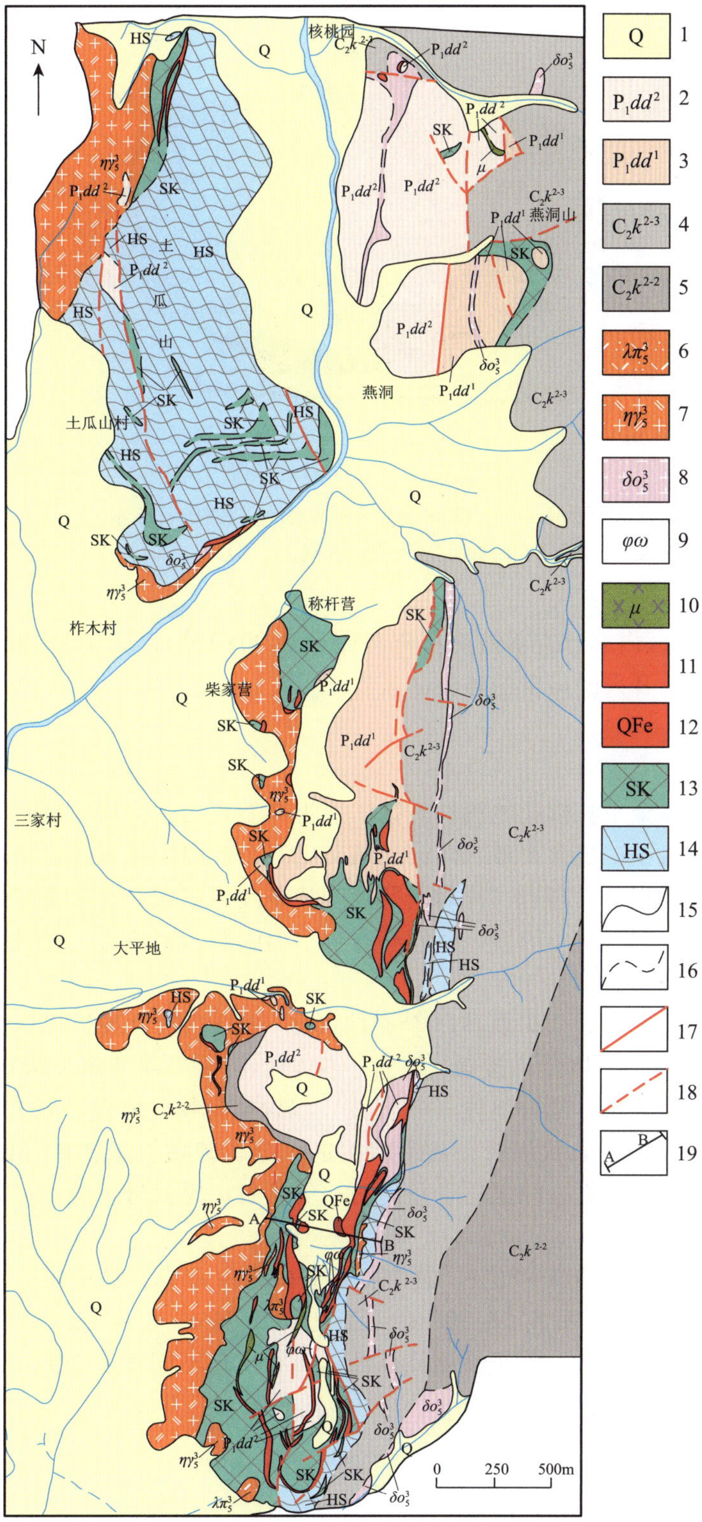

图 4-6　腾冲市滇滩铁矿区地质简图

（据云南省地质矿产局第四地质大队，1982）

1—第四系；2—下二叠统大东厂组上段；3—下二叠统大东厂组下段；4—上石炭统空树河组二段三层；5—上石炭统空树河组二段二层；6—燕山晚期石英斑岩；7—燕山晚期细粒斑状二长花岗岩；8—燕山晚期角闪石英二长闪长岩；9—蛇纹岩脉；10—辉绿岩脉；11—铁矿；12—堆积型铁矿；13—矽卡岩；14—角岩；15—实测地质界线；16—推测地质界线；17—实测断层；18—推测断层；19—地质剖面线

照片 4-4　腾冲滇滩铁矿灰黑色磁铁矿石标本

（云南省地质调查院供稿，采集人：邓志祥，2013a）

截至 2015 年底，矿区内累计查明铁矿石资源储量 0.90×10^8 t，属中型铁矿床，按富矿为大型铁矿床。该铁矿为云南省已开采的最富的磁铁矿床。

（三）岩浆型铁矿

云南的岩浆型铁矿以金平县棉花地钒钛磁铁矿最为典型，命名为棉花地式岩浆型铁矿。

金平县棉花地钒钛磁铁矿包含大坡、湾河、马鞍山三个矿段。矿区含矿地层为古元古界哀牢山岩群清水河岩组，由黑云片岩、大理岩、片麻岩及片麻状花岗岩组成。含矿杂岩体侵位于棉花地向斜轴部。杂岩体主要由斜长角闪岩、角闪岩、钛辉辉石岩、角闪辉石岩组成。钒钛磁铁矿产于前两类岩体中，后两类岩石中含铜镍矿。

含矿带呈北西向展布，分 3 个矿段、13 个矿体（图 4-7）。钒钛磁铁矿体呈厚 9~55 m 的似层状产于岩体内，与围岩面理呈“整合”接触，矿体、围岩、夹石界线清晰。含矿岩体的岩石类型以长石闪石片岩、闪石辉石岩为主，部分地段（三台坡）以含硫化物之橄榄辉石岩为主。

矿石具粒状结构，稠密浸染状构造、条带状构造。金属矿物以磁铁矿、钛铁矿为主，赤铁矿次之。非金属矿物由橄榄石、辉石、绿泥石、角闪石、尖晶石、黑云母组成。矿石以稠密浸染状铁矿石和条带状铁矿石为主。

金属矿物约占矿石总量的 40%~80%。其中：磁铁矿约占 35%，钛铁矿约占 30%。有用组分的含量为：全铁 30.27%~41.51%，平均 35.99%；二氧化钛 5.74%~8.60%，平均 7.24%；五氧化二钒 0.179%~0.268%，平均 0.207%。除钒钛磁铁矿外，矿石还具不同程度的铜、镍矿化。

全区共控制铁矿石资源储量 0.17×10^8 t，为中型铁矿床。已开发。

（四）沉积型铁矿

进一步细分为典型的沉积型铁矿和产在昆阳群大龙口组变质岩中沉积（变质）型铁矿。

1. 典型的沉积型铁矿

以楚雄州武定县鱼子甸铁矿最为典型，命名为宁乡（鱼子甸）式沉积型铁矿，代表矿床为彝良县寸田铁矿。

“鱼子甸”原名“椅子甸”，盛产铁矿。因铁矿石的“鲕粒结构”极像“鱼子”（照片 4-5），故将该地名改为鱼子甸。

武定县鱼子甸铁矿的含矿地层为中泥盆统鱼子甸组（相当于东岗岭组）下段（棠梨树段）。上部

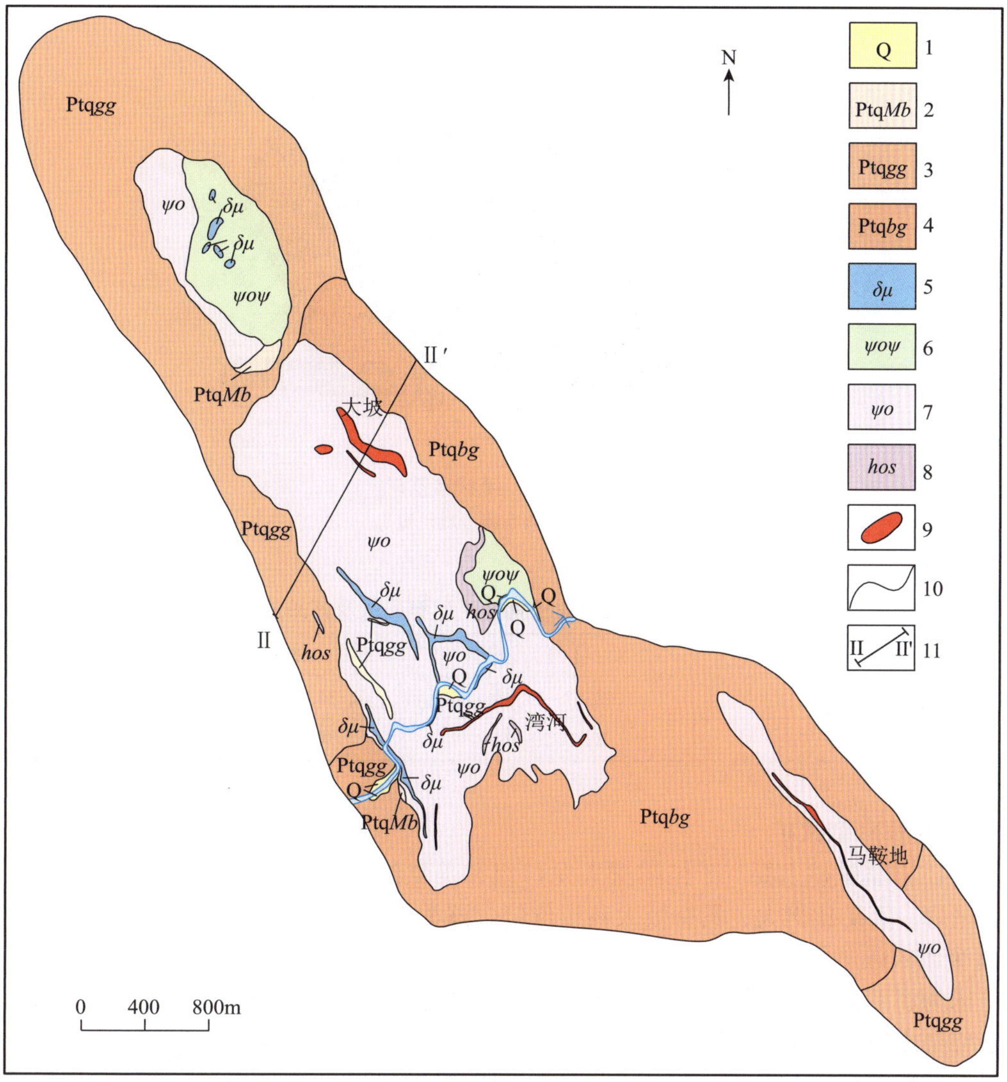

图 4-7 金平县棉花地铁矿区地质简图

（据云南省地质调查局，2013a，有修改）

1—第四系；2—大理岩；3—花岗片麻岩；4—黑云母花岗片麻岩（原岩为花岗岩）；5—闪石辉石玢岩（闪石辉石岩）；6—闪石辉石岩（辉石岩）；7—长石闪石片岩；8—斜长闪石岩；9—钒钛磁铁矿；10—地质界线；11—图切剖面

为石英细砂岩粉砂岩夹泥岩，厚 110 m。中部为白云岩泥质白云岩夹砂质泥岩、细砂岩，厚 220 m。下部为含矿岩层，主要为黑灰-瓦灰色泥岩、粉砂岩夹少量石英细砂岩，厚 50~70 m。下部夹 2 层稳定的赤铁矿，矿层在剖面上一般相距 30~40 m。

矿体呈层状产出，具一定层位，主矿体走向长达 20 km，倾向延伸 1~3 km。划分为上、下矿层，下矿层仅出现于部分矿段，厚 0.5~5 m（平均 2.12 m）；矿石以鲕状赤铁矿为主，部分为鲕绿泥石。上矿层分布于全矿区，厚 0.5~8 m（一般 2 m）；矿石以赤铁矿为主，“顶”和“底”常见 0.5 m 左右之菱铁矿、鲕绿泥石矿层。

矿石划分为 3 种类型：鲕状赤铁矿矿石、菱铁矿-鲕状赤铁矿矿石、菱铁质鲕绿泥石矿石。矿石具鲕状结构、粒状结构，块状构造、条带状构造。金属矿物和含铁矿物为赤铁矿、菱铁矿、鲕绿泥石。其他矿物以石英、水云母为主，次为胶磷矿、白云石、方解石、绿泥石。鲕状赤铁矿石具有工业价值，划分为 3 个品级（表 4-3）。3 个品级矿石平均含硫 0.3%~0.7%、磷 0.5%~1%。

截至 2015 年底，矿区内累计查明的铁矿石资源储量 2.41×10^{8} t，属大型铁矿床。已开发。

照片 4-5　鲕状赤铁矿

（云南省地质调查院供稿）

表 4-3　武定县鱼子甸铁矿矿石品级及其品位

矿石品级	Ⅰ级品	Ⅱ级品	Ⅲ级品
全铁品位/%	42.07~44.98	34.81~39.65	≥25
二氧化硅品位/%	10.2~19.36	9.25~23.64	10.51~29.07

2. 沉积（变质）型铁矿

沉积（变质）型铁矿主要产于昆阳群大龙口组和美党组中，金属矿物主要为菱铁矿，无铜矿伴生，矿石质量好，富矿比例大，具有极大利用价值。该类铁矿进一步划分为 2 种类型。

（1）鲁奎山式碳酸盐岩型铁矿

典型矿床为新平县鲁奎山铁矿，代表矿床为峨山县化念铁矿、峨山县他达铁矿，属中小型矿床。

新平县鲁奎山铁矿的含矿地层为昆阳群大龙口组底部泥质条带状灰岩。

矿体受褶皱形态控制，多分布在向斜两翼。矿体主要为层状、似层状、透镜状、扁豆状，产状与地层一致（图 4-8）。矿体长 100~1090 m，厚 2~60 m，倾斜延伸数十米至近千米。

矿石具粒状结构，块状构造、条纹条带状构造。矿石矿物以菱铁矿为主，赤铁矿次之，含少量黄铁矿、方铅矿、黄铜矿、菱锰矿。脉石矿物有方解石、白云石、石英。矿石矿物风化后多为褐铁矿富矿。褐铁矿富矿全铁的品位>50%，贫矿全铁的品位 31%~41%。菱铁矿富矿全铁的品位 35%~37%，贫矿全铁的品位 27%~32%。矿石多属低硫、低磷富铁矿石。

截至 2015 年底，该铁矿累计查明铁矿石资源储量 0.65×10^8 t，属中型铁矿床。已开发。

（2）王家滩式碳酸盐岩-碎屑岩型铁矿

典型矿床为安宁市王家滩铁矿，代表矿床东川区包子铺铁矿、安宁市八街铁矿、安宁市军哨铁矿，分属中小型矿床。

安宁市王家滩铁矿的含矿地层为昆阳群美党组，由粉砂岩、细砂岩及少量砂质板岩组成。矿区发育北东向和北西向断层，矿体主要受断层控制呈脉状产出。

矿区分东西矿段。东矿段包括 5 个地段、10 个矿脉群。西矿段包括 5 个地段、12 个矿脉群。矿体一般长 200~600 m，倾斜延伸 150~720 m，一般厚 4~10 m，最厚 32 m。

原生矿石为菱铁矿，氧化带矿石为褐铁矿、赤铁矿。菱铁矿全铁的平均品位 30.14%，赤铁矿的全铁平均品位 50.50%，褐铁矿的全铁平均品位 41.70%。矿石中有铜、钴伴生。有害元素含量：硫 0.02%~0.57%、磷 0.006%~0.12%、砷 0.001%~0.486%。

截至 2015 年底，该铁矿累计查明铁矿石资源储量 0.20×10^8 t，属中型铁矿床。已开发。

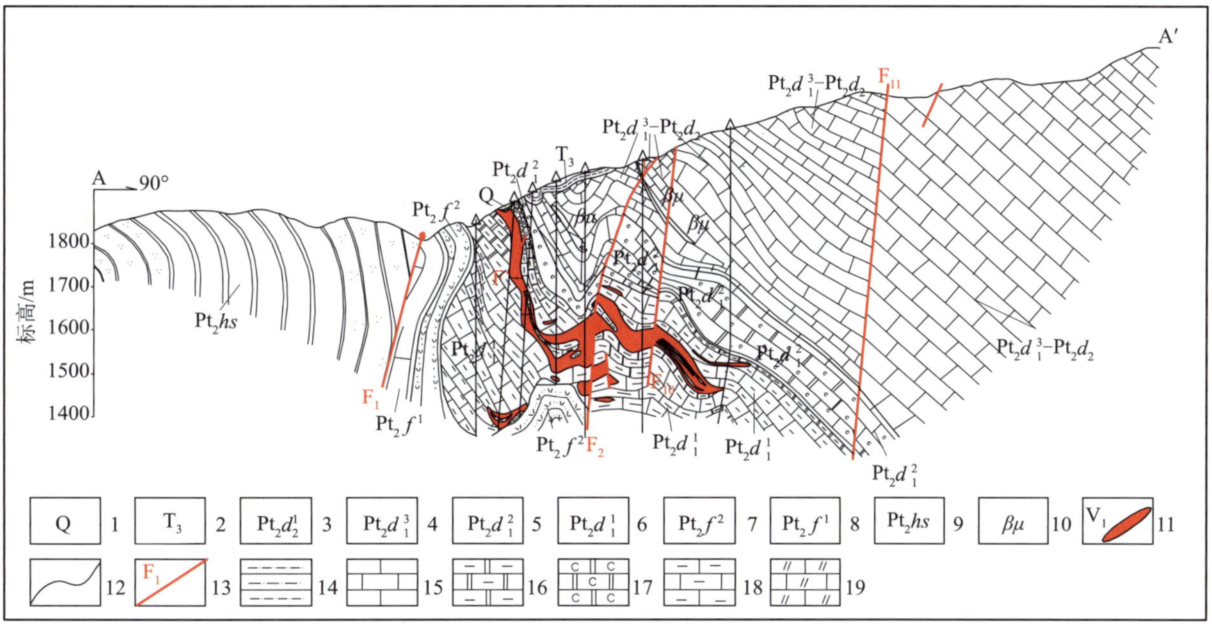

图 4-8　新平县鲁奎山铁矿区地质剖面图

（据云南省国土资源厅，云南省地质调查局，2013a）

1—第四系；2—上三叠统；3—昆阳群大龙口组上段第一层；4—昆阳群大龙口组下段第三层；5—昆阳群大龙口组下段第二层；6—昆阳群大龙口组下段第一层；7—昆阳群富良棚组上段；8—昆阳群富良棚组下段；9—昆阳群黑山头组黑山头段；10—蚀变辉绿岩；11—矿体及编号；12—地质界线；13—断层及编号；14—泥质砂岩；15—石灰岩；16—泥质白云质灰岩；17—含碳白云质灰岩；18—泥灰岩；19—白云质灰岩

（五）其他类型铁矿

其他类型铁矿包括热液型铁矿、残积型铁矿。

热液型铁矿以瑞丽市芒亮小型铁矿较为典型，命名为芒亮热液型铁矿。该类矿床在云南各地均有分布，一般易采易选、品位较高，有一定经济价值。

残积型铁矿以马龙区牛首山铁矿较为典型，命名为牛首山风化及堆积型铁矿。在滇东地区，该类铁矿常出现在石灰岩分布区，构成易采易选的小型矿床。

三、矿床时空分布规律

铁矿的成矿规律受云南地壳发展演化阶段的各个构造-岩浆带、构造-岩相带（区）控制，不同的构造演化阶段、成矿单元构成不同矿床类型和不同矿床组合。

（一）时代分布规律

云南省的铁矿成矿期时限长，跨度大、形式多。在吕梁期、晋宁期、华力西期、印支期、燕山期、喜马拉雅期，都有不同类型的铁矿生成。各个时期的成矿构造环境和铁矿成因各具特色。

吕梁期是云南省铁矿成矿的主要时期，是富铁矿的主要成矿期。查明的铁矿资源储量超过全省的四分之三。矿床类型主要为火山岩型，次为沉积-改造型。在活动大陆边缘裂谷环境的火山岩盆地中，形成与海相细碧角斑岩建造有关的磁铁矿矿床（新平县大红山铁矿、景洪市大勐龙铁矿、景洪市国防铁矿）、条带状火山-沉积型菱铁矿床（澜沧县惠民铁矿）。

晋宁期在陆内裂谷环境下形成产于大龙口组、美党组中的浅海相碳酸盐沉积-改造型菱铁矿床（鲁奎山式沉积型铁矿）、产于因民组中滨海相陆源碎屑沉积夹火山碎屑沉积中的变质火山岩型磁铁矿床（鹅头厂式火山岩型铁矿）。

华力西期是云南省铁矿成矿的高峰期，查明的铁矿资源量占全省总资源储量的12.9%。成矿类型主要为岩浆型铁矿。该成矿期的铁矿石主要为贫磁铁矿矿石、钒钛磁铁矿。在泥盆纪，陆内坳陷形成浅海陆源碎屑-碳酸盐岩沉积型铁矿床，矿石为鲕状绿泥石质菱铁矿、赤铁矿、鲕绿泥石组合（鱼子甸式沉积型铁矿）。在石炭纪—二叠纪，部分地壳拉张导致大陆裂谷玄武岩喷发和基性岩浆侵入，形成了与基性侵入岩有关的岩浆分异型钛磁铁矿床（安益式铁矿、棉花地式铁矿、板仑式铁矿）。

印支期在陆缘岛弧形成与海相中酸性火山喷发过程中，形成与火山岩、碎屑岩夹碳酸盐岩有关的火山-沉积铁矿床（楚格扎式铁矿），矿石主要为菱铁矿。

燕山期，云南多数地区发生花岗岩浆侵入，形成了与花岗岩浆侵入有关的铁多金属矿产。腾冲岩浆弧带有接触交代-矽卡岩型磁铁矿床（滇滩式矽卡岩型铁矿）、瑞丽市芒亮岩浆热液型铁矿产出。

在喜马拉雅期，沿哀牢山等地形成富碱超浅成-浅成斑岩带，在鹤庆县北衙形成金多金属矿床，共生铁。上新世以后，牛首山古陆块等地区的一些含铁岩石在表生作用下进一步富集形成淋滤风化壳矿床和堆积型铁矿床，先期形成并接近地表的各类矿石进一步氧化富集，不同程度地提高了矿石的利用价值。

（二）空间分布规律

云南各成矿省铁矿资源储量占有比例为：腾冲成矿省0.9%，三江成矿省57.3%，上扬子成矿省41.5%，华南成矿省0.3%。

1. 腾冲成矿省

腾冲成矿省铁矿主要与燕山期花岗岩的矽卡岩带有关，分布在腾冲岩浆弧、龙川江燕山期岩浆弧内，共伴生铅锌银金多金属矿。腾冲市为矽卡岩型铁矿的主要分布区。重要矿床为腾冲市滇滩中型铁矿。

在瑞丽市，有芒亮岩浆热液型铁矿产出，属小型规模。

2. 三江成矿省

三江成矿省的铁矿集中分布在景洪—澜沧一带，空间分布与古元古界大勐龙岩群、澜沧岩群出露范围相一致。景洪市为疆峰式火山岩型铁矿的主要分布区，重要矿床为景洪市的疆峰铁矿、大勐龙铁矿、国防铁矿、曼养铁矿、曼允-曼纳铁矿，分属大中小型矿床。澜沧县为惠民式火山岩型铁矿的主要分布区。重要矿床为澜沧县惠民铁矿，为超大型矿床。

三叠纪中酸性火山岩有关的楚格扎式火山-沉积型铁矿，分布在兰坪-普洱地块、德钦-维西火山弧中，矿床规模达中型，共伴生铅锌银金多金属矿化。重要矿床为维西县楚格扎铁矿。

3. 上扬子成矿省

在昆明市、玉溪市、楚雄州，铁矿主要产于大红山岩群、昆阳群中，层控作用明显。同一层位的铁矿不但具有相同的成因类型，而且有相同的矿物组合。具体有4个类型（表4-4）。

表4-4　上扬子成矿省铁矿资源空间分布规律

主要分布区	铁矿类型	重要矿床	矿床规模
新平县	大红山式火山岩型铁矿	新平县大红山铁铜矿	大型
新平县峨山县	鲁奎山式碳酸盐岩型铁矿	新平县鲁奎山铁矿、峨山县化念铁矿、峨山县他达铁矿	中小型矿床
安宁市东川区	王家滩式碳酸盐岩-碎屑岩型铁矿	安宁市王家滩铁矿、东川区包子铺铁矿、安宁市八街铁矿、安宁市军哨铁矿	中小型矿床
禄丰县	鹅头厂（稀矿山）式火山-沉积型铁铜矿	禄丰县鹅头厂铁矿	中型矿床

在昭通—昆明一带，是云南省宁乡式沉积型铁矿的主要分布区。重要矿床为：武定县鱼子甸铁矿、彝良县寸田铁矿，属大中型规模。

金平县、牟定县、元谋县为与基性-超基性岩有关的岩浆分异型钒钛磁铁矿的主要分布区。重要矿床为：金平县棉花地铁矿、牟定县安益铁矿、牟定县碗厂铁矿、元谋县朱布铁矿，大中小型均可出现。牟定县安益钒钛磁铁矿中，铂钯铜镍达到工业要求。

此外，有众多的堆积和淋积型铁矿分布，有“近、浅、富、小”的特点，开采利用经济效益较好。

4. 华南成矿省

华南成矿省内铁矿，集中分布于富宁一带。铁矿的成因与华力西-印支期基性岩浆侵入活动有关。铁矿类型为含钛磁铁矿。目前，已发现和正在勘查与开发的矿床点有板仑、牙牌、洞哈。其中，富宁县板仑侵入岩体型铁矿，工作程度为详查，达小型规模，矿石矿物为钛磁铁矿，伴生磁黄铁矿。其他矿床工作程度较低，未能积累与形成更多资料。

四、开发利用

据2009年核查统计数据，铁矿直接生产成本为：矿石154~220元/t，精矿450~460元/t。开采回采率为83.79%~85.26%，选矿回收率为77.19%~85.03%，综合利用率为62.57%~72.98%。

（一）产业链

铁矿用途较广，可形成较为复杂的产业链（表4-5，图4-9）。

表4-5　铁矿产业链表

<table>
<tr><td>铁矿开采</td><td colspan="9">铁　矿</td></tr>
<tr><td>生产流程</td><td colspan="9">原矿→破碎→磨矿→选矿→炼铁→炼钢→钢材轧制→产品加工</td></tr>
<tr><td>炼铁原料</td><td colspan="9">铁矿石、废铁、焦炭、熔剂（石灰石、萤石）</td></tr>
<tr><td rowspan="2">炼钢原料</td><td colspan="3">主料</td><td colspan="2">溶剂</td><td colspan="2">脱氧剂</td><td colspan="2">合金料</td></tr>
<tr><td colspan="3">生铁、废钢</td><td colspan="2">石灰岩、萤石等</td><td colspan="2">硅铁、锰铁、铝等</td><td colspan="2">锰、铬、镍、钼</td></tr>
<tr><td rowspan="3">钢铁种类</td><td colspan="9">各种钢铁（主要用于机械、建筑、铸造、电器及民用）</td></tr>
<tr><td colspan="2">生铁</td><td colspan="3">碳素钢</td><td colspan="4">合金钢</td></tr>
<tr><td>普通生铁</td><td>合金生铁</td><td>低碳钢</td><td>中碳钢</td><td>高碳钢</td><td>高温钢</td><td>耐热钢</td><td>不锈钢</td><td>工具钢</td></tr>
<tr><td>主要用途或产品</td><td>炼钢、铸造</td><td>炼钢辅助材料</td><td>链条、铆钉、螺栓、轴承</td><td>建筑材料、机械零件</td><td>钻头、丝攻、铰刀</td><td>锅炉</td><td>工业用炉、电阻丝</td><td>生活用具、外科用具</td><td>锯条、钻头</td></tr>
</table>

（二）矿山企业概况

云南省铁矿矿山企业主要分布于玉溪市（峨山县、新平县）、楚雄州（禄丰县、武定县）、昆明市的安宁市、普洱市的澜沧县、红河州的石屏县、保山市的腾冲市、西双版纳州的景洪市。

截至2015年底统计数据，全省有234个铁矿矿山企业，从业人员0.92万人，年产铁矿石2650.37×10^4 t（云南统计年鉴，2016）。

云南省铁矿产品供给不足，难以满足省内大型企业（如昆明钢铁有限公司）生产需要。每年需要向外省或国外进口铁矿，才能基本保证正常生产。

（三）资源利用情况

截至2015年底，全省共发铁矿采矿证271个，全省71.93%的铁矿保有资源储量未被占用，开发

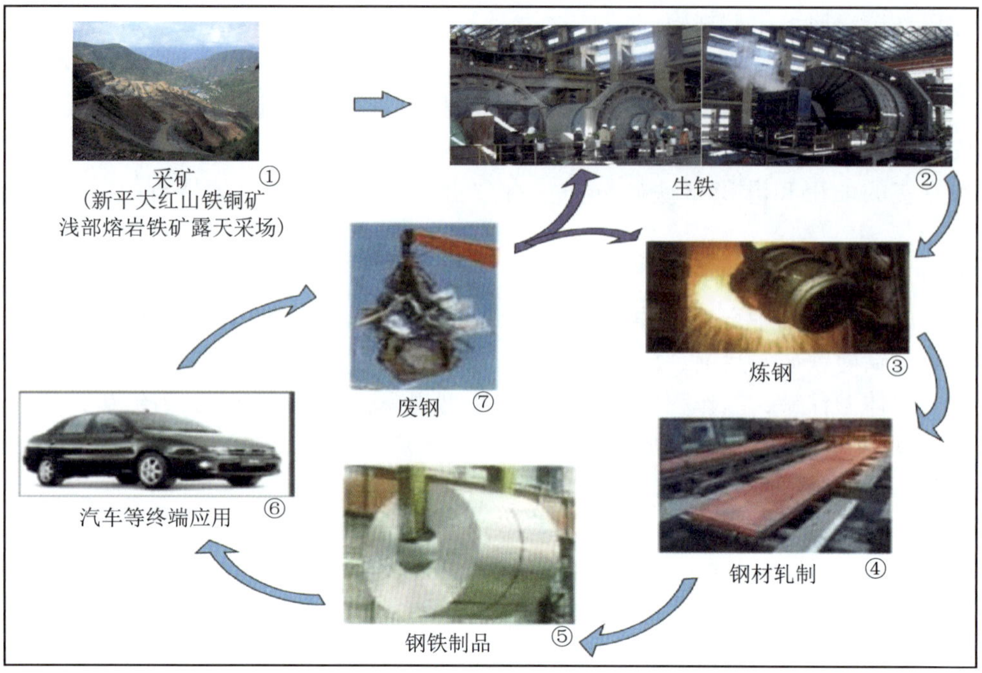

图 4-9 铁产业链示意图

（图①、②由程胜辉提供，图③~⑦引自矿业界，2016a）

明显不足。原因是多方面的，大致总结如下：

1）矿床类型多而复杂，有利于开发的矿床类型不多。

2）大型矿床少，小型矿区所占比例高达 95%。

3）富矿少、贫矿多，大多数矿床为难选冶、难利用矿床。其中品位大于 55%的富矿石资源储量仅占 0.63%，品位介于 25%~55%的中品位矿石占 94.92%，品位低于 25%的低品位矿石占 4.44%。

4）开发技术条件不足，包括开采技术条件、开采规模明显滞后，产能低下。

5）矿床类型复杂，开采技术落后，全省大部分中小型矿床无法开采。

如目前暂未能利用的澜沧惠民铁矿（高磷、高硅，保有 19.94×10^8 t）、武定鱼子甸铁矿（保有 2.38×10^8 t）、彝良寸田铁矿（保有 0.52×10^8 t），共保有资源储量达 22.37×10^8 t，占保有资源总量 38.61×10^8 t 的 58%，虽然资源储量大，但生产工艺不成熟，目前尚未开发利用。

第二节 锰 矿

锰（Mn）不能单独构成结构材料使用，主要用于冶金工业中生产各种合金。

锰在钢铁工业中所起的作用为：①脱氧、脱硫及调节作用（如阻止钢的粒缘碳化物形成）；②增加钢材的强度、硬度、耐磨性、韧性、可淬性；③制造高碳高锰钢、低碳高锰钢、中碳高锰无磁钢、高锰耐热钢。

锰铜、锰镍、锰铝、锰镁合金，是耐热耐腐蚀材料。二氧化锰在干电池中用作消极剂。在环保事业中用于净化剂。此外，在冶金、石油、陶瓷、搪瓷、玻璃、化学工业上，锰也有广泛用途。

主要锰矿物为：硬锰矿、隐钾锰矿、钡硬锰矿、铅硬锰矿、复水锰矿、软锰矿、斜方软锰矿、水锰矿、褐锰矿、黑锰矿、菱锰矿、钙菱锰矿、硫锰矿。

中国锰消费以冶金（90%）为主，电池（6%）、化工（2%）、其他（2%）较少（矿业界，2016）。

一、资源概况

锰矿为云南的优势及重要矿产。截至 2015 年，列入《云南省矿产资源储量简表》的锰矿区 35 处。其中：大型矿床 1 处，中型矿床 10 处、小型矿 24 处。累计查明锰矿资源储量 21422×10^4 t，保有资源储量在全国各省、市、自治区中居第 5 位；其中富锰矿保有 382×10^4 t，居全国第 3 位（国土资源部，2016）。

云南省小型以上的锰矿产地有 65 处（图 4-10，表 4-6）。查明资源储量主要集中分布在红河州、文山州，曲靖市、临沧市、西双版纳州、大理州、普洱市、玉溪市及德宏州也有少量分布（图 4-11）。

除上述特征外，云南锰矿还有以下特点。

1）矿床规模较大，资源储量相对集中。砚山县斗南锰矿、建水县白显锰矿查明资源储量超过 1000×10^4 t。全省的 7 处中型锰矿床中，滇东南有 4 处，占全省中型锰矿数的 57.14%。查明锰矿石资源储量的 69%集中在滇东南地区。

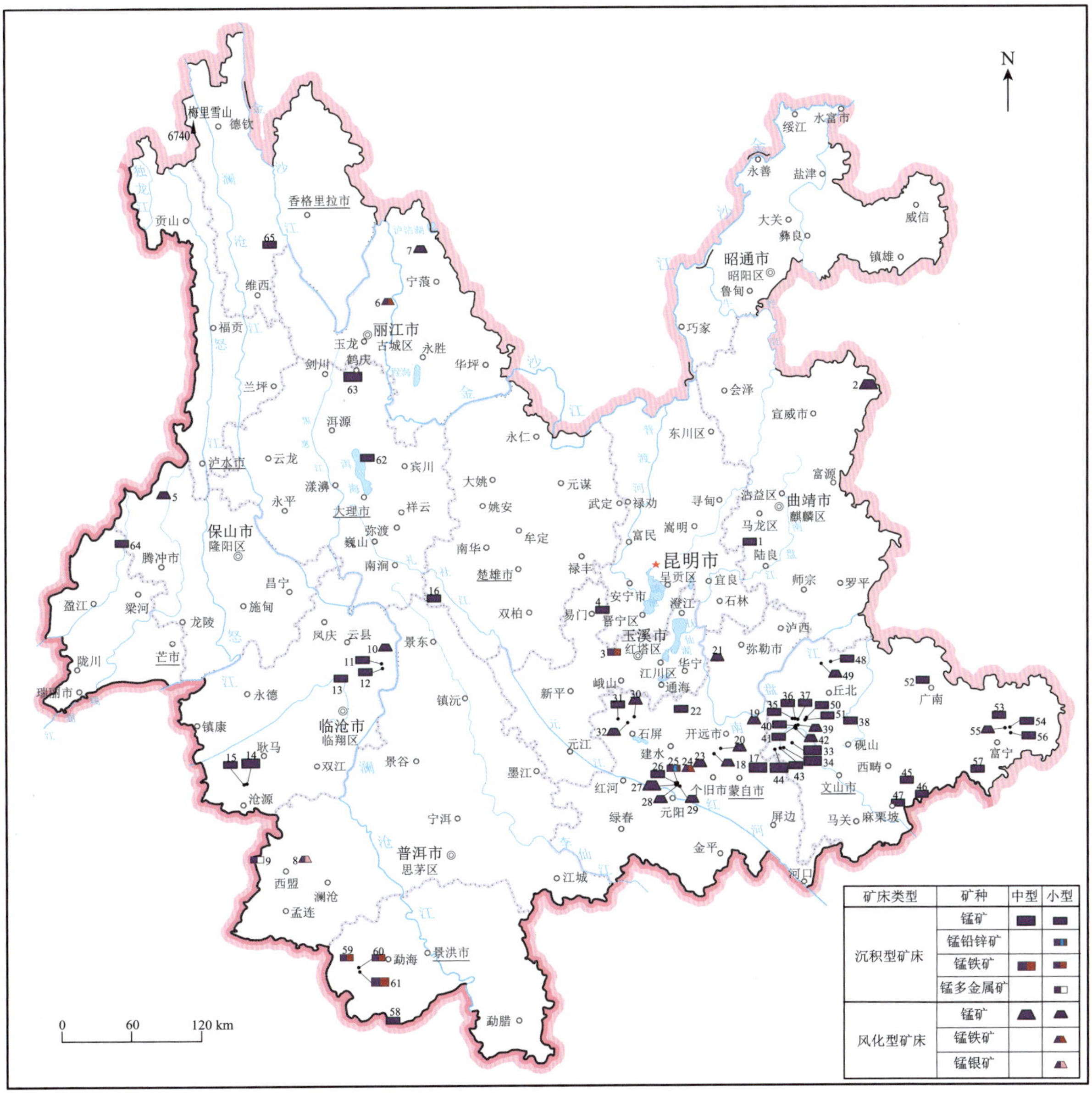

图 4-10 云南省锰矿主要矿产地分布图

表 4-6　云南省锰矿主要矿产地

编号	州（市）	矿产地名称	规模	矿床类型	成矿时代	工作程度	资源储量 10^4 t
1	曲靖市	马龙县竹园锰矿	小型	沉积型	震旦纪	详查	78.93
2		宣威市格学锰矿	中型	风化型	第四纪	普查	441.92
3	玉溪市	红塔区莫期黑铁锰矿	小型	沉积型	中元古代	普查	70.03
4		易门县大谷厂锰矿	小型	沉积型	中元古代	详查	101.30
5	保山市	腾冲市摇财地锰矿	小型	风化型	第四纪		7.29
6	丽江市	古城区古都塘锰矿	小型	风化型	第四纪	详查	28.33
7		宁蒗县新村锰铁矿	小型	风化型	石炭纪	普查	19.40
8	普洱市	澜沧县老厂银锰矿	小型	风化型	第四纪	详查	39.29
9		西盟县岳宋小新寨铁锑锰多金属矿	小型	沉积型	早古元古代	详查	51.85
10	临沧市	云县丙庄锰矿	小型	风化型	第四纪	详查	11.63
11		云县龙马塘锰矿	小型	沉积型	晚三叠世	详查	20.28
12		云县木新村锰矿	小型	沉积型	晚三叠世	详查	19.31
13		云县幸福帮撒锰矿	小型	沉积型	中元古代	详查	14.66
14		沧源县班佑铁锰矿	中型	沉积型	中侏罗世	详查	517.20
15		沧源县勐来曼来锰矿	小型	沉积型	中元古代	详查	49.69
16	楚雄州	南华县长梁子干龙潭锰矿	小型	沉积型	早二叠世	详查	31.05
17	红河州	蒙自市岩子脚锰矿	中型	沉积型	中三叠世	详查	772.40
18		个旧市赶马坡锰矿	小型	风化型	第四纪	详查	37.12
19		开远市大平寨小路坡锰矿	小型	风化型	第四纪	详查	43.07
20		开远市麻栗坡锰矿	小型	风化型	第四纪	普查	24.06
21		弥勒市乐多锰矿	小型	风化型	第四纪	勘探	89.98
22		建水县者冲锰矿	小型	沉积型	中元古代	详查	19.01
23		建水县普雄锰矿	小型	风化型	第四纪	详查	10.78
24		建水县老鹰窝锰矿	小型	风化型	第四纪	普查	7.38
25		建水县永成寨铅锌锰矿	小型	沉积型	中三叠世	详查	36.82
26		建水县上白沙水锰矿	小型	沉积型	中三叠世	详查	141.90
27		建水县白显锰矿	中型	风化型	第四纪	勘探	1247.96
28		建水县渣腊村锰矿	小型	风化型	第四纪	详查	15.31
29		建水县白显华通锰矿	小型	风化型	第四纪	详查	5.80
30		石屏县水工箐锰矿	小型	风化型	第四纪	详查	27.93
31		石屏县马扒岭锰矿	小型	沉积型	中元古代	详查	76.09
32		石屏县马鞍山锰矿	小型	风化型	第四纪	详查	17.22
33	文山州	文山市老乌锰矿	中型	沉积型	中三叠世	详查	327.15
34		文山市卡西锰矿	中型	沉积型	中三叠世	详查	912.22
35		砚山县花鱼塘锰矿	小型	沉积型	中三叠世	详查	43.07
36		砚山县土基冲锰矿	小型	沉积型	中三叠世	勘探	160.70
37		砚山县阿空锰矿	小型	沉积型	中三叠世	详查	7.64
38		砚山县斗果锰矿	小型	沉积型	中三叠世	详查	21.17
39		砚山县莲花坡锰矿	小型	风化型	第四纪	详查	18.01
40		砚山县龙潭锰矿	小型	沉积型	中三叠世	详查	9.10

续表

编号	州（市）	矿产地名称	规模	矿床类型	成矿时代	工作程度	资源储量 10^4 t
41	文山州	砚山县蒲草锰矿	小型	沉积型	中三叠世	详查	58.96
42		砚山县梭落底锰矿	小型	风化型	第四纪	普查	11.44
43		砚山县五凤锰矿	小型	沉积型	中三叠世	普查	1.48
44		砚山县斗南锰矿	中型	沉积型	中三叠世	勘探	1998.59
45		麻栗坡县龙沟锰矿	小型	沉积型	中三叠世	详查	11.34
46		麻栗坡县那都锰矿	小型	沉积型	中三叠世	详查	39.53
47		麻栗坡县花椒箐锰矿	小型	沉积型	中三叠世	详查	69.98
48		丘北县大冲-布玉锰矿	小型	沉积型	中三叠世	详查	44.55
49		丘北县石汪锰矿	小型	风化型	第四纪	详查	97.80
50		丘北县大马恒锰矿	小型	沉积型	中三叠世	详查	16.18
51		丘北县小马恒锰矿	小型	沉积型	中三叠世	勘探	33.96
52		广南县老龙锰矿	小型	沉积型	中泥盆世	普查	7.08
53		富宁县大宝山锰矿	小型	沉积型	中泥盆世	详查	28.93
54		富宁县至周锰矿	小型	沉积型	早泥盆世	详查	16.41
55		富宁县麻里山锰矿	小型	风化型	第四纪	详查	20.92
56		富宁县各门锰矿	小型	沉积型	中泥盆世	详查	32.58
57		富宁县平沙锰矿	小型	沉积型	早泥盆世	普查	114.00
58	西双版纳州	景洪市勐宋铁锰矿	小型	沉积型	中元古代	普查	20.54
59		勐海县南燕锰铁矿	小型	沉积型	中元古代	详查	150.52
60		勐海县帕良锰铅锌矿	小型	沉积型	中元古代	详查	120.38
61		勐海县巴夜铁锰矿	中型	沉积型	中元古代	详查	200.21
62	大理州	大理市大城锰矿	小型	沉积型	泥盆纪	详查	21.37
63		鹤庆县鹤庆锰矿	中型	沉积型	中三叠世	详查	294.18
64	德宏州	盈江县白马山锰矿	小型	沉积型	早泥盆世	详查	82.78
65	迪庆州	维西县戈登锰矿	小型	沉积型	中石炭世	详查	21.37

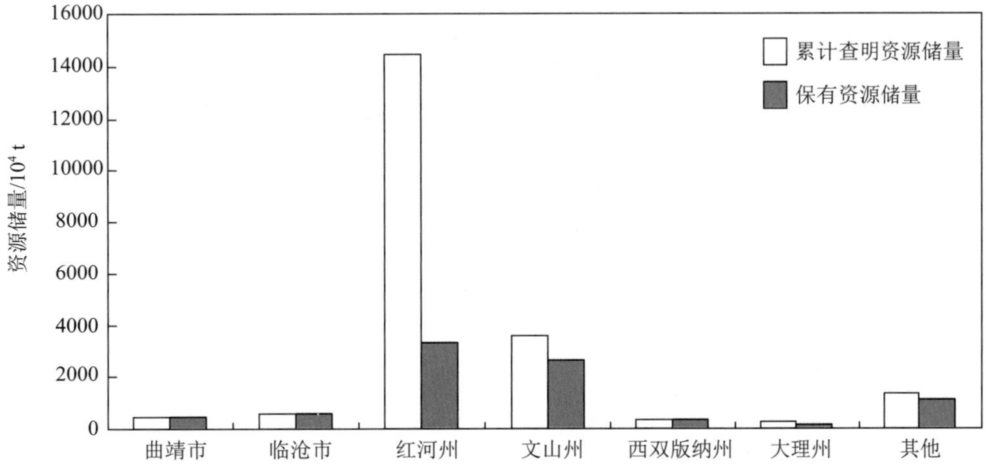

图 4-11　云南省查明锰矿资源储量分布直方图

（数据来源：《云南省 2015 年矿区及所属矿山矿产资源储量简表》，云南省国土资源厅，2016）

2）矿石质量好，富矿比例大。全省 7 处中型锰矿床中，氧化矿石平均含锰量均超过 30%。其中，砚山县斗南锰矿、文山市老乌锰矿、鹤庆县小天井锰矿的富矿石资源储量比例超过 50%。多数矿区（段）锰矿石满足锰铁比>1，磷锰比<0.006 的工业生产要求。产于中—上三叠统法郎组（滇东南）和上三叠统松桂组（鹤庆）中的海相沉积锰矿床，具有含锰品位高，硫、磷的品位低，碱度适中，优质易选等特点，在国内富锰矿资源中占有重要地位。

3）含矿层位多，矿床成因类型较齐全。云南省锰矿共有 5 个成因类型，16 个含锰层位。成矿期次多、时代长（中元古代至第四纪）。其中，尤以三叠纪和第四纪最为重要。

二、矿床类型与矿床实例

云南锰矿床有 5 种类型。其中海相沉积型、沉积变质型、风化型锰矿具有重要的工业意义。湖积型、热液型锰矿床分布零星、规模小，工业意义不大。例如：腾冲市小场岩浆热液型银锰矿是全省唯一的热液型锰矿。

（一）海相沉积型锰矿

据沉积环境与围岩特征，沉积锰矿床划分为 2 种类型。

1. 产于细碎屑岩中的氧化锰、碳酸锰矿床

锰矿产于碎屑岩到碳酸盐岩的过渡带。含矿岩系为杂色粉砂岩，常夹泥质灰岩、灰岩。原生矿石类型有氧化锰和碳酸锰，近地表发育程度不等的氧化矿石。代表性矿床为：砚山县斗南锰矿、鹤庆县小天井锰矿、蒙自市岩子脚锰矿、文山市老乌锰矿。

（1）砚山县斗南锰矿

砚山县斗南锰矿属海相沉积型中型锰矿，位于砚山、蒙自、开远交界地带，已开发。

含矿岩系为中—上三叠统法郎组钙质粉砂岩、泥岩夹薄层生物碎屑灰岩和含锰灰岩，厚 100～800 m。区内共有 6 层矿。矿体缓倾斜，呈透镜状、层状，长 840～2370 m，斜深 113～650 m，厚 0.71～1.43 m（图 4-12）。

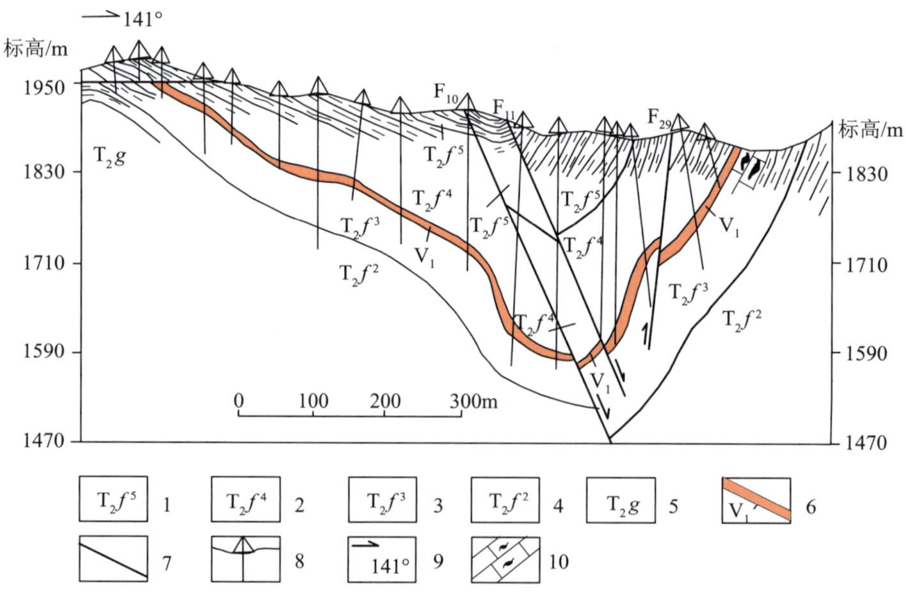

图 4-12　砚山县斗南锰矿区戛科矿段 56 勘探线剖面图

（据云南省地质局第五地质队，1973～1979）

1—法郎组上含矿段；2—法郎组下含矿段；3—法郎组紫色层段；4—法郎组灰色泥岩段；5—个旧组石灰岩；6—矿层；7—断层线；8—钻孔；9—剖面方向；10—含锰灰岩

矿石主要呈微晶粒状、鲕（豆）状、碎屑状结构，块状、条带状、斑状、缝合线状构造。矿物组合以褐锰矿、水锰矿、黑锰矿组成的氧化锰矿物为主，次为钙菱锰矿、菱锰矿、锰方解石、含锰晶白云石组成的碳酸盐矿物。矿石品位较高。原生矿石锰的品位一般20%~25%，少数>35%；二氧化硅的含量一般10%~15%；磷的含量0.003%~0.005%。

（2）鹤庆县小天井锰矿

鹤庆县小天井锰矿床属海相沉积型中型锰矿，位于鹤庆县西南部，已开发。

含矿岩系为上三叠统松桂组泥岩夹硅质岩、钙质泥岩透镜体，厚600 m。矿区共有3个含矿层位，2个主要矿层产于含锰岩系中部，走向长度>800 m，最大宽度160 m，厚度0.43~16.62 m。成矿模式见图4-13。

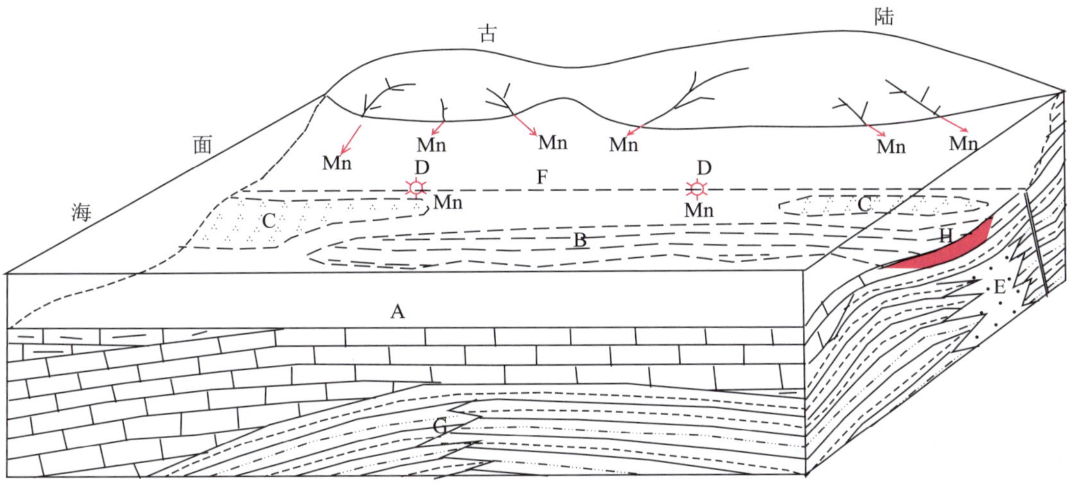

图4-13　鹤庆县小天井锰矿成矿模式图

（据云南省国土资源厅等，2013a）

A—陆缘碳酸盐台地；B—水下洼地；C—水下暗堤；D—含锰喷流口；E—三角洲相砂砾岩；F—同生断裂；G—沙泥岩互层；H—锰矿层

锰的品位8.26%~55.43%，平均36.72%，铁、硅、磷的品位均较低。矿石自然类型为氧化锰矿石和碳酸锰矿石。氧化锰矿石由软锰矿、硬锰矿、恩苏塔矿等锰的氧化物、氢氧化物类矿物组成，黑色，结构松散，强烈氧化地段的二氧化锰的品位>55%，具较好放电性能。碳酸锰矿石主要由菱锰矿（矿物品位≥75%）组成，桃红色，矿石呈角砾状，锰、钙质胶结，矿石含锰≥35%，属优质自熔性矿石。

2. 产于白云岩、白云质灰岩中的氧化锰、碳酸锰矿床

含矿岩系或含矿岩段为白云岩、粉砂质白云岩、白云质灰岩。矿石以菱锰矿及次生氧化带软锰矿型矿石为主。代表性矿床为：建水县白显锰矿、宣威市格学锰矿。现将建水县白显锰矿简介如下。

锰矿层产于白云岩向灰岩过渡部位。含矿岩系为中-上三叠统法郎组碳酸盐岩、泥质硅质碳酸盐岩、泥质岩。在法郎组底部和中部，分别形成下含矿层和上含矿层。矿体多呈层状和似层状，产状与围岩一致。矿体走向长200~1300 m，倾斜宽度320~728 m，平均厚度1.56~5.03 m。

平均含锰21.86%~29.71%。地表形成氧化带，平均含锰36.52%，属低磷酸性锰矿石。矿石分为次生锰矿石和原生锰矿石。次生锰矿石主要由硬锰矿、软锰矿、粘土矿物组成。原生锰矿石由钙菱锰矿、锰白云石、方解石、白云石组成。次生氧化矿石锰的平均品位36.52%，氧化钙、氧化镁的含量低，二氧化硅、三氧化二铝相对富集。原生矿石锰的品位8%~14%，氧化钙30%，氧化镁≥6%，二氧化硅≤5%，三氧化二铝0.2%。

建水县白显锰矿属海相沉积型中型锰矿床，位于建水县白显乡，已开发。

在建水县白显锰矿勘查过程中，发现了一种新的锰矿物，被命名为建水矿（详见附录D）。

（二）沉积变质型锰矿

含矿岩系主要是前寒武系浅变质岩系。主要有澜沧群（景洪市勐宋锰矿、勐海县曼别锰矿）。矿石以铁锰矿石为主。含矿沉积有泥质-碳酸盐沉积和砂泥质-类复理石沉积，后者中锰矿工业价值较高。代表性矿床为：盈江县二昆锰矿、勐海县勐宋锰矿。

（三）风化型锰矿

据矿体产状与成矿过程，风化型锰矿床划分为 3 种类型。

1）沉积含锰岩层的锰帽矿床。沉积含锰岩层的锰帽矿床由沉积含锰岩层经次生富集而成。矿体保持原有含锰岩层的产状，沿倾向的下延深度受氧化带发育情况控制。矿石主要由各种次生锰的氧化物、氢氧化物组成。代表矿床为：建水县白显锰矿芦寨矿段、石屏县马扒岭锰矿。

2）淋滤型锰矿。淋滤型锰矿产于含锰沉积岩的构造破碎带、层间剥离带、裂隙、溶洞中。矿体呈脉状、透镜状、囊状。主要含矿层位为中元古界大龙口组（安宁市大龙洞锰矿）、泥盆系（弥勒市牛厩房锰矿）、中三叠统个旧组、中-上三叠统法郎组。矿石主要由次生氧化锰、氢氧化锰矿物组成。代表性矿床为个旧市倘甸锰矿。

3）第四系中的堆积矿。第四系中的堆积矿由含锰岩层或锰矿层经次生氧化富集、破碎、短距离搬运堆积而成。矿石主要由次生氧化锰、氢氧化锰矿物组成。矿体呈层状、似层状产于松散的砂质土壤中，产状与地面坡度基本一致，受含锰地层的出露和地貌形态控制。代表性矿床为澜沧县老厂矿区红土型银锰矿。

三、矿床时空分布规律

云南发现含锰层位有 16 个，只有 6 个层位的锰矿有工业意义。即：中元古界黑山头组、中元古界美党组，中二叠统阳新组、上三叠统松桂组，中-上三叠统法郎组、第四系（表 4-7）。

表 4-7　云南主要锰矿床类型及产出层位

成因（工业）类型		重要含锰层位	无明显意义的含锰层位
类型	亚类		
海相沉积	产于细屑岩、泥质岩中的氧化及碳酸盐锰矿	上三叠统松桂组 中-上三叠统法郎组	下泥盆统、中二叠统
	产于碳酸盐岩中的次生氧化及碳酸盐锰矿	中二叠统阳新组 中-上三叠统法郎组	下泥盆统、上石炭统卧牛寺组、中二叠统吴家坪组、中三叠统关岭组
	产于硅质岩中的次生氧化锰矿		中泥盆统坡脚组、上泥盆统
沉积变质型	产于区域浅变质岩的次生氧化铁锰矿	中元古界黑山头组 中元古界美党组	古元古界大勐龙群
风化	锰帽	中-上三叠统法郎组	下泥盆统海口组
	淋滤		前寒武系—第四系
	堆积	第四系	

（一）海相沉积锰矿床

云南省海相沉积锰矿有 12 个层位，有 3 个层位能形成工业矿床。其中：中-上三叠统法郎组最为重要，其次是上三叠统松桂组，中二叠统阳新组再次。

1. 中-上三叠统法郎组中的沉积锰矿床

中三叠统法郎期（相当于拉丁期）是云南东南部最为重要的成锰时期。含锰地层主要分布在滇东南的建水、蒙自、砚山、文山一带。工业锰矿床的形成，完全受到古隆起（越北古隆起、哀牢山古隆起）一侧的局限海和广海控制，构成省内重要的锰矿带，形成了斗南式和白显式沉积型锰矿。两者为同时异相的产物。

2. 上三叠统松桂组中的沉积锰矿

含锰地层出露在“滇中古隆起”北西侧鹤庆到丽江一带。产于盐源-丽江盆地晚三叠世（相当于诺利期）的次生叠加盆地中。形成于局限凹地海盆内。

3. 中二叠统阳新组中的锰矿

仅在“牛首山古陆”北侧的宣威市境内发现，构成有格学中型锰矿床和几个锰矿点（红石崖、阿都等）。含矿层产于含锰岩系顶部结晶灰岩和硅质岩中，与上覆岩层（玄武岩）有明显的侵蚀间断面。矿床类型属于早二叠世晚期碳酸盐岩中之海相沉积锰矿（原生带可能为碳酸锰矿石）以氧化富集而成。

（二）沉积变质锰矿床

分布于滇中玉溪—石屏一带，有一定的工业价值的含矿层位为中元古界昆阳群美党组。矿床主要分布在川滇基底断隆带的中段和南段，主要矿床有红塔区莫期黑、石屏县马扒岭。此外，在滇西南景洪市、勐海县中元古界澜沧群中也有矿点产出。景洪市属沉积变质后经风化富集形成的铁锰矿床。勐海县氧化带主要是软锰矿、硬锰矿、褐锰矿。原生带中尚有较发育的石英脉。

（三）风化锰矿床

锰帽型锰矿。各种成因的锰矿，经后期氧化富集且有保存条件时一般均有锰帽产出，但能构成工业矿床者不多。

其他风化类锰矿。除老厂矿区银锰矿可综合利用外，一般无工业意义，属于这一成因大类的有堆积型（残坡积）和淋滤（积）型。在云南主要的产出层位有大龙口组（安宁市大龙洞）、泥盆系（弥勒市牛厩房）、中三叠统个旧组和法郎组碳酸盐岩等4个层位。

四、开发利用

据2009年核查资料，云南省锰矿直接生产成本为：矿石45~65元/t，精矿55~70元/t。开采回采率82.45%~87.50%，选矿回收率69.05%~81.13%、综合利用率38.73%~53.37%。

（一）产业链

锰矿在国民经济中用途较广，形成的产业链较为复杂（表4-8，图4-14）。

表4-8 锰矿产业链表

<table>
<tr><td>锰矿开采</td><td colspan="8">锰 矿</td></tr>
<tr><td>矿石加工</td><td colspan="8">原矿→破碎→选矿→精矿</td></tr>
<tr><td>矿石分类</td><td colspan="4">化工用锰矿石</td><td colspan="4">冶金用锰矿石</td></tr>
<tr><td>锰矿加工</td><td colspan="4">锰化合物</td><td colspan="4">锰精矿</td></tr>
<tr><td>初级产品</td><td colspan="2">化学品</td><td colspan="2">电解锰</td><td>高碳锰铁</td><td colspan="2">中低碳锰铁</td><td>硅锰合金</td></tr>
<tr><td rowspan="2">下游产业</td><td colspan="4" rowspan="2">化工</td><td colspan="4">冶金</td></tr>
<tr><td colspan="2">炼钢</td><td colspan="2">合金</td></tr>
<tr><td>主要用途或产品</td><td>电池中用作消极剂</td><td colspan="2">净化剂</td><td>磁性材料</td><td colspan="2">高碳、低碳高锰钢；中碳高锰无磁钢、高锰耐热钢</td><td colspan="2">锰铜、锰镍、锰铝、锰镁合金，是耐热耐腐蚀材料</td></tr>
</table>

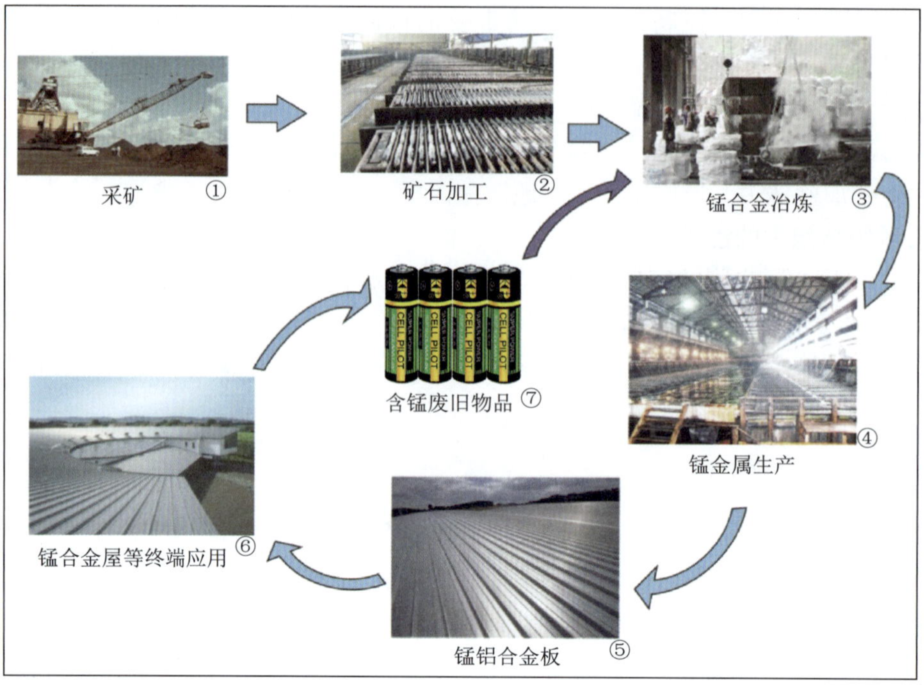

图 4-14 锰产业链示意图

（图①http://www.bu-shen.com/shen-saeusnsya.htm；图②~④http://fullsearch.cnepaper.com/FullSearch.aspx? __VIEWSTATE=%2FwEPDwULLTE4NTgxMDgzMjQPZBYCAgEPZBYCAgMPDxYEHgtSZWNvcmRjb3VudAIhHhBDdXJyZW50UGFn ZUluZGV4Ag JkZGR0XUXRuRMXqdL6MMXFNMXuTxNmfg%3D%3D&__VIEWSTATEGENERATOR=4F4D99FC&__EVENTTARGET=&__EVENTARGUMENT=&__EVENTVALIDATION=%2FwEWBQKhlIKDAgKMwc%2FlAQK2hea3DQL4p5WKCgLY0YCrAdqv1phGlgt Uv80s Kuhwd epcra2 G&search_text=%E7%A7%80%E5%B1%B1&Txt_SiteStart=2012-11-06&Txt_SiteEnd=2012-11-06&lblPaperID=2355；
图⑤https://baike.sogou.com/v72267171.htm? fromTitle=%E9%94%B0%E5%90%88%E9%87%91；
图⑥、⑦http://baike.asianmetal.cn/metal/mn/application.shtml）

（二）矿山企业概况

截至 2015 年底统计数据，云南省共有 61 个锰矿山企业。从业人数为 1791 人，2015 年矿石成品矿产量为 20.57×10^4 t（云南统计局，2016）。

（三）资源利用情况

据 2009 年矿产资源利用现状调查资料，已查明矿区 66 处，其中在 38 处全部占用，17 处部分占用，11 处未占用。

目前开发利用较好的是氧化（原生）锰矿、碳酸锰矿及铁锰多金属矿。硅酸锰矿石属于难选冶、难利用矿石类型，今后应加强硅酸锰矿石利用研究。

第三节 钛 矿

钛（Ti）和钛合金具有重量轻、强度高、耐腐蚀、耐高温、耐超低温等特性，在航天、航空、舰船、化工、电力、轻工、食品、海水淡化等领域有广泛用途。目前，钛矿原料主要（90%）用来制作钛白。

冶炼钛的主要矿物为钛铁矿，金红石、钛磁铁矿也较为重要。

云南钛矿的资源储量较大，2015 年底保有钛铁砂矿矿物资源储量列全国首位，保有高钛矿矿物量列全国第2位（国土资源部矿产资源储量司等，2016）。

一、资源概况

云南省钛铁矿有原生钛磁铁矿和钛铁砂矿，以后者为主。钛铁砂矿具有分布集中、以中-大型矿床多、矿石类型简单、品位高、埋藏浅等特点，大部分可进行露天开采，为云南优势及重要矿产资源。

云南省钛铁砂矿查明主要矿区66处，矿床规模为：超大型矿床3处，大型矿床12处，中型矿床16处，小型矿床35处（图4-15，表4-9）。其中上表矿区10处。截至2015年底，累计查明钛铁砂矿资源储量2879×10^4 t，高钛矿矿物量36.2×10^4 t，原生钛铁矿（共伴生矿）485×10^4 t。

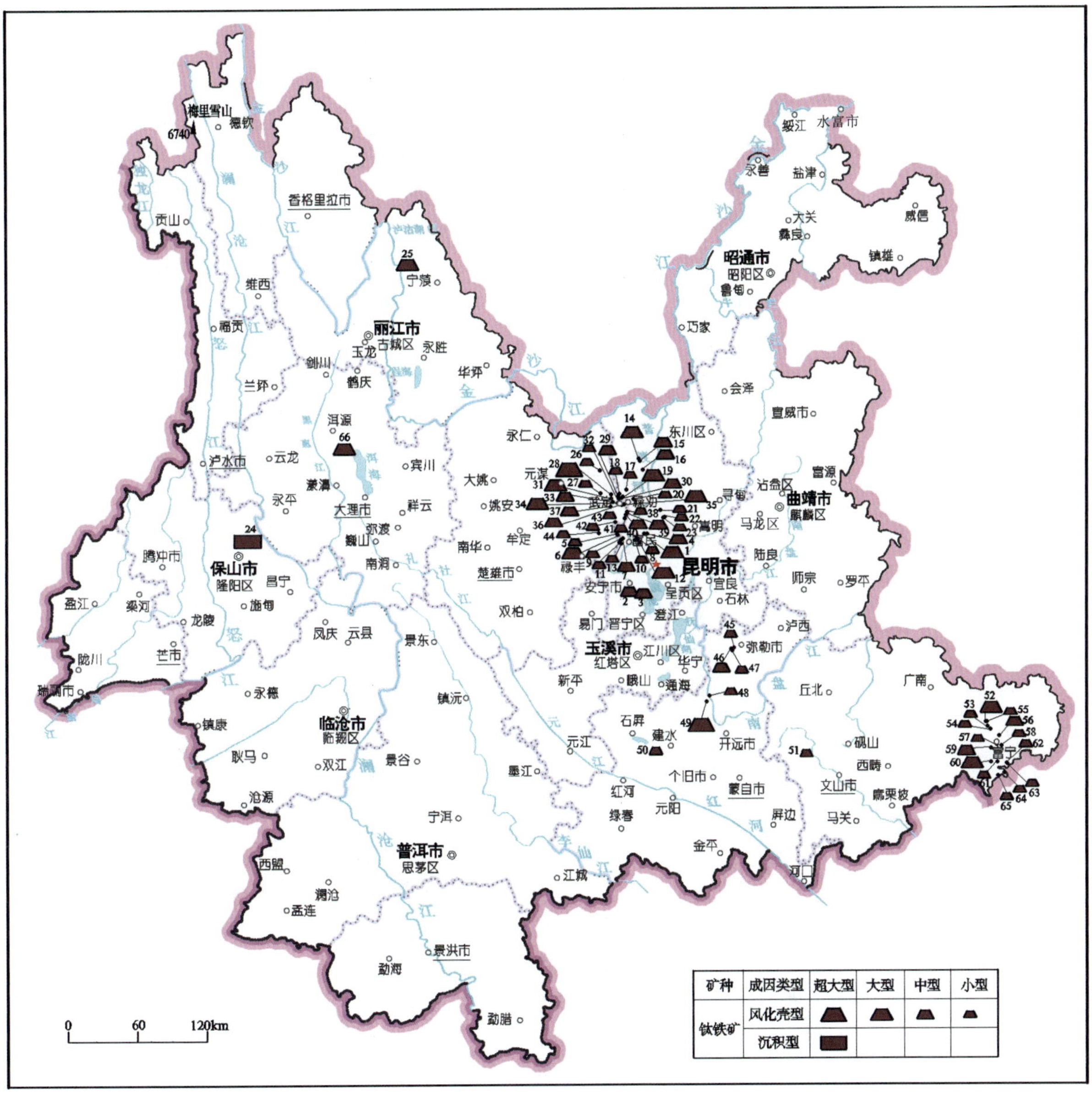

图4-15　云南省钛铁砂矿主要矿产地分布图

查明资源储量主要分布在昆明、楚雄地区及文山地区，保山、丽江、大理、红河地区也有部分分布（图4-16）。

表 4-9　云南省钛铁矿主要矿产地

编号	州（市）	矿产地名称	规模	矿床类型	成矿时代	工作程度	资源储量 10^4 t
1	昆明市	五华区清水塘钛铁矿	大型	风化型	第四纪	详查	116.53
2		西山区小海口-下西元钛铁矿	中型	风化型	第四纪	普查	38.70
3		西山区小海口-白鱼口钛铁矿	中型	风化型	第四纪	普查	40.69
4		富民县关家营钛铁矿	中型	风化型	第四纪	普查	75.20
5		富民县东村荞地山钛铁矿	小型	风化型	第四纪	预查	2.38
6		富民县东村钛铁矿	大型	风化型	第四纪	详查	104.53
7		富民县款庄对方箐钛铁矿	中型	风化型	第四纪	预查	27.49
8		富民县大营后山钛铁矿	小型	风化型	第四纪	预查	7.79
9		富民县朵木得钛铁矿	小型	风化型	第四纪	预查	3.33
10		富民县大营滥泥箐钛铁矿	小型	风化型	第四纪	预查	6.52
11		富民县青华合力钛铁矿	小型	风化型	第四纪	预查	15.26
12		富民县大营钛铁矿	大型	风化型	第四纪	详查	133.28
13		富民县长麦地箐钛铁矿	小型	风化型	第四纪	预查	1.21
14		禄劝县干海子钛铁矿	大型	风化型	第四纪	勘探	115.16
15		禄劝县团街钛铁矿	中型	风化型	第四纪	普查	67.85
16		禄劝县大坪子钛铁矿	中型	风化型	第四纪	勘探	98.31
17		禄劝县秧草地钛铁矿	小型	风化型	第四纪	普查	11.92
18		禄劝县小克锑钛铁矿	小型	风化型	第四纪	普查	12.76
19		禄劝-武定洒普山钛铁矿	大型	风化型	第四纪	普查	152.87
20		禄劝县兴发村钛铁矿	小型	风化型	第四纪	勘探	11.38
21		寻甸县柯渡浑水塘钛铁矿	小型	风化型	第四纪	普查	8.11
22		寻甸县柯渡乐目哨钛铁矿	小型	风化型	第四纪	预查	11.61
23		寻甸县柯渡那古箐钛铁矿	小型	风化型	第四纪	预查	4.32
24	保山市	隆阳区板桥钛铁矿	超大型	沉积型	新近系	勘探	584.85
25	丽江市	宁蒗县培德钛铁矿	大型	风化型	第四纪	详查	167.05
26	楚雄州	武定县发块钛铁矿	小型	风化型	第四纪	普查	10.20
27		武定县花乔钛铁矿	小型	风化型	第四纪	普查	9.49
28		武定县长冲钛铁砂矿	超大型	风化型	第四纪	普查	648.91
29		武定县麻栗棵钛铁矿	中型	风化型	第四纪	预查	22.05
30		武定县汾洲钛铁矿	中型	风化型	第四纪	详查	22.20
31		武定县梅子箐钛铁矿	大型	风化型	第四纪	勘探	113.84
32		武定县大村钛铁砂矿	小型	风化型	第四纪	普查	17.39
33		武定县树德村钛铁砂矿	中型	风化型	第四纪	普查	30.36
34		武定县红土田钛铁矿	大型	风化型	第四纪	详查	139.31
35		武定县马豆沟钛铁砂矿	大型	风化型	第四纪	普查	105.38
36		武定县近城钛铁矿	中型	风化型	第四纪	详查	73.52
37		武定县干河钛铁砂矿	中型	风化型	第四纪	普查	22.00
38		武定县铺西钛铁矿	小型	风化型	第四纪	详查	13.00
39		武定县铺西平田钛铁矿	中型	风化型	第四纪	预查	25.00
40		武定县铺西后山钛铁矿	中型	风化型	第四纪	预查	25.29

续表

编号	州（市）	矿产地名称	规模	矿床类型	成矿时代	工作程度	资源储量 10^4 t
41	楚雄州	武定县禄金钛铁矿	小型	风化型	第四纪	详查	5.25
42		武定县九厂兔子坪钛铁矿	小型	风化型	第四纪	预查	7.44
43		禄丰县小交山钛铁矿	小型	风化型	第四纪	预查	4.95
44		禄丰县大干坝钛铁矿	小型	风化型	第四纪	预查	8.81
45	红河州	弥勒市石门坎钛铁矿	小型	风化型	第四纪	预查	19.63
46		弥勒市攀枝邑钛铁矿	中型	风化型	第四纪	详查	58.90
47		弥勒市弥西钛铁矿	小型	风化型	第四纪	预查	6.53
48		弥勒市芭蕉树钛铁矿	小型	风化型	第四纪	预查	8.94
49		建水县盘江钛铁矿	超大型	风化型	第四纪	普查	508.84
50		建水县青龙钛铁矿	小型	风化型	第四纪	勘探	18.69
51	文山州	文山市花庄铁拱石坡钛铁矿	小型	风化型	第四纪	预查	2.32
52		广南县玉莫钛铁矿	大型	风化型	第四纪	普查	145.33
53		广南县红山钛铁矿	小型	风化型	第四纪	预查	3.49
54		广南县砂斗那莫钛铁矿	小型	风化型	第四纪	预查	18.82
55		富宁县何家湾钛铁矿	小型	风化型	第四纪	预查	2.20
56		富宁县冬瓜林钛铁矿	中型	风化型	第四纪	勘探	58.18
57		富宁县沙漠钛铁矿	小型	风化型	第四纪	预查	9.10
58		富宁县洞哈钛铁矿	小型	风化型	第四纪	预查	3.45
59		富宁县新华坡桑钛铁矿	中型	风化型	第四纪	勘探	96.69
60		富宁县牛场钛铁矿	大型	风化型	第四纪	勘探	261.48
61		富宁县渭沙钛铁矿	小型	风化型	第四纪	预查	7.07
62		富宁县尾供钛铁矿	小型	风化型	第四纪	详查	3.32
63		富宁县那才钛铁矿	小型	风化型	第四纪	预查	11.42
64		富宁县那年-上冶钛铁矿	小型	风化型	第四纪	预查	17.21
65		富宁县定皇钛铁矿	小型	风化型	第四纪	普查	4.51
66	大理市	洱源县腊坪钛铁矿	大型	风化型	第四纪	详查	155.62

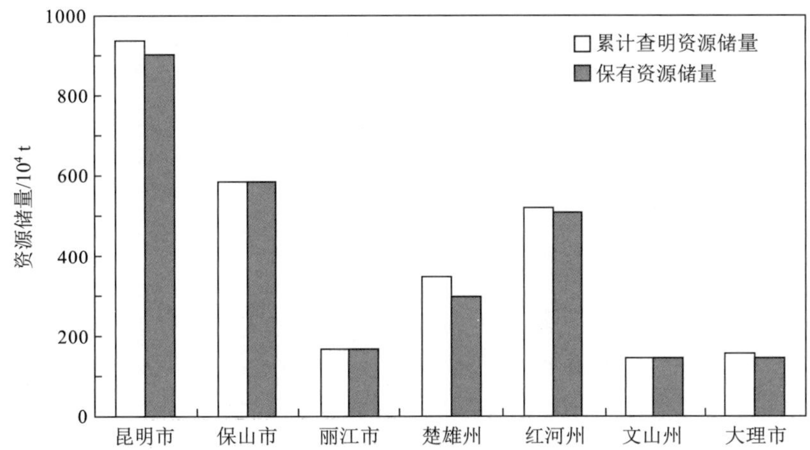

图 4-16　云南省查明钛铁砂矿资源储量分布直方图

（数据来源：《云南省 2015 年矿区及所属矿山矿产资源储量简表》，云南省国土资源厅，2016）

二、矿床类型与矿床实例

云南省钛铁砂矿主要分布在滇中武定—富民地区、滇东富宁地区、滇西保山地区、滇南勐海地区。

（一）矿床类型

钛铁砂矿的成因均与基性岩的风化、搬运、沉积有关，划分为4种成因类型（表4-10）。

表4-10 云南省钛铁砂矿的成因类型

成矿地区	风化壳型砂矿	坡积型砂矿	洪冲积型砂矿	湖积型砂矿
滇中武定—富民地区	●	●	●	
滇东富宁地区		●	●	
滇西保山地区	●		●	●
滇南勐海地区			●	

风化壳型钛铁砂矿体受地形和母岩双重控制。地形要求较为平坦，母岩出露面积越大越好。矿体赋存于基性岩体的风化壳内，一般呈面型裸露地表，随地形平缓起伏，覆于基岩之上。矿体的平面形态受基性岩体控制，与之大致相似，但面积略小于基性岩体。此类矿床以滇中武定—富民地区的风化壳型砂矿为矿床实例。

坡积型砂矿的控矿条件与风化壳型钛铁砂矿相似，常与之相伴产出，出现在风化壳型钛铁砂矿的下方。地形越陡，越容易形成坡积钛铁砂矿。此类矿床以滇中武定—富民地区的坡积型砂矿为矿床实例。

洪冲积型砂矿分布于富民—武定地区的河流两岸，现代河床或冲沟中亦有较纯的砂钛矿富集。这类砂矿绝大部分为村庄或农田分布区，不利于开发利用。

湖积型砂矿中具工业意义的矿床仅见于隆阳区板桥镇，特征见矿床实例。

（二）滇中武定—富民地区的风化壳型砂矿

滇中地区的含钛基性岩集中分布于滇中的武定、禄劝、富民地区。含钛基性岩经过漫长的风化、水解作用，岩石结构被破坏，钛铁矿、钛磁铁矿、金红石等矿石矿物从原岩中彻底解离，从而形成了风化富集程度较高，代表性较好、易于采选的含钛基性岩风化壳型钛铁矿（砂）矿床。

1. 矿床特征

滇中地区的含钛基性岩普遍发育红土型风化壳。风化壳一般厚15~20 m（最厚达40 m），具明显的垂直分带现象，自上而下划分为棕红色粉土层、棕灰色砂质粉土层、暗褐色过渡层。

在风化壳剖面中：棕红色粉土层的绝大多数样品均达到工业要求，反映了矿体直接裸露地表，不存在矿体顶板；棕灰色砂质粉土层为主要赋矿层位；在一般情况下，暗褐色过渡层的中上部钛铁矿含量仍然达到工业品位，矿体的底板为暗褐色过渡层或新鲜基岩。也就是说，风化壳的厚度等于或略大于矿体厚度。风化壳的3个垂向分层，构成3种矿石自然类型。自上而下分别为：红土型砂矿、粉土型砂矿、粉土岩屑型砂矿。

多数矿体未见夹石。局部地段出现厚度<3 m的未达到边界品位的夹层。

砂矿体的控制长度一般为1000~3000 m，宽度为100~600 m。

各矿区钛铁矿的平均含量最低为31.11 kg/m^3，最高达151.26 kg/m^3，平均为74.70 kg/m^3，80%的矿区平均含量>50 kg/m^3。

矿石中粉土+岩屑含量>90%，重砂矿物<10%。各类矿石的粘土含量为：红土型砂矿85%~87%、粉土型砂矿75%~80%、粉土岩屑型砂矿74%~78%。

重矿物中钛铁矿、钛磁铁矿含量>95%，次为赤铁矿、褐铁矿、锐钛矿、板钛矿，锆石、白钛石、榍石、金红石、磷灰石、电气石较少。钛铁矿与钛磁铁矿的数量比为 7∶3。按矿物磁性统计：强磁性矿物 20%~50%、弱磁性矿物 30%~70%、无磁性矿物<3%。

2. 矿床实例

矿床实例为武定县梅子箐钛铁砂矿，矿床产于华力西期含钛辉绿辉长岩的风化壳中，为辉绿辉长岩风化壳型钛铁矿砂矿床。矿石以褐红色-土黄色亚粘土为主，由铁泥质、粘土、高岭土组成，富含钛铁矿、钛磁铁矿等重砂矿物，偶见金红石。钛铁矿呈星点状散布其间。矿体底板为弱风化至新鲜辉绿辉长岩。

据风化程度的不同，风化壳自上而下分为：红土层、砂土层、半风化层，与之对应的矿石类型为红土层钛铁砂矿、砂土层钛铁砂矿、半风化层钛铁砂矿。各矿层品位、厚度变化典型剖面见图 4-17。

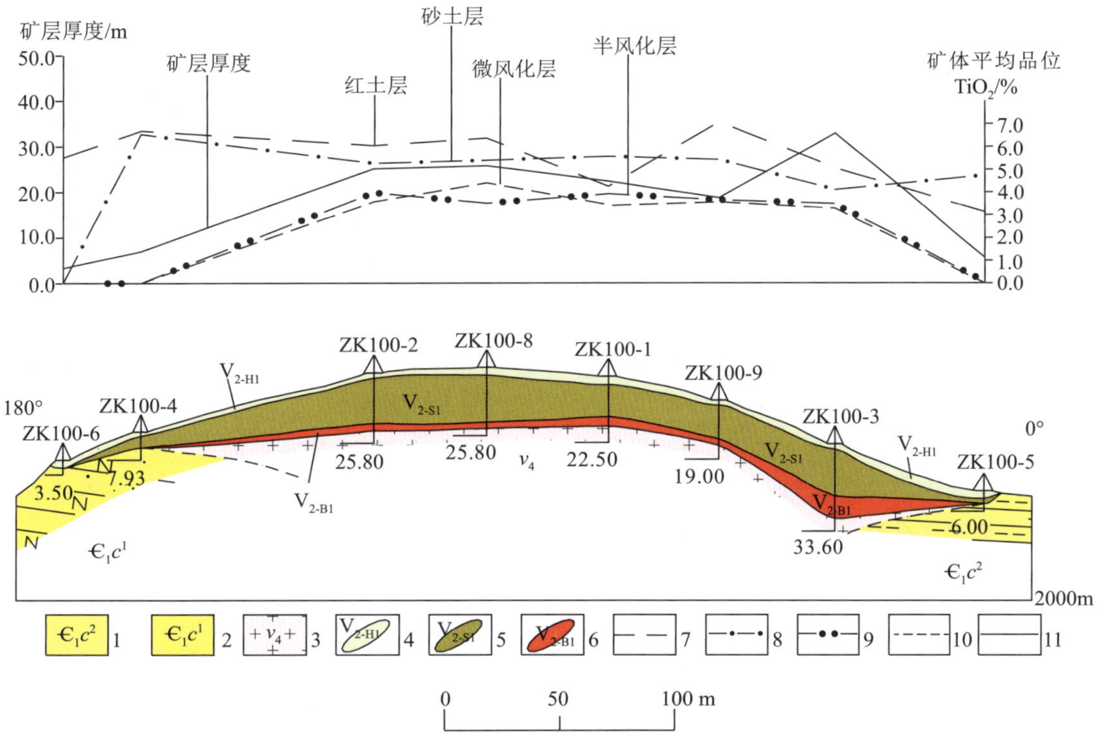

图 4-17　武定县梅子箐钛铁砂矿 100 勘探线矿体品位、厚度变化曲线图

（据云南地矿国际矿业股份有限公司，2014）

1—下寒武统沧浪铺组上段；2—下寒武统沧浪铺组下段；3—微风化含钛辉绿辉长岩；4—红土层钛铁砂矿体；5—砂土层钛铁砂矿体；6—半风化层钛铁砂矿体；7—红土层矿体品位变化曲线；8—砂土层矿体品位变化曲线；9—半风化层矿体品位变化曲线；10—微风化层矿体品位变化曲线；11—矿层厚度变化曲线

矿区共圈定 3 条钛铁砂矿体。矿体平面上出露形态均不规则，矿体底板凹凸不平，属形态简单、厚度变化稳定、有用组分分布均匀的含钛辉绿辉长岩风化壳残坡积钛铁砂矿。

红土层：为辉绿辉长岩全风化残积形成，少部分为坡积。以褐红色粘土为主，含钛铁矿、钛磁铁矿等重矿物，属“红土型钛铁砂矿”的含矿层位。厚度一般为 0.50~11.65 m，钛铁矿（矿物）平均含矿率 55.93 kg/m^3，伴生钛磁铁矿平均含矿率 20.54 kg/m^3。

砂土层：为杂灰黄色、黄白色全风化辉绿辉长岩，辉绿辉长岩中的铝硅酸盐矿物均变成高岭土，暗色矿物变为绿泥石，含钛铁矿、钛磁铁矿等重矿物，呈黑色星点散布其间。属“砂土型钛铁砂矿”的含矿层，下与淋滤层逐渐过渡，厚度为 1.16~37.00 m，钛铁矿（矿物）平均含矿率 75.23 kg/m^3，伴生钛磁铁矿（矿物量）平均含矿率 40.83 kg/m^3。

半风化层：为杂灰黄色-灰绿色半风化辉绿辉长岩，辉绿辉长岩中的铝硅酸盐矿物大部分已次生变化为高岭土和次生粘土矿物，保留着辉长岩结构，含钛铁矿、钛磁铁矿等重矿物，呈黑色星点散布其间。目前只需作简单破碎处理，生产时就可分离，为“半风化型钛铁砂矿”的含矿层，下与微风化至新鲜辉长岩逐渐过渡，厚度0.50~37.72 m，钛铁矿（矿物）平均含矿率47.85 kg/m^3，伴生钛磁铁矿平均含矿率37.28 kg/m^3。

截至2015年底，矿区累计查明钛铁矿矿物量113.84×10^4 t，平均含矿率65.71 kg/m^3；伴生的钛磁铁矿矿物量62.13×10^4 t，平均含矿率35.86 kg/m^3。该矿品位高、易采选，矿床规模为大型。

（三）滇中武定—富民地区的坡积型砂矿

坡积物的成分主要为红土和半风化的基性岩屑，二者杂乱堆积。部分地段也可出现基性岩的围岩碎块。在一般情况下，坡积物覆盖于残积物之上。二者界面不平整，但较清楚。坡积物中，普遍见钛铁矿相对富集成不连续的细条带，大致平行于坡积物底界。

在钛铁砂矿中，坡积型砂矿属次要类型，仅在部分地区形成工业矿体。在红土田矿区，坡积型钛铁砂矿体长1500 m，宽150~300 m，厚1.00~7.14 m（平均2.6 m），钛铁矿平均含量50 kg/m^3。在大营矿区下茨塘矿段的2个浅井中，钛铁砂矿体厚度分别为6 m和15.5 m，平均含量为60 kg/m^3。

（四）滇东富宁地区钛铁砂矿

富宁地区钛铁砂矿有两种，一种是风化壳型砂矿，另一种是洪冲积砂矿。

1. 风化壳型钛铁砂矿

截至2015年底已查明富宁县牛场钛铁矿、富宁县那年钛铁矿、富宁县定皇钛铁矿等3个大型矿床，选择富宁县牛场钛铁砂矿介绍如下。

富宁县牛场钛铁砂矿，产于三叠纪侵入形成的“半瓦型”辉长辉绿岩的风化壳中，为辉长辉绿岩风化壳型钛铁矿砂矿床。含钛辉长辉绿岩风化壳由上而下具有明显的三层结构，上层为全风化型钛铁矿石，中层为半风化型钛铁矿石，下层为微风化含钛辉长辉绿岩。

牛场钛铁矿仅圈定一条矿体，呈面型分布于含钛辉长辉绿岩体风化壳上，为风化壳型钛铁矿（砂）矿。经229个钻孔及134个剥土工程控制，矿体在矿权范围内出露面积约2.66 km^2。矿体形态不规则，矿体地表出露界线与岩体及围岩的接触界线基本一致。矿体底板凹凸不平，平均厚度16.75 m，平均品位（TiO_2）3.79%。矿体规模为大型，属形态简单、厚度变化稳定，分布均匀的钛铁矿体。

截至2015年底，矿区累计查明钛铁矿矿物量261.48×10^4 t，平均钛铁矿含矿68.52 kg/m^3，该矿品位高、易采选，矿床规模为大型。

2. 洪冲积钛铁砂矿

富宁盆地及普听河流域普遍发育第四纪洪冲积物。洪冲积物由砂土、砂砾石组成，含较多钛铁矿。

1973~1974年，文山州钛铁砂矿资源调查研究组在富宁县城郊东西长1200 m、南北宽100~200 m、面积约0.19 km^{2}的现代河床与河漫滩进行勘查，共施工浅井85个。钛铁矿平均含量37.80 kg/m^3、钛磁铁矿平均含量16.47 kg/m^3，探获钛铁矿C级储量11868 t，钛磁铁矿C级储量5270 t。资源储量类别大致相当于现行方案中之推断的内蕴经济的资源量（333）。

1987年第二地质大队对富宁盆地钛铁砂矿进行远景资源量概算，钛铁矿+钛磁铁矿约85×10^4 t。

普听河中下游四停至皎朝段：1961年第三地质队取重砂样32件，钛铁矿含量>30 kg/m^3；1987年第二地质大队对该区进行勘查，钛铁矿+钛磁铁矿远景资源量约24×10^4 t（钛铁矿约17×10^4 t）。

富宁县城南东的板仑砂坝进行过如下工作：1971年地质二队在河谷中采集重砂样2件，钛铁矿含量16.2~46.6 kg/m^3。1973~1974年文山州钛砂资源调查研究组采集河流重砂样2件，钛铁矿的平均含量 50 kg/m³。1987 年第二地质大队进行资源储量概算，钛铁矿+钛磁铁矿平均含量 33 kg/m³，远景资源量 5×10^4 t（钛铁矿约 3.5×10^4 t）。

上述资料表明：富宁地区的第四纪洪冲积型钛铁砂矿厚度较大、分布较广、品位一般达到工业要求，有一定开发利用前景。

（五）滇西隆阳区板桥地区的湖积型砂矿

隆阳区板桥地区钛铁砂矿区包含 3 种矿床成因类型：风化壳型砂矿床、冲积型砂矿床、湖积型砂矿床。以后者最为重要。

湖积型砂矿床以 1 号层状砂矿体为代表，是全区规模最大的矿体。矿体南北长 9400 m、东西宽 900～2200 m。层状砂矿体主要分布在丘陵上部的新近系中，矿层上界一般高出地面 10～50 m。丘陵上部被现代河流切割成 5 个独立的山丘，据此划分为 5 个矿段（表 4-11）。

表 4-11　隆阳区板桥地区钛铁砂矿区各矿段概略特征

矿段	福禄地矿段	小寨矿段	大塘口矿段	八大营矿段	育德村矿段
长/m	1890	1980	1200	2200	500
宽/m	200～300	300～600	350～550	20～350	300
厚/m	3～31	20～53	3～31	15～40	22～36
钛铁矿含量/(kg/m³)	10.02～10.12	10.86～14.65	13.01～20.18	10.27～19.27	12.20～19.23
锆英石含量/(kg/m³)	0.28～0.34	0.22～0.33		0.26～0.44	0.35～0.50
剥采比	0.65	0.45	0.41	0.34	0.00

1958 年，西南勘探公司 307 队提交的《保山钛铁砂矿最终储量报告》中，计算钛铁砂矿 B+C+D 级储量 528.90×10^4 t。其中，B+C 级储量 363.80×10^4 t。若以现今的一般工业指标（钛铁矿边界品位 ≥10 kg/m³、工业品位≥15 kg/m³）衡量，整个矿区仅有最富集的大塘口矿段（钛铁矿含量 13.01～20.18 kg/m³）、育德村矿段（钛铁矿含量 12.20～19.23 kg/m³）基本达到贫矿要求，B+C 级储量仅为 16.20×10^4 t。

三、开发利用

据 2009 年核查资料，云南省钛铁砂矿矿山直接生产成本为：矿石 50～155 元/t，精矿 116～216 元/t。开采回采率为 86.73%～91.08%，选矿回收率为 79.31%～82.85%、综合利用率为60.83%～66.24%。

（一）矿山企业概况

截至 2015 年底，云南省有 79 个钛铁砂矿矿山企业，矿山从业人员 1319 人。年产矿石量 33.99×10^4 t。

云南省钛铁砂矿企业所采的钛铁砂矿产品大部分销往云南冶金集团进行深加工，少部分矿山企业自己加工。

（二）资源利用情况

已查明 51 处钛铁砂矿区中，36 处全部占用，9 处部分占用，6 处全部未占用，伴生钛铁矿区 1 处，已开采利用。

云南目前钛铁矿资源开发其产值、从业人员两项指标在全省矿业开发总量中所占份额较低，与资源总量位列全国第 1 位的地位极不相称，应逐步有计划加强钛矿的生产及产品综合深加工，使钛铁砂矿资源大省逐步走向综合利用大省。

第四节　铬　　矿

铬（Cr）主要以铬铁形式用于冶金工业生产不锈钢和各种合金钢，可增加钢的硬度、耐磨性、防腐蚀性及抗氧化能力。金属铬用作铝合金、钴合金、钛合金等添加剂，还可用作钢制品镀铬。氧化铬用作耐热涂料，玻璃和陶瓷的着色剂，化学合成的催化剂。铬的化合物和矿物在皮革工业、耐火材料、铸石、医学上也有应用。

自然界发现的铬矿物和含铬矿物近 30 种。主要的铬矿物为铬尖晶石类矿。有工业价值的矿物是：铬铁矿、铝铬铁矿、富铬尖晶石。

一、资源概况

铬铁矿为云南的稀缺矿产。目前仅发现铬铁矿床（点）9 处，列于 2015 年《云南省矿产资源储量简表》的矿区 4 处，累计查明（保有）铬铁矿石资源储量 0.79×10^4 t。矿床全部未利用。

二、矿床类型与矿床实例

云南省的 9 处铬铁矿点分布在新平、景东、元江、德钦 4 个县（表 4-12）。其中小型矿床 4 处，矿点 5 处。矿床成因类型均为岩浆型，成矿时代均为石炭纪—三叠纪。其中新平县双沟铬铁矿规模最大，研究程度较高。

表 4-12　云南省铬矿主要矿产地

编号	州（市）	矿产地名称	规模	矿床类型	成矿时代	工作程度	资源储量 10^3 t
1	玉溪市	新平县祝家寨铬铁矿	矿点	岩浆型	石炭纪—三叠纪	普查	
2		新平县松树林铬铁矿	矿点			普查	
3		新平县双沟铬铁矿	小型			普查	3.49
4		元江县安定龙潭铬铁矿	小型			普查	1.19
5	普洱市	景东县东山坝塘铬铁矿	小型			普查	1.18
6		景东县水转湾铬铁矿	矿点			普查	
7	迪庆州	德钦县苏鲁铬铁矿	小型			普查	2.00
8		德钦县茂顶铬铁矿	矿点			普查	
9		德钦县东竹林铬铁矿	矿点			普查	

新平县双沟铬铁矿呈构造透镜体状、不规则状产于哀牢山蛇绿混杂岩带，由 4 个矿体群 57 个大小不等的矿体组成长约 450 m，宽 50~150 m 的矿段。矿体群长 60~80 m，宽 40~150 m，以无矿岩石相隔，成群分布，分段集中。最大矿体长 27.8 m，厚 2~4.5 m，延深 18 m。矿体形态较复杂，常具分枝、复合、膨大、尖灭、再现等变化。

新平县双沟铬铁矿（向阳山矿段）矿体围岩以泥质硅质岩及全硅化超基性岩为主。矿体与围岩间的关系主要有 3 种类型：①矿体直接产于全硅化超基性岩中，接触关系清楚，接触界线平直圆滑；②矿体产于全硅化超基性岩与泥质硅质岩之间，接触界线清楚截然；③矿体主要产于泥质硅质岩中，顶、底围岩均具强弱不等的铬水云母化、硅化。双沟铬铁矿向阳山矿段累计查明铬铁矿矿石量 0.35×10^4 t，规模为小型，未利用。

新平县双沟铬铁矿属与板块边缘基性-超基性深成岩浆作用有关的蛇绿岩型铬铁矿床。其形成过程为：①洋脊扩张时，莫霍面以下地幔部分熔融的岩浆形成橄榄岩和豆荚状铬铁矿体，被剪切进入构造带中；②大洋闭合时（$C-T_2$），板块俯冲消减-碰撞造山作用将橄榄岩和豆荚状铬铁矿体带到上地壳；③燕山-喜马拉雅期的造山-走滑作用将橄榄岩类和铬铁矿（残片）带到地壳浅部，（冷）侵入于片理化岩石组合中或断层中，形成橄榄岩类和铬铁矿（残片）。此类矿床可简单称之为蛇绿岩型矿床。

第五节 钒 矿

钒（V）是一种银灰色的金属，熔点1890±10℃，常与铌、钽、钨、钼并称为难熔金属。有延展性，质坚硬，无磁性。具有耐盐酸和硫酸性，并且在耐气、耐盐、耐水腐蚀的性能要比大多数不锈钢好。可溶于氢氟酸、硝酸和王水。

世界上的钒储量有98%产于钒钛磁铁矿中，除此以外，钒资源还部分赋存于磷块岩、含铀砂岩、粉砂岩、铝土矿、含碳质的原油、煤、油页岩及沥青砂中。

钒具有优异的物理和化学性能，用途十分广泛，有金属“维生素”之称。最初的钒大多应用于钢铁，通过细化钢的组织和晶粒，提高晶粒粗化温度，从而起到增加钢的强度、韧性和耐磨性。后来，人们逐渐又发现了钒在钛合金中的优异改良作用，并应用到航空航天领域，从而使航空航天工业取得了突破性的进展。随着科学技术水平的发展，钒在非钢铁领域的应用越来越广泛，其范围涵盖了航空航天、化学、电池、颜料、玻璃、光学、医药等众多领域。

一、资源概况

云南省钒矿床有多地发现，查明资源储量主要集中在金平县、滇中武定地区、滇东会泽及屏边地区。截至2015年底，列于《云南省矿产资源储量简表》的钒矿区数3处，累计查明资源储量（V_2O_5）4.55×10^4 t，保有资源储量3.8×10^4 t，均为伴生矿床。2015年勘查发现的屏边县马卫钒多金属矿床及屏边县五家寨钒多金属矿床（未上表），矿床远景规模均达中型以上（表4-13）。

表4-13 云南省钒矿主要矿产地

编号	州（市）	矿产地名称	规模	矿床类型	成矿时代	工作程度	资源储量/10^4 t
1	昆明市	武定县近城钛铁砂矿	小型	风化型	第四纪	普查	0.17
2	曲靖市	会泽县矿山厂铅锌矿（脉矿）	小型	碳酸盐岩型	早石炭世	勘探	1.16
		会泽县矿山厂铅锌矿（砂矿）	小型	风化型	第四纪	普查	0.28
3	普洱市	景谷县半坡钒钛钛磁铁矿	小型	岩浆型	燕山期	普查	/
4	红河州	屏边县马卫钒多金属矿	中型	沉积型	早寒武世	普查	48.47
5		屏边县五家寨钒多金属矿	中型	沉积型	早寒武世	普查	71.57
6		金平县棉花地钒钛磁铁矿床	小型	岩浆型	华力西期	勘探	3.64

二、矿床类型与矿床实例

云南的钒矿类型复杂多样，主要矿床按成因大致划分为岩浆型、风化型、沉积型钒矿床等。其中岩浆型以金平县棉花地钒钛磁铁矿最为典型（已在铁矿部分叙述），风化型以伴生为主，下面主要介绍新发现的沉积型钒矿床。

矿床为与下寒武统黑色岩系相关的沉积型钒矿床，矿层与岩层产状一致，岩（矿）层的产出层位稳定，具有同生沉积矿床的地质特征，是目前云南省矿床规模最大，最有前景的独立钒矿床。矿床产于浅变质的海相沉积岩层中，矿石矿物主要为钒云母。脉石矿物有石英、绢云母、绿泥石、高岭土、方解石等低温区域变质岩。矿石具微晶鳞片状结构，千枚状构造、块状构造。有用组分钒在含矿岩系沉积时即以离子吸附形式同生沉积富集于粘土、有机碳质中，后期经低温区域变质作用形成变质矿物钒云母，或富集于碳质中，部分滞留在残留的变余泥岩中。矿体为单层或多层，沿走向延长甚远，矿体呈扁豆状或囊状。

1. 屏边县五家寨钒多金属矿

屏边县五家寨钒多金属矿由云南地矿总公司（集团）所属屏边地矿矿业有限公司全额出资，委托云南省地矿局地球物理地球化学勘查队开展普查工作，取得了较好的找矿成果。

矿区出露的地层主要有元古宇及古生界。古元古界分别为哀牢山岩群和瑶山岩群，均为一套经过混合岩化作用的中深变质岩。古元古界震旦系屏边群为一套浅变质的变质砂岩、板岩组合。寒武系在区内分布广泛，下部为碎屑岩，中上部为碳酸盐岩。

钒矿层划分为2个矿层，均赋存于下寒武统浪木桥组的浅灰、灰黑色含碳质泥质岩中，属沉积矿床。钒矿体长200~4660 m，厚度一般为7.71~16.92 m，钒品位一般为0.89%~1.16%。矿体厚度较稳定、有用组分分布较为均匀。

矿石为灰绿、灰黑色碳质板岩型钒矿石。主要结构为泥质结构、含粉砂质泥质结构，主要构造为稀疏浸染状构造、千枚状构造、板状构造。金属矿物主要为黄铁矿、褐铁矿、磁铁矿、赤铁矿、黄钾铁矾、金红石、锆石、黄铜矿。非金属矿物为粘土矿物、石英、碳质、重晶石、白云石、方解石等。

矿石中的钒元素主要以类质同象（或吸附状）的形式赋存在粘土矿物中（隐晶质粘土矿物、绢云母），占总钒的80.55%。部分以类质同象的形式赋存在石英等矿物中，占16.99%。经选矿试验，转浸率为68%，回收率为65%±。

经初步估算，矿区查明和预测 V_2O_5 资源量 71.57×10^4 t，平均品位（V_2O_5）0.95%，有大型矿床远景。

2. 云南省屏边县马卫钒多金属矿

矿区位于屏边县城正东方向7.2 km处，与五家寨钒矿位于同一个成矿区带上。区内出露地层主要为下寒武统，进一步划分为大寨组、冲庄组、浪木桥组。

含矿层位为下寒武统浪木桥组，岩石组合为灰黑色碳泥质钙质板岩夹浅灰-灰黑色薄层状泥晶灰岩，局部夹薄层硅质岩。区内共圈出具有工业价值的钒矿体4个，MV1-1为主矿体。

主矿体赋存于下寒武统浪木桥组二段下部，属沉积矿床。矿体延伸长度为4300 m，共有39个工程和取样点控制。矿体沿走向控制长4168 m，呈层状产出，厚1.02~29.16 m（平均14.95 m）。夹石多呈透镜体，不稳定。品位（V_2O_5）一般为0.70%~1.16%（平均0.88%）。矿体厚度变化较稳定、有用组分分布均匀。

矿石工业类型为碳质板岩型钒矿，自然类型为氧化矿和原生矿的含碳质板岩型钒矿。经初步估算，矿区查明和预测 V_2O_5 资源量 48.47×10^4 t。

第五章　有色金属矿产

有色金属矿产包括铜、铅、锌、铝、镍、钨、锡、钼、锑、汞、钴、铋、镁 13 个矿种。除镁矿资料较少外，其余矿产在云南省均有发现。

云南省素有“有色金属王国”之称，有色金属矿产具有资源丰富、矿种齐全、共伴生有益组分多、综合经济效益大的特点。

第一节　锡　　矿

锡（Sn）化学性质比较稳定，常用于制造镀锡薄板（马口铁），可作食品包装材料。锡延展性好，易于加工，常加工成管、箔、丝、条和各种精制的器皿。锡可以与大多数金属形成合金，主要有焊锡、锡青铜、巴氏合金、铅锡轴承合金、印刷合金等。此外，钛基合金、铌锡合金、锡银汞合金在原子能工业、航空工业、超导材料、医疗方面均有各自的用途。

中国锡消费结构以锡焊料（65%）为主，锡化工产品（15%）、镀锡板（8%）次之，以及玻璃（5%）、锡合金（4%）、其他（3%）（安泰科，2013）。

目前发现的锡矿物和含锡矿物有 50 余种。具有工业意义的锡矿物为锡石、黄锡矿、圆柱锡矿、硫锡铅矿、辉锑锡铅矿。

锡矿属云南省的优势矿种，具有悠久的开采历史，资源极为丰富。锡矿资源较为集中的个旧市有“锡都”之美称。在全国范围内相比较，云南省锡矿总体勘查工作程度偏低，特别是滇西地区，具有较大的找矿和开发利用潜力。

一、资源概况

截至 2015 年底，云南省锡矿上表矿区 99 处，累计查明资源储量 343.0×10^4 t，累计查明及保有资源储量皆居全国第 1 位（国土资源部，2016），占全国保有量的 29.6%。云南省小型以上（含小型）锡矿产地有 68 处（图 5-1，表 5-1）。

锡矿主要分布在滇东南的红河哈尼族彝族自治州、文山壮族苗族自治州，其次是滇西地区的德宏傣族景颇族自治州、保山市、大理白族自治州，少量分布在怒江傈僳族自治州、普洱市、西双版纳傣族自治州、临沧市、迪庆藏族自治州和昆明市（图 5-2）。其中：红河哈尼族彝族自治州、文山壮族苗族自治州查明的资源储量占了全省的五分之四。

二、矿床类型与矿床实例

云南省锡矿形成主要与花岗岩有关，具有明显的成矿专属性，矿床类型主要有矽卡岩型（接触交代型）和云英岩型。根据矿物组合云英岩型分为锡石-云英岩型、锡石-电气石-石英型，矽卡岩型包括锡石-硫化物型等。另外，还有少量的伟晶岩型、热液脉型和砂锡矿型。

云英岩型、锡石-电气石-石英型、热液脉型主要分布在滇西的腾冲—梁河地区、保山地区；锡石-硫化物型、矽卡岩型主要分布在滇东南地区的个旧、薄竹山、都龙一带。砂锡矿是原生锡矿经后期风化剥蚀形成。个旧市砂锡矿和腾冲市小龙河砂锡矿的开采曾经盛行一时。

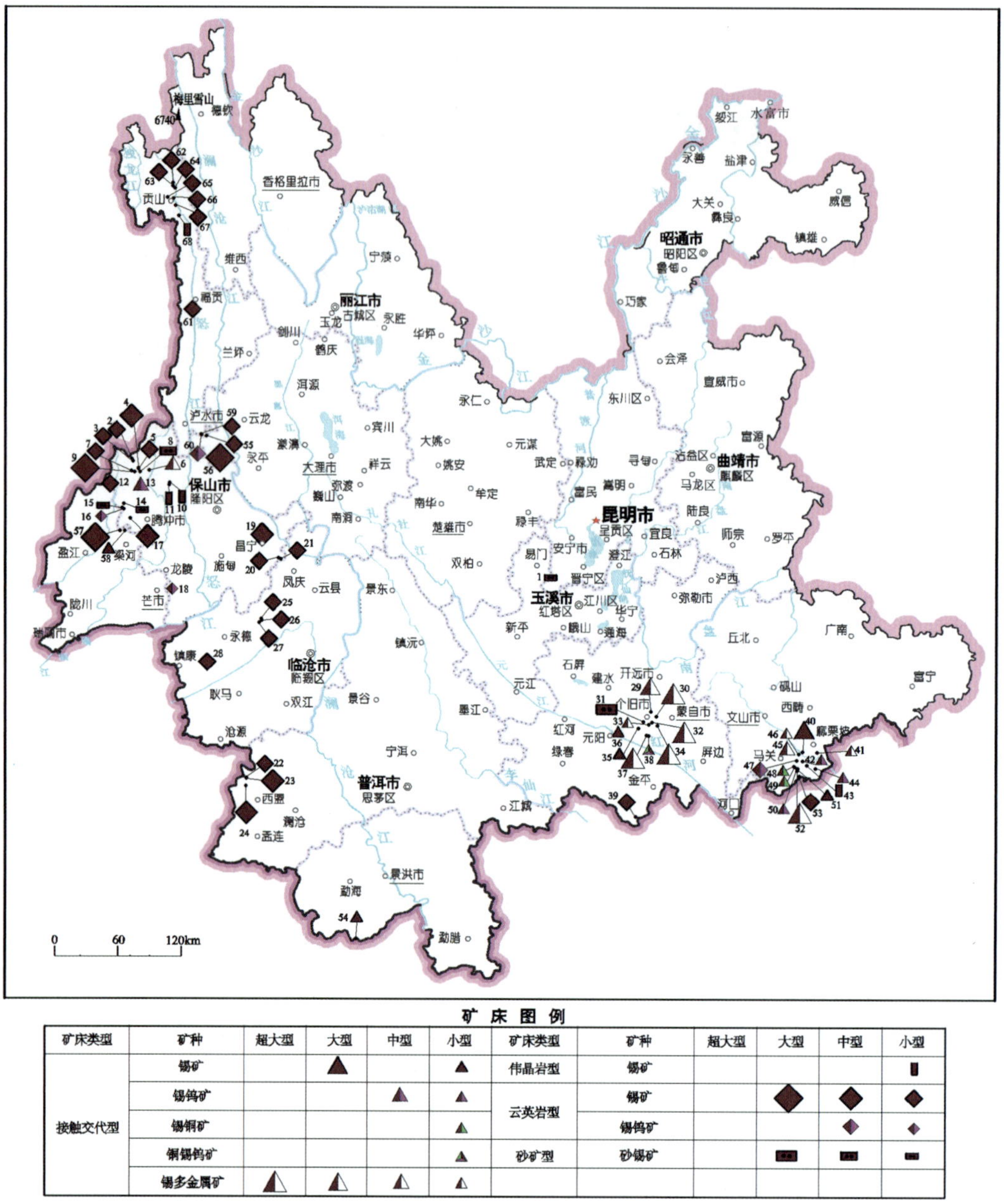

图 5-1　云南省锡矿主要矿产地分布图

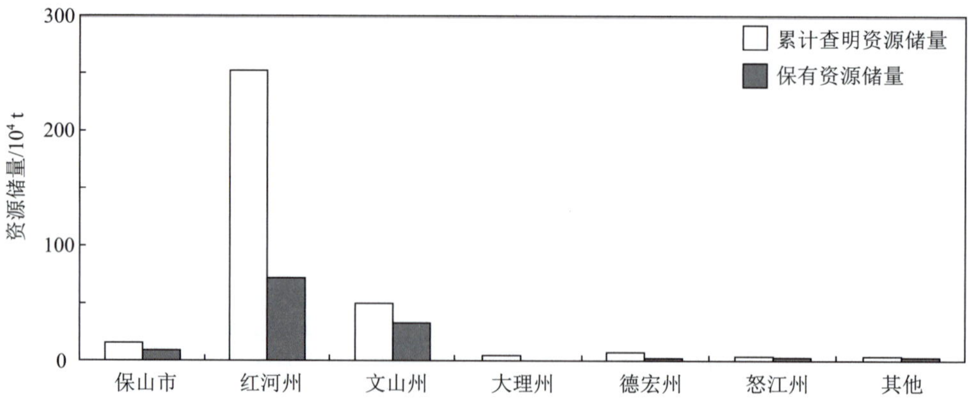

图 5-2　云南省查明锡矿资源储量分布直方图

（数据来源：《云南省 2015 年矿区及所属矿山矿产资源储量简表》，云南省国土资源厅，2016）

表 5-1　云南省锡矿主要矿产地

编号	州（市）	矿产地名称	规模	矿床类型	成矿时代	工作程度	资源储量/t
1	昆明市	安宁市大龙洞砂锡矿	小型	砂矿型	第四纪	普查	1614.46
2	保山市	腾冲市瑞滇乡木梁河锡矿	小型	云英岩型	晚白垩世	普查	2873.79
3		腾冲市冻冰河锡矿	小型	云英岩型	晚白垩世	普查	2907.42
4		腾冲市古凹山锡矿	中型	云英岩型	晚白垩世	普查	5359.10
5		腾冲市白沙河锡矿	小型	云英岩型	晚白垩世	普查	1685.40
6		腾冲市红岩头锡多金属矿	中型	接触交代型（矽卡岩型）	早白垩世	详查	7643.00
7		腾冲市大龙河锡矿	小型	云英岩型	晚白垩世	普查	3819.20
8		腾冲市上山寨锡矿	中型	砂矿型	第四纪	普查	24036.20
9		腾冲市小龙河锡矿	大型	云英岩型	晚白垩世	详查	77068.71
10		腾冲市贡源锡矿	小型	伟晶岩型	晚白垩世	普查	1158.19
11		腾冲市宝华山锡矿	小型	伟晶岩型	晚白垩世	普查	1468.45
12		腾冲市灯草坝锡矿	小型	云英岩型	古近纪	预查	400.00
13		腾冲市铁窑山锡钨矿	中型	接触交代型（矽卡岩型）	晚白垩世	详查	5613.00
14		腾冲市干河锡矿	小型	砂矿型	第四纪	普查	2578.94
15		腾冲市大秧田锡矿	小型	砂矿型	第四纪	普查	496.06
16		腾冲市象鼻岭锡钨矿	小型	云英岩型	晚白垩世	普查	2354.00
17		腾冲市老平山锡矿	中型	云英岩型	晚白垩世	详查	14653.71
18		龙陵县象达锡钨矿	小型	云英岩型	晚三叠世	普查	875.99
19		昌宁县薅坝地锡矿	中型	云英岩型	晚三叠世	详查	16691.15
20		昌宁县松山锡矿	小型	云英岩型	侏罗纪	详查	3127.66
21		昌宁县关山锡矿	小型	云英岩型	侏罗纪	详查	1825.64
22	普洱市	西盟县永龙锡矿	小型	云英岩型	新近纪	普查	4537.79
23		西盟县阿莫锡矿	中型	云英岩型	新近纪	普查	24333.42
24		西盟县永帮-班哲锡矿	中型	云英岩型	新近纪	普查	5683.63
25	临沧市	永德县轻木林锡矿	小型	云英岩型	晚三叠世	普查	1892.00
26		永德县云岭锡矿	小型	云英岩型	晚三叠世	普查	2899.06
27		永德县小水井锡矿	小型	云英岩型	晚三叠世	普查	979.77
28		镇康县乌木兰锡矿	小型	云英岩型	三叠纪	普查	1855.47
29	红河州	个旧市马拉格锡多金属矿	大型	接触交代型（矽卡岩型）	晚白垩世	勘探	81035.00
30		个旧市松树脚锡多金属矿	超大型	接触交代型（矽卡岩型）	晚白垩世	勘探	313296.00
31		个旧市新冠锡多金属矿	大型	砂矿型	第四纪	普查	170355.00
32		个旧市高松锡多金属矿	超大型	接触交代型（矽卡岩型）	晚白垩世	勘探	359827.00
33		个旧市牛坝荒锡多金属矿	小型	接触交代型（矽卡岩型）	晚白垩世	普查	2503.00
34		个旧市老厂锡多金属矿	超大型	接触交代型（矽卡岩型）	晚白垩世	勘探	1218184.75
35		个旧市和平锡矿	小型	接触交代型（矽卡岩型）	晚白垩世	普查	1534.00
36		个旧市陡岩锡矿	小型	接触交代型（矽卡岩型）	晚白垩世	普查	3967.00
37		个旧市卡房锡多金属矿	超大型	接触交代型（矽卡岩型）	晚白垩世	勘探	208996.00
38		个旧市大白岩铜锡钨矿	小型	接触交代型（矽卡岩型）	晚白垩世	普查	597.00
39		金平县田房锡矿	小型	云英岩型	晚白垩世	预查	4844.00

续表

编号	州（市）	矿产地名称	规模	矿床类型	成矿时代	工作程度	资源储量/t
40	文山州	麻栗坡县新寨锡矿	大型	接触交代型（矽卡岩型）	晚白垩世	详查	55912.00
41		麻栗坡县落水洞锡多金属矿	小型	接触交代型（矽卡岩型）	晚白垩世	预查	530.03
42		麻栗坡县草果山锡钨矿	小型	接触交代型（矽卡岩型）	晚白垩世	预查	911.00
43		麻栗坡县毛坪上寨锡矿	小型	伟晶岩型	晚白垩世	普查	3826.00
44		麻栗坡县坝子锡钨矿	小型	接触交代型（矽卡岩型）	晚白垩世	详查	3674.40
45		马关县八梅铅锌锡多金属矿	中型	接触交代型（矽卡岩型）	晚白垩世	普查	6804.58
46		马关县箐脚锡多金属矿	小型	接触交代型（矽卡岩型）	晚白垩世	普查	2327.05
47		马关县扣哈锡钨矿	中型	云英岩型	晚白垩世	勘探	6699.00
48		马关县野猫坟锡铜矿	小型	接触交代型（矽卡岩型）	晚白垩世	普查	988.00
49		马关县贵州坡锡铜矿	小型	接触交代型（矽卡岩型）	晚白垩世	普查	1331.00
50		马关县大夹槽锡钨矿	小型	接触交代型（矽卡岩型）	晚白垩世	普查	1067.00
51		马关县南汀河锡矿	小型	接触交代型（矽卡岩型）	晚白垩世	普查	2894.00
52		马关县都龙锡锌多金属矿	超大型	接触交代型（矽卡岩型）	晚白垩世	勘探	424033.00
53		马关县南松锡矿	小型	云英岩型	晚白垩世	普查	1889.03
54	西双版纳州	景洪市勐宋锡矿	小型	接触交代型（矽卡岩型）	三叠纪	详查	2363.02
55	大理州	云龙县志奔山锡矿	小型	云英岩型	早白垩世	普查	435.00
56		云龙县漕涧铁厂锡矿	大型	云英岩型	早白垩世	详查	42850.64
57	德宏州	梁河县来利山锡矿	大型	云英岩型	始新世	详查	63145.00
58		梁河县红岩锡矿	小型	接触交代型（矽卡岩型）	始新世	详查	2203.00
59	怒江州	泸水县浩源锡矿	小型	云英岩型	早白垩世	普查	234.00
60		泸水县石缸河锡钨矿	中型	云英岩型	早白垩世	普查	7630.00
61		福贡县维独锡矿	小型	云英岩型	早白垩世	/	290.00
62		贡山县罗坡锡矿	小型	云英岩型	早白垩世	普查	520.61
63		贡山县格咱锡矿	小型	云英岩型	早白垩世	普查	1274.39
64		贡山县昌凹锡矿	小型	云英岩型	早白垩世	普查	2817.00
65		贡山县黑娃底锡矿	小型	云英岩型	早白垩世	普查	2006.00
66		贡山县培里锡矿	小型	云英岩型	早白垩世	普查	112.65
67		贡山县当珠锡矿	小型	云英岩型	早白垩世	预查	60.80
68		贡山县西月各锡矿	小型	伟晶岩型	早白垩世	预查	199.29

（一）个旧市老厂锡多金属矿

老厂锡多金属矿位于个旧市南东，在马拉格、松树脚至卡房矿田之间北北东向五子山复式背斜中段，为个旧锡矿田规模最大的矿区（照片5-1），其中以北部湾子街、黄茅山矿段矿化最为富集。矿体主要产于中三叠统个旧组中。成矿模式见图5-3。

照片 5-1　个旧市老厂矿区

（摄影：陈智）

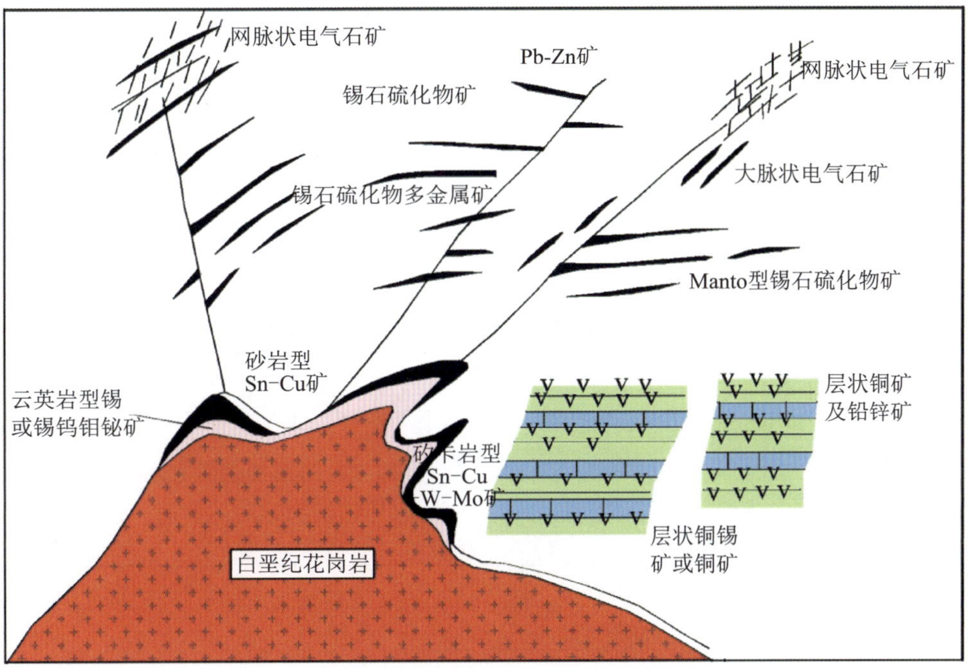

图 5-3　个旧市老厂锡铜铅锌多金属矿床成矿模式图

（据云南省国土资源厅等，2013a）

老厂矿区保有资源储量的矿体共有 187 个，分属 3 种类型（表 5-2）。其中：层间氧化矿 74 个，网状矿 42 个，硫化矿 71 个。赋存标高 2350～1700 m。除砂锡矿外，原生锡矿划分为硫化矿、氧化矿、细脉带矿、含锡白云岩等矿石类型（表 5-3）。常见矿石结构有粒状、放射状、乳浊状、反应边、残余结构。常见矿石构造有块状、浸染状、条带状、脉状构造。

截至 2015 年底，矿床查明锡资源储量为 121.82×10^4 t，达超大型规模，其中原生矿 85.92×10^4 t，砂锡矿 35.90×10^4 t。成因类型属岩浆热液-矽卡岩型锡矿床及砂矿型，正开采。

表 5-2　个旧市老厂锡铜铅锌矿矿体类型特征

矿体类型	层间氧化矿	网状矿	硫化矿
矿体实例	1 号	18-6-1 号	14-5 号
总体特征	矿石已氧化。面积大、厚度小、产状形态复杂，有益组分的品位变化大，矿化连续性差	由大量石英脉、电气石脉、电气石-含锂云母脉群集而形成，无明显的边界	资源储量大，形态复杂。处于其他各类矿床的最下部，埋藏于地表以下 300~400 m

表 5-3　个旧市老厂锡铜铅锌矿矿石类型特征

矿石类型	硫化矿石	氧化矿石	细脉带矿石	含锡白云岩
矿石矿物	黄铁矿、磁黄铁矿、黄铜矿、锡石	赤铁矿、褐铁矿、针铁矿	黄铁矿、黄铜矿、锡石	赤铁矿、褐铁矿、白铅矿、锡石
脉石矿物	萤石、石英、方解石、矽卡岩矿物	方解石、石英、绢云母、粘土	电气石、石英、长石、锂云母、矽卡岩矿物	白云石和少量石英、矽卡岩矿物

（二）马关县都龙锡锌多金属矿

都龙锡锌多金属矿位于老君山花岗岩体南西侧，寒武系中统田蓬组内，是滇东南个旧-文山-老君山多金属成矿带的重要组成部分，具有锡、铅、锌、铜矿化。上部以铅锌为主，向下逐渐过渡为锡、锌、铜矿化。

都龙锡锌多金属矿床自北向南划分为铜街、曼家寨、辣子寨、南当厂 4 个矿段。矿化带长 1400 m，宽 400~600 m，最厚逾 200 m（图 5-4）。矿化带内有多层规模大小不一、数量不等、产状形态不同的似层状、扁豆状、脉状矿体。锡、锌矿床分别达中—大型。

锡锌矿床由多层大致平行的锡石-硫化物矽卡岩矿体组成，主要由 1、10、13 号矿体（表 5-4）组成，海拔高程为 1178~1364 m。

表 5-4　马关县都龙锡锌多金属矿主要矿体特征

矿体编号		1 号矿体	10 号矿体	13 号矿体
矿体位置		锡锌矿带上、中部	锡锌矿带中、下部	锡锌矿带下部
矿体形态	长/m	650	311	208
	宽/m	70~285	185~339	82~331
	最大厚度/m	66.89	24.09	24.09
	平均厚度/m	20.03	11.28	11.28
平均品位/%	锡	0.49	0.59	0.47
	锌	4.35	3.52	5.13

矿石类型为锡石多金属硫化物-矽卡岩型，主矿种为锡、锌，伴生铜、银、硫、砷、锗、镓、铟。矿石类型以硫化矿为主，混合矿次之。自然类型划分为锡石-硫化矿型、锡石矽卡岩型、锡石磁铁矿型。

矿石结构主要为粒状结构，次为交代结构。主要构造为块状、条带状、稠密浸染状、层纹状构造。金属矿物以铁闪锌矿、磁黄铁矿、锡石、磁铁矿为主，黄铜矿、黄铁矿、毒砂次之。脉石矿物为透辉石、透闪石、阳起石、绿泥石、绿帘石、斜黝帘石、云母、长石、石英、方解石、萤石。

截至 2015 年底，矿床累计探明锡资源储量 42.40×10^4 t、锌 512.20×10^4 t、铟 7515 t。成因类型为矽卡岩型，达超大型规模，已开采（照片 5-2）。都龙锡锌多金属矿为云南省主要铟金属产区之一。

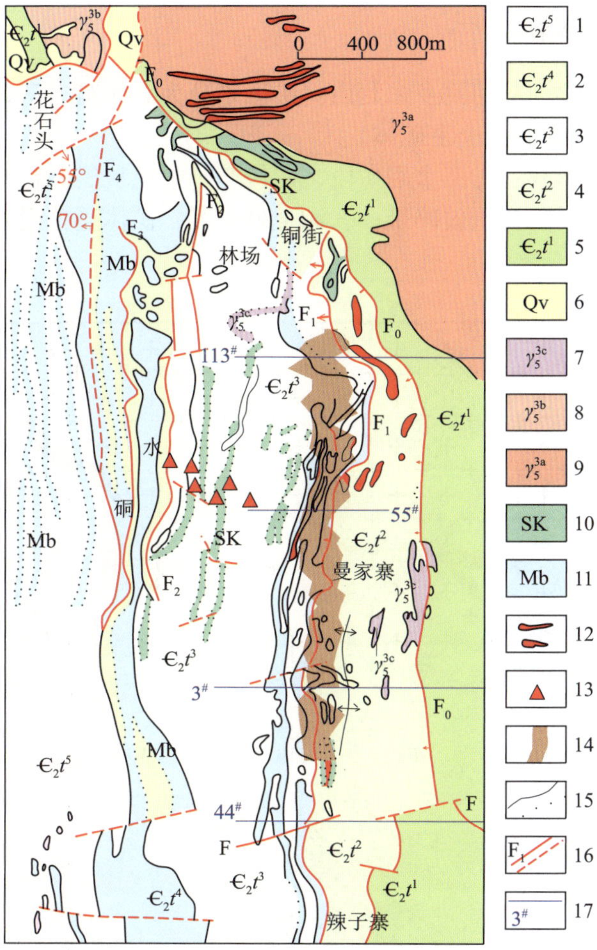

图 5-4　马关县都龙锡锌多金属矿区地质简图

（据晏建国，2012）

1—中寒武统田蓬组第五段；2—中寒武统田蓬组第四段；3—中寒武统田蓬组第三段；4—中寒武统田蓬组第二段；5—中寒武统田蓬组第一段；6—长英岩；7—花岗斑岩；8—白云母花岗岩；9—二云母花岗岩；10—矽卡岩；11—大理岩；12—地表锌锡矿体；13—矿化露头及位置；14—13 号矿体水平投影范围；15—实测地质界线/岩性界线；16—实测、推测断层及编号；17—勘探线位置及编号

照片 5-2　都龙锡锌多金属矿露天采矿场

（云南锡业集团（控股）有限责任公司供稿）

（三）梁河县来利山锡矿

梁河县来利山锡矿位于梁河县河西乡来利山。矿区划分为老熊窝、淘金处、三个硐及丝光坪 4 个矿段，共圈定矿体 24 个，其中有 5 个主矿体。

矿体的产出部位有 3 种形式：①三个硐矿段，矿体产于中粗粒黑云花岗岩与围岩接触带；②老熊窝矿段，矿体产于接触带外带的构造破碎带；③淘金处矿段，矿体受花岗岩接触带和构造破碎带联合控制（图 5-5）。

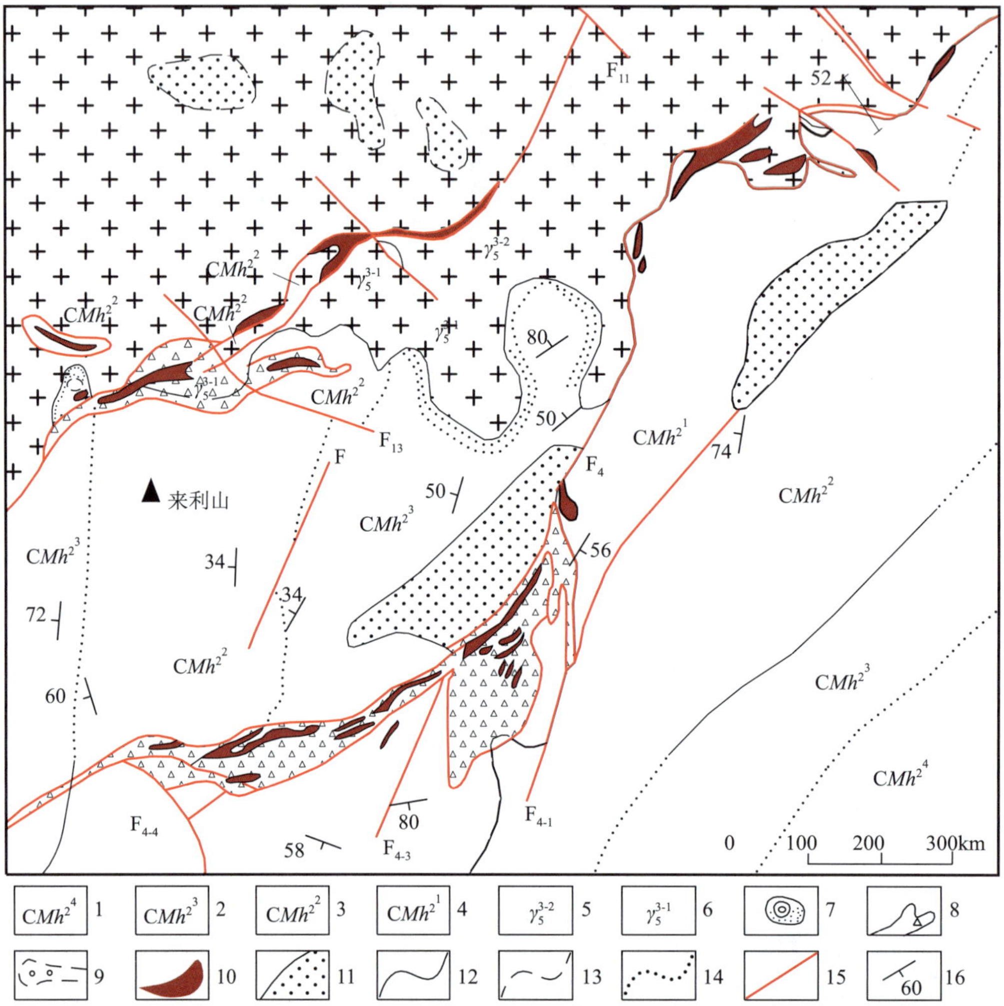

图 5-5 梁河县来利山锡矿地质简图

（据云南省国土资源厅，云南省地质调查局，2013a）

1—勐洪群第二段第四层角岩化石英粉砂岩；2—勐洪群第二段第三层角岩化黑云石英砂岩；3—勐洪群第二段第二层角岩化含砾砂岩、黑云砂岩夹石英岩；4—勐洪群第二段第一层含砾粉砂岩夹条带状粉砂岩、板岩；5—细粒二云母花岗岩；6—等粒二长花岗岩；7—褪色蚀变带；8—角砾岩带；9—Sn 矿转石分布区；10—Sn 矿体；11—角岩化；12—逆断层；13—实测及推测不明断层；14—实测地质界线；15—推测地质界线；16—地层产状

矿体形态为脉状、分支复合脉状、透镜状产出，较连续、稳定。矿体受北东向弧形断裂控制，倾向北西，倾角 60°~90°。主矿体长 130~440 m，倾向延深 100~250 m，最大 420 m。矿体水平厚度 1.48~7.33 m，多呈楔形尖灭。锡的品位为 0.961%~0.266%。矿体围岩为黑云长英角岩，直接顶、底板为硅化、云英岩化石英角岩。

矿石自然类型主要为黄铁矿云英岩型锡矿石。地表及浅部为氧化矿石（褐铁矿锡矿石），中深部为硫化矿石（黄铁矿锡矿石）。氧化界面西高东低，氧化深度 20~80 m。此外，尚有少量石英云英岩锡矿石、云英岩化花岗岩锡矿石、褪色石英角岩锡矿石、矽卡岩锡矿石较少。

矿石结构主要为柱粒状、压碎结构。矿石构造以稀疏浸染状、角砾状、条纹条带状构造为主。金属矿物主要有锡石、黄铁矿、磁黄铁矿、黄铜矿、褐铁矿。脉石矿物为黄玉、石英、萤石及少量碳酸盐矿物。

截至 2015 年，矿床锡资源储量为 6.27×10^4 t，成因类型属气化-高温热液黄铁矿云英岩型锡矿床，达大型规模。已开采。

（四）腾冲市小龙河锡矿

矿床位于腾冲市瑞滇乡小龙河。根据矿床成因及产状，矿体划分为接触带矽卡岩型、云英岩脉型、矽卡岩脉型及残坡积型砂锡矿（图 5-6，表 5-5）。其中，接触带矽卡岩型锡资源储量占全矿区的 44.45%。

表 5-5　小龙河矿区主要锡矿类型特征

类　型		接触带矽卡岩型	云英岩脉型	矽卡岩脉型
矿体或矿带		3 个矿体	6 个矿脉带	2 条矿脉
产状		花岗岩的接触带	中粒黑云花岗岩内	上石炭统空树河组
形态特征	矿体长/m		300	40
	倾斜延深/m		43~147	21
	厚度/m		0.34~4.89	0.91~7.1
锡的品位/%		0.623	0.10~0.53	0.218~0.27

矿石结构主要为粒状变晶结构，次为变嵌晶、筛状变晶、交代残余、变余花岗结构。常见的矿石构造有浸染状、脉状，次为晶簇状、条带状、块状构造。

矿石类型划分为原生矿和次生砂矿。原生矿锡矿石划分为锡石-矽卡岩型、锡石-云英岩型及锡石蚀变花岗岩型，以前 2 种为主。次生砂矿主要有风化壳型和残坡积砂矿。锡石-矽卡岩型矿石金属矿物有锡石、黄铁矿、含锡白钛矿、赤铁矿、磁铁矿、黄铜矿。脉石矿物有石英、普通角闪石、黑云母、白云母、绿帘石、钙铁榴石、萤石、透辉石。锡石-云英岩型矿石矿物主要有锡石、石英、白云母、萤石、黄玉、绿柱石。

截至 2015 年底，矿床锡资源储量为 7.70×10^4 t，成因类型属云英岩型锡矿床，达大型规模。已开采。

（五）云龙县漕涧铁厂锡矿

铁厂锡矿床位于云龙县漕涧乡铁厂，属云龙锡矿带南段。矿石类型以锡石-石英、电气石型为主，部分为锡石-石英、硫化物型。自北而南划分为李子坪矿段、绿阴塘矿段、青木林矿段，长约 5.8 km。以原生锡矿为主，次为“风化壳”型，局部地段有小而零星的坡积砂矿。原生矿资源储量已近大型规模。绿阴塘矿段长 1030 m 的范围内，资源储量占全矿区的 92.5%。

铁厂锡矿床主要赋存于混合岩体内部。已发现原生矿体 96 条，多数产于岩体的构造破碎带中。分布于南北长 2600 m、东西宽 400 m、垂高 400 m 的范围内。按产出部位可大致分为西、中、东 3 个矿化带，间距 150~180 m。

矿体以陡倾斜脉状为主，次为扁豆状，少部分为囊状、似层状。原生矿平均品位为 1.476%。矿体在平面上呈斜列式展布，剖面上呈叠瓦状产出。

矿石结构主要为交代、粒状结构。矿石构造为块状、浸染状、细脉状构造。主要金属矿物为锡石、毒砂、黄铁矿、磁黄铁矿、黄铜矿、辉铋矿。脉石矿物主要为石英、长石，次为云母、电气石、

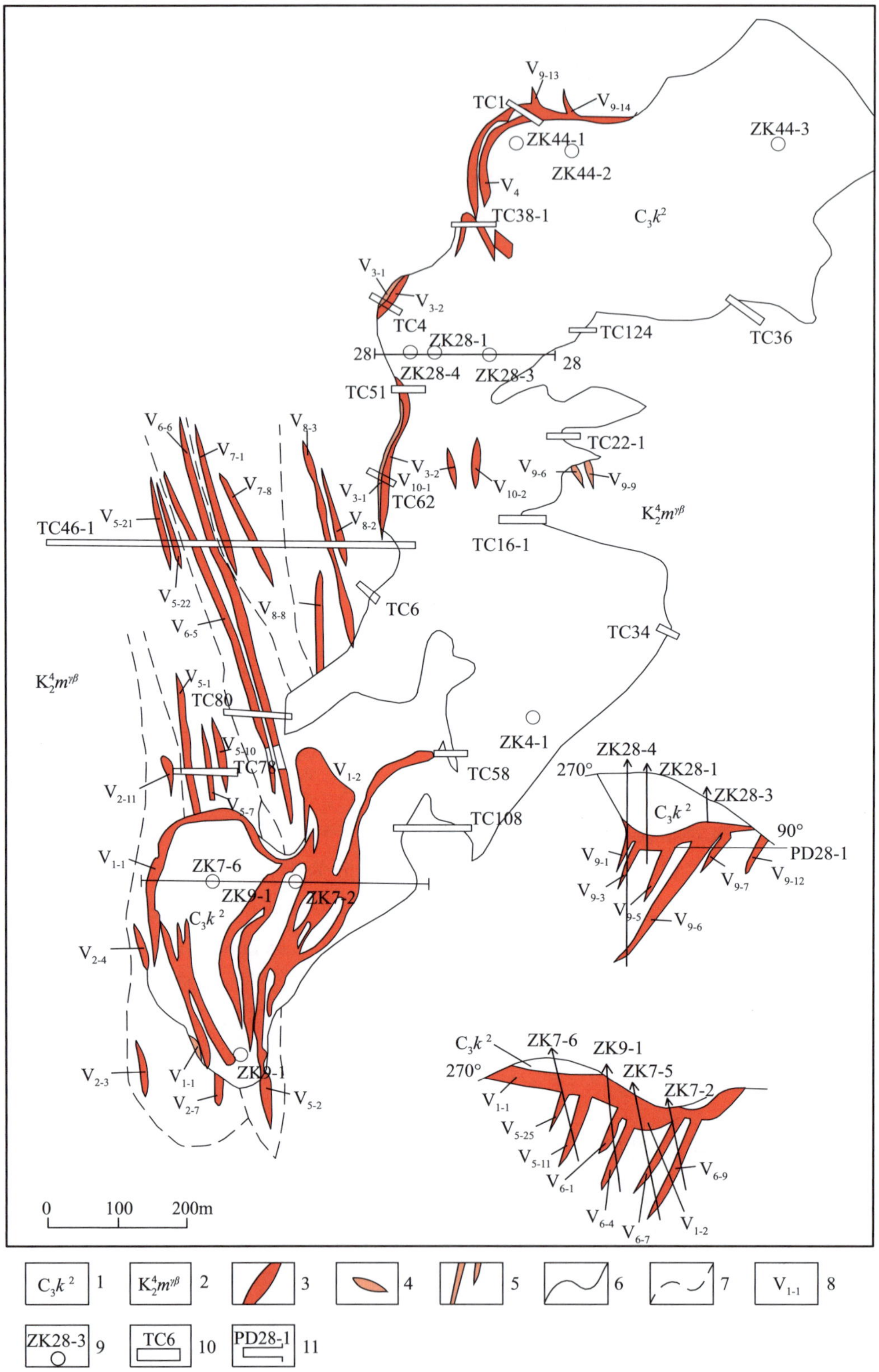

图 5-6 腾冲市小龙河锡矿地质简图

（据云南省地矿局第四地质大队，1988，有修改）

1—变质黑云含砾石英砂岩、泥质粉砂岩；2—中粒含斑黑云母花岗岩；3—矽卡岩型锡矿体；4—云英岩型锡矿体；5—云英岩脉型锡矿体；6—地质界线；7—云英岩脉带分界线；8—矿体编号；9—钻孔及编号；10—探槽及编号；11—坑道及编号

磷灰石、绿泥石、锆石、榍石、金红石。锡矿化与石英、电气石关系密切。伴生组分除硫外，其余均不具工业利用价值。

矿床锡资源储量为 4.29×10^4 t，成因为云英岩型矿床。已开采。

（六）昌宁县薅坝地锡矿

矿区位于昌宁县大田坝乡境内，地处横断山脉南段。区内锡矿体分布于断层夹持的上三叠统狭长地段内，呈北西向展布。矿体赋存于上三叠统顶部的层间破碎带中，呈带状分布。据矿体产出的地质特征，划分出 3 个含矿带（表 5-6），共圈出 9 个矿体。矿带之间的无矿间距为 100~150 m。

表 5-6　昌宁县薅坝地锡矿矿带特征

矿带特征	Ⅰ号矿带	Ⅱ号矿带	Ⅲ号矿带
长/m	1800	1000	400
宽/m	100~300	100~200	150
矿体数/个	5	2	2

矿体呈大小不等的似层状、透镜状及豆荚状产出，局部有分支复合现象。矿体埋深一般不大，为 100~191 m。矿体锡的平均品位为 0.614%，锡分布不均匀。矿体平均厚 3.427 m，厚度较稳定。锡的品位与厚度一般呈正相关。4 号矿体为主矿体，长 850 m，宽 40~300 m，查明占矿区总资源储量的 68.3%。

矿石划分为 3 种类型：①锡石-石英-电气石型锡矿石；②硅化电气石化含锡石石英杂砂岩型锡矿石；③锡石-石英-电气石角岩型锡矿石。前 2 类为主要矿石类型，后者仅在局部地段出现。

矿石结构以碎裂、碎斑、碎粉为主，次为变余砂状结构。矿石构造以块状构造为主。金属矿物主要为锡石，有少量黄铁矿、毒砂，偶见锆石、磁黄铁矿、白钨矿、磷钇矿、独居石、方铅矿。脉石矿物主要为石英，次为电气石、绢云母及粘土矿物，有少量长石，偶见重晶石。

截至 2015 年底，矿床累计查明锡资源储量 1.67×10^4 t，成因类型为云英岩型锡矿床，达中型规模。已开采。

（七）西盟县阿莫锡矿

矿区位于西盟佤族自治县新厂乡，划分为 4 个矿段，阿莫矿段为主矿段。该矿段的Ⅰ、Ⅲ矿体为主矿体，呈北东东向展布，倾向北。矿体由数条脉状、板脉状、凸镜状的含矿脉体组成，局部出现分支复合、尖灭再现现象。

Ⅰ矿体走向最长达 200 m，倾向上最大延深 80 m（一般 50~60 m）。矿体倾角 40°~70°，上陡下缓。矿体由十余条矿脉组成，主要有 6 条矿脉，其中，$Ⅰ_1$ 号矿脉占总资源储量的 76.75%。

Ⅲ矿体长 250 m，最大倾向延深 280 m（一般 150~220 m）。矿体倾角 30°~70°，上陡下缓。矿体由 16 条矿脉组成，主要有 6 条矿脉，以 $Ⅲ_1$、$Ⅲ_2$ 为主矿脉，占总资源储量的 90.69%。

矿石类型按构造划分为浸染状、细脉或网脉状、晶洞或晶簇状、星点状锡矿石。按矿物组合划分为锡石-石英型、锡石-电英型矿石。

矿石具粒状、碎裂、交代残余结构，矿石构造主要有脉状、浸染状、晶洞-晶簇状构造。含锡矿物主要为锡石。其他金属矿物有白钨矿、黑钨矿、自然铋、辉铋矿、西盟石、泡铋矿、磁黄铁矿、黄铁矿、黄铜矿、毒砂、闪锌矿、方铅矿、锐钛矿、菱铁矿、臭葱石。脉石矿物有石英、金红石、萤石、白云母、黑云母、镁电气石、钙铁榴石、透辉石、绿帘石、绿泥石、钠长石。

截至 2015 年底，矿床查明锡资源储量 2.43×10^4 t，达中型规模。矿床属锡石-石英类电气石型、石英型（电英型）矿床，已开采。

在地质勘查过程中，西盟矿区发现了一种新的铋矿物，命名为西盟石（附录 D）。

三、矿床时空分布规律

云南省锡矿主要分布在腾冲-三江成矿省和华南成矿省，上扬子成矿省有零星分布。矿床主要产于花岗岩分布区，成矿专属性明显。

（一）腾冲-三江成矿省

该成矿省有梁河县来利山锡矿、腾冲市小龙河锡矿、云龙县铁厂锡矿、昌宁县薅坝地锡矿、西盟县阿莫锡矿等一批大型、中型矿床，成矿作用显示了岩浆岩成矿的专属性、物质来源的多源性、成矿元素的多样性、成矿时代多期性。

区域成矿演化于晚三叠世以后，经历了印支期、燕山期、喜马拉雅期的多次陆内盆-岭构造格局和挤压→推覆→走滑剪切的构造作用，岩浆活动以花岗岩类为主，区域成矿表现为壳型、壳幔混合型的花岗岩类和热水沉积为主的特点。其中，在缝合带的同造山花岗岩类中形成锡-稀有金属矿床，在陆内变形带形成与造山花岗岩相关的锡多金属矿床，如梁河县来利山锡矿、腾冲市小龙河锡矿。

（二）上扬子成矿省

该成矿省出现了云南时代最老的含锡花岗岩。相关的锡矿仅发现了安宁市九道湾锡矿、大龙洞砂锡矿。矿床与侵入于中元古代昆阳群沉积-变质岩系的九道湾花岗岩岩体有关，规模较小。

（三）华南成矿省

华南成矿省内以燕山期花岗岩类的侵入活动尤为引人注目，形成了个旧、薄竹山、都龙 3 个复式岩基，出露面积均>150 km^2。岩浆活动由早期至晚期，依次出现中粒似斑状二长花岗岩-中细粒二长花岗岩-细粒碱长花岗岩，酸碱度由较低向高演化，成矿元素与矿化剂元素的质量分数渐次递增。由此构成个旧、都龙 2 个超大型锡多金属矿田形成的物质基础。

个旧花岗岩形成时代主要集中于 81. 99~85. 62 Ma，以南北走向的个旧断裂为界，分为东区与西区。西区有龙岔河、贾沙、神仙水等岩体，与矿化无明显联系。东区有马拉格、松树脚、白沙冲、老厂、卡房岩体，均产出大型的锡多金属矿床，形成有名的个旧锡矿田。目前，老厂矿区深部找矿取得了重大进展。

薄竹山花岗岩主要岩性为中粒黑云母二长花岗岩，形成时代为 76~104 Ma。在一些钻孔中，从地表到深部（400 m），变质矿物从以绿泥石化为主到出现阳起石、透辉石、石榴子石等矽卡岩矿物组合，变质岩石从弱蚀变的泥岩、灰岩到大理岩和硅化岩石、角岩、矽卡岩。这些规律性变化暗示着蒙自县白牛厂矿区主矿体的下部可能存在花岗岩体。

老君山（都龙）花岗岩也是一个复式岩体，主要岩性为二长花岗岩类，形成时代为 91~118 Ma。岩体的四周发现十多个锡多金属矿床（点）。其中，都龙和新寨均为大型锡多金属矿床。总体上看，都龙矿区的矿化、岩体与围岩的接触关系、蚀变、矿体形态、矿石矿物组合等特征类似于个旧矿田。

四、开发利用

云南省锡矿开发利用程度较高，平均开采回采率为 92. 14%，平均选矿回收率为 65. 17%，平均综合利用率为 76. 18%。

（一）产业链

锡矿加工复杂、应用广泛，有较为复杂的产业链（表 5-7，图 5-7）。

表 5-7　锡矿产业链

锡矿开采	锡　矿				
矿石加工	原矿→破碎→磨矿→选矿→锡精矿				
锡矿冶炼	焙烧除杂→矿石提取粗锡→炉渣提取粗锡→粗锡精炼				
相关产业	机械、航空航天、军工、印刷、民用、食品、陶瓷、印染、塑料、农业				
初级产品	金属锡		焊锡、锡青铜、巴氏合金	钛基合金、铌锡合金、锡银汞合金	二氧化锡、四氯化锡和锡的有机化合物
主要用途	食品包装材料	各种线材、精制器皿	轴承合金、印刷合金	原子能工业、航空工业、超导材料、医疗	瓷釉原料、印染的媒染剂、塑料热稳定剂、杀虫剂、杀菌剂

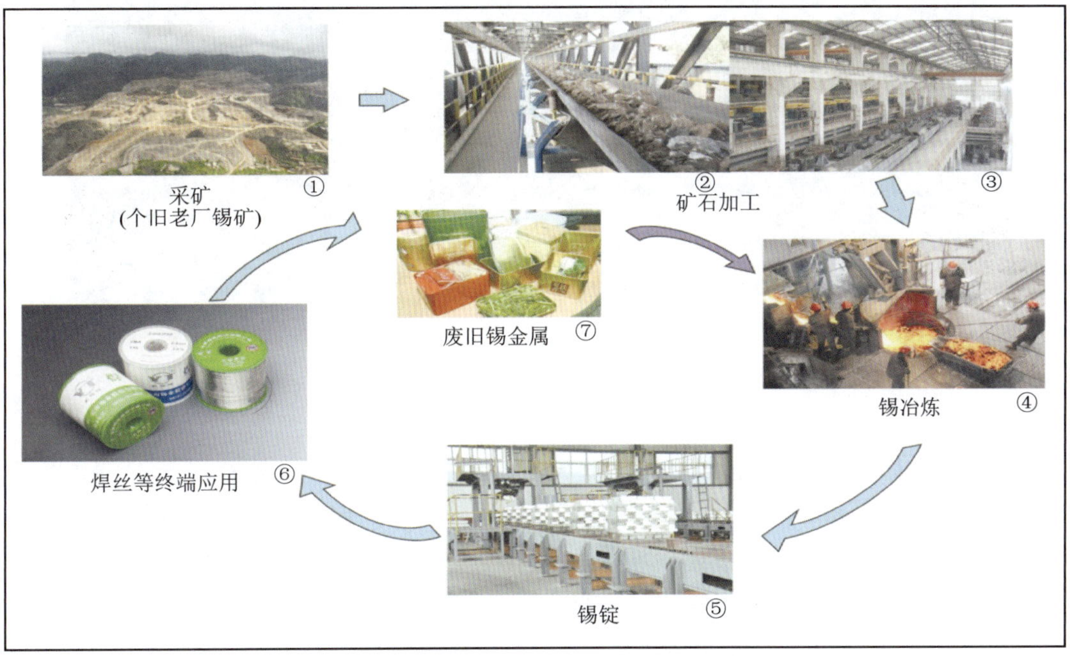

图 5-7　锡矿产业链示意图

（图①~⑥均由云锡集团提供，拍摄者为陈智、韩玉、苏丽明、赵薏、李沛；图⑦引自金属百科 baike.asianmetal.cn/metal/sn/recycling.shtml）

（二）矿山企业概况

截至 2015 年底，云南省共有 65 个锡矿山企业，从业人员 14681 人。

云南省锡矿开采历史悠久，锡产量一直居全国首位。2014 年国际精锡产量为 36.89×10^4 t，中国产量 17.5×10^4 t，其中云南锡产量达到 9.8×10^4 t，占全国产量的 56%。2015 年云南锡产量为 8.46×10^4 t（云南统计局，2016）。云南锡业集团是集采选冶为一体的大型企业，也是我国最大的锡矿企业，其矿山资源采选综合利用率超过 90%，产量遥遥领先其他同行，已经连续 7 年稳居世界锡行业第一名。初步形成了“世界锡业看中国，中国锡业看云南”的产业格局。

（三）资源利用情况

云南省已查明锡矿区 102 处，其中 53 处全部占用，14 处全部未占用，总体资源利用程度较高。部分矿山（如都龙锡锌多金属矿）因锡石粒度较细，选矿回收率不高。目前矿山正在科技攻关提高选矿回收率。

五、锡都个旧

个旧地处祖国西南边陲，距昆明约 280 km。个旧因锡矿开发历史悠久、储量丰富、冶炼技术先进、精锡纯度高而闻名中外，享有“锡都”美誉，因被载入英国《大不列颠词典》等著名辞书和教科书而蜚声海内外（照片 5-3）。

照片 5-3　个旧市城区新貌

（摄影：陈智）

个旧因锡而立，以锡而兴，是典型的矿业城市，至今仍流传着“先有（云）锡，后有（城）市”之说。如今的个旧已建设成为一座以锡为主，铅、锌、铜、化工、建材、轻纺、机电、食品加工等产业齐全的现代工业城市，是我国最大的锡现代化生产加工基地（照片 5-4、5-5），同时也是世界上最早的产锡基地，锡产品在国际同类产品中占举足轻重的地位，为世界各国所罕见。

a—熔炼车间（摄影：赵薏）

b—生产的锡锭（摄影：李沛）

照片 5-4　锡冶炼及锡锭生产

（一）勘查开发历史

《汉书・地理志》记载，“贲古，北采山出锡”。贲古即为现今蒙自、个旧一带，反映了个旧锡矿的开采始于汉代，至今已有 2000 多年历史。明朝《正德云南志》记载，“锡，蒙自个旧村出”。个旧之名始见于史籍。明代个旧以采炼银铜为主，同时也采共生锡矿。清朝乾隆五年（公元 1740 年），

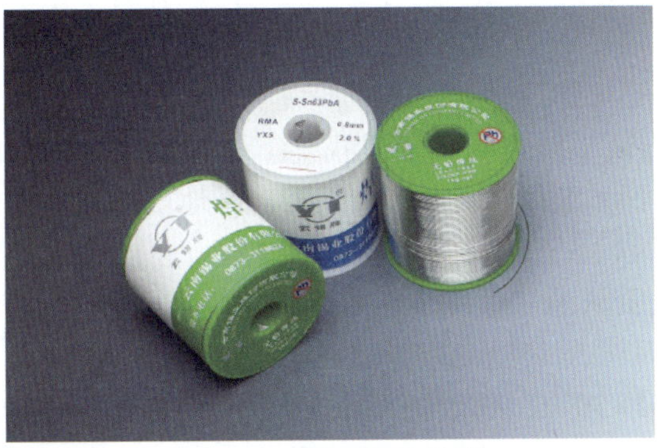

a— “云锡”牌无铅焊丝

b—锡珠

照片 5-5　锡产品的应用

（摄影：陈智）

滇、川、黔铸币局在个旧采购版锡，锡业生产得到明显发展。当时，商贾往来，络绎不绝；四方来采者，不下数万人。清朝光绪九年（公元 1889 年），蒙自、蛮耗开关，法商来个旧购锡，并开征大锡出口税。1890 年，产锡达 1315 t。此后，大锡经滇越铁路转运香港销售，锡砂直接空运美国。1909～1939 年间，共出口锡 23.82×10^4 t，个旧因此闻名中外。20 世纪 30 年代初，个旧锡矿以年产锡 7000 t 而成为当时我国最大的有色金属企业。

个旧锡矿的开发利用历史虽长，但地质勘查仅有一百多年历史。1873 年及其稍后，法、德、美地质学者先后来个旧锡矿进行地质考察。1937 年以后，我国数十位知名地质学者先后到矿区进行工作，其中的孟宪民、熊秉信为其中的杰出代表。

孟宪民（1900 年 2 月 2 日—1969 年 2 月 18 日），字应鳌，著名地质学家和矿床学家，原中国地质科学院副院长、中国科学院院士。

1934 年，孟宪民应邀调查个旧锡矿，并参加了中缅边界南段未定界的勘察工作。1938 年，孟宪民担任个旧锡矿勘探队队长及云南锡矿工程处主任。在此期间，开创了正规的石门、平巷、风动凿岩、铁道矿兜、竖井提升运矿等机械化及半机械化新技术。1943～1946 年，云南省经济委员会与中央研究院地质研究所联合组成云南地质调查组，由孟宪民主持，又对个旧锡矿进行了大量地质调查，先后发表了《中国之锡矿》、《云南之锡矿》、《云南矿产种类述略》、《云南高原的几种构造现象》和《云南个旧锡矿区地质图及说明书》等论著，有力地促进了个旧锡矿之开发。

孟宪民对云南东川铜矿勘查研究也作出了重大贡献（详见第二节）。

熊秉信（1913 年 9 月 27 日—1974 年 3 月 27 日），出生于云南省弥勒县朋普镇息宰村，是我国著名数学家、教育家熊庆来之长子。“秉信”者，指秉承熊庆来先生早年实现开办云南矿业之夙愿之意。

熊秉信 1941 年到个旧云锡公司工作，直至 1964 年才调离个旧。1944 年编写了《个旧锡矿地质》一书，为个旧锡业的发展打下了基础。

熊秉信不仅精于地质学，同时谙熟采矿工程学，他首先应用推广了“方框法”、“崩落法”采矿技术并首先设计应用了水力冲采法进行地表砂矿开采，改进并首先在个旧使用了竖井罐笼活动安全推门及自动手脚架，大大提高了个旧锡矿的采矿效率及矿石回采率，减轻了矿工的劳动强度，提高了采矿安全。熊秉信一生为个旧矿区地质勘查和锡矿开发做出了较大贡献，对云南锡业的发展功不可没，对全国的锡矿生产和其他矿床勘探生产也产生了积极的影响。

中华人民共和国成立后，政府十分重视个旧锡矿的勘查开发。1953 年，第一个五年计划开始，个旧锡矿被列入国家 156 项重点建设项目。1954～1956 年，西南地质局五〇一队进行了以老厂、松树脚、马拉格、卡房、牛屎坡等砂锡矿为重点的地质勘探。自 1956 年开始，矿区勘查才以原生锡矿为主，开始进行浅部、中深部的层间矿床、细脉带矿床的找矿工作。三〇一队对矿区开展了系统的1：5万、1：1万、1：2000地质测量，查明了主要含矿层位，总结出了构造控矿规律，提出了上有穹窿（背斜）、下有花岗岩岩株突起控制接触带矿床产出的规律。

20世纪70年代中期以后，随着矿区地质研究程度不断提高，地质找矿工作开始进行深部的花岗岩接触带、坳陷带的找矿工作，探明的资源储量也不断加大。同时，人们对矿区地质特征、矿床空间分布和变化规律等方面有了更进一步的认识。

近几年来云南锡业（集团）公司、所属矿山地质队及相关大专院校和科研院所，分别在个旧开展了大量研究工作，获得了丰富的科研成果。

矿区经多年开采，自有记载以来累计生产锡 241×10^4 t，随着地质勘探的不断深入和云南锡业集团对后备资源勘查的投入，近年发现和新增了部分接替资源，同时查明了共伴生铜矿的资源储量，为延续矿山服务年限起到了较好的作用。

（二）矿产资源概况

个旧锡多金属矿位于个旧市境内，北起普雄、鸡街，南达红河，西到建（水）元（阳）公路，东至大屯海，面积2140 km^2（图5-8）。

个旧矿区以产锡为主，共（伴）生有铜、钨、铋、铅、银等多种金属及稀有金属计15种。南北向个旧断裂将矿区分为东矿区和西矿区。其中东矿区是超大型锡多金属矿床分布的主要区域，近东西向断裂构造控制了马拉格、松树脚、高松、老厂和卡房五大矿田的分布。西矿区工作程度尚低，仅发现有小-中型的锡、铅矿床，探明陡岩锡矿、和平锡矿、牛坝荒锡多金属矿、石硐坝白云山锡多金属矿、金平县田房锡矿、新冠砂锡矿等矿床，规模为小型或锡矿（化）点（照片5-6，表5-8）。

表5-8 个旧矿区主要锡多金属矿床（点）概况

编号	矿床名称	主要（伴生）矿种	矿床类型	矿床规模	查明锡资源储量/t
1	个旧市马拉格锡矿	锡（铜、铅、银、钨、铟）	矽卡岩型、层间氧化型	大型	81035
2	个旧市松树脚锡矿	锡（铜、铅、钨、铋、锌、铟、银、萤石）	矽卡岩型、层间氧化型、含锡白云岩型	超大型	原生矿：231747；砂矿：359031
3	个旧市高松锡矿	锡（银、铅、铜、铟）	矽卡岩型矿床	超大型	294084
4	个旧市老厂锡矿	锡（铜、铅、锌、银、硫、铟）	矽卡岩硫化物型、层间氧化型、电气石细脉带型、含锡白云岩型、锡石-云英岩型、砂矿型	超大型	原生矿：859153；砂锡矿：359031
5	个旧市卡房锡多金属矿	锡（铜、铅钨、银、铟、锌）	矽卡岩型、石英-电气石脉型、矽卡岩型、锡石-硫化物型、层间氧化型、锡石-云英岩型	超大型	原生矿：81601；砂锡矿：127395
6	个旧市陡岩锡矿	锡（银）	砂锡矿、层间氧化型、接触带矽卡岩型	小型	3967
7	个旧市和平锡矿	锡	脉状氧化矿及层间构造剥离充填分布的赤褐铁矿型土状氧化矿	小型	1534
8	个旧市牛坝荒锡矿	锡（铅、锌、钨）	矽卡岩型、层间氧化型	小型	2503
9	个旧市新冠砂锡矿	锡（铅、镓、银、锆石）	砂矿型	大型	170355

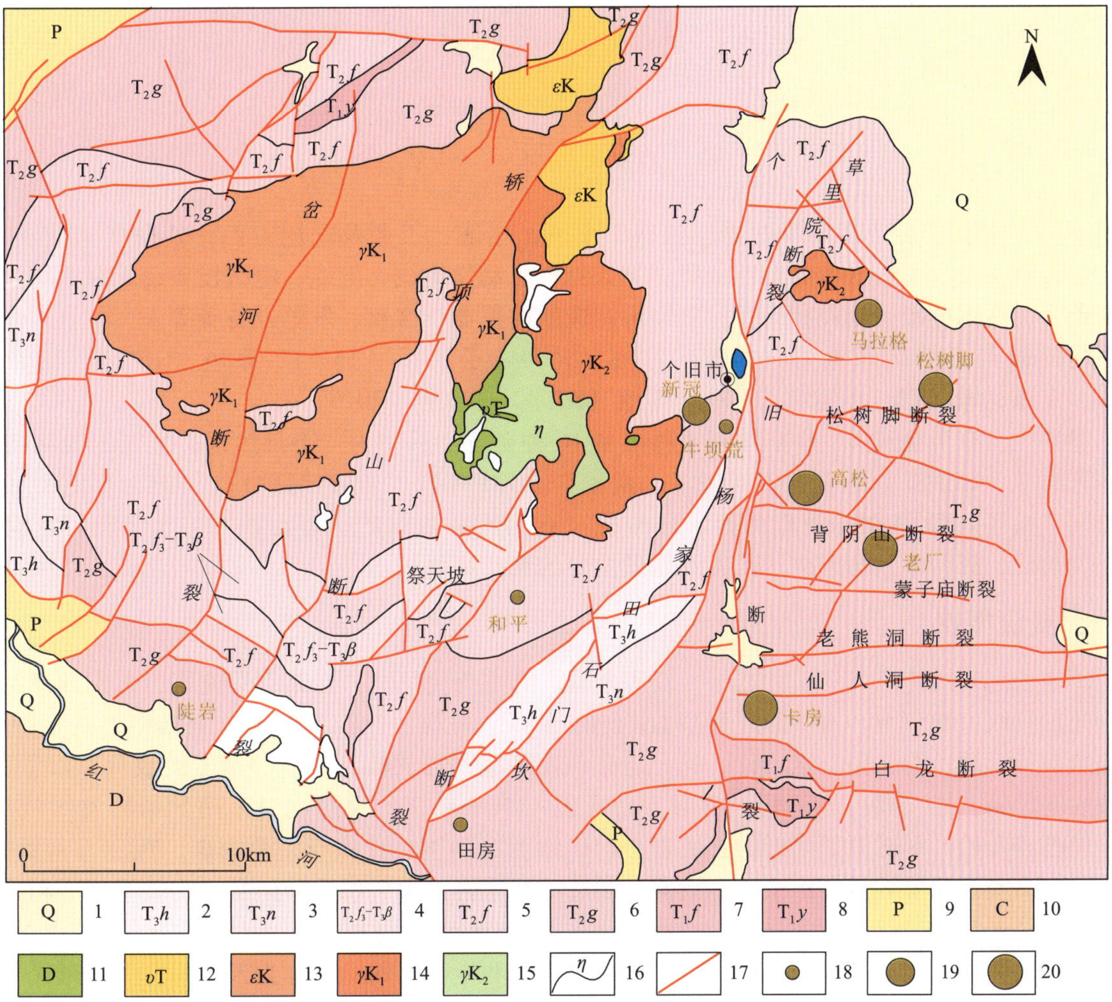

图 5-8　个旧锡多金属矿地质简图

（据云南省国土资源厅等，2013）

1—第四系；2—上三叠统火把冲组砂岩、页岩夹煤层；3—上三叠统鸟格组页岩；4—三叠纪火山岩系；5—中三叠法郎组泥质碎屑岩、泥质灰岩；6—中三叠统个旧组灰岩；7—下三叠统飞仙关组砂页岩、泥质页岩与粉砂岩互层；8—下三叠统永宁镇组硅质、泥质灰岩；9—二叠系灰岩、砂页岩夹煤层、玄武岩；10—石炭系灰岩；11—泥盆系灰岩夹砂岩、页岩；12—印支晚期辉长岩；13—燕山晚期碱性岩；14—燕山晚期斑状花岗岩；15—燕山晚期粒状花岗岩；16—二长岩；17—断层；18—小型矿床；19—大型矿床；20—超大型矿床

照片 5-6　个旧锡矿锡矿石标本

（施玉北摄于云南锡博物馆）

1954~2015年，经过60多年地质勘查，个旧矿区共探获有色金属资源储量 1092.68×10^4 t。其中，锡 323.06×10^4 t、铜 324.52×10^4 t、铅 379.12×10^4 t、锌 50.1×10^4 t、钨 15.49×10^4 t、银3949 t。投入勘探资金超过20亿元。

第二节 铜 矿

铜（Cu）及其合金广泛用于电器、机械、车辆、船舶、工业及民用方面，是现代工业、农业、国防工业、科学技术不可缺少的有色金属。例如：铜可制作电线、电缆、电机设备；无氧铜可制造超高频电子管，黄铜可制造枪弹和炮弹；白铜可制造航空仪器、舰艇、发电设备等等。

中国的铜消费结构以电力（41%）为主，次为电子通讯（15%）、家电（15%），机械制造（10%）、交通运输（7%）、建筑（4%）、其他（8%）（矿业界，2016）。

自然界中，有工业意义的铜矿物有4种类型16种矿物。具体为：①自然铜；②铜的硫化物（黄铜矿、斑铜矿、辉铜矿、铜蓝、方黄铜矿、黝铜矿、砷黝铜矿、硫砷铜矿）；③铜的氧化物（赤铜矿、黑铜矿）；④铜的硫酸盐、碳酸盐、硅酸盐（孔雀石、蓝铜矿、硅孔雀石、水胆矾、氯铜矿）。其中，黄铜矿、辉铜矿、斑铜矿、孔雀石是最主要的铜矿原料。

一、资源概况

铜矿是云南省的传统优势矿种之一，资源丰富，开采历史悠久。在新石器晚期，云南即开始对铜矿进行开发利用。1957年在剑川海门口村出土的石器、陶器、骨器、角器、铜器中，共有铜器14件。类型有斧、镰、钩、凿、锥、针、镯，还有一件铸造铜器的模具。这些铜器的成分以红铜为主，含分散的锡、铅。经碳同位素测定，年限为公元前1150±90年。说明此时云南的新石器时代结束，青铜时代已经开始。铜矿源于附近的玄武岩中，矿物为自然铜、孔雀石、蓝铜矿、铜蓝等富铜矿物。据测定，河南安阳殷墟五号墓出土的青铜器，制造原料来自云南，说明云南是我国最早开采和冶炼铜矿的地方。

从春秋至两汉时期，云南普遍使用青铜器制作生产和生活器具，被称为云南的青铜器时代。据班固《汉书·地理志》，现在的江川、澄江、红塔（区）、文山出铜。随着铜矿业的发展和冶炼技术的提高，带动了黄金的冶炼与镶嵌。

东汉时期，滇东北的青铜器制造业已经达到相当高的水平，昭通的“朱提洗”、东川与会泽的“堂儿狼洗”闻名全国。三国、两晋时期，“堂狼铜”（白铜）是一种镍和铜的合金，比欧洲生产的镍铜合金早1200年。

至明代，云南的铜、锡、铅的采掘已经非常兴盛。古人已经能够识别许多矿物，能够根据地表岩石的颜色、比重、成分对深部是否含矿进行预测。经浅部挖掘，发现矿体后即进行开采。明代修建的昆明金殿，较好地说明了当时铜的冶炼、铸造已经达到相当高的水平。金殿的主殿全为铜铸，高5.54 m，宽4.40 m，深3.15 m。

到了清代，云南铜矿的开采、冶炼、铸造已经开始使用机器，产量大幅度增加。以东川、易门、定远（牟定）最具规模，东川区享有“天南铜都”之美誉。

截至2015年底，全省累计查明铜资源储量 1934.0×10^4 t，保有铜资源储量 1351.0×10^4 t，保有铜矿、富铜矿资源均居全国第2位（国土资源部矿产资源储量司等，2016），小型以上（含小型）铜矿产地280处（图5-9，表5-9）。

云南省铜矿资源主要分布在滇西北的迪庆州，滇中的玉溪市、昆明市、楚雄州以及滇东南红河州、滇西南的普洱市（图5-10）。

二、矿床类型与矿床实例

云南省铜矿类型较为复杂，但以斑岩铜（金、钼）矿床、海相火山岩铜矿床、沉积变质型铜矿床、矽卡岩型铜矿床最为重要，其次为砂岩型铜矿床、岩浆型铜矿床。

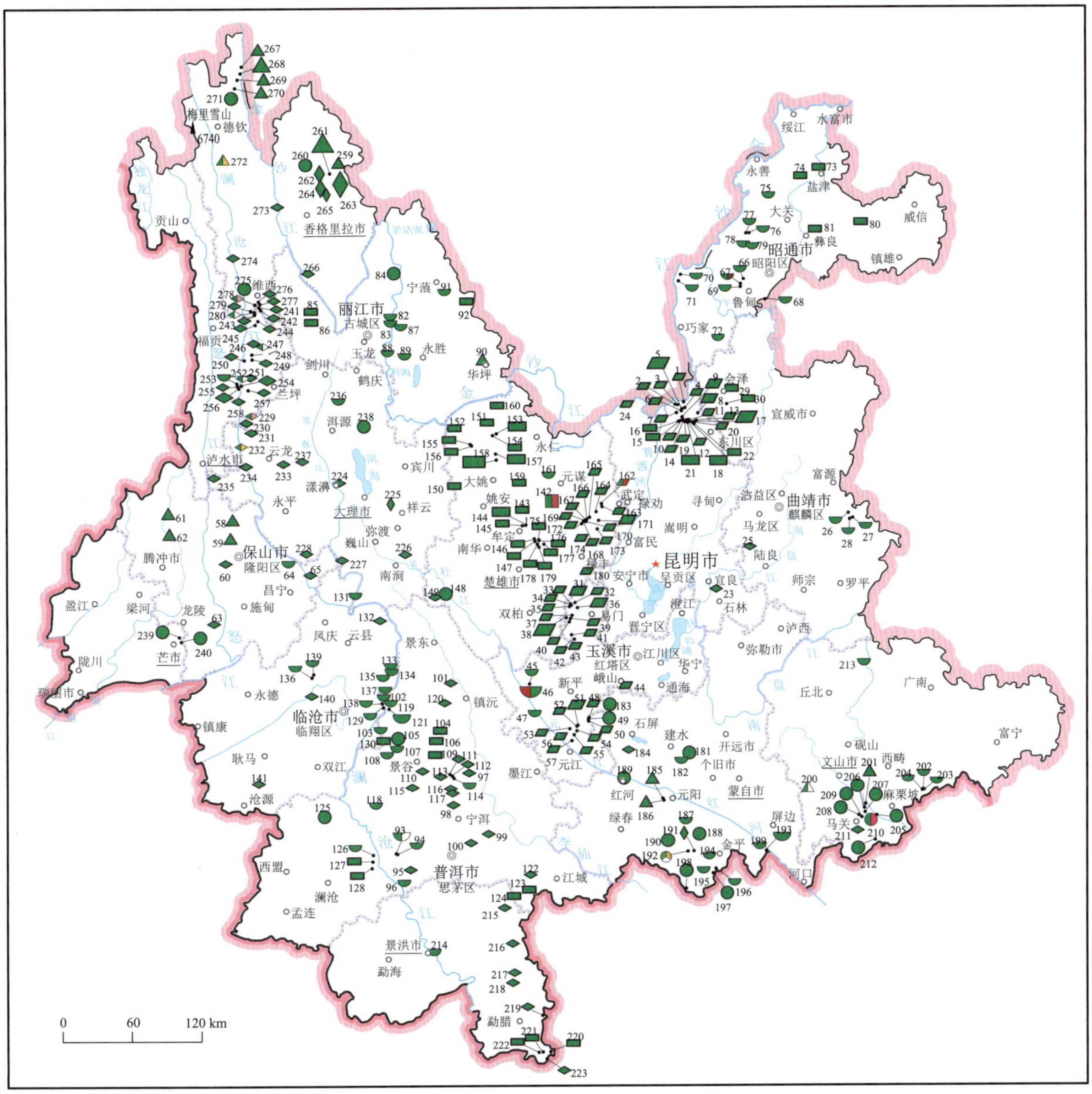

矿床类型	矿种	超大型	大型	中型	小型
岩浆型	铜镍矿				
斑岩型	铜矿				
沉积型	铜矿				
沉积变质型	铜矿				
	铜铁矿				
浅成中-低温热液型	铜矿				
	铜铅银矿				
	铜金矿				
	铜银矿				
	铜多金属矿				

矿床类型	矿种	超大型	大型	中型	小型
海相火山岩型	铜矿				
	铜锌矿				
	铁铜矿				
	铜多金属矿				
接触交代型	铜矿				
	铜金矿				
	铜多金属矿				
热液型	铜矿				
	铜钨矿				
	铜金多金属矿				

图 5-9　云南省铜矿主要矿产地分布图

表 5-9　云南省铜矿主要矿产地

编号	州（市）	矿产地名称	规模	矿床类型	成矿时代	工作程度	资源储量 t
1	昆明市	东川区人占石铜矿	小型	沉积变质型	中元古代	详查	49105.00
2		东川区一四棵树铜矿	小型	沉积变质型	中元古代	普查	12262.00
3		东川区桃树坪铜矿	小型	沉积变质型	中元古代	详查	921.87
4		东川区莫子山铜矿	小型	沉积变质型	中元古代	普查	3033.00
5		东川区因民铜矿	大型	沉积变质型	中元古代	勘探	802424.00
6		东川区宝雁山铜矿	小型	沉积变质型	中元古代	详查	9416.00
7		东川区观音山铜矿	小型	沉积变质型	中元古代	普查	9528.00
8		东川区新塘铜矿	中型	沉积变质型	中元古代	普查	193594.50
9		东川区落雪铜矿	中型	沉积变质型	中元古代	勘探	323470.00
10		东川区小岩角铜矿	小型	沉积变质型	中元古代	普查	1132.57
11		东川区清水河铜矿	小型	沉积变质型	中元古代	勘探	2448.00
12		东川区小湾地铜矿	小型	沉积变质型	中元古代	普查	4320.11
13		东川区桃园铜矿	小型	沉积变质型	中元古代	普查	1565.00
14		东川区兴隆坪铜矿	小型	沉积变质型	中元古代	详查	3541.02
15		东川区白沙包铜矿	小型	沉积型	震旦纪	详查	37250.00
16		东川区九龙小戏台铜矿	小型	沉积型	震旦纪	普查	3603.93
17		东川区汤丹铜矿	大型	沉积变质型	中元古代	勘探	1113303.00
18		东川区白锡腊铜矿	中型	沉积型	震旦纪	勘探	193745.00
19		东川区水洩坪-大地坡铜矿	小型	沉积变质型	中元古代	普查	10727.00
20		东川区桃园坑铜矿	小型	沉积变质型	中元古代	普查	1930.00
21		东川区滥泥坪铜矿	中型	沉积型	新元古代	勘探	278185.00
22		东川区尹家山铜矿	小型	沉积型	震旦纪	勘探	11453.00
23		宜良县西岳庙铜矿	小型	浅成中-低温热液型	时代不明	普查	7578.00
24		禄劝县蚂蚁山铜矿	小型	沉积变质型	中元古代	普查	1567.67
25	曲靖市	马龙县西沟铜矿	小型	浅成中-低温热液型	时代不明	普查	10206.00
26		富源县大箐沟铜矿	小型	海相火山岩型	晚二叠世	普查	3747.35
27		富源县富武铜矿	小型	海相火山岩型	二叠纪	详查	6451.24
28		富源县隆源-冒天水铜矿	小型	海相火山岩型	二叠纪	详查	6569.42
29		会泽县合恒铜矿	小型	沉积型	三叠纪	普查	9435.00
30		会泽县大桥铜矿	小型	沉积型	三叠纪	普查	6989.00
31	玉溪市	易门县狮子山铜矿	中型	沉积变质型	中元古代	勘探	219884.00
32		易门县粟粟铜矿	小型	沉积变质型	中元古代	普查	856.22
33		易门县象鼻山铜矿	小型	沉积变质型	中元古代	普查	4738.60
34		易门县里士铜矿	小型	沉积变质型	中元古代	普查	34513.00
35		易门县龙潭厂铜矿	小型	沉积变质型	中元古代	普查	2920.41
36		易门县铜厂铜矿	中型	沉积变质型	中元古代	勘探	490028.05
37		易门县七步郎铜矿	小型	沉积变质型	中元古代	普查	67229.80
38		易门县三家厂铜矿	大型	沉积变质型	中元古代	勘探	647042.00
39		易门县起乍铜矿	小型	沉积变质型	中元古代	普查	50055.90
40		易门县梭佐铜矿	小型	沉积变质型	中元古代	普查	28750.00

续表

编号	州（市）	矿产地名称	规模	矿床类型	成矿时代	工作程度	资源储量 t
41	玉溪市	易门县一都厂铜矿	小型	沉积变质型	中元古代	勘探	51924.00
42		易门县绿房铜矿	小型	沉积变质型	中元古代	普查	7619.40
43		峨山县峨腊厂铜矿	小型	沉积变质型	中元古代	详查	7017.00
44		峨山县舍郎铜矿	小型	沉积变质型	中元古代	普查	5186.96
45		新平县横里铜矿	小型	海相火山岩型	中元古代	勘探	5780.00
46		新平县大红山铁铜矿	大型	海相火山岩型	中元古代	详查	1704129.00
47		新平县河口铜矿	小型	海相火山岩型	中元古代	详查	30501.00
48		新平县高卷槽铜矿	小型	沉积变质型	古元古代	普查	3113.11
49		新平县扯大炉铜矿（跨元江县）	小型	热液型	古元古代	普查	2646.00
50		元江县岔河铜矿（跨新平县、石屏县）	小型	沉积变质型	新元古代	详查	39881.00
51		元江县红龙厂铜矿	中型	沉积变质型	中元古代	详查	197653.53
52		元江县大明槽铜矿	小型	沉积变质型	中元古代	普查	35248.00
53		元江县鸡冠山铜矿	小型	沉积变质型	中元古代	勘探	61421.00
54		元江县青龙厂铜矿	小型	沉积变质型	新元古代	详查	6385.89
55		元江县白龙厂铜矿	小型	沉积变质型	中元古代	详查	40336.00
56		元江县希拉河铜矿	小型	沉积变质型	古元古代	普查	1584.73
57		元江县甘庄铜矿	小型	沉积变质型	中元古代	详查	1560.95
58	保山市	隆阳区桂花铜矿	小型	接触交代型	早白垩世	普查	1189.00
59		隆阳区沙河铜矿	小型	接触交代型	白垩纪	详查	2549.00
60		隆阳区水井铜矿	小型	浅成中-低温热液型	早白垩世	普查	1808.00
61		腾冲市羊圈铜矿	小型	接触交代型	早白垩世	普查	10375.00
62		腾冲市灰窑铜矿	小型	接触交代型	早白垩世	普查	3811.00
63		龙陵县杨梅田铜矿	小型	浅成中-低温热液型	时代不明	普查	1863.42
64		昌宁县文沧铜矿	小型	海相火山岩型	石炭纪	普查	4535.00
65		昌宁县鸡街子铜矿	小型	浅成中-低温热液型	古近纪	普查	14806.00
66	昭通市	昭阳区官坝冲铜矿	小型	海相火山岩型	晚二叠世	普查	8335.00
67		昭阳区宏远铜锌矿	小型	海相火山岩型	晚二叠世	详查	1935.94
68		昭阳区小水井铜矿	小型	海相火山岩型	晚二叠世	普查	1571.00
69		鲁甸县龙井沟铜矿	小型	海相火山岩型	二叠纪	普查	9161.00
70		巧家县坪子铜矿	小型	海相火山岩型	二叠纪	普查	1095.25
71		巧家县大寨华康铜矿	小型	海相火山岩型	二叠纪	普查	21039.00
72		巧家县炭山梁子铜矿	小型	海相火山岩型	晚二叠世	普查	7236.00
73		盐津县艾田晨宏铜矿	小型	沉积型	三叠纪	普查	1835.50
74		盐津县中堡羊山铜矿	小型	沉积型	三叠纪	普查	5484.00
75		大关县联盟铜矿	小型	海相火山岩型	晚二叠世	普查	4911.00
76		永善县永胜得谭家营铜矿	小型	海相火山岩型	晚二叠世	普查	5140.00
77		永善县金鑫铜矿	小型	海相火山岩型	晚二叠世	普查	3843.00
78		永善县永利铜矿	小型	海相火山岩型	晚二叠世	普查	12019.00
79		永善县永胜得新立村铜矿	小型	海相火山岩型	晚二叠世	普查	3024.00
80		彝良县中环铜矿（跨镇雄县）	小型	沉积型	侏罗纪	普查	2060.82
81		彝良县拖脚铜矿	小型	沉积型	侏罗纪	普查	4992.62

续表

编号	州（市）	矿产地名称	规模	矿床类型	成矿时代	工作程度	资源储量 t
82	丽江市	古城区劳马古铜矿	小型	海相火山岩型	晚二叠世	勘探	18575.00
83		古城区文通铜矿	小型	海相火山岩型	晚二叠世	勘探	93092.00
84		玉龙县鸣太铜矿	小型	热液型	二叠纪	普查	3743.41
85		玉龙县黎明铜矿	小型	沉积型	古近纪	普查	35200.00
86		玉龙县仁和马工铜矿	小型	沉积型	古近纪	普查	29813.00
87		永胜县米厘厂铜矿	小型	海相火山岩型	晚二叠世	勘探	13648.00
88		永胜县永安铜矿	小型	海相火山岩型	晚二叠世	普查	1020.00
89		永胜县宝坪厂铜矿	小型	海相火山岩型	晚二叠世	勘探	56081.00
90		华坪县铜厂箐铜矿	小型	接触交代型	古近纪	普查	874.00
91		宁蒗县树札铜矿	小型	海相火山岩型	晚二叠世	普查	64.16
92		宁蒗县金都铜矿	小型	沉积型	三叠纪	详查	18102.00
93	普洱市	思茅区大平掌铜多金属矿	中型	海相火山岩型	晚泥盆世—早石炭世	详查	300149.00
94		思茅区老许寨铜矿	小型	海相火山岩型	晚石炭世	详查	78142.35
95		思茅区曼子田铜矿	小型	浅成中-低温热液型	时代不明	普查	2744.00
96		思茅区银子山铜矿	小型	海相火山岩型	晚泥盆世—早石炭世	普查	8461.49
97		宁洱县兰庆铜矿	小型	浅成中-低温热液型	白垩纪	普查	5105.00
98		宁洱县白龙厂铜矿	小型	浅成中-低温热液型	时代不明	详查	4631.00
99		宁洱县大箐铜矿	小型	浅成中-低温热液型	白垩纪	普查	14927.00
100		宁洱县会连铜矿	小型	浅成中-低温热液型	白垩纪	普查	2305.37
101		景东县现田铜矿	小型	浅成中-低温热液型	白垩纪	详查	1242.40
102		景东县文玉（长发）铜矿	小型	海相火山岩型	中三叠世	普查	31655.43
103		景谷县桃子树铜矿	小型	海相火山岩型	中三叠世	普查	2176.38
104		景谷县蛮波铜矿（跨镇沅县）	小型	沉积型	古近纪	详查	6301.00
105		景谷县宋家坡铜矿	小型	热液型	三叠纪	详查	40252.86
106		景谷县登海山铜矿	小型	沉积型	古近纪	普查	8389.00
107		景谷县民乐一厂（坝卡河）铜矿	小型	海相火山岩型	中三叠世	普查	11018.92
108		景谷县翁孔坝铜矿	小型	海相火山岩型	三叠纪	勘探	11694.00
109		景谷县训岗铜矿	小型	沉积型	古近纪	普查	47461.00
110		景谷县新平村铜矿	小型	浅成中-低温热液型	白垩纪	详查	13250.00
111		景谷县回萨铜矿	小型	浅成中-低温热液型	时代不明	普查	3390.32
112		景谷县大平掌铜矿	小型	浅成中-低温热液型	时代不明	普查	2846.06
113		景谷县打厂箐铜矿	小型	浅成中-低温热液型	白垩纪	普查	1889.00
114		景谷县帕娃山铜矿	小型	海相火山岩型	晚二叠世	普查	11948.90
115		景谷县益智铜矿	小型	浅成中-低温热液型	白垩纪	普查	2271.00
116		景谷县昔朗铜矿	小型	浅成中-低温热液型	白垩纪	普查	2074.00
117		景谷县大梁子-石带帽铜矿	小型	浅成中-低温热液型	时代不明	普查	9418.00
118		景谷县岔河铜矿	小型	海相火山岩型	晚三叠世	普查	5005.15

续表

编号	州（市）	矿产地名称	规模	矿床类型	成矿时代	工作程度	资源储量 t
119	普洱市	镇沅县白玉林铜矿	小型	海相火山岩型	三叠纪	普查	7845.92
120		镇沅县勐大平掌铜矿	小型	浅成中-低温热液型	白垩纪	普查	1595.94
121		镇沅县嘎里河铜矿	中型	海相火山岩型	三叠纪	勘探	107479.00
122		江城县老苏寨铜矿	小型	浅成中-低温热液型	白垩纪	普查	6873.00
123		江城县瑶家山铜矿	小型	沉积型	古近纪	普查	34180.46
124		江城县猫飞山铜矿	小型	沉积型	晚白垩世	普查	5877.00
125		澜沧县上允那阮铜矿	小型	热液型	白垩纪	普查	1166.21
126		澜沧县淘金梁子铜矿	小型	海相火山岩型	三叠纪	普查	1258.08
127		澜沧县孟倮山铜矿	小型	沉积型	侏罗纪	普查	549.00
128		澜沧县铜厂梁子铜矿	小型	沉积型	侏罗纪	详查	3080.00
129	临沧市	临翔区邦东铜矿	小型	海相火山岩型	中三叠世	踏勘	2096. 88
130		临翔区芀迫铜矿	小型	沉积型	侏罗纪	普查	2158. 00
131		凤庆县瓦屋铜矿（跨南涧县）	小型	海相火山岩型	三叠纪	普查	8522.00
132		云县核桃林铜矿	小型	浅成中-低温热液型	时代不明	普查	11799.00
133		云县梁子铜矿	小型	海相火山岩型	三叠纪	普查	4137.56
134		云县栗树街铜矿	小型	海相火山岩型	三叠纪	普查	10876.00
135		云县坝子街铜矿	小型	海相火山岩型	中三叠世	详查	16605.00
136		云县铜厂街铜矿	小型	海相火山岩型	晚二叠世	详查	38896.00
137		云县官房铜矿	小型	海相火山岩型	中三叠世	普查	29281.06
138		云县大朝山糯伍铜矿	小型	海相火山岩型	三叠纪	普查	3048.81
139		永德县懒碓山铜矿	小型	海相火山岩型	石炭纪	勘探	6087.07
140		永德县班苶铜矿	小型	浅成中-低温热液型	时代不明	普查	2973.00
141		沧源县怕拍铜矿	小型	浅成中-低温热液型	时代不明	普查	8453.00
142	楚雄州	牟定县大民太铜镍矿（跨元谋县）	小型	岩浆型	石炭纪	普查	6508.37
143		牟定县铜厂箐铜矿	小型	沉积型	晚白垩世	详查	15289.00
144		牟定县郝家河铜矿	中型	沉积型	白垩纪	勘探	239730.00
145		牟定县清水河铜矿	小型	沉积型	白垩纪	详查	2340.00
146		牟定县格依乍铜矿（跨禄丰县）	小型	沉积型	白垩纪	详查	42269.83
147		牟定县立威模铜矿	小型	沉积型	白垩纪	普查	3665.40
148		南华县六甲田铜矿	小型	热液型	古近纪	普查	6899.00
149		南华县中山铜矿	小型	浅成中-低温热液型	时代不明	详查	1560.00
150		姚安县地索铜矿	小型	沉积型	白垩纪	普查	1103.00
151		大姚县树皮厂铜矿	小型	沉积型	晚白垩世	普查	5118.00
152		大姚县铁锁铜矿	小型	沉积型	晚白垩世	普查	6712.00
153		大姚县大村铜矿	中型	沉积型	白垩纪	普查	257456.00
154		大姚县摩柏梁子铜矿	小型	沉积型	晚白垩世	普查	6251.00
155		大姚县三台铜矿	小型	沉积型	白垩纪	普查	45990.00
156		大姚县未古期铜矿	小型	沉积型	晚白垩世	普查	2687.24
157		大姚县凹地苴铜矿	中型	沉积型	晚白垩世	详查	109204.91
158		大姚县六苴铜矿	大型	沉积型	白垩纪	详查	390937.00

续表

编号	州（市）	矿产地名称	规模	矿床类型	成矿时代	工作程度	资源储量 t
159	楚雄州	大姚县青厂洼铜矿	小型	沉积型	白垩纪	普查	2865.77
160		永仁县团山铜矿	小型	沉积型	白垩纪	普查	50680.10
161		元谋县班皂利铜矿	小型	海相火山岩型	古元古代	普查	1215.00
162		武定县迤纳厂铜铁矿	小型	沉积变质型	中元古代	勘探	80365.79
163		武定县邵家坡铜矿	小型	沉积变质型	中元古代	普查	10669.59
164		武定县梁花箐铜矿	小型	沉积变质型	中元古代	普查	6072.52
165		武定县大箐铜矿	小型	沉积变质型	中元古代	详查	3029.30
166		武定县观天厂铜矿	小型	沉积变质型	中元古代	普查	5142.24
167		武定县海孜铜矿	小型	沉积变质型	中元古代	普查	1040.50
168		武定县老乌哨铜矿	小型	沉积变质型	中元古代	普查	1215.00
169		武定县老五少铜矿	小型	沉积变质型	中元古代	普查	525.92
170		武定县打厂岭岗铜矿	小型	沉积变质型	中元古代	普查	1391.41
171		禄丰县小新厂铜矿	中型	沉积变质型	中元古代	普查	106488.30
172		禄丰县白草坪-武定县朱家坝铜矿	小型	沉积变质型	中元古代	详查	34100.00
173		禄丰县大美厂（冷水沟）铜矿	小型	沉积变质型	中元古代	普查	69033.00
174		禄丰县老洞箐铜矿	小型	沉积变质型	中元古代	普查	12374.24
175		禄丰县羊头山铜矿	小型	沉积型	白垩纪	普查	642.51
176		禄丰县广通西王庙铜矿	小型	沉积型	白垩纪	详查	10387.70
177		禄丰县清水坝铜矿	小型	沉积型	早白垩世	普查	1579.00
178		禄丰县广通麂子湾铜矿	小型	沉积型	白垩纪	详查	7340.00
179		禄丰县广通老青山铜矿	小型	沉积型	白垩纪	详查	17051.70
180		禄丰县杨家庄铜矿	小型	沉积变质型	中元古代	普查	3592.00
181	红河州	建水县梨方珠铜矿	小型	热液型	时代不明	普查	7979.00
182		建水县萝卜甸铜矿	小型	海相火山岩型	晚二叠世	普查	4464.00
183		石屏县龙武阿龙白铜矿	小型	热液型	中元古代	普查	1329.59
184		石屏县黄山厂铜矿	小型	浅成中-低温热液型	时代不明	普查	870.00
185		元阳县大皮甲铜矿	小型	接触交代型	古元古代	普查	1718.00
186		元阳县菲莫铜矿	小型	接触交代型	时代不明	普查	2053.00
187		元阳县采山坪铜矿	小型	海相火山岩型	古元古代	详查	11157.00
188		元阳县百石新寨铜矿	小型	热液型	时代不明	详查	1502.00
189		红河县炉坊（六方）铜矿	小型	热液型	古近纪	详查	98260.16
190		金平县白乐寨铜矿	小型	热液型	侏罗纪-白垩纪	普查	5267.00
191		金平县长安冲铜矿	小型	斑岩型	古近纪	普查	23509.00
192		金平县平安寨铜金多金属矿	小型	热液型	古近纪	勘探	52942.00
193		金平县龙脖河铜矿	中型	海相火山岩型	新元古代	详查	105508.00
194		金平县铜厂沟铜矿	小型	海相火山岩型	晚二叠世	普查	2836.89
195		金平县勐拉小铜厂铜矿	小型	海相火山岩型	二叠纪	普查	1114.00
196		金平县白鹇冲铜矿	小型	海相火山岩型	二叠纪	普查	54310.00
197		金平县岩坡铜矿	小型	热液型	时代不明	普查	1489.93
198		金平县多依梁铜矿	小型	热液型	白垩纪	详查	21243.28
199		河口县新街-达沟河铜矿	小型	海相火山岩型	时代不明	普查	8669.00

续表

编号	州（市）	矿产地名称	规模	矿床类型	成矿时代	工作程度	资源储量 t
200	文山州	文山市雷家寨铜多金属矿	小型	接触交代型	晚白垩世	普查	3562.00
201		西畴县四角田铜矿	小型	接触交代型	晚白垩世	普查	1620.08
202		麻栗坡县八布铜矿	小型	海相火山岩型	中三叠世	详查	12464.00
203		麻栗坡县小梅丹铜矿	小型	海相火山岩型	三叠纪	普查	3428.47
204		麻栗坡县杨万铜矿那龙矿段	小型	海相火山岩型	三叠纪	普查	6954.39
205		麻栗坡县铜厂坡铜矿	小型	热液型	晚白垩世	普查	4107.00
206		马关县铜厂坡铜矿	小型	热液型	白垩纪	普查	738.00
207		马关县小三家铜矿	小型	热液型	晚白垩世	勘探	23362.00
208		马关县戛达厂铜矿	小型	热液型	晚白垩世	普查	2564.00
209		马关县沙嘎底铜矿	小型	热液型	晚白垩世	普查	4771.17
210		马关县高井槽铜钨矿	小型	热液型	晚白垩世	勘探	53029.00
211		马关县铅厂铜矿	小型	浅成中-低温热液型	晚白垩世	普查	4647.44
212		马关县五口洞铜矿	小型	热液型	晚白垩世	普查	17268.91
213		丘北县六独铜矿	小型	海相火山岩型	晚二叠世	详查	16451.18
214	西双版纳州	景洪市三达山铜矿	小型	海相火山岩型	晚二叠世	详查	13814.00
215		勐腊县黄竹林铜矿	小型	浅成中-低温热液型	古近纪	详查	40763.00
216		勐腊县归山箐铜矿	小型	浅成中-低温热液型	时代不明	普查	2786.07
217		勐腊县龙潭箐铜矿	小型	浅成中-低温热液型	时代不明	普查	3203.39
218		勐腊县龙巴河铜矿	小型	浅成中-低温热液型	时代不明	普查	48233.00
219		勐腊县铁匠寨铜矿	小型	浅成中-低温热液型	古近纪	普查	2321.00
220		勐腊县茅草山铜矿	小型	沉积型	晚白垩世	普查	5644.00
221		勐腊县南坡铜矿	小型	沉积型	晚白垩世	普查	2282.60
222		勐腊县道班河铜矿	小型	沉积型	晚白垩世	普查	3425.00
223		勐腊县新民铜矿	小型	浅成中-低温热液型	时代不明	普查	3544.00
224	大理州	漾濞县老乌么涨水塘铜矿	小型	浅成中-低温热液型	时代不明	普查	1644.00
225		祥云县马厂箐滴博库铜矿	小型	斑岩型	古近纪	详查	11455.96
226		弥渡县二郎铜矿	小型	浅成中-低温热液型	时代不明	普查	4154.00
227		巍山县汇能铜矿	小型	浅成中-低温热液型	时代不明	普查	957.44
228		永平县咱列铜矿	小型	浅成中-低温热液型	古近纪	勘探	28612.00
229		云龙县龙马山铜银矿	小型	浅成中-低温热液型	白垩纪	普查	2358.81
230		云龙县大工厂铜矿	小型	浅成中-低温热液型	白垩纪	普查	5624.86
231		云龙县天子山铜矿	小型	浅成中-低温热液型	白垩纪	普查	2075.00
232		云龙县天登铜金矿	小型	浅成中-低温热液型	白垩纪	普查	18386.00
233		云龙县三家村铜矿	小型	浅成中-低温热液型	古近纪	普查	2598.86
234		云龙县马鞍山铜矿	小型	浅成中-低温热液型	古近纪	普查	801.80
235		云龙县石龙铜矿	小型	浅成中-低温热液型	时代不明	普查	17442.00
236		洱源县清吉登铜矿	小型	海相火山岩型	二叠纪	详查	3760.00
237		洱源县丕坪铜矿	小型	浅成中-低温热液型	白垩纪	详查	57854.00
238		鹤庆县公鸡石铜矿	小型	热液型	古近纪	普查	401.90

续表

编号	州（市）	矿产地名称	规模	矿床类型	成矿时代	工作程度	资源储量 t
239	德宏州	芒市铜厂梁子铜矿	小型	热液型	早白垩世	普查	2747.00
240		芒市新厂坡铜矿	小型	热液型	早白垩世	普查	2322.00
241	怒江州	兰坪县老务沟铜矿	小型	浅成中-低温热液型	时代不明	普查	7840.00
242		兰坪县安花落山铜矿	小型	浅成中-低温热液型	时代不明	详查	4526.42
243		兰坪县天银厂铜矿	小型	浅成中-低温热液型	古近纪	普查	10930.00
244		兰坪县碧玉河铜矿	小型	浅成中-低温热液型	白垩纪	普查	5391.00
245		兰坪县猴子箐铜矿	小型	浅成中-低温热液型	古近纪	普查	5776.00
246		兰坪县秦归山铜矿	小型	浅成中-低温热液型	白垩纪	普查	4639.00
247		兰坪县白秧坪铜多金属矿	小型	浅成中-低温热液型	古近纪	普查	41767.00
248		兰坪县大竹箐铜铅银矿	小型	浅成中-低温热液型	白垩纪	详查	11997.00
249		兰坪县尼甸铜矿	小型	浅成中-低温热液型	白垩纪	详查	862.94
250		兰坪县小格拉铜矿	小型	浅成中-低温热液型	古近纪	详查	15280.00
251		兰坪县啦井（红土涧）铜矿	小型	浅成中-低温热液型	白垩纪	普查	14733.00
252		兰坪县石中坪-营盘街铜多金属矿	小型	浅成中-低温热液型	古近纪	勘探	7719.00
253		兰坪县猴子岩铜矿	小型	海相火山岩型	晚三叠世	普查	10279.00
254		兰坪县麻地箐铜矿	中型	浅成中-低温热液型	古近纪	详查	104662.19
255		兰坪县宝塔铜矿	小型	浅成中-低温热液型	古近纪	普查	4714.00
256		兰坪县金满铜矿	中型	浅成中-低温热液型	古近纪	详查	143256.00
257		兰坪县大板登铜矿	小型	浅成中-低温热液型	白垩纪	普查	6815.02
258		兰坪县兔峨花坪河铜矿	小型	浅成中-低温热液型	古近纪	普查	8186.35
259	迪庆州	香格里拉市（中甸）郎都铜矿	小型	接触交代型	晚三叠世	普查	8496.20
260		香格里拉市（中甸）子尼铜矿	小型	热液型	白垩纪	勘探	66934.00
261		香格里拉市（中甸）红山-红牛铜矿	大型	接触交代型	晚白垩世	勘探	785155.00
262		香格里拉市（中甸）烂泥塘铜矿	中型	斑岩型	晚三叠世	详查	104102.00
263		香格里拉市（中甸）普朗铜矿	超大型	斑岩型	晚三叠世	勘探	3176264.00
264		香格里拉市（中甸）雪鸡坪铜矿	中型	斑岩型	晚三叠世	详查	287304.00
265		香格里拉市（中甸）春都铜矿	小型	斑岩型	晚三叠世	普查	19242.00
266		香格里拉市（中甸）上江云成铜矿	小型	浅成中-低温热液型	古近纪	普查	8711.00
267		德钦县贝吾尼吕铜矿	小型	接触交代型	中三叠世	普查	7915.00
268		德钦县羊拉铜矿	中型	接触交代型	中三叠世	勘探	388024.00
269		德钦县通吉格铜矿	小型	接触交代型	三叠纪	普查	30776.00
270		德钦县加仁铜矿	小型	接触交代型	三叠纪	普查	9039.00
271		德钦县通力格铜矿	小型	热液型	三叠纪	普查	26132.00
272		德钦县红坡牛场铜金矿	小型	接触交代型	中三叠世	详查	28291.00
273		德钦县拖顶铜矿	小型	浅成中-低温热液型	古近纪	详查	19042.09
274		维西县铜厂铜矿	小型	浅成中-低温热液型	古近纪	普查	5671.00
275		维西县腊八山铜矿	小型	热液型	古近纪	普查	6160.00
276		维西县陈新厂铜矿	小型	浅成中-低温热液型	时代不明	普查	37493.00
277		维西县大宝山铜矿	小型	浅成中-低温热液型	时代不明	普查	42613.25
278		维西县龙头铜银矿	小型	浅成中-低温热液型	白垩纪	勘探	21583.00
279		维西县山加铜矿	小型	浅成中-低温热液型	古近纪	普查	3508.00
280		维西县喜各铜多金属矿	小型	浅成中-低温热液型	古近纪	普查	5341.00

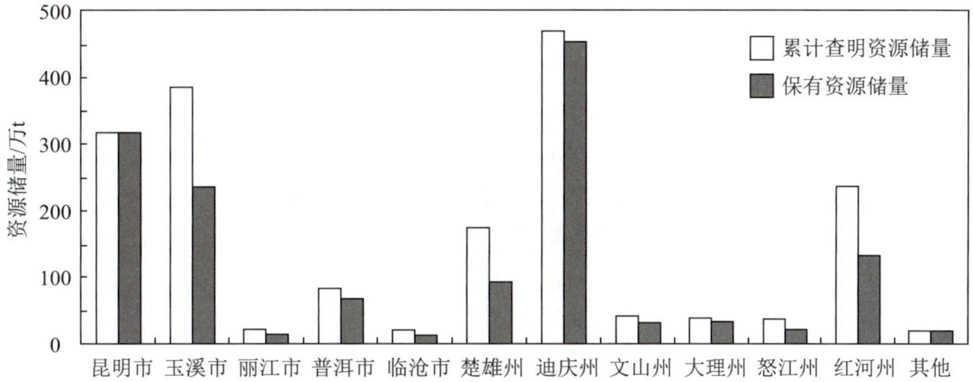

图 5-10　云南省查明铜矿资源储量分布直方图

（数据来源：《云南省 2015 年矿区及所属矿山矿产资源储量简表》，云南省国土资源厅，2016）

（一）斑岩型铜（金、钼）矿床

斑岩型铜（金、钼）矿床分布于滇西地区，产于印支期中酸性斑（玢）岩体及其接触带。矿体呈透镜状、似层状、脉状、属铜、金、钼共生矿，伴生铅、锌、银。香格里拉市普朗铜矿为代表性矿床。

矿床位于香格里拉市格咱乡境内。矿区海拔 3900～4300 m（照片 5-7），矿区出露地层主要为上三叠统图姆沟组的板岩、绢云板岩、变质砂岩，局部夹薄层灰岩、安山岩。赋矿岩石为印支期石英二长斑岩、石英闪长玢岩、石英二长闪长玢岩。岩体具典型“斑岩型”蚀变，从中心到边部，形成钾化硅化带-绢英岩化带-青磐岩化带，普朗铜矿区 4 线地质剖面图（图 5-11）可作代表。

矿区全貌　　马帮驮运钻探设备

照片 5-7　普朗铜矿地貌及工作场景

（云南省地质调查院供稿）

主矿体（KT1）产于普朗Ⅰ号斑岩体中心部位。矿体走向北西，倾向北东，倾角 35°～70°，矿体形态似层状，长 2240 m，厚 4～766.35 m，平均厚 201.95 m。矿石以硫化矿为主，铜品位 0.21%～1.56%。

矿石矿物主要有黄铜矿，少量斑铜矿、铜蓝、方铅矿、辉钼矿、孔雀石、自然金、钛铁矿等，脉石矿物有斜长石、钠长石、角闪石、钾长石、黑云母、绢云母、绿泥石、石英等。矿石具半自形晶结构、它形晶结构、包含结构、交代溶蚀结构等；矿石构造以细脉浸染状为主，次为角砾状。除铜外，矿石中伴生金、钼、银、硫等有益元素，有害组分含量低，可选性好（照片 5-8）。

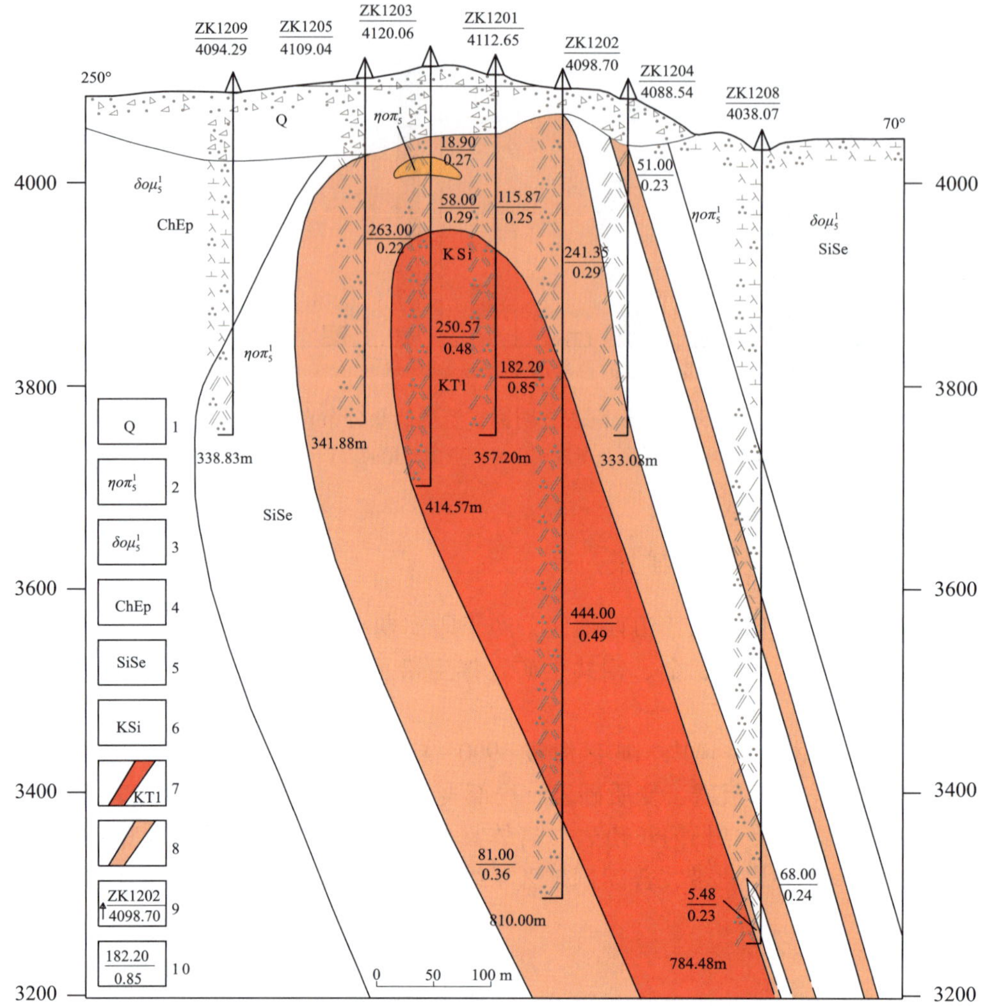

图 5-11　香格里拉市普朗铜矿区 4 线地质剖面图

（据云南省地质调查局，2013，有修改）

1—第四系残坡积物；2—石英二长斑岩；3—石英闪长玢岩；4—青磐岩化带；5—绢云岩化带；6—钾化硅化带；7—矿体及编号；8—低品位矿；9—钻孔及编号；10—平均厚度/平均品位

照片 5-8　香格里拉市普朗铜矿斑岩型铜矿石标本

（云南省地质调查院董涛供稿）

香格里拉市普朗铜矿为目前云南规模最大的铜矿床，截至 2015 年，列入《云南省矿产资源储量简表》中的查明资源储量为 317.63×10^4 t，累计查明铜资源量达 511.00×10^4 t，铜平均品位 0.34%。达超大型规模。

2017 年 3 月 16 日，矿山开始投料试车，投入试采。达产达标后，普朗铜矿每年可生产精矿含铜 5×10^4 t，是目前国内采矿工艺先进，装备水平高的大型矿山。

（二）矽卡岩型铜矿床

矽卡岩型铜矿床分布于滇西地区，产于华力西期二长花岗岩、花岗闪长岩，印支期石英闪长斑岩、石英二长斑岩外接触带的矽卡岩中。矿体呈似层状、透镜状、脉状，矿石以铜为主，伴生金、银、钨、锡、钼、钴、铅、锌。代表性矿床为德钦县羊拉铜矿、香格里拉市红山铜铅锌多金属矿。现将羊拉铜矿简介如下。

羊拉铜矿的矿体产于泥盆系里农组、江边组中，赋矿岩石为大理岩、变硅质岩、变质砂岩、板岩、绿泥片岩、石英片岩。矿区有华力西期、印支期、燕山期岩浆活动，火山岩主要赋存于下石炭统贝吾组，部分赋存于泥盆系里农组。（图 5-12）。

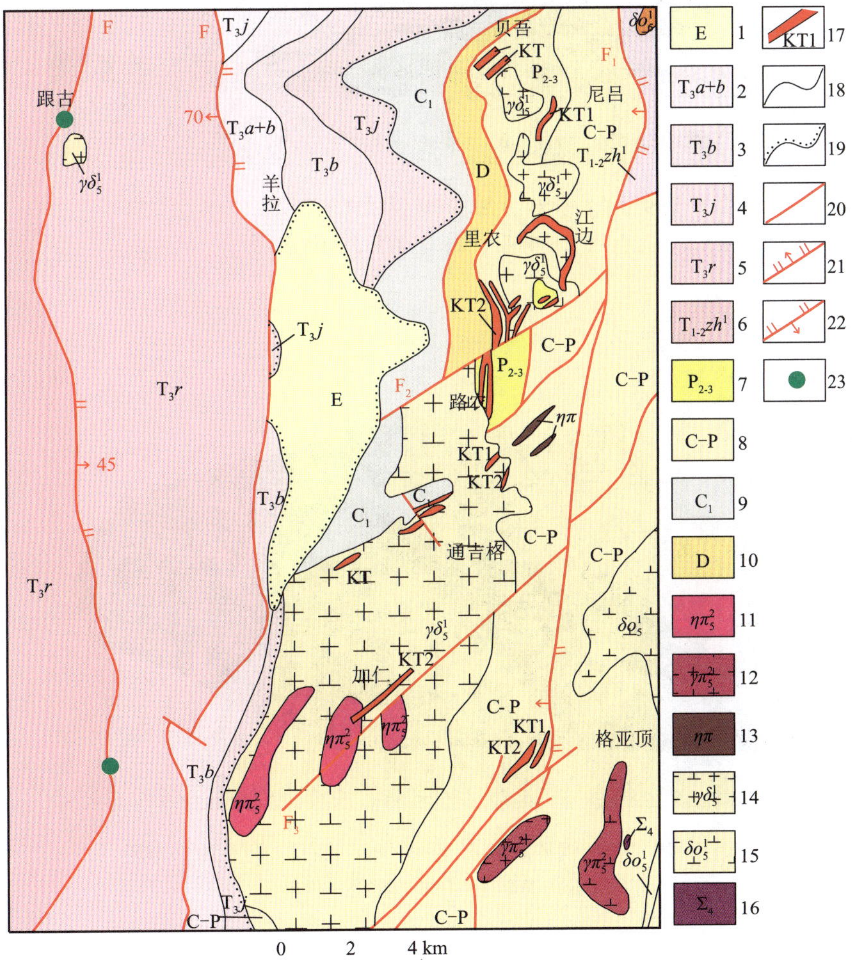

图 5-12　德钦县羊拉铜矿区地质简图

（据云南省地质调查局，2013，有修改）

1—古近系；2—三叠系安堵拉-夺盖拉组；3—三叠系波里拉组；4—三叠系甲丕拉组；5—三叠系人支雪山组；6—三叠系中心绒组；7—二叠系中下统；8—石炭—二叠系；9—石炭系下统；10—泥盆系；11—燕山期二长斑岩；12—燕山期二长花岗斑岩；13—燕山期二长斑岩；14—印支期花岗闪长岩；15—印支期石英闪长岩；16—超镁铁岩；17—矿体及编号；18—地质界线；19—不整合接触界线；20—断层；21—正断层；22—逆断层；23—铜矿点

矿区由 7 个矿段组成。即：里农、路农、江边、贝吾、尼吕、通吉格、加仁。矿体呈层状、似层状、环形、弧形、脉状产出，一般倾向北西或南西，倾角较缓。里农矿段规模最大，共有矿体 15 个，一般长 170~1980 m，厚 0. 87~35. 02 m。

矿石具粒状变晶、微晶、揉皱状及球粒状结构，浸染状、条带状、角砾状构造。金属矿物主要有黄铜矿、黄铁矿、磁黄铁矿、斑铜矿、铜蓝、白铁矿、方铅矿、闪锌矿、辉铋矿、辉锑矿、辉铜矿及辉钼矿（照片 5-9、5-10）。脉石矿物有钙铁辉石、钙铁榴石、透辉石，属矽卡岩型矿物组合。矿区铜的平均品位 0. 95%，伴生有益组分为金、银、锡、钨、铅、镉、铋、锗、钴。

照片 5-9　羊拉铜矿方解石-辉锑矿矿石标本（3150 中段）
（云南铜业（集团）有限公司供稿）

照片 5-10　羊拉铜矿块状石英-黄铜矿矿石标本（3100 中段）
（云南铜业（集团）有限公司供稿）

截至 2015 年底，矿区累计查明铜资源储量 38. 80×10^4 t，属中型床。已开发。

（三）沉积-变质型铜矿床

沉积-变质型铜矿床分布于滇东地区，产于中元古界昆阳群的因民组火山-碎屑岩、落雪组白云岩赋矿，其形成主要与海相火山、沉积作用有关。代表性矿床为东川地区铜矿，如东川区汤丹铜矿等。现将其简介如下。

铜矿产于元古界昆阳群因民组与落雪组的过渡带，矿层稳定。西部落雪-因民矿带全长 28 km，东南部矿带断续延长 17 km。代表性矿体（主矿体）长 3.90 m，厚 27.97 m，控制垂深 862 m（图 5-13）。

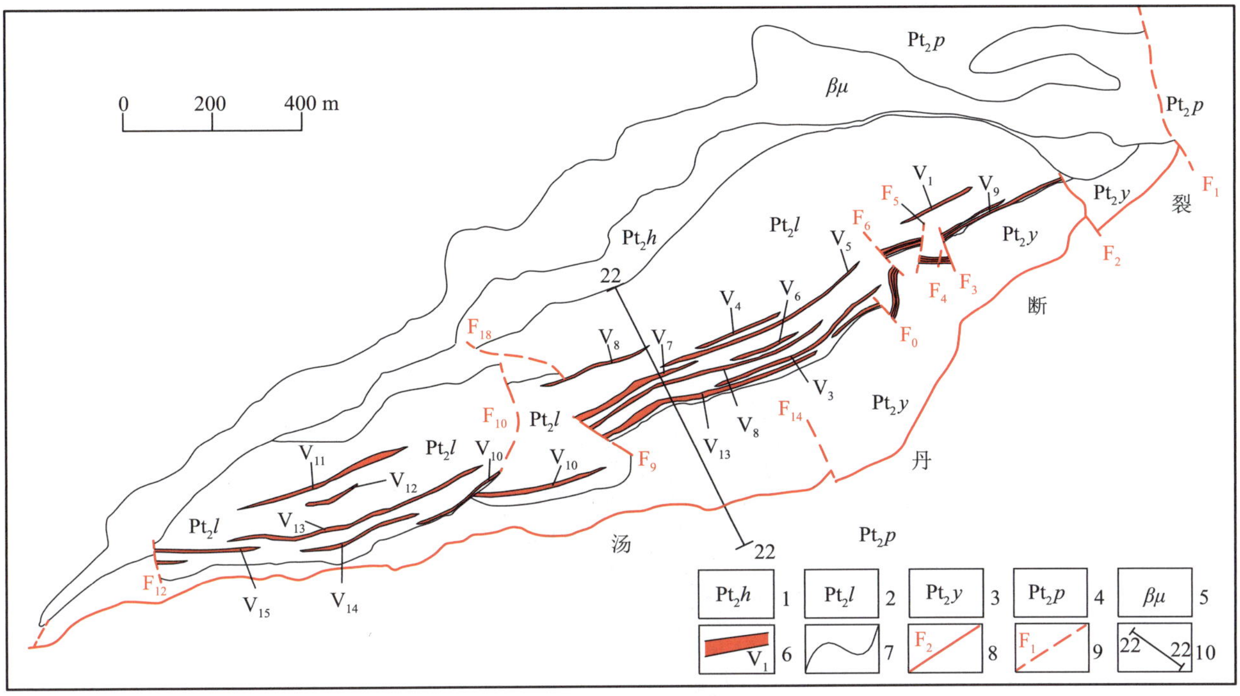

图 5-13　东川铜矿区（汤丹）矿床地质图

（据云南省国土资源厅，云南省地质调查局，2013a）

1—昆阳群黑山头组；2—昆阳群落雪组；3—昆阳群因民组；4—昆阳群平顶山组；5—辉绿岩；6—矿体及编号；7—地质界线；8—实测断层；9—推测断层；10—勘探线

矿石主要结构有含铜碎屑结构、半自形格状交代结构等，主要构造有稠密浸染-层状构造、马尾丝状网脉、稀疏浸染状构造。叠层状构造（照片 5-11）是东川区汤丹铜矿石的特色。金属矿物以黄铜矿、斑铜矿为主，辉铜矿、黝铜矿、黄铁矿、硫砷铜矿、黑铜矿、孔雀石、蓝铜矿、自然铜较少。脉石矿物主要为白云石、石英、方解石。矿区铜的平均品位 0.87%。

截至 2015 年底，矿区累计查明铜资源储量为 111×10^4 t，属大型层状铜矿床。已开发。

a—含铜矿叠层石矿石标本横断面（云南铜业(集团)有限公司供稿）

b—团藻状叠层石铜矿（施玉北供稿）

照片 5-11　东川地区铜矿矿石标本

（四）海相火山岩型铜矿床

除滇东南外，其他地区均有海相火山岩型铜矿床分布。

在滇西地区，矿床产于古生界—中生界火山沉积岩系中。矿体呈透镜状、似层状、脉状、扁豆状，矿石呈致密块状、浸染状。以铜为主，或以铜为主共生铅、锌、硫，伴生金、银、钴，以思茅区大平掌铜矿为代表性矿床。

思茅区大平掌铜多金属矿床位于普洱市普洱港镇境内。矿体产于泥盆系大凹子组火山岩中。赋矿岩石为石英角斑岩、角斑岩、细碧岩、英安岩、火山碎屑岩、放射虫硅质岩、硅质凝灰岩。成矿模式见图5-14。

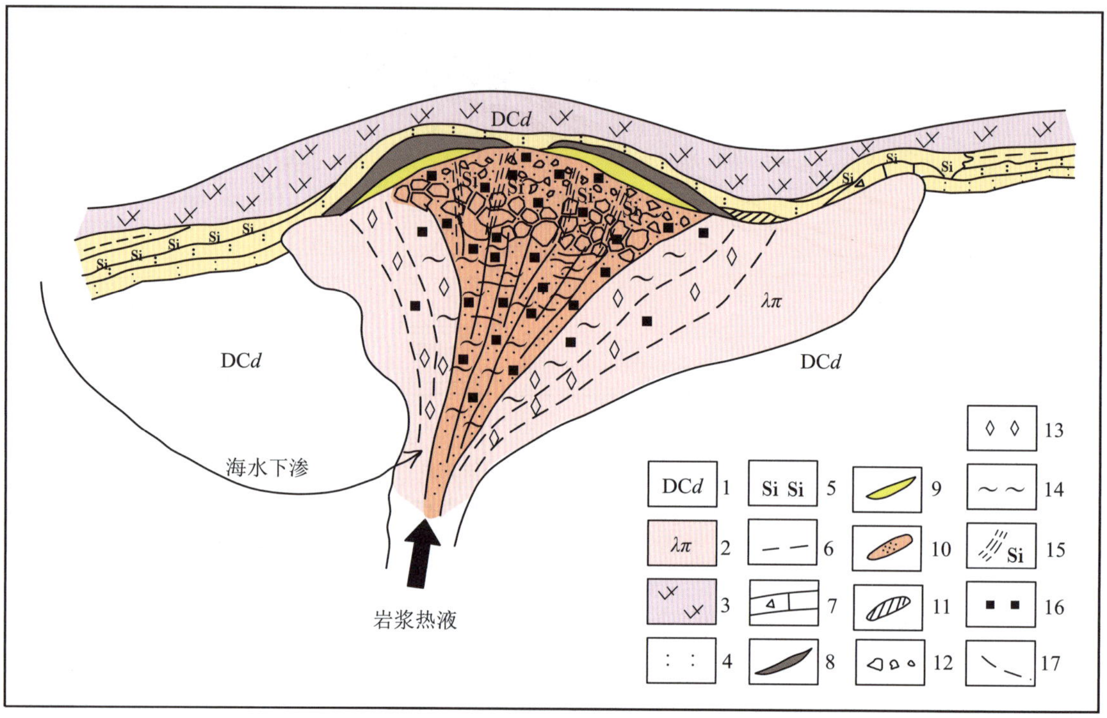

图5-14　思茅区大平掌铜多金属矿床成矿模式图

（据云南省国土资源厅等，2013a，有修改）

1—大凹子组；2—流纹斑岩；3—英安岩；4—凝灰岩；5—硅质岩；6—泥岩；7—灰岩及灰质角砾岩；8—块状黄铜矿、方铅矿、闪锌矿矿体（黑矿）；9—块状黄铁矿、黄铜矿矿体（黄矿）；10—浸染状矿（化）体；11—重晶石岩；12—火山角砾岩（隐爆）；13—碳酸盐化；14—绿泥石化/绢云母化；15—硅化；16—黄铁矿化；17—蚀变带界线

矿体呈透镜状、似层状产出，走向北西，向东缓倾。上部V_1矿体长400~665 m，宽70~400 m，厚2~6.26 m，伴（共）生铅、锌、金、银、硫。下部V_2矿体长2600 m，中部宽700 m，两端宽100 m，平均厚13.43 m，伴生组分品位低。

矿石类型以块状硫化物为主。矿石呈自形-半自形粒状、固溶体、包含、次文象、交代残留结构，块状、细脉-浸染状、条纹条带状构造。金属矿物有黄铁矿、闪锌矿、黄铜矿、方铅矿、白铁矿、孔雀石、褐铁矿、银黝铜矿。非金属矿物为石英、方解石、绢云母。铜的平均品位1.20%。伴生有益元素的平均品位为：金0.66 g/t，银26.68 g/t，铅+锌10.16%，硫10.84%。

截至2015年底，矿区累计查明铜资源储量为30.01×10^4 t，属中型火山喷流沉积型铜矿床。已开发。

在滇东地区，有大红山式、宝坪厂式2种矿床类型。大红山式产于古元古界中基性火山-沉积岩中，赋矿岩石为大红山岩群红山岩组熔岩、曼岗河岩组凝灰岩、大理岩，以新平县大红山铁铜矿

（铁铜共生）为代表，在第四章黑色金属矿产，大红山式火山岩型铁铜矿已描述。宝坪厂式产于晚二叠世早期基性火山-沉积岩中，赋矿岩石为黑泥哨组凝灰岩，永胜县宝坪厂铜矿为代表。

（五）砂岩型铜矿床

除滇东南外，其他地区均有砂岩型铜矿床分布。

1. 总体特征

在滇西地区，矿床产于中-新生界红层中，主要含铜层位16个以上，以中侏罗统、上白垩统最为重要。矿体产于红层所夹浅色层内，呈透镜状、扁豆状。矿石铜品位较富，伴生金银。代表性矿床景谷县登海山铜矿。

在滇东地区，矿床产于中生代陆相红色沉积岩中，赋矿岩石为上白垩统马头山组浅色砂岩，大姚县六苴铜矿为代表。

2. 大姚县六苴铜矿床

大姚县六苴铜矿床位于楚雄州大姚县境内。矿体产于上白垩统马头山组六苴段下亚段中，岩石组合为紫红、浅灰色中-细粒长石石英砂岩，夹薄-中厚层状粗砂岩、含砾长石石英砂岩及少量泥岩。成矿模式见图5-15。

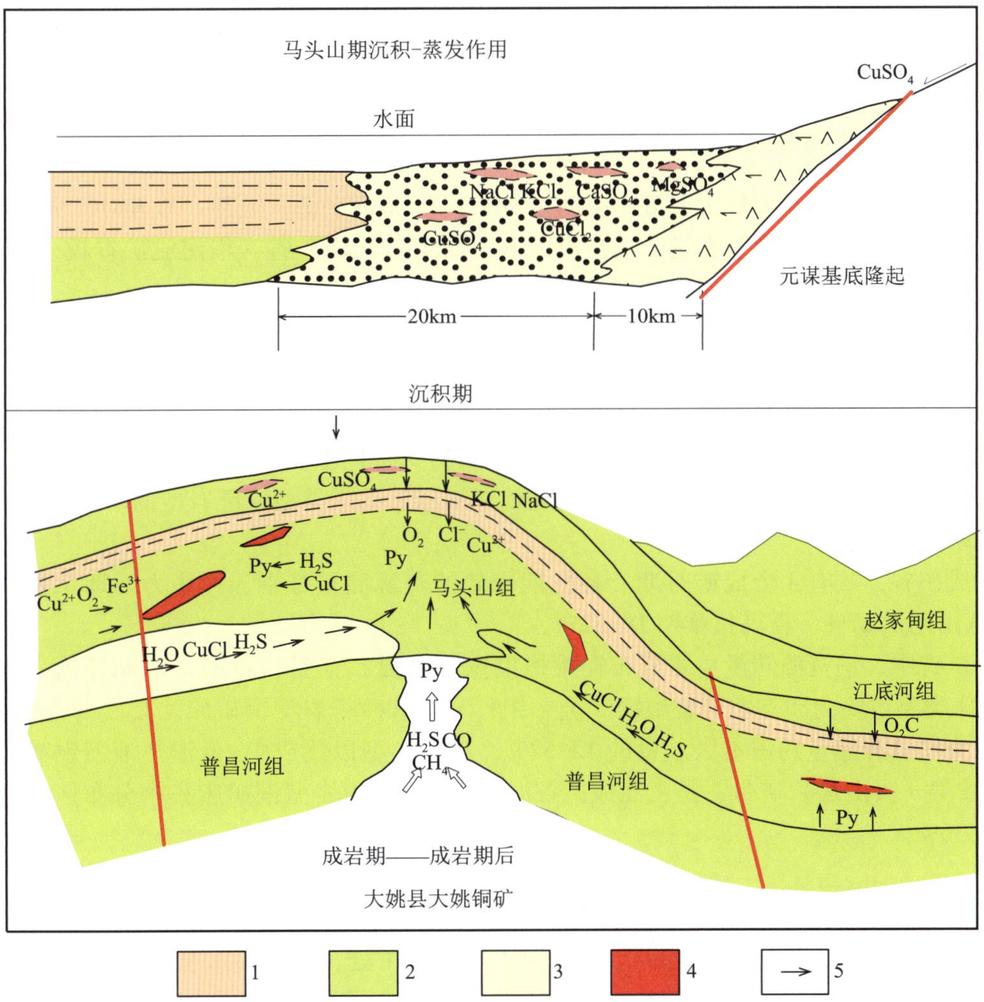

图5-15 大姚县六苴铜矿床成矿模式图

（据云南省国土资源厅等，2013a）

1—泥岩；2—砂岩；3—砾岩；4—矿体；5—热液运移方向

矿体多呈层状、似层状产出。矿区由1个主矿体和6个小矿体组成。矿体总长逾3000 m，宽300~400 m，最大厚度36 m，延深>3000 m。

矿石具环状结构、固熔体分离结构、他形结构，呈星点状、浸染状、团斑状、条带状、结核状、网脉状构造。金属矿物以辉铜矿、斑铜矿、孔雀石为主，硅孔雀石、赤铜矿、铜蓝、黑铜矿较少。各矿物带的铜品位为：辉铜矿带通常>1.5%，斑铜矿带>1.0%，黄铜矿带>0.5%。伴生银的平均品位16.8 g/t，与铜品位呈反消长关系。

截至2015年底，矿区累计查明铜资源储量为 39.09×10^4 t，属中型砂岩型铜矿床。已开发。

（六）其他类型铜矿床

岩浆热液型铜矿床分布于滇东南地区，产于燕山期花岗岩外接触带，个旧组灰岩的层间破碎带或断裂带控矿，属中低温热液铜铅锌共生矿床。个旧锡多金属矿床为代表。

浅成中-低温热液型矿床主要分布在滇西地区。一是产于中-新生界碎屑岩内，矿体呈透镜状，似层状、沿层、穿层（沉积-弱改造）、沿断层带（沉积-强改造）产出；以铜为主，常共生铅、锌、银，伴生金、钴；代表性矿床兰坪金满铜矿。二是产于各种围岩的构造破碎带内；代表性矿床为永平厂街铜（钴）矿。

岩浆型铜矿床，一是分布于滇东地区，产于华力西期环带状超镁铁岩体中，铜镍共生。代表性矿床为金平县白马寨铜镍矿。二是分布于滇东南地区，受控于印支期镁铁岩体，属铜、镍共生矿床。富宁县尾洞铜镍矿床为代表。

三、矿床时空分布规律

云南省铜矿时空分布规律较为明显。空间上分布广泛而不平衡，分片高度集中。据2009年底统计数据，全省查明的铜资源储量在扬子成矿省最多，次为三江成矿省，华南成矿省较少。在时间上，印支期成矿作用最强烈，形成资源量最多，其次为晋宁期。

（一）三江成矿省

铜矿是三江成矿省优势矿种之一，计有矿床56处，其中超大型矿床1处、大型矿床3处、中型6处、小型46处，查明铜资源储量占全省查明资源储量的30%以上。同时发育众多矿点、矿化点。

据成因分类，区内存在4个大类的6个类型的铜矿床。矿床类型以斑岩型铜矿最为重要，其次为矽卡岩型铜矿。

在三江成矿省，共有4个成矿时期。各时期成矿的资源储量分别为：华力西期7.80%、印支期74.41%、燕山期1.27%、喜马拉雅期16.52%。

三江成矿省中，铜资源储量主要分布在香格里拉（岛弧）矿带，查明资源储量约占本区总量的73.1%，矿床类型主要为印支期斑岩型铜（金、钼）矿床和矽卡岩型铜矿床。其次为兰坪-普洱（地块）矿带，查明资源储量约占本区总量的12.52%，矿床类型以浅成中-低温热液型铜矿床为主。再次是云县-景洪（火山弧）矿带，是三江成矿省海相火山-沉积岩型铜矿床集中分布区，查明资源储量占本区9.36%。

（二）上扬子成矿省

铜矿是上扬子成矿省优势矿种之一，查明铜矿产地101处，矿（化）点663处。在101处矿床中：大型3处，中型16处，小型82处。

区内主要有3个大类4个类型铜矿床。其中：沉积-变质型铜矿床占本区资源储量的70.8%，为最重要的类型，其次为海相火山岩型铜矿床，占有本区铜资源储量的20.9%。砂岩型铜矿床再次，占有本区铜资源储量的16.7%。超镁铁侵入岩型铜矿床占有资源储量较少。

上扬子成矿省的铜矿形成于5个时期（表5-10）。

表 5-10　扬子成矿省各时代铜矿床查明的资源储量

成矿时代	矿床类型	查明资源储量/10^4 t	占本区查明资源储量/%	成矿意义
古元古代	大红山式铁铜矿	174.08	20.94	重要
中元古代	东川式铜矿	503.46	60.57	最重要
晚古生代	宝坪式火山（-沉积）岩型铜矿	8.48	10.20	重要
中生代	六苴式砂岩型铜矿	138.55	16.67	重要
华力西期	超镁铁侵入岩型铜矿床	较少	较少	次要

从矿床的时间空间分布看：①中元古代东川式铜矿分布于东川-易门（基底隆起带）矿带（Ⅳ23），是区内最重要的铜成矿带；②古元古代大红山式铁铜矿分布于东川-易门（基底隆起带）矿带（Ⅳ23）南端，是区内重要的铜成矿带之一；③晚古生代宝坪厂式火山-沉积型铜矿分布于丽江（陆缘坳陷）矿带（Ⅳ19）；④中生代六苴式砂岩铜矿分布于楚雄（前陆盆地）矿带（Ⅳ22），也是区内重要的铜成矿带之一；⑤华力西期超镁铁侵入岩型铜矿床分布于金平（断块）矿带（Ⅳ20），都属于相对次要的铜矿成矿带。

（三）华南成矿省

铜矿是华南成矿省重要有色金属矿产，多以共（伴）生的形式产出。例如：花岗岩有关的共（伴）生铜多金属矿，镁铁-超镁铁岩铜镍矿。省内查明大型铜矿 2 处，中型 2 处，小型铜矿 7 处，矿点 5 处。总计查明铜资源储量 202.4×10^4 t，占全省的 13.0%。

华南成矿省的铜矿床有 2 个大类 2 个类型，形成于 2 个时期。燕山期与中酸性岩浆热液类有关铜矿床中岩浆热液型铜矿床，查明铜资源储量 201.9×10^4 t，占有本区铜资源储量的 99.7%。印支期镁铁-超镁铁侵入岩有关的铜矿床中之岩浆型铜矿床，查明铜资源储量 0.52×10^4 t，占有本区铜资源储量的 0.3%。

四、开发利用

（一）产业链

铜的下游产业较多，可形成较为复杂的产业链（表 5-11，图 5-16）。

表 5-11　铜矿产业链

铜矿开采	铜矿								
矿石加工	原矿→破碎→磨矿→选矿→铜精矿								
铜矿冶炼	粗铜→阳极铜→阴极铜（精铜）→铜加工材料								
下游产业	电力、电子、电器、机械、车辆、船舶、建筑及民用器具								
铜的类型	铜	无氧铜	黄铜	白铜	锡青铜	铍青铜	铝青铜	康铜、锰铜	铜基合金
下游产品	电线、电缆、电机设备	超高频电子管	枪弹、炮弹	航空仪器、舰艇、发电设备	轴承、轴套	航空仪表的弹性元件	精密仪器、齿轮及医疗器械	高温电阻材料	用于形状记忆金属

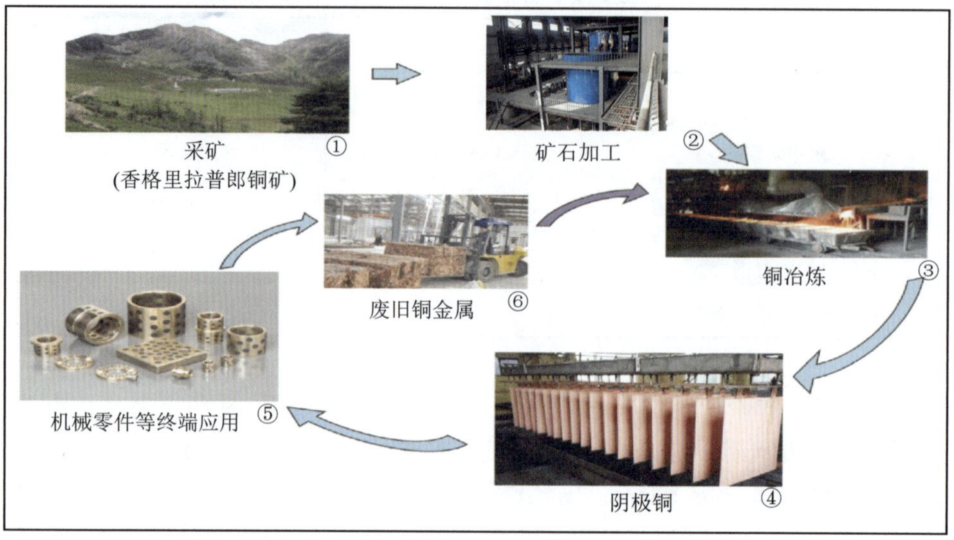

图 5-16　铜矿产业链示意图

（图①由董涛提供；图②http://www.zhonggongky.com/fxzys-143.html；图③http://www.cnmc.com.cn/detail.jsp?article_millseconds=1366698563468&column_no=01040102；图④http://www.cnfeol.com/trade/tradeinfo/sell/20121107/111220511840.aspx；图⑤http://baike.asianmetal.cn/metal/cu/application.shtml；图⑥http://baike.asianmetal.cn/metal/cu/recycling.shtml）

（二）矿山企业概况

截至 2015 年底，云南省共有铜矿企业 245 个，矿山从业人员 15966 人。年产铜矿石量 1208×10^4 t。据 2016 年度云南统计年鉴数据，2015 年生产选矿产品含铜量 22.35×10^4 t，铜金属 54.52×10^4 t。云南省大部分铜矿企业的铜精矿主要销售到云南铜业集团进行深加工。铜精矿产量只能满足本省需要的 40%±。

（三）资源利用情况

云南现已建成东川、易门、牟定、大姚、新平大红山 5 个大中型铜矿生产基地，迪庆州的羊拉和普朗铜矿大型矿山已投入开采。云南铜业（集团）有限公司完成资源整合后，拥有全省 60%的资源储量，有利于资源的规模开发及资源利用率的进一步提高。

五、天南铜都——东川

东川是云南省昆明市所辖县级区之一。东川区东邻会泽，南接寻甸，西连禄劝，北与四川会东县隔江相望，距昆明 150 km。是云南省重要矿业基地之一。

（一）勘查开发历史

东川有记载的历史已达 3000 多年，境内铜矿资源储量丰富，铜文化历史悠久。“天南铜都”、“马踏露铜”、“铜运古道”、“京铜古运”是东川享有的崇高美誉。东川的发展史，是一部铜资源、铜工业、铜文化交替演进的文明史，波澜壮阔，历久弥香！

东川铜矿的勘查开发，最晚也可追索到东汉时期，到明末清初采冶已具相当规模，清朝乾隆年间可谓鼎盛时期。据史料记载，早在西汉时期，先民们就已经能够用“火烧水泼法”开采铜矿，并用木炭冶炼钢锭和铸造钱币。清乾隆至咸丰年间年产粗铜就已达 8125 t，有矿工十余万人，产业大军远远超出今天的规模。北京的龟鹤、贵州黔灵的黄钟、武当山的铜殿、昆明鸣凤山的金殿等，都是用东川铜铸造的。清朝的 10 个钱币中，有 7 个为东川铜所铸造。由于东川铜当时在我国制币以及制造业所处的特殊地位，乾隆皇帝曾御赐东川龙神庙矿“灵裕九寰”匾，对东川铜业予以褒奖，“天南铜都”也因此而得名。2000多年来，虽经历几度兴衰，但东川一直是我国重要铜矿生产基地之一。

清朝末年至1949年，许多中外地质工作者到东川铜矿区进行地质调查和矿产勘查，其中孟宪民等地质前辈作出了卓越贡献。

1942年，孟宪民领导云南东川地质调查组对东川铜矿做了系统的区域地质和矿产普查工作，完成了落雪、因民、汤丹矿区1：5000至1：10000地形地质图及中英文对照说明书，提交了《云南东北部东川地区地质》报告。

1952年春，孟宪民与李华、王逸群等再赴东川铜矿勘查，揭开了1953~1957年东川矿区大规模勘探的序幕，出现了“万人探矿”的高潮。1960年以来，先后建成和投产的矿山有因民、滥泥坪、落雪、汤丹4个联合采选矿山。1962年，孟宪民提出东川铜矿属沉积成因的见解。1963年秋，孟宪民第三次到东川铜矿，除进一步研究铜矿外，还探讨了该区岩浆岩中有无铌、钽矿化之可能性的问题。

20世纪70年代以后，西南冶金地质勘探公司三一四地质队继续在东川铜矿区进行地质勘查，铜矿资源储量有较大增长。“八五”、“九五”期间，三一四地质队、大专院校、科研单位相结合，在东川矿区开展以寻找隐伏矿为目标的地质工作，取得重大突破。

东川铜矿2010年5月被国土资源部授予国家矿山公园。如果你有兴致，可以到东川的铜矿山看看古人采矿遗址、运铜古道及今天现代化的采冶场景，领略一下“天南铜都”的风采。

（二）矿产资源概况

东川铜矿田由落雪、汤丹、因民、滥泥坪、石将军、白锡腊、新塘等大中型和一些小型铜矿床组成，矿区范围东起小江，西至普渡河，南接雪岭，北至金沙江。东西最宽为32 km，南北最长为40 km，面积达660 km^2。

经过40多年来的地质勘查工作，共勘查、发现铜矿床、矿点148个。其中，勘探40个、详查16个、普查38个、概查54个。探获大型铜矿床2个（汤丹、落雪），中型铜矿床5个（石将军—萝卜地、面山、大英稠、滥泥坪、新塘），小型矿床36个。累计探明铜金属资源储量391.4×10^4 t，近年来通过矿产预测研究，预测深部1500 m以浅铜资源找矿潜力巨大。

矿田划分为两大矿带。北部为因民—落雪矿带，全长28 km；东南部为新塘—汤丹—滥泥坪矿带（简称汤新矿带）断续延长17 km。经勘探工程控制，矿体延深已达500~860 m。矿体产状一般呈层状、似层状、透镜状沿层理分布。主要矿床矿体规模、铜平均品位见表5-12。

表5-12　东川铜矿主矿体特征

矿床类型		长/m	延深/m	平均厚度/m	铜平均品位/%
东川式铜矿床	因民面山矿段主矿体	1600	>400	6.2	0.85
	落雪龙山矿段主矿体	390	450	11	1.59
	汤丹主矿体	4300	780	数米至70	0.87
稀矿山式铜铁矿床主矿体		556	1164	6.48	1.24
桃园式铜矿床主矿体		200~450	>300	12~55	1.00
滥泥坪式铜矿床主矿体		2000	800	0.5~7.5	1.50

金属矿物组合具有明显的分带性。在改造轻微的大型层状矿体中，从底部到顶部为辉铜矿→斑铜矿→黄铜矿→黄铁矿。改造轻微的矿体多为贫矿，铜品位为0.5%~0.8%。改造强烈的矿体多为富矿，铜品位为0.9%~1.5%。矿石结构为格状、乳滴状、文象状、叶片状等结构。矿石构造主要为层纹状、韵律条带状、团粒浸染状、马尾丝状、叠层状、竹叶状、鲕状、波痕状、斜层理状。

受改造地段的矿石为块状、角砾状、揉皱状、网脉状构造等。氧化带矿石为皮壳状、葡萄状构造等。

目前，较普遍地将东川铜矿划归为古陆边缘裂陷中以碳酸盐岩为容矿岩石的沉积-改造铜矿床，也称之沉积变质型（层控）铜矿床，习惯称“东川式铜矿床”。近年来龚琳等（1996）研究昆阳裂谷发展演化，结合东川矿田主要矿床时空分布特征，按成矿系列、建造类型、容矿岩石、赋矿层位、成矿环境等，将东川矿田的矿床划分为 4 个类型：①产于中元古界因民组的海相火山-喷流沉积型铜铁矿床（稀矿山式铜铁矿床）；②产于中元古界落雪组的碳酸盐岩建造中喷流-热卤水沉积型铜矿床（东川式铜矿床，含落因式铜矿床、汤丹式铜矿床）；③产于中元古界黑山组的黑色页岩-碳酸盐岩建造中沉积改造型铜矿床（桃园式铜矿床）；④产于新元古界陡山沱组的陆源沉积建造中的铜矿床（滥泥坪式铜矿床）。

第三节　铅　锌　矿

铅（Pb）广泛用于各种工业。大量用于制造蓄电池，制酸工业和冶金工业中用铅板、铅管作衬里保护设备，电气工业中用作电缆包皮和熔断保险丝。铅的合金和化合物在焊接、电镀、颜料、橡胶、玻璃、陶瓷、医药、原子工业中也有广泛用途。中国的铅消费结构以酸铅蓄电池（80%）为主，化工（12%）次之，焊料（3%）、其他（5%）（矿业界，2016a）。

锌（Zn）广泛用于制造各种合金，其次是用于镀锌、制造干电池、精细铸造工业。锌的化合物可用于纺织、油漆、颜料、染料工业，还可用作杀虫剂。中国的锌消费结构以镀锌（55%）为主，压铸合金（15%）、氧化物（11%）、电池（9%）、黄铜（8%）、其他（2%）（矿业界，2016a）。

常见铅矿物为：方铅矿、硫锑铅矿、脆硫锑铅矿、车轮矿、白铅矿、铅矾、铬铅矿、钼铅矿。常见锌矿物为：闪锌矿、纤维锌矿、菱锌矿、异极矿、硅锌矿、水锌矿。

一、资源概况

铅、锌是云南的优势矿产，据《全国矿产资源储量通报》（国土资源部矿产资源储量司等，2016）资料，云南的铅、锌矿查明保有资源储量均居全国第 2 位。

截至 2015 年底，全省累计查明铅金属量 1866×10^4 t，锌金属量 4230×10^4 t。重要的铅锌矿产地有 334 处（图 5-17，表 5-13）。

云南铅锌矿特点为：地域分布较均、资源储量较大、资源富集较高、矿石品位较富、有益元素较多。著名的兰坪县金顶超大型铅锌矿，截至 2015 年底，累计查明铅锌资源储量 1675×10^4 t。

云南省铅锌矿主要分布于滇西地区（怒江州、保山市、临沧市、普洱市、德宏州）、滇东（文山州）、滇东北（曲靖市、昭通市）和滇东南（红河州）地区（图 5-18、5-19）。

二、矿床类型与矿床实例

云南省铅锌矿床类型较复杂，现选择主要类型进行叙述。

（一）兰坪县金顶铅锌矿矿床

著名的兰坪县金顶铅锌矿位于兰坪县金顶镇境内，分为架崖山、蜂子山、北厂、跑马坪等矿段。矿区开采历史悠久，据传明清两代就有人在兰坪县金顶铅锌矿采矿炼银。在跑马坪一带，现今还能见到残留的炉渣、老硐。兰坪县金顶铅锌矿是我国西南地区重要的有色金属开发基地，有“未来锌都”之称（照片 5-12）。

矿床产于兰坪-云龙古近纪断陷盆地喜马拉雅期逆冲推覆构造中。逆冲推覆构造底部构造角砾岩赋矿，矿体呈层状、似层状、透镜状，成矿元素以铅、锌为主，伴生镉、铊、锶（规模均为大型）、银、钡、石膏等多种矿产，共生硫铁矿。

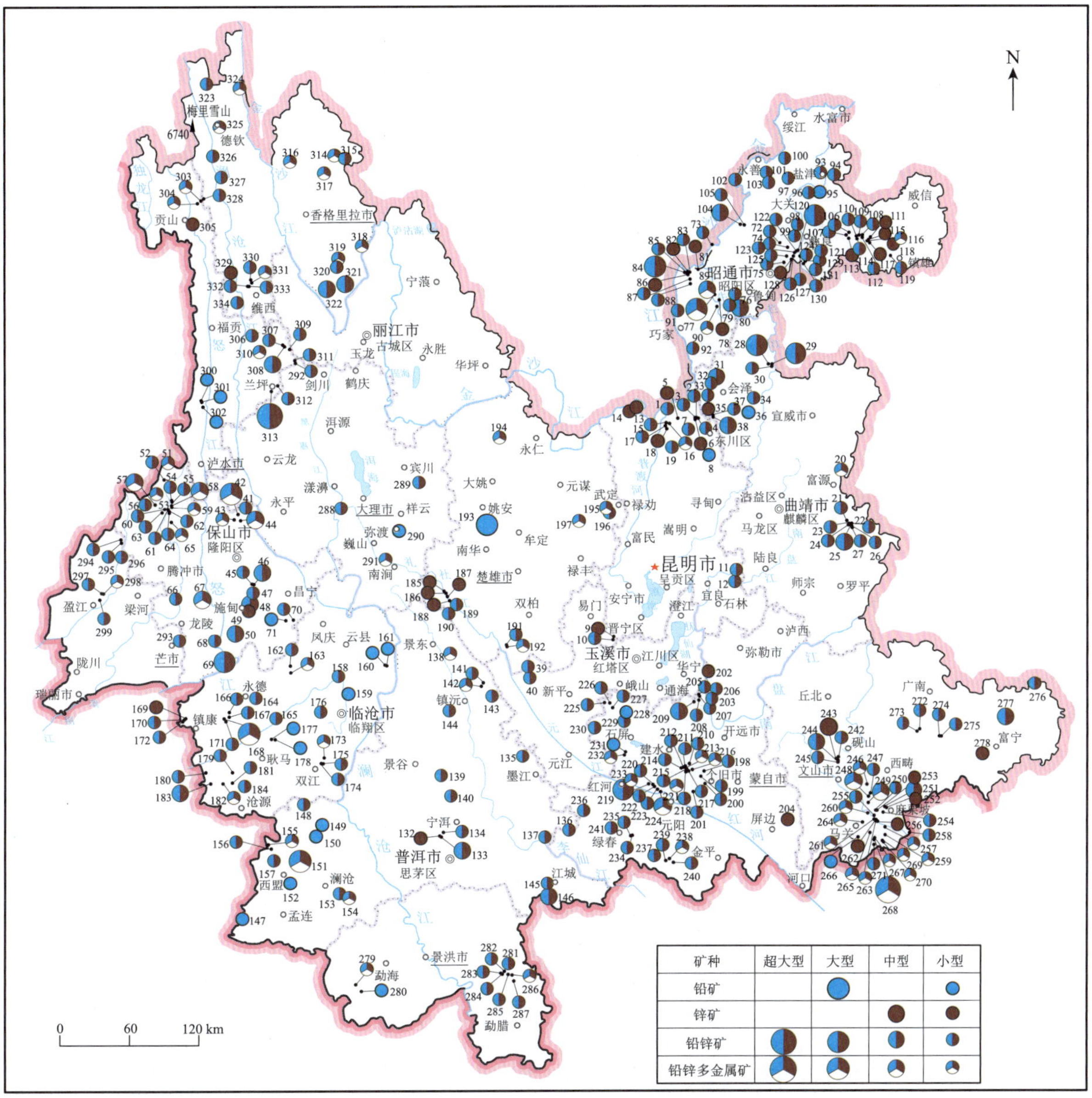

图 5-17　云南省铅锌矿主要矿产地分布图

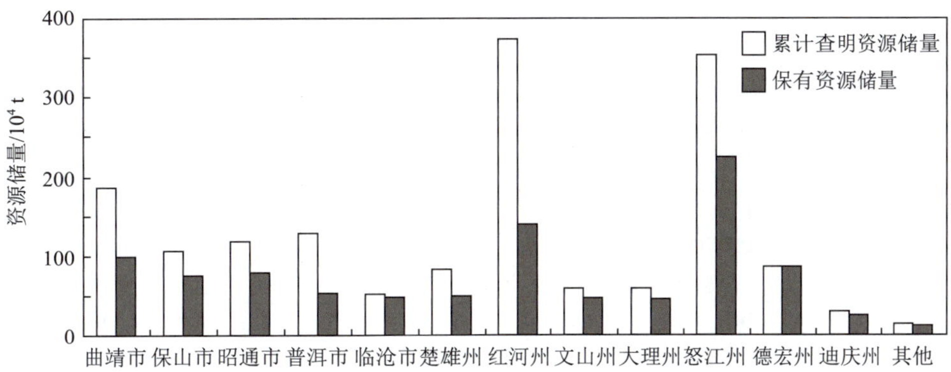

图 5-18　云南省查明铅矿资源储量分布直方图

（数据来源：《云南省 2015 年矿区及所属矿山矿产资源储量简表》云南省国土资源厅，2016）

表 5-13　云南省铅锌矿主要矿产地

编号	州（市）	矿产地名称	规模	成矿时代	工作程度	资源储量铅/t	资源储量锌/t
1	昆明市	昆明市东川区肖家沟铅锌矿	小型	时代不明	详查	68203.00	19577.00
2		昆明市东川区鸡歌石铅锌矿	小型	时代不明	详查	2466.00	24719.00
3		昆明市东川区大红椿铅锌矿	小型	时代不明	普查	5435.73	25109.37
4		昆明市东川区猴子坡铅锌矿	小型	时代不明	详查	3460.45	8076.41
5		昆明市东川区双龙锌矿	小型	时代不明	详查		6329.00
6		昆明市东川区月亮田锌矿	小型	时代不明	普查		15192.00
7		昆明市东川区石庄铅锌矿	小型	P_3-T_3	普查	8993.00	25567.00
8		昆明市东川区白龙潭铅矿（跨寻甸县）	小型	P_3-T_3	普查	7623.00	
9		晋宁区大凹子锌矿	小型	时代不明	详查		8433.00
10		晋宁区法古甸铅锌矿	小型	时代不明	普查	5708.00	27448.00
11		宜良县大兑冲铅锌矿	小型	P_3-T_3	普查	3266.17	1074.66
12		石林县螺丝塘铅锌矿	小型	P_3-T_3	详查	3244.36	18205.07
13		禄劝县白沙地-大石房锌矿	小型	P_3-T_3	详查		23472.02
14		禄劝县太平锌矿	小型	时代不明	详查		6224.00
15		禄劝县老银厂铅锌矿	小型	P_3-T_3	普查	1899.22	9824.68
16		禄劝县落乌铅铜矿	小型	P_3-T_3	详查	11279.00	
17		禄劝县小平街铅锌矿	小型	P_3-T_3	普查	1665.39	6101.82
18		禄劝县老熊洞锌矿	小型	P_3-T_3	普查		2057.74
19		禄劝县噜鲁铅锌矿	小型	P_3-T_3	普查	15289.00	15655.00
20	曲靖市	罗平县土城铅锌矿	小型	J_3-K_1	详查	3610.63	14705.48
21		罗平县富乐镇鑫鑫采矿厂铅锌矿	小型	J_3-K_1	详查	6522.00	38624.00
22		罗平县富乐厂铅锌矿（跨富源县）	中型	J_3-K_1	勘探	33030.12	280636.36
23		罗平县弘安铅锌矿	小型	J_3-K_1	详查	43268.00	44781.00
24		富源县银茂锌铜多金属矿	小型	J_3-K_1	详查		16674.00
25		富源县富利铅锌矿	小型	J_3-K_1	普查	3368.70	15762.96
26		富源县富村镇热水塘福利铅锌矿	小型	J_3-K_1	详查	12020.00	84101.00
27		富源县富村镇富路铅锌矿	小型	J_3-K_1	普查	1306.92	4961.13
28		会泽县矿山厂铅锌矿	大型	P_3-T_3	勘探	616724.00	1486776.00
29		会泽县麒麟厂铅锌矿	大型	P_3-T_3	详查	727357.00	1316501.00
30		会泽县小竹箐铅锌矿	小型	P_3-T_3	普查	42808.00	72685.00
31		会泽县五星厂铅锌矿	中型	T_3	勘探	286616.00	109687.00
32		会泽县娜姑镇银厂铅锌矿	小型	P_3-T_3	普查	12052.09	20733.80
33		会泽县温泉铅锌矿	小型	P_3-T_3	普查	5330.00	17300.00
34		会泽县雨碌铅矿	小型	P_3-T_3	详查	10773.00	14139.00
35		会泽县老鹰箐锌矿	小型	时代不明	详查		32993.00
36		会泽县银厂铅矿	小型	P_3-T_3	详查	38227.93	
37		会泽县大海靖元铅锌矿	小型	P_3-T_3	详查	3533.00	19609.00
38		会泽县麻栗坪观音岩铅锌矿	中型	P_3-T_3	勘探	48633.00	163520.00

续表

编号	州（市）	矿产地名称	规模	成矿时代	工作程度	资源储量铅/t	资源储量锌/t
39	玉溪市	新平县太和街铅锌矿	小型	J-K	详查	15856.00	50886.00
40		新平县百大莫（白达莫）铅锌矿	小型	J-K	详查	7435.00	61213.00
41	保山市	保山市隆阳区永明铅锌矿	小型	T	详查	5691.00	13264.00
42		保山市隆阳区核桃坪铅锌多金属矿	大型	K_1	勘探	141593.00	486027.00
43		保山市隆阳区陡崖铅锌多金属矿	小型	K	详查	5501.59	11110.43
44		保山市隆阳区金厂铅锌多金属矿	中型	K_1	详查	59573.00	304648.00
45		保山市隆阳区赵寨铅锌矿	小型	时代不明	详查	5537.24	12653.13
46		保山市隆阳区西邑铅锌矿	中型	时代不明	详查	315698.00	349164.00
47		保山市隆阳区乌坑寨铅锌矿	小型	时代不明	详查	4966.46	13969.11
48		施甸县东山铅锌矿	中型	时代不明	详查	47285.00	157587.00
49		施甸县高楼子锌矿	小型	时代不明	普查		5556.00
50		施甸县摆田铅锌矿	中型	时代不明	详查	41277.00	127095.00
51		腾冲市大战岭铅锌银矿	小型	K	详查	24635.00	27010.00
52		腾冲市老波厂铅锌矿	小型	K	详查	21707.00	39829.00
53		腾冲市燕硐-棋盘石铅锌铜矿	小型	K	普查	63828.00	63449.00
54		腾冲市黄山铅锌矿	小型	K	普查	5313.00	8198.00
55		腾冲市哨地铅锌矿	小型	K	详查	16039.00	11967.00
56		腾冲市麻栗坝铅锌矿	小型	K	普查	1616.00	1885.00
57		腾冲市铜厂山锌铁矿	中型	K_1	详查		123679.00
58		腾冲市大硐厂铅锌银矿	中型	K_1	详查	106105.00	199051.00
59		腾冲市望米坡铅锌银矿	小型	K	普查	7297.00	10551.00
60		腾冲市老华寨铅锌矿	小型	K	普查	9186.00	32462.00
61		腾冲市老鹰嘴铅锌矿	小型	K	普查	47.59	15553.74
62		腾冲市走马坝铅锌矿	小型	K	详查	35831.00	18619.00
63		腾冲市观音岩铅锌矿	小型	K	详查	19938.09	13316.03
64		腾冲市小石门铅锌矿	小型	K	详查	22469.41	17592.03
65		腾冲市中排小场铅锌锰矿	小型	K	详查	8423.00	8081.00
66		腾冲市团田帕允铅锌矿	小型	K	普查	12106.31	5737.65
67		龙陵县杨广寨铅锌铜矿	中型	时代不明	详查	53367.00	149918.00
68		龙陵县天宁铅锌矿	小型	时代不明	普查	2389.50	17549.97
69		龙陵县勐兴（糯）铅锌矿	大型	S_2	勘探	248358.00	497215.00
70		昌宁县温泉尼诺铅锌矿	小型	时代不明	详查	45887.00	46649.00
71		昌宁县打安山铅矿	小型	时代不明	普查	8007.91	

续表

编号	州（市）	矿产地名称	规模	成矿时代	工作程度	资源储量铅/t	资源储量锌/t
72	昭通市	昭通市昭阳区大青山铅锌矿	小型	P_3-T_3	普查	2863.12	3452.54
73		昭通市昭阳区小田村铅锌矿	小型	P_3-T_3	普查	8192.00	8339.00
74		昭通市昭阳区放马坝铅锌矿	小型	P_3-T_3	详查	7577.00	7570.00
75		昭通市昭阳区三和铅锌矿	小型	P_3-T_3	普查	4167.00	5482.00
76		鲁甸县新寨铅锌矿	小型	P_3-T_3	详查	2213.00	8739.81
77		鲁甸县乐红铅锌银矿	大型	T_3	勘探	243999.00	1268105.00
78		鲁甸县镶木山锌矿	小型	P_3-T_3	详查		3158.81
79		鲁甸县龙泉铅锌矿	小型	P_3-T_3	普查	2283.00	3988.00
80		鲁甸县火德红铅锌矿	中型	P_3-T_3	详查	20140.32	152717.89
81		巧家县东坪乡小田彝族锌矿	小型	P_3-T_3	详查		2985.59
82		巧家县火山锌矿	小型	P_3-T_3	详查		40629.00
83		巧家县新光白卡铅锌矿	小型	P_3-T_3	详查	1655.70	9685.30
84		巧家县茂租铅锌矿	大型	P_3-T_3	勘探	91549.00	592778.00
85		巧家县白卡安家坪铅锌矿	小型	P_3-T_3	普查	3582.00	40527.00
86		巧家县苞儿坪锌矿	小型	P_3-T_3	详查		24590.00
87		巧家县东坪铅锌矿	小型	P_3-T_3	详查	11242.64	94091.73
88		巧家县新光白马厂铅锌矿	小型	P_3-T_3	详查	1101.00	10210.70
89		巧家县小河铅锌银矿	中型	T_3	详查	53416.00	304484.00
90		巧家县坪地铅锌铜矿	小型	P_3-T_3	详查	5276.00	28055.00
91		巧家县松梁铅锌矿	小型	P_3-T_3	详查	5915.00	52887.00
92		巧家县金塘乡大宝厂铅锌矿	小型	P_3-T_3	详查	1743.68	3346.24
93		盐津县分水岭铅锌矿	小型	P_3-T_3	详查	11246.00	11195.00
94		盐津县落坎坝铅锌矿	小型	P_3-T_3	普查	4272.62	14822.95
95		盐津县柿子宏发铅矿	小型	P_3-T_3	普查	8305.30	
96		盐津县柿子坝铅锌矿	小型	P_3-T_3	普查	10230.00	5855.00
97		大关县甘顶铅锌矿	小型	P_3-T_3	详查	10116.17	2660.84
98		大关县团山铅锌矿	小型	P_3-T_3	普查	4412.00	8450.00
99		大关县人和铅锌矿	小型	P_3-T_3	详查	4018.00	8408.00
100		永善县苏田铅锌矿	小型	P_3-T_3	普查	5700.00	32500.00
101		永善县顺河铅锌矿	小型	P_3-T_3	详查	68856.00	57357.00
102		永善县铅厂坪铅锌矿	小型	P_3-T_3	普查	12033.00	24037.00
103		永善县马楠铅锌矿	小型	P_3-T_3	普查	9482.00	13535.00
104		永善县金沙厂铅锌矿	中型	T_3	勘探	323934.00	405046.00
105		永善县黄坪铅锌矿	小型	P_3-T_3	详查	5875.88	20372.66
106		镇雄县杉树以古寨铅锌矿	小型	P_3-T_3	普查	6229.00	1564.00
107		镇雄县杉树内口坡铅锌矿	小型	P_3-T_3	普查	47836.00	12720.00
108		镇雄县碗厂冯家沟铅锌矿	小型	P_3-T_3	详查	323.60	3842.60
109		镇雄县碗厂安家坪铅锌矿	小型	P_3-T_3	普查	25374.00	10191.00
110		镇雄县碗厂铅子洞铅锌矿	小型	P_3-T_3	普查	1714.38	2546.69
111		镇雄县蓼叶坝锌矿	小型	P_3-T_3	详查		7999.60

续表

编号	州（市）	矿产地名称	规模	成矿时代	工作程度	资源储量铅/t	资源储量锌/t
112	昭通市	镇雄县碗厂珙山铅锌矿	小型	P_3-T_3	普查	19166.00	9299.00
113		镇雄县刺竹坪锌矿	小型	P_3-T_3	详查		32214.00
114		镇雄县石门坎铅锌矿	小型	P_3-T_3	普查	1900.31	12719.25
115		镇雄县盐源王家寨锌矿	小型	P_3-T_3	普查		3070.00
116		镇雄县李家坝铅锌银矿	小型	P_3-T_3	普查	1234.00	14317.00
117		镇雄县盐源和坪子锌矿	小型	P_3-T_3	详查		3570.40
118		镇雄县银厂坪二矿锌矿	小型	P_3-T_3	普查		3418.96
119		镇雄县银厂弯铅锌矿	小型	P_3-T_3	详查	9648.84	21449.62
120		彝良县毛坪铅锌矿	大型	T_3	勘探	495943.56	1177117.24
121		彝良县发达岩头铅锌矿	小型	P_3-T_3	普查	4527.00	2887.00
122		彝良县张家湾铅锌矿	小型	P_3-T_3	详查	7386.00	32078.00
123		彝良县毛坪兴隆铅锌矿	小型	P_3-T_3	详查	859.23	1351.33
124		彝良县银宝铅锌矿	小型	P_3-T_3	详查	1472.00	3726.00
125		彝良县银厂沟（笋叶厂）铅锌矿	小型	P_3-T_3	普查	12094.00	61974.00
126		彝良县龙潭铅锌矿	小型	P_3-T_3	普查	12089.00	12188.00
127		彝良县扇子地铅锌矿	小型	P_3-T_3	普查	3160.00	4253.00
128		彝良县太平锌矿	小型	P_3-T_3	普查		5335.00
129		彝良县龙街铅锌矿	小型	P_3-T_3	详查	9186.00	9623.00
130		彝良县洛泽河铅锌矿	小型	P_3-T_3	普查	11874.00	52166.00
131		彝良县林家湾子铅锌矿	小型	P_3-T_3	详查	29812.00	76207.00
132	普洱市	普洱市思茅区震东李新田锌矿	小型	K-E	详查		15080.45
133		普洱市思茅区萝卜山铅锌矿	中型	K-E	详查	42204.14	278105.84
134		宁洱县长洞铅锌矿	小型	K-E	详查	1895.00	15589.00
135		墨江县新安铅锌矿	小型	K-E	详查	20747.00	57204.00
136		墨江县出洞铅锌矿	小型	K-E	详查	22047.00	12967.00
137		墨江县腊脂河铅锌矿	小型	K-E	详查	7512.00	3987.00
138		景东县糯朵铅锌银矿	小型	K-E	详查	28700.63	5014.62
139		景谷县薛家窝铅锌矿	小型	K-E	详查	4977.00	9842.00
140		景谷县曼者铅锌矿	小型	K-E	详查	1305.00	2709.00
141		镇沅县小街铅锌矿	小型	时代不明	详查	9824.43	21335.00
142		镇沅县登高铅银铜矿	小型	K-E	普查	74642.00	
143		镇沅县木厂铅锌矿	小型	K-E	普查	16559.83	58656.82
144		镇沅县黄草岭铅锌矿	小型	K-E	普查	24521.00	5240.00
145		江城县松山林铅锌矿	小型	K-E	详查	4774.29	3205.43
146		江城县岩脚（马厂）铅锌矿	中型	K-E	详查	98768.62	82877.32
147		孟连县公鸡山铅矿	小型	时代不明	普查	2840.45	
148		澜沧县南竹铅锌矿	小型	时代不明	详查	24264.00	10162.00

续表

编号	州（市）	矿产地名称	规模	成矿时代	工作程度	资源储量铅/t	资源储量锌/t
149	普洱市	澜沧县勐佛铅矿	小型	T	详查	6504.80	
150		澜沧县坝老铅矿	小型	T	普查	18915.00	
151		澜沧县老厂铅锌银矿	大型	C	详查	958553.17	562465.84
152		澜沧县滴水坎箐铅矿	小型	时代不明	详查	9999.11	
153		澜沧县下湾子铅锌矿	小型	T	普查	3183.20	2194.66
154		澜沧县南角河铅锌银矿	小型	T_3	详查	76024.00	70761.00
155		西盟县新厂铅锌银矿	小型	K-E	详查	2607.00	6336.20
156		西盟县永土铅锌矿	小型	时代不明	详查	1356.90	2127.83
157		西盟县莫美铅锌矿	小型	时代不明	详查	3428.00	2525.00
158	临沧市	临沧市临翔区帮挖河铅锌矿	小型	T	普查	3227.98	4627.80
159		临沧市临翔区坝兔铅矿	小型	T	普查	11738.00	
160		云县田边铅矿	小型	T_3	详查	8619.00	
161		云县后箐帮东尖山铅矿	小型	T_3	详查	25600.00	
162		永德县文化铅锌矿	小型	时代不明	详查	5428.00	6507.00
163		永德县轻木林铅锌锡矿	小型	K	普查	9542.00	6070.00
164		永德县小送归铅锌矿	小型	时代不明	普查	2529.01	2042.19
165		永德县蒿子坝铅锌矿	小型	K	普查	13085.00	28251.00
166		镇康县阿面根铅锌矿	小型	K	详查	1102.85	5084.18
167		镇康县放羊山铅锌矿	小型	K	详查	4987.00	9347.00
168		镇康县芦子园（鲁子园）铅锌多金属矿	大型	K_1	详查	141207.00	2183221.00
169		镇康县场洞沟锌矿	小型	时代不明	普查		6594.00
170		镇康县麦地河铅锌矿	小型	时代不明	普查	14597.00	1912.00
171		镇康县水头山铅锌矿	小型	K	勘探	28101.00	62861.00
172		镇康县南伞连格寨铅锌矿	小型	时代不明	详查	10538.00	11210.00
173		双江县银厂河铅锌铜矿	小型	T	详查	6851.20	7190.51
174		双江县旧家河铅锌矿	小型	T	详查	12585.00	3378.00
175		双江县忙建铅锌矿	小型	T	普查	5995.00	4748.00
176		耿马县芒来铅锌矿	小型	T	详查	67300.00	62405.00
177		耿马县大发地铅矿	小型	K-E	普查	8673.93	
178		耿马县地保洞铅矿	小型	K-E	普查	9252.48	2372.00
179		耿马县福荣德龙铅锌矿	小型	K-E	详查	6175.39	7590.88
180		沧源县大青树山铅锌矿	小型	时代不明	普查	5866.00	4365.00
181		沧源县芒公铅锌矿	小型	K-E	详查	14946.00	15097.00
182		沧源县班洪班莫铅锌银矿	小型	时代不明	普查	13657.00	17659.00
183		沧源县班老铅锌矿	中型	E_2	勘探	171499.00	173643.00
184		沧源县勐来班佑铅锌矿	小型	K-E	详查	5681.21	4307.32

续表

编号	州（市）	矿产地名称	规模	成矿时代	工作程度	资源储量铅/t	资源储量锌/t
185	楚雄州	楚雄市黄草地-大火房箐锌矿	小型	K-E	详查		82328.00
186		楚雄市八角镇宏兴锌矿（跨南华县）	小型	K-E	详查		62963.00
187		楚雄市中山镇宝城镇小山河锌矿	小型	K-E	普查		16549.00
188		楚雄市中山镇蚂蚁锌矿（跨南华县）	小型	K-E	详查		47931.80
189		楚雄市中山镇洒巴苴铅锌矿	小型	K-E	普查	2000.00	28345.00
190		楚雄市保甸大树地铅锌矿	小型	时代不明	详查	10757.00	70334.00
191		双柏县天光厂铅锌矿	小型	J-K	详查	2875.18	7005.36
192		双柏县天官厂铅锌银矿	小型	J-K	勘探	25411.00	57076.00
193		姚安县姚安铅矿	大型	E_2-E_3	勘探	799583.98	
194		永仁县直苴铅铜矿	小型	E	普查	3151.86	
195		武定县刺竹箐铅锌铜矿	小型	时代不明	普查	1245.00	57878.00
196		武定县九厂乡大山头铅锌矿	小型	P_3-T_3	预查	10594.00	15195.00
197		武定县平地厂铅锌铁矿	小型	时代不明	详查	4086.00	11097.00
198	红河州	个旧市宝山寨铅锌矿	小型	K_2	详查	5086.00	2140.00
199		个旧市新厂冲铅锌矿	小型	K_2	普查	18673.22	15712.59
200		个旧市戈贾铅锌矿	小型	K_2	勘探	19680.00	11719.00
201		个旧市贾沙铅锌矿	小型	K_2	详查	25443.00	8897.00
202		弥勒市盘溪锌矿	小型	P_3-T_3	详查		28357.00
203		弥勒市胡椒山铅锌矿	小型	P_3-T_3	详查	10188.00	13944.00
204		屏边县岩子头锌矿	小型	K	详查		20026.00
205		建水县百里铅锌矿	小型	P_3-T_3	详查	30852.00	32789.00
206		建水县铜厂铅锌矿	小型	P_3-T_3	普查	28565.00	22832.00
207		建水县盘江欧家庄铅锌矿	小型	P_3-T_3	详查	3488.00	6906.00
208		建水县苏租铅锌矿	小型	P_3-T_3	普查	36801.00	90616.00
209		建水县暮阳铅锌矿	中型	P_3-T_3	详查	113202.88	51686.49
210		建水县石缸冲铅锌矿	小型	K	普查	7506.00	7245.00
211		建水县泉源铅锌矿	小型	K	普查	7600.00	7920.00
212		建水县挣财洞铅锌矿	小型	K	详查	16467.00	27219.00
213		建水县蒿枝箐铅锌银矿	小型	K	普查	15718.00	22752.00
214		建水县阳朝冲铅锌矿	小型	K	详查	26042.00	95860.00
215		建水县白象山铅锌矿	小型	K	详查	2994.00	2760.00
216		建水县普雄铅钼矿	小型	K_2	详查	54163.00	3599.00
217		建水县黑山铅锌矿	小型	K	普查	7480.00	5531.00
218		建水县普雄老鹰窝铅锌矿	小型	K	详查	28215.00	48267.00

续表

编号	州（市）	矿产地名称	规模	成矿时代	工作程度	资源储量铅/t	资源储量锌/t
219	红河州	建水县荒田铅锌矿	大型	P_2-T_3	勘探	138306.00	566433.00
220		建水县官厅镇普同井铅锌矿	小型	P_2-T_3	详查	4639.00	2631.00
221		建水县永成寨锰铅锌锰矿	小型	K	详查	1900.00	4100.00
222		建水县官厅镇龙德铅锌矿	小型	P_2-T_3	详查	6848.00	9030.00
223		建水县苍台铅锌矿	小型	P_2-T_3	详查	63293.00	87450.00
224		建水县虾洞铅锌矿	中型	P_2-T_3	勘探	232150.20	110632.00
225		石屏县龙武育英村（矿山顶）铅锌矿	小型	J-K	普查	8465.00	31383.00
226		石屏县龙武法乌铅锌矿	小型	J-K	勘探	65389.00	55472.00
227		石屏县得边河铅锌矿	小型	J-K	详查	4886.00	5802.00
228		石屏县他克亩铅矿	小型	时代不明	详查	4473.00	
229		石屏县银厂坡铅锌矿	小型	时代不明	普查	72481.61	17844.45
230		石屏县西期底冲铅锌矿	小型	J-K	普查	4935.00	2578.00
231		石屏县热水塘铅矿	小型	P_3-T_3	详查	60207.64	
232		石屏县范柏寨铅银矿	小型	P_3-T_3	详查	91043.00	
233		石屏县大冷山铅锌银矿	小型	K	详查	3950.00	9625.00
234		元阳县俄扎乡啊东铅锌矿	小型	K-E	详查	13925.00	18481.00
235		元阳县阿东铅锌矿	小型	K-E	普查	12541.00	8454.00
236		红河县阿扒铅锌矿	小型	时代不明	详查	4798.04	3480.66
237		金平县金竹寨铅锌矿	小型	时代不明	详查	13960.00	42372.00
238		金平县龙宝寨铅锌铜矿	小型	K-E	详查	4750.00	16805.00
239		金平县洋细铅锌矿	小型	时代不明	详查	6973.00	8773.00
240		金平县老集寨铅锌矿	小型	时代不明	详查	1923.00	7543.00
241		绿春县马宗铅锌矿	小型	K-E	普查	8887.00	2696.00
242	文山州	砚山县铅厂（小花园）铅锌矿	小型	D	普查	13006.00	89205.00
243		砚山县旧城大花园锌矿	中型	D	详查		144249.00
244		砚山县芦柴冲铅锌矿	中型	D	详查	117606.00	313870.00
245		砚山县大洞铅锌矿	小型	D	详查	3681.00	70174.00
246		西畴县和平铅锌银矿	小型	D	普查	11159.77	4700.49
247		西畴县甘沙坡自来寨铅锌矿	小型	K	详查	21162.00	28953.00
248		西畴县红石岩铅锌铜矿	中型	K	详查	115160.00	321703.00
249		西畴县嘎机铅锌铜矿	中型	K_2	普查	59461.00	130736.00
250		西畴县新田寨铅锌矿	小型	K	详查	4008.00	33197.00
251		麻栗坡县马鹿塘上新寨铅锌矿	中型	D	详查	64290.00	109442.00
252		麻栗坡县凉水井锌矿	小型	D	普查		13352.00
253		麻栗坡县六位厂锌矿	小型	K	普查		48909.00
254		麻栗坡县大坪镇漫马铅锌矿	小型	K	详查	10059.00	13084.00
255		麻栗坡县长田铅锌矿	小型	K	详查	15552.00	17730.00
256		麻栗坡县老寨马卡锌矿	小型	K	勘探		20203.00
257		麻栗坡县下南楼铅锌银矿	小型	K	普查	4788.48	8838.89
258		麻栗坡县尖山八里河铅锌矿	小型	K	详查	15961.00	8770.00
259		麻栗坡县瑶山湾铅锌钨矿	小型	K	详查	14144.67	16283.25

续表

编号	州（市）	矿产地名称	规模	成矿时代	工作程度	资源储量铅/t	资源储量锌/t
260	文山州	马关县南滚锌铜矿	小型	K	普查		5813.40
261		马关县南汀河锌锡矿	小型	K	详查		20292.00
262		马关县老寨黄牛厂锌矿	小型	K	详查		69799.00
263		马关县箐脚锌锡多金属矿	小型	K	普查		22750.52
264		马关县南捞乡冷水沟锌铜矿	小型	K	详查		9537.00
265		马关县李子坪林场锌锡矿	小型	K	详查		7759.00
266		马关县坝脚铅矿	小型	K	勘探	30437.00	
267		马关县大水河锌锡矿	小型	K	详查		4339.58
268		马关县都龙锡锌多金属矿	超大型	K_2	勘探	12193.00	4824132.00
269		马关县田坝心铅铜矿	小型	K	详查	11317.00	
270		马关县岩龙关铅锌锡矿	小型	K_2	详查	50812.00	43229.00
271		马关县烟山铅锌矿	小型	K_2	普查	1163.93	2319.18
272		广南县田尾铅锌矿	小型	D	普查	3414.00	3630.00
273		广南县脚得铅锌矿	小型	D	普查	6923.00	19407.15
274		广南县大桥坝铅锌矿	小型	D	详查	16322.00	62072.00
275		广南县阿章铅锌矿	小型	D	详查	16201.00	82884.00
276		富宁县常社铅锌矿	小型	时代不明	普查	8012.00	22280.00
277		富宁县安农铅锌矿	中型	时代不明	勘探	47361.00	181346.00
278		富宁县龙业锌矿	小型	D	勘探		35168.00
279	西双版纳	勐海县帕良铅锌多金属矿	小型	T	详查	6413.00	17336.00
280		勐海县曼迈铅矿	小型	T	详查	3127.00	
281		勐腊县易田（田坝）铅锌矿	小型	T_3	详查	4752.00	21081.00
282		勐腊县勐户铅锌矿	小型	K-E	详查	9821.91	12395.95
283		勐腊县麻芋林铅锌矿	小型	C	详查	18602.00	11630.00
284		勐腊县回康岭铅锌矿	小型	C	详查	13832.72	39304.00
285		勐腊县老百寨铅锌矿	小型	K-E	详查	5401.00	12765.00
286		勐腊县鱼塘山铅锌铁矿	小型	T_3	详查	4522.00	11345.00
287		勐腊县南赛河铅锌矿	小型	T_3	详查	8914.00	7366.00
288	大理州	大理市恩组场铅锌矿	小型	K-E	详查	36058.00	17100.00
289		宾川县雄鲁么腾龙铅锌矿	小型	J-K	普查	2736.38	8646.53
290		弥渡县黄矿厂铅矿	小型	C	普查	78730.54	
291		南涧县大佛山铅锌铜矿	小型	K-E	普查	3697.00	1279.00
292		剑川县南矿山-鸡足箐铅锌矿	小型	K-E	详查	14733.00	29605.00
293	德宏州	芒市（潞西）大矿山铅锌矿	小型	K	详查	25463.00	41137.00
294		盈江县槽子凹铅锌矿	小型	K-E	普查	3871.00	15181.00
295		盈江县大华东山铅锌矿	小型	K-E	详查	9820.00	11542.00
296		盈江县狮子山铅锌矿	小型	K-E	普查	1922.08	1734.41
297		盈江县杨家寨铅锌矿	小型	K-E	详查	6187.58	11761.10
298		盈江县老山寨铅锌银矿	小型	K-E	详查	11899.00	13605.00
299		盈江县二昆铅锌矿	小型	K-E	详查	1453.87	676.31

续表

编号	州（市）	矿产地名称	规模	成矿时代	工作程度	资源储量铅/t	资源储量锌/t
300	怒江州	泸水市双米地铅矿	小型	K	勘探	71050.00	
301		泸水市隔界河铅矿	小型	K-E	详查	38154.00	
302		泸水市自把（坝）铅矿	小型	K-E	详查	48207.00	
303		贡山县普豆底铅锌银矿	小型	K-E	详查	22826.00	4851.00
304		贡山县风水沟铅锌银矿	小型	K-E	勘探	46612.00	16811.00
305		贡山县嘎拉博锌矿	小型	时代不明	详查		51536.59
306		兰坪县李子坪铅锌矿	小型	E_3	详查	46689.00	53904.00
307		兰坪县青甸湾铅锌矿	小型	K	详查	48496.00	49469.00
308		兰坪县菜子地铅锌矿	中型	K	详查	125646.00	214863.00
309		兰坪县腊帮山铅锌矿	小型	K-E	详查	14370.00	22771.00
310		兰坪县华昌山铅锌银矿	小型	K-E	详查	19435.00	43767.08
311		兰坪县分江铅锌矿	小型	K-E	详查	39905.00	33712.00
312		兰坪县来龙铅锌矿	小型	K-E	详查	27014.00	51415.00
313		兰坪县金顶铅锌矿	超大型	E_2-E_3	勘探	2732278.24	13926990.25
314	迪庆州	香格里拉市（中甸）热林铅锌多金属矿	小型	K_2	普查	23141.00	3384.00
315		香格里拉市（中甸）卓玛铅锌矿	小型	T_3	普查	12048.00	12867.00
316		香格里拉市（中甸）木鲁铅锌多金属矿	小型	时代不明	普查	7882.00	23639.00
317		香格里拉市（中甸）恩卡铅锌银矿	小型	时代不明	详查	9655.00	5240.00
318		香格里拉市（中甸）东炉房铅铜矿	小型	E	普查	11405.00	
319		香格里拉市(中甸)三坝陆家村铅锌多金属矿	小型	T	详查	21378.24	9889.23
320		香格里拉市（中甸）格撒铅锌矿	小型	T	普查	30163.00	20966.00
321		香格里拉市（中甸）凹的别铅锌矿	中型	T	勘探	128153.00	75246.00
322		香格里拉市（中甸）安乐铅锌矿	中型	时代不明	详查	30597.00	139144.00
323		德钦县佛山托罗铅锌矿	小型	T	详查	12359.00	53548.00
324		德钦县格亚顶铅银矿	小型	时代不明	详查	2329.00	
325		德钦县鲁春铅锌铜矿	小型	T_3	详查	19395.26	38227.09
326		德钦县南佐铅锌矿	小型	P	普查	2362.87	9553.57
327		德钦县拖拉铅锌矿	小型	T_3	详查	17560.00	34274.00
328		维西县格勒机铅锌矿	小型	时代不明	详查	10010.04	4251.62
329		维西县白底锌矿	小型	时代不明	详查		18439.00
330		维西县港浪布铅锌矿	小型	K-E	普查	1167.00	8618.00
331		维西县白马驹铅锌锑矿	小型	K-E	详查	1651.00	7085.00
332		维西县腊八山铅锌矿	小型	时代不明	普查	5779.00	9934.00
333		维西县拖打时铅锌矿	小型	K-E	详查	19942.00	12032.00
334		维西县维登乡木左阿铅锌矿	小型	K-E	详查	16820.00	14655.00

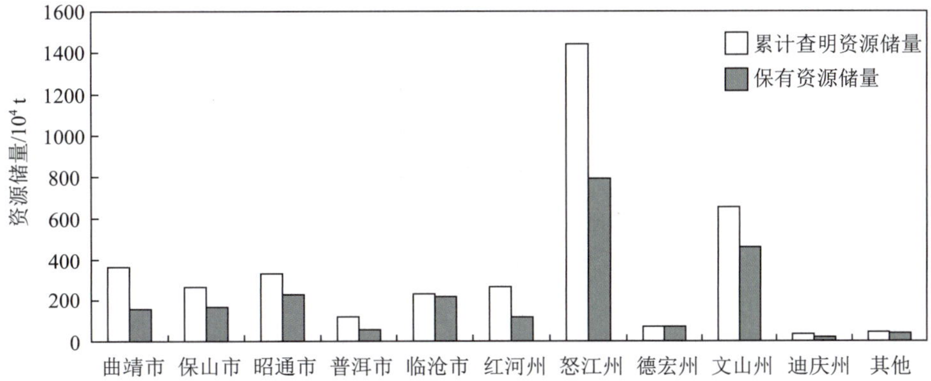

图 5-19　云南省查明锌矿资源储量分布直方图

（数据来源：《云南省 2015 年矿区及所属矿山矿产资源储量简表》，云南省国土资源厅，2016）

1960~1962 年，云南省地矿局区域地质测量大队对该矿进行普查。1965~1984 年，云南省地质局第十一地质队、八〇一队（由第十一地质队、与第七地质队合并而来）、第三地质大队对该矿进行详查和勘探。1979 年，地质矿产部授予这 2 个单位“找矿功勋单位”称号。1984 年，地质矿产部又授予“找矿特等奖”，13 人分别荣立一、二、三等功。

露天采场（左：云南金鼎锌业有限公司供稿，右：施玉北供稿）

兰坪金顶铅锌矿冶炼厂远眺

云南金鼎锌业有限公司生产的“慈山”牌锌锭

照片 5-12　兰坪金顶铅锌矿实景

赋矿地层为中生代—古近纪火山岩-碳酸盐岩沉积、红色碎屑岩夹膏盐沉积。含矿岩石为灰岩角砾岩、砂质灰岩角砾岩、钙质石英砂岩（图 5-20）。

矿区由北厂、架崖山、蜂子山、西坡、南厂、白草坪、跑马坪 7 个矿段组成，共圈出矿体 446 个。铅锌资源储量>200×10^4 t 的 2 个，>50×10^4 t 的 4 个。探获共生硫铁矿体 76 个，天青石矿体 100 个，石膏矿体 59 个。代表性铅锌主矿体（I_1）顺层产出，走向近东西，倾向北或北北东，倾角浅部一般<30°，向下渐变为 50°~60°。主矿体出露长度 1450 m，倾斜延深一般 600~800 m，平均厚 29.21 m（图 5-21）。

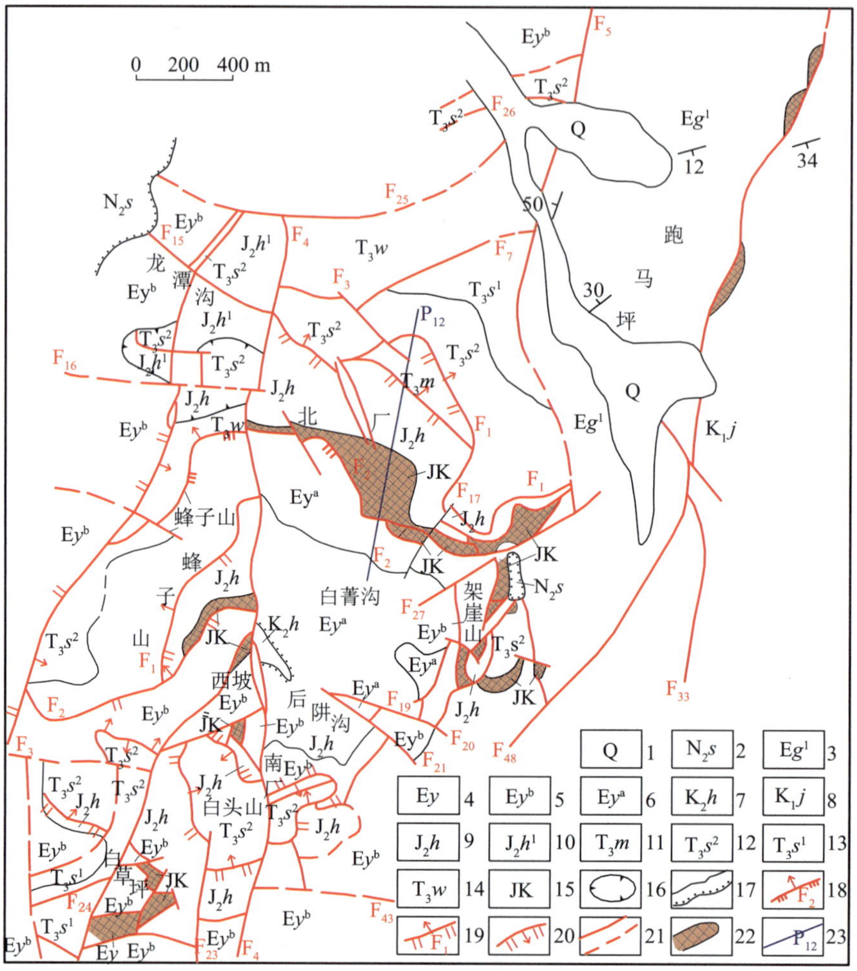

图 5-20 兰坪县金顶铅锌矿地质略图

（据云南省地质矿产局，1993）

1—第四系；2—新近系上新统三营组；3—古近系古新统果郎组下段；4—古近系古新统云龙组；5—古近系古新统云龙组上段；6—古近系古新统云龙组下段；7—上白垩统虎头寺组；8—下白垩统景星组；9—中侏罗统花开左组；10—中侏罗统花开左组下段；11—上三叠统麦初箐组；12—上三叠统三合洞组上段；13—上三叠统三合洞组下段；14—上三叠统歪古村组；15—断夹块；16—滑坡体；17—整合/不整合界线；18—水平推覆断层及编号；19—逆断层及编号；20—正断层；21—实测/推测性质不明断层；22—铅锌矿体；23—勘探线及编号

矿石具胶状、溶蚀、粒状结构，呈浸染状、块状、脉状构造。平均品位为：铅 1.42%，锌 7.32%。共伴生矿产有：镉、银、硫铁矿、锶、钡、石膏（照片 5-13）。

截至 2015 年，列入云南省矿产资源储量简表的 5 个矿段累计查明锌金属量 1392.70×10^4 t，占全省累计查明锌金属量的 33%；累计查明铅金属量 273.23×10^4 t，占全省累计查明铅金属量的 15%。铅+锌资源量 1665.93×10^4 t，属砂、砾岩型超大型铅锌矿，为目前中国正在开采的储量千万吨世界级铅锌矿。

（二）产于碳酸盐岩中的铅锌矿

产于碳酸盐岩中铅锌矿主要分布在陆块基底隆起边缘，古生代碳酸盐岩内，成因比较复杂，部分可能属含矿热卤水沉积成矿。矿体呈透镜状、似层状、豆荚状。成矿元素以铅、锌为主，伴生银、镉、锗、镓。代表性矿床为会泽县铅锌矿、龙陵县勐兴铅锌矿、巧家县茂租铅锌矿、彝良县毛坪铅锌矿、富源县富乐厂铅锌矿、建水县暮阳铅锌矿。现将会泽铅锌矿简介如下。

闪锌矿、方铅矿矿石

菱锌矿矿石

照片 5-13　兰坪县金顶铅锌矿矿石标本（云南省地质调查院供稿）

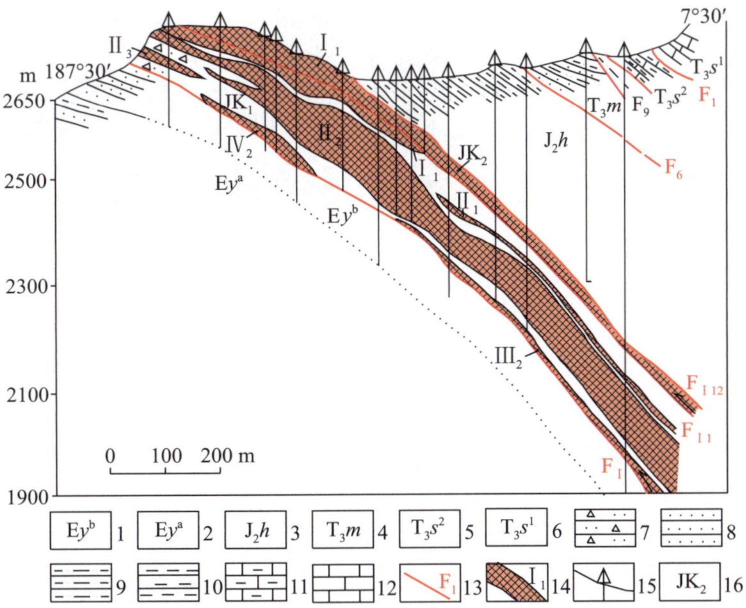

图 5-21　兰坪县金顶铅锌矿 P12 线勘探线剖面图

（据云南省地质局第三地质大队，1984，有修改）

1—古近系古新统云龙组上段；2—古近系古新统云龙组下段；3—中侏罗统花开左组；4—上三叠统麦初箐组；5—上三叠统三合洞组上段；6—上三叠统三合洞组下段；7—含角砾砂岩；8—细粒砂岩；9—泥质粉砂岩；10—泥岩；11—泥质灰岩；12—灰岩；13—断层及编号；14—矿体及编号；15—钻孔；16—断夹块及编号

会泽铅锌矿位于会泽县者海镇境内，由矿山厂、麒麟厂矿段组成。据矿史记载，矿山厂铅锌矿的开采利用，早在两千多年前的西汉时期就已开始。当时是从铅矿石中提炼银。从明清到民国，会泽矿山厂产铅、锌、白银，数百年时兴时衰，产量微薄但绵延不断。在明代，除继续从铅矿石中提炼银外，开始提炼锌金属，制造锌铜合金的铜钱。在清代，会泽地区最高年产量达铅 44.95 t，锌 563.75 t，采冶人数达数千人。民国期间，共生产净铅 5668.5 t，蒸馏锌 3844.7 t。直到 1949 年前，整个矿山厂一直都在时断时续地开采和冶炼（照片 5-14）。从遗留炉渣推算，总计已采出铅金属$>10\times10^4$ t，锌金属$>50\times10^4$ t。新中国成立后，矿山的铅锌多金属资源得到有效利用。1965 年，建成年产 1×10^4 t 铅锌锗冶炼厂，使会泽成为我国的主要锗金属生产基地（照片 5-15）。

a—1949年前会泽矿山背矿出坑的“沙丁”

b—1949年后老矿山第一天上班复工情景

照片 5-14　会泽铅锌矿历史照片
（云南驰宏锌锗有限公司供稿）

a—会泽矿业厂部

b—会泽铅锌矿业井下采矿作业

照片 5-15　现代化的会泽铅锌矿实景
（云南驰宏锌锗有限公司供稿）

1. 矿区地质

矿区范围北起龙王庙，南至窝铅厂，东起牛栏江，西至范家村，面积约 134 km^2。

矿区出露震旦系灯影组、下寒武统筇竹寺组、泥盆系（海口组、宰格组）、石炭系（大塘组、摆佐组、威宁组、马坪组）地层。下石炭统摆佐组是主要赋矿地层，也是滇东北、黔西北的重要容矿层，摆佐组下部为灰色厚层状砂屑灰岩，夹细晶白云岩；中部为肉红色厚层粗到中晶白云岩；上部为灰白色厚层状含生物碎屑粗晶白云岩、粉细晶灰岩（图 5-22）。

会泽铅锌矿区划分为 3 条褶皱断层带（矿山厂、麒麟厂、银厂坡），总体呈北东向。断层北东端收拢或相交，向南西延伸中具分支复合现象。矿区还发育有北东向的层间破碎带、近南北向断层、北西向断层、北西向节理带。

矿床控矿、容矿构造为燕山期北东向逆断层-背斜（拖曳）构造带。赋矿地层主要为下石炭统碳酸盐岩，其次为上泥盆统碳酸盐岩。

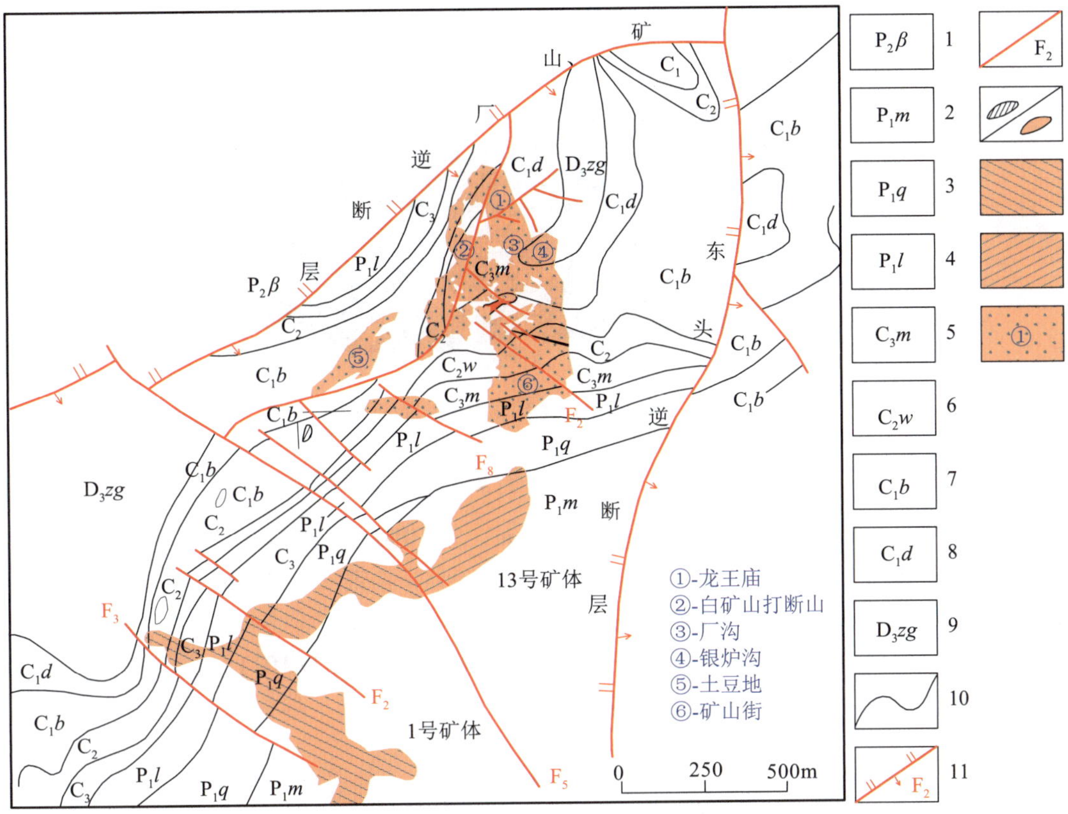

图 5-22　会泽县矿山厂铅锌矿区地质简图

（地质底图据云南省地质矿产局，1993，有修改）

1—上二叠统玄武岩组；2—下二叠统茅口组；3—下二叠统栖霞组；4—下二叠统梁山组；5—上石炭统马平组；6—中石炭统威宁组；7—下石炭统摆佐组；8—下石炭统大塘组；9—上泥盆统宰格组；10—地层界线；11—逆断层；12—性质不明断层及编号；13—原生铅锌矿体地表露头/隐伏铅锌矿体水平投影范围；14—1 号矿体水平投影范围；15—13 号矿体水平投影范围；16—砂矿出露范围及矿段编号

2. 矿体地质

（1）麒麟厂矿段

北东向矿带长 1400 m，向南东陡倾，已控制垂深 1149 m（2480~1331 m），氧化带垂深 599 m（2480~1881 m），深部硫化块状富矿揭露垂深 550 m（1881~1331 m），已达牛栏江面（1565 m）之下 234 m。

麒麟厂 6 号矿体长 1050 m，厚 0.5~46.40 m，宽 340 m。浅部氧化矿石的品位为：铅 6.68%、锌 3.25%、锗 0.0024%、银 75 g/t。深部硫化矿石的品位为：铅 6.55%、锌 17.5%、锗 0.0042%、银 280.3 g/t（照片 5-16）。

矿石类型划分为硫化矿石和氧化矿石。硫化矿石进一步划分为 3 种类型：①细粒带状矿石的金属矿物为黄铁矿、方铅矿、闪锌矿、方铅矿、黄铁矿；②粗粒块状矿石的金属矿物为闪锌矿、方铅矿、黄铁矿；③细粒块状矿石的金属矿物为黄铁矿、方铅矿、闪锌矿。氧化矿石的金属矿物有残余方铅矿、闪锌矿、黄铁矿。

（2）矿山厂矿段

矿山厂矿段在长度 1800 m 地段内，圈定出大小矿体 260 个。矿体水平长度最大 239 m，倾斜长最大>1050 m，矿体水平厚度最大 35 m。矿体沿层展布，呈现多条似游鱼状平行排列，有锯齿状分枝、复合、尖灭再现现象。

矿石类型划分为硫化矿石和氧化矿石。硫化矿石的矿物主要为黄铁矿、闪锌矿、方铅矿及少量毒砂，还含有少量硫盐类矿物（灰硫砷铅矿，灰硫锑铅矿）、氧化铅锌矿物。

照片 5-16　会泽铅锌矿高品位铅锌矿石

（云南驰宏锌锗有限公司供稿）

矿山厂 1 号矿体（代表性矿体）长 223 m，厚 29 m，宽 1050 m，控制矿体垂深 879 m。浅部氧化矿石的品位为：铅 2.25%、锌 12.99%、锗 0.0018%~0.0063%、银 27.83 g/t。深部硫化矿石的品位为：铅 13.71%、锌 28.64%、锗 0.0036%、银 94.7 g/t。

矿床累计查明铅金属量 134.41×10^4 t（达大型）、锌金属量 280.33×10^4 t（达大型），累计查明铅锌金属量（含砂矿）414.74×10^4 t，属超大型铅锌矿床。

（三）矽卡岩型铅锌矿

矽卡岩型铅锌矿一般产于花岗岩与碳酸盐岩外接触带的矽卡岩内。矿体呈透镜状、似层状产于矽卡岩中。成矿元素为铜、铅、锌、银、锡组合。代表性矿床为：腾冲市大硐厂铅锌多金属矿、隆阳区核桃坪铅锌铜金铁多金属矿、镇康县芦子园铅锌多金属矿、香格里拉市红山铜铅锌多金属矿。

1. 隆阳区核桃坪铅锌铜金铁多金属矿床

矿床位于隆阳区瓦窑乡境内。赋矿地层为上寒武统核桃坪组和沙河厂组。赋矿岩石主要为矽卡岩和不纯碳酸盐岩。矿区分为 8 个矿段，各矿段的成矿元素有一定差别，主要为铅、锌铁、铜、金等，矿区地质简图见图 5-23。

代表性矿体（主矿体）为核桃坪矿段 V_1 矿体，长 1500 m，平均厚 8.14 m，倾向延伸>120 m，铅+锌的平均品位 8.53%。金厂河矿段铁矿体长 1828 m、倾向延深 662 m，平均厚 92.35 m，全铁的平均品位 32.24%；共生铜矿体走向长 534 m，倾向深>176 m，平均厚 4.45 m，铜的平均品位 1.80%。

矿石具粒状结构，块状、细脉状、浸染状构造。矿石矿物主要有磁铁矿、闪锌矿、方铅矿、黄铜矿、异极矿、水锌矿、白铅矿、孔雀石。脉石矿物主要有石榴子石、透辉石、阳起石。

截至 2015 年，矿床查明锌金属量为 48.60×10^4 t、铅资源储量为 14.16×10^4 t，属大型沉积预富集-多期热液叠加改造矽卡岩型多金属矿床。已开发。

2. 镇康县芦子园铅锌多金属矿床

矿区位于镇康县凤尾镇境内。赋矿地层为寒武系沙河厂组。赋矿岩石主要有矽卡岩、大理岩及少量辉绿岩。主要矿种有铅、锌、铁，伴生铜、金、银（照片 5-17）。

矿体呈似层状、脉状，走向北东，倾向北西，平均倾角 55°。矿区由芦子园、小河边、天生桥 3 个矿段组成。芦子园矿段上部为铅锌矿、下部为铁矿，伴生铜、金、银。小河边矿段以铁为主，局部共伴生铅、锌、铜、金。天生桥矿段以铁为主，局部共伴生铜（图 5-24）。

代表性矿体长>2300 m，倾斜延深 2066 m。上段为铅锌矿，控制斜深 1450 m，平均厚 11.74 m，铅+锌的平均品位 3.6%。下部铁矿体控制斜深>600 m，平均厚 20.51 m，全铁的平均品位 28.50%。

矿石自然类型主要为大理岩型铅锌矿石、矽卡岩型铅锌矿石、矽卡岩型铁矿石。矿石具粒状结构、胶状结构，浸染状、条带状、块状、皮壳状、土状构造。矿石矿物主要有闪锌矿、磁铁矿、方铅矿、异

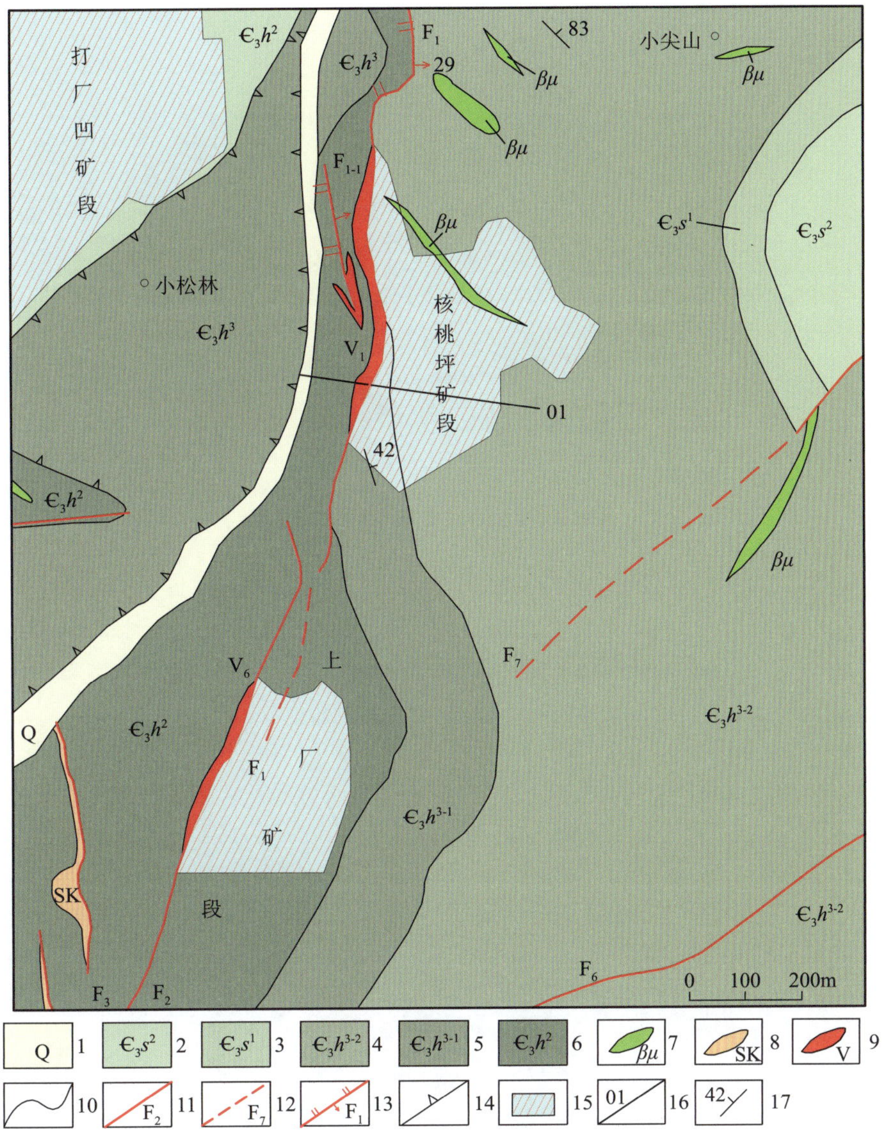

图 5-23 隆阳区核桃坪铅锌矿区核桃坪矿段、上厂矿段地质简图

（据云南省矿产地质局第四地质大队，1993，有修改）

1—第四系冲洪积层；2—上寒武统沙河厂组上段；3—上寒武统沙河厂组下段；4—上寒武统核桃坪组上段二层；5—上寒武统核桃坪组上段一层；6—上寒武统核桃坪组中段；7—辉绿岩；8—矽卡岩；9—铅锌矿体及编号；10—实测地层界线；11—实测/推测性质不明断层及编号；12—推测断层；13—逆断层及编号；14—滑坡体界线；15—铅锌矿体水平投影范围；16—勘探线剖面位置及编号；17—产状

极矿、菱锌矿、白铅矿、黄铜矿、孔雀石、蓝铜矿。脉石矿物主要有方解石、白云石、绿泥石。

截至 2015 年，矿床累计查明锌金属量 218.32×10^{4} t、铅金属量 14.12×10^{4} t。加上外围矿区，全区累计查明 334 类别以上铅+锌金属量 491.41×10^{4} t，铁矿石资源量 3.10×10^{8} t，铜金属量 2.36×10^{4} t，达超大型矿床规模，已开发。

（四）海相火山岩型铅锌（多金属）矿

海相火山岩型铅锌（多金属）产于裂谷盆地的石炭系中基性火山岩系。矿体赋存于火山岩与碳酸盐岩过渡带，火山岩为安山凝灰岩、安山凝灰角砾岩及中基性熔岩。矿体呈似层状、透镜状、脉状，为银、铅、锌矿，伴生铜。代表性矿床为澜沧县老厂铅锌银铜钼多金属矿、德钦县鲁春铅锌矿、思茅区大平掌铜多金属矿。现将前者简介如下。

a. 氧化锌矿石（采集人：路永严，2011）

b. 铁铅锌铜矿石标本（采集人：于海军，2016）

照片 5-17　镇康县芦子园铅锌铁多金属矿矿石标本

（云南省地质调查院供稿）

澜沧县老厂铅锌银钼铜多金属矿是一个古老的银矿山。采冶始于明朝永乐二年（1404 年），盛于清朝康熙-乾隆年间（1662~1795 年）。在象山、莲花山灰岩中，留下采矿老硐数百个。采出的矿石炼银弃铅，最高年产白银 30 万两。1955 年，澜沧冶炼厂成立，利用古代炉渣和泥砂状矿石冶炼粗铅。此项工作一直持续至 1992 年。1954~1991 年，云南冶金地质勘探公司三〇五、三一一、三〇九地质队对该矿山进行地质勘查，取得较好的地质找矿效果。

澜沧县老厂铅锌银钼铜多金属矿床位于澜沧县城西北。中-上石炭统和下二叠统碳酸盐岩是脉状铅锌银多金属矿床赋矿层位（照片 5-18），下石炭统依柳组碳酸盐岩是层状、似层状铅锌银铜多金属矿体的主要容矿层，早喜马拉雅期隐伏花岗斑岩是钼矿赋矿岩石，矿床是两套主要成矿系统、多种有利成矿要素有机耦合的结果，是特定环境下形成的火山喷流沉积+隐伏斑岩热液成因为主的矿床，多因复成特征典型。其“双成矿系统同位叠加”成矿模式见图 5-25。

在长>1600 m、宽 200~400 m 的矿带中，有 3 个矿体群 136 个矿体。代表性矿体长 570 m，倾斜延深 300 m，厚 4. 16~47. 79 m。

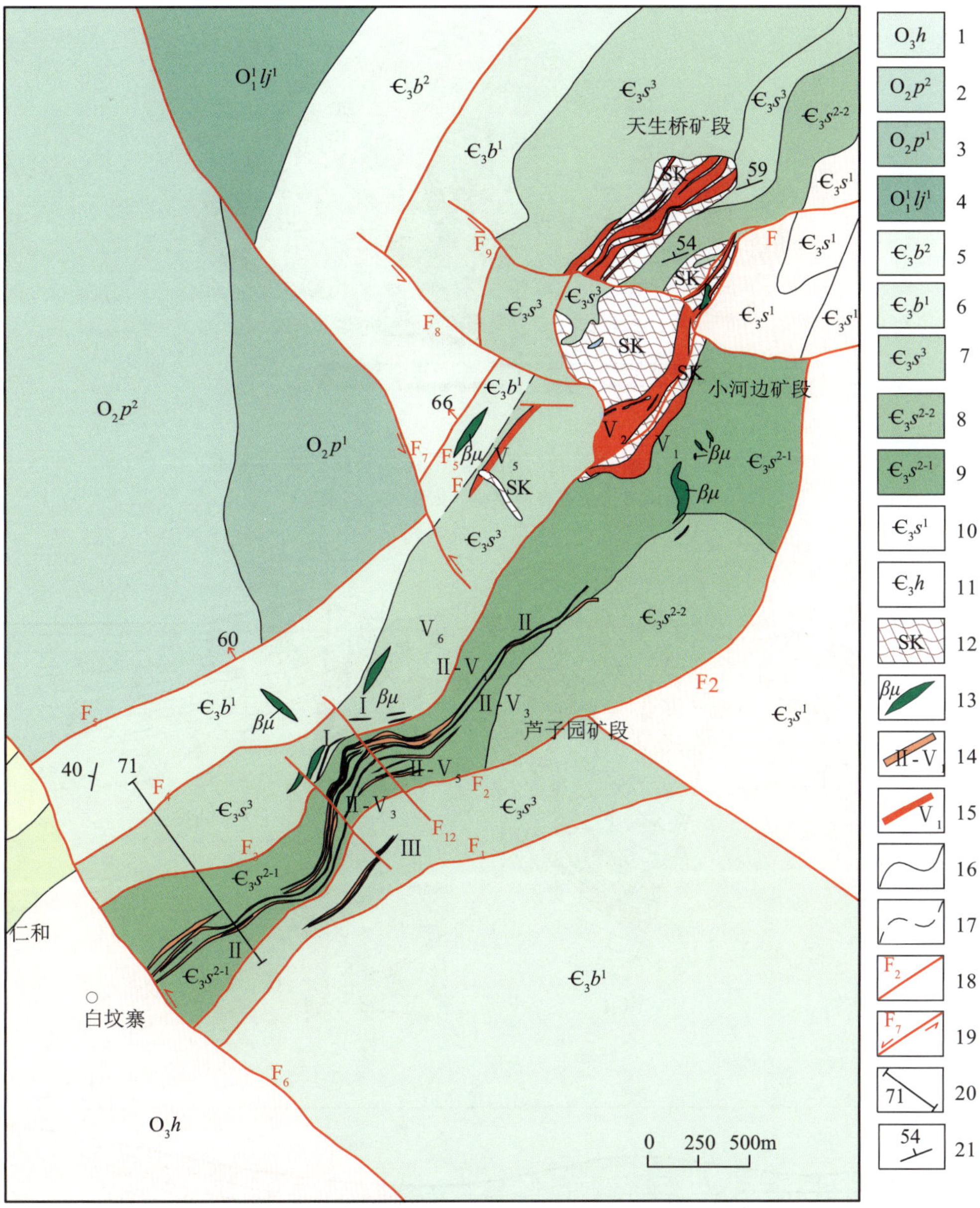

图 5-24 镇康县芦子园（鲁子园）铅锌多金属矿区地质简图

（据云南省地质调查院，2012，有修改）

1—上奥陶统火烧桥组；2—中奥陶统蒲缥组第二段；3—中奥陶统蒲缥组第一段；4—下奥陶统老尖山组；5—上寒武统保山组第二段；6—上寒武统保山组第一段；7—上寒武统沙河厂组第三段；8—上寒武统沙河厂组第二段二层；9—上寒武统沙河厂组第二段一层；10—上寒武统沙河厂组第一段；11—上寒武统核桃坪组；12—矽卡岩；13—辉绿岩；14—铅锌矿体及编号；15—铁矿体及编号；16—地层界线；17—推测地层界线；18—性质不明断层及编号；19—走滑断层；20—勘探线及编号；21—岩层产状

矿石具粒状、交代结构，块状、浸染状、条带状构造。主要金属矿物有方铅矿、铁闪锌矿、黄铜矿、白铅矿、铅矾、菱锌矿、硅锌矿、异极矿、铜兰、孔雀石、黄铁矿、辉钼矿、白钨矿。主要金属有铅、锌、银、钼、铜。平均品位为：铅 1.25%～7.13%、锌 1.02%～8.51%、银 23.4～122.7 g/t。伴生有益组分有金 0.13 g/t、铟 0.0024%、镉 0.022%、镓 0.0012%。钼（铜）矿体的钼的平均品位 0.041%～0.068%，伴生铜的平均品位 0.27%。

截至 2015 年，矿床查明锌金属量 56.25×10^4 t、铅金属量 95.86×10^4 t，已开发。

矿床属大型规模。已开发。

照片 5-18　澜沧县老厂铅锌银钼铜多金属矿矿石标本

（云南省地质调查院供稿，采集人：胡永兴）

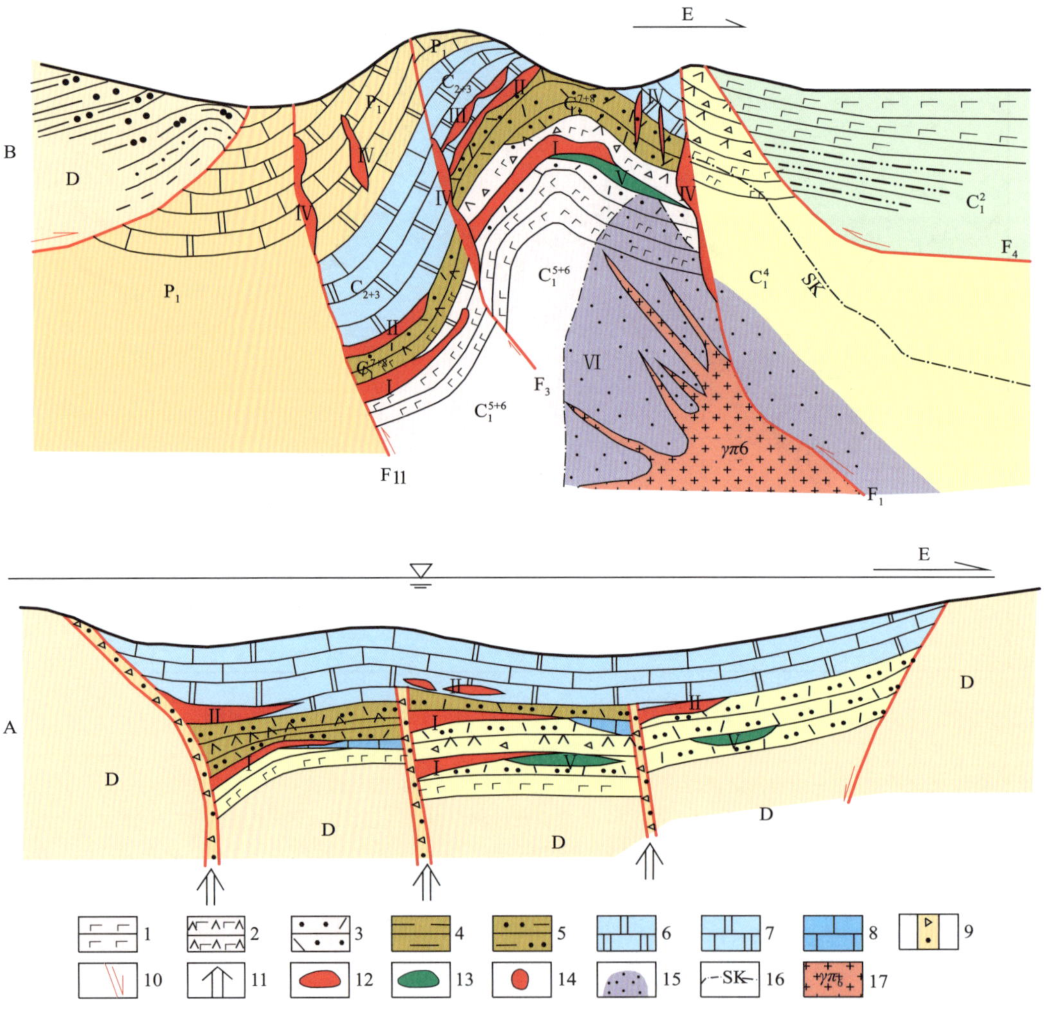

图 5-25　澜沧老厂“双成矿系统同位叠加”成矿模式图

（据云南省有色地质局楚勘院，2010）

A—早石炭世火山喷流沉积成矿系统；B—始新世隐伏花岗岩斑岩成矿系统

1—玄武质熔岩及其凝灰岩；2—安山质熔岩及火山碎屑岩；3—沉凝灰岩；4—（含碳）硅质岩、硅质页岩及碳质页岩；5—中上泥盆统含砾砂岩；6—中上石炭统碳酸盐岩；7—下二叠统碳酸盐岩；8—火山岩系中的碳酸盐岩夹层；9—同生断层；10—多期活动断层及其编号；11—喷流热液运移方向；12—铅锌银矿体；13—黄铁矿体；14—斑岩热液脉状铅锌银矿；15—斑岩型细脉—浸染状（钼、钨）矿化体及其推测矿化区；16—矽卡岩化区；17—推测隐伏花岗斑岩体

（五）其他类型矿床

其他类型的铅锌矿包括：斑岩有关热液脉型铅锌矿、海相（火山-）沉积岩型铅锌、中酸性岩浆热液有关的脉状铅锌（多金属）矿床、次火山热液型银铅锌矿。

斑岩有关热液脉型铅锌矿产于喜马拉雅期浅成富碱斑岩体与碳酸盐岩或碎屑岩的外接触带。矿体呈脉状、透镜状。成矿元素以铅、锌为主，伴生金、银。代表性矿床为姚安县姚安铅矿、鹤庆县北衙金多金属矿、祥云县马厂箐金矿。

海相（火山-）沉积岩型铅锌矿产于中上三叠统火山沉积岩系的碳酸盐岩中。矿体呈似层状、透镜状、脉状。成矿元素为铅、锌、铜，伴生银，共生菱铁矿。代表性矿床为勐腊县新山铅锌铜铁多金属矿、砚山县芦柴冲铅锌矿、德钦县鲁春铜铅锌多金属矿、维西县楚格扎铅锌铁多金属矿。

中酸性岩浆热液有关的脉状铅锌（多金属）矿床产于华南陆块西南部。成矿作用与燕山期花岗岩密切相关。花岗岩及周围接触蚀变带以及花岗岩深部的“突起”部位有利成矿。矿体呈似层状、脉状赋存于花岗岩外接触带个旧组灰岩内。代表性矿床为个旧市老厂锡多金属矿、马关县都龙锡锌多金属矿、蒙自县白牛厂银多金属矿。

次火山热液型银铅锌矿分布于华南陆块西南部，红河断裂北侧，北西向断裂控制矿床展布。矿体赋存于二叠系阳新组灰岩与二叠系峨眉山玄武岩组碳酸盐化玄武岩之间的玄武质、灰质角砾岩中。代表性矿床为建水县荒田铅锌矿。

三、矿床时空分布规律

云南省铅锌矿分布较广，重要类型的铅锌矿分片集中产出。空间分布上：腾冲成矿省及三江成矿省资源量最丰富，以砂砾岩型铅锌矿及矽卡岩型铅锌矿为主；次为上扬子成矿省，以层控碳酸盐岩型为主。时间分布上：喜马拉雅期成矿作用最广泛，印支期—燕山期次之。

（一）腾冲成矿省及三江成矿省

铅锌矿是腾冲成矿省及三江成矿省优势矿种之一，共有矿床、矿（化）点 128 处。其中，超大型矿床 1 处、大型 2 处、中型 7 处、小型 4 处、矿点 83 处、矿化点 31 处。据 2009 年底统计数据，总计查明铅锌资源储量 2240×10^4 t，占全省查明资源储量的 54%。仅兰坪县金顶超大型铅锌矿床即占全省查明铅锌资源储量的 40%。

主要矿床类型为：砂砾岩型、矽卡岩型、碳酸盐岩型、海相火山岩型等。其中最重要的矿床类型依次为：砂砾岩型、矽卡岩型、层控碳酸盐岩型、海相火山岩型。此外，与斑岩有关热液脉型铅锌矿有一定矿化线索，目前还在继续工作。

砂砾岩型铅锌矿资源储量高度集中于兰坪-云龙地堑盆地内，查明的资源储量占全区总量的 77%。海相火山岩型矿床分布于昌宁-孟连早石炭世裂谷盆地、德钦-维西火山弧、云县-景洪火山弧。矽卡岩型矿床主要分布于保山、腾冲燕山期花岗岩带。碳酸盐岩型矿床分布于保山地块、石鼓地块隆起边缘相对稳定的浅海碳酸盐岩中。斑岩有关的铅锌矿床出现在滇西地区。

各成矿时代查明的铅锌资源储量以喜马拉雅期为主，其次是燕山期、印支期。

（二）上扬子成矿省

上扬子成矿省铅锌矿产地为：铅矿 28 处，锌矿 30 处，总计查明铅+锌资源储量 1002×10^4 t，占全省的 24%。

主要矿床类型有碳酸盐岩型铅锌矿、斑岩有关铅锌矿。前者占 85%，后者占 15%。区内最主要的碳酸盐岩型铅锌矿成矿时代暂无确切资料，多为印支期—燕山期。据此，铅锌矿以印支期—燕山期成矿为主，喜马拉雅期其次。

碳酸盐岩型铅锌矿含矿岩石均为白云岩，赋矿地层时代以石炭纪为主，所占资源储量为 60%，其次为震旦纪占 24.4%。

（三）华南成矿省

华南成矿省铅锌矿较为丰富，共有矿床（点）69 处，总计查明资源储量 890×10^4 t，占全省的 22%。已查明的大型铅锌矿有：建水县荒田铅锌矿、砚山县芦柴冲铅锌矿、蒙自市白牛厂银铅锌多金属矿、马关县都龙锡锌多金属矿。

主要类型有矽卡岩型、岩浆热液型、碳酸盐岩型，次火山岩型、海相火山岩型。查明资源储量 630×10^4 t，占华南成矿省资源储量的 71.0%。次为海相火山岩型、次火山岩型。

主要类型矿床时空分布规律如下。

1）矽卡岩型、岩浆热液型铅锌多金属矿，主要成矿时代为燕山晚期，与花岗岩密切相关，分布在个旧-河口矿带、薄竹山-马关矿带，控矿条件为花岗岩接触蚀变带和花岗岩深部的“突起”部位。

2）次火山岩型铅锌矿主要成矿时代是晚二叠世，与峨眉山玄武岩关系密切，分布在个旧-河口（个旧断块）矿带的建水官厅-虾洞一带，控矿构造为断裂和接触带。

3）海相火山岩型铅锌矿主要成矿时代是早泥盆纪，与碳酸盐岩密切相关，分布在西畴矿带砚山-广南一带，控矿构造为同生断裂、断陷盆地及复式向斜构造。

4）铅锌矿全部分布在个旧-文山-富宁成矿带内。其中：个旧-河口（个旧断块）矿带占全区铅锌资源储量的 36.6%，薄竹山-马关（文山-麻栗坡褶皱带）矿带占 55.5%，西畴（西畴拱凹）矿带占 7.9%。

四、开发利用

据 2009 年核查统计，云南省铅锌矿山开采回采率 81.95%～93.32%，选矿回收率 76.01%～80.36%，综合利用率 65.49%～70.50%。

（一）产业链

铅锌矿有较复杂的下游产业，形成的产业链表较为复杂（表 5-14，图 5-26）。

表 5-14　铅锌矿产业链

铅锌矿开采	铅锌矿								
矿石加工	原矿→多段破碎→多级磨矿→选矿→铅锌精矿								
	铅粗选、精选→铅精矿→铅				锌粗选、精选→锌精矿→锌				
下游产业	机械	制酸、冶金	电器	化学及其他	冶金	机械	化学	纺织	农业
下游产品	焊接、电镀、蓄电池	铅板、铅管作衬里保护设备	电缆包皮、熔断保险丝	颜料、橡胶、玻璃、陶瓷、医药	各种合金	镀锌	油漆、干电池	颜料、染料	杀虫剂

（二）矿山企业概况

截至 2015 年底，云南省铅矿矿山企业数为 136 个，矿山从业人员 4579 人。锌矿企业 145 个，矿山从业人员 22667 人。年产铅金属 34.58×10^4 t、锌金属 113.88×10^4 t（云南统计局，2016）。

云南省铅锌资源在国际和国内均占有明显的优势，现在及今后都将是全国铅锌生产和出口创汇的主要基地。目前，云南省的铅锌矿精矿粉大部分在云南省本地冶炼厂冶炼，亦有部分精矿粉运输至周边省份。成品铅锭、锌锭则直接销往国内及国外。

（三）资源利用情况

在已占用保有资源储量中，硫化矿占比较大，矿石类型相对简单，利用情况较好。地表及近地表

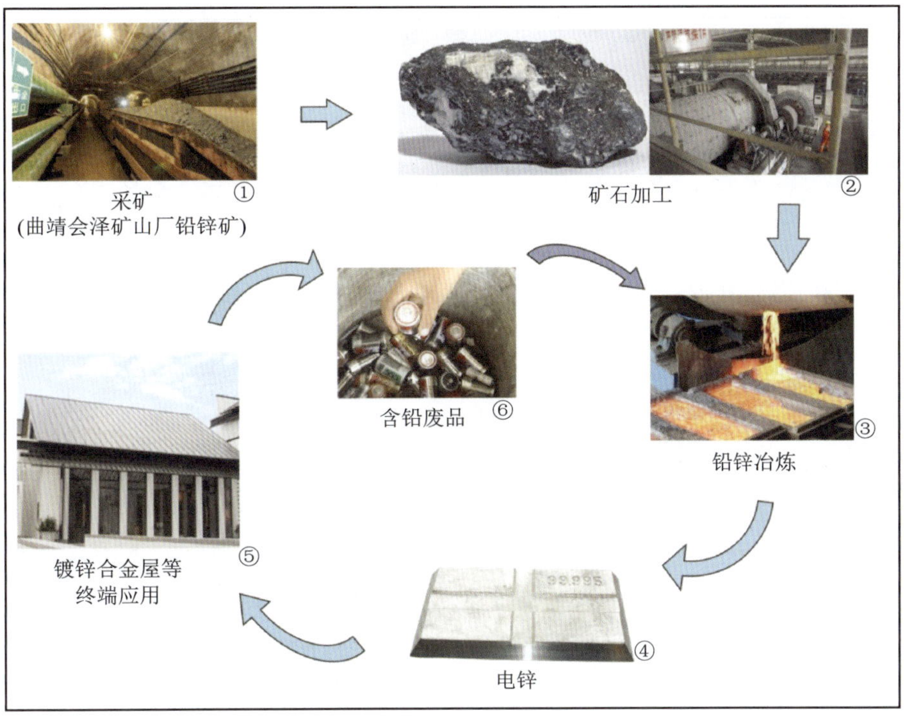

图 5-26　铅锌产业链示意图

（图①、②、④由云南驰宏锌锗股份有限公司提供；图③http://zhiyebing.h.baike.com/article-158001.html；图⑤http://baike.asianmetal.cn/metal/zn/application shtml；图⑥http://baike.asianmetal.cn/metal/zn/recycling shtml）

的氧化矿消耗相对较快。低品位铅锌矿很少利用。铅锌矿石中伴生组分多，主要有银、锡、金、锑、锗、镉等，均可综合利用。

云南省 2009 年查明铅矿区 291 处，其中 184 处矿区为全部占用。查明锌矿区 300 处，其中 200 处矿区资源储量被全部占用，35 处未占用。资源利用情况较好。

第四节　铝　土　矿

铝土矿是提取金属铝的主要原料。铝（Al）的最大用途是制成各种铝合金。这些铝合金广泛应用于飞机、汽车、火车、船舶制造工业。此外，火箭、航天飞机、人造卫星也使用大量的铝及其合金。铝具有良好的导电性、导热性、抗腐蚀性，是制造电器、电线、电缆、无线电元件、热交换器、散热材料和炊具的常用材料。中国铝的消费结构以建筑业（32%）为主，交通运输（19%）、家电（19%）、包装（9%）、机械制造（8%）、电子通讯（4%）、其他（6%）（矿业界，2016a）。

在自然界中，铝矿物和含铝矿物约有 250 多种。主要的铝矿物为：刚玉、一水硬铝石、一水软铝石、三水铝石、红柱石、蓝晶石、矽线石、明矾石、霞石、水铝英石。我国提炼铝的主要矿物是一水硬铝石，其次为三水铝石。

铝土矿是云南省重要矿产之一，据《全国矿产资源储量通报》（国土资源部，2016）资料，云南铝土矿保有资源储量居全国第 6 位。

一、资源概况

云南省铝土矿有沉积型铝土矿、第四系堆（残）积型铝土矿。经清理和筛选，重要的铝土矿产地 51 处（图 5-27，表 5-15）。其中列入 2015 年《云南省矿产资源储量简表》的矿区 31 处，累计查明矿石资源量 11302×10^4 t。

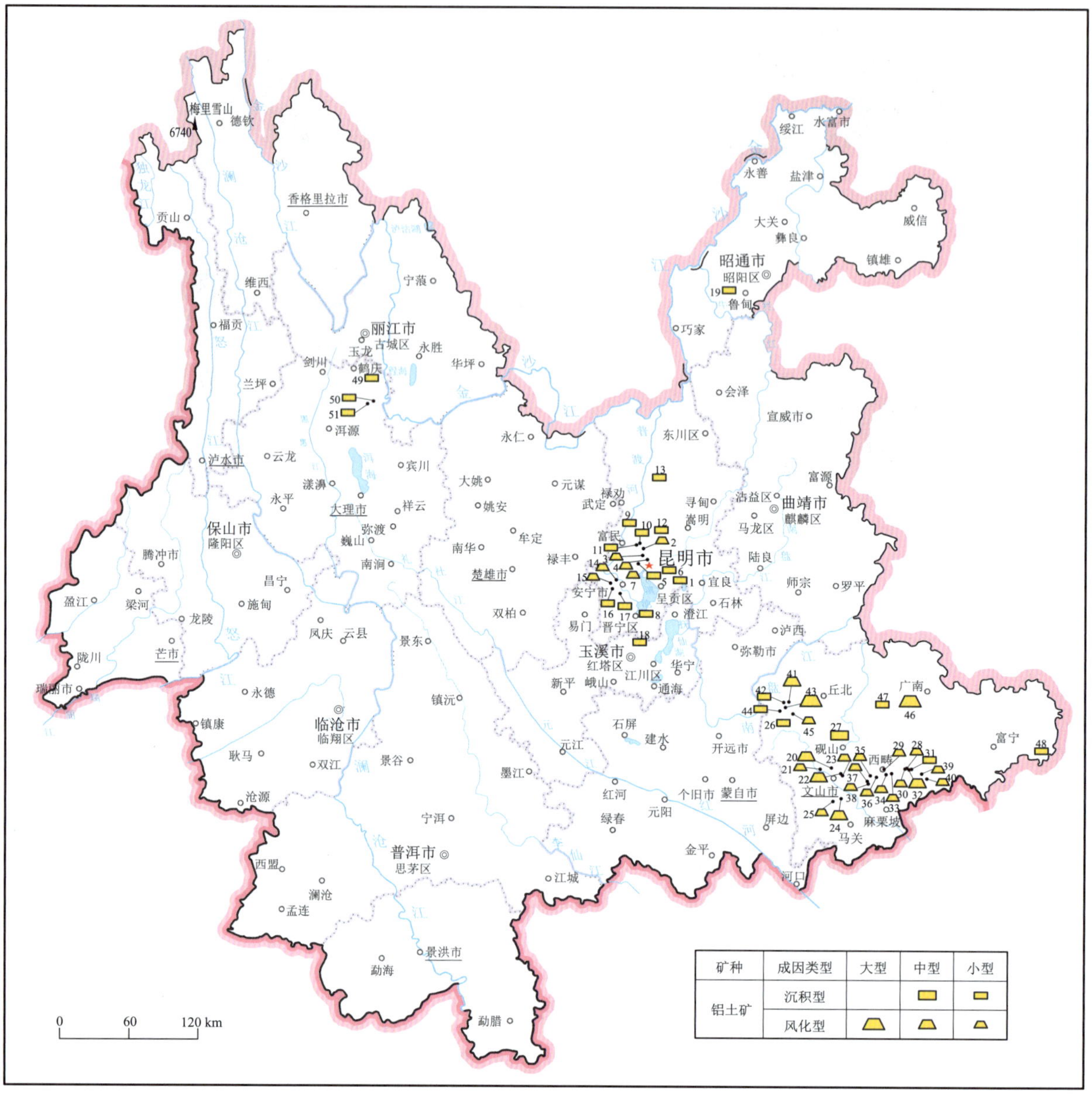

图 5-27 云南省铝土矿主要矿产地分布图

云南省铝土矿主要集中分布在滇东南和滇中地区，矿床（点）数量占全省总数的92%，少量分布于玉溪市及大理州（图 5-28），此外滇东北也有少量矿点、矿化点分布。

有工业意义的铝土矿主要分布在滇东南的广南、丘北、文山、西畴、麻栗坡、富宁地区，其次在滇中的昆明地区，滇西北鹤庆县的松桂、中窝地区，滇东北的镇雄、巧家、鲁甸地区也有分布。其中，以滇东南西畴县卖酒坪式堆积型铝土矿、麻栗坡县铁厂式沉积型铝土矿及昆明附近老煤山式沉积型铝土矿最为重要。

二、矿床类型与矿床实例

根据地质勘查与综合研究成果，云南省铝土矿主要有沉积型和堆（残）积型 2 种矿床类型。

（一）沉积型铝土矿

此类矿床多位于古陆边缘之地层超覆面，产于古岩溶夷平面之上，是海进系列的初期沉积物。

表 5-15　云南省铝土矿主要矿产地

编号	州（市）	矿产地名称	规模	矿床类型	成矿时代	工作程度	资源储量 10^4 t
1	昆明市	呈贡区马头山铝土矿	小型	沉积型	早二叠世	详查	96.90
2		五华区沙朗铝土矿	小型	风化型	早二叠世	勘探	25.10
3		五华区大普吉铝土矿	小型	风化型	早二叠世	详查	12.46
4		五华区铁峰庵铝土矿	小型	风化型	早二叠世	普查	10.90
5		五华区筇竹寺铝土矿	小型	沉积型	早二叠世	普查	29.16
6		官渡区大板桥铝土矿	小型	沉积型	早二叠世	详查	365.50
7		西山区法禄村、凤凰村铝土矿	小型	风化型	早二叠世	普查	57.40
8		晋宁县牛恋村铝土矿	小型	沉积型	早二叠世	勘探	25.90
9		富民县赤鹫铝土矿	小型	沉积型	早二叠世	普查	194.28
10		富民县上茨塘村老煤山铝土矿	小型	沉积型	早二叠世	预查	67.73
11		富民县老煤山铝土矿	小型	沉积型	早二叠世	详查	140.2
12		嵩明县阿子营铝土矿	小型	沉积型	早二叠世	普查	114.13
13		禄劝县甸尾铝土矿	小型	沉积型	早二叠世	预查	67.90
14		安宁市温泉铝土矿	小型	风化型	早二叠世	普查	30.60
15		安宁市草铺铝土矿	小型	风化型	早二叠世	普查	104.88
16		安宁市县街铝土矿	小型	沉积型	早二叠世	勘探	103.17
17		安宁市耳目村铝土矿	小型	沉积型	早二叠世	勘探	326.78
18	玉溪市	红塔区小石桥铝土矿	小型	沉积型	早二叠世	普查	14.74
19	昭通市	鲁甸县三合场铝土矿	小型	沉积型	早二叠世	预查	293.00
20	文山州	文山市者五舍铝土矿	中型	风化型	全新世	预查	500.00
21		文山市天生桥-瓦白冲铝土矿	小型	风化型	全新世	普查	188.47
22		文山市大石盆铝土矿	中型	风化型	全新世	勘探	679.50
23		文山市南林河铝土矿	小型	风化型	全新世	预查	45.00
24		文山市杨柳井铝土矿	中型	风化型	晚二叠世	详查	1357.89
25		文山市清水塘铝土矿	小型	风化型	全新世	普查	138.49
26		砚山县永和铝土矿	小型	沉积型	晚二叠世	预查	176.34
27		砚山县红舍克铝土矿	中型	沉积型	晚二叠世	勘探	756.40
28		西畴县转保铝土矿	小型	风化型	全新世	预查	326.38
29		西畴县烈士墓—英代铝土矿	小型	风化型	全新世	预查	226.00
30		西畴县大地—瓦厂铝土矿	小型	风化型	全新世	预查	62.40
31		西畴县芹菜塘铝土矿	小型	沉积型	晚二叠世	勘探	409.73
32		西畴县卖酒坪铝土矿	中型	风化型	全新世	详查	1050.30
33		西畴县追栗冲铝土矿	小型	风化型	全新世	预查	10.31
34		西畴县董有新发寨铝土矿	小型	风化型	全新世	预查	22.10
35		西畴县大塘子—联营厂铝土矿	小型	风化型	全新世	预查	14.25
36		西畴县大吉厂铝土矿	小型	风化型	全新世	预查	32.13
37		西畴县大马路铝土矿	小型	风化型	全新世	预查	18.00

续表

编号	州（市）	矿产地名称	规模	矿床类型	成矿时代	工作程度	资源储量 10^4 t
38	文山州	西畴县木者铝土矿	小型	风化型	全新世	普查	211.34
39		麻栗坡县太平街铝土矿	小型	风化型	全新世	预查	27.30
40		麻栗坡县铁厂铝土矿	小型	风化型	晚二叠世	详查	424.91
41		丘北县大铁铝土矿	中型	风化型	全新世	普查	1881.79
42		丘北县水米冲铝土矿	小型	沉积型	晚二叠世	普查	19.58
43		丘北县飞尺角铝土矿	大型	风化型	全新世	详查	2012.17
44		丘北县席子塘铝土矿	小型	沉积型	晚二叠世	预查	57.59
45		丘北县白色姑铝土矿	小型	风化型	全新世	预查	30.00
46		广南县板茂铝土矿	大型	风化型	晚二叠世	普查	7052.00
47		广南县新寨铝土矿	小型	沉积型	晚二叠世	预查	6.63
48		富宁县郎架铝土矿	小型	沉积型	晚二叠世	预查	63.32
49	大理州	鹤庆县吉地坪-大黑山铝土矿	小型	沉积型	中三叠世	普查	432.86
50		鹤庆县中窝铝土矿	小型	沉积型	中三叠世	普查	23.90
51		鹤庆县白水塘铝土矿	小型	沉积型	中三叠世	普查	196.37

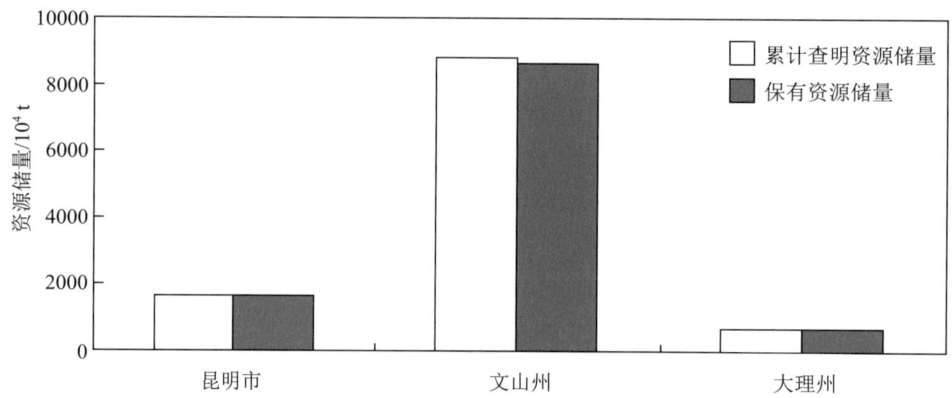

图 5-28　云南省查明铝土矿资源储量分布直方图

（数据来源：《云南省 2015 年矿区及所属矿山矿产资源储量简表》，云南省国土资源厅，2016）

1. 滇东南地区

含矿层位或矿体产于上二叠统吴家坪组、龙潭组下部，超覆或平行不整合于石炭系威宁组或下二叠统阳新组之上，厚度变化较大（0.55~64.12 m）。代表性矿床为麻栗坡县铁厂铝土矿，现将其简介如下。

铁厂铝土矿为一小型铝土矿床，由 3 个矿段组成，铁厂、团山包矿段为晚二叠世吴家坪早期形成的局限台地退积式沉积型矿床，伴有第四系堆（残）积铝土矿。黄家塘矿段是吴家坪早期滨岸沉积铝土岩及局限台地沉积铝土矿层，在第四纪经风化形成堆（残）积型铝土矿（图 5-29）。

沉积型铝土矿属一水硬铝石铝土矿床亚类，共有 3 个工业矿层 4 个主要矿体。单矿体呈似层状、透镜状。矿石矿物单一，主要为一水硬铝石，脉石矿物主要为方解石、黄铁矿、褐铁矿、赤铁矿、高岭石。矿石主要化学组分为：三氧化二铝 40.84%~73.47%（平均 57.58%），二氧化硅 3.92%~20.35%（平均 10.91%），三氧化二铁 1.64%~30%（平均 11.32%），铝硅比值 3.14~5.90（平均 5.28），伴生有益组分镓（平均 0.0067%）可综合利用，有害元素硫的含量较高（0.02%~12.91%），对矿石工业利用影响较大。

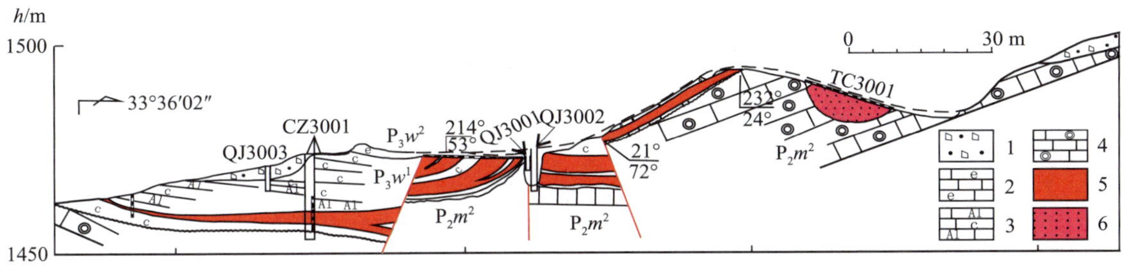

图 5-29　麻栗坡铁厂铝土矿 30 号勘探线剖面图

（据云南省地质调查院，2010）

1—第四系堆积物；2—二叠系上统吴家坪组上段中厚层状生物碎屑灰岩、细晶灰岩；3—二叠系上统吴家坪组下段铝土矿、铝土岩、铝质粘土岩、碳质页岩；4—二叠系中统茅口组厚层状角砾状灰岩、细晶灰岩；5—沉积型铝土矿及编号；6—连续堆积型铝土矿体

堆积型铝土矿主要分布在铁厂和团山包 2 个矿段之间，厚 1.0~15.5 m，平均含矿率 652.81 kg/m^3。三氧化二铝含量 45.22%~58.51%（平均 55.83%），铝硅比值 7.06~22.82，属一水硬铝石高铁铝土矿。

截至 2015 年，查明铝土矿资源储量为 424.91×10^4 t，属小型沉积型铝土矿。未开采。

2. 滇中地区

铝土矿赋存于中二叠统梁山组上部，上覆地层是上二叠统栖霞组灰岩，下伏地层为中石炭统，含矿层位比滇东南地区稍早。代表性矿床为富民县老煤山铝土矿，现将其简介如下。

富民县老煤山铝土矿区出露地层为中石炭统、中二叠统梁山组、上二叠统栖霞组及第四系。含矿层位为下二叠统梁山组，铝土矿赋存于含矿岩系的中上部。成矿模式见图 5-30。

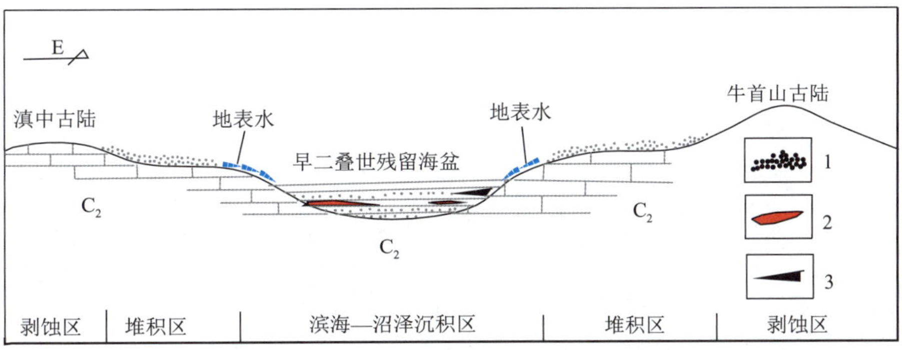

图 5-30　富民县老煤山铝土矿床成矿模式图

（据云南省国土资源厅等，2013a）

1—堆积-残积型铝土矿；2—沉积型铝土矿；3—劣质煤

矿体呈似层状，南北长 1100 m，宽 96~385 m，矿体厚度最厚 5.34 m，最薄 0.73 m，平均厚度 2.56 m。

矿石具鲕状、豆状结构，土状、块状构造。矿物成分以一水硬铝石、地开石、一水软铝石为主，三水铝石、褐铁矿、高岭石、粘土矿物较少。主要化学组分为：三氧化二铝 62.53%，二氧化硅 14.06%，三氧化二铁 4.26%，硫 0.06%，五氧化二磷 0.05%。铝硅比值 4.45。

铝土矿中含有可回收利用的分散元素镓，有煤层和耐火粘土共伴生。镓的品位 0.015%~0.027%，平均 0.02%，查明镓金属总量为 295 t。位于铝土矿之下的第一层煤矿具有一定工业价值，一般厚 1~2 m，最厚 4 m，呈透镜状产出。

截至 2015 年，矿床查明铝土矿资源储量为 140.20×10^4 t，属小型沉积矿床。未开采。

3. 滇西鹤庆地区

铝土矿产于上三叠统中窝组含铝岩系中。上三叠统中窝组假整合于北衙组之上，铝土矿位于含铝岩系底部。矿体呈似层状、扁豆状、串珠状。矿物成分以一水硬铝石为主，次为水云母、高岭石、褐铁矿和少量方解石、一水软铝石。铝质来源于古风化壳，属异地沉积型矿床。矿石质量较差。未开发。

（二）第四纪堆（残）积型铝土矿

滇东南大部分铝土矿资源属第四系堆（残）积型铝土矿床。晚三叠世以来，该区长期处于上升剥蚀阶段，沉积型铝土矿或富铝岩石风化之后，呈松散状分布于附近的河谷、凹地中，形成第四系松散堆（残）积型铝土矿。矿体形态与矿石质量受地形地貌、原生矿石类型与质量、岩溶发育程度、下伏基底地层特征控制。代表性矿床为西畴卖酒坪铝土矿。现将其简介如下。

卖酒坪铝土矿位于西畴县卖酒坪乡境内。赋矿地层为石炭系威宁组，含矿岩系为第四系残坡积层。

矿体呈南东向条带状，长 2.6 km，宽 1～1.6 km，面积 2.12 km^2。平面形态港湾状，剖面形态似层状。铝土矿层厚度一般 0.5～31.6 m，平均 7.1 m。在残坡积层中，铝土矿的平均重量百分比为 52.39%。

矿石具胶状结构、氧化残余结构、半自形-他形结构，主要呈土状、蜂窝状及块状构造。主要矿物为一水硬铝石，矿石平均化学成分为：三氧化二铝 54.64%、二氧化硅 6.55%、三氧化二铁 18.96%、硫 0.13%，铝硅比值 8.34。平均含矿率为 1103 kg/m^3。伴生有益组分氯化钾、氯化钠。有害组分的质量分数较低。

截至 2015 年，矿床查明铝土矿资源储量为 1050.3×10^4 t，属中型堆积型铝土矿床，已开发（照片 5-19为矿区溶丘—漏斗地貌）。

照片 5-19　云南省西畴县卖酒坪矿区溶丘—漏斗地貌特征

（据云南省地质调查局，2011）

此外，岩浆型霞石矿为重要的含铝、钾岩石，典型的如个旧白云山霞石矿。建水县普雄、永平县卓潘等地均有碱性侵入体出露，这些岩体具备白云山式霞石矿形成的条件，潜在的资源储量较大。一旦商业开发成功，将是支撑云南铝业长期发展的重要接替资源。

三、矿床时空分布规律

（一）时空分布规律

云南铝土矿的主要成矿期为：中二叠世梁山期、晚二叠世、晚三叠世及第四纪。

中二叠世梁山期是上扬子成矿省铝土矿的主要成矿期。该期梁山组含铝岩系分布范围广。在昆明市西山区、官渡区、安宁市、晋宁区、嵩明县，玉溪市澄江县，有小型铝土矿床及矿点。滇东北的鲁甸、巧家、镇雄只有铝土岩及质量较差的铝矿点。本期查明资源储量的矿床（点）共有16处，查明资源储量1636.7×10^4 t，占上扬子成矿省（云南部分）已查明资源储量的95%以上。

晚二叠世含铝岩系吴家坪组是华南成矿省古风化壳型铝土矿最主要的成矿期。特别是在第四纪气候条件下喀斯特堆积形成的堆积矿最有工业价值。这类矿床分布在文山、西畴、麻栗坡、广南、富宁、丘北等县，共有矿床（点）34处，类型包括沉积型（铁厂式）和堆积型（卖酒坪式），共查明储量6833×10^4 t，为华南成矿省（云南部分）查明铝土矿资源储量的全部。

晚三叠世沉积型铝土矿（中窝式），仅分布在上扬子成矿省西部鹤庆县、松桂乡等地，中窝组含铝岩系分布面积较小，只有小型矿床及矿点，矿石质量一般。

（二）成矿地质条件

云南省铝土矿的主要成矿地质条件如下。

1）含铝岩系的形成有2个主要影响因素。一是沉积间断的时间：间断时间越长，生成铝土矿物越多，粘土矿物越少，矿石品位越富，矿层厚度也越大。二是沉积间断面之下的岩石组合：抗风化能力弱的碳酸盐岩、钙质页岩易形成铝土矿，抗风化力强的岩石类型不易成矿或形成质量较差的铝土矿。

2）据廖士范的研究，形成铝土矿最好的地理位置是南纬20°至北纬20°。中晚二叠世，上扬子成矿省、华南成矿省的古纬度为南纬2.4°±，利于古风化壳型铝土矿的形成。

3）邻近海岸的古陆，具海洋气候，潮湿多雨，蒸发速度缓慢，有利于风化作用的进行。滨海—浅海环境较沼泽环境更为有利。

4）沉积型铝土矿是第四纪堆（残）积型铝土矿的矿源岩，是形成第四纪堆（残）积型铝土矿的基础条件。

5）有较好的氧化富集条件。即：地形较为平缓，矿层倾角较小，盖层较薄或含矿母岩裸露地表，矿层及上下岩层透水性好，地下水有良好的排泄条件。

四、开发利用

（一）产业链

铝土矿有较广的用途，可形成较复杂的产业链（表5-16，图5-31）。

表5-16　铝土矿产业链

铝土矿开采	铝土矿			
生产流程	原矿→破碎→选矿→铝精矿→氧化铝→原铝			
铝矿冶炼	拜耳法、碱石灰烧结法、拜耳-烧结联合法等			
初级产品	铝合金		金属铝	
	硬铝、超硬铝、防锈铝、铸铝			
下游产业	制造工业	航空航天	电力、电子、电器	其他
主要用途或产品	飞机、汽车、火车、船舶	宇宙火箭、航天飞机、人造卫星	电器、电线、电缆、无线电元件、热交换器、散热材料	包装、涂料、燃料、照明、金属陶瓷、反射镜、炊具

（二）矿山企业概况

截至2015年底，云南省铝土矿开采矿山企业数为2个，矿山从业人员291人。年开采铝土矿矿石150.0×10^4 t，全省年产原铝120.0×10^4 t（云南统计年鉴，2016）。

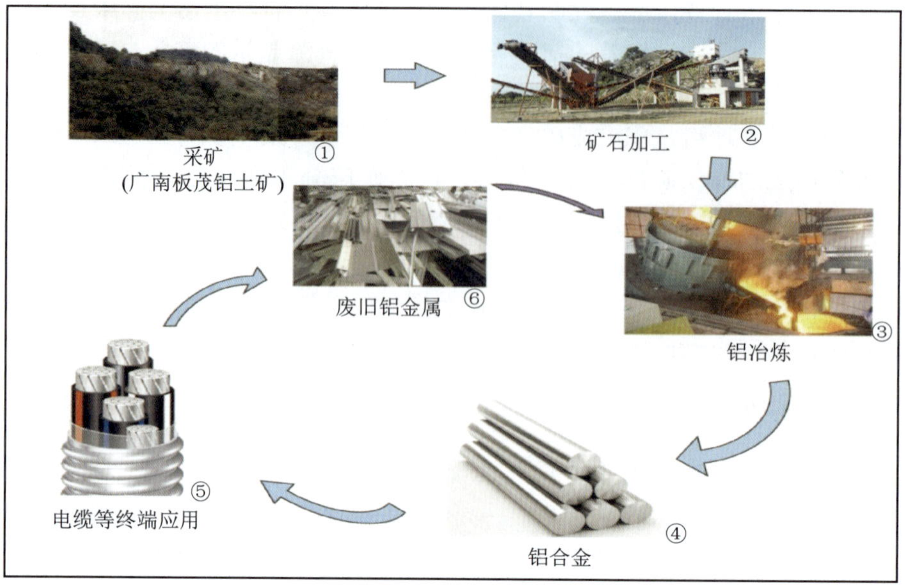

图 5-31　铝土矿产业链示意图

（图①由杨勤生提供；
图②http://tieha.baidu.com/p/4130645127；图③http://baike.asianmetal.cn/metoal/al/extraction.shtml；
图④http://baike.baidu.com/item/铝合金/692；
图⑤http://baike.asianmetal.cn/metal/al/application.shtml；图⑥http://baike.asianmetal.cn/metal/al/recycling.shtml）

云南冶金集团总公司文山铝业有限公司为云南省铝土矿开采及选冶主要单位，公司 80×10^4 t 氧化铝厂已于 2012 年 9 月建成，2013 年 7 月达产达标，同时新增 60×10^4 t 氧化铝产能扩建工程也已开始，建成后总规模可达年产 140×10^4 t 氧化铝。随着技术的进步，以前经济价值较低的一水硬铝石型铝土矿床，将得到逐步的开发利用，极大缓解我省铝工业原材料的对外依赖局面。

（三）资源利用情况

云南省铝土矿总体利用率不高，特别是沉积型铝土矿目前尚未能利用。开采矿山主要为西畴县卖酒坪和砚山县红舍克铝土矿。此外西畴县芹菜塘铝土矿、广南县板茂铝土矿、文山市的杨柳井、大石盆、歪头山铝土矿矿山也在建设中。

第五节　钨　　矿

钨（W）具有很强的化学稳定性，耐热、耐腐蚀。钨矿用于生产金属钨、碳化钨、钨合金及钨的其他化合物，广泛用于电力、电子、石油、化工及军事领域。金属钨是电器、电子工业的重要材料，特别是制造灯丝的最好材料。中国钨金属主要用于生产不锈钢（85%），电镀（8%），电池（3%）、其他（4%）（矿业界，2016a）。

目前，发现的钨矿物和含钨矿物有 20 余种，具有工业意义的矿物为黑钨矿和白钨矿。

一、资源概况

钨矿是云南省的优势矿种，近年来找矿有显著突破，2015 年保有资源储量位于全国第 5 位。列于 2015 年《云南省矿产资源储量简表》的矿区 40 处（包括共伴生矿床），查明资源储量 54.45×10^4 t。

云南重要的钨矿产地有 16 处。其中：大型矿床 3 处、中型矿床 4 处、小型矿床 9 处。（图 5-32，表 5-17）。查明资源储量主要分布在文山州、红河州，其次是迪庆州、怒江州、昆明市，少量分布在保山市（图 5-33）。

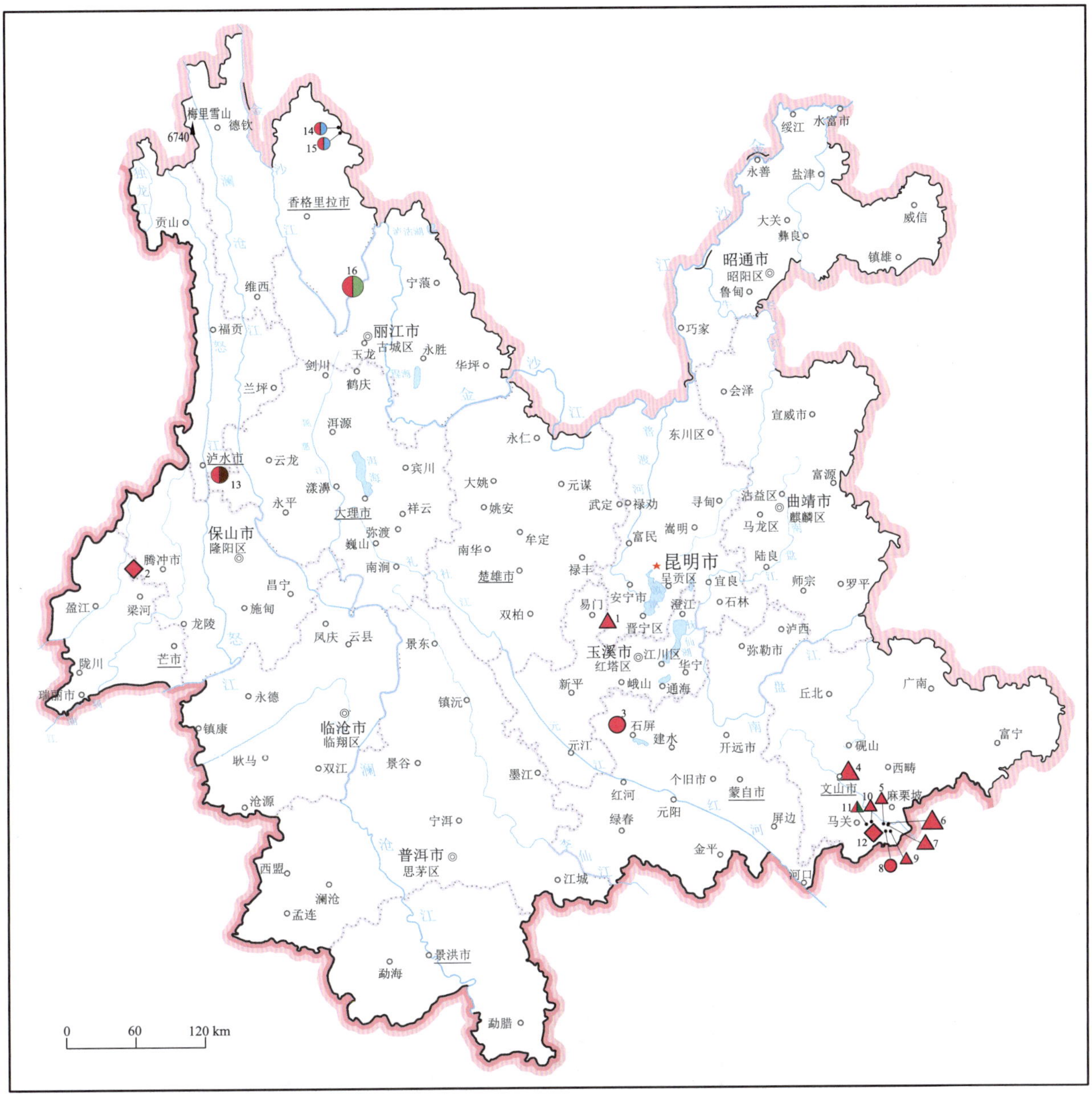

矿床类型	矿种	大型	中型	小型	矿床类型	矿种	大型	中型	小型
热液型	钨矿		●	●	接触交代型	钨矿	▲	▲	▲
	钨钼矿			●		钨铜矿			▲
	钨锡矿		●		云英岩型	钨矿			◆
	钨铍矿	●							

图 5-32　云南省钨矿主要矿产地分布图

近年来，麻栗坡县政府整合矿产资源开发，引进大型企业进行钨矿勘查与开发，取得了找矿重大突破。仅麻栗坡地区已查明钨矿资源储量 35×10^4 t，勘查开发前景良好。

二、矿床类型与矿床实例

云南省钨矿与中酸性花岗岩关系密切，多与其他有色金属形成共伴生矿床，钨锡共伴生最为突出，主要有：钨矿、钨锡矿、钨铋矿、钨钼矿、钨锡钼矿、钨铜铅矿等，以前 2 种数量最多。代表性矿床为：麻栗坡县南秧田钨矿、泸水市石缸河矿区钨锡矿、香格里拉市麻花坪钨矿区钨矿。

表 5-17　云南省钨矿主要矿产地

编号	州（市）	矿产地名称	规模	矿床类型	成矿时代	工作程度	资源储量 t
1	昆明市	安宁市九道湾钨矿	中型	接触交代型（矽卡岩型）矿床	晋宁期	详查	15975.00
2	保山市	腾冲市勐蚌钨钼矿	小型	云英岩型矿床	燕山期	普查	4350.89
3	红河州	石屏县龙潭钨矿	中型	岩浆热液型矿床	晋宁期	普查	30870.50
4	文山州	文山市老君山钨矿	大型	接触交代型（矽卡岩型）矿床	燕山期	普查	63424.75
5		麻栗坡县瓦渣白钨矿	小型	接触交代型（矽卡岩型）矿床	燕山晚期	踏勘	9034.00
6		麻栗坡县南秧田钨矿	大型	接触交代型（矽卡岩型）矿床	燕山晚期	勘探	122399.00
7		麻栗坡县南温河钨矿	中型	接触交代型（矽卡岩型）矿床	燕山晚期	勘探	20488.80
8		麻栗坡县瑶山湾硅石及铅锌钨矿	小型	岩浆热液型矿床	燕山晚期	普查	551.22
9		麻栗坡县洒西丫口白钨矿	小型	接触交代型（矽卡岩型）矿床	燕山晚期	普查	2964.08
10		马关县田房钨铜矿	小型	接触交代型（矽卡岩型）矿床	燕山晚期	踏勘	2795.00
11		马关县高井槽钨铜矿	小型	接触交代型（矽卡岩型）矿床	燕山期	踏勘	2955.00
12		马关县花石头钨矿	小型	云英岩型矿床	燕山晚期	普查	3309.14
13	怒江州	泸水县五权树钨锡矿	中型	岩浆热液型矿床	燕山晚期	普查	34962.22
14	迪庆州	香格里拉市休瓦促钨钼矿	小型	岩浆热液型矿床	燕山期	勘探	7391.00
15		香格里拉市桑都格勒钨钼矿	小型	岩浆热液型矿床	燕山期	勘探	493.77
16		香格里拉市麻花坪钨铍矿	大型	岩浆热液型矿床	喜马拉雅期	勘探	55435.70

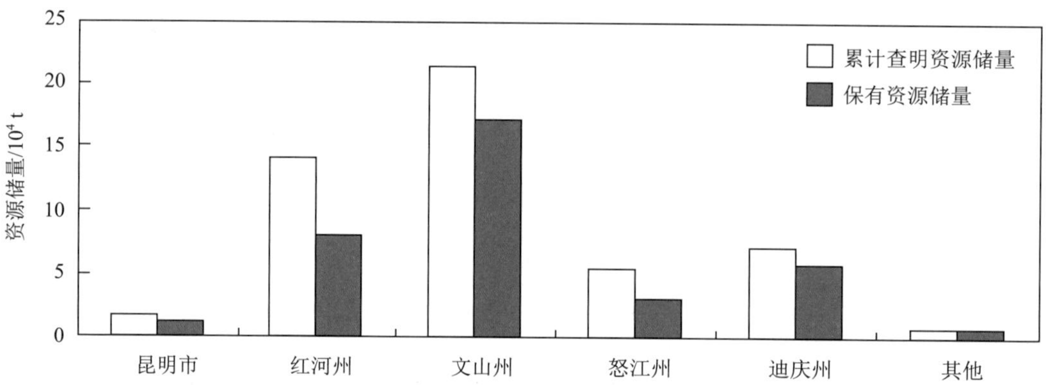

图 5-33　云南省查明钨矿资源储量分布直方图

（数据来源：《云南省 2015 年矿区及所属矿山矿产资源储量简表》，云南省国土资源厅，2016）

（一）麻栗坡县南秧田钨矿床

麻栗坡县南秧田钨矿床位于麻栗坡县南温河地区。控矿构造为变质核杂岩形成的穹窿构造。主要赋矿岩石为下元古界南秧田岩组中段的矽卡岩、黑云斜长片麻岩、石英片岩。燕山期花岗岩、花岗斑岩与成矿作用关系密切。

白钨矿主要呈微细浸染状分布于矽卡岩化黑云长英质变粒岩中，部分呈不规则团块状产于矽卡岩中。矿体呈层状、似层状和透镜状产于绿帘透辉矽卡岩、黑云长英质变粒岩中。矿体产状大部分与岩石产状一致（图 5-34）。矿体长 120~800 m，地表厚 1~2.8 m，钻孔中厚度可达 5~6 m。

矿石主要呈自形、半自形、他形粒状结构，条带状、层纹状、浸染状、块状构造。金属矿物主要

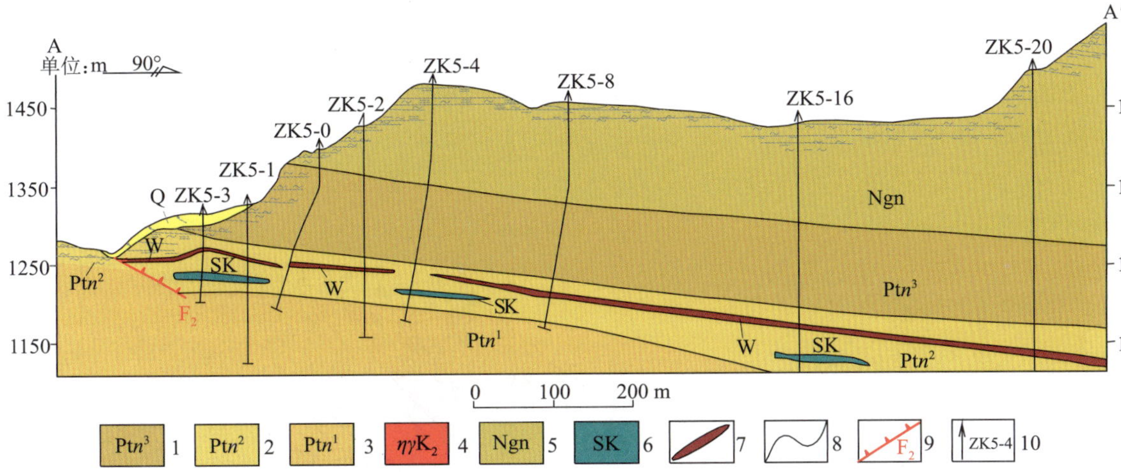

图 5-34 麻栗坡县南秧田钨矿区勘探线剖面图

（据云南省地质调查局，2013，有修改）

1—下元古界南秧田岩组上段；2—下元古界南秧田岩组中段；3—下元古界南秧田岩组下段；4—燕山期花岗斑岩；5—南捞片麻岩；6—矽卡岩；7—钨矿体；8—地质界线；9—滑覆断层及编号；10—钻孔及编号

白钨矿矿石，其中白钨矿为白色带黄，脂肪光泽　　紫外线照射下白钨矿呈现浅蓝色荧光

照片 5-20 麻栗坡县南秧田钨矿区白钨矿矿石标本

为：白钨矿（照片 5-20）、磁黄铁矿、黄铁矿、黄铜矿，局部有辉钼矿。非金属矿物有石英、长石、云母、透辉石、透闪石、阳起石、帘石类、符山石、榍石、电气石、萤石、磷灰石、方解石。三氧化钨的品位一般 0.104%~5.45%，最高 8.29%。伴生铋、铜、钼、锡等有用元素，品位较低。

截至 2015 年底，矿床累计查明钨金属量 12.24×10^4 t，属矽卡岩型钨矿床，达大型规模。已开发。

（二）泸水市石缸河钨锡矿

矿床位于泸水县志本山岩体西侧的内接触带和外接触带 100~300 m 的范围内。按空间位置分为东、西矿带。两个矿带大致平行，长 14 km，相隔 70～200 m。矿区共有 31 个矿体参加估算资源储量。

大多数矿体产于浅变质岩的层间破碎带、闪长岩脉、辉长岩脉中。矿体平行排列，多呈脉状、少数囊状、透镜状产出。剖面上矿体陡倾斜，倾角 30°～90°，斜深 14～168 m（图 5-35）。大部分矿体向下变薄或分枝，品位降低。

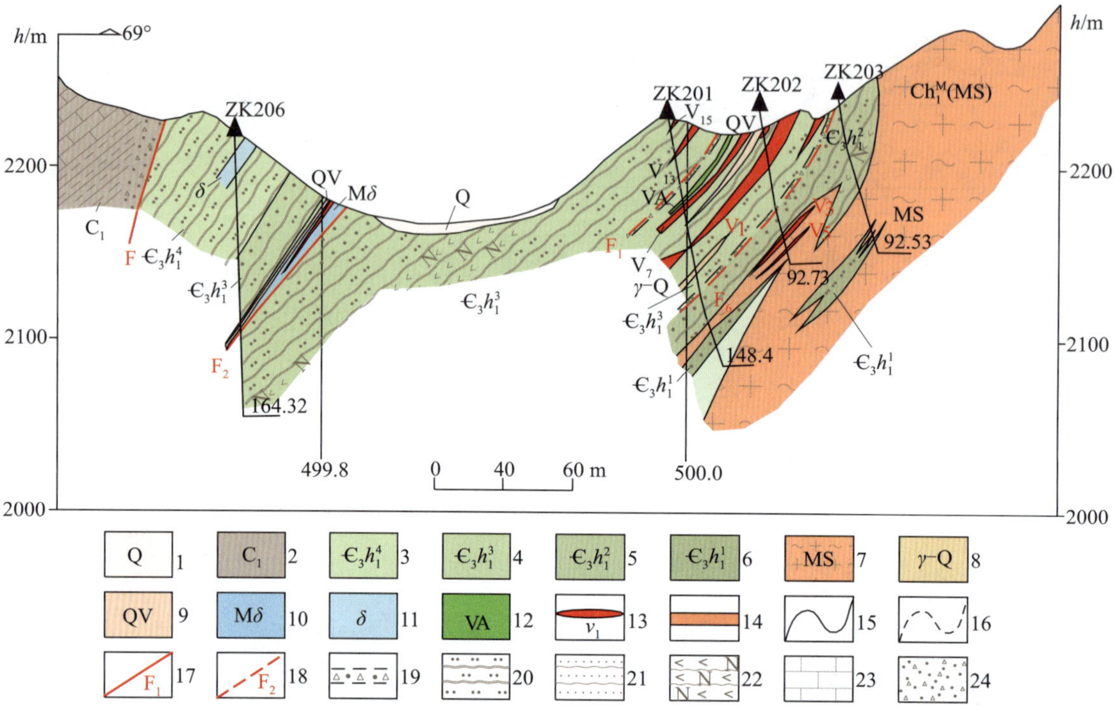

图 5-35　泸水市石缸河钨锡矿区典型勘探线剖面图

（据云南省国土资源厅等，2013a，有修改）

1—第四系冲积物；2—下石炭统上部为青灰色灰岩，下部为黄绿色泥岩；3—核桃坪组下段第四层绿灰色、黑灰色板岩夹粉砂岩；4—核桃坪组下段第三层紫灰色变质细砂岩、粉砂质板岩夹斜长角闪片岩；5—核桃坪组下段第二层黑灰色碳质板岩；6—核桃坪组下段第一层紫灰色变质细砂岩，变粒岩夹片岩；7—条纹状混合花岗岩；8—中-粗粒混合花岗岩；9—石英脉；10—硅化、黑云母化闪长-辉长岩；11—闪长-辉长岩；12—蚀变灰绿岩；13—矿体及编号；14—表外矿；15—实测地层界线；16—推测地层界线；17—实测断层及编号；18—推测断层及编号；19—构造破碎带；20—粉砂质板岩；21—变质细砂岩；22—斜长角闪片岩；23—灰岩；24—砂质砾岩

矿石的主要矿物为电气石、石英、长石、云母。矿石的自然类型划分为石英型和电气石石英型。石英型分布于东矿带，有用矿物为锡石、白钨矿、绿柱石，占全区矿石量的 54%。电气石石英型分布于西矿带，有用矿物为白钨矿、绿柱石及锡石，占全区矿石量的 46%。

锡石呈不规则团块状、晶洞充填状不均匀地产于石英脉、石英电气石脉、云英岩脉中，或与石英、电气石紧密连生、彼此穿插包裹。白钨矿多为半自形—他形粒状。呈散点状、细脉状、团块状不均匀分布于石英、电气石粒隙或岩脉中。

矿石的结构主要为自形—他形粒状结构、包含结构、碎裂结构，构造主要有块状构造、浸染状构造、网脉状构造、细脉条带状构造、晶洞状构造。原生矿三氧化钨的平均品位 0.509%，锡平均 0.401%，伴生铍。

截至 2015 年底，矿区累计查明钨金属量 1.91×10^4 t、锡金属量 0.76×10^4 t，属中型岩浆热液钨锡矿床。已开采。

（三）香格里拉市麻花坪钨矿区钨矿

矿区位于迪庆州香格里拉市虎跳峡镇的哈巴雪山。在长约 3 km 的钨铍矿化带内，共圈出大小矿体25个。矿体由蚀变微细脉和细脉组成。每组脉又由若干条单脉组成。矿体形态与脉组基本一致。在构造岩性界面矿脉密集，含脉率高达40~70条/m。并有脉幅宽，蚀变强，矿化强，品位高，矿体厚度大之特征。

矿区发现25个矿体，均产于构造岩性界面之大理岩一侧。矿体主要呈东西向产出。矿体形态以楔形为主，次为零星分布的透镜状。

矿体的最大厚度为75 m，最长为453 m，三氧化钨的最高品位为0.817%，氧化铍的最高品位为0.461%。钨铍资源储量最大的矿体为：三氧化钨25522.70 t，氧化铍12295.50 t。

矿石呈鳞片粒状-粒状鳞片变晶结构、交代结构，主要构造为细脉状构造、斑块状构造、似条带-条纹状构造。矿石矿物以白钨矿、绿柱石、兰柱石为主，黑钨矿、硅铍石、黄铁矿、闪锌矿、方铅矿少量。脉石矿物以方解石为主、次为萤石、白云石，石英较少。

截至2015年底，矿床钨资源储量为5.54×10^4 t，成因类型属岩浆热液型钨铍矿床，达大型规模。已开采。

三、矿床时空分布规律

云南省钨矿与中酸性岩关系密切。目前发现的钨矿大部分集中在文山—麻栗坡一带，少量分布在保山地区和香格里拉地区。

钨矿的主要时空分布规律为：①成矿时代主要集中在燕山期、喜马拉雅期，同位素测年值为181~40.2 Ma；②成矿物质来源和热源主要是深成的中酸性侵入体；③主要位于大地构造单元的过渡部位或结合部位；④矿种多以共伴生形式产出，独立钨矿不多，钨锡矿共伴生较为普遍。

四、开发利用

（一）产业链

钨矿用途较广，产业链复杂（表5-18，图5-36）。

表5-18 钨矿产业链

钨矿开采	钨矿					
选矿方法	手选、航模选、重选、浮选、磁选、静电分离					
矿石加工	原矿→破碎→磨矿→选矿→钨精矿（二氧化钨≥65%）					
下游产业	机械、航空航天、舰船、电力、电子、石油、化工、军工、照明					
初级产品	金属钨	碳化钨（硬质合金）	钨与铬、铁、钴组成耐热、耐磨合金	高密度钨镍铜合金	钨铜和钨银合金	钨粉
主要用途	电器、电子工业材料，制造灯丝的最好材料	制造高速钻头，高速切削工具	制造切削刀具、金属表面的硬化材料、燃气汽轮机叶片及燃烧管	防辐射的防护屏	电接触点材料	各种孔隙度的过滤器

（二）矿山企业概况

截至2015年底，云南省共有13家钨矿矿山企业，从业人员611人，年产钨精矿（折三氧化钨含量65%）0.78×10^4 t，钨精矿及成品钨主要销往外省。

（三）资源利用情况

目前高品位的钨矿石得到广泛的利用，部分低品位矿石选矿难度较大，在现阶段技术条件下也可

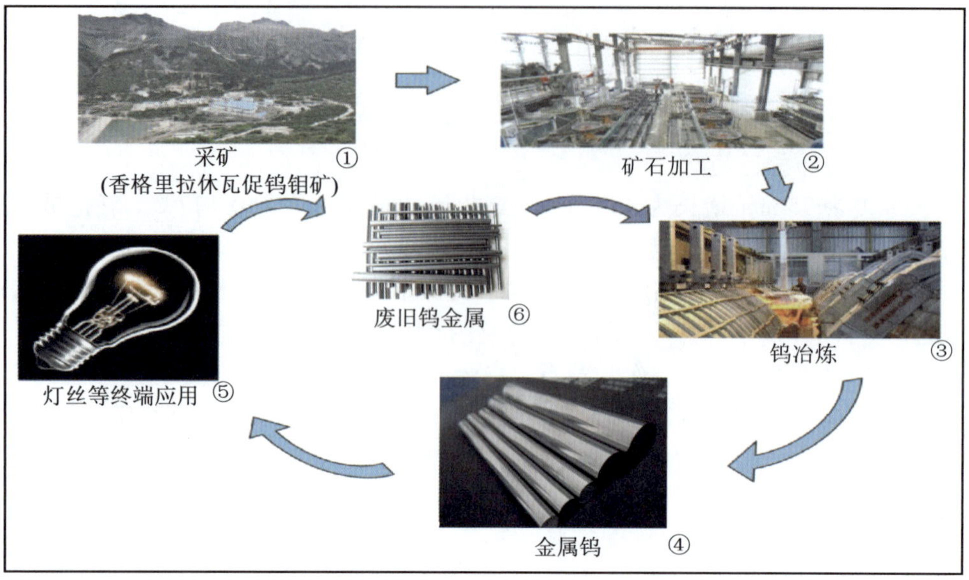

图 5-36　钨矿产业链示意图

（图①由唐忠提供；图②引自新浪博客 http://www.yhxksb.com/news/2485.html；图③引自 feijiu 网 http://news.feijiu.net/infocontent/html/201012/6/6256863.html；图④~⑥引自搜狗百科 图④http://sh.qihoo.com/94af30b364e842f88? uid=66c021b251a011927fb07680f2eef3fc&sign=360_79aabe15&scene=1&refer_scene=0；图⑤https://www.sc115.com/photo/24252.html；图⑥https://m.bestb2b.com/business_43655655.htm）

以通过选矿达到工业要求。近几年来投入大量的人力、物力、财力进行选冶技术的攻关，已攻克了白钨矿选冶技术难题。大部分白钨矿、混合矿以及低品位的钨矿都得到开发利用。

第六节　镍　　矿

镍（Ni）是一种银白色金属，镍的机械强度和延展性良好，难熔化、耐高温，有很好的化学稳定性。镍常用来制造不锈钢、高镍合金钢、合金结构钢，广泛用于飞机、雷达、导弹、坦克、舰艇、宇宙飞船、原子反应堆等各种军工制造业及民用工业中。镍已成为现代航空工业、国防工业、人类高水平物质生活的现代化体系不可缺少的金属。

中国镍消费结构以不锈钢（84%）为主，电镀（7%）次之，合金和铸造（5%）、电池（3%）、其他（1%）（徐爱东，2014）。

镍的主要矿物为：镍黄铁矿、紫硫镍（铁）矿、针镍矿、辉（铁）镍矿、含镍磁黄铁矿、方硫镍矿、红砷镍矿、暗镍蛇纹石、镍绿泥石、镍高岭石、绿镍矿、镍磁铁矿、镍钒、碧矾、翠镍矿。

一、资源概况

云南省的镍矿与超镁铁岩、镁铁岩相伴产出。主要镍矿产地有 24 处（图 5-37，表5-19），其中：超大型矿床 1 处，中型 3 处，小型 13 处，矿点 7 处。列入 2015 年《云南省矿产资源储量简表》的镍矿床共 21 处，累计查明镍资源储量 94.40×10^4 t。查明资源储量主要分布在普洱市（墨江县）、红河州（金平县）、大理州（弥渡县）、楚雄州（牟定县、元谋县）、德宏州（芒市）、文山州（富宁县），其次在迪庆州（维西县）和保山市也有少量分布（图 5-38）。

二、矿床类型与矿床实例

云南镍矿床可划分为岩浆型硫化物铜镍矿床、热液型硫化镍矿、风化壳镍（钴）矿床。

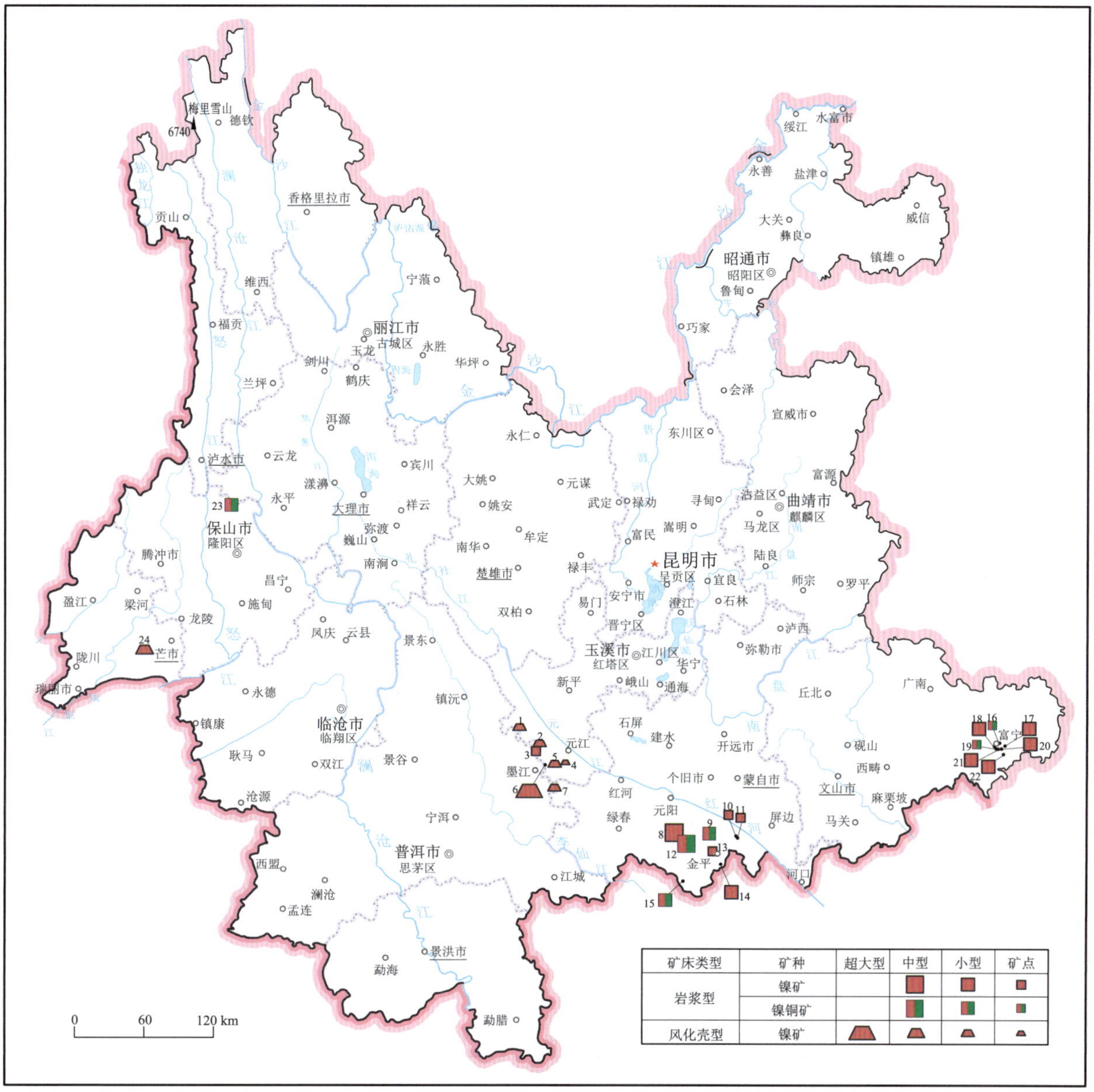

图 5-37　云南省镍矿主要矿产地分布图

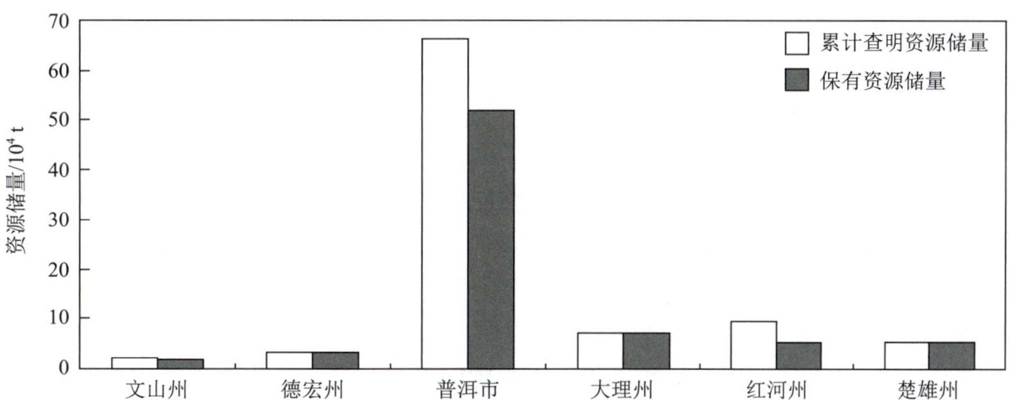

图 5-38　云南省查明镍矿资源储量分布直方图

（数据来源：《云南省 2015 年矿区及所属矿山矿产资源储量简表》，云南省国土资源厅，2016）

表 5-19 云南省镍矿主要矿产地

序号	州（市）	矿产地名称	规模	产出形式	成矿时代	工作程度	资源储量 t
1	玉溪市	新平县白腊度镍矿	小型	风化型	第四纪	普查	5336
2		元江县石脚底镍矿	小型	风化型	第四纪	普查	3455
3		元江县团田镍矿	矿点	岩浆型	侏罗纪—早白垩世	预查	
4		元江县莫郎镍矿	矿点	风化型	第四纪	预查	
5		元江县咪哩镍矿	小型	风化型	第四纪	详查	8219
6		元江县小尼洞-安定镍矿（跨墨江县）	超大型	风化型	第四纪	详查	528451
7	普洱市	墨江县米底镍矿	小型	风化型	第四纪	勘探	12071
8	红河州	金平县新安里镍矿	中型	岩浆型	侏罗纪—早白垩世	普查	20962
9		金平县水源镍铜矿	小型	岩浆型	侏罗纪—早白垩世	普查	1050
10		金平县三台坡镍矿	矿点	岩浆型	侏罗纪—早白垩世	预查	
11		金平县湾河镍矿	矿点	岩浆型	侏罗纪—早白垩世	预查	
12		金平县白马寨镍铜矿	中型	岩浆型	侏罗纪—早白垩世	勘探	57962
13		金平县蒋家坪镍矿	矿点	岩浆型	侏罗纪—早白垩世	普查	
14		金平县牛栏冲镍矿	小型	岩浆型	侏罗纪—早白垩世	详查	770
15		金平县南科镍铜矿	小型	岩浆型	侏罗纪—早白垩世	普查	4918
16	文山州	富宁县玉林镍铜矿	矿点	岩浆型	二叠纪—三叠纪	普查	
17		富宁县玉响镍矿	小型	岩浆型	二叠纪—三叠纪	普查	3012
18		富宁县牙牌镍矿	小型	岩浆型	二叠纪—三叠纪	详查	356
19		富宁县坡地镍铜矿	矿点	岩浆型	二叠纪—三叠纪	普查	
20		富宁县渭沙镍矿	小型	岩浆型	二叠纪—三叠纪	普查	971
21		富宁县尾硐镍矿	小型	岩浆型	二叠纪—三叠纪	普查	593
22		富宁县安定镍矿	小型	岩浆型	二叠纪—三叠纪	详查	591
23	大理州	云龙县大坪大雪山镍铜矿	小型	岩浆型	侏罗纪—早白垩世	普查	871
24	德宏州	芒市邦滇寨镍矿	中型	风化型	第四纪	详查	31851

（一）岩浆型硫化物铜镍矿床

岩浆型硫化物铜镍矿床分布在金平岩带的金平地区、宁蒗-弥渡岩带、保山岩带的保山大雪山地区和马关-富宁岩带的富宁地区。矿体主要赋存在铁质超镁铁岩中，次为镁铁岩内。这些岩体具同心环带或分层结构，多呈岩床或岩盆产出，由一次或多次岩浆上侵就地凝固而成。据岩体侵入的最新地层时代和区域地质背景分析，推测岩体形成于华力西—印支期。

现已查明有金平县白马寨中型矿床 1 处，隆阳区大雪山纸厂、金平县牛栏冲，富宁县尾硐、元江县安定 4 处矿点，弥渡县金宝山铂钯矿床共伴生有镍。现将金平县白马寨铜镍矿床作为典型实例简介如下。

金平县白马寨铜镍矿发现于 20 世纪 50 年代中期。1957 年，云南省地质局金平地质队在金平县牛栏冲发现镍矿。次年 10 月，红河州政府组织参观慰问团来到会战工地慰问。慰问团成员出于好奇，都想参观镍矿标本，团里的一个成员看到烟灰状的镍矿标本后，回想起金平县七区的一个老乡曾经报过此种矿石。据其提供的线索，在当地报矿的哈尼族老乡带领下，首次在金平县白马寨发现含硫化物基性岩脉。后来，该岩（矿）脉被编为 1 号岩体、10 号矿体。

金平县白马寨铜镍矿床位于金平县的红河断裂带内，属金平镁铁岩带北西段。矿体产于晚古生代镁铁-超镁铁岩体中，含矿岩石为辉长岩、辉石岩、橄榄辉石岩、橄榄岩。区内铜镍矿体主要赋存于Ⅰ、Ⅱ、Ⅲ号岩体内，圈定矿体 18 个。其中：主矿体 9 个，次要矿体 9 个。Ⅲ号岩体主要赋存有 9 个小矿体，以 1 号、2 号矿体为主，占总储量的 97%。

1 号矿体位于岩体核心，横剖面似蝌蚪状，纵剖面似板状。长 425 m，宽 40 ~ 72 m，厚 0.7~21 m。矿石的品位为：铜 0.39%~3.26%、镍 2.05%~4.85%，钴 0.108%~0.224%。

2 号矿体围绕 1 号矿体分布，构成外壳。长 510 m，厚 2~35.5 m。矿石平均品位为：镍 0.78%、铜 0.65%、钴 0.036%。

矿石主要呈粒状结构，细脉状、细脉浸染状、斑点状、斑杂状构造。矿石矿物主要为磁黄铁矿、镍黄铁矿、黄铜矿、磁铁矿、紫硫镍铁矿、针镍矿。脉石矿物主要为辉石、辉长石、橄榄石。

截至 2015 年底，矿床累计查明镍资源储量 6.25×10^4 t、铜资源储量为 3.85×10^4 t，属中型岩浆分异铜镍硫化物型矿床。已开发。

（二）热液型硫化镍矿床

热液型硫化镍矿主要分布于哀牢山岩带南段墨江县金厂、新平县双沟等地的镁质超镁铁岩体边缘，在孟连岩带的云县铜厂街镁铁火山岩系中也有分布。在金厂形成小型矿床，其余均属矿化。哀牢山岩带不同地点的矿化类型相同，以墨江县金厂镍矿床为代表。

墨江县金厂热液型硫砷化物镍矿床位于金厂镁质超镁铁岩西缘，南北长 2.5 km，东西宽 0.3 km。矿体多呈透镜状、不规则状产于岩体与围岩的接触带，二者呈渐变过渡关系。矿区共有 87 个镍矿体，1 号、2 号矿体规模较大，其余矿体规模较小。1 号、2 号矿体的资源储量占全区镍金属量的 75%。

矿石大致划分为 3 种类型：①绿色水云母泥岩稠密浸染黄铁矿型矿石，其产出受构造蚀变破碎带控制，镍的品位一般 0.8%±，可选性良好；②石英岩浸染状黄铁矿型矿石，产于辉砷镍矿较集中部位，镍的品位 0.5%~1.0%，可选性能良好，是镍矿最主要的矿石类型；③蛇纹岩稠密浸染状黄铁矿型矿石数量较少，镍的品位 0.5%~1.0%。

含镍、砷矿物以黄铁矿为主，辉砷镍矿次之，针镍矿、方硫镍矿、斜方砷镍矿、锑硫镍矿较少。其他金属矿物有：白铁矿、辉锑矿、菱铁矿、磁黄铁矿、闪锌矿。黄铁矿主要为不等粒结构，镍矿物以半自形、针状、乳浊状结构为主。矿石构造以细粒、微粒浸染状为主。伴生有益组分为钴、金、银、硫、硒。

截至 2015 年底，矿床累计查明镍资源储量 1.73×10^4 t，属小型热液型硫砷化物镍矿床。已开采。

（三）风化壳镍（钴）矿床

风化壳镍（钴）矿床主要分布于哀牢山岩带南段白腊都、金厂、安定、猛里、米的等地超镁铁岩体的风化壳中，其次是马关-富宁岩带的麻栗坡岩群以及潞西岩带的超镁铁岩体的风化壳中。矿床实例为墨江县金厂—元江县安定镍矿床。现将其特征简介如下。

含矿风化壳覆盖于蛇纹岩体之上，呈残坡积物形式出露。风化壳面积的大小，与岩体出露面积呈正相关关系。风化壳的厚度受所处地形条件、地貌特征、覆盖层及经受冲刷强弱情况的影响。在垂向上，矿区风化壳划分 6 层（表 5-20）。

上述综合性剖面一般都不完整，部分层带常有缺失，特别是赭石带和绿高岭石带缺失较多，取而代之的是赭石化或绿高岭石化带。整个风化壳厚度约 60 m。

矿体主要产于 2~5 层中。矿体产状近于水平，随地形坡度有不同程度的起伏。受现代沟谷的控制，被切割冲刷成为大小不等的不规则状。矿体一般厚度为数米至数十米，最厚 26 m。镍的品位达到 0.5%即视为矿体，一般为 1%±。截至 2015 年底，矿床镍资源储量为 48.45×10^4 t，属大型风化壳镍矿床。

表 5-20 墨江县金厂—元江县安定镍矿风化壳特征

层号	名称	特征	镍的品位 %	厚度 m
1	残坡积层	由红褐色粘土、砂质粘土组成。含少量铬、钴	<0.5	3~6
2	赭石层	岩石为暗褐色或红褐色，呈土状，松散，主要矿物为赭石、蛇纹石。镍的品位上贫下富	0.5~1.3	2~4
3	残余蛇纹岩层	松散土状，见蛇纹岩残余结构，主要矿物有绿高岭石、镍绿泥石。分布广泛，较为稳定	1.0	
4	绿高岭石化蛇纹岩带	岩石为黄绿色，粒状及块状，易碎，矿物以蛇纹石及绿高岭石为主。镍的品位上富下贫	0.5~1.6	6~10
5	淋漓蛇纹岩带	蛇纹岩、矽化蛇纹岩、碳酸盐化蛇纹岩	0.2~0.8	2~5
6	原生蛇纹岩带	岩石呈深绿-黑绿色，有时带紫红色，坚硬、紧密	0.1~0.3	200~300

三、矿床时空分布规律

云南省的镍矿床（点）全部产于镁铁、超镁铁岩内，仅个别产于超镁铁岩体的接触带及石英脉中。硫化物铜镍型铂钯矿床集中产于上扬子古陆块的宁蒗-弥渡、元谋-绿汁江的铁质镁铁、超镁铁岩带。硫化物铜镍（钴）矿产分布较广，在造山系和陆块区均有产出。例如：金平县、隆阳区、昌宁-孟连、哀牢山、马关-富宁等岩带均有矿床（点）分布。

（一）时代分布规律

含矿岩体的同位素年龄数据分为 3 个时期：朱布岩体中，同位素年龄为 406 Ma，属加里东晚期；牟定县大民太岩体中，同位素年龄为 360 Ma，属华力西早期；弥渡县金宝山岩体中，同位素年龄为 322 Ma、304 Ma，属华力西中期。风化壳型镍矿形成于第四纪，但成矿元素来源于含矿母岩，是含矿母岩形成期的产物。

上述含矿岩体均位于扬子成矿省-华南成矿省及其边缘。据区域资料分析，华力西晚期基性岩浆活动对镍矿形成最为有利。结合含矿岩体侵入的最新地层为上古生界，原生镍矿形成于华力西晚期的可能性较大。

（二）空间分布规律

镍矿的分布因矿床类型不同而异。风化壳镍（钴）矿床主要集中在哀牢山岩带，次为马关-富宁岩带的麻栗坡岩群。硫化物铜镍型矿床（点）主要分布在金平、富宁、保山地区的铁质超镁铁岩、镁铁岩中，在澜沧江岩带维西县吉岔岩群中亦有矿化。硫砷化物镍矿床分布在哀牢山岩带镁质超镁铁岩体的内外接触带。在云县铜厂街镁铁火山岩系中的后期白云石脉中，有红砷镍矿矿化。

镍矿床和铜镍铂钯矿床位于扬子-华南成矿省及其边缘，出现在哀牢山、金平、宁蒗-弥渡、马关-富宁、元谋-绿汁江岩带。这些岩带的形成均与构造单元的边界断裂有关，如哀牢山、红河、程海-宾川、元谋-绿汁江、文山-富宁断裂。

金平、哀牢山、宁蒗-弥渡岩带位于扬子成矿省边缘，形成的铜镍铂钯矿床与层状杂岩有关。

马关-富宁岩带位于华南成矿省西段。含矿岩体主要分布在富宁地区，岩带的产状明显受文山-富宁断裂控制。

在腾冲-三江成矿省的各个超镁铁-镁铁岩带中，仅有部分岩带显示矿化，如潞西、保山、澜沧江岩带。

四、开发利用

（一）产业链

镍是用途较广的金属元素，有较广泛的产业链（表 5-21，图 5-39）。

表 5-21 镍矿产业链

镍矿开采	镍矿				
矿石加工	原矿→破碎→磨矿→选矿→铜镍分离→镍精矿、铜精矿				
镍矿冶炼	湿法冶炼（电解法），火法冶炼（电炉法），火法冶炼（高炉法）				
初级产品	不锈钢、高镍合金钢、合金结构钢	结构钢、耐酸钢、耐热钢	镍钴合金	镍和镍的氧化物	
下游产业	航空航天、军工	民用工业	电子	化学工业	其他
主要用途	飞机、雷达、导弹、坦克、舰艇、宇宙飞船、原子反应堆等各种军工制造业	大量用于各种机械制造业	电子遥控、原子能工业、超声工艺领域	氢化催化剂	陶瓷颜料和防腐镀层

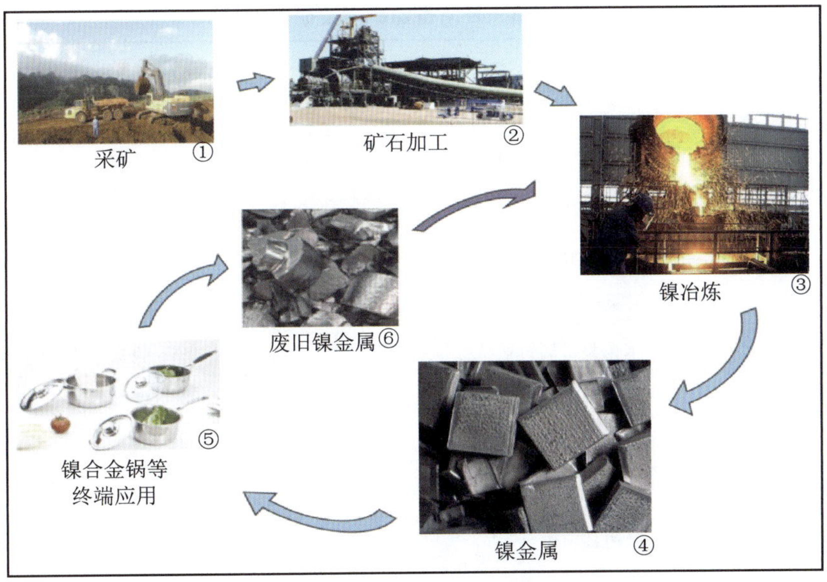

图 5-39 镍产业链示意图

（图①引自中国十五冶金建设集团有限公司，http://www.cn15mcc.com/content/? 2659.html；图②http://www.chuandong.com/tech/detail. aspx? id=22873；图③http://www.cnmn.com.cn/ShowNews1.aspx? id=263783；图④https://baike.sogou.com/v104746.htm? fromTitle=%E9%95%8D；图⑤http://baike.asianmetal.cn/metal/ni/application. shtml；图⑥http://baike.asianmetal.cn/metal/ni/recycling.shtml）

（二）矿山企业概况

截至 2015 年，云南省有 8 个镍矿矿山企业，总计从业人员 969 人，矿石年产量 19. 24×10^4 t，镍金属 2200 t 左右。镍矿在本省冶炼，成品镍主要销往外省。

（三）资源利用情况

云南省镍矿已占用保有资源储量利用情况较差，未占用保有资源储量占比较高。查明的镍矿大部分是硅酸盐镍矿石，占全省查明资源储量的74.40%。当前，硅酸盐镍矿石由于选冶困难，大多数是低品位矿床，暂时未能得到很好的利用。

第七节 锑 矿

锑（Sb）产品包括精锑和锑的氧化物。精锑的品位>99%，主要用于生产锑合金。锑合金用于蓄电池的极板、轴承、家庭用具、海底电缆包皮、枪弹与炮弹的弹头等。高纯度的锑用于制造半导体和热电装置。锑的氧化物用于引爆、引燃。

中国锑消费结构以阻燃行业为主（50%），次为合金应用（20%）、聚酯催化剂（18%），玻璃澄清剂（5%）、高科技领域（3%）、其他（4%）（国研网，2016）。

锑矿物和含锑矿物有120多种，常见的有70多种。具有工业意义的矿物为：辉锑矿、方锑矿、锑华、锑赭石、黄锑华、硫氧锑矿、自然锑、硫汞锑矿、脆硫锑铅矿、黝铜矿。

一、资源概况

云南省锑矿产具有点多面广，分布相对集中的特征。列于2015年《云南省矿产资源储量简表》的矿区数23处，累计查明锑资源储量51.80×10^4 t，保有锑资源储量29.40×10^4 t。重要的锑矿产地40处（表5-22，图5-40）。

表5-22 云南省锑矿主要矿产地

编号	州（市）	矿产地名称	规模	成矿时代	工作程度	资源储量 t
1	昆明市	富源县余家老厂锑矿	中型	晚二叠世	普查	20448
2	普洱市	景东县南岸锑矿	小型	中侏罗世	普查	8953
3	临沧市	临翔区遮奈锑矿	中型	三叠纪	普查	14346
4		临翔区大田河锑矿	中型	三叠纪	勘探	14305
5		永德县崇岗锑矿	小型	晚三叠世	普查	2339
6		镇康县小荒田锑矿	小型	晚三叠世	普查	3908
7		双江县南美河锑矿	小型	古新世	勘探	4331
8	红河州	开远市余米都锑矿	小型	早泥盆世	勘探	8233
9		屏边县山后锑矿	小型	中寒武世	普查	3550
10	文山州	砚山县金竹冲锑矿	小型	早泥盆世	普查	1281
11		西畴县南问锑矿	矿点	早泥盆世	预查	
12		西畴县电站锑矿	矿点	早泥盆世	预查	
13		西畴县田冲锑矿	矿点	早泥盆世	预查	
14		西畴县土锅洞锑矿	矿点	早泥盆世	预查	
15		西畴县小锡板锑矿	中型	早泥盆世	详查	29604
16		广南县坝威锑矿	矿点	早泥盆世	预查	
17		广南县上者孟锑矿	矿点	早泥盆世	预查	
18		广南县达莲塘锑矿	矿点	早泥盆世	预查	
19		广南县坝表锑矿	矿点	早泥盆世	预查	
20		广南县木利锑矿	大型	早泥盆世	勘探	176164

续表

编号	州（市）	矿产地名称	规模	成矿时代	工作程度	资源储量/t
21	文山州	广南县木利锑矿那丹矿段	中型	早泥盆世	普查	27438
22		广南县矿山（格夺）锑矿	矿点	早泥盆世	预查	
23		广南县袁家坪锑矿	矿点	早泥盆世	预查	
24		广南县九克锑矿	矿点	早泥盆世	预查	
25		广南县皂角树锑矿	中型	早泥盆世	详查	13761
26		广南县席草塘锑矿	矿点	早泥盆世	预查	
27		广南县田坊锑矿	小型	早泥盆世	普查	5565
28		广南县白炮台锑矿	矿点	早泥盆世	预查	
29		广南县新发寨锑矿	矿点	早泥盆世	预查	
30		富宁县革当锑矿	矿点	早泥盆世	预查	
31		富宁县里达锑矿	中型	早泥盆世	普查	10692
32	大理州	漾濞县塔盘山锑矿	矿点	晚三叠世	预查	
33		巍山县羊虎头铜多金属矿	小型	晚白垩世	详查	4271
34		巍山县石岩村锑矿	中型	晚三叠世	普查	24490
35		巍山县打铁山锑矿	矿点	晚三叠世	预查	
36		巍山县笔架山锑矿	中型	晚三叠世	详查	71003
37	迪庆州	香格里拉市格咱斯各锑矿厂锑矿	小型	晚三叠世	普查	5239
38		维西县阿南多塘锑矿	小型	晚三叠世	详查	7080
39		维西县石门多锑矿	小型	晚三叠世	普查	1965
40		维西县白马吉锑矿	小型	晚三叠世	普查	1498

查明的矿产资源主要分布在滇西的迪庆州、大理州的维西–巍山地区、临沧市及滇东南的文山州、红河州的广南–西畴地区（图5–41）。锑矿开发主要集中在文山州广南县木利锑矿、大理市巍山县笔架山锑矿。

云南锑矿床的另一个显著特点是，矿物组分简单，品位较富，矿石易选易炼。锑矿地质工作程度较低，除少数矿区进行过普查外，多数矿点均属预查性质，异常预查尤为不足。因此，云南省尚有较大的锑矿找矿潜力。

二、矿床类型与矿床实例

（一）巍山县笔架山锑矿

巍山县笔架山锑矿床，为产于碳酸盐岩中的似层状浅成中–低温热液型矿床。

矿体赋存于硅化蚀变带中，共圈出14个矿体，呈似层状、薄层状、透镜状产出。最大长度650 m，一般长40~475 m。最大厚度9.21 m，一般厚度为0.94~4.50 m。延深50~100 m，最大延深为290 m。矿化连续性差，常出现无矿天窗。锑的品位一般1.69%~14.85%，最高55.88%。

矿石主要为粒状（变晶）结构，次为长柱状–针状、假象、土状、胶状结构。矿石构造主要为块状、浸染状构造，次为角砾状和晶簇状构造。主要矿石矿物有辉锑矿及其氧化物（黄锑华、锑华、锑赭石、红锑矿、方锑矿），含少量黄铁矿、针铁矿，偶见辰砂、闪锌矿、黄铜矿、孔雀石。脉石矿物有石英、萤石、硅质粘土、方解石及少量泥质。

矿石划分为4种类型：①单一锑矿石由85%以上的辉锑矿及其氧化物组成，锑的品位较高，多在

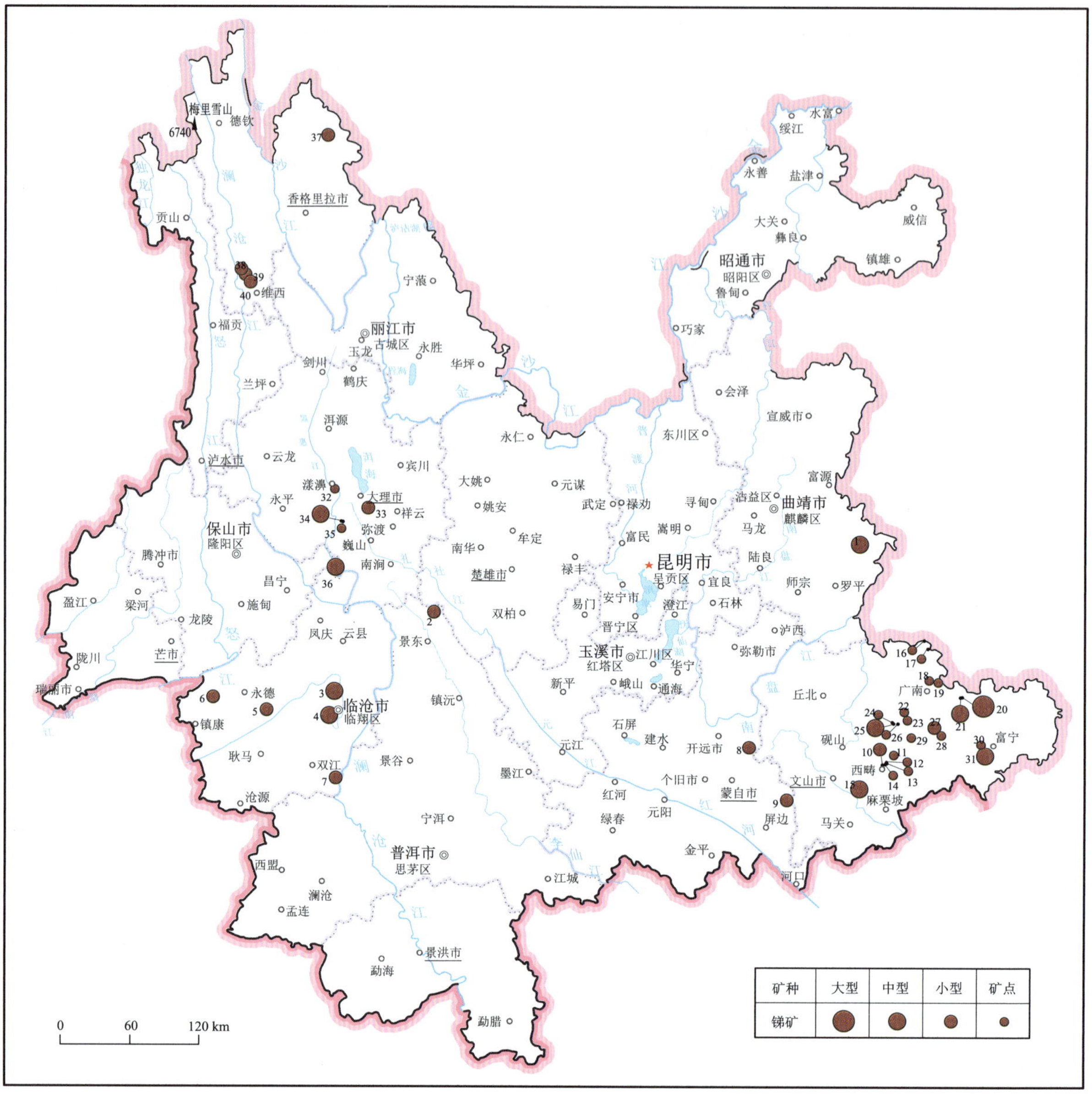

图 5-40　云南省锑矿主要矿产地分布图

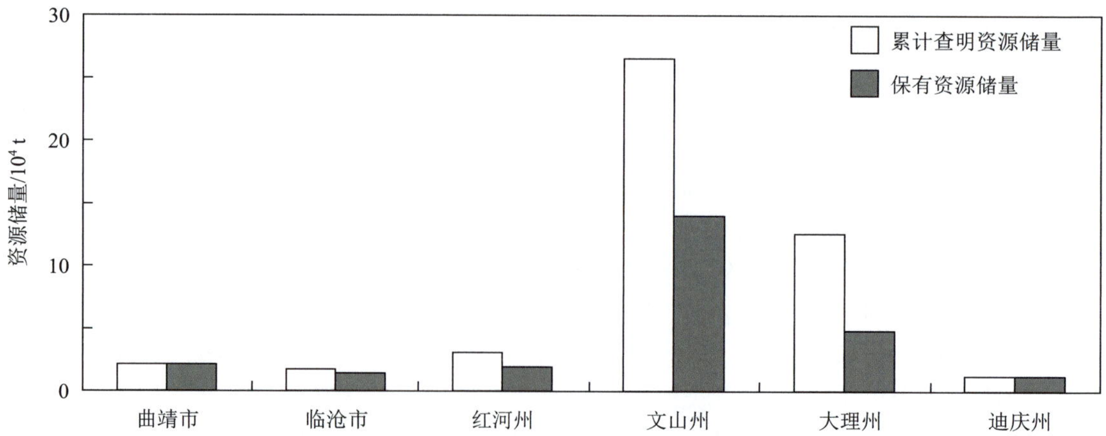

图 5-41　云南省查明锑矿资源储量分布直方图

（数据来源：《云南省 2015 年矿区及所属矿山矿产资源储量简表》，云南省国土资源厅，2016）

50%以上；②石英-锑矿石由 80%~85%的粒状石英（含硅质）、5%~10%的辉锑矿及其氧化物组成，锑的品位 3%~6%；③萤石-辉锑矿主要由粒状萤石和长柱状锑矿物组成，锑的品位变化较大，一般在 5%~15%；④方解石-锑矿石由粒状方解石和长柱状锑矿物组成，锑品位变化大，一般在 3%~10%。

截至 2015 年底，矿床累计查明锑资源储量 7.10×10^4 t，达中型规模，属浅成中-低温热液型矿床锑矿。

（二）广南县木利锑矿

广南县木利锑矿位于文山州广南县杨柳井乡境内，为产于下泥盆统坡脚组中段的似层状锑矿床，为中国第二大锑矿床。

赋矿岩石为碳酸盐岩、页岩、砂岩、硅质岩，主要有 5 个矿体。Ⅰ号矿体为代表性矿体，查明的锑资源储量占该锑矿的 99.52%。其余 4 个矿体（Ⅱ、Ⅲ、Ⅳ、Ⅴ号矿体）的资源储量合计不足矿床总资源储量的百分之一。

矿体产于木利背斜北西段构造中，主要呈似层状、透镜状分布于背斜构造的核部及两翼，其产状与地层产状基本一致。

Ⅰ号矿体呈新月形连续而稳定地产于木利背斜鞍部。矿体与含矿层产状、形态一致。矿体长>1397 m，倾向延深 68~309 m，厚 1.7~28.2 m。剖面上呈轴部厚、两翼向下迅速尖灭的新月形。

4 个小矿体则分散产于背斜西翼的上部、下部或尖灭再现部位，矿体呈透镜状，产状与岩层产状基本相同。

矿石具花岗变晶、揉皱、纤维变晶结构，块状、角砾状、脉状、浸染状、晶簇状构造（照片 5-21）。矿石矿物主要为辉锑矿、锑赭石、黄锑华。脉石矿物主要有玉髓、石英、方解石。

照片 5-21　广南木利锑矿矿石

（谭筱虹供稿，规格：18 cm×13 cm×12 cm）

截至 2015 年底，矿床累计查明锑资源储量 17.62×10^4 t，矿床属大型构造热液蚀变型锑矿床。已开发。

三、成矿规律

云南境内的锑矿、汞矿、砷矿有明显的共伴生关系。汞锑砷矿主要分布在滇东南广南-西畴地区、滇西维西-巍山地区。

（一）滇东南广南-西畴地区

滇东南广南-西畴地区是云南省最重要的成矿地区，也是我国华南锑汞成矿带的重要组成部分。

带内的锑矿受地层和构造控制，具有相对集中、单独产出的特点。锑矿床集中分布在文山-富宁断褶束内。例如：广南县木利大型锑矿、西畴县小锡板中型锑矿、富宁县理达中型锑矿。

据统计，从寒武系到上三叠统的各个地层中，均有不同程度的锑矿化。重要的赋矿层位是中—上寒武统、下泥盆统、三叠系，下泥盆统坡松冲组、坡脚组为区内锑矿的主要含矿层位。大—中型锑矿床主要产于下泥盆统中。锑矿的储矿岩石大部是细碎屑岩和硅化岩石，部分产于碳酸盐岩和镁铁岩中。硅化是最主要的围岩蚀变。

锑矿体与短轴背斜构造的轴部、倾没端、层间裂隙带、断裂破碎带、外接触带的构造裂隙带有关。例如：广南县木利大型锑矿床的多数矿体均产在背斜轴部附近的岩石中，向两翼矿体迅速尖灭。西畴县小锡板中型锑矿、富宁县理达中型锑矿的含矿体，均产在黑色板岩与硅化细砂岩不等厚互层的层间破碎带中，黑色板岩为锑矿富集的遮挡层。

锑矿的矿石成分比较简单。金属矿物主要是辉锑矿和锑的氧化物，有时含微量细粒黄铁矿。脉石矿物有：阳起石、绿帘石、绿泥石、石英。

该成矿带锑矿床（点）的矿质主要来源于沉积岩，极少部分来源于火山-沉积岩，经后期热液叠加改造成矿，属浅成中-低温热液型矿床。

在沉积-改造型锑矿床中，下泥盆统是锑矿最重要的矿源层。根据赋矿岩系特征，可划分为产于硅质岩中的锑矿床和产于碎屑岩中的锑矿床。前者以广南县木利锑矿为代表，后者以西畴县小锡板锑矿为代表。

（二）滇西维西-巍山地区

滇西维西-巍山地区的锑矿床（点）明显地受地层层位与构造的控制。重要的赋矿地层是上三叠统—始新统。在赋矿层上覆或下伏地层中，往往都有盐类矿物沉积，是形成次生淋滤卤水的重要条件。

带内的燕山运动和喜马拉雅运动，不仅为锑矿床（点）的形成构建了有利的构造部位，并为地下水热液在岩层中环流提供了动力。产于兰坪盆地上三叠统的锑矿床（点），南起凤庆、昌宁、巍山，向北经漾濞、永平到达维西一带，同一赋矿地层组成了长达数百千米的含矿带，说明矿床具明显的层控特征。

矿带内锑矿床的主要特点如下。

1）赋矿地层均为上三叠统三合洞组。少数锑矿点的含矿地层为上三叠统麦初箐组、下二叠统及古近系云龙组。上三叠统三合洞组及下伏上三叠统歪古村组各类岩石的锑丰度值均大于地壳同类岩石丰度值的 20~92 倍。因此，上三叠统为本区锑矿的矿源层之一。矿化富集部位主要是三合洞组上段页岩与下段灰岩间的层间破碎带，层位相当稳定。在矿床（点）附近，无岩浆岩分布。

2）带内锑矿明显受断裂及褶皱控制。上三叠统三合洞组内的锑矿体受背斜构造和层间破碎带控制。次级锑矿带受到断裂带和褶皱带的控制，组成以顺层充填交代作用为主的似层状矿（化）体。在其他层位中有部分锑矿产出，仍受特定层位与构造控制。

3）在石岩村锑矿区几十件矿石样品中，铬、镍、钴、钒、铜的品位较高，锶/钡=2.4、铬/镍=2.7。锶/钡、铬/镍比值均大于1，与镁铁岩比值相近，与沉积岩比值相差较大。因此，本区锑矿的成矿物质来源，主要来自沉积岩，部分与镁铁岩有关。

4）锑矿的金属矿物以辉锑矿为主，少量黄铁矿，偶见黄铜矿、辰砂。脉石矿物多为石英、萤石、方解石。围岩蚀变有硅化、碳酸盐化、萤石化、重晶石化及粘土化。萤石化和硅化与矿化关系最为密切。

5）通过石岩村、笔架山等锑矿的包裹体地球化学特征研究，石英、萤石中发现的包裹体多而大，气液包裹体较多，说明成矿时流体有沸腾现象。均一温度和盐度测定表明，成矿温度主要集中于 120~140℃和 165~180℃。盐度主要集中于 4.5%~12.5%，属中等盐度的中低温热液矿化。成矿流体的密度为 0.97，成矿压力为 20 MPa 左右。

综上所述，成矿带内锑矿的成矿物质具有多源的特点，成矿作用受多种因素的控制（矿源层、深部环流热液、背斜构造及层间破碎带、屏蔽层等），成因类型属浅成中-低温热液型矿床。成矿时代为喜马拉雅期，成矿年龄为 60~25 Ma。

四、开发利用

（一）产业链

锑矿的下游产品较多，产业链较为复杂（表 5-23，图 5-42）。

表 5-23　锑矿产业链

<table>
<tr><td>锑矿开采</td><td colspan="8">锑矿</td></tr>
<tr><td>矿石加工</td><td colspan="8">原矿→破碎→磨矿→重选、浮选→锑精矿</td></tr>
<tr><td>精矿加工</td><td colspan="5">冶炼→金属锑</td><td colspan="3">化工→锑化合物</td></tr>
<tr><td>初级产品</td><td colspan="2">金属锑</td><td colspan="3">锑铅合金、锑锡合金</td><td>锑化铟</td><td>三氧化二锑</td><td>锑化合物</td></tr>
<tr><td>相关产业</td><td>电子</td><td>医学</td><td>机械、电器</td><td>化工</td><td>民用及军工</td><td>电子</td><td>建筑、化工</td><td>化工、电器</td></tr>
<tr><td>主要用途</td><td>半导体元件、热电装置，电子元件的掺杂剂</td><td>药品</td><td>轴承、网线外套、焊料、电缆包皮</td><td>蓄电池极板</td><td>生活用具、枪弹、炮弹</td><td>制作红外探测仪</td><td>耐火材料、阻燃剂、玻璃纤维复合材料添加剂</td><td>彩色油漆填料，导电涂料添加剂</td></tr>
</table>

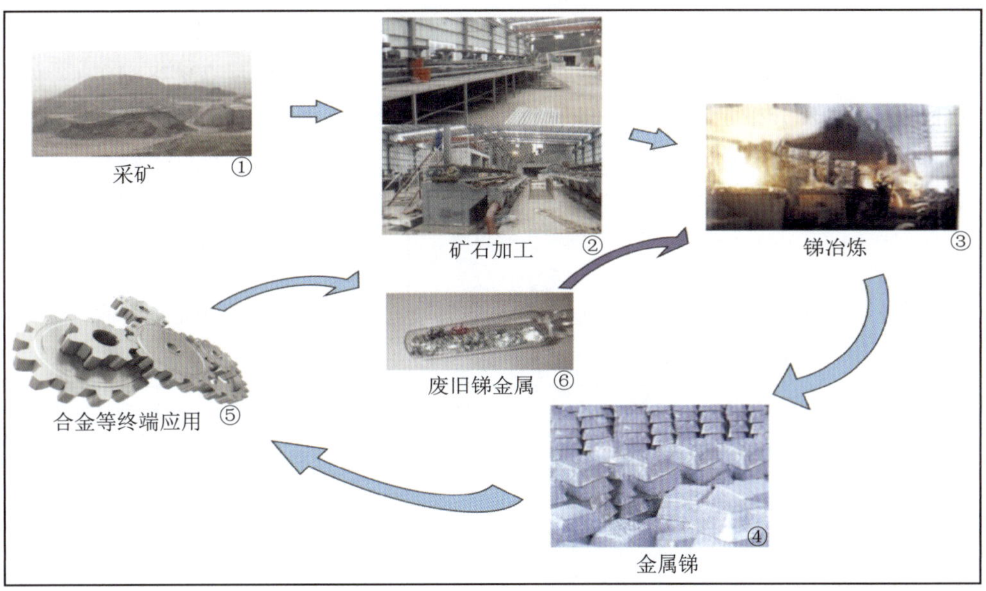

图 5-42　锑矿产业链示意图

（图①、④、⑥引自搜狗百科 https: // baike, sogou. com/v85700. htm? from Title = % E90% 94%；图②引自独山网 http: // jichangshequ.108cun.com/article/380396；图③引自湖南工业网 http: // www.library.hn. cn/fengqing/224.html；图⑤引自金属百科 http: // baike asianmetal.cn/metal/sb/applicatian.shtml）

（二）矿山企业概况

截至 2015 年底，云南省共有 11 家矿山企业，从业人员共有 977 人，年产锑矿石量 12.0×10^4 t，年产锑金属量 1.14×10^4 t（云南统计局，2016）。

云南省锑矿矿产品精深加工业尚处于初期发展阶段，除了满足省内需求外，剩余部分均面向国内外市场。

（三）资源利用情况

云南省锑矿矿石类型均为易选矿石，开发利用较好，保有量偏少，资源保障程度不高。

第八节　钼　　矿

钼（Mo）主要用于钢铁工业，大部分是以工业氧化钼压块后直接用于炼钢或铸铁，少部分熔炼成钼铁、钼箔片后再用于炼钢。金属钼在电子管、晶体管、整流器等电子器件方面得到广泛应用。氧化钼和钼酸盐是化学和石油工业中的优良催化剂。二硫化钼是一种重要的润滑剂，用于航天和机械工业部门。钼是植物所必需的微量元素之一，在农业上用作微量元素化肥。

中国钼消费结构以建筑用钢（32%）、不锈钢（30%）为主，化工（14%）次之，高温合金（6%）、工具与高速钢（6%）、铸铁（6%）、钼金属（6%）（韩国上市网，2013）。

目前发现的钼矿物和含钼矿物有30余种。常见的矿物为：铁钼华、钼华、钼钙矿、钼铅矿、胶硫钼矿、铁辉钼矿。

一、资源概况

云南省钼矿以斑岩型、矽卡岩型、岩浆-热液脉型为主，少量沉积型和沉积变质型。至今为止，云南省已发现钼矿床（点）中，仅澜沧县老厂钼矿为独立钼矿，其余均为共伴生钼矿。钼矿一般与铅、锌、铜、钨矿共伴生，一般可达小型至中型规模，可综合开采利用。

全省已知钼矿床（点）近30处，具一定规模的有21处（表5-24，图5-43）。此外，列于2015年度《云南省矿产资源储量简表》的钼矿区17处，累计查明钼资源储量22.78×10^4 t，保有钼资源储量21.98×10^4 t。矿床主要分布于迪庆州香格里拉市、大理州祥云县及红河州金平县（图5-44）。

表5-24　云南省钼矿主要矿产地

序号	州（市）	矿产地名称	规模	成因类型	成矿时代	工作程度	资源储量 t
1	玉溪市	易门县万宝厂钴铜矿*	小型	受变质型	中元古代		钴 582
2		易门县老厂钴矿*	小型	风化型	第四纪		钴 1413
3	普洱市	澜沧县老厂钼矿	大型	斑岩型	喜马拉雅期	勘探	478000
4	楚雄州	牟定县姚兴村钼矿	小型	热液型	石炭纪		424
5		牟定县格衣乍铜钼矿*	小型	沉积型	白垩纪	详查	2913
6		武定县迤纳厂铜铁矿*	小型	海相火山岩型	中元古代	勘探	488
7		禄丰县广通鹿子湾铜矿*	小型	热液型	白垩纪	勘探	387
8	红河州	个旧市老厂矿田竹林矿段（铁矿）*	小型	矽卡岩型	白垩纪	勘探	10
9		个旧市卡房锡矿金光坡矿段*	小型	矽卡岩型	白垩纪	详查	268
10		建水县普雄铅钼矿*	小型	热液型	晚白垩世	详查	3262
11		金平县长安冲铜钼矿*	小型	斑岩型	喜马拉雅期	勘探	806
12		金平县铜厂钼铜矿	小型	斑岩型	古近纪	勘探	2683
13	大理州	祥云县马厂箐铜钼矿*	中型	斑岩型	新生代	勘探	58385
14		祥云县乱硐山铜钼矿*	小型	斑岩型	白垩纪	详查	556
15		弥渡县九顶山钼铜矿（跨祥云县）	中型	斑岩型	古近纪	勘探	58385

续表

序号	州（市）	矿产地名称	规模	成因类型	成矿时代	工作程度	资源储量 t
16	迪庆州	香格里拉市休瓦促钼钨矿	中型	热液型	晚白垩世	普查	11492
17		香格里拉市桑都格勒钼钨矿	小型	热液型	晚白垩世	普查	877
18		香格里拉市热林铅锌多金属矿*	小型	热液型	晚白垩世	普查	32
19		香格里拉市红山铜钼多金属矿*	小型	矽卡岩型	晚三叠世	详查	2224
20		香格里拉市普朗铜钼矿*	大型	斑岩型	晚三叠世	勘探	125690
21		香格里拉市铜厂沟钼铜矿	中型	矽卡岩型	三叠纪	详查	12655

*号为伴生钼矿。

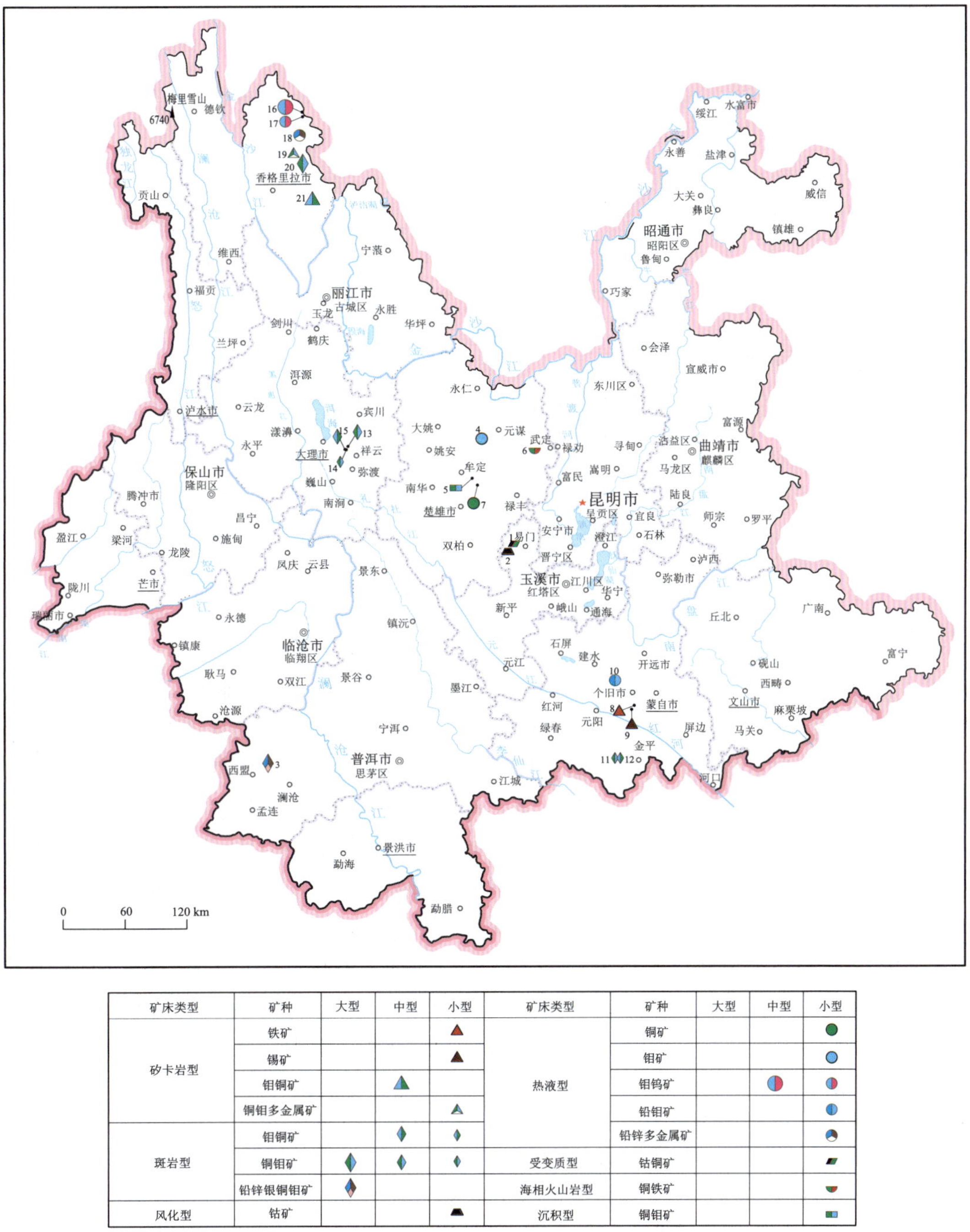

图5-43　云南省钼矿主要矿产地分布图

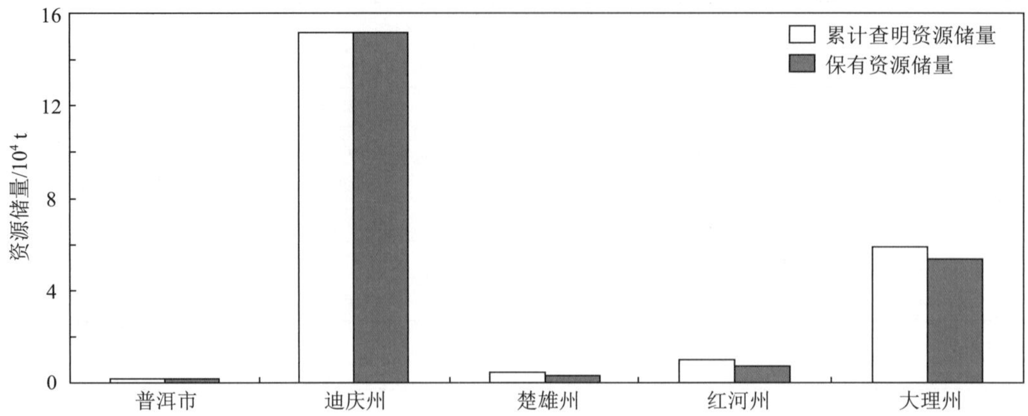

图 5-44　云南省查明钼矿资源储量分布直方图

（数据来源：《云南省 2015 年矿区及所属矿山矿产资源储量简表》，云南省国土资源厅，2016）

近年来，我省钼矿勘查取得较好成果，发现了香格里拉市的铜厂沟、休瓦促、热林、亚杂及澜沧县老厂等矿产地。香格里拉市铜厂沟控制资源远景在中型以上，澜沧县老厂矿区在铅锌银矿深部新发现规模巨大的钼（铜）矿体，初步估算远景资源量近 50×10^4 t。随着地质勘查的逐步深入，必将彻底改变我省钼矿的资源状况和形势，有良好前景和巨大资源潜力。

二、矿床类型与矿床实例

云南省钼矿划分为 5 个矿床类型：斑岩型、矽卡岩型、热液脉型、沉积型、海相火山岩型。其中，以斑岩型为主，次为热液脉型、矽卡岩型。斑岩型以澜沧县老厂大型钼矿、祥云县马厂箐中型钼矿、金平县长安冲小型钼矿、金平县铜厂小型钼矿、香格里拉市铜厂沟中型钼矿、香格里拉市普朗矿区大型钼矿为代表。热液脉型、矽卡岩型分别以香格里拉市休瓦促中型钼矿、香格里拉市红山小型铜钼多金属矿为代表。

（一）香格里拉市休瓦促钼矿

香格里拉市休瓦促钼矿产于休瓦促（卜同）复式花岗岩体内、外接触带。岩体内部无明显矿化。内接触带花岗岩明显蚀变与破碎，石英脉较为发育，宽 20~30 m，矿化较好、品位较富。外接触带硅化明显，发育的石英脉仅有较弱的钨钼矿化，目前尚未发现较富的工业矿体。

矿体一般呈脉状、透镜状及条带状，形成尖灭再现、尖灭侧现的矿脉群。矿体呈南东向展布，长 120~570 m，水平厚 0.96~2.85 m。矿区共圈定 10 个矿体，东矿带的 4 个矿体向南西倾斜，倾角 67°~88°，矿体连续性较好，一般较稳定，钼、钨伴生。西矿带 6 个矿体向北东倾斜，倾角 50°~80°。矿区现有工作程度较低，深部及外围应有较大的找矿前景。

矿石自然类型以原生钨钼硫化矿石为主，氧化矿、混合矿零星分布。工业类型以石英脉型钨钼矿石为主，其次为蚀变花岗岩型钨钼矿石、碎裂花岗岩钨钼矿石、角岩碎裂岩钨钼矿石（照片 5-22）。

矿石具半自形-自形粒状、聚斑状、团块状、粗晶-伟晶、碎裂结构。矿石构造以块状、脉状、透镜状、条带状构造为主。矿石矿物主要为辉钼矿、白钨矿，少量辉铋矿、黄铁矿、黄铜矿、砷黝铜矿、毒砂及磁铁矿。脉石矿物主要为石英、钾长石、斜长石，其次有黑云母、白云母。矿区钼的平均品位 0.164%，三氧化钨的平均品位 0.69%。

矿床属与燕山晚期花岗岩浆侵入及成岩期后岩浆热液成矿作用有关的花岗岩破碎蚀变带-石英脉型钨钼（多金属）矿床，截至 2015 年底，矿床累计查明钼资源储量为 1.15×10^4 t，属中型规模。已开采。

照片 5-22 香格里拉市修瓦促辉钼矿矿石标本
（云南省地质调查局供稿）

（二）澜沧县老厂钼矿

近年来实施危机矿山深部接替资源勘查，澜沧县老厂钼矿获得重大进展。在原有大型铅锌银矿床深部新发现规模巨大的钼（铜）矿体。经工程验证，初步估算远景资源量近 50×10^4 t，具有良好的找矿远景与资源潜力。

矿区主要情况已在前面铅锌矿部分叙述，此处仅对矿床深部同位叠加的喜马拉雅期隐伏斑岩型钼矿进行简介。

钼矿与始新世隐伏花岗斑岩相关。矿区内共有 7 个钻孔在海拔 950～1550 m（地表以下 200～600 m）揭露到隐伏花岗斑岩脉、岩体和矽卡岩化带，并发现厚大的辉钼矿化带。矿层垂直厚 1. 80～696. 25 m，钼的平均品位 0. 041%～0. 171%。

矿石自然类型为斑岩热液型硫化矿石。矿石具细粒-聚斑状、细脉-网状充填交代、共结边结构，浸染状、条纹条带状、块状构造。矿石矿物主要有辉钼矿、黄铁矿，次为黄铜矿、白钨矿、辉锑矿、毒砂。脉石矿物主要为绿帘石、透辉石、石榴子石、符山石、绿泥石、长石、石英、方解石、绢云母。

矿床属铅锌银矿床深部同位叠加形成隐伏斑岩型钼（铜）矿，有希望达到大型规模。

三、矿床时空分布规律

（一）成矿地质时代

云南省钼矿已知矿床（点）以斑岩型钼矿为主，或者说稍具规模的钼矿均与斑岩有关。成矿时期主要集中在中-新生代，以始新世富碱斑岩为主要赋矿地层，次为晚白垩世、晚三叠世中酸性侵入岩。

喜马拉雅期的斑岩型钼矿、铜钼（金）矿，分别以澜沧老厂矿区大型钼矿、金平县长安冲小型铜钼矿、金平县铜厂小型铜钼矿、祥云县马厂箐中型铜钼（金）矿为代表。

燕山期主要形成与花岗岩有关的热液脉型钨钼矿、铜钼多金属矿，以香格里拉休瓦促中型钨钼矿、香格里拉热林小型铜钼多金属矿、香格里拉铜厂沟中型铜钼矿、香格里拉红山小型铜钼多金属矿为代表。矿化花岗岩的 Rb-Sr 年龄和辉钼矿 Re-Os 测年数据表明：休瓦促式钼矿床的成岩成矿作用形成于晚白垩世。

印支期主要为斑岩型、矽卡岩型伴生钼矿，以香格里拉普朗大型铜钼矿为代表。

（二）矿床空间分布

云南省钼矿地跨三江造山带、上扬子陆块、华南陆块的昌宁-澜沧、香格里拉、丽江-大理-金平、个旧-文山-富宁4个三级成矿区带，主要矿床（点）集中分布于金沙江-哀牢山-藤条河深断裂北东侧上扬子陆块西缘的祥云马厂箐地区、金平铜厂-长安冲地区，三江造山系的香格里拉岛弧带普朗-红山及休瓦促、热林、铜厂沟地区，怒江-昌宁-孟连对接带南部西侧澜沧老厂矿区。

钼矿床明显与陆内造山及中酸性、酸性岩浆侵入活动有关，并明显受断裂构造和岩浆热液成矿作用的控制。矿床形成和分布于岩体内接触带边缘的构造裂隙和外接触带内圈的矽卡岩和长英角岩中，由岩浆-热液成矿地质作用为主的蚀变花岗斑岩型钼矿、热液脉型、矽卡岩型铜钼或钨钼多金属矿体组成，并有由岩体边缘相→接触带→外接触蚀变带，矿体和成矿组合由钼矿→铜钼/钨钼矿→铜矿/金、铅锌银多金属矿的分带特征。

四、开发利用

云南省钼矿都是与其他矿种共伴生产出，据2009年核查结果，大型矿山矿石生产成本为245元/t，精矿（金属）为3.3万元/t。采矿回收率75.00%、选矿回收率70.00%、综合利用率70.00%。小型矿山矿石生产成本为265元/t，精矿（金属）为4.0万元/t。采矿回收率86.75%、选矿回收率79.69%、综合利用率71.63%。

（一）产业链

钼矿是工业生产的主要原料之一，有较为复杂的产业链（表5-25，图5-45）。

表5-25　钼矿产业链

钼矿开采	钼矿					
矿石加工	原矿→破碎→磨矿→粗选→钼粗精矿→精选→钼精矿					
精矿加工	冶炼→金属钼		化工→钼化合物			
初级产品	金属钼	钼合金钢	氧化钼	氧化钼和钼酸盐	二硫化钼	化肥
相关产业	电子	航空航天	冶金	化学和石油	航天和机械	农业
主要用途	电子管、晶体管、整流器等	各种器材	炼钢或铸铁	优良催化剂	润滑剂	植物必需的微量元素

（二）矿山企业概况

截至2015年底，云南省共有5家矿山企业，从业人员共237人，年产钼矿石量0.21×10^4 t，未形成规模性利用。主要原因是钼矿主要为伴生矿产，矿石品位低、埋藏深，采选冶成本较高及市场产能过剩价格下降造成。

（三）资源利用情况

目前云南省钼矿资源利用程度不高，未来必须发展钼产品深加工，加强对钼矿资源的战略储备，同时提高开发准入门槛，推动资源整合，走产业集聚化道路。据相关资料，随着香格里拉市普朗铜矿及铜厂沟铜钼矿投产开发，云南省钼矿产量预计会有较大增长。钼矿产品主要销往云南铜业（集团）有限公司。

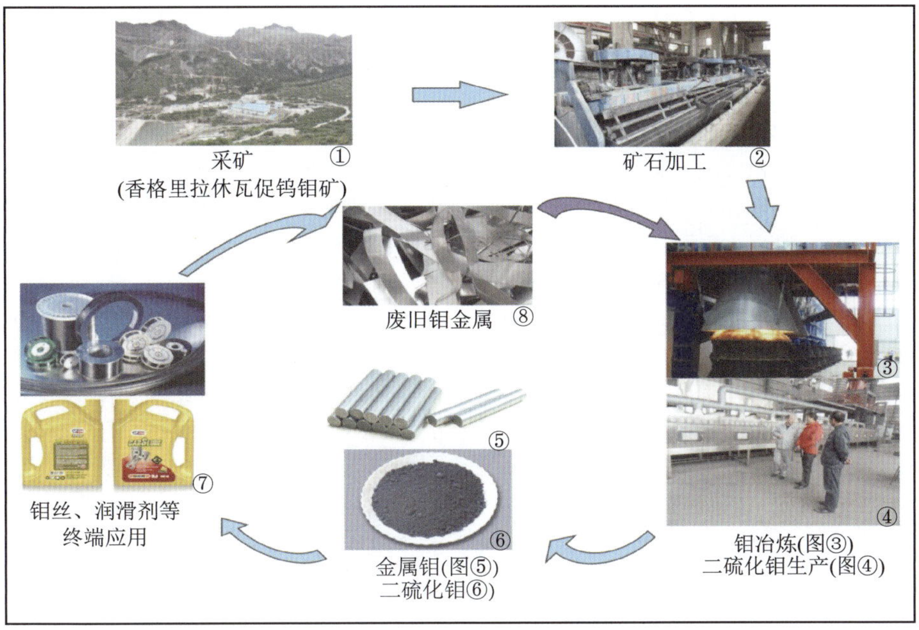

图 5-45 钼矿产业链示意图

(图①由唐忠提供；图②http：//heihe.dbw.cn/system/2012/06/13/053962742.shtml；图③http：//news.lyd.com.cn/system/2015/08/29/010443459.shtml；图④http：//www.ktzmy.com/shownews-5769.html；图⑤http：//www.kms88.com/news/html/2013/0604/221804.shtml；图⑥https：//baike.sogou.com/v3916402.htm？fromTitle 二硫化钼；图⑦http：//baike.asianmetal.cn/metal/mo/application.shtml；图⑧http：//baike.asianmetal.cn/metal/mo/recycling.shtml)

第九节 汞钴铋矿

汞可作为独立矿床出现，钴作为铜、铂、钯、镍、铁的共伴生矿种，铋矿为钨、锡、铜矿的伴生矿种。

一、汞矿

汞（Hg）俗称水银，用途较广。电气和仪表工业上，主要用于制造紫外灯、水银灯、水银真空泵、反光镜。在化学工业上，汞和汞的化合物主要用于制作各种防腐剂、催化剂、颜料。在农业上汞的化合物用于媒染剂。在医学上用汞制作升汞、甘汞、各种药膏的组成部分。

20 世纪 70 年代初，汞的环境危害引起全社会的广泛关注，汞在各个领域的应用均受到较大限制，消费量大幅下降。

自然界已知的汞矿物和含汞矿物有 20 多种，主要矿物为辰砂。

（一）资源概况

云南省已发现重要的汞矿产地 44 处（表 5-26），其中列入 2015 年云南省矿产资源储量简表的共有 6 个矿区，累计查明资源储量 3106 t。此外，全省还有 174 个河流重砂异常，250 多个土壤地球化学扩散晕。

云南省的汞矿资源主要分布于滇西的保山-施甸一带，次为维西-巍山、滇东南的丘北-砚山一带，其余地区也有零星分布。

表 5-26　云南省汞矿主要矿产地

编号	州（市）	矿产地名称	规模	矿床类型	成矿时代	工作程度	资源储量 t
1	曲靖市	陆良县树达棚汞矿	矿点	中-低温热液型	泥盆纪—三叠纪	预查	
2		师宗县阿尼格汞矿	矿点	中-低温热液型	泥盆纪—三叠纪	预查	
3		富源县蛇皮箐汞矿	矿点	中-低温热液型	泥盆纪—三叠纪	预查	
4	保山市	保山市隆阳区水银厂汞矿	小型	中-低温热液型	泥盆纪—二叠纪	勘探	86.00
5		保山市隆阳区罗明黎马山汞矿	矿点	中-低温热液型	泥盆纪—二叠纪	预查	
6		保山市隆阳区罗明官山汞矿	小型	中-低温热液型	泥盆纪—二叠纪	勘探	86.00
7		保山市隆阳区金家山汞矿	中型	中-低温热液型	泥盆纪—二叠纪	勘探	886.00
8		施甸县王家寨-百花岩汞矿	矿点	中-低温热液型	泥盆纪—二叠纪	预查	
9		施甸县百花山汞矿	矿点	中-低温热液型	泥盆纪—二叠纪	预查	
10		施甸县茅草坡汞矿	中型	中-低温热液型	泥盆纪—二叠纪	勘探	1000.00
11		施甸县何元寨汞矿	矿点	中-低温热液型	泥盆纪—二叠纪	预查	
12		昌宁县阿法汞矿	矿点	中-低温热液型	泥盆纪—二叠纪	预查	
13	昭通市	巧家县大坝汞矿	矿点	中-低温热液型	新元古代	预查	
14	普洱市	江城县上田心汞矿	矿点	中-低温热液型	时代不明	预查	
15	临沧市	永德县小村汞矿	矿点	中-低温热液型	泥盆纪—三叠纪	预查	
16		永德县龙高林汞矿	矿点	中-低温热液型	泥盆纪—三叠纪	预查	
17		耿马县允坎汞矿	矿点	中-低温热液型	泥盆纪—三叠纪	预查	
18		耿马县户南汞矿	矿点	中-低温热液型	泥盆纪—三叠纪	预查	
19	红河州	开远市大庄桃树汞矿	矿点	中-低温热液型	白垩纪—古近纪	预查	
20		建水县狗街水银厂汞矿	矿点	中-低温热液型	白垩纪—古近纪	预查	
21	文山州	砚山县白沙坡-红舍克汞矿	矿点	中-低温热液型	白垩纪—古近纪	预查	
22		丘北县平坦汞矿	矿点	中-低温热液型	白垩纪—古近纪	预查	
23		丘北县石腊汞矿	矿点	中-低温热液型	白垩纪—古近纪	预查	
24		丘北县洗马塘汞矿	中型	中-低温热液型	白垩纪—古近纪	勘探	920.00
25		丘北县茶花寨汞矿	矿点	中-低温热液型	白垩纪—古近纪	预查	
26	西双版纳州	景洪市曼亏大寨汞矿	矿点	中-低温热液型	时代不明	预查	
27	大理州	漾濞县西里汞矿	矿点	中-低温热液型	时代不明	预查	
28		巍山县马鞍山汞矿	小型	中-低温热液型	白垩纪—古近纪	勘探	70.00
29		巍山县黑龙潭汞矿	小型	中-低温热液型	白垩纪—古近纪	勘探	144.00
30		云龙县喜鹊厂汞矿	矿点	中-低温热液型	白垩纪—古近纪	预查	
31		云龙县以齐母汞矿	矿点	中-低温热液型	白垩纪—古近纪	预查	
32		洱源县松登汞矿	矿点	中-低温热液型	白垩纪—古近纪	预查	
33	怒江州	兰坪县瓜坝汞矿	矿点	中-低温热液型	白垩纪—古近纪	预查	
34		兰坪县水银厂汞矿	矿点	中-低温热液型	白垩纪—古近纪	预查	
35		兰坪县西福岩汞矿	矿点	中-低温热液型	白垩纪—古近纪	预查	
36		兰坪县华昌山汞矿	矿点	中-低温热液型	白垩纪—古近纪	预查	
37		兰坪县水银厂汞矿	矿点	中-低温热液型	白垩纪—古近纪	预查	
38		兰坪县挂登汞矿	矿点	中-低温热液型	白垩纪—古近纪	预查	
39		兰坪县黄龙山汞矿	矿点	中-低温热液型	白垩纪—古近纪	预查	
40		兰坪县雷打箐汞矿	矿点	中-低温热液型	白垩纪—古近纪	预查	
41		兰坪县温水河汞矿	矿点	中-低温热液型	白垩纪—古近纪	预查	
42		兰坪县麦子登汞矿	矿点	中-低温热液型	白垩纪—古近纪	预查	
43	迪庆州	维西县高宗-小别驮汞铜矿	矿点	中-低温热液型	白垩纪—古近纪	预查	
44		维西县腊它洛汞铜矿	矿点	中-低温热液型	白垩纪—古近纪	预查	

汞矿的成因与火山岩、地层有较密切的关系。在火山岩方面，滇西地区的华力西期基性火山岩、印支期火山岩，滇东地区震旦纪的火山岩对矿床有明显控制作用；在地层方面，上震旦统灯影组、中泥盆统何元寨组、上石炭统卧牛寺组、中三叠统个旧组、上三叠统三合洞组、中侏罗统花开左组、下白垩统南新组、始新统宝相寺组较为重要。

（二）矿床类型与矿床实例

云南省的汞矿成因类型划分为：基性火山-改造型、火山沉积-改造型、沉积-改造型。

1. 基性火山-改造型

（1）矿床特征

该类矿床主要发现于滇西地区。成矿作用与华力西期基性火山喷发、（超）浅成基性岩侵入、后期构造作用、地下水循环富集有关。成矿物质主要来自于基性岩浆岩，少部分来自于沉积岩。矿床形成于中低温条件。（含）矿体呈脉状、透镜状、囊状产于火山岩、碳酸盐岩的断裂中。围岩蚀变主要为硅化、铁化及碳酸盐化。主要矿物组合为：辰砂、黄铁矿、雌黄、辉锑矿、赤铁矿、重晶石、方解石、石英。

矿床主要产于隆阳区-施甸一带。代表性矿床为：隆阳区水银厂汞矿、隆阳区金家山汞矿、施甸县茅草坡汞矿。

本类矿床为云南省最主要的汞矿类型。探矿的汞资源储量占全省的60%。矿床规模一般为小-中型。

（2）隆阳区水银厂汞矿

矿区出露地层为中—上泥盆统、石炭系，岩石类型为灰岩、白云岩、角砾状生物碎屑灰岩及少量玄武岩。镁铁侵入岩发育，呈岩脉、岩墙、岩床状产出。矿区构造总体为南北走向、向北倾伏的复式背斜。轴部为泥盆系，两翼为泥盆系、石炭系。矿区有2组断层构造：一组近南北走向，为陡倾斜的逆断层；另一组走向北西，为规模较大、时代较新的逆断层。沿后者常有镁铁侵入岩产出。

汞矿产于镁铁侵入岩体及外接触带，划分为10余个矿段。矿体呈柱状、脉状、透镜状、羽状、树枝状，长85~220 m（一般100 m），厚1~15 m（最大50 m）。汞的平均品位0. 31%~2. 57%。矿体厚度、品位变化较大。

矿石矿物主要为辰砂、呈细脉状、浸染状、致密块状、薄膜状。伴生矿物主要为黄铁矿。部分矿段有少量雄黄、辉锑矿伴生。脉石矿物主要为石英、方解石、重晶石。

围岩蚀变有：碳酸盐化、绿泥石化、硅化、黄铁矿化、泥炭化。碳酸盐化与汞矿关系最为密切。断层中出现辉绿岩，围岩中出现白云石脉、方解石脉的地段，成矿较佳。

矿床成因类型为基性火山-改造型。汞矿达中型规模。

2. 火山沉积-改造型

（1）矿床特征

该类矿床主要发现于晋宁期、华力西期、印支期火山岩分布区。成矿作用与火山活动、后期构造作用、地下水循环富集有关。成矿物质主要来自于火山活动，部分来自于沉积岩。成矿溶液主要来自于天水，为硫酸盐热液卤水。矿床形成于中低温条件。（含）矿体呈脉状、似层状、透镜状充填于断裂带内。围岩蚀变主要为硅化、部分为绿泥石化、褐铁矿化、菱铁矿化、碳酸盐化。矿物组合为：辰砂、雌黄、雄黄、黄铁矿、黄铜矿、方解石、石英。

矿床主要产于弥勒-师宗断裂两侧，耿马—孟连一带。代表性矿床为建水县狗街水银厂汞矿、富源县蛇皮厂汞矿、凤庆县小村汞矿、巧家县大坝汞矿。

矿床规模一般为矿点，少数为小型矿床。

（2）巧家县大坝汞矿

矿区出露地层为下震旦统澄江组（Z_1c）和上震旦统灯影组（Z_2d）。前者为岩屑砂岩、中酸性熔岩、凝灰质火山角砾岩。后者主要由白云岩组成。矿区构造总体为一北东向背斜构造，沿背斜轴部有北东向断层通过。汞矿与北东向断层构造及澄江组下段（Z_1c^1）岩屑砂岩岩性有关。

汞矿化有 2 种类型：①似层状型，含汞砂岩呈似层状、透镜状产于中粗粒岩屑砂岩中，矿化层与围岩产状一致，辰砂呈星点状、粒状赋存于砂岩颗粒之间，矿化层厚 15 m、长>120 m；②裂隙型，汞矿呈脉状产于围岩裂隙中，矿化体与围岩层理斜交，矿脉成群成带产出，单脉厚 2～3 cm。裂隙型汞矿的深部为含汞石英镜铁矿脉，厚达 1 m，汞的品位较高。

围岩蚀变有：硅化、褐铁矿化、菱铁矿化。矿石矿物为辰砂，伴有铜矿物、黄铁矿、褐铁矿、菱铁矿。脉石矿物为石英、方解石。辰砂呈星点状、细脉状、浸染状、薄膜状。在矿化层顶部取样分析，汞的品位为 0.09%。

矿区矿化面积较大，矿石品位较高，有较长开采历史，属较有远景的汞矿区。

矿床成因类型为火山沉积-改造型。澄江组（Z_1c）中酸性熔岩、凝灰质火山角砾岩中，汞的品位为 600×10^{-6}，可能属矿源层。

3. 沉积-改造型

（1）矿床特征

该类矿床分布广泛，主要发现于滇东南、滇西地区。成矿作用明显受地层和构造控制。成矿物质主要来源于沉积岩，部分来源于镁铁岩。成矿溶液主要来自天水，部分来自沉积水，为中等盐度卤水。矿床形成于中低温条件。（含）矿体呈似层状、透镜状、脉状产于层间破碎带或断裂带内。围岩蚀变一般为硅化、碳酸盐化。碳酸盐岩类的矿物组合一般为辰砂、自然汞、辉锑矿、黄铁矿、方解石、石英。砂泥质岩类的矿物组合一般为辰砂、雄黄、方铅矿、黄铜矿、黝铜矿、辉铜矿、方解石、石英、重晶石、高岭石。

矿床主要分布在维西-巍山、丘北等地。代表性矿床为：巍山县马鞍山汞矿、巍山县黑龙潭汞矿、丘北县洗马塘汞矿。

本类矿床为省内的次要汞矿床类型。查明的资源储量占全省的 40%。矿床规模多数为矿点，部分为小型，少数为大型。

（2）丘北县洗马塘汞矿

矿区出露地层为中三叠统个旧组碳酸盐岩，总体为一宽缓的背斜构造。断层以北东向为主，北西向次之。

矿区有 4 个主要矿化体，均呈北西走向充填于构造破碎带中。矿体长 2～9 m、厚 1～3 m，多呈透镜状产出。

矿石矿物以辰砂为主，有少量黑辰砂、辉锑矿。脉石矿物以方解石为主，石英次之。围岩常见褪色现象，硅化较为明显。

矿床成因为碳酸盐岩中之脉状沉积-改造型。

（3）巍山县马鞍山汞矿

矿区出露地层为上三叠统歪古村组（T_3w）、三合洞组（T_3s）、麦初箐组（T_3m），总体为一背斜构造。矿体呈层状、似层状产于三合洞组（T_3s）上段（黑色页岩）与下段（灰岩）的层间破碎带中。含矿硅化带呈似层状，厚 1～10 m，较稳定。

矿区划分为罗旧村后山和大白崖矿段。

大白崖矿段的辰砂呈薄膜状、皮壳状、细脉状充填于次生石英岩的裂隙中，晶洞内有葡萄状辰砂、方解石、水晶产出。单个矿体呈脉状、透镜状成群成带出现。矿体一般长 2～3 m，宽 2～5 m，厚 0.2～1.0 m。

罗旧村后山矿段辰砂呈星点状、团块状分布于次生石英岩中，少数呈细脉状沿页岩层理分布。矿体一般长宽为 3～5 m，厚 0.2～1.0 m。

矿石矿物为辰砂、辉锑矿、赤铁矿。脉石矿物为石英、水晶、方解石、白云石、高岭石、胶磷矿、滑石、绢云母、绿泥石、磷灰石等。

矿床成因属产于碳酸盐岩中之似层状沉积-改造型。矿床规模已达小型，有较好的找矿远景。

二、钴矿

钴（Co）主要用于制取钴基合金。含钴的刀具可以显著地提高钢的耐磨性和切削性能。在航空涡轮机使用含 20%~27%铬的钴基合金，不要保护层就能使材料达高抗氧化性。钴金属在电镀、玻璃、染色、医药医疗等方面也有广泛应用。

（一）资源概况

截至 2015 年，列入云南省矿产资源储量简表的钴矿共 28 处。其中仅有 1 处为单一矿产，其余均为共伴生矿。累计查明资源储量为 64787 t，保有资源储量为 56093 t。从规模看：大型 2 处，中型矿床 2 处，小型矿床 24 处。

云南省的钴矿资源储量分布在 9 个州（市）内。迪庆、普洱为主要分布区，其次为玉溪、大理、红河，怒江、文山、楚雄、西双版纳州也有少量分布（图 5-46）。

钴矿床以墨江县猛里、红河县米底镍钴矿较为典型。

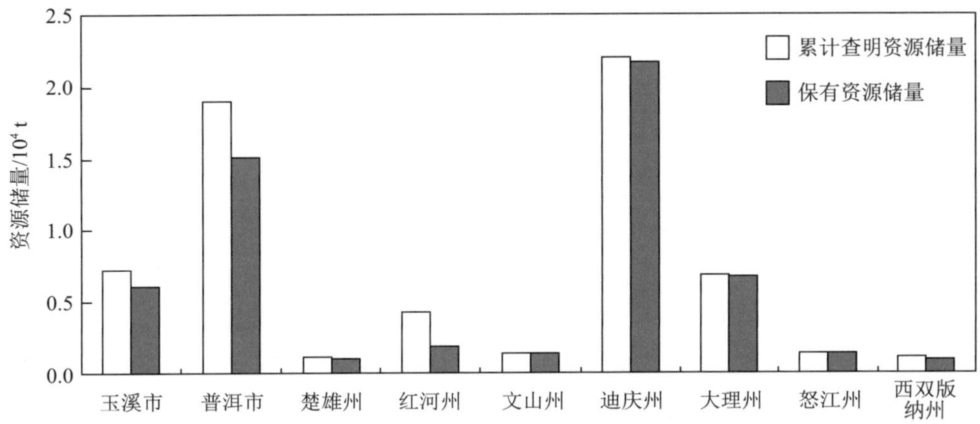

图 5-46　截至 2015 年底云南省查明钴矿资源储量分布直方图

（数据来源：《云南省 2015 年矿区及所属矿山矿产资源储量简表》，云南省国土资源厅，2016）

（二）墨江县猛里钴镍矿

矿床产于镁质超镁铁岩体的风化壳中。矿床地质特征与墨江县金厂、元江县安定矿区（第四章第三节、第五章第四节）相似。

矿体中：钴的平均品位 0.066%；镍边界品位 0.5%，工业品位 1.05%。除钴、镍外，有石棉伴生。

该矿床与墨江县金厂、元江县安定矿区不同之处为：①风化壳发育程度较差，垂直分带现象不够完整；②赭土层及赭土化蛇纹岩残余构造层大多缺失。

矿床成因类型为超镁铁岩风化残积矿床。经勘探，矿床规模属小型。

（三）红河县米底钴镍矿

矿床产于镁质超镁铁岩体的风化壳中。矿床地质特征与墨江县金厂、元江县安定矿区（第四章第三节、第五章第四节）相似。

风化壳主要保存于岩体西北段，共有 4 片风化壳。

矿体中：钴的平均品位 0.044%；镍边界品位 0.5%，工业品位 1.05%。除钴、镍外，有石棉伴生。

该矿床与墨江县金厂、元江县安定矿区不同之处为：风化壳发育程度较差，上部层位多已缺失，绿高岭石化蛇纹岩残余构造层较薄，多出现淋滤蛇纹岩带。

矿床成因类型为超镁铁岩风化残积矿床。经勘探，矿床规模属小型。

三、铋矿

铋（Bi）主要用于制造易熔（熔点 47～262℃）的铅、锡、锑合金，用于消防装置、自动喷水器、锅炉的安全塞。在电气工业、医疗卫生方面也有广泛应用。

云南省的铋矿均与钨、锡、铜矿共伴生，截至 2015 年底，列入《云南省矿产资源储量简表》的铋矿区有 13 处，仅 1 处达到中型规模；累计查明铋金属资源储量 4.55×10^4 t，居全国总资源储量的第 4 位。铋矿资源主要分布于红河州个旧市锡矿的 12 处矿区中，次为香格里拉市红山铜矿。个旧市老厂、松树脚、马格拉、卡房、金光坡等锡矿中伴生的铋矿，均随锡的开发而综合回收利用。

第六章　贵金属与稀有稀土分散元素矿产

贵金属矿产是金、银及铂族元素的总称。贵金属、稀有金属、稀土金属、分散元素矿产资源在云南较为丰富，找矿和开发潜力巨大。

第一节　金　　矿

金（Au）是一种质软、金黄色、抗腐蚀的贵金属，金的化学性质十分稳定，有所谓真金不怕火炼之说，黄金被视为“五金”（金、银、铜、铁、锡）之首。黄金的主要用途有三大类。

1）作为国家的硬通货储备，是国际货币结算和货币信用的基础。目前许多国家，包括西方主要国家的国际储备中，黄金仍占有相当重要的地位。

2）广泛用于制作装饰品、珠宝业、陶瓷、各种镶嵌等。华丽的黄金饰品，是一个人的社会地位和财富的象征。

3）由于具有极高的抗腐蚀性、良好的导电性和导热性，黄金及其合金在电子、电气、医疗、化工、宇航、国防工业中有广泛用途。

中国金消费结构以首饰（61%）为主，金币（32%）次之，工业（4%）、金条（2%）、其他（1%）较少（矿业界，2016a）。

金矿物和含金矿物有98种，常见的有47种。具有工业意义的矿物主要为自然金、针碲金银矿、碲金矿、金汞矿。金的自然元素和碲化物最为常见。

金矿物中含金>80%时称自然金（天然形成的块金俗称“狗头金”）。含金>50%，银为主要成分时称银金矿。自然界中金常与银伴生，共伴生矿物为黄铁矿、方铅矿、毒砂、闪锌矿、黄铜矿、黝铜矿、辉钼矿。

云南是我国采金较早的地区之一，也是我国黄金的主要产地之一，有“滇金”之称。在两千多年前的西汉时期已有黄金开采及加工，至南诏时期（738—902年），金、银开采和制造已经较为发达。云南的黄金产地主要分布在金沙江、澜沧江、怒江和红河流域，包括今保山、永胜、丽江、维西、文山、墨江、蒙自、金平、屏边、巧家、永善等地。近年来，云南省黄金产量一直稳居全国第4位，“天赐滇金，一色正黄”（云南黄金矿业集团品牌广告）正是云南黄金的真实写照。

一、资源概况

云南全省共有金矿床（点）155处。其中：超大型矿床2处，大型矿床6处，中型矿床17处，小型矿床96处，矿点34处。小型以上（含小型）矿床共121处（图6-1，表6-1）。

截至2015年底，云南省累计查明黄金资源储量为985.42 t，保有608 t，居全国第6位。

云南金矿开发在全省的经济社会发展中具有重要的地位。金矿资源在云南16个州市均有分布，主要集中分布于普洱市、保山市、迪庆州、文山州、大理州、红河州、昆明市等地区（图6-2）。照片6-1为墨江县金厂金矿所产自然金。

近年来，随着云南省“三年地质找矿行动计划”的有效实施，鹤庆县北衙金铁多金属找矿取得重大突破，据矿山统计资料，目前累计查明黄金资源储量超过300 t，规模达超大型，为云南规模最大的金矿床。

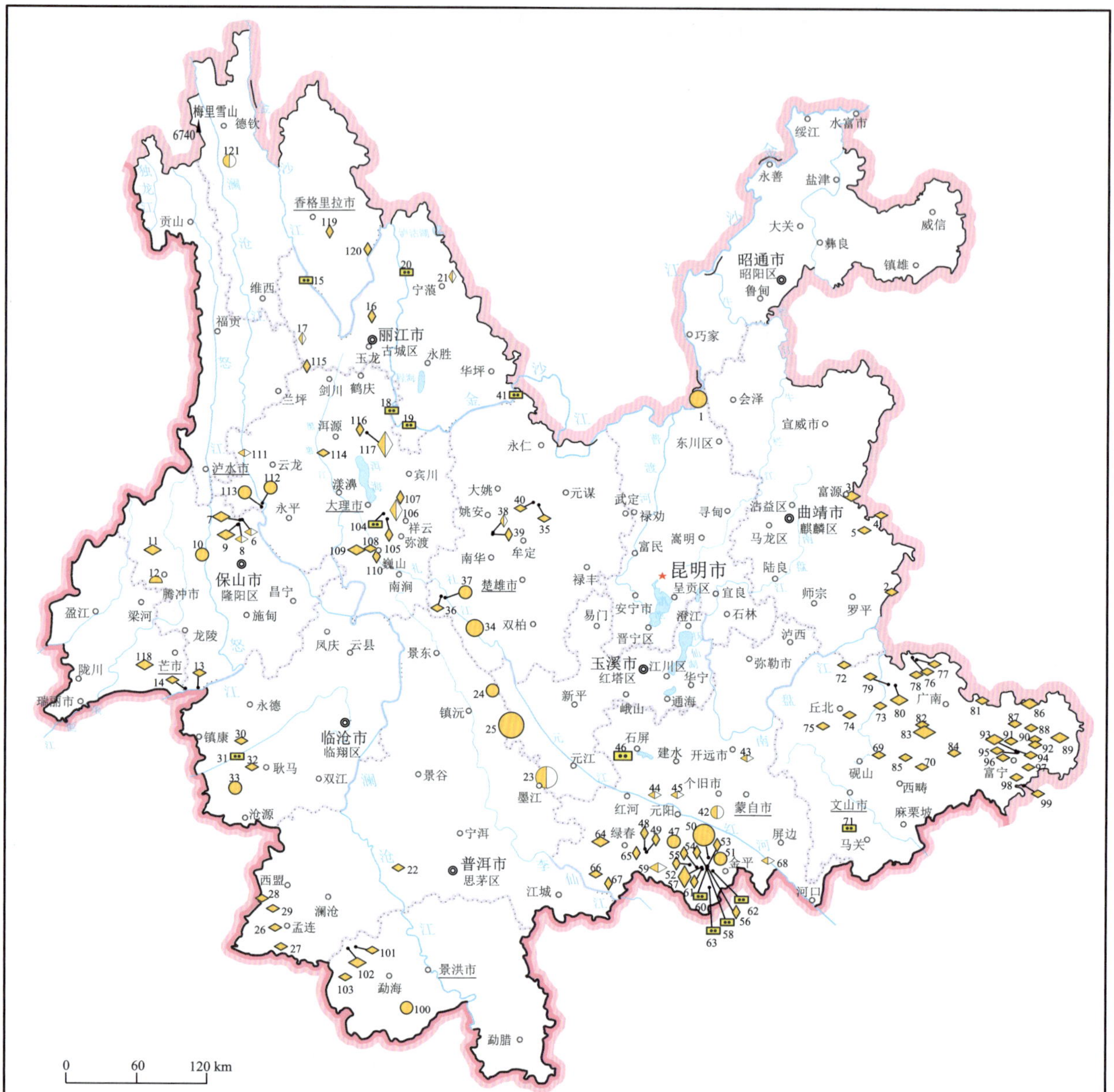

矿床类型	矿种	超大型	大型	中型	小型	矿床类型	矿种	超大型	大型	中型	小型
斑岩型	金矿					浅成中-低温热液型	金矿				
	金多金属矿						金多金属矿				
陆相火山岩型	金矿					岩浆热液型（剪切带型）	金矿				
砂矿型	砂金矿						金多金属矿				

图 6-1　云南省金矿主要矿产地分布图

表 6-1　云南省金矿主要矿产地

编号	州（市）	矿产地名称	规模	成因类型	成矿时代	工作程度	资源储量 kg
1	昆明市	昆明市东川区播卡金矿	中型	岩浆热液型	古近纪(古新世—始新世)	勘探	15952.00
2	曲靖市	罗平县鲁布格金矿	小型	浅成中-低温热液型	白垩纪	普查	997.00
3		富源县胜境关金矿	中型	浅成中-低温热液型	白垩纪	普查	10114.00
4		富源县金豆山金矿	小型	浅成中-低温热液型	白垩纪	勘探	2708.45
5		富源县麻地-马鞍山金矿	小型	浅成中-低温热液型	白垩纪	普查	754.00
6	保山市	保山市隆阳区打厂凹金多金属矿	小型	浅成中-低温热液型	古近纪	勘探	743.00
7		保山市隆阳区黑牛凹金矿	中型	浅成中-低温热液型	古近纪	详查	5269.00
8		保山市隆阳区陡崖金多金属矿	小型	浅成中-低温热液型	古近纪	普查	1682.00
9		保山市隆阳区黄家地金矿	中型	浅成中-低温热液型	古近纪	普查	5511.00
10		保山市隆阳区崇岗金矿	小型	岩浆热液型	古近纪	勘探	1333.00
11		腾冲市葫芦口金矿	中型	浅成中-低温热液型	白垩纪	详查	9268.00
12		腾冲市两河金矿	小型	陆相火山岩型	上新世末—更新世晚期	普查	718.00
13		龙陵县四楞金矿	小型	浅成中-低温热液型	晚侏罗世—早白垩世	普查	1482.00
14		龙陵县木城老厂金矿	小型	浅成中-低温热液型	晚侏罗世—早白垩世	普查	1194.00
15	丽江市	丽江市玉龙县巨甸砂金矿	小型	砂矿型	第四纪	普查	70.00
16		丽江市玉龙县玉湖金矿	小型	斑岩型	古近纪(始新世—渐新世)	普查	2431.00
17		丽江市玉龙县金丝厂铜金矿	小型	斑岩型	古近纪(始新世—渐新世)	普查	41.00
18		永胜县沙湾砂金矿	小型	砂矿型	第四纪	普查	1053.00
19		永胜县金江街砂金矿	小型	砂矿型	第四纪	勘探	1939.20
20		宁蒗县翠依金矿	小型	砂矿型	第四纪	普查	259.40
21		宁蒗县白牛厂金多金属矿	小型	斑岩型	古近纪(始新世—渐新世)	普查	1953.00
22	普洱市	普洱市思茅区大凹子金矿	小型	浅成中-低温热液型	白垩纪	普查	40.00
23		墨江县金厂金镍矿	大型	岩浆热液型(剪切带型)	古近纪	详查	38837.00
24		镇沅县下岔河小勐真金矿	小型	岩浆热液型(剪切带型)	古近纪	普查	510.00
25		镇沅老王寨金矿	超大型	岩浆热液型(剪切带型)	古近纪	勘探	103026.00
26		孟连县英山金矿	小型	浅成中-低温热液型	白垩纪	普查	386.00
27		孟连县芒信金矿	小型	浅成中-低温热液型	白垩纪	普查	470.00
28		西盟县火烧山金矿	小型	浅成中-低温热液型	白垩纪	勘探	754.24
29		西盟县翁嘎科金矿	小型	浅成中-低温热液型	白垩纪	普查	142.00
30	临沧市	镇康县小干沟金矿	小型	浅成中-低温热液型	晚侏罗世—早白垩世	普查	1355.00
31		耿马县南汀河砂金矿	小型	砂矿型	第四纪	普查	1040.00
32		耿马县安明金矿	小型	浅成中-低温热液型	白垩纪	普查	29.00
33		沧源县拱丁金矿	小型	岩浆热液型	侏罗纪—白垩纪	勘探	2868.76
34	楚雄州	楚雄市小水井金矿	中型	岩浆热液型(剪切带型)	古近纪（渐新世）	勘探	10566.00
35		牟定县戌街金矿	小型	浅成中-低温热液型	古近纪（渐新世）	预查	159.00
36		南华县大龙潭金矿	小型	浅成中-低温热液型	新近纪	普查	2542
37		南华县官郎山金矿	小型	岩浆热液型	古近纪（渐新世）	普查	165.00
38		姚安县老街金多金属矿	小型	斑岩型	古近纪（始新世—渐新世）	勘探	1759.00
39		姚安县白马苴金矿	小型	斑岩型	古近纪（始新世—渐新世）	普查	1245.00
40		大姚县茶铺梁子金矿	小型	浅成中-低温热液型	古近纪（渐新世）	普查	1041
41		永仁县白马河砂金矿	小型	砂矿型	第四纪	普查	91.00

续表

编号	州(市)	矿产地名称	规模	成因类型	成矿时代	工作程度	资源储量 kg
42		个旧市金光坡铋金矿	小型	岩浆热液型	侏罗纪—白垩纪	勘探	411.00
43		开远市大庄虎跳崖锑金矿	小型	浅成中-低温热液型	侏罗纪—白垩纪	普查	77.72
44		建水县荒田铅锌多金属矿	大型	浅成中-低温热液型	侏罗纪—白垩纪	详查	3149.00
45		建水县芦子箐金多金属矿	小型	浅成中-低温热液型	白垩纪	普查	352.00
46		石屏县龙潭钨金矿	中型	砂矿型	第四纪	详查	302.44
47		元阳县马鹿塘金矿	小型	岩浆热液型	古近纪(始新世—渐新世)	普查	2489.00
48		元阳县哈播金矿	小型	斑岩型	古近纪(始新世)	普查	2624.00
49		元阳县哈埂金矿	小型	斑岩型	古近纪(始新世—渐新世)	普查	101.00
50		元阳县大坪金矿	大型	岩浆热液型(剪切带型)	古近纪(始新世—渐新世)	勘探	50000.00
51		金平县金竹林金矿	小型	岩浆热液型(剪切带型)	古近纪(始新世—渐新世)	普查	774.00
52		金平县亚拉坡金矿	小型	斑岩型	古近纪(始新世—渐新世)	普查	750.00
53		金平县老卡新寨金矿	小型	斑岩型	古近纪(始新世—渐新世)	普查	1452.00
54		金平县铜厂石灰窑丫口金矿	小型	斑岩型	古近纪(始新世—渐新世)	普查	307.00
55	红河州	金平县三家寨金矿	小型	斑岩型	古近纪(始新世—渐新世)	普查	1561.00
56		金平县新发寨金矿	小型	斑岩型	古近纪(始新世—渐新世)	普查	1977.00
57		金平县长安金矿	大型	斑岩型	古近纪(始新世)	勘探	29231.71
58		金平县干冲沟砂金矿	小型	砂矿型	第四纪	普查	174.00
59		金平县巴哈铅金多金属矿	中型	浅成中-低温热液型	古近纪(始新世—渐新世)	勘探	11597.00
60		金平县铜厂沟砂金矿	小型	砂矿型	第四纪	普查	163.00
61		金平县铜厂金矿	小型	斑岩型	古近纪(始新世—渐新世)	详查	2549.00
62		金平县龙潭坝砂金矿	小型	砂矿型	第四纪	勘探	1378.80
63		金平县勐拉坝砂金矿	小型	砂矿型	第四纪	勘探	1472.00
64		绿春县牛孔金矿	中型	浅成中-低温热液型	古近纪(始新世—渐新世)	勘探	8095.00
65		绿春县炭山金矿	小型	斑岩型	古近纪(始新世—渐新世)	普查	70.00
66		绿春县牛波金矿	小型	浅成中-低温热液型	古近纪(始新世—渐新世)	普查	1022.00
67		绿春县新寨金矿	小型	斑岩型	古近纪(始新世—渐新世)	普查	535.00
68		河口县新街铜金矿	小型	浅成中-低温热液型	侏罗纪—白垩纪	普查	115.00
69		砚山县垮溪金矿	小型	浅成中-低温热液型	白垩纪	普查	1929.00
70		西畴县曼龙沟金矿	小型	浅成中-低温热液型	白垩纪	普查	2509.00
71		马关县大马固砂金矿	小型	砂矿型	第四纪	普查	548.00
72		丘北县戈寒金矿	小型	浅成中-低温热液型	白垩纪	普查	800.00
73		丘北县布红金矿	小型	浅成中-低温热液型	白垩纪	普查	342.00
74		丘北县茶花寨金矿	小型	浅成中-低温热液型	白垩纪	普查	550.00
75	文山州	丘北县绿塘子金矿	小型	浅成中-低温热液型	白垩纪	普查	268.00
76		广南县堂上金矿	小型	浅成中-低温热液型	白垩纪	普查	1430.00
77		广南县别力金矿	小型	浅成中-低温热液型	白垩纪	详查	1207.50
78		广南县底圩金矿	小型	浅成中-低温热液型	白垩纪	勘探	2248.00
79		广南县未昔金矿	小型	浅成中-低温热液型	白垩纪	普查	234.00
80		广南县斗月金矿	中型	浅成中-低温热液型	白垩纪	勘探	18502.65
81		广南县洒拉冲金矿	小型	浅成中-低温热液型	白垩纪	勘探	1429.78

续表

编号	州（市）	矿产地名称	规模	成因类型	成矿时代	工作程度	资源储量 kg
82	文山州	广南县韭菜坪金矿	小型	浅成中-低温热液型	白垩纪	普查	190.00
83		广南县老寨湾金矿	大型	浅成中-低温热液型	白垩纪	勘探	37651.40
84		广南县峨里金矿	小型	浅成中-低温热液型	白垩纪	普查	839.00
85		广南县下格乍金矿	小型	浅成中-低温热液型	白垩纪	普查	4643.05
86		富宁县那能金矿	中型	浅成中-低温热液型	侏罗纪—白垩纪	详查	19218.19
87		富宁县弄歪金矿	小型	浅成中-低温热液型	侏罗纪—白垩纪	普查	116.00
88		富宁县毛姐山金矿	小型	浅成中-低温热液型	侏罗纪—白垩纪	普查	308.00
89		富宁县者桑金矿	中型	浅成中-低温热液型	侏罗纪—白垩纪	普查	6033.80
90		富宁县马列安那金矿	小型	浅成中-低温热液型	侏罗纪—白垩纪	勘探	4713.00
91		富宁县达木金矿	小型	浅成中-低温热液型	侏罗纪—白垩纪	普查	1741.00
92		富宁县腊刚金矿	小型	浅成中-低温热液型	侏罗纪—白垩纪	普查	640.00
93		富宁县那坪金矿	中型	浅成中-低温热液型	侏罗纪—白垩纪	详查	11997.00
94		富宁县小寨金矿	小型	浅成中-低温热液型	侏罗纪—白垩纪	普查	422.00
95		富宁县芭什山金矿	小型	浅成中-低温热液型	侏罗纪—白垩纪	普查	52.00
96		富宁县革档金矿	小型	浅成中-低温热液型	侏罗纪—白垩纪	普查	1629.78
97		富宁县弄央金矿	小型	浅成中-低温热液型	侏罗纪—白垩纪	普查	891.00
98		富宁县渭沙金矿	小型	浅成中-低温热液型	侏罗纪—白垩纪	普查	486.00
99		富宁县戈排金矿	小型	浅成中-低温热液型	侏罗纪—白垩纪	普查	138.00
100	西双版纳州	景洪市曼扎康少金矿	小型	岩浆热液型	白垩纪	预查	659.00
101		勐海县曼纳金矿（南罕金矿）	小型	浅成中-低温热液型	白垩纪	详查	144.00
102		勐海县勐满金矿	中型	浅成中-低温热液型	白垩纪	详查	18143.00
103		勐海县西定金矿（班丙金矿）	小型	浅成中-低温热液型	白垩纪	普查	3566.00
104	大理州	大理市凤仪砂金矿	小型	砂矿型	第四纪	普查	292.76
105		大理市笔架山金多金属矿	小型	斑岩型	古近纪（始新世—渐新世）	普查	280.00
106		祥云县马厂箐金多金属矿	大型	斑岩型	古近纪（始新世—渐新世）	普查-勘探	25000.00
107		宾川县白象厂金多金属矿	小型	斑岩型	古近纪（始新世—渐新世）	普查	324.00
108		巍山县茶雷村金矿	小型	浅成中-低温热液型	古近纪（始新世）	普查	100.00
109		巍山县扎村金矿	中型	浅成中-低温热液型	古近纪（始新世）	勘探	11021.36
110		巍山县大莲花山金矿	小型	斑岩型	古近纪（始新世）	普查	358.00
111		云龙县天登铜金矿	小型	浅成中-低温热液型	古近纪	普查	897.00
112		云龙县蘑菇场金矿	小型	岩浆热液型	古近纪	普查	679.00
113		云龙县功果金矿（小干箐）	小型	岩浆热液型	古近纪	普查	897.00
114		洱源县溪灯坪金矿	小型	浅成中-低温热液型	古近纪	详查	2292.00
115		剑川县老君山金矿	小型	斑岩型	古近纪（始新世—渐新世）	普查	55.00
116		鹤庆县松桂金矿	小型	斑岩型	古近纪（始新世—渐新世）	普查	2985.00
117		鹤庆县北衙金多金属矿	超大型	斑岩型	古近纪（始新世—渐新世）	勘探	317741.00
118	德宏州	芒市上芒岗金矿	中型	浅成中-低温热液型	晚侏罗世—早白垩世	勘探	8984.30
119	迪庆州	香格里拉市甭哥金矿	小型	斑岩型	古近纪（渐新世）	勘探	2953.00
120		香格里拉市东炉房金矿	小型	斑岩型	古近纪（渐新世）	普查	1699.00
121		德钦县红坡牛场铜金矿	小型	岩浆热液型	侏罗纪—白垩纪	勘探	4190.00

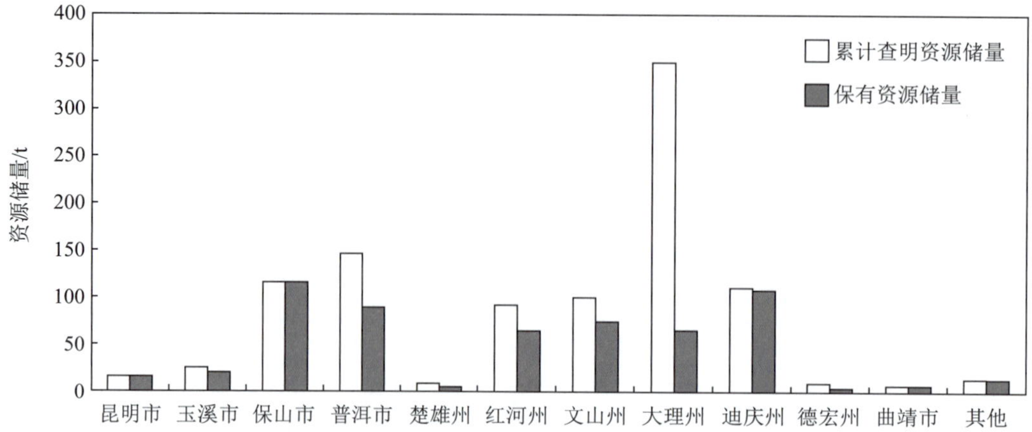

图 6-2　云南省各州（市）查明金矿资源储量分布直方图

（数据来源：《云南省 2015 年矿区及所属矿山矿产资源储量简表》，云南省国土资源厅，2016）

照片 6-1　墨江县金厂金矿偏光显微镜下的自然金

自然金最大粒度 50 μm×40 μm

（单勇供稿）

二、矿床类型与矿床实例

金矿床形成过程复杂，目前，国内外的分类方案已超过百种，在一定程度上反映出金矿床的成矿规律，但都具有不同的局限性。

云南省金矿床类型众多，可划分为斑岩型（泛指与喜马拉雅期富碱斑岩有关的斑岩型、矽卡岩型、热液脉型金矿）、岩浆热液型（含与喜马拉雅期构造-岩浆活动有关的剪切带型）、浅成中-低温热液型（破碎带蚀变岩型、卡林型）、陆相火山岩型（热泉型）、风化型、砂矿型 6 类（表 6-2）。从资源储量来看，斑岩型、岩浆热液型、浅成中-低温热液型金矿是最重要的矿床类型，占绝对主导地位。

（一）鹤庆县北衙金矿

鹤庆县北衙金矿是中国十大金矿山之一（照片 6-2、6-3），累计探获 333 类以上金资源量 317741 kg（其中 2015 年底上表 333 类以上金资源量 65009 kg）；共生铁矿石量 1.02×10^8 t、铜金属量 63.11×10^4 t、银金属量 4366.66 t、铅金属量 313.45×10^4 t、锌金属量 32.29×10^4 t；另外还查明金、铜、银、铅、锌等伴生矿产。主矿种达到超大型矿床规模，共生矿种达到大型规模，成为西南地区最大的金多金属矿床。2012~2014 年平均年产黄金 5.06 t（照片 6-4、6-5）、白银 22 t、铁精粉 71×10^4 t。

表 6-2　云南省金矿主要矿床类型划分

矿床类型		矿化组合	代表矿床	矿床规模
斑岩型		Au-Fe-Pb-Zn-Ag-Cu	鹤庆县北衙金多金属矿	超大型
		Au-Ag-Cu-Mo	祥云县马厂箐金多金属矿	大型
		Au	金平县长安金矿	大型
岩浆热液型	剪切带型	Au	镇沅县老王寨金矿	超大型
		Au-Ag-Cu-Pb	元阳县大坪金矿	大型
		Au	昆明市东川区博卡金矿	中型
	岩浆热液型	Au	沧源县拱丁金矿	小型
浅成中-低温热液型	破碎带蚀变岩型	Au	巍山县扎村金矿	中型
	卡林型（微细浸染型）	Au	广南县老寨湾金矿	大型
		Au	富宁县那能金矿	中型
		Au	芒市上芒岗金矿	中型
陆相火山岩型（热泉型）		Au-Ag	腾冲市两河金矿	小型
风化型		Au	勐海县勐满金矿	中型
砂矿型		Au	永胜县金江街砂金矿	小型

照片 6-2　鹤庆县北衙金矿万硐山矿段露天采场

（施玉北供稿）

北衙金矿是一个以金为主、同体共生铁、铜、铅，伴生银、锌的超大型金多金属矿床。矿体主要产于喜马拉雅期富碱斑岩与中三叠统北衙组碳酸盐岩接触矽卡岩带以及内、外接触带中，其次有表生作用形成的产于新近系上新统三营组与中三叠统北衙组及斑岩体不整合面上的风化-堆积型矿体（图6-3）。目前共圈定金、铁、铜，银、铅、锌多金属大小矿体共 2900 余个。其中，万硐山矿段 1885 个，红泥塘-金沟坝矿段 800 多个，笔架山-锅盖山矿段 103 个，芹河矿段 98 个。规模较大的矿体 214 个，主矿体为 KT52，次主矿体为 KT4、KT10、KT11、KT54、KT63、Ⅰ-2Pb 等，次要矿体 27 个。

区内出露地层主要有中-上二叠统峨眉山玄武岩组、下三叠统腊美组、中三叠统北衙组、古近系丽江组及第四系。中三叠统北衙组上部是主要矿化层位，古近系丽江组也是含金层位之一。岩浆岩主要有喜马拉雅期二长花岗斑岩（以往称“石英正长斑岩”）、煌斑岩，与金矿化有关，矿床成因为与喜马拉雅期富碱斑岩有关的斑岩型-矽卡岩型-热液型金多金属矿床。

照片 6-3　鹤庆县北衙金矿区勘查现场
（和中华供稿）

照片 6-4　鹤庆县北衙金矿所产标准金条
（和中华供稿）

照片 6-5　鹤庆县北衙金矿所产金锭
（和中华供稿）

北衙金矿分为 2 个成矿带：东矿带南北长 1990 m，东西宽 800 m；西矿带南北长 4600 m，东西宽 1500～1800 m。

1. 矽卡岩型（斑岩型）金矿

北衙金矿床共圈定了 55 个原生矿体，有 4 个主矿体（表 6-3）。原生矿体呈囊状、脉状、似层状。

表 6-3　鹤庆县北衙金矿矿体特征

矿体编号	长/m	厚度/m		斜深/m	Au 品位/10^{-6}	
		区间	平均		区间	平均
KT7	400	0.70～10.67	3.45	300	0.69～19.81	6.34
KT52	600	1.88～10.95	4.82	180	1.28～20.33	5.03
KT53	600	0.84～6.98	4.91	180	0.92～13.08	4.22
KT22-1	55	0.40～7.70	3.06			4.53
KT22-2	160	1.00～5.80	2.84	60	0.14～49.21	7.64
KT22-3	320	0.55～10.29		214	3.00～18.29	

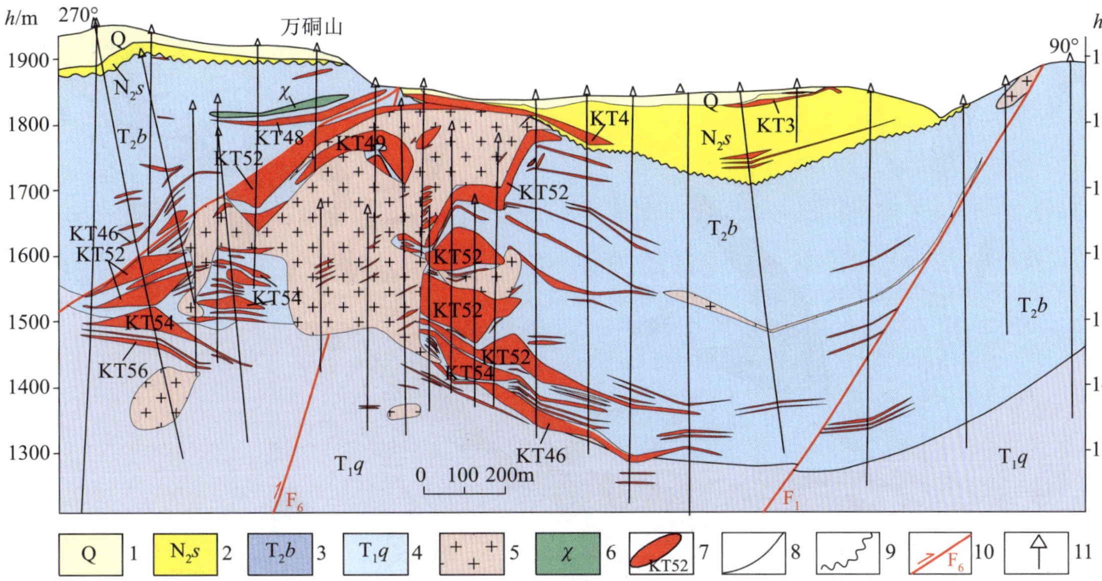

图 6-3　鹤庆北衙金多金属矿床 56 线勘探矿体产出示意图

（据和中华等，2013）

1—第四系沉积物；2—上新统三营组砂砾岩、含砂砾粘土岩；3—三叠系中统北衙组碳酸盐岩；4—三叠系下统青天堡组砂岩；5—二长花岗斑岩；6—煌斑岩；7—金多金属矿体及编号；8—地质界线；9—不整合接触地质界线；10—断层及编号；11—钻孔

按含金岩石划分为 8 种工业类型：含砾砂粘土金（铁）矿石、褐（磁）铁矿型金多金属矿石、磁（赤）铁矿型金多金属矿石、灰岩型金多金属矿石、石英正长斑岩型金铁矿石、矽卡岩型金磁铁矿石、煌斑岩型金铁矿石和爆破角砾岩型铁矿石。

矿石结构有自形-半自形晶结构、他形晶结构、填隙结构、交代残留结构、交代结构。矿石构造主要有浸染状、条带状、网脉状、块状、角砾状构造。矿石矿物主要有黄铁矿、自然金、磁铁矿、黄铜矿、褐铁矿、磁赤铁矿。脉石矿物主要有石英、白云石、透辉石、方解石。

矿石中单体自然金占总量的 97.73%，其余为其他矿物的包裹金，属银金矿。自然金成色 87.7%。

围岩蚀变有矽卡岩化、大理岩化、菱铁矿化、磁铁矿化、赤铁矿化。

2. 风化壳型（红土型）金矿

KT80 号矿体为最大的红土型金矿体，产于古近系丽江组底部的不整合面之上，平均厚度 5.44 m，金的平均品位为 1.50×10^{-6}。盖层厚 0~101.50 m，平均盖层厚度为 21.56 m。

红土型含砾粘土金矿石由砾、砂、亚粘土、红色粘土组成。主要金属矿物有自然金、自然银、磁铁矿、褐铁矿、硬锰矿、黄铁矿、方铅矿、辉锑矿、孔雀石、蓝铜矿。主要脉石矿物为石英、长石。

（二）祥云县马厂箐金矿

矿区出露地层主要有奥陶系的向阳组、迎风村组，志留系的小湖西组、阴阳山组、五福山组，泥盆系的青山组、莲花曲组，石炭系的斗顶山组、李子园组、跃进新村组，二叠系的栖霞组、茅口组、乌龙坝组。奥陶系迎风村组是主要赋矿地层。北东（北东东）向断层带是矿区主要的控岩控矿构造，控制着马厂箐复式杂岩体的空间展布。侵入岩划分为华力西期、喜马拉雅期，后者为主。动力变质主要表现为碎裂岩化，是主要的容矿和含矿岩石。矿区地质简图见图 6-4。

马厂箐金矿床呈北东向，全长 15.4 km，已发现 35 条金、铜钼矿脉，有 4 条主要金矿脉（表 6-4）。

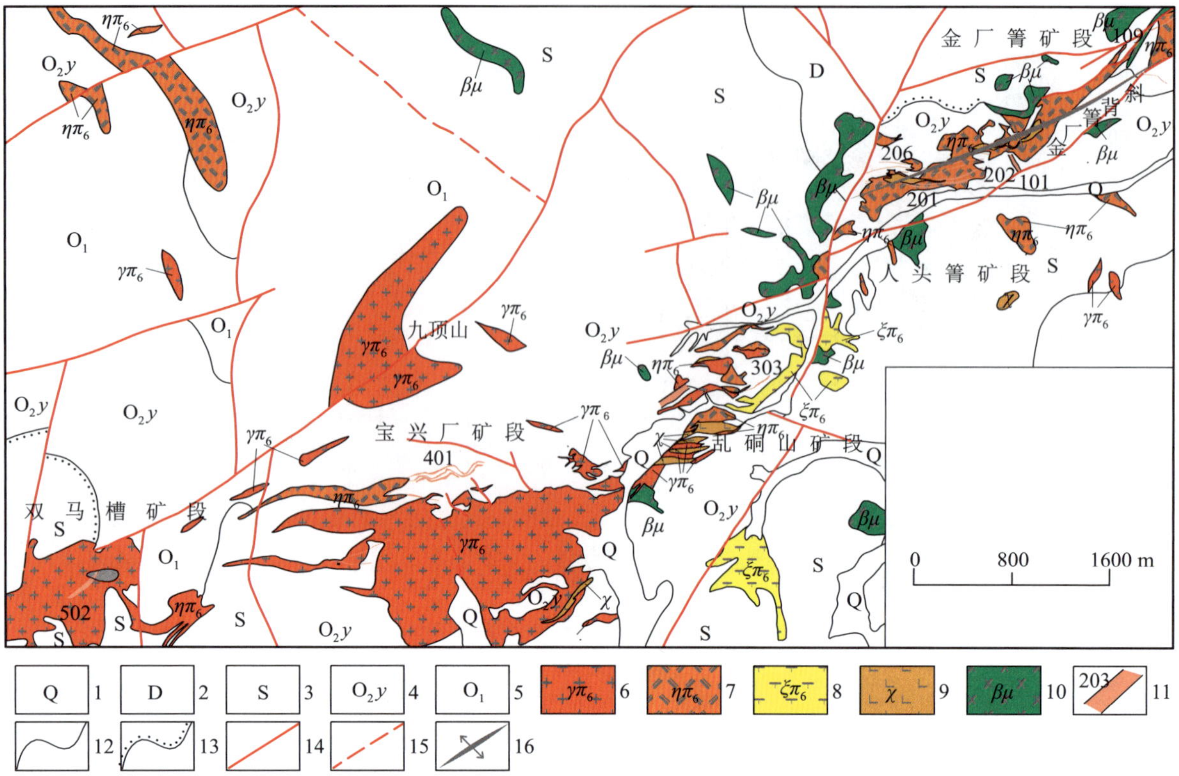

图 6-4 祥云县马厂箐金多金属矿床地质简图

（据中国人民武装警察部队黄金第十支队，2010，有修改）

1—第四系；2—泥盆系；3—志留系；4—中奥陶统迎风村组；5—下奥陶统；6—花岗斑岩；7—二长斑岩；8—正长斑岩；9—煌斑岩；10—辉绿岩；11—矿脉及编号；12—地层界线；13—不整合地质界线；14—实测数层；15—推测断层；16—背斜轴线

表 6-4 祥云县马厂箐金矿矿体特征

编号	矿脉			主要矿体			
	长/m	厚度/m	Au 品位/10^{-6}	长/m	控制斜深/m	厚度/m	品位/10^{-6}
101	175	0.76~7.58	2.41~21.0			5.00	8.70
201	>600	0.24~4.40	0.19~32.80	40~239	285	4.06	4.21~16.55
202	>850	0.29~6.48	0.14~43.40	738	588	1.83	4.61
203	>950	0.32~6.65	0.01~12.80	623	660	1.52	3.53

矿石结构主要有（变余）斑状结构、粒状结构、碎裂结构、角砾状结构、碎斑结构。主要构造有块状、角砾状、脉状、条带状、蜂窝状、土状构造。主要矿石矿物有自然金、黄铁矿、黄铜矿、方铅矿、闪锌矿、褐（赤）铁矿、毒砂。主要脉石矿物有石英、（白）绢云母、钾长石、斜长石、角闪石、白云石。矿石伴生有益组分主要为银（平均品位 18.43×10^{-6}）、硫（平均品位 4.96%），可以利用。有害元素为砷，平均品位 0.15%。

矿石中金以自然金为主，类质同象金（晶格金）较少。自然金呈金黄色，强金属光泽，具延展性，多呈他形粒状及枝状，含金在 89%~95%之间，含银 5%~11%，部分含铁 0.6%~5%。

岩体中发育钾化、绢英岩化、粘土化。接触带发育粘土化、矽卡岩化、硅化、青磐岩化、角岩化。围岩中发育白云石化、硅化、碳酸盐化。

（三）勐海县西定金矿

矿区出露地层为新元古界澜沧群浅变质岩系，为一套变质程度达低绿片岩相的火山-沉积岩系。

该群划分为南坑河组、惠民组、南木岭组。惠民组是区内出露的主要地层，亦是金矿的产出层位。

区内主要褶皱构造有南龙河背斜、南达河背斜、布郎西定向斜、曼别向斜，南龙河背斜为一短轴背斜，与金矿化关系密切。区内断裂构造以北西向张性（扭）断裂为主，控制着矿体及矿化带的展布，是导矿及容矿构造。

矿区已发现9条矿脉，圈定5个原生金矿体，呈脉状、透镜状赋存于惠民组上段张性构造破碎带内（表6-5）。矿化带岩石组合及特征大致相同，均由角砾岩、碎裂岩、蚀变岩石（硅质岩）组成。

表6-5　勐海县西定金矿矿体特征

矿体（脉）编号	长 m	平均厚度 m	最大厚度 m	厚度变化		金的品位		品位变化	
				系数/%	类型	平均/10^{-6}	最高/10^{-6}	系数/%	类型
Ⅰ	200	9.81	21.71	127	不稳定	3.30	20.39	114	不均匀
$Ⅱ_1$	300	21.71	40.28	77.6	较稳定	1.78	6.85	25.7	均匀
$Ⅱ_2$	145	2.46				1.49			
$Ⅱ_3$	140	2.45				1.51			
$Ⅱ_4$	110	1.35				1.10			
Ⅲ	140	6.98	13.32	88	较稳定	1.80	5.30	40	均匀
$Ⅳ_1$	150	9.02	14.85			1.41	2.30		
$Ⅳ_2$	110	5.61	10.34			1.81	2.46		
Ⅴ	140	1.18				1.76	2.82		

矿石自然类型方面：按构造划分为角砾状（蜂窝状）矿石、碎裂状矿石、块状矿石，按矿物组合划分为金-黄铁矿-毒砂（臭葱石）-石英型矿石、金-辉锑矿-石英型矿石和金-石英-绢云母型矿石。

矿石结构主要为粒状变晶结构、鳞片粒状变晶结构。矿石构造主要为角砾状、碎裂状、块状构造。矿石矿物主要有黄铁矿、毒砂、辉锑矿。脉石矿物有石英、绢云母。矿石有害元素对开发利用无太大影响，有益元素综合利用价值不大。

围岩蚀变主要有硅化、黄铁矿化、毒砂化、辉锑矿化、褐铁矿化，其次为绢云母化、高岭土化、绢英岩化。

（四）巍山县扎村金矿

区内地层主要出露新生代和中生代地层。中侏罗统花开左组和上三叠统麦初箐组与金矿成矿关系较为密切。区内断层、裂隙、揉皱构造特别发育，在含金破碎带内分布更为广泛，为区内含矿热液提供了良好通道和容矿空间。矿区南东的莲花山斑岩体普遍具金重砂异常，局部地段具金矿化。矿区地质简图见图6-5。

扎村金矿床有3个矿体规模较大（表6-6），其余均为低品位小矿体。

表6-6　巍山县扎村金矿矿体特征

矿体编号	产状		形态特征（平均值）			平均品位 10^{-6}
	倾向	倾角/°	长/m	水平宽/m	垂厚/m	
ZKTⅠ-1	南东东	25	620	160	3.66	2.39
ZKTⅡ-2	南东东	20~30	720	200	6.22	1.88
ZKTⅢ-1	南东东	20~35	880	240	8.80	1.89

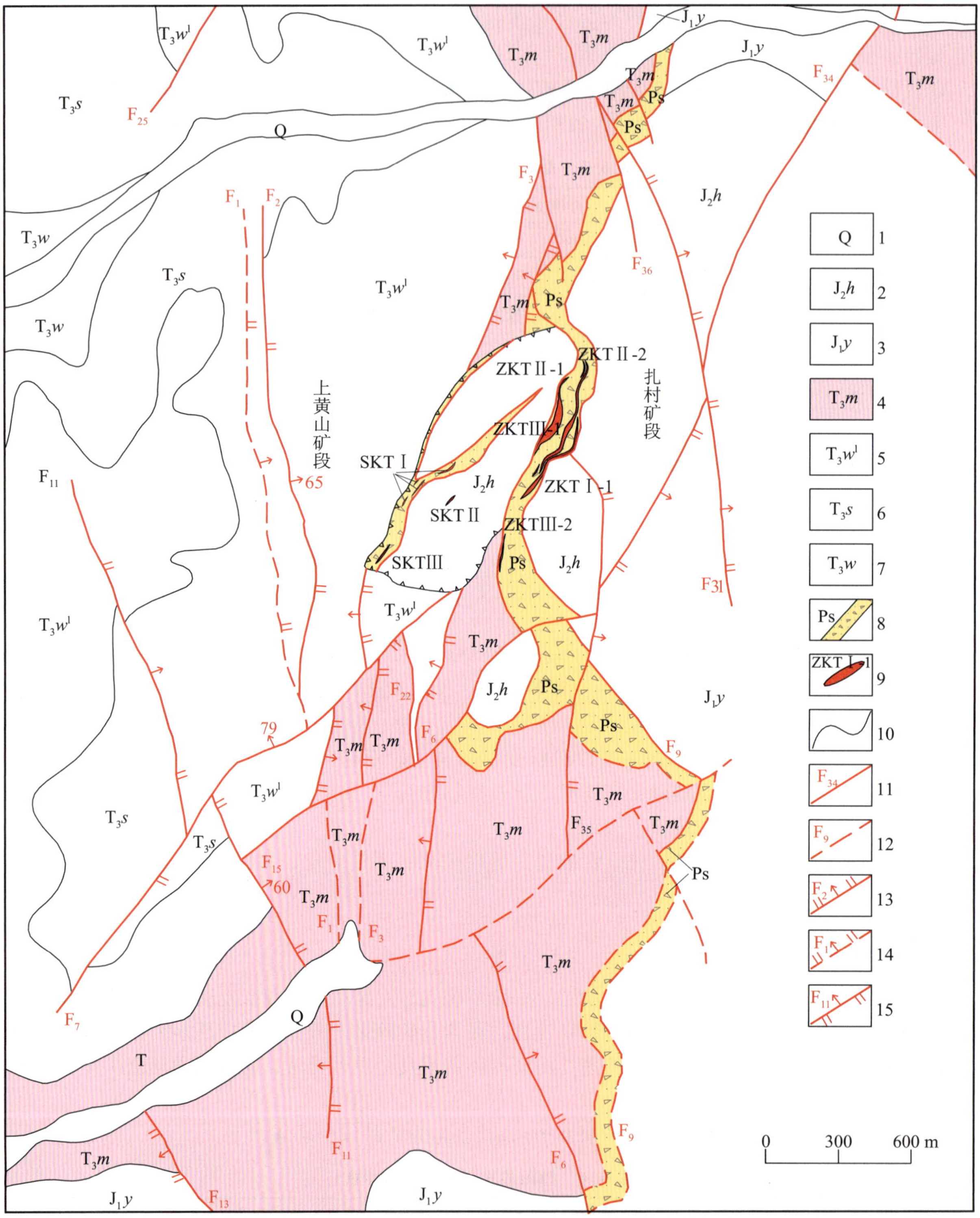

图 6-5 巍山县扎村金矿床地质简图

（数据来源：《云南省 2015 年矿区及所属矿山矿产资源储量简表》，云南省国土资源厅，2016）

1—第四系；2—中侏罗统花开左组；3—下侏罗统漾江组；4—上三叠统麦初箐组；5—上三叠统挖鲁八组；6—上三叠统三合洞组；7—上三叠统歪古村组；8—含金构造破碎蚀变带；9—金矿体及编号；10—地质界线；11—性质不明断层；12—推测断层；13—正断层及编号；14—推测正断层及编号；15—逆断层及编号

矿石主要结构有砂状结构、泥质鳞片结构、交代溶蚀结构、包含结构。主要构造为角砾构造、碎粒构造、碎斑构造、浸染状构造、网脉状构造。主要矿石矿物有黄铁矿、褐铁矿、锡石、方铅矿、闪锌矿、辉锑矿、白钨矿、辰砂、自然金。主要脉石矿物为石英、白云石、方解石、伊利石、绢云母、重晶石、电气石、白云母。矿石中伴生元素的品位普遍较低。除硫可进行适当回收外，其余元素均无综合利用价值。

金的赋存状态以自然金为主，次为包裹金，吸附金极少，类质同象金微量。自然金粒度 0.05~0.08 mm，成色大多数>99%，含银 0.05%~4.60%。

常见围岩蚀变有黄铁矿化、硅化、碳酸盐化、重晶石化、绢云母化。

（五）镇沅县老王寨金矿

镇沅县老王寨金矿为开发中的超大型金矿床。区内出露的地层为上泥盆统库独木组、下石炭统梭山组、上三叠统一碗水组，前 2 个组为容矿围岩。北西向断裂总体组成上陡下缓的背驮式逆冲断裂带，为金矿的导矿、配矿构造。东西向班卡河左行平移剪切断裂是老王寨矿段的配矿、容矿构造。下石炭统梭山组中之斑状玄武岩是金矿富集和产出的重要部位之一。喜马拉雅期煌斑岩为老王寨矿段主要容矿岩石。

矿床总体呈南东向展布，北西起自和平丫口，南东至库独木大寨，长 12 km，宽 2 km，金矿化带长 8400 m，宽 100~500 m，最宽 1000 余米。整个金矿床共圈定 17 个矿群、295 个矿体，有 5 个主要矿体。矿体总体呈似层状、板状、透镜状、脉状（表 6-7，图 6-6）。

表 6-7 镇沅县老王寨金矿矿体特征

	编号		Ⅲ$_2$	Ⅳ$_1$	SⅡ$_2$	SⅡ$_3$	Ⅰ$_{11}$
矿脉	控制长/m		880	520	1280	960	480
	斜深/m	区间	86~454	28~443	380~750	90~610	
		平均	249	240	300		110
主要矿体	厚度/m	区间	0.51~11.97	0.49~17.40			
		平均	3.07	2.55	5.63	3.20	3.59
	品位/10^{-6}	区间	3.00~18.11	3.01~14.80			3.0~38.6
		平均	5.35	5.01	5.13	5.11	4.68

矿石主要结构有粒状结构、交代残余结构、胶状结构、压碎结构。主要构造有浸染状构造、网脉状构造、角砾状构造、斑杂状构造、不规则团块状构造。矿石矿物主要有黄铁矿、褐铁矿、毒砂、辉砷镍矿。脉石矿物主要有石英白云石、方解石、绢云母、石墨、碳质。

金主要以自然金形式存在，多数呈包裹金形式存在。单体的显微、次显微金呈粒间金、裂隙金形式产出，占总量的 3.37%~11.29%。自然金呈金黄色，粒度一般为 0.005~0.04 mm。一般含金量为 91.09%~99.95%，银的含量<7.08%。

围岩蚀变主要有白云石化、绢云母化、黄铁矿化。

（六）楚雄市小水井金矿

区内出露地层主要为上三叠统云南驿组，划分为 2 个岩性段。云南驿组第二段出露最为广泛，也是主要赋矿地层。矿区构造主要为北西向褶皱和一组北西向张性断层，二者被北东向压扭性断层错断。F_3 断层为主要控矿与赋矿断层。在 F_3 断层与 F_7 断层的复合部位形成厚大的金矿体。区内有正长斑岩脉及煌斑岩脉出露。煌斑岩沿构造破碎带侵入，可能提供矿源物质和成矿热源。矿区地质简图见图 6-7。

小水井金矿化带控制长度>3000 m，控制地表出露宽度 5.6~89.0 m，钻孔已控制斜深达 100 m 以

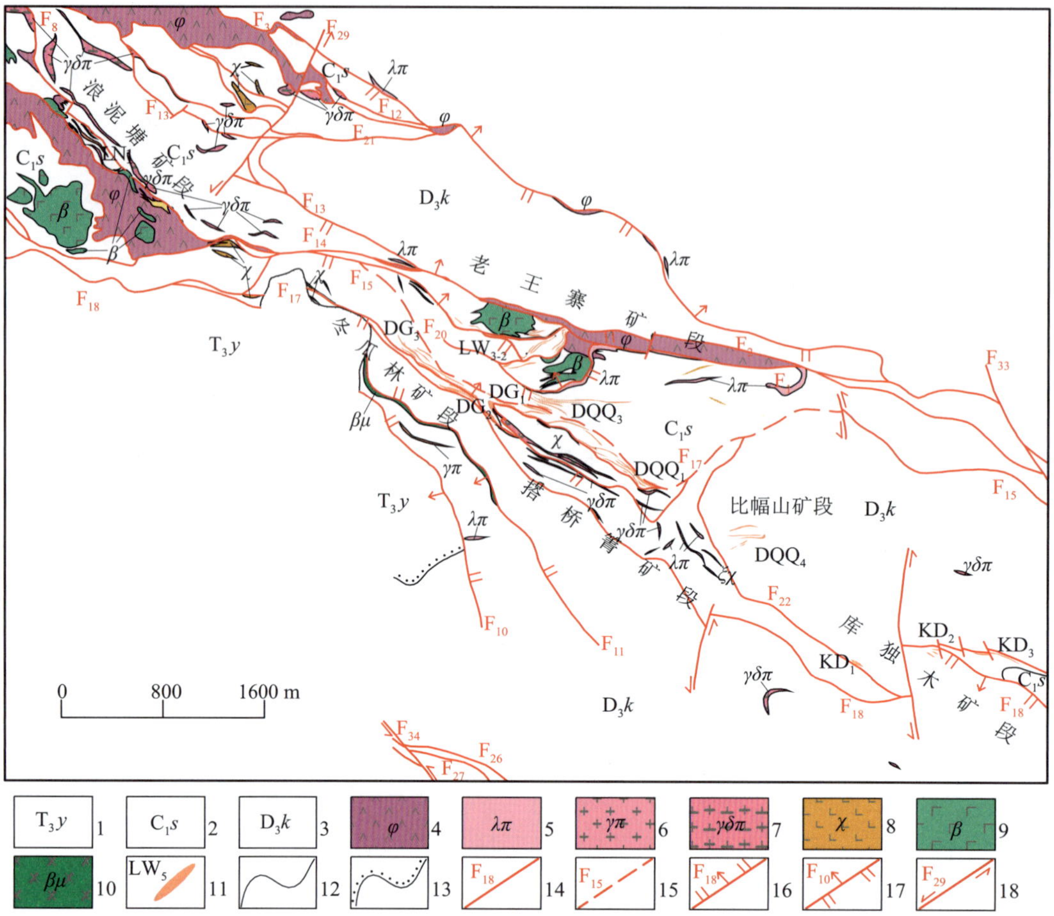

图 6-6 镇沅县老王寨金矿床地质简图

（据云南省地质矿产局第三地质大队，1993，有修改）

1—上三叠统一碗水组；2—下石炭统梭山组；3—上泥盆统库独木组；4—超基性岩；5—玄武岩、粒玄岩；6—辉绿辉长岩；7—煌斑岩；8—石英斑岩；9—花岗斑岩；10—花岗闪长斑岩；11—金矿体及编号；12—地质界线；13—不整合地质界线；14—性质不明断层；15—推测断层；16—正断层及编号；17—逆断层及编号；18—走滑断层

上。小水井金矿床圈定 8 个矿体，主矿体为山尾巴矿段Ⅰ矿体和大田岭矿段的Ⅳ、Ⅴ矿体（表 6-8）。矿体多呈似层状产出。

表 6-8 楚雄市小水井金矿矿体特征

矿体编号		控制长/m	斜深/m	厚度/m		品位/10^{-6}	
				区间	平均	区间	平均
Ⅰ		900	100	0.90~36.93	10.53	0.54~3.74	1.72
Ⅳ		560	70	0.80~23.14	7.61	0.65~3.05	1.16
Ⅴ	工业矿	530	100	1.61~19.2		1.52~8.68	
	低品位矿				6.68		0.69

矿石自然类型为钙质粉砂岩角砾岩型金矿石、灰岩角砾岩型金矿石、碎裂状蚀变灰岩型金矿石、碎裂状碎屑岩型金矿石。矿石工业类型为微细粒浸染状氧化矿。

矿石主要结构为微粒状-细粒结构，部分为中粒结构、紧密镶嵌结构、星点状、浸染状结构。矿石构造主要有角砾状构造、块状构造。矿石矿物主要为自然金、褐铁矿、赤铁矿，偶见假象黄铁矿。非金属矿物主要为石英、玉髓，少量绢云母、水云母、黑云母、萤石。除个别样品中铜的品位达到综

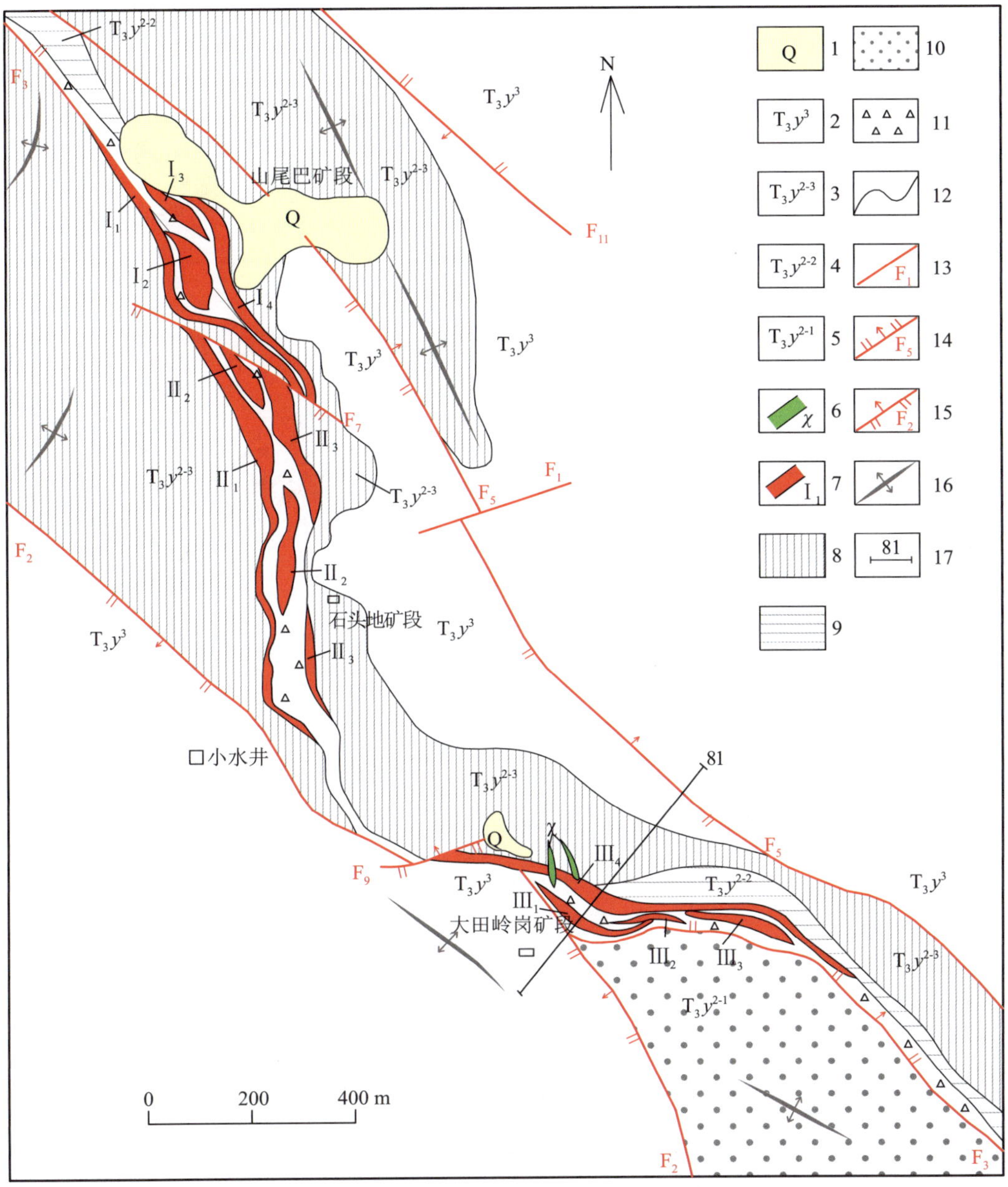

图 6-7　楚雄市小水井金矿床地质简图

（据云南省地质矿产勘查开发局第一地质大队，1998，有修改）

1—第四系；2—上三叠统云南驿组第三段；3—上三叠统云南驿组第二段泥灰岩；4—上三叠统云南驿组第二段砂岩；5—上三叠统云南驿组第二段灰岩；6—煌斑岩；7—金矿体及编号；8—泥灰岩；9—砂岩；10—灰岩；11—构造破碎带；12—地质界线；13—性质不明断层及编号；14—正断层；15—逆断层；16—背斜轴；17—勘探线及编号

合利用要求外，总体伴生有益元素含量较低，无综合利用价值。

围岩蚀变主要有硅化、黄铁矿化、褐铁矿化，次为绢云母化、方解石化、萤石化。

（七）东川区播卡金矿

矿区主要出露中元古界昆阳群，由下至上可划分为美党组、因民组、落雪组、鹅头厂组。美党组是主要赋矿地层。矿区位于小江断裂带，共有 2 组 15 条断层。在脆韧性断层破碎带中，形成绿片岩、绢云硅质板岩、变基性岩、绢云千枚岩、碎裂岩。这些岩石是矿床的载金岩石或载金矿石。区内的岩浆活动以基性侵入岩为主，次为喷发作用形成的玄武岩。昆阳群已遭受区域低温动力变质作用，变质作用强度为低绿片岩相。成矿模式见图 6-8。

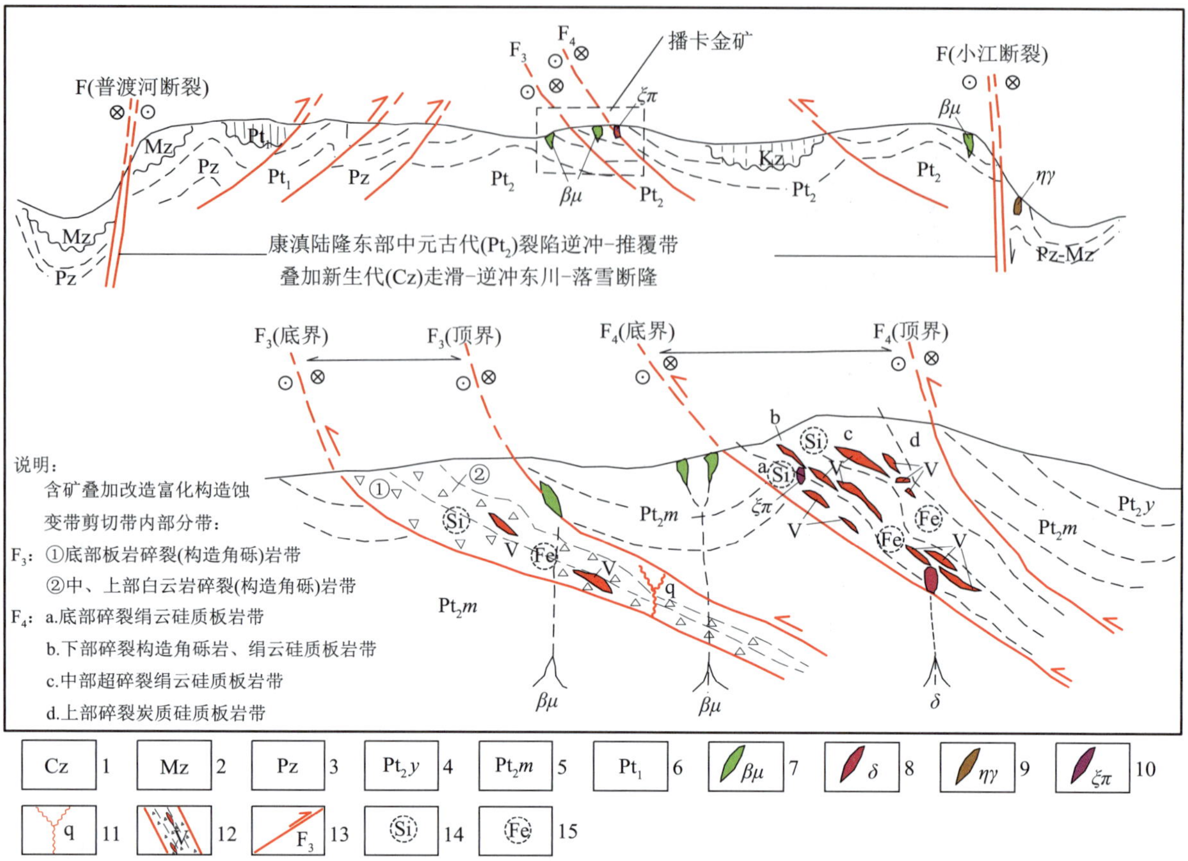

图 6-8　东川区播卡金矿床成矿模式图

（据云南省国土资源厅等，2013a）

1—新生界；2—中生界；3—古生界；4—中元古界因民组；5—中元古界美党组；6—古元古界；7—辉长辉绿岩；8—闪长岩；9—二长花岗岩；10—正长斑岩；11—石英脉；12—含矿构造破碎蚀变带及金矿体；13—断层；14—硅化；15—黄（褐）铁矿化

金矿化带产于脆韧性断层破碎带中，主要矿体为新山矿段的 $XSKT_2$、$XSKT_3$、$XSKT_4$（表 6-9），均呈似层状产出。

表 6-9　东川区播卡金矿矿体特征

矿体编号		长/m	厚度/m		品位/10^{-6}	
			区间	平均	区间	平均
$XSKT_2$	$XSKT_{2-1}$	440	0.80～1.70	1.25	2.50～16.22	9.71
	$XSKT_{2-2}$	280	1.00～4.00	1.63	2.22～6.47	3.72
$XSKT_3$		1200	0.60～13.94	2.68	1.22～32.08	6.34
$XSKT_4$	$XSKT_{4-1}$	400	0.50～4.55	2.18	1.97～38.60	16.48
	$XSKT_{4-2}$	320	0.90～2.63	1.39	1.35～8.82	5.56

矿区主要矿石类型有黄铁矿化石英脉金矿石、黄（褐）铁矿化硅化网脉状金矿石、黄铁矿化石英细脉浸染状金矿石、石英黄铁矿浸染状金矿石。前二者是区内常见且富金的矿石类型(照片 6-6)。

矿石结构主要有粒状结构、隐晶质结构、碎裂斑状结构、细粒鳞片变晶结构、交代假象结构。主要构造有块状、团块状、角砾状、蜂窝状、胶状、土状、条带条纹状、网脉状、晶簇状、皮壳状。矿石矿物主要有黄铁矿，其次为自然金、方铅矿、黄铜矿。脉石矿物主要为石英和长石，次为角闪石、绢云母。

A

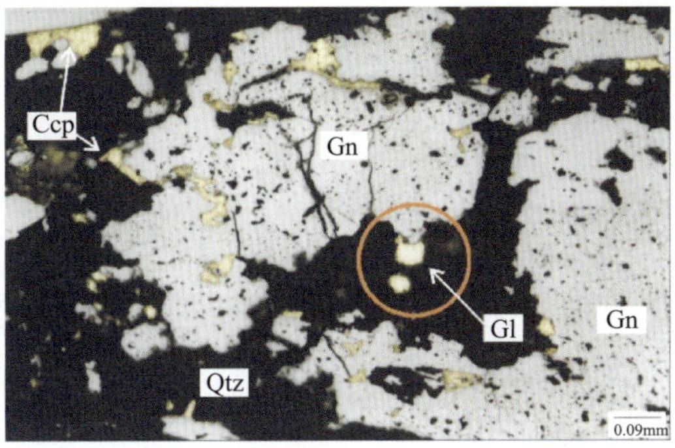

B

照片 6-6　东川区播卡金矿床矿石照片

（王学武供稿）

A—细脉-浸染状构造；B—矿石镜下照片：金属矿物为自然金（Gl）、方铅矿（Gn）、黄铜矿（Ccp）等，脉石矿物为石英（Qtz）

自然金多数呈包体金形式赋存于黄铁矿及其他金属硫化物中，少数沿铁氧化物的裂隙分布，部分黄铁矿裂隙中出现自然金。自然金粒度一般为 0.1～0.3 mm，以显微金为主，明金、次显微金、超显微金次之。自然金成色为 90.2%～98.45%。

围岩蚀变以硅化、碳酸盐化、黄铁矿化最为常见。三者“三位一体”时，金矿化关系极为密切。

（八）芒市上芒岗金矿

矿区内出露地层主要为下二叠统沙子坡组、中侏罗统勐戛组、中侏罗统柳湾组。金矿化体主要产于沙子坡组与勐戛组中段的不整合接触界面附近。赋矿岩石主要为勐戛组中段的灰色、灰黄色细砂岩、粉砂岩、泥质岩夹少量泥砂质灰岩，少量为沙子坡组的白云岩、白云质灰岩。矿区地质简图见图 6-9。

上芒岗金矿北起木令坝，南至勐莫，长约 7000 m。矿化破碎带宽 200～1500 m。金矿体受北东向上芒岗断裂破碎蚀变带和下二叠统沙子坡组与中侏罗统勐戛组不整合面控制。矿体呈似层状、脉状。主要矿体为广令坡矿段 G_I 号矿体和勐莫-洒水坡矿段 MM_I 号矿体。

G_I 号矿体水平投影长 240 m，最大宽度 193 m，平均宽度 110 m。矿体平均厚度 11.65 m，最大铅垂厚度 36.51 m。厚度变化系数为 65.08%，中等变化程度。矿体金的平均品位为 4.74×10^{-6}，品位变化系数为 88.91%，矿化较均匀。

MM_I 号矿体长 286 m，平均宽度 109 m（最大 200 m），平均厚度 6.18 m（最大 12 m）。矿体金的平均品位为 2.75×10^{-6}，品位变化系数为 25.24%，矿化均匀。

矿石工业类型主要有破碎砂质-泥质岩型、碎裂白云岩-白云质灰岩型、白云质角砾岩型。

金的主要存在形式为次显微、超显微状的单体、连体自然金（77.24%），次为包裹金（19.25%），吸附金较少（3.51%）。自然金中金的含量为 96.158%～99.637%，金成色>99.8%。

矿石结构主要为细砂-粉砂状结构、泥质结构、碎裂结构、角砾结构。矿石构造主要为中-薄层状、浸染状、斑点状、微细脉状、角砾状、多孔状、蜂窝状构造。围岩蚀变主要为硅化、绢云母化、高岭土化、黄（褐）铁矿化、赤铁矿化。

查明金资源储量为 7545 kg，属中型矿床。矿床成因类型为卡林型。

（九）广南县老寨湾金矿

矿区出露地层由老到新依次为：上寒武统博菜田组，下奥陶统闪片山组、老寨组，下泥盆统坡松冲组、坡脚组、古木组。坡松冲组第一段是金矿（化）体主要产出层位。矿区断层构造发育。近南北向 F_8 逆断层旁侧形成岩崖口金矿体。近东西向 F_3 逆断层控制了袁家坪矿段满家

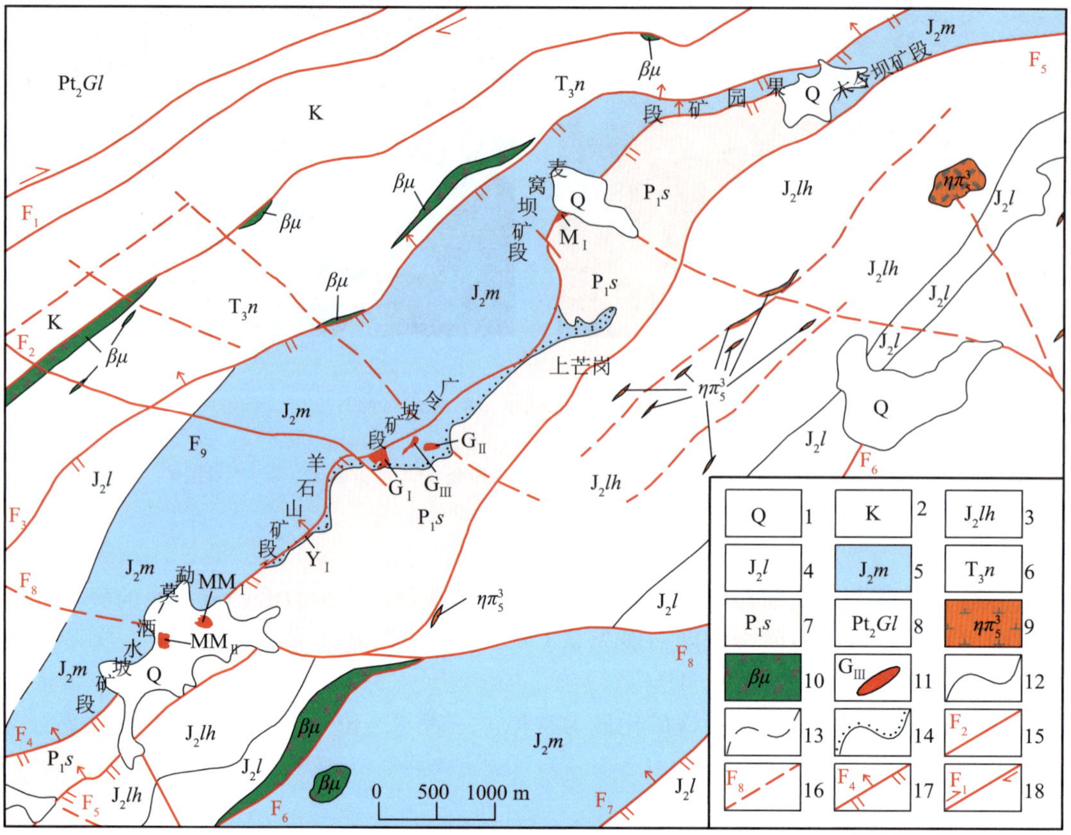

图 6-9 芒市上芒岗金矿床地质简图

（据核工业云南地质调查队，1994，有修改）

1—第四系；2—白垩系；3—中侏罗统龙海组；4—中侏罗统柳湾组；5—中侏罗统勐戛组；6—上三叠统南梳坝组；7—下二叠统沙子坡组；8—中元古界高黎贡山群；9—二长斑岩；10—辉长辉绿岩；11—金矿体及编号；12—地质界线；13—推测地质界线；14—不整合地质界线；15—性质不明断层；16—推测断层；17—逆断层及编号；18—走滑断层

地矿体。北西向 F_7 逆断层是区内主要导矿构造和容矿构造。区内仅出露蚀变辉绿岩，沿 F_7 逆断层侵入。辉绿岩脉的北西、南东两端具浸染状、细脉状毒砂化、黄铁矿化，金矿化较好。矿区地质简图见图 6-10。

老寨湾金矿主要产于坡松冲组第一段硅化、褐铁矿化石英砂岩中，少部分为辉绿岩和构造角砾岩。矿床由北至南分为老鹰山、椿树湾、袁家坪矿段。椿树湾 V_3 矿体为主要矿体。

椿树湾矿段 V_3 矿体呈似层状产出，局部出现膨大、分支复合现象。矿体地表分成两段，深部则连为一体。南东段控制长 910 m，北西段控制长 226 m，控制最大倾斜延伸>1100 m。单工程矿体铅垂厚度 1.36~36.76 m，平均 11.99 m。金的品位为 1.00×10^{-6}~4.15×10^{-6}，平均1.78×10^{-6}。

老寨湾金矿床矿石按矿石结构构造划分为细粒浸染状金矿石、碎裂（角砾）状金矿石、致密块状金矿石。极少量为硫化金矿石，大部分为氧化金矿石。

矿石结构有细粒结构、变余砂状结构、隐晶质结构。矿石构造有细粒浸染状、块状、碎裂状构造及少量脉状构造。矿石矿物主要有褐（黄）铁矿、辉锑矿，少量毒砂，偶见方铅矿。脉石矿物主要有石英、方解石、绢云母、碳酸盐、绿泥石。

区内围岩蚀变主要有硅化、褐铁矿化、黄铁矿化、辉锑矿化。多种蚀变叠加时，金矿化较强。

（十）富源县胜境关金矿

区内出露地层由老到新依次有中二叠统阳新组、中-上二叠统峨眉山玄武岩、上二叠统宣威组、下三叠统飞仙关组和永宁镇组、新近系。峨眉山玄武岩与下伏阳新组灰岩呈假整合接触，接触面是主

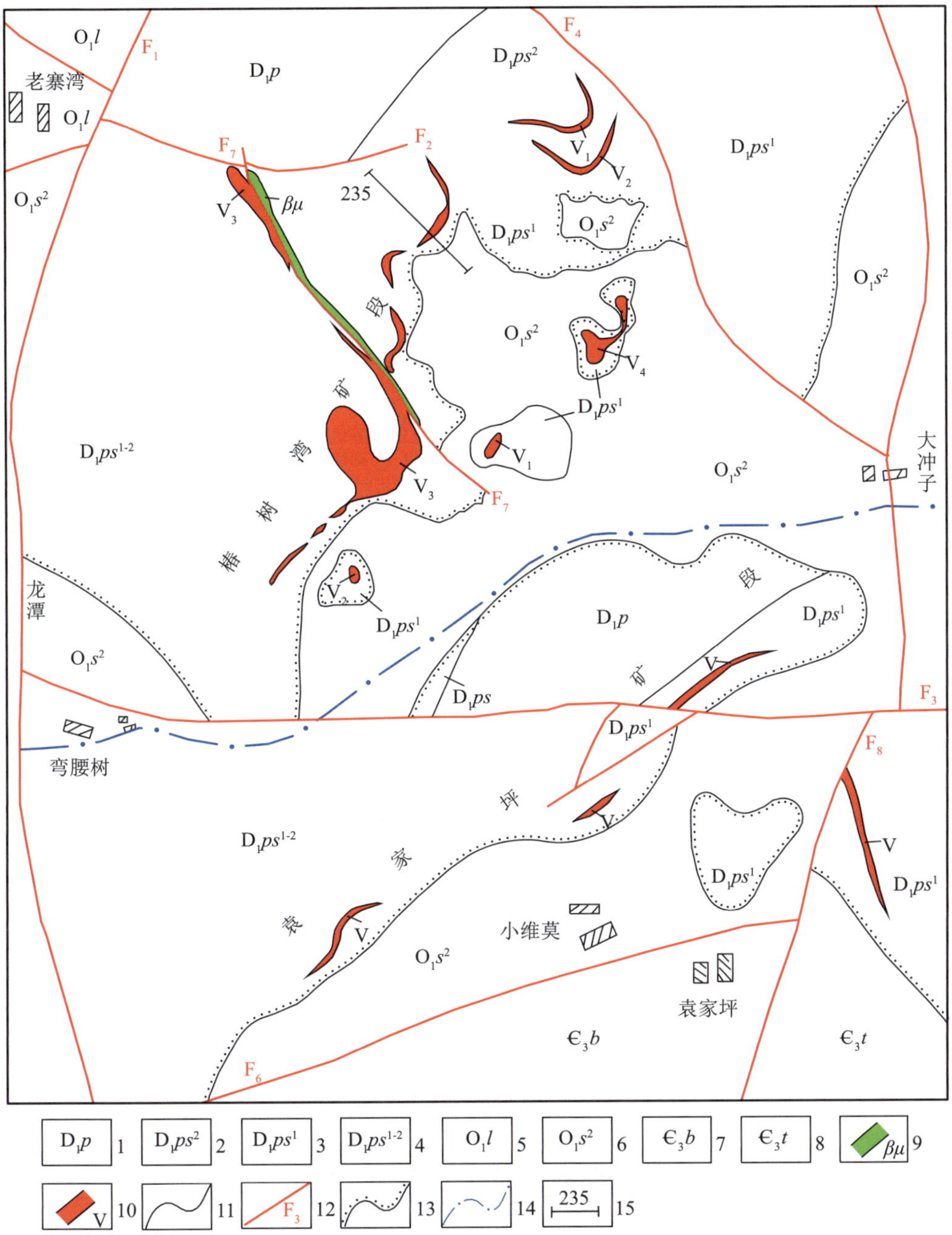

图 6-10　广南县老寨湾金矿床地质简图

（据云南省地质调查院第二地质矿产调查所，2004，有修改）

1—下泥盆统坡脚组；2—下泥盆统坡松冲组上段；3—下泥盆统坡松冲组下段；4—下泥盆统坡松冲组上、下段未分；5—下奥陶统老寨组；6—下奥陶统闪片山组上段；7—上寒武统博莱田组；8—上寒武统唐家坝组；9—辉绿岩脉；10—金矿体及编号；11—地质界线；12—断层及编号；13—不整合地质界线；14—矿段边界线；15—勘探线及编号

要赋矿层位。赋矿岩石主要为峨眉山玄武岩底部的凝灰质玄武岩、凝灰岩。断层构造发育，主要有近南北向、北西向、近东西向。前两组断层夹持的三角地带和近南北向断层所夹持构造带，是金矿体最主要的产出部位。岩浆岩只有中-晚二叠世峨眉山玄武岩、底部杂色凝灰岩是金矿主要赋存层位。玄武岩中金、砷、锑、汞呈高背景值，是金矿的主要物源。成矿模式见图 6-11。

富源县胜境关金矿区面积约 49 km^2，主体由 4 个矿段组成（表 6-10），达中型规模。矿体呈似层状、透镜状产出。

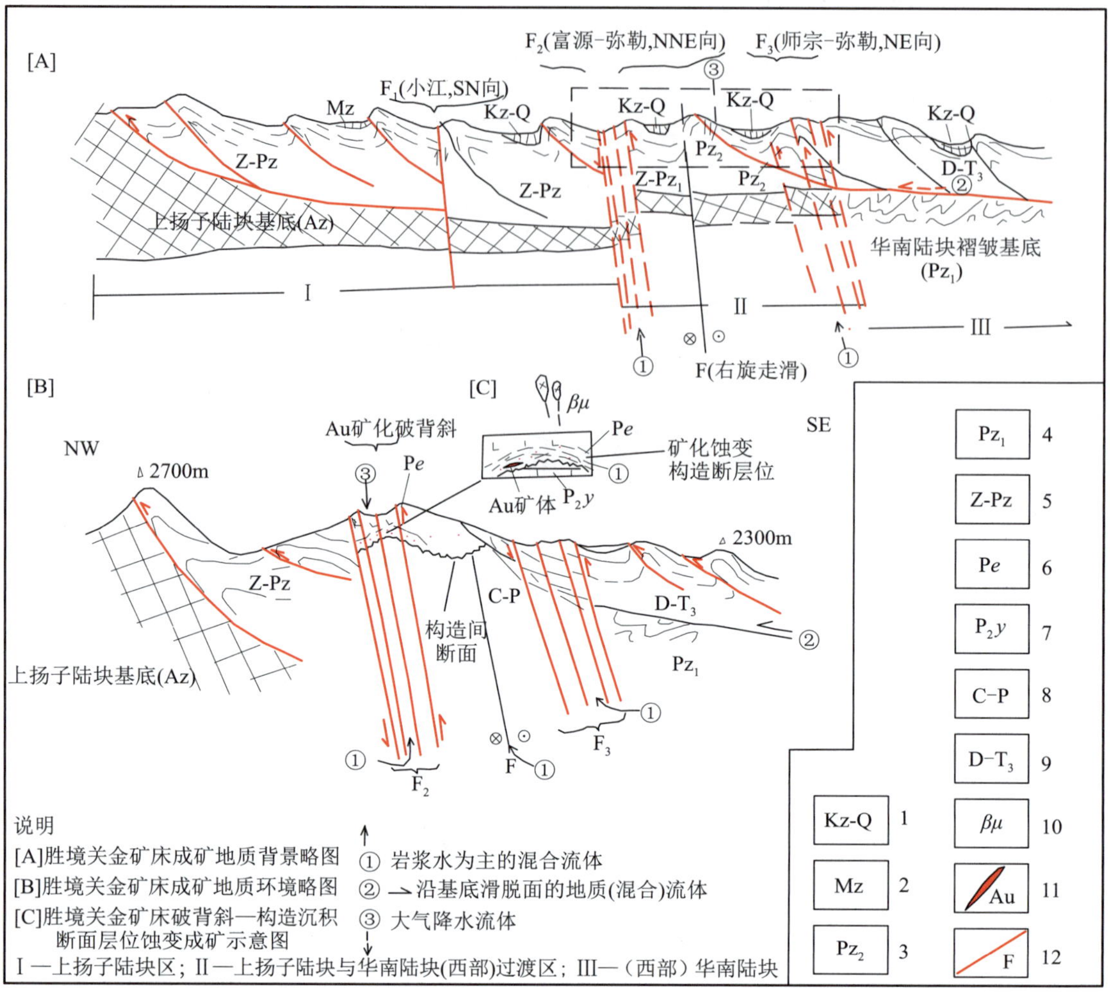

图 6-11　富源县胜境关金矿床成矿模式图

（据云南省国土资源厅等，2013a）

1—新生界；2—中生界；3—上古生界；4—下古生界；5—前古生界；6—峨眉山玄武岩组；7—中二叠统阳新组；8—石炭系—二叠系灰岩；9—泥盆系—上三叠统砂、泥岩；10—辉长辉绿岩；11—金矿体；12—断层及编号

表 6-10　富源县胜境关金矿矿体特征

矿段名称	长/m	宽/m	厚度/m		品位/10^{-6}	
			区间	平均	区间	平均
胜境关矿段	720	80~300	0.56~9.53	5.52	0.60~5.54	3.45
东铺矿段	620	40~200	1.30~18.80	5.35	0.60~5.08	2.32
尖山矿段	740	80~200	0.56~13.70	2.65	0.60~4.60	2.07
凉水井矿段	650	80~270	1.00~5.56	3.11	1.20~7.80	3.87

矿石自然类型主要为角砾状硅化灰岩型、硅化褐铁矿化凝灰岩型、粘土化凝灰岩型。矿石结构主要有交代结构、自形-半自形显微粒状结构、碎裂结构。矿石构造主要为角砾状构造、皮壳状构造、蜂窝状构造、土状构造。矿石矿物主要有褐铁矿、赤铁矿、黄铁矿、辉锑矿。脉石矿物主要有石英、高岭石、辉石、方解石、白云石、绿泥石。

矿石中伴生有益和有害组分极微。金以独立的自然元素形式存在。粒度一般为 0.5~4 μm，属次显微金。自然金主要以晶隙金形式嵌布于褐铁矿、石英、粘土矿物的晶粒之间。自然金成色为99.44%~99.99%。

围岩蚀变主要是硅化、褐铁矿化、粘土化、黄钾铁矾化，次为赤铁矿化、辉锑矿化、碳酸盐化。

（十一）富宁县那能金矿

区内主要出露地层为中三叠统板纳组，由泥砂质岩组成。断层将板纳组切割为4个岩带。第三岩带为灰褐色薄-中厚层状粉砂岩、泥质粉砂岩，是矿区主要的金矿化部位。第四岩带为灰黄、灰白色薄-中厚层状粉砂质泥岩、（泥质）粉砂岩，在断层附近金矿化富集。矿区构造格架为由3条近东西向纵向断层和北西向横断层组成。纵向断层为主要控矿构造，横断裂属破矿构造。板纳组受区域低温动力变质作用影响，变质程度相当于低绿片岩相。矿区地质简图见图6-12。

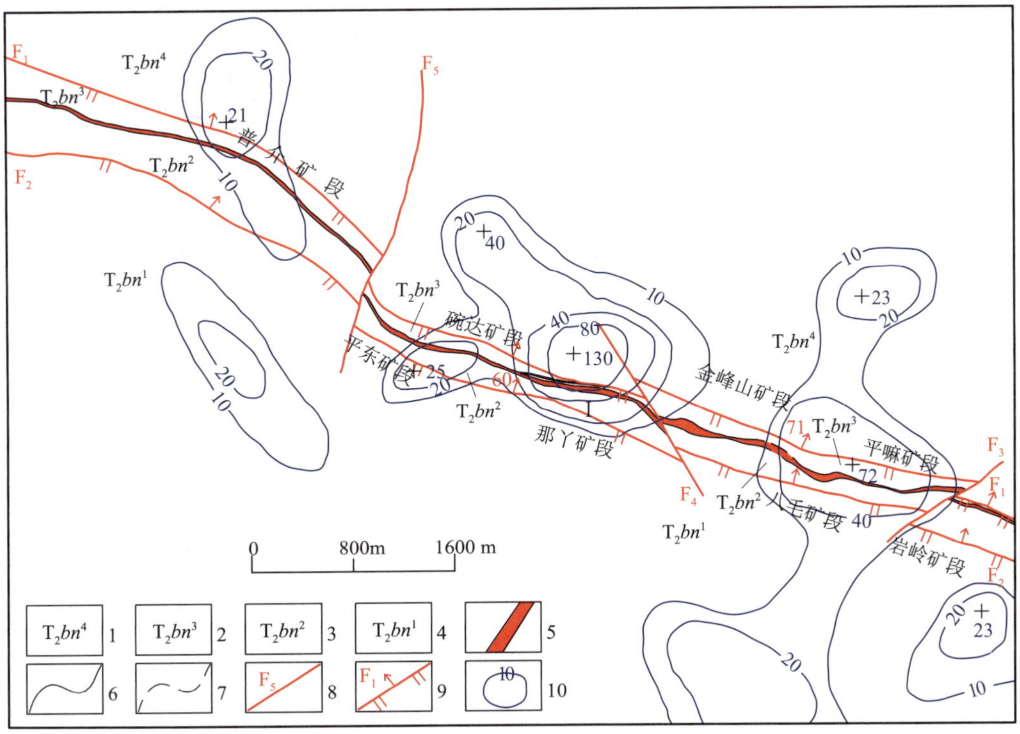

图6-12　富宁县那能金矿地质简图

（据云南地矿资源股份有限公司曲靖公司，2004，有修改）

1—中三叠统板纳组四段；2—中三叠统板纳组三段；3—中三叠统板纳组二段；4—中三叠统板纳组一段；5—金矿体；6—地质界线；7—推测地质界线；8—性质不明断层；9—逆断层及编号；10—土壤测量金异常（10^{-9}）

那能金矿带赋存于3条近东西向纵向断层构成的含矿构造破碎带中，工程控制矿带长度已达8 km，平均宽55.7~76.0 m，矿区划分为8个矿段，共圈定12个金矿体，累计探获金资源储量19218 kg，接近大型规模。主要有3个矿体（表6-11），呈陡倾复合脉状。

表6-11　富宁县那能金矿矿体特征

矿体名称	长/m	斜深/m	单工程厚度/m		单工程 Au 品位/10^{-6}	
			区间	平均	区间	平均
那丫矿段Ⅰ号	370	40	5.09~34.70	20.29	0.73~1.98	1.06
金峰山矿段Ⅴ号	740		7.70~50.60	26.28	0.78~1.95	1.16
平嘛矿段Ⅶ号	875		2.40~35.20	13.14	0.59~1.84	1.42

矿石类型主要为褐铁矿变质砂岩型，次为褐（黄）铁矿变质砂岩型、褐铁矿碎裂状砂岩型。自然类型主要为氧化矿。矿石结构为变余砂状结构、鳞片变晶结构。矿石构造有块状构造、土状构造、角砾状构造、碎裂状构造。矿物成分为石英、铁泥质、绢云母、黄铁矿、褐铁矿及微量毒砂、辉锑矿。

金的赋存状态主要为显微-微细粒自然金单体，呈游离态吸附于褐铁矿、粘土矿物表面或嵌布于黄铁矿晶体裂隙中。矿石的有害组分有黄铁矿、毒砂及微量黄铜矿、闪锌矿。品位极微，对矿石质量的影响不大。

围岩蚀变主要有硅化、粘土化、黄铁矿化、褐铁矿化、毒砂化、锑矿化。黄铁矿化、硅化带大致沿北西西向断层呈狭长带状分布，是确定矿化体的宏观标志。

（十二）金平县长安金矿

矿区出露地层为下奥陶统—二叠系。主要赋矿岩石是：下奥陶统向阳组的碳质泥岩、长石石英砂岩、细砂岩、砾岩，中-上志留统康廊组的碎裂砂屑灰质白云岩。矿区主体位于猛谢倒转背斜的南东转折端，主矿体（V_5 矿体）赋存于近转折端的南西翼。沿北西向 F_6 断层破碎带有较多辉绿岩、煌斑岩、正长斑岩、细晶正长岩侵入。部分辉绿岩和煌斑岩脉边部具金矿化，可达到工业品位，也可出现较高品位金矿。

长安金矿床共发现 10 个金矿体，分为原生矿体和红土型金矿。V_5 矿体为规模最大、控制程度最高的原生矿体。

V_5 矿体总体上受北西向 F_6 断层破碎带控制，矿化带长 1800 m，共圈定 6 个金矿体。矿体呈似层状，局部透镜状膨大，沿断层上盘产出。矿体在浅部品位高、厚度大且连续性好，深部呈分支状、品位变贫、局部不连续。矿体平均厚度 10.59 m，金的平均品位为 5.88×10^{-6}。

V_{TR} 土壤型金矿呈北东向面状展布。矿体沿中-上志留统康廊组与下奥陶统向阳组的不整合界面分布，长约 4000 m，宽 350~500 m。矿体平均厚度 2.25 m，金的平均品位为 2.32×10^{-6}。红土型金矿划分为原地残积堆积型和异地坡积冲积堆积型。

除 V_5 矿体有少量氧化矿外，其他均为硫化矿。矿石主要结构为变余细砂结构、变余含粉砂泥质结构。矿石主要构造有碎裂状构造、角砾状构造、浸染状构造、细脉状构造。矿石矿物主要为黄铁矿、毒砂、褐铁矿，有少量黄铜矿、闪锌矿、方铅矿、赤铁矿、铜蓝、辰砂、自然金（照片 6-7）、自然银、银金矿。脉石矿物主要为石英、长石、白云石、绢云母。

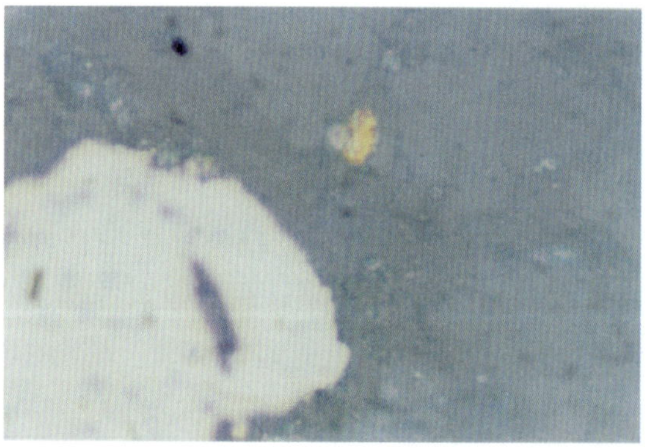

石英碎屑中的自然金(扫描电镜放大700倍)

自然金和黄铁矿连生(扫描电镜放大700倍)

照片 6-7　金平县长安金矿镜下照片

（和中华供稿）

长安金矿伴生有益元素的含量较低，未达到综合利用的指标。多数有害元素的含量较低，不影响回收金元素。硫元素的平均含量为 1.57%，对矿石的加工技术有一定影响。浮选后精金矿石中的硫元素，可以通过焙烧工艺消除。

围岩蚀变主要有碳酸盐化、硅化、绢云母化、石英细脉化、黄铁矿化、毒砂化，局部尚有黄铜矿化、方铅矿化、闪锌矿化。

三、矿床时空分布规律

云南省金矿赋矿地层层位众多，自中元古界至第四系均有矿化显示，含矿岩石涵盖了沉积岩、变质岩、侵入岩和火山岩。通过对已知矿床点的研究表明：其成矿时代均晚于含矿围岩；成矿与构造密切相关，时代基本一致；大部分矿床成矿物质主要来自于深源，与岩浆活动关系密切，成矿作用具有长期、多期次、多源叠加等特点，大型矿床尤为突出。成矿时代主要集中于中生代的印支期—燕山期和新生代的喜马拉雅期，其中喜马拉雅期是最重要的成矿时代。

从大地构造位置和成矿区带角度来看，金矿床（点）主要集中产于板块结合带（造山带）内、陆块区隆起与坳陷间的构造带和坳陷带中的相对隆起区。

金沙江-红河、哀牢山断裂带（板块结合带）是最重要的贵金属矿聚集区（哀牢山成矿带、丽江-大理-金平成矿带），全省60%以上的岩金矿床集中产于此带，也称为云南的“金项链”，有2个超大型矿床（鹤庆北衙、镇沅老王寨）、4个大型矿床（祥云马厂箐、墨江金厂、元阳大坪、金平长安）、中小型贵金属矿床数十个，查明金资源量超过600 t，占全省金资源总量的70%以上。

此外，全省约25%的岩金矿床集中分布于华南陆块的滇东南地区，形成重要的卡林型金矿聚集区（罗平-开远成矿带、个旧-文山-富宁成矿带）；银矿床（点）分布相对广泛，但查明资源储量集中分布于昌宁-孟连蛇绿混杂岩、昌都-兰坪-普洱（思茅）地块、滇东被动陆缘、富宁-那坡被动陆缘4个Ⅲ级构造单元内（昌宁-孟连成矿带、兰坪-普洱成矿带、昭通-曲靖成矿带、个旧-文山-富宁成矿带），占总资源储量的70%以上；铂族金属矿产集中分布于楚雄陆内盆地（滇中成矿带）的元谋-元江基性-超基性岩带内，其查明资源量占总资源储量的40%以上。

四、开发利用

据2009年核查报告，云南省金矿山直接生产成本为：矿石186.00～325.42元/t，精矿（金属）22.79～74.15元/g。开采回采率为83.72%～87.14%，选矿回收率为79.30%～84.79%，综合利用率为46.50%～61.80%。

（一）产业链

金矿生产工艺复杂，下游产业较多（表6-12，图6-13）。

表6-12　金矿产业链

金矿开采	金矿						
矿石加工	原矿→破碎→磨矿→溶矿→吸附→电解→黄金						
初级产品	纯金			各种合金			
相关产业	货币	装饰	包装	机械	医疗	军工	电子、电器
主要用途	收藏、交换、出口	首饰、奖牌、工艺美术、宗教用具	金箔、镀金、陶瓷装饰	机械零件	医疗器材	导弹器材	集成电路、电讯设备、电器仪表

（二）开发利用现状

1. 矿山企业概况

截至2015年底不完全统计数据，全省共有矿山企业74个，从业人员5609人，开发主要集中在鹤庆县、墨江县、镇沅县、金平县、元阳县、广南县、富宁县、芒市等地。鹤庆县北衙金矿为云南省

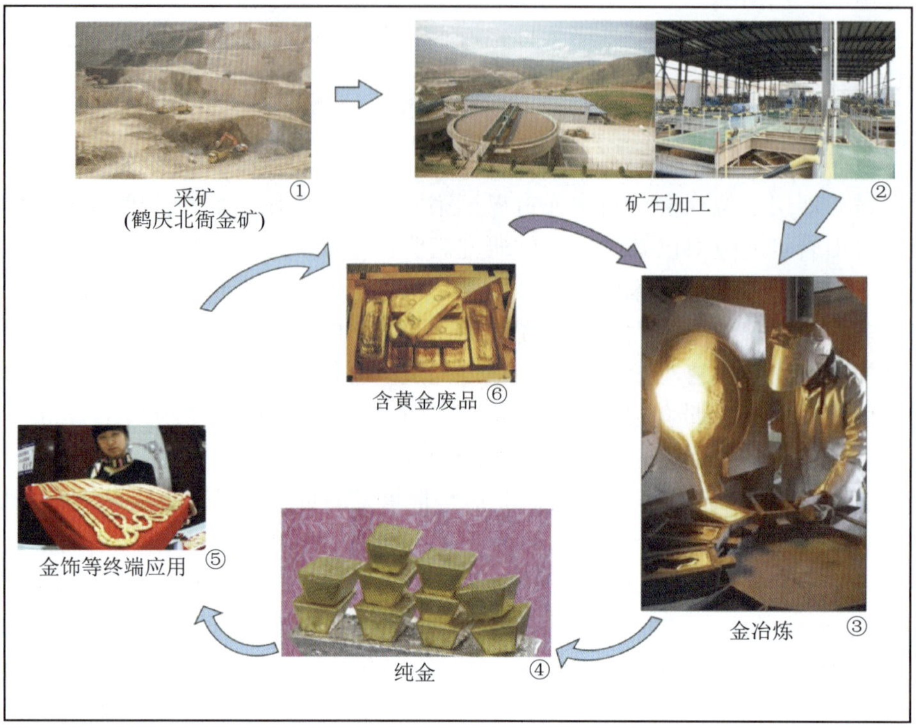

图 6-13　金矿产业链示意图

（图①、②、④由和中华提供；图③http://www.yirb.com.cn/web/news/sdxw/webinfo/2011/09/19/1316397908543693.htm；图⑤、⑥http://baike.sogou.com/v39387.htm? fromTitle=%E9%BB%84%E9%87%91）

最重要的金多金属矿产区。

2. 资源利用情况

云南省金矿开发利用情况较好。据 2009 年完成的“云南省矿产资源利用现状调查”成果资料，当年云南省已查明矿区 112 处，其中已经全部占用资源储量的 47 处，未占用资源储量的 77 处，部分占用资源储量矿区 12 处。

作为云南矿产业的一个重要组成部分，起步于 20 世纪 80 年代的云南黄金工业，已基本形成了包括黄金勘查、采选冶炼、精炼提取等相对独立的自主工业体系。2010 年云南省黄金产量首次突破 20 t 大关，2015 年达 30.63 t，2016 年全国生产黄金 456.49 t，其中云南产 30.24 t，产量连续居全国第 4 位（云南黄金网，2017）。同时伴生金也随主矿种的开发而被综合回收利用，只有少部分矿区（如镇沅县老王寨金矿）因矿石类型复杂，利用情况不好。目前，矿石类型复杂的金矿正在开展研究，相信今后会被很好地加以利用。

第二节　银　　矿

纯银为银白色，故又称白银。银（Ag）在传统上用于制造货币和首饰，地位仅次于黄金。银被广泛用于电子、机械制造及能源工业。银在电子工业中最重要的用途是作为电器触点的镀层，用以减低接触部分的电阻。在机械工业中，镀有高纯度银的轴承比任何其他形式的轴承具有更高的抗疲劳强度和承载能力。在能源工业中，银是最好的电和热的导体，被使用在许多电器应用中银的化合物在医药上用作消毒和防腐剂，也用于制作感光材料和人工降雨。

中国银消费结构以电子与电气（31%）为主，银饰与银器（21%）次之，纤焊合金与焊料（15%）再次，铸币与印章（2%）、摄影（1%）较少（矿业界，2016a）。此外，在其他行业（30%）也有广泛用途。

银矿物和含银矿物较多。主要矿物有：自然银、辉银矿、角银矿、硫锑铜银矿、淡红银矿、脆银矿、硫锑银矿、硒银矿、碲银矿、氯角银矿、硫铜银矿。

云南银矿的开发利用稍后于黄金，始于东汉，至南宋时期已有很大发展。西汉王莽执政期间，产于鲁甸县乐马厂的“朱提银”作为全国通用的银币之一，其价格为其他地方所产银币的 1. 58 倍。据《明史·陈文传》记载，明朝景泰年间：“云南产银，民间用银贸易，视内地三倍”。当时，全国其他地方银的产量不及云南的一半。云南的银主要产于楚雄、永昌（保山）、大理，次为曲靖、姚安、镇沅等地。在清代的 1705~1806 年，银矿开采 10 余处，主要矿山有鲁甸乐马厂、沧源茂隆矿、双柏石羊厂、丽江回龙矿。现有的地名中，厂（场）、汞山、汞硐等，多为古代开采银矿的历史遗留地名。

一、资源概况

银矿是云南省优势矿种之一，截至 2015 年，全省已探明上表银矿区（包括共伴生银矿）179 处，累计查明资源储量 39414. 89 t；主要以伴生银矿为主，独立银矿较少，主要银矿有 16 处（图 6-14、6-15，表 6-13）。

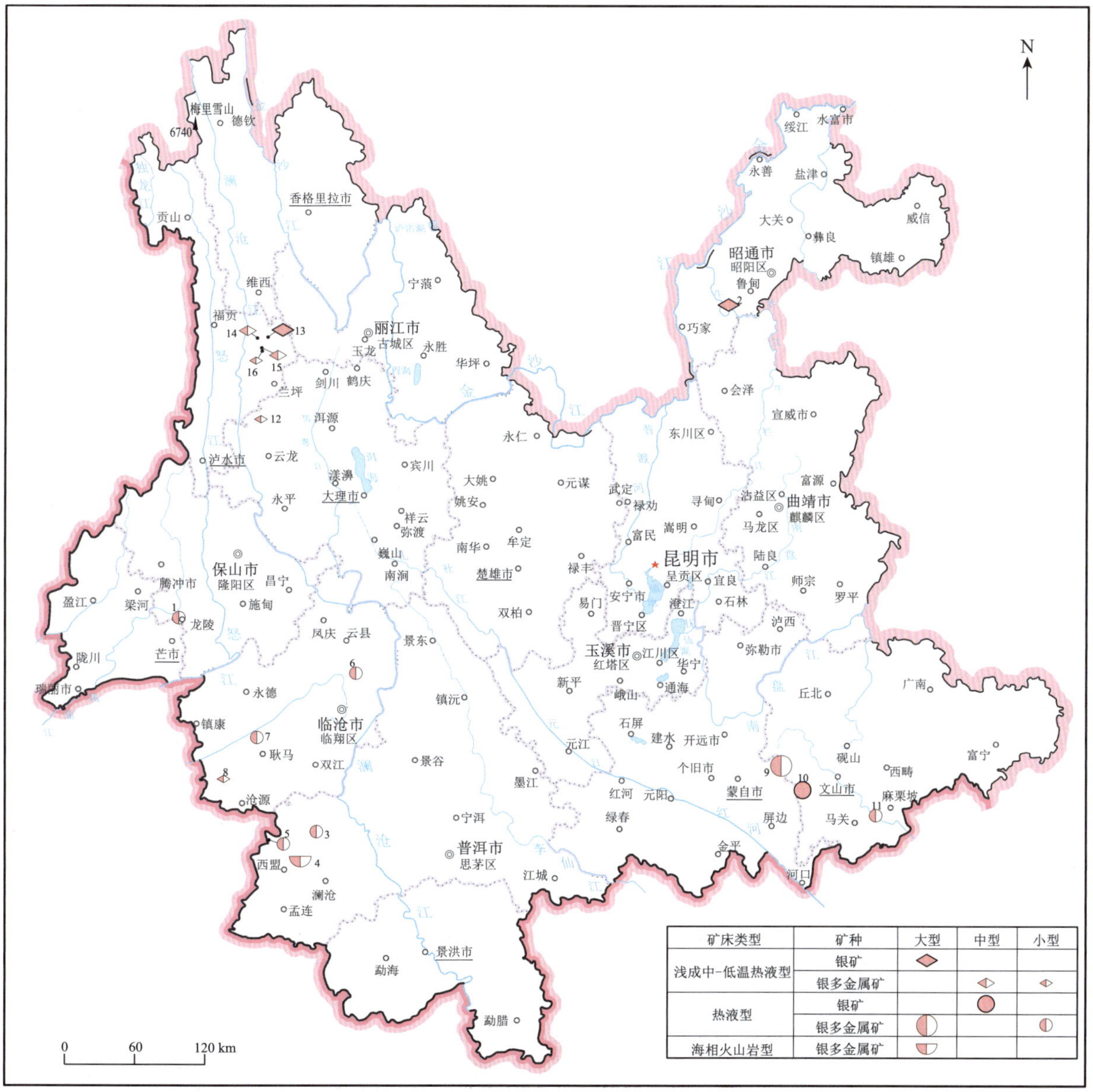

图 6-14　云南省银矿主要矿产地分布图

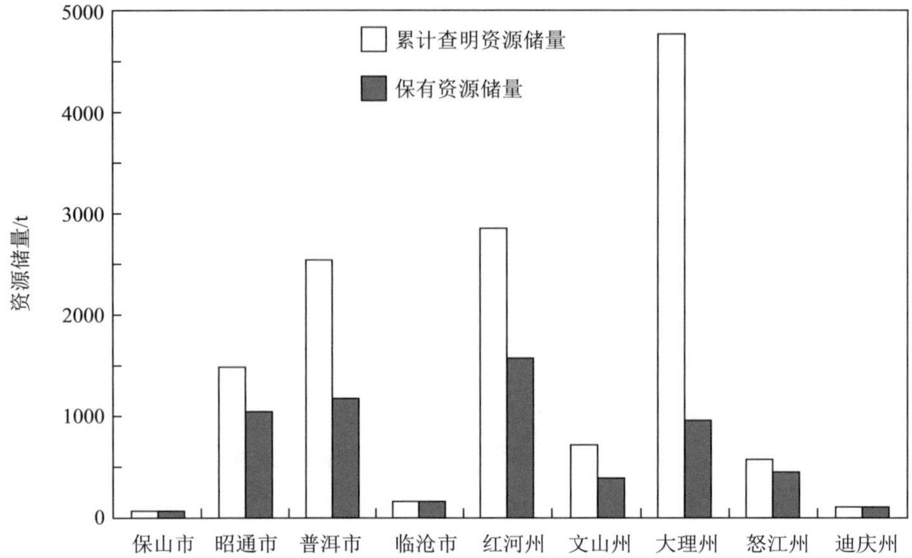

图 6-15　云南省各州（市）查明银矿资源储量分布直方图

（数据来源：鹤庆北衙金矿共生银数据引自云南黄金矿业集团股份公司，2015；
其余数据（不含伴生矿产）引自《云南省 2015 年矿区及所属矿山矿产资源储量简表》，云南省国土资源厅，2016）

表 6-13　云南省银矿主要矿产地

编号	州（市）	矿产地名称	规模	成因类型	成矿时代	工作程度	资源储量 t
1	保山市	龙陵县大荒田银铅矿床	小型	岩浆热液型	白垩纪	详查	31.41
2	昭通市	鲁甸县乐马厂银矿床	大型	浅成中-低温热液型	古近纪	详查	2074.76
3	普洱市	澜沧县坝老银铅矿床	小型	岩浆热液型	晚三叠世—晚侏罗世	普查	41.10
4		澜沧县老厂银铅锌矿	大型	海相火山岩型	石炭纪	勘探	1363.84
5		西盟县新厂银铅矿	小型	岩浆热液型	白垩纪	详查	24.38
6	临沧市	云县茶房文雅采矿厂银铅锌矿床	小型	岩浆热液型	晚三叠世—晚侏罗世	普查	106.64
7		耿马县勐简银铅矿床	小型	岩浆热液型	白垩纪	详查	105.82
8		沧源县班洪班莫银铅锌矿床	小型	浅成中-低温热液型	早白垩世	普查	49.97
9	红河州	蒙自市白牛厂银多金属矿	大型	岩浆热液型	白垩纪	勘探	2825.71
10	文山州	文山市下厂银矿床	中型	岩浆热液型	白垩纪	详查	223.39
11		麻栗坡县马卡-三保银锌矿床	小型	岩浆热液型	白垩纪	详查	38.00
12	大理州	云龙县白洋厂地区银铅铜矿	小型	浅成中-低温热液型	白垩纪—古近纪	详查	182.43
13	怒江州	兰坪县下区吾银矿床	大型	浅成中-低温热液型	古近纪	详查	2435.64
14		兰坪县富隆厂银铅铜矿床	中型	浅成中-低温热液型	古近纪	普查	797.11
15		兰坪县燕子洞银铜铅矿床	中型	浅成中-低温热液型	古近纪	普查	697.11
16		兰坪县灰山-黑山银铅锌矿床	小型	浅成中-低温热液型	白垩纪—古近纪	普查	136.36

云南省银矿床（点）分布较广。滇西三江造山系、滇东上扬子古陆块西南缘、滇东南地区华南古陆块都有分布。银矿的赋存状态有 2 种情况，其一为独立银矿，其二为伴生银矿。除少数独立银矿床（鲁甸县乐马厂银矿、兰坪县下区五银矿）外，绝大多数与铅锌矿共（伴）生，少数与铜矿、金矿伴生。银矿具有资源储量较大、资源富集集中、矿石品位较富、可供综合利用的有益元素较多的特

点。例如：蒙自县白牛厂银铅锌多金属矿，累计查明银资源储量已达超大型规模，同时共伴生有铅、锌、硫铁矿、砷、锡、镓、镉、铜等矿产。鲁甸县乐马厂银矿、兰坪县下区五银矿、兰坪县白秧坪银多金属矿、龙陵县勐兴铅锌矿、澜沧县老厂铅锌矿区等，银矿规模达到中-大型。

二、矿床类型与矿床实例

（一）矿床类型与典型矿床

云南省银矿资源以共伴生为主，矿床类型复杂（表6-14）。

表6-14　云南省主要银矿类型与典型矿床

矿床类型	矿化组合	代表矿床	矿床规模	备注
斑岩型	Au-Fe-Pb-Zn-Ag-Cu	鹤庆县北衙金多金属矿	大型	共生银
岩浆热液型	Ag-Pb-Zn	蒙自市白牛厂银多金属矿	大型	
	Ag-Pb-Zn	文山县下厂银矿	中型	
	Ag-Pb-Zn	马关县都龙南当厂锡多金属矿	中型	共生银
	Sn-Ag	个旧市高松矿田大马芦锡多金属矿	中型	共生银
海相火山岩型	Ag-Pb-Zn	澜沧县老厂银多金属矿	大型	
陆相火山岩型	Au-Ag	腾冲市两河金银矿	小型	
浅成中-低温热液型	Ag-Pb-Zn	鲁甸县乐马厂银矿	大型	
	Ag-Pb-Zn	兰坪县区五银多金属矿	大型	
	Ag-Pb-Cu	兰坪县富隆厂银多金属矿	中型	
	Ag-Pb-Cu	兰坪县燕子洞银多金属矿	中型	

（二）鲁甸县乐马厂银矿

鲁甸县乐马厂银矿开采历史悠久，几经兴衰。据传，公元前六、七世纪已经开采铜、银。西汉末年至蜀汉时期，鲁甸所产的“朱提银”以成色好、产量高而闻名。唐代中期，有过不太长的采冶繁荣时期。清代初期，采银者近十万之众。在老君山、大佛山南坡、大宝山、狮子山、灰子街等地，矿硐满山。民国时期，先后成立宝龙公司、裕丰公司、鲁甸矿务局、云南省企业局铅锌银矿管理处，进行矿山开发。

矿区主要出露震旦系—中奥陶统、中泥盆统、二叠系地层。3条北东向逆冲-推覆断层，自东向西依次切割叠置，为矿区的主要含矿构造。

矿床划分为4个矿段，共查明8个矿体，截至2015年底，保有银金属资源储量2074.76 t。矿体呈透镜状产出。

矿石结构以粒状结构为主，次为交代溶蚀、包含、网脉充填结构。矿石构造为：碎裂、角砾状、浸染状、网脉状构造。独立银矿物主要有自然银、辉银矿、硫铜银矿、辉铜银矿、含银黝铜矿。银的载体矿物主要有：方铅矿、白铅矿、假象黄铁矿、铁锰质混合物、白云石和闪锌矿。其他矿物为：闪锌矿、黄铜矿、黝铜矿、黄铁矿、菱锌矿、铅钒、孔雀石、铜蓝、方解石、重晶石。

银主要以独立银矿物为主，次为类质同象分散在载体矿物中。伴生有益组份为：铜、铅、锌。有害元素为砷、汞，品位较低。

围岩蚀变主要为铁锰碳酸盐化和硅化，其次是重晶石化、黄铁矿化。

（三）蒙自市白牛厂银多金属矿

早在清朝末年，蒙自市白牛厂银多金属矿地表小而富的矿体已被开采。在富矿硐、元宝山、马家水系、穿心洞、新厂等地，随处可见前人采矿的炉渣、矿渣、古矿硐。粗略估算，炉渣总量约为 20×10^4 t。

矿区出露地层主要为下寒武统冲庄组、大寨组板岩，中寒武统大丫口组、田蓬组及龙哈组，下泥盆统坡松冲组、坡脚组及芭蕉阱组。田蓬组、龙哈组与成矿关系较为密切。岩浆岩以燕山晚期花岗岩为主，少量辉绿岩、辉绿玢岩、花岗斑岩。矿区构造以北西西向断层为主，有向北西撒开、向南东收敛的特点，具左旋平移和多期活动性，是主要控矿、容矿构造。

矿区由白羊、对门山、穿心洞、阿尾、咪尾 5 个矿段组成，有 70 余个矿体。

V_1 矿体规模最大，横跨咪尾、白牛、对门山、阿尾矿段，又延深于穿心洞矿段（图 6-16），占全省银资源储量的 98% 以上。矿体长 1220 m，倾向延深 630 m，厚 0.38～14.49 m（平均 3.34 m）。平均品位：银 175.79×10^{-6}、锡 0.38%、铅 2.63%、锌 3.77%，伴生金、铜、铟、锗。铅、锌和银均达到大型规模，锡接近大型规模。

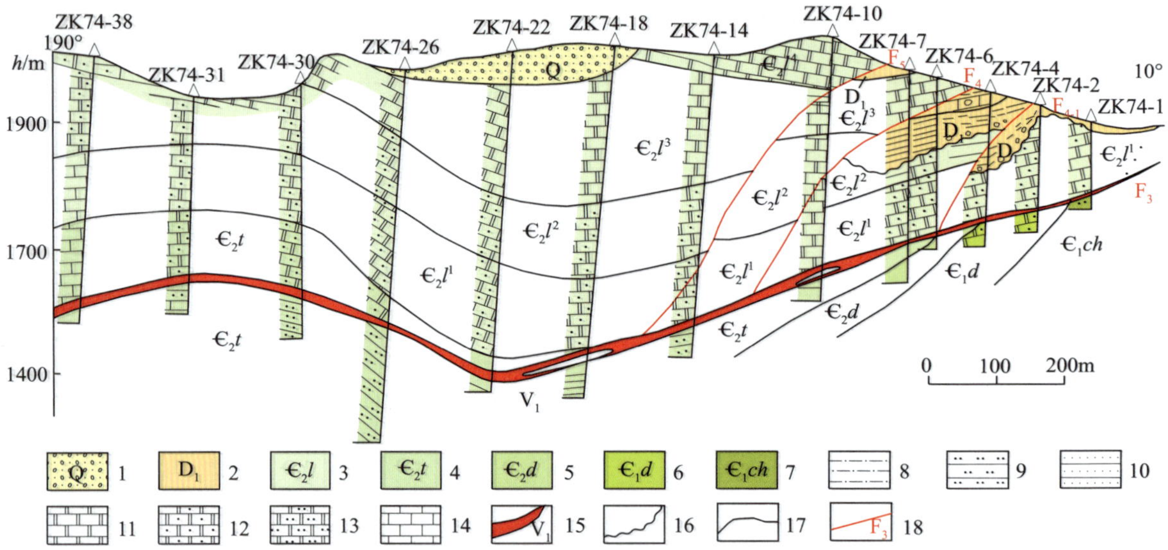

图 6-16　蒙自市白牛厂银多金属矿区 74 线剖面图

（据云南省地质矿产局第二地质大队，1990，有修改）

1—第四系；2—下泥盆统砂页岩；3—中寒武统龙哈组白云岩；4—中寒武统田蓬组灰岩、砂板岩；5—中寒武统大丫口组板岩、砂岩；6—下寒武统大寨组泥质灰岩夹板岩；7—下寒武统冲庄组板岩夹砂岩；8—砂质粘土；9—粉砂岩；10—砂岩；11—白云岩；12—砂质白云岩；13—粉砂质白云岩；14—灰岩；15—矿体及编号；16—不整合界线；17—地层界线；18—断层及编号

阿尾矿段地表断续长 1500 m，宽 0～140 m。已圈出 12 个断续分布的脉状、透镜状、似层状小矿体。矿体长 340 m，宽 100 m，厚 0.56～9.88 m。含银 $63\sim238\times10^{-6}$，平均 160×10^{-6}。铅锌品位较低。

穿心洞矿段矿化带长 600 m，宽 4～14 m。已圈出 10 个斜列脉状银多金属小矿体。矿体长 10～340 m，倾斜延伸<250 m，厚 0.61～2.32 m。

矿石结构以粒状、交代结构为主。矿石构造为浸染-稠密浸染状构造、块状构造、条带状构造。银矿物主要有自然银、辉银矿、硫铜银矿、银黝铜矿、硫砷铜银矿、银黝铜矿、黝锑银矿、深红银矿及辉锑银矿；次要有脆银矿（斜方辉锑银矿）、硫锑铜银矿、含银硫锑铋铅矿及辉锑铅银矿。其他金属矿物主要有黄铁矿、白铁矿、磁黄铁矿、闪锌-铁闪锌矿、方铅矿、毒砂、硫锑铅矿、锡石。

围岩蚀变有强烈的硅化、铁锰白云石化、矽卡岩化。

三、矿床时空分布规律

腾冲-三江造山系、上扬子陆块、华南陆块中都有银矿床分布，但分布很不平衡，矿化类型、成矿作用、成矿时代也有明显差异。

（一）矿床的空间分布

云南省的银矿可在较稳定的构造环境（华南陆块、上扬子陆块）下形成，更多的银矿产于沉积作用复杂、岩浆活动强烈、构造运动频繁的环境（腾冲–三江造山系）。

全省10处中型及其以上规模的银矿床：腾冲–三江造山系最多，大型2处、中型4处，合计6处；华南陆块次之，超大型1处、中型2处，合计3处；上扬子陆块最少，仅有1处大型矿床。

在资源储量方面：腾冲–三江造山系最多，为7557 t，占总资源储量的46%；华南陆块次之，为6243 t，占总资源储量的38%；上扬子陆块最少，仅为2629 t，占总资源储量的16%。

从银矿床类型上看：腾冲–三江造山系的银矿类型最全，全省已有的3种主要银矿类型均有发现；华南陆块内以岩浆热液型银矿为主，在已勘查的3处银矿区内（或附近）均有燕山期花岗岩体的出露（下厂），或有隐伏花岗岩体的发现（白牛厂、芦塘坝）；上扬子陆块的银矿类型单一，只发现蚀变破碎岩型。

（二）成矿时代

云南省银矿床划分为独立银矿床、共生银矿床及伴生银矿床。从元古界—新生界中，均有伴生银矿产出。独立银矿床和共生银矿床仅形成于几个地史时期。

华南陆块滇东南逆冲推覆带内的中酸性岩浆热液型银矿，成矿岩体为黑云花岗岩。花岗岩的同位素测年值为73. 8~99. 9 Ma，属燕山晚期。

腾冲–三江造山系昌宁–孟连结合带的火山岩型银矿，赋矿岩石为中–基性火山岩。火山岩属下石炭统，成矿时期为华力西期。

腾冲–三江造山系兰坪–普洱地块的蚀变破碎岩型银矿，成矿构造和成矿时代均为喜马拉雅期。

上扬子陆块昭通–曲靖弧间盆地的蚀变破碎岩型银矿，成矿时代的认识尚不一致。一般认为属印支期—喜马拉雅期。从控矿构造推断，燕山期的可能性最大。

综上所述：燕山期和喜马拉雅期银矿成矿较为集中，喜马拉雅期的矿床数量最多，燕山期的资源储量占明显优势。

四、开发利用

（一）产业链

银矿的产业链见表6–15，图6–17。

表6–15　银矿产业链

银矿开采	银矿							
矿石加工	原矿→破碎→磨矿→筛选→过滤→高温精炼→金属银							
相关产业	商业	机电和电气	石油化工	医疗卫生	民用	影视和照相	农业和气象	其他
主要用途	货币和首饰	电接触材料、电阻材料、钎焊料、测温材料和厚膜浆料	催化剂	牙科材料、医药、药用棉纱、手术料、消毒材料	银器皿	感光胶片、感光材料	碘化银用于人工降雨	聚光材料、电池、紫外线防护、节能空调

（二）开发利用现状

1. 矿山企业概况

据云南省国土资源厅不完全统计数据，2015年云南省主要银矿开采企业共有9家，从业人员

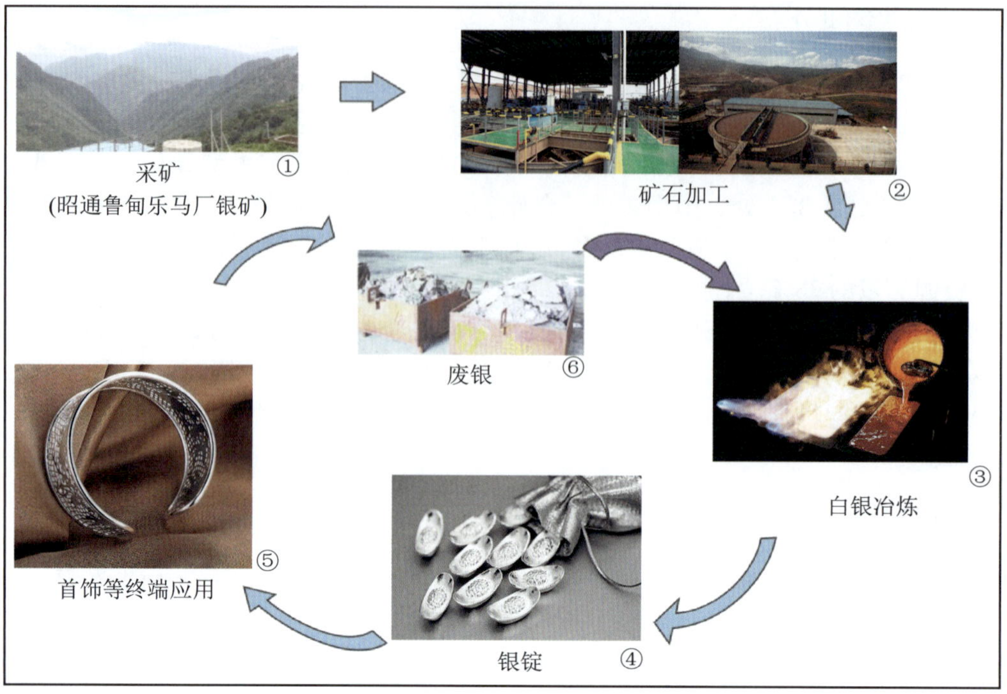

图 6-17　银矿产业链示意图

（图①由明添学提供；图③http://www.baitahe.net/forum.php? mod=viewthread&tid=178587；图④https://baike.sogou.com/v157378.htm? fromTitle=白银 &ch=ch.bk.amb；图⑤https://ag.cngold.org/zt/yjz.html；图⑥http://news.hexun.com/2011-05-01/129204419.html）

2831 人。由于银矿主要随主矿产同时开采进行综合回收，实际产量难以准确统计。云南省银矿流向以省内为主，主要用于少数民族饰品，部分用于制造业。

2. 资源利用情况

云南省银矿保有资源储量主要分布于蒙自市、香格里拉市和宁洱县。其中非伴生银矿主要分布于蒙自市，兰坪白族普米族自治县和文山市，伴生银矿保有资源储量主要分布于马关县、香格里拉市和宁洱县。

据 2009 年完成的“云南省矿产资源利用现状调查”成果资料，云南查明银矿区 129 处，其中全部占用资源储量的 58 处，全部未占用资源储量的 35 处，部分占用矿区 36 处。

第三节　锗　　矿

锗（Ge）是一种分散金属元素。自然界中独立锗矿较少，多为煤、铜、铅、锌等矿产的伴（共）生元素。金属锗具有良好的半导体性质，优良的红外光学性质，对微波的良好透过性特质。锗及其化合物主要用途有：红外热像仪使用的锗镜片，航空、航天用高效率太阳能锗电池板。氧化锗用于半导体材料和生产 PET 的催化剂，四氯化锗主要用于半导体锗的制备和光纤制造。

一、资源概况

锗金属主要从铅、锌矿冶炼的副产品中获得，另一部分由煤的烟尘中、锗酸铋晶体及其他锗加工废料中回收获得。

中国是世界最大的锗金属生产国家，主要生产基地为云南省会泽县（云南驰宏锌锗股份有限公司、罗平锌锗电股份有限公司）、云南省临沧市（临沧鑫园锗业股份有限公司）、广东省韶关市。据美国地质调查局 2015 年资料显示，2013、2014 年中国精锗产量分别为 110 t、120 t，占全球总产量的

71%和73%。美国、日本等国家是世界锗金属主要消费国。

全球锗消费结构以光纤行业（30%）为主，红外光学（20%）、PET（聚对苯二甲酸乙二醇酯）行业（20%）次之，电子光伏（14%）、其他（15%）（智研咨询集团，2016）。

云南是锗资源大省和锗开发大省。截至2015年底，云南省共（伴）生上表锗矿区16处（表6-16），累计查明资源储量1877 t。其中：与铅、锌矿伴生的锗资源储量占45.9%，与铜矿伴生的锗资源储量占5.0%，锗煤型锗资源储量占49.1%。

表6-16　云南省锗矿主要矿产地

序号	矿产地名称	规模	序号	矿产地名称	规模
1	东川区滥泥坪铜矿	小型	9	会泽县麒麟厂铅锌矿	大型
2	东川区石将军铜矿	小型	10	会泽县雨录铅锌矿	小型
3	东川区石庄铅锌矿	小型	11	会泽县窝铅厂锌矿	小型
4	彝良县张家湾铅锌矿	小型	12	临翔区韭菜坝煤（锗）矿	中型
5	巧家县茂租铅锌矿	中型	13	临翔区文强煤（锗）矿	小型
6	彝良县毛坪铅锌矿	中型	14	临翔区腊东煤矿白塔井	中型
7	会泽县矿山厂铅锌矿（脉矿）	大型	15	临翔区华军煤（锗）矿	小型
8	会泽县矿山厂铅锌矿（砂矿）	中型	16	临翔区大寨锗矿	大型

注：临沧区腊东煤矿白塔井又称临翔区章驮乡勐旺昌军煤矿。

据2015年5月国土资源部发布资料统计，云南探明保有锗资源储量居全国第3位，其中锗煤型资源储量约占全国探明锗资源储量的32%，居全国第一。云南的锗煤型、锗砂型矿山，是目前国内开采的主要独立锗矿山。

二、矿床类型与矿床实例

矿床类型主要为锗煤岩型（锗砂岩型）、铅锌矿伴（共）生型。

（一）锗煤岩型（锗砂岩型）锗矿

云南省锗煤矿床主要产于临沧花岗岩之上的新近系盆地中。矿石类型以锗煤岩型为主，锗砂岩型次之。现以临翔区大寨锗矿为例介绍如下。

矿区位于临翔区章驮乡邦卖村。1960~1985年，云南省地质局第三地质队、中南二〇九大队第九队、中南二〇九队第五队、西南地勘局二〇九地质大队在该区进行过地质勘查。1991年，《云南省临沧县大寨铀锗矿床勘探地质报告》通过审批，探明锗金属量达大型规模。

1. 矿区地质

矿区所在邦卖盆地为一阶梯状断陷盆地，盆地西侧的盆缘断裂和基底同沉积断裂控制着盆地的形成和发展。矿区地层主要出露中新统邦卖组，总体为一套灰色含煤花岗质陆源碎屑沉积，形成于湖泊环境。盆地基底及蚀源区为临沧花岗岩。岩石组合主要为不同结构的黑云二长花岗岩，属S型花岗岩，形成于同碰撞环境。

矿区发育3组断层。北西向正断层为主要控盆构造，在基底和盖层中均有显示。北东向、东西向断层形成时期稍晚于北西向断层，具右行平移性质。这些断层联合作用，将盆地切割为多个菱形断块。褶皱构造主要为邦卖向斜、上寨向斜，均为不对称长圆形短轴向斜。

2. 矿床地质特征

矿区共发现8个矿体。矿体形态受煤层和碳质层控制，以层状为主、次为似层状，剖面上矿体组合呈帚状（图6-18）。GMⅡ$_1^1$矿体为主矿体、资源储量占矿床总量的79.90%。

矿体主要产于中新统邦卖组下部。锗在同一煤层中具有下部富，上部贫特征，在砂岩中仅出现在第一段顶部。矿体在盆地西南部出露地表，向北东埋深加大（最大埋深402 m），并具分叉现象。

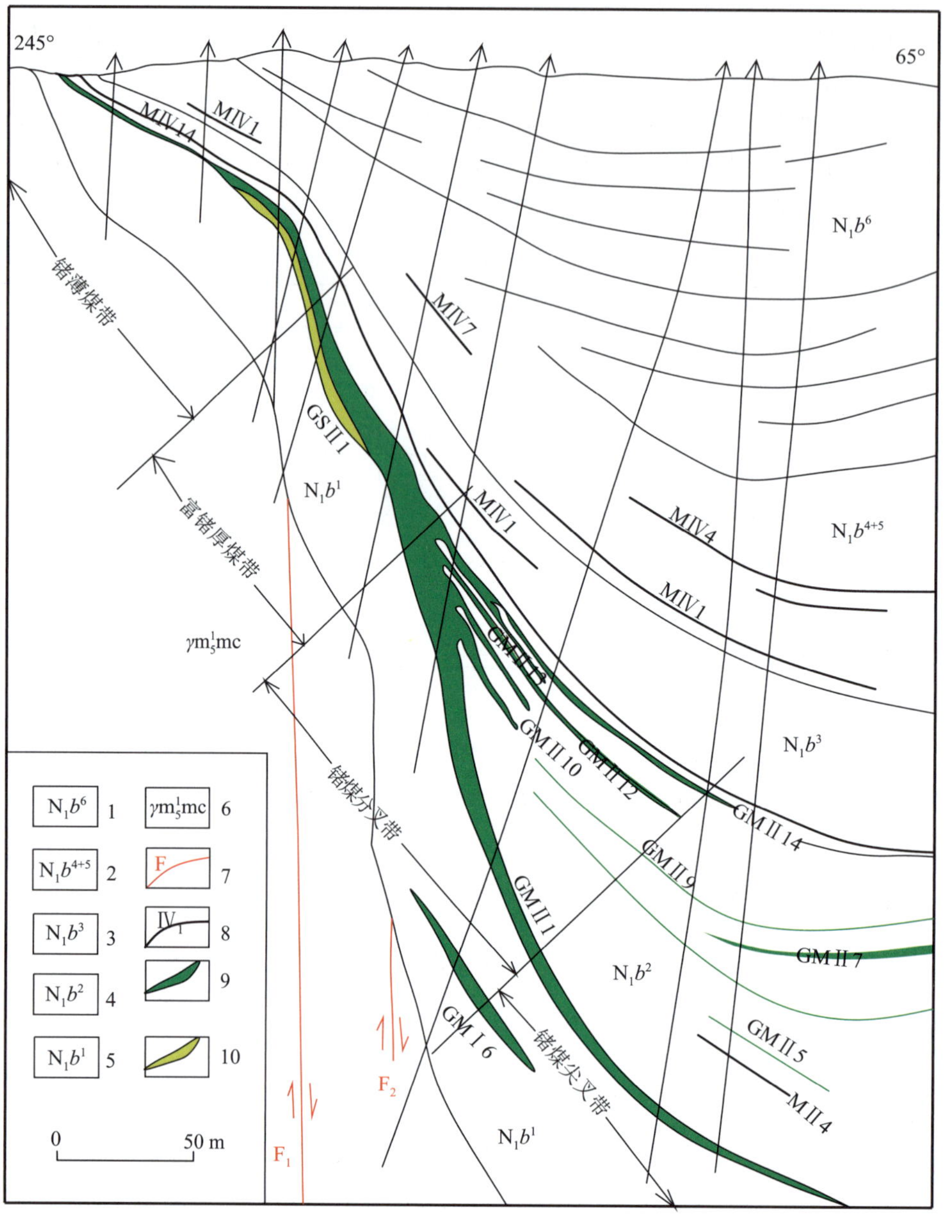

图 6-18　临翔区大寨锗矿剖面图

（据云南省核工业二〇九地质大队，1991）

1—中新统邦卖组 6 段复成分砾岩、砂岩；2—中新统邦卖组 4～5 段粗砂岩、细砂粉砂岩夹砾岩和煤层，局部含硅藻；3—中新统邦卖组 3 段中细砾岩夹粗砂岩；4—中新统邦卖组 2 段粗砂岩，上、下部细-粉砂岩夹煤层、泥灰岩和燧石层；5—中新统邦卖组 1 段花岗碎屑岩、含岩块；6—中粗粒白云母或二云母混合花岗岩；7—推测同沉积断裂；8—无锗煤层及编号；9—含锗煤矿体及编号；10—砂岩型锗矿体

矿石类型划分为锗煤岩型和锗砂岩型。锗煤型矿石（照片 6-8、6-9）为低变质褐煤，以半亮型煤、半暗型煤为主，次为光亮型煤和全暗型煤。锗煤型资源储量占矿床总量的 90% 以上。砂岩型矿石为含锗含碳、碳质粉砂岩、粘土岩、粗砂岩及花岗碎屑岩，常夹有线理状、条带状薄煤层、煤线和碳质碎片。

锗主要（70%～80%）与有机质形成腐植酸锗络合物、锗有机化合物，未发现锗独立矿物。部分锗（20%）呈吸附状态。极少数锗可能以类质同象状态存在于硅酸盐矿物晶格中。矿石中铀为共（伴）生元素，钨、铋接近综合利用品位。

照片 6-8　锗煤型矿石
（云南省核工业二〇九地质大队供稿）

照片 6-9　锗煤型矿石
（云南省核工业二〇九地质大队供稿）

（二）铅锌矿伴（共）生锗矿

铅锌矿伴(共)生锗矿以滇东北会泽县矿山厂铅锌矿和麒麟厂铅锌矿为代表，已在第五章详细记述。

三、锗煤岩型（锗砂岩型）锗矿床成矿机制

（一）大地构造背景

本区位于扬子板块与印度板块间的三江特提斯造山带上，东邻澜沧江深断裂这一前印支期的板块俯冲带，华力西—印支期的强烈地质活动造就了含锗丰富的临沧花岗岩基，燕山期的长期隆起，风化剥蚀形成了花岗岩上的厚层风化壳，为矿床的形成准备了丰富的物源，喜山期随印度板块向北的俯冲，使澜沧江深断裂及其次级断裂再次活动，形成一系列以花岗岩为基底的断陷盆地，造就了矿源体和接受成矿物质的盆地，奠定了矿田形成基础。

（二）成矿机制

1. 锗的来源

锗丰度高、水浸出率高的花岗岩，尤其是以二云母（白云母）花岗岩为主要锗元素来源。

2. 锗煤矿形成的有利时期

由干热的古近纪转变为湿热的新近纪这一古气候转变时期，是锗煤矿形成的有利时期。

干热的古气候有利于花岗岩的物理风化，保存了其中的矿物质如锗、钨、钼等；湿热的古气候有利于植物的生长，为煤的形成提供了物质基础；同时，湿热的气候利于风化壳的陆解，供其中的成矿物质离解出来，被盆缘的有机质吸附，从而形成锗煤矿层。

3. 锗矿赋存的主要层位

新近纪盆地中成盆期形成的（位于盆地西缘的）第一含煤组褐煤，是锗矿赋存的主要层位。

成盆期是成矿物质最丰富的时期，也是花岗碎屑岩预富集层之上的最早成煤地段。盆地中西部的第Ⅱ煤组（如大寨矿床）和盆地东缘近源靠底的第Ⅱ煤组的煤层（如 202 矿床）地段，虽也有锗煤矿发育，但其矿化规模均处于次要地位。

4. 形成大型锗矿床的主要地段

矿田内构造活动性强的盆地，如邦卖菱形断块盆地、勐旺阶梯状盆地，尤其是有同沉积断裂发育，并有热水参与沉积成岩、成矿的地段，是形成大型锗矿床的主要地段。

5. 形成富厚锗煤矿层的重要条件

具有同沉积断裂发育和长期活动的地质背景，是形成富厚锗煤矿层的重要条件。

邦卖盆地西缘的NW向断裂控制盆地的形成与发展。基底中EW向断裂控制了盆缘冲积扇的发育。两冲积扇间凹地控制了泥炭沼泽相的位置。NW向同沉积断裂组在不同时期、不同地段差异性活动结果，控制了煤层厚度，形成了煤的分带展布特征。在锗矿源充足的前提下，厚煤层就是富厚的锗矿层，故富厚锗矿层受各级断裂的控制。

6. 寻找富锗矿的重要标志

现今矿床附近仍有含锗丰富的深源地热水发育。矿床内又有与之沟通的同沉积断裂，使热水带来的锗元素能参与富集成矿活动，成为锗的另一成矿来源，故有热水沉积岩出现的地段，是寻找富锗矿的重要标志。

四、开发利用

（一）产业链

锗在国民经济建设中有广泛用途，产业链较为复杂（表6-17，图6-19）。

表6-17　锗矿产业链

锗的来源	主要来自铜、铅、锌冶炼的副产品							
主要产品	锗材	高纯度锗	锗铌化合物	锗的化合物	高纯锗单晶	含二氧化锗的玻璃	二氧化锗	三氯化锗	四氯化锗
主要用途	辐射探测器及热电材料	晶体管、整流器及其他半导体器件	超导材料	制造荧光板和高折光率玻璃	透红外光的锗窗、棱镜或透镜	广角照相机和显微镜镜头	聚合反应的催化剂	新型光纤材料添加剂	制造光纤和半导体锗

（二）锗煤岩型（锗砂岩型）锗矿床

1. 矿山开采状况

1969~1972年，1660 m高程的探明锗矿被军分区露天开采。

1983~1995年：为当地农民乱挖乱采地表矿及个体破坏性开采阶段。

1996年1月至2003年6月，云南临沧鑫圆锗业股份有限公司负责进行开采。采用干式充填采矿法进行开采。2006年下半年开始进行技改工程后，回采率总体达到85%以上。

2011年开始采用分层装袋干式充填采矿方式，同时开始进行膏体充填试采，提高了充填带的稳定性，实验采场采矿回采率提高到95%以上。

2. 矿山开采过程中的技术改造

临沧地区冶炼厂自1975年开始生产二氧化锗。1980年进行了技术改造，采用火电厂锅炉烧煤，热能发电，烟尘提锗，提高了锗的处理能力和经济效益。

1993~1994年，一步富集回收锗工艺试验成功并投入生产，该项技术获得国家专利。1996年又进行了扩大和技改。

2011年新建废弃炉渣冶炼炉两座，2012年建成投入运营废弃炉渣冶炼炉8座，冶炼回收率达90%。再次回收后的渣料与矿井煤矸石配制成膏体供矿井采空区充填用，矿井施工结束后，固体废弃物处置率100%，实现了零排放。

火法富集基本原理为：在链式挥发炉内将褐煤燃烧，炉料中的锗在炉内高温及弱还原气氛下生成GeO_2，并以气体形态挥发进入高温烟气中，在烟道中与过剩空气作用生成固态GeO_2，通过收尘实现气固分离，截取得到含锗烟尘。

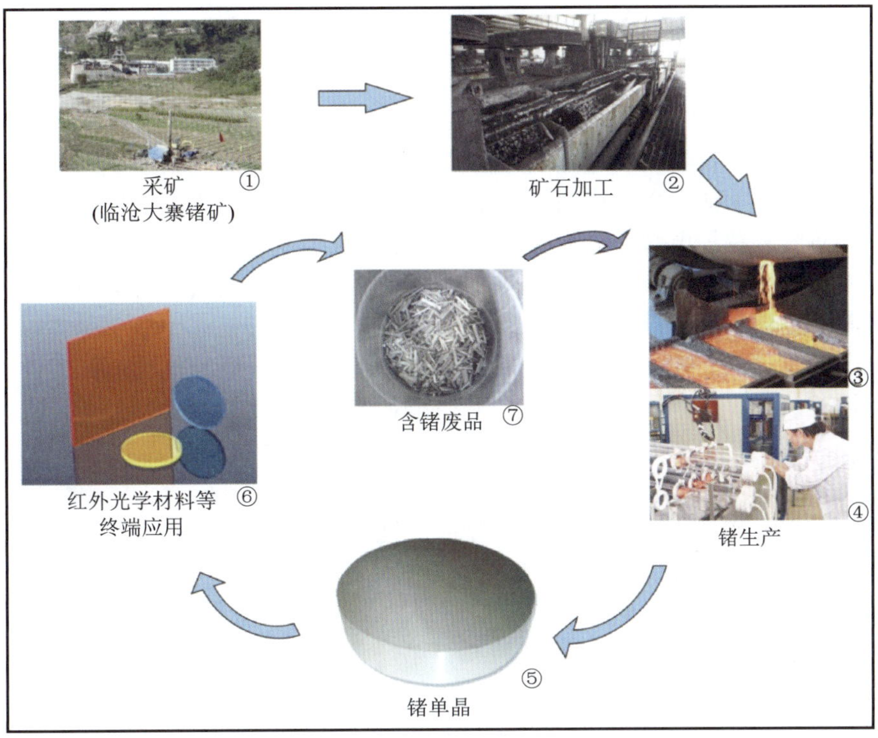

图 6-19 锗矿产业链示意图

（图①由云南省核工业二〇九地质大队提供；图②⑤由驰宏锌锗有限公司提供；图③http://zhiyebing.h.baike.com/article-158001.html；图④http://yndeily.yunnan.cn/html/2011-1/22/content=465723.htm；图⑥http://baike.asianmetal.cn/metal/ge/application.shtml；图⑦http://biz.ometal.com/t/2id1989.html）

（三）滇东北铅锌矿伴（共）生锗矿

会泽矿以火法-湿法联合流程回收 Ge、Cd。会泽矿氧化矿一般含 Ge0.0036%~0.0044%，回收烟尘含 Ge0.017%，富集近 4 倍，而烟化炉废渣含 Ge 仅 0.0004%~0.0013%，为原矿含 Ge 量的 29.55%，70.45%的 Ge 在烟尘中得到回收（实际火法回收率 65%~97.18%，湿法回收率 52.84%~90.78%，会泽铅锌矿，1984）。最后再以湿法、火法工艺生产高纯四氯化锗（$GeCl_4$）、高纯二氧化锗（GeO_2），区熔锗（Ge）、还原锗锭（Ge）和镉锭（Cd）等产品（照片 6-10）。

照片 6-10 会泽铅锌矿金属锗产品

（云南驰宏锌锗股份有限公司供稿）

第四节 铂族元素矿产

铂族元素包括铂（Pt）、钯（Pd）、铑（Rh）、铱（Ir）、钌（Ru）、锇（Os），是重要的工业材料，在国防、化工、石油、仪器仪表、电子、机械、医疗等领域有广泛用途。

铂在石油化工和化学工业上作催化剂，在化学和电化学工业中用作设备的防腐材料、燃料电池的电极、阴极保护的防腐装置、电解、电镀探照灯及医疗器械，在电子和电工中用作测温材料、触点材料、电阻材料、发动机火花塞电极及永磁材料，在环保方面用作控制大气污染的催化剂，在玻璃工业上用作铂坩埚。其他还用于航行器、原子能、工艺、首饰等。

钯主要用于电工、仪表工业的低电流摩擦接触器和化工人造纤维的催化剂。钯合金可制造提高制氢气纯度的扩散设备，钎焊的钯焊料。还是牙科、制药、首饰工业的原料。

一、资源概况

云南省的铂族元素矿产以铂为主，次为钯，铑、铱、钌，锇较少。现已查明矿床 10 处（表 6-18）。其中：大型矿床 1 处，中型矿床 4 处，小型矿床 4 处，矿点 1 处。矿床的成因类型均为岩浆熔离型。据《二〇一五年全国矿产资源储量通报》（国土资源部矿产资源储量司，2016）数据，云南省保有铑、铱金属资源储量列全国第 2 位，钌第 3 位，铂第 6 位，钯第 9 位，其余均列全国第 6 位。

表 6-18 云南省铂族元素主要矿产地

编号	州（市）	矿产地名称	规模	成因类型	成矿时代	工作程度	资源储量 kg
1	普洱市	景谷县半坡铂族多金属矿	矿点	岩浆型	石炭纪	普查	
2	大理州	大理市荒草坝铂钯矿	中型	岩浆型	二叠纪	详查	5065
3		大理市迎凤村铂钯矿	小型	岩浆型	二叠纪	详查	625
4		弥渡县金宝山铂钯铜镍矿	大型	岩浆型	二叠纪	详查	47895
5	楚雄州	永仁县珙山箐铂钯矿	小型	岩浆型	二叠纪	预查	1416
6		元谋县朱布铂钯矿	中型	岩浆型	二叠纪	详查	5930
7		元谋县热水塘铂钯矿	中型	岩浆型	二叠纪	详查	5092
8		元谋县猛林沟铂矿	小型	岩浆型	二叠纪	详查	685
9		牟定县安益铂钯钛磁铁矿	大型	岩浆型	二叠纪	普查	35731
10		牟定县碗厂铂钯铜镍矿	小型	岩浆型	二叠纪	普查	1030

注：永仁县珙山箐铂矿有详细描述。

铂族矿产主要分布在宁蒗-弥渡、元谋-绿汁镁铁、超镁铁岩带内。此外，在澜沧江岩带的景谷县半坡岩群的镁铁、超镁铁岩中，也有与铬铁矿化有关的铂钯矿化。

矿床的成因类型以硫化物铜镍型铂钯矿床为主，钛磁铁矿型铂钯矿床较少（仅见牟定县安益铂多金属矿床）。据同位素测年资料，结合区域地质资料，硫化物铜镍型铂钯矿床形成于华力西晚期（304~406 Ma），钛磁铁矿型铂钯矿床形成于燕山晚期（187 Ma）。

二、矿床实例

硫化物铜镍型铂钯矿床以弥渡县金宝山铂钯矿床、元谋县朱布铂矿床为例，钛磁铁矿型铂钯矿床对牟定县安益铂多金属矿床进行介绍。

（一）弥渡县金宝山铂钯矿床

金宝山铂族多金属矿是目前国内仅次于甘肃金川镍矿的第二大铂族金属矿床，也是最大的独立铂族金属矿床，地质界和贵金属界一直有“北有金川，南有金宝山”之称。其行政区划隶属于弥渡县德苴乡所辖。

矿区出露地层为泥盆系，由板岩、变质砂岩、结晶灰岩组成。镁铁岩、超镁铁岩构成的复式岩体，是矿区的主要地质体。镁铁岩侵入在先，由辉绿岩、辉绿辉长岩、辉长岩组成。超镁铁岩侵入在后，沿镁铁岩底部侵入，分异不佳，由单辉橄榄岩及少量辉橄岩、橄辉岩、辉石岩组成。岩石中钾-氩法同位素测年数据为 304 Ma，铷-锶法同位素测年数据为 322 Ma，属华力西中期。

矿体呈似层状产于岩体的底部和中部，有多层矿体。岩体的外接触带、镁铁岩中，也有少量小矿体或矿化。围岩主要由单辉橄榄岩及少量橄辉岩、辉石岩。

底部主矿体长 1580 m，宽 200~724 m，垂厚 0.65~41.79 m（一般 10~13 m）。中部主矿体长 2020 m，宽 200~480 m，垂厚 0.98~40.72 m（一般 13~23 m）。其余小矿体一般长 100~200 m，宽 50~150 m，垂厚 1~3.22 m。矿体与围岩呈渐变过渡关系，全凭化学分析结果圈定矿体边界。

矿石结构以粒状、交代结构为主，次为花岗、连晶、乳浊结构。矿石构造以星点浸染状为主，次为网脉状、海绵陨铁状、豆状、水滴状构造。

脉石矿物占总量的 84.7%~87.6%，成分为硅酸盐矿物和碳酸盐矿物。金属硫化物占总量的 0.1%~3.8%，成分主要为磁黄铁矿、黄铁矿、紫硫镍铁矿、镍黄铁矿、黄铜矿。金属氧化物占总量的 9.3%~13.1%，成分主要为磁铁矿、铬铁矿，有少量钛铁矿、赤铁矿、褐铁矿、孔雀石。铂族矿物的体积分数虽少，但种类较多。主要铂族矿物为：（六方）锑钯矿、砷铂矿、丰滦矿、碲铂矿、铁铂合金、硫铂矿、等轴铋碲钯矿、（等轴）锡钯铂矿。铂、金、银、铬、铜、铋可呈自然金属矿物出现，但含量较少。

矿石中铂+钯含量为 0.98~3.90 g/t。主要伴生元素为：铜（0.04%~0.68%）、镍（0.10%~0.44%）、钴、锇、铱、钌、铑、金、银。

矿床达大型规模，共伴生镍资源储量 5.91×10^4 t。照片 6-11 为弥度金宝山铂钯矿 1508 中段出风口实景。

1508 中段出风口

选矿厂区

照片 6-11　弥度县金宝山铂钯矿矿山实景

（和中华供稿）

（二）元谋县朱布铂矿床

朱布铂矿是云南省最早发现的铂族金属矿床，位于元谋县城 357°方向，平距 15 km 处，行政区划隶属于元谋县黄瓜园镇管辖。

含矿镁铁、超镁铁岩呈岩枝状侵入于前震旦系云母石英片岩、片麻岩中。岩体南北长 750 m，东西宽 400 m，面积 0.2 km^2。岩体中钾-氩法同位素测年值为 406 Ma，形成于华力西早期。

岩体相带分异明显。边缘相为混染辉长岩。内部相自上而下划分为：辉长岩带、（上部）辉石岩带、橄辉岩带、橄榄岩带、单辉橄榄岩带、（下部）辉石岩带、辉长岩带。

矿体主要产于岩体边部，呈同心状包绕岩体。在岩体上部，也有少量矿体产出。含矿围岩主要为橄榄岩，次为辉石岩、含长辉石岩、辉长岩（图6-20）。

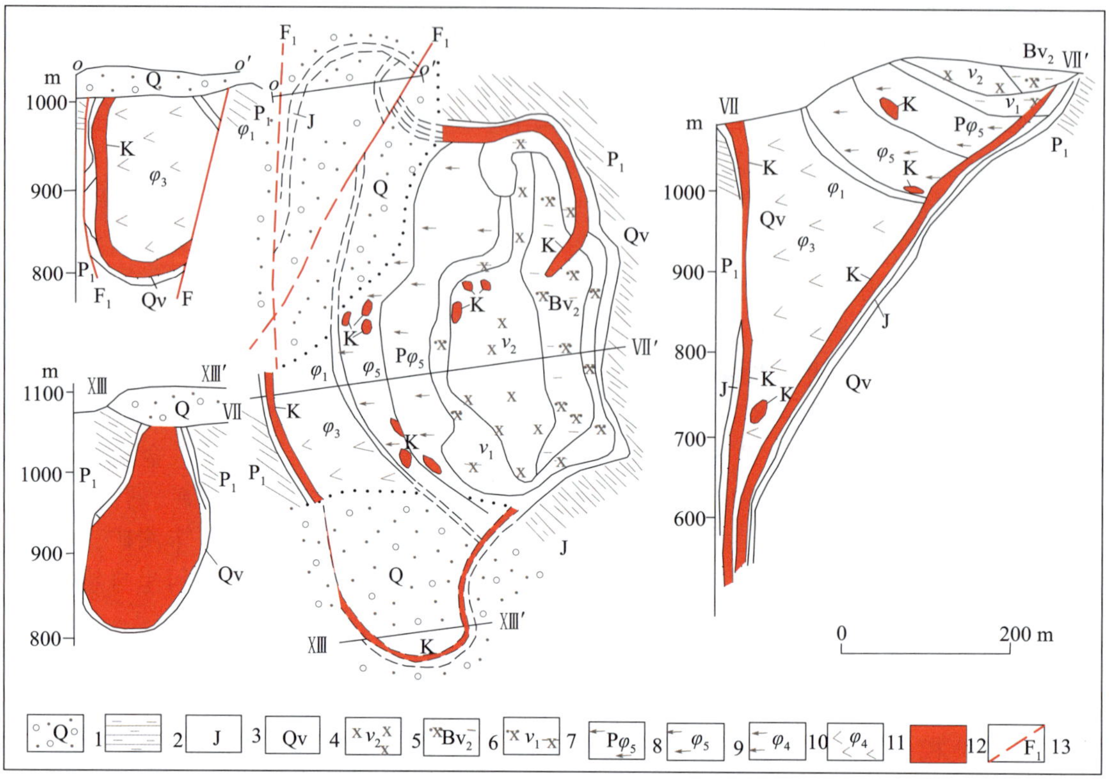

图6-20　元谋县朱布铂族多金属矿床岩体地质图

（据云南省地质矿产局，1993年，有修改）

1—第四系；2—元古界普登岩群变质岩；3—角岩；4—混杂辉长岩；5—中色辉长岩；6—黑云母化中色辉长岩；7—暗色辉长岩；8—斜长辉长岩；9—辉石岩；10—橄辉岩；11—橄榄岩；12—矿体；13—断层及编号

边部矿体（主矿体）产于边缘相混染辉长岩与内部相之间，厚1～13 m。东侧铂钯含量较高（1.37 g/t），铜（0.24%）、镍（0.26%）较低。西侧铂钯含量较低（0.71 g/t），铜（0.43%）、镍（0.39%）较高。含矿岩石以橄榄岩为主，橄辉岩、辉石岩较少。含矿岩石具滑石化、碳酸盐化。

岩体上部的矿体（次要矿体）呈透镜状、扁豆状产于内部相各相带中，成群成带出现。单个矿体中：较大者长10~40 m，厚0.6~2.6 m；较小者长0.5~2.6 m，厚0.5~1.5 m。矿石品位为：铂+钯0.3~8.08 g/t（一般0.5~1.2 g/t），铜0.04%~0.4%（一般0.15%~0.3%）、镍0.08%~0.37%（一般0.15%~0.3%）。

矿石具粒状结构，浸染状构造。部分矿石中出现斑点状、豆状、海绵陨铁状、细脉状构造。

金属硫化物主要为磁黄铁矿、黄铁矿、黄铜矿、镍黄铁矿、紫硫镍铁矿。铂族元素绝大多数（>80%）呈独立矿物存在。矿物成分以砷铂矿为主（占58%），次为等轴铋碲钯矿（占35%），砷铂锇矿、砷锡钯矿、铋碲铂矿、铋碲钯镍矿较少。矿石中还见极少量自然金、碲银矿、碲铅矿。

矿石中铂+钯品位约为1.29 g/t。主要伴生元素为：铜、镍、钴、锇、铱、钌、铑、金、铬。

达中型规模。

（三）牟定县安益铂多金属矿床

安益铂多金属矿行政区划隶属于牟定县安乐乡安益村管辖，位于牟定县城57°方向，直距23 km处。

含矿母岩为暗色闪辉正长岩、二长辉长岩、辉石岩组成的杂岩体，呈岩枝状侵入于前震旦系板岩、千枚岩中。岩体平面上近椭圆形，北西向长 1060 m、北东向最宽 860 m，面积约 0.65 km^2。岩体中同位素测年值为 187 Ma，形成于燕山早期。

岩体划分为边缘相和内部相。边缘相由岗纹辉长岩组成。内部相垂直分带明显。自上而下划分为：暗色闪辉正长岩带、暗色闪辉二长岩带、暗色钛磁铁矿二长辉长岩带、含二长钛磁铁矿单辉岩带、含二长单辉岩带、含二长橄辉岩带、含二长单辉岩带。矿体主要呈层状产出，少数呈脉状出现。

层状矿体赋存于含二长钛磁铁矿单辉岩带底部和含二长单辉岩顶部，与围岩呈渐变过渡关系，厚 72~118 m，铂+钯含量为 0.3~0.55 g/t。在垂向上，具有上贫、中富、下贫的变化规律。在横向上：中部厚度略大、品位略高、延伸稳定；边部厚度较薄、矿化不稳定、有分枝尖灭现象。伴生有益元素为：铱、钌、铑、金。

脉状矿体产于层状矿体之下的含二长单辉岩中，为含金属硫化物的石英碳酸盐长石脉，宽 0.5 m。矿体厚 0.66 m，铂+钯品位为 1.22~2.56 g/t。伴生有益元素为铜、镍。铂族矿物为砷铂矿、砷锑钯铂矿。

矿床类型为钛磁铁矿型铂钯矿床，达中型规模。

第五节　稀土金属矿产

稀土元素（REE）是指：镧（La）、铈（Ce）、镨（Pr）、钕（Nd）、钷（Pm）、钐（Sm）、铕（Eu）、钆（Gd）、铽（Tb）、镝（Dy）、钬（Ho）、铒（Er）、铥（Tm）、镱（Yb）、镥（Lu）、钇（Y）。稀土元素在地壳中含量较高，但较为分散，独立矿床较少。稀土为国家实行控制性开采矿产，每年严格控制全国及各省产量。

稀土元素用途极广。在冶金工业上，利用稀土元素活泼的化学性质，用于净化其他金属，起到消除杂质的作用。用稀土氧化物可制成高强度合金钢，制作特殊用途的板材和管材。利用稀土元素的催化活性，可作石油裂解的催化剂。农业方面，稀土元素是制作多元复合肥的微量元素。

中国稀土元素的消费结构以稀土永磁（42%）为主，其他为冶金与机械（12%）、化工（9%）、玻璃与陶瓷（8%）、荧光材料（7%）、贮氧材料（7%）、催化材料（5%）、抛光材料（5%）、农业与轻纺（4%）、其他（1%）（智研咨询，2014）。

在高科技方面，稀土元素广泛用于制造电子产品的显示元件、超级永磁铁、核磁共振成像装置、磁悬浮列车、光电产品。稀土元素用于玻璃材料上，生产镜头玻璃、光纤材料、防辐射玻璃、极光材料。在电子工业上制作电容器。在原子能工业、航空航天等方面，也是重要材料之一。

稀土元素在自然界的存在形式主要为：独立矿物、类质同象及离子状态。最重要的稀土矿物为：独居石、氟碳铈矿、氟菱钙铈矿、磷钇矿、硅铍钇矿、褐钇铌矿。次重要的稀土矿物为：氟碳铈镧矿、褐帘石、烧绿石、钇易解石、铈铌钙钛矿、硅钛铈铁矿、绿层硅铈钛矿、黑铈金矿。

一、资源概况

云南省稀土矿资源丰富，品种齐全，16 个稀土元素（REE）在云南均有发现。牟定县水桥离子吸附型稀土矿床，为混合岩风化壳形成的淋积型中、重稀土大型矿床，矿区总面积为 28 km^2，资源储量占全省的 97.32%。中科院院士涂光炽和地球化学研究所博士研究生杨耀民认为云南昆阳群分布区具有较好的找矿远景。

滇池地区磷灰石中含有稀土，但目前回收不经济。个别地区蕴藏着大量的独居石。

云南省目前已知稀土重要矿产地 10 处（表 6-19，图 6-21），2015 年上表稀土矿区共有 8 处。其中，大型矿床 3 处，中型矿床 3 处，小型矿床 2 处。累计查明和保有的稀土资源储量均为 57261 t。

表 6-19 云南省稀土矿主要矿床产地

序号	州（市）	矿产地名称	规模	矿床类型	成矿时代	工作程度	资源储量/t
1	保山市	腾冲市新岐稀有、稀土多金属矿	大型	风化型	白垩纪—古近纪	普查	Rb_2O 126908.00；Cs_2O 1891.00；Y_2O_3 16579.00；Sc_2O_3 1779.00
2	楚雄州	牟定县水桥稀土稀有多金属矿	小型	风化型	全新世	详查	Ce_2O_3 4344.00
3		牟定县二台坡钪、铁、铂钯多金属矿	大型	岩浆型	二叠纪	普查	Sc_2O_3 750.00
4	红河州	建水县长岭岗稀土、稀有、稀散多金属矿	大型	风化型	全新世	详查	稀土氧化物 470000.00；氧化铌 57462.00
5		金平县阿得博独居石矿	中型	风化型	全新世	详查	独居石 2491.00；磷钇矿 327.00
6	西双版纳州	勐海县勐往独居石矿	大型	砂矿型	全新世	详查	独居石 16987.79
7		勐海县勐康磷钇矿	小型	砂矿型	全新世	普查	独居石 11.68；磷钇矿 61.79
8		勐海县勐阿独居石、磷钇矿	大型	砂矿型	全新世	普查	独居石 12367.06；磷钇矿 2921.96
9		勐海县城郊独居石矿	大型	砂矿型	全新世	详查	独居石 10010.54
10	德宏州	陇川县龙安稀土金属矿	中型	风化型	全新世	详查	$Ce_2O_3+TR_2O_3$ 13477.00

此外，尚有耿马印支期花岗岩带风化壳型独居石、磷钇矿砂矿、武定县迤纳厂中元古界昆阳群因民组中之沉积变质型稀土铁矿、东川区滥泥坪震旦纪灯影组中之稀土铜矿、东川区拖布卡昆阳群中之稀土铜矿、滇池地区沉积型稀土磷块岩及稀土磷灰石等类型的稀土矿。

云南省稀土矿与不同时期的酸性侵入岩、混合岩有关。最终均为风化、洪冲积作用聚集成矿，属风化壳离子吸附型、洪冲积型砂矿。成矿作用时期为全新世。

云南省稀土矿资源包括氟碳铈矿、独居石矿、离子型矿、磷钇矿、褐钇铌矿等，多为共伴生矿产，具有较好的综合利用价值。目前，仅有陇川县龙安、牟定县水桥稀土矿由个体企业进行小规模开采，其他地区尚未开发。

同全国相比，云南省稀土矿产勘查程度总体偏低。陇川县龙安、牟定县水桥、金平县阿德博、勐海县勐阿、东川区滥泥坪、武定县迤纳厂等地，以及滇池地区磷灰石中，尚有较大的稀土矿找矿空间和资源潜力。

二、矿床类型与矿床实例

云南省稀土矿主要划分为花岗岩风化壳沉积型（砂矿型）及花岗岩风化壳淋积型（又称离子吸附型），陇川县龙安中型稀土矿、牟定县小水桥小型稀土矿及金平县阿德博稀土矿（中型）为矿床实例。

云南省已发现稀土矿床（点）中，除陇川县龙安稀土矿（Ce_2O_3）、牟定县水桥稀土矿（Ce_2O_3）、金平县阿德博独居石矿为单一或独立稀土矿外，其余均为共伴生稀土矿。稀土矿一般可达小型至中型，部分为大型。

（一）陇川县龙安稀土矿

矿区位于云南西部的陇川县弄把镇龙安村，矿区有乡村公路至陇川县城，公路里程约 15 km。

龙安稀土矿的成矿母岩为中粗粒似斑状黑云角闪钾长花岗岩，属邦棍尖山花岗岩基。岩基呈北东

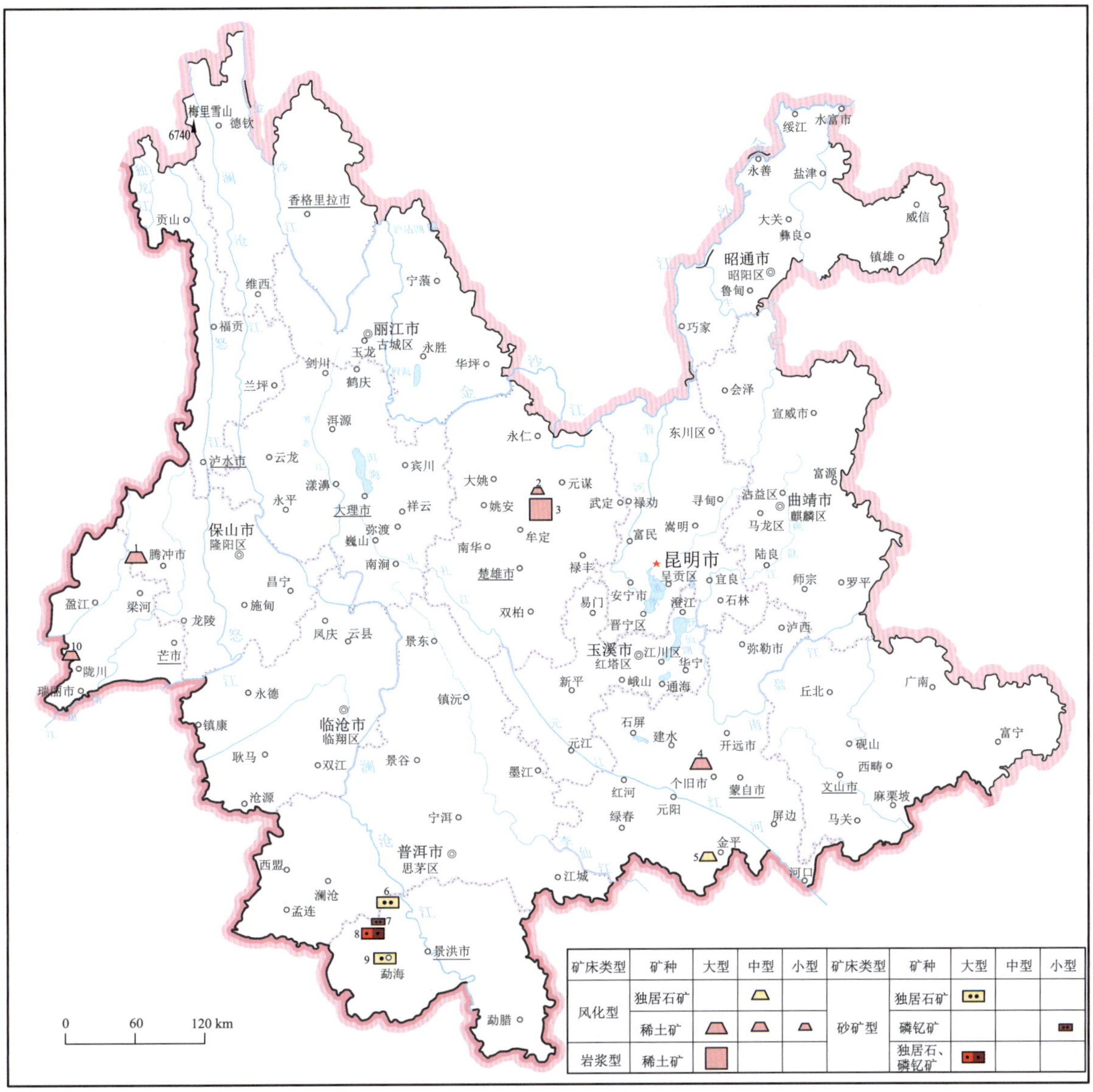

图 6-21 云南省稀土矿主要矿产地分布图

向带状，沿龙川江断裂带侵位。岩浆活动时期为印支期。岩石的稀土总量较高（399.94×10^{-6}）。

矿体（层）主要产于花岗岩的红土化层、全风化层，部分产于花岗岩的半风化层。花岗岩的红土化层、全风化层受地形地貌控制，属残积物（表 6-20）。

表 6-20 陇川县龙安稀土矿风化壳特征

层号	名称	物质组成	含矿性	pH 值	平均稀土总量/%	稀土浸取品位/%	平均浸取率 %	平均厚度 m
Ⅳ	腐殖层	褐色、褐黑色粉砂质粘土						0.145
Ⅲ	红土化层	红色、砖红色、黄色砂质粘土	局部含透镜状矿体	5.54~7.05	0.061	0.02~0.04		2.7
Ⅱ	全风化层	黄、白色相间的砂质粉土	主要矿体	6.32~7.3	0.086	0.046	53.5	6.42
Ⅰ	半风化层	半风化花岗岩	局部含透镜状矿体	6.31	0.065	0.029	44.6	

矿区仅见一层主矿体，随地形起伏呈波状覆盖于花岗岩之上，延伸较为稳定。工程控制最大长度986 m，宽270~640 m。矿区总面积6.04 km^2，详查区范围约1.0 km^2。矿层顶板为红土层，平均厚2.7 m，剥采比约0.61∶1，适宜露天开采。矿层厚度1.00~11.9 m，平均4.4 m。矿层稀土总量最高0.146%，平均0.086%。稀土浸取品位最高0.153%，平均0.056%。

稀土矿属花岗岩风化壳淋积型轻稀土矿，采、选、冶较为容易，精矿品位高，稀土元素齐全（包括整个镧系元素及钇、钪）、有价元素的品位较高，稀土氧化物分量$\sum CeO_2$占79.4%，属低钇、低铕的富镧、钕的轻稀土矿床。

矿石结构主要为粒状结构、薄板条状结构。成矿母岩具明显的碱质交代（钾化、绢云母化）。

龙安矿区的成因系与酸性岩有关，成因类型系外生矿床中花岗岩风化壳淋积型稀土矿床。

（二）金平县阿德博稀土矿

矿区位于云南省金平县五区，距个旧120 km，金平37 km。

阿德博岩体群由数十个大小不等的岩株、岩枝状侵入体组成，侵入于古元古界哀牢山岩群中，面积140 km^2。

吾卡-阿德博岩体为岩体群中规模较大的侵入体。岩石类型为浅灰白色片麻状黑云二长花岗岩。岩浆形成于板内构造环境，属S型花岗岩。岩浆活动时期属中元古代。岩石的稀土总量平均66.95×10^{-6}，构成稀土矿的成矿母岩。

矿体赋存的花岗岩风化壳厚约30 m，属残积层，由上至下可分2层。

Ⅱ. 红土化层：上部为腐殖层，为黑色腐殖土、粉砂、砂、细砾；中部为红土风化层，由黄色、褐红色砂质粘土组成；下部为灰白色层，由灰白色细砾、砾组成。红土化层不含矿。

Ⅰ. 花岗岩风化层：上部为灰白色粉砂、砂；下部为灰白色的半风化花岗岩，与未风化的基岩呈渐变过渡关系。花岗岩风化层为主要含矿层，厚10~50 m。

含矿地质体为北西向条带状，全长20 km，风化壳平均厚约10 m。以平均品位200 g/m^3为边界品位，圈定出7个矿体。

矿石品位一般为100~300 g/m^3，大多数为100 g/m^3，最高达609 g/m^3。除坡积层含矿略低外，风化壳中矿体品位无显著垂直分带与富集层位。含矿带中部较富，边缘较贫。独居石粒度较细，0.105 mm以下的约占60%，0.105~0.2 mm约占25%，0.2~0.5 mm约占15%。

主要矿物为独居石、磷钇矿，次为锆石、金红石、榍石，属独居石、磷钇矿砂矿。

矿床成因类型为花岗岩风化壳淋积-堆积型稀土砂矿床。

（三）牟定县小水桥稀土矿

矿区出露地层为古元古代普登岩群普登岩组，岩石组合为二长均质混合岩与黑云条痕白色二长均质混合岩。岩浆岩主要为姚兴村花岗岩，呈岩株状，岩石类型为黑云二长花岗岩。矿床主要产于第四系风化壳中。

风化壳呈面形分布，产状与地形坡度相似。风化壳划分为2层（表6-21）。

表6-21　牟定县小水桥稀土矿风化壳特征

分层	岩（土）特征	原岩结构	风化壳厚度/m			
			Ⅰ号矿体		Ⅱ号矿体	
			区间	平均	区间	平均
全风化层	岩石明显粘土化	消失	1.90~5.5	4.06	1.70~6	3.88
半风化层	岩石松散破碎	模糊	11~17.90	15.65	7.7~16.90	11.76

绝大部分矿体产于半风化层中，个别矿体产于全风化层中，矿床属于“风化壳型砂矿床”。在山沟陡坡冲沟处矿体变薄，局部被剥蚀后出现无矿天窗。在平缓山坡上全风化层与矿体较厚。矿体厚度变化较小，品位较均匀。大部分矿体裸露于地表。

褐钇铌矿重砂异常呈北东向展布，长 5 km，宽 0. 8 km，面积约 4 km^2，共圈定 2 个矿体。Ⅰ号矿体面积 27. 58×10^4 m^2，平均厚 6. 22 m，平均品位 56. 17 g/m^3。Ⅱ号矿体面积 66. 31×10^4 m^2，平均厚 4. 23 m，平均品位 71. 19 g/m^3。

矿石中除含稀土外，共生有铌、含铪锆石、自然金、石英砂、褐钇铌矿、磷钇矿、独居石。铌赋存在矿体下伏围岩中，在全风化层及半风化层中明显矿化，平面形态与稀土矿体相同，且更连续，厚度也大。铌矿体平均厚 15. 92 m，三氧化二铌的品位 0. 11%～0. 138%（平均 0. 035%）。含铪锆石含量 600～1639. 45 g/m^3，平均 1000 g/m^3。

常见矿物组合为磁铁矿、褐铁矿、赤铁矿、褐钇铌矿、锆英石、钛铁矿、独居石、黑云母。

矿床成因类型为外生矿床中花岗岩、混合岩风化壳淋积-堆积型稀土砂矿床。

三、矿床时空分布规律

（一）成矿地质时代与过程

陇川县龙安、牟定县水桥、金平县阿德博等重要的稀土矿床（点），均为与花岗岩风化壳有关的风化壳型稀土矿，成矿时代均为全新世。在成矿地质构造背景、含矿母岩的成岩与矿化时期方面，这些稀土矿床各不相同。

陇川县龙安稀土矿床的成矿母岩为邦棍尖山岩体。岩石类型为中粗粒似斑状黑云角闪钾长花岗岩。岩石中稀土总量（ΣREE）普遍较高（208. 5×10^{-6}～535×10^{-6}）。岩石成因属 S 型花岗岩，形成于同碰撞构造环境。含矿母岩的成岩与矿化时代为印支期。

牟定县水桥稀土矿床的成矿母岩为苴林群普登组。岩石类型为灰白色二长均质混合岩、灰白色黑云条痕二长均质混合岩，为晋宁晚期变质重熔型花岗岩体。

金平县阿德博稀土矿的成矿母岩为吾卡-阿德博岩体。岩石类型为片麻状细-中粒黑云二长花岗岩。岩体侵位于哀牢山岩群中，成岩、矿化时代为晋宁期。

这些不同时期的含稀土花岗岩体，在喜马拉雅期经受长期的风化剥蚀作用。在形成花岗岩风化壳和残坡积层的同时，使轻稀土矿物（独居石、褐钇铌矿）、重稀土矿物（磷钇矿）中的稀土元素迁出。经进一步风化、氧化淋滤，在有利的地形地貌部位进一步聚集，在厚 10～50 m 不等的第四系全新统风化壳松散堆积层中，形成具有工业价值的花岗岩风化壳型稀土砂矿或淋积型稀土矿床。

（二）矿床的空间分布

云南省的稀土矿集中分布在滇中的牟定-武定地区、滇西南的金平阿德博地区、滇西的陇川-腾冲地区、滇西南临沧花岗岩带的勐海地区及滇东南地区。

牟定-武定地区稀土矿以牟定县水桥小型稀土矿（Ce_2O_3）、武定县迤纳厂沉积变质型稀土铁矿为代表矿床，成因与古元古代苴林岩群普登岩组二长均质混合岩的风化壳、昆阳群中沉积变质型稀土铁矿有关。

滇西南金平阿德博地区的稀土矿以金平县阿德博中型独居石矿为代表，成因与侵位于深变质哀牢山岩群中的早元古代含稀土片麻状细-中粒黑云二长花岗岩的风化壳有关。

陇川-腾冲地区稀土矿以陇川县龙安中型稀土矿（Ce_2O_3）为代表性矿床，明显与三叠纪含稀土中粗粒似斑状黑云角闪钾长花岗岩风化壳有关。

勐海地区稀土矿以勐海县勐阿独居石、磷钇矿为代表，明显与华力西-印支期黑云二长花岗岩风化壳有关。

四、开发利用

已经开发利用的矿床为：陇川县龙安稀土矿、牟定县水桥稀土矿，直接生产成本为：矿石 28 元/t，精矿（氧化物）50000 元/t。开采回采率为 49.00%，选矿回收率为 49.00%。

（一）产业链

稀土元素为“工业的味精”，下游产业极为丰富（表 6-22，图 6-22）。

表 6-22　稀土矿产业链

矿山开采	稀土矿							
矿石加工与冶炼	湿法冶炼				火法冶炼			
	精矿分解→通过沉淀、结晶、氧化还原、溶剂萃取、离子交换进行稀土化合物的分离和提取				硅热还原法制取稀土合金，熔盐电解法制取稀土金属或合金，金属热还原法制取稀土合金			
产品与用途	稀土添加剂			稀土催化剂	稀土镁合金	铝锆钇合金	稀土荧光粉	混合稀土
相关产业	冶金	玻璃	机械	石油化工	机械	电力	电子电器	其他
主要用途	钢脱硫、生产球墨铸铁	制造镧玻璃、玻璃脱色	提高钕铁永磁合金性能，用于飞机、宇宙航行器的仪表，精密仪器，微型电机	石油裂化，合成戊橡胶，催化 CO、烃类的燃烧	飞机传动装置、变速箱、着陆轮、座舱罩	提高电线输出功率、耐热、耐振动、耐腐蚀性	电视显像管、X 射线增感屏、雷达显像管、荧光灯、高压水银灯	制造储氢、激光器、打火石

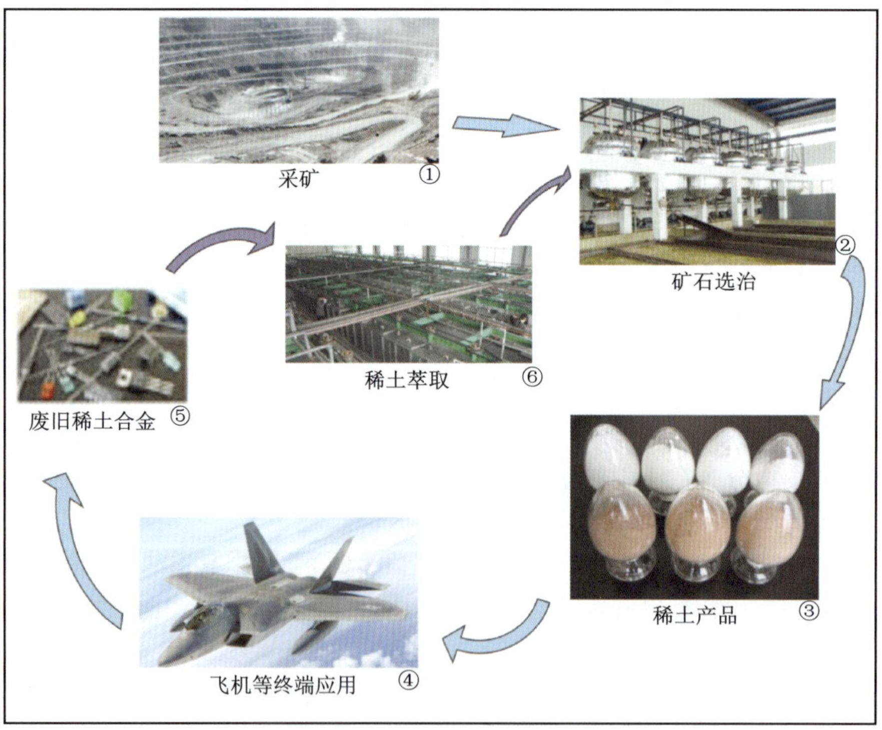

图 6-22　稀土产业链示意图

（图①http://www.168kk.com/rdjj/2015/0811/11057.html；图②~③http://baike.asianmetal.cn/metal/re/extraction.shtml；图④~⑤http://baike.asianmetal.cn/metal/re/application.shtml；图⑥http://ganxian.qiheme.com/info/aqiHome/2013/201304/73167.shtml）

（二）开发利用现状

1. 矿山企业概况

云南省稀土矿、磷钇矿、独居石基本未开采利用，仅有陇川县龙安稀土矿（稀土氧化物）登记了采矿权。

2. 资源利用情况

稀土为国家严格控制产量的矿种，云南省已开采利用的矿区为陇川县龙安稀土矿（稀土氧化物），资源利用率较低。

第六节　稀有金属矿产

稀有金属通常指在自然界中含量较少或分布稀散的金属，他们难于从原料中提取，在工业制备和应用上均较晚，但在现代工业中有广泛的用途。

云南省的稀有金属有：铌（Nb）、钽（Ta）、铍（Be）、锂（Li）、锆（Zr）、锶（Sr）、铷（Rb）、铯（Cs），多数可构成独立矿床；锆为共伴生矿种，资源储量仍较为丰富。铯为其他矿种的伴生元素。

云南的稀有金属资源储量中：铍居全国第1位，铌居全国第3位，锆居全国第4位，钽居全国第10位。总体上看，云南的稀有金属属富有矿产。

一、主要用途与矿物

（一）主要用途

铌在原子能工业中用于制作反应堆的结构材料、核燃料的包套材料、航空航天工业的热防护与结构材料。铌合金为超导材料，用作输电、发电、制造超导磁体、控制核聚变，宇宙飞行器的导航装置、潜水船的电磁推进设备、高速列车等。铌的化合物在机械、石油、电子工业中也有广泛用途。

在制取各种无机酸的设备中，钽可用来替代不锈钢。钽是提炼超强钢、耐蚀钢、耐热钢合金的重要元素，可以提供发展火箭、宇宙飞船、喷气飞机等空间技术必需的特殊材料。钽合金广泛适用于电气、机械工业。

铍用来制造飞机上用的合金、伦琴射线管、铍铝合金、铍铜合金等，也可用作原子反应堆中的减速剂和反射剂。高纯度的铍是快速中子的重要来源，用于核反应堆的热交换器、中子减速剂。铍铜合金用于航空发动机的关键部件、精密仪器等。铍已成为引人注目的飞机和导弹结构材料。

锂在冶金工业上，充当脱氧剂和脱硫剂。在冶金工业中，锂能提高铜的质量、除去合金的杂质。用锂或锂的化合物制成固体燃料，用作火箭、导弹、宇宙飞船的推动力。在玻璃制造中加入金属锂，使玻璃“永不溶解”，并可以抗酸腐蚀。锂电池作为新型电池被广泛应用于当今社会。

锶用于制造合金、光电管以及分析化学、烟火等。锶有很强的吸收X射线辐射功能和独特的物理化学性能，被广泛应用于电子、化工、冶金、军工、轻工、医药和光学等各个领域。

铷、钾、钠、铯的合金用以除去高真空系统的残余气体。碘化铷银是良好的离子导体，用作固体电池电解质。铷的共振频率为6835 MHz，可用作时间标准。铷原子钟的特点是体积小，重量轻，需要的功率小。氧化铷可用来生产光敏玻璃和光色玻璃。硝酸铷可用作化学钢化玻璃的熔剂。

锆用于优质钢脱氧去硫的添加剂，也是装甲钢、大炮用钢、不锈钢及耐热钢的组成元素。锆镁合金能提高镁合金的抗拉强度和加工性能。二氧化锆是新型陶瓷的主要材料。锆英石在陶瓷和玻璃中可作遮光剂使用。此外，锆在电子工业、国防工业、原子能工业、航空航天工业方面，也有广泛用途。

（二）主要矿物

稀有金属的主要矿物见表6-23。

表 6-23 稀有金属主要矿物

矿种	主要矿物
铌钽	铌铁矿、钽铁矿、铋铁矿、褐钇铌矿、（铌）易解石、铌铁金红石、烧绿石、锰钽矿、重钽铁矿、黄钇钽矿、细晶石
铍	绿柱石、硅铍石、金绿宝石、日光榴石
锂	锂辉石、锂云母、锂磷铝石、透锂长石、铁锂云母
锆	锆石、铪锆石、异性石、斜锆石
锶	天青石、菱锶矿
铷	无独立矿物。分散在（铁）锂云母、艳榴石、盐矿层中

二、资源概况

据《云南省区域矿产总结》（云南省地质矿产局，1993），云南省发现的稀有金属矿床（点）51处。截至2015年，列入云南省矿产资源储量简表的稀有金属矿床（点）26处（表6-24）。其中大型矿床2处，中型2处，小型22处，以伴生矿产为主。云南省主要稀有金属矿产地见表6-25。

表 6-24 云南省稀有金属矿矿床（点）与勘查程度

矿种	规模				勘查程度			
	大型	中型	小型	合计	普查	详查	勘探	合计
铍（氧化铍）/处			7	7	5	5	5	7
铍矿（绿柱石）/处			2	2	2			
铌钽（氧化铌钽）/处			1	1			1	1
铌（氧化铌）/处			3	3	1	2		3
铌矿（褐钇铌铁矿）/处			1	1	1			1
钽（氧化钽）/处			2	2	2			2
锆/处			6	6	2	2	2	6
锶/处	2	2		4	2	2	2	6
总计/处	2	2	22	26	15	11	10	26

截至2015年，云南省查明的稀有金属矿区数量与资源储量如下。

查明铌矿区3处，累计查明氧化铌资源储量5456 t，另外查明褐钇铌铁矿床1处，查明褐钇铌矿资源储量1330 t；氧化铌钽矿1处，查明$(Nb+Ta)_2O_5$资源储量835 t。氧化铌矿为热液型稀有金属矿床，与锡矿伴生，分布于个旧市马拉格。铌砂矿为风化壳型矿床，分布于牟定县姚兴村，为独立矿床。此外，尚有禄劝县及腾冲市的分布铌矿。云南省的铌资源均未开发利用。

查明小型氧化铍矿区7处，累计查明氧化铍11612 t。其中：单独铍矿4处，锡矿伴生铍矿2处，共生矿1处。这些铍矿床分布于香格里拉、龙陵、个旧、马关、麻栗坡5个县（市）。龙陵县黄莲沟铍矿规模最大，氧化铍保有资源储量占全省的66%。在7处铍矿床中，3处共伴生铍矿已经进行开发，占总资源储量的17%。此外，查明铍矿（绿柱石）矿区2处，累计查明绿柱石29900 t。

查明锶（天青石）矿区4处，单独锶矿1处，为中型规模矿床，其余为与铅、锌矿共伴生矿床，均达大型矿床规模。累计查明资源储量240 t。锶矿集中分布于兰坪县金顶铅锌矿床中，与铅锌矿伴生或呈锶矿体赋存于铅锌矿体之下。

表 6-25　云南省稀有金属矿主要矿产地

编号	主要矿种	州（市）	矿床（点）名称	规模	矿床类型	成矿时代	工作程度
1	铌	昆明市	禄劝县笔架山铌矿	小型	沉积改造型	中元古代	勘探
2	钽	保山市	腾冲市黄土坡钽矿	矿点	蚀变花岗岩型		预查
3		红河州	金平县勐平铌钽矿	矿点	风化残坡积型	第四纪	预查
4	铍	保山市	龙陵县回欢铍矿	矿点	伟晶岩型	不明	普查
5			龙陵县黄连沟铍矿	小型	伟晶岩型	不明	预查
6		怒江州	贡山县普拉底铍矿	矿点	伟晶岩型	燕山晚期	普查
7		红河州	个旧市牛屎坡铍矿	矿点	蚀变花岗岩型	燕山晚期	勘探
8			个旧市马格拉铍矿	矿点	蚀变花岗岩型	燕山晚期	普查
9			个旧市老厂铍矿	小型	伟晶岩型	燕山晚期	勘探
10		文山州	麻栗坡县瓦渣铍矿	矿点	伟晶岩型	不明	详查
11			马关县炭窑铍矿	矿点	蚀变花岗岩型	不明	普查
12	锂	保山市	腾冲市宝华山锂矿	矿点	伟晶岩型		普查
13	锶	怒江州	兰坪县金顶锶矿	大型	沉积型	古新世	勘探
14	铷	临沧市	凤庆县邦漂铷矿	矿点	伟晶岩型		预查
15	铷	保山市	腾冲市新歧铷多金属矿	大型	蚀变花岗岩型	喜马拉雅早期	普查

查明小型锆矿 6 处，均为伴生锆英石砂矿。其中：与独居石伴生的锆 4 处，与锡矿和钛砂矿伴生的锆矿各 1 处。累计查明锆英石资源储量 27×10^4 t、氧化锆（ZrO_2）5.0×10^4 t。锆矿集中分布于勐海县、个旧市、隆阳区。矿床类型以第四系滨湖、坡积型锆英石砂矿为主，保有资源储量占总量的 74.0%。次为第四系河流冲积砂矿床，保有资源储量占总量的 25.8%。云南省的锆矿资源均未开发利用。

据 2016 年 5 月国土资源部发布资料统计，截至 2015 年底，云南省铍矿（绿柱石）、钽（钽铁矿）查明保有资源储量居全国第 1 位；铌（褐钇铌矿）居第 3 位；锆英石居第 4 位；锶（天青石）居第 5 位。

三、矿床类型与矿床实例

云南省的稀有金属矿床划分为 4 个大类、10 种成因类型。花岗岩类有关的矿床包含：蚀变花岗岩型、花岗伟晶岩型、接触交代型、热液脉型。碱性岩有关的矿床包含：碱性岩浆型、热液脉型。表生作用有关的矿床具体为风化壳型。沉积或火山沉积改造作用有关的矿床包含：沉积型、火山沉积改造型。

（一）蚀变花岗岩型——腾冲市新歧铷多金属矿床

矿区出露地层主要为古元古界高黎贡山岩群，次为二叠系、下更新统。高黎贡山岩群由片岩、变粒岩、片麻岩组成，岩石强烈混合岩化。二叠系由变质砂岩、板岩组成。下更新统主要为角闪安山岩。

矿区花岗岩为新歧岩体的一部分，形成于喜马拉雅期。岩石类型主要为似斑状二长花岗岩、钾长花岗岩。在二者接触带上，有钠化花岗岩产出。

钠化花岗岩是含锡多种稀有金属矿的含矿母岩，呈北北东向条带状产出，断续延伸 7 km。

含铌钽矿物主要有黑稀金矿，次为铌钽铁矿，锡石、石榴子石、褐铁矿、锆石中也有微量铌钽存在。锂主要呈类质同象存在于含铁云母中，构成铁锂云母、锂云母等独立矿物。铷、铯主要分布于钠化花岗岩的细粒相、不等粒相中，未见独立矿物，可能均以类质同象形式存在。经单矿物分析，钾长石中铷含量较高，云母中铯含量较高，并含铷。

花岗岩风化壳垂直分带现象不明显，厚度一般大于 30 m。钠化花岗岩的风化壳一般均能构成矿体。

矿区划分为大秧田矿段和百花脑-席草坝矿段。有用组分含量见表 6-26。

表 6-26　腾冲市新歧铷多金属矿床有用组分含量（%）

矿段	大秧田		百花脑-席草坝	矿段	大秧田		百花脑-席草坝
	细粒带	不等粒带			细粒带	不等粒带	
五氧化二钽	0.0045	0.0012	0.0020	三氧化二钇	0.0076		0.0165
五氧化二铌	0.0078	0.0077	0.0055	三氧化二钪	0.0023	0.0014	0.0012
二氧化铷	0.1288	0.0930	0.1147	锡	0.0224	0.0045	0.0097
二氧化锂	0.0464	0.0281	0.0258	三氧化钨	0.0009	0.0012	0.0017
二氧化铯	0.0023	0.0017	0.0014				

铷的远景资源量已达大型规模，矿床成因为蚀变花岗岩型。

（二）伟晶岩型——龙陵县黄连沟铍矿床

矿区出露地层为震旦系—寒武系公养河群，主要由板岩、变质砂岩组成。

花岗岩分属勐冒、黄连沟岩体，岩石类型以（角闪）黑云斑状花岗岩为主，次为等粒花岗岩、闪长斑岩。岩浆活动时期属燕山晚期。含铍伟晶岩聚集于花岗岩体顶部和内接触带。矿区共有伟晶岩 2390 条。

据矿物成分，伟晶岩划分为微斜长石-白云母伟晶岩、钠长石-微斜长石-白云母伟晶岩、钠长石-白云母伟晶岩、钠长石-铁锂云母伟晶岩、细粒长英岩。钠长石-白云母伟晶岩分布最广，是矿区的主要含矿脉体。

伟晶岩中稀有金属矿物主要为绿柱石，次为铌钽铁矿、铌钇矿、独居石、铀云母。结晶分异阶段和白云母-石英交代阶段，绿柱石颜色较深、粒度较大（0.5~3 cm），不规则状产于粗晶伟晶岩中。钠长石化阶段的绿柱石颜色较浅、粒度较小（一般<3 cm），呈浸染状分布，是矿区最有工业意义的矿体。云英岩化阶段的绿柱石大部分为细粒无色透明的单晶或小晶簇，呈不规则网脉状分布。

矿石品位一般为：五氧化二钽 0.002%~0.004%、五氧化二铌 0.01%~0.015%。云南省地矿局实验室浮选试验，精矿回收率 50.04%。龙陵县绿柱石厂采用分粒组浮选，精矿产率 7 kg/t，氧化铍精矿品位 5.9%，选矿回收率 74.08%。

对 238 条伟晶岩脉进行评价，铍矿达中型规模。矿床成因为伟晶岩型。

（三）热液脉型——香格里拉市麻花坪铍（钨）矿床

出露地层为下泥盆统，主要由石英片岩、石英岩、长石石英岩组成，夹少量云母片岩。中—上泥盆统为大理岩、白云质大理岩。大理岩底部发育一组劈理，与层间破碎带组成“梳状”构造，为矿区的控矿构造。沿裂隙产出的石英脉富含铍、钨，是主要含矿母岩。

矿体呈楔状、似层状产出。含矿石英脉划分为 2 种类型。含钨石英脉型的矿石矿物为白钨矿、绿柱石。绿柱石呈白、灰、浅绿色，柱状、放射状、粒状集合体或块状，分布不均，含量 5%~15%。白云母-萤石型的矿石矿物为绿柱石，共生矿物主要为方解石、白钨矿，次为褐铁矿、黑钨矿、方铅矿。绿柱石呈致密块状，部分为柱状、放射状集合体。较大晶体为 5 cm×0.5 cm。

矿石品位较为稳定，二氧化铍一般为 0.09%~2.48%，平均 0.77%，是云南省品位最高的铍矿床。

矿区二氧化铍已达大型规模，矿床成因属气成高温热液矿床。

（四）风化壳残积型——牟定县姚新村褐钇铌矿点

矿区为一北东向分布的褐钇铌矿重砂异常，圈定了2个矿体。1号矿体面积275800 km^2，平均厚度6.22 m，平均品位56.17 g/t。2号矿体面积662000 km^2，平均厚度4.23 m，平均品位71.19 g/t。

矿体位于古元古界普登岩群的二长均质混合岩、条痕状二长均质混合岩的风化壳中。褐钇铌矿为混合岩的副矿物，呈棕、棕褐色，风化后为红棕、深棕色，大小为0.15~0.5 mm。经单矿物分析：氧化稀土总量26.2%~31.8%、五氧化二铌36.1%~38.6%、五氧化二钽1.65%~2.00%、二氧化钍2.71%~2.80%。

褐钇铌矿明显受岩石类型及其风化程度控制。混合岩化过程中碱质交代强烈，微斜长石化、钠长石化明显的地质，矿化程度较高。达到工业品位的矿体，一般位于半风化层中，全风化层中含量往往偏低。风化壳越厚，矿体品位越高。

矿物组合一般为：褐钇铌矿、锆石、独居石、钛铁矿、磁铁矿。褐钇铌矿含量与钛铁矿呈负相关关系，与锆石呈正相关关系。

（五）与铅锌共生的沉积型锶矿——兰坪县金顶锶矿床

兰坪县金顶锶矿床为一大型天青石矿床。与兰坪金顶铅锌矿床共生，铅锌矿特征已在第五章（有色金属）中介绍，现仅对锶矿情况进行简介。

矿区分为2个含矿带。上含矿带位于下白垩统景星组下段，天青石含量较低，一般呈星点状分布于砂屑之间，未构成工业矿体。下含矿带位于古新统云龙组含膏盐陆屑沉积中，局部夹天青石层，是矿区天青石的主要产出层位。

天青石矿体多位于铅锌矿的边缘或下盘，常与石膏层呈互层状产出，大多呈透镜状。含矿岩石为灰质角砾岩、含角砾砂岩，次为细砂岩、含角砾粉砂岩。矿物组合为：天青石、菱锶矿、方铅矿、闪锌矿、黄铁矿、重晶石、方解石及石膏。

天青石多呈白色、浅灰色，以板条状结构为主。早期天青石常与细晶粒状石膏、方解石相伴产出，作为角砾、岩屑的胶结物，构成主要工业矿体。晚期天青石多无岩石裂隙、孔洞充填，呈脉状、条带状、团块状产出，常与方解石、方铅矿、闪锌矿、黄铁矿共生，多数不能构成有工业意义的矿体。

下含矿带共圈定天青石矿体67个。矿体厚度一般5~10 m（最厚29.35 m）。延伸100~200 m。各矿体锶平均品位16.3%~26.4%，一般含钡1%~3%。

第七节　其他分散元素矿产

分散元素指在自然界呈分散状态存在的元素。他们多数分散在其他矿物中，不存在自己的独立矿物。即使有少量独立矿物，在工业上也没有实际意义。分散元素一般指锗（Ge）、镓（Ga）、铟（In）、铊（Tl）、镉（Cd）、硒（Se）、碲（Tc）、铼（Re），在云南省均已发现。锗、铟、铊、镉为云南的优势矿产，锗在本章第三节中已经叙述，现将其余分散元素矿产叙述如后。

一、主要用途与矿物

（一）主要用途

镓被称为“电子工业的粮食”。镓的化合物用作红外光学与红外探测器件、微波通讯与微波集成、集成电路，作发光二极管。镓砷太阳能电池具有最高的转换率。电脑、彩电、音响及医疗设备也需要镓的化合物半导体。镓与铟、铊、锡、铋、锌等组成一系列低熔合金。镓与铜、镍、锡、金等可组成冷焊剂。镓锡铟或镓铟制作的石英温度计，可测温至1500℃。

铟是银白色并略带淡蓝色的金属（照片6-12），质地非常软，可塑性强，有延展性，可压成片。

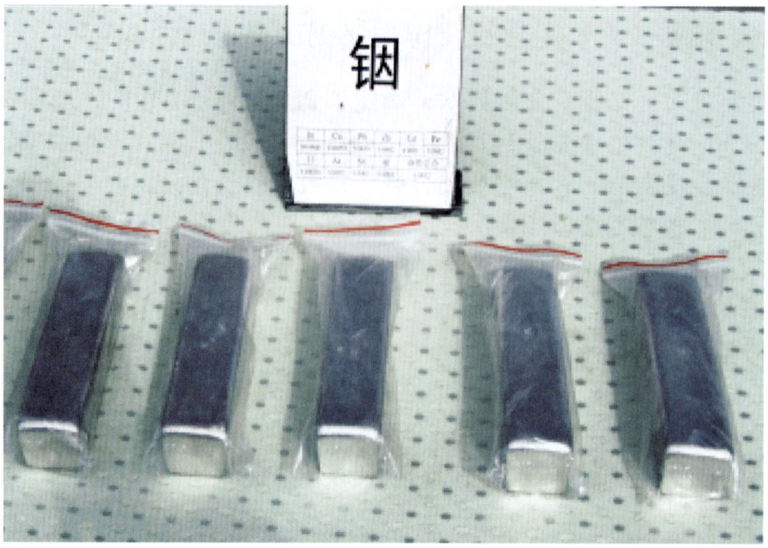

照片 6-12　云南祥云飞龙实业有限公司铅锌矿中综合回收的金属铟产品

（施玉北供稿）

铟的光渗透性和导电性强，主要用于生产液晶显示器和平板屏幕。其次为电子半导体领域，占全球消费量的 12%。焊料和合金领域占 12%。研究行业占 6%。

铊系高温超导体，已经合成出 4 种超导相粉末。铊化合物是现代电子工业中的重要材料。铊的硫化物制作的光敏光电管、红外线光敏电池。卤化铊的晶体可制造各种高精密度的光学棱镜、透镜、特殊光学仪器零件。溴化铊与碘化铊制成的重要的光纤材料。铊合金在焊接、机械、光源、原子工业中也有广泛用途。

镉是蓝白色性质柔软的有毒过渡金属（照片 6-13）。镉的合金可作原子反应堆的控制棒，提高材料的抗拉强度和耐磨性。镉可用作电镀中铁、钢、铜的保护膜，用于充电电池、电视映像管、黄色颜料及作为塑料的安定剂。镉的化合物曾广泛用于制造颜料、塑料稳定剂、荧光粉等，可用于杀虫剂、杀菌剂、颜料、油漆、电池等制造业。

硒是人、动物、植物的重要营养元素，可作为人的营养剂和动物饲料添加剂。硒用于玻璃的着色和脱色颜料，改善碳素钢，不锈钢、铜、玻璃、橡胶的性能与加工工艺，用于制造低压整流器，光电

照片 6-13　云南祥云飞龙实业有限公司铅锌矿中综合回收的金属镉产品

（施玉北供稿）

池，热电材料以及各种复印、复写的光接收器。硒化合物用作有机合成的氧化剂、催化剂、动物饲料微量添加剂、超高压润滑剂。

碲主要用于冶金工业中。钢和铜合金加入少量碲，能改善其切削加工性能、增加硬度。含碲的铅可提高材料的耐蚀性、耐磨性，用作海底电缆的护套。铅中加入碲能增加铅的硬度，用来制作电池极板。碲可用作石油裂解催化剂的添加剂以及制取乙二醇的催化剂。碲化物广泛用于玻璃、温差电材料、制冷材料、半导体材料。超纯度的碲单晶是新型的红外材料。

（二）赋存状态

分散元素赋存的主要矿物见表6-27。

表6-27　分散元素主要矿物

矿种	主要独立矿物	寄存的主要矿物
锗	锗石、硫锗铁铜矿、硫银锗矿、黑硫银锡矿、灰锗矿、硫银锗矿	闪锌矿、硫砷铜矿、煤
镓	灰镓矿（硫镓铜矿）、水镓石	闪锌矿、霞石、白云母、钾辉石、铝土矿、煤
铟	硫铟铜矿、硫铟铁矿、水铟矿、硫铟铜锌矿	铁闪锌矿、赤铁矿、方铅矿
铊	红铊矿、硒铊银铜矿、硫砷铊铅矿、辉铊锑矿	天河石、钾长石、云母
镉	硫镉矿、菱镉矿、方镉矿	闪锌矿、方铅矿、黄铜矿
硒	硒铜矿、硒锇矿、硒铜银矿、红硒矿、硒银矿、硒银锌矿、硒汞矿	黄铜矿、钠铁矿、方铅矿、辉钼矿
碲	碲铅矿、碲铋矿、碲金矿、碲银矿、碲铜矿	黄铁矿、黄铜矿、闪锌矿、金银矿

二、资源概况

截至2015年，列入云南省矿产资源储量简表的分散元素矿床（点）87处（表6-28）。其中大型矿床15处，中型26处，小型46处，几乎全部为伴生矿产。

表6-28　云南省稀有金属矿矿床（点）与勘查程度

矿种	规模					研究程度				资源储量居全国位次
	大型	中型	小型	矿点	合计	普查	详查	勘探	合计	
锗/处	3	5	8		16	4	3	9	16	3
镓/处	1	6	19		26	4	8	14	26	6
铟/处	1	6	9		16	1	5	10	16	1
铊/处	4	1			5		2	3	5	1
镉/处	6（其中特大型2处）	8	6		20	2	7	11	20	1
硒/处			2		2			2	2	
碲/处			2		2			2	2	10
合计/处	15	26	46		87	11	25	51	87	

除锗之外，云南省的分散元素研究程度较低，现据郭远生等（2004）资料及截至2015年底云南省矿产资源储量简表统计数据，分散元素简要特征如下。

（一）镓

累计探明矿区26处。其中，大型矿床1处，中型矿床6处，小型矿床19处。镓矿均为锡、铝土矿、铅锌等的伴生矿产。累计探明金属量 11213 t，保有镓金属量 6624 t。其中：与锡矿石伴生的镓资源储量占查明总量的 64%，与铝土矿伴生的镓资源储量占查明总量的 30%，与铅锌矿石伴生的镓保有资源储量占查明总量的 4.8%。

全省 6 个县（市）有镓矿分布。其中，个旧市新冠锡矿伴生镓查明资源储量占全省总资源储量的 42%。云南省镓矿随主矿种开采利用的矿区 14 处，占查明镓矿资源储量的 68%。

（二）铟

累计探明矿区 16 处。其中，大型矿床 1 处，中型矿床 6 处，小型矿床 9 处。铟矿均为锡、铜、铅锌等多金属矿的伴生矿产，累计探明铟金属量 8301 t，保有铟金属量居全国第 1 位。与锡矿和锡锌多金属矿伴生的铟资源储量占 97%。

铟矿主要分布于个旧、马关、巧家、香格里拉 4 个县（市）。其中，马关都龙锡锌多金属矿伴生铟查明资源储量最多，截至 2015 年底查明铟 7515 t，是云南省及全国的主要铟产区。

（三）铊

累计探明矿区 5 处。其中，大型矿床 4 处，中型矿床 1 处。探明铊矿均为铅锌多金属矿及砷的伴生矿产。累计探明金属量 15350 t，居全国第 1 位。

铊矿主要分布于兰坪地区。其中，兰坪铅锌矿伴生铊保有资源储量最多，占全省总资源储量的 99%。

（四）镉

累计探明矿区 20 处。其中，超大型矿床 2 处，大型矿床 4 处，中型矿床 8 处，小型矿床 6 处。探明镉矿主要为铅锌矿的伴生矿产，少量为其他多金属矿伴生。累计探明镉金属量 220444 t，居全国第 1 位。

镉矿主要分布于 7 个县（市）。其中，兰坪铅锌矿伴生镉查明资源储量最多，占全省总资源储量的 84%，其次为马关都龙锌锡多金属矿，占全省总资源储量的 8%。

（五）硒与碲

云南省累计探明硒矿、碲矿区各 2 处，均为与镁铁、超镁铁岩相关的含铜镍铂钯矿床的小型伴生矿种。累计探明硒金属量 70 t、碲金属量 12 t，分布于元谋县和金平县。

第七章　工业矿物

工业矿物一般是指具有经济价值的非金属矿石和矿物，不包括金属矿产、矿物燃料和宝石。云南已发现工业矿物类矿产有38种，磷、盐类矿物（钾盐、岩盐、芒硝）、硅灰石等矿产较丰富，其次为萤石、石膏、硫、重晶石、石墨。

第一节　磷

磷（P）是重要的生命机体组成元素，为植物生长必不可少的元素之一。磷矿石主要用于制造磷肥。常见的品种有：普过磷酸钙、重过磷酸钙、钙镁磷肥、硝酸磷肥、磷酸铵、沉淀磷酸钙（磷酸二钙）、磷矿粉肥及其他含磷复合肥料。其余用以制造黄磷、赤磷、磷酸、磷化物及其他磷酸盐，广泛用于化工、医药、食品、国防、染料、洗涤剂、火柴、制糖、冶金、纺织、玻璃、陶瓷、农药、饲料、水处理等。

云南的磷矿属于磷块岩型，灰黑色，隐晶微晶结构，角砾状构造。主要矿物成分为磷灰石、方解石。磷酸盐矿物主要是磷灰石的变种，常见的有羟基磷灰石、碳磷灰石、氟磷灰石、氯磷灰石。

中国磷的消费结构以磷肥（71%）为主，磷化物（16%）次之，少量黄磷（7%）、磷酸盐（6%）（诺美咨询，2013）。

一、资源概况

磷矿是云南省优势矿种之一。截至2015年底，云南省保有资源储量居全国第2位（国土资源部矿产资源储量司，2016），磷矿资源在质和量上均居全国前列。磷矿资源主要分布于昆明市、玉溪市、曲靖市、昭通市及红河州（图7-1）。

云南省成磷区划分为安宁-华宁-曲靖成磷区、巧家-会泽-武定成磷区、绥江-永善-昭通成磷区、镇雄-威信成磷区、广南成磷区、禄劝-晋宁成磷区及丘北成磷区。累计矿床（点）130个。按资源储量规模划分：大型矿床63个，中型矿床41个，小型矿床20个，矿点6个。累计查明333类以上资源储量 595692×10^4 t。

从成矿时代和成因类型看，云南省的磷矿划分为早寒武世沉积型磷矿（表7-1）、中泥盆世沉积型磷矿、新生代淋滤残积型磷矿（表7-2）。

中泥盆世沉积型磷矿仅见广南县布达磷矿，资源储量为 114×10^4 t，属小型矿床。

二、矿床类型与矿床实例

云南省发现并进行勘查、开发利用的主要是下寒武统海相沉积型层状磷块岩矿床（早寒武世磷块岩矿床），占全省查明磷矿资源总量的99.29%，次要的有中泥盆统海相沉积型透镜状硅泥质磷块岩矿床（中泥盆世磷块岩矿床）、新生代淋滤残积型似层状、透镜状磷矿床（新生代淋滤残积型磷矿床）。

1939年初，程裕淇先生首先发现了昆阳磷矿，其后，王曰伦、王竹泉、何春荪、霍世成、王鸿祯、赵景德等又相继发现了一些磷矿产地（《中国矿床发现史·云南卷》编委会，1996）。详细的地质勘查开展于新中国成立后，1955年，西南地质局五二七队对昆阳磷矿进行了勘探，对外围的海口、白塔村、草铺等磷矿也做了普查。1980~1986年，对全省磷矿资源进行了第一轮远景调查，初步查

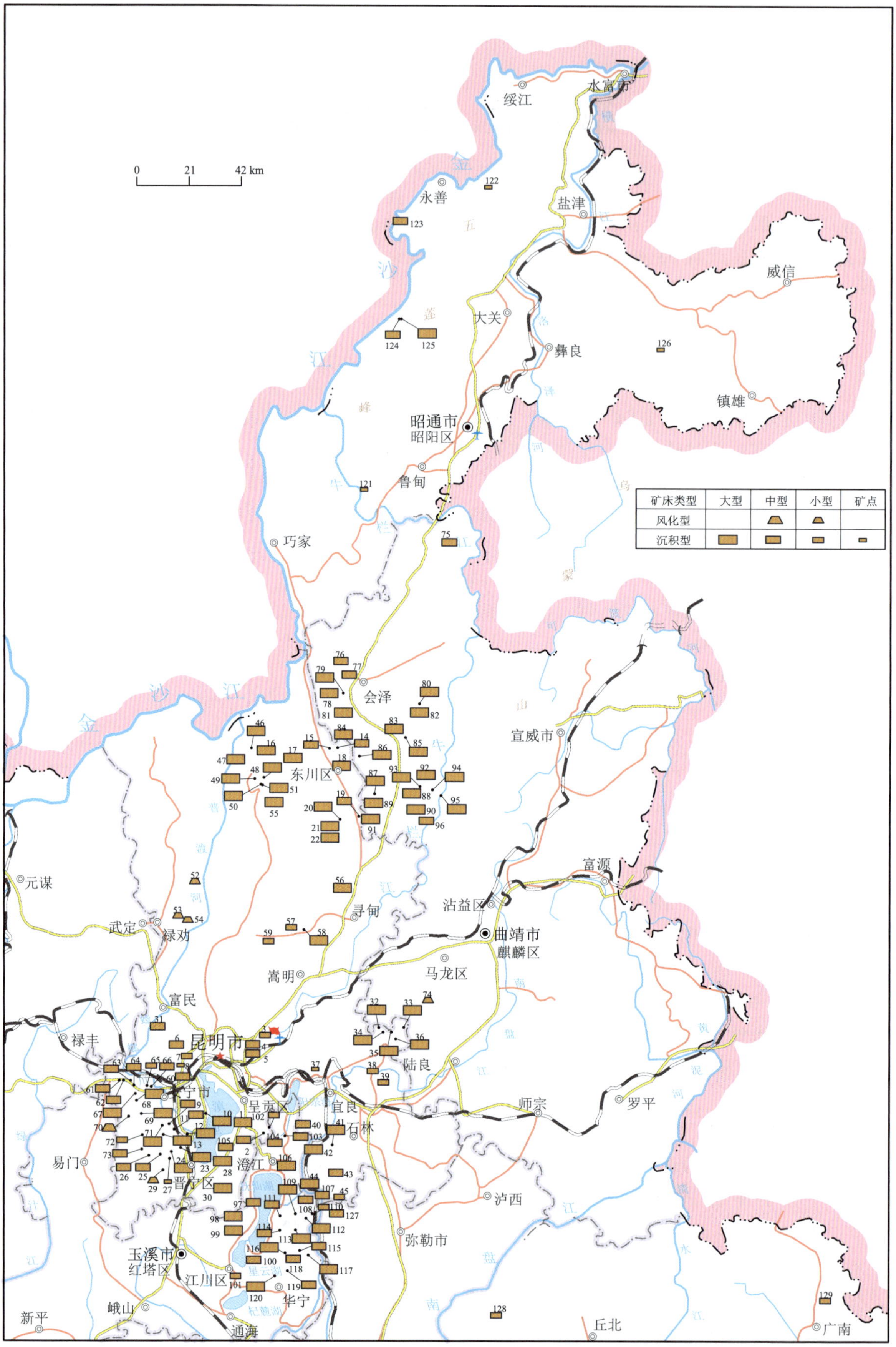

图 7-1　云南省磷矿主要矿产地分布图

表 7-1　云南省早寒武世沉积型磷矿主要矿产地

编号	州（市）	矿产地名称	规模	工作程度	资源储量 10^3 t	开发利用情况
1	昆明市	呈贡区大渔村磷矿	大型	预查	38039.00	未开发
2		呈贡区杨柳村磷矿	中型	普查	12489.91	未开发
3		盘龙区大平地磷矿	小型	普查		未开发
4		盘龙区东大龙潭磷矿	中型	普查		未开发
5		盘龙区金马村磷矿	中型	普查	9833.00	未开发
6		西山区双山磷矿	中型	普查	22860.00	已开发
7		西山区茨沟磷矿	小型	普查		未开发
8		西山区利和山磷矿	矿点	预查		未开发
9		西山区观音山磷矿	中型	普查	18610.00	停采
10		西山区云龙寺磷矿	大型	勘探	260937.69	未开发
11		西山区白塔村磷矿	中型	勘探	34908.86	已开发
12		西山区尖山磷矿	大型	勘探	195572.50	已开发
13		西山区海口磷矿	大型	勘探	153319.10	已开发
14		东川区大凹子磷矿	中型	详查	29311.83	已开发
15		东川区小水井磷矿	中型	普查		未开发
16		东川区九龙村磷矿	大型	普查	251216.40	未开发
17		东川区滥泥坪磷矿	大型	详查	121377.50	未开发
18		东川区八脚地磷矿	大型	预查		未开发
19		东川区大田坝-新村子磷矿	中型	详查	32015.18	未开发
20		东川区白龙潭磷矿	大型	普查	92079.10	已开发
21		东川区黑山磷矿	大型	普查		未开发
22		东川区老厂箐磷矿	大型	普查		未开发
23		晋宁县昆阳磷矿	大型	勘探	128864.30	已开发
24		晋宁县昆阳磷矿二矿	大型	勘探	125385.39	已开发
25		晋宁县肖家营-大石岩山磷矿	中型	勘探	37435.41	未开发
26		晋宁县干海子磷矿	中型	勘探	27408.68	已开发
27		晋宁县甸头磷矿	矿点	预查		未开发
28		晋宁县上蒜磷矿	大型	勘探	79641.20	已开发
30		晋宁县晋宁磷矿	大型	勘探	237372.30	已开发
31		富民县新民村磷矿	中型	普查		未开发
32		宜良县石板河磷矿	大型	勘探	27275.88	未开发
33		宜良县甸尾磷矿	大型	普查	88331.90	未开发
34		宜良县法古店磷矿	大型	详查	47186.29	未开发
35		宜良县九乡磷矿	大型	普查	112496.10	未开发
36		宜良县月照磷矿	大型	详查	53809.61	未开发
37		宜良县象鼻岭磷矿	矿点	预查		未开发
38		宜良县小长跨磷矿	小型	普查		未开发
39		宜良县打磨箐磷矿	小型	普查		未开发
40		宜良县梁家庄磷矿	中型	普查		未开发
41		宜良县百莲寺磷矿	大型	普查		未开发

续表

编号	州（市）	矿产地名称	规模	工作程度	资源储量 10^3 t	开发利用情况
42	昆明市	宜良县红石岩磷矿	大型	普查		已开发
43		宜良县碧色村磷矿	中型	普查	3951.76	未开发
44		宜良县锡梁场磷矿	大型	普查		已开发
45		石林县水尾磷矿	小型	普查	2831.16	已开发
46		禄劝县小场院磷矿	大型	普查	140720.70	未开发
47		禄劝县雪山磷矿	大型	普查	352202.70	未开发
48		禄劝县多挪磷矿	大型	普查	123263.00	未开发
49		禄劝县恩祖磷矿	大型	普查	117088.60	未开发
50		禄劝县中槽子磷矿	大型	普查		未开发
51		禄劝县莫子山磷矿	大型	普查	51568.10	未开发
55		寻甸县大湾磷矿	大型	详查	47255.76	未开发
56		寻甸县摆宰磷矿	大型	普查	17117.70	已开发
57		寻甸县大转湾磷矿	小型	普查		未开发
58		寻甸县先锋磷矿	大型	详查	45935.60	已开发
59		寻甸县磨腮磷矿	小型	普查	2145.90	已开发
60		安宁市三节桥磷矿	中型	普查		未开发
61		安宁市庙山磷矿	中型	勘探		未开发
62		安宁市龙树磷矿	中型	详查	15197.00	已开发
63		安宁市松坪磷矿	中型	勘探	15794.50	已开发
64		安宁市小石桥磷矿	中型	普查		未开发
65		安宁市滴水箐磷矿	小型	普查	840.20	未开发
66		安宁市龙山磷矿	中型	勘探	14956.90	停采
67		安宁市柳树磷矿	大型	勘探	68610.20	已开发
68		安宁市梨子园磷矿	大型	普查	19781.40	已开发
69		安宁市安宁磷矿	大型	勘探	340659.00	已开发
71		安宁市鸣矣河磷矿	大型	详查	80782.40	已开发
72		安宁市羊山磷矿	小型	详查	3998.82	未开发
73		安宁市白泥田磷矿	中型	详查	13823.49	已开发
75	曲靖市	会泽县马路磷矿	中型	勘探	12683.71	已开发
76		会泽县岩洞磷矿	中型	普查		未开发
77		会泽县砖洞磷矿	中型	普查		未开发
78		会泽县后坪子磷矿	大型	详查	5515.08	未开发
79		会泽县梨树坪磷矿	大型	勘探	34974.45	已开发
80		会泽县雨碌磷矿	大型	详查	82587.80	已开发
81		会泽县大海磷矿	大型	勘探	273443.00	已开发
82		会泽县苏泥卡磷矿	大型	普查	48708.00	未开发
83		会泽县小铺子磷矿	大型	普查	62092.00	未开发
84		会泽县观音岩磷矿	大型	普查		未开发
85		会泽县银厂-待补磷矿	大型	普查	93236.00	未开发
86		会泽县金牛厂磷矿	大型	详查	309713.20	未开发

续表

编号	州（市）	矿产地名称	规模	工作程度	资源储量 10^3 t	开发利用情况
87	曲靖市	会泽县马鞍山磷矿	大型	普查		未开发
88		会泽县岔河磷矿	大型	普查	126991.20	未开发
89		会泽县驾车磷矿	大型	普查		未开发
90		会泽县田坝磷矿	大型	普查	75031.40	未开发
91		会泽县酒房磷矿	大型	普查		未开发
92		沾益县法科磷矿	大型	普查		未开发
93		沾益县小米戛磷矿	大型	普查	90138.20	未开发
94		沾益县二道石坎磷矿	大型	普查	50801.80	未开发
95		沾益县德泽磷矿	大型	详查	75039.00	已开发
96		沾益县多着磷矿	中型	普查		未开发
97	玉溪市	江川区立昌磷矿	中型	普查	21902.40	未开发
98		江川区清水沟磷矿	大型	勘探	122345.20	已开发
99		江川区云岩寺磷矿	大型	普查	55431.10	已开发
100		江川区杨柳坝磷矿	中型	勘探	8161.80	已开发
101		江川区小白坡磷矿	小型	普查		未开发
102		澄江县饮马池磷矿	小型	普查	2347.19	未开发
103		澄江县大山寺磷矿	中型	详查	22993.36	未开发
104		澄江县梁王冲磷矿	中型	详查	6501.95	未开发
105		澄江县王高庄磷矿	中型	普查	7183.24	已开发
106		澄江县渔户村磷矿	大型	勘探	293806.80	已开发
107		华宁县禄丰村磷矿	中型	普查		未开发
108		华宁县大革勒磷矿	中型	详查	9677.75	未开发
109		华宁县打水箐磷矿	大型	详查	8889.26	未开发
110		华宁县酒腊磷矿	小型	详查	2101.32	未开发
111		华宁县马吃水磷矿	中型	普查		未开发
112		华宁县斗泥磷矿	大型	普查		未开发
113		华宁县黄翠山磷矿	大型	详查	146837.50	未开发
114		华宁县福禄德磷矿	中型	详查	13708.21	已开发
115		华宁县郭家沟磷矿	中型	普查	5234.72	未开发
116		华宁县斗居磷矿	大型	普查	181932.90	未开发
117		华宁县通红甸磷矿	大型	详查	53184.00	未开发
118		华宁县小黄草岭磷矿	中型	详查	17244.80	已开发
119		华宁县核桃冲磷矿	中型	普查		未开发
120		华宁县老纳冲磷矿	大型	普查		未开发
121	昭通市	鲁甸县西沙拉磷矿	矿点	预查		未开发
122		永善县团结磷矿	矿点	预查		未开发
123		永善县务基磷矿	中型	普查	28954.20	未开发
124		永善县官房磷矿	中型	详查	18550.80	已开发
125		永善县金沙厂磷矿	大型	详查	34261.10	已开发
126		镇雄县羊1井（563.7m以下）磷矿	矿点	预查		未开发
127	红河州	弥勒市西二磷矿	中型	勘探	16550.98	未开发
129	文山州	广南县布达磷矿	小型	详查	1142.68	已开发

表 7-2　云南省新生代淋滤残积型磷矿主要矿产地

编号	州（市）	矿产地名称	规模	工作程度	资源储量/10^3 t	开发利用情况
29	昆明市	晋宁县红山头磷矿	小型	详查	1919.35	未开发
52		禄劝县石丫口磷矿	小型	勘探	1576.21	未开发
53		禄劝县兴发村磷矿	小型	勘探	2366.55	未开发
54		禄劝县下汤郎磷矿	小型	勘探	2537.46	未开发
70		安宁市白泥山磷矿	中型	详查	27870.06	未开发
74	曲靖市	马龙区迤泽磷矿	小型	普查	3390.00	未开发
128	文山州	丘北县舍龙磷矿	小型	详查	1483.82	未开发

明矿层分布、矿石质量和资源量。1980 年以来云南省地矿局第一大队等地质队及云南化工地质勘探队先后勘探了江川县清水沟、晋宁区王家滩、安宁市县街、澄江县渔户村、安宁市草铺等大型磷矿床，确立了云南省磷矿资源在全国的地位。

（一）晋宁区昆阳磷矿

昆阳磷矿位处香条冲背斜南翼东段，岩（矿）层构成一简单单斜构造，局部见小规模的褶皱；靠近背斜轴部断裂构造发育，向南断裂构造逐渐消失。

矿床含矿岩系为下寒武统梅树村组中谊村段，可分为上矿层、夹层及下矿层，下矿层顶部为白云质硅质条带磷块岩，中、下部为粒屑磷块岩或砾状磷块岩，厚度<7.95 m；夹层为凝灰质粘土岩，主要由伊利石、蒙脱石-伊利石混层，以及石英、长石组成，厚度 0.5~4.0 m；上矿层上部为白云质磷块岩，中、下部为粒屑磷块岩，底部为白云质、硅质条带磷块岩，厚度 6~13.35 m。顶板为下寒武统梅树村组大海段，为灰、灰白色含磷砂质白云岩，夹硅质团块，厚度 1~4 m。底板为下寒武统梅树村组小歪头山段，为灰、灰白色中至厚层状石英砂屑粉晶白云岩，夹黑色硅质条带及团块，厚度约 45.7 m。

磷矿体（层）总体呈东西走向、向南缓倾斜的单斜形态（图 7-2），平均倾角 16°；走向长 5.6 km，倾向宽 1.0~2.15 km。上工业矿体厚度 5.00~7.00 m，平均 6.18 m，五氧化二磷平均含量 25.10%；下工业矿体厚度 3.00~4.00 m，平均 3.25 m，五氧化二磷平均含量 28.37%。矿石矿物主要为胶磷矿，次为微-细晶磷灰石，脉石矿物主要为白云石及少量陆源碎屑。矿石自然类型有白云质磷块岩、条带（纹）状磷块岩、粒屑磷块岩、含硅质条带磷块岩、砾状磷块岩和生物碎屑磷块岩。

矿区位处华宁陆表海，属昆明-华宁聚磷盆地西侧，为潮间-潮下含泥岩、磷块岩浅滩相沉积环境。下寒武统碳酸盐岩-硅质岩-粘土岩-磷块岩组合是直接找矿标志。

（二）会泽县梨树坪磷矿

属下寒武统磷块岩矿床，含矿岩系为下寒武统梅树村组中谊村段，可分为上矿层（主矿层）、夹层及下矿层。下矿层为灰、灰黑色薄-中层砂屑状、致密块状磷块岩，局部夹含磷白云岩条带，厚度 0.2~4.6 m；夹层为灰黑色、黑色薄—中层状含磷白云岩，局部夹薄层泥岩，厚度 8~48 m；上矿层上部为灰至深灰色中—厚层状砂屑磷块岩，局部夹薄层含磷泥岩，中部为蓝灰、灰黑色致密块状磷块岩，下部为灰-深灰色条带状磷块岩，夹薄层条纹状磷块岩，厚度 1.6~24 m。顶板为下寒武统梅树村组大海段，上部为灰黑色瘤状、饼状、链状白云质灰岩夹黑色粉砂质页岩，下部为浅灰—灰色中至厚层状粉晶白云岩，富含大量软舌螺化石，厚度 8~64 m。底板为下寒武统梅树村组小歪头山段，黑色薄至中层状含粉砂质粉晶白云岩夹薄层硅质岩，间夹透镜状、蝌蚪状玉髓，厚度 12~122 m。

矿区位于五星背斜东翼中部，岩（矿）层为向东倾斜和延深的单斜构造，部分地段岩（矿）层形成小规模褶曲，较大的断裂为矿区北部的热水塘断层，形成该矿区北部的天然边界，另有一系列走

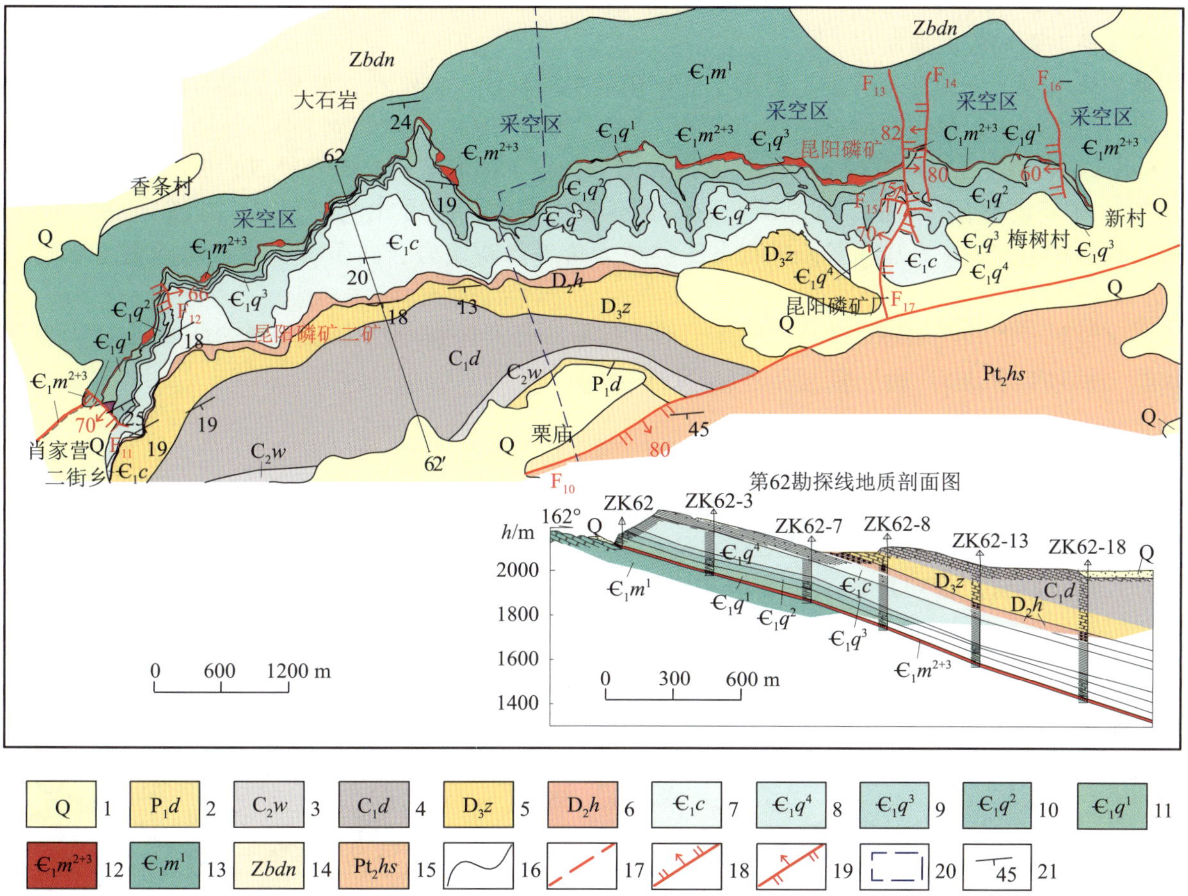

图 7-2　晋宁昆阳磷矿、昆阳磷矿二矿地质简图

（据中化地质矿山总局云南地质勘查院资料修编）

1—第四系；2—下二叠统倒石头组；3—碳系威宁组；4—下石炭统大塘组；5—上泥盆统宰格组；6—中泥盆统海口组；7—下寒武统沧浪铺组；8—下寒武统筇竹寺组四段；9—下寒武统筇竹寺组三段；10—下寒武统筇竹寺组二段；11—下寒武统筇竹寺组一段；12—下寒武统梅树村组第三、二段（大海段、中谊村段）；13—下寒武统梅树村组第一段（小歪头山段）；14—上震旦统灯影组；15—昆阳群；16—地质界线；17—推测断层；18—实测正断层；19—实测逆断层；20—勘查范围；21—岩（矿）层产状

向南东的正、逆断层。

磷矿体（层）总体为一走向南北、向东倾斜的单斜形态，倾角 21°～52°，一般 42°；分为 4 个矿段，走向总长 5.28 km，倾向延深约 300 m。上工业矿体（主矿体）厚度 0.78～19.44 m，平均 11.79 m，五氧化二磷平均含量 24.51%；下工业矿体厚度 0.23～2.57 m，平均 1.32 m，五氧化二磷平均含量 22.41%。主要矿石矿物为胶磷矿，脉石矿物为白云石、硅质、粘土矿物、铁泥质及方解石，另有多门类小壳动物化石、藻屑混生；矿石自然类型有条带状磷块岩、砂屑状磷块岩、致密状白云质磷块岩及致密状鲕状磷块岩。

矿区位处昭通陆棚，属九龙-会泽聚磷盆地东带，为潮下高-低能含粉砂岩、泥岩、磷块岩、白云岩潟湖相沉积环境。下寒武统碳酸盐岩-磷块岩-泥岩-硅质岩组合是直接找矿标志。

（三）广南县布达磷矿

属中泥盆统磷块岩矿床，含矿岩系为中泥盆统榴江组下段，浅灰色薄层状硅质岩夹灰紫色粉砂岩、灰色暗灰色薄层状硅质磷块岩及角砾状磷块岩，厚度 22.16 m。顶板为中泥盆统榴江组中段，薄层状粘土岩间夹硅质岩，厚度 180 m。底板为中泥盆统达莲塘组上段，深灰色薄-中层状细晶灰岩与薄层粘土岩互层，厚度 67.5～83.7 m。

矿区位于扣来背斜之南翼，岩（矿）层均为向南倾斜和延深的单斜构造，没有较大褶曲。矿区内发育 2 条东西向较大逆断层。

磷矿体（层）总体走向东西，呈向南缓倾斜的单斜板状、透镜状，倾角 20°~44°，分为上、下 2 层，露头呈东西走向弯曲状不连续绕山分布，约有 10 个矿体；主矿体最小厚度 1.90 m，最大厚度 14.18 m，一般厚度 5.90~7.67 m，平均厚度 7.01 m；主矿体五氧化二磷含量 20.13%~29.14%，平均 23.57%。矿石矿物有胶磷矿、细晶磷灰石，脉石矿物主要有硅质（包括石英、玉髓）、水云母、菱铁矿、褐铁矿、黄铁矿及碳质等。矿石自然类型为角砾状磷块岩、硅质磷块岩、粉砂粘土质磷块岩（粉砂质磷块岩）。

矿区位处丘北陆缘斜坡，磷块岩矿床形成于碳酸盐开阔台地-礁后潟湖（台沟）环境。中泥盆统硅质岩-粉砂岩-粘土岩-磷块岩组合是直接找矿标志。

（四）禄劝县下汤郎磷矿

属新生代淋滤残积型磷矿，原岩上震旦统灯影组，为浅灰色中层状细-中晶白云岩，厚度 416.93 m。中部新生代风化淋滤残积型（风化壳型）磷矿，为灰白色、灰黄色中层状白云质磷块岩、皮壳状、蜂窝状、网脉状磷矿（照片 7-1），部分呈松散状、土状磷矿。

下汤郎网脉状磷矿(桂清龙摄, 2008)

下汤郎蜂窝状磷矿(桂清龙摄, 2008)

照片 7-1　禄劝县下汤郎磷矿矿石

矿区褶曲构造不发育，岩层、各矿体均呈单斜形态，断裂构造主要有近南北走向和近东西走向，断裂构造均属南北走向的普渡河-滇池断裂体系。

矿区 8 个矿体各自均呈单斜板状、长条状，产状各不相同，倾角一般为 15°~30°，各矿体均为单层型，呈北东走向弯曲状不连续绕山分布；工业矿体平均厚 3.73 m；工业矿体五氧化二磷含量一般 15%~30%，最高 37.93%，最低 16.24%，平均 28.16%。磷酸盐矿物主要为胶磷矿、细晶磷灰石，脉石矿物主要为白云石，其次为少量的玉髓及次生石英、泥质和粘土矿物。矿石自然类型主要有网脉状磷矿、蜂窝状磷矿、皮壳状磷矿、土状磷矿、致密块状白云质磷块岩及条带状白云质磷块岩。

矿区位处华宁陆表海，原岩形成于浅海碳酸盐台地沉积环境，矿体形成于地形较平缓、有利于风化物残留堆积的地段。原岩粘土岩-生物碳酸盐岩-磷块岩，后期碳酸盐岩碎块、磷质粘土及磷块岩风化壳是直接找矿标志。

（五）丘北县舍龙磷矿

属新生代淋滤残积型磷矿，原岩中三叠统个旧组形成于个旧半闭塞台地相古地理环境，沉积镁质碳酸盐岩，局部生物繁衍并伴随有磷酸盐沉积，总厚度 308~2044 m。其顶部含磷岩系厚 14 m，原岩主要为磷质生物灰岩夹磷块岩（胶磷矿），新生代形成风化淋滤残积型（风化壳型）磷矿，为砂土

照片 7-2　丘北县舍龙磷矿含锰磷矿石
（王朝勇摄，2010）

状、块状及角砾状磷块岩（照片 7-2）。

矿区褶曲构造不发育，岩层、各矿体均呈单斜形态，断裂构造主要有北东向、东西向和北西向。

矿区 5 个矿体各自均呈单斜板状、长条状，产状各不相同，倾角一般为 0°～15°，各矿体均为单层型，呈北东走向弯曲状不连续绕山分布；工业矿体平均厚度 1.00～6.67 m；工业矿体五氧化二磷含量 25.85%～32.86%。磷酸盐矿物主要为胶磷矿、氟磷灰石，脉石矿物主要为白云石、玉髓、石英（硅质）、粘土矿物等。矿石自然类型主要有砂土状磷块岩、块状磷块岩及角砾状磷块岩。

矿区位处个旧台地，首先在中三叠世个旧期浅海半闭塞台地相沉积形成磷质生物灰岩夹磷块岩（胶磷矿）条带或透镜体，之后在漫长的地质时期，原岩经风化淋滤后，碳酸盐流失，磷酸盐矿物及生物壳体中磷质残留下来，相对富集，在地形较平缓、有利于风化物残留堆积的地段堆积形成矿体。原岩镁质生物碳酸盐岩-磷块岩，后期碳酸盐岩碎块、砂土状角砾状磷块岩风化壳是直接找矿标志。

三、矿床时空分布规律

（一）早寒武世磷块岩矿床

云南早寒武世含磷岩系广泛分布于上扬子古陆块，丽江-木里断裂及红河断裂之东侧，西从华坪开始就有磷块岩发现。工业磷块岩矿床主要分布于滇中古陆与牛首山古陆之间的昆明坳陷、滇东台陷内。范围北起金沙江，与四川毗邻，南到华宁县、江川市，最南为蒙自市栏木桥，南北长约 450 km，东西宽约 16～100 km，面积约 41800 km^2。层序上，含矿岩系为下寒武统梅树村组中谊村段含磷碳酸盐岩、硅质岩及磷块岩；其下伏地层为梅树村组小歪头山段碎屑岩及硅质岩；上部是梅树村组大海段碎屑岩、碳酸盐岩及硅质条带或结核。

震旦纪—早寒武世初期是全球性的磷质富集时期，在一定的古纬度以及适合于磷沉积的古地理环境内都可以有磷块岩矿床的形成。一般来说，磷块岩矿床多形成于陆块边缘的活动带，较封闭海域的各种浅水台地相区有利于磷质沉积。

云南东部处在自晚震旦世以来形成的上扬子浅水碳酸盐台地之西部，其北面有康定古陆，东有牛首山古陆，南西部有滇中古陆，分别与华南海、滇西海及滇青藏-秦岭海阻隔，组成了既与广海相通，又有较大阻挡的较为闭塞的海湾环境。在此环境中，海底地貌有较大起伏，形成 2 种不同的古地理景观。在台内隆起区可分为靠古陆边缘的潮坪和台内水下隆起潮坪带。台内低凹区也可分为与海槽直接相通的开阔台地及不与海槽连通的闭塞台地两类。在这样错综复杂的古地理景观中，构成了云南东部早寒武世沉积域中众多的沉积相带和复杂的矿石类型。

矿层结构划分为单层型、双层型、多层型及不稳定透镜型 4 个大类，表明磷酸盐聚集的多期性。上磷矿层比下磷矿层的分布面积广，矿化连续性好。显著有 2 个厚集区，一是东川区九龙村—寻甸县大湾一带，二是沾益区二道石坎—德泽一带。矿床主要为钙镁质型磷矿，具风化富集特征，上、下磷矿层五氧化二磷含量沿倾向很快就变低。

原生含磷矿物统称胶磷矿，风化氧化带中的矿石，常见银星石、磷铝石等次生磷矿物。常与含磷矿物共生的一些脉石矿物有碳酸盐类、硅质、粘土矿物、陆源碎屑、黄铁矿、海绿石及有机质、铁泥质等。矿石自然类型以云基、磷基、硅基、灰基、泥基砂屑、粉屑磷块岩为主，有部分含砂、砂质云基、磷基砂屑磷块岩。上述 5 类胶结物的鲕粒、团粒、砾屑结构磷块岩较少，微粒磷块岩偶见。

以往累计矿床（点）122 个，查明资源储量 591463×10^4 t。

（二）中泥盆世磷块岩矿床

中泥盆世含磷岩系分布于上扬子古陆块，泸西被动陆缘，丘北陆缘斜坡，属南岭东西向构造带的西端，文山弧形构造前缘弧顶。呈东西向长带状，分布面积约 4600 km^2。层序上，含矿岩系为中泥盆统榴江组下段粘土岩、硅质岩及磷块岩；其下伏地层为中泥盆统达莲塘组上段灰岩及粘土岩；上部是榴江组中段粘土岩及硅质岩。

在云南，中泥盆世沉积磷块岩矿床虽居十分次要地位，但在一些地方不仅发现了矿化线索，而且在磷矿沉积类型上还有其独特之处。属次深水硅质岩相中的层状、透镜状磷块岩矿床。此类型矿床，尽管单个矿体规模小，但矿体群或含矿带尚有一定规模，特别是向南东进入广西后已发现同类型矿床多处。

矿层结构为双层型，上、下矿层呈层状、似层状、透镜状产出。岩矿组合有灰岩、硅质粘土岩、硅质粉砂岩、硅质岩、铁锰质岩及磷块岩。目前仅发现广南县自东向西组成南东（布江）-北西（团山堡）的向北东凸出的弧形含磷带。磷矿带总长 14 km，宽 200～400 m，最大宽度 800 m。具有工业价值的矿体 39 个。主要为Ⅲ品级矿石，部分地段有Ⅱ品级矿石，Ⅰ品级矿石偶见于个别工程。

矿石矿物有胶磷矿、细晶磷灰石，脉石矿物主要有硅质（包括石英、玉髓）、水云母、菱铁矿、褐铁矿、黄铁矿及碳质等。矿石自然类型划分为角砾状磷块岩、硅质磷块岩及粉砂粘土质磷块岩（粉砂质磷块岩）。

此类型磷块岩矿床，矿床（点）仅 1 个，查明资源储量 114×10^4 t。

（三）新生代淋滤残积型磷矿

1. 上震旦统灯影组风化壳型

分布于上扬子古陆块，康滇基底断隆带，夹持于南北向古构造西昌-易门、普渡河及小江断裂之间。呈南北向分布，北起禄劝县，南至晋宁区、易门县，分布面积约 3700 km^2。层序上，含矿岩系为上震旦统灯影组中段含磷碳酸盐岩、粘土岩及磷块岩的风化壳；原岩下伏地层为灯影组下段碳酸盐岩；上部是灯影组上段碳酸盐岩。

从已发现的矿床（点）来看，主要分布于滇中古陆东侧狭长范围内，另在牛首山古陆西侧亦有零星发现。

从成矿机理分析：晚震旦世灯影中期近古陆一侧碳酸盐台地海水中具丰富的磷质，伴随大量生物体在极浅水环境中沉积下来，形成磷块岩、粘土岩及生物碳酸盐岩互层；后经漫长地质历史时期，在近地表条件下风化淋滤残积，碳酸盐类淋失，磷酸盐类相对富集形成磷矿床（原始沉积和后期淋滤残积双重成矿条件）。

晚震旦世是全球重要的磷酸盐沉积期，但云南发现较少。据岩矿鉴定结果：矿石结构均为磷质泥晶、胶状结构，矿石中除胶磷矿外，含大量白云石及少量粘土（铁泥质），白云石中多为蓝绿藻类成因的藻球粒-团块结构、藻鲕粒-鲕粒结构，反映出与蓝绿藻的生长、活动密切相关。不含反映盐度较高的天青石、石膏等矿物。晚震旦世，这一地区离古陆较近，位处潮上-潮间的高能环境，水动力条件相对较强，适宜大量古生物繁衍，同时具磷质来源的碳酸盐台地相沉积环境。

含磷岩系原岩为上震旦统灯影组中段，为单层透镜状结构，矿体的形成严格受含磷层位及风化条件双重控制，矿床成因比较复杂，白云质磷块岩是原始沉积的磷块岩透镜体或白云岩夹胶磷矿透镜体（条带）风化残积物；皮壳状、蜂窝状、网脉状磷矿、松散状、土状磷矿是生物白云岩强风化后白云质淋失、生物壳中硅质、磷质残留成矿。

矿层内各品级矿体在空间分布及矿层结构上规律性不明显，Ⅰ、Ⅱ、Ⅲ品级矿体在空间上呈交叉状出现。磷块岩均呈单个似层状、透镜状大小不一矿体，其大小差异亦很大。矿石磷酸盐矿物主要为胶磷矿、细晶磷灰石，脉石矿物主要为白云石，其次为少量的玉髓及次生石英、泥质和粘土矿物。矿石自然类型主要有网脉状磷矿、蜂窝状磷矿、皮壳状磷矿、土状磷矿、致密块状白云质磷块岩及条带状白云质磷块岩。该类型磷矿的形成与风化壳深度最为密切，未风化原岩含磷低、生物壳体丰富，一般不能成为工业矿体。

以往累计矿床（点）6 个。查明资源储量 3966×10^4 t。

2. 中三叠统个旧组风化壳型

分布于上扬子古陆块，泸西被动陆缘，形成在滇东南丘北县西部地区，分布面积约 191 km^2。层序上，含矿岩系为中三叠统个旧组顶部磷质生物灰岩夹磷块岩（胶磷矿）风化壳；原岩下伏地层为个旧组上段浅灰色、灰色中厚层状白云岩夹生物碎屑灰岩；上部是中三叠统法郎组下段灰至深灰色薄层状生物碎屑灰岩夹灰质页岩。

从已发现的矿床（点）看，分布于个旧台地东侧局部地带。

从成矿机理分析，在中三叠世，滇东南处陆表海（滇东陆表海）仍接受沉积，其北西为滇中丘陵，南西是无量山山地，东侧面向广海。个旧台地为半闭塞台地相环境，沉积镁质碳酸盐岩，局部生物繁衍并伴随有磷酸盐沉积，之后在漫长的地质时期，原岩经风化淋滤后，碳酸盐流失，磷酸盐矿物及生物壳体中磷质残留下来，相对富集形成磷矿体（原始沉积和后期淋滤残积双重成矿条件）。

该类磷矿体呈单个似层状、透镜状，大小不一，差异很大。各品级矿体在空间分布及矿层结构上规律性不明显，Ⅰ、Ⅱ、Ⅲ品级矿体在空间上呈交叉状出现。矿石磷酸盐矿物主要为胶磷矿、氟磷灰石，脉石矿物主要为白云石、玉髓、石英（硅质）、粘土矿物等。矿石自然类型主要有砂土状磷块岩、块状磷块岩及角砾状磷块岩。

该类型磷矿形成与风化地质作用密切，未风化原岩一般不能成为工业矿体。以往发现矿床 1 个，查明资源储量 148×10^4 t。

四、开发利用

（一）产业链

磷矿主要用于磷肥，也较多地应用于化工行业，所形成的产业链见表 7-3 和图 7-3。

（二）矿山企业概况

截至 2015 年底，云南省共有磷矿企业 77 个，矿山从业人员 8516 人。年产磷矿石量 2744.51×10^4 t（云南统计局，2016）。其中昆明市及玉溪市的开发程度较高，目前以行业整合为契机，实现探明磷矿资源向优势企业集中，50%以上的磷矿资源向云天化等企业集中，形成了以磷化工产业为主的企业集团。

表 7-3　磷矿产业链

磷矿开采	磷矿							
矿石加工	原矿→破碎→擦洗脱泥→湿法或火法加工→磷和磷化合物							
主要产品	磷肥	赤磷	黄磷	冶金工业	磷酸盐	六聚偏磷酸钠	磷酸钙盐	其他
主要用途	过磷酸钙、重过磷酸钙、钙镁磷肥、脱氧磷肥及磷酸铵	火柴和磷化物	农药、燃烧弹、曳光弹、信号弹、发火剂等	炼制磷青铜、含磷生铁、铸铁等	净化锅炉用水，人造丝	水的软化剂和金属防腐剂	动物饲料添加剂	半导体、医药、磷酸二氢铝胶材料、激光发射材料、磷酸盐玻璃激光器

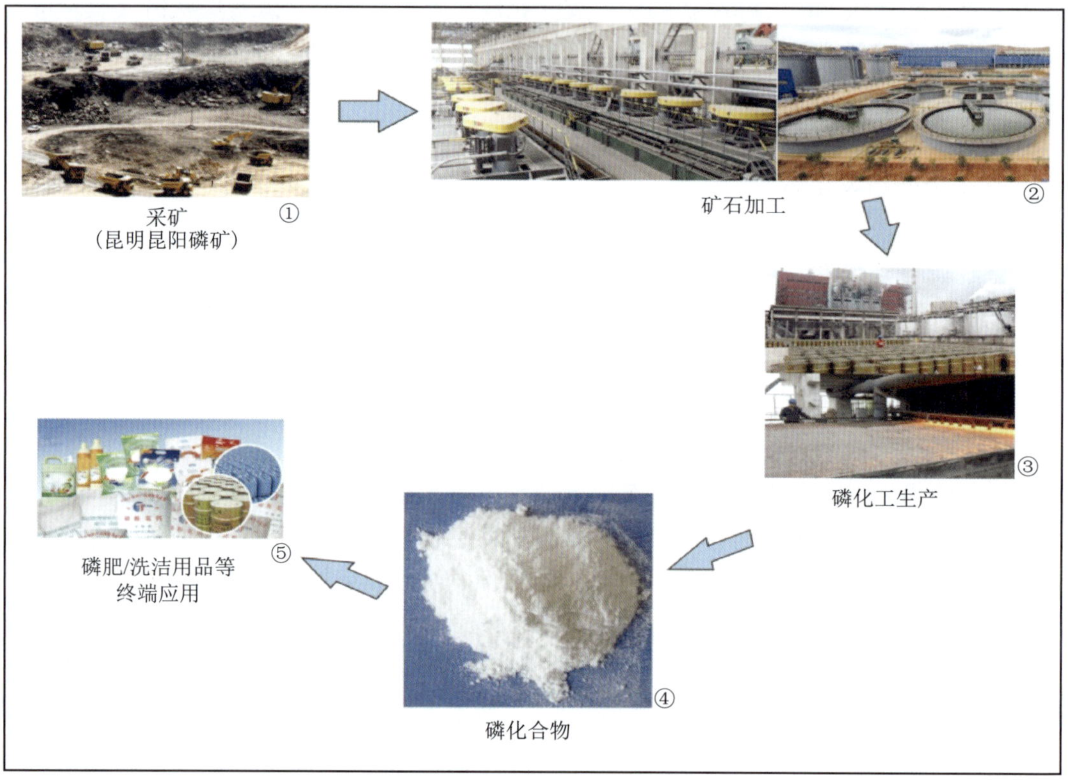

图 7-3　磷矿产业链示意图

（图①~③、⑤引自云天化集团；图④http://www.shny01.cpooo.com/product/4607702.html）

（三）开发利用

云南磷矿开采历史悠久，1965 年筹建昆阳磷矿，1966 年建成投厂（照片 7-3），生产规模 350×10^4 t/年；1966 年始建海口磷矿，初期设计生产规模 40×10^4 t/年，1973 年设计扩大为 150×10^4 t/年；1986 年晋宁磷矿正式建成投产（照片 7-4），生产规模 100×10^4 t/年。

2009 年通过资源整合，云南磷化集团有限公司取得了尖山磷矿采矿权，划分为 4 个矿段开采，累计生产规模 260×10^4 t/年。随着磷化工业的飞速发展，相继投产矿山还有晋宁区上蒜、东川区白龙潭、晋宁区二街、宜良县对歌山及海巴、江川市清水沟、安宁市白登、安宁市柳树、安宁市县街、禄劝县转龙、沾益区热水、沾益区石纳租、澄江县空心坟、澄江县王高庄、华宁县火特等矿山。云南的磷矿床产状平缓，出露良好，表生富集带较宽，以往基本上都是露天开采。

照片 7-3　生产中的昆阳磷矿（照片引自云天化集团）

照片 7-4　晋宁 450×10^4 t 浮选厂（照片引自云天化集团）

云南磷资源主要是磷块岩矿床，主要矿石矿物为胶磷矿（微碳-低碳氟磷灰石），不易选矿加工，多年来通过对Ⅰ品级富矿与Ⅱ品级中矿搭配开采，经擦洗脱泥选矿富集工艺，使五氧化二磷含量提高了1%~2%，成为商品矿。2000年以后，浮选工艺走向成熟，先后在安宁县街、昆明海口及晋宁二街建成浮选厂，通过正反浮选工艺，大大提高了产品五氧化二磷含量，部分Ⅲ品级矿石得以有效利用。

第二节　盐类矿物

云南是一个盐类矿产资源十分丰富的省分，迄今已发现的盐类矿产有钾盐、岩盐、芒硝（钙芒硝）、石膏（硬石膏）及盐泉（天然卤水）。古新统、上侏罗统、上三叠统、中上寒武统、上震旦统是重要含盐层位，主要分布于兰坪-普洱中新生代含盐盆地及滇中的中-新生代含盐盆地。

云南盐类矿产保有资源储量与全国各省、市、自治区相比较，芒硝居第3位，钾盐居第4位，岩盐居第6位（国土资源部矿产资源储量司，2016）。盐类矿产均得到较好的开发利用，是云南省的优势矿产。

一、钾盐

钾盐（KCl）是含钾的可溶性盐类矿物。钾盐基本上都是用于制造钾肥，少量作工业用钾。钾肥是农作物生长不可缺少的肥料，它不但能促进作物根系的发育，植株健壮，果实饱满，而且能增强抗旱、抗寒、抗病虫害能力。氯化钾在工业上可制取100多种钾的化合物，广泛用于玻璃、陶瓷、纺织、染料、制革、肥皂及洗涤剂、合成橡胶、电池、印刷、农药、医药、照相、电视显像管、火柴、烟火、黑色炸药等工业。

含钾盐类矿物是成盐作用的晚期产物，主要矿石类型有钾石盐、光卤石、钾盐镁矾、无水钾镁矾、杂卤石、钾镁矾、软钾镁矾、钾芒硝、钾石膏。

（一）资源概况与开发利用

截至2015年底，云南发现钾盐矿床1个，江城县勐野井钾盐矿（表7-4，图7-4），查明资源储量为1676.04×10^4 t，工作程度为勘探，矿床规模为大型。另外，在兰坪-普洱盆地发现的多数岩盐矿区中普遍见含钾显示。

表7-4 云南省钾盐、石盐及钙芒硝矿主要矿产地

编号	州（市）	矿产地名称	规模	成矿时代	工作程度	资源储量 / 10^3 t	开发利用情况
1	昆明市	富民县者北钙芒硝芒硝盐矿	大型	晚侏罗世	详查	Na_2SO_4 271313.60、NaCl 35.20	已开发
2		禄劝县撒营盘钙芒硝矿	大型	晚侏罗世	普查	Na_2SO_4 169725.90	未开发
3		禄劝县硝井钙芒硝盐矿	中型	晚侏罗世	勘探	Na_2SO_4 70975.70、NaCl 0.06	未开发
4		安宁市安宁盐钙芒硝矿	超大型	晚侏罗世	勘探	NaCl 1397.50、Na_2SO_4 7049929.60	已开发
5	普洱市	宁洱县磨黑盐矿	小型	古新世	勘探	NaCl 6.90	已开发
6		宁洱县石膏阱盐矿	矿点	古新世	预查		未开发
7		景谷县文卡盐矿	大型	古新世	详查	NaCl 155.90	已开发
8		景谷县凤岗盐矿	小型	古新世	勘探	NaCl 1.00	已开发
9		景谷县文晒盐矿	中型	古新世	普查	NaCl 11.00	未开发
10		景谷县益香盐矿	矿点	古新世	预查		未开发
11		镇沅县回短盐矿	矿点	古新世	预查		未开发
12		镇沅县按板盐矿	矿点	古新世	预查		未开发
13		江城县勐野井钾盐矿	大型	古新世	勘探	KCl 16760.40、NaCl 119.80	已开发
14		江城县整董盐矿	大型	古新世	普查	NaCl 107.70	已开发
15	楚雄州	大姚县石羊镇盐矿	中型	古新世	普查	NaCl 59.70	未开发
16		武定县小井钙芒硝矿	中型	古新世	详查	Na_2SO_4 13057.50	停采
17		禄丰县黑井钙芒硝盐矿	大型	古新世	勘探	Na_2SO_4 165917.50、NaCl 7.00	已开发
18		禄丰县一平浪元永井钙芒硝盐矿	中型	古新世	勘探	Na_2SO_4 17282.50、NaCl 6.80	已开发
19		禄丰县阿陋井钙芒硝盐矿	中型	古新世	勘探	Na_2SO_4 25344.60、NaCl 9.40	未开发

续表

编号	州（市）	矿产地名称	规模	成矿时代	工作程度	资源储量 10^3 t	开发利用情况
20	西双版纳州	勐腊县朱石河盐矿	小型	古新世	普查	NaCl 2.00	未开发
21		勐腊县那着盐矿	矿点	古新世	预查		未开发
22		勐腊县小东洋-曼庄盐矿	超大型	古新世	普查	NaCl 860.70	未开发
23		勐腊县磨歇-尚勇含钾盐矿	中型	古新世	普查	NaCl 90.00	已开发
24	大理州	云龙县诺邓含钾盐矿	小型	古新世	普查	NaCl 5.30	未开发
25		洱源县弥沙井盐矿	矿点	古新世	预查		未开发
26		洱源县乔后盐矿	小型	古新世	勘探	NaCl 5.40	已开发
27	怒江州	兰坪县拉鸡井盐矿	小型	古新世	普查	NaCl 1.90	未开发

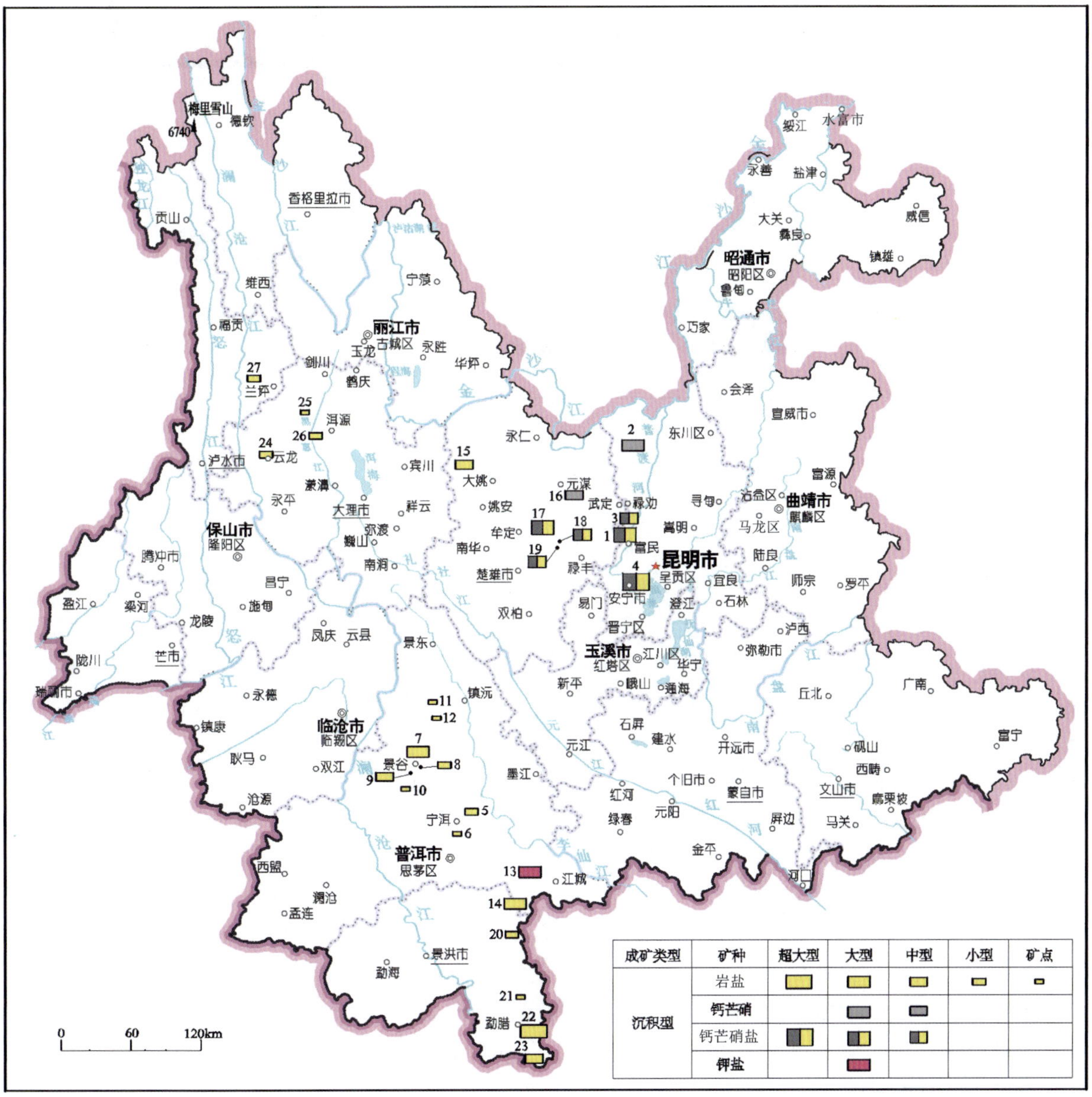

图 7-4 云南省钾盐、岩盐及钙芒硝矿主要矿产地分布图

钾盐资源分布于兰坪-普洱盆地，可划分为兰坪-云龙、镇沅-景谷、江城-勐腊3个成矿区。有资料可查的矿床（点）14个（图7-4，表7-4），其中有5个矿床（点）提交有资源储量，累计查明氯化钾资源储量1482×10^4 t（未含伴生氯化钾）。

江城县勐野井钾盐矿是云南唯一的1个开采中的古代钾盐矿床，采用硐采法开采固体含钾矿石，共生的岩盐目前暂未利用，产品主要提供给云南省化肥生产企业。该区开采盐始于1726年，至今已有290余年历史，现矿山年开采量矿石量超过10×10^4 t，已建成的钾肥选厂年产氯化钾约1.4×10^4 t。

中国的钾盐95%以上用于制造钾肥，下游产业则较为复杂（图7-5）。

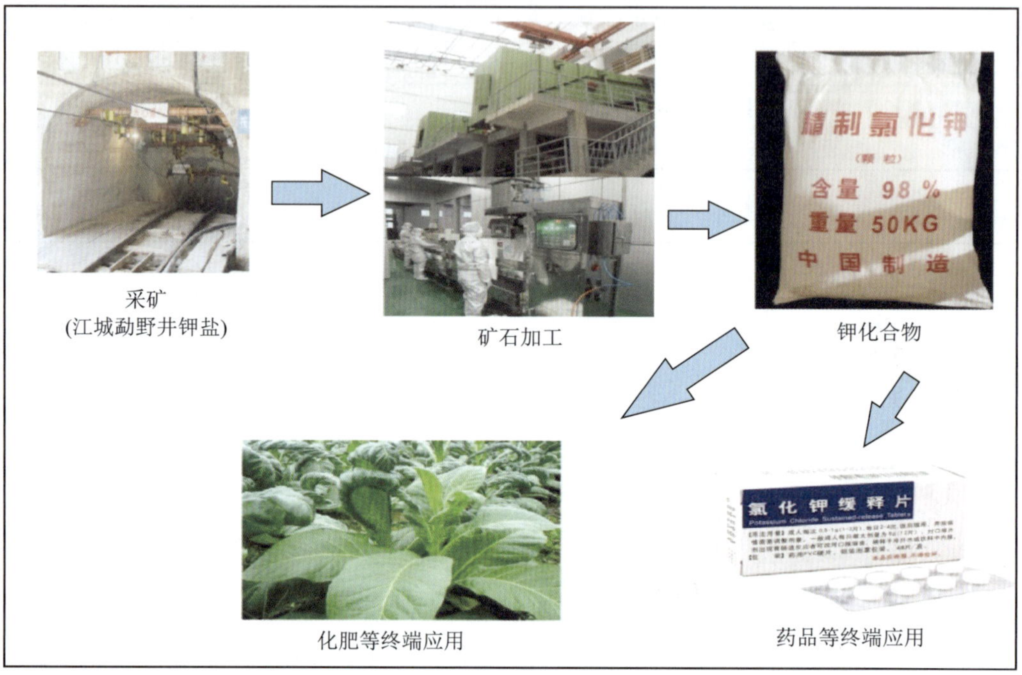

图7-5 钾盐产业链示意图

（云南省地质调查院供稿）

（二）矿床类型与矿床实例

1. 江城县勐野井钾盐矿

勐野井钾盐矿位处兰坪-普洱盆地江城坳陷带，是我国目前发现的古代固体钾盐矿床之一。矿区主要为一北宽南窄构造残留型野狼山向斜，含盐层赋存于古新统勐野井组，地表为棕红色、杂色盐溶泥砾岩夹泥岩、粉砂岩、硬石膏岩，井下为各类石盐岩、钾盐岩，盐上岩组为棕红色钙泥质粉砂岩、泥砾岩，盐下岩组为棕红色钙泥质粉砂岩、灰绿色泥质岩夹泥砾岩及硬石膏。

剖面上钾盐呈多层夹于岩盐中，富集于中部。平面上钾盐面积1.6 km^2，大小矿体26个，矿体呈透镜状，中厚边薄，最厚26.14 m，一般1~3 m。矿体产状与石盐一致，呈小型短轴褶皱状，倾角一般25°~45°，最大65°。矿体含氯化钠62.14%~70.64%，氯化钾4.06%~12.92%（平均9.91%），水不溶物23.35%。矿物以石盐、钾石盐、硬石膏（石膏）为主，其次为钾铁盐、光卤石、天青石及少量的石英、黄铁矿、镜铁矿、方解石、白云石、菱镁矿、硼酸盐矿物、粘土矿物等。矿石类型属陆源碎屑泥砾-化学沉积氯化物型，青灰（白）色钾盐岩、灰绿色泥砾质钾盐岩、杂色含泥砾钾盐岩及棕红色泥砾质钾盐岩；青灰（白）色石盐岩、杂色含泥砾石盐岩、棕红色泥砾质石盐岩及棕红色泥砾石盐岩（照片7-5）。

矿区在古新世极度干旱的古气候条件下，受海泛影响的内陆盐湖蒸发沉积形成勐野井组含盐岩系地层。干旱气候条件下形成的蒸发岩相地层（棕红色细碎屑岩夹泥砾岩或灰绿色泥岩），是寻找盐类

照片 7-5　江城勐野井钾盐矿各种石盐-含钾矿石

（程胜辉供稿）

矿产的重要岩相标志。

2. 勐腊县易武-尚勇钾盐（岩盐）矿

矿区位处兰坪-普洱盆地勐腊含盐带。含盐层赋存于古近系古新统勐野井组，下段棕红色杂色泥砾岩夹钙质泥岩、泥灰岩，地下为各类石盐岩、钾盐岩，厚 263~844 m；上段棕红色泥岩、钙泥质粉砂岩，厚度 45~92 m。

矿区构造以南木窝河背斜纵贯全区，长>18 km。其两翼出现一些规模较小的次级褶皱，轴部出现古新统含盐系，两翼地层倾角一般<40°。本区断裂构造不发育，断裂多位于盐体周边，对盐体保存影响不大。

盐矿体分布于磨歇-磨憨一带，南北长约 14 km，东西宽 2~5 km，面积约 50 km^2。盐层平均厚度 232 m，最厚 626. 24 m。盐层中普遍含钾，钾盐层为小规模的扁豆体，分布于盐层的中上部，厚度 0. 28~2. 40 m，含氯化钾 4. 40%~30. 74%。

矿石主要由自生矿物和泥砾石、岩屑、粉砂、粘土等碎屑物质组成，矿石矿物以石盐为主，伴生少量钾石盐、钾铁盐、硬石膏、石膏、方解石、白云石、菱镁矿、自生石英及镜铁矿等。依据盐类矿物和碎屑物质在矿石中的不同含量可划分为青灰色钾盐岩、杂色含泥砾钾盐岩、杂色或灰绿色泥砾质钾盐岩、青灰（白）色石盐岩、杂色含泥砾石盐岩、棕红色（或杂色）泥砾质石盐岩、棕红色泥砾石盐岩及含盐粉砂（泥）岩等。

二、岩盐

岩盐（NaCl）又名石盐、钠盐，是盐的 3 种产出形式（岩盐、湖盐及天然卤水）之一。盐是国计民生一日不可无的必需矿产品，用盐是人类战胜自然跨入历史文明的第二大象征。盐的用途分为食用盐和工业用盐。食用盐除食物调味外，主要用作食品加工，作酵母加工和葡萄酒稳定剂、畜牧业饲料添加剂等。

工业用盐主要用于合成纯碱，其次用于制取盐酸、氯气、苛性钠和氢元素；在冶金工业上用于铁矿石胶结、冶金熔剂、选矿浮选剂等；此外，盐还用于脱水剂、染料载体、电化学腐蚀剂、刻蚀铝箔、除草剂及冰点转换剂等。

中国盐消费结构以化工用盐（73%）为主，食用盐（16%）、其他用盐（11%）次之（韩国上市网，2014）。

（一）资源概况与开发利用

云南有悠久采盐历史，历来都是我国主要井盐产区。盐卤利用可追溯到公元 109 年，硐采岩盐则始于 18 世纪初。据《汉书·地理志》记载，现在的安宁市当时就设有盐官，说明当时的盐矿开采已经达到一定规模。到南诏时期（公元 738～902 年），据《蛮书》卷记载，有盐井 40 余处，以大姚县白井、楚雄市黑井盐质最佳。享誉中外的"宣威火腿"、"诺邓火腿"就是用云南产盐腌制而成。

云南已发现并具工业价值及开发利用的岩盐矿（含共伴生类）集中分布于兰坪-普洱中新生代含盐盆地及滇中的中-新生代含盐盆地。截至 2015 年，云南累计发现 25 个岩盐矿床（点）（图 7-4，表 7-4），均属沉积型矿床。按规模分为超大型矿床 2 个、大型 3 个、中型 4 个、小型 10 个、矿点 6 个。累计查明 333 类以上 NaCl 资源储量（含共伴生类）288.32×10^8 t。

目前，云南主要有安宁盐矿、一平浪盐矿、乔后盐矿、磨黑盐矿四大产盐基地，利用钻井水溶法开采，年产原盐 100×10^4～120×10^4 t，主要生产"白象牌"系列产品。盐的产业链见图 7-6。

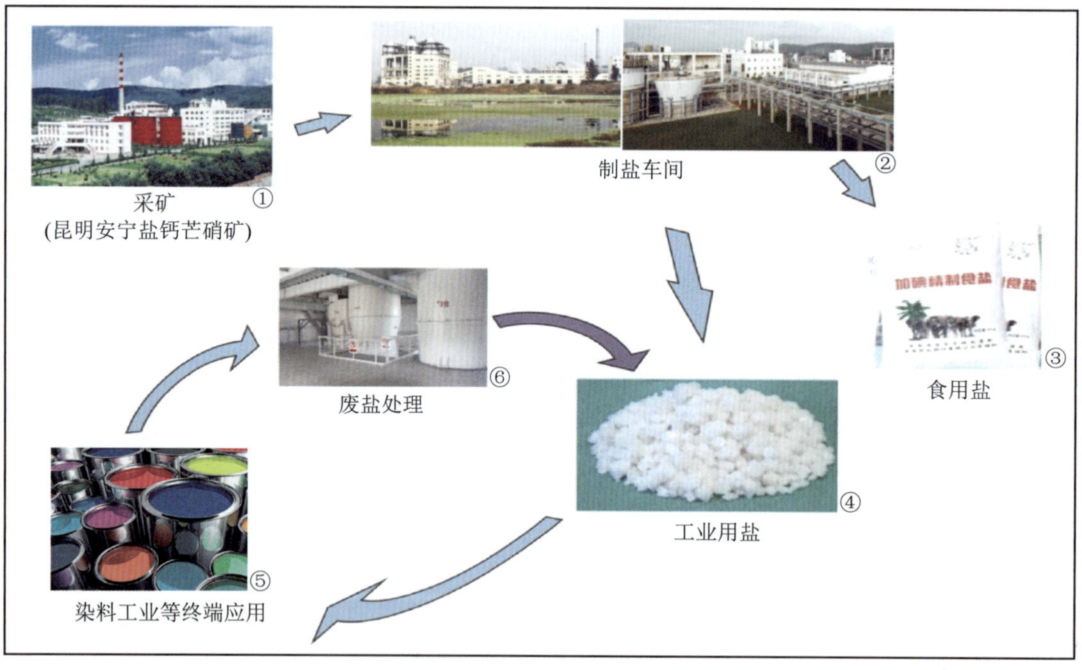

图 7-6 盐产业链示意图

（图①～③引自云天化集团；图④http：//www.99eyao.com/zx/zx13801.html；图⑤http：//www.chemmade.com/news/detail-03-53745.html；图⑥引自东大粉体）

（二）矿床类型与矿床实例

根据成矿作用方式和成矿地质条件，云南石盐矿划分为化学岩型及陆源碎屑-化学岩型 2 种成因类型。化学岩型中主要由碳酸盐岩夹石盐、硬石膏组成；陆源碎屑-化学岩型中，盐上及盐下岩段常由泥质岩、泥质碳酸盐岩与硬石膏组成。

1. 洱源县乔后盐矿

矿区位于洱源县乔后古镇，乔后因盛产食盐而闻名于世，是茶盐古道上的重要集散地。

矿区为一北西向向斜构造，北东翼地层完整，倾角 40°~55°，南西翼多被第四系掩盖。向斜北东翼与老地层接触处发育规模较小的北西向断层，但对盐体保存影响不大。

矿床成因属化学岩型。含盐层赋存于上三叠统中部，分为上石膏层、盐层及下石膏层，上石膏层为灰黑色砾泥岩夹土红色砂岩，含纤维状石膏脉，厚度 31~206 m；盐层由灰黑色石盐岩组成，厚度 80 m；下石膏层以块状石膏为主夹灰黑色砾泥岩，厚度 50~1187 m。顶板为上三叠统上部，灰黑色、紫红色千枚岩、砂岩及白云质灰岩，底部角砾状白云质灰岩，厚度 465 m。底板为上三叠统下部，碳质、泥质白云岩、角砾状白云岩，厚度>100 m。

盐系剖面由下至上呈白云岩—块状石膏岩—石盐岩—含石膏砾泥岩—白云质灰岩层序，组成由淡化—咸化—淡化的沉积旋回，属海相化学岩型石盐矿床。

盐层夹于石膏之间，为一较规则的层状矿体。走向近东西，倾角 30°~50°。已知矿体长 1500 m，宽 850 m，面积约 1.2 km^2。石盐矿体只有 1 层，厚度 4.09~111 m，平均 27.03 m。矿体含石盐 10%~98.96%，一般 50%~70%，平均 50.07%。矿石矿物以石盐为主，其次有石膏、硬石膏、微量白云石、方解石及黄铁矿。矿石类型以灰黑、青灰色石盐岩为主，另有极少量的次生石盐及红色含盐砂岩。

矿区位处兰坪（陆相）坳陷带。晚三叠干旱的古气候条件下以受海泛影响的内陆盐湖古地理环境蒸发沉积形成化学岩型含盐岩系地层。干旱气候条件下形成的蒸发岩相地层（灰黑色、土红色砾泥岩、砂岩、膏盐），是寻找此盐类矿产的重要岩相标志。

2. 宁洱县磨黑盐矿

矿区位于宁洱县磨黑镇，磨黑镇以盐为名，傣语“磨”就是井，“黑”是“格”之变音即盐，意为盐井。磨黑素有“滇南盐都”之称谓。磨黑是著名电影表演艺术家、电影《五朵金花》主演、“阿诗玛”的扮演者杨丽坤的故乡，因此也有“丽人故里”之称谓。

矿区为一北北西向展布的地堑式复式向斜构造，轴部及两翼出露了上白垩统与古新统，组成一系列近南北向的次级波状宽缓褶皱。矿区东、西边界发育一组北北西向正断层，矿区内部则还发育一组北东东向横断层及飞来峰，使下白垩统景星组逆掩在古新统勐野井组之上。

矿床属陆源碎屑-化学岩型。含盐层赋存于古新统勐野井组，上段为棕红色泥岩、钙泥质粉砂岩，厚度 41~160 m。下段地表为棕红色、杂色盐溶泥砾岩夹泥岩、钙泥质粉砂岩，地下为各类石盐岩夹硬石膏、泥岩、粉砂岩，厚度>200 m。

盐体为似层状透镜体，作北北西向延伸，长 2.1 km，宽 0.68 km，面积 1.2 km^2。盐层在向斜构造的中部厚，边部薄，上部盐层厚度 11.32~126.2 m，全区平均 55.12 m，上部盐层在北段为单一构造，向南段出现较厚的夹层将矿体分为 2 层。矿体平均含氯化钠 35%~55%，最高 81%，平均 42.92%。矿石矿物由陆源碎屑和自生矿物组成。自生矿物以石盐为主，其次有硬石膏、石膏及微量钾石盐、白云石、方解石、菱镁矿等，陆源碎屑主要为泥砾，少量为粘土与粉砂。矿石类型主要是杂色泥砾质石盐岩、杂色含泥砾石盐岩、青灰（白、红）色石盐岩、泥砾石盐岩及含盐粉砂（泥）岩等。

矿区位处普洱（海陆交互相）坳陷盆地景谷坳陷带。古新世极度干旱的古气候条件下以受海泛影响的内陆盐湖古地理环境蒸发沉积形成勐野井组含盐岩系地层。干旱气候条件下形成的蒸发岩相地层（棕红色细碎屑岩夹泥砾岩或灰绿色泥岩），是寻找此盐类矿产的重要岩相标志。

3. 安宁市盐钙芒硝矿

安宁中生代盆地属断陷盆地，为一近东西向向斜盆地构造，其中心位于安宁县城西面锅盖山一带，现今残存面积 264 km^2。从盆地中心依次向外出露下白垩统马头山组、侏罗系，西端尚残存部分上三叠统一平浪组。核部地层倾角 5°~10°，翼部地层倾角 10°~30°。

安宁盆地上侏罗统含盐系面积约 80 km^2，下白垩统覆盖面积为 60 km^2。共施工 12 个钻孔（见盐），盐体顶面埋深一般<200 m，最深 502 m。选择北东部 1 km^2 进行勘探，共探明：NaCl 储量 139.75×10^8 t；Na_2SO_4 储量 70.50×10^8 t。为超大型盐矿床、钙芒硝矿床。为云南小盆地成大矿典型代表矿床之一。

矿层赋存于上侏罗统安宁组。上段为灰绿、黄绿色薄层至中厚层状含白云质泥岩、钙质泥岩与（粉砂质）泥岩互层，厚 80~1147 m。中段为黄绿、褐黄色中至厚层状（钙质）泥岩夹泥质粉砂岩、粉砂质泥岩，深部为（钙芒硝）石盐岩、（石盐）钙芒硝岩，厚 362~425 m。下段为深棕红、紫红色厚至块状泥质粉砂岩、粉砂质泥岩与薄至中层状泥灰岩、钙质泥岩互层，上部夹含碎屑钙芒硝岩，中、下部夹含石膏泥岩、碎屑质石膏及含油泥岩、油页岩，厚 127~205 m。顶板为下白垩统马头山组，底板为中侏罗统上禄丰组（照片 7-6）。

照片 7-6　安宁盐矿安 13 井含盐岩芯

（据中石化南方勘探开发分公司收集资料整理）

含盐段由石盐岩、钙芒硝岩、硬石膏岩与细碎屑岩组成韵律式互层。剖面上从下至上呈下石膏段—下钙芒硝段—石盐段—上钙芒硝段—上石膏段层序。

盐体在平面上呈倒置的梯形状，面积约 70 km^2。矿体有多层，主要有 4 个石盐矿体，2 个钙芒硝矿体和 1 个石膏矿体。4 个石盐矿体位于中部，2 个钙芒硝矿体分别位于石盐矿体之上、下部，石膏矿体位于上钙芒硝矿体之上。

由下至上 1 号石盐矿体厚度 4.85~153.78 m，平均 69.74 m；NaCl 含量 27.84%~62.63%，平均 52.85%。2 号石盐矿体厚度 62.71~135.58 m，平均 96.34 m；NaCl 含量 54.20%~61.61%，平均 57.69%。3 号石盐矿体厚度 14.02~159.2 m，平均 67.17 m；NaCl 含量 50.96%~61.02%，平均 55.97%。4 号石盐矿体厚度 19.79~51.15 m，平均 34.60 m；NaCl 含量 37.22%~53.10%，平均 45.71%。

由下至上 1 号钙芒硝矿体厚度 14.08~44.75 m，平均 26.30 m；硫酸钠含量 16%~20.76%，平均 19.44%。2 号钙芒硝矿体厚度 4.31~129.06 m，平均 58.41 m；硫酸钠含量 19.69%~32.22%，平均 26.76%。

矿石矿物以石盐为主，其次有钙芒硝、硬石膏、石膏、少量无水芒硝、十水芒硝及白云石、方解石、菱镁矿、黄铁矿、蓝石棉等。矿石类型主要是块状含泥质石盐岩、纯石盐岩、互层状钙芒硝石盐岩、斑状石盐岩、脉状石盐岩、块状钙芒硝岩、条带状钙芒硝岩、薄层状芒硝岩及结核状硬石膏岩等。

晚侏罗世干旱的古气候条件下，内陆盐湖蒸发沉积形成安宁组含盐岩系地层。干旱气候条件下形成的蒸发岩相地层（棕红、黄绿色细碎屑岩及膏盐），是寻找盐类矿产的重要岩相标志。

三、芒硝

芒硝为硫酸盐类矿物，主要是用于制取无水硫酸钠（元明粉）和硫化钠（硫化碱）、群青、硫酸铵、硫酸钾等化工原料。自然界含钠硫酸盐矿物有 14 种，主要使用的有芒硝、无水芒硝、钙芒硝、白钠镁矾。

（一）资源概况与开发利用

云南芒硝矿主要是钙芒硝，集中分布于滇中地区中-新生代含盐盆地，另在兰坪-普洱中新生代含盐盆地亦有零星产出。以往有资料可查的矿床（点）（含共伴生类）主要有 8 个（图 7-4，表 7-4）。

矿床成因均属沉积型。按规模分：超大型 1 个、大型 3 个、中型 4 个。累计查明 333 类以上 Na_2SO_4 储量（含共伴生类）77.84×10^8 t。

云南钙芒硝作为开采盐的副产品进行回收利用。与钙芒硝有关的矿山主要有安宁、富民者北、武定小井、禄丰—平浪元永井及黑井。

（二）矿床类型与矿床实例

云南钙芒硝矿主要是陆源碎屑-化学岩型成因，盐上及盐下岩段常由泥质岩、泥质碳酸盐岩与硬石膏组成。矿床实例为禄丰县元永井钙芒硝石盐矿。

矿区位处禄丰坳陷盆地羊街复式向斜东翼。含盐层赋存于古新统元永井组，上段为暗紫红色薄层粉砂岩、钙质粉砂岩夹泥岩，厚度 112 m；下段棕红色、灰绿色粉砂岩、泥岩夹盐溶泥砾岩、石膏岩，地下夹泥砾石盐岩、含盐粉砂岩及钙芒硝岩等，厚度 526.7 m。顶板为始新统赵家店组棕红、暗紫红色含长石石英砂岩与粉砂质泥岩互层。底板为上白垩统江底河组紫红色粉砂质泥岩、钙质粉砂岩夹灰绿色泥岩、泥灰岩。

矿区位于南北向羊街复式向斜东翼，由两个规模较小的次级褶皱组成，古新统元永井组在元永井次级背斜的轴部出露。该次级背斜的轴向呈北东走向，延长>10 km，两翼地层倾角 40°~60°，西翼较缓。背斜轴部有一北东向断层通过，其规模较大，延长>30 km。断面倾向北西，倾角 60°，对盐体有较大的破坏作用。此外在背斜东翼尚发育一组北西向及南北向断层，后者对盐体亦有破坏作用。

钙芒硝石盐矿体分布于元永井背斜西翼。含盐系由下部石膏钙质粉砂岩段—中部钙芒硝石盐岩段—上部含石膏钙质粉砂岩段组成完整的蒸发沉积旋回。

盐矿体长 1500 m，宽度>340 m，厚度 5.74~140 m，平均 37 m。矿体倾向北西，倾角 20°~60°，浅部陡，深部缓，为一似层状透镜体。矿体含硫酸钠 2%~15%，平均 7.82%，含 NaCl5%~51.7%，一般 20%~33%，平均 29.44%。矿物成分主要有石盐、钙芒硝、硬石膏及少量方解石、白云石、镜铁矿、自生石英等。矿石类型有棕红色泥砾石盐岩、含盐（石盐及钙芒硝）泥砾岩、含盐（石盐及钙芒硝）粉砂质泥岩等。

四、石膏（硬石膏）

石膏，又称二水石膏，为含水硫酸盐矿物。石膏可用作水泥缓冲剂、建筑用石膏预制品、各种模型和石膏装饰品的原料、造纸、油漆、颜料、食品、纺织业用的填料及豆制品的凝结剂，也作土壤改良剂与肥料、也可作中药材，透明的石膏晶体可作光学工业原料。

硬石膏，为无水硫酸盐矿物。硬石膏用途不大，主要是代替石膏作水泥缓凝剂和部分工业填料等。

（一）资源概况与开发利用

云南省含膏层位众多，石膏（硬石膏）矿床（点）遍布全省，矿产资源十分丰富。以往有资料可查的矿床（点）（含共伴生类）有 96 个（图 7-7，表 7-5）。

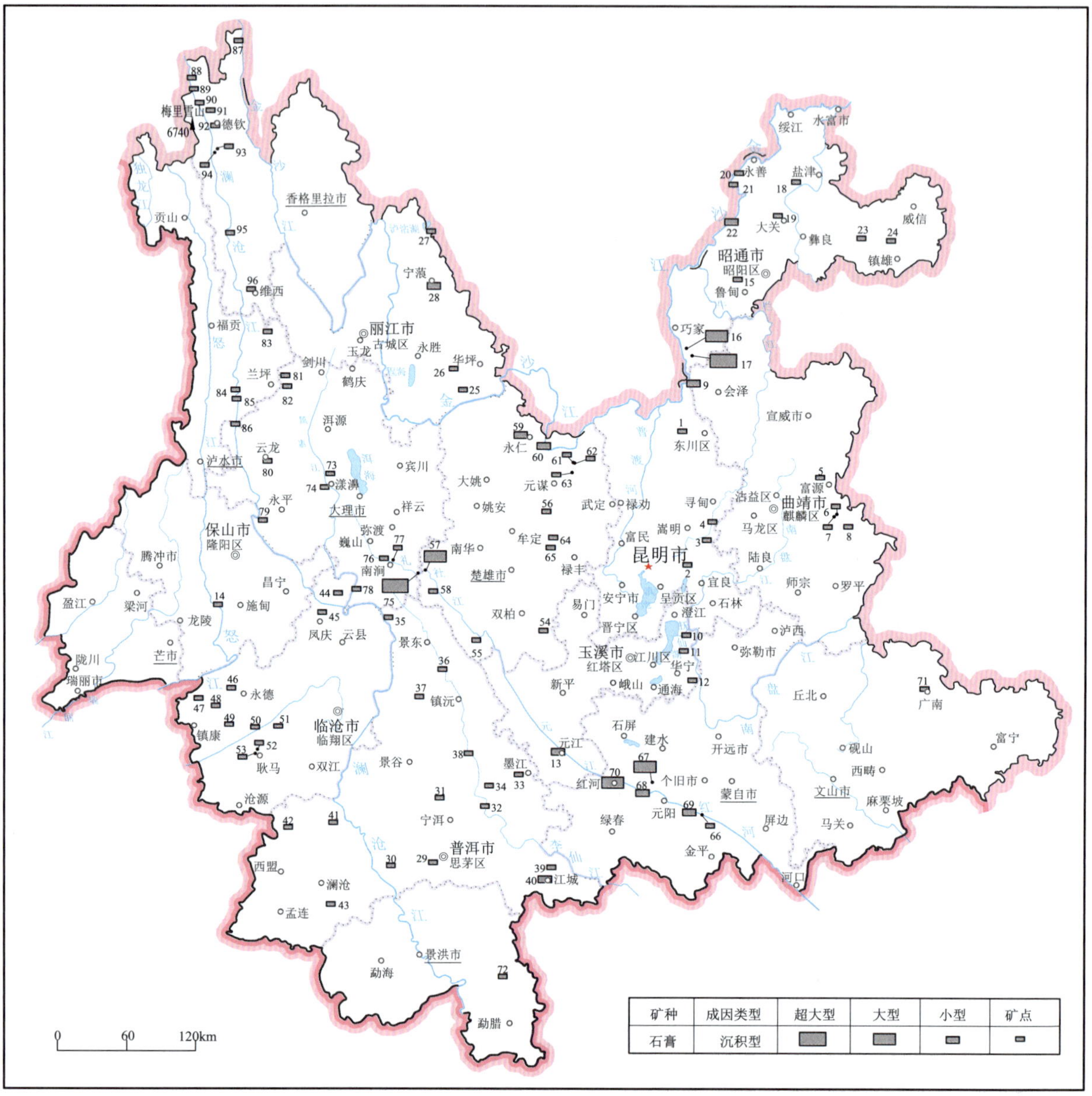

图 7-7　云南省石膏矿主要矿产地分布图

表 7-5　云南省石膏矿主要矿产地

编号	州（市）	矿产地名称	规模	矿床类型	成矿时代	工作程度	资源储量（矿石）/10^3 t	开发利用情况
1	昆明市	东川区新村三十六湾石膏矿	矿点	沉积型	中寒武世	预查		未开发
2		宜良县火头村石膏矿	矿点	沉积型	中侏罗世	预查		未开发
3		嵩明县下平潭子石膏矿	矿点	沉积型	晚震旦世	预查		未开发
4		寻甸县麦浪石膏矿	矿点	沉积型	早寒武世	预查		未开发

续表

编号	州（市）	矿产地名称	规模	矿床类型	成矿时代	工作程度	资源储量（矿石）10^3 t	开发利用情况
5	曲靖市	富源县青石桥石膏矿	矿点	沉积型	古近纪	预查		未开发
6		富源县云上丫布基石膏矿	矿点	沉积型	中三叠世	预查		未开发
7		富源县云上小瓦窑石膏矿	矿点	沉积型	中三叠世	预查		未开发
8		富源县下小寨石膏矿	矿点	沉积型	中三叠世	预查		未开发
9		会泽县李开坪子石膏矿	小型	沉积型	中寒武世	详查	1295	已开发
10	玉溪市	华宁县住姑德石膏矿	矿点	沉积型	晚志留世	预查		未开发
11		华宁县华山石膏矿	矿点	沉积型	晚志留世	预查		未开发
12		华宁县路舍格石膏	矿点	沉积型	晚志留世	预查		未开发
13		元江县官仓石膏矿	小型	沉积型	始新世	详查	7055	已开发
14	保山市	施甸县乌木郎石膏矿	矿点	沉积型	中侏罗世	预查		未开发
15	昭通市	鲁甸县马路梁子石膏矿	矿点	沉积型	中寒武世	预查		未开发
16		巧家县大包厂石膏矿	大型	沉积型	中寒武世	普查		未开发
17		巧家县鲁纳田石膏矿	超大型	沉积型	晚泥盆世	普查	197940	未开发
18		大关县黄坪石膏矿	矿点	沉积型	中寒武世	预查		未开发
19		大关县张家坪子石膏矿	矿点	沉积型	早寒武世	预查		未开发
20		永善县务基石膏矿	矿点	沉积型	早寒武世	预查		未开发
21		永善县回龙坝石膏矿	矿点	沉积型	早寒武世	预查		未开发
22		永善县河口石膏矿	小型	沉积型	早寒武世	普查		未开发
23		镇雄县羊场（二号井）石膏矿	矿点	沉积型	晚震旦世	预查		未开发
24		镇雄县芒部石膏矿	矿点	沉积型	早寒武世	预查		未开发
25	丽江市	永胜县小丙习石膏矿	矿点	沉积型	晚震旦世	预查		未开发
26		华坪县通达石膏矿	矿点	沉积型	晚震旦世	预查		未开发
27		宁蒗县普米村石膏矿	矿点	沉积型	始新世	预查		未开发
28		宁蒗县挖开石膏矿	小型	沉积型	始新世	预查		未开发
29	普洱市	普洱市城南西石膏矿	矿点	沉积型	古新世	预查		未开发
30		普洱市洒房兰安寨石膏矿	矿点	沉积型	中侏罗世	预查		未开发
31		宁洱县参补地石膏矿	矿点	沉积型	中侏罗世	预查		未开发
32		宁洱县牙口寨石膏矿	矿点	沉积型	中侏罗世	预查		未开发
33		墨江县多依树石膏矿	矿点	沉积型	中侏罗世	预查		未开发
34		墨江县石膏箐石膏矿	矿点	沉积型	早白垩世	预查		未开发
35		景东县安乐石膏矿	矿点	沉积型	晚三叠世	预查		未开发
36		景东县常德石膏矿	矿点	沉积型	上新世	预查		未开发
37		镇沅县英德街石膏矿	矿点	沉积型	古新世	预查		未开发
38		镇沅县黄庄石膏矿	矿点	沉积型	古新世	预查		未开发
39		江城县罗西石膏矿	矿点	沉积型	晚侏罗世	预查		未开发
40		江城县鱼塘寨石膏矿	小型	沉积型	古新世	普查		未开发
41		澜沧县红木树石膏矿	矿点	沉积型	中侏罗世	预查		未开发
42		澜沧县木戛石膏矿	矿点	沉积型	中侏罗世	预查		未开发
43		澜沧县南甸石膏矿	矿点	沉积型	中侏罗世	预查		未开发

续表

编号	州（市）	矿产地名称	规模	矿床类型	成矿时代	工作程度	资源储量（矿石）/10^3 t	开发利用情况
44	临沧市	凤庆县洒戛佐石膏矿	矿点	沉积型	中侏罗世	预查		未开发
45		凤庆县水磨河石膏矿	矿点	沉积型	中侏罗世	预查		未开发
46		永德县勐板石膏矿	矿点	沉积型	中石炭世	预查		未开发
47		镇康县麦地河石膏矿	矿点	沉积型	中石炭世	预查		未开发
48		镇康县大坝石膏矿	矿点	沉积型	中石炭世	预查		未开发
49		镇康县本人寨石膏矿	矿点	沉积型	中石炭世	预查		未开发
50		镇康县斑鸠寨石膏矿	矿点	沉积型	中石炭世	预查		未开发
51		耿马县富肯石膏矿	矿点	沉积型	中侏罗世	预查		未开发
52		耿马县八公里石膏矿	矿点	沉积型	中侏罗世	预查		未开发
53		耿马县麻栗树石膏矿	矿点	沉积型	中侏罗世	预查		未开发
54	楚雄州	双柏县下之大坡石膏矿	矿点	沉积型	中侏罗世	预查		未开发
55		双柏县锷嘉石膏矿	矿点	沉积型	晚三叠世	预查		未开发
56		牟定县小村石膏矿	矿点	沉积型	古新世	预查		未开发
57		南华县五顶山石膏矿	大型	沉积型	晚三叠世	详查		未开发
58		南华县马路田石膏矿	矿点	沉积型	晚三叠世	预查		未开发
59		永仁县平地石膏矿	小型	沉积型	古新世	详查	1910	已开发
60		元谋县大湾子石膏矿	小型	沉积型	古新世	详查	1224	已开发
61		武定县点莫石膏矿	矿点	沉积型	古新世	预查		未开发
62		武定县沙拉石膏矿	矿点	沉积型	古新世	预查		未开发
63		武定县石膏洞石膏矿	矿点	沉积型	古新世	预查		未开发
64		禄丰县元永井石膏矿	矿点	沉积型	古新世	预查		未开发
65		禄丰县岳家村石膏矿	矿点	沉积型	古新世	预查		未开发
66	红河州	个旧市阿龙古-元阳县文姑石膏矿	矿点	沉积型	中新世	预查		未开发
67		建水县官厅石膏矿	大型	沉积型	始新世	普查	95163	未开发
68		元阳县那丙石膏矿	小型	沉积型	始新世	普查	6475	未开发
69		元阳县大蛮提石膏矿	小型	沉积型	始新世	普查	1163	未开发
70		红河县迤萨石膏矿	大型	沉积型	始新世	详查	117017	已开发
71	文山州	广南县城北石膏矿	矿点	沉积型	中新世	预查		未开发
72	西双版纳州	勐腊县新山石膏矿	矿点	沉积型	晚三叠世	预查		未开发
73	大理州	漾濞县李子村石膏矿	矿点	沉积型	中侏罗世	预查		未开发
74		漾濞县黎家石膏矿	矿点	沉积型	中侏罗世	预查		未开发
75		弥渡县金宝山石膏矿	超大型	沉积型	晚三叠世	详查	270170	已开发
76		南涧县各救母石膏矿	矿点	沉积型	晚三叠世	预查		未开发
77		南涧县回平上石膏矿	矿点	沉积型	早白垩世	预查		未开发
78		南涧县松花岭石膏矿	矿点	沉积型	晚三叠世	预查		未开发
79		永平县四角田石膏矿	矿点	沉积型	中侏罗世	预查		未开发
80		云龙县铁扇门石膏矿	矿点	沉积型	古新世	预查		未开发
81		剑川县建基石膏矿	矿点	沉积型	中侏罗世	预查		未开发
82		剑川县石花坪石膏矿	矿点	沉积型	中侏罗世	预查		未开发

续表

编号	州（市）	矿产地名称	规模	矿床类型	成矿时代	工作程度	资源储量（矿石）10^3 t	开发利用情况
83	怒江州	兰坪县河东箐石膏矿	矿点	沉积型	晚三叠世	预查		未开发
84		兰坪县金满石膏矿	矿点	沉积型	中侏罗世	预查		未开发
85		兰坪县大华石膏矿	矿点	沉积型	中侏罗世	预查		未开发
86		兰坪县瓦窑石膏矿	矿点	沉积型	中侏罗世	预查		未开发
87	迪庆州	德钦县那南贡石膏矿	矿点	沉积型	晚三叠世	预查		未开发
88		德钦县巴美石膏矿	矿点	沉积型	晚三叠世	预查		未开发
89		德钦县纳吉石膏矿	矿点	沉积型	晚三叠世	预查		未开发
90		德钦县江坡-沙冲石膏矿	矿点	沉积型	晚三叠世	预查		未开发
91		德钦县若巴石膏矿	矿点	沉积型	晚三叠世	预查		未开发
92		德钦县里任卡石膏矿	矿点	沉积型	晚三叠世	预查		未开发
93		德钦县红坡石膏矿	矿点	沉积型	晚三叠世	预查		未开发
94		德钦县南左石膏矿	矿点	沉积型	晚三叠世	预查		未开发
95		维西县康普石膏矿	矿点	沉积型	中侏罗世	预查		未开发
96		维西县石膏坡石膏矿	矿点	沉积型	晚三叠世	预查		未开发

按规模分：大型6个、小型9个、矿点81个。累计查明上表矿石资源储量（含共伴生类）6.06×10^8 t。

云南石膏矿开采历史久远，已开采的矿山主要有会泽李开坪子、永仁平地、元谋大湾子、武定小井、元江官仓、红河迤萨、弥渡金宝山、兰坪金顶（照片7-7）等。

含角砾粉砂岩裂隙中的脉状石膏

透明石膏晶体(标本采集:冯文杰)

照片7-7　产于兰坪县金顶铅锌矿的石膏矿石标本

（二）矿床类型与矿床实例

云南石膏矿为蒸发沉积成因类型，含膏盐层位有上震旦统陡山沱组、灯影组；下寒武统龙王庙组、中寒武统西王庙组；下奥陶统；上志留统玉龙寺组；上泥盆统；上石炭统丁家寨组；下三叠统嘉陵江组、中三叠统关岭组及上三叠统云南驿组；中侏罗统花开佐组、上侏罗统；下白垩统南新组、上白垩统曼宽河组；古新统勐野井组、云龙组、元永井组；始新统宁蒗组；渐新统等。

1. 永善县河口石膏矿

矿区由下寒武统沧浪铺组、龙王庙组，中寒武统陡坡寺组、西王庙组组成宽缓的背、向斜构造，一条北东东走向的逆断层横贯矿区中央。

赋矿层位为下寒武统龙王庙组。顶部为灰白色厚层状白云质灰岩，厚 4.1 m；上部灰、黄色薄层状泥质白云岩，含石膏透镜体，厚 10.1～15 m；中部为灰白色薄层条带状泥质白云岩，厚 4.2 m；下部灰黑色白云质灰岩夹灰白色泥质白云岩，厚 128.1 m。顶板为中寒武统陡坡寺组灰绿色页岩。底板为下寒武统沧浪铺组灰绿色页岩。

共圈定石膏矿体 5 个，Ⅰ号矿体长 280 m，厚度 11 m，$CaSO_4 \cdot H_2O$ 含量 84.20%～93.47%；Ⅱ号矿体长 1000 m，厚度 13.8 m，$CaSO_4 \cdot H_2O$ 含量 74.34%～83.00%；Ⅲ号矿体长 160 m，厚度 1.6 m，$CaSO_4 \cdot H_2O$ 含量 96.63%；Ⅳ号矿体长 190 m，厚度 5 m，$CaSO_4 \cdot H_2O$ 含量 88.68%；Ⅴ号矿体长 >400 m，厚度 3.1 m，$CaSO_4 \cdot H_2O$ 含量 88.68%～89.29%。矿物成分以石膏为主，少量硬石膏及白云石、自生石英等。矿石类型有灰白色雪花状石膏、条纹条带状石膏等。

矿区位处巧家陆内裂谷。早寒武世半干旱气候条件下形成的泥质碳酸盐岩、膏盐相地层，是寻找此类石膏矿产的重要岩相标志。

2. 巧家县大包厂石膏矿

矿区为一单斜构造，由东向西依次出露上震旦统灯影组、下寒武统、中寒武统、上寒武统及奥陶系。

赋矿层位为中寒武统西王庙组。由灰绿色膏质泥岩、白云质泥岩、少量泥砾岩、粉砂岩与灰白、浅灰色石膏呈互层状产出。顶板为中寒武统西王庙组上段浅灰、灰绿色膏质泥岩、粉砂岩。底板为中寒武统陡坡寺组灰绿色膏质泥岩、白云质泥岩。

主要石膏矿有 7 层，走向长度 8750 m，倾向延深>500 m，累计最大厚度 18.26 m（矿区中部），平均厚度 11.08 m。矿体 $CaSO_4 \cdot H_2O$ 含量 68.27%～91.90%。矿物成分以石膏为主，少量硬石膏及白云石、自生石英等。矿石类型有浅灰色石膏岩、深灰色条纹条带状石膏岩、青灰灰白色块状石膏岩。

矿区位处巧家陆内裂谷。中寒武世半干旱气候条件下形成的泥质碳酸盐岩、膏质泥岩、粉砂岩、膏盐相地层，是寻找此类石膏矿产的重要岩相标志。

3. 弥渡县金宝山石膏矿

矿区地层走向北西—南东，地层倾角一般为 20°～30°，形成多个平缓的波状褶曲。矿区断裂构造主要有北西和北东向两组，较大断裂位于矿区边缘，对矿体影响不大。

赋矿层位为上三叠统云南驿组中段。上部为灰、深灰色泥晶灰岩夹泥灰岩条带；中部为灰色厚层、块状粉晶灰岩夹泥灰岩；下部为盐溶角砾状灰岩、盐溶孔隙灰岩夹石膏岩，厚度 288～532 m。顶板为上三叠统云南驿组上段，上部为蓝灰色钙质泥岩；下部浅灰色中至厚层状瘤状泥晶灰岩，厚度 >147 m。底板为上三叠统云南驿组下段，杂色复成分砾岩、砂砾岩夹黄绿色粉砂岩、砂岩、泥岩等，厚度<103 m。

矿区共有 8 个石膏矿体，其中 1、2、3 号为主矿体。1 号矿体呈似层状，长度>2000 m，宽度 560～1100 m，平均厚度 60.19 m，$CaSO_4 \cdot H_2O$ 含量 72.14%～82.63%，平均 76.88%；2 号矿体呈透镜状，长度>560 m，宽度 230 m，平均厚度 16.49 m，$CaSO_4 \cdot H_2O$ 含量 66.13%～92.96%，平均 81.87%；3 号矿体呈透镜状，长度>600 m，宽度 120～450 m，平均厚度 11.64 m，$CaSO_4 \cdot H_2O$ 含量 51.17%～77.29%，平均 74.02%。矿石矿物主要为硬石膏，其次为石膏。脉石矿物主要有白云石、方解石，次为石英、黄铁矿，另有少量天青石、自然硫、泥炭及石盐等。矿石类型有块状硬石膏、含角砾状硬石膏、条纹条带状硬石膏、块状石膏、含角砾状石膏及条纹条带状石膏 6 种。

矿区位处云南驿断陷盆地。晚三叠世干旱气候条件下形成的盐溶角砾状碳酸盐岩、钙质泥岩、膏盐相地层，是寻找此类石膏矿产的重要岩相标志。

五、盐泉

（一）分布情况

盐泉即天然卤水，在云南境内出露各类盐泉约 482 处，其中滇东北地区 32 处，滇中地区 53 处，滇西兰坪-普洱盆地 397 处。盐泉产出层位较多，以震旦系、寒武系、中-上侏罗统、古新统最多。其分布与云南重要含盐带及含盐地层大体相吻合（图 7-8，表 7-6）。

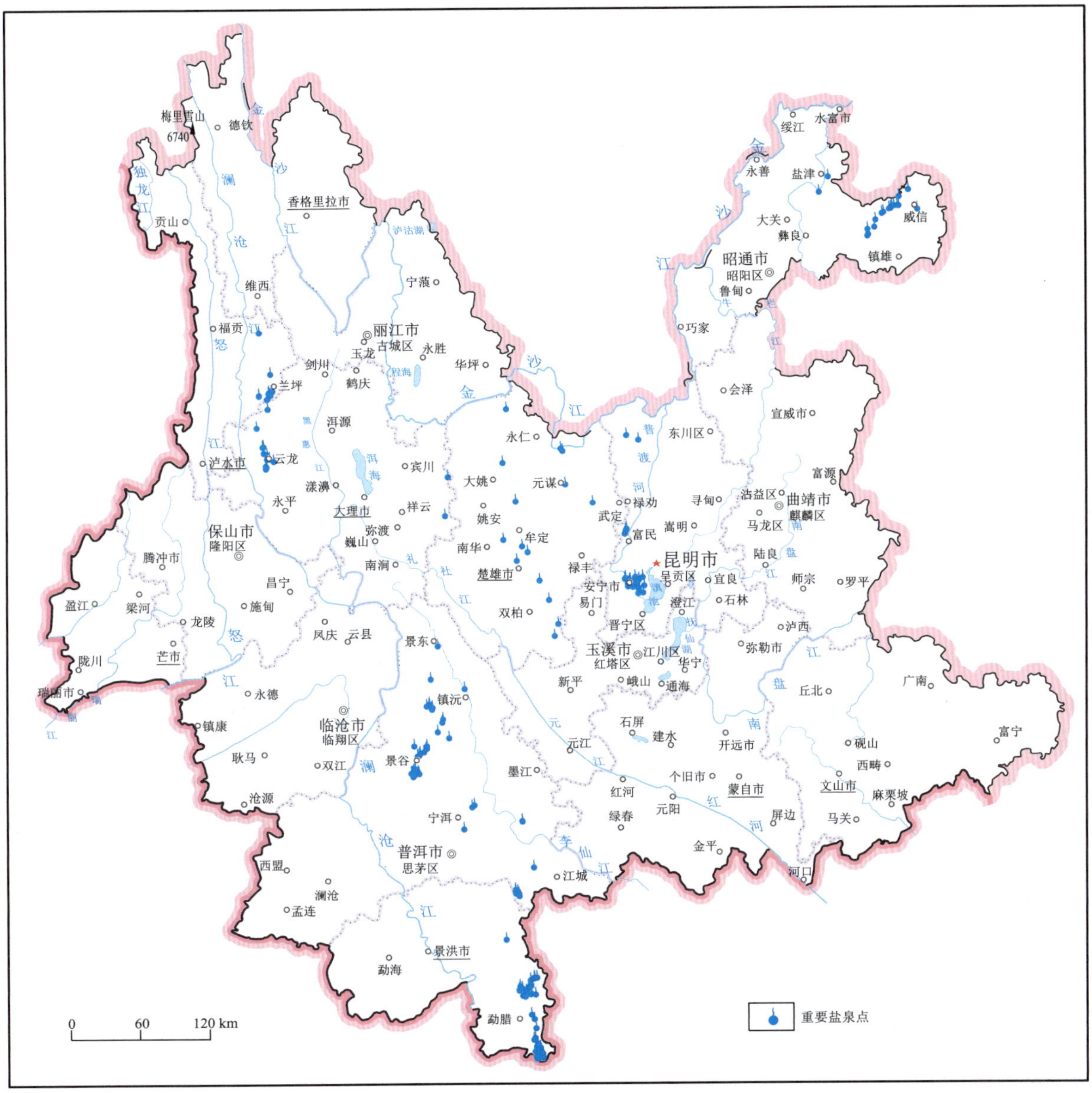

图 7-8　云南省主要盐泉分布图

（二）盐泉特征

1. 产出特征

盐泉的发育情况及产出特征取决于盐体埋藏深度、上覆盖层的隔水性及区内断裂构造的发育程度。盐体埋藏浅，盖层隔水性能差，沉积区后期构造发育时，含盐系周围盐泉众多。反之，盐体埋藏深或盖层隔水性能良好，淋滤卤水难以溢出地表，只能通过有深循环的断裂带溢出，盐泉分布少而零星。

表 7-6 云南省盐泉产出层位及分布状况统计

产出层位	地区			备注
	滇东北/处	滇中/处	滇西（兰坪-普洱盆地）/处	
古新统勐野井组			285	兰坪-普洱盆地主要含盐系地层
古新统元永井组		36		滇中地区主要含盐系地层
白垩系		4	3	
侏罗系	1	13	106	滇中主要含盐系地层，兰坪-普洱盆地汲卤熬盐
三叠系	1		3	邻区川南藏东地区曾汲卤熬盐
下二叠统茅口组	3			曾汲卤熬盐
下志留统龙马溪组	2			曾汲卤熬盐
上奥陶统	2			
中奥陶统	1			曾汲卤熬盐
下奥陶统湄潭组	3			曾汲卤熬盐
中上寒武统娄山关群	8			川滇黔主要含膏含盐系地层，曾汲卤熬盐
中寒武统西王庙组	1			滇东北主要含膏地层
下寒武统沧浪铺组	1			含膏地层
下寒武统牛蹄塘组	2			曾汲卤熬盐
上震旦统灯影组	7			川滇交界地区主要含膏含盐系地层，曾汲卤熬盐
合计/处	32	53	397	

注：据《云南省区域矿产总结》（云南省地质矿产局，1993）。

2. 水质类型

云南盐泉水质类型按舒卡列夫分类，普洱地区古新统盐泉以 Cl^{-}-Na^{+}型为主（占 70%以上），侏罗系盐泉大部分为 HCO_3^{-}-Na^{+}型及混合型，Cl^{-}-Na^{+}型较少，上三叠统及白垩系盐泉均属 Cl^{-}-Na^{+}型。滇中地区盐泉水质类型比较复杂，可分为 Cl^{-}、SO_4^{2-}、HCO_3^{-}及混合型 4 种水化学区，其中以古新统元永井组 Cl^{-}-Na^{+}型盐泉占比最大（49%）。滇东北地区盐泉多数为 Cl^{-}-Na^{+}型，少部分为 SO_4^{2-}-Na^{+}型及混合型，其中中-上寒武统娄山关群 8 个盐泉均为 Cl^{-}-Na^{+}型，上震旦统灯影组盐泉除 SO_4^{2-}-Na^{+}型外还出现 HCO_3^{-}为主的混合型。

3. 总盐量

云南盐泉大部分为半咸盐泉和淡盐泉。咸盐泉占比约 20%，总盐量大于 100 g/L 的盐卤泉约占 5%，且仅分布于兰坪—普洱盆地古新统勐野井组（照片 7-8）及滇中古新统元永井组含盐系。咸度较高的典型盐泉有磨达（316. 8 g/L）、元永井（324. 39 g/L）、黑井（304. 39 g/L）、横山井（345. 63 g/L）。就地区而言，滇东北地区盐泉总盐量普遍偏低，咸盐泉占比仅 3%；滇中地区及滇西兰坪-普洱盆地咸盐泉所占比例分别为 26%及 20%，主要分布于古新统元永井组、中上侏罗统张河组、安宁组及古新统勐野井组（云龙组）、中侏罗统和平乡组（花开佐组）等含盐系内。

4. 主要离子与盐体关系

盐泉的主要离子成分 Cl^{-}、SO_4^{2-}、HCO_3^{-}及 Na^{+}、Ca^{2+}、Mg^{2+}，其含量能很好地反映埋藏于地下盐体的组分。普洱地区 Cl^{-}-Na^{+}型盐泉的分布与盐体关系十分密切，盐体周围普遍发育盐上及盐侧溶滤卤水层。滇中地区 Cl^{-}、SO_4^{2-}型盐泉预示存在石盐、芒硝矿床，SO_4^{2-}型盐泉则预示存在芒硝、石膏矿床。

5. 盐泉成因及找矿意义

云南盐泉总盐量低，化学组分与盐层一致，盐泉具强氧化态，流量、浓度受降雨影响明显，均表

照片 7-8　勐腊县勐伴镇盐井寨盐泉（产出层位：古新统勐野井组）
（程胜辉供稿）

明盐泉属典型的溶滤型成因。

溶滤卤水是渗入水在地下径流中溶滤盐类物质而成，与沉积型卤水不同。溶滤卤水形成时代极新，有良好环流空间，其化学成分取决于所溶滤盐系的易溶组分，详细研究盐系地层分布区盐泉水文地球化学特征，具有重要找矿指导价值。

第三节　硫

硫（S）主要用于制取硫酸，少量用于制造硫黄。硫酸主要用于生产化肥、磷酸、无机酸、硫酸盐及无机盐。硫黄主要用于生产橡胶、医药、烟花爆竹、农药、炸药及发烟剂。含硫矿物有自然硫、硫铁矿（黄铁矿、白铁矿、磁黄铁矿）。

一、资源概况

硫资源主要来源于硫铁矿，云南具工业价值的硫铁矿主要是产于上二叠统沉积型硫铁矿床、中二叠统火山沉积型硫铁矿床，其次有中低温热液充填交代型硫铁矿床及共（伴）生类型硫铁矿床。矿床（点）累计 59 个，其中单一硫铁矿矿产地 26 个（图 7-9，表 7-7、7-8）。查明硫铁矿矿石量 476991×10^3 t，共（伴）生硫铁矿矿石量 35881×10^3 t。

云南省自然硫保有资源储量居全国第 3 位、硫铁矿居第 4 位（国土资源部矿产资源储量司，2016）。该矿种为云南的富有矿种，并得到了一定程度地开发利用。

产于上二叠统沉积型硫铁矿床主要分布在滇东禄劝、富源、罗平地区，滇东南文山地区，面积约 6400 km^2。划分为禄劝大松树、富源老厂-罗平马街及文山 3 个成矿区。

中二叠统火山沉积型硫铁矿床：主要分布在滇东北的威信、镇雄地区，面积约 4100 km^2，仅有威信-镇雄 1 个成矿区。

中低温热液充填交代型硫铁矿床：主要分布在滇西宾川县，面积约 180 km^2，仅有宾川宝丰寺 1 个成矿区。

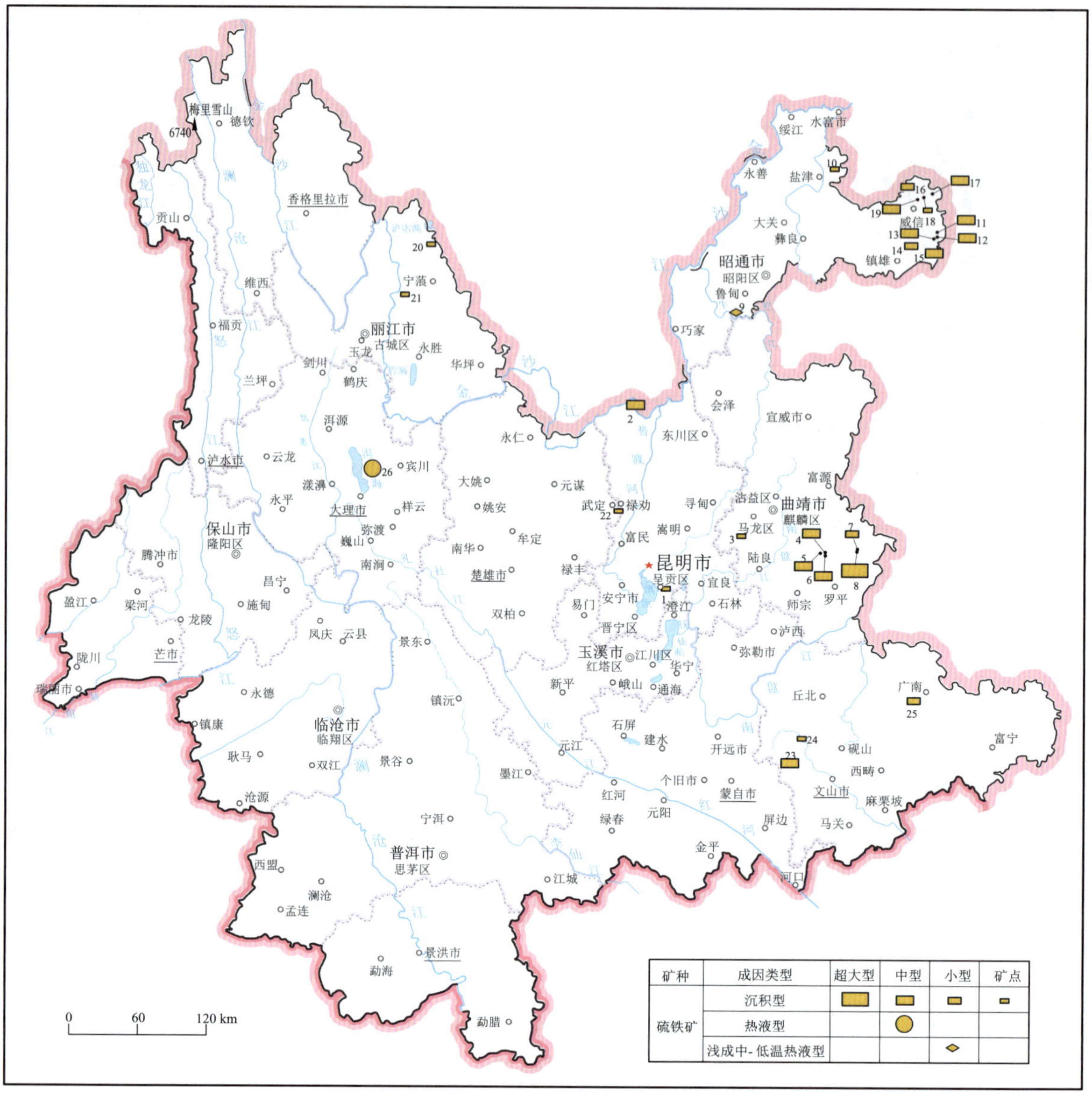

图 7-9　云南省单一类硫铁矿主要矿产地分布图

表 7-7　云南省主要单一类硫铁矿主要矿产地

编号	州（市）	矿产地名称	规模	矿床类型	成矿时代	工作程度	资源储量（矿石量）/10^3 t	开发利用情况
1	昆明市	呈贡区白龙潭硫铁矿	矿点	沉积型	中二叠世	预查		未开发
2		禄劝县新村硫铁矿	中型	沉积型	中晚二叠世	勘探	15850. 78	已开发
3	曲靖市	马龙区棱治硫铁矿	矿点	沉积型	晚震旦世	预查		未开发
4		罗平县阿东硫铁矿	中型	沉积型	晚二叠世	勘探	7307. 00	已开发
5		罗平县扯土硫铁矿	中型	沉积型	晚二叠世	勘探	19830. 00	已开发
6		罗平县史家寨硫铁矿	中型	沉积型	晚二叠世	勘探	5577. 93	未开发
7		富源县康源大格硫铁矿	小型	沉积型	晚二叠世	普查	1602. 00	已开发
8		富源县余家老厂硫铁矿	超大型	沉积型	晚二叠世	普查	325790. 00	已开发
9	昭通市	鲁甸县火德红硫铁矿	小型	浅成中-低温热液型	中泥盆世	勘探	377. 58	已开发

续表

编号	州（市）	矿产地名称	规模	矿床类型	成矿时代	工作程度	资源储量（矿石量）/10^3 t	开发利用情况
10	昭通市	盐津县万和场硫铁矿	矿点	沉积型	晚二叠世	预查		未开发
11		镇雄县新场硫铁矿	中型	沉积型	中二叠世	预查	15288.00	已开发
12		镇雄县堰塘硫铁矿	中型	沉积型	中二叠世	普查	9008.13	已开发
13		镇雄县母享、则底硫铁矿	中型	沉积型	中二叠世	勘探	17130.00	已开发
14		镇雄县渣多沟硫铁矿	小型	沉积型	中二叠世	普查	918.00	已开发
15		镇雄县黑树庄硫铁矿	中型	沉积型	中二叠世	勘探	14046.14	未开发
16		威信县郭家村硫铁矿	小型	沉积型	晚二叠世	普查	651.10	已开发
17		威信县高田硫铁矿	中型	沉积型	晚二叠世	勘探	12029.00	已开发
18		威信县鱼井硫铁矿	矿点	沉积型	晚二叠世	预查		未开发
19		威信县顺河硫铁矿	中型	沉积型	中二叠世	勘探	29090.00	已开发
20	丽江市	宁蒗县上拉垮硫铁矿	矿点	沉积型	晚二叠世	预查		未开发
21		宁蒗县金棉硫铁矿	矿点	沉积型	晚二叠世	预查		未开发
22	楚雄市	武定县白沙硫铁矿	矿点	沉积型	早侏罗世	预查		未开发
23	文山州	文山市磺厂硫铁矿	中型	沉积型	晚二叠世	勘探	7180.00	已开发
24		砚山县蚂蚁河-小凹补硫铁矿	矿点	沉积型	晚二叠世	预查		未开发
25		广南县板茂硫铁矿	小型	沉积型	晚二叠世	勘探	141.00	已开发
26	大理州	宾川县宝丰寺硫铁矿	中型	热液型	新生代	勘探	2403.28	已开发

表 7-8　云南省共（伴）生类硫铁矿主要矿产地

编号	州（市）	矿产地名称	规模	工作程度	资源储量（硫）/10^3 t	开发利用情况
1	曲靖市	会泽县矿山厂铅锌矿（脉矿）（伴生 S）	小型	勘探	43.00	已开发
2		会泽县麒麟厂铅锌硫铁矿	中型	详查	12432.00	已开发
3		会泽县雨碌铅锌硫铁矿	小型	勘探	271.00	未开发
4	保山市	腾冲县观音岩铅锌矿（伴生 S）	小型	普查	43.44	已开发
5	昭通市	彝良县洛泽河铅锌硫铁矿	小型	详查	1113.00	已开发
6	普洱市	澜沧县老厂银铅硫铁矿	中型	详查	29599.51	已开发
7	临沧市	云县铜厂街铜硫铁矿	小型	详查	151.00	已开发
8	红河州	蒙自市白牛厂白羊银多金属矿（伴生 S）	中型	详查	1364.00	未开发
9		蒙自市白牛厂白羊银多金属矿首采区（伴生 S）	小型	普查	S 615.00；As 43.99	已开发
10		个旧市老厂湾子街锡矿（伴生 S）	中型	勘探	1197.00	已开发
11		个旧锡矿卡房采选厂（伴生 S）	小型	勘探	324.00	已开发
12		个旧市松树脚锡矿（伴生 S）	中型	勘探	2565.64	已开发
13		个旧市老厂竹林锡矿（伴生 S）	小型	勘探	641.69	已开发
14		个旧市卡房金光坡锡矿（伴生 S）	小型	勘探	130.00	已开发
15		个旧市老厂竹叶山锡矿（伴生 S）	中型	勘探	1213.00	已开发
16		个旧市老厂塘子凹锡矿（伴生 S）	小型	勘探	361.19	已开发
17		石屏县马鞍山铁硫铁矿	小型	详查	302.00	已开发
18		金平县白马寨镍矿（伴生 S）	小型	勘探	170.30	已开发
19		金平县金竹寨铅锌多金属矿（伴生 S）	小型	详查	45.00	已开发

续表

编号	州（市）	矿产地名称	规模	工作程度	资源储量（硫）/10^3 t	开发利用情况
20	文山州	马关县都龙铜街锡矿（伴生S）	小型	勘探	486.00	已开发
21		马关县都龙曼家寨锡矿（伴生S）	大型	勘探	6102.00	已开发
22		马关县都龙辣子寨锌矿（伴生S）	小型	勘探	287.93	已开发
23		马关县都龙曼家寨西锡锌矿（伴生S）	小型	勘探	228.00	未开发
24	西双版纳州	景洪市三达山铜硫铁矿	小型	详查	736.00	已开发
25	大理州	永平县咱列铜矿（伴生S）	小型	详查	24.00	已开发
26		永平县厂街铜矿（伴生S）	小型	勘探	142.00	未开发
27	德宏州	梁河县来利山丝光坪锡硫铁矿	小型	详查	1824.00	已开发
28	怒江州	兰坪县金顶铅锌硫铁矿（伴生S）	中型	勘探	1431.00	已开发
29		兰坪县金顶架崖山铅锌硫铁矿（伴生S）	小型	勘探	344.77	已开发
30		兰坪县金顶跑马坪铅锌硫铁矿（伴生S）	小型	详查	1412.22	未开发
31	迪庆州	香格里拉市欠虽铁硫铁矿	小型	详查	492.00	已开发
32		香格里拉市红山铜矿（伴生S）	中型	勘探	4963.87	已开发
33		香格里拉市普朗铜矿首采区（伴生S）	大型	勘探	5674.00	未开发

共（伴）生类硫铁矿床：相关的主矿种成矿区有铅锌矿滇东北成矿区、兰坪-云龙成矿区、澜沧老厂-孟连英山铅锌多金属矿成矿区、文山薄竹山-马关都龙成矿区、个旧成矿区、铜矿香格里拉普朗-红山成矿区、永平厂街成矿区。

二、矿床类型与矿床实例

云南硫铁矿资源点多、面广、成因类型复杂多样，但具工业价值及以上规模的硫铁矿资源主要是上二叠统沉积型硫铁矿床、中二叠统火山沉积型硫铁矿床，次要的有中低温热液充填交代型硫铁矿床，其余主要为共（伴）生类型硫铁矿床。

（一）禄劝县新村硫铁矿

矿区处于江舟复向斜的南东翼，总体为向北缓倾斜的单斜构造。属上二叠统沉积型硫铁矿床，主要含矿层位为上二叠统龙潭组（次要层位为中二叠统梁山组），下伏地层为中二叠统栖霞组灰岩。含矿层厚度最大 27.10 m，最小 2~3 m，一般 15 m 左右，下部为深灰色、黑灰色（碳质）含砾泥岩及粗砂岩（或砂质细砾岩），偶夹硅质白云岩透镜体；中部为黄灰色、灰色黄铁矿泥岩，岩石主要由泥质物及黄铁矿构成，泥质物为高岭土、珍珠陶土、水云母、水铝石等粘土矿物组成，被铁质混染时常呈褐黄色；上部为灰白色铝土质泥岩，含星点状黄铁矿，与下伏黄铁矿泥岩呈渐变过渡，粘土矿物中水铝石增多，而黄铁矿含量迅速减少，其间有时夹 0.3~0.5 m 厚的由石英及硅质岩砾石所构成的细砾岩夹层。

矿层顶板为上三叠统黄灰、黄绿色厚层状石英细砂岩，碳质泥岩，底部常有 0.5~1.0 m 的砾石层。底板为中二叠统栖霞组灰白色细晶质厚层块状白云岩、白云质灰岩，顶部为灰白色纯灰岩（常为古喀斯特形态）。

上二叠统龙潭组含矿层圈定工业矿体 3 个，其产状与含矿层及围岩一致，为缓倾斜产出的层状矿体，规模大，连续稳定，形体简单，夹层少，矿体向北倾，平均倾角 9°~11°。1 号主矿体长 3000 m（向北延至四川会东境内），宽约 700 m，平均厚度 6.47 m，平均含硫 15.40%；2 号矿体长 300 m，宽

180 m，平均厚度 2. 35 m，平均含硫 15. 19%；3 号矿体长 375 m，宽 113 m，平均厚度 2. 94 m。矿石矿物主要为黄铁矿，脉石矿物是构成泥岩的粘土类矿物，如高岭土、绢云母、石英及其他泥质物。矿石自然类型有散点状、条带状及块状黄铁矿 3 种。

矿区位处滇中元古宙陆棚-台地，属晚二叠世早期古喀斯特低凹内陆湖盆沼泽沉积环境。上二叠统砂岩-粘土岩-黄铁矿泥岩组合，下为古喀斯特面是直接找矿标志。

（二）罗平县阿东硫铁矿

属上二叠统沉积型硫铁矿床，含矿岩系为上二叠统宣威组，假整合于中二叠统峨眉山玄武岩之上，由粉砂岩、粘土岩、硅质岩及煤层组成，厚度 40~50 m。黄铁矿体位于其底部，厚度 16~30 m，中部由 1 层较稳定的硅质岩将其分为上、下 2 个含矿层，下含矿层厚度 8~14 m，上含矿层厚度 8~12 m。

矿层顶板为宣威组上部煤系地层，由灰色粉砂岩、杂砂岩、粘土岩及煤层组成，厚度>24 m。矿层底板为中二叠统峨眉山玄武岩，厚度>100 m。

矿区为宽缓的向斜构造，轴向北西。发育规模不大的北西向、北东向断裂。

矿体（层）倾角 10°±。下含矿层为主要矿层，产 V_1、V_2 2 个矿体，上矿层产 V_3 1 个矿体。V_1 矿体产于粘土岩中，由 2 个透镜体组成，走向长 700~800 m，倾向宽 500~600 m，平均厚度 1. 18 m，平均含硫 19. 56%；V_2 矿体呈层状，走向长 2200 m，倾向宽 800 m，平均厚度 2. 55 m，平均含硫 16. 06%；V_3 矿体为等轴状透镜体，长宽各约 400 m，平均厚度 2. 35 m，平均含硫 15. 11%。矿石矿物简单，主要为黄铁矿，次为白铁矿；脉石矿物为水云母粘土矿物、玄武岩屑、方解石、石英、菱铁矿、绿泥石、高岭石、碳质、硅质等。矿石自然类型有粘土岩型黄铁矿和砂岩型黄铁矿。

矿区位处罗平外陆棚，属镇雄-师宗下三角洲平原与滨岸平原碎屑、碳酸盐富煤组合相沉积环境。上二叠统粉砂岩-粘土岩-硅质岩-黄铁矿-煤层组合是直接找矿标志。

（三）镇雄县黑树庄硫铁矿

属中二叠统火山沉积型硫铁矿床，含矿岩系为中二叠统峨眉山玄武岩组之火山碎屑岩系。厚度 5~23 m，一般 13 m 左右。上部灰白色角砾状凝灰岩；中部紫红色玄武质凝灰岩，呈透镜状产出；下部浅灰色火山角砾岩；底部，上为灰色豆状沉凝灰岩，下为黄铁矿层，假整合于二叠系茅口灰岩之上。矿层顶板为上二叠统龙潭组泥岩、粘土质泥岩、粉砂质泥岩、粉砂岩、细砂岩及煤层。矿层底板为中二叠统茅口组中至厚层状微晶、细晶灰岩、泥质生物灰岩，上部古风化壳常见 0. 02~0. 10 m 铁锰质层。

矿区位处母享向斜东翼，岩（矿）层总体为向西缓倾斜的宽缓单斜构造。后期发育次级北东向压性褶皱、压扭性断裂和北西向横张断裂，对矿床有重要影响。

矿体（层）分布于母享向斜的南东翼，南起大坝、黑树庄，经岩湾直至北部母享均有分布。矿体呈豆荚式似层状，层位稳定，连续性较好，走向北北东，倾角平缓，一般 7°~10°，走向长>3000 m，已知最大斜深>2200 m，矿体厚度变化较大，一般 1. 5~2. 0 m，最厚达 7. 19 m，全矿区平均厚度 1. 91 m，矿区平均含硫 18. 62%，单工程含硫最高 30. 40%，一般 17%~23%。在空间上矿石品位的高低严格受古地形的控制，在基底地形凸起之上，品位很低，乃至无矿；在凸起的边缘紧邻凹地的斜坡上，矿体较薄，而品位富；在地势低凹，基底地形宽缓的凹地中，常形成厚大的矿体，但品位较凹地边部略贫。垂向上，自上而下品位由富变贫。另外，品位与燧石结核有关，一般燧石含量少，品位较高，否则品位变低。矿石矿物主要为黄铁矿，偶见白铁矿，脉石矿物主要为火山碎屑物质之次生产物，如高岭石、水绿泥石、水云母、铁质和方解石，其次是陆源碎屑物质、泥质和有机质。矿石自然类型大致有凝灰岩型黄铁矿、硅质岩型黄铁矿、灰岩型黄铁矿。

矿区位处昭通陆棚，该区成矿古地理为西高东低、北高南低的背山面海的古陆缓坡湖盆区，西部不断喷发玄武岩浆，同时喷射出大量的气体和液体，并伴随着大量的火山碎屑物质，落入或流入东边地势低洼的湖盆中，这些含有大量的硫成分的气体和液体，在盆地的低洼且封闭良好的还原环境下形成黄铁矿。中二叠统峨眉山玄武岩组之火山碎屑岩系凝灰岩-火山角砾岩-黄铁矿层岩矿组合是直接找矿标志。

（四）宾川县宝丰寺硫铁矿

属中低温热液充填交代型硫铁矿床，黄铁矿（铅锌矿化、铜钼矿化）与喜马拉雅期花岗斑岩体的侵入关系密切。矿体赋存于花岗斑岩与下泥盆统泥质灰岩、白云质灰岩、灰岩接触带及其内外两侧。根据黑云母、石英斑晶含量的多少，花岗斑岩细分为细斑花岗斑岩、粗斑花岗斑岩、石英斑岩、黑云母细斑花岗斑岩及黑云母粗斑花岗斑岩。

喜马拉雅期超浅成花岗斑岩体为成矿母岩，脉状形态，共有9条。北西向压扭性构造是控制岩体（控矿）的主要构造，宝丰寺背斜西翼数百米的构造破碎带内，澄江期碎裂花岗岩呈片状出现，中下泥盆统碳酸盐岩呈构造残留体出现，其间被大量的喜马拉雅期岩浆贯入，形成许多大致平行的岩脉群。其接触带附近常形成黄铁矿体。

矿体受一组北西走向的压扭性断裂所控制，倾向220°~240°，倾角上陡下缓，上部60°~70°，下部30°~40°，成群雁行排列。各矿体又严格受接触带产状、捕虏体形态大小所控制。矿体倾角由陡变缓处，矿体厚度增大，捕虏体多、岩石破碎地段蚀变强烈，便形成厚大矿体。

矿区共圈定矿体17个，规模较大矿体有1号、3号、4号及15号4个矿体。1号矿体走向长450 m，倾向延深60~300 m尚未尖灭，平均铅垂厚度11.56 m；3号矿体走向长350 m，倾向延深250 m，平均铅垂厚度9.98 m；4号矿体走向长400 m，倾向延深200~250 m，平均铅垂厚度7.28 m；15号矿体走向长200 m，倾向延深180 m，平均水平厚度8.58 m。其余矿体规模小，工业价值不大，经统计矿体走向长50~200 m，倾向延深30~300 m，平均铅垂厚度1.21~6.46 m。另外，矿区外围还有零星矿体，厚度0.48~11.56 m。

矿区17个矿体含硫9.46%~27.96%，矿区平均含硫17.01%。矿区外围零星矿体含硫8.34%~41.66%。矿石质量亦与捕虏体有关，捕虏体多、岩石破碎地段蚀变强烈，矿石品位高。反之，接触带岩石不破碎，无捕虏体，蚀变微弱地段，即使有矿，其工业价值也不大。

矿石矿物主要为黄铁矿、磁黄铁矿，少量闪锌矿、方铅矿、黄铜矿及毒砂等。脉石矿物有石英、白云石、方解石、绿泥石等。矿石自然类型可分为致密块状黄铁矿、块状黄铜-闪锌-方铅-黄铁矿、稀疏浸染状黄铁矿、稠密浸染状黄铁矿、脉状黄铁矿、脉状黄铜-闪锌-方铅-黄铁矿等；氧化矿石自然类型有蜂窝-多孔状褐铁矿、胶状-皮壳状褐铁矿、胶状-皮壳状含铅褐铁矿、土状-粉末状含铅粘土矿石、土状-粉末状富铅粘土矿石等。

围岩蚀变有硅化、绢云母化、碳酸盐化、大理岩化、绿泥石-绿帘石化、角岩化、矽卡岩化及石膏化。

矿区位处丽江陆缘裂谷，金沙江-哀牢山深大断裂与程海断裂之间夹持地带。喜马拉雅期超浅成花岗斑岩体与中下泥盆统碳酸盐岩接触带是关键找矿部位。

三、矿床时空分布与开发利用

（一）上二叠统沉积型硫铁矿床

上二叠统沉积型硫铁矿床形成于晚二叠世早期。广泛分布于上扬子古陆块，滇中元古宙陆棚—台地、曲靖陆表海、罗平外陆棚、砚山断陷盆地及金平—海东陆棚等。西起宁蒗、华坪，东至富源、罗平均有沉积型硫铁矿矿床（点）。垂向上分布于上二叠统宣威组（龙潭组、吴家坪组、黑泥哨组）煤系碎屑岩的下部。

沉积环境方面，多集中分布于下三角洲平原与滨岸平原碎屑、碳酸盐富煤相带以及浅—半深海相下部碎屑岩含煤相带。另外，潟湖、潮坪环境里亦有黄铁矿产于含煤相带中。

黄铁矿的形成与中二叠世峨眉山玄武岩岩浆喷溢作用有关。其一，铁、硫、氟直接来源于火山喷发，以气体或液体化合物状态伴随大量的火山碎屑物（火山灰）散落汇入于封闭的具还原条件的低洼湖盆中沉积成矿。其二，富含铁、硫、氟的基性火山岩或火山碎屑岩形成之后，经过长期的风化分解，以离子或络合物状态转入水体汇入于低洼湖盆在还原条件下成矿。

含矿层一般赋存在煤系底部，个别夹于煤系中部，含矿岩石多为细粒杂砂岩、粉砂岩、粘土岩，顶板一般为煤层，底板为灰岩或玄武岩。一般有上、下二层矿，走向长达数千米至数十千米，具有分布广、层位稳定之特点。纵向上，含矿层的岩石粒度自上而下由粗变细，岩性由砂岩变为粘土岩。矿体呈层状、似层状及透镜状产出，局部为不规则状，长几十米至上千米，厚度一般1~5 m。矿体中有益组分除硫外，尚未发现其他有益伴生组分，主要为Ⅲ品级，部分地段为Ⅱ品级矿石，碳含量一般较高，且以有机碳为主。

矿石矿物简单，主要为黄铁矿，次为白铁矿；脉石矿物为水云母粘土矿物、玄武岩屑、方解石、石英、菱铁矿、绿泥石、高岭石、碳质、硅质等。黄铁矿在矿石中呈星散状分布，其稀密程度不同，稠密聚集者呈致密块状，不均者呈团块状，构成贫富不同的矿石类型，主要有粘土型黄铁矿、砂岩型黄铁矿、砂砾岩型团块状黄铁矿及灰岩型黄铁矿。

累计矿床（点）7个，查明资源储量硫铁矿 38834×10^4 t。重要矿床（大、中型）有禄劝县新村硫铁矿、富源县老厂硫铁矿、罗平县扯土、史家寨及阿东硫铁矿、文山县磺厂硫铁矿等。

（二）中二叠统火山沉积型硫铁矿床

中二叠统火山沉积型硫铁矿床形成于中二叠世中晚期。分布于滇东普渡河-滇池断裂带两侧、滇东北昭通-曲靖隐伏断裂以东地带，昭通陆棚构造单元。含矿岩系中二叠统峨眉山玄武岩组，主要分布于珙县—威信—毕节一线以西的广大地区。垂向上分布于中二叠统峨眉山玄武岩组的底部。

中二叠世峨眉山期，滇东、滇东北地区古地理是西高东低、北高南低的背山面海的古陆缓坡湖盆区，水动力条件比较微弱。含矿岩系为内陆湖盆相含黄铁矿火山碎屑岩建造，是在气候温暖潮湿的，比较封闭的还原环境下的产物。成矿作用是在相对稳定的，补给速度与下降速度保持相对平衡，缓慢下降的环境下进行。

黄铁矿床与中二叠统峨眉山玄武岩有关，成矿物质来源于玄武岩浆喷发作用。在地势较高的盆地西边，不断喷发玄武岩浆，同时喷射出大量的气体和液体，并伴随着大量的火山碎屑物质，落入或流入东边地势低洼的湖盆中，这些含有大量的硫和铁成分的气体和液体，在盆地的低洼且封闭良好的还原环境下就形成黄铁矿，盆地西岸不断喷发玄武岩浆，盆地不断接受成矿物质，逐渐形成黄铁矿床。

硫铁矿主要赋存层位是中二叠统峨眉山玄武岩底部与中二叠统茅口组灰岩接触带上。玄武岩底部岩性主要为蚀变火山凝灰岩、角砾状凝灰岩及凝灰质粘土等。岩石主要由高岭石、绿泥石化火山碎屑及部分石英、铁质等碎屑物组成。矿体位于含矿岩组底部。受中二叠统茅口组灰岩顶部古岩溶面的控制，呈层状、似层状、透镜状、囊状及鸡窝状产出。矿层延伸数十米至数十千米，层位稳定，连续性较好，但厚度变化大，一般厚度1~2 m，最厚达7 m。一般在古溶蚀面坳陷处矿层厚度大，凸起处厚度减小乃至尖灭。矿石主要为Ⅲ品级，部分地段为Ⅱ品级，伴生有益组分钴，可综合利用。

矿石矿物主要为黄铁矿，偶见白铁矿，脉石矿物有高岭石、水绿泥石、方解石、铁质和水云母，其次是陆源碎屑、泥质和有机质。尚伴生有微量的黄铜矿、铜蓝、孔雀石、锐钛矿、白钛矿、重晶石、天青石、闪锌矿。矿石自然类型有凝灰岩型黄铁矿、硅质岩型黄铁矿及灰岩型黄铁矿。

以往累计矿床（点）7个，查明资源储量硫铁矿 8586×10^4 t。重要矿床（大、中型）有威信县顺河硫铁矿、高田硫铁矿、镇雄县黑树庄硫铁矿、堰塘硫铁矿、新场硫铁矿等。

（三）中低温热液充填交代型硫铁矿床

中低温热液充填交代型硫铁矿床形成于喜马拉雅期，与喜马拉雅期超浅成花岗岩有重要关系。广泛分布于全省各地，上规模矿床则位于金沙江—哀牢山深大断裂与程海断裂之间夹持地带。垂向上分布于喜马拉雅期浅成花岗岩两侧、上部与碳酸盐岩内外接触带相接。

热液充填交代型硫铁矿总体为热液类型，但按其成矿条件和成矿作用方式又可分为中低温热液充填交代型和接触交代型（矽卡岩型）。该类型硫铁矿主要受节理、裂隙、断层的控制，同时亦受一定岩性控制。有的产于花岗岩裂隙内及其内外接触带，有的产于断裂带附近或产于各时代地层的层间、切层节理、裂隙中。

矿体主要呈脉状、囊状、鸡窝状、透镜状或不规则状产出。产状变化较大，有缓倾斜、陡倾斜乃至直立。矿体规模不一，大小不等，一般长数米至数十米，最长可达 450 m，厚度数厘米至十余米。矿石品位一般较贫，且变化大，常与铅锌矿共伴生，含铅、锌等组分。

矿石矿物主要为黄铁矿，尚有少量黄铜矿、闪锌矿等，脉石矿物有石英、白云石、方解石、绿泥石等，产于花岗岩与碳酸盐岩接触带的接触交代型矿床，矿石矿物主要为黄铁矿、磁黄铁矿，尚有少量闪锌矿、方铅矿、黄铜矿及毒砂等。矿石类型可分为致密块状黄铁矿、块状黄铜矿-闪锌矿-黄铁矿、稀疏-稠密浸染状黄铁矿矿石。围岩蚀变有硅化、绢云母化、碳酸盐化、大理岩化、绿泥石绿帘石化、角岩化、矽卡岩化及石膏化等。

主要矿床（中型）为宾川县宝丰寺硫铁矿，硫铁矿查明资源储量 244×10^4 t。

（四）开发利用

硫的应用较广，可形成较为复杂的产业链（表 7-9，图 7-10）。

表 7-9 硫矿产业链

硫矿开采	硫矿							
矿石加工	原矿→破碎→磨矿→选矿→硫和硫化合物							
主要产品	硫酸					硫磺		
	化肥	化工	轻工	冶金	石油	化工	食糖	其他
主要用途	硫酸铵、过磷酸钙	苯酚、硫酸钾	粘胶、纤维、维尼纶	钢材酸洗、氟盐	原油加工、石油催化剂、添加剂	硫化铜、焦亚硫酸钠	漂白脱色	医药、火药、农药、选矿药剂、粘胶纤维溶剂

云南硫铁矿资源从数量上看是丰富的，但矿石质量较差，加之交通条件不便，开发建设条件不够理想，没有规模性生产的矿山企业，多为小规模开采，所需硫资源消费量主要依赖省外进口。

开发利用过的矿区主要有禄劝新村、鲁甸火德红、镇雄黑树庄、威信顺河、富源余家老厂及罗平阿东等。

第四节 萤　　石

萤石（CaF_2）俗称氟石，属卤化矿物，是自然界主要含氟矿物。

萤石主要用于钢铁、氟化工、炼铝和建材工业。在冶金工业中用于冶炼钢铁、冶炼金、银、铜、锑、铅的助熔剂；在化学工业中用于制取氟酸、氟橡胶、氟涂料、含氟精细化学品、无机氟化合物等；在建材工业中主要用作水泥煅烧熟料矿化剂和玻璃、陶瓷、搪瓷、辉绿岩铸件等工业的助熔原料和重要配料；无色透明萤石可作光学仪器；色泽鲜艳、透明、半透明、无解理裂纹的块状萤石可作美术工艺品等。

一、资源概况与开发利用

云南萤石矿主要为热液成因，划分为层状及脉状 2 类，另外，单一矿产少，以共（伴）生类为

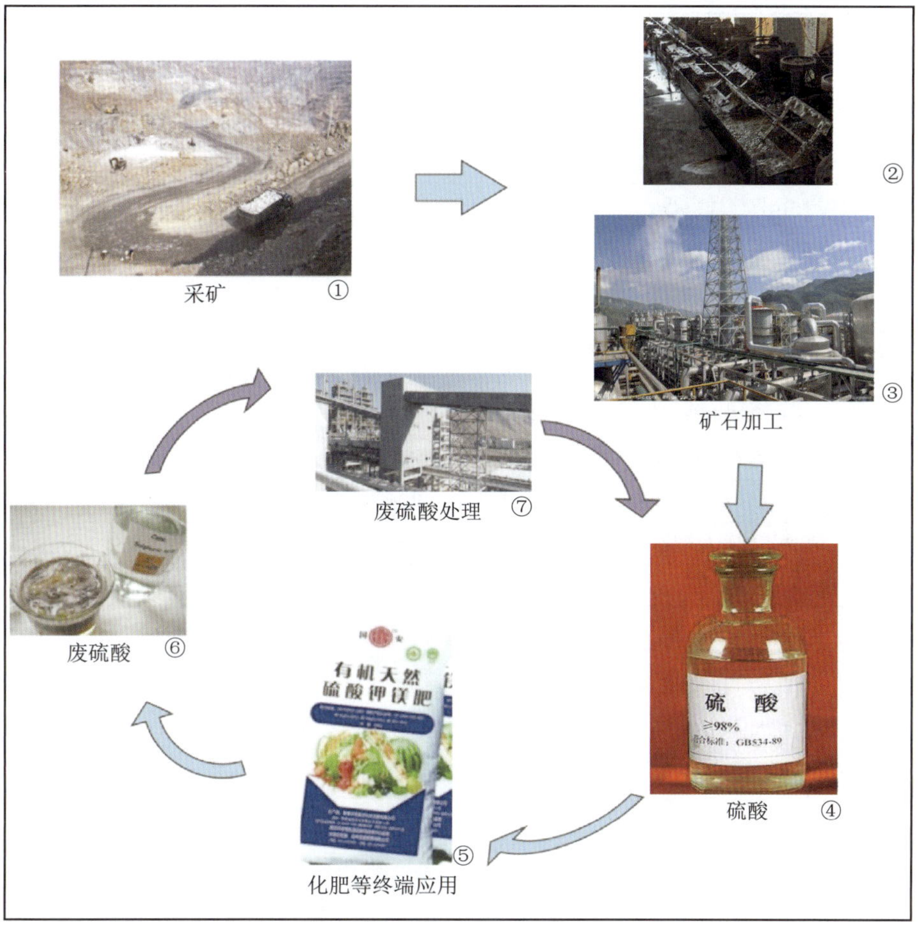

图 7-10　硫产业链示意图

(图①http://www.yfyj.gov.cn/Item/700.aspx；图②http://www.0871jixie.com/blog/9987.html；图③http://news.hsboss.com/show-1932.html；图④、⑥https://baike.sogou.com/v115547.htm;jsessionid=D810DC1C519AD64BFED6DEE02CEAD 141；图⑤https://baike.sogou.com/v7751562.htm? fromTitle=%E7%A1%AB%E9%85%B8%E9%92%BE% E9%95%81%E8%82%A5；图⑦http://www.luxichemical.com/index.php/News/view/id/811.html)

主。有资料可查的矿床（点）累计 29 个（图 7-11，表 7-10、7-11）。其中，单一类 17 个、伴生类 12 个。累计查明上表氟化钙资源储量 7978×10^3 t。

表 7-10　云南省单一类萤石矿主要矿产地

编号	州（市）	矿产地名称	规模	矿床类型	成矿时代	工作程度	资源储量 10^3 t	开发利用情况
1	曲靖市	富源县老厂萤石矿	大型	热液型	中二叠世	勘探	1512.70	未开发
2	保山市	腾冲市水城萤石矿	小型	热液交代型		普查	22.90	已开发
3		腾冲市中和高楼子萤石矿	小型	热液型		普查	10.40	已开发
4		腾冲市杞茂萤石矿	小型	热液型		普查	30.70	已开发
5		腾冲市马蹄寨萤石矿	小型	热液型		普查	23.70	已开发
6		龙陵县核桃坪萤石矿	小型	热液型		普查	31.00	已开发

续表

编号	州（市）	矿产地名称	规模	矿床类型	成矿时代	工作程度	资源储量 10^3 t	开发利用情况
7	昭通市	昭阳区威宁寨萤石矿	中型	沉积型	晚二叠世	普查	275.60	已开发
8		昭阳区洒渔铜厂箐萤石矿	小型	接触交代型	早三叠世	普查	121.30	已开发
9		昭阳区宁边萤石矿	小型	热液型	晚石炭世	普查	138.60	已开发
10		巧家县竹山萤石矿	中型	沉积型	早震旦世	详查	233.70	已开发
11		巧家县铜厂沟萤石矿	小型	热液型	晚二叠世	普查	97.50	已开发
12		巧家县捌宝萤石矿	小型	热液型	晚二叠世	详查	97.90	已开发
13		大关县兴隆萤石矿	小型	热液型	早泥盆世	普查	84.20	已开发
14		永善县团东萤石矿	小型	热液交代型	早震旦世	普查	68.00	已开发
15		永善县泰峰萤石矿	小型	热液型	中晚奥陶世	普查	11.00	已开发
16		彝良县后龙山萤石矿	小型	热液型	晚二叠世	普查	65.80	已开发
17	普洱市	西盟县阿拉松萤石矿	矿点	热液型		预查	0.00	未开发

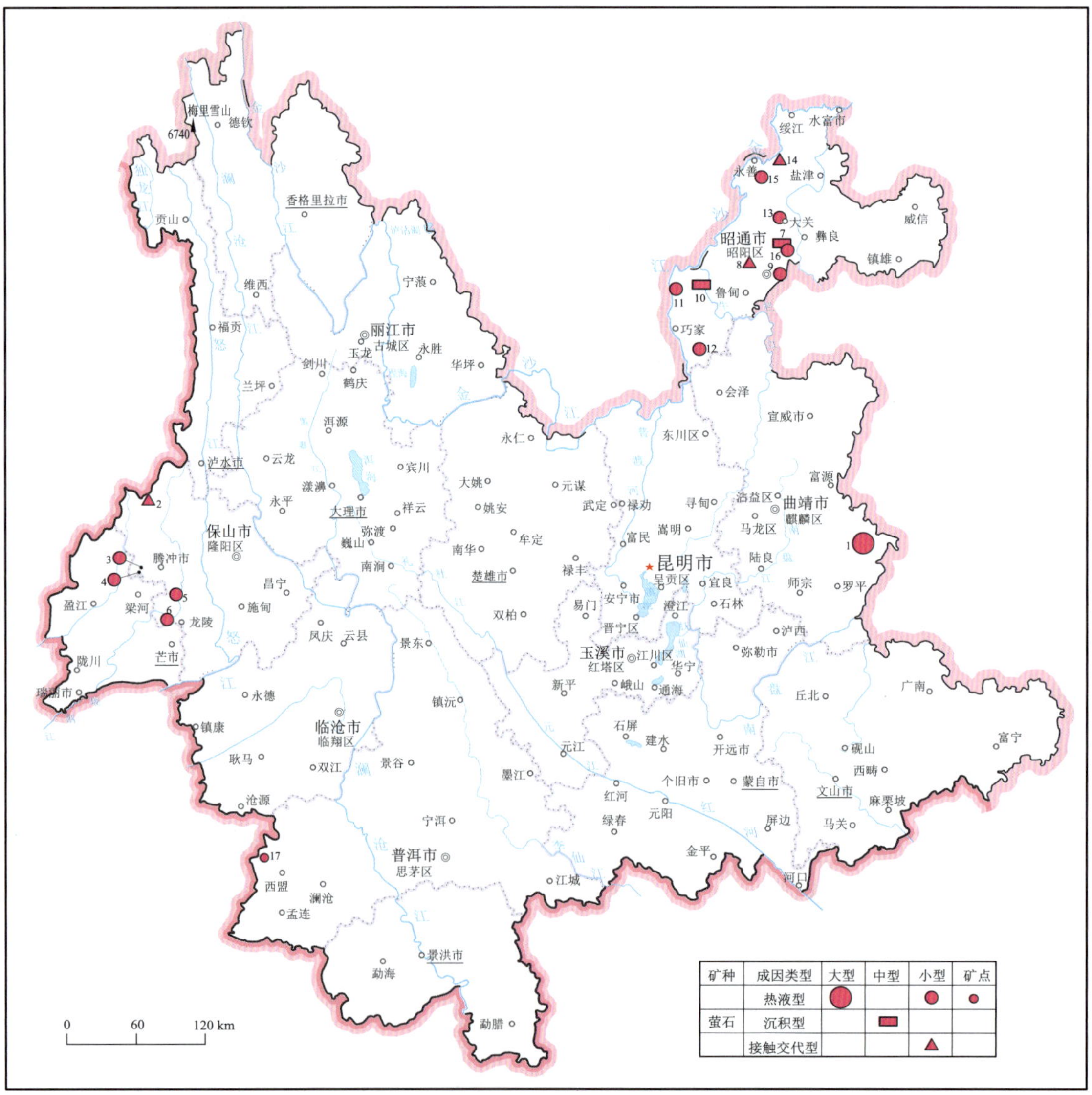

图 7-11　云南省单一类萤石矿主要矿产地分布图

表 7-11　云南省伴生类萤石矿主要矿产地

编号	州（市）	矿产地名称	规模	成矿时代	工作程度	资源储量 10^3 t	开发利用情况
1	曲靖市	富源县余家老厂锑矿（伴生 CaF_2）	大型	中二叠世	普查	3387.36	未开发
2	昭通市	永善县金沙厂矿区铅锌矿（共生 CaF_2）	中型	震旦纪	详查	84.70	已开发
3	红河州	个旧市老厂湾子街锡矿（伴生 CaF_2）	中型	中生代	勘探	64.10	已开发
4	红河州	个旧锡矿卡房采选厂（伴生 CaF_2）	中型	中生代	勘探	37.80	已开发
5	红河州	个旧市松树脚锡矿（伴生 CaF_2）	中型	中生代	勘探	211.10	已开发
6	红河州	个旧马拉格锡矿（伴生 CaF_2）	小型	中生代	勘探	2.60	已开发
7	红河州	个旧市老厂竹林锡矿（伴生 CaF_2）	中型	中生代	勘探	47.60	已开发
8	红河州	个旧市卡房金光坡锡矿（伴生 CaF_2）	小型	中生代	勘探	5.30	已开发
9	红河州	个旧市老厂竹叶山锡矿（伴生 CaF_2）	中型	中生代	勘探	72.00	已开发
10	红河州	个旧市老厂塘子凹锡矿（伴生 CaF_2）	小型	中生代	勘探	91.12	已开发
11	大理州	巍山县笔架山锑矿（伴生 CaF_2）	大型	晚三叠世	详查	42.27	已开发
12	迪庆州	香格里拉县麻花坪钨铍矿（伴生 CaF_2）	大型		勘探	236.81	已开发

云南萤石矿保有资源储量居全国第 5 位（国土资源部矿产资源储量司，2016）。萤石矿自给有余，属富有矿产。

热液型萤石矿床主要分布在滇东北昭通、滇东富源及滇西腾冲-龙陵等地，面积约 15800 km^2，划分为昭通、富源老厂、腾冲-龙陵 3 个成矿区。

共（伴）生类萤石矿床，相关的主矿种成矿区有铅锌矿滇东北成矿区、个旧成矿区、钨矿香格里拉麻花坪成矿区。

云南萤石资源总体点多，量少，没有规模生产的矿山企业，多为民间小规模开采。开发利用过的矿区主要有富源老厂、亚德克，及后来小规模开采的彝良后龙山、巧家捌宝、腾冲水城、杧茂、龙陵核桃坪等矿山。

二、矿床类型与矿床实例

根据成矿作用方式和成矿地质条件，萤石矿床（点）主要为热液型（层状、脉状）1 种成因类型，其余主要为共（伴）生萤石矿床。

（一）大关县兴隆萤石矿

属热液型（脉状）萤石矿床，矿体赋存于下泥盆统翠峰山组石英砂岩、粉砂岩及页岩顶部—下泥盆统坡角组页岩、细砂岩及灰岩透镜体底部之接触面间。具明显层控特征，属中-低温热液充填（交代）成矿作用类型。

矿区构造形态以南北向褶皱为主，遭受后期北西、北东向断裂破坏。矿体一般位于区域断裂次级构造带附近，与北西向、北东向构造关系密切（热液涌道）。

矿体呈似层状、脉状产出，与围岩界线清楚，走向近南北，倾向东，倾角 80°~35°，走向长 350 m，厚 2.86~3.13 m。矿体氟化钙含量 33.24%~36.09%，共（伴）生铅 3.76%~4.03%、锌 4.35%~6.35%。萤石多为紫红色、灰白色半自形晶、他形晶粒状，粒径为 0.02~0.1 mm，多呈集合体产出矿石。矿物以萤石为主，其次有重晶石、方铅矿、闪锌矿，少量黄铁矿；脉石矿物为白云石、方解石、重晶石、石英等。矿石自然类型主要为硫化铅锌萤石。

围岩蚀变有重晶石化、方解石化、黄铁矿化。

矿区位处昭通陆棚，中沟背斜与大关背斜之间。下泥盆统碎屑岩碳酸盐岩层间溶隙带与构造破碎带交汇处是重要找矿部位。

（二）巧家县竹山萤石矿

属热液型萤石矿床，矿体赋存于上震旦统灯影组上段碳酸盐岩构造破碎带中。下部为浅灰色厚层致密块状白云岩、硅质白云岩，构造溶蚀裂隙发育，规模大，延伸远；上部为浅灰色块状含硅质条带白云岩，普遍含磷。全层厚 913 m。

矿区主要构造为北西走向的小河背斜，由于受地形切割影响，沿沟谷处出露上震旦统灯影组（核部），两翼为寒武系—奥陶系，南翼地层倾角 10°~25°，北东翼地层倾角 10°~30°。矿区发育北西向断裂 6 条，其中规模较大的有 3 条。

矿体形态复杂多样，常呈透镜状、扁豆状产出。矿化（体）长>300 m，矿体产状与断层产状基本一致，矿体厚度一般 0. 67~2. 36 m，平均 1. 69 m。化学成分以氟化钙、氧化钙、氧化镁为主，其次为二氧化硅、三氧化二铁、三氧化二铝，且含铅、锌，氟化钙含量 48. 72%~51. 02%。矿体在地表沿断层断续出露，边缘裂隙中见细脉状铅锌矿分布，萤石矿颜色多以白、粉红、深蓝、暗紫红色为主。矿石矿物主要为萤石，次为铅锌矿，脉石矿物有方解石、白云石、石英，偶见少量黄铁矿。矿石自然类型属硫化物—萤石。

矿区位处巧家陆内裂谷。碳酸盐岩围岩形成于晚震旦世灯影期，属半闭塞台地古地理环境。上震旦统灯影组上段碳酸盐岩构造破碎带、溶隙带是重要找矿部位。

（三）富源县老厂萤石矿

属热液型（脉状、层状）萤石矿床，萤石矿赋存于上二叠统龙潭组底部、中二叠统茅口组灰岩断层、裂隙、节理中，岩性为硅化凝灰质砂砾岩。上二叠统龙潭组底部原岩为硅化灰岩或受轻微硅化粉砂岩、薄层状硅化凝灰质砂砾岩及粘土，厚 17. 82 m。中二叠统茅口组顶部原岩为浅灰色厚层状石灰岩。

燕山运动时期，区内形成北东向老厂背斜和挤压柔皱构造破碎带，断层破碎带往往发生在龙潭组底部泥灰岩、粉砂岩及茅口组顶部灰岩中，形成破碎角砾岩，后期矿液交代泥晶灰岩，即形成萤石矿体。

产于构造破碎带中的陡矿体，呈囊状、透镜状，总体走向北东，倾向北西，平均倾角 75°左右。产于假整合面上的缓矿体，呈似层状，走向北东，倾向北西，倾角 15°~25°。主要矿体有 3 个，单个矿体长 228~370 m，宽 55~145 m，厚 0. 92~10. 12 m，平均 2. 97~4. 15 m，全区平均 3. 42 m。单个矿体 CaF_2 含量 20. 59%~85. 34%，平均 37. 92%~65. 21%，全区平均 49. 52%；二氧化硅含量 11. 24%~64. 65%，平均 24. 63%~51. 10%，全区平均 39. 98%。区内萤石多呈白色，少数微带绿、蓝、紫色，无色透明者罕见，粒度一般较粗，常为数毫米至数厘米，少数<0. 5 mm，萤石多为他形粒状集合体或晶簇形式产出，单晶很少，晶形全为立方体。矿石矿物主要为萤石、石英，金属矿物有辉锑矿（及其氧化物锑华、黄锑华）、黄铁矿（褐铁矿），脉石矿物为高岭石（和迪开石）、方解石、绿泥石、重晶石、水云母等。矿石自然类型按矿物组合分为单矿物萤石，萤石-石英，辉锑矿-萤石；按结构构造分为致密块状，浸染状，碎块状，粉末状及含粘土萤石。

围岩蚀变有硅化、高岭石化及褪色化。

矿区位于罗平外陆棚，小江断裂以东，师宗-弥勒断裂以北地块。晚二叠世龙潭期属陆地边缘滨海沼泽环境，中二叠世茅口期为开阔台地环境。上二叠统龙潭组底部、中二叠统茅口组灰岩断层、裂隙、节理是重要找矿部位。

（四）腾冲市水城萤石矿

属热液型（脉状）萤石矿床，萤石矿赋存于上石炭统空树河组三段变质岩构造破碎带中，围岩岩性为灰色薄至中厚层状含碳质、粉砂质粘土板岩，含粉砂质碳质二云板岩，顶部为角岩化石英砂岩。

矿区内构造总体呈近南北向展布，断裂构造较发育，早期有北东向或近于北东向断裂 5 条，其中有 2 条是赋矿和控矿断层；晚期发育东西向或近东西向平移断层 2 条；区内白垩世多期次岩浆活动频繁，大面积分布。

共见 2 个矿体呈脉状、透镜状产于断层内并严格受其控制。1 号矿体呈北东—南西向，倾角 73°，走向长 106 m，倾向延深 40 m，矿体厚度 1.00~7.00 m，平均 2.23 m，氟化钙含量 39.51%~47.56%，平均 43.40%。2 号矿体呈北东—南西向，倾角 76°，延展规模小，矿体厚 0.4 m，氟化钙含量 31.41%。萤石呈灰白色、淡红色或肉红色，自形-半自形粒状，粒度一般>1 mm。矿石矿物主要是萤石，脉石矿物主要为石英和镜铁矿，偶见橘黄色的铅华。矿石自然类型为单矿物萤石，石英-萤石。

围岩蚀变有硅化、矽卡岩化、云英岩化、黄铁矿化和萤石化等。

矿区位处腾冲-棋盘石大断裂西侧。上石炭统空树河组变质岩系构造破碎带是重要找矿部位。

第五节　重　晶　石

重晶石（$BaSO_4$）用于生产重晶石粉、制取钡的化工产品、提取金属钡、生产钡合金。

重晶石粉大量用作钻井泥浆加重剂，少量用于纸张、油漆、橡胶、混泥土防护建筑材料。钡化工产品有碳酸钡、氯化钡、硫酸钡、硝酸钡、氟化钡及锌钡白等 15 种钡化合物。金属钡用于电子产品，冶金工业钡合金有钙钡合金、钇铜钡超导体合金、钡镍合金及硅钡铁合金等。

一、资源概况与开发利用

云南重晶石矿主要有热液型和风化残积型，有资料可查的矿床（点）累计 15 个（表 7-12、7-13，图 7-12）。其中，单一类 12 个、伴生类 2 个。按规模分：中型 1 个、小型 7 个、矿点 6 个。累计查明上表矿石资源储量 1087×10^4 t。

表 7-12　云南省单一类重晶石矿主要矿产地

编号	州（市）	矿产地名称	规模	矿床类型	成矿时代	工作程度	资源储量 10^3 t	开发利用情况
1	昆明市	西山区飞来寺重晶石矿	矿点	风化残积型	新生代	预查		未开发
2		西山区后山村重晶石矿	矿点	风化残积型	新生代	预查		未开发
3	曲靖市	马龙区纳章重晶石矿	小型	浅成中-低热液型	晚震旦世	普查	918.00	已开发
4		会泽县马路重晶石矿	小型	浅成中-低热液型	中生代	普查	154.60	未开发
5	昭通市	鲁甸县火德红重晶石矿	小型	浅成中-低热液型	中生代	普查	276.00	未开发
6		大关县乐翰重晶石矿	小型	浅成中-低热液型	中生代	普查	601.10	未开发
7		永善县佛滩重晶石矿	小型	浅成中-低热液型	中生代	普查	743.10	未开发
8	丽江市	宁蒗县巴打湾重晶石矿	矿点	浅成中-低热液型	中生代	预查		未开发
9		宁蒗县跑马坪重晶石矿	矿点	浅成中-低热液型	中生代	预查		未开发
10		宁蒗县马鹿塘重晶石矿	矿点	浅成中-低热液型	中生代	预查		未开发
11	普洱市	宁洱县砍盆箐重晶石矿	矿点	浅成中-低热液型	中生代	预查		未开发
12	大理市	祥云县象鼻新村重晶石矿	小型	浅成中-低热液型	中生代	详查	1247.00	已开发

表 7-13　云南省共（伴）生类重晶石矿主要矿产地

编号	州（市）	矿产地名称	规模	工作程度	资源储量 10^3 t	开发利用情况
1	昭通市	永善县金沙厂矿区铅锌矿（伴生 $BaSO_4$）	中型	详查	5902.00	已开发
2	怒江州	兰坪县金顶铅锌硫铁矿（伴生 $BaSO_4$）	小型	勘探	1034.20	已开发

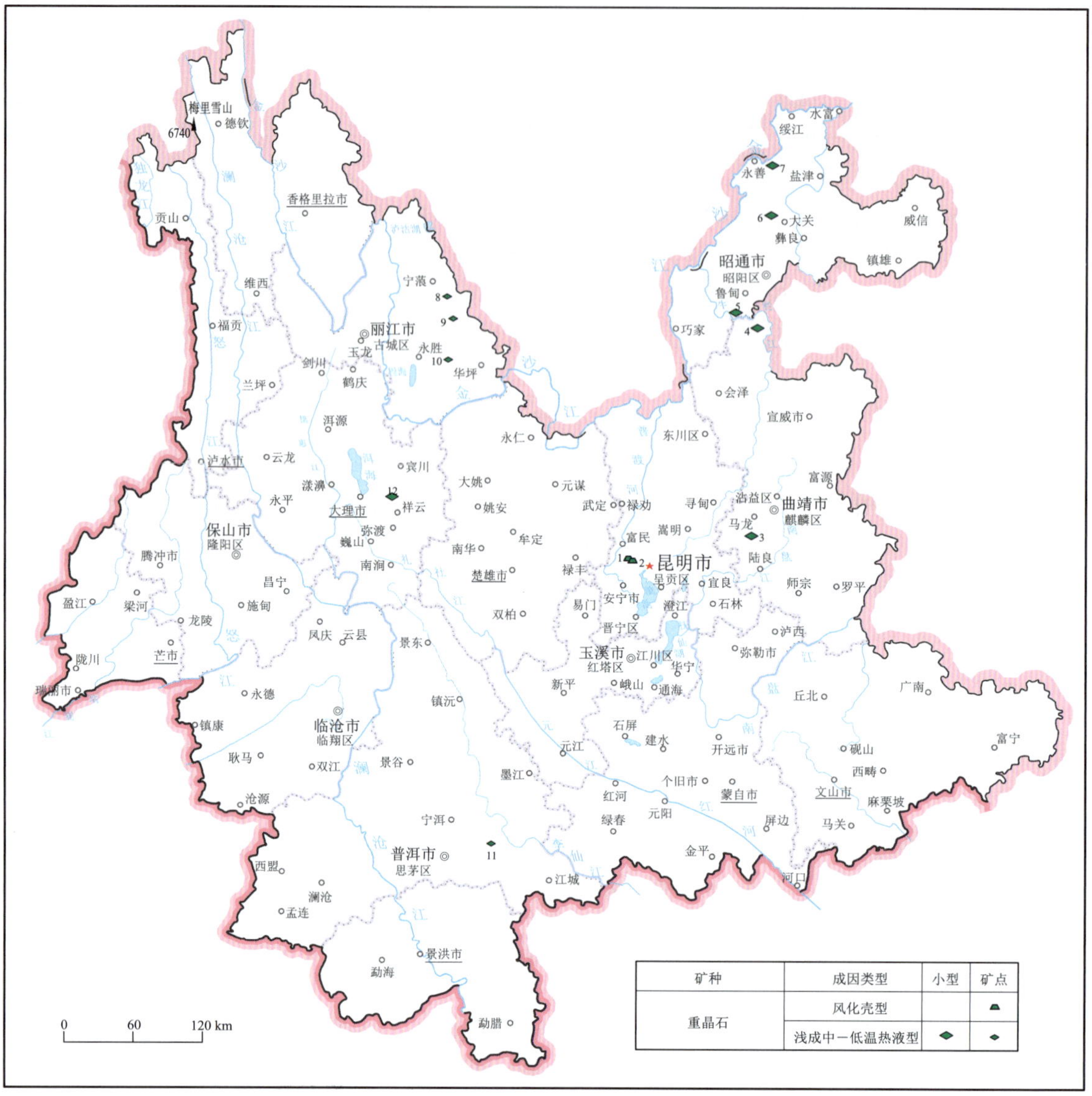

图 7-12　云南省单一类重晶石矿主要矿产地分布图

云南的重晶石矿多与铅锌矿共、伴生，勘探程度低，具有较大的找矿空间，属潜力矿产。

热液脉型重晶石矿主要分布在滇东地区，滇西北地区亦有少量分布，面积约 6000 km^2，划分为永善沸滩-大关乐翰、鲁甸火德红-会泽马路、华坪、马龙纳章 4 个成矿区。

风化残积型重晶石矿主要分布在昆明地区，面积约 300 km^2，仅有昆明后山村 1 个成矿区。

共（伴）生类重晶石矿床，相关的主矿种成矿区有铅锌矿滇东北成矿区、兰坪—云龙成矿区。

云南重晶石资源总体点多，量少，没有规模生产的矿山企业，多为民间小规模开采。开发利用过的矿区主要有会泽马路，后来小规模开采的永善佛滩、大关乐翰及祥云象鼻新村等矿山。

二、矿床类型与矿床实例

根据成矿作用方式和成矿地质条件，将单一重晶石矿床（点）划分为热液脉型和风化残积型 2 种成因类型，其余主要为共（伴）生类型重晶石矿床。

（一）马龙区纳章重晶石矿

属热液脉型重晶石矿床，矿区主要赋矿层位为上震旦统灯影组，为一套厚大的白云质至硅质沉积。

下段：下部为灰白色中厚至厚层状细纹白云岩、贫藻；中部为灰、灰白色中厚至厚层状具稀疏硅质条带白云岩，富含变形石葡萄石等藻类化石；上部为灰色、灰白色薄至中厚层状硅质条纹细致隐晶质白云岩，贫藻；顶部为粉红色、灰色同生角砾白云岩或泥质白云岩、白云质页岩，厚度 387.9 m。中段：为浅灰至深灰色薄至中厚层状白云质和泥、砂质的交替沉积，层理平直，常含铁质，风化后呈浅灰、灰白、灰黄、紫红等色，俗称“杂色层”或“紫色层”，主要岩性为互层状的泥晶白云岩、泥质白云岩、钙质页岩、泥质粉砂岩和粉砂质泥岩，底部粉砂岩中见海绿石（蚀变后为绿泥石），厚度 33.2～40.0 m。下段与中段接触面常有厚数米至十余米的紫黑色铁锰质粘土，并富含微量元素，为重晶石、褐铁矿的产出部位。上段：为硅质岩段，岩性为浅灰色、深灰色薄至中厚层状硅质岩夹粉砂质硅质页岩，厚度 11.5～27.4 m。

矿区位于鲁泽-纳章背斜北东端的倾伏部位，为一向北西缓倾（倾角 7°～20°）的单斜构造。区内发育北东向断裂构造 20 条，北西向断裂构造 44 条，热（卤）水沿碳酸盐岩构造破碎带、层间溶隙带发生充填交代，形成脉状重晶石矿。

重晶石矿体主要呈不规则透镜状、囊状、似层状、脉状等产出于上震旦统灯影组下段和中段，尤以两者接触界面附近更为富集。矿体明显受层位和断裂构造控制，其形态产状变化大，呈不连续的“鸡窝状”展布。共圈定重晶石矿体 82 个（其中残坡积矿体 25 个），单个矿体长数米至数十米，最长百余米；矿体厚度一般数米至十余米；矿体向深部延伸一般为 10～20 m。据最大的 4 个矿体统计，矿体长 38～155 m，倾向延深 19.2～60 m，厚 5.1～15 m，平均含硫酸钡80.36%～93.71%。矿石矿物主要为重晶石，金属矿物有黄铁矿、黄铜矿、赤铁矿和少量方铅矿、闪锌矿，氧化矿物有褐铁矿、软锰矿，脉石矿物为白云石、石英、方解石及水云母等。矿石自然类型按矿物组成可分为 5 种：纯单矿重晶石，铁-重晶石，硫化物-重晶石，石英-重晶石，粘土质-重晶石。

围岩蚀变有硅化，黄铁矿化，赤铁矿化，粘土化，重晶石化。

矿区位处曲靖陆表海，小江断裂以东，师宗-弥勒断裂以北地块。成矿母岩形成于晚震旦世灯影期，属滇中古陆与牛首山古陆间开阔台地古地理环境。上震旦统灯影组碳酸盐岩构造破碎带、层间溶隙带是重要找矿部位。

（二）会泽县马路重晶石矿

属热液脉型重晶石矿床，含矿岩系为上震旦统灯影组，下寒武统梅树村组，下部雪花状泥晶白云岩、硅质白云岩夹硅质条带、团块及结核；上部磷块岩、细晶白云岩。上述岩类经热（卤）水作用，在适合的构造-背斜区及断裂、裂隙发育部位富集成重晶石矿。

矿区灯影组、梅树村组中有次级北东、北西断裂破碎带及其层间岩溶裂隙带。

重晶石矿体主要呈不规则透镜状、囊状、似层状、脉状等，受构造破碎带产状、碳酸盐岩层间溶隙形态所控制，已发现重晶石脉 10 余条。矿体产状受断裂破碎带及其层间岩溶裂隙带所控制，走向多为北东、北西向，倾角变化较大。矿体规模大小不等，矿体平均含硫酸钡 88.11%～94.11%。矿石矿物主要为重晶石；金属矿物有黄铁矿、黄铜矿、赤铁矿和少量方铅矿、闪锌矿；脉石矿物为白云石、石英、方解石及水云母等；氧化矿物有褐铁矿、软锰矿。矿石自然类型有纯单矿物重晶石，铁-重晶石，硫化物-重晶石，石英-重晶石，粘土-重晶石。

围岩蚀变有硅化，黄铁矿化，赤铁矿化，粘土化，重晶石化。

矿区位于昭通陆棚，小江断裂以东，师宗-弥勒断裂以北地块。成矿母岩形成于晚震旦世灯影期半闭塞台地、早寒武世梅树村期开阔台地。上震旦统灯影组-下寒武统梅树村组碳酸盐岩构造破碎带、层间溶隙带是重要找矿部位。

（三）昆明市西山区后山村重晶石矿

属风化残积型重晶石矿床，含矿原岩为下寒武统梅树村组大海段。下部磷块岩、扁豆状白云岩；

上部中厚层状泥、粉晶白云岩。含矿地质体主要为第四系残积层，岩性为细晶白云岩、硅质白云岩残块及其风化的红黄、紫黑、褐色粘土。

滇中古陆和牛首山古陆之间系岛间盆地环境形成碳酸盐岩成矿母岩。中生代，区内伴随南北向普渡河-滇池断裂带活动形成众多次级构造破碎带，热（卤）水沿碳酸盐岩构造破碎带、层间溶隙带发生充填交代，形成原生脉状重晶石矿。第四纪，原生矿体出露地表，在风化环境下，围岩被溶蚀流失，而重晶石因其化学性能较稳定，抗风化能力强，经机械破碎后，于缓坡形原地堆积，或崩落，或近距离搬运至地形低凹处堆积成矿。

1号原生矿体赋存于下寒武统梅树村组大海段碳酸盐岩，呈细脉状、浸染状产出，东西长260 m，南北宽50 m，平均厚度>1 m，含硫酸钡71.12%；2、3号矿体为风化残积矿，呈不规则面型透镜体近地表产出，矿体出露面积12500~30000 m^2，平均厚度3~12.25 m，含硫酸钡10.06%~93.84%。重晶石含硫酸钡87.56%~93.84%、二氧化硅≥0.19%、三氧化二铝≥0.17%、水溶盐≥0.39%。矿石由重晶石、白云石、石英、铁泥质等组成。重晶石以团块状、砾状、结核状分布于白云岩风化的粘土中。

矿区位处转龙陆内裂谷，普渡河-滇池断裂带西侧。成矿母岩形成于早寒武世梅树村期滇中古陆和牛首山古陆之间系岛间盆地环境。下寒武统梅树村组碳酸盐岩构造破碎带、层间溶隙带及其风化壳是重要找矿部位。

第六节　特种工业矿物

云南的特种非金属矿物主要有：压电水晶、蓝石棉、白云母、冰洲石。

云南特种工业矿物资源储量与全国各省、市、自治区相较，蓝石棉居第1位，压电水晶居第5位。总体上看，特种工业矿物属富有矿产。

一、压电水晶

对晶体进行挤压或拉伸时，两端会产生不同的电荷的效应称为压电效应。能产生压电效应的晶体叫作压电晶体。水晶是一种常见的具有压电效应的晶体。压电水晶在无线电技术中发挥着巨大作用，还广泛应用于声音的再现、记录及传送。

（一）资源概况

云南省压电水晶（SiO_2）的勘查开发始于20世纪50年代。20世纪70年代，由于包括压电水晶在内的人造水晶问世，云南省基本停止了压电水晶的勘查开发。压电水晶主要分布在滇东南的广南县、富宁县、文山县、马关县一带，在昭阳区、镇雄县、香格里拉市、腾冲市、元阳县、金平县等地也有零星发现，在昭阳-镇雄地区、广南那伦-富宁剥隘地区、马关地区成矿远景较好。

据《云南省区域矿产总结》（云南省地质矿产局，1993），全省共有压电水晶矿产地27处，截至2015年，列入云南省矿产资源储量简表的压电水晶（单晶）累计查明资源储量为12110 kg，保有资源储量居全国第5位。经筛选，有8处矿床（点）的工业意义较为明显。其中：大型矿床1处、中型矿床3处、小型矿床2处、矿点2处（表7-14）。

20世纪90年代以来，人造水晶发展迅速，质量优于自然水晶。人造水晶晶体结构完整，杂质含量较少，大小一般可达200 g。人造水晶价格虽然略高于天然水晶，但对促进电子工业的发展，解决压电水晶供不应求的矛盾起到重要作用。

（二）矿床类型与矿床实例

云南省压电水晶的成因划分为3种类型。工业意义以热液型最明显，砂矿次之，伟晶岩型较小。

1. 热液型

热液型压电水晶是本类矿床的重要类型，累计查明压电水晶资源储量3513 kg，占全省压电水晶资源储量的31.5%。该类矿产以热液石英脉形式产出，可产于沉积岩、花岗岩、变质岩中。产于沉积岩中的含晶石英脉工业意义最大。矿床实例为富宁县弄三盘压电水晶矿。现将其特征简述如下。

表 7-14　云南省压电水晶矿主要矿产地

编号	州（市）	矿产地名称	规模	矿床类型	含矿地质体	工作程度
1	昭通市	昭阳区苏家坡压电水晶矿	矿点	砂矿	第四系洪冲积物	预查
2	迪庆州	香格里拉市麻花坪压电水晶矿	矿点	热液型	上泥盆统	预查
3	文山州	麻栗坡县凉水井压电水晶矿	小型	砂矿	第四系残坡积物	详查
4		马关县茅坪压电水晶矿	小型	砂矿	第四系残坡积物	普查
5		广南县邑郎压电水晶矿	中型	热液型	中上泥盆统	详查
6		广南县顶山压电水晶矿	中型	热液型	下泥盆统翠峰山组	勘探
7		富宁县白洋压电水晶矿	大型	砂矿	第四系洪冲积物	勘探
8		富宁县弄三盘压电水晶矿	中型	热液型	石英脉	勘探

矿区出露地层为下奥陶统、下泥盆统，为一套灰色陆源碎屑岩。全区共发现石英脉182条，含晶者45条，有25条构成工业矿体。石英脉单脉呈扁豆状、薄透镜状。石英脉长5~118 m，一般厚5~15 cm。工业矿体长30~100 m，厚20~40 cm。

脉体的含晶性与脉体大小关系密切。厚度<15 cm的脉体基本不含晶。厚度为15~20 cm的脉体含压电小水晶，工业意义不明显。品质较好的含矿脉体厚度均大于20 cm。脉体中晶洞大小悬殊。一般为0.1~0.15 m^3，可产晶10~100 kg。水晶以短柱状、柱状为主，晶形完整。矿石品级以三级品为主。

经详查，矿床规模属中型。

2. 砂矿

砂矿在云南省的压电水晶矿中占有重要地位。查明的压电水晶资源储量占全省保有资源储量的68.50%。砂矿床产于距原生矿不远的洼地或斜坡上。成因类型以残坡积物为主，洪冲积型较少。矿床实例为富宁县白洋压电水晶矿。

矿区出露地层为上寒武统镁质碳酸盐岩和中-下泥盆统陆源碎屑岩。岩石中含晶石英脉发育，为砂矿的矿源岩。含矿层为残坡积物，自上而下划分为土黄色亚粘土层、土红色亚粘土层、褐黄色亚粘土层、黄褐色亚粘土层、紫色黄色亚粘土层。土红色亚粘土层为上矿层，厚0.65~8 m。褐黄色亚粘土层为下矿层，厚0.8~6 m。

砂矿分布面积为2.5 km^2。矿体呈似层状、透镜状为主，共圈定了矿体30个。矿体一般为80 m×120 m，大者150 m×240 m。

水晶多为无色，以块状晶为主。单体一般重70~1000 kg，单晶采取率一般为15%~20%。多数晶面完整，表面光滑，质量较好。

经勘探，矿床属大型规模。

二、蓝石棉

蓝石棉矿床是石棉矿床的一个亚种。蓝石棉矿床包括各种蓝色的钠质角闪石石棉，如蓝铁闪石石棉、纤铁蓝闪石石棉、钠铁闪石石棉、钠闪石石棉。后2种又称为青石棉。

蓝石棉具极高的耐酸性和耐碱性，在水中易疏解为伸直的弹性纤维，低温加热不影响其强度，松散的纤维具有隔热性能。另外，镁钠闪石石棉，在水中有很高的负表面电位，具有最好的过滤性能，曾作为防化学战的战略物资。由于蓝石棉会对人体健康构成危害，已被国家列入禁止勘查及开采矿种。

（一）资源概况

云南省的蓝石棉矿主要分布于滇中的大姚县、牟定县、姚安县一带，在滇西北的宁蒗县也有发现。在宁蒗县烂泥箐地区、大姚-牟定地区成矿远景较好。据《云南省区域矿产总结》（云南省地质矿产局，1993），全省共发现矿床（点）37处，截至2015年底，云南省累计查明蓝石棉资源储量为4.1×10^4 t，保有资源储量居全国第1位。工业意义较为明显的矿床（点）有19处（表7-15）。其中，大型、中型矿床各1处，剩余17处为矿点。

表7-15　云南省蓝石棉矿主要矿产地

编号	州（市）	矿产地名称	规模	赋矿地层	工作程度
1	丽江市	宁蒗县滥泥箐蓝石棉矿	矿点	中三叠统北衙组	预查
2	楚雄州	牟定县清水河蓝石棉矿	矿点	上侏罗统妥甸组	预查
3		牟定县溜口坡蓝石棉矿	矿点	上侏罗统妥甸组	预查
4		牟定县小河新村蓝石棉矿	矿点	上侏罗统妥甸组	预查
5		牟定县松川蓝石棉矿	矿点	上侏罗统妥甸组	预查
6		姚安县高丰寺蓝石棉矿	大型	上侏罗统妥甸组	勘探
7		牟定县徐家蓝石棉矿	中型	上侏罗统妥甸组	预查
8		大姚县石羊蓝石棉矿	矿点	古新统勐野井组	预查
9		大姚县小斑竹箐蓝石棉矿	矿点	古新统勐野井组	预查
10		大姚县大向家屯蓝石棉矿	矿点	古新统勐野井组	预查
11		大姚县白塔屯蓝石棉矿	矿点	古新统勐野井组	预查
12		大姚县观音蓝石棉矿	矿点	古新统勐野井组	预查
13		大姚县滑利坡蓝石棉矿	矿点	上侏罗统妥甸组	预查
14		大姚县白鹤村蓝石棉矿	矿点	古新统勐野井组	预查
15		大姚县初家龙塘蓝石棉矿	矿点	古新统勐野井组	预查
16		大姚县东海冲蓝石棉矿	矿点	古新统勐野井组	预查
17		大姚县黄土坡蓝石棉矿	矿点	上侏罗统妥甸组	预查
18		大姚县龙街蓝石棉矿	矿点	上侏罗统妥甸组	预查
19		永仁县古拉蓝石棉矿	矿点	古新统勐野井组	预查

（二）含矿地层与矿床特征

云南省的蓝石棉矿均属层控矿床，矿物种属为镁钠闪石石棉。矿化地层以上侏罗统妥甸组最为重要，古新统勐野井组次之，中三叠统北衙组中矿化较弱。此外，在滇中姚安县内的上白垩统江底河组中，也发现蓝石棉矿化点。

1. 含矿地层

上侏罗统妥甸组广泛分布于滇中中生代红色沉积盆地中。蓝石棉矿化在盆地中部东侧的姚安-牟定一带发育较好，形成了长70 km、宽30 km的蓝石棉矿化带。矿床实例为姚安县高峰寺蓝石棉矿。

古新统勐野井组中的蓝石棉矿分布于滇中中生代红色沉积盆地的姚安以北地区，共发现12处矿点，工作程度均为预查。

中三叠统北衙组中，仅发现宁蒗县滥泥箐蓝石棉矿，为矿点。

2. 矿床实例

（1）姚安县高峰寺蓝石棉矿

矿区有 2 个主矿层。KC2 矿层地表长 1400 m，深部控制长 3700 m，宽 50~500 m。厚度一般为 0.3~4 m，最大 7.78 m，平均 1.39~2.79 m。矿体厚度和品位沿走向较为稳定，沿倾向变化较大。单工程平均品位 78.279~478.000 g/m^3。品位变化系数 80%~106%。

KC3-2 矿层长 1700 m，宽 200~500 m。矿体内有较多的无矿天窗，规模、厚度、品位不如 KC2 矿层。

纤维状蓝石棉呈脉状分布于构造裂隙中。假象状蓝石棉充填在盐类矿物假象中。矿物种类为镁钠闪石石棉。棉质以Ⅳ级为主，Ⅰ~Ⅱ级长纤维石棉占 10.0%~23.7%。纤维细度 0.0213 μm，机械强度高，酸碱性强，过滤性能好，各类物化指标均能满足工业要求。经详查，矿床达大型规模。

（2）宁蒗县滥泥箐蓝石棉矿

蓝石棉沿岩层矿化，形成透镜状、豆荚状矿体。区内矿体产于 2 个矿化层位中。下矿层长100 m，宽 5 m，由 4 条蓝石棉细脉组成。上层长>500 m，宽 2 m，由 3 条厚约 1 cm，长 0.5~1 m 的细脉组成。蓝石棉呈天蓝色，纤维极细，质地柔软，弹性较好。纤维最大长度为 6~8 cm。

三、白云母

白云母具有较高的绝缘强度、较大的电阻、较低的电介质损耗、耐电晕等优良的介电性能，而且质地坚硬，机械强度高，耐高温、耐酸碱等良好的物化性能。因此，白云母广泛用于无线电工业、航空工业、电机制造，还用于涂料、油漆、塑料、油毡、造纸、油田钻井、装饰化妆等行业。云母粉还可用在屋面材料中，起防雨保暖、隔热等。云母粉与矿棉树脂涂料混合，可做混凝土、石材、砖砌外墙的装饰作用。

（一）资源概况

云南省的白云母矿主要分布在滇西北的贡山-福贡-碧江一带，在昌宁县、云县、凤庆县、屏边县、河口县、玉龙县、元谋县、盈江县、麻栗坡县等地也有零星矿化，在贡山-福贡地区、元谋地区、盈江地区、昌宁-凤庆地区、河口地区、马关县都龙地区成矿远景较好。

据《云南省区域矿产总结》（云南省地质矿产局，1993），全省共有白云母矿产地 19 处，探明白云母资源储量 2588 t，居全国第 7 位。其中：大、中、小型矿床各 1 处，矿点 16 处（表 7-16）。

贡山县的白云母矿曾进行过小规模开采，现已停采。

（二）矿床实例

云南省的白云母矿床（点）均属伟晶岩型。伟晶岩围岩时代以早元古代为主，石炭纪次之，寒武纪较少。典型矿床为：贡山县普拉底白云母、贡山县黑马白云母矿、盈江县卡场白云母矿。

1. 贡山县普拉底白云母

矿区位于贡山县城东南的怒江东岸，出露地层为中浅变质的石炭系。东侧为莫得岩群，西侧为嘎拉搏岩组、丹珠岩组、义产独岩组。矿区 1 km^2 的范围内，共发现 17 条伟晶岩脉，仅对其中 2 条伟晶岩脉进行评价。经普查，矿床规模为中型。

V_{381}伟晶岩脉长 274 m，一般厚 1 m 左右，矿化长度 148 m。岩脉沿岩石片理侵入，近于直立，钠长石交代现象普遍。脉体由外向内划分为：黑云母带、钠长石带、石英绿柱石带、白云母带。白云母带厚 0.38 m，主要由白云母组成，含少量石英。白云母晶体一般为 30~50 cm^2，大者可达 200 cm^2 以上。晶体集合体厚 1~3 cm。白云母缺陷较多，矿石品级为Ⅲ类，级别标号为 5~8。

V_{387}伟晶岩脉长 50 m，平均厚 2.94 m。脉体划分为外带、中带、内核。白云母产于内核，与石英、长石相伴产出。白云母晶体一般为 40~60 cm^2，大者可达千余平方厘米。经开采证实，矿石中有高级别（Ⅰ、Ⅱ）和 1~4 标号的云母存在。

表 7-16　云南省白云母矿主要矿产地

编号	州（市）	矿产地名称	规模	围岩时代	伟晶岩类型	工作程度
1	保山市	昌宁县哨塘寨白云母矿	矿点	早元古代	微斜长石钠长石型	预查
2		昌宁县枯树寨白云母矿	矿点	早元古代	微斜长石钠长石型	预查
3	丽江市	玉龙县金华白云母矿	矿点	早元古代	微斜长石型	预查
4	临沧市	凤庆县慈园白云母矿	矿点	早元古代	微斜长石钠长石型	预查
5	德宏州	盈江县卡场白云母矿	矿点	早元古代	微斜长石钠长石型	预查
6	怒江州	泸水市俄科罗白云母矿	矿点	早元古代	微斜长石钠长石型	预查
7		福贡县马吉米白云母矿	矿点	石炭纪	斜长石微斜长石型	预查
8		福贡县腊早白云母矿	矿点	早元古代	微斜长石钠长石型	预查
9		福贡县基佐洛白云母矿	矿点	早元古代	微斜长石钠长石型	预查
10		贡山县黑马白云母矿	大型	石炭纪	斜长石微斜长石型	预查
11		贡山县普拉底白云母矿	中型	早元古代	微斜长石钠长石型	普查
12		贡山县沙卡都白云母矿	小型	早元古代	微斜长石钠长石型	普查
13	楚雄市	楚雄市山神庙白云母矿	矿点	早元古代	微斜长石型	预查
14		元谋县洪告白云母矿	矿点	早元古代	微斜长石钠长石型	预查
15	红河州	金平县土马寨白云母矿	矿点	早元古代	微斜长石型	预查
16		河口县烈士陵白云母矿	矿点	早元古代	微斜长石钠长石型	预查
17		河口县二条半白云母矿	矿点	早元古代	微斜长石钠长石型	预查
18		屏边县苗子坪白云母矿	矿点	早元古代	微斜长石钠长石型	预查
19	文山州	麻栗坡县上阳坡白云母矿	矿点	寒武纪	微斜长石型	预查

2. 贡山县黑马白云母矿

矿区位于贡山县东南的碧落雪山西坡，出露地层为莫得岩群。区内发现伟晶岩脉 30 余条，有 5 条具工业价值（表 7-17）。经普查，矿床达到大型规模。

表 7-17　贡山县黑马白云母矿体特征

编号	脉体规模		矿体规模		含矿率/kg · m^{-3}		
	长度/m	平均厚度/m	长度/m	平均厚度/m	生料	生料平均	平均评价指标
V_{91}	240		219.5	3.48	26.88~226.44		127.21
V_{83}	100		41.2	0.74	166.24~390.16	255.64	341.28
V_{351}	52	2.76	45.9	2.76	44.78~195.60	135.15	202.40
V_{87}	22	0.75	20.0	0.3		10.30	
V_{47}	54	2.65	已开采完				

3. 盈江县卡场白云母矿

矿区位于盈江县城北西，出露地层为下元古界高黎贡山岩群。区内发现伟晶岩脉 40 余条，具云母矿化者较少。岩脉一般长 30~50 m，厚 5~10 m。围岩为辉长岩及少量角闪紫苏辉长岩、角闪辉石岩、橄榄岩。

产白云母的伟晶岩具较好的带状分异构造，由边缘至中心可划分为细晶岩带、中粗粒（似）文象带、粗粒伟晶带、巨晶长石带、石英内核。白云母主要产于粗粒伟晶带、巨晶长石带、石英内核带的接触界面，呈小而不规则的巢状富集。

白云母块度>4 cm^2，少数达 100 cm^2。生料云母平均含量为 86~286 kg/m^3。工业原料云母占生料的 0.05%~0.5%，少数达 1%。云母产品标号以 8 为主。

四、冰洲石

冰洲石（$CaCO_3$）是无色透明纯净的方解石。冰洲石最早发现于冰岛，故称为“冰洲石”。在白色透明晶体矿物中，冰洲石具有最高的双折射率和偏光性能，主要用于国防工业和制造高精度光学仪器，亦广泛用于无线电电子学、天体物理学等高新技术领域。

云南省的冰洲石矿仅有矿点 5 处，地质工作程度均为预查。镇雄县城关冰洲石矿产于玄武岩中，其余 4 处（砚山县六柱、马关县桶果寨、富源县马鞍山、富源县狮子山）均产于灰岩之中。矿床成因均为热液型。

产于灰岩中之冰洲石的产出层位为：下二叠统、中泥盆统、上寒武统。冰洲石均呈脉状充填于灰岩裂隙中。在块状方解石脉晶洞中含透明冰洲石。由于晶洞规模小，所产冰洲石数量较小、质量欠佳。

在砚山六柱冰洲石矿点中，含冰洲石方解石脉充填于中泥盆统古木组厚层状灰岩与薄层状灰岩的裂隙中。方解石脉呈巢状产出，长 20 m、宽 12 m、厚 10 m。脉体的晶洞中有同块度的方解石晶体。方解石晶体呈灰白、浅黄色，半透明。结晶完整和透明度较高者为冰洲石。冰洲石大小为 20 cm×20 cm×10 cm。经手选，每吨矿石中可获冰洲石 1.4 kg。初步估算，矿区查明冰洲石资源储量 1079 kg。

产于玄武岩中之冰洲石仅见镇雄县城关水泥石冰洲石矿。矿区出露地层为二叠系玄武岩。其中断层破碎带中产有方解石脉。脉长 5 m，宽 2 m 左右。其中有长 60 cm 的晶洞。冰洲石产于晶洞中。

第七节　其他工业矿物

云南的其他工业矿物有：砷、长石、刚玉、伊利石、硅灰石、蛭石、菱镁矿、沸石、滑石、石棉、石墨、蓝晶石。

一、砷矿

砷（As）用作合金添加剂生产铅制弹丸、印刷合金、黄铜（冷凝器用）、蓄电池栅板、耐磨合金、高强结构钢及耐蚀钢等。黄铜中含砷可防止脱锌。高纯度的砷是制取半导体砷化镓、砷化铟等的原料，也是半导体材料锗和硅的掺杂元素，广泛用于制作电子元件。砷的化合物用于制造农药、防腐剂、染料、医药等。

主要含砷矿物为：雄黄、雌黄、毒砂、砷华、斜方砷铁矿。

（一）资源概况

据《云南省区域矿产总结》（云南省地质矿产局，1993），云南省已发现独立砷矿床（点）12 处。其中大型矿床 1 处，中型矿床 2 处，小型矿床 3 处，矿点 6 处（表 7-18）。此外，尚有 10 处矿床中有砷伴生。截至 2015 年底，全省累计查明砷资源储量 69.34×10^4 t，保有资源储量 31.29×10^4 t，居全国第 2 位。

（二）矿床类型与矿床实例

云南省的砷矿床类型划分为：含矿流体作用矿床和接触交代型、岩浆热液型。

1. 含矿流体作用矿床

沉积改造型砷矿主要分布在滇西的巍山、大理、南华等地，是云南省最为重要的砷矿床类型，查明的砷资源储量占全省的 94.6%。该类矿床受地层、断层控制，成矿物质主要来源于沉积岩。代表性矿床为：大理市石磺厂砷矿（中型）、施甸县和平乡砷矿（小型）。

表 7-18　云南省砷矿主要矿产地

编号	州（市）	矿产地名称	规模	矿床类型	含矿地层	工作程度
1	保山市	施甸县和平乡砷矿	小型	含矿流体作用矿床	下石炭统、中泥盆统	普查
2		昌宁县苟街砷矿	矿点		中侏罗统花开左组	预查
3	丽江市	玉龙县南溪砷矿	小型		二叠系	普查
4	普洱市	思茅区蚂蚁堆砷矿	矿点		构造破碎带	预查
5	大理州	大理市石磺厂砷矿	中型		上三叠统麦初箐组	普查
6		漾濞县库木梧砷矿	矿点		上三叠统麦初箐组	预查
7		漾濞县小白果砷矿	矿点		上三叠统麦初箐组	预查
8	楚雄州	南华县龙潭砷矿	大型		中侏罗统张河组	勘探
9	红河州	绿春县大马尖山砷矿	中型	岩浆热液型	下志留统	普查
10		弥勒市洗洒砷矿	矿点	含矿流体作用矿床	二叠系倒石头组	预查
11	文山州	文山县羊血地砷矿	小型	接触交代型	花岗岩外接触带	普查
12		马关县菊花山砷矿	矿点	接触交代型		预查

（1）大理市石磺厂砷矿

矿区总体为一背斜构造，轴部有南北向断层通过。背斜轴部出露上三叠统麦初箐组，两翼为侏罗系。砷矿化均发生在背斜轴部麦初箐组硅化砂岩组成的断层破碎带中。

矿体呈似层状产出。地表控制长 500 m，平均厚 11 m。砷矿物以雌黄为主，有少量雄黄。脉石矿物主要为石英、方解石。围岩蚀变主要为硅化、碳酸盐化、黄铁矿化。砷品位为 5.83%~6.73%。伴生有益组分主要为锑。

经预查，砷资源储量达中型规模。

（2）施甸县和平乡砷矿

矿区出露地层为中泥盆统何元寨组碳酸盐岩、石炭系碳酸盐岩。矿区总体为一南北向背斜构造，沿背斜两翼有南北向断层通过。矿体均产于背斜西翼，砷矿化与断层破碎带完全吻合。

矿区有 2 个矿化带，西部矿化带较为重要。西部矿化带长约 210 m，厚一般为 4 m。矿体呈透镜状、扁豆状不连续地分布于矿化带中。单矿体长 1~3 m（最长 4 m），厚 0.5~1 m（最厚 2.7 m）。平均品位 5%~10%。

东部矿化带长 160 m，厚约 5 m。特点与西部矿化带基本相似，但矿化较弱，仅发现低品位矿。

砷矿物主要为雌黄、雄黄，呈浸染状、细脉状、网脉状产出。脉石矿物为主要方解石。围岩蚀变主要为碳酸盐化。

经预查，砷资源储量达小型规模。进一步工作后，有可能达到中型规模。

2. 接触交代型

接触交代型砷矿主要分布在滇东南的文山、马关、个旧等地。砷矿的形成与燕山期花岗岩有关，矿床（点）均围绕薄竹山花岗岩、都龙花岗岩、个旧花岗岩的外接触带分布，矿床成因属接触交代型。此类矿床以文山县羊血地砷矿为代表。

矿体位于薄竹山花岗岩北缘，产于花岗岩外接触带中。含矿围岩为中寒武统和泥盆系形成的矽卡岩。矿体呈透镜状、串珠状、脉状、似层状，长数米至 50 m，厚 1~5 m，向下延深度较小。

矿石具块状、稠密浸染状结构，条带状、细脉状构造。矿石品位较高（5.00%~10.15%）。含砷矿物以毒砂为主。伴生金属矿物为：磁铁矿、锡石、黄铜矿、方铅矿、闪锌矿、黄铁矿。非金属矿物主要为矽卡岩矿物。

矿区累计查明砷资源储量 3556 t，属小型矿床。

二、长石

长石矿物作为玻璃工业原料占总用量的50%~60%，陶瓷工业中的用量占总用量的30%，其余用于化工、搪瓷、磨料、磨具、玻璃纤维、电焊条等其他行业。长石是玻璃混合料的主要成分之一，用来提高玻璃配料中的氧化铝含量，降低玻璃生产中熔融温度和增加碱含量。在陶瓷工业中长石作为坯体配料和陶瓷釉料。

云南省的长石矿以岩浆分凝型为主，次为伟晶岩型。

（一）岩浆分凝型——个旧市白马寨长石矿

云南省发现岩浆分凝型长石矿大型矿床1处，矿点3处。大型长石矿为个旧市白马寨长石矿床，矿点为临阳区马家寨、景谷县白沙坡、景谷县芒蚌。个旧市白马寨长石矿床的特征如下。

矿区位于个旧市燕山期神仙水花岗岩（亦称桥顶山花岗岩）南段东缘。矿体为中粗粒黑云二长花岗岩。岩石的矿物成分为：长石50%~70%、石英20%~25%、黑云母5%~7%。矿化均一，厚度较大，无夹石，分布广。据风化程度，矿石划分为新鲜岩石和半风化岩石，二者化学成分略有差别。

除上述4处伟晶岩型长石矿外，云南省尚有较多的中酸性深成岩和浅成岩。这些岩石的长石含量一般>60%，氧化钾+氧化钠含量一般>7%。例如：个旧市神仙水花岗岩、个旧市龙岔河花岗岩、峨山花岗岩、大姚-楚雄（石英）正长斑岩、剑川县老君山（石英）正长斑岩、个旧市白云山霞石正长岩、永平县卓潘霞石正长岩。

（二）伟晶岩型——河口县蚂蚁河长石矿

云南省发现伟晶岩型长石矿点4处，分别为元阳县对门山、河口县蚂蚁河、马关县那怀、玉龙县金华。伟晶岩脉主要产于下元古界哀牢山岩群、瑶山岩群的混合岩带中，也可产于燕山期花岗岩的内接触带中。矿体呈脉状产出，矿床规模一般较小。

矿床实例为河口县蚂蚁河长石矿。特征如下。

矿区位于屏边县城北西方向约13 km。矿体产于古元古界瑶山岩群分布区的伟晶岩脉中。伟晶岩脉宽0.2~18.6 m，成群成带出现。矿石结构以块状为主，部分为粒状、文象结构。块状伟晶岩的岩石类型主要为钾长伟晶岩，次为花岗伟晶岩。块状伟晶岩的矿物含量为：微斜微纹长石65%~80%、石英10%~15%，黑云母、电气石、石榴子石含量均<5%。化学成分为：氧化钾2.65%~10.31%、氧化钠4%，氧化钙和氧化镁含量均<0.1%。

三、刚玉与伊利石

（一）刚玉

刚玉（Al_2O_3）系矿物学名称，硬度仅次于金刚石。刚玉主要用于高级研磨材料，手表和精密机械的轴承材料。具备宝石条件的刚玉称红宝石（Ruby）、蓝宝石（Sapphire），在本书第九章（宝玉石）中再行介绍。作为激光发射材料的红宝石系人造晶体。

云南省作为研磨材料矿产的刚玉仅见于麻栗坡县的董占-船头一带。经预查，石门关、落水洞2处为中型矿床，董占、牛滚塘、漫棍等地为矿化点。

麻栗坡刚玉矿床（点）位于滇东南老君山花岗岩为核心的旋卷构造北东侧，产于上二叠统吴家坪组底部。矿体呈层状、似层状产于铝土矿层中。顶板为上二叠统吴家坪组（含碳质）细晶大理岩，底板为中泥盆统东岗岭组中粗粒大理岩。

矿体以刚玉岩为主，次为刚玉绿泥石岩、硬绿泥石岩。刚玉岩由刚玉和数量不等的硬绿泥石、磁铁矿组成。刚玉矿大多具粒状变晶结构，层状、条带状构造。矿体的刚玉含量变化较大（35%~99%）。从船头至董占，刚玉含量逐渐减少。麻栗坡县石门关中型刚玉矿床的Ⅰ号矿体长300 m，最大厚度 61 m，平均厚 20~40 m。

据 6 件样品统计，刚玉岩的品位为：三氧化二铝 34.33%~52.33%、三氧化二铁 17.53%~28.17%、氧化亚铁 0.23%~3.53%、五氧化二铌 0.09%~0.02%，普遍含镓、锗。刚玉呈不均匀蓝色，粒状、柱状晶形，大小一般为 1 cm，半透明，晶体内常见磁铁矿包体。

国内外大部分刚玉矿床形成于热液作用和变质作用，大多数产于前寒武纪结晶片岩及蚀变石英岩中。云南省古元古界中深变质岩系较为发育，在元江县、元阳县、金平县的古元古界哀牢山岩群中已发现刚玉，在瑞丽市古元古界高黎贡山岩群也发现刚玉。今后工作中，应加强对这些中深变质岩区刚玉矿产的调查研究。

（二）伊利石

伊利石是一种常见的粘土矿物，常由白云母、钾长石风化而成，并产于泥质岩中。在陶瓷工业上，利用伊利石粘土（岩）作为生产高压电瓷、日用瓷的原料。在化工工业上，用作造纸、橡胶、油漆的填料。在农业上作为制取钾肥等。

云南省的伊利石矿有 2 个层位：一是昆阳磷矿区下寒武统含磷岩系内，二是宣威市榕城附近上二叠统宣威组底部。

榕城的伊利石矿层东起播乐、西止螃蟹坡，沿向斜两翼出露。长 30 km，平均宽约 8 km，面积 240 km^2。矿体呈层状产出，延伸稳定。含矿性、矿石质量、厚度有一定变化。北西翼明显优于南东翼，自东向西逐渐变好。

伊利石矿层的间接底板为二叠系峨眉山玄武岩，顶板为上二叠统宣威组紫色铁铝质泥岩。矿层厚度一般为 1.40~2.00 m，平均 1.60 m。沿走向、倾向，矿层厚度无明显变化。矿层为伊利石粘土岩，呈白色薄层状产出。主要成分为硬质伊利石粘土岩（占 70%），次为软质伊利石粘土岩（30%）。

伊利石粘土岩具显微鳞片状结构，定向构造。主要矿物为伊利石，含量>90%，粒度一般<2 μm。次要矿物为粒状氧化铁、沸石、埃洛石、玄武岩屑。7 个采样点矿石化学成分综合结果为：二氧化硅 42.66%~44.72%、平均 44.18%，三氧化二铝 31.96%~7.05%、平均 34.82%，三氧化二铁+氧化钛 3.89%，氧化钾 4.71%~7.74%、平均 6.57。矿石含铁略高、白度中等，适用于造纸、涂料、日用化工填料。须除铁、提高白度。该矿含钾高，可考虑制作钾肥。

在 10 km 长的范围内，估算 E 级储量（大致相当于现行的预测的内蕴经济的资源量）1000×10^4 t。估计在整个向斜范围内，远景储量可达上亿吨。

云南省的其他地区伊利石的勘查研究程度极低。如进行规范的普查找矿，将会发现更多的有价值的伊利石矿床。

四、硅灰石与蛭石

（一）硅灰石

硅灰石［$Ca_3(Si_3O_9)$］广泛应用于汽车、冶金、陶瓷、塑料等工业生产中。硅灰石作为塑料橡胶工业的填料和补强剂，在工业制成品中越来越多地替代金属部件。预测未来硅灰石应用领域所占比例为：陶瓷工业及有关部门 6%，涂料、塑料、装饰材料 22%，石棉替代品 5%，绝缘陶瓷泡沫 20%，铸造生产用陶瓷泡沫 4%，矿渣混凝土砌块面层涂料 3%，造纸生产 40%。

20 世纪 80 年代，云南省开始重视硅灰石矿的勘查开发。已发现 3 处矿床（点），均产于腾冲市（表 7-19）。矿体产于燕山期花岗岩与石炭系勐洪群外接触带，呈似层状、透镜状、团块状、脉状。

矿床实例为腾冲市白石岩硅灰石矿，矿石照片 7-9。

矿区位于腾冲市北东约 55 km 处，已发现 7 个矿体。Ⅰ、Ⅱ号矿体为主要矿体。其他矿体长 120~400 m，厚 15~33 m，含矿率 32%~95%，硅灰石含量 40%~90%。矿石类型为：方解石-硅灰石、方解石-石英硅灰石、石英-硅灰石。

表 7-19　云南省硅灰石矿主要矿产地

编号	州（市）	矿产地名称	规模	成因类型	成矿时代	工作程度
1	保山市	腾冲市鸦乌山硅灰石矿	矿点	接触交代型	燕山早期	预查
2		腾冲市白石岩硅灰石矿	大型	接触交代型	燕山早期	普查
3		腾冲市夹谷山硅灰石矿	矿点	接触交代型	燕山早期	预查

照片 7-9　腾冲硅灰石矿石标本

（施玉北供稿）

照片 7-10　腾冲硅灰石针状粉电镜照片

（施玉北供稿）

（粒径：10 μm、D90；长径比：12∶1）

矿石成分为：二氧化硅 53.68%、氧化钙 40.29%、氧化镁 1.11%、氧化铁 0.40%、三氧化二铁 0.55%、三氧化二铝 1.95%、氧化钾 0.59%、氧化钠 0.04%、硫 0.00%、磷 0.01%。硅灰石白度 >90%。磨细至 300 目，仍保持针状形态（照片 7-10）。矿石有益组分含量高，有害杂质含量低，质量极佳，是理想的建筑、陶瓷、电焊、冶金保护渣等工业原料。

经估算，矿石资源储量 1750×10^4 t，预测远景储量 1.3×10^8 t，达大型规模。

（二）蛭石

蛭石是一种轻质混凝土骨料、轻质墙粉料、轻质砂浆料，是建筑用防火耐热材料，以及建筑用保温、隔热、吸音材料。冶金上用作钢架包覆材料，制铁、铸造除杂材料。在农副业上用作土壤调节剂、植物生产剂、饲料添加剂等。其他方面的用途是吸附剂、助滤剂、化肥的活性载体、污水处理、海水油污吸附等。

云南省的蛭石矿产较少，仅发现 2 处矿点，分属热液蚀变型和伟晶岩型。

热液蚀变型蛭石矿为牟定县白沙滩蛭石矿，规模为矿点，地质工作程度为普查。蛭石矿呈脉状产于蛇纹石化超镁铁岩与角闪片岩接触带，有 3 个矿体。矿体长 35~120 m，水平宽 1~1.7 m。矿石有蛭石脉（含矿率 95.0%，蛭石片径 2~4 mm）、含蛭石角闪片岩（含矿率 13.7%，蛭石片径 1~4 mm）、蛭石化蛇纹岩（含矿率 40.0%，蛭石片径 3~5 mm）3 种类型。经室内初步试验，膨胀率 5~10 倍。

伟晶岩型蛭石矿为瑞丽市雷允蛭石矿，规模为矿点，地质工作程度为预查。矿体产于古元古界高黎贡山岩群钠长石化伟晶岩中，已发现 4 条矿脉。矿脉长 20~65 m，厚 0.2~1.5 m。蛭石呈黑褐色，聚片状，最大片径 25 cm×30 cm，最小片径 0.2 cm×0.3 cm，可劈为 0.1 cm 的薄片，弹性差，晶片曲折挠曲，裂隙较发育，含较多斑点状杂质，膨胀率 2~6 倍。

五、菱镁矿与沸石

（一）菱镁矿

菱镁矿（$MgCO_3$）是一种碳酸镁矿物。主要用作耐火材料、建材原料、化工原料、提炼金属镁及镁化合物等。90%的菱镁矿用于生产耐火度>200°的冶金粉镁砖、镁铬砖、镁铝砖、硅镁砖、镁碳砖。制造镁水泥，用于制作轻型建筑材料和隔热隔音材料。提取的金属镁是航空、航天及核工业的重要战略物资。

云南省目前仅发现洱源县岩峰场菱镁矿一处矿点。矿体产于古元古界苍山岩群片岩与超镁铁岩的接触带上。矿石有蛇纹岩菱镁矿型和含菱镁矿滑石型。矿石化学成分为：氧化镁（局部高含量）38.00%~42.77%、二氧化硅 8.00%~32.00%、氧化钙 3.00%~6.00%。矿床的地质工作程度为普查，规模为矿点。

（二）沸石

天然沸石是一种新兴材料，被用作离子交换剂、吸附分离剂、干燥剂、催化剂、水泥混合材料等石油、化工、建材领域，在农业、国防科学技术上也有广泛应用。

云南省的沸石矿与中酸性火山岩有关。已知的矿床（点）为：砚山县新民中型沸石矿床、双江县沸石矿点。前者地质工作程度为预查，矿体产于上始新统—渐新统砚山群火山岩系中。后者产于古元古界澜沧岩群石英片岩、花岗质岩石的层间裂隙中。矿床实例为砚山县新民中型沸石矿床，特征如下。

矿区位于砚山县城南侧。沸石矿化仅发生在酸性火山岩中的玻璃质火山岩的玻璃质组分中，地表见 3 个矿体。矿体长 150~550 m，宽 90~150 m，平均厚 20~70 m。矿体呈似层状产出，与围岩产状一致。

矿石总体呈集块状、坚硬、似贝壳状断口、半油脂光泽、半透明-透明。按岩石特征查分为 3 种类型（表 7-20）。矿石的平均化学成分为：二氧化硅 68.31%、三氧化二铝 12.32%、三氧化二铁 1.06%、氧化铁 1.07%、氧化镁 1.38%、氧化钙 1.94%、氧化钛 0.28%、氧化钠 0.54%、氧化钾 3.22%、五氧化二磷 0.33%、灼失 9.15%、硅铝比 9.51。此类矿石可用作一般硅酸盐水泥的优质活性混合材料，也可用作建材工业原料。

表 7-20　砚山县新民沸石矿石特征

矿石类型	沸石含量/%	
	总体	一般
红、肉红、灰紫色流纹岩类岩石	20~60	30~50
灰绿色英安流纹岩类岩厂	5~85	40~70
灰色英安流纹岩类岩石	10~40	20~30

经预查，矿床可供利用的沸石矿资源储量 610×10^4 t，另有远景储量 5000×10^4 t。沸石矿经风化或粘土化后可形成膨润土。二者常相伴产出，形成共生矿床。

六、滑石与石棉

（一）滑石

滑石非常软并具有滑腻的手感，可以代替粉笔画出白色的痕迹。滑石的用途很多，可作为耐火材料、造纸、橡胶填料、绝缘材料、润滑剂、农药吸收剂、皮革涂料、化妆材料及雕刻用料等等。滑石还是一种重要的陶瓷原料，用于陶瓷坯料和釉料中，起降温，改善釉面粗糙度的作用。

云南省已知滑石矿床（点）6 处。其中：小型矿床 1 处，矿点 5 处。滑石矿主要分布在玉龙县、香格里拉市、洱源县、丘北县、马关县等地。滑石矿的地质工作程度较低：玉龙县石鼓滑石矿进行过详查，香格里拉市把湾滑石矿进行过普查，其余矿点均为预查。截至 2015 年底，累计查明资源储量为 26.40×10^4 t。

云南各地滑石矿的产出层位不同：大理地区产于古元古界苍山岩群中，滇东南地区产于中寒武统田蓬组、下石炭统旧司组中，香格里拉地区产于下泥盆统冉家湾组。矿体呈似层状、透镜状、不规则状产于白云质大理岩中。矿床成因多为变质矿床，工业类型为镁质碳酸盐岩中的滑石矿床。

矿床实例为玉龙县石鼓滑石矿床。矿床位于玉龙县石鼓镇南 1 km 处。含矿层位为下泥盆统冉家湾组。矿区划分为南、北矿段，北矿段地质工作程度较高。北矿段由 2 个矿化带组成，划分为 3 个矿体。南矿段有 5 个矿体。矿体长 60~189 m，厚 1~2 m。

经化学分析，该滑石矿能满足一般的造纸、纺织、橡胶、油毛毡等工业使用。经普查，获得 C+D 级滑石资源储量 26.4×10^4 t，属小型矿床。

（二）石棉

石棉的应用很广，较为重要的是汽车、拖拉机、化工、电器设备等制造部门。在建筑工业用中低品级的石棉纤维用来成造石棉板、石棉纸防火板。也可以用来制造保温管、窑垫以及保温、防热、绝缘、隔音等材料。石棉纤维可与水泥混合制成石棉水泥建材、石棉管等石棉水泥制品。

1. 资源概况

云南省已知石棉矿床（点）31 处。其中：大型矿床 1 处、中型矿床 1 处，小型矿床 3 处（表 7-21），矿（化）点 26 处。截至 2015 年底，累计查明石棉资源储量 261.9×10^4 t，居全国第 5 位。

表 7-21 云南省石棉矿主要矿产地

编号	州（市）	矿产地名称	规模	矿床类型	成矿时代	工作程度
1	普洱市	墨江县金厂石棉矿	中型	热液型		勘探
2	迪庆州	德钦县贡坡石棉矿	小型	热液型	华力西晚期	勘探
3	楚雄州	武定县狮山石棉矿	大型	接触交代型		勘探
4	红河州	红河县米底石棉矿	小型	热液型		详查
5	文山州	马关县芭蕉冲石棉矿	小型	接触交代型		预查

云南省的石棉矿主要分布于德钦县、景东县、墨江县、红河县、金平县、武定县、东川区等地，在宁蒗县、个旧市、屏边县、马关县等地也有零星分布。石棉矿的地质工作程度总体较低。进行过勘探的 3 处矿区为：德钦县贡坡、墨江县金厂、武定县狮山。进行过普查的 7 处矿区为：红河县米底、马关县芭蕉冲、新平县大鱼塘、东川区新桥、景东县田家、景东县李家村、景东县大光山。其余矿点的工作程度为预查。

2. 矿床类型与矿床实例

云南省的石棉矿主要与超镁铁岩有关，部分与镁质碳酸盐岩有关。与超镁铁岩有关的石棉矿可划分为蛇纹石石棉矿（温石棉）和透闪石石棉。前者为主要类型，属蛇纹石族石棉。后者属角闪石族石棉。矿床实例为：德钦县贡坡石棉矿床、墨江县金厂石棉矿床、武定县狮山石棉矿床。

（1）德钦县贡坡石棉矿床

含矿超镁铁岩呈构造岩片状构造侵位于下古生界浅变质岩中。岩石类型上部为蛇纹石化辉石橄榄岩，中下部为蛇纹岩。蛇纹岩中，蛇纹石含量高达 95%±。

矿体产于岩体中下部，矿体产状与岩体基本一致。含棉带长 1004 m，宽 15.7~336 m（平均 140 m），倾向斜深 50 m。含棉率较为连续，矿体厚度变化较大。据石棉纤维类型和棉脉构造形态，该石棉矿应属网脉状纵纤维石棉。矿区平均含石棉率 3.9%，1~5 级石棉占总量的 40.33%。石棉有黄、淡黄、浅绿、白、浅灰等色。纤维一般柔性较好，为绒状棉，坚韧性强，绝缘性好，耐碱性强，耐酸性弱，耐热性好。

（2）墨江县金厂石棉矿床

矿体分布于墨江县金厂超镁铁岩中段，可划分为 3 个矿段、24 个矿体。矿体呈透镜状、扁豆状、脉状、条带状，平行岩体长轴产出。矿体一般长 300~600 m，宽 40~50 m。

矿石矿物成分以石棉为主。伴生矿物主要为胶蛇纹石、磁铁矿，次为绢石、绿泥石、滑石、铬铁矿、铬尖晶石。矿区平均含石棉率 3.30%，7 级石棉占总量的 50%。石棉呈淡绿、淡褐色，为半针状-绒状棉，耐碱性强，耐酸性弱，耐热性好，劈分性和坚固性良好。

(3) 武定县狮山石棉矿床

矿体位于武定县城北西方向 4 km 处。矿区面积约 15 km^2，由 4 个矿段组成。

矿体呈似层状、透镜状产出。单个矿体厚 0.15~0.68 m，平均厚 0.56 m，平均含石棉率 14.20%。矿石主要由纤维蛇纹石（温石棉）、硬纤维蛇纹石、硬蛇纹石、方解石、白云石、燧石、滑石组成。石棉蛇纹石化大理岩、燧石呈 5~15 cm 宽的条带状相间产出。石棉纤维长一般为 0.6~1.2 cm。

石棉呈银白、淡黄色，性坚韧，富挠性，耐碱性强，耐酸性弱，耐热性好，绝缘性好，细度高。

七、石墨与蓝晶石

（一）石墨

石墨（C）的用途主要有：①耐火材料，制造石墨坩埚，在炼钢中用作钢锭保护剂，冶金炉的内衬；②导电材料，在电气工业上用作制造电极、电刷、碳棒、碳管、石墨垫圈、电视机显像管的涂层等；③耐磨润滑材料，在机械工业中常作为润滑剂；④利用石墨耐腐蚀性、导热性好，渗透率低等特点，制作热交换器，反应槽、凝缩器、燃烧塔、吸收塔、冷却器、加热器、过滤器、泵设备；⑤作铸造、翻砂、压模及高温冶金材料。

1. 资源概况

云南省已发现石墨矿床（点）8 处，其中，中型矿床 3 处、小型矿床 1 处（表 7-22）。石墨主要分布于元阳县、金平县、河口县、漾濞县、牟定县、临翔区、华坪县等地。元阳县棕皮寨进行过勘探，漾濞县山客店、牟定县成街进行过普查，其余矿点均为预查。截至 2015 年底，累计查明石墨矿石资源储量 580.0×10^4 t、矿物资源储量 44.70×10^4 t。目前，只有元阳县棕皮寨石墨矿进行过小规模开采。

表 7-22　云南省石墨矿主要矿产地

编号	州（市）	矿产地名称	规模	矿产类型	含矿地层	工作程度
1	大理州	漾濞县山客房石墨矿	小型	变质型	古元古界苍山岩群	普查
2	楚雄州	牟定县成街石墨矿	中型	变质型	古元古界苴林岩群	详查
3	红河州	元阳县棕皮寨石墨矿	中型	变质型	古元古界	勘探
4	丽江市	华坪县南阳石墨矿	中型	变质型	古元古界	普查

2. 矿床类型与矿床实例

云南省的石墨矿床主要分布于古元古界哀牢山岩群、苴林岩群、大红山岩群、瑶山岩群、高黎贡山岩群中，含矿母岩为发生区域动力热流变质的中深变质岩系，变质作用强度普遍达低角闪岩相。矿体呈似层状、透镜状、扁豆状产出，与围岩接触界面清楚。矿体中可出现黑云片岩、黑云斜长片麻岩、黑云斜长变粒岩、斜长角闪岩夹石。矿体和近矿围岩中常含有铁铝榴石、矽线石等区域变质特征矿物。石墨矿床系变质原岩中有机碳质在区域变质过程中通过重结晶成晶质矿物，并发生迁移富集形成。矿床成因类型属变质矿床。

本类矿床实例为元阳县棕皮寨石墨矿，特征如下。

矿床产于古元古界哀牢山岩群中，可划分为 4 个矿段、17 个矿体。矿体多呈似层状、扁豆状，少数为凸透镜状。

矿石自然类型为：石墨石英片岩、石墨黑云（二云）石英片岩、石墨黑云斜长片麻岩。矿石品位变化较大：最低2.61%，最高21.83%，一般5%~10%。矿区固定碳平均含量5.79%。矿石中有害杂质含量：二氧化三铁2.90%~11.96%、硫1%~3%、磷<0.65%。矿石可选性（浮选）良好，精矿品位65%~90%，回收率72%~87%。精矿中有害杂质主要为二氧化三铁，含量3.37%。

经初步勘探，查明地质储量（D级）242×10^4 t，为大型矿床。矿石资源储量仍可进一步扩大。该矿床的部分地段可进行露天开采，当地曾进行过土法开采，现已停采。

（二）蓝晶石

蓝晶石用来制造优良的高级耐火材料、耐火砂浆、水泥及铸造耐制品；用来制作塑料捣打混合料、陶瓷、汽车发动机的火花塞、绝缘体、球磨机球体、试验器皿、耐震物品等；可制作应用于飞机、汽车、火车、船舶部件上的硅铝合金。部分蓝晶石还可作宝石、研磨料、作釉成分以及防滑的地板材料。

云南省的蓝晶石矿床研究程度较低，仅发现元谋县热水塘蓝晶石小型矿床。在高黎贡山岩群、哀牢山岩群等古元古界中深变质岩系中，均有蓝晶石含量较高的矿物，但未发现有工业意义的矿床（点）。元谋县如大沙河、五哨村等地，石榴子石蓝晶石片岩、含蓝晶石二云石英片岩分布较广，具有一定的蓝晶石找矿远景。

元谋县热水塘蓝晶石矿床分布于元谋县罗岔-热水塘、麦良地-大已堡一带，属古元古界苴林群中的演变矿床，地质勘查程度为预查。

矿体呈似层状、透镜状产出，长1600 m，宽150~480 m。矿石类型以石榴子石英蓝晶石片岩为主，次为含蓝晶石二云片岩。主要矿物成分及含量为：蓝晶石19.6%，石英34.5%，白云母19.5%，黑云母20.6%，电气石0.9%。蓝晶石聚集成2.5 cm×1.5 cm的眼球状。眼球中心为蓝晶石变斑晶，大小为0.3 mm×1.2 mm；周围为细粒蓝晶石，粒径0.05 mm×0.09 mm。

矿石的可选性良好。蓝晶石精矿中三氧化二铝含量达54.02%~53.53%，回收率达60.00%~75.58%。尾矿中云母纯度达90%~95%，石英精矿的二氧化硅含量为88.89%~98.16%。质量符合硅砖I级品要求。

第八章　工业岩石

工业岩石是指具有开发利用价值和经济价值的天然岩石构成的非金属矿产，属非金属矿产的主要类型之一。

云南省工业岩石类非金属矿产资源丰富，不同时代的沉积岩、岩浆岩、变质岩中均有赋存，目前全省已发现工业岩石类非金属矿产42种、矿床（点）1064个，分布于全省各州、市、县、区。本书根据用途及特性，将云南省工业岩石类非金属矿产划分为天然装饰石材、建材用岩石、冶金与化工用岩石、硅石、粘土及其他工业岩石六类进行介绍。

本章中多次提及的建材部地质局七〇四队、建材部地质总公司三〇一队、建材部地质公司三〇一队、云南省建材三〇一地质队、国家建材局地质公司云南勘探大队等单位，现为中国建筑材料工业地质勘查中心云南总队。

第一节　天然装饰石材

“有一个美丽的传说，精美的石头会唱歌”。天然石材是大自然送给人类最宝贵的自然财富，是人类最早发现和利用的天然矿产资源。从人类起源到高度文明的今天，天然石材与人类相依数千年，早已融入了人类生活之中。即使在科学技术日新月异的今天，它也从来没有失去价值，依旧屹立于材料王国宝座上。天然石材以自然、环保、坚韧、朴实、优雅大方的品质，不断开拓出人类生活新空间。从石磨、石碾、石臼、石杵等传统生活必需品，到家庭铺装、橱柜、家具、台面、庭院装饰；从城市道路、广场、公园、机场、地铁等大型公共建筑工程，到星级酒店、高端会所、别墅、中高端社区等地产项目；无不体现着人类与天然石材的厚重历史和文化历程。石头是人类最深厚的史书。

一、概况

天然装饰石材是天然石材中之精华。按中国民间习惯一般划分为大理石、花岗石、板石及装饰砂岩四大类。按《中华人民共和国国家标准—天然石材统一编号（GB/T 17670—2008）》及美国ASTMC119标准分为花岗石、石灰石、大理石、砂岩、板石五大类。本书将按中国传统习惯分类描述。

云南天然装饰石材资源丰富。地质历史上的吕梁运动、晋宁运动为云南变质型优质白、黄、红、紫红、黑、彩花色类大理石及板石的形成奠定了基础；澄江运动为黄、红、白、褐、紫、绿、黑色等沉积型大理石、黑色类花岗石及木纹砂岩形成创造了良好的成矿条件；澜沧运动为云南优质紫木纹砂岩、灰木纹砂岩、紫砂岩、红砂岩、绿砂岩及黑色类、黄色类、紫色类大理石、黑色板石创造了良好的成矿环境；喜马拉雅运动成为云南蓝、红、绿、黑、白色类花岗石重要成矿期。优越的成矿地质背景，铸成了云南天然装饰石材“王国”的根基。

云南天然装饰石材地质勘查工作，始于1980年，由建材部地质公司301地质队为主开展全省石材资源勘查。到1990年，全省已新发现装饰石材矿床（点）近百余个，完成普查、详查矿山25个。2010年云南省政府启动的全省天然装饰石材专项地质调查，完成地质调查面积97360.49 km^2，新增天然装饰石材远景资源量2600×10^8 m^3，荒料量630×10^8 m^3。全省已累计发现天然装饰石材矿床（点）约750个，潜在资源量约5600×10^8 m^3，荒料量约1900×10^8 m^3。覆盖大理石、花岗石、砂岩、板石四大类。按照《中华人民共和国地质矿产行业标准—饰面石材矿产地质勘查规范（DZ/T 0291—2015）》，天然装饰石材质量要求见表8-1。

表 8-1　天然装饰石材一般质量要求

项目	质量要求							
装饰性能	按加工后饰面石材的光泽度、颜色、花纹差异，结合市场要求划出不同品种和不同档次。重视对饰面石材中的色斑、色线、孔洞，石英、燧石、金属硫化物、泥质物、有机物等对装饰性能、加工性能的影响评价							
荒料率	中档饰面石材体图解及试采荒料率不小于 18%，高档饰面石材矿可适当降低，一般档次饰面石材可适当提高							
板材率	中档饰面石材（2 cm 厚板）的板材率不小于 25（m^2/m^3），高档饰面石材可适当降低，一般档次饰面石材可适当提高							
物理性能	体积密度/（$g\cdot cm^{-3}$）	压缩强度/MPa		弯曲强度/MPa		吸水率/%	耐磨性 / cm^{-3}	软化深度 / mm
		干燥	水饱和	干燥	水饱和			
大理石	≥2.56	≥52.0		≥6.9		≤0.50	≥10	
石灰石	≥1.76	≥12.0		≥2.9		≤3.00	≥10	
花岗石	≥2.56	≥100.0		≥8.0		≤0.60	≥25	
砂岩	≥2.00	≥12.6		≥2.4		≤1.00	≥2	
板石				≥10.0		≤0.45	≥8	≤0.64
放射性	IRa	Iγ	用途					
A	≤1.0	≤1.3	产销与使用范围不受限制					
B	≤1.3	≤1.9	不可用于Ⅰ类民用建筑的内饰面，但可用于Ⅱ类民用建筑物、工业建筑内装饰及其他一切建筑的外饰面					
C		≤2.8	只可用于建筑物的外饰面及室外其他用途					

注：IRa 为内照射指数；Iγ 为外照射指数。

Ⅰ类民用建筑是指如住宅、老年公寓、托儿所、医院和学校等；Ⅱ类民用建筑是指如商场、体育场、书店、宾馆、办公楼、图书馆、文化娱乐场所、展览馆和公共交通等候室、餐厅、理发店等

二、大理石矿

传说在远古时期，王母娘娘身边专管织造天上五彩云锦的玉女仙子，看上了在点苍山兰峰辛勤劳作的年轻石匠白郎，并偷偷下凡和他相爱。王母娘娘知道后，派天神下来拆散了他们。离别时她含泪抛向白郎的彩带，化成了点苍山采之不尽的美丽石头。大理石因其盛产地云南大理而得名，石头因大理而生辉，大理因石头而扬名。

（一）资源概况

云南大理石成矿时代从元古宙到三叠纪都有分布，主要品种包括白（浅灰、灰白）、黄、黑、红（紫、紫红、肉红）、绿、棕（褐）、彩花及蓝色八大系列近 270 余个品种。按成因划分为六大类型（表 8-2）。

表 8-2　大理石矿成因类型与代表性品种

类型	代表性品种	主要产地
区域变质型	点苍山“苍白玉”（照片 8-1）、贡山“羊脂玉”、元阳“晶白”、屏边“屏边白”、河口“河口白”	贡山-福贡-龙陵-沧源-西盟，点苍山-哀牢山，河口-马关-麻栗坡，东川-禄劝-禄丰-易门，哈巴雪山-石鼓-九河
接触变质型	昆明“彩花”、镇源“金山绿”	分布零星，品种稀、特，矿床规模小
动力变质型	大理“红网纹”、保山“战国红”（照片 8-2）、永胜“黑金花”（照片 8-3）	分布零散，品种稀、特，矿床规模一般较小

续表

类型	代表性品种	主要产地
海相沉积型	石林"云南米黄"、陆良"白海棠"（照片8-4）、易门"紫罗红"（照片8-5）、保山"保山米黄"、"冰花米黄"（照片8-6）及"土豪金"（照片8-7）、镇雄"墨玉"	蒙自-丘北-砚山-西畴-广南，弥勒-石林-陆良，巧家-会泽-沾益-富源-罗平，易门-峨山，宾川-鹤庆，彝良-镇雄，永胜-华坪，保山-施甸
河湖相沉积型	建水"五花石"、东川"七彩石"、丽江"五彩石"	芒市-保山-施甸、景洪-勐海、鹤庆-丽江-宁蒗-永胜，易门
岩溶充填型	易门"黄玛瑙"（照片8-8）、永胜"松香玉"	分布零散，品种稀、特，矿床规模小

照片8-1　点苍山"苍白玉"
（张盛江供稿）

照片8-2　保山"战国红"
（张盛江供稿）

照片8-3　永胜"黑金花"
（张盛江供稿）

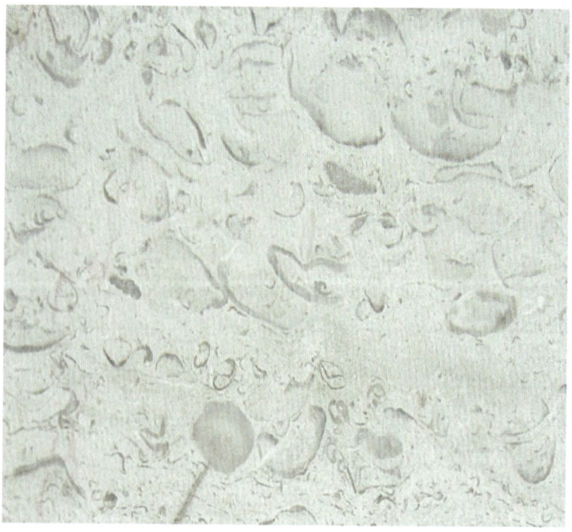

照片8-4　陆良"白海棠"
（张盛江供稿）

照片 8-5　易门“紫罗红”
（张盛江供稿）

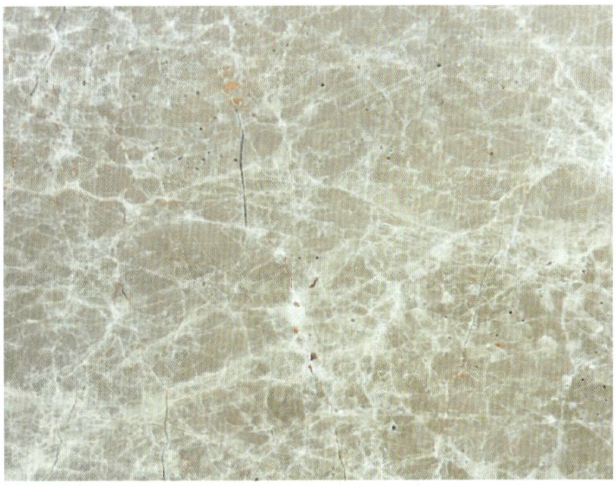

照片 8-6　保山“冰花米黄”
（张盛江供稿）

照片 8-7　保山“土豪金”
（张盛江供稿）

照片 8-8　易门“黄玛瑙”
（张盛江供稿）

云南大理石地质勘查工作，始于 1980 年。建材部地质公司 301 地质队根据原云南省建材局安排，对大理市点苍山无脚坡、小岑峰、雪人峰、三羊坡等地开展了大理石预查。1983 年完成点苍山小岑峰-雪人峰大理石矿详查，是国内最早开展天然装饰石材地质勘查工作的极少数省份之一。

2010 年云南省政府启动的天然装饰石材专项地质调查显示，全省新增大理石远景资源量 1050×10^8 m^3，荒料量 265×10^8 m^3。目前，全省已发现大理石矿床（点）450 余个，主要矿产地 261 个（表 8-3，图 8-1），累计探获资源储量 40×10^8 m^3，荒料量 13×10^8 m^3。其中：普查 33 个，累计探获资源储量 7005.16×10^4 m^3；详查 18 个，累计探获资源储量 9696.79×10^4 m^3。全省潜在资源储量约 3240×10^8 m^3，荒料量约 1180×10^8 m^3。云南天然大理石在成矿时代、分布、品种、蕴藏量方面，都是全国乃至世界少有的地区之一。云南不愧为大理石的故乡，天然大理石王国。

（二）典型矿床

1. 变质型

（1）大理市点苍山小岑峰-雪人峰大理石矿

矿区位于点苍山中部，地质工作程度为详查。累计探获资源储量 614.5×10^4 m^3，荒料量 122.9×10^4 m^3。

表 8-3　云南省大理石矿主要矿产地

编号	州（市）	矿产地名称	规模	矿床类型	成矿时代	工作程度	资源储量 $10^4\ m^3$	开发利用情况
1	昆明市	东川区白石岩大理石矿	大型	变质型	二叠纪	预查	3281	未开发
2		东川区小沙坡大理石矿	大型	变质型	二叠纪	预查	3293	未开发
3		东川区小白岩大理石矿	大型	变质型	二叠纪	预查	1676	未开发
4		东川区田坝村大理石矿	大型	变质型	震旦纪	普查	1268	已开发
5		东川区下菜园大理石矿	中型	变质型	元古宙	预查	265	已开发
6		东川区石闸子大理石矿	大型	变质型	泥盆纪	预查	5245	未开发
7		富民县东村大理石矿	小型	变质型	二叠纪	普查	118.3	已开发
8		富民县莫衣大理石矿	小型	变质型	二叠纪	普查	97.6	未开发
9		富民县赤鹫大理石矿	中型	海相沉积型	二叠纪	普查	213.4	已开发
10		富民老煤山大理石矿	小型	变质型	二叠纪	预查	23.1	未开发
11		石林县寨黑大理石矿	大型	海相沉积型	石炭纪	预查	6014	已开发
12		石林县独山大理石矿	中型	海相沉积型	石炭纪	预查	668	已开发
13		石林县威黑大理石矿	大型	海相沉积型	泥盆纪	预查	3529	已开发
14		石林县宜奈大理石矿	大型	海相沉积型	泥盆纪	预查	2537	已开发
15		石林县紫处大理石矿	大型	海相沉积型	泥盆纪	预查	2159	已开发
16		石林县螺蛳塘大理石矿	大型	海相沉积型	二叠纪	预查	5847	已开发
17		石林县大糯黑大理石矿	中型	海相沉积型	泥盆纪	预查	7333	已开发
18		石林县雨胜大理石矿	大型	海相沉积型	泥盆纪	预查	3168	已开发
19		石林县海宜大理石矿	大型	海相沉积型	泥盆纪	预查	5708	已开发
20		石林县天生关大理石矿	中型	海相沉积型	石炭纪	预查	376	已开发
21		禄劝县金家坪大理石矿	中型	变质型	震旦纪	普查	498.41	已开发
22		禄劝县红岩村大理石矿	大型	海相沉积型	震旦纪	预查	6013	未开发
23		禄劝县德科大理石矿	大型	海相沉积型	震旦纪	预查	8948	未开发
24		禄劝县三棵庄大理石矿	中型	海相沉积型	震旦纪	预查	993	未开发
25		寻甸县花石头大理石矿	中型	海相沉积型	石炭纪	预查	137	未开发
26	曲靖市	麒麟区张家营大理矿	中型	海相沉积型	石炭纪	预查	281	未开发
27		沾益区炎方大理石矿	中型	海相沉积型	石炭纪	预查	647	未开发
28		沾益区大石头大理石矿	中型	海相沉积型	震旦纪	预查	312	未开发
29		沾益区大坡大理石矿	中型	海相沉积型	石炭纪	预查	276	未开发
30		富源县黄泥河大理石矿	中型	海相沉积型	三叠纪	预查	273	未开发
31		富源县大凹子大理石矿	小型	海相沉积型	三叠纪	预查	142	未开发
32		富源县本嘎大理石矿	中型	海相沉积型	三叠纪	预查	328	未开发
33		富源县磨盘山大理石矿	小型	海相沉积型	二叠纪	预查	93	未开发
34		罗平县大水井大理石矿	小型	海相沉积型	三叠纪	预查	157	未开发
35		罗平县金得大理石矿	小型	海相沉积型	三叠纪	预查	172	已开发
36		罗平县戈维大理石矿	中型	海相沉积型	三叠纪	预查	521	已开发
37		罗平县对门村大理石矿	小型	海相沉积型	三叠纪	预查	139	未开发
38		罗平县纳空大理石矿	小型	变质型	三叠纪	预查	68	已开发
39		罗平县大动大理石矿	中型	沉积型	三叠纪	预查	218	已开发
40		师宗县小黑山大理石矿	中型	海相沉积型	三叠纪	预查	317	已开发

续表

编号	州（市）	矿产地名称	规模	矿床类型	成矿时代	工作程度	资源储量 $10^4\ m^3$	开发利用情况
41	曲靖市	师宗县红果大理石矿	小型	海相沉积型	三叠纪	预查	133	未开发
42		陆良县龙海大理石矿	中型	海相沉积型	泥盆纪	预查	379	已开发
43		陆良县普山大理石矿	小型	海相沉积型	泥盆纪	预查	68	已开发
44		陆良县母鸡山大理石矿	小型	海相沉积型	石炭纪	详查	247.14	已枯竭
45		陆良县太平哨大理石矿	大型	海相沉积型	石炭纪	预查	1952	已开发
46		陆良县大莫古大理石矿	大型	海相沉积型	泥盆纪	预查	2571.4	已开发
47		陆良县小百户大理石矿	中型	海相沉积型	二叠纪	预查	318	已开发
48		会泽县老房子大理石矿	中型	海相沉积型	三叠纪	预查	218	未开发
49		会泽县魏家村大理石矿	中型	海相沉积型	三叠纪	预查	327	未开发
50		会泽县大厂院大理石矿	小型	海相沉积型	三叠纪	预查	113	未开发
51		会泽县七孔桥大理石矿	小型	海相沉积型	二叠纪	普查	98.7	未开发
52		会泽县小田坝大理石矿	小型	海相沉积型	三叠纪	普查	134.7	未开发
53		会泽县清水洞大理石矿	小型	海相沉积型	三叠纪	普查	167.4	未开发
54		会泽县金钟大理石矿	矿点	岩溶充填型	/	预查	/	已枯竭
55	玉溪市	红塔区洛河大理石矿	中型	海相沉积型	元古宙	预查	317.2	未开发
56		江川区郭家山大理石矿	小型	海相沉积型	二叠纪	预查	46.3	未开发
57		通海县落水洞大理石矿	小型	海相沉积型	二叠纪	详查	190.46	未开发
58		易门县木冲大理石矿	中型	变质型	元古宙	详查	408.87	未开发
59		易门县小街大理石矿	大型	变质型	元古宙	预查	6475	未开发
60		易门县核桃箐大理石矿	大型	变质型	元古宙	预查	5881	未开发
61		易门县樟木箐大理石矿	大型	变质型	元古宙	预查	9315	未开发
62		易门县鸡背山大理石矿	大型	河湖相沉积型	白垩纪	预查	2517	未开发
63		易门县拉黑大理石矿	大型	变质型	元古宙	预查	3228	未开发
64		峨山县哈西白大理石矿	小型	变质型	元古宙	普查	121	未开发
65		新平县小坝多大理石矿	大型	变质型	元古宙	详查	665.05	未开发
66		元江县半阳大理石矿	大型	变质型	元古宙	普查	279	未开发
67		元江县砂苦大理石矿	大型	变质型	元古宙	预查	1215.05	未开发
68		元江县者嘎大理石矿	大型	变质型	元古宙	预查	500	未开发
69	保山市	隆阳区补麻大理石矿	大型	海相沉积型	三叠纪	预查	1603	已开发
70		隆阳区杨柳大理石矿	大型	海相沉积型	三叠纪	预查	2981	已开发
71		隆阳区瓦渡大理石矿	大型	海相沉积型	三叠纪	预查	2079	未开发
72		隆阳区下乌马大理石矿	大型	海相沉积型	三叠纪	预查	5079	未开发
73		隆阳区窝落盆大理石矿	大型	海相沉积型	三叠纪	预查	9177	未开发
74		隆阳区干沟箐大理石矿	小型	海相沉积型	三叠纪	预查	87	已开发
75		隆阳区冯家村大理石矿	小型	海相沉积型	三叠纪	预查	56	已开发
76		隆阳区高榄槽大理石矿	小型	海相沉积型	三叠纪	预查	103	已开发
77		隆阳区上鱼塘大理石矿	大型	海相沉积型	三叠纪	预查	36	已开发
78		隆阳区大龙井大理石矿	小型	海相沉积型	三叠纪	预查	21	已开发
79		隆阳区罗明坝大理石矿	小型	海相沉积型	三叠纪	预查	147	已开发
80		隆阳区平子地大理石矿	小型	海相沉积型	三叠纪	预查	83	已开发

续表

编号	州（市）	矿产地名称	规模	矿床类型	成矿时代	工作程度	资源储量 10^4 m^3	开发利用情况
81	保山市	隆阳区大庆山大理石矿	小型	变质型	寒武纪	预查	32	未开发
82		隆阳区打狼村大理石矿	小型	海相沉积型	三叠纪	普查	108	未开发
83		隆阳区高涧槽大理石矿	小型	海相沉积型	三叠纪	预查	27	已开发
84		隆阳区猫儿山大理石矿	小型	海相沉积型	三叠纪	预查	18	已开发
85		隆阳区矮林子大理石矿	小型	海相沉积型	三叠纪	预查	27	已开发
86		隆阳区法水村大理石矿	小型	海相沉积型	三叠纪	预查	152	未开发
87		隆阳区鱼和村大理石矿	小型	海相沉积型	三叠纪	预查	116	未开发
88		施甸县五福大理石矿	大型	河湖沉积型	古近纪	预查	2114	未开发
89		施甸县金鸭塘大理石矿	大型	海相沉积型	三叠纪	预查	1982	未开发
90		施甸县石头山大理石矿	大型	海相沉积型	三叠纪	预查	1842	未开发
91		施甸县富利来大理石矿	中型	海相沉积型	三叠纪	预查	806	未开发
92		施甸县小水井大理石矿	小型	海相沉积型	三叠纪	预查	43	已开发
93		施甸县仙人水大理石矿	中型	海相沉积型	石炭纪	普查	425.7	未开发
94		施甸县大水井大理石矿	小型	海相沉积型	三叠纪	预查	173	已开发
95		施甸县青龙山大理石矿	小型	海相沉积型	侏罗纪	预查	112	已开发
96		施甸县摆田村大理石矿	小型	海相沉积型	三叠纪	预查	67	已开发
97		施甸县鸡冠山理石矿	小型	海相沉积型	三叠纪	预查	32	已开发
98		施甸县鸡茨村理石矿	小型	海相沉积型	泥盆纪	预查	83	已开发
99		龙陵县白石岩大理石矿	小型	区域变质型	寒武纪	预查	217	未开发
100	昭通市	永善县黄葛村大理石矿	小型	海相沉积型	奥陶纪	预查	68	已开发
101		永善县金寨大理石矿	中型	海相沉积型	奥陶纪	预查	273	未开发
102		永善县米贴大理石矿	中型	海相沉积型	奥陶纪	预查	267	未开发
103		镇雄县水井湾大理石矿	中型	海相沉积型	二叠纪	详查	416.73	已开发
104		镇雄县大老沟大理石矿	中型	海相沉积型	二叠纪	普查	236.36	未开发
105		彝良县沟头大理石矿	小型	海相沉积型	二叠纪	预查	164	未开发
106	丽江市	玉龙县虎跳峡大理石矿	小型	变质型	泥盆纪	预查	64	未开发
107		玉龙县廻龙乡大理石矿	小型	变质型	泥盆纪	预查	27	未开发
108		玉龙县象山大理石矿	小型	河湖相沉积型	古近纪	预查	107	未开发
109		玉龙县五峰大理石矿	小型	河湖相沉积型	古近纪	预查	62	未开发
110		玉龙县玉峰大理石矿	小型	河湖相沉积型	古近纪	预查	93	未开发
111		永胜县板桥大理石矿	中型	海相沉积型	三叠纪	预查	836.04	未开发
112		永胜县瓦窑坡大理石矿	大型	海相沉积型	三叠纪	预查	1165.17	未开发
113		永胜县仁和大理石矿	矿点	岩溶充填型	/	预查	/	已开发
114		华坪县拉毕大理石矿	大型	海相沉积型	泥盆纪	预查	2733.09	未开发
115		华坪县寨上大理石矿	大型	海相沉积型	泥盆纪	预查	1483	未开发
116		华坪县基度大理石矿	大型	海相沉积型	二叠纪	预查	1941	未开发
117		华坪县白草坪大理石矿	大型	海相沉积型	泥盆纪	预查	2637	未开发
118		华坪县何家湾大理石矿	大型	海相沉积型	震旦纪	预查	4008	未开发
119		华坪县大兴大理石矿	大型	海相沉积型	震旦纪	预查	6742	已开发
120		华坪县通达大理石矿	中型	海相沉积型	震旦纪	普查	278.32	未开发

续表

编号	州（市）	矿产地名称	规模	矿床类型	成矿时代	工作程度	资源储量 10^4 m^3	开发利用情况
121	普洱市	镇沅县金山大理石矿	小型	变质型	二叠纪	预查	15.7	已开发
122		澜沧县拉马大理石矿	中型	海相沉积型	二叠纪	预查	637.2	未开发
123		西盟县新厂大理石矿	大型	变质型	寒武纪	预查	1378.6	未开发
124		西盟县力所大理石矿	小型	变质型	元古宙	预查	19.3	未开发
125		西盟县富倮大理石矿	小型	变质型	元古宙	预查	87.1	未开发
126		西盟县马散大理石矿	小型	变质型	元古宙	预查	32.3	已开发
127		西盟县商烟街大理石矿	小型	变质型	元古宙	预查	103.6	未开发
128	临沧市	凤庆县烧灰沟大理石矿	小型	变质型	元古宙	预查	68.3	未开发
129		凤庆县石老虎大理石矿	小型	变质型	元古宙	预查	93.2	未开发
130		凤庆县苦耗洞大理石矿	小型	变质型	元古宙	预查	69.8	未开发
131		镇康县大干沟大理石矿	小型	变质型	二叠纪	预查	23.4	未开发
132		镇康县三岔洼大理石矿	小型	变质型	二叠纪	预查	13.6	未开发
133		耿马县营盘山大理石矿	中型	海相沉积型	二叠纪	预查	213.6	未开发
134		沧源县湖广大理石矿	大型	变质型	元古宙	详查	3760.45	已开发
135	德宏州	芒市南相章大理石矿	小型	河湖沉积型	白垩纪	详查	68.8	未开发
136		芒市广相大理石矿	小型	变质型	中生代	普查	159.7	已开发
137		芒市弄坎大理石矿	小型	变质型	中生代	普查	46.1	已开发
138		盈江县陇中大理石矿	小型	变质型	寒武纪	普查	131.9	未开发
139		盈江县上邦大理石矿	小型	变质型	寒武纪	普查	79.7	未开发
140	怒江州	泸水市马跨地大理石矿	小型	变质型	石炭纪	详查	162.46	未开发
141		福贡县达中洛大理石矿	小型	变质型	石炭纪	详查	39.54	已开发
142		福贡县拉甲木大理石矿	小型	变质型	石炭纪	详查	18.06	已开发
143		福贡县架弩大理石矿	小型	变质型	石炭纪	普查	82.7	已开发
144		福贡县架斜底大理石矿	小型	变质型	石炭纪	普查	72.50	已枯竭
145		福贡县江西大理石矿	小型	变质型	石炭纪	普查	40.00	已枯竭
146		贡山县比毕里大理石矿	小型	变质型	石炭纪	详查	136.75	已开发
147		贡山县丙中洛大理石矿	中型	变质型	石炭纪	详查	286.22	已开发
148		贡山县初干大理石矿	大型	变质型	石炭纪	预查	3739.41	未开发
149		贡山县秋那桶大理石矿	大型	变质型	石炭纪	预查	2870.51	未开发
150		贡山县石坡大理石矿	大型	变质型	石炭纪	预查	2287.75	未开发
151		贡山县雾里村大理石矿	大型	变质型	石炭纪	预查	4714.46	未开发
152		贡山县碧瓦村大理石矿	中型	变质型	石炭纪	预查	683.03	未开发
153		贡山县小茶那大理石矿	大型	变质型	石炭纪	预查	1134.14	未开发
154		贡山县吉木斗大理石矿	大型	变质型	石炭纪	预查	2264.52	未开发
155		贡山县罗坡大理石矿	大型	变质型	石炭纪	预查	5235.37	未开发
156	迪庆州	香格里拉市瓦窑梁大理石矿	中型	变质型	泥盆纪	预查	239.6	未开发
157		香格里拉市敲当山大理石矿	大型	变质型	泥盆纪	预查	1754.8	未开发
158		香格里拉市冉家湾大理石矿	大型	变质型	泥盆纪	预查	2153.6	未开发
159		香格里拉市仕达大理石矿	大型	变质型	泥盆纪	预查	1273.9	已开发
160		德钦县本多大理石矿	小型	海相沉积型	泥盆纪	预查	123.9	未开发

续表

编号	州（市）	矿产地名称	规模	矿床类型	成矿时代	工作程度	资源储量 10^4 m^3	开发利用情况
161	大理州	大理市三羊坡大理石矿	小型	变质型	元古宙	普查	43.20	已停采
162		大理市雪人峰大理石矿	中型	变质型	元古宙	详查	614.5	已停采
163		大理县无脚坡大理石矿	小型	变质型	元古宙	预查	37.6	已停采
164		大理市钟鼓山大理石矿	中型	变质型	泥盆纪	普查	442.0	已开发
165		宾川县李子厂大理石矿	小型	海相沉积型	三叠纪	预查	137.4	未开发
166		宾川县三马坪大理石矿	小型	海相沉积型	三叠纪	预查	63.1	未开发
167		弥渡县金宝山大理石矿	小型	海相沉积型	泥盆纪	普查	111.2	已开发
168		云龙县分水岭大理石矿	小型	变质型	寒武纪	详查	165.5	已开发
169		洱源县三台山理石矿	小型	变质型	泥盆纪	详查	43.8	已停采
170		洱源县香山大理石矿	中型	变质型	三叠纪	详查	218.3	已开发
171		洱源县焦石硐大理石矿	中型	变质型	三叠纪	普查	262.5	已停采
172		洱源县罗平山大理石矿	大型	变质型	元古宙	预查	1883.8	未开发
173		鹤庆县大甸村大理石矿	小型	海相沉积型	三叠纪	预查	98.5	未开发
174		鹤庆县奇峰村大理石矿	小型	海相沉积型	三叠纪	预查	162.17	未开发
175		鹤庆县麦田湾大理石矿	小型	海相沉积型	三叠纪	预查	73.68	未开发
176		漾濞县节节坪大理石矿	小型	变质型	三叠纪	普查	97.34	已开发
177	楚雄州	元谋县凤凰山大理石矿	大型	变质型	元古宙	预查	1698.8	未开发
178		武定县天生桥大理石矿	大型	变质型	元古宙	预查	2199.7	未开发
179		武定县辣子箐大理石矿	大型	变质型	元古宙	预查	4136.3	未开发
180		武定县大坝河大理石矿	大型	变质型	元古宙	预查	2860.9	未开发
181		禄丰县迎水大理石矿	中型	变质型	元古宙	预查	218.7	未开发
182		禄丰县石灰坝大理石矿	小型	变质型	元古宙	预查	48.1	未开发
183		禄丰县宝泉大理石矿	小型	变质型	元古宙	预查	33.2	未开发
184		禄丰县中村大理石矿	大型	变质型	元古宙	预查	79.6	未开发
185	红河州	蒙自市大永胜大理石矿	大型	海相沉积型	三叠纪	预查	2499.99	未开发
186		蒙自市大石板大理石矿	大型	海相沉积型	三叠纪	预查	1865.99	未开发
187		蒙自市上富土大理石矿	大型	海相沉积型	三叠纪	预查	1367.43	未开发
188		蒙自市豹子窝大理石矿	中型	海相沉积型	泥盆纪	预查	919.19	未开发
189		蒙自市所本底大理石矿	大型	变质型	三叠纪	详查	2071.58	未开发
190		开远市鲁姑母大理石矿	大型	海相沉积型	石炭纪	预查	31370.32	未开发
191		建水县坡头大理石矿	中型	海相沉积型	三叠纪	预查	346	未开发
192		弥勒市古白大理石矿	大型	海相沉积型	二叠纪	预查	3770.15	未开发
193		弥勒市凤凰村大理石矿	小型	海相沉积型	二叠纪	普查	55.433	已开发
194		弥勒市麟马寨大理石矿	小型	海相沉积型	三叠纪	普查	47	已开发
195		弥勒市罗多大理石矿	大型	海相沉积型	二叠纪	预查	6738.73	未开发
196		弥勒市上高甸大理石矿	中型	海相沉积型	二叠纪	预查	351.13	未开发
197		弥勒市巡检司大理石矿	中型	海相沉积型	三叠纪	预查	427.12	未开发
198		弥勒市围锁大理石矿	中型	海相沉积型	二叠纪	预查	248.28	未开发
199		弥勒市红万大理石矿	小型	海相沉积型	二叠纪	预查	157.63	未开发
200		弥勒市五山大理石矿	大型	海相沉积型	二叠纪	预查	3770.15	未开发

续表

编号	州（市）	矿产地名称	规模	矿床类型	成矿时代	工作程度	资源储量 10^4 m^3	开发利用情况
201	红河州	泸西县大直邑大理石矿	小型	河湖相沉积型	古近纪	预查	143.21	已开发
202		元阳县嘎娘大理石矿	中型	变质型	元古宙	预查	500	未开发
203		元阳县哨普大理石矿	大型	变质型	元古宙	预查	8562.68	已开发
204		元阳县东瓜寨大理石矿	大型	变质型	元古宙	预查	2617.00	已开发
205		元阳县芭蕉岭大理石矿	小型	变质型	元古宙	普查	105.2	已开发
206		元阳县楮皮寨大理石矿	小型	变质型	元古宙	普查	154.27	已开发
207		红河县土鲁白大理石矿	中型	变质型	元古宙	普查	299.2	已开发
208		河口县坡头寨大理石矿	大型	变质型	元古宙	普查	529.0	已开发
209		河口县交包大理石矿	中型	变质型	元古宙	预查	903.35	未开发
210		屏边县大老白大理石矿	大型	变质型	三叠纪	预查	6008.10	未开发
211		屏边县大火地大理石矿	大型	变质型	三叠纪	预查	7442.72	未开发
212		屏边县白卡马大理石矿	大型	变质型	三叠纪	普查	2400.00	已开发
213		屏边县期扯大理石矿	大型	变质型	三叠纪	预查	2095.92	未开发
214		屏边县水塘坡大理石矿	中型	变质型	三叠纪	详查	365.99	已停采
215		屏边县小寨大理石矿	小型	变质型	三叠纪	普查	162.38	已开发
216	文山州	文山市白鱼洞大理石矿	小型	海相沉积型	石炭纪	预查	97	未开发
217		文山市古木大理石矿	小型	海相沉积型	泥盆纪	预查	132	未开发
218		文山市红甸大理石矿	小型	海相沉积型	石炭纪	预查	54	未开发
219		文山市追栗街大理石矿	中型	海相沉积型	二叠纪	预查	215	未开发
220		文山市长箐大理石矿	大型	海相沉积型	泥盆纪	预查	4482.5	未开发
221		砚山县长箐大理石矿	大型	海相沉积型	二叠纪	预查	5159.17	未开发
222		砚山县鱼塘大理石矿	大型	海相沉积型	二叠纪	预查	5534.57	未开发
223		砚山县卡子房大理石矿	大型	海相沉积型	二叠纪	预查	1490	未开发
224		砚山县五台坡大理石矿	大型	海相沉积型	二叠纪	预查	1553.94	未开发
225		砚山县鲁都克大理石矿	大型	海相沉积型	三叠纪	预查	3258.43	未开发
226		砚山县居那革大理石矿	大型	海相沉积型	二叠纪	预查	1520.74	未开发
227		西畴县蚌谷大理石矿	大型	海相沉积型	二叠纪	预查	4713.39	未开发
228		西畴县芹菜塘大理石矿	大型	海相沉积型	二叠纪	预查	5262.32	未开发
229		西畴县瓦厂湾大理石矿	大型	海相沉积型	三叠纪	预查	1299.23	未开发
230		西畴县山背后大理石矿	大型	海相沉积型	三叠纪	预查	5595.99	已开发
231		西畴县大草冲大理石矿	大型	海相沉积型	三叠纪	预查	1542.44	未开发
232		西畴县法戛大理石矿	大型	海相沉积型	三叠纪	预查	1315.93	未开发
233		西畴县水井湾大理石矿	大型	海相沉积型	三叠纪	预查	3611.25	未开发
234		西畴县杨家湾大理石矿	大型	海相沉积型	三叠纪	预查	1015.92	未开发
235		西畴县东瓜寨大理石矿	大型	变质型	泥盆纪	预查	295.75	未开发
236		麻栗坡县董占大理石矿	中型	变质型	泥盆纪	预查	4547.63	未开发
237		麻栗坡县红光大理石矿	大型	变质型	泥盆纪	预查	6248.68	未开发
238		马关县芹菜箐大理石矿	大型	变质型	泥盆纪	普查	192.24	已开发
239		马关县牛马坡大理石矿	小型	变质型	泥盆纪	预查	69	未开发
240		丘北县新寨大理石矿	大型	变质型	泥盆纪	预查	3193.75	未开发

续表

编号	州（市）	矿产地名称	规模	矿床类型	成矿时代	工作程度	资源储量 10^4 m³	开发利用情况
241	文山州	丘北县以兔大理石矿	大型	变质型	泥盆纪	预查	4818.05	未开发
242		丘北县下雨泽大理石矿	中型	海相沉积型	二叠纪	预查	964.31	未开发
243		丘北县矣能大理石矿	大型	海相沉积型	石炭纪	预查	4525.07	未开发
244		丘北县出水寨大理石矿	大型	海相沉积型	三叠纪	预查	1164.96	已开发
245		广南县莲花村大理石矿	大型	海相沉积型	二叠纪	预查	1460.9	未开发
246		广南县保路寨大理石矿	大型	海相沉积型	二叠纪	预查	846.41	未开发
247		广南县董卓大理石矿	大型	海相沉积型	泥盆纪	预查	1867.27	未开发
248		广南县白石岩大理石矿	大型	海相沉积型	二叠纪	预查	1507.08	未开发
249		广南县红石岩大理石矿	大型	海相沉积型	泥盆纪	预查	2085	未开发
250		广南县凉水井大理石矿	大型	海相沉积型	泥盆纪	预查	1673	未开发
251		广南县塘子边大理石矿	大型	海相沉积型	石炭纪	预查	3140	未开发
252		广南县木排洞大理石矿	中型	海相沉积型	泥盆纪	预查	855	未开发
253		广南县里乍大理石矿	中型	海相沉积型	泥盆纪	预查	939	未开发
254		广南县那比大理石矿	中型	海相沉积型	泥盆纪	预查	878	未开发
255		广南县大普弄大理石矿	中型	海相沉积型	寒武纪	预查	829	未开发
256		富宁县下大洞大理石矿	中型	海相沉积型	泥盆纪	预查	625	未开发
257		富宁县何家湾大理石矿	中型	海相沉积型	泥盆纪	预查	657	未开发
258		富宁县坡房大理石矿	中型	海相沉积型	泥盆纪	预查	588	未开发
259		富宁县各丰大理石矿	中型	海相沉积型	寒武纪	预查	571	未开发
260		富宁县腊拱大理石矿	中型	海相沉积型	泥盆纪	预查	632	未开发
261		富宁县花甲大理石矿	大型	海相沉积型	二叠纪	预查	1129	未开发

矿体赋存于古元古界苍山岩群，由3个矿层组成。延伸长>2200 m。上矿层厚7~14 m，中矿层平均厚41.33 m，下矿层平均厚16.96 m。矿石由“苍白玉”和“水花”组成。“苍白玉”原岩为白云大理岩，矿物主要为白云石（80%），次为方解石（10%~15%），石英较少（5%），另有微量方柱石、磁铁矿。“水花”原岩为大理岩，矿物主要为方解石（85%~90%），次为白云石（10%~15%）。

矿石抛光后，“苍白玉”为纯白色，属高端石材精品。“水花”是在灰白、白色的底色上由浅灰、灰色直条纹构成，最早因拼接性差，不被市场看好。随着人们审美观的变化，当下也进入了高端石材系列。

矿层单层厚0.4~2.0 m，发育2组构造节理，节理间距0.5~10 m。试采荒料率20%，成材率13~15 m²/m³。矿石抗压强度701~1779 kg/cm²，抗剪强度90~259 kg/cm²，抗折强度89~199 kg/cm²，小体重2.72~2.82 kg/cm³，抗冻重量损失率0.04%~0.11%。

矿区已建成原大理市大理石厂自用矿山，2000年划入点苍山保护区后停采。

（2）屏边县水塘坡大理石矿

矿山位于屏边县新现乡境内，地质工作程度为详查。累计探获资源储量365.99×10^4 m³，荒料量194.05×10^4 m³。

矿体赋存于下三叠统永宁镇组第三段，由2个矿层组成，延伸长约2000 m。上矿层平均宽度183 m，平均厚度147 m。下矿层平均宽度177 m，平均厚16.96 m。矿石由“屏边白”和“雅灰”组成。原岩均为大理岩，细粒结构，块状构造。矿物主要为方解石（>95%），白云石、白云母、石英及铁质矿物较少。

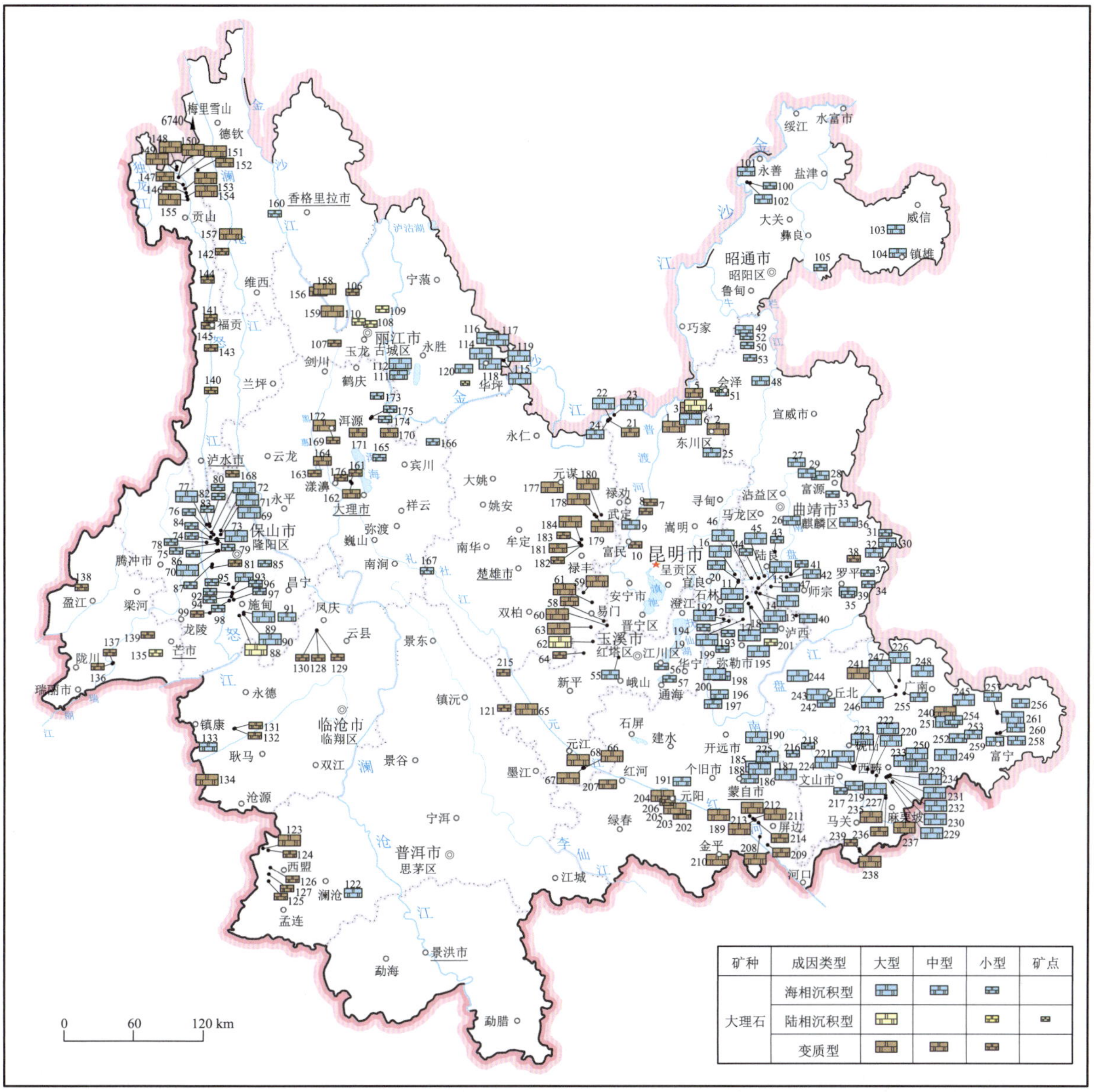

图 8-1　云南省大理石矿主要矿产地分布图

矿石抛光后，“屏边白”颜色纯正，质地细腻，玉感强，极受市场欢迎，2000 年以前供不应求。“雅灰”古朴、典雅，沉静、内敛、安静、柔和的气质，更顺应当下回归自然的潮流，深受现代人的喜爱。

矿体内发育 4 组构造节理，线密度 0.67 条/m。体图解荒料率 53.02%，实际荒料率 20%~40%，成材率 30~32 m^2/m^3，光泽度>90°。矿石抗压强度 720~939 kg/cm^2，抗折强度 281~329 kg/cm^2，抗剪强度 312~381 kg/cm^2，肖氏硬度 37.63，耐磨率 3.64 g/cm^2，容重 2.72 g/cm^3，吸水率 0.19%。

矿区为屏边县大理石厂自用矿山，后因划入大围山保护区停采。

2. 海相沉积型

（1）陆良县母鸡山大理石矿

矿区位于陆良县西桥乡境内，地质工作程度为详查。累计探获资源储量 247.14×10^4 m^3，荒料量 155.40×10^4 m^3。

矿体赋存于下石炭统大塘阶，层状近水平产出。延伸长 750 m，宽 450 m，控制厚 35.6 m。矿石由“红海棠”、“白海棠”、“黑玛瑙”组成。原岩均为含白云质生物碎屑灰岩。矿物主要为方解石（90%~95%），次为白云石（5%~10%）。

“红海棠”、“白海棠”抛光后，在肉红、灰白底色上，密集分布的腕足类化石构成似海棠花图案，装饰效果极佳，成为装饰石材市场经久不衰的高端稀有精品。“黑玛瑙”抛光后，光亮照人，在黑色底色上较密集分布的灰色条纹构成似缠丝玛瑙图案，装饰效果独特。

矿体内发育有2组构造节理，间距0.6~2.5 m。体图解荒料率62.88%，成材率25~30 m^2/m^3。矿石抗压强度1415~2227 kg/cm^2，抗折强度64~224 kg/cm^2，肖氏硬度60.33，光泽度94°，小体重2.71 g/cm^3，吸水率0.55%。

1990年试采，目前资源已枯竭。

（2）镇雄县水井湾大理石矿

矿区位于镇雄县芒部乡境内，地质工作程度为详查。累计探获资源储量416.73×10^4 m^3，荒料量157.07×10^4 m^3。

矿体赋存于下二叠统茅口组下段，单斜层状产出。延伸长>800 m，宽约500 m，控制厚80~110 m。矿石为“墨玉”，原岩为灰岩。矿物主要为方解石（85%~90%），次为白云石（3%~5%），有机质（8%~10%），硅质微量。

矿石抛光后，纯黑如墨，色泽稳定，光亮照人，无色斑色线，装饰效果佳。

矿体内发育2组构造节理，面密度0.415条/ m^2。体图解荒料率37.69%，成材率20 m^2/m^3。矿石抗压强度1415~2227 kg/cm^2，抗折强度64~224 kg/cm^2，肖氏硬度52.00，光泽度103°，体重2.70 g/cm^3，吸水率0.44%。

矿区为原镇雄县大理石厂自用矿山，已停采。

（三）开发利用

云南作为大理石的故乡和发源地，至少在1400年前的唐代，由点苍山大理石制作的“玉佛”已名闻遐迩。不少名胜地千里迢迢赶来大理“易请佛像”，大理石制品成为炙手可热的民间收藏精品。宋代，点苍山大理石开始作为贡品进贡朝廷，成为皇亲国戚、达官贵人、文人墨客住宅正厅、书房的必备陈设。明代，三塔寺附近出现了专门生产加工大理石的“石户村”和经营大理石制品的“础石街”，产品已销往全国及海外。清朝，古城双鸳、阳乡等已成为开采点苍山大理石的专业“石料村”（照片8-9、8-10）。

照片8-9　加工后的观赏型大理石画

（程胜辉摄于2017中国昆明国际石博览会）

照片 8-10 大理石画

（程胜辉摄于 2017 中国昆明国际石博览会）

1953 年大理成立了国营大理县大理石厂，1971 年首次引进砂锯开始生产板材，实现了云南饰面大理石生产零的突破。1979 年末，全省仅有大理县大理石厂及文笔村村办大理石厂（产品为工艺品）。

自 1980 年开始，在原云南省建材局的大力推动和支持下，1984 年贡山县大理石厂、屏边县大理石厂、元阳县大理石厂、福贡县大理石厂等相继建成投产。到 1990 年全省石材加工企业近 80 家（国营 22 家），年产大理石板材 15.40×10^4 m^2。同时还建成了以云南林机厂为代表的 4 家石材加工机械制造厂，初步构成了云南石材工业体系雏形。到 2000 年全省大理石板材产量达 136.80×10^4 m^2，2005 年 358.27×10^4 m^2，2010 年 523.49×10^4 m^2。

2010 年云南省政府提出“经过 5~10 年的努力，形成产业支撑体系”的发展目标后，云南石材工业发展又步入了历史新纪元。全省石材工业呈现出前所未有的欣欣向荣的景象，石材工业园区建设如雨后春笋，加工、开采技术设备全面升级换代，基本实现了矿山规模化、开采规范化（照片 8-11、8-12)、加工现代化（照片 8-13、8-14），走上了环保及综合开发利用之路，现代新型石材工业体系初具雏形。大理石故乡又一次焕发青春，开始步入新的辉煌。

照片 8-11 石材荒料整形设备

（张盛江供稿）

照片 8-12 石材规范化露天开采矿山

（张盛江供稿）

2015 年全省大理石板材产量 935.73×10^4 m^2，生产荒料约 120×10^4 m^3（含异形石及外销荒料），消耗资源储量约 450×10^4 m^3。

照片 8-13　石材加工框架锯
（张盛江供稿）

照片 8-14　石材加工磨抛机
（张盛江供稿）

三、花岗石矿

广义的花岗石矿是指由岩浆岩、片麻岩及混合岩形成的天然装饰石材。

（一）资源概况

云南花岗石矿成矿时代主要为中生代、新生代，其次为晚古生代及元古代。主要包括白（灰白）、红（肉红、紫红）、棕、黄、黑、绿、蓝色七大系列近 100 余个品种，按成因划分为 3 种类型（表 8-4）。

表 8-4　花岗石成因型与代表性品种

成因类型	代表性品种	主要产地	成矿时代
岩浆岩型	个旧“云南红”（照片 8-15）、建水“云南蓝”（照片 8-16）、易门“杜鹃红”（照片 8-17）、大理“滇西红”（照片 8-18）	高黎贡山、碧罗雪山、德钦-维西-剑川、宁蒗-华坪-大姚、魏山-南涧-凤庆、建水-个旧-文山-富宁，另在元谋、石屏、永平、临沧、勐海、景洪等也有零星分布	中生代、新生代
火山岩型	禄劝“冰花黑”、剑川“云南黑”、腾冲“火山石”（照片 8-19）	东川-会泽-富源、昭通地区、腾冲一带	二叠纪、第四纪
变质型	红河“海洋绿”（照片 8-20）及“梦幻黑”、元江“浪花白”	点苍山-哀牢山、高黎贡山、崇山、马关老君山。	元古代

云南花岗石矿地质勘查工作，始于 1983 年由国家建材局地质公司云南勘探大队开展的易门九道湾地区花岗石预查，1990 年完成了易门县罗台旧花岗石矿山试采区钻探，提交了总结报告。2010 年云南省政府启动的天然石材专项地质预查，全省新增花岗石远景资源量 400×10^8 m^3，荒料量 74×10^8 m^3。

全省已发现花岗石矿床（点）约 250 余个，主要矿产地 127 个（表 8-5，图 8-2）。累计探获资源储量 20×10^8 m^3，荒料量 5.30×10^8 m^3。其中：普查 24 个，累计探获资源储量 2770.75×10^4 m^3；详查 2 个，累计探获资源储量 174.26×10^4 m^3。全省潜在资源量约 1272×10^8 m^3，荒料量 153×10^8 m^3。

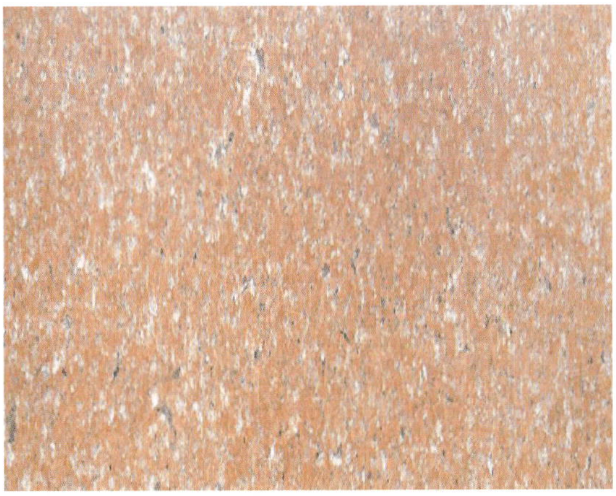

照片 8-15　个旧：“云南红”
（张盛江供稿）

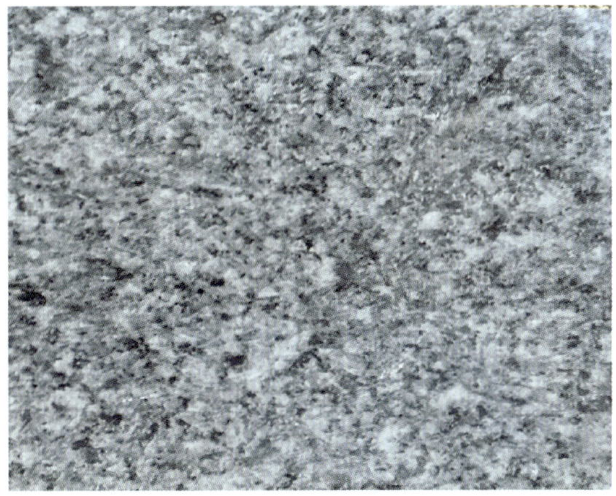

照片 8-16　建水：“云南蓝”
（张盛江供稿）

照片 8-17　易门：“杜鹃红”
（张盛江供稿）

照片 8-18　大理：“滇西红”
（张盛江供稿）

照片 8-19　腾冲：“火山石”
（张盛江供稿）

照片 8-20　红河：“海洋绿”
（张盛江供稿）

表 8-5　云南省花岗石矿主要矿产地

编号	州（市）	矿产地名称	规模	矿床类型	成矿时代	工作程度	资源储量 $10^4\ m^3$	开发利用情况
1	昆明市	东川区白石岩花岗石矿	大型	火山岩型	二叠纪	预查	7229.44	未开发
2		东川区小沙坡花岗石矿	小型	岩浆岩型	古生代	预查	63	未开发
3		东川区三界村花岗石矿	中型	岩浆岩型	古生代	预查	283	未开发
4		东川区燕子洞花岗石矿	大型	火山岩型	二叠纪	预查	4538.36	未开发
5		东川区下田坝花岗石矿	矿点	岩浆岩型	古生代	预查	/	未开发
6		东川区三家村花岗石矿	小型	火山岩型	二叠纪	预查	127.6	未开发
7		富民县大沟花岗石矿	矿点	岩浆岩型	古生代	预查	/	未开发
8		禄劝县鲁溪桥花岗石矿	小型	岩浆岩型	古生代	预查	93.6	未开发
9		禄劝县乌蒙花岗石矿	大型	火山岩型	古生代	预查	67801.2	未开发
10		禄劝县鲁溪桥花岗石矿	小型	岩浆岩型	古生代	预查	67.15	未开发
11	曲靖市	宣威市木瓜哨花岗石矿	大型	火山岩型	二叠纪	预查	1740	未开发
12		宣威市后坪子花岗石矿	大型	火山岩型	二叠纪	预查	1210	未开发
13		沾益区黑坡村花岗石矿	中型	火山岩型	二叠纪	预查	375	未开发
14		富源县马房冲花岗石矿	中型	火山岩型	二叠纪	预查	674	未开发
15		会泽县菜园子花岗石矿	大型	火山岩型	二叠纪	预查	3670	未开发
16		会泽县大弯子花岗石矿	小型	火山岩型	二叠纪	预查	77	未开发
17		会泽县大龙潭花岗石矿	大型	火山岩型	二叠纪	预查	1430	未开发
18		会泽县炉房沟花岗石矿	大型	火山岩型	二叠纪	预查	6747.96	未开发
19	玉溪市	易门县罗台旧花岗石矿	小型	岩浆岩型	元古代	普查	17.33	已停采
20		峨山县化皮冲花岗石矿	大型	岩浆岩型	中生代	预查	3225	未开发
21		新平县立新花岗石矿	中型	区域变质型	元古代	预查	568.3	未开发
22		新平县波村花岗石矿	中型	区域变质型	元古代	预查	712.97	未开发
23		新平县大口花岗石矿	中型	区域变质型	元古代	预查	686.48	未开发
24		元江县温泉谷花岗石矿	小型	区域变质型	元古代	预查	148.38	未开发
25		元江县阿不都花岗石矿	矿点	岩浆岩型	中生代	预查	/	未开发
26		元江县观音山花岗石矿	小型	区域变质型	元古代	预查	32.24	未开发
27		元江县昆蒿花岗石矿	大型	区域变质型	元古代	预查	5544	已试采
28		元江县昆士花岗石矿	大型	区域变质型	元古代	预查	6712.97	未开发
29		元江县三岔河花岗石	大型	区域变质型	元古代	预查	3204.56	未开发
30		元江县依萨河花岗石矿	大型	区域变质型	元古代	预查	2383.6	未开发
31		元江县红旗花岗石矿	中型	区域变质型	元古代	预查	546.25	未开发
32	保山市	腾冲市松山花岗石矿	中型	火山岩型	第四纪	预查	324.67	已停采
33		腾冲市小团山花岗石矿	大型	火山岩型	第四纪	预查	1034.26	未开发
34		腾冲市新寨花岗石矿	小型	火山岩型	第四纪	预查	63.27	未开发
35		腾冲市打鹰山花岗石矿	大型	火山岩型	第四纪	预查	3762.73	已停采
36		腾冲市乐坪村花岗石矿	大型	火山岩型	第四纪	预查	1468.62	未开发
37		腾冲市马鞍山花岗石矿	大型	火山岩型	第四纪	预查	4606.48	已开发
38		腾冲市镇邑关花岗石矿	中型	火山岩型	第四纪	预查	673.23	未开发
39		腾冲市邵家营花岗石矿	大型	火山岩型	第四纪	预查	2607.69	已开发
40		龙陵县蚌东花岗石矿	小型	岩浆岩型	新生代	预查	137.44	未开发
41		昌宁县漭水村花岗石矿	小型	岩浆岩型	新生代	预查	63.57	未开发

续表

编号	州（市）	矿产地名称	规模	矿床类型	成矿时代	工作程度	资源储量 $10^4\ m^3$	开发利用情况
42	昭通市	昭阳区盘河花岗石矿	小型	火山岩型	二叠纪	预查	47.43	未开发
43		鲁甸县江底花岗石矿	中型	火山岩型	二叠纪	预查	312.67	未开发
44		巧家县荞麦地花岗石矿	中型	火山岩型	二叠纪	预查	328.35	已开发
45		巧家县发泥村花岗石矿	小型	岩浆岩型	古生代	预查	76.62	未开发
46		巧家县安居村花岗石矿	小型	岩浆岩型	古生代	预查	37.55	未开发
47		巧家县崇溪村花岗石矿	小型	火山岩型	二叠纪	预查	173.46	未开发
48		永善县毛拱桥花岗石矿	中型	火山岩型	二叠纪	预查	670	未开发
49		永善县水竹花花岗石矿	中型	火山岩型	二叠纪	预查	420	未开发
50		绥江县大烂池花岗石矿	中型	火山岩型	二叠纪	预查	370	未开发
51		水富市太平村花岗石矿	小型	火山岩型	二叠纪	预查	85	未开发
52	丽江市	华坪县天星花岗石矿	大型	岩浆岩型	新生代	预查	8368	已开发
53		华坪县马家火山花岗石矿	小型	岩浆岩型	晋宁期	详查	36.71	已停采
54		华坪县柯家山花岗石矿	小型	岩浆岩型	古生代	普查	108.54	已停采
55		玉龙县小桥头花岗石矿	中型	岩浆岩型	新生代	预查	210.5	未开发
56		玉龙县天才湖花岗石矿	小型	岩浆岩型	新生代	预查	91.29	未开发
57		宁蒗县昔腊坪花岗石矿	小型	岩浆岩型	古生代	预查	26.13	未开发
58		宁蒗县金姑村花岗石矿	中型	岩浆岩型	新生代	预查	569	未开发
59		宁蒗县大火山花岗石矿	中型	岩浆岩型	新生代	预查	418	未开发
60		宁蒗县光马山花岗石矿	中型	岩浆岩型	新生代	预查	317.47	未开发
61	普洱市	镇沅县金山花岗石矿	小型	岩浆岩型	中生代	预查	121.3	曾试采
62		澜沧县大芒界花岗石矿	小型	岩浆岩型	新生代	普查	178.23	未开发
63	临沧市	临翔区兴东村花岗石矿	中型	区域变质型	元古代	普查	217.6	未开发
64		临翔区小尖山花岗石矿	小型	岩浆岩型	中生代	普查	109.59	未开发
65		凤庆县大岗岭花岗岩矿	中型	岩浆岩型	中生代	普查	201.88	未开发
66		凤庆县偏坡寨花岗岩矿	小型	岩浆岩型	中生代	普查	68.63	未开发
67		云县大石花岗石矿	小型	岩浆岩型	中生代	普查	87.54	已开采
68		云县永茂花岗石矿	小型	岩浆岩型	中生代	普查	63.7	未开发
69	德宏州	盈江县茜草坝花岗石矿	矿点	岩浆岩型	中生代	预查	/	已开发
70		盈江县老麻撒花岗石矿	小型	区域变质型	寒武纪	普查	83.62	已开发
71		盈江县松树林花岗石矿	小型	区域变质型	寒武纪	普查	66.37	未开发
72	怒江州	泸水市纳马米花岗石矿	中型	岩浆岩型	中生代	预查	727.31	已开发
73		泸水市河山村花岗石矿	中型	岩浆岩型	中生代	预查	862.53	未开发
74		福贡县施底花岗石矿	小型	岩浆岩型	中生代	普查	166.15	已开发
75		福贡县嘎拉底花岗石矿	中型	岩浆岩型	中生代	预查	425.77	未开发
76		福贡县施得河花岗石矿	中型	岩浆岩型	中生代	预查	615.32	未开发
77		贡山县其期花岗石矿	中型	岩浆岩型	中生代	预查	337.32	未开发
78		贡山县双拉河花岗石矿	中型	岩浆岩型	中生代	预查	683.95	未开发
79		贡山县初干花岗石矿	中型	岩浆岩型	中生代	预查	364.52	未开发
80		贡山县住门丹花岗石矿	中型	岩浆岩型	新生代	预查	287.44	未开发

续表

编号	州（市）	矿产地名称	规模	矿床类型	成矿时代	工作程度	资源储量 $10^4\ m^3$	开发利用情况
81	大理州	祥云县象鼻村花岗石矿	矿点	岩浆岩型	古生代	预查	/	未开发
82		宾川县排营花岗石矿	小型	岩浆岩型	中生代	预查	107.36	已开发
83		永平县大兰塘花岗石矿	中型	岩浆岩型	新生代	预查	668	未开发
84		永平县周六庄花岗石矿	中型	岩浆岩型	新生代	预查	607	未开发
85		永平县扫把箐花岗石矿	矿点	岩浆岩型	新生代	预查	/	已停采
86		永平县部家村花岗石矿	中型	岩浆岩型	新生代	预查	785	已停采
87		剑川县月亮崖花岗石矿	大型	岩浆岩型	新生代	预查	4672.65	未开发
88		剑川县老君山花岗石矿	小型	岩浆岩型	新生代	详查	137.55	未开发
89		剑川县二龙山花岗石矿	中型	岩浆岩型	古生代	普查	840.19	已停采
90		剑川县杨柳箐花岗石矿	大型	岩浆岩型	新生代	预查	2672.65	未开发
91		南涧县鹿塘村花岗石矿	小型	岩浆岩型	新生代	预查	84.79	已开发
92		南涧县各救母花岗石矿	小型	岩浆岩型	印支期	预查	61.53	未开发
93		巍山县谷波萝花岗石矿	小型	岩浆岩型	新生代	预查	104.49	未开发
94	楚雄州	大姚县外石头花岗石矿	小型	岩浆岩型	晋宁期	预查	68.2	已开发
95		大姚县田心花岗石矿	小型	岩浆岩型	晋宁期	预查	179.86	已开发
96		大姚县溪木花岗石矿	小型	岩浆岩型	晋宁期	预查	108.2	未开发
97		元谋县那火山花岗石矿	小型	岩浆岩型	晋宁期	普查	14.21	未开发
98		武定县小尖山花岗石矿	小型	岩浆岩型	古生代	预查	16.46	未开发
99		武定县动作花岗石矿	中型	岩浆岩型	古生代	预查	542.45	未开发
100		禄丰县水口箐花岗石矿	小型	岩浆岩型	晋宁期	预查	26.71	未开发
101	红河州	个旧市白云山花岗石矿	大型	岩浆岩型	新生代	预查	3641	未开发
102		建水县长岗岭花岗石矿	大型	岩浆岩型	新生代	预查	3032	未开发
103		石屏县柏木租花岗石矿	大型	岩浆岩型	中生代	预查	2724	未开发
104		元阳县妈拖花岗石矿	大型	区域变质型	元古代	预查	1319.44	未开发
105		红河县甲寅花岗石矿	中型	区域变质型	元古代	预查	8037.2	已开发
106		红河县宝华花岗石矿	中型	区域变质型	元古代	预查	6312.88	已开发
107		红河县乐育花岗石矿	中型	区域变质型	元古代	预查	739.72	已开发
108		金平县李子冲花岗石矿	小型	区域变质型	元古代	预查	172.5	已开发
109		河口县牛头寨花岗石矿	小型	岩浆岩型	中生代	预查	64	未开发
110		屏边县坡背花岗石矿	大型	岩浆岩型	新生代	预查	2747	未开发
111	文山州	文山市腰街花岗石矿	大型	岩浆岩型	新生代	预查	3532	未开发
112		文山市狮子山花岗石矿	大型	岩浆岩型	新生代	预查	3624	未开发
113		文山市核桃村花岗石矿	大型	岩浆岩型	新生代	预查	1763	未开发
114		麻栗坡县昆老花岗石矿	小型	区域变质型	中生代	普查	47.04	已开发
115		麻栗坡县沟里香花岗石矿	小型	区域变质型	中生代	普查	25.67	已开发
116		麻栗坡县石盆花岗矿矿	小型	区域变质型	中生代	普查	44.34	已开发

续表

编号	州（市）	矿产地名称	规模	矿床类型	成矿时代	工作程度	资源储量 $10^4\ m^3$	开发利用情况
117	文山州	麻栗坡县那比河花岗矿	小型	区域变质型	中生代	普查	68.18	已开发
118		富宁县平麻花岗石矿	大型	岩浆岩型	中生代	预查	2265	未开发
119		富宁县鸡蛋山花岗石矿	大型	岩浆岩型	中生代	预查	3695	未开发
120		富宁县半边箐花岗石矿	大型	岩浆岩型	中生代	预查	2434	未开发
121		富宁县麻布营花岗石矿	大型	岩浆岩型	中生代	预查	4941	未开发
122		富宁县鸡蛋山花岗石矿	大型	岩浆岩型	中生代	预查	3693	未开发
123		富宁县反背花岗石矿	大型	岩浆岩型	中生代	预查	2675	未开发
124	西双版纳州	景洪市曼戈播花岗石矿	矿点	岩浆岩型	古生代	预查	/	未开发
125		勐海县嘎角寨花岗石矿	小型	岩浆岩型	古生代	普查	59.7	已开发
126		勐海县曼果花岗石矿	小型	岩浆岩型	古生代	预查	47.83	已开发
127		勐海县复兴寨花岗石矿	小型	岩浆岩型	古生代	普查	142.5	未开发

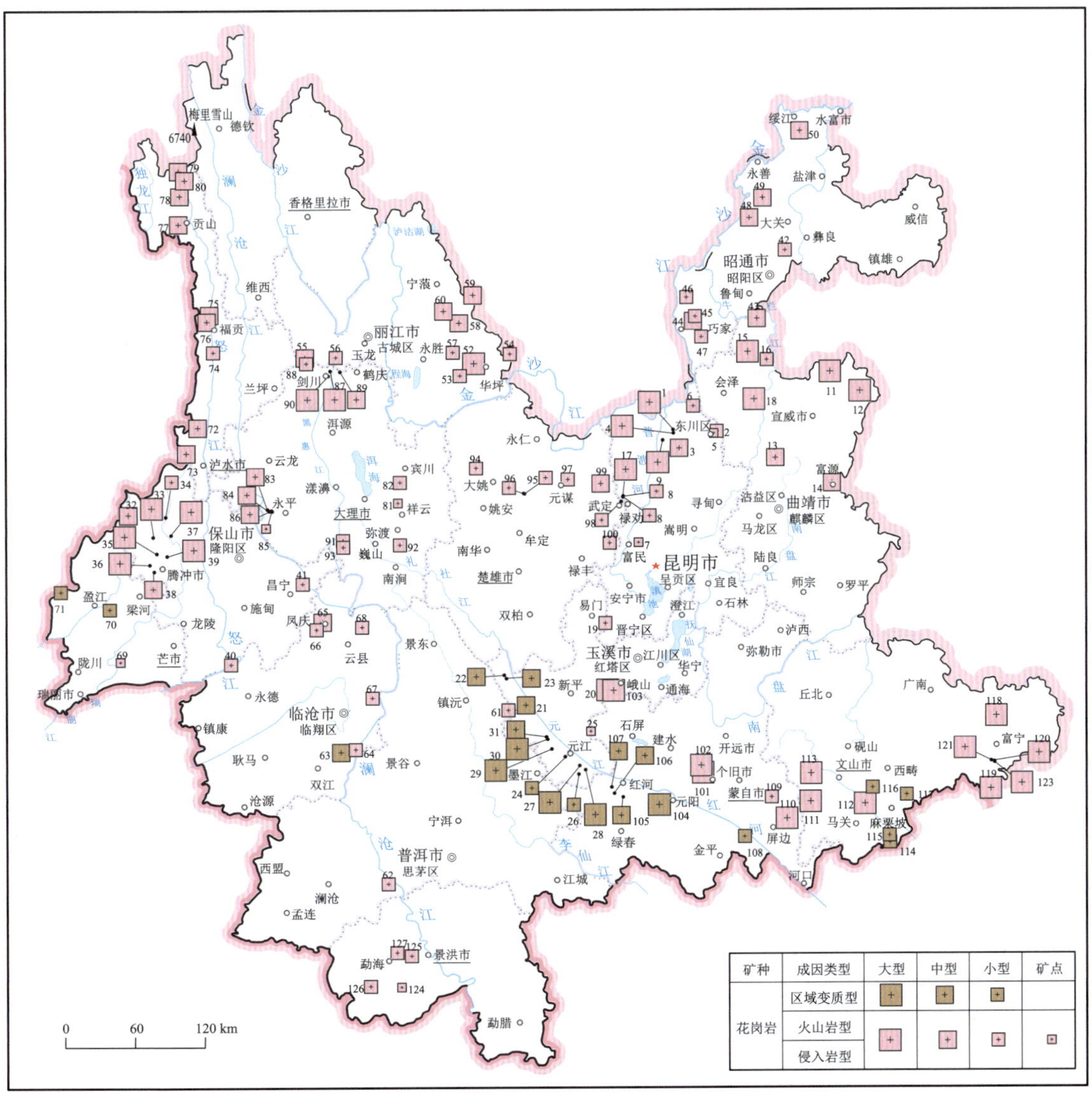

图 8-2　云南省花岗石矿主要矿产地分布图

（二）典型矿床

1. 岩浆岩型矿床

（1）剑川县老君山花岗石矿

矿区位于剑川县上兰乡境内，地质工作程度为详查。累计探获资源储量137.55×10^4 m^3，未开发。

矿体赋存于喜马拉雅期老君山正长岩体西部边缘相带内，延伸长>800 m，平均宽301.13 m，平均深64.5 m。矿石品种为“剑川红”，原岩为石英角闪正长岩。矿物主要为正长石和条纹长石，大小0.5~2 mm，占量约75%；次为石英、普通角闪石、普通辉石、磁铁矿；另有少量榍石、磷灰石等。部分角闪石有轻微绿泥石化和黑云母化蚀变。

矿石抛光后，在浅灰-灰白色的底色上，较均匀分布着灰红-肉红色长石斑点，构成一幅“万紫千红”的美丽图案，赏心悦目，矿石装饰性能好。

矿体内发育2组构造节理，间距一般0.4~1.8 m，图解荒料率26.76%。矿石平均体积密度2.58 g/cm^3，平均吸水率0.96%，平均抗压强度103.41 MPa，平均硬度94.57，平均光泽度84.2°。

（2）华坪县柯家山花岗石矿

矿区位于华坪县大兴乡南阳村境内。地质工作程度为普查。累计探获资源储量108.54×10^4 m^3。

矿床赋存于晋宁期冷水箐超基性岩体南段，控制长约1000 m，宽约800~1000 m，厚约80 m。矿石品种有“云南墨玉一号”、“云南墨玉二号”，原岩为角闪辉长岩、含橄角闪辉长岩。矿物主要为拉长石、普通辉石、普通角闪石、紫苏辉石，次要矿物为橄榄石、磷灰石、尖晶石及磁铁矿等。

矿石切割抛光后，“云南墨玉一号”颜色较纯正，在黑色底色上偶见浅色矿物星点分布，属花岗石精品。“云南墨玉二号”，在墨绿色底色上，有少量浅色矿物呈不规则星点状、条带状分布，构成独具特色的装饰图案。

矿体内发育4组构造节理，间距1~5 m。图解荒料率46.44%，试采荒料率为34.66%。矿石抗压强度1947.67~2399.33 kg/cm^2，抗折强度153.16~354.30 kg/cm^2，耐酸度99.5%，耐碱度99.68%~99.72%，体积密度3.01 g/cm^3，吸水率0.36%~0.19%，耐磨率0.945 g/cm^2，肖氏硬度大于90，光泽度90~91.82°。放射性比活度0.026057（Bq/kg），属A类，使用不受限。

华坪县花岗石厂曾经试采，后因与四川省发生边界纠纷停采。

2. 火山岩型矿床

典型矿床为会泽县炉房沟花岗石矿，矿床位于会泽县乐业镇境内，地质工作程度为预查。累计探获远景资源量6747.96×10^4 m^3，未开发。

矿体赋存于二叠系峨眉山玄武岩中，呈单斜层状产出。延伸长>500 m，出露宽1250~1360 m，厚947.3~1144.1 m。矿石品种有黑色花岗石、绿色花岗石、咖啡色花岗石及杂色花岗石。

黑色花岗石，岩石名称为致密状玄武岩。矿石矿物主要为斜长石，大小0.062~0.35 mm，占量65%~70%；次为普通辉石、铁质、绿泥石。矿石切割抛光后，纯黑如墨，光亮照人，装饰性能好。

绿色花岗石，岩石名称为致密状、杏仁状及斑状玄武岩。矿物主要为斜长石，大小0.1~0.75 mm，占量60%~70%；次为普通辉石、铁质。矿石切割抛光后，在墨绿色底色上，有针状、斑块状、放射状浅色矿物不均匀分布，形如飘飞的冰花，构成图案独具特色，矿石装饰性能好。

咖啡色花岗石、杂色花岗石品种独特，装饰性能好，但分布零星。

矿体内发育4组构造节理，间距一般0.4~1.2 m，荒料率21.40%，成材率19.84~24.22 m^2/m^3。矿石容重2.93~2.96 g/cm^3，吸水率0.56~0.71%，抗压强度126~168 MPa，抗剪强度53.5~80.7 MPa，抗折强度24.70~26.54 MPa，耐磨度0.027~0.052 g/cm^2，肖氏硬度76~79.5，耐酸度99.10%~99.17%，耐碱度100.02%~100.03%，光泽度80.39°。放射性：内照射指数0.059~0.075，

外照射指数 0.139~0.204，属 A 类，使用不受限。

3. 区域变质型矿床

典型矿床为红河县甲寅花岗石矿，位于红河县甲寅乡境内，累计探获远景资源量 8037.20×10^4 m^3，为预查阶段。

矿体赋存于哀牢山岩群阿龙岩组中部，由似层状、透镜状矿体组成。含矿层延伸长>1200 m，宽 100~1500 m，厚 100~300 m。矿石品种为“海洋绿”（“大花绿”），原岩为透辉透闪条纹状混合岩、透辉透闪眼球状混合岩及透辉透闪变粒岩。矿物主要为长石，大小 0.1~1 mm，占量 70%；次为石英、透辉石、透闪石；另有少量黑云母、磷灰石、铁质。

矿石切割抛光后，在灰黑、黑色的底色上，分布着不规则灰白、浅绿-深绿色条纹。垂直层面形成灰白、浅绿-深绿色直木纹图案。平行层面形成多姿多彩的浪花、云彩图案，装饰性能好。

荒料率 36.59%。矿石平均抗压强度 72 MPa，垂直抗剪强度 20.1 MPa，水平剪应力 30.4 MPa，抗折强度为 25.2 MPa，平均耐磨度 0.041 g/cm^2，平均耐酸度 99.87%，平均耐碱度 100.04%，肖氏硬度 83，容重 2.89 g/cm^3，吸水率 0.41%，光泽度 63.6°。放射性：内照射指数 0.214，外照射指数 0.508，属 A 类，使用不受限。

2000 年前为地方零星民采，现由红河红宝异型石材有限公司取得部分采矿权进行开发。

（三）开发利用

云南花岗石矿开发，始于腾冲火山石。据《腾越州志》记载，明代腾冲古石城的城墙、门楼全部由腾冲西山火山石筑成，这是云南花岗石最早应用的记载。

作为装饰材用花岗石开发，始于 1986 年建成投产的易门县花岗石厂，采用意大利全套进口花岗石加工设备（西南第一、国内少见），产品为易门罗台旧花岗石矿山的“杜鹃红”。受交通、开采技术条件限制，云南花岗石开发缓慢。

近年由于广东、福建花岗石矿山大批关闭，石材企业纷纷迁至云南，云南花岗石开发得到了飞跃发展，2014 年全省花岗石产量 59.90×10^4 m^2，2015 年 143.37×10^4 m^2。全省年消耗花岗石荒料约15×10^4 m^3（含直接外销荒料），资源储量约 55×10^4 m^3。

四、装饰用砂岩矿

天然装饰用砂岩矿是以石英、长石为主，含岩屑、副矿物的机械沉积类岩石，主要包括石英砂岩、长石石英砂岩、长石砂岩及相应的变质砂岩。

（一）资源概况

云南装饰用砂岩成矿时代主要为奥陶纪、三叠纪、侏罗纪及白垩纪。成因类型有滨海沉积型如武定、禄劝“黄木纹砂岩”、“红木纹砂岩”（照片 8-21、8-22、8-23），湖泊沉积型如永仁“秋木纹砂岩”、“蓝色金典”（照片 8-24、8-25）及牟定“紫檀木纹砂岩”（照片 8-26）、绥江“灰木纹砂岩”。主要品种有白（灰白）、红（紫、紫红）、黄、灰、绿五大系列近 20 个。砂岩矿主要分布于东川-禄劝-武定、禄丰-元谋、永仁-姚安-楚雄-双柏-新平、宁蒗-丽江-鹤庆、兰坪-云龙-巍山、澜沧-勐海、镇源-江城、巧家-永善-绥江-水富一带。

云南装饰用砂岩矿地质勘查工作，始于 1999 年中国建筑材料工业地质勘查中心云南总队开展的禄劝县翠屏桥木纹砂岩预查及普查。2010 年云南省政府启动的天然石材专项地质主调查，新增装饰用砂岩远景资源储量 214×10^8 m^3，荒料量 61×10^8 m^3。

全省发现矿床(点)近百个，主要矿产地 39 个(表 8-6，图 8-3)。累计探获资源储量 4.02×10^8 m^3，荒料量 1.18×10^8 m^3。全省潜在资源量约 522×10^8 m^3，荒料量约 149×10^8 m^3。

照片 8-21　武定："黄木纹砂岩"
（张盛江供稿）

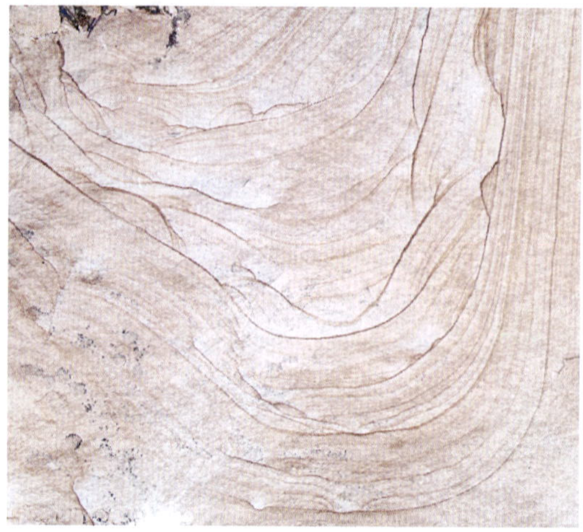

照片 8-22　武定："红木纹砂岩"
（张盛江供稿）

照片 8-23　武定："黄木纹砂岩"
（张盛江供稿）

照片 8-24　永仁："秋木纹砂岩"
（张盛江供稿）

照片 8-25　永仁："蓝色经典"
（张盛江供稿）

照片 8-26　牟定："紫檀木纹砂岩"
（张盛江供稿）

表 8-6　云南省装饰用砂岩矿主要矿产地

编号	州（市）	矿产地名称	规模	矿床类型	成矿时代	工作程度	资源储量 10^4 m^3	开发利用情况
1	昆明市	东川区晓光桥砂岩矿	小型	湖相沉积型	侏罗纪	预查	81	已开发
2		东川区新发砂岩矿	小型	湖相沉积型	侏罗纪	预查	132	未开发
3		安宁市三家村砂岩矿	小型	湖相沉积型	三叠纪	预查	267	未开发
4		禄劝县马头山砂岩矿	小型	滨海沉积型	奥陶纪	预查	105	已开发
5		禄劝县撒马依砂岩矿	小型	滨海沉积型	奥陶纪	预查	145	已开发
6		禄劝县新厂砂岩矿	小型	滨海沉积型	奥陶纪	预查	124	已开发
7		禄劝县领干砂岩矿	小型	滨海沉积型	奥陶纪	预查	108	已开发
8		禄劝县小干箐砂岩矿	小型	滨海沉积型	奥陶纪	预查	63	已开发
9		禄劝县大垭口砂岩矿	小型	滨海沉积型	奥陶纪	预查	162	已开发
10	玉溪市	易门县鸡背山砂岩矿	大型	湖相沉积型	三叠纪	预查	3206	未开发
11	昭通市	绥江县三河坝砂岩矿	中型	湖相沉积型	三叠纪	预查	768	未开发
12		绥江县板栗砂岩矿	中型	湖相沉积型	三叠纪	预查	961	未开发
13		绥江县黄金包砂岩矿	中型	湖相沉积型	三叠纪	预查	677	未开发
14		绥江县九步岩砂岩矿	中型	湖相沉积型	三叠纪	预查	463	未开发
15		绥江县卡房砂岩矿	中型	湖相沉积型	三叠纪	预查	498	未开发
16	丽江市	玉龙县小羊场砂岩矿	中型	湖相沉积型	三叠纪	预查	227	未开发
17		宁蒗县跑马坪砂岩矿	大型	湖相沉积型	三叠纪	预查	5306.59	未开发
18	普洱市	镇沅县分水岭砂岩矿	小型	湖相沉积型	白垩纪	预查	184	未开发
19		镇沅县大光山砂岩矿	小型	湖相沉积型	白垩纪	预查	139	已开发
20		镇沅县英德砂岩矿	小型	湖相沉积型	白垩纪	预查	104	已开发
21	大理州	永平县毛厂砂岩矿	中型	湖相沉积型	侏罗纪	预查	341	未开发
22		剑川县狮子桥砂岩矿	小型	湖相沉积型	三叠纪	预查	142	未开发
23		剑川县塔箐砂岩矿	小型	湖相沉积型	三叠纪	预查	103	未开发
24		鹤庆县大甸砂岩矿	小型	湖相沉积型	三叠纪	预查	174	未开发
25		鹤庆县深箐砂岩矿	中型	湖相沉积型	三叠纪	预查	213	未开发
26	楚雄州	双柏县箐边砂岩矿	小型	湖相沉积型	侏罗纪	预查	67	未开发
27		牟定县白马西砂岩矿	大型	湖相沉积型	侏罗纪	预查	2761.19	已开发
28		牟定县安乐砂岩矿	大型	湖相沉积型	侏罗纪	预查	1674.66	未开发
29		大姚县丫口砂岩矿	小型	湖相沉积型	白垩纪	预查	138.82	已开发
30		永仁县猛虎砂岩矿	大型	湖相沉积型	侏罗纪	预查	7319.29	未开发
31		永仁县大黑山砂岩矿	中型	湖相沉积型	侏罗纪	预查	467.04	已开发
32		元谋县江边砂岩矿	中型	湖相沉积型	侏罗纪	预查	991.70	未开发
33		武定县插甸砂岩矿	大型	滨海沉积型	奥陶纪	预查	2420.95	已开发
34		武定县二块地岩矿	中型	滨海沉积型	奥陶纪	预查	504	已开发
35		武定县旱滩地砂岩矿	中型	滨海沉积型	奥陶纪	预查	402.8	已开发
36		武定县白少田砂岩矿	中型	滨海沉积型	奥陶纪	预查	524.4	已开发
37		武定县马房砂岩矿	中型	滨海沉积型	奥陶纪	预查	393.6	已开发
38		武定县小进槽砂岩矿	大型	滨海沉积型	奥陶纪	预查	7652.06	已开发
39	文山州	富宁县那内砂岩矿	中型	湖相沉积型	三叠纪	预查	228	未开发

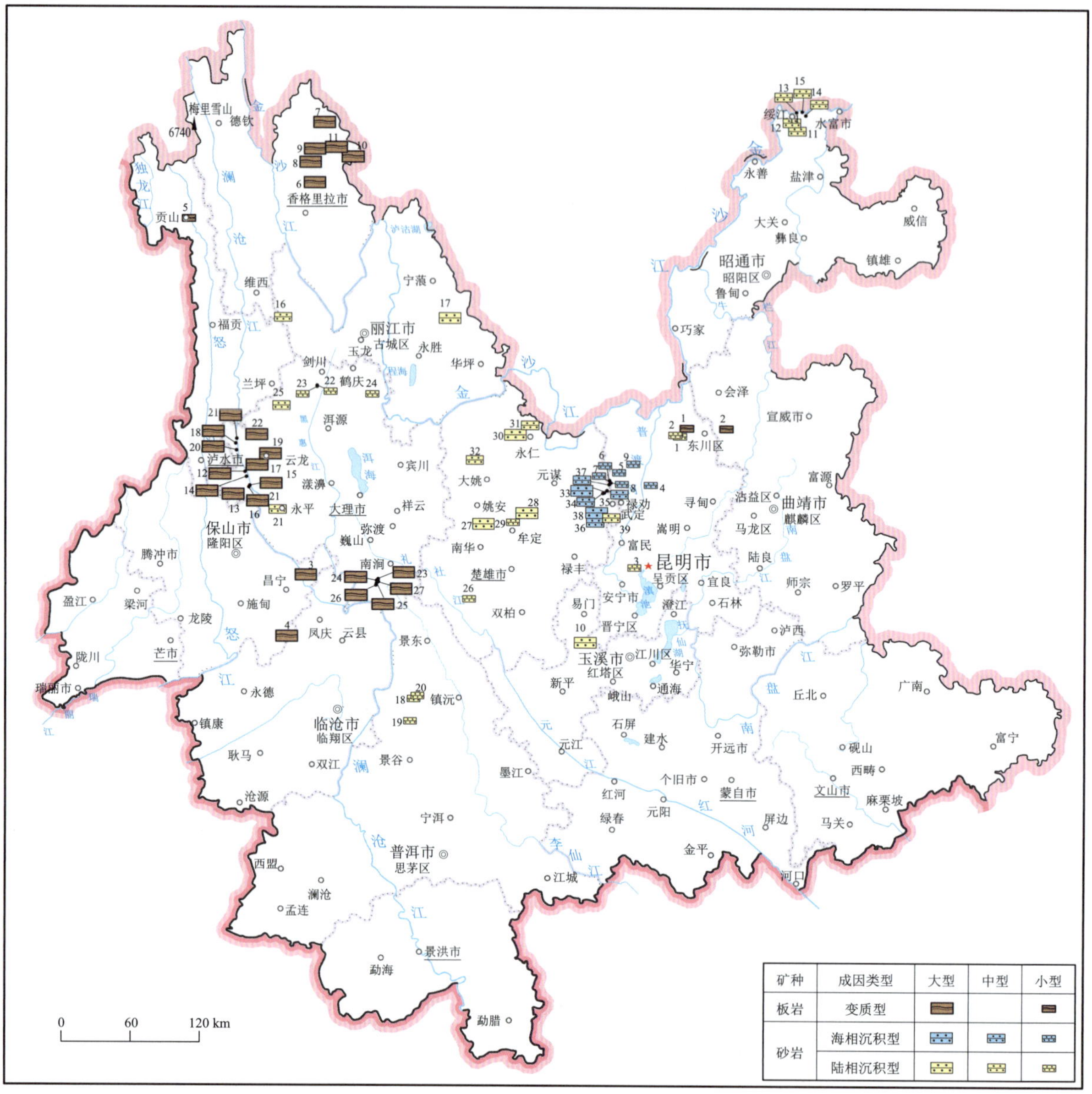

图 8-3　云南省装饰用砂岩、板石矿主要矿产分布图

（二）典型矿床

1. 滨海沉积型

典型矿床为武定县小井槽砂岩矿，位于武定县插甸镇安拉村与田心乡普龙村接合部，地质工作程度为预查。累计探获远景资源量 7652.06×10^4 m^3，荒料量 2123.45×10^4 m^3。未开发。

矿体赋存于下奥陶统巧家组，单斜层状缓倾逆坡产出。延伸长>4000 m，宽 800~2700 m，厚 95~186 m。矿石品种有同心纹砂岩、波纹砂岩及黄砂岩，原岩为含长石石英砂岩。矿物主要为石英，大小 0.06~0.2 mm，占量 95%；次为长石；另有少量黑云母及白云母、铁泥质。

同心纹砂岩切割抛光后，在浅黄-黄色底色上，分布着纹宽 1~2 cm，纹间间距 2~15 cm 的不均匀的同心圆图案。形如银河，美如苍穹，能拼接出具丰富文化和艺术性内涵的饰面效果，装饰性能佳。

波纹砂岩切割抛光后，在浅黄-黄色底色上，分布着纹宽 1~2 cm，纹间间距 2~15 cm 的不均匀波状图案。似山、似水，让人浮想联翩，勾绘出无限遐想，装饰性能佳（照片 8-27）。

照片 8-27　浅黄-黄色波纹砂岩
（程胜辉摄于 2017 中国昆明国际石博览会）

黄砂岩，颜色稳定，色泽均匀，形如金砂，富贵高雅，装饰性能佳。

矿体内发育 2 组构造节理，平均线密度 1.31 条/m，体图解荒料率 27.75%，成材率为 22.50 m^2/m^3。矿石体积密度 2.42 g/cm^3；吸水率 3.04%；抗压强度 123.54 MPa；抗折强度 10.5 MPa；抗剪强度 11.17 MPa；耐磨率 0.167 g/cm^2；肖氏硬度平均 67.38。

2. 湖泊沉积型

典型矿床为永仁县猛虎砂岩矿，位于永仁县中和镇境内，地质工作程度为预查。累计探获远景资源量 7652.06×10^4 m^3，荒料量 1707.59×10^4 m^3。未开发。

矿体赋存于中侏罗统蛇店组，由 3 个矿体组成，单斜层状逆坡产出。矿体延伸长 1200~6200 m；平均宽 I 号矿体 173.26 m，Ⅱ号矿体 92.08 m，Ⅲ号矿体 58.8 m；平均厚 I 号矿体 107.92 m，Ⅱ号矿体 62.61 m，Ⅲ号矿体 29.34 m。矿石品种为暗紫红色砂岩，原岩为石英砂岩。矿物主要为石英，大小 0.06~0.2 mm，占量 95%；次为长石；黑云母、白云母及铁泥质较少。

矿石切割抛光后，呈暗紫红色，色泽均匀，纯朴高贵，装饰性能好。

矿体内发育 2 组构造节理，线密度 1.51 条/m；体图解荒料率 23.33%，成材率 25~30 m^2/m^3。矿石平均体积密度 2.59 g/cm^3，吸水率 1.50%，抗压强度 154.56 MPa，抗折强度 29.67 MPa，抗剪强度 46.63 MPa，耐磨率 0.021 g/cm^2，耐酸率 99.21%，耐碱率 100%，肖氏硬度 88.45。放射性属 A 类，使用不受限制。

（三）开发利用

云南装饰砂岩矿的开发应用至少始于距今 1800 年的元朝。据原云南省建材局知名石材专家王嘉杰对禄丰县黑井古镇考查，被称为“红石头城”的古镇，铺设街道的红砂岩路面石是从元朝建镇开始使用。砂岩由于其硬度适中，易于开采加工，一直是民间使用最多的天然石材之一。

饰面用砂岩的开发，始于 1998 年武定、禄劝首次发现闻名中外的“云南木纹砂岩”。到 2012 年武定县有大小装饰砂岩加工企业达 80 余家，禄劝 42 家，正常生产企业约占 2/3。全省年生产饰面砂岩板材约 120×10^4 m^2，年消耗荒料约 12×10^4 m^3（含异形石及外销荒料），消耗资源储量 50×10^4 m^3。

五、板石矿

天然板石是指沿岩石层理、板理劈分后所形成的一定规格、厚度的石材。原岩包括板岩、千枚岩、片岩、薄层状碳酸盐岩、薄层状硅质岩。

（一）资源概况

云南板石矿原岩主要为板岩、千枚岩，成矿时代主要为元古代、古生代、三叠纪及白垩纪。成因类型主要为区域变质型。品种以黑色（照片 8-28）、灰（青）（照片 8-29）系列为主，其次为绿、黄、紫等系列，另有少量红、褐、蓝灰等，总计 20 余个。矿床主要分布于香格里拉市格咱-小雪山-浪都一带，云龙县表村沿澜沧江经昌宁、凤庆、南涧至景东一带，东川区-会泽县及贡山县普拉底沿怒江经丙中洛至滇藏省界。

照片 8-28　香格里拉："黑板"
（张盛江供稿）

照片 8-29　云龙："青板"
（张盛江供稿）

云南板石矿地质勘查工作，始于 20 世纪 90 年代中期，原云南省建材局为满足与日本商人签订的板石意向性供货协议，安排中国建筑材料工业地质勘查中心云南总队开展了会泽、南涧及巍山一带板石矿资源地质预查。2010 年云南省政府启动的天然石材专项地质调查，新增板石矿远景资源量 $994.35\times10^8\ m^3$，荒料量 $224.46\times10^8\ m^3$。全省发现矿床（点）70 余个，主要矿产地 27 个（表 8-7，图 8-3）。累计探获资源储量 $11.67\times10^8\ m^3$，荒料量 $3.20\times10^8\ m^3$。全省潜在资源储量约 $1240.44\times10^8\ m^3$，荒料量约 $280.30\times10^8\ m^3$。

（二）典型矿床

典型矿床为香格里拉市浪都板石矿，位于香格里拉市格咱乡境内，地质工作程度为普查。累计探获资源储量 $12.41\times10^8\ m^3$，荒料量 $3.57\times10^8\ m^3$。

矿体赋存于上三叠统图姆沟组，单斜层状陡倾角顺坡产出。延伸长>2800 m，平均宽 1961 m，平均厚 1643 m。矿石品种为"黑板"，原岩主要为板岩，少量砂质板岩。矿物主要为高岭石及水云母（80%~90%），次为铁质（3%~15%）、石英（1%~10%）、白云母（<3%）、绢云母（<3%）、方解石（<5%）、白云石（<5%），偶见长石。

矿石切割劈分后（照片 8-30），为纯黑色，古朴、典雅、大方，给人以质朴、自然、舒缓、和谐、返璞归真的原始艺术美感，装饰性能好（照片 8-31），属高端装饰石材。

矿体内发育 3 组构造节理，线密度 1~2 条/m。体图解荒料率 28.75%。矿石板理发育，劈分性能好，成材率 134.61 m^2/m^3。矿石平均吸水率 0.61%，抗冻系数 0.9，耐酸度 97.01%，耐碱度 99.97%，体积密度 2.69 g/cm^3，垂直劈理面抗压强度 112.09 MPa，平行劈理面抗压强度 79.75 MPa，抗剪强度 21.0 MPa，抗折强度 35.78 MPa，硬度 63.90，耐磨率 0.23 g/cm^2。放射性：内照射指数 0.243；外照射指数 0.50，属 A 类。使用不受限。

表 8-7　云南省板石矿主要矿产地

序号	州（市）	矿产地名称	规模	矿床类型	成矿时代	工作程度	资源储量 10^4 m^3	开发利用情况
1	昆明市	东川区梨树坪板石矿	小型	区域变质型	元古代	预查	132	未开发
2	曲靖市	会泽县二道坪板石矿	小型	区域变质型	元古代	预查	69	未开发
3	保山市	昌宁县阿干村板石矿	大型	区域变质型	白垩纪	预查	4097.6	已开发
4		昌宁县新寨板石矿	大型	区域变质型	白垩纪	预查	3692.5	未开发
5	怒江州	贡山县石门关板石矿	小型	区域变质型	石炭纪	预查	81	未开发
6	迪庆州	香格里拉市格咱板石矿	大型	区域变质型	三叠纪	预查	7695.59	未开发
7		香格里拉市翁水板石矿	大型	区域变质型	三叠纪	预查	3624.57	未开发
8		香格里拉市翁上板石矿	大型	区域变质型	三叠纪	预查	6250.1	已开发
9		香格里拉市雪山板石矿	大型	区域变质型	三叠纪	预查	9899.7	未开发
10		香格里拉市浪都板石矿	大型	区域变质型	三叠纪	普查	2188.47	已开发
11		香格里拉市松迪板石矿	大型	区域变质型	三叠纪	预查	8468.28	未开发
12	大理州	云龙县干地板石矿	大型	区域变质型	白垩纪	预查	8106	未开发
13		云龙县马鹿塘板石矿	大型	区域变质型	白垩纪	预查	8409	已开发
14		云龙县三家村板石矿	大型	区域变质型	白垩纪	预查	5625	已开发
15		云龙县清水河板石矿	大型	区域变质型	白垩纪	预查	6758	已开发
16		云龙县小浪江板石矿	大型	区域变质型	白垩纪	预查	1524	未开发
17		云龙县松坪板石矿	大型	区域变质型	白垩纪	预查	3964	已开发
18		云龙县密五山板石矿	大型	区域变质型	白垩纪	预查	4349	未开发
19		云龙县松登板石矿	大型	区域变质型	白垩纪	预查	2231	已开发
20		云龙县铁门山板石矿	大型	区域变质型	白垩纪	预查	1718	已开发
21		云龙县石子坪板石矿	大型	区域变质型	白垩纪	预查	2885	未开发
22		云龙县余家板石矿	大型	区域变质型	白垩纪	预查	1465	未开发
23		南涧县拥翠村板石矿	大型	区域变质型	古生代	预查	6943	未开发
24		南涧县梨园村板石矿	大型	区域变质型	古生代	预查	5222	未开发
25		南涧县旧村板石矿	大型	区域变质型	古生代	预查	2526	已开发
26		南涧县龙凰村板石矿	大型	区域变质型	古生代	预查	7697	未开发
27		南涧县大波罗板石矿	大型	区域变质型	白垩纪	预查	1078	未开发

目前已建成迪庆州开发投资集团石业投资开发有限公司自用矿山，已开发。

（三）开发利用

云南板石矿一直是会泽、大理、南涧、凤庆等偏远山区修建民居的主要材料之一。20 世纪 90 年代，原云南省建材局为推动云南石材工业发展，曾将会泽、南涧民采板石制成样品带往“广交会”参展。产品一露面就受到日本商人的关注，当场签订了 7000 m^2 的供货意向性协议。经对会泽、大理、南涧等较为集中的采区考查，板石开采大多属农闲时家庭个体开采自用，规模小、产量低。2000 年起，随着省外石材企业入滇，云南板石矿开发开始进入商品化、规模化发展，2007 年云龙县产量达 130×10^4 m^2，香格里拉市 50×10^4～60×10^4 m^2。全省板石产量>200×10^4 m^2，消耗荒料约 15×10^4 m^3，消耗资源储量 85×10^4 m^3。

照片 8-30　板石劈分

（张盛江供稿）

照片 8-31　香格里拉：藏居“以石代木”改造

（张盛江供稿）

第二节　建材用岩石

建材用工业岩石包括：水泥用石灰岩、建材与化工用白云岩、水泥用砂岩、玻璃用砂岩。

一、水泥用石灰岩矿

水泥用石灰质原料，主要为水泥熟料中的主要矿物硅酸三钙、硅酸二钙、铝酸三钙、铁铝酸四钙提供 CaO，在高温作用下与 SiO_2 化合形成硅酸盐矿物。根据 DZ/T 0213—2002 标准，质量要求见表 8-8。

表 8-8　水泥用石灰质原料一般质量要求

化学成分品位/%	CaO	MgO	K_2O+Na_2O	SO_3	f_{SiO_2}	
					石英质	燧石质
Ⅰ级品	≥48	≤3	≤0.6	≤1	≤6	≤4
Ⅱ级品	≥45	≤3.5	≤0.8	≤1	≤6	≤4
备注	Cl^-≤0.015					

（一）资源概况

云南水泥用石灰岩矿资源丰富，成矿时代包括中元古代、寒武纪、志留纪、泥盆纪、石炭纪、二叠纪、三叠纪、侏罗纪及新近纪。滇中、滇东南地区含矿层位较多、分布广、质量优良，是云南最重要的水泥用石灰岩分布区。滇西保山-永德一带，也是云南较为重要的水泥用石灰岩矿分布区。

全省已发现水泥用石灰岩矿床（点）240 余个，主要矿产地 135 个（表 8-9，图 8-4）。累计探获资源储量 42.13×10^8 t。

1938 年，华中水泥厂厂长王涛为筹建昆明水泥厂（现为云南水泥厂），开展了昆明附近水泥用石灰岩预查，为云南省最早的水泥用石灰岩矿勘查工作。云南最早水泥企业——昆明水泥厂（现云南水泥厂）成立于 1939 年，1940 年 12 月建成投产。产品主要供给修建公路、飞机场、民用建筑。机场主要用于呈贡飞机场、杨林飞机场、昆明巫家坝飞机场的跑道。民用建筑主要为五华山光复楼、南屏街、护国门和胜利堂等。云南水泥工业经过“上大下小”的产业结构调整，目前有水泥生产企业 120 多家，熟料产能 0.80×10^8 t，水泥 1.20×10^8 t，年消耗资源储量 1.35×10^8 t。

表 8-9　云南省水泥用石灰岩矿主要矿产地

编号	州（市）	矿产地名称	规模	矿床类型	成矿时代	工作程度	资源储量 10^8 t	开发利用情况
1	昆明市	呈贡区三家村石灰岩矿	中型	海相沉积型	石炭纪	勘探	0.26	未开发
2		呈贡区土瓜塘石灰岩矿	小型	海相沉积型	石炭纪	勘探	0.08	未开发
3		盘龙区小麦溪石灰岩矿	中型	海相沉积型	石炭纪	勘探	0.48	已停采
4		官渡区小康郎石灰岩矿	大型	海相沉积型	石炭纪	勘探	1.08	已开发
5		昆明市野猫冲石灰岩矿	中型	海相沉积型	二叠纪	详查	0.75	未开发
6		西山区野猫洞石灰岩矿	中型	海相沉积型	二叠纪	勘探	0.55	未开发
7		西山区浑水塘石灰岩矿	中型	海相沉积型	石炭纪	勘探	0.17	已停采
8		西山区浪泥湾石灰岩矿	小型	海相沉积型	二叠纪	详查	0.02	已枯竭
9		西山区小陷塘石灰岩矿	小型	海相沉积型	二叠纪	勘探	0.02	未开发
10		西山区新庙山石灰岩矿	小型	海相沉积型	二叠纪	勘探	0.02	未开发
11		西山区西合园石灰岩矿	小型	海相沉积型	二叠纪	详查	0.05	未开发
12		西山区海口水泥厂石灰岩矿	小型	海相沉积型	二叠纪	勘探	0.05	已停采
13		西山区豹子山石灰岩矿	小型	海相沉积型	石炭纪	详查	0.044	已枯竭
14		西山区昆明水泥厂石灰岩矿	小型	海相沉积型	二叠纪	勘探	0.15	已闭坑
15		西山区平顶山石灰岩矿	中型	海相沉积型	二叠纪	普查	0.23	未开发
16		东川区新村石灰岩矿	小型	海相沉积型	石炭纪	详查	0.04	已开发
17		东川区大龙潭石灰岩矿	小型	海相沉积型	石炭纪	详查	0.04	已开发
18		安宁市凤凰山石灰岩矿	小型	海相沉积型	二叠纪	详查	0.04	已开发
19		安宁市耳目村石灰岩矿	中型	海相沉积型	二叠纪	勘探	0.72	已开发
20		晋宁区大石洞石灰岩矿	中型	海相沉积型	元古代	勘探	0.22	未开发
21		富民县砂锅山石灰岩矿	中型	海相沉积型	二叠纪	勘探	0.22	已开发
22		宜良县燕子窝石灰岩矿	中型	海相沉积型	志留纪	勘探	0.50	已开发
23		宜良县黑石头石灰岩矿	小型	海相沉积型	志留纪	详查	0.04	已停采
24		宜良县大马山石灰岩矿	大型	海相沉积型	二叠纪	普查	1.26	已停采
25		宜良县万寿山石灰岩矿	中型	海相沉积型	二叠纪	普查	0.13	未开发
26		宜良县营盘山石灰岩矿	中型	海相沉积型	志留纪	详查	0.36	已开发
27		嵩明县小灵药石灰岩矿	中型	海相沉积型	二叠纪	详查	0.79	未开发
28		嵩明县后山石灰岩矿	中型	海相沉积型	二叠纪	详查	0.22	已停采
29		嵩明县小石洞石灰岩矿	中型	海相沉积型	石炭纪	勘探	0.30	未开发
30		石林县叫子顶石灰岩矿	中型	海相沉积型	石炭纪	详查	0.22	已开发
31		禄劝县三层岩石灰岩矿	中型	海相沉积型	二叠纪	详查	0.37	已开发
32		禄劝县陆大山石灰岩矿	中型	海相沉积型	二叠纪	普查	0.77	已开发
33		寻甸县水泥厂石灰岩矿	小型	海相沉积型	二叠纪	详查	0.03	已开发
34	曲靖市	麒麟区花山石灰岩矿	中型	海相沉积型	石炭纪	勘探	0.72	已闭坑
35		麒麟区张家营石灰岩矿	小型	海相沉积型	二叠纪	普查	0.08	已开发
36		麒麟区珠街石灰岩矿	中型	海相沉积型	石炭纪	详查	0.19	已开发
37		宣威市东山寺石灰岩矿	大型	海相沉积型	石炭纪	勘探	1.53	未开发
38		宣威市龙口石灰岩矿	小型	海相沉积型	二叠纪	普查	0.07	已开发

续表

编号	州（市）	矿产地名称	规模	矿床类型	成矿时代	工作程度	资源储量 10^8 t	开发利用情况
39	曲靖市	宣威市东山石灰岩矿	小型	海相沉积型	石炭纪	详查	0.03	已开发
40		沾益区天生坝石灰岩矿	中型	海相沉积型	二叠纪	详查	0.22	已开发
41		富源县通泰石灰岩矿	大型	海相沉积型	二叠纪	详查	2.67	已开发
42		罗平县癞石山石灰岩矿	小型	海相沉积型	三叠纪	详查	0.03	已开发
43		罗平县张口洞石灰岩矿	中型	海相沉积型	三叠纪	详查	0.17	已开发
44		师宗县白马山石灰岩矿	大型	海相沉积型	三叠纪	勘探	2.07	已开发
45		陆良县老馆沟石灰岩矿	小型	海相沉积型	石炭纪	普查	0.06	已开发
46		陆良县召夸石灰岩矿	小型	海相沉积型	石炭纪	详查	0.08	已开发
47		会泽县拖木石灰岩矿	小型	海相沉积型	二叠纪	详查	0.08	已开发
48	玉溪市	红塔区公石洞石灰岩矿	中型	海相沉积型	元古代	详查	0.45	未开发
49		红塔区龙马山石灰岩矿	中型	海相沉积型	石炭纪	勘探	0.26	已开发
50		江川区背石石灰岩矿	小型	海相沉积型	二叠纪	勘探	0.09	已枯竭
51		通海县落水洞石灰岩矿	中型	海相沉积型	二叠纪	勘探	0.25	已开发
52		通海县储家营石灰岩矿	中型	海相沉积型	石炭纪	详查	0.28	已开发
53		通海县大石山石灰岩矿	中型	海相沉积型	二叠纪	详查	0.20	已开发
54		华宁县珠山石灰岩矿	中型	海相沉积型	二叠纪	勘探	0.68	已开发
55		易门县大椿树石灰岩矿	中型	海相沉积型	元古代	详查	0.20	已开发
56		峨山县石洞山石灰岩矿	小型	海相沉积型	元古代	勘探	0.03	已开发
57		峨山县小海洽石灰岩矿	中型	海相沉积型	二叠纪	详查	0.17	已开发
58		新平县大开门石灰岩矿	小型	海相沉积型	元古代	详查	0.05	未开发
59		元江县漫林石灰岩矿	小型	海相沉积型	元古代	普查	0.07	已开发
60		元江县滴奶山石灰岩矿	中型	海相沉积型	元古代	详查	0.38	已开发
61	保山市	隆阳区核桃箐石灰岩矿	大型	海相沉积型	三叠纪	详查	1.42	已开发
62		隆阳区梅子沟石灰岩矿	小型	海相沉积型	三叠纪	详查	0.05	已开发
63		施甸县小官市石灰岩矿	中型	海相沉积型	寒武纪	勘探	0.78	已开发
64		腾冲市土母山石灰岩矿	中型	海相沉积型	三叠纪	勘探	0.61	已开发
65		腾冲市水泥厂石灰岩矿	小型	海相沉积型	石炭纪	普查	0.04	已开发
66		龙陵县杨梅山大理石矿	小型	区域变质型	志留纪	普查	0.04	已枯竭
67		昌宁县石园子石灰岩矿	中型	海相沉积型	二叠纪	详查	0.17	已开发
68		昌宁县羊厂坡石灰岩矿	小型	海相沉积型	二叠纪	普查	0.08	已开发
69	昭通市	昭阳区钻沟石灰岩矿	中型	海相沉积型	二叠纪	勘探	0.74	已开发
70		昭阳区公鸡山石灰岩矿	中型	海相沉积型	二叠纪	详查	0.25	已开发
71		昭阳区大龙洞石灰岩	小型	海相沉积型	二叠纪	详查	0.04	已开发
72		昭阳区江家塘石灰岩矿	小型	海相沉积型	二叠纪	详查	0.11	未开发
73		巧家县刘家田石灰岩矿	小型	海相沉积型	二叠纪	详查	0.02	未开发
74		盐津县赶场坝石灰岩矿	中型	海相沉积型	二叠纪	勘探	0.52	未开发
75		盐津县余粮湾石灰岩矿	中型	海相沉积型	二叠纪	勘探	0.79	未开发
76		盐津县二红岩石灰岩矿	中型	海相沉积型	二叠纪	详查	0.17	未开发
77		盐津县黄角槽石灰岩矿	小型	海相沉积型	二叠纪	普查	0.04	已停采

续表

编号	州（市）	矿产地名称	规模	矿床类型	成矿时代	工作程度	资源储量 10^8 t	开发利用情况
78	昭通市	大关县城寿山石灰岩矿	中型	海相沉积型	二叠纪	普查	0.11	已开发
79		绥江县狮子山石灰岩矿	小型	海相沉积型	三叠纪	详查	0.08	未开发
80		绥江县银厂坝石灰岩矿	大型	海相沉积型	二叠纪	普查	1.45	未开发
81		彝良县毛坪石灰岩矿	小型	海相沉积型	石炭纪	详查	0.0	已开发
82	丽江市	古城区黄山哨石灰岩矿	小型	海相沉积型	二叠纪	详查	0.04	已开发
83		华坪县大湾子石灰岩矿	中型	海相沉积型	二叠纪	详查	0.17	已开发
84		宁蒗县峰子崖石灰岩矿	小型	海相沉积型	泥盆纪	详查	0.04	未开发
85	普洱市	思茅区小新寨石灰岩矿	小型	海相沉积型	二叠纪	详查	0.04	已开发
86		宁洱县白家地崖石灰岩矿	小型	海相沉积型	二叠纪	详查	0.07	未开发
87		宁洱县响水崖石灰岩矿	中型	海相沉积型	三叠纪	勘探	0.57	已开发
88		墨江县迴龙寨石灰岩矿	小型	海相沉积型	二叠纪	详查	0.02	未开发
89		景东县灰窑石灰岩矿	小型	海相沉积型	白垩纪	普查	0.08	已开发
90		景东县花山石灰岩矿	小型	海相沉积型	二叠纪	普查	0.07	未开发
91		澜沧县蒿子坝石灰岩矿	小型	海相沉积型	石炭纪	详查	0.04	已开发
92	临沧市	凤庆县杨家崖石灰岩矿	小型	海相沉积型	二叠纪	详查	0.05	已开发
93		耿马县河底岗石灰岩矿	中型	海相沉积型	石炭纪	详查	0.40	已开发
94		沧源县勐省石灰岩矿	小型	海相沉积型	二叠纪	普查	0.10	已开发
95	德宏州	芒市后山石灰岩矿	小型	海相沉积型	二叠纪	详查	0.02	已开发
96		芒市回洪石灰岩矿	中型	海相沉积型	侏罗纪	普查	0.25	未开发
97		芒市石灰坡石灰岩矿	中型	海相沉积型	侏罗纪	普查	0.14	未开发
98		芒市户育石灰岩矿	中型	海相沉积型	侏罗纪	详查	0.25	已开发
99		芒市水泥厂石灰岩矿	小型	海相沉积型	二叠纪	普查	0.02	已开发
100	怒江州	泸水市碓房河石灰岩矿	中型	海相沉积型	石炭纪	详查	0.31	已开发
101		泸水市楠木地石灰岩矿	小型	海相沉积型	石炭纪	详查	0.04	未开发
102	迪庆州	香格里拉市吾庄石灰岩矿	小型	海相沉积型	三叠纪	勘探	0.10	未开发
103		香格里拉市拉马落大理岩矿	小型	区域变质型	泥盆纪	普查	0.05	未开发
104	大理州	大理市下苍甸石灰岩矿	中型	海相沉积型	泥盆纪	勘探	0.48	已开发
105		大理市青山南石灰岩矿	中型	海相沉积型	泥盆纪	勘探	0.27	已开发
106		大理市青山中石灰岩矿	大型	海相沉积型	泥盆纪	勘探	0.99	已开发
107		祥云县清华洞石灰岩矿	中型	海相沉积型	石炭纪	勘探	0.44	已开发
108		祥云县灰窑石灰岩矿	中型	海相沉积型	二叠纪	详查	0.62	已开发
109		祥云县九股水石灰岩	小型	海相沉积型	二叠纪	详查	0.03	已开发
110		祥云县茅草坝石灰岩矿	中型	海相沉积型	二叠纪	详查	0.50	已开发
111		弥渡县蔡家地石灰岩矿	中型	海相沉积型	二叠纪	详查	0.28	已开发
112		弥渡县蔡家地东段石灰岩矿	大型	海相沉积型	二叠纪	勘探	1.27	已开发
113		云龙县尖山石灰岩矿	中型	海相沉积型	石炭纪	普查	0.49	未开发
114		云龙县丹梯石灰岩矿	中型	海相沉积型	寒武纪	勘探	0.27	已开发
115		剑川县莲花山石灰岩矿	中型	海相沉积型	三叠纪	勘探	0.16	已开发
116		剑川县甸心石灰岩矿	小型	海相沉积型	三叠纪	普查	0.09	未开发
117		鹤庆县凤凰山石灰岩矿	中型	海相沉积型	三叠纪	勘探	0.54	已开发

续表

编号	州（市）	矿产地名称	规模	矿床类型	成矿时代	工作程度	资源储量 10^8 t	开发利用情况
118	楚雄州	元谋县阿郎大理岩矿	小型	区域变质型	元古代	普查	0.01	未开发
119		元谋县阿郎村石灰华矿	小型	湖相沉积型	新近纪	普查	0.005	已开发
120		元谋县芝麻钙质土矿	小型	湖相沉积型	新近纪	普查	0.016	已开发
121		元谋县尹地石灰岩矿	小型	湖相沉积型	新近纪	普查	0.011	已开发
122		禄丰县宝泉石灰岩矿	小型	海相沉积型	元古代	详查	0.019	已开发
123	红河州	个旧市古山石灰岩矿	大型	海相沉积型	三叠纪	勘探	0.84	已开发
124		开远平坝山石灰岩北矿	中型	海相沉积型	三叠纪	勘探	0.45	已开发
125		开远平坝山石灰岩南矿	大型	海相沉积型	三叠纪	勘探	0.88	已开发
126		建水县四马山石灰岩矿	中型	海相沉积型	泥盆纪	详查	0.18	已开发
127		石屏县普陀崖石灰岩矿	小型	海相沉积型	石炭纪	详查	0.066	已开发
128		弥勒市红山石灰岩矿	小型	海相沉积型	三叠纪	详查	0.14	已开发
129	文山州	文山市芋头山石灰岩矿	中型	海相沉积型	石炭纪	普查	0.47	已开发
130		西畴县观音崖石灰岩矿	中型	海相沉积型	泥盆纪	详查	0.17	已开发
131		西畴县戈木石灰岩矿	中型	海相沉积型	石炭纪	普查	0.15	未开发
132		马关县阴山石灰岩矿	小型	海相沉积型	泥盆纪	普查	0.04	已停采
133		富宁县睦伦石灰岩矿	小型	海相沉积型	石炭纪	详查	0.06	已开发
134	西双版纳州	景洪市帕克石灰岩矿	中型	海相沉积型	二叠纪	普查	0.34	未开发
135		景洪市曼空石灰岩矿	小型	海相沉积型	二叠纪	详查	0.14	已开发

（二）矿床实例

云南的水泥用石灰岩矿床，主要形成于海相台地环境，部分遭受区域热力变质作用形成大理岩、大理岩化灰岩，少量零星形成于新近纪湖相盆地。

1. 海相沉积型矿床

云南的海相沉积型水泥用石灰岩矿床，占已发现矿床的98%以上。矿床分布于丽江-大理、昆明-玉溪-蒙自、昭通-曲靖-文山地区，在滇西集中分布于保山-施甸地区。其余地区分布较为零星，规模和质量相对欠佳。

（1）昆明市官渡区大板桥（小康郎）石灰岩矿

矿区位于昆明市官渡区大板桥镇境内，地质工作程度为勘探。累计探获资源储量 10769.03×10^4 t。

矿体赋存于中石炭统威宁组，单斜层状反山坡产出，控制长 1717 m，平均宽 319 m，控制厚 85~95 m。矿石由灰岩和角砾状灰岩组成，灰岩占总量 80%。矿物主要为方解石（含量>95%），次为白云石（含量<5%），铁泥质较少。

1986 年开始，矿山先后由昆明水泥厂、昆明水泥股份有限公司、东骏水泥有限公司开采。

（2）师宗县白马山石灰岩矿

矿区位于师宗县大同乡境内，地质工作程度为勘探。累计探获资源储量 20715.07×10^4 t。

矿体赋存于中三叠统个旧组第四段第二层，单斜层状产出。控制长>1500 m，出露宽 670~920 m，控制厚 63.0~302.5 m。矿石为生物碎屑灰岩，生物碎屑结构、隐晶-微晶结构，致密块状构造。矿物主要为方解石（含量>95%），次为白云石（含量<5%），铁泥质少量。矿石平均化学成分：CaO 55.20%，MgO 0.38%，SiO_2 0.38%，Fe_2O_3 0.091%，Al_2O_3 0.22%，K_2O 0.016%，Na_2O 0.011%，

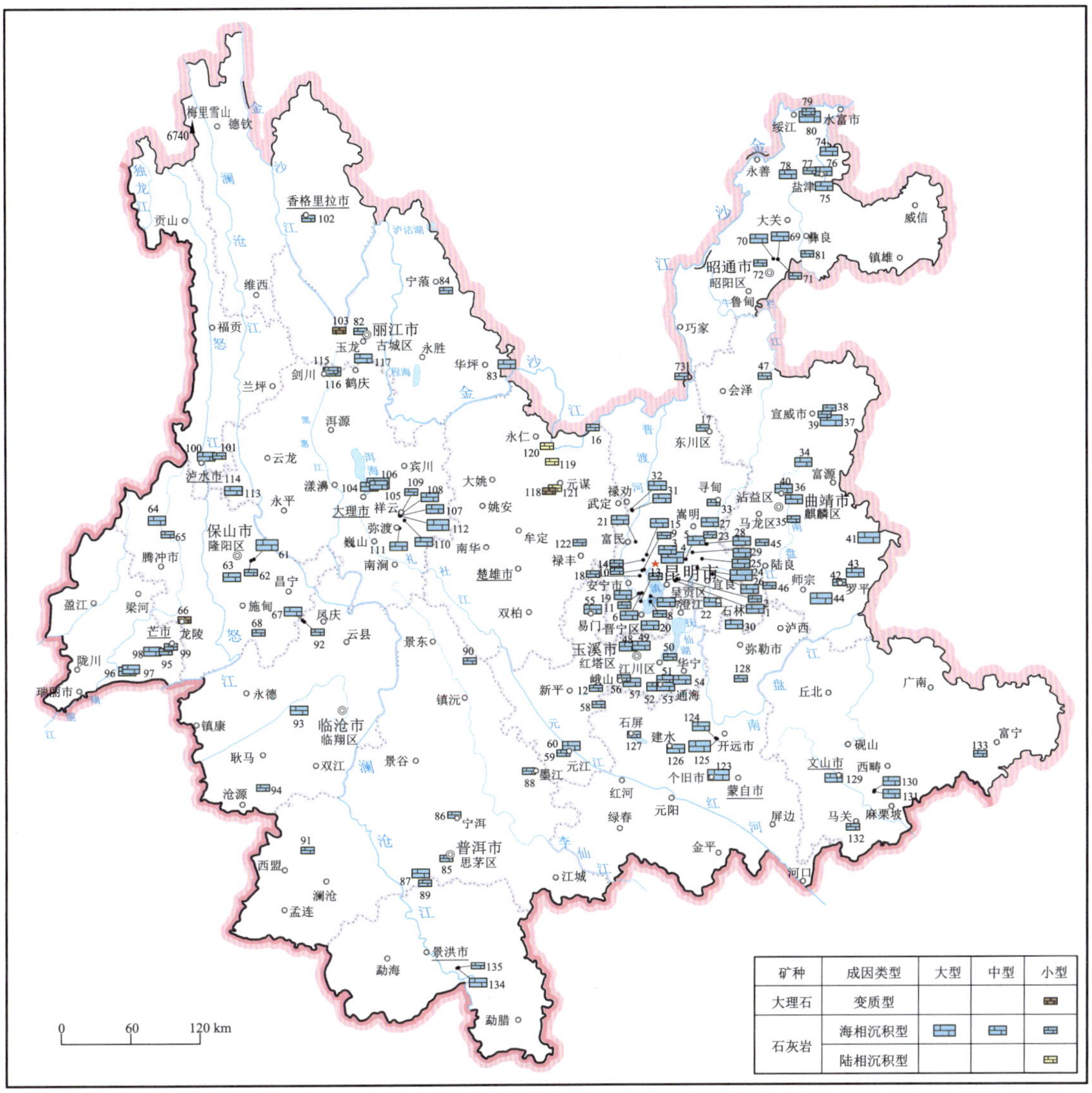

图 8-4　云南省水泥用石灰质原料矿主要矿产地分布图

SO_3 0.043%，P_2O_5 0.026%，Cl^- 0.0062%，烧失量 43.12%。

矿山由曲靖昆钢嘉华水泥建材有限公司开采，主要为水泥生产、冶金熔剂。

2. 湖盆沉积型矿床

此类矿床零星发现于元谋县新近纪沉积盆地中，规模小，粘土类混入物相对较高。代表性矿床为元谋县芝麻石灰岩、钙质土矿。

矿区位于元谋县芝麻村，地质工作程度为普查。累计探获资源储量 161×10^4 t。

矿体赋存于新近系，由相距 500 m 的东、西 2 个矿体组成，似扁豆状近水平层状产出。西矿体长约 500 m，宽 100~200 m，厚 5.8~18.6 m。东矿体长 460 m，宽 360 m，厚 2.8~12.3 m。矿石由钙质土和含生物碎屑灰岩组成。

钙质土呈灰-灰白色，隐晶结构，松散-半固结土状构造。矿物成分主要为方解石，白云石、粘土矿物较少。含生物碎屑灰岩呈灰-褐灰色，隐晶结构、含生物碎屑结构，致密块状构造。矿物成分主要为方解石，白云石、铁质较少。

矿石平均化学成分为 CaO 51.77%，MgO 0.51%，SiO_2 4.56%，Fe_2O_3 0.43%，Al_2O_3 1.09%，K_2O 0.079%，Na_2O 0.045%，SO_3 0.073%，P_2O_5 0.01%，Cl^- 0.0056%，MnO 0.0145%，烧失量 41.35%。

矿区已建成元谋水泥厂自用矿山，目前资源已枯竭。

3. 变质型矿床

相对于海相沉积型矿床，变质型矿床矿石的易磨性、煅烧性能较差，一般在缺乏海相沉积型矿床的地区才被开发利用。云南已发现的变质型矿床规模多为小型，主要分布于元谋县中元古界昆阳群、龙陵县志留系及香格里拉市泥盆系。

典型矿床为香格里拉市拉马落水泥用大理岩矿，位于香格里拉市虎跳峡镇新仁村境内，地质工作程度为普查。累计探获资源储量 459×10^4 t，未开发。

矿体赋存于下泥盆统海落组，单斜陡倾产出。控制长 700 m，出露宽 270 m，控制厚 145~160 m。矿石为灰白色细晶大理岩，变晶结构，中厚层-块状构造。矿物成分主要为方解石（含量 95%），白云石、硅质及铁质较少。矿石平均化学成分：CaO 53.70%，MgO 1.11%，SiO_2 1.50%，Fe_2O_3 0.19%，Al_2O_3 0.43%，烧失量 42.02%，K_2O+Na_2O 0.054%。

二、建材与化工用白云岩矿

建材工业中，白云岩用于玻璃、陶瓷、铸石生产节能和提高产品质量，生产用于大坝、城市煤气管、输气管道等特种水泥和静态破碎剂（高镁水泥），建筑用人工砂。农业中用于土壤酸度的中和剂、生产钙镁磷肥等。质量要求见表 8-10。

表 8-10　建材及化工用白云岩矿一般质量要求

工业用途		品位界限/%					
		MgO	CaO	Al_2O_3	Fe_2O_3	Mn_3O_4	SiO_2
玻璃用白云岩	Ⅰ	≥20	≥30	≤1	≤0.1		
	Ⅱ	≥19	≥26	≤1	≤0.2		
高镁水泥用白云岩		≥18	$K_2O+Na_2O\leq4$		$Fe_2O_3+Mn_3O_4\leq0.5$		
陶瓷用白云岩		$MgO+CaO\geq79$			≤0.3		
铸石用白云岩		≥18	≥30				$f_{SiO_2}\leq4$
化工用白云岩		≥19	≥29	$SiO_2+Al_2O_3+Fe_2O_3+Mn_3O_4<7$			≤3.5
钙镁磷肥用		≥20	≥30	SiO_2、Al_2O_3、Fe_2O_3 少量			

（一）资源概况

云南建材及化工用白云岩主要成矿时代有泥盆纪、石炭纪、二叠纪、三叠纪。分布于昆明-玉溪、曲靖-陆良及蒙自-砚山-富宁一带。全省完成普查及以上主要矿产地 8 个（表 8-11，图 8-5）。累计探获资源储量 1.44×10^8 t。

表 8-11　云南省建材及化工用白云岩矿主要矿产地

编号	州（市）	矿产地名称	规模	矿床类型	成矿时代	工作程度	资源储量 10^4 t	开发利用情况
1	昆明市	西山区花红洞白云岩矿	小型	海相沉积型	二叠纪	详查	383.84	已停采
2		海口区白鱼口白云岩矿	中型	海相沉积型	二叠纪	勘探	2563	未开发
3		安宁市温泉白云岩矿	小型	海相沉积型	二叠纪	详查	167.31	已开发
4		寻甸县水泥厂白云岩矿	小型	海相沉积型	二叠纪	普查	293.28	已开发
5	曲靖市	宣威市东山白云岩矿	中型	海相沉积型	泥盆纪	普查	3347.37	未开发
6	大理州	大理市七星山白云岩矿	小型	海相沉积型	泥盆纪	普查	232	已开发
7	保山市	施甸县大寨白云岩矿	大型	海相沉积型	三叠纪	普查	5100	未开发
8	楚雄州	永仁县纳拉白云岩矿	中型	海相沉积型	三叠纪	普查	2320.50	未开发

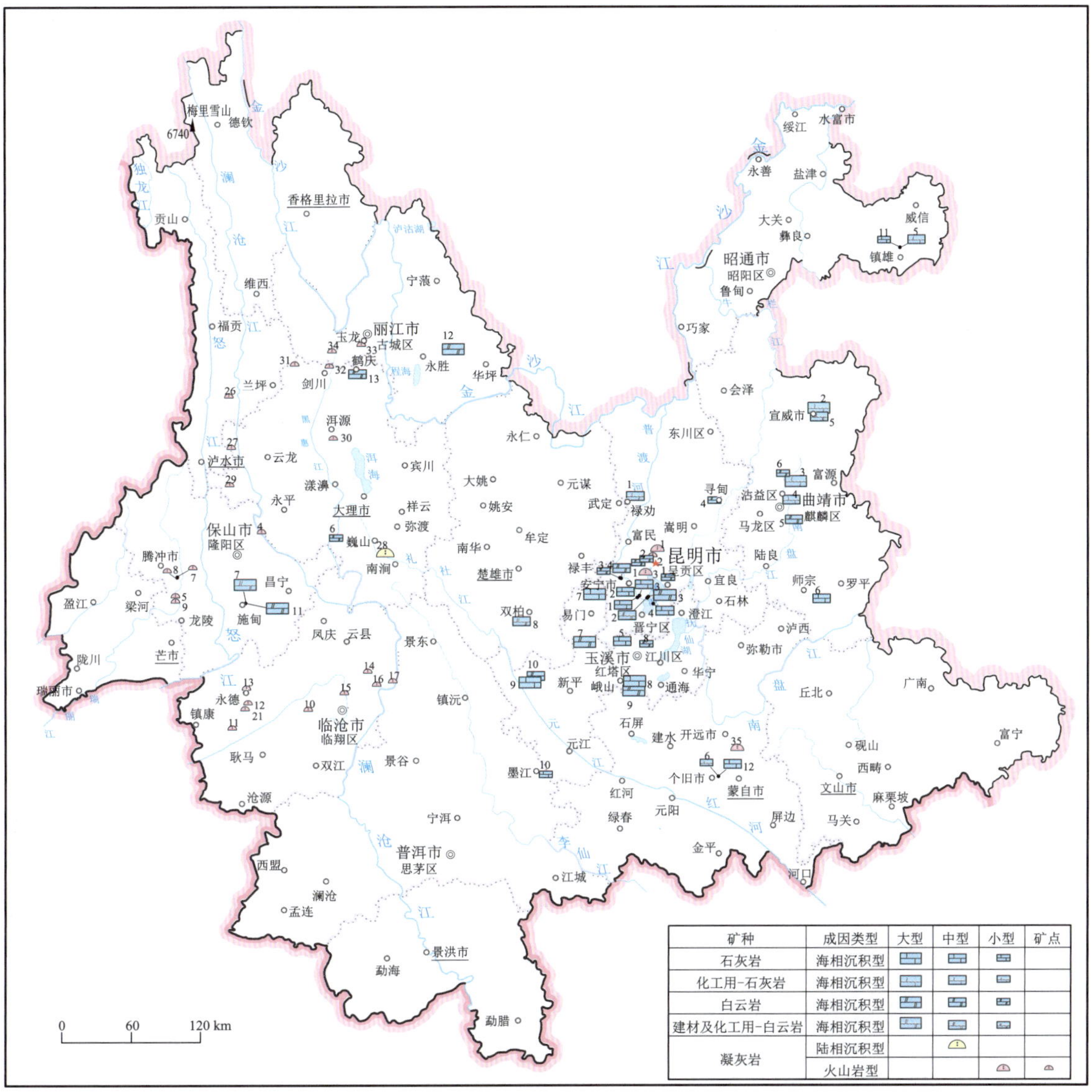

图 8-5　云南省白云岩、冶金及化工用石灰岩、凝灰岩矿主要矿产地分布图

云南玻璃、陶瓷、特种水泥、高镁水泥、钙镁磷肥年消耗白云岩矿 120×10^4 t，消耗资源储量约 135×10^4 t。

（二）矿床实例

典型矿床为昆明市花红洞万佛山白云岩矿，位于昆明市西山区团结乡境内，地质工作程度为详查。累计探获资源储量 383.84×10^4 t。

矿体赋存于下二叠统，似层状产出，长度>300 m，宽 65～135 m。矿石为浅灰、灰色白云岩，中粒结构，块状构造。矿物成分为白云石（80%～95%）、方解石（5%～20%）。矿石化学成分 MgO 20.04%～20.24%，$Fe_2O_3\leqslant0.15\%$。

昆明玻璃厂自用矿山，目前已停采。

三、水泥用砂岩矿

水泥用砂岩作为水泥用硅质原料，主要为水泥熟料中的主要成分硅酸三钙、硅酸二钙、铝酸三钙、铁铝酸四钙提供 SiO_2。根据 DZ/T 0213—2002，质量要求见表 8-12。

表 8-12　水泥用硅质原料一般质量要求

化学成分/%					硅酸率
SiO_2	MgO	K_2O+Na_2O	SO_3	Cl^-	
≥80	≤3	≤2	≤2	0.015	≥3~4

（一）资源概况

云南水泥用砂岩资源丰富，岩性包括风化的石英砂岩、长石石英砂岩、岩屑砂岩。其中未风化的石英砂岩硬度大，长石石英砂岩、碎屑岩碱含量较高，利用较少。成矿时代从震旦纪—新近纪，几乎遍布各州、市、县。全省完成普查及以上主要矿产地 28 个（表 8-13，图 8-6）。累计探获资源储量 1.29×10^8 t。目前全省年需消耗水泥用砂岩矿 1100×10^4 t，消耗资源储量 1300×10^4 t。

表 8-13　云南省水泥用砂岩矿主要矿产地

编号	州（市）	矿产地名称	规模	矿床类型	成矿时代	工作程度	资源储量 10^4 t	开发利用情况
1	昆明市	呈贡区蛤蟆山砂岩矿	中型	滨海沉积型	泥盆纪	勘探	232.89	未开发
2		官渡区大东冲粉砂岩矿	中型	湖盆沉积型	第四纪	详查	2823.94	已开发
3		官渡区复兴村砂岩矿	中型	滨海沉积型	泥盆纪	普查	224.02	未开发
4		西山区大箐砂岩矿	中型	滨海沉积型	寒武纪	详查	449.59	已停采
5		西山区宗龙箐砂岩矿	小型	滨海沉积型	寒武纪	普查	34.95	未开发
6		西山区青山砂岩矿	小型	滨海沉积型	震旦纪	详查	52.9	已枯竭
7		宜良县梅家营砂岩矿	中型	滨海沉积型	震旦纪	详查	615.14	已开发
8		嵩明县砂石坡砂岩矿	小型	河湖沉积型	三叠纪	普查	41.62	已停采
9		石林县破沟坟砂岩矿	小型	湖沼沉积型	二叠纪	普查	8.12	未开发
10	曲靖市	宣威市龙沿砂岩矿	中型	湖沼沉积型	二叠纪	勘探	560.6	已开发
11		宣威市石梁子砂岩矿	中型	湖沼沉积型	二叠纪	普查	323.35	未开发
12		沾益区倒石崖砂岩矿	中型	湖沼沉积型	二叠纪	普查	437.36	未开发
13		沾益区小哨砂岩矿	中型	湖沼沉积型	二叠纪	勘探	621.1	未开发
14		罗平县巨朵砂岩矿	中型	河湖沉积型	三叠纪	详查	259.37	已开发
15		师宗县孟家村砂岩矿	中型	河湖沉积型	三叠纪	详查	960.82	未开发
16		师宗县小石桥砂岩矿	中型	河湖沉积型	三叠纪	详查	1492.51	未开发
17	玉溪市	通海县小龙潭砂岩矿	中型	河湖沉积型	三叠纪	详查	204.78	已开发
18	昭通市	盐津县校子砂岩矿	小型	河湖沉积型	侏罗纪	详查	37.74	未开发
19	丽江市	华坪县石家宝宝砂岩矿	小型	湖沼沉积型	二叠纪	普查	66.28	已开发
20	临沧市	耿马县丙令砂岩矿	中型	河湖沉积型	侏罗纪	详查	364.9	已开发
21	大理州	大理市红山砂岩矿	中型	河湖沉积型	白垩纪	勘探	761.62	已开发
22		大理市上登砂岩矿	中型	滨海沉积型	奥陶纪	普查	220.12	未开发
23		祥云县清华洞砂岩矿	中型	河湖沉积型	侏罗纪	详查	522.19	已开发
24	红河州	开远市西山砂岩矿	中型	河湖沉积型	三叠纪	勘探	327.83	已闭坑
25		开远市玉林石英砂岩矿	中型	河湖沉积型	三叠纪	勘探	471	未开发
26		开远市独立树砂岩矿	小型	河湖沉积型	三叠纪	详查	121.86	已停采
27		开远市路脚寨砂岩矿	中型	河湖沉积型	三叠纪	普查	647.47	已开发
28	文山州	西畴县戈木砂岩矿	小型	河湖沉积型	三叠纪	普查	103.53	未开发

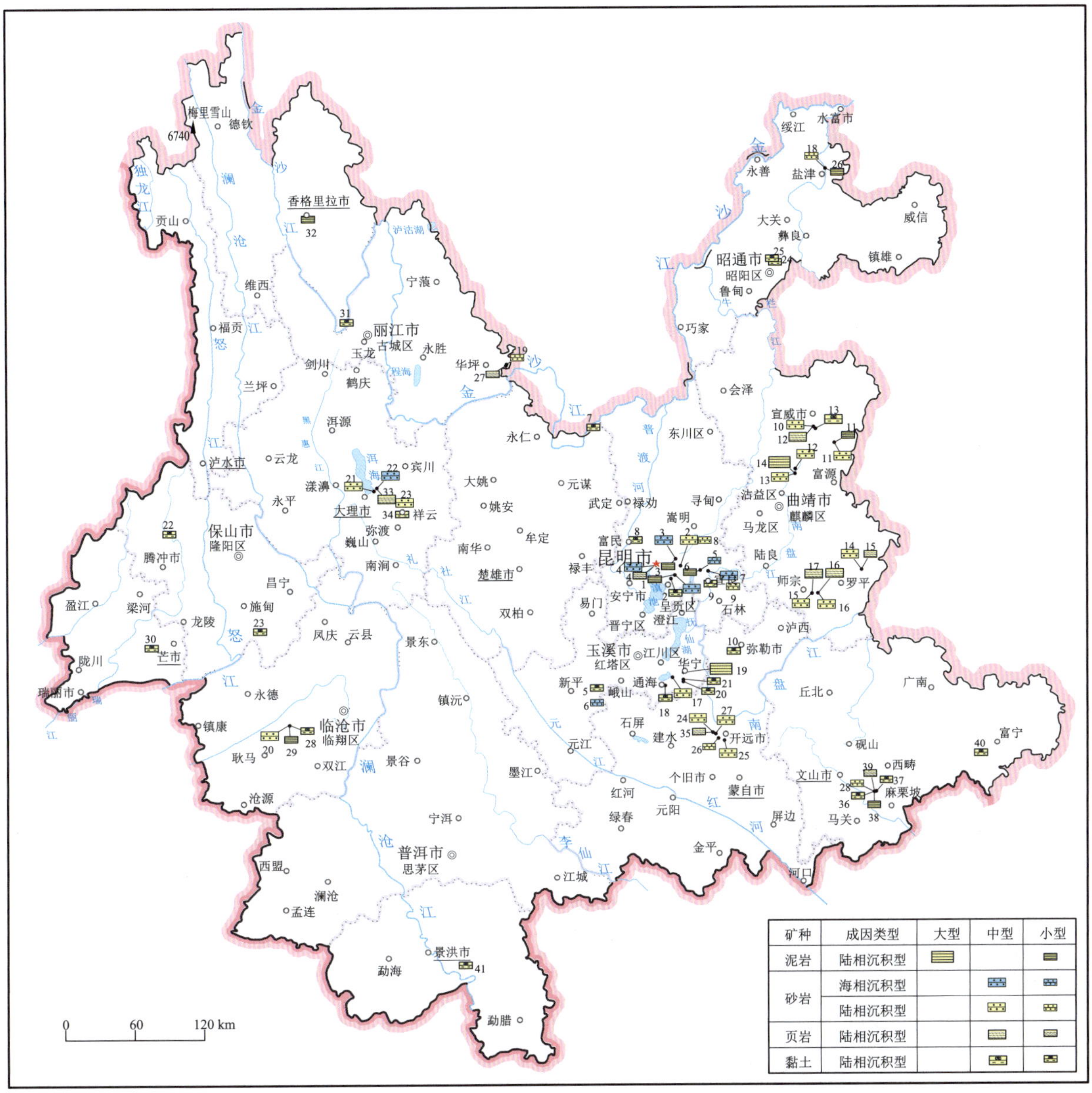

图 8-6　云南省水泥用硅质、粘土质原料矿主要矿产地分布图

（二）矿床实例

典型矿床为耿马县丙令砂岩矿，位于耿马县勐撒镇丙令村境内，地质工作程度为详查。累计探获资源储量 364.90×10^4 t。

矿体产于中侏罗统芦子箐组，单斜层状产出。延伸长>550 m，宽 148.95～263.78 m，控制厚 89.56 m。矿石由砂岩、含砾砂岩组成。

1）砂岩呈半松散砂状、碎块状。矿物成分主要为石英及硅质岩屑（含量>80%），次为泥岩岩屑及白云母，胶结物为铁泥质。矿石平均化学成分 SiO_2 79.29%，Fe_2O_3 2.97%，Al_2O_3 6.76%，CaO 3.04%，MgO 1.01%，K_2O+Na_2O 0.976%，SO_3 0.137%，Cl 0.0059%，Ls 5.1%，硅酸率 8.15，铝氧率 2.28。

2）含砾砂岩碎屑成分主要为石英及硅质岩屑（含量>80%），次为泥质岩屑，胶结物为铁泥质。矿石平均化学成分 SiO_2 85.15%，$Fe_2O_3$2.19%，Al_2O_3 7.8%，CaO 0.4%，MgO 0.32%，K_2O+Na_2O

0.34%，SO_3 0.295%，Cl 0.0026%，Ls 3.16%，硅酸率 8.52，铝氧率 3.56。

河底岗水泥厂自用矿山，已开采。

四、玻璃用砂岩矿

作为玻璃及其制品用砂岩，均为石英砂岩，主要为玻璃及其制品提供 SiO_2。根据 DZ/T 0207—2002，质量要求见表 8-14。

表 8-14　玻璃用石英砂岩矿一般质量要求

<table>
<tr><th rowspan="2"></th><th rowspan="2">级别</th><th colspan="3">化学成分/%</th><th colspan="5">粒度组成/%</th></tr>
<tr><th>SiO_2</th><th>Al_2O_3</th><th>Fe_2O_3</th><th>+1mm</th><th>+0.8mm</th><th>+0.71mm</th><th>+0.5mm</th><th>-0.1mm</th></tr>
<tr><td rowspan="5">平板玻璃用石英砂岩</td><td>优等品</td><td>≥98.50</td><td>≤1.00</td><td>≤0.05</td><td rowspan="5">0</td><td>0</td><td>≤0.50</td><td>≤5.50</td><td>≤5</td></tr>
<tr><td>一级</td><td>≥98.00</td><td>≤1.00</td><td>≤0.10</td><td rowspan="4">≤0.50</td><td rowspan="4"></td><td rowspan="4"></td><td>≤10</td></tr>
<tr><td>二级</td><td>≥96.00</td><td>≤2.00</td><td>≤0.20</td><td>≤20</td></tr>
<tr><td>三级</td><td>≥92.00</td><td>≤4.50</td><td>≤0.25</td><td>≤25</td></tr>
<tr><td>四级</td><td>≥90.00</td><td>≤5.50</td><td>≤0.33</td><td>≤30</td></tr>
<tr><td rowspan="3">器皿玻璃用石英砂岩</td><td>Ⅰ</td><td>>99</td><td><1.0</td><td><0.05</td><td colspan="2">Cr_2O_3<0.001</td><td colspan="3">玻璃仪器器皿玻璃</td></tr>
<tr><td>Ⅱ</td><td>>96</td><td><2.0</td><td><0.1</td><td colspan="2"></td><td colspan="3">一般器皿玻璃、无色玻璃</td></tr>
<tr><td>Ⅲ</td><td>>90</td><td><4</td><td><0.35</td><td colspan="2"></td><td colspan="3">一般瓶罐玻璃</td></tr>
</table>

（一）资源概况

云南玻璃用石英砂岩资源丰富。特别是昆明地区震旦纪陡山陀组滨海相石英砂岩，质和量都是国内少有（但已被地方作为建筑用砂即将耗尽）。云南滇中、滇东北、滇西泥盆纪、石炭纪、二叠纪也有分布。成因类型为滨海沉积型。

云南玻璃用石英砂岩地质勘查工作始于 1957 年，由当时建材部地质局七〇四队完成了昆明地区预查及西山区白眉村石英砂岩矿勘探。全省已发现矿床（点）60 余个，主要矿产地 11 个（图 8-7，表 8-15）。累计探获资源储量 20.82×10^8 t。

云南玻璃用石英砂岩矿开发始于 1958 年昆明平板玻璃厂建成投产时期。目前，全省年消耗玻璃用石英砂岩约 230×10^4 t，消耗资源储量约 300×10^4 t。

表 8-15　云南省玻璃用石英砂岩矿主要矿产地

编号	州（市）	矿产地名称	规模	矿床类型	成矿时代	工作程度	资源储量 10^4 t	开发利用情况
1	昆明市	西山区棋台石英砂岩矿	大型	滨海沉积型	震旦纪	勘探	1534.93	已停采
2		西山区锅盖山石英砂岩矿	小型	滨海沉积型	震旦纪	详查	159.67	已停采
3		西山区板顶妈石英砂岩矿	中型	滨海沉积型	震旦纪	普查	423.56	已闭坑
4		安宁市花红寺石英砂岩矿	小型	滨海沉积型	震旦纪	普查	51.24	已开发
5		晋宁区协和石英砂岩矿	中型	滨海沉积型	石炭纪	普查	428.68	未开发
6	玉溪市	玉溪市大湾山石英砂岩矿	小型	滨海沉积型	震旦纪	普查	165.35	已开发
7		通海县安昌里石英砂岩矿	大型	滨海沉积型	震旦纪	普查	1140.39	已开发
8	保山市	龙陵县畜牧场石英砂岩矿	小型	滨海沉积型	泥盆纪	勘探	163.62	示开发
9	昭通市	彝良县寸田石英砂岩矿	大型	滨海沉积型	泥盆纪	普查	203387	已开发
10	楚雄州	禄丰县泽润里石英砂岩矿	中型	滨海沉积型	震旦纪	详查	532.58	已开发
11		禄丰县河尾石英砂岩矿	中型	滨海沉积型	震旦纪	勘探	214.21	已开发

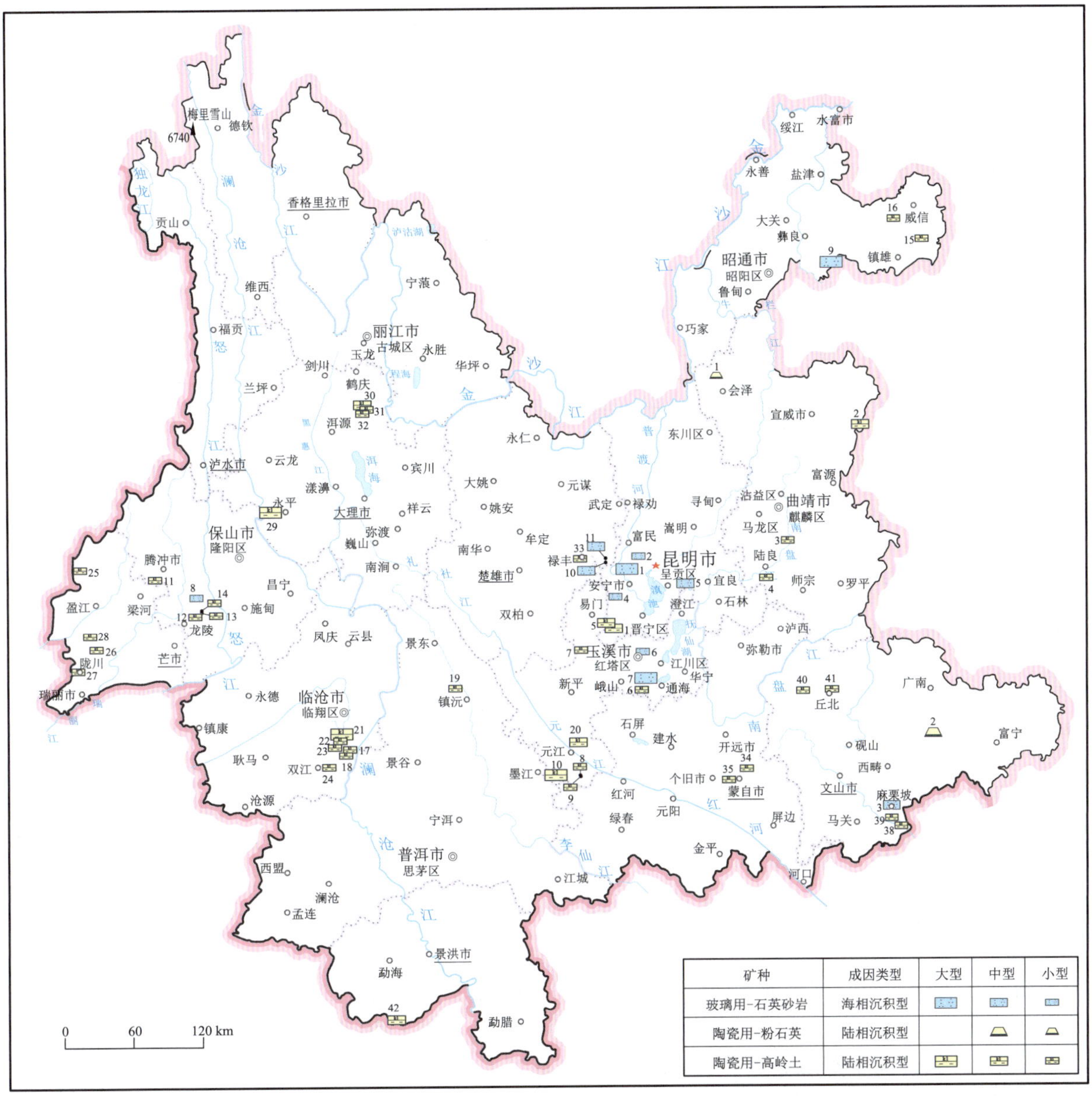

图 8-7 云南省玻璃用石英砂岩、粉石英及高岭土矿主要矿产地分布图

(二) 矿床实例

典型矿床为昆明市西山区棋台石英砂岩矿，位于昆明市西山区团结乡境内，地质工作程度为勘探，累计探获资源储量 1290.46×10^4 t。

矿体赋存于上震旦统陡山沱组上段，由棋台矿段和狮子山矿段组成，单斜层状缓倾产出。棋台矿段矿体延伸长>1200 m，出露宽 44~358 m。狮子山矿段矿体延伸>600 m，出露宽 75~210 m。矿石由细-中粒石英砂岩和微-细粒石英砂岩组成。

细-中粒石英砂岩位于矿体上部。矿物主要为石英（含量>99%），另有少量硅质岩屑、电气石、褐铁矿等。矿石平均化学成分 SiO_2 98.25%，Fe_2O_3 0.21%，Al_2O_3 0.69%。

微-细粒石英砂岩位于矿体下部。矿物主要为石英（含量>95%），另有少量硅质岩屑、电气石、褐铁矿等。矿石平均化学成分 SiO_2 97.47%，Fe_2O_3 0.34%，Al_2O_3 1.06%。

棋台矿段已在 20 世纪 90 年代中期作为建筑用砂开采耗尽。

第三节　冶金与化工用岩石

冶金与化工用岩石包括：冶金用石灰岩、冶金用白云岩、化工用石灰岩。

一、冶金用石灰岩矿

冶金用石灰岩作为冶金工业中造渣用碱性熔剂，一是除去铁矿石中脉石、燃料灰分及其他有害杂质；二是延长炼钢炉炉龄和提高钢水质量；三是作为氧化矿石和金属的还原剂。根据 DZ/T 0213—2002，质量要求见表 8-16。

表 8-16　熔剂用石灰岩一般质量要求

类别	品位界限	化学成分质量分子数/%					
		CaO	CaO+MgO	MgO	SiO_2	P	S
石灰岩（黑色冶金）	边界品位	≥48		≤3.0	≤4.0	≤0.04	≤0.15
	工业品位	≥50		≤3.0	≤4.0	≤0.04	≤0.15
白云质灰岩（黑色冶金）	边界品位		≥49	≤8.0	≤4.0	≤0.03	≤0.12
	工业品位		≥51	≤8.0	≤4.0	≤0.03	≤0.12
石灰岩（有色冶金）	边界品位	≥48		≤1.5	≤2.0		
	工业品位	≥50		≤1.5	≤2.0		
粒度要求	粒度范围/mm	最大粒度/mm		允许波动的范围/%			
				上限		下限	
烧结	≤3	≤6		≤10			
炼铁	15-60	≤80		≤10		≤6	

（一）资源概况

云南冶金用石灰岩矿主要成矿时代有滇中地区元古代、石炭纪、二叠纪；滇东北地区二叠纪；滇南及保山地区三叠纪；大理地区泥盆纪。全省已发现矿床（点）70 余个，主要矿产地 12 个（表 8-17，图 8-5）。累计探获资源储量 4.99×10^8 t。

云南熔剂用石灰岩矿开发利用主要为昆钢集团。易门县碾挡山石灰岩矿每年开采规模为 200×10^4 t，安宁市龙山熔剂石灰岩矿每年开采规模>100×10^4 t，另有个旧市古山熔剂石灰岩矿山、师宗肥熔剂石灰岩矿等。全省年消耗资源约 600×10^4 t。

表 8-17　云南省冶金用石灰岩矿主要矿产地

编号	州（市）	矿产地名称	规模	矿床类型	成矿时代	工作程度	资源储量/10^4 t	开发利用情况
1	昆明市	昆明市县街石灰岩矿	中型	海相沉积型	二叠纪	普查	1763.20	未开发
2	昆明市	昆明市观音山石灰岩矿	中型	海相沉积型	石炭纪	详查	1803	已停采
3		昆明市大石山石灰岩矿	中型	海相沉积型	二叠纪	普查	1327	未开发
4		呈贡县两担石灰岩矿	中型	海相沉积型	二叠纪	普查	2112	未开发
5		安宁市龙山石灰岩矿	中型	海相沉积型	二叠纪	勘探	3672	已闭坑
6	曲靖市	师宗县白马山石灰岩矿	中型	海相沉积型	三叠纪	勘探	3492.20	已开发

续表

编号	州（市）	矿产地名称	规模	矿床类型	成矿时代	工作程度	资源储量 10^4 t	开发利用情况
7	玉溪市	易门县碾挡山灰岩矿	大型	海相沉积型	元古代	详查	13604.30	已开发
8		峨山县水车田灰岩矿	大型	海相沉积型	石炭纪	普查	19000	未开发
9		新平县水塘石灰岩矿	大型	海相沉积型	三叠纪	详查	6253.80	未开发
10		元江县安定石灰岩矿	小型	海相沉积型	二叠纪	普查	878.22	未开发
11	昭通市	镇雄县朱家湾灰岩矿	小型	海相沉积型	二叠纪	普查	968	未开发
12	红河州	个旧市古山石灰岩矿	中型	海相沉积型	三叠纪	勘探	1256	已开发

（二）矿床实例

典型矿床为安宁市龙山石灰岩矿，位于安宁市城区 302°方向平距约 4.5 km，地质工作程度为普查。累计探明石灰岩矿储量 3672×10^4 t。

矿体赋存于下二叠统茅口组。矿石为石灰岩，隐晶-细晶结构、块状构造。主要矿物成分为方解石，另有少量石英、铁质及粘土矿物。矿石平均化学成分 CaO 54.6%，MgO 0.21%，SiO_2 2.87%，Fe_2O_3 0.41%，P_2O_5 0.036%，Al_2O_3 0.37%。

昆明钢铁集团自用矿山，已闭坑。

二、冶金用白云岩

在冶金工业中，白云岩主要用于炼铁和炼钢的熔剂，金属冶炼炉的炉衬，提取金属镁及镁化物。质量要求见表 8-18。

表 8-18　耐火材料炉衬、熔剂及提取金属镁用白云岩矿一般质量要求

<table>
<tr><td colspan="2" rowspan="2">用途</td><td rowspan="2">品位界限</td><td colspan="3">化学成分品位/%</td></tr>
<tr><td>MgO</td><td>$Al_2O_3+Fe_2O_3+Mn_3O_4+SiO_2$</td><td>其中 SiO_2</td></tr>
<tr><td colspan="2" rowspan="2">耐火材料炉衬用白云岩</td><td>边界品位</td><td>≥18</td><td>≤3.0</td><td>≤1.5</td></tr>
<tr><td>工业品位</td><td>≥20</td><td>≤3.0</td><td>≤1.5</td></tr>
<tr><td colspan="2" rowspan="2">熔剂用白云岩</td><td>边界品位</td><td>≥15</td><td>≤10</td><td>≤4</td></tr>
<tr><td>工业品位</td><td>≥16</td><td>≤40</td><td>≤4</td></tr>
<tr><td colspan="2" rowspan="2">提取金属镁用白云岩</td><td>品位界限</td><td>MgO</td><td>K_2O+Na_2O</td><td>SiO_2</td></tr>
<tr><td>工业品位</td><td>≥20</td><td>≤0.3</td><td>≤3</td></tr>
<tr><td rowspan="6">提取金属镁用白云岩</td><td>粒度/mm</td><td colspan="4">块度限制，所占比例</td></tr>
<tr><td>0~5</td><td colspan="4">最大≤6，大于 5 的≤5%</td></tr>
<tr><td>5~20</td><td colspan="4">最小≥3，小于 3 的≤10%。最大≤25，大于 20 的≤5%</td></tr>
<tr><td>10~40</td><td colspan="4">最小≥8，小于 10 的≤10%。最大≤45，大于 40 的≤5%</td></tr>
<tr><td>40—80</td><td colspan="4">最小≥30，小于 40 的≤10%. 最大≤100，大于 80 的≤10%</td></tr>
<tr><td>30~100</td><td colspan="4">最小≥20，小于 30 的≤10%。最大≤120，大于 100 的≤10%</td></tr>
</table>

（一）资源概况

云南的冶金用白云岩主要成矿时代：昆明-玉溪一带为二叠纪；曲靖-玉溪一带为泥盆纪、石炭纪、三叠纪；个旧、保山、鹤庆为三叠纪。成因类型均为海相沉积型。完成普查及以上主要矿产地 13 个（表 8-19，图 8-5）。

表 8-19　云南省冶金用白云岩矿主要矿产地

编号	州（市）	矿产地名称	规模	矿床类型	成矿时代	工作程度	资源储量 10^4 t	开发利用情况
1	昆明市	呈贡区青草山白云岩矿	小型	海相沉积型	二叠纪	普查	189	未开发
2		西山区观音山白云岩矿	小型	海相沉积型	二叠纪	详查	767	已停采
3		西山区白鱼口白云岩矿	大型	海相沉积型	二叠纪	普查	8100	已停采
4		安宁市大龙山白云岩矿	中型	海相沉积型	二叠纪	勘探	2952	已闭坑
5	曲靖市	麒麟区张家营白云岩矿	中型	海相沉积型	泥盆纪	普查	3053	已开发
6		沾益区望城坡白云岩矿	小型	海相沉积型	预查	普查	30	未开发
7	玉溪市	红塔区小石桥白云岩矿	大型	海相沉积型	泥盆纪	普查	8844	未开发
8		红塔区灵秀山白云岩矿	小型	海相沉积型	石炭纪	普查	100	未开发
9		峨山县水车田白云岩矿	大型	海相沉积型	石炭纪	普查	88000	未开发
10		新平县衣东白云岩矿	中型	海相沉积型	石炭纪	普查	1179.12	未开发
11	保山市	施甸县大寨白云岩矿	大型	海相沉积型	三叠纪	普查	5000	未开发
12	丽江市	宁蒗县昔腊坪白云岩矿	大型	海相沉积型	泥盆纪	普查	24500	未开发
13	大理州	鹤庆县黄龙潭白云岩	中型	海相沉积型	三叠纪	普查	3759.5	未开发

全省累计探获资源储量 14.65×10^8 t。云南冶金用白云岩主要用于冶金熔剂，有少量用于耐火材料炉衬，年消耗资源量约 500×10^4 t。

（二）矿床实例

典型矿床为玉溪市小石桥白云岩矿，位于红塔区小石桥乡境内，地质工作程度为普查。累计探获资源储量 8844×10^4 t。矿床目前未开发。

矿体赋存于上泥盆统宰格组，呈单斜层状产出。东西向延伸长>2700 m，宽>300 m，控制厚度87.70~95.20 m。

矿石为熔剂用白云岩，矿物成分主要为白云石，另含少量铁质、石英。矿石平均化学成分：MgO 20.55%、CaO 30.54%、SiO_2 1.10%、Al_2O_3 0.55%、Fe_2O_3 0.36%、SO_3 0.043%、P_2O_5 0.026%、烧失量46.18%。

三、化工用石灰岩

化工用石灰岩是生产电石、制碱的主要原料。电石与水作用产生的乙炔气体是合成纤维、合成橡胶、合成塑料、制造纯碱、切割与焊接金属的重要原料。根据DZ/T 0213—2002，电石用石灰岩的质量要求见表8-20。

表 8-20　化工用石灰岩一般质量要求

品位/%	电石石灰岩						制碱石灰岩			
	CaO	MgO	SiO_2	R_2O_3	P	S	$CaCO_3$	MgO	酸不溶物	R_2O_3
边界品位	≥52	≤1.0	≤1.0	≤1.0	≤0.06	≤0.1	≥88	≤1.9	≤3.0	≤1.0
工业品位	≥54	≤1.0	≤1.0	≤1.0	≤0.06	≤0.1	≥90	≤1.9	≤3.0	≤1.0

（一）资源概况

云南化工用石灰岩主要成矿时代有滇中、滇东北石炭纪、二叠纪，滇南及保山地区三叠纪，大理地区泥盆纪。成因类型均为海相沉积型。全省已发现矿床（点）30 余个，主要矿产地 9 个（表 8-21，图 8-5）。累计探获资源储量 2.83×10^8 t。

云南有电石生产企业约 20 家，年产量约 75×10^4 t；纯碱生产企业约 20 家，年产量约 15×10^4 t。全省年消耗化工用石灰岩约 150×10^4 t。

表 8-21　云南省化工用石灰岩矿主要矿产地

编号	州（市）	矿产地名称	规模	矿床类型	成矿时代	工作程度	资源储量 10^4 t	开发利用情况
1	昆明市	禄劝县达吉坡石灰岩矿	中型	海相沉积型	二叠纪	预查	1700	未开发
2		晋宁区菜子塘石灰岩矿	中型	海相沉积型	二叠纪	普查	1174.98	未开发
3	曲靖市	宣威市凤凰山石灰岩矿	大型	海相沉积型	二叠纪	预查	6366.86	未开发
4		沾益区炎方石灰岩矿	大型	海相沉积型	石炭纪	普查	7498	已开发
5		沾益区大尖山石灰岩矿	中型	海相沉积型	石炭纪	详查	1391.4	已闭坑
6	保山市	施甸县热水塘石灰岩矿	大型	海相沉积型	寒武纪	普查	5273.28	已开采
7	昭通市	镇雄县朱家湾石灰岩矿	中型	海相沉积型	二叠纪	详查	2956	未开发
8	红河州	蒙自市平坝山石灰岩矿 3 号矿体	小型	海相沉积型	三叠纪	勘探	809.72	已闭坑
9	文山州	砚山县东山石灰岩矿	中型	海相沉积型	三叠纪	普查	1138	已开发

（二）矿床实例

典型矿床为沾益区大尖山石灰岩矿，位于沾益区黑老湾火车站岗北东侧，地质工作程度为勘探。累计探获资源储量 1391.4×10^4 t。

矿体赋存于中石炭统，呈层状近东西延伸，厚 61～75 m。矿石为石灰岩、生物碎屑灰岩，呈微-细粒结构、细-中粒状结构、生物碎屑结构，微层理及假角砾构造。主要矿物成分方解石（含量>90%），另有少量粘土矿物及铁质。矿石化学成分 CaO 53.89%～56.44%，MgO 0～1.23%，SiO_2 0～0.15%。

云南维尼纶厂自用矿山，已闭坑。

第四节　硅　　石

硅石（不含风化石英砂岩）是用于冶金熔剂、耐火材料、生产工业硅等的主要原料。由于硬度大，生料加工成本高，除硅资源缺乏地区外，很少用于玻璃生产。工业硅作为现代新能源和高新技术产业的重要原材料，被广泛用于大规模、超大规模集成电路、光纤、太阳能电池、激光、航天、军事等行业，已成为信息时代的基础支柱。硅石是一种影响国家发展战略的重要矿产资源。

硅石的成因有滨海沉积型、河湖沉积型、沉积变质型及热液型。

一、资源概况

云南硅石资源丰富，包揽了沉积型、沉积变质型和热液型。全省已发现矿床（点）200 余个，主要矿产地 83 个（表 8-22，图 8-8）。累计探获资源储量 23.22×10^8 t。

沉积型硅石矿主要分布于红河以东的泥盆系，另在奥陶系、石炭系、二叠系、三叠系及侏罗系也有产出。沉积变质型硅石矿主要集中分布于元谋、昆明、玉溪一带的元谋群、昆阳群及保山市昌宁泥盆系。热液型硅石矿主要集中分布于文山州马关、麻栗坡；保山市龙陵、腾冲；德宏州芒市、梁河、盈江、陇川；怒江州福贡、泸水；临沧市临翔区及西双版纳州景洪、勐海一带也有较大资源潜力。

表 8-22　云南省硅石矿主要矿产地

编号	州（市）	矿产地名称	规模	矿床类型	成矿时代	工作程度	资源储量 10^4 t	开发利用情况
1	昆明市	呈贡区平顶山硅石矿	小型	滨海沉积型	泥盆纪	普查	118	已开发
2		呈贡区协和硅石矿	小型	滨海沉积型	石炭纪	普查	183	已开发
3		安宁市小河边硅石矿	中型	河湖沉积型	侏罗纪	普查	2000	未开发
4		安宁市密马龙石英岩矿	中型	沉积变质型	元古代	普查	853.60	未开发
5		晋宁区鲁姬村石英岩矿	中型	沉积变质型	元古代	普查	399.94	已开发
6		晋宁区旧寨村石英岩矿	小型	沉积变质型	元古代	普查	117	未开发
7		晋宁区瘌痢山石英岩矿	大型	沉积变质型	元古代	普查	9000	未开发
8		晋宁区山神庙石英岩矿	大型	沉积变质型	元古代	普查	15625	未开发
9		晋宁区吴岗箐石英岩矿	大型	沉积变质型	元古代	普查	5400	未开发
10		晋宁区大黑山石英岩矿	小型	沉积变质型	元古代	普查	437.50	已开发
11		禄劝县区角家硅石矿	小型	滨海沉积型	泥盆纪	普查	104.82	未开发
12	曲靖市	宣威市碗厂硅石矿	中型	滨海沉积型	泥盆纪	普查	227	已开发
13		会泽县大海硅石矿	小型	滨海沉积型	泥盆纪	普查	73.96	已开发
14	玉溪市	红塔区平滩箐硅石矿	中型	沉积变质型	元古代	普查	211.29	已开发
15		红塔区大湾硅石矿	中型	沉积变质型	元古代	普查	333.59	已开发
16		红塔区洛河硅石矿	小型	沉积变质型	元古代	普查	85.21	未开发
17		红塔区矿洞箐硅石矿	中型	沉积变质型	元古代	普查	268.14	未开发
18		江川徐家头硅石矿	小型	沉积变质型	元古代	普查	17.75	未开发
19		江川螺丝铺硅石矿	中型	沉积变质型	元古代	普查	193.47	已开发
20		澄江阳宗海硅石矿	小型	河湖沉积型	二叠纪	普查	49	已开发
21		易门县坡拖硅石矿	小型	沉积变质型	元古代	普查	63	已开发
22		峨山县总果硅石矿	中型	沉积变质型	元古代	普查	708.46	未开发
23		峨山县塔冲硅石矿	中型	沉积变质型	元古代	普查	345.53	未开发
24		峨山县累黑山硅石矿	大型	沉积变质型	元古代	普查	6032	未开发
25		元江县阿支硅石矿	中型	沉积变质型	元古代	普查	708.46	未开发
26	保山市	龙陵县白家寨硅石矿	小型	热液型	中生代	普查	26.90	未开发
27		龙陵县亮山硅石矿	中型	热液型	中生代	普查	250	未开发
28		昌宁县黄竹林硅石矿	小型	沉积变质型	泥盆纪	普查	110	已开发
29		昌宁县白马牙硅石矿	小型	沉积变质型	泥盆纪	普查	90	已开发
30		昌宁县狮子塘硅石矿	中型	沉积变质型	泥盆纪	普查	328.26	已开发
31		昌宁县洋伙塘硅石矿	小型	沉积变质型	泥盆纪	普查	31.16	已开发
32		昌宁县大白岩硅石矿	小型	沉积变质型	泥盆纪	普查	185.6	已开发
33		昌宁县大平坦硅石矿	小型	沉积变质型	泥盆纪	普查	112.32	已开发
34		昌宁县小白岩硅石矿	小型	沉积变质型	泥盆纪	普查	39.1	已开发
35		昌宁县盛吉硅石矿	小型	沉积变质型	泥盆纪	普查	139.17	已开发
36	昭通市	巧家县凉坪村硅石矿	小型	滨海沉积型	泥盆纪	普查	157	未开发
37		盐津县回头岩硅石矿	小型	滨海沉积型	泥盆纪	普查	70	未开发
38		盐津县昌故脑硅石矿	小型	滨海沉积型	泥盆纪	普查	144	未开发
39		大关县三叉沟硅石矿	小型	滨海沉积型	泥盆纪	普查	115	未开发
40		大关县幸福洞硅石矿	中型	滨海沉积型	泥盆纪	普查	458	未开发

续表

编号	州（市）	矿产地名称	规模	矿床类型	成矿时代	工作程度	资源储量 10^4 t	开发利用情况
41	昭通市	大关县雨河硅石矿	小型	滨海沉积型	泥盆纪	普查	144	已开发
42		大关县回头崖硅石矿	中型	滨海沉积型	泥盆纪	普查	568	已开发
43		彝良县深沟硅石矿	大型	滨海沉积型	泥盆纪	普查	4251	已开发
44		彝良县克浦硅石矿	大型	滨海沉积型	泥盆纪	普查	111617	已开发
45		彝良县雨龙山硅石矿	大型	滨海沉积型	泥盆纪	普查	48373	未开发
46		彝良县碗厂硅石矿	中型	滨海沉积型	泥盆纪	普查	880	已开发
47		彝良县毛家沟硅石矿	大型	滨海沉积型	泥盆纪	普查	8008	已开发
48	临沧市	临翔区营盘山石英岩矿	小型	热液型	印支期	详查	186.77	未开发
49		凤庆县四角山硅矿	小型	热液型	印支期	普查	94.11	未开发
50	德宏州	芒市平河硅石矿	小型	热液型	中生代	普查	106.45	已开发
51		芒市耶思硅石矿	中型	热液型	中生代	普查	203.72	已开发
52		芒市弄陇硅石矿	小型	热液型	中生代	普查	11.96	已开发
53		梁河县那棒硅石矿	小型	热液型	中生代	普查	80.12	已开发
54		盈江春头塘硅石矿	小型	热液型	中生代	普查	26.51	已开发
55		盈江蕨叶坡硅石矿	小型	热液型	中生代	普查	17.77	已开发
56		盈江维罗山硅石矿	小型	热液型	中生代	普查	91.86	已开发
57		盈江河边寨硅石矿	小型	热液型	中生代	普查	40.8	已开发
58	怒江州	泸水市丙奉硅石矿	小型	热液型	中生代	普查	38.66	已开发
59		泸水市色仲硅石矿	小型	热液型	中生代	普查	51.5	已开发
60		泸水市洛木卓硅石矿	小型	热液型	中生代	普查	10.11	已开发
61		泸水市瓦培硅石矿	小型	热液型	中生代	普查	71.11	已开发
62		泸水市哈古都硅矿	小型	热液型	中生代	普查	18.37	未开发
63		福贡县托坪村硅石	小型	热液型	中生代	普查	20	未开发
64		福贡县亚谷硅石矿	小型	热液型	中生代	普查	14.56	未开发
65	迪庆州	香格里拉市余四各硅石矿	小型	热液型	中生代	普查	10.93	未开发
66	楚雄州	元谋县路古摸硅石矿	大型	沉积变质型	元古代	普查	9203	未开发
67		元谋县尹地硅石矿	中型	沉积变质型	元古代	普查	210.86	未开发
68		元谋县大洼硅石矿	小型	沉积变质型	元古代	普查	46.65	未开发
69		元谋县凤凰山硅石矿	中型	沉积变质型	元古代	普查	211.39	未开发
70		元谋县龙泉硅石矿	中型	沉积变质型	元古代	普查	310	未开发
71		牟定红石崖硅石矿	小型	河湖沉积型	侏罗纪	普查	150	未开发
72	红河州	石屏县小陈营硅石矿	小型	热液型	中生代	普查	35.12	未开发
73		金平县巴义硅石矿	小型	热液型	中生代	普查	80.47	未开发
74		金平县地西北硅石矿	小型	热液型	中生代	普查	16	未开发
75	文山州	麻栗坡县博比硅石矿	小型	热液型	中生代	普查	65.88	已开发
76		麻栗坡县红岩硅石矿	中型	热液型	中生代	普查	475.95	已开发
77		麻栗坡瑶山湾硅石矿	小型	热液型	中生代	普查	20.91	已开发
78		麻栗坡县苦竹冲硅石矿	小型	热液型	中生代	普查	55.97	已开发
79		麻栗坡县白岩峰硅石矿	小型	热液型	中生代	普查	17.31	已开发
80		马关县半坡硅石矿	小型	热液型	中生代	普查	115.69	已开发
81		马关县布忙硅石矿	小型	热液型	中生代	普查	165.03	已开发
82		马关县老黑箐硅石矿	小型	热液型	中生代	普查	18.59	已开发
83		马关县小箐脚硅石矿	小型	热液型	中生代	普查	24.81	已开发

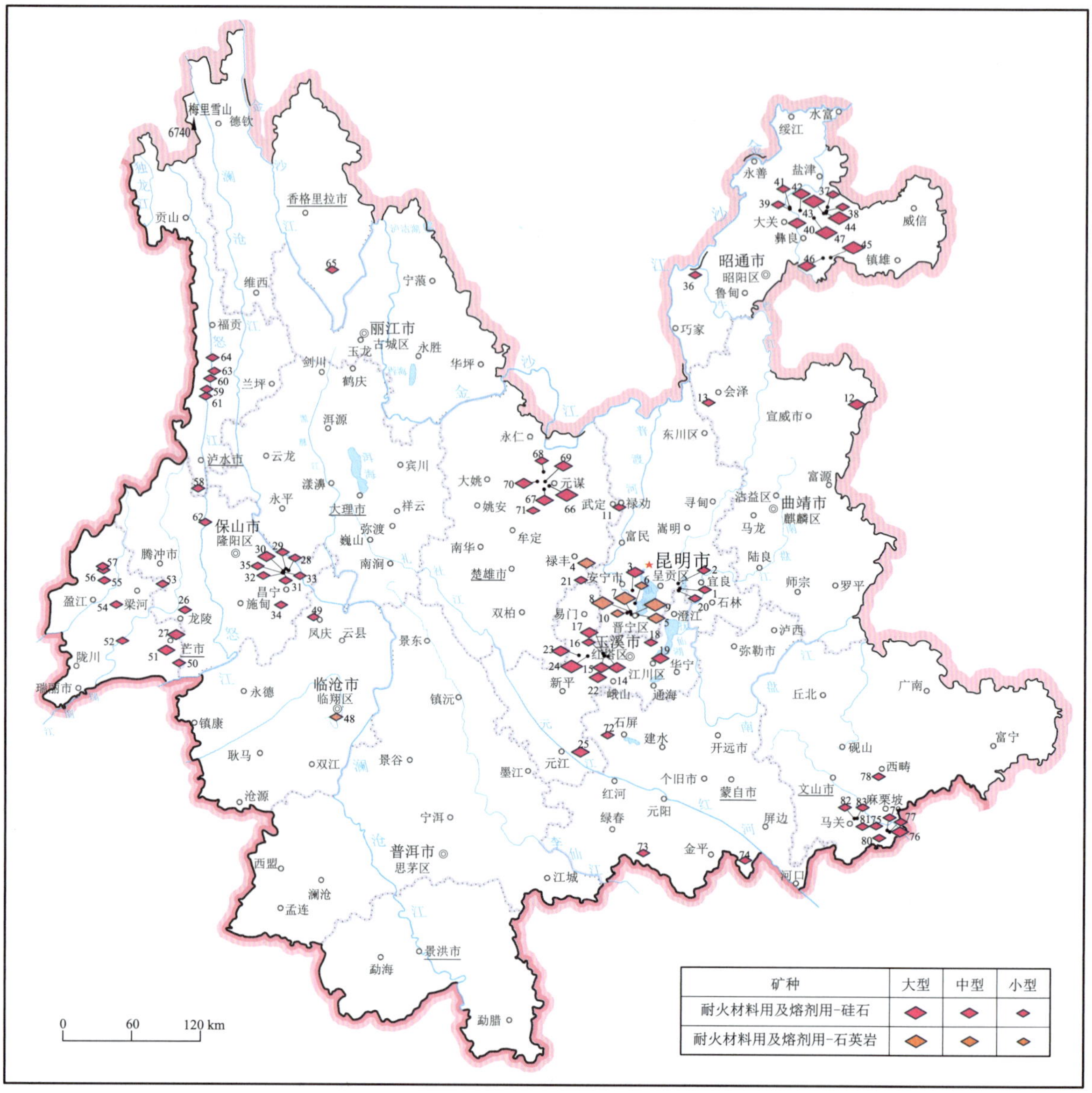

图 8-8　云南省硅石矿主要矿产地分布图

二、矿床类型及矿床实例

（一）沉积变质型硅石矿

沉积变质型硅石矿是沉积硅质岩石经区域变质作用形成的硅石矿床。矿石为石英岩、变质石英砂岩，层状、似层状产出，矿床规模较大，质量较优。现以晋宁区大黑山硅石矿为例介绍如下。

矿区位于晋宁区昆阳镇境内，地质工作程度为预查。累计探获资源储量 30462.50×10^4 t。

矿床赋存于昆阳群黑山头组，由含矿层下、中、上 3 个矿体组成（表 8-23）。矿体厚 20~200 m，延伸长近 3000 m。为薄-中厚层变质石英砂岩，块状构造，SiO_2 含量 93%以上。

（二）沉积型硅石矿

沉积型硅石矿主要形成于滨海环境，部分为河湖环境。矿石为石英砂岩。大多数矿床规模较大，矿石提纯较困难。现以会泽县大海硅石矿为例介绍如下。

表 8-23 晋宁区大黑山硅石矿体特征

矿体编号		M_1	M_2	M_3
产出层位		含矿层下部	含矿层中部	含矿层上部
延伸长/m		3000	2500	3000
厚/m		80	20~200	48
矿石特征	岩石名称	灰、灰白色厚层状变质石英砂岩	灰、灰白色薄-中厚层状变质石英砂岩	灰、灰白色薄-中厚层状变质石英砂岩
	结构	中-粗粒结构	细-粗粒结构	中-粗粒结构
	构造	块状构造	块状构造	块状构造
矿石化学成分/%	SiO_2	93.01~95.17	95~97.83	94.28
	Al_2O_3	0.42		0.30
	CaO	0.00		0.13
	MgO	0.00~0.12	0.11	0.00
	P_2O_5	0.13		
	Fe_2O_3			3.97

矿区位于会泽县大海乡绿荫塘村境内，地质工作程度为普查，探获资源储量 73.96×10^4 t。

矿体赋存于泥盆系，单斜层状产出。矿体延伸长>2700 m，控制厚 2.20~4.00 m。矿石为石英砂岩，中粗粒结构，致密块状构造。矿物主要为石英（含量>90%），另含少量长石、粘土矿物及岩屑。胶结物主要为硅质，少量为玉髓或蛋白石。矿石平均化学成分 SiO_2 94.27%，$Al_2O_3$2.43%，Fe_2O_3 1.76，CaO 1.01%。

三、开发利用

云南硅石矿主要用于耐火材料、熔剂、工业硅生产原料，部分硅石用于生产高纯石英粉、普通硅石粉，满足高纯石英玻璃、陶瓷及各种涂料、填料需求。

（一）耐火材料及熔剂用硅石矿

耐火材料用硅石矿，主要用于生产焦炉、玻璃熔窑、酸性炼钢炉等热工设备所需的抗酸性炉渣侵蚀能力强、荷重软化温度很高、重复煅烧后体积不收缩的硅砖（耐火砖）及不定型耐火材料。熔剂用硅石矿，主要用于各种金属冶炼中降低渣的熔点、改进其流动性、节约热耗、提高冶金性能及产品质量的熔剂。质量要求见表 8-24。

云南所有类型的硅石矿都能满足冶金熔剂用硅石质量要求，多数能满足硅质耐火材料用硅石矿Ⅱ级品质量要求。

表 8-24 耐火材料及熔剂用硅石矿一般质量要求

矿石品级		化学成分/%				耐火度/℃
		SiO_2	Al_2O_3	Fe_2O_3	CaO	
硅质耐火材料用硅石	特级	≥98	≤0.5	≤0.5	≤0.5	1750
	Ⅰ级	≥97	≤1.0	≤1.0	≤0.5	1730
	Ⅱ级	≥96	≤1.3	≤1.5	≤1.0	1710
熔剂用硅石		≥90~95	≤2~5	≤1~3	≤3.0	

云南年消耗各类硅质熔剂约 80×10^4 t，各类硅质耐火材料（含水泥、玻璃）60×10^4 t。

（二）工业硅用硅石矿

工业硅用硅石矿，主要是与碳质还原剂在热炉内冶炼成硅铁、金属硅、硅锰、硅铝等产品。金属硅经工艺提纯后生成的多晶硅、单晶硅是现代光伏产业、电子工业使用的重要材料，是信息时代的支撑基础。工业硅用硅石质量要求见表 8-25。

表 8-25　工业硅用硅石矿一般质量要求

矿石品级		化学成分/%				
		SiO_2	Al_2O_3	Fe_2O_3	CaO	P_2O_5
硅铁用硅石	Ⅰ级	≥97.5	≤1.0		≤0.3	≤0.02
	Ⅱ级	≥96	≤1.5		≤1.0	≤0.03
硅铝用硅石		≥98.5	≤0.5			
结晶硅用硅石		≥98~99	≤0.5	≤0.5	≤0.5	≤0.03
石英玻璃用硅石		≥99.95	极微	极微	极微	极微

云南多数硅石矿都能满足硅铁用硅石技术指标要求，热液型硅石及昌宁地区的变质型硅石能满足硅铝、结晶硅用硅石矿质量要求，能达到石英玻璃用硅石矿质量要求极少。

云南有工业硅生产企业 70 余家，产能达 200×10^4 t，实际产量约 60×10^4 t，实际消耗硅石资源量约 200×10^4 t。

第五节　粘　　土

粘土矿是指粘土矿物含量≥50%的非金属矿产。矿石类型包括粘土、泥岩、页岩、板岩、千枚岩、片岩等，矿床类型有残坡积型、沉积型及变质型。

由于粘土矿具有可塑性、粘结性、烧结性、结合性、干缩性、膨胀性、吸附性、吸水性、过滤性、耐火性等工艺性能，被广泛应用于工业、农业、日常生活及尖端技术领域。全球每年消耗粘土矿资源 35×10^8 t。中国消耗量 21.5×10^8 t，其中：水泥用配料 2.5×10^8 t，砖瓦（含粘土空心砖）10×10^8 m^3，建筑陶瓷 2×10^8 t，日用陶瓷 2300×10^4 t，陶粒 1800×10^4 t，耐火原料 3100×10^4 t，铸造 180×10^4 t，钻井泥浆、铁矿球团、油脂脱色、石油化工、轻工、纺织、农业等 180×10^4 t。

一、水泥用粘土

水泥用粘土矿主要为水泥熟料的主要矿物硅酸三钙、硅酸二钙、铝酸三钙、铁铝酸四钙提供 SiO_2、Al_2O_3 及少量 Fe_2O_3。矿石类型包括风化的泥岩、页岩、板岩、千枚岩、片岩及粘土等。根据 DZ/T 0213—2002，质量要求见表 8-26。

表 8-26　水泥用粘土矿一般质量要求

品级	硅酸率	铝氧率	化学成分/%					
			MgO	K_2O+Na_2O	SO_3	P_2O_5	TiO_2	Cl
一类	≥3~4	1.5~3.5	≤3	≤4	≤2	≤1	≤1	≤0.015
二类	2~3	不限						

注：①硅酸率 $=SiO_2/(Al_2O_3+Fe_2O_3)$，铝氧率 $=Al_2O_3/Fe_2O_3$；

②当 P_2O_5、TiO_2 含量甚微量时，可放在多项分析中，当含量较高时，建议放在组合分析中。

（一）资源概况

云南水泥用粘土矿的分布，除遍布全省的侏罗系、白垩系、古近系、新近系、第四系外，还有分布于昆明-玉溪一带震旦系、寒武系，分布于滇中、滇南、滇东一带泥盆系、二叠系、三叠系。全省发现矿床（点）70余个，主要矿产地41个（表8-27，图8-6）。累计探获资源储量 1.76×10^8 t。

表8-27　云南省水泥用粘土矿主要矿产地

编号	州（市）	矿产地名称	规模	矿床类型	成矿时代	工作程度	资源储量 10^4 t	开发利用情况
1	昆明市	呈贡区蛤蟆山泥岩矿	小型	风化沉积型	泥盆纪	勘探	9.03	未开发
2		呈贡区大冲粘土矿	小型	沉积型	第四纪	勘探	386.05	未开发
3		官渡区复兴村泥岩矿	小型	风化沉积型	泥盆纪	普查	111.84	未开发
4		西山区大箐页岩矿	小型	风化沉积型	寒武纪	详查	33.84	已枯竭
5		西山区磨盘山粘土矿	小型	残坡积型	第四纪	详查	46.40	已枯竭
6		西山区宗龙箐泥岩矿	小型	风化沉积型	寒武纪	普查	87.95	未开发
7		东川区新村粘土矿	小型	洪冲积型	第四纪	详查	89.40	已枯竭
8		富民县何广营粘土矿	小型	残坡积型	第四纪	普查	8.1	未开发
9		宜良县大凹子粘土矿	小型	残坡积型	第四纪	普查	48.35	已开发
10		石林县磨盘山粘土矿	小型	残坡积型	第四纪	详查	114.27	已开发
11	曲靖市	宣威市石梁子泥岩矿	小型	风化沉积型	二叠纪	普查	41.3	未开发
12		宣威市龙沿页岩矿	中型	风化沉积型	二叠纪	勘探	1041.12	未开发
13		宣威市龙津沟粘土矿	中型	湖积型	第四纪	详查	1030.43	已开发
14		沾益区小哨泥岩矿	大型	风化沉积型	二叠纪	勘探	2074.67	未开发
15		罗平县巨朵页岩矿	小型	风化沉积型	三叠纪	详查	236.3	已开发
16		师宗县小石桥页岩矿	中型	风化沉积型	三叠纪	详查	3980.56	未开发
17		师宗县孟家村页岩矿	中型	风化沉积型	三叠纪	详查	2402.05	未开发
18	玉溪市	通海县陈家山粘土矿	小型	残坡积型	第四纪	详查	405.14	未开发
19		华宁县豆家祠泥岩矿	大型	风化沉积型	新近纪	勘探	1087.64	已开发
20		华宁县大平台粘土矿	小型	残坡积型	第四纪	勘探	185.02	已开发
21		华宁县白沙沟粘土矿	小型	残坡积型	第四纪	详查	235.1	未开发
22	保山市	腾冲市代家寨粘土矿	小型	残坡积型	第四纪	普查	23.12	已开发
23		昌宁县大白地粘土矿	小型	冲积型	第四纪	普查	116.13	已开发
24	昭通市	昭阳区农师粘土矿	小型	残坡积型	第四纪	详查	39.3	已开发
25		昭阳区塘房粘土矿	小型	残坡积型	第四纪	详查	151.55	已开发
26		盐津县校子泥岩矿	小型	风化沉积型	侏罗纪	详查	147.39	已开发
27	丽江市	华坪县关家湾页岩矿	小型	风化沉积型	上新纪	详查	183.36	已开发
28	临沧市	耿马县丙令粘土矿	小型	残坡积型	第四纪	详查	24.24	已开发
29		耿马县丙令泥岩矿	小型	风化沉积型	侏罗纪	详查	197.76	已开发
30	德宏州	芒市菲红粘土矿	小型	残坡积型	第四纪	详查	326.83	已开发
31	迪庆州	香格里拉市杨家村粘土矿	小型	风化沉积型	第四纪	详查	106.8	未开发
32		香格里拉市客扛共泥岩矿	小型	风化沉积型	始新纪	详查	234.51	未开发
33	大理州	大理市上登页岩矿	中型	风化沉积型	奥陶纪	普查	1247.33	未开发
34		祥云县清华洞粘土矿	小型	残坡积型	第四纪	详查	252.4	已开发
35	红河州	开远市西山页岩矿	小型	风化沉积型	三叠纪	勘探	233	停采

续表

编号	州（市）	矿产地名称	规模	矿床类型	成矿时代	工作程度	资源储量 10^4 t	开发利用情况
36	文山州	西畴县戈木粘土矿	小型	残坡积型	第四纪	详查	60.56	未开发
37		西畴县桐子坡粘土矿	小型	残坡积型	第四纪	详查	126.31	未开发
38		西畴县戈木泥岩矿	小型	风化沉积型	三叠纪	普查	35.51	未开发
39		西畴县戈木页岩矿	小型	风化沉积型	三叠纪	详查	35.51	未开发
40		富宁县睦伦粘土矿	小型	残坡积型	第四纪	详查	88.71	已开发
41	西双版纳州	景洪市曼景粘土矿	小型	洪冲积	第四纪	详查	280.29	已开发

目前，云南水泥熟料产能已达 0.80×10^8 t，年消耗水泥用粘土及粘土岩资源储量约 800×10^4 t。

（二）矿床实例

1. 残坡积型

残坡积型粘土矿由粘土岩经风化作用后，在原地或沿山坡向下位移一定距离形成的松散堆积物。矿床规模一般较小，矿体形态主要受地形条件控制。现以通海县陈家山粘土矿为例叙述如下。

矿区位于通海县杨广镇境内，地质工作程度为详查。累计探获资源储量 405.14×10^4 t。

矿体赋存于第四系残坡积层中，沿山脊及缓坡呈似层状产出，南北长>1000 m，东西宽>400 m，控制厚 4.00～19.80 m。矿石由粘土、粉砂质粘土及砂土组成。

1）粘土：矿物主要为鳞片状水云母、高岭石（占量 80%～90%），次为石英及硅质岩屑，浸染状、斑块状铁质较少。矿石平均化学成分 SiO_2 64.19%，Al_2O_3 16.73%，Fe_2O_3 7.05%，K_2O 2.75%，Na_2O 0.090%，CaO 0.55%，MgO 1.52%，SO_3 0.0139%，Cl 0.0052%，烧失量 6.20%，硅酸率 2.70，铝氧率 2.37。矿石粒级>3 mm 占 0.41%，3～0.20 mm 占 3.02%，0.20～0.074 mm 占 6.26%，<0.074 mm 占 90.32%，矿石塑性指数 21。

2）粉砂质粘土：矿物主要为显微鳞片状水云母、高岭石（占量 70%～80%），次为石英及硅质岩屑（含量 15%～25%），另含少量浸染状铁质、片状白云母及粒状电气石。矿石平均化学成分 SiO_2 74.37%，Al_2O_3 11.84%，Fe_2O_3 4.84%，K_2O 2.54%，Na_2O 0.084%，SO_3 0.017%，Cl 0.0054%，CaO 0.35%，MgO 1.25%，烧失量 4.14%，硅酸率 4.46，铝氧率 2.45。矿石粒级>3 mm 占 6.77%，3～0.20 mm 占 10.61%，0.20～0.074 mm 占 16.39%，<0.074 mm 占 66.24%，塑性指数 18。

3）砂土：矿物主要为石英及硅质岩屑（占量 80%～90%），次为显微鳞片状水云母、高岭石（占量 10%～15%），另含少量铁质、海绿石；矿石平均化学成分：SiO_2 85.06%，Al_2O_3 6.67%，$Fe_2O_3$2.72%，K_2O 1.65%，Na_2O 0.062%，CaO 0.32%，MgO 1.30%，SO_3 0.016%，Cl 0.0056%，烧失量 2.42%，硅酸率 9.06，铝氧率 2.45；矿石粒级>3 mm 占 16.64%，3～0.20 mm 占 15.67%，0.20～0.074 mm 占 14.75%，<0.074 mm 占 53.14%，塑性指数 8。

矿床未开发。

2. 风化沉积型

风化沉积型粘土矿指各类粘土岩经风化作用，原岩中碱土金属流失后形成的粘土质矿床。现以耿马县丙令泥岩矿为例介绍如下。

矿区位于耿马县勐撒镇丙令村境内，地质工作程度为详查。累计探获资源储量 222×10^4 t。

矿体赋存于中侏罗统芦子箐组，单斜层状产出。延伸长>550 m，宽 128.60～130.37 m，控制厚 39.11～59.40 m。矿石由砂质粘土、粉砂质泥岩组成。

1）砂质粘土：松散土状。平均化学成分 SiO_2 74.26%，Fe_2O_3 4.89%，$Al_2O_3$32.65%，CaO

0.15%，MgO 0.59%，K_2O+Na_2O 1.422%，SO_3 0.027%，Cl 0.006%，烧失量4.61%，硅酸率4.14，铝氧率2.66。

2）粉砂质泥岩：粉砂泥状结构，块状构造。矿物成分主要为泥质（含量60%~70%），次为石英（含量20%~25%）、铁质、方解石及少量云母。平均化学成分 SiO_2 64.21%，Fe_2O_3 5.75%，Al_2O_3 14.7%，CaO 3.04%，MgO 1.3%，K_2O+Na_2O 2.502%，SO_3 0.083%，Cl 0.0027%，烧失量7.14%，硅酸率3.14，铝氧率2.55。

矿床建成耿马河底岗水泥厂自用矿山，已开发。

二、耐火材料用粘土

耐火材料用粘土主要为耐火材料成型、耐火性、高温下的热稳定性提供原料基础。矿石类型包括软质粘土、半软质粘土、硬质粘土、高铝粘土。根据DZ/T0206-2002，质量要求见表8-28。

表8-28　耐火材料用粘土矿一般质量要求

<table>
<tr><th rowspan="2">矿石类型</th><th rowspan="2" colspan="2">矿石品级</th><th colspan="3">化学成分/%</th><th rowspan="2">灼失量
%</th><th rowspan="2">耐火度
℃</th><th rowspan="2">可塑性指标</th><th rowspan="2">备注</th></tr>
<tr><th>Al_2O_3</th><th>Fe_2O_3</th><th>CaO</th></tr>
<tr><td rowspan="5">高铝粘土</td><td colspan="2">特级</td><td>≥85</td><td>≤2.0</td><td>≤0.6</td><td>≤15</td><td>≥1770</td><td rowspan="5"></td><td rowspan="9">化学成分以熟料计</td></tr>
<tr><td colspan="2">Ⅰ级</td><td>≥80</td><td>≤3.0</td><td>≤0.6</td><td>≤15</td><td>≥1770</td></tr>
<tr><td rowspan="2">Ⅱ级</td><td>甲</td><td>≥70</td><td>≤3.0</td><td>≤0.8</td><td>≤15</td><td>≥1770</td></tr>
<tr><td>乙</td><td>≥60</td><td>≤3.0</td><td>≤0.8</td><td>≤15</td><td>≥1770</td></tr>
<tr><td colspan="2">Ⅲ级</td><td>≥50</td><td>≤2.5</td><td>≤0.8</td><td>≤15</td><td>≥1770</td></tr>
<tr><td rowspan="4">硬质粘土</td><td colspan="2">特级</td><td>≥44</td><td>≤1.2</td><td></td><td>≤15</td><td>≥1750</td><td rowspan="4"></td></tr>
<tr><td colspan="2">Ⅰ级</td><td>≥40</td><td>≤2.5</td><td></td><td>≤15</td><td>≥1730</td></tr>
<tr><td colspan="2">Ⅱ级</td><td>≥35</td><td>≤3.0</td><td></td><td>≤15</td><td>≥1670</td></tr>
<tr><td colspan="2">Ⅲ级</td><td>≥30</td><td>≤3.5</td><td></td><td>≤15</td><td>≥1630</td></tr>
<tr><td rowspan="3">半软质粘土</td><td colspan="2">Ⅰ级</td><td>≥35</td><td>≤2.0</td><td></td><td>≤16</td><td>≥1690</td><td rowspan="3">1~2.5</td><td rowspan="6">化学成分以生料计</td></tr>
<tr><td colspan="2">Ⅱ级</td><td>≥30</td><td>≤2.5</td><td></td><td>≤16</td><td>≥1670</td></tr>
<tr><td colspan="2">Ⅲ级</td><td>≥25</td><td>≤3.5</td><td></td><td>≤16</td><td>≥1630</td></tr>
<tr><td rowspan="3">软质粘土</td><td colspan="2">Ⅰ级</td><td>≥30</td><td>≤2.0</td><td></td><td>≤18</td><td>≥1670</td><td rowspan="3">≥2.5</td></tr>
<tr><td colspan="2">Ⅱ级</td><td>≥26</td><td>≤2.5</td><td></td><td>≤18</td><td>≥1610</td></tr>
<tr><td colspan="2">Ⅲ级</td><td>≥22</td><td>≤3.5</td><td></td><td>≤18</td><td>≥1580</td></tr>
</table>

（一）资源概况

云南耐火粘土成矿时代主要集中于二叠纪，遍布滇中、滇东、滇东北，具点多面广、规模小的特点。在古近纪、新近纪中也有少量分布。矿床成因均为湖沼沉积型。全省发现的耐火粘土矿床（点）至少有70个，主要矿产地24个（表8-29，图8-9）。累计探获资源储量 9509.75×10^4 t。

云南年产耐火材料各类制品约 35×10^4 t，而且绝大多数为铝硅质，消耗耐火粘土资源约 45×10^4 t。

（二）矿床实例

典型矿床为昆明市西山区白鱼口耐火粘土矿，位于昆明市194°方向平距27 km处，地质工作程度为详查。累计探获资源储量 178.40×10^4 t。

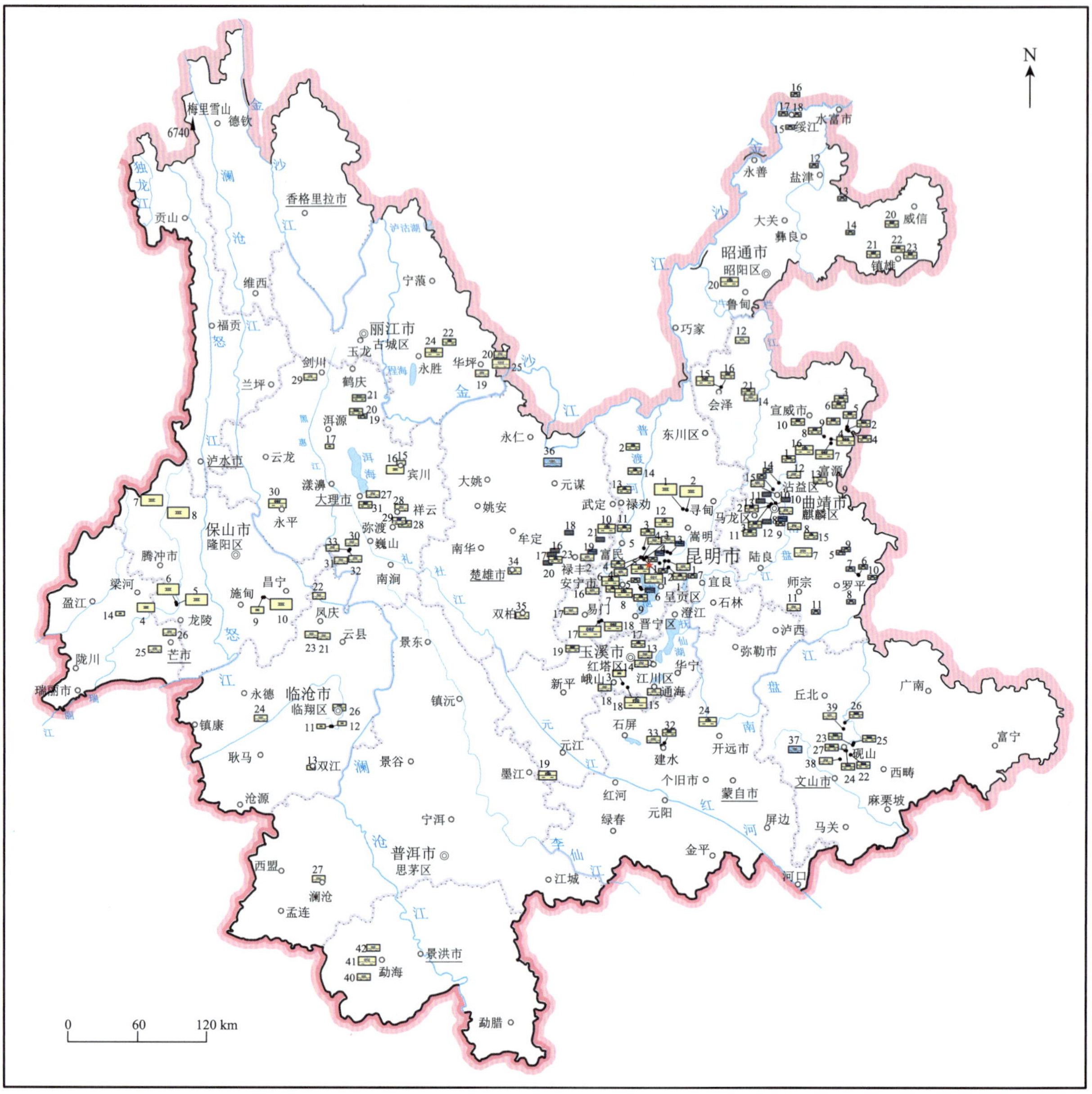

矿种	成因类型	大型	中型	小型	矿点	矿种	成因类型	大型	中型	小型	矿点
硅藻土	陆相沉积型	■	■	■	■	砖用黏土	海相沉积型		■	■	
膨润土	陆相沉积型		■	■	■		陆相沉积型		■	■	
陶土	陆相沉积型		■	■		黏土，陶粒板岩	海相沉积型				■
陶土，瓷石	陆相沉积型	■		■		黏土，陶粒泥岩	陆相沉积型				■
陶土，瓷土	陆相沉积型		■	■		耐火黏土	陆相沉积型	■	■	■	
黏土	陆相沉积型				■						

图 8-9 云南省砖瓦、陶粒、陶瓷、耐火粘土矿及硅藻土、膨润土矿主要矿产地分布图

矿床由 7 个矿体组成，均赋存于下二叠统倒石头组，似层状、透镜状产出。单个矿体延伸长度 150~1200 m，宽 69.75~336 m，厚 0.74~38 m。

矿石为软质耐火粘土，灰、灰白、浅灰黑色。矿物主要为含水高岭石。矿石平均化学成分 $Al_2O_3$37.02%，SiO_2 37.5%，$Fe_2O_3$2.08%，烧失量 14.52%，Ti_2O 1.5%，耐火度 1730℃。

昆钢自用耐火材料基地，已闭坑。

表 8-29　云南省耐火材料用粘土矿主要矿产地

编号	州（市）	矿产地名称	规模	矿床类型	成矿时代	工作程度	资源储量 10^4 t	开发利用情况
1	昆明市	官渡区大板桥耐火粘土矿	小型	湖沼沉积型	二叠纪	普查	2.74	已枯竭
2		西山区凤凰村耐火粘土矿	小型	湖沼沉积型	二叠纪	详查	64.50	已枯竭
3		西山区沙朗耐火粘土矿	小型	湖沼沉积型	二叠纪	普查	9.20	已开发
4		西山区大普吉耐火粘土矿	小型	湖沼沉积型	二叠纪	普查	52.50	未开发
5		昆明市马街子耐火粘土矿	中型	湖沼沉积型	二叠纪	详查	247.44	已开发
6		安宁市草铺耐火粘土矿	中型	湖沼沉积型	二叠纪	详查	288	已开发
7		安宁市县街耐火粘土矿	小型	湖沼沉积型	二叠纪	详查	129.40	已开发
8		安宁市耳目村耐火粘土矿	中型	湖沼沉积型	二叠纪	详查	662.50	已开发
9		安宁市白鱼口耐火粘土矿	小型	湖沼沉积型	二叠纪	详查	178.40	已枯竭
10		富民县老煤山耐火粘土矿	中型	湖沼沉积型	二叠纪	详查	355.20	已开发
11		富民县赤鹫耐火粘土矿	小型	湖沼沉积型	二叠纪	普查	186.90	已开发
12		嵩明县阿子营耐火粘土矿	中型	湖沼沉积型	二叠纪	普查	392.60	未开发
13		禄劝县甸尾耐火粘土矿	小型	湖沼沉积型	二叠纪	普查	76.10	未开发
14		禄劝县积德耐火粘土矿	小型	湖沼沉积型	二叠纪	普查	88.70	未开发
15	曲靖市	麒麟区恩洪耐火粘土矿	小型	湖沼沉积型	二叠纪	详查	96.10	已开发
16		沾益区余家河耐火粘土矿	中型	湖沼沉积型	二叠纪	普查	263.60	已开发
17	玉溪市	红塔区小石桥耐火粘土矿	小型	湖沼沉积型	二叠纪	普查	18.80	已开发
18		峨山县大海洽耐火粘土矿	大型	湖沼沉积型	新近纪	普查	5355.40	未开发
19		元江县因远耐火粘土矿	中型	湖沼沉积型	第四纪	普查	593.29	未开发
20	昭通市	昭阳区新棚耐火粘土矿	中型	湖沼沉积型	二叠纪	普查	293.47	已开发
21		会泽县大营包耐火粘土矿	小型	湖沼沉积型	二叠纪	普查	33.68	未开发
22	丽江市	宁蒗油果木耐火粘土矿	小型	湖沼沉积型	二叠纪	普查	4.63	未开发
23	楚雄州	禄丰县一平浪耐火粘土矿	小型	湖沼沉积型	三叠系	普查	3	已开发
24	红河州	开远市小龙潭耐火粘土矿	中型	湖沼沉积型	新近纪	详查	377.20	已开发

三、砖瓦用粘土

砖瓦用粘土矿是生产砖瓦的主要材料，并影响砖瓦的主要性能。矿石类型包括粘土、泥岩、页岩、板岩、千枚岩、片岩等。要求矿物以高岭石、伊利石为主，总量≥30%，蒙脱石含量≤3%。质量要求见表 8-30。

（一）资源概况

云南砖瓦用粘土矿资源丰富，成矿时代为元古代至新近纪的页岩、板岩、千枚岩、泥岩，冲积、残坡积粘土。矿床（点）遍布全省各县市区。全省发现的矿床（点）达 200 余个，主要矿产地 42 个（表 8-31，图 8-9）。累计探获资源储量 4877.51×10^4 m^3。

表 8-30 砖瓦用粘土矿一般质量要求

项目	SiO_2	Al_2O_3	Fe_2O_3	CaO	MgO	K_2O+Na_2O	SO_3	塑性指数
含量/%	53~70	10~20	3~10	≤15	≤3	1~5	≤3	6~10

项目	粒级/mm	砖用粘土、粘土岩	瓦用粘土、粘土岩
粒度要求	>3	<0. 5%	不允许
	3~0. 5	<3%	不允许
项目	粒级/mm	砖用粘土、粘土岩	瓦用粘土、粘土岩
粒度要求	0. 5~0. 05	<30%	<13%
	0. 05%~0. 01	15%~30%	10~20%
	0. 01~0. 005	15%~50%	15~30%
	<0. 005	15%~35%	>30%
塑性指数		7~8	>15
干燥敏感系数		1	<1. 5
烧失量/%		7~15	15
碳酸盐质颗粒		不允许	不允许
放射性强度/(Bq/kg)	<320		

表 8-31 云南省砖瓦用粘土矿主要矿产地

编号	州（市）	矿产地名称	规模	矿床类型	成矿时代	工作程度	资源储量 10^4 m^3	开发利用情况
1	昆明市	官渡区复兴村砖瓦粘土矿	小型	残坡积型	第四纪	普查	180. 14	已停采
2		西山区范家山砖瓦泥岩矿	小型	湖盆沉积型	新近纪	普查	59. 69	已停采
3		西山区菠萝凹砖瓦泥岩矿	小型	湖相沉积型	侏罗纪	详查	152. 58	已停采
4		西山区普吉砖瓦粘土矿	小型	湖盆沉积型	第四纪	详查	498. 79	已停采
5		西山区小普吉砖瓦泥岩矿	小型	湖相沉积型	侏罗纪	详查	60. 83	已停采
6		西山区普吉砖瓦粘土矿	小型	湖盆沉积型	第四纪	普查	24. 14	已停采
7	曲靖市	麒麟区起不嘎砖瓦泥岩矿	中型	湖相沉积型	泥盆纪	普查	292. 15	已开发
8		麒麟区小阿逸砖瓦泥岩矿	小型	湖相沉积型	泥盆纪	普查	85. 95	已开发
9		麒麟区黄埂坡砖瓦泥岩矿	小型	湖相沉积型	志留纪	普查	85. 27	已开发
10		沾益区马边槽砖瓦粘土矿	小型	湖盆沉积型	第四纪	普查	146. 05	已开发
11		师宗县金泰砖瓦页岩矿	小型	湖盆沉积型	新近纪	普查	46. 24	已开发
12		会泽县迤车砖瓦粘土矿	小型	残坡积型	第四纪	普查	72. 25	已开发
13	玉溪市	江川区大街砖瓦页岩矿	小型	湖相沉积型	白垩纪	普查	175. 25	已开发
14		江川区上头营砖瓦页岩矿	小型	湖相沉积型	二叠纪	普查	175. 25	已开发
15		通海县小海子砖瓦页岩矿	小型	湖相沉积型	二叠纪	普查	90. 63	已开发
16		易门县青龙村砖瓦粘土矿	小型	湖盆沉积型	第四纪	普查	161. 00	已开发
17		易门县在冲砖瓦页岩矿	小型	湖相沉积型	元古代	普查	133. 99	已开发
18		峨山县小甸中砖瓦页岩矿	小型	湖相沉积型	元古代	普查	317. 45	已开发

续表

编号	州（市）	矿产地名称	规模	矿床类型	成矿时代	工作程度	资源储量 $10^4\ m^3$	开发利用情况
19	丽江市	华坪县杨家林砖瓦泥岩矿	小型	湖盆沉积型	新近纪	普查	114.24	已开发
20		华坪县把关河砖瓦粘土矿	小型	残坡积型	第四系	详查	141.03	已开发
21	临沧市	凤庆县闽福砖瓦粘土岩矿	小型	湖盆沉积型	新近纪	普查	105.67	已开发
22		凤庆县鲁史砖瓦页岩矿	小型	湖相沉积型	三叠纪	普查	75.83	已开发
23		凤庆县勐佑砖瓦粘土岩矿	小型	湖盆沉积型	新近纪	普查	38.20	已开发
24		永德县团山砖瓦页岩矿	小型	湖相沉积型	二叠纪	普查	165.28	已开发
25	德宏州	芒市南相章砖瓦页岩矿	小型	湖盆沉积型	新近纪	普查	36.99	已开发
26		芒市坎崃冠砖瓦页岩矿	小型	湖盆沉积型	新近纪	普查	100.28	已开发
27	大理州	大理市旧铺村砖瓦粘土矿	小型	湖盆沉积型	第四纪	详查	74.37	已开发
28		祥云县来品砖瓦粘土矿	小型	湖相沉积型	第四纪	普查	100.45	已开发
29		剑川县金坪砖瓦页岩矿	小型	湖盆沉积型	第三系	普查	98.84	已开发
30		巍山县象山地砖瓦页岩矿	小型	湖盆沉积型	第三系	普查	22.98	已开发
31		巍山县道上卢砖瓦页岩矿	小型	湖相沉积型	侏罗纪	普查	32.6	已开发
32		巍山县西田砖瓦页岩矿	小型	湖相沉积型	侏罗纪	普查	23.98	已开发
33		巍山县花园砖瓦页岩矿	小型	湖相沉积型	白垩纪	普查	17.6	已开发
34	楚雄州	楚雄市新营盘砖瓦粘土矿	小型	冲洪积型	第四纪	普查	153.18	已开发
35		双柏县箐口砖瓦页岩矿	小型	湖相沉积型	白垩纪	普查	40.05	已开发
36		元谋县雷弄砖瓦页岩矿	中型	滨海沉积型	元古代	普查	353.59	已开发
37	文山州	文山市双宝砖瓦页岩矿	小型	滨海沉积型	寒武纪	普查	79.47	已开发
38		砚山县稼依砖瓦页岩矿	小型	湖相沉积型	三叠纪	详查	31.47	已开发
39		砚山县城脚砖瓦用页岩矿	小型	湖相沉积型	三叠纪	普查	19.13	已开发
40	西双版纳州	景洪市小丫口砖瓦泥岩矿	小型	湖相沉积型	白垩纪	普查	36.45	已开发
41		勐海县曼杭砖瓦页岩矿	中型	湖相沉积型	白垩纪	普查	233.92	已开发
42		勐海县勐昆砖瓦粘土矿	小型	残坡积型	第四纪	普查	24.26	已开发

云南年生产砖（折标准砖）24×10^8 标块，生产瓦 2400×10^4 片，消耗砖瓦粘土 $550\times10^4\ m^3$。

（二）矿床实例

典型矿床为昆明市菠萝凹泥岩矿，位于昆明市西山区菠萝凹村境内，地质工作程度为详查。累计探获资源储量 $152.58\times10^4\ m^3$。

矿体赋存于侏罗系，单斜层状产出。矿体控制长度 280 m，宽 180～210 m，控制厚 81.3～113.5 m。矿石由泥岩、粉砂质泥岩、钙质泥岩组成（表 8-32）。

云南砖瓦厂自用矿山，已停采。

四、陶粒用粘土

陶粒用粘土矿是提供坯体成型的基础，构成产品的主体结构、烧成性能。此外，还提供气体生成、膨胀而不外溢的组分。矿物以伊利石、蒙脱石、绢云母、绿泥石为主，总含量>40%。矿石类型包括粘土、泥岩、页岩及板岩、千枚岩。由于陶粒具有轻质、高强、节能、保温、多孔、外壳坚硬、耐腐蚀，抗冻，抗震、隔绝等特点，已被广泛应用建材、园艺、食品、饮料、耐火保温材料、化工、石油等部门。粘土矿质量要求见表 8-33。

表 8-32 矿石矿物、化学成分表

矿石类型		泥岩	粉砂质泥岩	钙质泥岩
矿物成分	主要	高岭石、水云母	石英、硅质岩屑	高岭土、水云母
	次要	石英、铁	白云母、方解石	硅质岩屑、方解石
平均化学成分/%	SiO_2	56.66	63.54	46.82
	Al_2O_3	17.97	16.38	15.53
矿石平均化学成分/%	Fe_2O_3	7.23	6.57	6.01
	CaO	2.75	1.18	12.55
	MgO	3.07	2.37	2.56
	SO_3	0.0647	0.047	0.061
	K_2O	2.89	1.80	0.70
	Na_2O	0.93	1.06	0.69

表 8-33 陶粒用粘土矿一般质量要求

化学成分/%						
SiO_2	Al_2O_3	Fe_2O_3	CaO+MgO	K_2O+Na_2O	SO_3	烧失量
50~70	10~20	5~10	3~5	1.5~5	<3	5~10

物理性能						
颗粒度		膨胀性/(g/cm^2)	塑性指数	耐火度/℃	膨胀率	熔触温度/℃
<0.005mm	>0.005mm					
>50%	<25%	<1.2	>15	1100~1230	>2	<1300

矿物成分					
矿物名称	粘土矿物	高岭石	方解石+白云石	褐铁矿+黄铁矿	有机质
含量/%	>40	<5	5~10	10~15	1~2

（一）资源概况

云南陶粒用粘土矿潜在蕴藏量丰富，特别是康滇基底断隆带、楚雄陆内盆地、扬子陆块南部被动边缘褶-冲带中千枚岩、板岩、页岩、泥岩及粘土具有很好的预查潜力。

云南陶粒用粘土地质勘查工作，最早始于 1975 年云南省建材三〇一队根据云南省建材局发展规划要求，开展的昆明地区陶粒用粘土质原料专项预查，并提交了《昆明地区陶粒用粘土质原料预查报告》。

云南陶粒用粘土矿地质工作极为薄弱，到目前仅有中国建筑材料工业地质勘查中心云南总队开展过禄丰-一平浪、昆明大板桥-阳宗海、曲靖部分地区预查工作。已发现矿产地见表 8-34，图 8-9。

云南陶粒生产最早起始于 20 世纪 80 年代中期，云南省可保煤矿陶粒厂建成投产，填补了云南轻型建材的一项空白。目前全省生产企业约 20 余家，年产量约 120×10^4 t。扣除工业废渣类外，粘土类陶粒年消耗资源量约 80×10^4 t。

表 8-34　云南省陶粒用粘土矿主要矿产地

编号	州（市）	矿产地名称	规模	矿床类型	成矿时代	工作程度	开发利用情况
1	昆明市	官渡区龙头街陶粒粘土矿	矿点	湖盆沉积型	新近纪	预查	未开发
2		官渡区杨方凹陶粒粘土矿	矿点	湖盆沉积型	新近纪	预查	未开发
3		官渡区青龙陶粒板岩矿	矿点	滨海沉积型	寒武纪	预查	未开发
4		官渡区麻冲陶粒板岩矿	矿点	滨海沉积型	寒武纪	预查	未开发
5		西山区白泥硐陶粒粘土矿	矿点	残坡积型	第四纪	预查	未开发
6		西山区黑桥母陶粒板岩矿	矿点	滨海沉积型	寒武纪	预查	未开发
7		宜良县可保陶粒粘土矿	矿点	湖盆沉积型	第四纪	预查	未开发
8	曲靖市	麒麟区瓦子村陶粒板岩矿	矿点	滨海沉积型	寒武纪	预查	未开发
9		麒麟区周家村陶粒粘土矿	矿点	湖盆沉积型	新近纪	预查	未开发
10		麒麟区麻黄村陶粒泥岩矿	矿点	湖盆沉积型	新近纪	预查	未开发
11		麒麟区荷花塘陶粒泥岩矿	矿点	湖盆沉积型	新近纪	预查	未开发
12		麒麟区龙潭村陶粒泥岩矿	矿点	湖盆沉积型	新近纪	预查	未开发
13		麒麟区崔家屯陶粒泥岩矿	矿点	湖盆沉积型	新近纪	预查	未开发
14		沾益区河底村陶粒粘土矿	矿点	湖盆沉积型	第四纪	预查	未开发
15		沾益区青山村陶粒粘土矿	矿点	湖盆沉积型	第四纪	预查	未开发
16	楚雄州	禄丰县一平蒗陶粒泥岩矿	矿点	湖沼沉积型	三叠纪	预查	未开发
17		禄丰县普家村陶粒泥岩矿	矿点	湖沼沉积型	三叠纪	预查	未开发
18		禄丰县干海子陶粒泥岩矿	矿点	湖沼沉积型	三叠纪	预查	未开发
19		禄丰县大平地陶粒板岩矿	矿点	滨海沉积型	寒武纪	预查	未开发
20		禄丰县青水塘陶粒泥岩矿	矿点	湖沼沉积型	三叠纪	预查	未开发
21		禄丰县罗海营陶粒泥岩矿	矿点小型	湖沼沉积型	新近纪	预查	未开发

（二）矿床实例

云南发现的陶粒粘土矿有残坡积型、沉积型、变质型。

1. 残坡积型

该类矿床一般规模较小，主要受控于成矿母岩，受泥化程度、地形条件控制。现以昆明市西山区白泥硐陶粒用粘土矿为例介绍如下。

矿点位于昆明市西山区碧鸡关镇境内，地质工作程度为预查。远景资源量 20×10^4 t。

矿体赋存于第四系残坡积堆积层内，似层状产出。延伸长>300 m，宽>100 m，厚>5 m。成矿母岩为寒武系黄绿、灰绿色含云母粉砂质板岩经风化后形成的残坡积堆积。矿石为浅黄、浅紫红色粘土。矿物主要为水云母、高岭石（含量 70%～85%），次为石英（含量<15%），另有少量铁质。矿石平均化学成分 SiO_2 68.04%，Al_2O_3 16.62%，Fe_2O_3 5.63%，K_2O+Na_2O 3.08%，烧失量 7.60%。

矿床未开发。

2. 变质型

该类矿床一般规模较大，主要受控于原岩沉积环境及后期变质环境。现以昆明市西山区黑桥母陶粒用板岩（或页岩）矿为例介绍如下。

矿点位于昆明市西山区碧鸡关镇境内，地质工作为预查。远景资源量约 60×10^4 t。

矿体赋存于下寒武统，单斜层状产出。延伸长 1000 m，宽 50～150 m，厚 20～35 m。矿石为黄、黄绿、灰绿色板岩，风化后呈浅灰、浅黄、灰白色，捶击呈碎块状。矿物主要为水云母、高岭石

（含量60%~70%），次为石英含量（<30%），云母（含量3%~5%）及少量铁质。矿石平均化学成分 SiO_2 62.50%，Al_2O_3 16.69%，Fe_2O_3 7.46%，K_2O+Na_2O 3.86%，烧失量4.9%。

矿床未开发。

五、陶瓷用粘土

陶瓷用粘土是构成其坯泥成型主体结构、提供良好可塑性、烧结性及化学稳定性，使产品致密、坚硬的基础。矿石是一种以高岭石、埃洛石等粘土矿物为主形成的粘土矿，包括高岭土、瓷土、瓷石、陶土等，成因类型有风化残坡积型、风化淋滤型、风化淋滤堆积型及沉积型。

（一）高岭土

高岭土是一种以高岭石族粘土矿物为主，名称来源于江西景德镇高岭村用于制瓷的白色粘土。高岭土良好的可塑性、泥浆粘度、离子交换量、成型性能、干燥性能、烧成性、白度、亮度等，被广泛用于陶瓷、造纸、橡胶、塑料、耐火材料等化工、农药、医药、纺织、石油、建材、国防等部门，在国民经济和国防建设中占有的重要地位的矿产。根据DZ/T 0206—2002，质量要求见表8-35。

表8-35　高岭土矿一般质量要求

矿石类型		原矿淘洗精矿	化学成分/%			淘洗率/%
			Al_2O_3	$Fe_2O_3+TiO_2$	其中 TiO_2	
高岭土	硬质	沉积型原矿	>30	<2	<0.6	
		热液蚀变型原矿	>18	<2	<0.6	
	软质	原　矿	>24	<2	<0.6	
	砂质	原　矿	>14	<2	<0.6	
		-325目水筛	>24	<2.5	<0.7	>15

1. 资源概况

云南高岭土矿以风化残坡积型砂质高岭土为主，主要分布于盈江-腾冲-龙陵、临沧、景洪-勐海、个旧、峨山-易门、元谋、剑川-鹤庆、永平等地，以临沧最为集中，成矿母岩主要为燕山期、喜马拉雅期花岗岩、伟晶岩脉。次为沉积型高岭土和风化淋滤堆积型高岭土。沉积型高岭土主要分布于山间盆地内，规模较小。风化淋滤堆积型高岭土，主要由长石砂岩、长石石英砂岩、富含高岭石粘土岩、富含基性斜长石玄武岩经风化淋滤富集形成，特点是质优量小，多属“鸡窝矿”。

云南高岭土地质工作最早始于1945年，由当时资源委员会西南矿产勘测处开展的曲靖市地质矿产预查。全省已发现矿床（点）130余个，主要矿产地42个（表8-36，图8-7）。累计探获资源量 5013.06×10^4 t。

表8-36　云南省高岭土矿主要矿产地

编号	州（市）	矿产地名称	规模	矿床类型	成矿时代	工作程度	资源储量 10^4 t	开发利用情况
1	昆明市	安宁市六街高岭土矿	中型	风化残积型	中生代	普查	218	已枯竭
2	曲靖市	宣威市杨梅山高岭土矿	中型	淋滤堆积型	二叠纪	普查	230	已开发
3		宣威市西泽高岭土矿	小型	淋滤堆积型	二叠纪	普查	57	已开发
4		陆良县下庄子高岭土矿	小型	湖盆沉积型	新近纪	普查	36	已开发
5	玉溪市	易门县大黑山高岭土矿	中型	风化残积型	中生代	详查	248.77	已开发
6		峨山县小棚租高岭土矿	小型	风化淋滤型	震旦纪	普查	50.22	已开发
7		峨山县雨他斗高岭土矿	小型	风化淋滤型	元古代	详查	3.14	已开发
8		元江县水龙高岭土矿	小型	风化残积型	中生代	预查	7	未开发
9		元江县垤霞高岭土矿	小型	风化残积型	中生代	预查	10	未开发
10		元江县因远高岭土矿	大型	湖盆沉积型	第四纪	普查	593.29	未开发

续表

编号	州（市）	矿产地名称	规模	矿床类型	成矿时代	工作程度	资源储量 10^4 t	开发利用情况
11	保山市	腾冲市沙坡高岭土矿	小型	风化淋滤型	新近纪	普查	24.23	已开发
12		龙陵县黄草坝高岭土矿	小型	风化残积型	中生代	普查	81.74	未开发
13		龙陵县大坝高岭土矿	小型	风化残积型	中生代	普查	26.37	未开发
14		龙陵县东门高岭土矿	小型	风化残积型	中生代	预查	5.07	未开发
15	昭通市	镇雄县大湾子高岭土矿	小型	淋滤堆积型	二叠纪	预查	9.5	未开发
16		镇雄县雨河石高岭土矿	小型	淋滤堆积型	二叠纪	普查	11.8	未开发
17	临沧市	临翔区斗阁高岭土矿	小型	风化残积型	中生代	普查	58	已开发
18		临翔区坝尾高岭土矿	小型	风化残积型	中生代	普查	69	已开发
19		临翔区大山高岭土矿	小型	风化残积型	中生代	普查	40	已开发
20		临翔区永泉高岭土矿	中型	风化残积型	中生代	勘探	105.68	已开发
21		临翔区博尚高岭土矿	大型	湖盆沉积型	新近纪	普查	1018.51	已开发
22		临翔区细腊高岭土矿	小型	湖盆沉积型	新近纪	普查	67	已开发
23		临翔区大田河高岭土矿	小型	风化残积型	中生代	普查	89.54	已开发
24		双江县蒙化高岭土矿	小型	风化残积型	中生代	预查	45	未开发
25	德宏州	盈江县卡场高岭土矿	小型	风化残积型	中生代	预查	52	未开发
26		陇川县城街高岭土矿	小型	湖盆沉积型	新近纪	预查	13	未开发
27		陇川县章凤街高岭土矿	小型	湖盆沉积型	新近纪	预查	17	未开发
28		陇川县东摩高岭土矿	小型	湖盆沉积型	新近纪	普查	21	未开发
29	大理州	永平县卓潘高岭土矿	大型	风化残积型	喜山期	勘探	686.92	已开发
30		鹤庆县太平高岭土矿	中型	风化残积型	中生代	普查	153.24	已开发
31		鹤庆县东山坡高岭土矿	小型	风化残积型	中生代	普查	8.7	已开发
32		鹤庆县七坪高岭土矿	小型	风化残积型	中生代	普查	12	已开发
33	楚雄州	禄丰县高岭土矿	小型	湖盆沉积型	新近纪	普查	9	未开发
34	红河州	蒙自市白砂坡高岭土矿	小型	风化残积型	中生代	详查	33.6	已开发
35		个旧市牛屎坡高岭土矿	小型	风化残积型	中生代	详查	24.8	已开发
36		个旧市白沙冲高岭土矿	小型	风化残积型	中生代	预查	24	已开发
37		个旧市白马寨高岭土矿	小型	风化残积型	中生代	预查	29	已开发
38	文山州	麻栗坡戈尖高岭土矿	小型	风化淋滤型	中生代	勘探	94.1	已开发
39		麻栗坡茅草坪高岭土矿	小型	风化淋滤型	中生代	勘探	99.46	已开发
40		丘北县龙戛高岭土矿	小型	风化淋滤型	二叠纪	普查	13	已开发
41		丘北县大嘎勒高岭土矿	小型	湖盆沉积型	第四纪	普查	8	已开发
42	西双版纳州	景洪市勐宁高岭土矿	中型	风化残积型	中生代	普查	170.28	已开发

2. 矿床实例

（1）风化残积型矿床

典型矿床为永平县卓潘高岭土矿，位于永平县卓潘乡境内，地质工作程度为勘探。累计探明资源储量 686.92×10^4 t。已开发。

矿体位于卓潘碱性杂岩体西南边缘石英正长岩风化带内，由叶家村、周鲁庄 2 个矿体组成。叶家村矿体长 1700 m，宽 80~400 m，平均厚度 35 m。周鲁庄矿体长 300 m，宽 50~150 m。矿石由高岭土化石英正长岩、砂质高岭土、杂色高岭土组成（表 8-37）。

表 8-37 矿石矿物、化学成分特征

矿石类型		高岭土化石英正长岩	砂质高岭土	杂色高岭土
矿物成分		正长石、高岭石、斜长石、石英及少量黑云母、绿泥石、铁质	高岭石、石英	长石、石英碎屑及长英质团块高岭土
矿石平均化学成分/%	SiO_2	72.66	65.78	69.28
	Al_2O_3	16.88	21.07	17.39
	Fe_2O_3	0.66	0.85	1.29
	TiO_2	0.30	0.30	0.53
原矿白度		58.95	64.24	

（2）风化淋滤堆积型矿床

典型矿床为宣威市杨梅山高岭土矿，位于宣威市田坝镇龙家办事处境内，地质工作程度为普查。累计探获资源储量 230×10^4 t。已开发。

矿体赋存于下二叠统茅口组顶部剥蚀面之溶蚀洼地、溶洞及溶沟中，单个矿体呈漏斗状、似层状、团块状、透镜状产出。矿带在平面上呈“7”字型带分布，北段南北延伸长 1400 km，宽 300~660 m；南段东西延伸长 1100 m，宽 200~250 m。矿体剖面由下至上分别为灰岩（底板）→含方沸石铝土矿→含高岭土铝土矿→粘土质铝土矿→含铝土质高岭土→块状高岭土→角砾状污染高岭土。矿石由角砾状污染高岭土、块状高岭土、含铝土质高岭土组成。

（3）沉积型矿床

典型矿床为临沧市临翔区博尚高岭土矿，位于临翔区博尚镇境内，为博大公司自用矿山，已开采。地质工作程度为普查。累计探获资源储量 1018.51×10^4 t。

矿体赋存于新近系，由 4 个层状、似层状、透镜状矿体组成。延伸长>800 m，宽>400 m。单个矿体控制厚 11.07~33.40 m。矿石由土状高岭土、砂质高岭土组成。

（4）风化淋滤型矿床

典型矿床为腾冲市沙坡高岭土矿，位于腾冲市清水乡沙坡村境内，地质工作程度为普查。累计探获资源储量 259.69×10^4 t。已开发。

矿体赋存于新近系，由 5 个似层状、透镜状、饼状矿体组成。矿体出露面积 0.243 km^2。矿物主要为高岭石，次为石英、长石，微量伊利石、地开石等。矿石化学成分 SiO_2 75.09%~78.21%，Al_2O_3 14.00%~16.79%，Fe_2O_3 0.14%~0.50%，TiO_2 0.14%~0.26%。自然白度 78.89~85.51。

（二）陶土、瓷土、瓷石

陶土是由高岭石、水白云母、蒙脱石、石英、长石等矿物成分组成的含砂质粘土和粘土，具吸水性和吸附性，加水后有可塑性，可用于陶器制造，成因类型有风化残坡积型、沉积型。瓷土是由含云母和长石的岩石经风化蚀变形成的含长石、石英、铁矿等矿物的粘土，大多带白色丝绢状光泽，成因类型有风化残坡积型、风化淋滤型。瓷石是由石英、绢云母、长石、高岭石等组成，可用于瓷器制作的硅酸盐岩类石质原料，外观致密块状，白、淡绿色，成因类型主要为风化残积型。陶土、瓷土、瓷石质量要求见表 8-38。

云南瓷土、陶土、瓷石资源较丰富，以风化淋滤型、风化残积型为主，次为沉积型，瓷石资源较少。资源整体表现为矿床（点）较多、规模较小。质量上表现为风化淋滤型、风化残积型质较优，沉积型因含杂质质稍差。由于地质工作关注不够，勘查程度普遍低。全省已发现矿床（点）近百个，主要矿产地（表 8-39，图 8-9）33 个。累计探获资源量 3895.75×10^4 t。

另外，作为新型节能陶瓷原料——绢英岩，云南也有较大的资源潜力，目前还未开发。

表 8-38　陶土、瓷土、瓷石矿一般质量要求

项目		Al_2O_3 / %	$Fe_2O_3+TiO_2$ / %	SiO_2 / %	塑性指数	SO_3 / %	用途
瓷石、瓷土		≥13	<1		K_2O+Na_2O 3~6 $K_2O>Na_2O$		高级瓷或普通陶瓷（含卫生瓷）配料
高可塑性瓷土	Ⅰ级	>30	<2		>20		高级卫生陶瓷配料
	Ⅱ级		2~3				一般卫生及日用陶瓷配料
一般塑性瓷土	Ⅰ级	≥20	<1.5		>12		高级卫生及日用陶瓷配料
	Ⅱ级		1.5~2				一般卫生及日用陶瓷配料
项目		Al_2O_3 / %	$Fe_2O_3+TiO_2$ / %	SiO_2 / %	塑性指数	SO_3 / %	用途
硬质、半硬质瓷土	Ⅰ级	>25	<1				建筑卫生及日用陶瓷配料
	Ⅱ级	18~25					
一般陶瓷坯料用瓷土		18~20	<0.7	<70	8±	烧失量 6~7	$CaO+MgO+K_2O+Na_2O$ 3~7
陶土类型		Al_2O_3		Fe_2O_3	加工要求		
陶瓷粘土	Ⅰ级	边界品位≥18 工业品位≥20		≤1.5	矿石分为：粗碎（<40~50 mm）、中碎（<0.5 mm）、细碎（<0.06 mm）、超细磨（<0.02 mm），细碎后 250 目筛余物<0.5%~1%		
	Ⅱ级			≤2.5			
	Ⅲ级			≤3.5			
日用陶土		≥18		≤8			
日用紫砂		≥18		≤13			

（三）开发利用

云南陶瓷用粘土矿应用历史较长。4000 年前，就出现了制陶。唐宋烧制的青瓷、元明烧制的青花名扬中外。建水紫陶被列入中国“四大名陶”，并与华宁釉陶、尼西黑陶、西双版纳彩陶一起纳入国家级非物质文化遗产。

云南已形成年产建筑陶瓷砖近 5000×10^4 m^2，卫生陶瓷制品近 30×10^4 件，以及高低压电瓷、电子陶瓷等较完整陶瓷工业体系。全省高岭土原矿处理能力已达 200×10^4 t，能生产满足精细陶瓷、造纸、沸石分子筛及橡胶、塑料、涂料、化装品填料等需求的产品。全省年消耗高岭土及陶土、瓷土、瓷石资源约 300×10^4 t，仅建水紫陶年消耗陶土约 20×10^4 t。

表 8-39　陶土、瓷土、瓷石矿主要矿产地

编号	州（市）	矿产地名称	规模	矿床类型	成矿时代	工作程度	资源储量 10^4 t	开发利用情况
1	昆明市	昆明市小普吉陶土矿	中型	湖盆沉积型	新近纪	详查	134.64	已停采
2	曲靖市	麒麟区三岔村瓷土矿	小型	风化淋滤型	二叠纪	预查	12.6	未开发
3		麒麟区桂家屯瓷土矿	小型	风化淋滤型	二叠纪	预查	11.3	未开发
4		宣威市王家村瓷土矿	小型	风化淋滤型	二叠纪	预查	52.8	未开发
5		宣威市房家村瓷土矿	小型	风化淋滤型	二叠纪	预查	127.6	未开发
6		宣威市梨材坡瓷土矿	小型	风化淋滤型	二叠纪	预查	26.5	未开发
7		宣威白沙梁子瓷土矿	中型	风化淋滤型	二叠纪	普查	114.6	已开发
8		宣威市红土坡瓷土矿	小型	风化淋滤型	二叠纪	预查	83.7	未开发
9		宣威市亮子口瓷土矿	小型	风化淋滤型	二叠纪	预查	37.7	未开发
10		宣威市赵村瓷土矿	小型	风化淋滤型	二叠纪	预查	21.4	未开发

续表

编号	州（市）	矿产地名称	规模	矿床类型	成矿时代	工作程度	资源储量 10^4 t	开发利用情况
11	曲靖市	马龙区李子沟瓷土矿	小型	风化淋滤型	二叠纪	预查	53.7	未开发
12		沾益区老虎洞陶土矿	小型	湖盆沉积型	第四纪	预查	13.4	未开发
13		富源县凉水井陶土矿	小型	湖盆沉积型	新近纪	预查	27.6	未开发
14		会泽县大坪子陶土矿	小型	沉积型	新近纪	预查	15.3	未开发
15		会泽县桃树湾瓷土矿	中型	风化淋滤型	寒武纪	预查	103.6	未开发
16		会泽县华泥村瓷土矿	小型	淋滤堆积型	二叠纪	普查	5.8	已停采
17	玉溪市	易门县大黑山瓷石矿	大型	风化残积型	中生代	详查	517.14	已开发
18		易门县青龙村瓷土矿	中型	沉积型	第四纪	普查	171.65	已开发
19		峨山县橄榄甸瓷土矿	小型	风化淋滤型	元古代	预查	14.7	未开发
20	昭通市	镇雄县两路口瓷土矿	小型	淋滤堆积型	二叠纪	预查	3.3	未开发
21		镇雄县牛场坝瓷土矿	小型	淋滤堆积型	二叠纪	预查	5.8	未开发
22		镇雄县牛官场瓷土矿	小型	淋滤堆积型	二叠纪	预查	7.6	未开发
23		镇雄县泼机瓷土矿	小型	淋滤堆积型	二叠纪	预查	5.4	已开发
24	丽江市	永胜县大厂瓷土矿	中型	风化淋滤型	侏罗纪	普查	237.8	已枯竭
25		华坪县关家湾陶土矿	中型	沉积型	新近纪	详查	183.36	未开发
26	临沧市	临翔区青华瓷土矿	小型	沉积型	新近纪	普查	16.8	已开发
27		澜沧县勐朗陶土矿	小型	沉积型	新近纪	普查	48.76	未开发
28	大理州	弥渡县白羊厩瓷土矿	小型	沉积型	第四纪	预查	16.4	已开发
29		弥渡县碗偏箐瓷石矿	小型	风化残积型	侏罗纪	预查	28.7	已开发
30		永平县羊村瓷土矿	中型	沉积型	第四纪	预查	420	未开发
31		巍山县白土瓷土矿	小型	沉积型	第四纪	预查	1200	已开发
32	红河州	建水县团坡山瓷土矿	小型	沉积型	新近纪	普查	72.1	已开发
33		建水县望城坡陶土矿	小型	沉积型	新近纪	普查	156.8	已开发

六、膨润土

膨润土是以蒙脱石为主的粘土矿，具良好的粘结性、膨胀性、吸附性、可塑性、分散性、润滑性、阳离子交换性等，被称为“万能粘土矿”。膨润土被广泛用于生产铸造型砂粘结剂、快干涂料、铁矿球团粘结剂、钻井泥浆、涂料、食用油脱色脱脂、石化工业、炼油催化剂及脱色剂、废油再生剂、动物饲料、农药、农肥、植树造林、大坝防渗墙体材料、建筑地基灌浆材料、装饰板材、泡沫绝热材料、隔音隔墙板材、各类面砖及地砖、陶瓷釉料、纺织及丝绸印染、日化产品、食品澄清过滤剂、医药用品、污水处理等。成因类型有火山-沉积型、沉积型（浅海相、内陆湖相）、风化淋滤（残积）型及热液型。矿石类型有钙基膨润土，钠基膨润土。天然膨润土主要为钙基膨润土。根据DZ/T 0206—2002 质量要求：边界品位蒙脱石≥40%，工业品位蒙脱石≥50%。

（一）资源概况

云南膨润土矿的勘查工作始于 20 世纪 80 年代初，成因类型主要为有火山-沉积型、海相（潮坪、潟湖相）沉积型和风化淋滤（残积）型。海相沉积型主要赋存于滇东罗平县、宣威市、滇中南盘江一带（潟湖相）及滇东北永善县、绥江县、盐津县（湖坪相）等中三叠世地层中，火山-沉积型主要赋存于滇西鹤庆县、宾川县等中三叠世地层中。风化淋滤（残积）型主要集中于滇南砚山县城以南地区，古近纪火山集块岩中。总体地质工作程度低。全省已发现矿床（点）约50余个，主要矿产地27个（表8-40，图8-9）。

表8-40　云南省膨润土主要矿产地

编号	州（市）	矿产地名称	规模	矿床类型	成矿时代	工作程度	资源储量 10^4 t	开发利用情况
1	曲靖市	宣威市磨嘎膨润土矿	小型	海相沉积型	中三叠世	预查	100	未开发
2		宣威市密德膨润土矿	小型	海相沉积型	中三叠世	预查	5	已开发
3		宣威市白泥洼膨润土矿	小型	海相沉积型	中三叠世	预查	20	已开发
4		宣威市硕德膨润土矿	中型	海相沉积型	中三叠世	普查	1614.8	未开发
5		罗平县夜马山膨润土矿	矿点	海相沉积型	中三叠世	预查		未开发
6		罗平县板桥膨润土矿	矿点	海相沉积型	中三叠世	预查		未开发
7		罗平县牛补歹膨润土矿	矿点	海相沉积型	中三叠世	预查		未开发
8		罗平县德米膨润土矿	矿点	海相沉积型	中三叠世	预查		未开发
9		罗平县补衣膨润土矿	矿点	海相沉积型	中三叠世	预查		未开发
10		罗平县拖黑膨润土矿	矿点	海相沉积型	中三叠世	预查		未开发
11		罗平县鲁孔膨润土矿	矿点	海相沉积型	中三叠世	预查		未开发
12	昭通市	盐津县艾田膨润土矿	矿点	海相沉积型	中三叠世	预查		未开发
13		盐津县麻柳膨润土矿	矿点	海相沉积型	中三叠世	预查		未开发
14		盐津县银槽子膨润土矿	矿点	海相沉积型	中三叠世	预查		未开发
15		绥江县正沟膨润土矿	矿点	海相沉积型	中三叠世	预查		已枯竭
16		绥江县明子山膨润土矿	矿点	海相沉积型	中三叠世	预查		已枯竭
17		绥江县大兰池膨润土矿	矿点	海相沉积型	中三叠世	预查		已枯竭
18		绥江县乌龟宝膨润土矿	矿点	海相沉积型	中三叠世	预查		已枯竭
19	大理州	鹤庆县炭窑膨润土矿	矿点	火山-沉积型	中三叠世	普查		已开发
20		鹤庆县西邑膨润土矿	小型	火山-沉积型	中三叠世	普查		已开发
21		鹤庆县松桂膨润土矿	小型	火山-沉积型	中三叠世	普查		已开发
22	文山州	砚山县新民膨润土矿	小型	风化淋滤型	古近纪	普查	10.02	已开发
23		砚山县卢柴冲膨润土矿	小型	风化淋滤型	古近纪	普查	1300	已开发
24		砚山县狮子山膨润土矿	小型	风化淋滤型	古近纪	普查		已开发
25		砚山县布革膨润土矿	小型	风化淋滤型	古近纪	普查		已开发
26		砚山县凤凰山膨润土矿	小型	风化淋滤型	古近纪	普查		已开发
27		砚山县子马膨润土矿	小型	风化淋滤型	古近纪	普查		已开发

云南膨润土矿开发起始于20世纪80年代中期，先后有国家建材局地质公司云南勘探大队、云南省建材科研设计院、云南地质科学研究所、昆明硅藻土应用研究所、云南省轻工研究所及昆明理工大学等科研院校及专家学者，对砚山县膨润土矿、鹤庆县膨润土矿、宣威市羊街膨润土矿的开发应用进行了较全面的研究，积累了一大批科研成果。全省已开发的产品有锂基膨润土、钠基膨润土、铁矿球团用膨润土、铸造用膨润土、复合肥用膨润土、陶瓷（瓷砖）用膨润土、造纸用膨润土、活性白土、蒙脱石散等，年消耗资源量约100×10^4 t。

（二）矿床实例

典型矿床为砚山县新民膨润土矿，位于砚山盆地南东部，地质工作程度为普查。探获资源储量10.02×10^4 t。已开发。

矿体赋存于砚山盆地新近系流纹岩、流纹集块岩、流纹凝灰岩中，主要由玻璃质流纹岩、流纹凝灰岩经风化淋滤蚀变形成，与沸石共生。矿床由 18 个延伸长 15~240 m，厚约 1.5 m，似层状、透镜状矿体组成。矿石有膨润土、次膨润土、皂石膨润土。膨润土具鳞片状结构，局部有氧化云母线或石英、长石砂粒及粘土透长石斑晶。次膨润土具细斑状结构，斑晶为肉红、粉红色粘土化透长石。皂石膨润土块土状强蜡状光泽，微粒-鳞片状结构。

第六节 其他工业岩石

其他工业岩石包括：硅藻土、铸石原料、凝灰岩、霞石正长岩。

一、硅藻土

硅藻土是一种十分重要的非金属矿产，由硅藻尸骸所构成的特殊蛋白石质微多孔结构，显示出质轻、多孔、高强、耐磨、绝缘、绝热、吸附、填充等一系列特殊性能和良好的化学稳定性能，被广泛应用于冶金、化工、电力、农业、化肥、建材、保温制品、塑料、橡胶、陶瓷、造纸等工业。质量要求见表 8-41。

表 8-41 硅藻土矿一般质量要求

品级	化学成分/%				
	SiO_2	Fe_2O_3	Al_2O_3	CaO	烧减量
Ⅰ级	≥85	≤2.5	≤6	≤1.0	≤5.5
Ⅱ级	≥80	≤3.5	≤8	≤1.2	≤7
Ⅲ级	≥60	≤7	≤12	≤1.5	≤19

（一）资源概况

云南为全国三大硅藻土资源大省之一，硅藻土资源丰富。省内除腾冲、临沧、寻甸三大资源盆地外，沧源、昌宁、宾川、洱源、鹤庆、维西、华宁、峨山、昭通的古近系、新近系盆地中也有赋存，资源潜力$>20\times10^8$ t。成因类型均属陆相淡水湖泊型，成矿时代主要为古近纪、新近纪。

云南硅藻土矿地质勘查工作，始于 20 世纪 70 年代初由中国建筑材料工业地质勘查中心云南总队开展的临翔区硅藻土普查。全省已发现硅藻土矿床（点）50 余个，主要矿产地 17 个（表 8-42，图 8-9）。累计探获资源储量 4.40×10^8 t。

表 8-42 云南省硅藻土主要矿产地

编号	州（市）	矿产地名称	规模	矿床类型	成矿时代	工作程度	资源储量 10^4 t	开发利用情况
1	昆明市	寻甸县先锋硅藻土矿	大型	沉积型	新近纪	详查	7759.60	已开发
2		寻甸县松树地硅藻土矿	大型	沉积型	新近纪	详查	12032.92	已开发
3	玉溪市	峨山县龙马槽硅藻土矿	小型	沉积型	新近纪	普查	122.13	已开发
4	保山市	腾冲市蛮帕硅藻土矿	中型	沉积型	新近纪	勘探	472.5	已开发
5		腾冲市团田硅藻土矿	大型	沉积型	新近纪	详查	115.11	已开发
6		腾冲市弄岭硅藻土矿	大型	沉积型	新近纪	普查	99.5	已开发
7		腾冲市瑞滇硅藻土矿	大型	沉积型	第四纪	普查	60.7	未开发
8		腾冲市界头硅藻土矿	大型	沉积型	新近纪	普查	185.85	未开发
9		昌宁县芒尾硅藻土矿	小型	沉积型	新近纪	普查	159.81	未开发
10		昌宁县卡斯凹硅藻土矿	大型	沉积型	新近纪	普查	9956.80	未开发

续表

编号	州（市）	矿产地名称	规模	矿床类型	成矿时代	工作程度	资源储量 10^4 t	开发利用情况
11	临沧市	临翔区博尚硅藻土矿	矿点	沉积型	新近纪	普查	1143	未开发
12		临翔区勐托硅藻土矿	矿点	沉积型	新近纪	普查	2610.72	未开发
13		双江县芒孝硅藻土矿	矿点	沉积型	新近纪	普查	4955.98	未开发
14	德宏州	梁河县芒东硅藻土矿	矿点	沉积型	新近纪	普查	23.48	未开发
15	大理州	宾川县白土坎硅藻土矿	矿点	沉积型	新近纪	普查	2842	未开发
16		宾川县团瓢硅藻土矿	中型	沉积型	新近纪	普查	804.73	未开发
17		洱源县风羽硅藻土矿	矿点	沉积型	第四纪	普查	700	未开发

（二）典型矿床

典型矿床为昌宁卡斯凹硅藻土矿，位于昌宁县卡斯凹镇境内，地质工作程度为普查。累计探获资源储量 9956.80×10^4 t。未开发。

矿体赋存于卡斯凹山间盆地新近系中部，由南、北 2 个矿段组成，南矿段延伸长约 1200 m，宽约 320~930 m，控制厚 65.00~143.00 m。北矿段延伸长约 1400 m，宽约 150~1000 m，控制厚36.90~85.00 m。矿石由硅藻土、泥质硅藻土及硅藻泥岩组成。硅藻种属单一，小环藻>90%。

1）硅藻土（硅藻占量 60%~70%），干燥后部分可浮于水面。矿物为蛋白石（60%~70%）、高岭石（20%~25%）、水云母（10%~15%），有少量白云石、石英、铁质。矿石平均化学成分 SiO_2 62.35%，Fe_2O_3 8.03%，Al_2O_3 14.79%，CaO 0.69%，MgO 1.48%，SO_3 0.39%，烧失量 8.73%。矿石平均比表面积 34.4 m^2/g，堆密度 0.80 g/cm^3，吸水率 28.00%，体重 1.38 g/cm^3，原矿白度 40.0°，煅烧白度 40.9°，塑性指数 17.17，热蚀率 11.86%，酸蚀率 3.12%，碱蚀率 0.21%。

2）泥质硅藻土（硅藻占量 50%~60%）。矿物为蛋白石（50%~60%）、高岭石（20%~25%），水云母（15%~20%），白云石（4%~8%），石英（2%~3%），有少量铁质、绿泥石。矿石平均化学成分 SiO_2 57.74%，Fe_2O_3 8.66%，Al_2O_3 16.28%，CaO 1.06%，MgO 1.79%，SO_3 0.38%，烧失量 9.58%。矿石平均比表面积 34.12 m^2/g，堆密度 0.98 g/cm^3，吸水率 23.57%，体重 1.60 g/cm^3，原矿白度 35.6°，煅烧白度 36.85°，塑性指数 17.88，酸蚀率 4.78%，碱蚀率 0.035%。

3）硅藻质泥岩（硅藻占量 30%~45%）。矿物为水云母、高岭石、蛋白石，有少量白云石、石英及铁质。矿石平均化学成分 SiO_2 53.18%，Fe_2O_3 8.96%，Al_2O_3 17.63%，CaO 1.46%，MgO 2.00%，SO_3 0.53%，烧失量 11.54%。矿石平均比表面积 31.82 m^2/g，堆密度 1.05 g/cm^3，吸水率 26.00%，小体重 1.76 g/cm^3，塑性指数 18.10%，热蚀率 13.95%，酸蚀率 4.44%~8.23%，碱蚀率0.03%~0.11%。

（三）开发利用

云南硅藻土开发始于 20 世纪 70 年代初，当时腾冲市观音堂一带村民农闲时将地里的硅藻土挖至腾冲市耐火材料厂出售。从 20 世纪 80 年代初，随着寻甸县硅藻土的发现，云南硅藻土开发进入高潮。在云南省建材局、云南省煤炭厅的积极推动下，20 世纪 80 年代中期，云南已形成从科研到生产较完整工业体系。新产品不断开发，生产规模逐步扩大。20 世纪 80 年末期，云南已开发出硅藻土物理提纯技术（专利）、助滤剂系列产品（获国家级优质产品金奖）、喷灌混凝土轻质填料（替代进口产品）、植物生长激素、化工催化剂载体、白炭黑、污水处理剂、轻质高强保温材料、水泥混合材、磨料、冰箱除臭剂、饲料添加剂、硅藻土瓷盒、航播种籽包裹剂及高等公路路面沥青改性剂等。产品远销四川、贵州、广西、甘肃、辽宁等，成为当时全国硅藻土应用开发先进省份之一。全省有硅藻土制品生产企业 10 余家，产量约 10×10^4 t，消耗硅藻土矿 35×10^4 t（照片 8-32、8-33）。

照片 8-32　硅藻土
（慧聪网 https://b2b.hc360.com/viewpics/supplyself-pics/337853551.html）

照片 8-33　硅藻土的微孔结构
（中国粉体技术网 http://www.cnpowdertech.com/2014/isizt0717/7659.html）

二、粉石英

粉石英又名硅土，由硅质岩、石英岩、硅质碳酸盐岩等经风化淋滤后，形成由 10~30 μm 级石英组成的粉状、土状、易碎块状残留体。由于粉石英具吸油率低、不亲水、混合粘度、塑性差、耐酸碱等物理特性，被广泛应用于陶瓷、玻纤、橡胶、耐火材料、保温材料和绝缘材料等领域。

（一）资源概况

云南的粉石英矿勘查投入地质工作较少。目前，全省仅发现 2 个矿点，初步估算远景资源量 410 $\times10^4$ t（表 8-43，图 8-7）。

表 8-43　云南省粉石英主要矿产地

编号	州（市）	矿产地名称	规模	矿床类型	成矿时代	工作程度	资源储量 10^4 t	开发利用情况
1	曲靖市	会泽县袁家村粉石英矿	小型	风化残积型	震旦纪	预查	10	未开发
2	文山州	广南县曙光粉石英矿	中型	风化残积型	泥盆纪	预查	400	未开发

从云南成矿条件分析，除目前已发现的震旦纪、泥盆纪 2 个成矿时代外，滇南二叠系、三叠系也有很好勘查潜力。

（二）矿床实例

典型矿床为广南县曙光粉石英矿，位于广南县曙光乡境内，地质工作程度为预查，估算远景资源量 400×10^4 t。未开发。

矿体赋存于泥盆系，原岩为一套杂色薄层条带状硅质岩，风化后形成白色粉石英矿层。矿体延伸长>700 m，厚 70~80 m。矿石为白色粉石英，外观似土状，手捻无砂粒感。矿物成分主要为 α-石英，呈单体、集合体 2 种形式。矿石化学成分 SiO_2 90.52%~95.04%，Al_2O_3 1.61%~5.69%，Fe_2O_3 0.12%~0.49%，CaO 0.18%~0.65%，MgO 0.02%~0.47%，K_2O 0.03%~0.38%，Na_2O 0.01%~0.09%，Ls 0.58%~1.80%，TiO_2 0.04%~0.38%，P_2O_5 0.014%~0.025%，MnO<0.004%，SO_3 0.003%~0.004%，pH7.65。矿石松散容重 1.41 g/cm³，堆密度 2.45 g/cm³，比重 2.65 g/cm³，湿度 0.25%，自然粒度中<200 目（0.074 mm）的占 79.09%，吸油值 14.66%，白度 89.20%。

三、铸石原料

铸石是一种以玄武岩、辉绿岩为主要原料，经人工熔化后浇铸而成的人造石材。产品包括铸石板、铸石管、铸石粉及玄武岩纤维。由于其优质的硬度、强度，绝缘、耐酸碱、耐磨性及绿色环保特点，被广泛应用于电力、煤炭、矿山、冶金、化工、建筑等部门的严重磨损、腐蚀部位。玄武岩铸石及纤维，被称为21世纪无污染的“绿色工业材料和新材料”。质量要求见表8-44。

云南铸石用玄武岩、辉绿岩主要成矿时代为晚古生代，潜在资源丰富。地质勘查工作始于1968年，由建材部地质公司三〇一队开展的昆明地区铸石原料普查（预查），1973年完成普查选点，1974年完成昆明普吉大象山铸石原料详查，探获资源储量18.56×10^4 t。1976年开展过滇东地区铸石原料普查（预查）。1974年所探获大象山铸石原料资源储量，是云南唯一探获的铸石用玄武岩资源储量。

表8-44　铸石原料矿一般质量要求

项目	SiO_2	Al_2O_3+TiO_2	Fe_2O_3+FeO	CaO	MgO	K_2O+Na_2O
含量/%	45~51	15~20	12~17	9~11	4~7	≤3

注：原料必须是均质的细粒未风化原岩，不含捕虏体和>2 mm的橄榄石、辉石斑晶。

典型矿床为昆明普吉大象山铸石原料矿，位于昆明市五华区普吉镇境内。矿体赋存于二叠系峨眉山玄武岩，层状、似层状产出。延伸长241 m，宽45 m，厚35 m。矿石类型有微风化玄武岩、半风化玄武岩。

微风化玄武岩呈钢灰-灰黑色，斑状、似斑状结构，块状构造。矿石平均化学成分：SiO_2 48.55%，Al_2O_3 15.08%，Fe_2O_3 15.04%，CaO 5.28%，MgO 2.88%，FeO 2.81%。

半风化玄武岩呈钢灰-灰黑色，风化表面呈黄褐色，沿节理面有铁质物充填。矿石平均化学成分：SiO_2 47.26%，Al_2O_3 16.07%，Fe_2O_3 16.23%，CaO 3.85%，MgO 2.65%，FeO 2.45%。矿石耐酸、碱度>97%，熔点1200~1300℃，流动性好结晶能力强，是理想的铸石原料。

云南铸石厂自有矿山，1980年倒闭停采。

四、凝灰岩

凝灰岩是火山喷发产生的尘埃和晶屑堆积形成的一种天然矿产。独特的化学活性和稳定性，被广泛用于水泥混合材料、轻质混凝土骨料、耐酸制品、聚合物填料等。按GB/T 2847—2005及JG/T 315—2011，用于水泥混合材料、轻质混凝土骨料的凝灰岩矿，质量要求表8-45。

表8-45　水泥混合材料、轻质混凝土骨料用凝灰岩矿一般质量要求

用途	项目		要求
水泥混合材料	水泥胶砂28天抗压强度比		>65%
	三氧化硫		<3.5%
	放射性		符合B6566规定
混凝土骨料	细粒（45μm方孔筛筛余物）		<20%
	流动度比	磨细火山灰	>85%
		磨细玄武岩、安山岩、凝灰岩	>90%
混凝土骨料	流动度比	浮石粉	>65%
	28天活性指数		>65%
	烧失量		<8%
	三氧化硫		<3.5%
	氯离子含量		<0.06%
	含水量		<1%
	火山灰性		合格
	放射性		符合B6566规定
	碱含量		双方协商

（一）资源概况

云南凝灰岩矿成矿时代主要为二叠纪、三叠纪、新近纪及第四纪。具有时代越新，质量越好；岩性越偏酸性，质量越好的成矿特点。

二叠纪凝灰岩矿分布较广泛，多呈大小不等的透镜状、似层状产出于火山熔岩中。矿石类型以晶屑凝灰岩为主，规模小、质量较差，28 天抗压强度比一般为 45%~55%，且不稳定。

三叠纪凝灰岩矿主要分布在临沧市临翔区-云县-凤庆一带，产出特征与二叠纪凝灰岩矿相似。矿石类型有玻屑凝灰岩、晶屑凝灰岩，质量优于二叠纪凝灰岩，28 天抗压强度比一般为 55%~63%，接近水泥混合材料和混凝土骨料质量标准。

新近纪凝灰岩矿主要分布于砚山盆地，矿石类型主要为流纹熔凝灰岩。

第四纪凝灰岩矿主要分布于腾冲盆地，矿石类型主要为玻屑凝灰岩。少量分布于大理市凤仪，矿石类型主要为沉凝灰岩；矿石质量较优，28 天抗压强度比一般为 62%~75%。

云南凝灰岩矿地质勘查工作，始于 1970 年云南省建材 301 地质队开展的开远地区水泥混合材预查，1972 年完成开远县小白村凝灰岩矿详查。全省已发现凝灰岩矿矿床（点）70 余个，主要矿产地 35 个（表 8-46，图 8-5）。

表 8-46　云南省凝灰岩矿矿主要矿产地

编号	州（市）	矿产地名称	规模	矿床类型	成矿时代	工作程度	资源储量 10^4 t	开发利用情况
1	昆明市	五华区龙松阱凝灰岩矿	小型	火山沉积型	二叠纪	普查	17.6	未开发
2		五华区桃园村凝灰岩矿	矿点	火山沉积型	二叠纪	预查		未开发
3		西山区苏家村凝灰岩矿	小型	火山沉积型	二叠纪	详查	35.2	未开发
4	保山市	隆阳区平坡村凝灰岩矿	矿点	火山沉积型	三叠纪	预查		未开发
5		腾冲市江腾凝灰岩矿	矿点	火山沉积型	第四纪	预查		已开发
7		腾冲市老松坡凝灰岩矿	矿点	火山沉积型	第四纪	预查		已开发
8		腾冲市大坪子凝灰岩矿	矿点	火山沉积型	第四纪	预查		未开发
9		腾冲市核桃箐凝灰岩矿	矿点	火山沉积型	第四纪	预查		已开发
10	临沧市	永德县忙海凝灰岩矿	矿点	火山沉积型	三叠纪	预查		未开发
11		永德县孟撒坝凝灰岩矿	矿点	火山沉积型	三叠纪	预查		未开发
12		永德县大出水凝灰岩矿	矿点	火山沉积型	三叠纪	预查		未开发
13		永德县周家寨凝灰岩矿	矿点	火山沉积型	三叠纪	预查		未开发
14		临翔区夹山凝灰岩矿	矿点	火山沉积型	三叠纪	预查		未开发
15		临翔区蚂蚁堆凝灰岩矿	矿点	火山沉积型	三叠纪	预查		已开发
16		云县背阴寨凝灰岩矿	矿点	火山沉积型	三叠纪	预查		未开发
17		云县马鹿塘凝灰岩矿	矿点	火山沉积型	三叠纪	预查		已开发
21		云县忙怀凝灰岩矿	矿点	火山沉积型	三叠纪	预查		未开发
26	怒江州	泸水市笔峰山凝灰岩矿	矿点	火山沉积型	三叠纪	预查		未开发
27	迪庆州	维西县双麦地凝灰岩矿	矿点	火山沉积型	三叠纪	预查		未开发
28	大理州	大理市龙王庙凝灰岩矿	中型	湖相沉积型	第四纪	普查	238	已开发
29		云龙县仁德村凝灰岩矿	矿点	火山沉积型	石炭纪	预查		未开发
30		洱源县雪梨村凝灰岩矿	矿点	火山沉积型	二叠纪	预查		未开发
31		剑川县月亮村凝灰岩矿	矿点	火山沉积型	三叠纪	预查		未开发
32		剑川县双河村凝灰岩矿	矿点	火山沉积型	第三系	预查		未开发
33		剑川县文笔山凝灰岩矿	矿点	火山沉积型	二叠纪	预查		未开发
34		剑川县大山顶凝灰岩矿	矿点	火山沉积型	二叠纪	预查		未开发
35	红河州	开远市小白村凝灰岩矿	小型	火山沉积型	二叠纪	预查	122.7	已停采

（二）典型矿床

典型矿床为昆明市西山区苏家村凝灰岩矿，位于昆明市西山区马街镇境内，地质工作程度为详查。累计探获资源储量 35.2×10^4 t。未开发。

矿体赋存于二叠系峨眉山玄武岩，缓倾斜层状产出。延伸 700 m，宽 50～100 m，由一系列厚 3～12 m 的似层状、透镜状小矿体组成。矿石类型有晶屑凝灰岩、层凝灰岩、火山凝灰集块岩。矿石化学成分 SiO_2 25%～40%，CaO 15%。30 天石灰吸收值 25～45 mg/g，掺加 30%凝灰岩水泥胶砂强度比 20%～25%。只能作为普通水泥的混合材料使用。

（三）开发应用

云南凝灰岩作为活性材料的应用，始于 20 世纪 70 年代初的昆明水泥厂和开远水泥厂，年消耗矿石约 1×10^4～1.5×10^4 t。20 世纪 80 年代初期，由于国家鼓励利用工业废渣，全省大多水泥企业开始使用工业废渣作活性材料。20 世纪 80 年代末，全省凝灰岩的使用基本停止。

进入 21 世纪，由于工业废渣作为活性材料的应用领域不断扩大，由免费提供，变成了抢手资源。不仅成本增加，而且难以按需供货，加之现代开采、加工、破碎、细磨技术的不断提高，水泥企业又纷纷转入使用凝灰岩活性材料。同时，凝灰岩独特的化学活性和稳定性，也被大量用于混凝土，如云南曼湾电站、大朝山电站、梁河弄另电站等大坝混凝土均使用凝灰岩改善混凝土性能，提高大坝质量。其中：曼湾电站消耗凝灰岩 $>5\times10^4$ t，梁河弄另电站消耗凝灰岩约 3.6×10^4 t。

目前，凝灰岩正在进入巨大的建筑业市场，2006 年成立的龙陵江腾火山灰开发公司，已建成年产 30×10^4 t 凝灰岩超细微粉生产线，产品出口缅甸。新的凝灰岩开发热正在云南悄然兴起。

五、霞石正长岩

霞石正长岩作为一种新型节能原料，已被广泛取代长石，用于玻璃、陶瓷工业，生产橡胶、塑料的填料，放射性废物处理、制造矿棉、玻璃纤维等。用于玻璃、陶瓷原料用质量要求表 8-47。

表 8-47　玻璃、陶瓷用霞石正长岩矿一般质量要求

成分	化学成分/%				矿物成分/%			
项目	SiO_2	Al_2O_3	Fe_2O_3+FeO	K_2O+Na_2O	霞石	碱性长石	暗色矿物	难熔矿物
含量	≤65	≥23	<0.1	>14	20～40	55～70	<5～10	不含

云南霞石正长岩资源丰富，除个旧市白云山霞石正长岩、建水县长岗岭霞石正长岩外，还有永平县卓潘杂岩体霞石正长岩、禄丰县罗茨霓霞正长岩、金平县磨石沟、南板桥霓霞正长岩等。

个旧市白云山霞石正长岩由西南地质普查局地质研究所作为烧结铝原料进行过勘探评价，永平县卓潘杂岩体霞石正长岩由中国建筑材料工业地质勘查中心云南总队进行过代碱原料预查评价，禄丰县罗茨霓霞正长岩进行过玻璃用原料预查评价。云南的其他霞石正长岩未开展过地质勘查工作及应用开发。

云南作为长石资源缺乏的省份，工业用长石均靠从四川购进。峨眉山矿山关闭后，改由湖南购入。因此，加强云南霞石正长岩勘查开发，对提高云南工业产品市场竞争力具有极其重要的现实意义。

第九章　宝　玉　石

宝玉石是被切割、擦润、抛光的矿物、岩石、土化物体的统称，为收集、收藏、装饰之用。作为宝玉石的矿物、岩石，一般颜色鲜艳柔和，具有美丽的光泽和花纹，结构均匀，折光率强，硬度较大，化学成分稳定。人类从自古以来就有将宝玉石加工作为饰物的传统。宝玉石最珍贵之处是其完美的外表，也是其价值的体现。部分脆弱或质软的宝石可供收集或观赏，但不能佩戴，如许多博物馆珍藏的菱锰矿❶。

“玉出云南”道出了历史上云南在宝玉石生产、加工及贸易中的地位。云南省宝玉石矿产种类较多，但地质勘查程度总体较低。多数宝玉石矿床（点）未进行过规范的地质勘查，大多由民间发现后即进行开采，开采时断时续。

第一节　宝　　石

据国家标准《珠宝玉石名称》（GB/T 16552—2017），宝石有广义和狭义之分。广义的宝石包括天然宝石与人工宝石，指所有经过琢磨、雕刻后，可以成为首饰或工艺品的材料。狭义的宝石指自然界产出的，具有美观、耐久、稀少且可琢磨、雕刻成首饰或工艺品的矿物单晶体。本文仅介绍狭义的宝石。

云南省是宝石资源大省之一。全省已发现宝石有 22 种，主要包括红宝石、蓝宝石、祖母绿、海蓝宝石、碧玺、托帕石（黄玉）、石榴子石、水晶、锡石、绿帘石、金绿宝石、尖晶石、硅铁灰石、天河石、透明重晶石、冰州石等（见表 1-3）。发现的宝石中：碧玺、祖母绿、海蓝宝石在国内外享有盛誉，红宝石、锡石、托帕石（黄玉）、石榴子石具有一定优势，观赏矿物在矿物收藏界有一定影响。全省共发现矿点、矿化点 189 处。其中：矿点 125 处，矿化点 64 处（图 9-1）。

一、碧玺

碧玺又名碧茜、托玛琳，矿物名称为电气石，具石英等所拥有的压电效应。摩氏硬度为 7.0~7.5，折射率为 1.62~1.64，折射率差约 0.02。由于碧玺内部含有铜等元素，会呈现出自然而鲜艳的蓝绿色，即便是在自然光或无光源的环境中，也会散发出霓光色泽，这是碧玺最吸引人的特色之一。

（一）产地与成因

云南省的优质碧玺主要产于怒江州北部（福贡县、贡山县）的高黎贡山东坡，维西县、云龙县也有发现。全省共有矿点（矿化点）12 处（图 9-1，表 9-1）。

元阳县告封碑、元阳县鸡冠岩伟晶岩型电气石矿点中，伟晶岩带内见较多绿色电气石。电气石多呈针状集合体，大部分达不到宝石级别。

福贡县碧玺的颜色丰富多彩，有正浓绿、黄绿、黄、蓝、蓝绿、玫瑰红、粉红、无色等。同一晶体中，上半部分是红色，下半部分呈绿色（双白碧玺）。有的中间为粉红色，边部为黄绿-绿色。碧玺加工后，为不同档次的戒面。质量较差的碧玺，也可连同母岩一起，加工成摆件供观赏。较大的优质翠绿色碧玺晶体，长达 8 cm，直径 3 cm，重 200 g。

---

❶ 互动百科 http//www.baike.com/wiki/宝玉石。

图 9-1　云南宝石及部分玉石分布图

表 9-1　云南省主要碧玺矿产地

州（市）	矿产地名称	宝石类型	规模	矿床类型
怒江州	福贡县害咱碧玺石	碧玺	矿点	伟晶岩型
	福贡县腊土多碧玺石	碧玺	矿点	伟晶岩及砂矿
	福贡县巴基碧玺石	碧玺	矿点	锡石-电气石型
	福贡县哈古朵碧玺石	碧玺	矿化点	锡石-电气石型
	福贡县四迪公碧玺石	碧玺、托帕石（黄玉）	矿化点	伟晶岩型
	福贡县蛙底碧玺石	碧玺、托帕石（黄玉）	矿化点	伟晶岩型
	福贡县嘎瞎碧玺石	碧玺、托帕石（黄玉）	矿化点	伟晶岩型
	贡山县丹珠碧玺石	碧玺、绿柱石	矿点	伟晶岩型
	贡山县依玛落碧玺石	碧玺	矿点	伟晶岩型
	贡山县达达科碧玺石	碧玺、水晶	矿化点	伟晶岩型
迪庆州	维西县獐子口碧玺石	碧玺	矿点	伟晶岩型
大理州	云龙县漕涧镇铁厂	碧玺	矿化点	锡石硫化物型

碧玺主要产在高黎贡山变质带，成因与燕山期、喜马拉雅期酸性岩浆侵入有关。含矿母岩一般为花岗伟晶岩，岩脉有成群成带分布之特点。有价值的碧玺主要产于花岗伟晶岩晶洞中，均匀分布于伟晶岩中之碧玺，一般难于达到宝石级别。

（二）矿床特征

云南省的主要碧玺矿床为：贡山县丹珠碧玺矿床、福贡县害咱碧玺矿床、福贡县腊土多碧玺矿点。矿床成因均属伟晶岩型。

1. 贡山县丹珠碧玺矿床

矿床位于贡山县茨开镇丹珠村。碧玺产于花岗伟晶岩晶洞中，少数产于伟晶岩中，与燕山晚期花岗岩侵入活动有关。伟晶岩脉顶板、底板均为黑云角闪片麻岩。脉体的厚度、产状不详。

碧玺多呈绿、翠绿色，少数为深蓝色，三方柱状和复三方柱状（照片 9-1、9-2、9-3）直径 3~6 mm 居多，个别达 8 mm，长 2~3 cm，最长达 7 cm，透明—半透明，常有不规则裂纹。翠绿偏蓝色者极似祖母绿，颇受消费者欢迎。碧玺多分布于残坡积物中，易于开采。

照片 9-1　贡山县丹珠碧玺标本

（吴世泽，2013）

照片 9-2　贡山县丹珠碧玺标本

（吴世泽，2013）

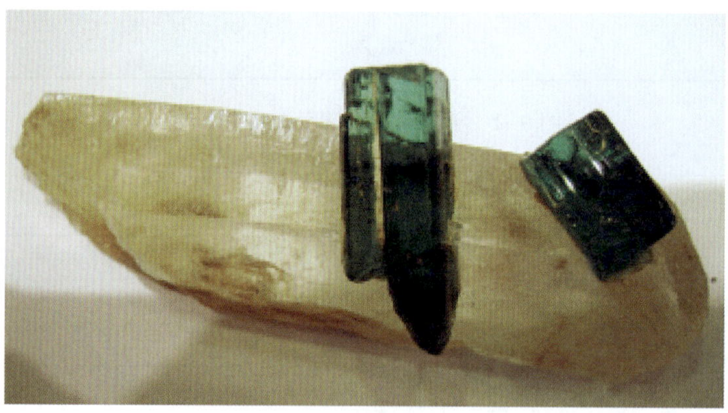

照片 9-3　在透明水晶上生长的绿色碧玺（产地：贡山）

（崔银亮供稿）

2. 福贡县害咱碧玺矿床

矿床位于福贡县石月亮乡拉马底村。碧玺产于花岗伟晶岩晶洞中，少数产于伟晶岩中。花岗伟晶岩侵入于高黎贡山岩群中，部分伟晶岩产于浅变质的石炭系黑云石英片岩中。脉岩成因与中-粗粒黑色电气石花岗混合岩有关。

矿区分布 4 条伟晶岩脉。碧玺颜色多样，有暗墨绿、墨绿、翠绿、黄绿、浅绿色，三方柱状、复三方柱状，（照片 9-4），直径 1~5 mm 居多，个别达 7 mm，长 1~3 cm，最长达 8 cm，透明—半透

照片 9-4　福贡县害咱碧玺标本
（施玉北供稿）

明，常有不规则裂纹。其中，以翠绿、墨绿色者质量较优。

3. 福贡腊吐多碧玺矿点

矿床位于福贡县架科底乡腊吐多村。碧玺产于花岗伟晶岩晶洞中，少数产于伟晶岩中。伟晶岩脉侵入于高黎贡岩山群中，部分侵入于浅变质的石炭系微晶片岩中。脉岩成因与中-粗粒黑色电气石花岗混合岩有关。

花岗伟晶岩厚 60 cm，宽 73 cm。所产碧玺有二色碧玺、绿色碧玺、粉红色碧玺、酒黄碧玺。直径 3~6 mm，长 1~6 cm，透明-半透明，具贝壳状断口。产出的碧玺透明度，颜色，晶形均较好。

二、祖母绿

祖母绿被称为绿宝石之王，是国际珠宝界公认的四大名贵宝石（祖母绿、红宝石、蓝绿宝石、钻石）之一。祖母绿是一种含铬的翠绿色绿柱石，分子式为 $Be_3Al_2[Si_6O_{18}]$，属六方晶系。晶体单形为六方柱、六方双锥，多呈长方柱状。翠绿色，玻璃光泽，透明至半透明。折光率 1.564~1.602，双折射率 0.005~0.009，多色性不明显。摩氏硬度 7.5，密度 2.63~2.90 g/cm^3。解理不完全，具贝壳状断口，脆性。X 射线照射下，祖母绿发出很弱的纯红色荧光，深受中西方人的青睐。

云南省的祖母绿主要产于麻栗坡县，矿床（点）为麻栗坡县大丫口祖母绿矿、栗坡县八布祖母绿矿化点（图 9-1）。

麻栗坡县大丫口祖母绿矿是中国唯一发现的祖母绿矿床，位于麻栗坡县天保镇小寨村，被原地质矿产部部长宋瑞祥命名为“中国祖母绿”。麻栗坡祖母绿颜色较佳，可加工为戒面、雕件、挂件、巧雕摆件，或者直接以造型优美的晶体观赏石出售，也颇受当下消费者欢迎（照片 9-5、9-6、9-7、9-8）。

矿区位于南温河变质核杂岩中东部（照片 9-9、9-10），出露地层主要为古元古界猛洞岩群南秧田岩组和洒西岩组，大丫口剥离断层是矿区主要控矿构造。区内主要有燕山早期中酸性侵入岩。岩浆活动的末期，富铍的残余岩浆热液沿左行走滑构造派生的张剪裂隙贯入，形成花岗伟晶岩。岩浆热液进一步交代伟晶岩，萃取了围岩中的铬，钒等致色元素，从而形成祖母绿矿床。大丫口祖母绿主要产于花岗伟晶岩脉与云英岩脉中，矿山有 40 余条规模较大的含矿岩脉。

花岗伟晶岩脉单脉长一般 10~300 m，厚 0.1~2 m。形成宝石级绿柱石的晶洞主要产于伟晶岩脉的膨大部位或伟晶岩与围岩的接触带，部分质量较差的绿柱石产于接触带边部的变粒岩中。

云英岩脉长一般为 0.5~10 m，厚 0.03~1 m，多沿构造破碎带产出。祖母绿多呈六方柱状，晶体较小，颜色以深绿、蓝绿、绿色为主，为本区优质祖母绿。能达到宝石级的祖母绿多于伟晶岩脉型。矿石类型为单晶浸染状矿石、晶簇巢状矿石、囊状矿石。祖母绿一般自形程度极高，绝大多数呈六方柱状（照片 9-11），只有少量块状浸染状矿物呈半自型-他型。直径一般为 2~20 mm，长 5~210 mm。祖母绿一般颜色鲜艳，透明度较高。晶体内包裹体一般含量很少，裂隙发育是祖母绿的最大弱点。

照片 9-5　初选后的祖母绿原石及晶体

（产地：麻栗坡，崔银亮供稿）

照片 9-6　祖母绿戒面

（李晖供稿）

照片 9-7　祖母绿雕件

（李晖供稿）

照片 9-8　放射状祖母绿晶簇（产地：麻栗坡，规格：39cm×29cm×16cm）

（收藏者：石农，崔银亮供稿）

照片 9-9　大丫口祖母绿矿区西南部地形照片
（李晖供稿）

照片 9-10　大丫口祖母绿矿区采空区壁残留的祖母绿
（李晖供稿）

照片 9-11　质量优良的祖母绿单晶体（产地：麻栗坡）
（崔银亮供稿）

除麻栗坡县大丫口祖母绿矿外，云南省还有麻栗坡县八布祖母绿矿化点，成因类型为气成热液型。

三、海蓝宝石与绿柱石

海蓝宝石是一种含铁的天蓝色绿柱石，分子式为 $Be_3Al_2[Si_6O_{18}]$，呈六方柱形，柱面有纵纹，摩氏硬度 7.5，比重 2.7~2.9 g/cm^3，相对密度 3.99~4.00，颜色浅蓝、黄、玫瑰色常见。还有褐、白、灰、黑色的特殊异种。某些海蓝宝石可有色带，透明—半透明，玻璃光泽。传说中海蓝宝石产于海底，是海水之精华。

（一）产地与成因

云南宝石级海蓝宝石主要产于哀牢山南段红河州的红河、元阳、金平等县，其次是高黎贡山及其以西的怒江州贡山县、保山市腾冲市、德宏州盈江县。绿柱石主要分布在保山市、德宏州、怒江州、红河州等地。全省共发现矿床（点）69 处（图 9-1）。其中：矿床 7 处、矿点 34 处、矿化点 28 处（表 9-2）。

矿床成因类型均为伟晶岩型。含矿伟晶岩脉多产于花岗岩顶部及外接触带，呈脉状、透镜状、网脉状产出。含矿伟晶岩分带现象明显，海蓝宝石、绿柱石主要产于伟晶岩晶洞中。晶洞中以含大量水晶为主要特点，同时有黄玉等矿物出现。

表 9-2　云南省主要海蓝宝石、绿柱石矿产地

编号	州（市）	矿产地名称	宝石类型	规模	矿床类型
1	保山市	隆阳区潞江镇寺门前	绿柱石	矿化点	伟晶岩型
2		隆阳区潞江镇马山	绿柱石	矿化点	蚀变花岗岩型
3		腾冲市界头镇东华	绿柱石	矿点	伟晶岩型
4		腾冲市新华乡何家寨	绿柱石	矿化点	蚀变花岗岩型
5		腾冲市芒棒镇三洞水	绿柱石	矿化点	伟晶岩型
6		龙陵县龙新乡老荒田	绿柱石	矿化点	伟晶岩型
7		龙陵县镇安镇回欢	绿柱石	矿化点	伟晶岩型
8		龙陵县镇安镇小田坝	绿柱石	矿化点	伟晶岩型
9		龙陵县龙新乡大坡	绿柱石、托帕石（黄玉）	矿化点	伟晶岩型
10		龙陵县龙新乡黄莲沟	金绿宝石、绿柱石	矿化点	蚀变花岗岩型
11		龙陵县象达乡茅草寨	绿柱石	矿化点	伟晶岩型
12		龙陵县洋烟河	绿柱石	矿化点	变质型
13		龙陵县镇安镇赵家寨	绿柱石	矿化点	伟晶岩型
14		龙陵县象达乡澡塘头	绿柱石	矿点	伟晶岩型
15		盈江县卡场镇卡连山	海蓝宝石	矿点	伟晶岩型
16	普洱市	西盟县勐卡镇马散	海蓝宝石	矿化点	伟晶岩型
17	临沧市	凤庆县慈园	绿柱石	矿点	伟晶岩型
18		凤庆县大寺乡大寺	绿柱石	矿点	伟晶岩型
19		云龙县漕涧镇志本山	绿柱石	矿点	锡石硫化物型
20	德宏州	芒市芒市镇马车站	绿柱石	矿化点	伟晶岩型
21		梁河县芒东乡杞木寨	绿柱石	矿化点	伟晶岩型
22		梁河县芒东镇章巴	绿柱石	矿化点	伟晶岩型
23		梁河县河西乡来利山	绿柱石、托帕石（黄玉）	矿化点	方英岩型
24		盈江县卡场乡卡连	绿柱石	矿化点	伟晶岩型
25		陇川县王子树乡大山	绿柱石	矿化点	伟晶岩型
26		陇川县护国乡麻立脑	绿柱石	矿点	伟晶岩型
27	怒江州	泸水市六库镇石缸河	绿柱石	矿点	石英-电气石型
28		福贡县马吉乡知达	绿柱石	矿点	伟晶岩型
29		福贡县子里甲乡亚谷	绿柱石	矿化点	伟晶岩型
30		福贡县马吉乡旺基独	绿柱石	矿化点	伟晶岩型
31		福贡县石月亮乡利沙底	绿柱石	矿化点	伟晶岩型
32		福贡县马吉乡布施	绿柱石	矿化点	伟晶岩型
33		福贡县马吉乡马吉米	绿柱石	矿化点	伟晶岩型
34		福贡县马吉乡马吉	绿柱石	矿化点	伟晶岩型
35		福贡县马吉乡旺基独	绿柱石	矿化点	伟晶岩型
36		福贡县马吉乡利明	绿柱石	矿化点	伟晶岩型
37		贡山县杜瓦努	绿柱石	矿点	伟晶岩型
38		贡山县普拉底乡独龙底	绿柱石	矿点	伟晶岩型
39		贡山县普拉底乡嘎冲	绿柱石	矿点	伟晶岩型
40		贡山县普拉底乡托拨卡	绿柱石	矿点	伟晶岩型
41		贡山县普拉底乡嘎达	绿柱石	矿点	伟晶岩型

续表

州（市）		矿产地名称	宝石类型	规模	矿床类型
42	红河州	个旧市锡城镇马拉格	绿柱石	矿点	蚀变花岗石型
43		个旧市锡城老冠牛屎坡	绿柱石、海蓝宝石	矿点	蚀变花岗岩型及伟晶型
44		个旧市老厂	绿柱石、电气石	矿点	伟晶岩型及热液型
45		元阳县小新街乡黑石头	海蓝宝石、托帕石（黄玉）、茶晶	矿点	伟晶岩型
46		元阳县小新街乡安心寨	海蓝宝石、黄水晶	矿点	伟晶岩型
47		元阳县小新街乡老邬寨	海蓝宝石	矿点	伟晶岩型
48		元阳县上新城乡老寨	海蓝宝石、水晶	矿点	伟晶岩型
49		元阳县小新街乡牛滚塘	海蓝宝石、胀石	矿点	伟晶岩型
50		元阳县嘎娘乡嘎娘鸡冠岩	海蓝宝石、托帕石（黄玉）	矿点	伟晶岩型
51		元阳县嘎娘乡苦鲁寨	海蓝宝石、水晶	矿点	伟晶岩型
52		元阳县上新城乡告封碑	红色绿柱石、绿柱石、托帕石（黄玉）	矿点	伟晶岩型
53		元阳县小新街乡都鲁保	海蓝宝石	矿点	伟晶岩型
54		元阳县新街镇旧城	海蓝宝石	矿点	伟晶岩型
55		元阳县马街乡放羊寨	海蓝宝石	矿点	伟晶岩型
56		元阳县牛角寨乡大龙潭	海蓝宝石	矿点	伟晶岩型
57		红河县马街乡放羊寨	海蓝宝石	矿点	伟晶岩型
58		红河县莫龙山	海蓝宝石	矿点	伟晶岩型
59		红河县八间窝棚	海蓝宝石	矿点	伟晶岩型
60		红河县石头寨乡麻栗寨	海蓝宝石	矿点	伟晶岩型
61		红河县石头寨乡苗白	海蓝宝石	矿点	伟晶岩型
62		红河县迤萨镇它里冲村	海蓝宝石	矿点	伟晶岩型
63		红河县迤萨镇小河	海蓝宝石	矿点	伟晶岩型
64		红河县迤萨镇坝蓝小寨	海蓝宝石	矿点	伟晶岩型
65		红河县狮子山	海蓝宝石	矿点	伟晶岩型
66		金平县金河镇三家寨	绿柱石	矿点	伟晶岩型
67	文山州	麻栗坡县大坪镇瓦渣	绿柱石	矿点	伟晶岩型
68		麻栗坡县天保镇南秧田	绿柱石、白钨矿	矿点	气成热液
69		麻栗坡县猛硐乡黄瓜坡	海蓝宝石	矿化点	伟晶岩型

（二）矿床特征

云南省重要的海蓝宝石矿床（点）计有18处（图9-1），划分为5种类型。

1. 红河州哀牢山岩群中之海蓝宝石与绿柱石矿床（点）

红河州古元古界哀牢山岩群中之伟晶岩型海蓝宝石与绿柱石矿床（点）共有13个（表9-3）。含矿伟晶岩产于花岗岩内外接触带，一般分异较好，显对称分异。海蓝宝石主要产于伟晶岩的有核晶洞中（照片9-12、9-13、9-14）。晶洞产于伟晶岩膨胀带核部地带，近椭圆形。

表 9-3　红河州哀牢山岩群中之伟晶岩型海蓝宝石与绿柱石矿床（点）

矿产地名称	矿区地质	矿体地质
元阳县小新街乡核桃树（黑石头）海蓝宝石矿床	印支期片麻状花岗岩侵入于阿龙岩组中。已发现含宝石伟晶岩7条，一般长15~80 m，厚1~20 m，伟晶岩显对称分异，大小为0.8~3 m	海蓝宝石与水晶、黄玉共生，为天蓝色，全透明-半透明，玻璃光泽，晶体完整，晶体大小为6.8 cm×1.8 cm ~6.1 cm×3.4 cm，晶体内仅见程度不同的棉纹
元阳县小新街乡核桃树海蓝宝石矿床	印支期片麻状花岗岩侵入于阿龙岩组中。已知伟晶岩十余条。晶洞中以水晶为主，偶见海蓝宝石	海蓝宝石呈天蓝色，透明，晶体上有隐性生长纹和熔蚀凹坑，见黑电气石瘤生长。较大的晶体大小达6 cm×3.9 cm，重63 g
元阳县小新街乡老邬寨蓝宝石矿点	克甲丫口花岗岩北枝侵入凤港岩组。已发现伟晶岩30多条，一般长10~100 m，厚0.5~25 m	海蓝宝石与水晶共生，呈海蓝色，全透明，晶面有生长纹、生长瘤、熔蚀坑、电气石针状包体。晶体长8.1~2.3 cm
元阳县上新城乡老寨海蓝宝石矿点	花岗岩侵入凤港岩组。仅发现伟晶岩1条，岩体产状及规模不清	海蓝宝石与水晶共生，呈海蓝色，淡绿色、无色，半透明—透明，直径多为0.5~1 cm，较大者直径达2.5 ~3 cm，长5~6 cm
元阳县小新街乡树林牛滚塘海蓝宝石矿点	中生代花岗岩侵入凤港岩组。已发现伟晶岩百余条，分异较好者十多条	个别伟晶岩之晶洞发现长柱状全透明海蓝宝石，有2颗直径为5 cm，有数颗直径为2~3 cm，呈透明、海蓝色
元阳县嘎娘乡下寨鸡冠岩海蓝宝石矿点	中生代花岗岩侵入阿龙岩组。已知50多条。伟晶岩一般长4~200 m，厚0.3~30 m	海蓝宝石为天蓝-海蓝色，透明—半透明，短柱状晶体，大小（3~15）cm×（1~8）cm。矿点处曾见有达宝石级的海蓝宝石产出
元阳县苦鲁寨海蓝宝石矿点	中生代花岗岩侵入凤港岩组。仅发现1条伟晶岩。矿点有一口开采水晶坑道。坑口见绢云母及绿帘石	伟晶岩晶洞内发育水晶。水晶多呈晶簇状产出，见少量海蓝宝石，直径约1~3 cm，少数可超过3 cm
元阳县上新城乡告封碑绿柱石矿床	喜马拉雅期稿吾丫口片麻状花岗岩侵入于阿龙岩组。伟晶岩有20余条。主要为水晶、黄玉、绿柱石	绿柱石呈粉红、淡绿色，透明—半透明，玻璃光泽，晶面上有纵向生长纹，熔蚀坑和生长小瘤。绿柱石晶体大小为（2~5）cm×（0.5~3）cm
元阳县小新街乡都鲁保绿柱石矿点	花岗岩侵入凤港岩组。发育一组伟晶岩脉	绿柱石呈淡绿、浅蓝色，微透明—半透明，玻璃光泽，纵纹较多。晶形直径0.5~1.5 cm，最大可达30~40 cm，长轴50~60 cm
红河县马街乡放羊寨海蓝宝石矿点	花岗岩侵入于阿龙岩组。发现伟晶岩6条，长30 ~100 m，宽2~8 m，伟晶岩分异极好	海蓝宝为深蓝-深海蓝色，全透明—半透明，晶体较大（2~5）cm×（2~3）cm。晶面上见生长小瘤、弧形阶梯状生长纹，晶体内多雾状棉纹及气液包体。矿点已采出海蓝宝石数十千克
红河县石头寨乡麻栗寨海蓝宝石矿点	花岗岩侵入阿龙岩组。发现大小伟晶岩139条。伟晶岩长5~100 m，分异好者十多条，其余分异不好	海蓝宝石为深蓝、淡蓝绿色，晶面有较多纵向生长纹及熔蚀槽和节瘤。晶体大小（0.5~7）cm×（0.3~3）cm，已采出海蓝宝石数千克
红河县石头寨乡苗白海蓝宝石矿点	花岗岩侵入小羊街岩组。共发现伟晶岩脉6条，以Ⅰ号脉体最大，见3条石英核部带，晶洞多，个别晶洞大约3 m。其余脉体规模较小	晶洞中有海蓝宝石及水晶。海蓝宝石以深蓝-深海蓝为主，半透明—透明，晶体大小为（2~7）cm×（0.5~15）cm，晶面粗糙，光泽弱，采出海蓝宝石约10 kg
红河县迤萨镇坝蓝小寨海蓝宝石矿点	阿龙岩组中见一组伟晶岩脉。有一条伟晶岩脉长约150 m，宽度约0.5~2 m，在岩脉中有零小晶洞	晶洞中充填水晶和海蓝宝石。海蓝宝石为淡蓝色，透明，晶体较小。晶体一般（2~5）cm×（0.3~1）cm。已采出海蓝宝石数百克

照片 9-12　元阳县伟晶岩脉
（李晖供稿）

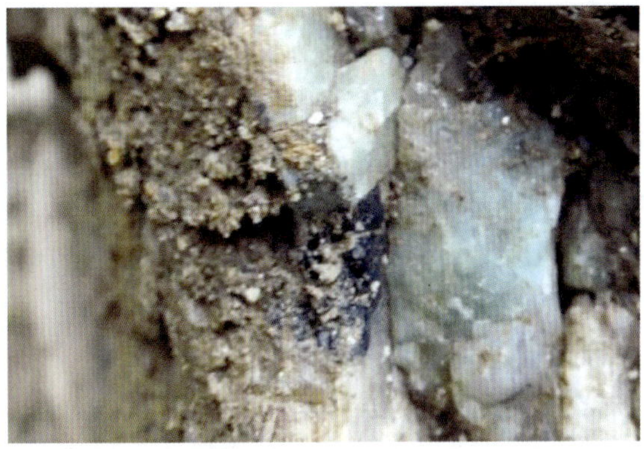

照片 9-13　元阳县伟晶岩中的绿柱石
（李晖供稿）

照片 9-14　海蓝宝石连晶（产地：元阳）
（崔银亮供稿）

2. 金平县三家寨绿柱石矿点

矿点位于金平县金河枯岔河村。中生代花岗岩侵入中泥盆统老阱寨组，在岩体外接触带有一组伟晶岩，共发现含矿伟晶岩脉 4 条。

绿柱石以颗粒状不均匀分布在伟晶岩脉体中，呈翠绿、淡绿、无色，可见六方柱状，长轴 1~2 cm，直径 1~2 mm。伴生小颗粒水晶，呈晶簇状产出。

3. 贡山县浅变质岩中的蓝宝石矿点

在贡山县浅变质的石炭系中，有燕山期花岗岩侵入。在花岗岩的内外接触带，花岗伟晶岩发育。海蓝宝石产于伟晶岩的晶洞中。较为重要的有 2 个矿点。

贡山县嘎达海蓝宝石矿点位于贡山县普拉底乡其达村。伟晶岩脉多赋存于大理岩与片岩接触部位或片岩的片理中，厚度约 2 m，走向长 10 余米。海蓝宝石为浅蓝、蓝绿色，透明—半透明，晶体一般长 3~5 cm、大者 10 cm，直径一般 1 cm、大者 4~5 cm。海蓝宝石色彩美丽，透明度较好，包体和裂纹较少。

贡山县托拨卡海蓝宝石矿点位于贡山县普拉底乡咪谷村委会。伟晶岩分布于外接触带，脉体分异差，局部有晶洞，产海蓝宝石。

海蓝宝石多呈浅蓝色，少数为天蓝色，粒径 2~6 cm，多数半透明。

4. 腾冲市东华海蓝宝石矿点

矿点位于腾冲市界头镇东华村委会宝华山锡矿。花岗岩类侵入古元古界高黎贡山岩群石英片岩中，形成伟晶岩脉 3 条。伟晶岩中偶见淡蓝色绿柱石。绿柱石呈淡蓝色，柱状，断面直径约 2 mm，长度约 4 mm，透明，有横向裂纹。

5. 盈江县卡莲山海蓝宝石矿点

矿点位于盈江县卡场镇五排村。卡场花岗岩侵入于变质岩中。在花岗岩内外接触带有较多伟晶岩贯入。伟晶岩仅部分规模较大的脉体显侧向分异。20 世纪 60 年代，曾经产一颗长 70 cm，直径 35 cm 的绿柱石。该绿柱石的一部分呈深蓝色，透明，已达宝石级。

四、红宝石与蓝宝石

红宝石是指颜色呈红色的刚玉，主要成分是三氧化二铝（Al_2O_3），红色主要为 Cr_2O_3，含量一般 0.1%~3%，最高者达 4%，颜色一般呈红到粉红色。红宝石称为彩色宝石之王，象征着高尚、爱情、仁爱。自然界中，不含铬的刚玉为蓝宝石。刚玉属三方晶系、复三方偏方面体晶类，折射率 1.762~1.770，摩氏硬度 9，密度 3.99~4.00 g/cm^3。

（一）产地与成因

20 世纪 80 年代，在哀牢山变质带发现了红宝石，20 世纪 90 年代未在高黎贡山变质带又发现红宝石矿（点）。

云南省的红宝石、蓝宝石主要产于怒江州的福贡县、贡山县，在玉溪市、德宏州、大理州、红河州、文山州也有发现。全省共发现有价值的矿床（点）13 处。其中：矿床 3 处，矿点 6 处，矿化点 4 处（表 9-4，图 9-1）。

表 9-4　云南省主要红宝石、蓝宝石矿产地

编号	州（市）	矿产地名称	宝石类型	规模	矿床类型
1	玉溪市	元江县小羊街乡啥枯	红宝石	矿点	区域变质型砂矿
2	德宏州	瑞丽市勐卯镇姐勒水库	蓝宝石	矿化点	河流重砂砂矿
3		瑞丽市弄岛镇雷允	蓝宝石、红宝石	矿点	砂矿
4	怒江州	福贡县子楞甲乡甲努	刚玉、绿帘石	矿点	区域变质-热液
5		福贡县架科底乡架科	刚玉、绿帘石	矿化点	区域变质-热液
6		贡山县茨开镇黑妈	红刚玉、碧玺	矿化点	河流重砂、伟晶岩
7		贡山县普拉底乡力透底	红刚玉	矿点	区域变质-热液
8		贡山县普拉底乡月角	刚玉	矿化点	区域变质型砂矿
9	大理市	洱源县乔后镇盐井山	蓝宝石	矿点	接触交代变质
10	红河州	金平县沙依坡乡多依树	刚玉	矿点	伟晶岩型
11		元阳县胜村乡小伍下寨	刚玉	矿点	变质岩型
12	文山州	麻栗坡县麻栗镇石关门	杂刚玉	矿点	沉积变质
13		麻栗坡县麻栗镇落水洞	杂刚玉	矿点	沉积变质

矿床成因类型为区域变质-交代型。矿床的形成经历了区域变质作用和后期酸性侵入岩的叠加交代作用。在区域动力热流变质过程中，碳酸盐岩重结晶变成大理岩，粘土矿物重结晶形成红刚玉。在

有利成矿部位，后期酸性侵入岩携带的热气液使红刚玉进一步聚集、熔融、重结晶，形成质密而有一定晶形的红宝石，小颗粒的红宝石形成大颗粒的红宝石。

（二）矿床特征

云南省的红宝石、蓝宝石矿床（点），有4处较为典型。

1. 元江县小羊街啥枯红宝石矿床

矿区位于云南省元江县小羊街乡啥枯村。红宝石赋存于下元古界哀牢山岩群阿龙岩组的大理岩中（照片9-15、9-16）。矿床成因类型为区域变质-交代型矿床（大理岩型红宝石矿床）。在原生矿附近，可形成残坡积、冲积型砂矿。

照片9-15　元江县大理岩中之红宝石
（李晖供稿）

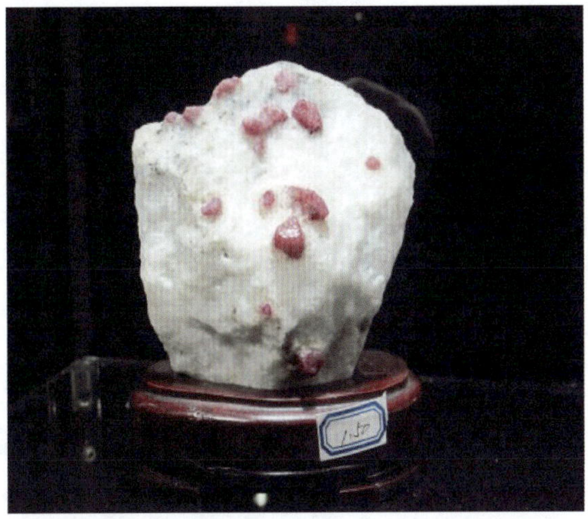

照片9-16　元江县大理岩中之红宝石
（李晖供稿）

大理岩中红刚玉含量较少，分布不均匀，呈浸染状和集合体状。啥枯矿段内有3层含红宝石大理岩，呈长条状、长透镜状、薄层状。矿带长>2.5 km，厚2~40 m。大理岩的副矿物多达30余种，红宝石、尖晶石亦呈副矿物出现。

红刚玉呈不规则粒状、蜂窝状、集合体状，半自形粒状、半浑圆状少见，自形晶者甚少。粒度大小一般为0.2~1 cm，最大粒度可达5 cm以上（单粒重量为121.6 g）。残坡积层中主要集中在0.2~0.5 cm粒级，冲积层中集中在0.5~1 cm粒级。

红刚玉颜色为浅红—深红（包括血红），主要为玫瑰红。呈半透明—微透明，裂纹多或具有密集片理纹及包裹体。连生体风化脱离造成的孔洞等蚀痕是较明显的瑕疵（照片9-17、9-18）。

云南省元江县小羊街红宝石颜色极美，不足之处是瑕疵较多，自晶形程度低，透明度略弱。透明度好的可以加工成椭圆形、圆形、心形、滴水形等不同款式刻面戒面。成品具有耀眼的光彩，颜色纯正、均匀、艳丽。半透明—微透明者，可加工成素身戒面。矿床可露天开采。

2. 贡山县力透底红刚玉矿点

矿点位于贡山县普拉底乡力透底村。红刚玉赋存于变质的石炭系白色厚层、块状大理岩中，长约50余米，厚约25~30 m。红刚玉沿大理岩层面、节理面呈星点浸染状产出。红刚玉呈玫瑰色，玻璃光泽，半透明状，粒状及粒状集合体、粒状-半自形柱状，柱状晶体直径小于或等于2.1 mm，最大5.1 mm。

3. 瑞丽市雷允红宝石矿点

矿点位于瑞丽市弄岛镇雷允村，产出于第四系残坡积层和洪冲积层内，为瑞丽市有名的雷允淘宝场。

照片 9-17　大颗粒透明粉红色红宝石（产地：元江）
（崔银亮供稿）

照片 9-18　淘洗出的红宝石原石（产地：元江）
（崔银亮供稿）

残坡积型矿体长 100 m，宽 50 m，厚 5~10 m。矿体埋深 2~10 m。粒径>2 mm 的红宝石、蓝宝石含量 1~2 g/m^3，粒径>3 mm 的尖晶石含量<7 g/m^3，石榴子石含量 1.6~5.6 g/m^3。

洪冲积型矿体长 1100 m，宽 10~40 m，厚 0.5~5 m。1.5 m 以下为重要含矿层。粒径>2 mm 的红宝石含量 1.5 g/m^3，蓝宝石含量 8.4 g/m^3，尖晶石含量 1~1.3 g/m^3，石榴子石含量 19.5 g/m^3。

宝石颜色以灰白、灰黑色为主，少量深蓝—浅蓝、紫红、玫瑰红、粉红色，最大粒度为 20 mm×20 mm×15 mm（重 13.8 g），一般粒径 2~10 mm。宝石玻璃光泽，半透明—不透明，杂质和裂纹较多，达不到宝石级。

4. 福贡县子楞甲乡甲努刚玉矿点

矿点位于福贡县子里甲乡子里甲村。含矿层为浅变质石炭系的白色大理岩。大理岩具中-粗粒等粒变晶结构，单层厚1~3 m，出露宽度30~40 m。大理岩矿物成分以方解石为主，含少量绿帘石、黄铁矿等。玫瑰红色刚玉，呈腰鼓状、柱状产出，粒度0.5~1 mm，半透明，呈点星分布（照片9-19、9-20）。

照片9-19　福贡县甲努红宝石
（李晖供稿）

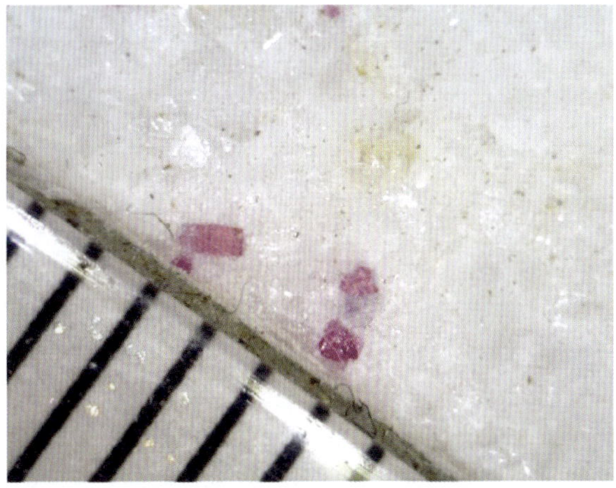

照片9-20　福贡县甲努红宝石
（李晖供稿）

五、水晶

水晶的矿物名称为石英，化学式为 SiO_2，属三方晶系，常呈六方棱柱状晶体。柱体为一头尖或两头尖，多条长柱体连结在一块，通称晶簇。晶体具玻璃光泽，贝壳状断口，摩氏硬度7。颜色为无色、紫色、黄色、褐棕色、绿色、粉红色等。由于颜色不同又称为紫水晶、墨晶、烟晶、绿晶、芙蓉石、黄水晶、茶晶、发晶等。

（一）产地与成因

云南宝石级水晶主要产于红河州（红河、元阳、金平县）、文山州（马关、广南、富宁县），次为保山市、昭通市、怒江州，在丽江市、普洱市、迪庆州也有发现。全省共发现矿床（点）45处（图9-1）。其中：矿床6处，矿点30处，矿化点9处（表9-5）。

表9-5　云南省主要水晶矿产地

编号	州（市）	矿产地名称	宝石类型	规模	矿床类型
1	保山市	腾冲市道河	水晶	矿化点	热液型
2		腾冲市北海乡元头	水晶	矿化点	伟晶岩型
3		腾冲市腾越镇会秦	水晶	矿化点	伟晶岩型
4		腾冲市芒棒镇总府	水晶、石榴石	矿化点	伟晶岩型
5	昭通市	昭阳区苏家院	水晶	矿点	砂矿
6		鲁甸县桃源乡拖姑	水晶	矿点	砂矿
7		大关县天星镇广东坝	水晶	矿点	砂矿
8		镇雄县花山乡大河	水晶（茶晶）	矿点	砂矿
9		镇雄县赤水源镇板桥	水晶（茶晶）	矿点	砂矿及原生矿
10		彝良县奎香乡么店子	水晶（茶晶）	矿点	坡残积型
11		彝良县龙街乡海姑	水晶（茶晶）	矿点	坡残积型

续表

编号	州（市）	矿产地名称	宝石类型	规模	矿床类型
12	丽江市	玉龙县黎明乡怒扒落	紫水晶	矿点	热液类型
13		玉龙县石鼓镇大火山	水晶	矿化点	伟晶岩型
14	普洱市	孟连县勐马镇帕亮	水晶	矿点	砂矿
15	怒江州	福贡县鲁掌镇鲁马河	水晶、绿柱石	矿点	伟晶岩型
16		贡山县丙中洛乡尼丹打	茶晶、紫水晶	矿点	伟晶岩型
17		兰坪县兔峨镇兔峨	水晶	矿点	石英脉型
18	迪庆州	香格里拉市虎跳峡镇麻花坪	水晶、绿柱石	矿点	高温热液型
19	红河州	元阳县小新街乡核桃树	矾晶、茶晶、水晶	矿点	伟晶岩型
20		元阳县小新街乡罗家寨	紫水晶	矿点	伟晶岩型
21		元阳县小新街乡安心寨	黄水晶	矿点	伟晶岩型
22		元阳县小新街乡都鲁保	水晶、绿柱石	矿化点	伟晶岩型
23		元阳县小新街乡稿吾卡	水晶	矿化点	伟晶岩型
24		元阳县嘎娘乡苦鲁寨	水晶、绿柱石	矿化点	伟晶岩型
25		红河县乐育乡大新寨	墨晶茶晶	矿点	砂矿
26		红河县迤萨镇库诶	紫水晶	矿点	伟晶岩型
27		金平县阿得博乡老乌寨	光晶石	矿点	砂矿
28		金平县石宝石	水晶	矿化点	矽卡岩型
29		金平县金河镇蒿枝坪	水晶	矿点	砂矿
30		金平县者米乡河边寨	紫水晶	矿点	伟晶岩型
31		金平县沙依坡乡火山	水晶	矿点	伟晶岩型
32	文山州	文山市小街镇关房	水晶	矿点	热液
33		西畴县沽古	黄水晶	矿点	热液型
34		马关县仁和镇唐家坡	水晶	矿点	砂矿
35		马关县都龙镇茅坪	水晶	矿点	砂矿
36		马关县都龙镇都龙	水晶	矿点	砂矿
37		马关县木厂乡博车	水晶	矿点	砂矿
38		广南县扣莱	水晶	矿点	砂矿
39		广南县莲城镇那朵	水晶	矿点	热液及砂矿
40		广南县那棱	水晶	矿点	热液型
41		广南县云顶山	水晶	矿点	热液及砂矿
42		广南县者兔乡邑郎	水晶	矿点	热液型
43		富宁县剥隘镇白洋	水晶	矿点	砂矿
44		富宁县长舍	水晶	矿点	砂矿
45		富宁县花甲乡弄三盘	水晶	矿点	热液型

云南省水晶矿床（点）的成因类型多为伟晶岩型、砂矿、残坡积矿，少部分为热液矿床。在哀牢山变质带南段、高黎贡山变质带的北段，酸性岩浆侵入于中深变质岩中。花岗岩的外接触带易形成伟晶岩脉。晶洞出现在伟晶岩脉体的膨胀部位，水晶多在伟晶岩晶洞中呈晶簇状产出（照片 9-21、9-22、9-23、9-24）。

照片 9-21　绿水晶晶簇（产地：临沧）
（崔银亮供稿）

照片 9-22　元阳县水晶晶体
（李晖供稿）

照片 9-23　紫水晶晶簇　规格：28cm×18cm×5cm
（产地：马关）（崔银亮供稿）

照片 9-24　无色水晶晶簇（产地：保山）
（崔银亮供稿）

（二）矿床（点）特征

云南省有 6 处较为重要的水晶矿床（点）。

1. 金平县河边寨紫水晶矿床

矿床位于金平县者米乡河边寨村。燕山期花岗岩内发育伟晶岩脉。伟晶岩晶洞发育处产有紫水晶，局部见针状电气石。

紫水晶为自形晶，六方柱状或锥状，呈晶簇状、集合体状、单晶体状产出。晶体呈淡紫—紫色，半透明—透明，玻璃光泽，贝壳状断口，棉纹较少，直径为 1~10 cm，晶体长为 2~20 cm（照片 9-25、9-26、9-27、9-28）。

2. 元阳县小新街乡罗家寨紫水晶矿点

矿点位于元阳县小新街乡新鲁沙村。稿吾丫口花岗岩南枝侵入于古元古界哀牢山岩群中深变质岩中。岩体外接触带有一组与构造线一致的伟晶岩。在已发现的多条伟晶岩中，仅几条较大的脉体有对称分异现象。在石英核部晶洞中产紫水晶和无色水晶。

照片 9-25　金平县边寨紫水晶
（李晖供稿）

照片 9-26　金平县边寨伟晶岩脉晶洞中紫水晶
（李晖供稿）

照片 9-27　金平县河边寨伟晶岩中水晶
（李晖供稿）

照片 9-28　金平县河边寨紫水晶
（李晖供稿）

紫水晶为自形晶，六方柱状或锥状，呈淡紫-紫色，半透明—透明，玻璃光泽，贝壳状断口，棉纹较少，单体大小为（2~4）cm×（1~2）cm。

3. 红河县迤萨镇库诶紫水晶矿床

矿床位于红河县迤萨镇库诶村。在古元古界哀牢山岩群小羊街岩组中贯入的一组伟晶岩。紫水晶产于伟晶岩之裂隙中，晶体大小（3~7）cm×（1~3）cm，色淡，往往只有头部较紫，晶体大多不完整，透明，有棉纹。

4. 红河县石头寨乡苗白水晶、芙蓉石矿点

矿点位于红河县石头寨乡土锅寨村。古元古界哀牢山岩群小羊街岩组中贯入一组伟晶岩脉。在较大的 1 条脉体中，有 3 条石英核带。晶洞较多、较大。晶洞中以水晶为主，见芙蓉石产出。芙蓉石呈条带状，玻璃光泽，半透明，贝壳状断口，硬度 7。晶体呈粉红、淡红色，少量为红色，色调不均。

5. 元阳县小新街乡安心寨黄水晶矿点

矿点位于元阳县小新街乡克甲村。稿吾丫口花岗岩侵入古元古界哀牢山岩群阿龙岩组，在内接触带有一组明显分异的伟晶岩。宝石产于晶洞中，主要是海蓝宝石、黄水晶。黄水晶为金黄色、半透明、玻璃光泽、贝壳状断口（照片 9-29）。

六、黄玉

黄玉又称为黄晶（托帕石），化学式 $Al_2[SiO_4](F,OH)_2$，属斜方晶系，一般呈短柱状或不规

照片 9-29　浅黄色水晶聚晶　规格：15 cm×9 cm×6 cm
（产地：元阳克甲）（崔银亮供稿）

则的粒状，透明，玻璃光泽，摩氏硬度 8。晶体主要为无色透明，少量为酒黄、淡黄、浅褐黄、浅蓝、浅绿色等，是一种常见中低档宝石。

国际上确定黄玉为“十一月诞生石”，被誉为“友谊之石”，代表真诚和执着的爱，意味美貌和聪颖，象征着富态、有生气。黄玉还能消除疲劳，控制情绪，有助重建信心等，黄玉常用以制作戒面、耳环、手链、项链等饰品。黄玉有一定药用价值，用黄玉的粉末泡酒，则可以治疗气喘、失眠、烧伤、出血等症。

（一）产地与成因

云南宝石级黄玉主要产于元阳县、福贡县、腾冲市。全省共发现矿床（点）6 处（图 9-1），均为矿点（表 9-6）。

表 9-6　云南省主要黄玉矿产地

州（市）	矿产地名称	宝石类型	规模	矿床类型
保山市	腾冲市滇滩镇小龙河	黄玉、绿柱石	矿点	云英岩型
怒江州	福贡县鹿马登乡娃吐娃	黄玉	矿点	伟晶岩型
	福贡县上帕镇俄夺底	黄玉、萤石	矿点	伟晶岩型
	福贡县鹿马登乡施根门	黄玉、水晶	矿点	伟晶岩型
红河州	元阳县小新街乡克甲	黄玉	矿点	伟晶岩型
	元阳县牛角寨乡平寨	黄玉	矿点	伟晶岩型

宝石级黄玉主要产于哀牢山变质带南段伟晶岩晶洞中（照片 9-30、9-31、9-32），具有点多、面广、质佳的特点，往往与宝石级海蓝宝石、水晶共生。高黎贡山变质带的北段伟晶岩晶洞中也有一些优质黄玉产出（照片 9-33）。

在其他伟晶岩分布地区产出较少。矿床的成因类型主要为伟晶岩型，极少云英岩型锡矿床中共生的黄玉达到宝石级，但颗粒小。

伴生产出黄玉矿点主要有元阳县小新街乡黑石头海蓝宝石矿床，元阳县告封碑红色绿柱石矿床，元阳县嘎娘乡鸡冠岩海蓝宝石矿点。

照片 9-30　晶形完整的酒黄色黄玉（托帕石）巨晶
（产地：元阳）（崔银亮供稿）

照片 9-31　斜方锥状无色透明黄玉（托帕石）巨晶
（产地：福贡）（崔银亮供稿）

照片 9-32　黄玉连生晶体　规格：18 cm×6.5 cm×6 cm；重 1.80 kg
（产地：元阳）（崔银亮供稿）

照片 9-33　产于伟晶岩中的黄玉晶体　规格：16 cm×8 cm×5 cm
（产地：高黎贡山）（崔银亮供稿）

（二）矿床特征

云南省有2处较为典型的黄玉矿产地。

1. 元阳县小新街乡克甲黄玉矿点

矿点位于元阳县小新街乡克甲村委会。花岗岩侵入古元古界哀牢山岩群阿龙岩组中，在接触带产出伟晶岩。伟晶岩一般长5~80 m，厚1~20 m，多呈对称分异，在晶洞中生成水晶、海蓝宝石、黄玉、绿柱石、萤石、电气石等矿物。

黄玉呈淡黄-无色，透明，玻璃光泽，硬度8，斜方柱体复斜方单锥体，晶面见生长纹、小晶体寄生，晶体大小一般0.5~5 cm，最大晶体达5.2 cm×4.4 cm。

2. 福贡县鹿马登乡施根门黄玉矿点

位于福贡县鹿马登乡巴甲朵村委会。燕山晚期花岗岩侵入于古元古界高黎贡山岩群，在接触带产出伟晶岩。岩脉出露长80 m，厚2~5 m，具微弱蚀变现象。黄玉、水晶产于伟晶岩脉的晶洞中。黄玉晶体粒径1~3 cm，长2~5 cm，无色透明，结晶完好，无裂纹。

七、石榴石

石榴石因形状、颜色与石榴籽十分相似而得名，中国古代称为“紫牙乌”。晶面显玻璃光泽、亚金刚光泽，断口显油脂光泽。透明-半透明。因化学成分的差异，石榴石划分为铁铝榴石、锰铝石榴石、钙铁石榴石、钙铝榴石及钙铬榴石。在宝石学上，划分为红榴石、翠榴石等品种。

（一）产地与成因

云南宝石级石榴石主要产于文山州（马关县、麻栗坡县），在保山市（隆阳区、腾冲市）、芒市、大理市、红河县也有发现。全省共发现矿床（点）13处（图9-1）。其中：矿床1处，矿点9处，矿化点3处（表9-7）。

表9-7　云南省主要石榴子石矿产地

编号	州（市）	矿产地名称	宝石类型	规模	矿床类型
1	保山市	隆阳区芒宽乡大海坝	石榴石	矿点	热液及砂矿
2		腾冲市滇滩镇铜厂脚	石榴石	矿点	矽卡岩型
3	德宏州	芒市遮放镇遮告	石榴石	矿化点	岩浆型
4	大理州	大理市海东	镁铝榴石、橄榄石	矿化点	岩浆型
5	红河州	红河县大羊街乡妥玛普	钙铝榴石	矿点	矽卡岩型
6	文山州	麻栗坡县猛硐乡洒西	石榴石	矿化点	岩浆型
7		马关县八寨镇耗子坝	镁铝榴石	矿点	岩浆型及砂矿
8		马关县八寨镇老厂小组	镁铝榴石	矿点	岩浆型及砂矿
9		马关县大栗树乡老房子	镁铝榴石	矿点	岩浆型及砂矿
10		马关县木厂镇梁子上	镁铝榴石	矿点	岩浆型及砂矿
11		马关县木厂镇上新寨	镁铝榴石	矿点	岩浆型及砂矿
12		马关县大栗树乡下岩脚	镁铝榴石	矿点	岩浆型及砂矿
13		马关县河头上	镁铝榴石	矿点	岩浆型及砂矿

云南省石榴石资源丰富，各种品种均有发现，但多数达不到宝石级别。部分镁铝榴石具有观赏收藏价值，少数钙铝榴石也可切磨成戒面、珠串等，深受商家及消费者欢迎和青睐。镁铝榴石主产于马关县八寨地区，已发现次火山爆发岩筒12个和岩脉40条。镁铝榴石赋存于岩筒和岩脉的次火山角砾岩的原岩及其风化土层中（照片9-34、9-35、9-36、9-37、9-38）。

照片 9-34　石榴石原石（含石榴石的火山角砾岩）

（产地：马关八寨）（崔银亮供稿）

照片 9-35　马关县老厂玄武质火山角砾岩

（李晖供稿）

照片 9-36　马关县老厂火山角砾岩中的镁铝榴石

（李晖供稿）

照片 9-37　马关县老房子玄武质火山角砾岩筒

（李晖供稿）

照片 9-38　马关县老房子残坡积层中的镁铝榴石

（李晖供稿）

（二）矿床特征

云南省有 6 处（图 9-1）石榴石矿较为典型。镁铝榴石赋存于次火山角砾岩的原岩及其残坡积物中。镁铝榴石为紫红、橙红色，偶有玫瑰红色，半透明，具玻璃-油脂光泽，多呈不规则粒状、椭圆状、扁豆状。其余特征见表 9-8。

表 9-8　马关县主要石榴子石矿特征

编号	矿区位置与矿点名称	出露新近纪 玄武质火山爆发岩筒数/个	镁铝榴石粒径/mm
46	马关县八寨镇下河头村委会耗子坝镁铝榴石矿点	1	13~50
47	马关县八寨镇老厂村委会老厂镁铝榴石矿点	2	15~60
48	马关县大栗树乡和平村委会老房子镁铝榴石矿点	2	10~70
49	马关县木厂镇木厂村委会梁子上镁铝榴石矿点	1	5~45
50	马关县木厂镇木厂村委会上新寨镁铝榴石矿点	1	5~30
51	马关县大栗树乡和平村委会下岩脚镁铝榴石矿点	2	5~45

马关县下岩脚镁铝榴石矿点采矿面积 28260 m^2，开采深度一般 0~10 m（照片 9-39、9-40、9-41），约采出镁铝榴石 275 kg。

照片 9-39　马关县下岩脚镁铝榴石采场
（李晖供稿）

照片 9-40　马关县玄武质火山角砾岩
（李晖供稿）

照片 9-41　淘洗干净的石榴石
（产地：马关）（崔银亮供稿）

八、锡石

锡石的化学成分为SnO_2，晶体属四方晶系的氧化物矿物。晶体具金红石型结构，通常为带双锥的短柱体，有时呈细长柱状或双锥状，膝状双晶普遍。晶体具金刚光泽，断口上油脂光泽，摩氏硬度6~7。比重6.8~7.1 g/cm^3。锡石的反射与折射仿如钻石的光彩，更加令人炫目和陶醉，故锡石宝石是钻石的代用品之一，受到收藏家的珍爱，被认为是“非常有魅力”的“优质宝石”。

（一）产地与成因

云南锡矿资源丰富，素享盛名，锡石宝石也颇具特色。晶洞往往全部被石英、锡石、电气石等矿物充填，形成完美的晶簇。无色透明锡石可加工成戒面和锡石挂件等饰品（照片9-42）。

照片9-42　透明锡石戒面

（产地：西盟）（崔银亮供稿）

云南省达到宝石级别的无-浅色透明锡石晶体，主要分布于滇西南的西盟县、永德县和滇南的个旧市。已发现矿床（点）5处（图9-1）。其中：矿床2处，矿点1处，矿化点2处（表9-9）。

表9-9　云南省主要锡石宝石矿产地

州（市）	矿产地名称	宝石类型	规模	矿床类型
普洱市	西盟县新厂乡阿莫	透明锡石	矿化点	电气石-石英脉型
	西盟县勐卡镇班哲	透明锡石	矿化点	电气石-石英脉型
	西盟县西盟锡矿	锡石	矿点	电气石-石英脉型
临沧市	永德县亚练乡垭口	锡石	矿点	电气石-石英脉型
红河州	个旧市高峰山	锡石	矿点	电气石-石英脉型

宝石级的锡石晶体及晶簇主要产于气成热液电气石-锡石-石英脉型锡矿床、锡石-云英岩型锡矿床内。大颗粒-巨晶不透明的锡石产于伟晶岩型锡矿床中。

（二）矿床特征

1. 西盟锡矿锡石矿床

矿床位于西盟县新厂乡阿莫村委会。锡石赋存于西盟花岗岩与大理岩接触带。锡石石英脉产于岩脉的裂隙带中。生长得比较完好的晶体往往是在裂隙壁上。

锡石单晶为四方柱状、四方双锥状。一般粒径1~40 mm，为黄棕-沥青黑色（照片9-43、9-44、9-45），半透明-透明，金刚光泽，晶体一般包裹体较多。

照片 9-43　暗褐色透明锡石与水晶共生的晶簇，规格：12 cm×11 cm×6 cm
（产地：西盟）（崔银亮供稿）

照片 9-44　西盟锡矿锡石晶体
（李晖供稿）

照片 9-45　西盟锡矿锡石标本
（李晖供稿）

2. 永德县亚练乡垭口锡石矿床

矿床位于永德县亚练乡垭口村，花岗岩侵入勐统群中。锡石石英脉产于长石岩脉、细晶岩脉的裂隙带中，在裂隙壁上有比较完好的晶体出现（照片 9-46）。

照片 9-46　永德县垭口锡矿锡石标本
（李晖供稿）

锡石为无-淡棕色，半透明-透明，金刚光泽。晶体由外至内有无色-黑褐色的色序变化。晶体常呈四方柱状、四方双锥状，一般粒径 5~50 mm，晶体一般包裹体较多。

九、其他宝石

其他宝石共有矿（化）点 11 处（表 9-10）。有绿帘石、金绿宝石、天河石、透明重晶石、冰洲石、黑色电气石较少（表 9-10）。

表 9-10　云南省其他宝石矿产地

编号	类型	州（市）	矿产地名称	宝石类型	规模	矿床类型
1	绿帘石	丽江市	宁蒗县新营盘乡峰子岩	绿帘石	矿点	热液型
2		楚雄州	元谋县物茂乡那化	绿帘石	矿化点	热液型
3		红河州	建水县坡头乡虾洞	绿帘石	矿点	接触交代型
4			红河县迤萨镇底玛坝	绿帘石	矿点	矽卡岩型
5	金绿宝石	保山市	腾冲市界头镇宝华山	金绿宝石	矿点	伟晶岩型
6		红河州	石屏县龙武镇方丈	金绿宝石	矿化点	矽卡岩型
7	天河石	保山市	腾冲市中和镇新岐	天河石、黄玉	矿化点	蚀变花岗岩型
8		红河州	金平县金河镇枯岔河	天河石	矿点	热液型
9	透明重晶石	昆明市	宜良县七笛	透明重晶石	矿点	热液型
10	冰洲石	文山州	文山市德厚镇期乌	方解石、冰洲石	矿化点	区域变质型
11	黑色电气石	文山州	麻栗坡县上新寨	黑色电气石	矿化点	热液型

金绿宝石也称金绿玉。它有 4 个变种：猫眼，变石，变石猫眼、金绿宝石晶体。金绿宝石中，大众熟知的是金绿猫眼。它以丝状光泽和锐利的眼线而成为自然界中最美丽的宝石之一。云南省的金绿宝石产于腾冲市和石屏县，有矿点和矿化点各 1 处。成因类型分别为矽卡岩型和伟晶岩型。

天河石属于长石矿物中的一种，为含钾铝硅酸盐常见的矿物，产在火山岩中。微斜长石的颜色有白、米黄、红色，具有玻璃光泽，比较脆。被当作宝石的天河石，就是一种绿色的微斜长石变种。云南省的天河石产于腾冲市和金平县，有矿点和矿化点各 1 处。成因类型分别为蚀变花岗岩型和热液型。

第二节　玉　　石

据宝玉石国家标准《珠宝玉石名称》（GB/T 16552—2017），玉石指自然界产出的，具有美观、耐久、稀少、工艺价值的矿物集合体。为满足制作工艺需要，一般要求其硬度在摩氏 4 度以上，质地细密，色泽艳丽、典雅、半透明-微透明。

根据《珠宝玉石名称》（GB/T 16552—2017）、《石英质玉分类与定名》（GB/T 34098—2017），目前云南发现黄龙玉、玛瑙、碧石、岫玉、东陵石、玉髓等 18 个玉石品种（表 1-3），共有矿点 54 处（图 9-2）。其中黄龙玉、南红玛瑙名扬天下。

黄龙玉、南红玛瑙、东陵石等称谓为“商贸名称”，其标准基本名称都属于“石英质玉”。

一、黄龙玉

2018 年 5 月 1 日实施的国家标准《珠宝玉石名称》（GB/T 16552—2017）明确规定，石英岩玉、玉髓为天然玉石基本名称，主要组成矿物为石英，化学成分为二氧化硅，玻璃光泽，透明，硬度为 7，隐晶质结构。根据 2018 年 2 月 1 日实施的国家标准《石英质玉分类与定名》（GB/T 34098—2017），黄龙玉属石英质玉，可细分为石英岩玉、玉髓两种。

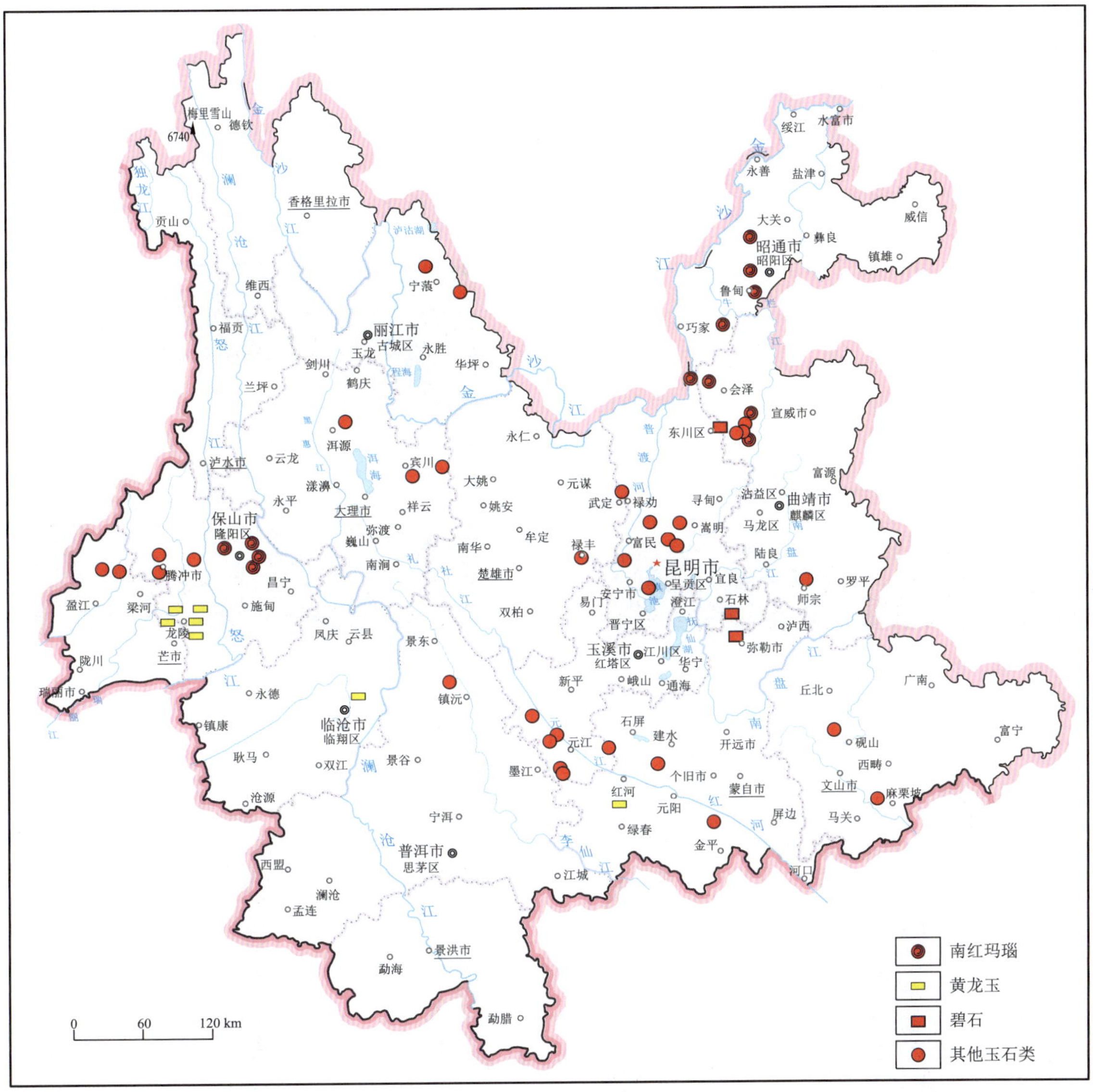

图 9-2　云南省玉石矿分布图

(一) 产地与成因

黄龙玉主产于龙陵县，在临翔区、红河县也有产出（图 9-2，表 9-11）。

表 9-11　云南省主要黄龙玉矿产地

州（市）	矿产地名称	宝玉石类型	规模	矿床类型
保山市	龙陵县龙新乡小黑山	黄龙玉	矿点	热液型
	龙陵县镇安镇镇安	黄龙玉	矿点	热液型
	龙陵县龙江乡三台山	黄龙玉	矿点	热液型
	龙陵县象达乡迤沙寨	黄龙玉	矿点	热液型
	龙陵县苏帕河	黄龙玉	矿点	洪冲积型
临沧市	临翔区凤翔热水塘	黄龙玉	矿点	热液型
红河州	红河县浪堤乡红坡洛	黄龙玉（黄蜡石）	矿点	接触交代型

据传，2003 年为龙陵县修建苏帕河电站的坝基，在开凿山体时，滚落下一些巨大石块，现场一个广西籍工作人员认为部分岩石与黄蜡石相似，当地居民才对黄龙玉开始认知。随后，在苏帕河的河床堆积物中发现卵砾石籽料。一年后，云南省瑞丽市珠宝交易市场悄然出现了一种黄色玉石，并迅速在龙陵、芒市、瑞丽、昆明、北京等地掀起购买高潮，成为了国内价值增长最快的玉石种类。黄龙玉颜色艳丽，质地细腻，温润晶莹，招人喜爱。由于其产在云南省龙陵县，又因其颜色以黄色为主色调，故商贸流通中称之为黄龙玉。黄为颜色，龙在“龙陵”地名中析出（照片 9-47、9-48、9-49、9-50）。

照片 9-47　龙陵县小黑山红黄白料黄龙玉原石
（李晖供稿）

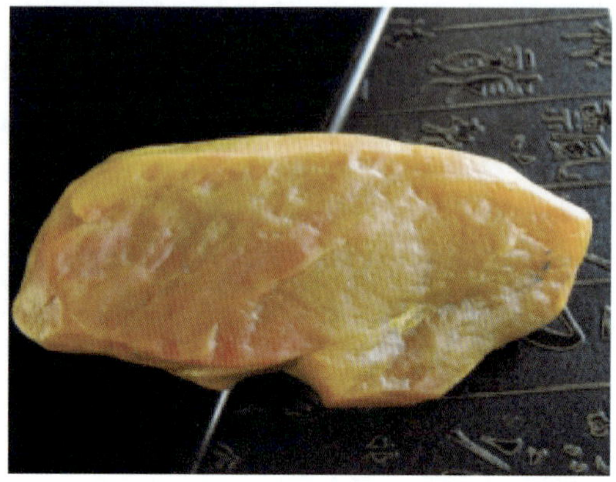

照片 9-48　龙陵县小黑山红黄料黄龙玉原石
（李晖供稿）

照片 9-49　质量上乘的黄龙玉手把件
（崔银亮供稿）

照片 9-50　质量中等的黄龙玉手把件
（崔银亮供稿）

按产出地点龙陵县黄龙玉分为：原生矿产地，残坡积层产地、河床籽料产地分别相当于矿床分类中之原生矿、残坡积矿、洪冲积矿。

原生矿产出的黄龙玉称山料、山洞料、鸡窝料，统称新种料。产于小黑山矿区、镇安矿区，龙江矿区、迤沙寨矿区。小黑山矿区包括洋烟河、大场、团坡、芹菜塘、大河边、百花寨、象达凹等矿带。龙江矿区包括三台山村、硝塘村矿带。

残坡积层产出的黄龙玉称山流水料、草皮料，统称新老种。产于小黑山矿区的小黑山南坡大场地区、象达凹矿区（小黑山南坡谷地）、小黑山四周小溪及山坡地段。

河床中产出的黄龙玉籽料为山流水料的一部分，统称老种。产于苏帕河矿区、勐梅河矿区。苏帕河矿区包括茄子山水库、大坝下的油洼、水草林、椿头坪、尹家田、朝阳、台子田、乌泥河、阿鸠田、干水田-三江口河段等。勐梅河矿区主要为镇安河段。

龙陵县的黄龙玉属中低温热液矿床。矿床产于花岗岩的内接触带上，与围岩产生强烈的蚀变，后期的热液沿裂隙以充填方式成矿。矿体呈脉状、层状、似层状、扁豆状产出。同时，黄龙玉矿体存在广泛的表生作用。

黄龙玉主要加工为手镯、雕件、摆件等（照片 9-51、9-52），是难得的艺术加工玉料。

照片 9-51　龙陵县鸡油黄黄龙玉手镯

（2017 中国昆明国际石博览会展品）

照片 9-52　龙陵县红黄白料黄龙玉摆件

（2017 中国昆明国际石博览会展品）

（二）矿床特征

在龙陵县境内，有 5 个规模较大的黄龙玉矿区。

龙陵县小黑山黄龙玉矿床（1）位于龙陵县龙新乡小黑山村，属高黎贡山山脉的南延部分。矿区面积约 40 km^2，包括洋烟河、大场、团坡、芹菜塘、大河边、百花寨、象达凹等矿段。出露地层为震旦-寒武系公养河群（$Z\in G_1$），岩浆岩为平河花岗岩复式岩体。矿体产于中粗粒黑云二长花岗岩中，近南北走向。主要蚀变有高岭土化、绢云母化、绿泥石化。优质黄龙玉主要分布在 V1、V2 矿体，长度 100~380 m，厚 2.00~8.00 m。矿石具粒状变晶结构，块状构造。矿物成分为石英和极少量的黄铁矿、白云母。颜色为黄色，也有羊脂白、青白、红、黑、灰、绿、五彩等颜色。

龙陵县镇安黄龙玉矿床（2）位于龙陵县镇安镇热水塘东侧。矿体产于中粗粒黑云二长花岗岩中。矿区仅见 1 条单一型矿脉，宽 0.8~1.1 m，推测埋深 60 m。镇安矿脉由充填在构造破碎带中，玉髓胶结构造角砾形成固结程度较高的构造角砾岩。角砾与胶结物颜色不一，形成五彩石，俗称“镇安铜钱花”料。每块石料一般都有黑、白、黄、红、灰等色彩。

龙陵县龙江黄龙玉矿床（3）位于龙陵县龙江乡三台山村，划分为三台山村矿段、硝塘村矿段。矿区尚未开展地质勘查，仅在个别点上见到陡倾斜的典型大脉型的板带状矿脉。通常所说的龙江料即为三台山料。此类玉料的皮呈黄褐色波纹状或鱼鳞状，内部颜色大都呈红、黄两色。色泽浓郁，但稍有发灰。内部多棉，含有一些粒状杂质，影响玉的质地。龙江乡硝塘村产出的料石呈黑、白两色，水头不足，质地颗粒明显，不细腻。

龙陵县逦沙寨黄龙玉矿床（4）位于龙陵县象达乡逦沙寨，尚未开展地质勘查，暂无法确定脉体产状及规模。逦沙寨产出的黄龙玉料水头足，一般呈红、黄、白、灰等色，色彩丰富，对比强烈，色泽浓艳。特别是红色，是俏色雕件难得的玉料，且常能产出草花料（照片 9-53、9-54）。料石的缺点是裂绺太多，颗粒较粗。

龙陵县苏帕河籽料分布区（5）的苏帕河左岸环绕着黄龙玉山原生矿主产区的小黑山。苏帕河的小黑山河段是黄龙玉籽料以及部分山流水、草皮坑石的主要埋藏场所。黄龙玉的籽料产地集中分布在苏帕河的茄子山水库及大坝下的油洼-水草林-椿头坪-尹家田-澡堂头-台子田一带。

照片 9-53　龙陵县黄龙玉水草花原石

（崔银亮供稿）

照片 9-54　龙陵县“洞天福地”水草花黄龙玉摆件　规格：约 1.2 m（长）×0.5 m（高）

（2017 中国昆明国际石博览会“真龙珠宝”展品）

二、南红玛瑙

南红玛瑙，古称赤玉、赤琼、琼玉，化学式 SiO_2，蜡样光泽，半透明—不透明，质地细腻，油润，硬度 6.5~7，比重 2.55~2.91 g/cm³，隐晶质矿物，脆性。

（一）历史

南红玛瑙的历史悠久，古代南红玛瑙主产于云南保山地区，因产地而得名。在出土的战国贵族墓葬中，已经有南红玛瑙的串饰。云南省博物馆馆藏有出土的古滇国时期南红饰品，北京故宫博物院馆藏的清代南红玛瑙凤首杯更是精美。这些珍藏品是研究南红玛瑙的实物资料，具有非常重要的历史、文化、艺术价值。南红玛瑙由于其天然的红色而为我国人民所喜爱。作为稀缺的珍贵材料，被历朝历代所重视，尤其清代达到顶峰。

南红玛瑙可作为藏族地区深海红珊瑚配饰的替代品。藏族地区使用的红珊瑚全部为倒枝珊瑚，只产于日本海峡和台湾海峡。红珊瑚的珍贵，决定了其只属于藏族地区少数人的奢侈品。于是，南红玛瑙以批量产品的形式进入藏族地区，成为众多信徒的随身配饰。这种情况可能始于清朝晚期，这就是清朝晚期南红玛瑙原料和制品枯竭的原因之一。

近年来，随着云南、四川高品质南红玛瑙的发现和加工技术的提高，社会上重新掀起了南红玛瑙的收藏热潮。

（二）产地与成因

保山市属南红玛瑙的典型产地。主产地为隆阳区杨柳乡–瓦渡乡一带，共有滴水洞、大黑洞、冷水沟、三眼井、白沙沟、干仗、浪坝等矿点（照片 9–55、9–56、9–57）。

照片 9–55　保山南红玛瑙原矿　规格：长 0.6 m，高 0.35 m

（2017 中国昆明国际石博览会精品展展品，收藏者：文景）

照片 9–56　保山杨柳采场

（李晖供稿）

照片 9–57　保山杨柳漆树丫口玛瑙

（李晖供稿）

保山市南红玛瑙可制作成挂件、戒面、摆件、手串等（照片 9–58、9–59、9–60、9–61）。

滇东北所产南红玛瑙俗称川料。主要分布于昭通市永善县马口乡亮峰台村、昭阳区徐家院、鲁甸县小寨镇窝子箐、巧家县老店等矿点（照片 9–62）。在曲靖市会泽县娜姑镇盐水、娜姑镇石门坎、上村乡瓦厂、上村乡大叉河、上村乡河口、田坝乡曾家湾等地也有分布。

南红玛瑙是一种典型的低温矿物集合体，成矿作用主要是岩浆热液充填在玄武岩的气孔状构造中。在岩浆喷发的晚期，玄武岩中含高硅气液多次充填入气孔状结构中，形成玛瑙的层圈状构造。在保山地区为石炭系卧牛寺组玄武岩，在昆明、曲靖、昭通地区为二叠系峨眉山玄武岩。

照片 9-58 “龙龟”保山杨柳红白料
（李晖供稿）

照片 9-59 保山杨柳蚕丝纹手串
（李晖供稿）

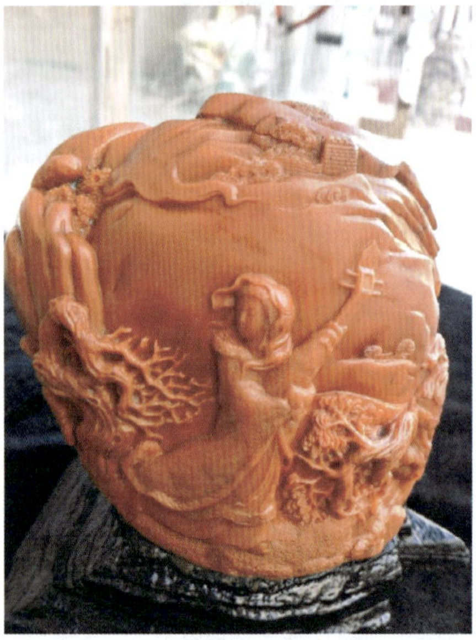

照片 9-60 百花奖金奖“昭君出塞”
保山杨柳近锦红
（李晖供稿）

照片 9-61 “孔雀开屏”保山杨柳柿子红多裂
（李晖供稿）

照片 9-62 南红玛瑙原石（产地：巧家），规格：21cm（宽）×18cm（高）
（崔银亮供稿）

（三）矿床特征

云南省的南红玛瑙矿床（点）有 12 处较有代表性（图 9-2，表 9-12，照片 9-63、9-64、9-65、9-66、9-67、9-68）。

表 9-12　云南省南红玛瑙矿代表性矿床（点）特征

产地	成因类型	规模	矿体地质特征
隆阳区杨柳乡海尾	热液充填、砂矿	矿点	矿体产于上石炭统卧牛寺组杏仁状蚀变玄武岩。品种主要为柿子红、锦红，水红、白色、暗红。玉石透明状-半透明状（照片 9-63）。缺点是裂绺太多，难成大料。采点有：岔河岭干、三湾河、大海坝、坝口
隆阳区瓦渡乡荒田	热液充填、砂矿	矿点	矿体赋存于上石炭统卧牛寺组玄武岩中。玛瑙已达到宝石级标准的品种有“水红”，大小一般 0.5~1 cm，最大 4 cm×5 cm×7 cm。玛瑙具蜡状光泽，透明状—半透明状，断口平滑。玛瑙与围岩（玄武岩）界线清楚，地表呈半风化状。矿床成因类型为原生矿和残坡积矿
隆阳区金鸡乡罗寨	热液充填	矿点	矿体赋存于上石炭统卧牛寺组玄武岩中。玛瑙呈团包状产于玄武岩中，隐晶质，环带状，大多为浅红、粉红色
隆阳区瓦渡乡浪坝	砂矿	矿点	玛瑙产于第四系砾石层中，呈浅红色，次圆形、浑圆形块状产出，大小 0.5~1 cm，最大 4 cm×5 cm×7 cm。玛瑙具蜡状光泽，断口平滑（照片 9-64）
永善县马口乡亮峰台	热液充填、砂矿	矿点	矿体产于二叠系峨眉山玄武岩组中。品种主要为柿子红、玫瑰红、樱桃红、冰冻、红白、蚕丝等，透明—半透明状，裂绺一般。粒度大小 0.5~4 cm，个别达 10 cm（照片 9-65）。下游冲沟中冲洪积层中见南红玛瑙砾石
鲁甸县小寨镇窝子箐	热液充填、砂矿	矿点	矿体产于二叠系峨眉山玄武岩中。品种主要为玫瑰红、樱桃红、冰冻、红白、蚕丝等，透明—半透明状，裂绺较多。粒度大小 0.5~3 cm，个别达 5 cm。残坡层中见南红玛瑙砾石
昭阳区徐家院	砂矿	矿点	矿体产于第四系冲洪积层含玛瑙角砾层中（照片 9-66）。玛瑙品种主要为玫瑰红、蚕丝，粒径 0.5~2.5 cm，重 0.01~0.5 kg。玛瑙裂多
巧家县老店	砂矿	矿点	矿体产于第四系残坡积层中。玛瑙品种为柿子红、玫瑰红、红白、蚕丝、灰黑等，透明—半透明，裂绺一般。粒度大小在 1~6 cm，个别达 10 cm。下游冲洪积层中见南红玛瑙砾石
会泽县娜姑镇石门坎	砂矿	矿点	矿体产于第四系残坡积层中。玛瑙品种主要为柿子红、玫瑰红、冰冻、蚕丝等，透明—半透明，裂绺较多（照片 9-67）。粒度大小在 1~8 cm，个别达 13 cm
会泽县娜姑镇盐水	热液充填、砂矿	矿点	矿体产于二叠系峨眉山玄武岩中（照片 9-68）。玛瑙品种主要为柿子红、玫瑰红、红白、蚕丝等，透明—半透明，裂绺多。粒度大小在 1~5 cm，个别达 9 cm。下游冲洪积层中见南红玛瑙砾石
会泽县上村乡瓦厂	砂矿	矿点	矿体产于第四系冲洪积层中。玛瑙品种有柿子红、玫瑰红、蚕丝等，透明—半透明，颜色偏暗，裂绺较少。粒度大小在 1~5 cm，个别达 8 cm
会泽县田坝乡曾家湾	砂矿	矿点	矿体产于第四系冲洪积层中。玛瑙品种有柿子红、玫瑰红、蚕丝等，透明—半透明，颜色偏暗，裂绺较多。粒度大小在 1~5 cm，个别达 8 cm

除南红玛瑙外，云南省尚有其他玛瑙矿床（点）29 处（图 9-2）。其中：矿床 6 处、矿点 21 处、矿化点 2 处（表 9-13）。

其中的砚山县玛瑙发现于 20 世纪 80 年代，近年得到较好开发。砚山县玛瑙原矿酷似恐龙蛋，包裹着厚厚的氧化皮层（照片 9-69），状如排球大小。由于储量大、材质坚硬、有胶质感、色彩丰富，开发前景较好。

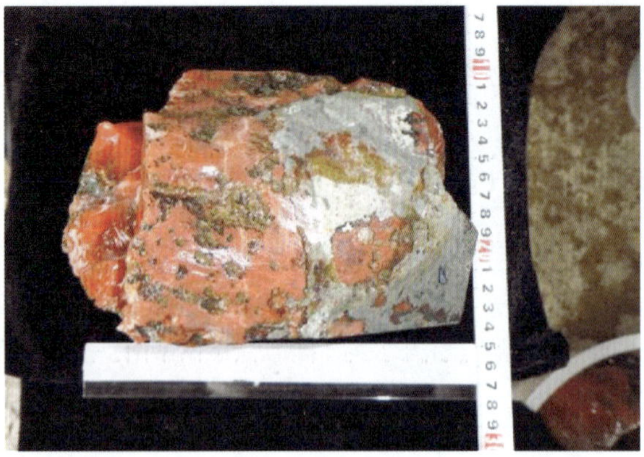

照片 9-63　隆阳区杨柳大海坝产出玛瑙
（李晖供稿）

照片 9-64　隆阳区南红琥珀料
（李晖供稿）

照片 9-65　永善县红白玛瑙料（外红皮厚，多裂）
（李晖供稿）

照片 9-66　昭阳区徐家院冲洪积层中玛瑙砾石
（李晖供稿）

照片 9-67　会泽石门坎柿子红玛瑙料
（外红皮厚特征）

照片 9-68　会泽县娜姑镇玄武岩气孔中的玛瑙
（李晖供稿）

表 9-13　云南省主要玛瑙矿产地

州（市）	矿产地名称	宝玉石类型	规模	矿床类型
昆明市	盘龙区龙泉镇松花坝	玛瑙	矿点	热液砂矿
	官渡区大板桥镇宝象河	玛瑙、碧玉	矿点	热液砂矿
	西山区海口镇白鱼口	玛瑙、碧玉	矿点	热液型
	富民县散旦镇宝石洞	玛璃	矿点	接触交代型
	嵩明县白邑乡达达村	玛瑙	矿点	砂矿
	嵩明县老坝	玛瑙	矿点	热液型
	石林县石林镇小密枝	玛瑙、碧玉	矿点	冲洪积型
	石林县大可乡波罗黑	玛瑙、碧玉	矿点	冲洪积型
	石林县大可乡小河新	玛瑙、碧玉	矿点	冲洪积型
	石林县大可乡南小	玛瑙、碧玉	矿点	冲洪积型
曲靖市	会泽县娜姑镇盐水	玛瑙	矿点	热液型
	会泽县娜姑镇石门坎	玛瑙	矿点	热液型
	会泽县上村乡瓦厂	玛瑙	矿点	热液型
	会泽县上村乡大叉河	玛瑙	矿点	热液型
	会泽县上村乡河口	玛瑙	矿点	热液型
	会泽县田坝乡曾家湾	玛瑙	矿点	砂矿
保山市	隆阳区杨柳乡杨柳	玛瑙	矿点	热液
	隆阳区瓦渡乡荒田	玛瑙	矿点	热液
	隆阳区金鸡乡罗寨	玛瑙	矿点	热液
	隆阳区杨柳乡海尾	玛瑙	矿点	热液型
	隆阳区瓦渡乡浪坝	玛瑙	矿点	砂矿
	龙陵县平达乡桂花树	绿色玉髓	矿化点	热液型
昭通市	昭阳区徐家院	玛瑙	矿化点	冲洪积型
	鲁甸县小寨镇窝子箐	玛瑙	矿点	砂矿
	巧家县老店	玛瑙	矿点	热液型
	永善县马口乡亮峰台	玛瑙	矿点	热液型
大理州	宾川县大营镇大营	玛瑙	矿点	火山岩及砂矿
红河州	弥勒县西一镇小起飞	玛瑙、碧玉	矿点	冲洪积型
文山州	砚山县盘龙乡白泥井	玛瑙	矿点	热液型

三、碧石

碧石的化学成分为二氧化硅（SiO_2），主要矿物成分为各种颜色的硅质矿物（如玉髓、石英等），颗粒微小，结构紧密，摩氏硬度为6.5~7.0，相对密度为2.7~2.95 g/cm^3。云南的碧石主要有2种产状，一是与玛瑙共生于玄武岩的杏仁体和裂隙中的碧石，二是变质硅质岩。

（一）产地与成因

云南的碧石又称石林彩石，产于石林县、弥勒县。碧石可加工为手串、吊坠（照片9-70、9-71）等。

碧石的成矿作用为岩浆热液充填，二叠纪晚期，在川、滇、黔发生峨眉山玄武岩喷发。玄武岩中含高硅热液充填入气孔状结构或岩石裂隙中，形成碧玉团块。碧石矿体经受风化、剥蚀、搬运、沉积

照片 9-69　砚山县玛瑙原石

（2017 中国昆明国际石博览会展销品）

照片 9-70　石林彩玉手串

（石林政府网 http://sl.km.gov.cn/c/2013-07-03/852094.shtml）

照片 9-71　石林彩玉手镯

（云南经济日报 http://jjrbpaper.yunnan.cn/html/2014-03/19/content_818539.htm? div=div=6）

作用，形成砂矿床。

（二）矿床特征

1. 石林县碧石（石林彩玉）矿床

矿床位于石林县小密枝-波罗黑-南小一带，矿带大致呈近南北向分布。矿体赋存在第四系洪冲积层、残坡积层及新近系中（照片 9-72、9-73），未发现二叠系峨眉山玄武岩原生矿。矿体主要为碧石、玛瑙，有少量玉髓。

碧石呈次圆状、浑圆状，色彩丰富（照片 9-74、9-75）。块度 6~10 cm，最大 25 cm。

2. 会泽县红玛瑙伴生碧石矿点

矿点位于会泽县娜姑镇、上村乡、田坝乡一带。矿体赋存在第四系冲洪积层、第四系残坡积层中。已发现二叠系峨眉山玄武岩原生矿，为含玛瑙矿层位中伴生有碧石。碧石颜色主要为红、黄、紫、灰绿、黑色等，不透明，粒径 1~10 cm，最大 21 cm。

3. 弥勒县碧石（石林彩玉）矿点

矿点位于弥勒县额依寨-小起飞一带。矿体赋存于第四系冲积层、第四系残坡积层、新近系中，未发现原生矿。矿体主要含碧石及玛瑙，少量玉髓。碧石呈次圆形、浑圆形产出，色彩丰富，块度 4~8 cm，最大 21 cm。

照片 9-72　石林县小起飞额依桥旁含彩玉玄武岩砾石层
（李晖供稿）

照片 9-73　石林县波罗黑村新近系含彩玉砾岩层
（李晖供稿）

照片 9-74　石林碧石（亦称石林彩玉）
（彩宝网 http：//www.
0731caibao.com/news/2015-8-6/1517.html）

照片 9-75　石林碧石
（彩宝网 http：//www.
0731caibao.com/news/2015-8-6/1517.html）

四、其他玉石

其他玉石类型见有汉白玉（碳酸盐质玉石）、东陵石、岫玉及蛋白石，共有矿床（点）12 处（图 9-2）。其中：矿点 8 处、矿化点 4 处。（表 9-14）。

汉白玉（碳酸盐质玉石）的主要矿物成分是方解石（$CaCO_3$），硬度 5，呈隐晶质结构。这类玉石的名称很多，主要是根据产地、颜色、花纹等的不同而命名。贡山县茨开镇-丙中洛镇碳酸盐质玉石（又称怒江羊脂玉）矿点较为典型。矿体产于浅变质石炭系的大理岩中。方解石呈隐晶质结构，呈明显的蜡状光泽。玉质温润，羊脂白度，可雕刻成各种各样的器物（照片 9-76、9-77）。

东陵石又称“冬陵石”，还称“印度玉”，为含铬云母的油绿色石英岩。现今人们则推而广泛，把地壳里一切色泽艳丽、质地致密坚韧的石英岩或次生石英统称为“东陵石”。云南省的东陵石分布于新平县、墨江县、梁河县、盈江县，共有矿床（点）4 处。其中矿床 2 处、矿化点 2 处。成因类型为蚀变超基性岩、变质型。

岫玉又称岫岩玉，以产于辽宁省鞍山市岫岩满族自治县而得名，为中国历史上的四大名玉之一。属蛇纹石类矿石。云南省的岫玉质地坚实而温润，细腻而圆融，多呈绿色至湖水绿。云南省的岫玉分布于宁蒗县、镇沅县、洱源县、武定县，共有矿床（点）4处。其中：矿床2处、矿点2处。成因类型为接触变代型、砂矿。

表9-14 云南省其他玉石矿产地

编号	类型	州（市）	矿产地名称	玉石类型	规模	矿床类型
1	碳酸盐质玉石	怒江州	贡山县茨开-丙中洛	羊脂玉	矿点	变质型
2	东陵石	玉溪市	新平县建兴乡双沟街	东陵石、金沙石	矿化点	蚀变超基性岩
3		普洱市	墨江县金厂	东陵石、金沙石	矿化点	蚀变超基性岩
4		德宏州	梁河县九保乡南京沟	东陵石	矿点	变质型
5			盈江县勐弄乡龙门	绿东陵石	矿点	变质型
6	岫玉	丽江市	宁蒗县翠玉乡凹里落	岫玉（蛇纹石玉）	矿点	接触变代型
7		普洱市	镇沅县勐大镇文况	岫玉（蛇纹石玉）	矿点	砂矿
8		大理州	洱源县乔后镇岩峰场	岫玉（蛇纹石玉）	矿点	接触交代型
9		楚雄州	武定县狮山镇马家营	岫玉（蛇纹石玉）	矿点	砂矿
10	蛋白石	曲靖市	师宗县大同	蛋白石	矿点	风化淋滤型
11		德宏州	梁河县河西乡丝光坪		矿化点	
12		普洱市	墨江县金厂-安定		矿化点	风化淋滤型
13	芙蓉石	红河州	红河县石头寨乡苗白	芙蓉石	矿点	伟晶岩型

照片9-76 怒江羊脂玉手镯
（李晖供稿）

照片9-77 怒江羊脂玉摆件
（李晖供稿）

蛋白石是天然的硬化的二氧化硅胶凝体，在矿物学中属蛋白石类，是具有变彩效应的玉石，是一种含水（5%~10%）的非晶质的二氧化硅。云南省的蛋白石分布于师宗县、梁河县、墨江县，共有矿（化）点3处。其中：矿点1处、矿化点2处。

第十章　水气矿产

水气矿产系指蕴含有某种水、气，并经开发可被人们利用的矿产，有6个矿种：地下水、矿泉水、二氧化碳气、硫化氢气、氦气、氡气。云南省发现工业意义的水气矿产有：地下水、矿泉水、地热（水）、二氧化碳气。

第一节　地下水资源

地下水是埋藏在地表以下岩土体空隙中的水。这里所称“地下水”仅限于浅层地下水，主要是潜水，次为承压水。潜水是指埋藏于地表以下第一个稳定隔水层以上，具有自由水面的重力水。承压水是充满在2个稳定不透水层，或弱透水层间的含水层中，承受水压力的地下水。由于潜水埋藏相对较浅，补给条件好，容易更新，具有较好的开采条件，有利于工农业和生活供水。

云南省地下水的来源，主要靠大气降水的渗入补给。滇西北融雪水以及水库、塘坝、人工灌溉等，也是地下水补给来源，但与大气降水渗入量相比，其量甚微。因此，地下水的富水程度与雨量大小、降雨历时、强度等有很大关系。雨量大，历时长，强度小的降雨对地下水形成有利。其次是含水层因素，如土层疏松，森林植被良好，岩层节理、裂隙发育等，对地下水的形成、储存、汇集有利。全省地下水形成条件一般较好，不同地区有较大差异。

一、含水层组与地下水径流特点

（一）含水层组划分

云南省岩石种类齐全，构造发育，自然条件变化显著，以致水文地质条件较为复杂。根据岩石种类及其富水程度，划分为5类不同含水岩组（图10-1）。

1. 松散岩类孔隙含水岩组

零散分布于山间盆地之中，总面积1.93×10^4 km^2，占全省面积的4.90%。含水层为新近系和第四系，厚度数十米至上千米。富水性各地差异较大。补给模数一般<1×10^5 m^3/a · km^2。富水程度主要决定于含水层的堆积类型和成岩程度。松散堆积的砂砾石层、泉华钙粒层，含有孔隙水（潜水、承压水、自流水），富水性中等—丰富，补给模数一般（1~2）×10^5 m^3/a · km^2。地下水资源总量约为27.96×$10^8$$m^3$/a。具供水意义者多分布于滇西河谷区和洪冲积为主的坝区。在元谋、宾川等地，是当地人民生活和农田用水的主要来源之一。

2. 碳酸盐岩类岩溶含水岩组

大面积分布于滇东地区及滇西的香格里拉、保山、镇康部分地区，总面积11.09×10^4 km^2，占全省面积的28.15%。因岩溶裂隙和洞穴发育，有利于降水渗入，补给条件较其他岩组优越。泉水、暗河是主要的排泄方式。在盆地边缘和河谷地带，泉水、暗河露头较多，形成较多的富水地段。富水程度不均匀性是岩溶含水层的基本特点。岩层的富水程度主要取决于岩溶的发育程度和岩溶埋藏深度。裸露型地区以管流为主，极不均匀；半裸露型地区管脉兼有，比较均匀；覆盖型地区以脉状流为主，较为均匀。岩组径流模数>1×10^5 m^3/a · km^2，强者>3×10^5 m^3/a · km^2。地下水资源蕴藏量342×10^8 m^3/a，是省内形成大中型集中供水水源地的主要含水层组。

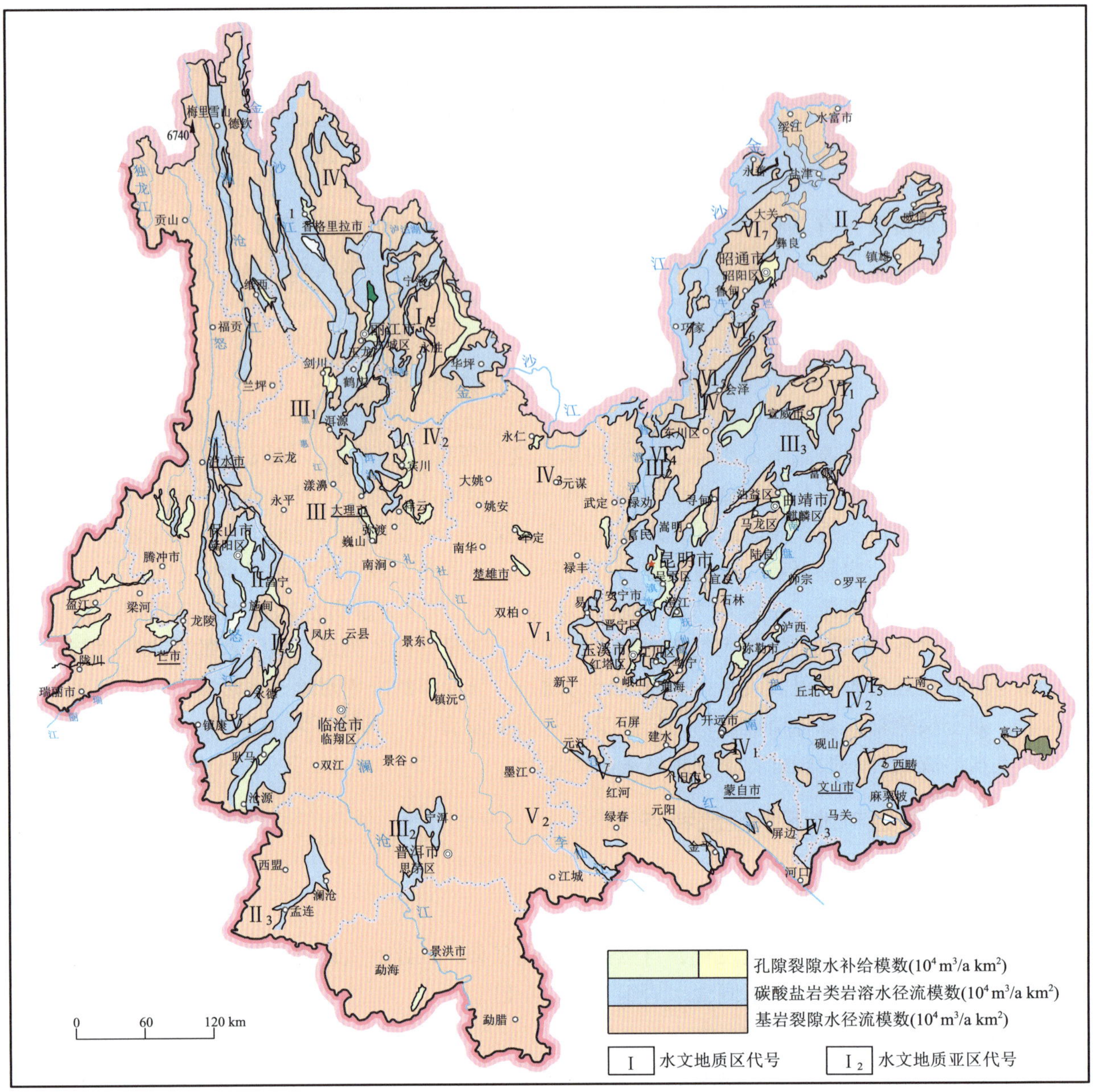

图 10-1　云南省地下水资源分布示意图

3. 碎屑岩类裂隙含水岩组

集中分布在滇中的大姚-新平和滇西的兰坪-普洱地区，分布面积 16.59×10^4 km^2，占全省面积的 42.11%。岩组主要为红色陆相碎屑沉积，含层间裂隙水。富水程度受岩石粒度控制。粉细砂岩和泥岩富水性减弱，中粗砂岩和砾岩，富水性强—中等。径流模数为 1.21~9.47 L/s · km^2。地下水资源蕴藏量约 2.3×10^{10} m^3/a。该含水岩组难以形成大型水源的富水地段。

4. 变质岩类裂隙含水岩组

变质岩系分布面积 4.91×10^4 km^2，占全省面积的 12.46%。板岩、千枚岩等浅变质岩，透水性弱，径流模数<2 L/s · km^2。片麻岩、混合岩等深变质岩，裂隙发育，富水性较强，径流模数 3.51~8.18 L/s · km^2。地下水资源蕴藏量约 1×10^{10} m^3/a。

5. 岩浆岩类裂隙含水岩组

该含水岩组包括侵入岩和喷出岩，总面积达 4.88×10^4 km^2，占全省面积的 12.38%。大型侵入岩体主要出露于滇西，含水层厚度数十米至数百米，径流模数为 1.11~15.59 $L/s \cdot km^2$。喷出岩以二叠纪玄武岩为主，滇东大面积分布，径流模数与侵入岩接近。地下水资源蕴藏量约 9×10^{10} m^3/a。

（二）地下水径流特点

云南的地下水径流具如下特点。

1）云南省山高谷深，地形变化较大，含水层多形成相互独立的面积不大的水文地质单元体。一般地下水径流途径小于几十千米。只有在岩溶发育的石灰岩地区和地下水深循环的温泉分布地带，才可形成源远流长的地下水径流途径。

2）侵蚀构造山区，地下水面和地形坡面的形态相差不大，地下水水力坡降较陡。地下水大部分通过天然露头排泄，表现出高原山区交替活跃、排泄通畅的水文地质特点。坝子内的松散层，地下水面与地面形态基本一致，地下水的水力坡降平缓，径流不畅，排泄不良之特点。

3）全省多数地下水分布区（指含水层的分布范围）与补给区（指补给地下水的地区）一致。气象水文要素的变化，能直接、较快地影响地下水的变化。雨季地下水获得的补给量多，地下水面上升，含水层厚度随之加大，埋藏深度变小，地下径流量排泄量增大。枯季则相反。

4）由于地形差异较大，省内无统一的地下水侵蚀基准面。各地区地下水多以邻近河流或湖泊为相对侵蚀基准面。排泄形态多呈泉水出露。在石灰岩、白云岩分布地区，往往有集中排泄的大流量暗河和泉水（俗称“龙潭”）。这些泉水在河谷地带和盆地边缘成群溢出，形成集中排泄地带。一些湖泊和河流的水面以下亦有突涌现象。有坝子的地区常以坝子为中心，构成独立的水文地质单元。由分水岭至坝子，可大致分出地下水补给区—径流区—排泄区。

二、资源评价

（一）地表水资源数量及其变化

云南地表水资源丰富，以 1999 年为例，当年全省平均降水量 1367.9 mm，折合水量 5391.49×10^8 m^3，比常年多 11.80%。江河水资源量为 2492.54×10^8 m^3，占降水量的 46.30%，比 1997 年多 8.40%，比 20 世纪 80 年代多年平均值多 24.40%。

水资源分布现状是西部、南部较多，中部、北部较少。省内湖泊较多，九大湖泊总蓄水量 287.37×10^8 km^3。湖泊总蓄水量有缩小趋势。例如：滇池在 20 世纪 70 年代水面积为 340 km^2，现仅为 306.3 km^2。地表水利工程发展较快。1999 年大中型水库已达 148 座，小型水库 5000 余座，总蓄水量 86.47×10^8 m^3。

（二）地下水资源分布

1. 地下水天然补给资源数量及其分布

地下水天然补给资源是在天然条件下，通过各种途径直接或间接地接受大气降水或地表水的渗入补给，并按水文周期呈现有规律变化的补给量。

通过采用多年平均“地下水径流模数法”进行计算，全省 16 个地州（市）129 个县（市、区）的补给资源量见表 10-1、10-2。

全省每年地下水天然补给量为 752.44×10^8 m^3，并具以下特点：

1）总补给量金沙江、澜沧江流域较大，单位补给量伊洛瓦底江、怒江、珠江流域较丰富。

2）单位补给资源量：伊洛瓦底江、怒江、珠江较大，为 21.7×10^4~36.38×10^4 $m^3/a \cdot km^2$；金沙江、澜沧江、红河较少，为 15.18×10^4~17.83×10^4 $m^3/a \cdot km^2$。

3）德宏、文山、临沧、昭通、曲靖等州（市）较为丰富，单位补给资源量 24.37×10^4~40.89×10^4 $m^3/a \cdot km^2$；楚雄、大理、玉溪、昆明、迪庆等州（市）较少。其中，楚雄仅有 $6.67\times10^4 m^3/a \cdot km^2$。

表 10-1 各州（市）地下水补给资源量统计

州（市）	面积 km²	占全省面积百分比/%	资源量 ($10^8 m^3 \cdot a^{-1}$)	州（市）	面积 km²	占全省面积百分比/%	资源量 ($10^8 m^3 \cdot a^{-1}$)
昆明市	21582	5.48	34.40	怒江州	14703	3.73	34.12
曲靖市	29855	7.58	72.77	迪庆州	23870	6.06	31.90
玉溪市	15285	3.98	18.68	大理州	29459	7.48	33.55
保山市	19637	4.98	45.65	楚雄州	29459	7.43	19.52
昭通市	23021	5.84	56.35	红河州	32931	8.35	69.06
丽江市	21219	5.38	29.70	文山州	32239	8.18	82.23
普洱市	45385	11.52	83.10	西双版纳州	19700	5.00	31.34
临沧市	24469	6.20	62.94	全省	394139	100.00	752.44
德宏州	11529	2.90	47.13				

表 10-2 云南省地下水补给资源计算成果

区			亚区			
名称	代号	面积 km²	代号	面积 km²	资源量 ($10^8 m^3 \cdot a^{-1}$)	合计 ($10^8 m^3 \cdot a^{-1}$)
伊洛瓦底江	Ⅰ	20104	$Ⅰ_1$	1904	6.32	73.13
			$Ⅰ_2$	18290	66.81	
怒江	Ⅱ	33925	$Ⅱ_1$	11437	30.67	85.23
			$Ⅱ_2$	20183	51.31	
			$Ⅱ_3$	2305	3.25	
澜沧江	Ⅲ	90714	$Ⅲ_1$	31715	43.28	155.05
			$Ⅲ_2$	58999	111.77	
金沙江	Ⅳ	112261	$Ⅳ_1$	35858	45.37	170.38
			$Ⅳ_2$	14164	12.85	
			$Ⅳ_3$	13006	7.83	
			$Ⅳ_4$	12446	14.48	
			$Ⅳ_5$	8457	14.18	
			$Ⅳ_6$	9552	30.74	
			$Ⅳ_7$	18778	44.93	
红河	Ⅴ	74785	$Ⅴ_1$	37700	53.51	133.32
			$Ⅴ_2$	24085	41.81	
			$Ⅴ_3$	13000	38.00	
珠江	Ⅵ	62350	$Ⅵ_1$	6118	14.01	135.33
			$Ⅵ_2$	7788	12.26	
			$Ⅵ_3$	15772	22.50	
			$Ⅵ_4$	16487	49.29	
			$Ⅵ_5$	6799	15.45	
			$Ⅵ_6$	9386	21.82	
全省	6		23	394139	752.44	752.44

地下水类型中岩溶水最丰富，单位资源量 37.56×10^4 m^3/a·km^2。

2. 地下水可开采资源量及其分布

通过采用枯季径流模数法计算全省的富水性中等以上的各类含水岩组的开采资源量，因云南干、雨季分明，枯季基本无降雨或少雨，以此法计算是适宜的（表 10-3），对富水性弱的无开采意义的含水岩组未进行计算。文山、临沧可采资源量较丰富；楚雄州最少，单位可采量仅有 1.39×10^4 m^3/a·km^2。

表 10-3 各州（市）地下水可采资源统计

州(市)	面积 km^2	可采资源量 (10^{8}m^3·a^{-1})	占总资源/%	单位可采量 (10^{4}m^3·a^{-1}·km^2)	州(市)	面积 km^2	可采资源量 (10^{8}m^3·a^{-1})	占总资源 %	单位可采量 (10^{4}m^3·a^{-1}·km^2)
昆明市	21582	9.46	4.79	4.38	怒江州	14703	8.27	4.34	5.62
曲靖市	29855	17.02	8.94	6.47	迪庆州	23870	10.63	5.59	4.45
玉溪市	15285	4.51	2.37	2.95	大理州	29459	8.51	4.47	2.89
保山市	19637	9.62	5.05	4.89	楚雄州	29459	4.06	2.13	1.39
昭通市	23021	15.39	8.09	6.68	红河州	32931	15.86	8.33	4.82
丽江市	21219	7.51	3.95	3.54	文山州	32239	21.81	11.46	6.76
普洱市	45385	22.67	11.91	4.99	西双版纳州	19700	10.33	5.43	5.24
临沧市	24469	15.77	8.28	6.44					
德宏州	11529	8.93	4.69	7.75	全省	394139	190.35	100	4.82

3. 深层承压水可开采储存量评述

深层承压水的开采以消耗储存水量为主。就云南而言，仅分布在盆地地区，上覆有较厚的隔水层，下伏为富水性中等以上的含水层。开采深度<500 m，水头下降以 60 m 为约束条件。计算结果见表 10-4。

表 10-4 主要盆地深层承压水储存资源统计

城市	计算面积/km^2	含水层类型	储存资源量/10^{8}m^3 总量	弹性量	可采量	城市	计算面积/km^2	含水层类型	储存资源量/10^{8}m^3 总量	弹性量	可采量
昆明	136.44	岩溶水	4.30	0.95	0.70	大理	15.20	孔隙水 裂隙水	1.78	0.16	0.16
嵩明	149.75	岩溶水	3.55	0.37	0.14						
玉溪	18.0	岩溶水	3.06	0.16	0.04	宾川	159.0	孔隙水	19.32	5.94	5.08
曲靖	61.3	岩溶水	2.01	0.73	0.73	洱源	34.6	岩溶水	2.98	0.18	0.06
陆良	20.4	岩溶水	2.09	0.04	0.04	祥云	56.53	孔隙水	1.11	0.46	0.46
弥勒	42.0	岩溶水	6.94	0.25	0	丽江	40.40	孔隙水	2.70	0.27	0.05
建水	174.8	岩溶水	22.27	0.24	0.07	保山	46.10	岩溶水	5.27	0.36	0.06
通海	83.06	岩溶水	20.23	0.07	0.07	芒市	15.50	孔隙水	0.89	0.09	0.05
昭鲁	39.20	岩溶水	0.18	0.04	0.04	合计	1088.44		98.69	10.30	7.73

4. 主要城市地下水资源分布概况

云南主要城市多分布在较大的盆地（坝子）内，少数坐落在岩溶槽谷或江河宽谷中，深层承压水储存资源统计见表 10-5。

表 10-5　主要盆地深层承压水储存资源统计

城市	地下水类型	计算面积 km^2	补给量 (10^8 m^3·a^{-1})	可开采量 (10^8 m^3·a^{-1})	可开储存量 (10^8 m^3·a^{-1})
昆明市	岩溶水	173.13	2.98	1.23	0.70
玉溪市	孔隙水	102.00		0.04	
	岩溶水	172.39	1.45	0.52	0.04
曲靖市	孔隙水	90.20	0.02		
	岩溶水	540.40	2.68	1.21	0.73
楚雄市	孔隙水	41.26	0.13	0.08	
	裂隙水	260.14	0.26	0.20	
大理市	孔隙水	54.31	0.75	0.53	
	岩溶水	6.38	0.13	0.09	
个旧市	岩溶水	286.46	1.13	0.60	
昭通市	孔隙水	138.00	0.10		
	岩溶水	377.05		1.57	0.04
普洱市	孔隙水	29.60	0.04	0.03	
	裂隙水	37.80	0.04	0.03	
开远市	岩溶水	23.23	4.37	4.66	
景洪市	孔隙水			0.39	
宣威市	孔隙水	23.55	0.01		
	岩溶水	49.31	0.80	0.35	

三、开发利用

（一）地下水开采量与开采程度

云南省地下水开采量 6.28×10^8 m^3/a，开采程度总体较低。各地开采量和开采程度有较大差异（表 10-6），曲靖市开采量最大，昆明市利用程度最高。

表 10-6　各州（市）地下水开采统计（1999 年度）

州（市）	开采资源 (10^8 m^3·a^{-1})	开采量 (10^8 m^3·a^{-1})	开采程度 %	州（市）	开采资源 (10^8m^3·a^{-1})	开采量 (10^8m^3·a^{-1})	开采程度 %
昆明市	9.46	1.12	11.84	怒江州	8.27	0.06	0.73
曲靖市	17.02	1.38	8.11	迪庆州	10.63		
玉溪市	4.51	0.30	6.84	大理州	8.51	0.53	6.23
保山市	9.62	0.23	2.39	楚雄州	3.17	0.25	7.88
昭通市	7.55	0.29	3.84	红河州	15.86	0.65	4.10
丽江市	5.88	0.13	2.21	文山州	21.81	1.05	4.81
普洱市	22.67	0.13	0.57	西双版纳	10.33	0.05	0.48
临沧市	15.77	0.04	0.25	全省	177.63	6.28	3.53
德宏州	6.57	0.07	1.07				

注：因调查所限，开采量可能偏小，尤其井和泉水的开采量统计不全。

（二）地下水利用情况和缺水分析

1999 年全省地下水开采利用量 $6.28\times10^8\ m^3/a$，占可采资源量的 3.5%（表 10-7）。不同地区或城市在生活用水和工农业用水差异较大，各个城市生活用水比例最高（41.03%）。

表 10-7　地下水开采利用一览表

地州（市）	开采量/($10^4m^3\cdot a^{-1}$)				
	城市生活	农村生活	工业	农业	合计
昆明市	648	783	8949	771	11187
曲靖市	2307	4239	4966	2285	13797
玉溪市	790	759	972	517	3038
保山市	297	458	1327	206	2288
昭通市	306	2423	146	45	2920
丽江市	195	106	104	900	1305
普洱市	81	550	712		1343
临沧市	51			319	370
德宏州	77	224	399		700
怒江州	64	105	418		584
迪庆州					
大理州	105	102	70	4979	5256
楚雄州	126	118	630	1646	2520
红河州	1378	919	2039	2232	6564
文山州		8094		2418	10512
西双版纳州	26	412			438
全省	6487	19292	20725	16318	62822

云南省水资源的时空分布不均，旱雨季差异大。雨季占水资源的 70%，旱季 4~5 月份仅占 9%~14.0%。西部、南部多，中部、东部少。山区多，坝区少。造成区域上的旱涝不均，一些城市供水紧张，农业需水矛盾突出。2009 年开始的全省连续三年大旱，工农业生产及生活受到重大影响，虽然充分利用了现有水利设施供水，仍远远满足不了要求。

随着城市化的发展，全省城市缺水问题将更加突出，尤其是滇东岩溶山区广大农村生活用水还很困难，灌溉用水奇缺，已成为制约当地经济发展的重要因素。

（三）地下水资源潜力分析与开发利用现状

云南省地下水资源丰富，各地资源量不同，开采程度也有较大差异（表 10-8）。

表 10-8　地下水开采潜力分析表

州（市）	补给量	可开采量	已开采量	开采程度	可增开采量	
	10^8m^3	10^8m^3	10^8m^3	%	($10^4m^3\cdot a^{-1}$)	($10^4m^3\cdot a^{-1}\cdot km^2$)
昆明市	34.40	9.46	1.12	11.84	83400	3.86
曲靖市	72.77	17.02	1.38	8.11	156400	5.24
玉溪市	18.80	4.51	0.30	6.65	42100	2.75
保山市	45.65	9.62	0.23	2.39	93900	4.78
昭通市	56.35	7.55	0.29	3.84	72600	3.15
丽江市	29.70	5.88	0.13	2.21	57500	2.71
普洱市	83.10	22.67	0.13	0.57	225400	4.97
临沧市	62.94	15.77	0.04	0.25	157300	6.43
德宏州	47.13	6.57	0.07	1.07	65000	5.64
怒江州	34.09	8.27	0.06	0.73	82100	5.58
迪庆州	31.90	10.63				
大理州	33.55	8.51	0.53	6.23	79800	2.71
楚雄州	19.52	3.17	0.25	7.88	29200	1.00
红河州	69.07	15.86	0.65	4.10	152000	4.62
文山州	82.23	21.81	1.05	4.81	207600	6.44
西双版纳州	31.34	10.33	0.04	0.39	102900	5.22
全省	752.44	177.63	6.28	3.53	1713500	4.35

可以增加的开采量即为剩余量。剩余量在同一地区的不同地段差异较大。有的地段已超采（如昆明市区的石咀、北教场、金殿、关上、三农场等地），远离市区的地段还有很大的开采潜力。

云南省地下水资源开发利用条件差异很大。大部分地区山高谷深，含水层受强烈分割，地下水多排泄于沟谷低地，汇江河而流离。同时，由于大多数盆地处于分水岭地带，远离这些排泄区。而农田、厂矿企业、城镇多位于盆地或岭地，对地下水的正常利用十分困难，造成水资源可利用率低。盆地区沿盆地周边常有富水地段形成，虽然资源量小（仅占5.5%），但水位埋藏浅，开采条件好，可利用率高，有较大的实用价值。目前，不少盆地地下水已成为地区用水的重要水源地之一。

随着工农业发展和人口增加，地下水已成为很多地区的重要供水水源之一。2010~2013年云南遭遇连年大旱期间，云南省国土资源厅组织了抗旱救灾地下水找水行动，打井1548口，建成暗河提水工程21座，开采量达250×10^4 m^3/d以上。地下水开采采用了引、提、堵、蓄、凿五类工程方案，充分利用天然出露的泉、暗河及在盆地、谷地沉积坝区打井开采隐伏的储水构造。全省各地实际开采钻（凿）井估计应在数万口。但目前全省地下水开发利用总体还很不均衡，缺少全面长远规划，布局不合理及管理不善。例如：昆明地区的井网过密，长期大量开采地下水，导致地下水位大幅度下降，形成多个下降漏斗，地质环境出现不同程度的恶化。尤其是翠湖一带，20世纪70年代陆续出现水位降低，翠湖湖水干涸、九龙池断流，周围建筑物、路面出现开裂等不良环境工程地质问题。石屏、祥云等坝区20世纪80~90年代施工的开采井年久失修，大都停用或废弃。

第二节　矿泉水资源

矿泉水是埋藏在地下，自然条件下形成的含有益于人体的元素和矿物组分的地下水或地热水。矿泉水对人体有良好的保健或医疗作用，古代就被人类所认识，但到二十世纪末才获得大规模的开发利用。按照成因，矿泉水划分为断裂带型、远循环盆地型、沉积环境控制型、花岗岩体型、地层溶滤五种类型。按照《饮用天然矿泉水》（GB8537-2008）的命名标准，全省矿泉水主要有碳酸水、偏硅酸水、微量元素水、盐矿泉水、淡温泉水、复合型矿泉水六种。

天然矿泉水按照微量元素和组分不同可分为饮用矿泉水和医疗矿泉水，按GB8537-2008《饮用天然矿泉水》要求，饮用矿泉水的要求见表10-9，理化要求见表10-10，限量指标见表10-11，污染物指标见表10-12，微生物指标见表10-13及表10-14。

表10-9　感官要求

项　目		要　求
色度/度	≤	15（不得呈现其他异色）
浑浊度/NTU	≤	5
臭和味	≤	具有矿泉水特征性口味，不得有异臭、异味
可见物	≤	允许有极少量的天然矿物盐沉淀，但不得含其他异物

表10-10　界限指标

项　目		要　求
锂/(mg·L^{-1})	≥	0.20
锶/(mg·L^{-1})	≥	0.20（含量在0.20~0.40 mg/L时，水源水水温应在25℃以上）
锌/(mg·L^{-1})	≥	0.20
碘化物/(mg·L^{-1})	≥	0.20
偏硅酸/(mg·L^{-1})	≥	25.0（含量在25.0~30.0 mg/L时，水源水水温应在25℃以上）
硒/(mg·L^{-1})	≥	0.01
游离二氧化碳/(mg·L^{-1})	≥	250
溶解性总固体/(mg·L^{-1})	≥	1 000

表 10-11　限量指标

项　目		要　　求
硒/($mg \cdot L^{-1}$)	<	0.05
锑/($mg \cdot L^{-1}$)	<	0.005
砷/($mg \cdot L^{-1}$)	<	0.01
铜/($mg \cdot L^{-1}$)	<	1.0
钡/($mg \cdot L^{-1}$)	<	0.7
镉/($mg \cdot L^{-1}$)	<	0.003
铬/($mg \cdot L^{-1}$)	<	0.05
铅/($mg \cdot L^{-1}$)	<	0.01
汞/($mg \cdot L^{-1}$)	<	0.001
锰/($mg \cdot L^{-1}$)	<	0.4
镍/($mg \cdot L^{-1}$)	<	0.02
银/($mg \cdot L^{-1}$)	<	0.05
溴酸盐（以 O_2 计)/($mg \cdot L^{-1}$)	<	0.01
硼酸盐（以 B 计)/($mg \cdot L^{-1}$)	<	5
硝酸盐（以 NO_3^- 计)/($mg \cdot L^{-1}$)	<	45
氟化物（以 F^- 计)/($mg \cdot L^{-1}$)	<	1.5
耗氧量（以 O_2 计)/($mg \cdot L^{-1}$)	<	3.0
^{226}镭放射性/($Bq \cdot L^{-1}$)	<	1.1

表 10-12　污染物指标

项　目		要　　求
挥发酚（以苯酚计)/($mg \cdot L^{-1}$)	<	0.002
氰化物（以 CN-)/($mg \cdot L^{-1}$)	<	0.010
阴离子合成洗涤剂/($mg \cdot L^{-1}$)	<	0.3
矿物油/($mg \cdot L^{-1}$)	<	0.05
亚硝酸盐（以 NO_2^- 计)/($mg \cdot L^{-1}$)	<	0.1
总 β 放射性/(Bq/L)	<	1.50

表 10-13　微生物指标

项　目	要　　求
大肠菌群/(MPN/100mL)	0
粪链球菌/(CFU/250mL)	0
铜绿假单胞菌/(CFU/250mL)	0
产气荚膜梭菌/(CFU/50mL)	0

注：①取样 1×250mL（产气荚膜梭菌取样 1×50mL）进行第一次检验，符合表 10-13 要求，报告为合格。

②检验结果大于等于 1 并小于 2 时，应按表 10-14 采取 n 个样品进行第二次检验。

③检测结果大于等于 2 时，报告为“不合格”。

表 10-14　第二次检验指标

项　目	样品数		限　量	
	n	c	m	*M*
大肠菌群	4	1	0	2
粪链球菌	4	1	0	2
铜绿假单胞菌	4	1	0	2
产气荚膜梭菌	4	1	0	2

注：n——一批产品应采集的样品件数；

c—最大允许可超出 m 值得样品数，超出该数值判为不合格；

m—每 250mL（或 50mL）样品中最大允许可接受水平的限量值（CFU）；

M—每 250mL（或 50mL）样品中不可接受的微生物限量值（CFU），等于或高于 M 值的样品均为不合格。

依据 GB/T11615-2010《地热资源地质勘查规范》，医疗矿泉水的各项指标评价与命名见表 10-15。

表 10-15　理疗热矿水水质标准　　单位：mg/L

成　份	有医疗价值浓度	矿水浓度	命名矿水浓度	矿水名称
二氧化碳	250	250	1 000	碳酸水
总硫化氢	1	1	2	硫化氢水
氟	1	2	2	氟水
溴	5	5	25	溴水
碘	1	1	5	碘水
锶	10	10	10	锶水
铁	10	10	10	铁水
锂	1	1	5	锂水
钡	5	5	5	钡水
偏硼酸	1. 2	5	50	硼水
偏硅酸	25	25	50	硅水
氡 Bq/L	37	47. 14	129. 5	氡水
温度/℃	≥34			温水
矿化度	<1000			淡水

注：本表依据 GB/T13727-92 天然矿泉水地质勘探规范（附录 B 医疗矿泉水水质标准），略作修改，主要是取消了锰、偏砷酸、偏磷酸、镭等 4 个意义不明或对人体有害的矿水类型。

一、资源储量与分布情况

（一）矿泉水资源量

云南省矿泉水种类和数量多，遍布各县（县级市）。据不完全统计，全省已发现和调查各类矿泉水点 930 个（图 10-2），矿泉水出水流量 1543758 m^3/d。其中，滇东地区 183170 m^3/d，滇西地区 1360588 m^3/d（表 10-16）。有代表性的中大型矿泉水源地资源量见表 10-17。

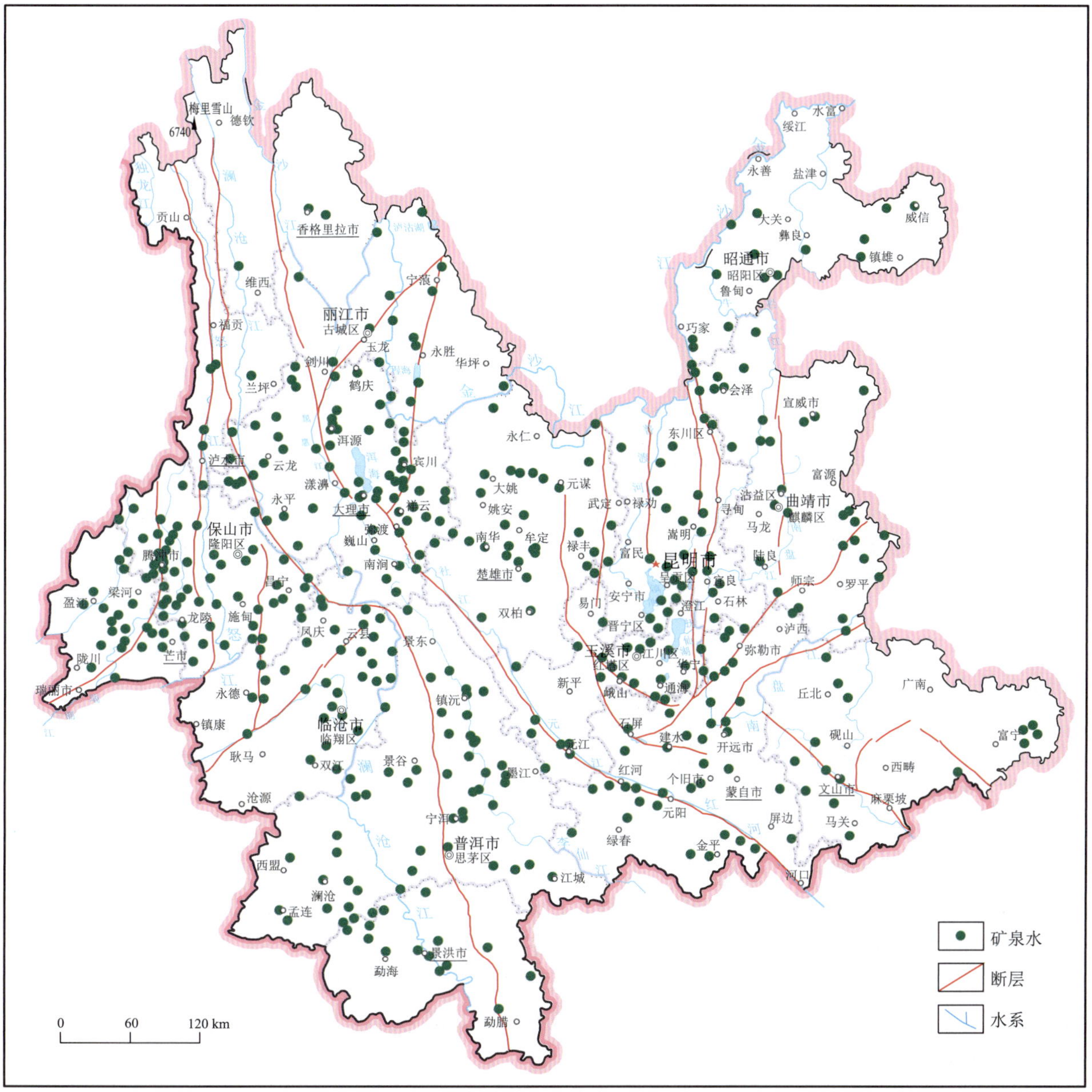

图 10-2　云南省矿泉水点分布示意图

表 10-16　云南矿泉水资源量统计

类型	滇东地区			滇西地区		
	泉点数/处	孔数/处	资源量/($m^3 \cdot d^{-1}$)	泉点数/处	孔数/处	资源量/($m^3 \cdot d^{-1}$)
碳酸矿泉水	5	2	1007	30	19	19943
偏硅酸矿泉水	96	62	113461	500	97	1142773
微量元素矿泉水	10	22	38828	11		187914
盐类矿泉水	20	26	24619	23	3	9958
复合型矿泉水	4		5255			
合计	135	112	183170	564	119	1360588

表 10-17　云南代表性矿泉水源地资源量

<table>
<tr><th rowspan="3">矿泉水源地</th><th rowspan="3">矿泉水类型</th><th colspan="4">资源量</th><th rowspan="3">规模</th></tr>
<tr><th colspan="2">m^3/d</th><th colspan="2">$10^4\ m^3/a$</th></tr>
<tr></tr>
<tr><td>楚雄—广通矿泉水源地</td><td>碳酸矿泉水</td><td colspan="4">Q 储 = $344.19\times10^4\ m^3$；Q 开 = $34.94\times10^4\ m^3/a$</td><td>大型</td></tr>
<tr><td rowspan="2">腾冲矿泉水源地</td><td>碳酸矿泉水</td><td>8770.10</td><td rowspan="2">198950.10</td><td>320.109</td><td rowspan="2">7261.679</td><td rowspan="2">大型</td></tr>
<tr><td>偏硅酸矿泉水</td><td>190180.0</td><td>6941.570</td></tr>
<tr><td rowspan="2">洱源矿泉水源地</td><td>碳酸矿泉水</td><td>1767.31</td><td rowspan="2">7741.70</td><td>64.507</td><td rowspan="2">282.572</td><td rowspan="2">大型</td></tr>
<tr><td>偏硅酸矿泉水</td><td>5974.39</td><td>218.065</td></tr>
<tr><td rowspan="2">元江矿泉水源地</td><td>碳酸矿泉水</td><td>1883.52</td><td rowspan="2">2839.54</td><td>68.730</td><td rowspan="2">103.625</td><td rowspan="2">大型</td></tr>
<tr><td>偏硅酸矿泉水</td><td>956.02</td><td>34.895</td></tr>
<tr><td>呈贡七甸乡松茂矿泉水源地</td><td>偏硅酸矿泉水</td><td>8308</td><td>8308</td><td>303.24</td><td>303.24</td><td>大型</td></tr>
<tr><td>玉溪大营街矿泉水源地</td><td>碳酸矿泉水</td><td>208</td><td>208</td><td>7.592</td><td>7.592</td><td>中型</td></tr>
</table>

（二）矿泉水类型及分布情况

1. 碳酸矿泉水

碳酸矿泉水是较典型的饮用矿泉水，有“天然汽水”之称，以溶解含有游离二氧化碳>250 mg/L区别于其他水。

滇东共分布 7 处。大部分位于峨山县以北，昆明以南的滇中地区。其中，红塔区、晋宁区最为集中。经国家级鉴定已确认为优质碳酸矿泉水的 3 个地点是：红塔区大营街、晋宁区官庄、晋宁区酸水塘。

滇西分布 49 处，发现游离二氧化碳>400 mg/L 的碳酸矿泉水有 17 个。主要分布于腾冲、楚雄、洱源、维西、永平、大理、巍山、景谷、普洱、元江。

腾冲市和顺矿泉水游离二氧化碳含量达 3740 mg/L，偏硅酸达 117.0~160.4 mg/L，锂、锶等多项微量元素都达到饮用矿泉水标准。1986 年 5 月，在叠水河矿泉旁施工一口水井，深 121.3 m，井口温度 23.5℃，自流量 438.91 m^3/d。经过水质分析，游离二氧化碳含量高达 2500 mg/L，偏硅酸达 72~169 mg/L，锂、锶、铁离子都达到天然矿泉水界限指标，属于含锶锂的重碳酸钙镁型水。1987 年，腾冲市叠水河矿泉水通过地矿部水文司主持的技术鉴定，评价为国内少见的优质饮用天然矿泉水。

2. 偏硅酸矿泉水

偏硅酸（H_2SiO_3）水在自然界中最为常见，是矿泉水家族中数量最多的一种，以含有偏硅酸及其他微量元素为特点。偏硅酸水作为饮用矿泉水和医疗矿泉水，在适量的情况下于人体健康有益。天然饮用偏硅酸矿泉水确定指标是偏硅酸≥25 mg/L，命名标准是偏硅酸≥50 mg/L。

按这个标准滇东地区有 173 处偏硅酸矿泉水点，绝大多数偏硅酸含量都较为适中（含量为 25~80 mg/L）。滇西偏硅酸≥50 mg/L 的矿泉水点有 240 个，遍布滇西各地。

3. 微量元素矿泉水

微量元素矿泉水是指从地下深处自然涌出的或经钻井采取的，含有一定量的矿物质、微量元素或其他矿物质的矿泉水，特别是指含锶、锂、锌、硒、氡、碘化物、硫化氢这几种微量元素或组分的矿泉水。

滇东地区发现有益人体微量组分的矿泉水达 39 处，主要分布在昆明主城区、宜良县、武定县、个旧市、建水县、红塔区，尤以昆明、宜良最多。矿泉水大多又分布于震旦系灯影组、寒武系渔户村组及三叠系个旧组的碳酸盐岩中，有锶矿泉 26 个，锌矿泉 5 个，锂矿泉 3 个，氡矿泉 2 个，硫化氢矿泉 1 个。滇西地区有 11 个。其中：锌矿泉 6 个，锂矿泉 5 个，主要分布于中生代红层中。

4. 盐类矿泉水

盐类矿泉水是很平常的矿泉水。因它不含特殊组分，无严格形成条件，矿化度一般在 1000~3000

mg/L，达饮用水矿泉水标准。滇东地区分布有46处，各地均有发现，尤以安宁盆地中最密集（有17个）。滇西地区有26个，均匀分布于各地区不同时代地层中。

二、开发利用现状

云南的碳酸矿泉水、偏硅酸矿泉水、盐类矿泉水、微量元素矿泉水（锂、锶、锌等）广泛分布。随着人们生活水平的提高及对矿泉水认识不断加深，矿泉水已成为一种具有广阔开发前景的重要新型矿产。至2015年底，全省已通过鉴定的天然饮用矿泉水水源地有152个，批准允许开采量达8.2×10^4 m^3/d，主要为偏硅酸型、锶型，少量为碳酸型、锂型、锌型。97家企业共开发水源地101个（表10-18），年实际销售矿泉水7000×10^4 t，以大桶矿泉水为主。各州（市）都开发有数个矿泉水厂及品牌。昆明市、玉溪市的开发利用最好，有名的矿泉水有云南山泉·大山矿泉水、石林天外天矿泉水等37家。作为医疗矿泉水开发利用水源地300余家，呈规模开发企业有157家，开采量达19.86×10^4 m^3/d。

表10-18　云南主要天然饮用矿泉水水源地及开发产品

序号	州（市）	水源地名称	开发单位	产品名称
1	昆明市	呈贡区七甸一条龙泉矿泉水	昆明一条龙经贸有限公司	一条龙
2		呈贡区松茂古月泉矿泉水	云南大山饮品有限公司	云南山泉·大山
3		官渡区九龙矿泉水	昆明承龙水业有限责任公司	承龙
4		嵩明县高仓泉矿泉水	昆明珍茗食品有限责任公司	珍茗金龙
5		盘龙区茨坝矿山机械厂矿泉水		
6		呈贡区七甸中坝1、2号泉矿泉水	云南天外天天然饮料有限责任公司	石林·天外天
7		呈贡区七甸中坝3、4、5号井矿泉水		
8		呈贡区马金铺1号井矿泉水	昆明市呈贡国友工贸有限公司	龙夫
9		呈贡区洛阳镇大洛羊矿泉水	呈贡小林山泉水有限公司	
10		呈贡区马金铺乡白云矿泉水	昆明白云山泉有限责任公司	白云山泉
11		呈贡区吴家营刘家营矿泉水	云南山外山天然饮料有限责任公司	青武山
12		呈贡区七甸松茂井矿泉水		
13		呈贡区马金铺1号井矿泉水	昆明市呈贡国友工贸有限公司	龙爷爷·狮山泉
14		呈贡区七甸乡广南矿泉水	呈贡天云矿泉水厂	
15		呈贡区万溪冲矿泉水	昆明市玄武水业有限公司	玄武
16		呈贡区松茂泉矿泉水	昆明呈贡红麟水业有限责任公司	红麟泉水
17		呈贡区松茂检1号井矿泉水	云南滇中山外山天然矿泉水饮料有限公司	嘉丝特
18		西山区铁峰井矿泉水	昆明鸣峰矿泉水厂	都市冰洁
19		官渡区太乙井水（山泉水）	云南太乙工贸有限责任公司	太乙
20		寻甸县西拉龙矿泉水	云南兴盛水业有限公司	西拉龙
21		西山区交通疗养院热水井矿泉水	昆明金色港湾经贸有限公司	天上星
22		西山区碧鸡井林山矿泉水	云南林山天然矿泉水业有限公司	林山
23		西山区卧龙矿泉水	广东中山昆明西山康宝食品饮料厂	卧龙
24		官渡区小哨九龙矿泉水	昆明承龙水业有限责任公司承龙水厂	承龙
25		官渡区太子井矿泉水	昆明市官渡区天泉保健食品厂	太子
26		官渡区仙翁井矿泉水	昆明市叮咚饮用天然矿泉水厂	叮咚霖
27		盘龙区雨树村矿泉水	云南天一矿泉水有限公司	天一矿泉
28		盘龙区雨树村矿泉水	昆明市松林山泉饮料有限公司	松林山泉
29		盘龙区中坝村委会雨树村矿泉水	云南悦水饮品有限公司	
30		五华区铁峰井矿泉水	昆明都市冰洁矿泉水厂	冰洁
31		安宁市连然镇水利大酒店矿泉水	安宁市珍珠山泉饮用水有限公司	珍珠山泉
32		安宁市太平镇桥头村矿泉水	安宁市龙箐山泉饮用水有限公司	龙箐山泉
33		安宁市温泉5号井矿泉水	昆明天下第一汤矿泉饮料厂	天下第一汤

续表

序号	州（市）	水源地名称	开发单位	产品名称
34	昆明市	嵩明县嵩阳镇山脚村矿泉水	昆明市溪嘻山泉有限公司	溪嘻山泉
35		嵩明县高仓泉矿泉水	昆明怡心堂饮料有限责任公司	南野
36		嵩明县仙山矿泉水	昆明市志良工贸有限责任公司	滇源
37		石林县青龙寺矿泉水	昆明石林青龙矿泉水饮料厂	乃古
38		富民县营康井矿泉水	富民龙然矿泉水厂	龙然
39		宜良县木希矿泉水	宜良高山泉饮料食品有限公司	高山青泉
40		晋宁区中和乡郑和路矿泉水	昆明灵泉水业有限公司	灵泉
41	迪庆州	香格里拉市建塘镇独立营泉水	香格里拉市蓝月谷纯净水公司	蓝月谷
42	怒江州	兰坪县金顶镇	兰坪县龙溪山泉有限公司	龙溪山泉
43		福贡县上帕镇上帕矿泉水	福贡县矿产品公司	
44	丽江市	古城区大研镇七一街矿泉水	丽江玉龙山矿泉水有限责任公司	玉龙山
45	大理州	宾川县鸡足山泉矿泉水	鸡足山明泉矿泉水有限责任公司	鸡足山泉
46		云龙县石门镇人民路山泉水	云龙县天赐山泉水有限责任公司	天赐山泉
47		大理市兴大 1 号井矿泉水	大理帝龙矿泉饮料有限公司	帝龙
48		大理银茄泉矿泉水	大理神野有限公司	大理矿泉
49		大理市下关镇文化路电池厂 88 号山泉水	大理市天生山泉有限责任公司	天生
50		大理市下关镇人民北路 49 号矿泉水	大理市雪月山泉水有限责任公司	雪月
51		银桥镇银桥灵溪矿泉水	大理娃哈哈食品有限公司	娃哈哈
52	保山市	龙陵县一碗水矿泉水	龙陵县天潭饮料有限责任公司	天潭
53		腾冲市高黎贡山矿泉水	腾冲市高黎贡山矿泉水销售公司	高黎贡山
54		腾冲市观音洞井矿泉水	腾冲市莹镜矿泉水厂	莹镜
55	德宏州	芒市一碗水泉矿泉水	德宏州芒市天明山矿泉水有限公司	天明山
56		梁河县小元泉矿泉水	梁河县小元泉有限责任公司	大西南
57		瑞丽南京里矿泉水	瑞丽南景里矿泉水厂	南景里
58	临沧市	临翔区拳王泉矿泉水	云南临沧原生食品有限责任公司	天力
59		永德县端楞温泉矿泉水	云南玉丹食品饮料公司	玉丹
60		耿马县孟定镇西矿泉水	云南蓝泉矿泉水有限责任公司	蓝泉
61	普洱市	镇沅县里崴木碗矿泉水	镇源大山矿泉水厂	大有为
62		澜沧县勐朗镇温泉	澜沧拉祜族自治县山泉饮用水公司	
63	西双版纳州	勐海县勐龙泉矿泉水	西双版纳千年茶王矿泉饮料有限公司	千年茶王
64		勐海县曼弄罕泉矿泉水	勐海县好水饮品厂	贝叶泉
65		景洪玉泉井矿泉水	西双版纳玉泉饮料厂	宣慰
66	楚雄州	武定县喜鹊泉矿泉水	武定狮天一矿泉水有限责任公司	天在上
67		楚雄市石涧矿泉水	楚雄裕雄石涧矿泉水饮品有限公司	石涧矿泉
68	昭通市	威信县长安乡安稳坝矿泉水	威信县雪山泉饮用矿泉水厂	雪山泉
69	曲靖市	沾益区马雄山矿泉水	沾益区创鑫供排水有限责任公司珠江源矿泉水厂	马雄山
70		富源县清溪 1 号泉矿泉水	富源县宏兴天然矿泉水有限公司	清溪山泉
71		富源县清溪 2 号泉矿泉水		
72		宣威市水中王泉矿泉水	宣威昆仑工贸有限公司	水中王
73		罗平县罗雄镇葡萄山矿泉水	云南省罗平县葡萄山泉水厂	葡萄山泉
74		陆良县芳华镇龙潭矿泉水	陆良县佳润龙泉水有限责任公司	佳润龙泉
75		陆良县板桥镇真龙矿泉水	陆良县真龙超水有限责任公司	真龙
76		麒麟区珠街乡三源矿泉水	曲线龙源山泉水厂	龙源山泉

续表

序号	州（市）	水源地名称	开发单位	产品名称
77	玉溪市	华宁县象鼻温泉矿泉水	云南福泉饮料有限责任公司	象鼻山
78		华宁县通红甸矿泉水	昆明天南星可乐饮料有限公司	神奇
79		江川区映月泉矿泉水	江川大禹矿泉饮品厂	江川映泉
80		元江县曼旦箐矿泉水	元江县大明饮料有限公司	大明
81		峨山县双江镇锦泉山泉水	云南峨山锦泉天然山泉水厂	锦泉山泉
82		易门县龙泉镇大龙口矿泉水	易门天成矿泉水工业有限公司	天成
83		通海县秀山蒙泉	通海县秀山蒙泉水厂	秀山
84		澄江县龙街镇老虎山山泉水	澄江虎山山泉水厂	虎山
85		澄江县热水塘矿泉水	云南宏坤天然绿色保健食品有限公司澄江矿泉水厂	三高
86		红塔区高龙潭山泉水	云南玉溪高龙潭山泉水有限公司	高龙潭
87		红塔区研和镇秀溪山泉水	云南玉溪市秀康泉水有限公司	
88	红河州	个旧市百花草井矿泉水	个旧市红河云天矿泉水厂	红河云天
89		个旧市卡房矿泉水	个旧大湾坝思然矿泉水厂	思然
90		建水县文庙井矿泉水	云南建水文庙矿泉水饮料厂	崇圣
91		开远光明啤酒厂矿泉水	开远光明啤酒厂	光明
92		弥勒市西三镇戈西矿泉水	弥勒市甘思咪哚水厂	
93		屏边县凹嘎泉矿泉水	屏边县成清思林矿泉水有限公司	成清思林
94		个旧市锡城镇新冠辽源山泉	个旧市辽源山泉有限公司	
95		弥勒市巡检司矿泉水	弥勒市山汇矿泉水有限责任公司	山汇
96	文山州	麻栗坡县城子上 5 号泉矿泉水	云南天宝饮料有限公司	玉尔贝
97		麻栗坡县城子上 6 号泉矿泉水		
98		麻栗坡县那龙湾 8 号泉矿泉水	麻栗坡那龙湾天然水厂	槟榔山
99		文山市痴他泉矿泉水	文山锶乐天然矿泉水有限公司	锶乐
100		文山市薄竹山泉矿泉水	文山水利水电工程有限公司薄竹山矿泉水厂	薄竹山
101		文山市乐诗冲老君山矿泉水	文山县老君山矿泉水厂	老君山

目前全省矿泉水资源量的开发利用率较低，仅为总资源量的 18. 18%，而且仅局限于省内本地区的开发，未能充分利用现有资源。

第三节　地热（水）温泉资源

地热水指冷的地下水受地壳内部地热流的加温而形成的浅层地下水（水温>25℃），是指能够经济地被人类利用的地球内部的地热能、地热流体及其有用部分。目前，可利用的地热资源主要包括：天然出露的温泉、通过热泵技术开采的浅层地热能、人工钻井直接开采的地热流体、干热岩体中的地热资源。地热（水）既是能源矿产，又是矿泉水的主要水源，与地下水、矿泉水资源有密切联系。

一、资源概况

云南地热资源丰富，温泉众多，几乎遍布各县（市），据《云南省地热调查与区划》（2014）资料，全省天然出露温泉（≥25℃）851 处，地热资源储量为 197.77×10^{15} kJ，折标准煤 6748.50×10^{6} t，可开采热流量 1004460. 4 m^3/d，可开采热量为 121.93×10^{9} kJ/d，折合标准煤为 4161. 213 t/d。各州（市）地热资源量见表 10-19。

表 10-19 全省各州市地热流体资源可开采估算

州（市）	热泉点	可开采量 ($m^3 \cdot d^{-1}$)	可开采热量 ($kJ \cdot d^{-1}$)	折合标准煤 ($t \cdot d^{-1}$)
昆明市	35	29744.93	3207417715.0	109.4398
曲靖市	29	102392.64	7706824299.6	262.9633
玉溪市	40	57220.13	4981348529.7	169.9678
保山市	202	144304.07	18135613506.3	618.8024
昭通市	15	29512.51	6493824871.6	221.5748
丽江市	21	31942.08	2301658130.9	78.5345
普洱市	89	50859.36	6263208692.8	213.7060
临沧市	55	51919.49	8666402404.3	295.7050
德宏州	70	45083.52	8516545658.6	290.5917
怒江州	33	13374.72	1454522053.4	49.6295
迪庆州	30	7371.65	1141595664.2	38.9522
大理州	101	123617.66	12132226213.3	413.9618
楚雄州	10	4553.28	561582517.8	19.1617
红河州	71	80305.60	7171433531.8	244.6954
文山州	13	13832.64	1052676472.8	
西双版纳州	48	13901.76	2300732077.7	78.5029

二、地热水（温泉）类型

根据岩石组合、地热流于岩层或岩体中的传递形式与储存特点，云南热储类型主要为断裂构造型带状热储层、岩溶型层状热储层。

根据地热资源形成的构造特征和赋存条件划分为 3 种成因类型：①隆起山地型，主要受断裂控制呈带状分布的地热田，云南绝大部分地区都属于该类型，分布面积占比>95%；②近期火山和岩浆活动类型，如腾冲地热；③沉积盆地型，如昆明盆地型。后 2 类零星分布于全省各地，面积占比<5%。

（一）隆起山地型

云南断裂带型地热资源点多面广、遍布全省。成因主要与地下水的深循环有关，同时与断裂活动、地震也有明显关系。地热资源温度的高低与断裂深浅、断裂带规模的大小、破碎程度成正相关关系。深大断裂常见中温-高温热水，一般断裂则多为低温或中温热水。云南地热大致以程海断裂、红河断裂为界分为滇东、滇西 2 个热水区、10 个热水亚区（图 10-3，表 10-20）。

（二）沉积盆地型

云南有众多的盆地，俗称“坝子”。大部分坝子属典型的构造断陷盆地，只有不足 15%属侵蚀、河谷冲积盆地。坝子大都成“串珠状”线性分布，由类“井”字型构造控制，在盆地形成地堑体系。这些盆地多在新生界晚期形成，沉积物之下多有地热流存在，形成具有价值的地热田。

沉积盆地型零星分布于滇东的昆明、宜良、曲靖等地区，其面积不足全省的 5%，为新近纪、第四纪沉积盆地。

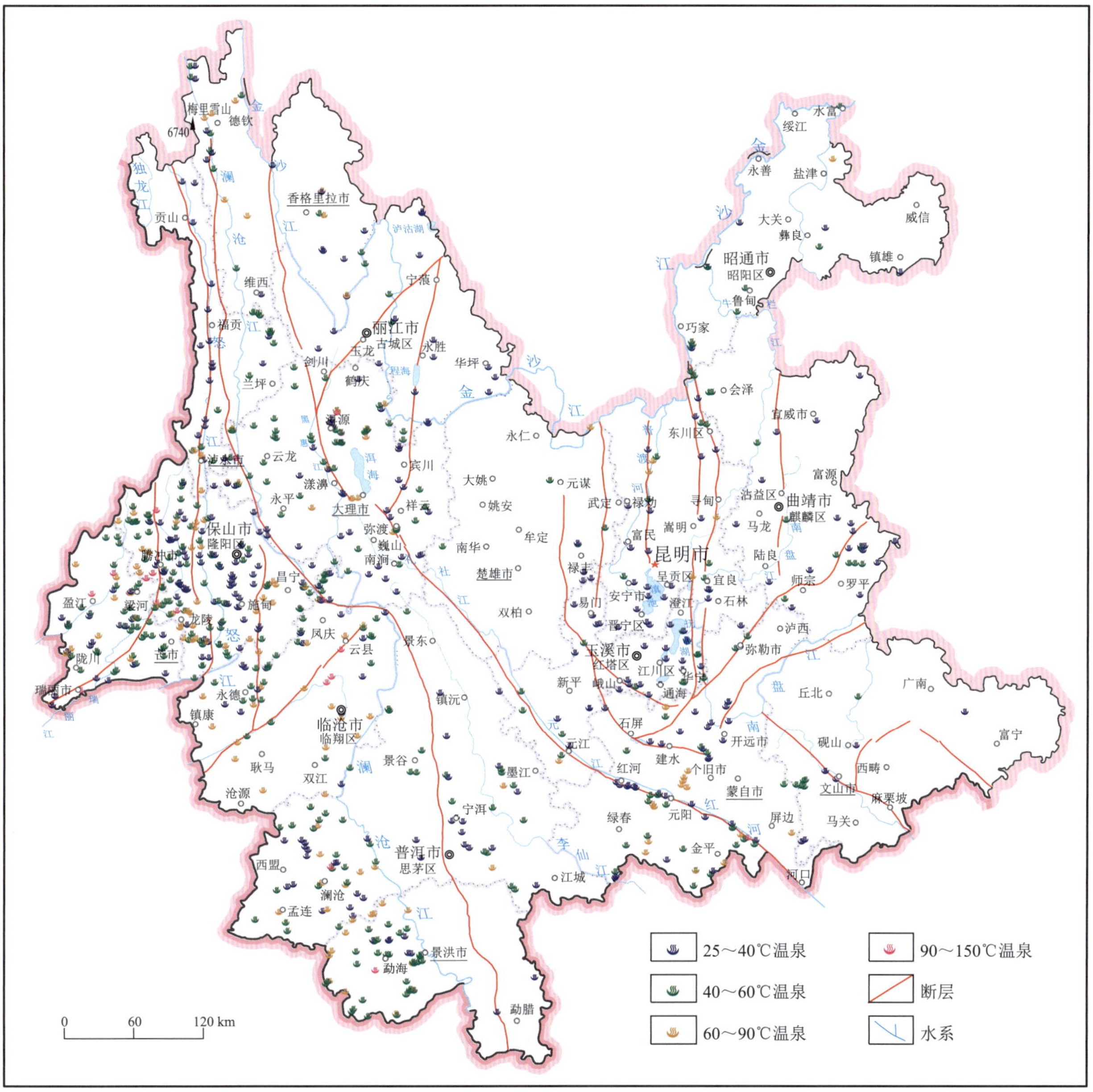

图 10-3　云南省天然出露温泉分布示意图

三、分布及特征

（一）滇西热水（温泉）区

区内地热显示形式繁多，出露温泉有 658 个，占全省总数 77.32%，主要出露于中深变质岩及岩浆岩热储层上，总流量 2993.53 L/s，释热量 313143.04 kJ/s。本区分为 6 个热水亚区。

1. 腾冲-盈江热水（温泉）亚区

位于怒江断裂以西地区，是我国地热资源最为丰富的地区之一。区内大面积出露的中生代花岗岩和新生代火山岩，为腾冲地热提供了良好的导热通道和强大的热源。地热形式多样，以地热蒸汽、喷气孔、冒汽地面最为特征。区内有温-热泉（群）163 个，占全省总数的 19.1%。其中，热（沸）泉（90～150℃）11 处，高温温泉（60～90℃）71 处，中温温泉（40～60℃）33 处，低温温泉（25～40℃）48 处。总流量 572.7 L/s，释热量 106503.82 J/s。根据水热活动的分布规律划分为 3 个水热活动带。

表 10-20 云南省地热（温泉）分区统计表

分区			温泉个数					热流量 (L·s^{-1})	天然释热量 (kJ·s^{-1})
			低温地热			中温地热	高温地热		
区	亚区	代号	低温温泉	中温温泉	高温温泉	沸 泉			
			25~40℃	40~60℃	60~90℃	90~150℃	>150℃		
滇西中-高温热水区	腾冲-盈江中高温热水亚区	A_1	48	33	71	11		1034.7	174507.71
	保山-耿马中温高温热水亚区	A_2	64	58	31	1		1608.9	199302.65
	云县-景洪中温高温热水亚区	A_3	21	52	24	7		528.3	94769.14
	维西-思茅中温热水亚区	A_4	53	64	17	1		1354.9	153476.87
	香格里拉-大理中高温高温热水亚区	A_5	27	21	13	2		524.1	86294.01
	哀牢山中高温高温热水亚区	A_6	12	18	8	1		180.2	28053.65
	小 计	A	225	246	164	23		5231.1	736404.03
滇东低-中温热水区	大姚-双柏低温中温热水亚区	B_1	17	10				872.8	58949.98
	昆明-通海中温热水亚区	B_2	55	15	10			1075.6	93399.55
	昭通-师宗低温中温热水亚区	B_3	38	29	2			1867.0	154591.31
	文山低温中温热水亚区	B_4	9	7	1			169.8	13098.40
	小计	B	119	61	13			3985.2	320039.24
合 计			344	307	177	23		9216.3	1056443.27

（1）大盈江水热活动带

分布于腾冲市瑞滇、腾冲市城关、陇川以西地区。出露热储地层主要为高黎贡山岩群、石炭系勐洪群、燕山期—喜马拉雅期花岗岩及新生代火山岩。水热活动主要受大盈江弧形断裂带控制。少数水热系统分布在陇川断裂和槟榔江南北向断裂带上。带内水热活动强烈，地热显示类型齐全。有沸泉、热泉、喷汽孔、冒气地面，各种形态的泉华。还有独特的地热毒气孔和熔岩巨泉。该带有热（沸）泉 7 处，高温温泉 30 处，中温温泉 14 处，低温温泉 16 处。热水化学类型主要为 $HCO_3 \cdot Cl$-Na 和 HCO_3-Na 型水。

著名的腾冲市热海热田（照片 10-1）及黄瓜箐热泉（照片 10-2）、腾冲市瑞滇热田、梁河县龙窝温泉等分布在此地带。该带是腾冲-盈江中高温热水区地热资源最丰富的水热活动带。现为腾冲热海热田主要景点之一。已成为温泉旅游开发的最佳典范之一。

（2）龙川江水热活动带

位于高黎贡山西坡，出露热储地层主要为高黎贡山岩群、燕山期花岗岩、上新统火山岩。带内水热活动强烈，热（沸）泉（90~150℃）3 处，高温温泉（60~90℃）19 处，中温温泉（40~60℃）9 处，低温温泉（40~25℃）16 处。热水化学类型主要为 $HCO_3 \cdot SO_4$-Na 和 $HCO_3 \cdot Cl$-Na 型水。

照片 10-1　腾冲市热海大滚锅

（伍早生供稿）

照片 10-2　热海热田黄瓜箐热泉

（伍早生供稿）

带内的龙陵县邦纳掌沸泉最为典型，高温热泉、沸泉分布在香柏河两岸 350 m 范围内（照片 10-3）。泉水最高温泉达 100℃，总流量为 9.01 L/s。热水化学类型为 $CO_3 \cdot HCO_3$-Na 型水。已开发为温泉旅游度假区。

照片 10-3　龙陵县邦纳掌沸泉

（伍早生供稿）

（3）龙陵-瑞丽水热活动带

分布于龙陵、芒市、瑞丽以东地区。出露热储层为古生界、中生界、燕山期花岗岩（平达岩体）。主要受龙陵-瑞丽断裂带的控制。带内水热活动较弱，有高温热泉 1 处，中温热泉 22 处，中温温泉 10 处，低温温泉 15 处。热水化学类型主要为 HCO_3-Na 和 $HCO_3 \cdot SO_4$-Na 型水。

典型地热田有瑞丽地热田，开发利用较好的有瑞丽市美景天成地海温泉度假中心、瑞丽市景成地海温泉度假中心地热喷泉（照片 10-4）。

2. 保山-耿马热水（温泉）亚区

位于昌宁-临沧以西，怒江断裂以东地区。地热显示以温泉形式为主，现已调查温泉 154 个，约占全省总数的 18.10%。其中，中高温泉以上的有 32 个，约占全省中高温泉以上热泉总数的 16%。总流量 909.5 L/s，释热量为 118084.0 kJ/s。温泉沿断裂密集分布在保山-施甸、昌宁-永德一带。根据地热资源分布进一步划分为 3 个热水带。

（1）保山-施甸热水带

分布于该亚区的北段，热储岩层主要是古生代和中生代的碎屑岩及少量碳酸盐岩，山间盆地内为新生代碎屑堆积。水系为澜沧江、怒江。带内有温泉热泉 42 处。其中，低温温泉 20 个，中温温泉 14 个，高温温泉 7 个，热泉 1 个。地热水化学类型以 HCO_3-Ca·Na 为主，次为 HCO_3-Na。矿化度一

照片 10-4　瑞丽市美景天成地海温泉大滚锅（A）及景成地海温泉度假中心地热（B）
（伍早生供稿）

般 0. 192~2. 294 g/L。温泉、热泉总流量 429. 32 L/s，天然热流量为 42826. 57 kJ/s。

典型热泉有云龙县漕涧上、中、下澡塘泉。泉水沿山体底部裂隙涌出，分别流向东北、东南，从 10 多米高处悬崖隙中喷涌而下，宛如蛟龙，响如惊雷，形成温泉瀑布（照片 10-5），吸引着各地的众多游客。泸水市玛布温泉、泸水市登埂温泉等，是当地少数民族传统聚会、沐浴与对歌的场所（照片 10-6）。

照片 10-5　云龙县漕涧下澡塘温泉
（伍早生供稿）

照片 10-6　泸水市玛布温泉
（伍早生供稿）

（2）昌宁-镇康热水带

分布于该亚区的中段，有柯街、南汀河等活动性断裂在区内通过，热储岩层主要为古生代的碳酸岩、碎屑岩。水系为南汀河和澜沧江。带内有温泉、热泉 40 处，以中高温泉和热泉为主，主要分布于柯街断裂和南汀河断裂带及断裂带交汇部位。地热水化学类型主要为 HCO_3-Na · Ca 型，次为 HCO_3-Ca · Mg 型。矿化度一般为 0. 12~0. 96 g/L。

典型温泉、热泉有昌宁县鸡飞温泉、昌宁县玉地里温泉、昌宁县橄榄河温泉及镇康县澡塘坝，水温>70℃，最高水温 81℃。昌宁县鸡飞温泉的特点是以泉群形式出现，水热区热气环绕，钙华遍布，形态各异（照片 10-7、10-8、10-9）。

（3）澜沧-孟连热水带

热储岩层主要是碎屑岩、变质岩，次为碳酸盐岩及少量火山岩。出露温泉 12 处。其中，低温温泉 5 个，中温温泉 5 个，高温温泉 2 个，热泉 1 个。地热水化学类型主要为 HCO_3-Na · K 型。

典型温泉有澜沧县云南城沸泉（照片 10-10）、付腊温泉（照片 10-11）、黑山温泉（照片 10-

照片 10-7　昌宁县鸡飞温泉堆积泉华锥

（左为母锥、右为公锥，伍早生供稿）

照片 10-8　昌宁县鸡飞温泉

（伍早生供稿）

照片 10-9　镇康澡塘坝温泉

（伍早生供稿）

照片 10-10　澜沧县云南城沸泉群及周边地貌景观

（伍早生供稿）

12）等，水温>80℃，最高水温 99℃。其中，云南城沸泉位于澜沧县竹塘乡新寨村东南，显示区有 50 m×30 m，成片出现 95~98℃温泉群。泉口激烈翻涌，沸水四溅，腾高约 20~30 cm。身临其境，可听到隆隆的沸腾声，还可感到地下强烈水热活动引起的振动。周围为茂密的丛林环绕。沸泉外还有数以百计的小泉眼，伴随气泡鼓出、热水沼泽、冒气地面等。泉区硫磺味较浓。由于地处偏远，交通不便，未开发利用。

照片 10-11　澜沧县付腊温泉
（伍早生供稿）

照片 10-12　澜沧县黑山温泉
（伍早生供稿）

3. 云县-景洪热水（温泉）亚区

该亚区以临沧花岗岩为主体，东侧包括沿澜沧江分布的火山岩，西侧包括部分早古生界澜沧群变质岩。云县、澜沧、景洪等地地震活动频繁，震中沿断裂带分布，震级 5~7 级。断裂也是温泉出露最多，温度最高的地段。区内地热以中高温泉为主，伴有水汽喷溢。共有温-热泉 104 个，占全省总数的 12.2%。其中，水温 60~100℃有 24 个，>100℃有 7 个，总流量 187.6 L/s，释热量 46444.17 kJ/s。温泉普遍具有硫化氢气味，水温愈高愈浓，并有翻花、冒泡、喷汽等现象。中高温温-热泉出口有钙华、硫磺沉淀。温泉主要集中在云县、澜沧、景洪一带，可分 2 个热水带。

（1）云县-临沧热水带

热储岩石以花岗岩为主，水系主要是澜沧江。带内有温泉、热泉 33 处。其中热泉 5 处，水温>100℃。本带是省内具有开发高温热水前景的热水之一。地热水化学类型主要为 HCO_3-Na 型，次为 $HCO_3 \cdot SO_4$-Na 型。

典型温泉有云县的马鹿田坝沸泉、幸福温泉、南河温泉（照片 10-13、10-14），凤庆县的卷桥河沸泉、永新热水塘及锣锅寨温泉等。

照片 10-13　云县马鹿田坝沸泉群
（伍早生供稿）

照片 10-14　云县南河温泉群
（伍早生供稿）

（2）景洪-勐海热水带

位于临沧花岗岩南部，热储岩石以花岗岩为主，其次是澜沧群变质岩。带内有温泉热泉41处。其中，低温温泉11处，中温温泉15处，高温温泉13处，热泉2处。地热水化学类型主要为$HCO_3 \cdot SO_4$-Na型，次为HCO_3-Na型。

典型温泉有勐满地热田、曼召温泉（照片10-15）、蚌冷温泉（照片10-16）、西定曼蚌、曼帮温泉及嘎洒温泉等。

照片10-15　勐海县曼召温泉

（伍早生供稿）

照片10-16　景洪蚌冷温泉

（伍早生供稿）

4. 维西-普洱热水（温泉）亚区

位于澜沧江断裂以东，金沙江断裂、阿墨江断裂以西。地震活动频繁，震级6~7级。地热显示以低-中温温泉为主，共有135个，占全省总数的15.8%。其中，60~90℃的高温温泉仅有17个，>100℃热（沸）泉有1个，总流量549.1 L/s，释热量60306.67 kJ/s。温泉主要集中在洱源县、大理市、弥渡县、宁洱县一带，划分3个热水带。

（1）兰坪-景东热水带

热储岩层以中生代碎屑岩为主。水系主要为澜沧江支流。带内有温-热泉29处。以低-中温温泉为主，水温一般为25~60℃。地热水化学类型主要为$HCO_3 \cdot SO_4$-Na型，次为SO_4-Na型。

典型温泉有兰坪阿贺己澡塘、永平县新村热水塘等。

（2）洱源-弥渡热水带

带内有香格里拉-剑川、红河断裂通过。热储岩层为古元古界苍山群岩群、二叠纪玄武岩、喜马拉雅期碱性侵入岩及中-新生代碎屑岩。带内有温-热泉29处。其中，低温温泉7个，中温温泉17个，高温温泉4个，热泉1个。地热水化学类型主要为$HCO_3 \cdot SO_4$-Na·Ca型和HCO_3-Ca型。

带内洱源县茈碧湖地热田、洱源县下山口温泉、大理市温泉、大理市高芹澡塘等水温较高、名气较大。开发利用较好的有洱源县大理地热国、大理市温泉、下山口温泉（照片10-17、10-18）等。可集温泉旅游、休闲度假一体。

（3）景谷-江城热水带

处于亚区南部，属兰坪-思茅盆地南端，主要构造线方向为北西向，有营盘山断裂、把边江断裂通过带内。温泉多沿断裂两侧出露，热储岩层以白垩纪碎屑岩为主，次为侏罗纪碎屑岩。水系为澜沧江支流把边江。带内有温-热泉26处。其中，低温温泉14个，中温温泉11个，高温温泉1个。中高温温泉水化学类型为$HCO_3 \cdot Cl$-Na·Ca·Mg型。矿化度一般在1.416~3.9 g/L。

典型温泉有清平（通关镇）热水塘，热水温度为60~70℃，流量25 L/s。泉口有翻涌声音，伴有大量气泡溢出，硫磺味浓，流经处有棕红色沉淀物。

5. 香格里拉-大理热水（温泉）亚区

位于金沙江断裂东、程海断裂以西。热储岩层以二叠纪玄武岩、中-新生代碎屑岩、碳酸盐岩为

照片 10-17　洱源县大理地热国
（新浪博客 http://blog.sina.cn/dpol/blogs/blog-61079409010166;8.htm(？ md=gd)）

照片 10-18　下山口温泉（普陀泉）
（伍早生供稿）

主。亚区内地震活动频繁，震中分布在金沙江断裂、程海断裂上，震级 6~7 级。地热显示以低-中温温泉为主，共有 63 个，约占全省总数的 7.4%。其中，60~90℃的高温温泉有 13 个，>100℃的热泉有 2 个。总流量 591.7 L/s，释热量 7666.03 kJ/s。以丽江断裂为界划分为 2 个热水带。

（1）香格里拉-丽江热水带

构造处于香格里拉陆块，主要构造线近于南北。热储岩层为碎屑岩与碳酸盐岩互层，次为二叠纪玄武岩，另有零星分布的印支期侵入岩。温-热泉多沿玄武岩边缘出露。水系为金沙江及其支流。带内有温-热泉 10 处。其中，低温温泉 2 个，中温温泉 4 个，高温温泉 4 个。

典型温泉有香格里拉市天生桥温泉（照片 10-19）、香格里拉市下给茨温泉及宁蒗县永宁温泉。天生桥温泉位于香格里拉市城东 12 km 处。整个泉区泉华沉积十分发育，白色的钙华体从河床至 60 多米高的山坡上都有出露。现已开发为天生桥地热公园旅游景点及天生桥地热温泉度假山庄。

照片 10-19　香格里拉天生桥温泉
（伍早生供稿）

（2）鹤庆-宾川热水带

热储岩层以二叠纪玄武岩为主，次为中-新生代碎屑岩及碳酸盐岩，喜马拉雅期碱性侵入岩零星分布。水系为金沙江及其支流。带内有温-热泉 36 处。其中，低温温泉 20 个，中温温泉 14 个，高温温泉 2 个。地热水化学类型以 HCO_3-Ca 型为主，次为 HCO_3-Ca · Mg 型。典型的有开发利用价值的温泉有玉龙县大东热水塘，位于玉龙县北东侧约 30 km 的大东三级电站，现建有大东温泉山庄。

6. 哀牢山温热水（温泉）亚区

夹持于红河断裂与阿墨江断裂之间。主体部分属古元古界哀牢山中深变质岩、安定浅变质岩。印支-燕山期花岗岩广泛出露于亚区东南段，第四纪火山活动见于屏边县城西侧的红河谷地。带内有温-热泉 39 处，占全省总数的 4.6%。其中，低温温泉 12 个，中温温泉 18 个，高温温泉 8 个，热泉 1 个。温泉主要集中于元阳县、金平县。中高温热泉多溢自花岗岩与变质岩接触带上。地热水化学类型以 HCO_3-Ca 和 HCO_3-Ca · Mg 型为主。矿化度一般在 0.31~5.516 g/L。温泉、热泉总流量 182.93 L/s，天然热流量为 20582.52 kJ/s。

典型温泉有金平县勐坪热水塘（照片 10-20）、金平县麻栗寨温泉、金平县十里村热水塘、个旧市贾沙温泉、个旧市克勒温泉、屏边县白河桥热水塘。勐坪热水塘泉水最高温度达 102℃，总流量约 10 L/s。主泉口为一沸泉塘，塘面沸水腾跃有声，水柱溅高 0.3 m。附近地面有感振动，大量气泡自塘底涌出，硫磺味较浓，硫华遍地。

个旧市贾沙温泉、个旧市丫沙底温泉开发利用较好。贾沙温泉建有疗养院。丫沙底现有 3 个温泉：分别是瀑布温泉、丫沙底温泉（照片 10-21）、农家乐温泉。3 个温泉都由民营企业投资。瀑布温泉是投资最大、设施最全的一个温泉。

照片 10-20　金平县勐坪热水塘
（伍早生供稿）

照片 10-21　个旧市丫沙底温泉
（伍早生供稿）

（二）滇东热水（温泉）区

滇东的水热活动不及滇西强烈。在岩石组合上，滇中碎屑岩占优势，滇东碳酸盐岩广布。区内共出露温-热泉 193 处。水温以中-低温为主，少数为中-高温。总流量 4775.4 L/s，释热量 409169.41 kJ/s。成因类型属水热对流型。热储类型以岩溶型层状热储层型为主，次为孔隙型层状热储层型。根据构造与温泉分布特征划分为 4 个亚区。

1. 大姚-双柏热水（温泉）亚区

位于程海断裂与元谋断裂之间。热储地层为中-新生界碎屑岩（红层），元谋地区有变质岩分布。地震活动见于楚雄一带，震级 6.5 级。亚区内红层分布广，热导率低，渗透性能差，温泉稀少，仅在构造有利部位可找到低温低产热水资源。出露温泉只有 27 个，占全省总数的 2%。以低-中温温泉为主，总流量 196.6 L/s，释热量 14927.76 kJ/s。地热水化学类型分别为 HCO_3 · SO_4-Ca · Mg 型、Cl · HCO_3-Na 和 Cl · SO_4-Na 型。矿化度 0.54~1.9 g/L。

2. 昆明-通海热水（温泉）亚区

位于云南中部，普渡河断裂、易门断裂、峨山断裂、石屏-建水断裂通过亚区。热储岩层有震旦纪浅变质碎屑岩、碳酸盐岩，二叠纪玄武岩，古生代碎屑岩、碳酸盐岩。第四纪断裂活动强烈，地震频繁。震中分布在小江断裂、普渡河断裂及峨山断裂与石屏-建水断裂的交汇复合部位，如东川、寻甸、昆明、通海、石屏等地。震级6~8级。带内有温-热泉80处，占全省总数的9.4%。其中，低温温泉55个，中温温泉15个，高温温泉10个。总流量2235.2 L/s，释热量210361.58 kJ/s。据热储特征与成因类型划分为2个热水带。

（1）武定-玉溪热水带

热储岩层以震旦纪浅变质碎屑岩、碳酸盐岩为主，次为二叠纪玄武岩，零星分布的古生代—新生代碎屑岩、碳酸盐岩。带内出露温-热泉32处。其中，低温温泉24个，中温温泉6个，高温温泉2个。地热水化学类型以HCO_{34}-Ca·Mg型为主，次为HCO_3-Ca型。矿化度0.117~0.854 g/L。

典型温泉有禄丰县罗茨温泉、安宁市温泉、寻甸县塘子温泉（照片10-22）、宜良县汤池温泉（照片10-23）。安宁市温泉开发有数十家温泉宾馆及温泉度假区，主要有安宁温泉宾馆（照片10-24）、金方日式森林温泉、安宁温泉心景花园酒店（照片10-25）。寻甸县塘子温泉开发规模最大，现为星河温泉小镇及国际温泉大酒店，集休闲、洗浴、旅游为一体的综合性服务度假区。安宁温泉有“天下第一汤”的美誉。

照片10-22　寻甸塘子温泉（星河温泉小镇）
（伍早生供稿）

照片10-23　宜良汤池温泉
（伍早生供稿）

照片10-24　安宁温泉宾馆
（伍早生供稿）

照片10-25　安宁温泉心景花园酒店
（伍早生供稿）

（2）新平-建水温热水带

热储岩层以震旦纪和古生代碎屑岩、碳酸盐岩较广。水系为红河水系。带内有温-热泉27处。其中，低温温泉20个，中温温泉5个，高温温泉2个。地热水化学类型以HCO_{34}-Ca·Mg型为主，次为HCO_3-Ca型。矿化度在0.347~1.141 g/L。典型温泉有新平县硬寨温泉、新平县杨武温泉。

3. 昭通-师宗热水（温泉）亚区

位于滇东北地区，构造线以北东向为主，有昭通-鲁甸断裂、东川-宜良断裂及师宗-弥勒断裂通过。热储岩层以碳酸盐岩、碎屑岩及玄武岩等为主。地热水化学类型以 HCO_3-Ca·Mg 型为主，次为 SO_4·HCO_3-Ca·Mg 型。亚区内共有温泉 69 个，占全省总数的 8.1%。一般流量大、水温低。其中，60~90℃的高温温泉 2 个。总流量 2194.5 L/s，释热量 172157.03 kJ/s。温泉多沿断裂帝国侧构造出露，集中于麒麟（区）、宜良、罗平、弥勒、昭通等地。亚区进一步划分为 2 个热水带。

（1）昭通-东川热水带

热储岩层为二叠系玄武岩分布广泛，其次有震旦纪碎屑岩、碳酸盐岩，零星分布的古生代—新生代碎屑岩、碳酸盐岩。带内有温泉 24 处。其中，低温温泉 17 个，中温温泉 6 个，高温温泉 1 个。地热水化学类型以 SO_4·HCO_{34}-Ca·Mg 型为主，次为 HCO_3-Ca·Mg 型。

典型温泉有水富市新滩坝温泉，位于水富市区 4 km 的金沙江畔。原热水温度 78.6℃，流量 245 L/s，水压高达 4.2 MPa。修建向家坝水电站工程后，将江底的温泉通过管道直接引至山顶，建成西部大峡谷温泉旅游景点区（照片 10-26）。形成江水脚下走、云绕半山中、傲立群峰之巅的“云上新天地”画面。

照片 10-26　水富市新滩坝温泉

（左—伍早生供稿；右—老古的笔记的博客 http：//blog.sina.com.cn/sctv1）

（2）师宗-弥勒热水带

带内有弥勒-师宗断裂、南盘江断裂通过，主构造线方向为北东向。热储岩层以碳酸盐岩为主，次为碎屑岩和零星分布的二叠纪玄武岩。带内有温-热泉 27 处。其中，低温温泉 22 个，中温温泉 4 个，高温温泉 1 个。地热水化学类型为 SO_4·HCO_{34}-Ca·Mg 型，次为 HCO_3-Ca·Mg 型。矿化度为 0.30~0.634 g/L。

典型温泉有弥勒市热水塘、弥勒市梅花温泉、罗平县大寨温泉、罗平县长底温泉、师宗县葵山温泉、麒麟区三宝温泉（照片 10-27、10-28）。热水塘、梅花温泉、三宝温泉开发利用较好，形成生态旅游小镇旅游景区。

4. 丘北-文山热水（温泉）亚区

热储岩层主要是碳酸盐岩、碎屑岩，侵入岩有薄竹山花岗岩、老君山酸性侵入岩体、富宁基性侵入岩。区内有温-热泉 17 处，占全省总数的 2%。其中，低温温泉 9 个，中温温泉 7 个，高温温泉 1 个。地热水化学类型主要为 HCO_{34}-Ca 型，HCO_3-Na·Ca 型。矿化度为 0.15~0.29 g/L。

典型温泉有文山县苍蒲塘温泉、文山县腰店热水塘及丘北县古勒村热水塘。开发利用程度较低。

四、地热（温泉）开发利用潜力

（一）开发利用潜力分析

云南省地热资源可开采热量为 435116.5×10^8 kJ/a，开采热量为 120377×10^8 kJ/a，盈余热量 314739.5×10^8 kJ/a。开发利用率约为 27.66%，热量潜力模数 79.88×10^6 kJ/km^2·a。

照片 10-27　麒麟区三宝温泉
（伍早生供稿）

照片 10-28　弥勒市梅花温泉
（伍早生供稿）

滇西地区可开采热量为 247835.0×10^8 kJ/a，开采热量为 63802.0×10^8 kJ/a，盈余热量 184033.0×10^8 kJ/a。开发利用率约为 25.74%，热量潜力模数 87.53×10^6 kJ/km^2 · a。开发利用主要依托自然风光较好、旅游便利、交通条件较好的地区，如腾冲、瑞丽、大理、丽江。

滇东地区可开采热量为 187281.5×10^8 kJ/a，开采热量为 56575.0×10^8 kJ/a，盈余热量 130706.5×10^8 kJ/a。开发利用率约为 30.21%，热量潜力模数 71.14 kJ/km^2 · a。昆明市城区，本次统计与利用资料的开采地热井 119 口，实际施工地热井已超过 200 多口，2000 年左右处于开发利用高峰值，也处于超采时期。

总体上看：开发利用率滇东比滇西高，热量潜力模数是滇西比滇东高。

（二）开发利用效益分析

1. 温泉旅游产业

“21 世纪是观光旅游的时代，21 世纪是休闲度假旅游的新世纪”，适应这种旅游发展的新趋势，一个以体验温泉，感悟温泉文化为主题，融康体养生、休闲度假等于一体的温泉旅游热正在我国掀起，持续升温。随着人们生活水平的提高，人们将越来越注重健康投资，泡温泉作为一种良好的康体养生方式，将越来越受到人们的欢迎，温泉旅游发展前景广阔。

1）具有得天独厚的温泉旅游资源优势。云南省不仅拥有我国大陆上特有的城市地热温泉带，而且在全球地热分布上，亦占有重要位置。资源规模、热储类型、质量品质均可与美国、日本、意大利、新西兰以及冰岛等国相媲美。

2）具有得天独厚的地理环境优势。云南的山岳、江河、峡谷、垂直立体气候、岩溶地貌、珍稀动植物景观、民族文化传统项目名列全国前茅或前列。依托滇池国家级度假区、省级旅游度假区、国家级、省级森林公园，地热景观、湖泊流域、山体峡谷资源能够与其互相融合，形成更完美、独特旅游景观体系，吸引更多旅游者。

3）具有得天独厚的区位优势。云南是我国连接东南亚与南亚次大陆、沟通太平洋与印度洋的重要链环，是我国通向中南半岛的主要门户，在我国大西南与东南亚、南亚次大陆发展区域经济合作中居于重要的中枢位置，在中国-东盟自由贸易区建设、大湄公河产业旅游合作、中印经济合作中具有十分重要的作用。

4）旅游产业基础优势。云南旅游业经过二十多年的发展，产业规模不断扩大、产业体系基本形成、产业地位逐渐凸现，已经成为云南省重要的支柱产业。积累了旅游产品开发、旅游市场扩展、举行节庆活动、旅游服务设施建设、旅游人才培养、实施依法治旅等发展旅游的经验，为进一步加快云南旅游发展奠定了基础。

5）随着全省旅游业“二次创业”的进一步深入，特别是云南省国际大通道的建设，川滇藏旅游区、滇黔桂经济合作区、国家“一带一路”战略规划的进一步推进，云南将成为中国乃至世界知名的度假旅游目的地之一。温泉旅游将乘这股东风有个飞跃式的发展。

2. 发电潜力估算

全省地热资源具备发电潜力为2356.26MW/30a，主要分布于滇西地区的腾冲市、盈江县、瑞丽市、澜沧县、云县、洱源县、金平县及景洪市、勐海县等9个县（市）49个点（表10-14）。腾冲地区是中国大陆上独一无二的火山地热区，发电潜力达216.80 MW/30 a，黄瓜箐-硫磺塘区和热水塘区可分别建1×10^4 kW的地热电站。全省具有发电潜力的重要热田有49处地热田或高温温泉热水区（表10-21）。根据二氧化硅温标或钠-钾温标进行的热储温度推算，这些地区存在高温（>150℃）热水，是发展高温地热发电的有利地区。

表10-21　全省高温地热资源发电潜力评价

序号	温泉（井）名称	热储温度 ℃	资源潜力	30年发电潜力	序号	温泉（井）名称	热储温度 ℃	资源潜力	30年发电潜力
1	瑞滇热田	157.00	35.3	37.35	26	南垒温泉	153.00	41.6	43.95
2	热海热田	165.00	43.7	46.23	27	玩达温泉	153.00	41.6	43.95
3	朗蒲热水塘	165.00	43.7	46.23	28	西定曼蚌	153.00	41.6	43.95
4	攀枝花地热田	151.00	19.8	20.96	29	曼帮温泉	153.00	41.6	43.95
5	黑石河地热田	151.00	19.8	20.96	30	帕左温泉	153.00	41.6	43.95
6	邦纳掌地热田	155.00	42.6	45.07	31	曼夕温泉	153.00	41.6	43.95
7	芦山温泉	168.00	51.6	54.49	32	曼勒温泉	153.00	41.6	43.95
8	螺蛳塘温泉	168.00	51.6	54.49	33	坝尾澡塘	168.00	51.6	54.49
9	景杏温泉	168.00	51.6	54.49	34	打脊背澡塘	168.00	51.6	54.49
10	芒牙温泉	168.00	51.6	54.49	35	阿背寨澡塘	168.00	51.6	54.49
11	腾拉公温泉	168.00	51.6	54.49	36	河尾村小澡塘	168.00	51.6	54.49
12	烂泥坝温泉	168.00	51.6	54.49	37	苏家河澡塘	168.00	51.6	54.49
13	朗外河温泉	168.00	51.6	54.49	38	蒸塘河澡塘	168.00	51.6	54.49
14	下卡温泉	168.00	51.6	54.49	39	温泉乡温泉	168.00	51.6	54.49
15	守坟寨温泉	168.00	51.6	54.49	40	徐家寨温泉	168.00	51.6	54.49
16	户勐温泉	168.00	51.6	54.49	41	老厂街温泉	168.00	51.6	54.49
17	扎朵温泉	152.00	40.8	43.16	42	丙令热水塘	157.00	44.2	46.68
18	出坝温泉	152.00	40.8	43.16	43	新联热水塘	157.00	44.2	46.68
19	瑞丽地温泉	152.00	40.8	43.16	44	南河温泉	157.00	44.2	46.68
20	芒海温泉	152.00	40.8	43.16	45	幸福热水塘	166.00	50.4	53.26
21	南亥坝温泉	152.00	40.8	43.16	46	马鹿田坝沸泉	166.00	50.4	53.26
22	广喊温泉	152.00	40.8	43.16	47	涌宝温泉	166.00	50.4	53.26
23	四楞温泉	152.00	40.8	43.16	48	大寨热水	166.00	50.4	53.26
24	芒养热水塘	153.00	41.6	43.95	49	老鸹窝温泉	166.00	50.4	53.26
25	蚌丙温泉	153.00	41.6	43.95		合计		2230	2356.26

注：①资源潜力单位为10^{12}kJ；②30年发电潜力单位为MW/30a。

五、地热（温泉）开发利用现状

（一）开发利用现状及温泉旅游路线

云南温泉众多，且以天然泉类多、水质佳、用途广景观奇而举世罕见。为名副其实的地热王国。

云南温泉较早记载见于陈文编的《景泰云南图经金腾两指挥使司志》，其对腾冲地区的4处温泉记述较详。历代文人志述温泉者甚多，大都重在沐浴治病方面，且有数千年历史。《山海经》、《水经注》、《读史方舆纪要》、《大清一统志》等均不乏关于各地著名温泉的描述。明朝末年，著名的地理学家徐霞客赴滇考察期间，对洱源、安宁、腾冲等地多处温泉作了详细纪实和科学的分析，载入《徐霞客游记》。每一处温泉都各自有不同特色，都有一个神奇而美丽的传说与故事。

近几年随着云南旅游业的发展，以温泉地热为基础，温泉旅游疗养发展迅速，地热资源得到了较大的开发利用，取得了很好的经济效益与社会效益（表10-22）。

表10-22　云南省主要温泉旅游业企业及酒店

州（市）	主要温泉旅游业企业及酒店
昆明主城区	滇池春天、君豪会所、柏联SPA、怡景园度假酒店、华丰温泉SPA高尔夫会所、绿世界、水艺天下、峨山温泉、橄榄树温泉、云安会都温泉
昆明非主城区	安宁市温泉古镇商业街区、安宁市温泉宾馆、安宁市银鹰山庄、安宁市温泉心景、安宁市金方日式森林、宜良县狗街温泉度假村、宜良县汤池温泉度假区、寻甸县星河温泉小镇、云南华侨城水上乐园、禄劝练甸温泉旅游度假区。
曲靖市	麒麟区生态旅游小镇、师宗温泉风景旅游区
玉溪市	红塔区映月潭温泉、澄江县抚仙源温泉度假村、华宁县象鼻温泉度假村、华宁县温泉大酒店、华宁县烟草温泉酒店
保山市	施甸县石瓢温泉旅游区、腾冲市火山热海风景区、腾冲市玛玉窝温泉（悦椿国际温泉养生度假村）、腾冲市瑞滇腊幸间歇喷泉“温泉奇观”综合开发区、腾冲市荷花温泉度假村、腾冲市樱花谷温泉旅游度假区、龙陵县邦腊掌温泉度假区、昌宁县柯街橄榄河热泉旅游度假区、昌宁县鸡飞温泉旅游度假区、隆阳区金鸡温泉度假区
昭通市	水富市西部大峡谷温泉旅游区
丽江市	古城区悦榕庄、玉龙县文笔温泉、古城区大东温泉山庄
普洱市	思茅区曼中田温泉休闲园、景东县温泉旅游度假区、景谷县盐水河热水塘温泉度假村、墨江县通关温泉旅游度假区、孟连县猛马温泉（芒蚌温泉）、澜沧县“拉祜百草温泉”建设项目、澜沧县付腊温泉度假村
临沧市	临翔区温泉花园大酒店
德宏州	芒市法帕温泉度假村、芒市那帕酒店、芒市中日傣景温泉宾馆、瑞丽市八达温泉宾馆、瑞丽市玉瑞温泉花园酒店、瑞丽市孔雀温泉度假村、瑞丽市瑞丽景成地海温泉度假村、盈江县芒克温泉（凤凰温泉度假村）、梁河县龙窝温泉度假村
怒江州	泸水市登埂温泉旅游小镇、玛布温泉旅游度假村、康龙温泉度假村
迪庆州	香格里拉市悦榕庄、香格里拉市天生桥温泉旅游度假区-天生桥地热公园、香格里拉市霞给温泉度假村
大理州	大理市下关温泉（凤凰温泉度假酒店）、洱源县下山口温泉（普陀泉）、洱源县大理地热国（九气台）、弥渡县温泉度假区、老君山新和温泉山庄、剑川县龙门温泉城
楚雄州	禄丰县腊玛古猿温泉度假村、禄丰县罗茨温泉度假村
红河州	个旧市丫沙底温泉度假区、金平县勐拉温泉、泸西县五者温泉、建水县曲江温泉度假村、弥勒市湖泉生态园、弥勒市小芹田热水塘生态休闲度假村、元阳县勐拉温泉旅游度假区
西双版纳州	景洪市嘎洒温泉小镇

目前，云南省 21 个州（市）、县对温泉旅游业进行了一定程度的开发利用，有些已具备一定的发展规模，有些则处于起步阶段。已具备旅游接待能力和较大规模开发利用的主要温泉旅游业企业及酒店有 100 多家。以温泉为基础开发的酒店、宾馆、农家乐、休闲山庄、洗浴与理疗等第三产业小规模开发服务网点有 300 多个，初步形成了以温泉资源为基础，大力开发温泉旅游业资源与产品。对温泉的认知度明显地逐步提高。温泉旅游开发企业遍布全省各地，形成独具特色的温泉旅游路线见图 10-4。

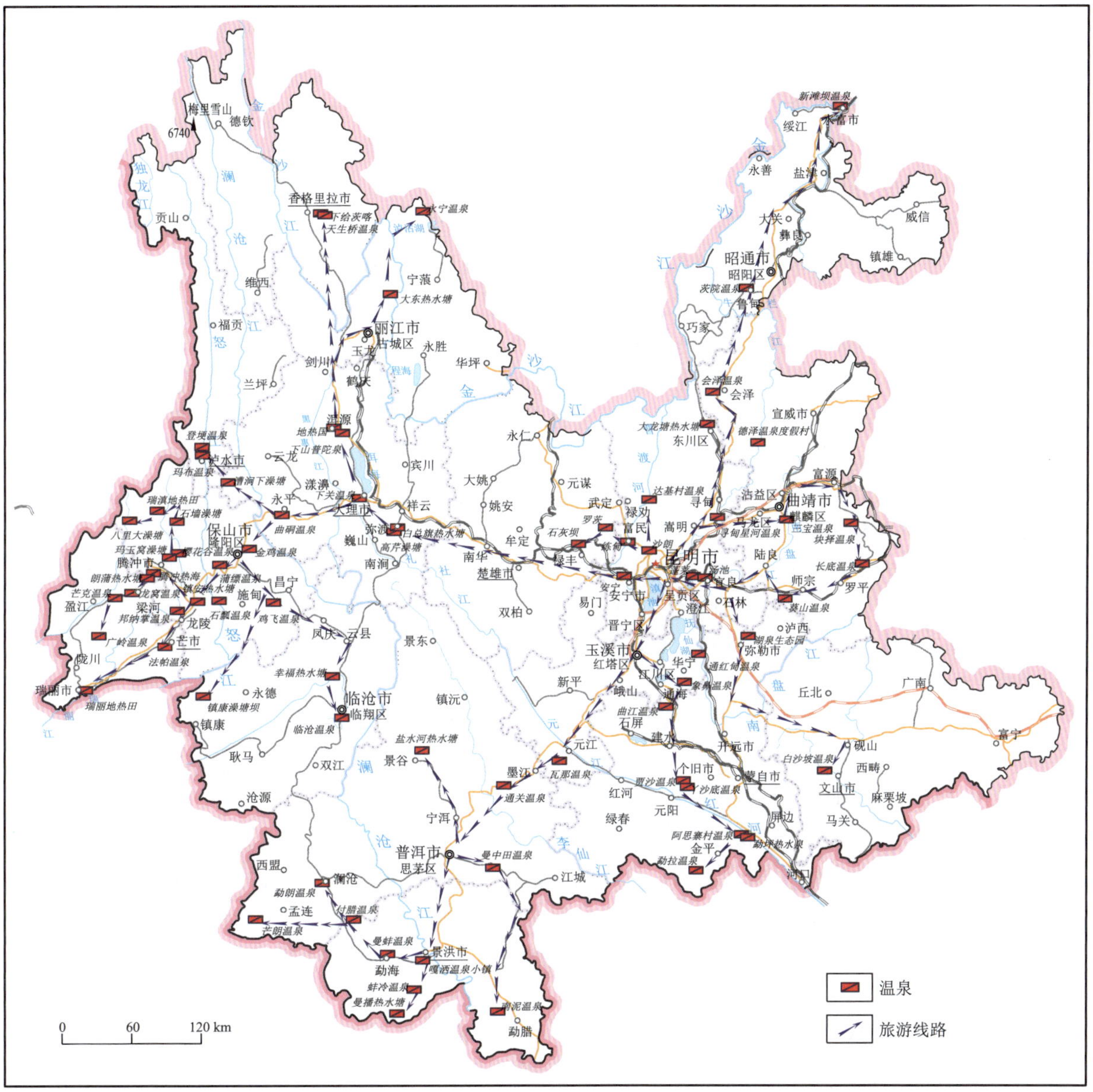

图 10-4　云南省温泉旅游路线示意图

1. 昆明市区温泉旅游开发

在昆明城区以温泉为基础开发的酒店、宾馆有 100 余个，具较大规模开发的休闲度假区就有滇池春天、君豪会所、柏联 SPA、怡景园度假酒店、华丰温泉 SPA 高尔夫会所、绿世界、水艺天下、峨山温泉、橄榄树温泉、云安会都温泉等。在昆明城区周边有安宁市温泉古镇商业街区、安宁市温泉宾馆、安宁市银鹰山庄、安宁市温泉心景、安宁市金方日式森林、宜良县狗街温泉度假村、宜良县汤池温泉度假区、寻甸县星河温泉小镇、禄劝练甸温泉旅游度假区、石林杏林大观园石海温泉、云南华侨城水上乐园、禄丰县罗茨温泉与石灰坝温泉等。

安宁温泉 位于安宁市温泉镇，海拔1830 m，泉水最高温度44.5℃，流量41 L/s。又名碧玉泉，坐落在安宁县境玉泉山麓，螳螂川畔，与曹溪名刹隔江相望。温泉南面，几十米高的环云崖矗立路旁河边，树藤交错，洞室螺螺，历代韵土的摩岩石刻荟萃成海，相传在1400多年前东汉时期已发现。这里山川秀丽、盆塘泉水、深可及腹。由于泉水水色湛绿，光洁如碧玉，故有“碧玉泉”之称。

明代中叶的名士和诗人杨升庵曾在自己的《温泉诗》的《序》中，称道安宁温泉有七大优点：“此泉特皓镜百尺，纤芥必呈，一也；四石壁起，中为石凹，不烦甃甓，二也；浮垢自去，不待拂拭，三也；苔污绝迹，不用淘渫，四也；温凉适宜，四时可浴，五也；掬之可饮，龙发茗颜，六也；盎酒增味，治疱省新，七也”。概括起来，就是泉水澄清，天然石凹，浮垢自去，不积污垢，温凉适宜，可以沏茶，宜于烹饪。东汉建武年间（公元25~57年）已作为沐浴治病和饮用水源而开发，被明代文学家杨慎誉为“天下第一汤”。

2. 滇东北温泉旅游开发路线

伴随昭通地区的大山包生态旅游区和西部大峡谷温泉旅游区的开发，往滇东北方向温泉旅游分别有：德泽温泉度假村→会泽温泉→茨院温泉→新滩温泉（西部大峡谷温泉旅游区）。

新滩温泉 位于云南省北东角金沙江右岸，属昭通市水富市向家坝镇管辖，海拔320 m。水温高达78.6℃，长度约100 m，总体流量245 L/s。修建向家坝水电站工程后，将江底的温泉通过管道直接引至山顶，建成西部大峡谷温泉旅游景区，形成江水脚下走、云绕半山中、傲立群峰之巅的“云上新天地”画面。凭借丰富的热水资源，2000年水富市成功开发了西部大峡谷温泉生态旅游区。旅游区占地1650余亩，可同时容纳10000人以上沐浴，600多人同时就餐，是目前国内最大的天然露天温泉浴场，是国家AAAA级旅游风景区，中国最佳温泉度假胜地。

会泽温泉 是会泽县十景之一，被誉为“温泉柳浪”。出水点旁古时建有火龙庙，供火德星君。热水显示面积约250 m^2，水温近40℃，清雍正（1723~1735年）年间建亭，光绪九年（1883年）立亭碑，上书“滇南第二泉”，新中国成立前又名滇北第一泉，碑文记载了温泉历史与水质，现被列为县级重点文物保护单位。建有游泳池、沐浴室。建“水中人”温泉浴室供人沐浴。

3. 滇东温泉旅游开发路线

伴随曲靖地区珠江源、多依河、鲁布革、万寿宫、胜境关、翠峰山、千佛塔等旅游景点开发，往滇东方向分别有：寻甸星河温泉小镇（塘子温泉）→三宝温泉→块择温泉→长底温泉→葵花温泉→宜良县狗街温泉度假村可供选择。

三宝温泉 位于曲靖市麒麟区三宝镇张家营村，海拔1918 m，泉水最高温度55℃，流量16 L/s。又名“滇东温泉”。明代开发浴池供当地人沐浴，徐霞客曾两次到此考察。1959年在此建成云南省曲靖市工会疗养院，近年来陆续建成了滇东温泉度假区、麒麟区温泉度假区等大型温泉酒店家，每年接待十万人以上，是集温泉沐浴、休闲保健以及住、餐、娱、购物于一体的温泉休闲度假区。

塘子温泉 位于寻甸县塘子村，海拔1896 m，泉水最高温度76℃，流量14 L/s。塘子温泉又名星河温泉小镇，是一个以温泉为主的别墅项目区，首创云南“亚健康管理体系”，独揽千年历史的塘子硫磺自喷温泉，传承汤泉“养生、保健、休闲”的至高精髓。星河硫磺自喷温泉，是云南仅有的高温、高流量和高微量元素温泉。早在明、清时代，便与双龙潭、白龙潭、清水海并称寻甸四绝。其水质清澈透明，泉水中富含钾、钠、钙、镁、铁等矿物质，属于昆明目前最好的硫磺温泉。

4. 滇东南温泉旅游开发路线

伴随石林国家AAAAA级风景区、文山普者黑等旅游资源开发，往滇东南开发温泉有：石林县石海温泉→湖泉生态园→白沙坡温泉。

伴随澄江县、建水县古城及燕子洞、河口口岸等旅游资源开发，可开发温泉有：红塔区映月潭温泉度假村→通红甸温泉→象鼻温泉→曲江温泉→贾沙温泉→丫沙底温泉→阿思寨村温泉→勐坪热水泉→勐拉温泉。

湖泉生态园（又名梅花温泉） 位于弥勒市弥阳镇西3.5 km温泉村，海拔1420 m，泉水最高温度 54℃，流量 30 L/s。目前已开发成为弥勒市城内主要景区公园。“山中有景，景中有池”是湖泉温泉的一大特色，牛奶、茉莉花、中药、薰衣草、苹果、森林、香草等别具特色的 12 个药物泡池，让游客充分体验湖泉温泉的魅力。温泉环境优美、处处鸟语花香，设施高档典雅。湖泉生态园内共有北园景区、南园景区、火龙潭景区、银沙滩娱乐区、白沙沟餐饮娱乐区、黄金谷休闲度假区 6 个景区。集休闲、沐浴、游泳、餐饮、旅游之大成。是弥勒市旅游景点之一。

曲江温泉 位于建水县曲江镇洗澡堂村，海拔 1430 m，泉水最高温度 65℃，流量 14 L/s。是建水县首家以生态园林温泉为特色的集住宿、餐饮、休闲养生等各项功能较完善的温泉主题度假酒店。此温泉属于含氡的弱碱性碳酸泉，还含有氟、锰、镁、晒、钾、钠、钙、锌等 30 多种对人体有益的微量元素，其中特殊治疗功效的弱放射性元素氡的含量达 400-430BQ/L，含量为全国温泉前列，故有《西南第一氡泉》、《天然药池》、《治病泉》、《中国西部最具医疗价值的氡温泉》之称。

曲江温泉属于珍贵的天然自涌泉，明代开始开发，历史悠久。泉眼位于 500 m 外的洗澡塘村里，数百年来涓涓流淌，永不枯竭。村民世代用泉水沐浴，普遍健康长寿，从来没有皮肤病、糖尿病、关节炎、风湿、心脏病、癌症等。曲江温泉水浴后特别爽滑，实属国内罕有，为西南第一氡泉，是云南最好的天然温泉。因为水质优良，吸引了大量的游客慕名而来。

贾沙温泉 位于个旧市贾沙乡尼格村，海拔 900 m，泉水最高温度 89℃，流量 10 L/s。泉出露于龙岔河与绿沙河的三角洲上，水透明，微蓝，故又名尼格蓝色温泉，硫磺味，可见白色钙华。1958 年个旧市建成贾沙温泉疗养院，占地面积 66793 m^2，建筑面积 10908 m^2，床位 200 张，设备齐全，环境优美，是游览和疗养胜地。

丫沙底温泉 位于个旧市贾沙乡丫沙底村，海拔 853 m，泉水最高温度 68℃，流量 10 L/s。泉出露于地处陡峭的高山峡谷之中，坐落在克勒大山中的一条斜山梁上，两侧的山谷里各淌着一条小河，一条叫贾沙河，另一条叫龙泉河，两条河在这里相汇后又融入红河。贾沙河中游丫沙底村河边，有较浓的硫磺味，可见白色钙华。

丫沙底现在有 3 个温泉，一个是瀑布温泉，另外是丫沙底温泉和农家乐温泉，都由民营企业投资。在这 3 个温泉中，瀑布温泉是投资最大的一个，也是规模最大，设施最全的一个温泉，清清的龙泉河水从温泉区的山谷中顺流而下，泡水池错落有致地建在小河边，最令人惊叹的是，在这温泉区内有一个宽 10 m，高 10 m 的龙泉瀑布，瀑布中央有块巨大的山石，旱季时水小，瀑布被巨石隔断形成“二龙吐水”，雨季时河水涌过巨石，水帘挂满，形成孔雀开屏状，煞是壮观。

丫沙底瀑布温泉自 2004 年开业以后，不断出新，相继推出亲情泡池、针孔水压按摩、地热石疗，建造了音乐喷泉广场、景区夜景灯光等，为了让游客在景区体验到人与自然和谐相处的乐趣，以及增强人们的生态环保意识，景区养殖了孔雀、鹅、锦鸡、珍珠鸡、锦鲤、猫等动物。温泉与自然风光美景融为一体，十分完美。

勐坪热水泉 位于金平县马安底乡勐坪村，海拔 160 m，泉水最高温度 100℃，流量 10 L/s。

阿思寨村温泉 位于金平县大寨乡阿思寨村，海拔 242 m，泉水最高温度 75℃，流量 10 L/s。两个温泉水温高，流量大，目前成片建有温泉度假村，但处于初级开发阶段，温泉旅游开发潜力巨大。坊间盛传当地人有裸浴习俗。“纯朴的傣族青年男女赤身裸体共浴一池，或三五成群边浴边拉着家常，或软绵绵地把身心浸泡在水中，像池中鱼儿串来串去，构成了一道独特的风景线。”自从人们发现这里是“裸浴天堂”后，便调起了摄影人和游客的极大兴趣……

5. 滇南温泉旅游开发路线

伴随西双版纳旅游的开发，往滇南可开发温泉有：瓦那温泉→通关温泉→曼中田温泉→嘎洒温泉小镇→蚌冷温泉→曼播热水塘→曼蚌温泉→付腊温泉→芒朗温泉→勐朗温泉等。该地区温泉众多，由于天气较热的原因，温泉开发较为落后，大都处于洗沐开发初级阶段。

瓦那温泉 位于元江县咪哩乡瓦那村东 2 km，海拔 916 m，泉水最高温度 87.5℃，流量 20 L/s。又名碗南温泉、瓦那热水塘、咪哩温泉，位于瓦那村东 2 km，昆洛公路旁。温泉沿清水河左岸至水电站约 6 km 的地段断续出露，气雾弥漫，高于河床 8～20 m。泉水顺坡东流入河，沿途沉淀形态多姿的泉华体，泉口尚有盐霜及杏黄色华类沉淀。河滩上泉眼也星罗棋布。温泉水带有硫磺气味，用其洗澡，除有舒筋活络的作用外，还有治疗风湿病、关节疼痛、皮肤痼疾的效果。目前建有温泉度假村。旅游开发潜力巨大。

嘎洒温泉 又名喃呢热带温泉，位于金平县嘎洒镇曼广村北的一条小河左岸，海拔 580 m，泉口最高水温 45℃，流量 10 L/s。泉水硫磺味重，有臭鸡蛋味，可见白色钙华，喃呢温泉集热带温泉洗浴、疗养、度假、休闲于一体，目前建有喃呢热带温泉等多家度假村及温泉宾馆。

付腊温泉 位于澜沧拉祜族自治县惠民镇东 4 km 的热蚌河沿岸，海拔 912 m，泉口最高水温 80℃，流量 20 L/s。温泉位于知了谷自然保护区的一个山涧之中，四面环山，郁郁葱葱，四周是以亚热带常绿阔叶林为主的原始森林。多眼温泉从森林间的白沙中溢出。每年 4 月 20 日~5 月 20 日间，成千上万的知了（蝉）到温泉喝水、飞舞、嬉戏、吟唱，蔚为壮观，知了谷也因此得名。每年都有很多游客来此郊游，并利用温泉煮鸡蛋、肉食等。泉区硫磺味重，可见黄色、绿色沉淀，白色钙华。现正在开发建设温泉旅游度假村，已初具规模。

6. 滇西北温泉旅游开发路线

云南主要中高温温泉分布在滇西地区，温泉旅游资源十分丰富。具体是：

依托大理—丽江—香格里拉自然景观旅游，可开发的温泉有：下关温泉→下山口普陀泉→洱源大理地热国→大东热水塘→永宁温泉→天生桥温泉→下给茨喀温泉。各个温泉点均具有不同的民族和自然风景特色。

下关温泉 位于大理市郊区 3 km 塘子铺村南，海拔 1990 m，泉水温度 75℃，流量 13. 9 L/s，为上升泉。温泉区出露于南北向箐沟的瀑布以下，并向下游延伸约 200 m 地段。泉口仅展布在沟东峭壁上，有泉眼 13 个，温度 25. 2~76℃。泉区中部水温 76℃，泉水略有溴味。泉口附近有少量泉华，地面多盐霜。目前开发较大。现有凤凰温泉度假酒店等多家开发商在此修建温泉洗浴中心，是大理唯一拥有专属天然温泉的度假酒店，且身处苍山自然保护区内，面对蜿蜒奔流的西洱河、背靠林木挺秀的者摩山，坐拥青山与热水。为集温泉沐浴、旅游、休闲、娱乐为一体的旅游度假区，年接待游客 30 万人次以上。

下山口温泉（又名普陀泉） 位于洱源县右所镇下山口村西北 0. 7 km，海拔 1993 m，泉水温度 94℃，流量 1. 8 L/s，是迄今洱源县境出露温泉的最高温度。泉塘周围有少量钙华沉积。目前泉点下方建有数家温泉山庄，供游人旅游、医疗、洗浴。开发规模较大的有大理普陀泉，充分利用下山口的地热资源和弥苴河的秀丽风光，开设有大型和中型温泉游泳池和漂流等旅游项目，为集住宿、餐饮、垂钓、歌舞为一体的 AAAA 级温泉旅游度假区。年接待游客 20 万人次以上。

大理地热国（又名九气泉、九台温泉） 位于洱源县茈碧湖镇九台村，海拔 2060 m，泉水温度 85℃，流量 4. 6 L/s，为上升泉。据历史记载，九气台一名来源于钙华丘上的 9 个泉孔，应是喷气数米高的沸泉。相传明朝建文皇帝曾在此僧衣麻鞋、浸泡养生。大理地热国紧临国家级风景区茈碧湖，小桥沟涧，流水淙淙，鸟语花香。当一边泡温泉，享受着温泉带来的舒适感受时，抬眼望去彩云之南的蓝天白云，万只小鸟从头顶上空飞过的奇观，让游客身心舒畅，犹如进入人间仙境。快乐美妙的滋味值得细细品味一番。

现建成的大理地热国占地一千余亩，是集温泉文化、民族文化、体育文化等为一体的特色的休闲度假型旅游风景区，可同时容纳一万多人泡温泉，有亚洲最大的露天温泉之称。现年接待游客 50 万人次以上。

大理地热国温泉景区芦苇遍野，将温泉环绕在绿色中间，形成天然氧吧，曾经有诗人将此誉为云南的“北洋淀”。

天生桥温泉 位于香格里拉市建塘镇驻地南都冈河左岸，海拔 3440 m，泉水温度 56℃，流量 10 L/s，为上升泉。温泉沿河左岸大体上呈北西-南东向展布，主泉口出露在山坡上。泉水自泉华体裂隙流出，淌入下方修建的露天澡池。整个泉区泉华沉积十分发育，并延伸形成长 1 km，宽 20~30 m 的泉华山，山脊上有一条北西-南东向深大裂缝，其长度有数百米，宽 1 m，深不见底，局部地段被填塞后仍有 2~5 m 深，可能是温泉群的历史通道，是因地震活动叠加形成。温泉出露主要集中在泉华山的西北端，都冈河左岸及半山腰上。都冈河水由南东流经温泉区并穿过泉华山下长 8 m，宽 5 m 的穿洞之后，又转回东南，由市区去三坝区的安南银厂必经泉区，过路行人利用平宽的泉华山脊作为跨越都冈河的桥梁，“天生桥”由此得名。从穿洞口见到泉华山底部出露的基岩是黑色页岩，附近尚有灰岩地层。现开发为温泉旅游度假区——天生桥地热地质公园。年接待游客 20 万人次以上。

7. 滇西温泉旅游开发路线

路线 1 依托怒江大峡谷自然风光旅游，可开发的温泉有：曲硐温泉→漕涧下澡塘→玛布温泉→登埂温泉

漕涧下澡塘 位于云龙县漕涧镇澡塘村北 150 m，海拔 1750 m，泉水温度 71℃，流量 45 L/s，为上升泉。泉水沿花岗片麻岩山体的底部裂缝涌流，泉眼星罗棋布，泉水汇流成河，当地称澡堂沟。当您进入犹如踏入仙境，可见十分罕见的温泉瀑布，瀑布之下的泉水汇成一条宽 3 m，长 3000 多米的热水河，汇入滔滔怒江。民间称之为下澡潭的温泉群，含温泉瀑布、热水河、叠水岩澡潭、官澡潭、柏素澡潭（又名鸳鸯澡潭）、内宫澡潭、圣水井和烫羊池等十几处泉眼，属高热单纯硫磺泉，内含 16 种对人体有益的微量元素，有疗疾健肤之神效。当地政府在此已建了漕涧温泉疗养院，以温泉旅游洗浴为主体的度假基地开发已初具规模。

玛布温泉 位于泸水市六库镇腊斯地村东南玛布河汇入怒江处西侧右岸，海拔 800 m，泉水温度 70℃，流量 15 L/s，为上升泉。温泉沿江右岸呈近南北向展布，泉群主要出露有二片，泉区北侧山坡上出露大面积泉华沉积，现已无水热活动迹象，从泉华出现位置判断，原来温泉活动至少比现在高出 40 m。本区泉水清澈，无异味，无气泡，泉水流经处淀积有铁锈斑，地面遍布成分为无水芒硝和少量方解石矿物的盐霜，有温泉活动的泉华体上有人工挖掘的露天浴坑。泉点处现建有一个玛布温泉游旅度假村，规模较小。该温泉是当地各族人民春节期间举行传统聚会、沐浴、对歌的场所。据怒江州旅游局和城建局资料，该地段拟规划建设成规模较大的五星级酒店温泉旅游度假区，为中外游客提供集地质、地理、民族风俗等为一体的自然风光旅游景点。

登埂温泉 位于泸水市六库镇登埂村北，鲁腮河入怒江交汇处的西岸江边，海拔 980 m，泉水温度 54℃，流量 15 L/s，为上升泉。温泉沿江右岸呈南北向展布，在长约 300 m，宽 150 m 范围内出露大片钙质泉华体，从北向南出露温泉有 6 处。现在该地区利用怒江大峡谷天然的山河风光，建设登埂温泉旅游小镇。已建成了登埂温泉旅游度假区，峡谷生态休闲园；拟建江山温泉精品酒店、峡谷之星（五星酒店）等。计划将登埂温泉建设成国际一流的温泉度假小镇。

路线 2 依托腾冲火山热海温泉及国家 AAAAA 级旅游区开发，已或可开发的温泉有：腾冲热海地热田→樱花谷温泉→玛玉窝澡塘→石墙澡塘→瑞滇地热田→八里大澡塘等

热海热田 位于腾冲市清水乡塘河村，海拔 1096~1912 m。它是我国大陆上唯一的高温火山地热区，由于热田地表出露有各种高温显示，有多姿多态的泉华群体，形成珍贵的自然景观，早已享有“火山地热自然博物馆”之美称。

热海非海，而是一个热气蒸腾的山谷。整个景区环保澡塘河依山蜿蜒，热泉高低错落，山谷密林中、崖壁间、地面上，到处都有热气喷涌而出。据地表显示划分，热田北起硫磺塘老滚锅，南至杨家坡、沙坡—松木箐，东到忠寿寺，西到仙人澡塘，总面积约 10 km^2。热田由 20 个显示区组成。主要热区有：硫磺塘老滚锅、硫磺塘大滚锅（又名蛙鸣沸泉）、狮子头、眼镜泉、怀胎井、鼓鸣泉、珍珠泉、仙人澡塘、澡塘河及瀑布、蛤蟆嘴、忠孝寺、黄瓜箐等。这里的地热蒸汽能治多种疾病。主要利用喷汽孔的蒸汽进行蒸疗或以蒸汽加热冷水后浴疗，对风湿诸症疗效显著，浴疗者来自全国各地，终年络绎不绝。现开发为国家级热海热田地热公园，是腾冲旅游开发主要景区之一，年接待游客一百万人次以上。

瑞滇地热田 位于腾冲市滇滩镇腊幸村街至大沟边村，海拔 1700 m，泉水最高温度 91.5℃，流量 12.16 L/s。热田全长约 1.3 km，宽 0.1~0.6 km 不等，热田呈北北西—南南东向沿公路两侧展布，自北向南可划分 6 个显示区。瑞滇是一个具有很大动力开发潜力的热田，现主要作为民间小规模的传

统聚会、沐浴场所，开发潜力巨大。

樱花谷温泉 位于腾冲市北海乡蒲箐村樱花谷蒲箐龙塘，海拔1550 m，泉口水温45℃，流量2.3 L/s。樱花谷最大的特色是森林温泉。在苍天树荫之下，“风露池”、“玉女池”、“云碧泉”、“小龙泉”四大温泉群沿峡谷分布，直到龙川江边，这里共有大小澡池10多个，可容300多人沐浴。

樱花谷位于高黎贡山区龙川江峡谷西侧，距腾冲市城区26 km。景区内设有原始森林温泉洗浴、跨江溜索、高空吊桥、龙江漂流、攀岩、马帮、大型秋千等可供游客选择的服务项目，并配备有餐饮、住宿等旅游服务设施，是集观光、旅游、探险为一体的原生态旅游景区。

路线3 从腾冲往梁河、盈江方向有：朗蒲热水塘→龙窝温泉→芒克温泉→广岭温泉

朗蒲热水塘 位于腾冲市荷花镇朗蒲寨村，海拔1620 m，泉水最高温度98.7℃，流量6 L/s。温泉主要出露于一条沟谷里，呈北东南西向，相对高差约40 m。现有较大热水塘4处。朗蒲热水塘为沸泉区，而且泉塘位置经常发生变迁，有新“诞生”的，也有活动逐渐消失的。目前已开发为荷花温泉养生度假村。

路线4 从腾冲往龙陵、芒市、瑞丽方向有：邦纳掌温泉→镇安热水塘→法帕温泉→瑞丽地热田

邦纳掌地热田 位于龙陵县龙山镇热田东段香柏河右岸，海拔1280 m，泉口最高水温102℃，流量16 L/s。地热田沿河谷呈近东西方向展布，是滇西著名高温水热区之一。显示面积约800 m×150 m，区内出露有地震间歇喷泉、水热爆炸、沸泉塘等高温显示和遍布泉区的钙华与“皮硝”（盐华）等。新西兰奥克兰大学地热学院院长霍克斯坦教授考察热田后曾指出，邦纳掌的热显示强度仅次于腾冲的热海，因此它有“小热海”之称。现开发为一温泉旅游度假区，年接待游客20万人次以上。

法帕曼蚌澡塘 位于潞西市风平镇曼蚌村，海拔890 m，泉口最高水温48.5℃，流量20 L/s。现开发有多家温泉宾馆及度假村，较为混乱。当前已规划建设集游览、观光、沐浴、拜祭、会务、休闲为一体的综合场所。

瑞丽地温田 位于瑞丽市勐卯镇棒蚌村西南瑞丽江右岸河漫滩，海拔765 m，泉口最高水温98.3℃，流量<5 L/s。温泉群主要出露于距江岸线15 m处的丁字形热水塘、距岸线30 m的江中心滩以及孔雀泉浴室和其北侧的热水塘等处。岸、滩和阶地之间还有大量冒汽地面和放热地面相连，形成一长150 m、宽100 m的显示面积。丁字形热水塘南北长和东西宽各约30 m，塘水浑浊，底部四处涌水冒泡，其西端的一支岔处泉眼水温96.4℃，位于南北向朝东转折处的沸泉为97.4℃，南北向塘体中段近塘缘处水温98.3℃。泉区有浓烈的硫磺味。瑞丽市区已凿成热水井40余口，日产出水量达4850 m^3。现开发规模最大的为景成地海温泉度假中心——翡翠泉，终日热气蒸腾，碧浪翻滚，蔚为壮观，测定出水口温泉高达101℃，日产出水量约1500 m^3。

路线5 从保山往临沧、镇康方向有：金鸡温泉→蒲漂温泉→石瓢温泉→鸡飞温泉→幸福温泉→临沧温泉等

鸡飞温泉 位于昌宁县鸡飞乡，海拔1007 m，泉口最高水温80℃，流量15 L/s。泉群坐落于一近北北西走向的泉华体上，长约170 m，宽50 m，泉华体上矗立有20余个大小钙华锥，最高达7 m，其中以遥相对峙的雌雄二锥最壮观，泉水自锥顶或锥体周围溢出，温度36~80℃。泉华洞穴又为一天成澡塘。盐华遍布，其矿物成分为无水芒硝和方解石。围岩性质为新第三纪红色砂岩。现开发为一温泉旅游度假区，接待游客及疗养者。

鸡飞澡塘自古曾被誉为“滇西八景”之一。明《杨升庵笔记》有“滇泉之温十有七所，惟安宁为第一要绝，鸡飞温泉其亚欤?”记载。鸡飞澡塘高大的钙华柱在内地绝无仅有，因而自古以来就引来无数文人墨客及其无际的遐想，留下了大量的诗词歌赋。关于钙华柱的描写在王文烺的《石流温泉记》有“蒲门外有石流泉，性含盐硫质，曰鸡池澡池。池上有峭壁。壁前对峙二塔。塔分雌雄，各高数丈……”的记载。王文娘当年的记述景致至今尚清晰可辨，雌雄二钙华塔亦未因周围历年的地震而稍减其风姿。

（二）开发利用资源量

全省地热资源总开采利用量198621.16 m^3/d。其中，温泉为132382.08 m^3/d，地热井66239.08

m^3/d。开采利用热量为 329.8×10^8 kJ/d。其中，温泉为 225.9×10^8 kJ/d，地热井 103.9×10^8 kJ/d。从表 10-23 可以看出，滇西地区主要以开发利用天然温泉为主，地热井为辅。滇东地区主要以开发利用地热井为主，部分为天然温泉。

表 10-23　全省地热资源开发利用量统计

地区	开采量/(m^3/d)			开采热量/(10^8 kJ/d)		
	温泉	地热井	小计	温泉	地热井	小计
滇西地区	71798.40	13463.28	85261.68	14.96	2.52	17.48
滇东地区	60583.68	52775.8	113359.48	7.63	7.87	15.50
合计	132382.08	66239.08	198621.16	22.59	10.39	32.98

（三）开发利用对策建议

云南省水热活动强烈，温-热水泉孔分布广泛、类型多，潜在的地热资源储量居全国前列。开发地热能资源是21世纪寻求新能源及国际旅游业向深度、广度发展的重要趋势。把开发地热资源与云南独特的生态环境、民族风情，人文地理、地热地貌景观结合起来，积极开辟具有规模效益的地热能发电、地热旅游疗养新领域，是做好“生态文明排头兵”，走向经济强省的重要战略选择。主要对策如下。

1. 加强地热地质基础工作

云南省地热研究程度较低，对热储结构、热储类型、地热形成条件及机理不明，地热资源量不清。因此，加强地热地质基础工作，加强地热勘查与研究工作资金的投入至关重要。

2. 优先发展温泉旅游业

云南省是我国旅游大省之一，利用温泉、热矿泉、地热天然景观开发温泉旅游资源，开展人类康体休闲、疗养活动已成为发展趋势，是21世纪休闲度假旅游产业中的主打项目，也是促进国际旅游业及其相关产业发展的新的生长点。因此，优先开发温泉旅游产业，带动大健康产业、第三产业发展，是全省制订符合可持续发展、合理开发利用、管理好地热能资源规划的重点。

3. 充分利用地热资源发电

在优先发展温泉旅游业的同时，充分利用地热资源发电，是全省几代地热地质工作者的愿望，也是时代的进步与需要。在滇西地区有丰富的水利资源和地热资源，对这2种资源联合开发，实现水电、地热发电为骨干的多能互补，将会控制整个滇西地区自然环境的恶化，使森林得以休养生息，水土得到保持，生态环境逐渐走向良性循环。

地热发电开发对环境和地表景观的影响将是一个较严重的问题，同时，对于温泉旅游与疗养开发也将有一定影响。腾冲市高温热海热田、洱源县芷碧湖地热田等，都具备极佳的发电潜力，现作为旅游资源开发也带来很好社会效益与经济效益。因此，优先开发方向与项目，要经地热勘查，查明储存热量，论证其开发利用方向与可行性方案，在确保开发项目经济效益的同时，充分论证社会环境保护的可行性。

4. 统一规划、有序开采

地热资源为液气体矿产资源，适宜于就地开发利用。根据云南地理环境条件与交通状况，要鼓励边远地区的天然温泉得到合理有序地开发利用。根据当地自身条件统一规范合理开发为旅游、医疗、工业、农业、科学、教学等方面的利用。做到大水大开，小水小开的原则，因地制宜合理利用。

第四节　二氧化碳气

二氧化碳是自然界碳循环中比较稳定的组分，是一种无色、无味的气体，化学式 CO_2，密度

1.977 g/cm³，比空气重，能溶于水。二氧化碳气广泛存在于岩石圈、水圈、生物圈、大气圈中，容易液化，液态的二氧化碳可以贮存在高压钢瓶内。当液态二氧化碳气化蒸发时，将吸收大量的热，造成周围温度下降，同时，部分二氧化碳气体迅速冷凝形成雪花状固体，俗称“干冰”。常见的舞台云雾效果即根据液态二氧化碳气化蒸发原理制造。二氧化碳气无毒，但在空气中含量达到3%时，人体会感到呼吸急促；达到10%时，人会丧失知觉、呼吸停止而死亡。

二氧化碳气在工业生产中具有广泛用途，常用于生产尿素、纯碱、灭火剂、制冷剂、人工降雨等方面。高纯度二氧化碳气体的经济价值高于常规天然气，但随着工业高速发展，碳排放量增大造成大气中二氧化碳含量日益增高。由于它能够吸收地面释放的红外辐射，在地球周围形成隔热层，阻止热量向外层空间扩散，使地球平均气温上升，从而产生所谓的“温室效应”，对地球生态造成较大影响。

一、资源概况与类型划分

截至2015年底，全国累计查明二氧化碳地质储量1950×10⁸ m³，主要分布在吉林、黑龙江、江苏、山东、四川、重庆、渤海、东海、南海等地区。

中国南方存在大量二氧化碳气藏。经过多年勘查研究，在江苏、安徽地区发现众多的二氧化碳气显示，探明了具有较高工业价值的苏北黄桥二氧化碳气藏并投入商业开发。在南盘江坳陷北部的秧坝坳陷（贵州省册亨县）钻探的双1、秧1井分别在井深3397~3408 m（上二叠统）、井深2573~2594 m（下二叠统）发现二氧化碳气流。云南省二氧化碳气显示主要发现于楚雄盆地、腾冲等地区，目前没有工业性气藏发现。

自然界中二氧化碳气按其形成机理可以分为有机成因和无机成因两种类型。在一定的地质环境条件下，二氧化碳气可以生成并富集成藏。有机成因主要指有机物在生物化学降解过程中形成大量二氧化碳气，无机成因主要为地幔岩浆脱气作用形成幔源二氧化碳气以及地壳岩石化学反应、碳酸盐岩受热分解生成二氧化碳气等。全球已发现的高含二氧化碳气藏主要是幔源成因，但并非所有的火山作用、岩浆作用都可形成二氧化碳气藏，只有未脱气的地幔岩浆作用可形成二氧化碳气并聚集成藏，并且二氧化碳含量一般>60%。地壳岩石化学反应及熔融形成的岩浆也含有一定量的二氧化碳气。此外，海相碳酸盐岩受热分解也可生成大量二氧化碳气体。

二、主要二氧化碳矿床（气苗）

（一）楚雄盆地中东部二氧化碳气苗

戴金星等（1986）详细介绍了楚雄盆地二氧化碳气苗情况。

气苗分布于楚雄盆地双柏坳陷的牟定斜坡和会基关短轴背斜带交界附近，从南部楚雄市杨家阱至北部禄丰县麂子湾利鸟场近南北向延伸约7 km范围内，断续分布着二氧化碳气苗，主要沿火烧屯断裂带东侧分布。在气苗分布区之东不到20 km距离，发育有形成于晋宁期的南北向绿汁江深大断裂。沿绿汁江断裂带有超基性、基性、酸性岩浆侵入。紧邻气苗区之东的元谋-广通南北线上，是现代温泉分布带，说明气苗区受到岩浆活动控制。可以认为，气苗区的二氧化碳形成与岩浆活动有关，是火山-岩浆源成因的二氧化碳气。

二氧化碳气苗大部分位于牟定斜坡上，除杨家阱气苗产于上侏罗统妥甸组泥岩之上的第四系中，其余气苗均分别产于白垩系高峰寺组、普昌河组和江底河组或其上的第四系中。气苗特征如表10-24。

气苗分布受绿汁江断裂及次级构造制约，特别是与南北向背斜有密切关系。如今气苗分布最密集、出气量最多的利鸟场气苗，处于受横断层切割的背斜附近，说明背斜对二氧化碳气有富集作用，构造可能控制着二氧化碳气的富集程度。

表 10-24　楚雄盆地中东部二氧化碳气苗特征统计

二氧化碳气苗位置	特征	出气时间	累积出气量/$10^4 m^3$
禄丰县青豆冲西南 450 m	冒气面积 20 cm×20 cm，连续冒气	>60 年	>613
禄丰县青豆冲西南 400 m 水沟	4 个小冒气点，1 连续冒气，3 个间断冒气		
禄丰县藤子棚水库旁套管浅井中	压力稍大于 1 Pa		
禄丰县鹿子湾利乌场谷地中	在约 150 m^2 麦地中普遍有气苗。其中有 4 个密集喷气带，冒气强度大	>70 年	>4871
禄丰县谢家村南小溪沟	几个间断冒气点，出气强度很弱		
禄丰县岔苴东北约 200 m 水田	主要有两处较集中的冒气点		
楚雄市杨家阱水库下铁套管中	间断喷水与气，一天 3 次，一次喷 10 几分钟，喷高 1 m 左右	>60 年	>2.6

注：出气时间据民间调查资料。　　（据戴金星等，1986）

（二）大姚县乌龙口构造二氧化碳气苗

二氧化碳气苗产于大姚县桂花乡乌龙口构造乌龙 1 井，为中石化南方油气勘探项目经理部在乌龙 1 井钻后综合测试中发现，产气地层为上三叠统干海资组。

乌龙口构造地表为一大型近南北向穹隆，背斜核部出露上侏罗统妥甸组，实钻上三叠统干海资组顶界埋深 2925 m。

乌龙 1 井完井试油时，在 3140.6~4620 m 上三叠统裸眼井段发现有二氧化碳气产出。2001 年 1 月 11 日~2 月 19 日定深井下 1800 m 抽吸，动用垫圈流量计每天测试 2 次，获日产二氧化碳气 107~1665 m^3，平均 713 m^3/d。经滇黔桂石油勘探局勘探开发科学研究院采样并分送三家检测单位分析，二氧化碳含量基本>95%，为纯二氧化碳气（表 10-25）。与国内二氧化碳气组分对比，初步分析该井段所产二氧化碳气为无机深源气。

表 10-25　大姚县乌龙 1 井气组分分析表

<table>
<tr><th>分析单位及样品</th><th>硫化氢/%</th><th>甲烷/%</th><th>乙烷/%</th><th>氦气/%</th><th>氢气/%</th><th>氮气/%</th><th>二氧化碳/%</th></tr>
<tr><td>1</td><td>0.00</td><td rowspan="3">微量</td><td rowspan="4">0.00</td><td rowspan="3">0.04</td><td>0.03</td><td>3.74</td><td>96.19</td></tr>
<tr><td rowspan="2">2</td><td>0.00</td><td rowspan="2">0.07</td><td>1.85</td><td>98.04</td></tr>
<tr><td>0.00</td><td>1.67</td><td>98.22</td></tr>
<tr><td>3</td><td>0.00</td><td>0.046</td><td>0.075</td><td>0.156</td><td>4.862</td><td>94.86</td></tr>
</table>

乌龙 1 井钻井过程中，在井深 2390~2396 m 下侏罗统冯家河组中钻遇 6 m 煌斑岩，在其下伏的上三叠统舍资组中分别于井深 3138.8~3139 m、3432~3438 m、3460.5~3661 m 见 0.2 m、6 m、0.5 m 煌斑岩。煌斑岩同位素年龄测定结果，推断乌龙口构造井下所见的煌斑岩脉是喜马拉雅期、燕山期产物。另外，乌龙口构造处于盆地北部晚古生代隆起部位，区内广泛分布古生代碳酸盐岩。在这一区域地温梯度相对高，*Ro* 值已达 3%~4%的背景下，深部沿断裂溢出的气体与碳酸盐岩作用，亦可产生部分二氧化碳气。

经测试，乌龙 1 井二氧化碳气体显示出中幔源气或壳-幔源混合天然气的特征。在同期钻探的南盘江坳陷秧坝、双江构造（贵州省），亦同时发现了二氧化碳气体。由于当时钻探目的主要为寻找石油和天然气，加之二氧化碳气勘探需要特殊技术装备，因此对所产二氧化碳气体，测试时未再采取任何措施进行产层改造评价，二氧化碳气藏真实产能及资源背景不明。

乌龙口以南大姚县大村 ZK40412 井在铜矿钻探过程中，曾发生井喷。该井开孔层位为上白垩统马头山组上段，完钻井深 780 m。在钻至下白垩统普昌河组中段时发生 2 次井喷。第一次钻至 357 m 时发生气水同喷，喷高达 17~18 m，持续 68 h 后自行停喷。喷出物以气为主，有硫磺气味，无窒息感，带出水约 180 m^3（喷速 0.7 L/s）。钻至井深 414 m 处时发生第二次井喷，气水同喷，以水为主，喷高约 20 m，持续时间 10 h，后自行停喷。由于未取样分析，也未开展点火试验，造成所喷气体性质不明。普昌河组以紫红色泥岩为主，缺少生成天然气源岩，分析气源可能来自深部，所喷气体应为天然气或二氧化碳气。

（三）腾冲硫磺塘二氧化碳气苗

腾冲地区发育众多与火山活动有关的温泉群。伴随温泉往往有大量气体逸出，甚至形成喷气孔、气泉。明代地理学家徐霞客于明崇祯十一年至十三年（1638~1640 年）滇游期间，曾考察了众多的温泉。他在《滇游日记》中着墨最多的是腾冲的硫磺塘。硫磺塘位于腾冲市城西南 16 km，为一个直径 3 m 左右，四尺多深的圆形小池。池底到处喷水冒气，最大的一个泉眼喷出的水柱有一尺来粗，喷出水面一尺多高，温度达 96.6℃。整个水池白浪翻滚，热气腾腾，水气交鸣，状如沸腾咆哮的大滚锅。当年徐霞客曾冒雨考察了硫磺塘，并有极其生动的描述："遥望峡中，蒸腾之气，东西数处，郁然勃发，如浓烟卷雾，东濒大溪，西贯山峡……"，"环崖之下，平沙一团，中有孔数百，沸水丛跃，亦如数十人鼓扇于下者……，久立不能停足也"。直到今天，硫磺塘仍能从泉水中提取硫磺，是当年国内外享有盛名的腾冲"慈佛牌"火柴原料的重要产地。

腾冲市硫磺塘属火山期后形成的温（热）泉与喷气孔。戴金星（1988）详细介绍了实地考察及采样分析情况。热田基底为燕山期灰白色、浅粉红色中-粗粒花岗岩。地热流体沿断裂通道向上运移至地表和近地表，以喷气孔、冒气地面、硫质气孔、沸泉、沸喷泉、热泉等形式释放出来。在硫磺塘南面澡堂河 150 m 长河段中，喷气孔、冒气地面、硫质气孔众多。其中，85 个不间断出气点，最大出气点影响水面直径达 40 cm，预计每天出气>900 m^3。采样分析，气体中二氧化碳含量>96%，仅有极低含量的甲烷（0.024%~0.396%）。二氧化碳的碳同位素 $\delta^{13}C_{CO_2}$ 为-1.9%~6.3%，为火山-岩浆源成因。

（四）成藏机理与勘查前景

云南楚雄盆地二氧化碳气具一定规模，形成机理为来源于地幔的大量二氧化碳气体，通过深大断裂等疏导系统直接运移到有利的储集场所聚集成藏或直达地表散失。楚雄盆地、南盘江坳陷、腾冲等地区的二氧化碳气气藏成藏模式可以表述为：深部幔源岩浆来源，深大断裂输导，受封闭环境遮挡聚集，多期次、晚期成藏或破坏泄漏。

楚雄等盆地的二氧化碳气勘探，具有一定价值，在今后地质勘查、研究工作中应引起重视。

第十一章　旅游地学资源

云南素有天然地质博物馆之称，特殊的地质构造背景，造就了云南独特的山川地貌及地学景观，形成世界上罕见的“三江（金沙江、澜沧江、怒江）并流”世界自然遗产等自然地理景观，拥有众多得天独厚的旅游地学资源。

从记录了近20亿年以来地球演化发展历史的大理苍山地质公园，到被称为“二十世纪最令人惊奇的发现之一”，保存了距今5.3亿年的早寒武世40多个门类，100余种动物化石的澄江动物化石群地质公园，有非常完整的海绵动物、腔肠动物、软体动物、节肢动物和疑难动物化石等。包括以发掘地名命名的抚仙湖虫、帽天山虫、云南虫、昆明虫，地球上最古老的脊柱动物——海口鱼等，是揭示寒武纪生命大爆发的金钥匙。

从经历了近三亿年沧桑巨变形成的石林岩溶峰林地质公园，到保存了距今约2.417亿年的三叠纪非常精美完整的海生爬行动物、鱼类、节肢动物、双壳类、腹足类、棘皮动物、菊石、植物等化石的罗平生物群地质公园。

从生活在6500万年前的禄丰龙，到距今约340万~1万年间形成的腾冲火山地学和地热地学景观，保留有97座火山体，终年热波喷涌，气浪腾腾的“热海”及水温高达96.6℃的“大滚锅”。

在这七彩云南大地上，曾经生活过距今170万年、亚洲最早的原始人类“元谋人”，把中国发现最早人类化石的年代推前了一百多万年。

云南的旅游地学景观可分为观赏型地学景观、科学考察型地学景观。包括有石林岩溶峰林世界地质公园、云南大理苍山世界地质公园2个世界地质公园；云南丽江玉龙黎明-老君山国家地质公园、云南玉龙雪山冰川国家地质公园、云南泸西阿庐国家地质公园、云南澄江动物化石群国家地质公园、云南腾冲火山国家地质公园、云南禄丰恐龙国家地质公园、云南罗平生物群国家地质公园（包括金鸡园区、大洼子园区）、云南九乡峡谷洞穴国家地质公园8个国家地质公园。省级地质公园有盐津乌蒙峡谷地质公园、巍山红河源地质公园（图11-1）。

除此之外，还有具有地学景观及科学考察价值的三江并流风景区、永胜红石崖国家级地震遗址、元谋土林风景区、晋宁震旦系-寒武系层型剖面地学景观区、元谋人演化地学景观等等。

可以说这里是旅游者的天堂，科学考察者的圣地，地学启蒙教育的热土。

第一节　观赏型地学景观

观赏型地学景观以喀斯特地貌地学景观、高山峡谷地貌地学景观为主，次为水蚀地貌地学景观，以下分述之。

一、石林岩溶峰林地质公园❶

石林世界地质公园属岩溶地貌地学景观，位于石林彝族自治县境内，距省会昆明市约78 km，占地总面积400 km^2。其中：特级保护区44.96 km^2，一级保护区62.10 km^2，二级保护区107.21 km^2，三级保护区135.73 km^2。公园海拔1500~1900 m，享有“天下第一奇观”、“石林博物馆”的美誉。

❶ 资源来源：百度百科 http://baike.baidu.com/item/云南石林世界地质公园/2573849? fn=aladdin；互动百科 http://www.baike.com/wiki/石林县

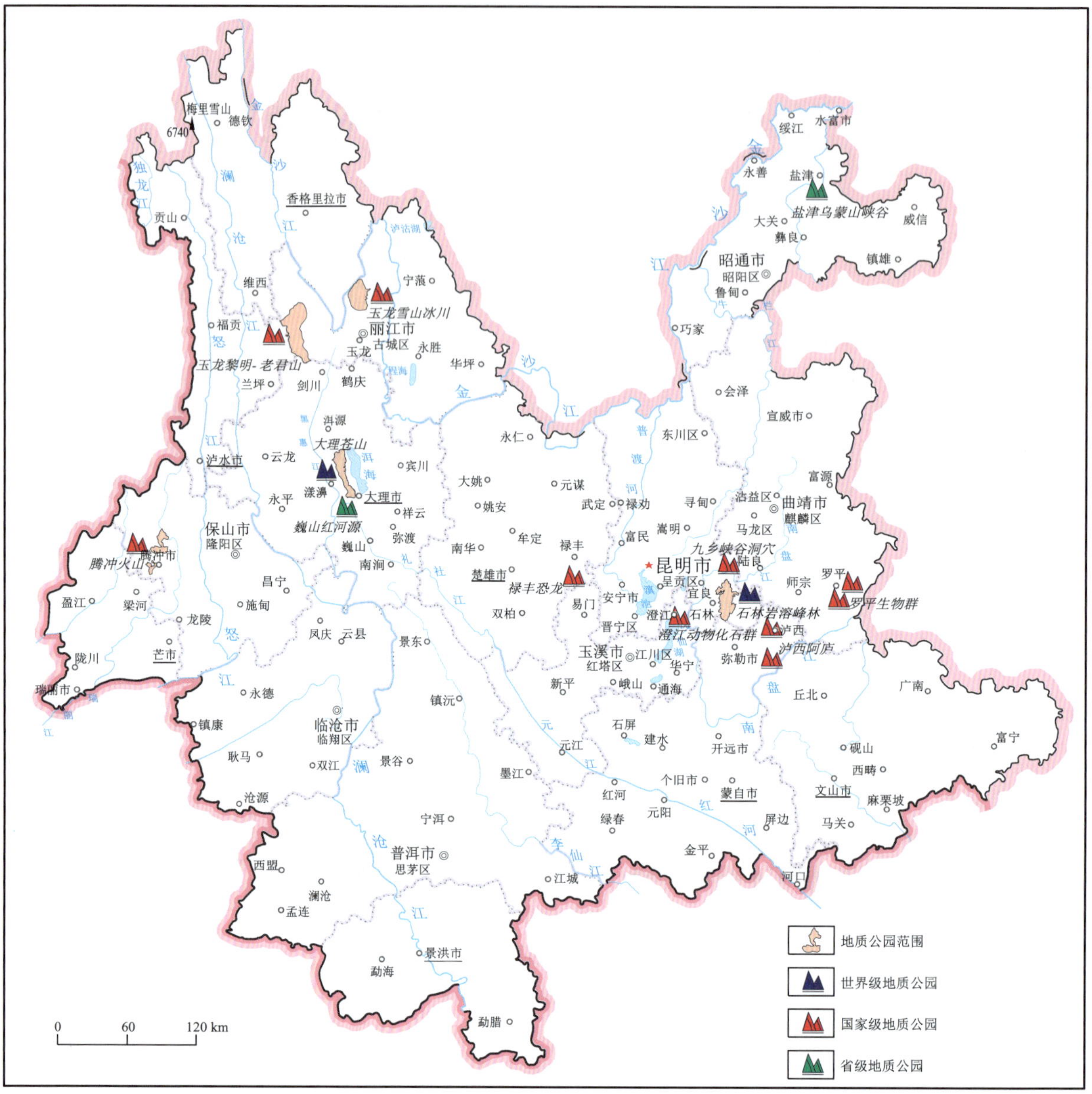

图 11-1　云南省地质公园分布图

石林于 1982 年被命名为首批国家重点风景名胜区，2001 年被命名为首批国家地质公园，2007 年 6 月被联合国教科文组织列入世界遗产名录。与北京故宫、西安兵马俑、桂林山水齐名，成为中国四大旅游胜地之一。

（一）景区特点

石林喀斯特是一种林状喀斯特景观，公园是“石林”术语的发源地。石林发育演化的古老性、复杂性、多期性、珍稀性以及景观形态的多样性，成为世界上反映此类喀斯特地质地貌遗迹的典型范例，具有很高的旅游地学科普价值。石林世界地质公园保存和展现了最多样化的喀斯特形态，高大的柱状、剑状、蘑菇状、塔状等石灰岩柱（照片 11-1、11-2、11-3、11-4）是石林的典型代表。此外，还有溶丘、洼地、漏斗、暗河、溶洞、石芽、钟乳、溶蚀湖、天生桥、断崖瀑布、锥状山峰等。几乎世界上所有的喀斯特形态都集中在这里，构成了一幅喀斯特地质地貌全景图。部分景点被赋予形象、生动的名称，如双鸟渡食。部分景点与当地彝族人民传说相结合，如阿诗玛的美丽传说。

照片 11-1　石林地质公园的峰林地貌（1）
（明添学供稿）

照片 11-2　石林地质公园的峰林地貌（2）
（明添学供稿）

照片 11-3　石林地质公园形态各异的石柱（1）
（明添学供稿）

照片 11-4　石林地质公园形态各异的石柱（2）
（明添学供稿）

整个景区由密集的石峰组成，形如一片岩石盆地。这里的石林直立突兀，线条顺畅，并呈淡淡的青灰色，高大的岩柱高度超过 40 m。其中有“莲花峰”、“剑峰池”、“千钧一发”、“极狭通人”、“象距石台”、“幽兰深谷”、“凤凰梳翅”等典型景点，最著名的当数龙云题词“石林”之处的“石林胜境”（照片 11-1），而“望峰亭”为欣赏“林海”的最佳处。人们行走在峰林间，不几步便被石峰挡道，曲折迂回之后，又是另一种天地。

沿着“林”间小道蜿蜒而行，仰见两峰如同擎天巨石，似有欲坠未坠，“千钧一发”之感，不由得对“持重无言”的“南天砥柱”平添敬意。行进“且住为佳”，有崖洞如厅堂、似住屋，有石床、石桌、石凳，栏外有水一泓，可小憩纳凉。“剑峰池”周石峰高耸，层层叠叠，密如刀丛；池中一峰突起，如利剑刺天；池色澄碧，如翡翠镶嵌山间；池上游廊迂回，石桥横跨；天光云影，群峰秀色，尽纳湖中。

“莲花峰”雄踞于剑池之滨，高出水面 30 余米。“清水出芙蓉，天然去雕饰”，这朵优雅素洁的石莲花，终年不败，其生命力远非水中芙蓉可比。坐在莲花上环顾四周、沟壑纵横、群峰攒列。今人有诗写道：“攀登直欲夺天工，一顶凌云挈众峰；不是猱升挥汗水，何来双手扶晴空。”

“双鸟渡食”中可见一对羔羊温驯依偎。在“象踞石台”、“凤凰梳翅”、“钟石”中叩击之，可发出高低不同的声音。

在曲径起伏中，隐见红亭摩云，攀缘“天梯”，节节登高，可达“望峰亭”。凭栏远眺，层层峰林，莽莽苍苍，尽收眼底，游人披襟当风，心胸为之开阔，精神为之一振。

过“蟒蛇出洞”、“鞭石”、“南天门”、“将军鞋”，即到外石林。与紧迫幽深的大石林相比，外石林地势比较开阔，景观疏朗，绿草如茵。看：“观音默坐”，似在诵经念佛；“望夫石”盼夫归；“苏武牧羊”在绿茵茵的草场上；那“骆驼骑旬”似在山野将息；那“母子偕游”悠游于途；那老僧低头漫步，从从容容，若有所思；那书生赶考，马驮行李相随；那“猩猩戏狗”，妙不可言；还有那亭亭如盖的“万年灵芝”挺生林间，宛如雨后蘑菇。这一座座惟妙惟肖，优美抒情的造型，构成了一幅背景广阔，清幽宁静的景观。

沿“环林”回走，上步哨山，看“五老赛跑”、“护林女神”。步哨山顶，是大小石林景区最高点，海拔 1810 m，俯眺四方，茫茫林海，如千万队铁骑，披坚执锐，整装待发。下步哨山至山脚，看“唐僧西行”由此即可进入小石林景区。

（二）成因浅析

石林是地球演化的杰作，经历了近三亿年的演变。最初的石灰岩形成于大海之中，后因地壳运动，沧海变桑田，石灰岩被抬升暴露地表。在有利的地质、气候、水文条件共同作用下，石灰岩被两组以上垂直裂隙切割，并成为地表水和地下水的通道。水沿裂隙流动的过程中，不断对石灰岩进行溶蚀。随着溶蚀沟的加深加宽，形成形态各异的石柱，石柱相互分离，最终成为形态万千的石林奇观。

当地表水沿可溶性岩坡面流动，溶蚀侵蚀的凹槽为溶沟，溶沟间残存的石脊突起称石芽，大型的石芽称石林。石林高度较大，呈柱形、锥形、塔状、笋状、剑状、菌状等。美在壮观，状在奇绝。

二、大理苍山世界地质公园[1]

大理苍山又名点苍山，位于大理白族自治州境内，地跨大理市、漾濞县、洱源县 3 县（市）。大理苍山世界地质公园属高山峡谷地貌地学景观，主体在大理市，总面积 519.9 km^2。苍山是云岭山脉南端的主峰，东临洱海，西望黑惠江，共有雄峙嵯峨的 19 峰。山峰海拔一般>3500 m，最高的为 4122 m。山顶终年积雪，被称为“炎天赤日雪不容”。每两座山峰之间都有一条溪水，由上而下，顺东流淌一直注入洱海。这 19 峰 18 溪（照片 11-5）构成了苍山独特而多姿的景观。

照片 11-5　大理苍山地质公园的山谷相间地貌

（引自世界公园 http：//www.dlcsdzgy.gov.cn/BeautifulChang Shang.aspx？Type=gymj）

2005 年 8 月，大理苍山被审定为国家地质公园。2014 年 9 月大理苍山被列入联合国教科文组织世界地质公园名录，获得了世界地质公园新成员授牌。

---

[1] 资源来源：百度百科 https：//baike.baidu.com/item/苍山国家地质公园/3418423

（一）景观优势

昆明理工大学教授、大理“申世”首席专家梁永宁认为，大理苍山申报世界级地质公园有三大优势。

1）地质优势。大理苍山是欧亚板块和印度板块碰撞隆起的杰作，独特的高原山岳地貌（照片11-6）景观，是一本孕育了20多亿年的“天然地质天书”，也是大理石和大理冰期的命名地。

2）景区多，景观具有观赏性，对普及地学和自然科学有着重要意义，并具有很高的经济价值。苍山景区内有冰斗、冰窖、冰蚀湖（照片11-7）、角峰、刃脊及其他千姿百态的峰林峰丛。

照片11-6 苍山地质公园的高原山岳地貌
（世界地质公园网 http：//www.dlcsdzgr.gov.cn/BeautifulChangShang.aspx？Type=gymj）

照片11-7 苍山地质公园的洗马潭冰蚀湖
（世界地质公园网 http：//www.dlcsdzgr.gov.cn/BeautifulChangShang.aspx？Type=gymj）

3）生物多样性。各种濒临灭绝动植物的发现将为“申世”起到辅助作用。苍山有种子植物170科755属2330种，有国家保护植物苍山冷杉（照片11-8），列入濒临灭绝的植物有黄杜鹃、白菊木、蓝果杜鹃（照片11-9）、硫磺杜鹃、延龄草等10种；有鸟类170多种，国家保护动物16种，其中有一级保护动物云豹、羚牛，证明苍山生态完好。

照片11-8 大理苍山地质公园的冷杉林
（世界地质公园网 http：//www.dlcsdzgy.gov.cn/BeautifulChangShang.aspx？Type=gymj）

照片11-9 大理苍山地质公园的杜鹃
（世界地质公园网 http：//www.dlcsdzgy.gov.cn/BeautifulChangShang.aspx？Type=gyzw）

此外，苍山地质公园园内是独特的民族民俗文化地和古南诏国发祥地，保存了众多的历史文化古迹，以大理民族文化为源泉的“云南映象”，正以绚丽多彩的光辉，走向世界，吸引着世人的目光。许多充满白族文化特色的景观都位于苍山之麓，比如著名的崇圣寺三塔、佛图塔、无为寺、桃溪中和寺、九龙女池、清碧寺三潭、感通寺等。大理四景“风花雪月”——下关风、上关花、苍山雪、洱海月，在苍山上可尽收眼底。

（二）主要景观

苍山因山色苍翠而得名。苍山雄峙滇西，是横断山脉云岭山系南端的主峰，南北走向。北起洱源邓川，南至下关天生桥，长约 42 km，东西宽 25 km。东临洱海，西濒黑惠江，气势雄伟，景观别致。巍峨雄伟的点苍山，向来以云、雪、泉、石著称，它由 19 峰组成，最高峰马龙峰海拔 4122 m，终年白雪皑皑，山顶有冰碛湖泊。每两峰间融雪汇成溪流。苍山共有 18 溪，下泻东流，溪溪注入洱海。溪水清澈，四季长流。

现在的苍山神祠是明清至民国时多次修建留下的建筑，位于中和峰麓南侧，坐北朝南，前临中溪。整个建筑为一殿二庑，正殿为 5 开间，单檐歇山顶式，长 14 m、高 8 m、进深 10.3 m。后来，苍山神祠演变成了附近古城西门外 7 个村的本主庙，大殿正中有一块高 1 m、宽 0.6 m 的石碑，上面刻着“敕封点苍昭明镇国灵帝神位”。

苍山守护神源于明朝。明太祖朱元璋派大将沐英率军征服大理，翻越苍山。经洗马潭时竟萌生了解甲归田、怡情山水的退隐之意。也许沐将军被此地的石岩所感动。这片独特的岩石成了大理百姓心中的苍山守护神。

苍山电视塔坐落于小岑峰顶，海拔为 4092 m，是我国海拔最高的高山电视差转台。随着旅游业的兴起，苍山电视台又以其独特的位置成为游客瞩目的地方。

百丈岩桥现为雪山河电站所在地。岩桥原为几根木头横架隘谷两端形成的桥，现在新建了混凝土桥。桥长 10.7 m，宽 2.5 m，两旁设有护栏。桥头书有：一线天外彩虹飞渡盖世，千丈崖底清流直泻警魂。峡谷峭壁通幽径，雪岭玉泉含明珠。岩桥为典型的隘谷地貌，其长度约 1800 m，宽 3 m，谷深 150~200 m。谷底溪水涓涓，瀑布轰鸣，谷顶一线苍穹透出微弱天光，寒气袭人，苔藓布满岩石，野芭蕉等植物生长于岩壁之上，整条溪谷使人感到幽深莫测。

大理苍山石门关景区位于点苍山西坡漾濞县境内，是苍山国家级地质公园、国家级自然保护区、国家级风景名胜区——苍洱景区的重要组成部分。景区规划面积 28.2 km^2。著名景观有雾锁石门、福国晚钟、澄明虚谷、崖涧幽兰、霞客忘归、碧潭溅玉、万卷天书、凌云栈道、玉皇涌翠、苍山夕照等多个景点。

石门关旅游区集雄、险、奇、秀、幽的自然景观和历史文化底蕴深厚的人文景观为一体，景区内有雄奇的高山峡谷、险峻的悬崖峭壁、清澈的瀑布溪流、壮美的高山草甸以及变化万千的神奇气象等自然景观；有古寺、古塔、古崖画、古栈道以及佛教、道教、伊斯兰教“三教集一山”的特有人文景观；有以彝族为主的打歌对调、火把节、民族服饰、刺绣等民族风情文化。

三、泸西阿庐国家地质公园❶

泸西阿庐地质公园属喀斯特地貌地学景观，地处滇东南泸西县境内，是国家级风景名胜区和国家 AAAA 级风景旅游区。地质公园面积约 38.7 km^2，主体地质遗迹区面积 18.3 km^2，主体园区面积为 6.8 km^2。2011 年 12 月，地质公园经国土资源部批准建设，总面积 37.63 km^2，是一个集地质地貌、古生物化石遗迹、古人类遗迹、生物多样性、自然生态、人文景观及民族风情为一体的地质地貌类专题性中型地质公园。阿庐地质公园是国家 16 条旅游专线、36 个王牌景点之一，也是云南省十大优秀旅游景区之一。

（一）景观特点

阿庐古洞分上、下两层，由泸源洞、玉柱洞、玉笋河、碧玉洞组成，全长约 5280 m。洞内钟乳悬积（照片 11-10）、石柱林立（照片 11-11）、色若碧玉、洞河交融（照片 11-12）、洞中有洞、洞中有河、洞中有天、洞外有泉。奇山、奇水、奇洞形成罕见的奇观。特别是洞内“古洞佛光”、“地

---

❶ 资料来源：http://www.ynluxi.gov.cn/lypd newsshow.asp?id=1394

照片 11-10　阿庐地质公园的钟乳悬积
（引自泸西之窗 http://www.ynluxi.gov.cn/xygk_newsshow.asp?id=27669）

照片 11-11　阿庐地质公园的擎天玉柱
（引自泸西之窗 http://www.ynluxi.gov.cn/xygk_newsshow.asp?id=27669）

河幻境”、“天造神物”、“阿庐云海”四大奇观举世罕见。洞内“三十三观音化身”为世界最大洞内观音群像。玉笋河内还拥有着世界濒危动物透明金线鲅。

阿庐地质公园区景观资源丰富，类型搭配齐全，资源质量高。拥有发育多样、典型、自然、系统完整、优美壮观的地下岩溶洞穴系统景观资源，拥有类型丰富的地表岩溶地貌景观资源，丰富的古生物化石，以及古人类遗迹、水体、动植物、人文等景观资源。区域旅游地学资源非常丰富，具有开展地学旅游的广泛适宜性，适合开展科研、科普教育和多种旅游活动。自然属性主要体现在典型性、稀有性、自然性、系统完整性、优美性、面积的适宜性。

泸西县文化底蕴深厚，人文景观奇特。这里有土著民族开疆拓土的美丽传说，有奇山异水留下的古往今来吟诵诗章。勤劳智慧的泸西人在千百年的繁衍生息中，形成了具有泸西地域特色的“阿庐文化（照片 11-13）”。明代地理学家徐霞客曾经 2 次进入阿庐古洞考察，把阿庐古洞的壮美写进了《徐霞客游记》中。1987 年阿庐古洞开放后，中外游客纷至沓来，阿庐古洞名扬世界。台湾女作家琼瑶游览后提名“奇山、奇水、奇洞、奇观”，道出了阿庐古洞的精髓神韵。

照片 11-12　阿庐地质公园的洞河交融
（引自泸西之窗 http://www.ynluxi.gov.cn/xygk_newsshow.asp?id=27671）

照片 11-13　泸西阿庐文化
（引自泸西之窗 http://www.ynluxi.gov.cn/lypd_newsshow.asp?id=28459）

（二）科普意义

泸西阿庐地质公园类型是以岩溶洞穴群、岩溶洞穴景观、岩溶地貌景观为主体，以古生物化石群遗址、古人类遗迹、自然生态和人文景观为辅，集科学价值和美学价值于一身的中型地质地貌类地质公园。

阿庐古洞的主要风景名胜资源类型由地质构造与岩溶水文地质作用形成，主要由岩溶洞穴景观和岩溶地貌景观地质遗迹组成，为典型的岩溶地貌类地质遗迹展示区。景观完整地展示了在云贵高原隆升进程中，中国西南喀斯特地区岩溶地貌演化、岩溶洞穴发育演化、水文地质系统演化、高原峡谷发育演化过程，是一个具有国际、国内、区域性典型意义，能为一个大区域乃至全球地质演化过程中重大历史事件或演化阶段（印支运动、燕山运动、喜马拉雅运动）提供重要证据的典型地质遗迹集中分布区。

四、丽江玉龙黎明-老君山国家地质公园❶

丽江玉龙黎明-老君山地质公园属高山峡谷地貌地学景观，位于丽江市玉龙纳西族自治县，公园面积1110 km^2，类型为地质地貌景观类。公园地貌类型丰富，主要地质遗迹有高山丹霞地貌等。2005年，玉龙黎明-老君山被审定为国家地质公园。

（一）景观特点

公园地貌类型丰富，主要地质遗迹有高山高原丹霞地貌，是中国迄今为止发现的面积最大、海拔最高的一片丹霞地貌区。区内人文景观非常丰富，是纳西、汉、白、傈僳、彝、普米、苗、藏等少数民族的聚居区，有丰富多彩的民俗文化，是吐蕃、白、彝、纳西东巴和汉文化的交汇带。

地质公园主要由老君山九十九龙潭、黎明美乐丹霞地貌、金丝厂金山玉湖、新主天然高山植物园等片区（景点）构成。

老君山景区是三江并流风景名胜区的主体部分之一，因传说太上老君曾在此炼丹而得名。景区地质景观资源集中分布于海拔>3700 m 的地区，以高山山丘、冰川遗迹、高山植被（照片 11-14）、高山冰蚀湖群、高山花卉（照片 11-15）、高山气象等类型的景观点（群）为主，景点内涵极为丰富，具有多层次、多样性、多变幻的景观特性。在老君山上有无数大大小小的溶洞，或似厅堂，或似宫殿，无数奇形怪状的钟乳石组成了一个个美妙的景点。

照片 11-14　黎明-老君山地质公园的高山植被（战嫡，2013）http://www.mafengwo.cn/i/2940500.html

照片 11-15　黎明-老君山地质公园的高山花卉（洪晨熹,2012）http://www.mafengwo.cn/i/1235058.html

黎明的最主要景观是丹霞岩。这里分布着由红色砂岩形成的200 km^2 有余的丹霞地貌（照片 11-16），龟背石（照片 11-17）、险峰、悬崖、峭壁均呈现出鲜艳彤红的色彩，似彩霞浸染，若火焰燃烧，色彩缤纷，景色奇丽。每逢春天，各种杜鹃花从山下往山上依次开放，将黎明的景点更是装点得无比生动。

金丝厂景区有 19 个景点（群），按类型划分主要有冰川遗迹景观、高山湖泊景观（照片11-18）、溪流瀑布景观（照片 11-19）、草场景观及动植物景观等。

---

❶ 主要参考资料来源：猫途鹰网 https://www.tripadvisor.cn/Attraction_Review-g1229994-d1831903-Reviews-Mt_Laojun_Mountain_National_Geological_Park_Yulong_Liming-Yulong_County_Yunnan.html；搜狗百科 https://baike.sogou.com/v64261250.htm?.

照片 11-16　黎明-老君山地质公园的丹霞地貌
（程胜辉供稿）

照片 11-17　黎明-老君山地质公园的龟背石
（程胜辉供稿）

照片 11-18　黎明-老君山地质公园的高山湖泊景观
（洪晨熹，2012）http：//www.mafengwo.cn/i/1235058.html

照片 11-19　黎明-老君山地质公园的溪流瀑布
（http：//www.mafengwo.cn/i/3111412.html，2014）

（二）科普意义

老君山地质公园的高山丹霞地貌，是中国迄今为止发现的面积最大、海拔最高的一片丹霞地貌区。冰川地貌，既有古冰川遗迹，又有现代冰川；金沙江河谷地质地貌景观，由长江第一湾、虎跳峡（照片 11-20、11-21）、多级阶地等组成。

照片 11-20　长江第一湾
（http：//www.mafengwo.cn/photo/poi/3004_42376946.htrml.）

照片 11-21　枯水期的虎跳峡
（明添学供稿）

地质景观主要有侵蚀高山、侵蚀中山、夷平面、峡谷、宽谷、山间盆地、边滩、心滩、阶地、断层崖、角峰、刃脊、冰斗、侧碛堤、石环、石河、冻土、滑坡、倒石锥、丹霞峰丛、丹霞谷、丹霞柱、丹霞赤壁、丹霞千龟象形石、岩浆岩节理等。区内是纳西、汉、白、彝、普米、苗、藏等少数民族的聚居区，有丰富多彩的民俗文化，是吐蕃、白、彝、纳西东巴和汉文化的交汇带。

丹霞地貌系指由产状水平或平缓的层状铁钙质混合不均匀胶结而成的红色碎屑岩（主要是砾岩和砂岩），受垂直或高角度解理切割，并在差异风化、重力崩塌、流水溶蚀、风力侵蚀等综合作用下形成的有陡崖的城堡状、宝塔状、针状、柱状、棒状、方山状或峰林状的地形。玉龙黎明-老君山地质公园的丹霞地貌，主要由古近系美乐组陆相红色砂岩构成。

五、玉龙雪山冰川国家地质公园[1]

玉龙雪山冰川地质公园属高山峡谷地貌地学景观，位于丽江玉龙雪山和金沙江虎跳峡一带，面积为 340 km^2。丽江玉龙雪山省级旅游开发区管理委员会自 2007 年 4 月开始进行地质公园申报准备。2008 年 12 月 3 日，丽江玉龙雪山成为省级地质公园。2009 年 8 月，丽江玉龙雪山通过国家地质公园资格评审。

（一）景观特点与科普意义

园内有冰川遗迹、构造山地、断陷盆地、深切峡谷（照片 11-22、11-23）、垂直生态地质景观等丰富的重要地质遗迹和显著的地质地貌多样性，显示了岩石圈—气候圈—生物圈耦合演化、陆内构造形变、第四纪冰川地质、新生代重大地质事件，垂直生态地质景观等极具地域特色且重要的多元复合地质遗迹模式。

照片 11-22　玉龙雪山地质公园远眺
（程胜辉供稿）

照片 11-23　玉龙雪山地质公园的深切峡谷
（程胜辉供稿）

公园具有地质地貌、地质生态系统的自然性、典型性、稀有性、系统性、完整性、优美性，是陆内古金沙江地缝合线遗迹，新构造运动遗迹。典型完整的第四纪冰川遗迹区、欧亚大陆距赤道最近的现代冰川（照片 11-24、11-25）。公园是三叠纪以来青藏高原南东地区生态地质系统演化机制和效应的完整记录。

园区内雪峰、峡谷、盆地、湖泊和垂直带森林植被，呈现出“雄、奇、险、秀、幽、旷、奥”的自然美，构成了极高的科学、美学和旅游价值。公园具有新生代特有属种的高山植物（照片 11-26）区系、众多种子植物模式、垂直植被、土壤带谱高山垂直自然分带模本，是生物多样性显著的

---

[1] 主要参考资料来源：http://www.baike.com/wiki/%E4%BA%91%E5%8D%97%E4%B8%BD%E6%B1%9F%E7%8E%89%E9%BE%99%E9%9B%AA%E5%B1%B1%E5%9B%BD%E5%AE%B6%E5%9C%B0%E8%B4%A8%E5%85%AC%E5%9B%AD

照片 11-24　玉龙雪山地质公园的冰川遗迹
（程胜辉供稿）

照片 11-25　玉龙雪山地质公园的现代冰川
（http://baike.sogou.com/v73261307.htm）

区域。

公园具有独特、浓郁的人文内涵，是纳西族等多民族文化（照片 11-27）与精神追求的物化形象，人地关系协调发展，社区和谐的现实模本。为当地产业结构优化、经济社会可持续发展提供了丰富的旅游资源支撑。

照片 11-26　玉龙雪山地质公园的高山植物
（刘星云摄，http://xfrblxy.blog.163.com/blog/static/2089140812012631650114 9?suggestedreading）

照片 11-27　玉龙雪山地质公园的民族文化
（王竹摄，凤凰网 http://news.ifeng.com/a/20160725/49649065_0.shtml）

（二）成因浅析

在玉龙雪山中段海拔 4000～4200 m 以上的高山区域，发育有 19 条现代冰川，总面积达 11.61 km^2。其中，东坡 15 条，西坡 4 条。玉龙雪山的现代冰川的类型划分为山谷冰川、冰斗冰川、悬冰川，以及他们之间的过渡类型——冰斗山谷冰川和冰斗悬冰川。玉龙雪山的现代冰川属海洋性冰川，即温冰川。其温度内涵是除受季节气候因素影响的活动层外，所有的冰温都处于熔点。冰内含有一定量的液相水。在消融区表面一定深度范围内，由于冰的透水率低，冰内含水量小。冬季冷却至一定深度，使之温度低于熔点。夏季虽然冰面吸收大量的热量，但大都以冰面消融、融水流失的方式带走热量，通过传导和融水下渗未必能使一定范围内冰的温度完全升到熔点。因此，表冷里融是玉龙雪山现代海洋性冰川的基本特征。

冰川的形成是长期的地质及气候条件作用的结果，气候是现代冰川发育最主要的条件之一。气温降低，将引起雪线下降，雪线以上山体面积增加，从而增加了冰雪的积累量，促使了冰川的发育。相反，气温升高，将引起雪线上升，雪线以上的山体面积减少，从而减少了冰雪积累量，造成了冰川的衰退。同理，降水增加，将引起冰雪积累增加，有利于冰川发育。相反，降水减少，将减少冰雪积累量，从而引起冰川的退缩。玉龙雪山现代雪线高度为海拔 4800~5000 m，雪线附近的年平均气温为 -3.3~4.7℃，年降水量为 1500~2000 mm，雪线以上的山体面积为 18~8 km^2。

六、三江并流自然地理景观区[1]

三江并流是指金沙江、澜沧江和怒江这三条发源于青藏高原的大江在云南省境内自北向南并行奔流逾 170 km，穿越于高黎贡山、怒山、云岭、大雪山（哈巴雪山的北延部分）之间，形成世界上罕见的“江水并流而不交汇”自然地理景观。澜沧江与金沙江最短直线距离为 66 km，澜沧江与怒江的最短直线距离<19 km。三江并流自然地理景观范围达 1.7×10^4 km^2（图 11-2，照片 11-28、29），包括丽江市、迪庆藏族自治州、怒江傈僳族自治州，是世界上罕见的高山地貌及其演化的代表地区，也是世界上生物物种最丰富的地区之一。

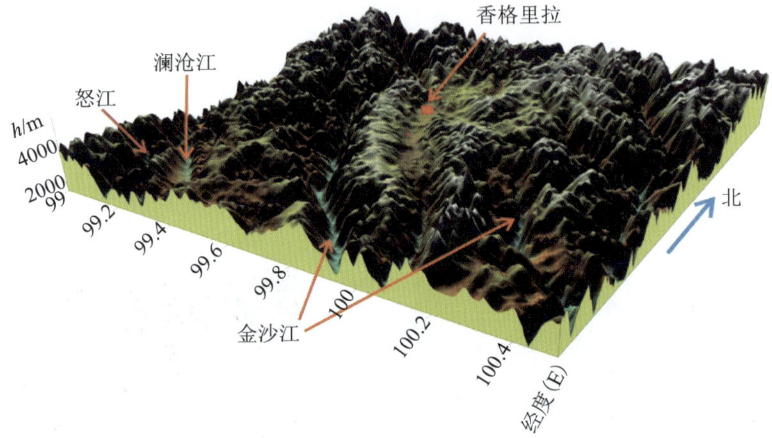

图 11-2　三江并流三维地形地貌图

照片 11-28　德钦县奔子栏金沙江大拐弯
（张宏摄）

照片 11-29　玉龙县万里长江第一湾鸟瞰
（牧羊人的狗百家号，http://baijiahao.baidu.com/s?id=1597598879861414405&wfr=spider&for=pc）

1988 年经国务院批准，“三江并流”被定为第二批国家级风景名胜区。2003 年 7 月被列入《世界遗产目录》。

（一）景观区域

三江并流区划分为 8 个主要区域，分别是高黎贡山区、梅里雪山区、哈巴雪山区、千湖山区、红

---

[1] 资料来源：百度百科 http://baike.baidu.com/item/三江并流/11379797fn=aladdin#6_7

山区、云岭片区、老君山区及老窝山区。

1. 高黎贡山区

高黎贡山区是“三江并流”区域内植物物种多样性的集中展示区。其中，东西绵延的常绿阔叶林，被《中国的生物多样性：现状及其保护对策》（陈灵芝，1993）列为“具有世界意义的陆地生物多样性关键地区”、“重要的模式标本产地”。

该区是展现怒江流域典型地貌特征的博物馆，包括了“怒江第一湾”及周边地区为代表的怒江深切河曲地质景观。其中，石月亮景点是怒江流域高山喀斯特溶洞景观的典型代表（照片11-30、11-31）。高黎贡山自然保护区，是世界遗产提名地范围内最大的自然保护区。

照片 11-30　贡山县怒江第一湾（U 型湾）

（蚂蜂窝网 http：//www.mafengwo.cn/g/i/2945289.html）

照片 11-31　福贡县怒江石月亮景观

（云南省地质环境监测院供稿）

2. 梅里雪山区

梅里雪山区有澜沧江流域的典型地貌特征、丰富地质遗迹，是“三江并流”的旗舰物种——滇金丝猴的原始栖息地。在横穿保护区的滇藏公路沿线及周边地区，保存着大量的古深海大洋地层、生物、冰川、造山运动遗迹，冰川、冻土地貌发育，是“三江并流”世界遗产提名地比较集中的地质遗迹展示区。滇金丝猴以白茫雪山自然保护区最为集中。梅里雪山主峰卡瓦格博峰海拔6740 m（照片11-32、11-33），为提名地范围内的最高峰。由于独特的地形和气候因素，至今仍无人成功登顶。发育于卡瓦格博峰的明永冰川，冰舌一直延伸至海拔2650 m处，周边青翠的针阔混交湿性常绿林原生状态保存良好。该冰川是目前北半球海拔最低的冰川，也是纬度最低的冰川之一。

照片 11-32　梅里雪山明永冰川

（谭筱虹供稿）

照片 11-33　梅里雪山区的卡瓦格博峰

（谭筱虹供稿）

3. 哈巴雪山区

哈巴雪山区内拥有我国纬度最南的现代海洋性冰川，拥有金沙江流域典型完整的高山垂直带自然景观（照片 11–34）。从山脚至山顶，出现亚热带温暖河谷到高山寒带的各植被类型。寒温性针叶林是哈巴雪山自然保护区最重要的山地生态系统类型。是“世界遗产提名地”最典型的高山针叶林保护区域。哈巴雪山主峰海拔 5396 m，是云南著名的高山之一。山顶发育有现代冰川，也是我国纬度最南的海洋性温冰川。高山冰碛湖（黑海、黄湖、湾海），是“大理冰期”时的古冰斗积水而形成的冰川遗迹，是“三江并流”区内唯一的“大理冰期”冰川遗迹分布区。

4. 千湖山区

千湖山区在位于香格里拉市，包括小中甸乡和上江乡的局部地区，是金沙江流域原始植被、高原湖泊的集中展示区之一，具有独特的高原森林湖泊景观价值。千湖山片区遍布高山冰蚀湖（照片 11–35）。据不完全统计，有大小高原湖泊一百多个。其中，以碧古天池和三碧海为代表。

照片 11–34　香格里拉市哈巴雪山远眺

（廖玉宁供稿）

照片 11–35　千湖山区的高原湖泊

（云岭先锋 mp，http://www.sohu.com/a/74704104_391643）

5. 红山区

红山区包含了金沙江流域典型的高原夷平面、高山喀斯特等地貌特征，完整的古冰川遗迹，丰富的植物生态系统，高原湖泊等多种景观类型，是“三江并流”世界遗产提名地景观资源价值的典型展示区（照片 11–36）。其中，以尼汝南宝草场、小雪山丫口高原地质景观最具典型意义。尼汝–南宝草场集中了高原冰蚀湖——属都湖，高山草甸——地基淌、南宝，硬叶常绿阔叶林生态系统，古冰川遗迹（南宝），河谷人居环境（尼汝河）、高原泉华瀑布（七彩瀑布）等类型多、范围大、分布集中的景观资源，是具有极高保护价值和开发潜力的原始景观资源研究展示区域。同时，南宝河的古冰川地貌遗迹是“提名地”范围内发育最完整，展示最集中的第三期冰川地质遗迹。

6. 云岭片区

云岭片区位于兰坪县境内澜沧江与其支流——通甸河之间。据调查，栖息在本区的滇金丝猴共有 4 群，约占滇金丝猴现存总数（1500~2000 只）的 10%。这可能是我国特产的滇金丝猴分布区最南端的种群，有极其重要的保护价值。该保护区森林覆盖率高达 76%，大多保持原始状态（照片11–37），生物多样性相当丰富。区内野生动物分布广泛，据初步调查，共记录到哺乳动物 28 种，划分为 7 目 13 科。

7. 老君山区

老君山区（照片 11–38）为“三江并流”区金沙江流域下游，主要包含了金沙江流域的“高原冰蚀湖群”、“黎明黎光丹霞地貌片区”，为“三江并流”提名地中典型的高山丹霞地貌集中发育区和金沙江流域景区展示与规范化保护管理示范区，具有典型的代表性。在金丝厂，九十九龙潭附近的高原湖泊周围，海拔 3200 m 以上区域为杜鹃纯林生态系统，杜鹃树种多达 100 种，是金沙江流域杜鹃花种类最丰富的分布区。杜鹃林与高山湖泊共同构成了精彩的景观画卷。该区分布着中国面积最大、

照片 11-36　红山区的高山地貌
（互动百科，http://www.baike.com/wiki/巴拉格宗风景区）

照片 11-37　云岭片区的高山地貌（兰坪罗古箐）
（互动百科，http://tupian.baike.com/doc/%E5%85%B0%E5%9D%AA%E7%BD%97%E5%8F%A4%E7%AE%90/a3_06_56_20300000057127131691564854204_jpg.html）

发育最完整的丹霞地貌奇观，它镶嵌在茫茫原始森林的万绿丛中，璀璨夺目。不少红色砂岩表面风化形成龟裂状构造。其中，一座山坡形如千万只小龟又组成一只大龟，排列自然而有序，仿佛向着太阳升起的东方行进，形成“千龟朝阳”景观。

8. 老窝山区

老窝山区位于澜沧江流域下游的维西县的澜沧江西岸，是澜沧江流域的景观资源类型补充片区，以高山（照片 11-39）湖泊、高原草甸、野生花卉资源为保护重点。主要景点包括新化湖、老窝山高山冰积湖群、澜沧江二级支流拉洛河、红岩洞溶洞、栗地坪野生花卉等，仍处在原始未开发阶段。

照片 11-38　老君山区的高山地貌（玉龙县黎明乡）
（腾讯网，https://mp.weixin.qq.com/s?__biz=MzA4MjAyMjUwNQ==&mid=10014254&idx=5&sn=0d969ccdee6eb0226b58a5f114a5bee3）

照片 11-39　老窝山区的高山地貌
（新浪看点，http://k.sina.com.cn/article_6409117956_17e036104001007169.html）

（二）成因浅析

三江并流地区是世界上蕴藏最丰富的地质地貌博物馆，完整地记录了特提斯海洋的形成与消亡、青藏高原的隆起与剥蚀过程。

三江并流地区东侧为欧亚板块，西侧为印度板块。两个板块相背运动，形成特提斯海洋。其时间至少起源于晚古生代初期，距今约 410 Ma。古特提斯洋并不是一望无际的大洋（如太平洋），而是一系列深海槽与岛屿相间分布的“多岛洋”（类似于东南亚现代的巽他群岛）。规模较大的海槽自西向东为：怒江海槽、澜沧江海槽、金沙江海槽。在相邻的海槽之间，为规模不等的陆块。

石炭纪—二叠纪，地壳的拉伸达到高峰，组成海底的洋壳发生大规模的裂离，其深度已达地幔。沿怒江海槽、澜沧江海槽、金沙江海槽的洋中脊，上涌的地幔物质与远洋沉积，形成超镁铁岩、镁铁侵入岩、大洋拉斑玄武岩、深海硅泥质沉积组成的蛇绿岩套。

二叠纪—中三叠世，欧亚板块与印度板块转换为相向运动。洋壳向陆块俯冲消减，形成海沟、岛弧、弧后盆地。在云岭山脉、碧罗雪山东坡，有大面积的岛弧火山岩出露。

二叠纪末—晚三叠世，怒江海槽、澜沧江海槽、金沙江海槽相继消亡，陆壳与陆壳发生碰撞，即地质历史上的华力西-印支运动。强烈的造山运动，使特提斯海洋转化为近南北走向的崇山峻岭，形成了横断山脉的雏形，属青藏高原的南延部分。

晚三叠世—白垩纪，兰坪-维西一带的地壳一度发生下沉，形成近南北走向的中生代红色沉积盆地。发生于晚白垩世的燕山运动，使兰坪-维西盆地消亡，华力西—印支运动形成的横断山脉得到进一步强化。

古近系—第四系，欧亚板块与印度板块的结合带在滇西向西迁移至缅甸境内，向北西与世界屋脊——喜马拉雅山相连接。印度板块继续向北东俯冲，欧亚板块进一步抬升。三江并流地区不断抬升。

在整个抬升过程中，发源于西藏的怒江、澜沧江、金沙江在三江并流地区发生强烈的侵蚀、搬运作用，不断强化了三江并流地区的高山峡谷地貌。如再考虑高黎贡山西侧的独龙江与担打力卡山，该地区实为“四江并流，五山相伴”。“四江”自西向东分别为独龙江、怒江、澜沧江、金沙江，“五山”自西向东分别为担打力卡山、高黎贡山、碧罗雪山、云岭山脉、大雪山（哈巴雪山的北延部分）。

三江并流自然地理景观是在漫长的地质历史（古生代—新生代）中，主要由板块的碰撞造山、河流的侵蚀搬运作用所形成。

七、元谋土林地貌地学景观区❶

元谋土林为水蚀地貌地学景观，主要分布在金沙江支流龙川江西侧，并沿分支水流的河谷、冲沟的边缘而分布，其中规模较大，发育较典型的有班果、虎跳滩（芝麻）、弯保、小雷宰、新华等土林群落。这些群落的面积均在 5 km^2 左右。土林柱体高大挺拔，每棵“林柱”均有独特的造型，形成了风姿各异的土林奇观。这些林柱，有的像古城堡，有的像殿宇，有的像宝塔，有的像巨剑冲天，有的像刀脊横地，有的像展翅欲飞的雄鹰，有的像奔驰的骏马，有的像戴头盔的赳赳卫士，有的像摇扇苦吟的书生，还有“玉女观云”、“母子偕游”的立体群像，真可谓鬼斧神工，令人叹为观止。土柱上分布密集的云母和石英等矿物，在阳光的照射下反射着灿烂的光芒，更为土林增添了绚丽的色彩。

（一）景观特点

元谋土林按其成因和土柱的形态特征，可分为 4 种类型。当然，各种形态的土柱是混杂分布的，这就使得土林形成了丰富多彩，变化层出不穷的姿态。

土芽型土林分布区的地层、岩性有明显差异，固结程度不一。有的因胶结与半胶结程度不同，沉积岩粘土矿物的含水量及吸水后膨胀系数不一，地表岩层长期受风化作用的影响，产生一系列的裂隙，地表径流和雨水首先沿裂隙及软岩层进行侵蚀，形成一些高度与直径比<1 m，相对高度<1 m 的土芽（照片 11-40）。这种类型，是发展形成其他类型土林的雏形。

古堡型土林是由于水流不断在土芽型的基础上侵蚀切割，沿着地层的垂直裂隙、水平裂隙以及其他形态的裂隙以及软硬岩层的层面侵蚀、剥蚀，形成了拱洞、平洞、竖井等形状。人游于其间恍若到了古城堡一般。这种类型的土柱一般是柱体的基座相连，顶部粗大浑圆，或呈锯齿状，面积较大，相对高度 2~5 m（照片 11-41）。柱体以下的平洞、拱洞在流水与重力作用下往往容易塌陷，使柱体分离，发展为其他类型的土柱。

尖笋型土林的组成物质主要是砂和粘土，胶结较松散，顶部也没有胶结坚硬的遮挡层。因此，受

❶ 资料来源：百度百科，https://baike.baidu.com/item/元谋土林/3379396? fr=aladdin

照片 11-40　元谋土林中之土芽型土林
（侯蜀光供稿）

照片 11-41　元谋土林中之古堡型土林
（侯蜀光供稿）

雨水的冲刷淋蚀和地表水流的侵蚀切割，形成圆锥状的土柱，这种土林顶部尖锐，形态像硕大的雨后春笋，又像宝塔的尖顶，其高度一般为 5~10 m（照片 11-42）。

铁帽型土林是一种典型的土林类别，分布最广。由于地层中的铁质、硅质、钙质经地表水铁帽型的洗刷作用，逐渐溶解析出、渗透、淋滤至不透水层的界面上沉淀，富集胶结于其上部地层，形成氧化铁帽或硅质、钙质铁帽。在水流的侵蚀、冲刷作用下，渐渐暴露于柱顶，成为土柱的天然“保护伞”，使得流水和强烈的日照不能对其顶部直接地进行侵蚀、冲蚀。上头的“铁帽”和下面的土柱，相融相称（照片 11-43）。有的像垂钓的老翁，有的像出征的战士，有的像冗立的仙鹤，有的像奔驰的野马，形成了土林的又一番奇景。

照片 11-42　元谋土林中之尖笋型土林
（侯蜀光供稿）

照片 11-43　元谋土林中之铁帽型土林
（侯蜀光供稿）

（二）成因浅析

元谋土林是一种土状堆积物塑造的、成群的柱状地形，因远望如林而得名。土林一般出现在盆地或谷地内，以近年在中国云南元谋发现的最为典型。元谋土林是中国乃至世界上一大奇妙的自然奇观。在经历了几百万年的地壳运动后，风雨之神把元谋的土地雕琢成了千奇百怪的形状。走进土林就如同进入了神秘的魔幻世界，眼前鬼斧神工般的景观令人目不暇接。

一踏进土林，那千姿百态的造型，就仿佛使人进入另一个新奇的天地。有的土柱如锥似剑，直指蓝天；有的像威严武士，整装待发；有的如亭亭少女，凝视远方；有的土柱顶上杂草丛生，间或长有野花；有的砂石累累，裸露身躯……各种形态的土柱混杂分布，使得土林形成了丰富多彩，变化无穷的姿态。

据科学工作者考察，其中还有丰富的动植物化石，如巨大的栎属硅化木、剑齿象、中国犀、剑齿虎等等。他们形成于距今两百万年前第四纪早期，砂子和粘土中含有少量钙质胶结物，间或夹杂一些铁质结合体。这些土壤在漫长的岁月中，不断吸水、膨胀、失水、收缩，致使地面龟裂；加之雨水沿裂缝冲刷、流动，久而久之，裂缝逐渐加深、扩宽、延长，土柱逐渐显露、增高，因而形成土林。土柱身上原有的石英玛瑙等，显露出来后，在太阳的照射下，放出奇异的光彩。

土林是在自然界的外力（主要是水流）作用下，经历千百万年的时间而形成的。土林是流失地貌的特殊形态，一种奇异的自然地理现象，是在千差万别的地形结构、组成物质、构造运动、水文气候等综合因素形成的。

八、其他地貌地学景观区

其他地貌地学景观主要有：广南八宝风景区、丘北普者黑风景区、建水燕子洞风景区、宜良九乡溶洞风景区。

（一）广南八宝风景区❶

广南八宝风景区属喀斯特地貌地学景观，位于滇东南广南县境内，以峰丛、峰林（照片 11-44）、岩溶、溶洞、瀑布（照片 11-45）景观为主，由八宝、河野、汤纳溶洞、三腊瀑布 4 个片区组成，总面积 68 km^2。

溶峰一般高 50~100 m，呈尖锥状。盆地中心还发育少量孤峰，高度小于 50 m。八宝河从河美湖出水，由南向北缓缓流过，河水清澈透明。特别是从河美湖乘船至八甲一段，长 6.5 km，山水相依，有“小桂林”之称。

照片 11-44　广南八宝风景区中之峰林

（百度经验，https://jingyan.baidu.com/article/cbcede073068f802f4ob4dec.html）

照片 11-45　广南八宝风景区中之瀑布

（百度经验，https://jingyan.baidu.com/article/cbcede073068f802f4ob4dec.html）

木美是古老的彝族村寨，这里的彝族人民能歌善舞，每逢节日跳弦子、唱山歌，热闹非凡。村内保留至今的两面铜鼓是稀世珍宝。

（二）丘北普者黑风景区❷

丘北普者黑风景区属喀斯特地貌地学景观，位于丘北县境内，是国家级风景名胜区、国家 AAAA 级旅游景区。景区总面积 388 km^2，核心景区 165 km^2。

---

❶ 资料来源：博雅旅游网，http://www.bytravel.cn/Landscape/13/guangnanbabao jingqu.html

❷ 资料来源：中国普者黑风，http://www.zgpzh.gov.cn/News_View.asp?NewsID=293

风景区以“水上田园（照片 11-46）、湖泊峰林、彝家水乡、岩溶湿地、荷花世界（照片 11-47）、候鸟天堂”六大景观而著称。这里既有桂林山水孤峰、清流、幽洞、奇石的灵秀，又有江南水乡小桥、流水、人家的古朴神韵，还有杭州西湖波光潋滟的明丽，更有比荷花淀还要浩荡的万亩荷花。景区内 265 个景点各具千秋，312 座孤峰星罗棋布，83 个溶洞千姿百态，54 个湖泊相连贯通，2 万亩水面清澈透明，13 km 大峡谷雄险壮观，3 km 茶马古道神秘古朴，4 万亩高原喀斯特湿地让人叹为观止。

照片 11-46　丘北普者黑风景区中之水上田园
（中国普者黑网，http：//www. zgpzh. gov. cn/News_ View. asp?NewsID=10367）

照片 11-47　丘北普者黑风景区中之荷花世界
（文山文笔塔网，http：//www. sohu. com/a/156736623_ 198636）

风景区民族文化底蕴丰厚，壮、苗、彝等少数民族浓郁的民族民间文化构成了普者黑旅游文化的主流。景区现已具备观光、度假、养生、休闲、骑行、写生、摄影、垂钓、观鸟、湿地体验等众多旅游体验。风景区中之普者黑村是 2013 年湖南卫视大型亲子秀节目《爸爸去哪儿》第一季第三个外景拍摄地。

（三）建水燕子洞风景区❶

建水燕子洞属喀斯特地貌地学景观，位于建水县以东 20 km 的泸江河谷中，被称为“亚洲第一溶洞”，属国家级风景名胜区。

燕子洞风景区管理范围面积 18.85×10^4 m^2，主浏览区面积 8.5×10^4 m^2。溶洞洞体高大宽阔，洞高平均 31.5 m、宽平均 38 m，泸江伏流洞中 5 km，开放游览深度 1300 m，总容积 1.5×10^6 m^3 以上。两端有三个通风口与洞外相通，形成良好的自然通风条件。洞内微小气候稳定，表现为冬暖夏凉，夏季平均气温 21.8℃，冬季平均气温 13.4℃。在洞内游览，人的机体处于良好的热平衡状况，使人有舒适感。

洞内一分为二，一旱一水，旱洞居上，水洞在下。旱洞形似一巨大的天生桥，两面透光，洞厅宽敞可容千人，洞北有小洞通凌空栈道。旱洞内有近百块清代摩岩石刻、碑刻，与水洞口钟乳悬匾遥相呼应，相映成趣，这一景区，较集中地展示了燕子洞风景区的历史发展轨迹和文化遗迹。

洞内巢居数十万只雨燕，每年春夏间，燕阵飞舞盘旋，蔚为壮观（照片 11-48），且盛产名贵补品“燕窝”。每年 3 月 21 日，举行“迎春燕钟乳悬匾”攀岩绝技表演。8 月 8 日~10 日 3 天“燕窝节”举行现场攀岩采窝活动（照片 11-49）。

水洞是珠江水系泸江河 5 km 地下伏流河道，游览面积 5×10^4 m^2，景观气势雄伟，钟乳呈不同形态。泸江水灌入燕子洞是风景区的精华所在，探索其间，如临仙境，似游龙宫，洞内蜿蜒曲折、高低起伏的 3000 m 陆路、800 m 水路游览线上，分布着 3 组规模宏大的溶岩景观，每一景区景观独异，共有大小厅堂数十个，景点数百个，可谓五步一奇，十步一景，步移景异，美不胜收。

❶ 资料来源：百度百科，https://baike.baidu.com/item/建水燕子洞

照片 11-48　建水燕子洞风景区中之燕阵飞舞
（风景网，http://scenic.fengjing.com/yunnan/9885/pic_detail_5_7448.shtml）

照片 11-49　建水燕子洞风景区中之现场攀岩
（猫扑网，http://tt.mop.com/a/150603102402123389365.html）

（四）九乡峡谷洞穴国家地质公园❶

九乡峡谷洞穴国家地质公，属喀斯特地貌地学景观，位于宜良县城西北九乡彝族、回族乡境内，距昆明 60 km，风景区面积达 200 km^2，已被国务院列为国家级风景名胜区。

九乡溶洞群堪称世界奇观，是云南省规模最大、数量最多、类型最全的洞穴群落体系。已发现的溶洞有 90 多个，还有一些新的溶洞被陆续开发出来。九乡溶洞的特点是雄、险、奇、秀。

宜良九乡溶洞群自上而下划分为 4 层。这种现象是地壳间歇式抬升、地下水位间歇式下降形成的。每一次地壳抬升和地下水位下降就会造就一层溶洞。九乡溶洞的多层性在叠虹桥景区反应最为明显。

第一层海拔约 1900 m、形态主要有溶蚀漏斗、竖井及规模较小的水平溶洞，洞内少有钟乳石等钙华沉淀。由于形成年代早，钙华已遭受再次溶蚀和风化，景观价值较低。

第二层海拔 1700~1800 m。高出现代河床 50 余米，洞内无积水。有溶洞约 30 余个，形态复杂多样，有沿层理发育的扁平状倾斜大厅，沿垂直节理发育的狭窄形甬道，沿交叉裂隙发育而成的宽大深邃的复合大厅（照片 11-50）。部分溶洞钙华发育、有石钟乳、石笋、石柱、穴珠、云盆、钙板等。

第三层高出现代河床 10~30 m，有溶穴 30 余个。形态以水平溶洞为主，亦有倾斜式或台阶式溶洞，常与下一层洞相通、钙华景观多样。

第四层分布大体与现代河床高程一致或略高于河床。通常是在上层溶洞基础上继承发展而成。由于与第二、第三层溶洞相通，从而形成高差达几十米的大瀑布。该层溶洞构成暗河系统之主体，非行舟难以进入（照片 11-51）。倒石芽、边槽、堆积砾石发育，反映了在强大水动力条件下溶蚀的特点。

（五）盐津乌蒙峡谷地质公园❷

公园位于云南省东北部的盐津县境内，是云南高原向四川盆地过渡斜坡地带地貌演化的代表区域，以典型岩溶峡谷地貌和水体景观地质遗迹为特色，总体呈南东向展布，园区由云贵高原溶丘（残丘）-乱山子溶丘，峡谷群-关河峡谷、白水江河谷、黑眼溪峡谷、大温沼溪峡谷和红石溪峡谷，以及洞穴群、瀑布和豆沙摩崖石刻、茶马古道（秦五尺道）和僰人悬棺等人文遗迹组成（照片 11-52、11-53、11-54），具有重要的科学、生态、美学和历史文化价值。公园完整地展示了在云贵高原隆升进程中，云贵高原向四川盆地过渡斜坡地带的中山岩溶地貌演化、岩溶洞穴发育演化、水文地质系统演化和中山峡谷发育演化过程，具有重要的地学意义。

---

❶ 资料来源：五星文库 http://wxphp.com/wxd_598709cjk55ndoe7n2yjqvfx3d4wu015we_1.html

❷ 资料来源：参考网，云南盐津乌蒙峡谷地质公园地质遗迹及综合评价，http://www.fx361.com/pape/2017/0712/2007034.shtml

照片 11-50　九乡溶洞中之开阔大厅（雄狮大厅）
（百度头排客百家号，http://baijiahao.baidu.com/s?id=1580769837077883819&wfr=spider&for=pc）

照片 11-51　九乡溶洞风景区中之钟乳石及暗河系统
（红动中国，http://sucai.redocn.com/ziranfengjing_4065229.html）

照片 11-52　乱山子溶丘
（由云南省地质环境监测院供稿）

照片 11-53　豆沙关单面山
（由云南省地质环境监测院供稿）

照片 11-54　僰人悬棺
（由云南省地质环境监测院供稿）

（六）巍山红河源地质公园

公园位于巍山彝族回族自治县，园区北起巍山与大理市分水岭交界地，南至巍山盆地南端洗澡塘。巍山红河源地质公园主体以河流地貌景观、盆地地貌景观和岩层地貌景观为主，辅以南诏遗址、巍山古城、彝族、回族民族风情和宗教文化等人文景观构成。

巍山红河源地质公园是以红河源头及穿越巍山坝子的西河及西岸汇水区域、东岸阶地部分区域进行园区范围划定。园区内按地质遗迹景观分布特点，划分为4个景观区、1条河流游览线。以县城为中心点，最北端是红河源景区，由红色岩层地貌景观、“V”形河谷地貌景观、泉水景观、森林植被景观及彝族回族文化风情构成；县城西北是红河源十八湾景区（照片11-55），由河曲地貌景观、阶地地貌、生态田园风光及南诏遗址组成；县城是古城景区（照片11-56），主题以明清古建筑及风土人文构成；县城南是巍宝山景区，以道教、佛教文化、河流地貌、岩石地貌、温泉文化及阶地地貌、生态环境构成。

照片11-55　红河源九曲十八弯
（由云南省地质环境监测院供稿）

照片11-56　巍山拱辰楼
（由云南省地质环境监测院供稿）

第二节　科学考察型地学景观

科学考察型地学景观划分为地层古生物地学景观、古人类遗迹地学景观、火山活动地学景观、地热地学景观。

一、澄江动物化石群国家地质公园[1]

澄江动物化石群地质公园属地层古生物地学景观，位于澄江帽天山地区（照片11-57），面积18 km^2，整个化石埋藏带呈“蛇曲状”蜿蜒长达20 km，宽4.5 km，埋藏深度达50 m以上。现圈定的保护面积为18 km^2，核心区保护面积1.2 km^2。2002年，澄江帽天山被审定为国家地质公园，2012年7月1日，澄江动物化石群被列入《世界遗产名录》。

（一）公园概况

澄江动物化石群保存了早寒武世（距今5.3亿年）40多个门类，100余种动物的化石。其中，有海绵动物、腔肠动物、软体动物、节肢动物和疑难动物化石等。有无脊椎动物化石，也有原始脊索动物化石。特别可贵的是，现今生物所有门类的远祖代表都有发现，有硬体也有软体印模，为研究寒武纪早期生物大爆发过程中生理结构、生物习性、系统演化、生态环境等提供了丰富精美的材料。

由于埋藏地质条件特殊，不但保存了生物硬体化石，而且保存了十分罕见精美的生物软体印痕化石。为人们研究寒武早期动物大爆发及这个时期的动物生理结构、生活习性、系统演化、生态环境提供了实物资料，是极为宝贵的地质遗迹。其与澳大利亚“伊迪卡拉动物化石群”（距今5.8亿年）、加拿大“布尔吉斯页岩动物化石群”（距今5.15亿年）并列为“地球历史早期生物演化实例的三大奇迹”，被称为“二十世纪最令人惊奇的发现之一”，已被联合国教科文组织列入“全球地质遗址预

[1] 资料来源：360百科，https://baike.so.com/doc/6450550-6664233.html

照片 11-57　帽天山-澄江动物群发现地
（罗惠麟/摄）

选名录”。

到目前为止，共发现化石点 30 余处，采集化石 3 万余块。经科学鉴定认为有 40 个门类，100 多个种的生物化石，涵盖了现代生物的各个门类，还发现多种过去曾大量存在现已灭绝的动物新种，已超出现有动物分类体系，只能冠之以发掘地名来命名，如抚仙湖虫、帽天山虫、云南虫、昆明虫和跨马虫等，尤以可喜的是在玉溪与昆明交界的滇池海口又发现了地球上最古老的脊柱动物——海口鱼，海口鱼属无颚纲脊椎动物，体躯呈纺锤形，长 25 mm，分头部和躯干。其结构和功能较云南虫更为复杂，是世界上发现的化石动物中特异门类最多、埋藏保存最佳、外形最精美、品质最优良，属稀世珍宝级的动物化石。科学研究认为它是鱼类→两栖类→爬行类→哺乳类→人类这一重要生命进化树和生物演化链上的鼻祖（照片 11-58、11-59、11-60）。

照片 11-58　距今 5.3 亿年前的海口鱼化石
（罗惠麟供稿，规格：长 25mm）

（二）研究意义

19 世纪 30 年代，达尔文在其著名的《物种起源》一书中预言：今后如果有人对我的理论提出挑战，那很可能来自对寒武纪动物突然大量出现的解释。

1984 年 7 月 1 日，中国科学院南京地质古生物研究所研究员侯先光在澄江县帽天山发现了“纳

照片 11-59　澄江地质公园的三叶虫化石
（罗惠麟供稿）

照片 11-60　澄江动物群中带软体附肢的节肢动物——利安乔虫
（罗惠麟供稿）

罗虫”化石，向人类揭示尘封了 5.3 亿年的寒武纪早期世界的真面目，中国、云南、玉溪、澄江、帽天山等地的名字也随之声誉鹊起，传遍世界。

1984 年以后的 10 年间，来自 10 多个国家的 50 多位古生物学家，在澄江帽天山地区采集了约 5 万块化石，古生物学家们迄今为止已在澄江化石中发现了 40 多个门类的 80 余种动物。

1991 年 4 月 23 日，美国最权威、最有影响的《纽约时报》以头版头条并附配精美图片介绍中国帽天山动物群的发现，并指出：“中国帽天山动物群的发现是本世纪最惊人的科学发现之一”。

1996 年 8 月 2 日，中央电视台的《新闻联播》播放了一条使每一个中国人振奋的消息：云南澄江发现的动物化石群是人类 20 世纪最惊人的发现之一。接着《焦点访谈》栏目对澄江县帽天山及化石产地作了全景式、多层面的深入报道。

2001 年 1 月出版的美国权威学术刊物《科学》杂志，全面介绍了中国古生物学研究的现状，认为云南澄江化石使脊椎动物出现提前了 6 千万年。这些化石有助于古生物学者证实大约 5.3 亿年前的寒武纪生命大爆发。

二、腾冲火山国家地质公园[1]

腾冲火山地质公园属火山活动地学景观、地热地学景观，位于腾冲市和梁河县境内，以古火山地质遗迹及相伴生的地热泉为特色。保护面积 12 km^2，主要地质遗迹分布面积 8 km^2。2001 年 12 月 10 日由中华人民共和国国土资源部批准建立，2002 年 2 月 28 日授牌，2002 年 9 月 30 日正式揭碑开园，2007 年被评为云南省科普教育基地，2010 年被评为全国科普教育基地。

（一）公园简介

公园内有 97 座火山体。其中：火山口、火山锥（照片 11-61）形态保存完整的有 25 座，火山锥类型多样。公园内有数级熔岩台地，主要有环火山口熔岩台地、环火山锥熔岩台地和裂隙溢出的熔岩台地，面积大、坡度平缓。

腾冲火山熔岩构造景观主要有熔岩空洞、熔岩塌陷、熔岩流动、原生柱状节理（照片 11-62）。火山碎屑岩可见熔结集块岩、熔结火山角砾岩、熔结凝灰岩、浮石等（一种多孔的火山喷出岩，可浮于水上，照片 11-63）。火山碎屑主要有火山弹、火山角砾、火山灰、火山渣。火山弹形状各异，主要有纺锤状（照片 11-64）、面包状、麻花状。各种类型的火山锥、火山口、熔岩台地、熔岩流堰塞湖泊等火山地貌十分醒目，构成壮丽的火山旅游景观。

---

[1] 资料来源：360 百科，https://baike.so.com/doc/6466126-6679818.html

照片 11-61　腾冲火山地质公园的火山锥与火山口

（人民网，http：//yn.people.com.cn/zt/n/2014/1209/C367971-23162012.html）

照片 11-62　腾冲火山地质公园的柱状节理

（侯蜀光供稿）

照片 11-63　腾冲火山地质公园的浮岩　　照片 11-64　腾冲火山地质公园的纺锤状火山弹

（照片 11-63、11-64 引自新浪博客 http://blog. sina. com. cn/s/blog_509c94c50100gxzm. html）

腾冲火山伴生地质现象非常丰富。典型的有地热带、热海热田、地热显示、热泉（124 处）等。地热显示特征划分为喷气孔、冒气地面、热沸面、喷泉、毒气孔、热水泉华、热水爆炸等景观（照片 11-65、11-66）。热水泉华景观又有泉华台地、泉华堤、泉华堆、泉华陡壁、泉华家、泉华扇、泉华蘑菇、泉华豆、泉华葡萄、泉华洞、洞内华钟乳、泉华鹅管等。内容之丰富，色彩之艳丽，为世界之罕见。

地热的主要景点有：大滚锅、黄瓜箐、鼓鸣泉、珍珠泉、眼镜泉，美女池等。登上大滚锅山坡，只见热气袅袅，淡淡的硫磺味扑鼻而来。坡头灌木林中有一眼硫磺塘沸泉，呈圆形，直径约6 m，深1.5 m，周围用8块半圆形石板围成，终年热波喷涌，气浪腾腾，水温高达96.6℃，俗称“大滚锅”。

照片 11-65 腾冲火山地质公园的地热喷气孔
（程胜辉供稿）

照片 11-66 腾冲火山地质公园的热喷泉
（程胜辉供稿）

澡堂河位于硫磺塘和黄瓜箐热气沟之间。这里因火山喷发的熔岩沿澡堂河河谷奔泻而下，蜿蜒起伏，形似一条黑色大蟒，俗称“火山蛇”。河谷高温沸泉水温达95℃，气沟之中有蛤蟆口喷泉，狮子头热泉，加上河床上喷涌的大量热气、热泉，团团浪花从河谷冉冉升起，白雾迷茫，煞是好看，在冬春两季，河水流量小，小河水温一般在40℃左右，到处可以洗澡，可谓名副其实的澡塘河。

（二）成因浅析

腾冲火山地质公园位于印度板块与欧亚板块2个大陆板块陆-陆碰撞对接带东侧，以发育断裂构造、年青的火山活动、强烈的地热显示为其特征。经历了漫长的地质演化，沧海桑田巨变，多次岩浆喷发和多次构造旋回，留下了众多的地质遗迹，形成了的自然景观。

这些火山形成于距今约530万年到1万间的上新世至全新世。其中，距今约1万年左右形成的火山4座。较早形成的火山熔岩由于遭受长期强烈风化，火山锥体大多破坏，仅保存6座仍能见穹丘地貌或火山山体的火山。部分是休眠火山。

深部地球物理探测表明，腾冲火山热海附近上地壳有明显的低速异常。目前，各种构造活动很激烈，这自然也增加了人们对腾冲火山再次喷发的忧虑。专家认为，腾冲火山有继续喷发的潜在危险。

三、禄丰恐龙国家地质公园[1]

禄丰恐龙地质公园属地层古生物地学景观，位于楚雄州禄丰县境内，总面积约260 km^2，主要地质遗迹保护区面积约170 km^2，类型为古生物遗迹类。2005年，禄丰恐龙被审定为国家地质公园。

（一）公园概况

禄丰位于滇中高原盆地，海拔1600 m，属亚热带高原季风气候。在1.9亿年前，这里曾是世界上最大动物——恐龙（照片11-67、11-68）的诞生地之一。当时这里气候温暖湿润，湖沼密布，河流纵横，植被丰宜，生活着众多的恐龙。然而，在近两亿年的时间里，这一切都被淹没在厚厚的岩石之中……

[1] 资料来源：360百科，https://baike.so.com/dloc/6464547-6678237.html

照片 11-67　禄丰恐龙地质公园的恐龙化石
（云南圈，http://www.sohu.com/a/226868453_644266）

照片 11-68　禄丰恐龙地质公园的恐龙生态复原图
（云南楚雄网，http://www.chuxiong.cn/lyylpd/lyzx/814708.shtml）

在 20 世纪 30 年代，禄丰就因出土恐龙化石而蜚声中外。1938 年地质学家卞美年在恐龙山西部首次发现完整的恐龙化石。次年，偕同著名的古生物学家杨钟健教授前往考察，采获了丰富的脊椎动物标本，装架了我国第一具恐龙。

从 1938 年发现第一条恐龙化石迄今，禄丰境内已发掘出尹氏芦沟龙、中国虚骨龙、三叠中国龙、许氏禄丰龙、巨型禄丰龙、黄氏云南龙、巨硕云南龙、新洼金山龙、中国安琪龙、禄丰滇中龙、奥氏肢龙等 110 多具恐龙化石，分为 24 属 34 种（照片 11-69、11-70）。这些化石分别属于两栖动物、爬行动物、哺乳动物三大类，统称为“禄丰晰龙动物群”。在禄丰恐龙动物群中尤以许氏禄丰龙震惊全球，这种恐龙个体虽小，但十分完整，比较原始，对探讨恐龙早期进化具有重要意义。

照片 11-69　长 5 m 的许氏“巨型禄丰龙”化石
（新华社记者姚兵摄）

照片 11-70　禄丰恐龙地质公园的“许氏禄丰龙”腿骨化石
（迈尚网，http://www.myntv.cn/html/2015/culture/8387.html）

1995 年 5 月，禄丰县川街乡一位农民在老长菁发现了恐龙化石。县博物馆对老长箐化石点进行了全面发掘。剥开表面岩层，发现有 4 条恐龙紧挨着排列在坑内，恐龙旁还有 4 个小陆龟，分布在恐龙和陆龟的上下土层里，发现成片的水生动物群化石。同时，人们发现，4 条恐龙的头均面向着东方，这在恐龙发掘史上是从未有过的。这次发现的 4 条恐龙不仅填补了中国没有发现中侏罗世恐龙化石的空白，而且是世界上唯一的在同一层位发现 2 个地质年代恐龙的地方。

1996 年来，人们在这 4 条恐龙的周围，又发现了不少出露地表的化石，挖掘面积扩大到 200 m^2，发现了一个禄丰恐龙的墓地群。

（二）主要景观

禄丰五台山位于禄丰县北部，是一处正在开发的风景区。山中林木葱茏，溪水清悠，一片清新宜人的自然风光。是天然的动、植物园。在这里，生长的灌、乔植物共有 67 科 700 多种，主要是马醉木、云南松、油杉、杨梅、橄榄等。丛林间，很多野生动物自由自在地在大自然的怀抱里繁衍、生长。这些动物中最为珍稀者有云豹、穿山甲、蟒、白腹锦鸡等。五台山如名所示，宛若一方平台，林在台上，景在台中。四周都是险峻的悬崖绝壁。五台山风景区的景点很多，很多地方景中有景，景外有景。这些景点包括清水河、叭拉垭口瀑布、戛力寺水库、朝阳洞、石中山、仙人迹、金罐塘、锅底塘、葫芦塘、华松坡等。

禄丰龙生活在6500万年前，是地球上一种身躯庞大的动物，已绝灭。解剖学家欧文通过对化石的长期研究，把这种动物命名为恐龙。禄丰恐龙是生活在中生代早期的最古老最原始的种类，以恐龙为代表的禄丰蜥龙动物群，是中国目前有关古脊椎动物化石最丰富最完整的动物群之一。禄丰盆地恐龙化石十分丰富，已出土的恐龙中，有蜥龙类、虚骨龙类、鸟龙类，共 25 属 33 种，是研究恐龙家族的发生、发展至衰亡的重要区域。

腊玛古猿化石产于禄丰县东北 9 km 的石灰坝村。在褐煤层中发现禄丰古猿化石，同一地层中还找到云南西瓦古猿和大量的哺乳动物化石。这些化石生存时代是 800 万年前（上新世早期）。1980 年 4 月 9 日，发现了世界上第一具腊玛古猿头骨化石。它是从猿演化到人的代表，具有从猿进化到人的一系列显著特征，已经摆脱了树栖生活，能够直立行走。腊玛古猿又被誉为人类的猿型祖先。它的发现填补了从距今 1500 万前的开远腊玛古猿，到距今约 170 万年的元谋人之间的一个重要缺环，对研究人类的起源具有重要的学术价值。1988 年 1 月，公布为全国重点文物保护单位。

禄丰恐龙山是当今世界古老、丰富、完整的脊椎动物化石群产地。禄丰是中国乃至世界发现恐龙化石数量最多、个体最为完整、种属最丰富的地区，被誉为“恐龙之乡”。特别值得一提的是，在禄丰县老长管地区，发现了分别为早、中、晚侏罗世的恐龙化石。这在世界上是绝无仅有，堪称世界奇观。该处化石分布在以大洼为中心的 4.5 km^2 的面积内，有 4 个含化石地层。迄今为止，已发现脊椎动物 22 属 38 种。恐龙和三列齿兽中的卞氏兽化石闻名世界。其中，恐龙化石种类繁多，时代较早，被誉为“恐龙之乡”。1961 年国务院、省人大常委会将该地列为古脊椎动物化石保护区。1998 年公布为云南省文物保护单位。

四、罗平生物群国家地质公园❶

罗平生物群地质公园属地层古生物地学景观，位于罗平县罗雄镇与大水井乡交界处，盛产三叠纪（距今约 241.7 Ma）海洋生物化石群。生物群分布面积约 200 km^2，初步划定化石遗址保护区 60 km^2。其中，重点核心区 14.88 km^2 选入地质遗址保护范围。包括金鸡园区、大洼子园区（照片 11-71）。

2011 年，罗平生物群被国土资源部专家评审通过，被命名为“全国首批建设野外科学观测研究基地”，并以综合得分最高，在全国 36 家入选单位中名列第一获得“国家地质公园”资格。

公园保存了非常完整精美的海生爬行动物、鱼类、节肢动物、双壳类、腹足类、棘皮动物、菊石、植物等，在丰度、分异度、保存程度上堪称神奇、罕见、完美。从典型性、代表性、稀有性、国际对比性看，价值非凡，具有古生态学、古埋藏学、古地理、古气候等方面重要意义。

罗平生物群与著名的意大利/瑞士交界处的动物群时代相当，比著名的贵州关岭动物群早 2000 多万年。此外，罗平生物群发现大量的新属新种，许多化石类别系在中国首次发现，如鲎化石（照片 11-72）等足目等。该古生物化石群是中国已知化石种类最为丰富的三叠纪特异埋藏化石群。专家认为，罗平生物群的发现对于探讨二叠纪末期生物绝灭事件后，三叠纪海洋生物的复苏机制有着十分重要的意义。

---

❶ 资料来源：360 百科，https://baike.so.com/doc/24524145-25382389.html

照片 11-71　罗平古生物群化石产地

（由云南省地质环境监测院供稿）

照片 11-72　罗平生物群地质公园的鲨化石

（胡世学摄）

公园先后进行 3 次古生物采集工作，发掘样本上万件。目前已鉴定出 6 个门类、40 属、113 种化石，新命名 32 种。

在已发现的化石中有海生爬行类、鱼类、节肢动物、棘皮动物、菊石、双壳、腹足类、腕足类、植物等 10 多个大类的化石，是世界上目前已知多样性最丰富、化石分异度最高的三叠纪海生化石库之一。利齿滇东龙、丁氏滇肿龙、云贵中华龙龟，被列为一级重点保护古生物化石。鱼类化石是罗平生物群具有代表性的化石之一，初步发现有 5 目、7 科、21 属、26 种，新命名的有 19 种。罗平生物群中发现的宽泪颧骨罗平空棘鱼标本内含有 2 个胚胎，是该类动物最早的卵胎生证据，把晚侏罗世的记录提前到中三叠世（照片 11-73、11-74、11-75）。

每年春天，罗平县 80 万亩油菜花陆续绽放。在罗平县赏花品食之余，还可走近 2.4 亿年前古生物群海洋世界，一起去看看那些深藏山林岩石间的化石，探寻两亿年前那些古生物的千姿百态。

五、元谋人演化地学景观区[1]

1965 年 5 月 1 日，地质工作者钱方、蒲庆余等一行在元谋县大那乌村北进行第四纪地质考察时，发现 2 颗呈浅灰色，石化程度很深的猿人牙齿化石，为一左一右的上内侧门齿（照片 11-76），并进行了头部复原（照片 11-77）。经研究分析，同属男性成年人个体，形态特征与“北京猿人”相似，

[1] 资料来源：百度百科 https://baike.baidu.com/item/元谋人/122028?fn=aladdin 等

照片 11-73 罗平生物群地质公园的丁氏滇龙化石
（引自胡世学等，2015）

照片 11-74 罗平生物群地质公园的贝氏罗平鱼化石
（引自胡世学等，2015）

照片 11-75 罗平生物群地质公园的鱼龙化石
（引自胡世学等，2015）

照片 11-76 元谋人遗址牙齿化石
（引自 http：//blog. sina. com. cn/wenhuachuancheng）

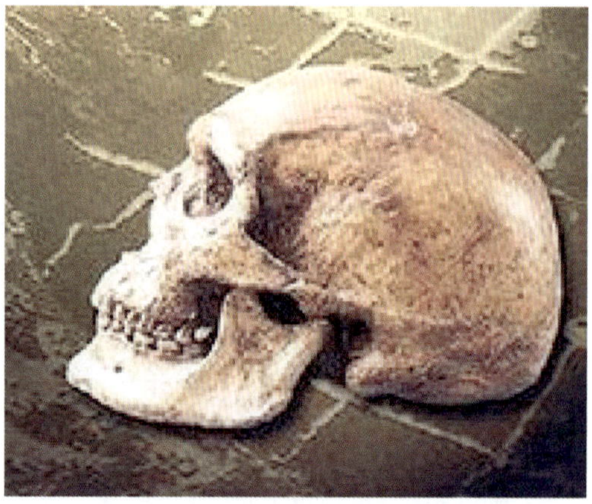

照片 11-77 元谋人的头部复原图
（互动百科，http：//tupain.baike.com/a2_07_46_01300000285775122603460415240_jpg.html）

但比较粗壮，有明显的原始性状。经中国科学院古脊椎动物古人类研究所用古地磁测定，生存年代距今约 170 万年，为亚洲最早的原始人类。它早于"蓝田人"、"北京人"等"猿人"，从而把中国发现的最早人类化石的年代推前了一百多万年。

伴随元谋人牙齿出土的，还有 17 件石制品，类型包括尖状器、刮削器和砍砸器。经研究鉴别，属旧石器。在同一地层中还发现了大量的炭屑和一些烧焦的骨头，并且在有炭屑的地方都伴有动物化石，属共生哺乳动物化石，有 40 余种，距今 170 万年，是我国乃至亚洲最早的原始人类化石。这就说明，元谋人不仅会使用自己制造的工具从事狩猎及采集活动，而且还学会了用火烤食他们所获取的猎物，开始摆脱了茹毛饮血的时代。

1972 年 2 月 22 日，新华社向全世界发布了这一重大新闻，《人民日报》报道："这是继我国北方发现的北京猿人和蓝田猿人之后的又一重要发现，对进一步研究古人类和我国西南地区第四纪地质，具有重要的科学价值。"

1973 年中国科学院古脊椎动物与古人类研究所、云南省博物馆、元谋县文化馆联合发掘了元谋人遗址。地层中出土了 6 件石器，3 个层位中分布有大量炭屑，说明"元谋人"不仅能制造工具，而且不能排除会用火的可能性。1976 年，中科院地质力学研究所的李普等人用古地磁方法，测定"元谋人"的时代为距今 170 万年。随后，地质研究所和贵阳地化所分别采集元谋组古地磁样，并得出基本相同的结果。

1984 年以后，云南省地质科学研究所等多家单位再分别采样、测定，多次印证"元谋人"的时代仍为 170 万年。

1998 年，中国科技大学黄培华等用电子自弦共振法测定"元谋人"的时代为距今 160 万年，再次证明"元谋人"时代的古老性。尽管认为"元谋人"的时代为中更新世的意见依然存在，但是"元谋人"时代属于早更新世，距今年代为 170 万年的观点已普遍被学术界所承认。

元谋蕴藏的丰富古文化遗产，被人类学家称之为"天然原始社会博物馆"。在对元谋人遗址的考察中，除了不断发现元谋人骨化石外，还出土了元谋人制造和使用的各种骨器、石器工具，以及云南马、剑齿虎、剑齿象等多种动物化石。元谋人遗址中还找到了炭屑和烧黑的物品，由此证明元谋人除了劳动工具，还有会使用火的可能，是我国人类历史的开篇。有关元谋人的知识已经收入在中国历史教科书中。

"元谋人"的牙齿为同一青年男性个体的左侧、右侧上内侧门齿，齿冠长度分别是 11.4 mm 和 11.5 mm，宽度分别是 8.1 mm 和 8.6 mm。高度虽经磨耗而减小，但仍达 11.2 mm 和 11.1 mm。"元谋人"经研究归属早期直立人。其特征为：牙齿粗硕，齿冠扩展指数达 141.9；齿冠唇面除接近颈线的部分较为隆突外，其余部分较平扁，有明显的汤姆氏线，唇面沟及浅凹面（照片 11-76）；舌面的底结节发达，占舌面的二分之一；具铲型结构。研究者认为"元谋人"应为直立人的一个新亚种，建议以发现人类化石的元谋县为名，命名为"直立人·元谋新亚种"（*Hommo erectus yuanmouensin*, subsp. nov）。

元谋人遗址发掘时，地层中发现大量炭屑，长径一般为 4~8 mm，大致可分为 3 层，分布在上下 3 m 的界线内，有的较集中，呈鸡窝状，炭屑常与哺乳动物化石伴生。地层中还含有烧骨（经贵阳地球化学研究所鉴定可能为烧骨）。因此，不能排除"元谋人"已会使用火的可能性。

元谋人遗址的发现，具有重大的历史意义和科研价值，中国及一些国家已将此发现写进了教科书。1982 年 2 月，国务院公布元谋人遗址为第二批国家级重点文物保护单位。元谋人遗址有纪念碑，不远处有博物馆，馆内陈列着元谋人牙齿化石的标本，古生物化石及其他有关实物、资料。

六、其他科学考察型地学景观区

其他科学考察型地学景观主要有：永胜红石崖地震遗址、晋宁震旦系—寒武系层型剖面地学景观区。

（一）永胜红石崖地震遗址[1]

永胜红石崖地震遗址为全国 6 处国家级典型地震遗址之一，是云南省第一个国家级典型地震遗址（照片 11-78）。

永胜位于滇西北地区，属于地震多发区，历年来小震不断。在永胜境内主要存在程海断裂、大厂

---

[1] 资料来源：百度百科，https://baike.baidu.com/item/永胜红石崖国家级地震遗址

照片 11-78 永胜红石崖国家级地震遗址照片

（由云南省地质环境监测院供稿）

断裂、箐河断裂的相邻地区，均属地震活跃区。永胜红石崖地震遗址位于永胜县城西北 2 km 的红石崖，地震遗址东西长约 9 km，总面积 54 km^2。是目前世界上场面最宏大、保存最完整的地震遗址。

永胜发生的这次古地震，震级约 8 级，属构造型地震。因震级大、烈度强，震区山体被撕裂成数块，形成数条宽窄不等的裂谷及裂缝。经过近 500 年的风雨冲刷，仍保留了丰富多彩的地表破坏遗迹，留下了许多珍贵的遗址。这些现代地震或古地震遗址，展布于永胜县程海湖畔、龙洞山上、梁官盆地、金官盆地及其周边地区。

永胜历史上曾发生过多次强震，有详细记载的是 1515 年 6 月 17 日（明正德十年五月六日），距今近 500 年。地震对老县城地表产生了巨大破坏，使古城成为一片废墟。这次地震使北胜州城（原永胜县城）被毁，田地受灾万余亩，房屋倒塌千余间，形成了翠湖龙潭和西山草海。地震使灵原箐河南北流向的水系改道为东西走向，成为经红石崖至三川坝的五郎河水系。城西三刃山峰，因地震被拉成 3 段，形成宛如刀削的 3 个山体。红石崖被地震撕开宽 50~300 m，长 9 km 的大裂谷，谷底至山峰最深处约 500 m，形成危崖峭壁、险奇壮观的红石崖峡谷。

永胜县城附近的红石崖，地震形成的地貌类型多样，有地震天坑、地震裂谷、地陷成湖、地震滑坡带、地震断裂层等，山崩地裂。这些地震遗址具有丰厚的历史文化价值和特有的科学研究及风光旅游价值。

（二）晋宁震旦系—寒武系层型剖面地学景观区❶

晋宁区梅树村震旦系—寒武系界线剖面（Sinian/Cambrian Section in Meishucun，Jinning）是中国发育最好的重要地质剖面之一，位于云南省晋宁区梅树村，是中国下寒武统梅树村阶的层型剖面和震旦系—寒武系界线层型剖面。此剖面曾是全球前寒武系—寒武系界线层型剖面的最佳候选者（照片 11-79）。

剖面包括下寒武统底部梅树村阶和筇竹寺阶。梅树村阶层型剖面的岩性主要由含磷白云岩或夹磷块岩的碳酸盐岩组成。底界以著名的小壳化石出现为标志（照片 11-80），年龄为 540 百万年。其上的筇竹寺阶层型剖面的岩性分为上下两段，下部为黑色碳质粉砂岩和碳质页岩，上部为灰色、灰绿色页岩夹薄层粉砂岩，底界以中国最古老的三叶虫 *Parabadiella* 的首现为标志，包含 2 个三叶虫化石带。

梅树村地区的震旦系与寒武系界线上下地层的特点如下。

1）沉积物以碳酸盐、磷酸盐为主。

2）滨线构造发育，波浪、斜层理、青鱼刺状斜层理等较常见，浅水结构明显，发育同生砾状、砂状、鲕状、生物碎屑等结构及磷质叠层石。

---

❶ 资料来源：百度百科，https://baike.baidu.com/item/晋宁梅树村震旦系—寒武系界线剖面

照片 11-79　晋宁梅树村剖面前寒武系—寒武系界线参考点“B”点

（罗惠麟摄）

a. 中谊村段上部多门类小壳动物化石　　b. 中谊村段中下部小壳动物化石

照片 11-80　晋宁区梅树村下寒武统中谊村段小壳动物化石

（胡世学等，2013）

3）生物化石丰富，以小壳化石及遗迹化石为特征。中国学者测定寒武系底界年龄为距今 5.63 亿年。

主要参考文献及资料

《矿产资源工业要求手册》编委会. 2010. 矿产资源工业要求手册[M]. 北京:地质出版社.

《中国矿床发现史·云南卷》编委会. 1996. 中国矿床发现史·云南卷[M]. 北京: 地质出版社.

滇黔桂石油勘探局. 2000. 滇东-黔西煤层气资源评价[R]. 成都: 中石化勘探公司档案馆.

滇黔桂油田分公司勘探开发科学研究院. 2001. 楚雄盆地云龙凹陷发窝构造云参1井单井地质综合评价报告[R]. 成都: 中石化勘探公司档案馆.

滇黔桂油田分公司勘探开发科学研究院. 2001. 陆良盆地大嘴子构造气藏精细描述[R]. 成都: 中石化勘探公司档案馆.

国土资源部, 国土资发[2000]133号. 关于印发《矿产资源储量规模划分标准》的通知.

国土资源部矿产资源储量司, 国土资源部矿产资源储量评估中心. 2007. 矿产资源储量管理法规文件汇编[M]. 北京: 中国大地出版社.

国土资源部矿产资源储量司, 国土资源部信息中心. 2016. 全国矿产资源储量通报[R]. 北京: 国土资源部信息中心.

国土资源部矿产资源储量司. 2003. 固体矿产地质勘查规范的新变革[M]. 北京: 地质出版社.

核工业云南地质调查队. 1994. 云南省潞西县上芒岗地区金矿普查报告[R]. 昆明: 云南省国土资源厅.

化学工业部地质勘探公司云南地质勘探大队. 1984. 云南昆阳磷矿补充详细勘探地质报告书[R]. 昆明: 云南省国土资源厅资料馆.

化学工业部地质勘探公司云南地质勘探大队. 1990. 云南省广南县布达磷矿区团山堡、小那凹矿段详查地质报告书[R]. 昆明: 云南省国土资源厅资料馆.

矿产资源工业要求手册编委会. 2010. 矿产资源工业要求手册[M]. 北京: 地质出版社.

矿业界. 2016a. 铁、锰、铜、铝、金、银、铅、锌、钨、铂族全球大格局[R/OL]. 矿业界微信公众号.

矿业界. 2016b. 煤炭、石油、天然气、铀全球大格局[R/OL]. 矿业界微信公众号.

南京大学地质系. 1981. 华南不同时代花岗岩类及其与成矿关系[M]. 北京:科学出版社.

全国矿产储量委员会办公室主编. 1986. 矿产工业要求参考手册[M]. 北京: 地质出版社.

云南地矿国际矿业有限股份公司. 2014. 云南省武定县梅子箐钛铁砂矿勘探报告[R]. 昆明: 云南省国土资源厅.

云南地矿资源股份有限公司曲靖分公司. 2004. 云南省富宁县那能金矿带普查地质报告[R]. 昆明: 云南省国土资源厅.

云南地质矿产局第三地质大队. 1990. 云南省巍山县扎村金矿普查地质报告[R]. 昆明: 云南省国土资源厅.

云南地质矿产局第三地质大队. 1993. 云南省镇沅县镇沅金矿老王寨矿段地质勘探报告[R]. 昆明: 云南省国土资源厅.

云南地质矿产勘查开发局第一地质大队. 1998. 云南省楚雄市小水井金矿勘查地质报告[R]. 昆明: 云南省国土资源厅.

云南黄金网. 2017. http://www.ynhjw.com/news-detail/newsId=1480.html.

云南军事工业志编委会. 1990. 二〇九大队队志[R]. 云南省核工业二〇九地质大队资料室.

云南煤层气资源勘查开发有限公司. 2014. 云南省页岩气调查现状与认识[R]. 昆明: 云南煤层气资源勘查开发有限公司资料室.

云南煤田地质局. 1991. 滇东晚二叠世含煤沉积环境及聚煤规律[R]. 昆明: 云南煤田地质局资料室.

云南煤田地质局. 1997. 云南省煤层气资源评价[R]. 昆明: 云南煤田地质局资料室.

云南省地方志编纂委员会. 1997. 云南省志[M]. 昆明: 云南人民出版社.

云南省地矿局第二地质大队. 1990.《云南省蒙自白牛厂银多金属矿床成矿模式和找矿靶区研究报告》[R]. 昆明: 云南省国土资源厅资料馆.

云南省地矿局第十六地质队. 1980. 云南省江城县勐野井钾盐矿区详细勘探地质报告[R]. 昆明: 云南省国土资源厅资料馆.

云南省地矿局第一地质大队. 1988. 云南省早寒武世沉积磷块岩地质普查总体报告[R]. 昆明: 云南省国土资源厅资料馆.

云南省地质调查局. 2011. 云南省铝矿资源潜力评价成果报告[R]. 昆明: 云南省国土资源厅资料馆.

云南省地质调查局. 2013. 云南省三年地质找矿行动计划成果报告[R]. 昆明: 云南省国土资源厅资料馆.

云南省地质调查局. 2014a. 云南大百科全书[M]. 昆明: 云南省出版集团.

云南省地质调查局. 2014b. 云南大地构造单元及成矿带划分研究新进展[J]. 云南地质, 33(增刊): 48-60.

云南省地质调查院. 2003. 1∶25万临沧县幅、滚龙幅区域地质调查报告[R]. 昆明: 云南省地质矿产勘查开发局资料处.

云南省地质调查院. 2010. 云南省麻栗坡县铁厂铝土矿核查矿区资源储量核查报告[R]. 昆明: 云南省国土资源厅.

云南省地质调查院. 2016. 云南省第三轮矿产资源规划专题研究报告之一: 云南省矿产资源保障程度和开发利用总量调控研究报告[R]. 昆明: 云南省国土资源厅.

云南省地质调查院第二地质矿产调查所. 2004. 云南省广南县老寨湾金矿区详查地质报告[R]. 昆明: 云南省国土资源厅.

云南省地质环境监测院. 2014. 云南省地热能开发利用规划(2014~2020年)(1∶50万)[R]. 昆明: 云南省地质环境监测院资料室.

云南省地质环境监测院. 2015a. 云南省宝玉石资源调查报告[R]. 昆明: 云南省地质环境监测院资料室.

云南省地质环境监测院. 2015b. 云南省地热资源调查评价与区划报告(1∶50万)[R]. 昆明: 云南省地质环境监测院资料室.

云南省地质环境监测总站. 2002. 云南省地下水资源报告(1∶25万)[R]. 昆明: 云南省地质环境监测总站.

云南省地质局第五地质队第二分队. 1973—1979. 云南砚山县斗南锰矿区嘎科、白姑矿段详细勘探地报[R]. 昆明: 云南省国土资源厅.

云南省地质矿产局. 1986. 云南省宝石分布及找矿前景[R]. 昆明: 云南省地质矿产局资料处.

云南省地质矿产局. 1990. 云南省区域地质志[M]. 北京：地质出版社.
云南省地质矿产局. 1993. 云南省区域矿产总结[R]. 昆明：云南省地质矿产局资料处.
云南省地质矿产局. 1996. 云南省岩石地层[M]. 武汉：中国地质大学出版社.
云南省地质矿产局八一四队. 1985. 云南省安宁县安宁盐矿区石盐、(钙)芒硝矿详细普查地质报告[R]. 昆明：云南省国土资源厅资料馆.
云南省地质矿产局第二水文地质工程地质大队. 1989. 云南省滇西地区矿泉水调查报告(1：75 万)[R]. 昆明：云南省地质矿产局第二水文地质工程地质大队资料室.
云南省地质矿产局第四地质大队. 1982. 云南省腾冲县滇滩铁矿区详细普查地质报告[R]. 昆明：云南省国土资源厅.
云南省地质矿产局第四地质大队. 1993. 云南省保山市瓦窑乡核桃坪铅锌矿区普查地质报告[R]. 昆明：云南省国土资源厅.
云南省地质矿产局第五地质大队. 1982. 云南省澜沧县惠民矿区铁矿详细普查地质报告[R]. 昆明：云南省国土资源厅.
云南省地质矿产局第一水文地质工程地质大队. 1988. 云南省东部地区矿泉水调查报告(1：75 万)[R]. 昆明：云南省地质矿产局第一水文地质工程地质大队资料室.
云南省地质矿产勘查开发局. 2003. 1：25 万贡山县幅、中甸县幅区域地质调查报告[R]. 昆明：云南省地质矿产勘查开发局资料处.
云南省地质矿产勘查开发局. 2003. 云南省宝玉石资源调查及其开发利用研究[R]. 昆明：云南省地质矿产勘查开发局资料处.
云南省地质矿产勘查开发局第二地质大队. 2010. 云南省西畴县卖酒坪铝土矿核查矿区资源储量核查报告[R]. 昆明：云南省国土资源厅.
云南省国土资源厅，云南省地质调查局. 2013a. 云南省矿产资源潜力评价成果报告[R]. 昆明：云南省国土资源厅资料馆.
云南省国土资源厅，云南省地质调查局. 2013b. 云南省重要矿种区域成矿规律研究成果报告[R]. 昆明：云南省国土资源厅资料馆.
云南省国土资源厅，云南省地质调查局. 2013c. 云南省成矿地质背景研究报告[R]. 昆明：云南省国土资源厅资料馆.
云南省国土资源厅. 2011. 云南省煤炭资源利用现状调查成果汇总报告[R]. 昆明：云南省国土资源厅.
云南省国土资源厅. 2012. 云南省矿产资源利用现状调查报告[R]. 昆明：云南省国土资源厅.
云南省国土资源厅. 2014. 云南省 2014 年矿区及所属矿山矿产资源储量简表[R]. 昆明：云南省国土资源厅资料馆.
云南省国土资源厅. 2015. 云南省矿产资源开发利用数据库[R]. 昆明：云南省国土资源厅档案馆.
云南省国土资源厅. 2016. 云南省 2015 年矿区及所属矿山矿产资源储量简表[R]. 昆明：云南省国土资源厅.
云南省国土资源厅. 2016. 云南省矿产资源总体规划(2016-2020)[R]. 昆明：云南省国土资源厅.
云南省核工业二〇九地质大队. 1980. 云南省临沧县帮卖盆地锗矿储量报告[R]. 昆明：云南省核工业二〇九地质大队资料室.
云南省核工业二〇九地质大队. 1982. 云南省铀成矿规律和成矿预测[R]. 昆明：云南省核工业二〇九地质大队资料室.
云南省核工业二〇九地质大队. 1991. 云南省临沧县大寨铀锗矿床勘探地质报告[R]. 昆明：云南省核工业二〇九地质大队资料室.
云南省核工业二〇九地质大队. 1997. 云南省腾冲县龙川江盆地地浸砂岩型铀矿成矿规律研究及找矿方向[R]. 昆明：云南省核工业二〇九地质大队资料室.
云南省核工业二〇九地质大队. 2013. 云南省临沧市临翔区大寨锗矿资源储量核实报告[R]. 昆明：云南省核工业二〇九地质大队资料室.
云南省煤炭地质勘查院. 2001. 云南省煤层气资源评价[R]. 昆明：云南省煤田地质局档案馆.
云南省煤田地质局，中国矿业大学. 2011. 云南省煤炭及煤层气资源潜力评价专题三：云南省煤层气资源潜力评价[R]. 昆明：云南省国土资源厅资料馆.
云南省煤田地质局. 2013. 云南省煤炭资源潜力评价报告[R]. 昆明：云南省国土资源厅资料馆.
云南省统计局. 2016. 云南省统计年鉴 2016[M]. 北京：中国统计出版社.
云南省冶金局地质勘探公司 305 地质勘探队. 1978. 云南省禄劝县新村矿区硫铁矿初步勘探地质报告[R]. 昆明：云南省国土资源厅资料馆.
云南省有色地质楚雄勘查院. 2010. 云南省澜沧县老厂银铅锌多金属矿资源储量核实报告[R]. 昆明：云南省国土资源厅.
云南统计局. 2016. 云南统计年鉴[M]. 北京：中国统计出版社.
中国地质科学院成都地质矿产研究所. 1992. 怒江-澜沧江-金沙江区域地层[M]. 北京：地质出版社.
中国地质矿产信息研究院. 1996. 国外矿产资源[M]. 北京：地震出版社.
中国建筑材料工业地质勘查中心云南总队. 1986. 云南省大理州建材非金属矿产资源地质调查报告[R]. 昆明：中国建筑材料工业地质勘查中心云南总队科技档案室.
中国建筑材料工业地质勘查中心云南总队. 1989. 云南省澜沧-耿马地震灾区建材非金属原料找矿地质报告[R]. 昆明：中国建筑材料工业地质勘查中心云南总队科技档案室.
中国建筑材料工业地质勘查中心云南总队. 1990. 云南省高岭土对比报告[R]. 昆明：中国建筑材料工业地质勘查中心云南总队科技档案室.
中国科学院贵阳地球化学研究所. 1979. 华南花岗岩类的地球化学[M]. 北京：科学出版社.
中国矿产地质志项目办公室，中国地质科学院矿产资源研究所. 2016. 中国矿产地质志省级矿产地质志研编技术要求[R]. 北京：中国地质科学院矿产资源研究所.

中国矿床编委会. 1994. 中国金矿床[M]. 北京：地质出版社.
中国矿床发现史·云南卷编委会. 1996. 中国矿床发现史·云南卷[M]. 北京：地质出版社.
中国人民武装警察部队黄金第十支队. 2010. 云南弥渡县宝兴厂矿区人头箐矿段金矿详查报告[R]. 昆明：中国人民武装警察部队黄金第十支队.
中国冶金地质总局昆明地质勘查院. 2010. 云南省丘北县红旗金、磷矿区舍龙磷矿段详查报告[R]. 昆明：云南省国土资源厅资料馆.
中国有色金属工业总公司西南地质勘探公司 317 队. 1984. 云南省马关县都龙锡锌矿区铜街矿段勘探报告[R]. 昆明：云南省国土资源厅.
中国有色金属工业总公司西南地质勘探公司 317 队. 1984. 云南省马关县都龙锡锌矿区铜街矿段勘探报告[R]. 昆明：云南省国土资源厅档案馆.
中化地质矿山总局云南地质勘查院. 2004. 云南省会泽县梨树坪磷矿区勘探报告[R]. 昆明：云南省国土资源厅资料馆.
中化地质矿山总局云南地质勘查院. 2012. 云南省禄劝县下汤郎磷矿勘探报告[R]. 昆明：云南省国土资源厅资料馆.
中石化南方勘探开发分公司研究院. 2003. 安宁盆地油气地质特征的初步认识及今后工作建议[R]. 成都：中石化勘探公司档案馆.
中石化南方勘探开发分公司研究院. 2007. 云南地区油气勘探潜力分析及下步工作建议[R]. 成都：中石化勘探公司档案馆.
毕献武，胡瑞忠，叶造军，等. 1999. A 型花岗岩类与铜成矿关系研究——以马厂箐铜矿为例[J]. 中国科学(D 辑)，(29)6：489-495.
曹仁关. 2008. 云南矿产资源概论[M]. 昆明：云南出版集团，云南科技出版社.
陈炳蔚，李永森主编. 1991. 三江地区主要大地构造问题及其与成矿的关系[M]. 北京：地质出版社.
陈励，孔德宏. 2004. 云南恩洪盆地煤层气异常分析[J]. 云南师范大学学报，24(1)：3-7.
陈灵芝. 1993. 中国的生物多样性：现状及其保护对策[M]. 北京：科学出版社.
陈义才，罗小平，沈忠民，等. 2008. 保山盆地新近系生物气资源及勘探前景[J]. 天然气地质学，19(5)：618-622.
陈毓川，裴荣富，宋天锐，等. 1998. 中国矿床成矿系列初论[M]. 北京：地质出版社.
陈毓川，王登红，陈郑辉，等. 2010. 重要矿产和区域成矿规律研究技术要求[M]. 北京：地质出版社.
陈毓川，朱裕生，肖克炎，等. 2006. 中国成矿区(带)的划分[J]. 矿床地质，25(增刊)：1-6.
陈毓川. 1994. 矿床的成矿系列[J]. 地学前缘，1(3-4)：90-94.
陈毓川. 1999. 中国主要成矿区带矿产资源远景评价[M]. 北京：地质出版社.
程裕淇. 1994. 中国区域地质概论[M]. 北京：地质出版社.
崔银亮. 2011. 滇东北铅锌银矿床遥感地质与成矿预测[M]. 北京：地质出版社.
戴金星，桂明义，黄自林，等. 1986. 楚雄盆地中东部禄丰-楚雄一带的二氧化碳气及其成因[J]. 地球化学，3(1)：42-49.
戴金星. 1988. 云南省腾冲县硫磺塘天然气的碳同位素组成特征和成因[J]. 科学通报，33(15)：1168-1170.
方丽萍，丁建博. 1997. 云南地热资源的成因分析及开发利用[J]. 水文地质工程地质，4：45-48.
龚琳，何毅特. 1996. 云南东川元古宙裂谷型铜矿 [M]. 北京：冶金工业出版社.
龚永能. 1997. 滇东晚二叠世煤层气控制因素探讨[J]. 云南地质，16(2)：127-140.
郭远生. 2004. 云南地质概论[M]. 昆明：云南大学出版社.
郭远生. 2004. 云南省地质矿产概论[M]. 昆明：云南大学出版社.
和中华，周云满，和文言，等. 2013. 滇西北衙超大型金多金属矿床成因类型及成矿规律[J]. 矿床地质，32(2)：244-258.
侯杰. 2010. 细看内蒙古煤制油[R/OL]. 中国化工报，http://www.ccin.com.cn/ccin/2696/2699/index.shtml.
侯祥麟. 1984. 中国页岩油工业[M]. 北京：石油工业出版社.
胡世学，张启跃，文芠，等. 2015. 罗平生物群——三叠纪海洋生态系统复苏和生物辐射的见证[M]. 昆明：云南科技出版社.
黄汲清，陈国铭，陈炳蔚. 1984. 特提斯-喜马拉雅构造域初步分析[J]. 地质学报，58(1)：1-17.
黄汲清. 1945. 中国主要地质构造单位[M]. 北京：地质出版社.
李厚民，高辉. 2010. 矿产资源储量核查与评估[M]. 北京：地质出版社.
李荣梦，李作洪，何春培. 1983. 云南水资源及其开发利用[M]. 昆明：云南人民出版社.
李儒峰，马永生，汤良杰，等. 2004. 云南楚雄盆地波动特征及构造沉积演化[J]. 地球科学，29(3)：309-316.
李术元，钱家麟. 2011. 世界油页岩开发利用现状及预测——并记 2010 年国内外两次油页岩会议[J]. 中外能源，16(1)：8-18.
李术元，岳长涛，钱家麟. 2010. 世界油页岩开发利用现状——并记 2009 年国内外三次油页岩会议[J]. 中外能源，15(2)：21-28.
李文昌，潘桂棠，侯增谦，等. 2010. 西南“三江”多岛弧盆-碰撞造山成矿理论与勘查技术[M]. 北京：地质出版社.
李兴振，许效松，潘桂棠. 1995. 泛华夏大陆群与东特提斯构造域演化[J]. 岩相古地理，15(4)：1-13.
林玉成. 2004. 云南煤层气资源与开发前景[J]. 云南地质，23(4)：503-508.
刘玉强，张延庆. 2007. 固体矿产地质勘查资源储量报告编制文件及规范解读[M]. 北京：地质出版社.
刘招君，董清水，叶松青，等. 2006. 中国油页岩资源现状[J]. 吉林大学学报(地球科学版)，36(6)：869-876.
刘招君，杨虎林，等. 2009. 中国油页岩[M]. 北京：石油工业出版社.
刘招君. 2012. 陆相盆地油页岩成矿规律——以东北地区中、新生代典型盆地为例[J]. 吉林大学学报(地球科学版)，42(5)：1287-1297.

刘志森. 1985. 安宁盆地一批钾盐探井发现油显示[J]. 石油与天然气地质，(4)：394-394.
卢映祥，刘洪光，黄静宁，等. 2009. 东南亚中南半岛成矿带初步划分与区域成矿特征[J]. 地质通报，28(2-3)：314-325.
卢作祥，范永香，刘辅臣. 1988. 成矿规律和成矿预测学[M]. 武汉：中国地质大学出版社.
吕财，刘作达，刘恒. 2014. 楚雄盆地石油成藏分析[J]. 中国石油和化工标准与质量，(1)：138-138.
罗君烈. 1995. 云南矿床的成矿系列[J]. 云南地质，14(4)：251-262.
罗君烈. 1995. 云南矿床的区域成矿模式[J]. 云南地质，14(4)：263-275.
莫宣学，路凤香，沈上越，等. 1993. 三江特提斯火山作用与成矿[M]. 北京：地质出版社，105-113.
潘桂裳，肖庆辉，陆松年，等. 2009. 中国大地构造单元划分[J]. 中国地质，36(1)：1-28.
潘桂棠. 1994. 全球洋-陆转换中的特提斯演化[A]//地质矿产部成都地质矿产研究所特提斯地质(18 期)[C]. 北京：地质出版社，23-40.
秦德先，黎应书，谈树成，等. 2006. 云南个旧锡矿的成矿时代[J]. 地质科学，41(1)；122-132.
任纪舜，姜春发，张正坤，等. 1980. 中国大地构造及其演化[M]. 北京：科学出版社.
任纪舜，牛宝贵，等. 1990. 中国东部及邻区大陆岩石圈的构造演化与成矿[M]. 北京：科技出版社.
任纪舜，王作勋，陈炳蔚，等. 1999. 从全球看中国大地构造[M]. 北京：地质出版社.
任纪舜，王作勋，陈炳蔚，等. 1999. 中国及邻区大地构造图(1：500 万)及简要说明书——从全球看中国大地构造[M]. 北京：地质出版社.
任纪舜，王作勋，陈炳蔚，等. 1999.中国及邻区大地构造图(1：500 万)及简要说明书——从全球看中国大地构造[M]. 北京：地质出版社.
邵厥年，陶维屏. 2014. 矿产资源工业要求手册[M]. 北京：地质出版社.
石砥石. 2014. 中国页岩气勘探开发进展及云南地区工作部署 [R]. 北京：中国地质调查局油气中心.
苏现波，林晓英. 2009. 煤层气地质学[M]. 北京：煤炭工业出版社.
王大锐，罗槐章. 2000. 云南陆良盆地天然气及烃源岩地球化学特征——兼论滇黔桂地区寻找生物气田的可能性[J]. 天然气工业，20(3)：12-15.
王世称，王於天. 2000. 综合信息矿产资源评价理论与方法[M]. 北京：科学出版社.
王宇，李燕，谭继中，等. 2003. 断陷盆地岩溶水赋存规律[M]. 昆明：云南科技出版社.
吴世泽. 2013. 璀璨之美：云南的宝石及矿物晶体[M] . 昆明：云南科学技术出版社.
徐爱东. 2014. 镍市场之三国演义——2014 年分析及 2015 年展望[R/OL]. http://www.docin.com/p-1003494547.html.
徐志刚，陈毓川，王登红，等. 2008. 中国成矿区带划分方案[M]. 北京：地质出版社.
许东，李文昌，赵志芳，等. 2004. 云南铜矿成矿规律与遥感预测[J]. 云南地质，23(1)：38-46.
许东，任治机，余海军，等. 2011. 澜沧江铁矿带惠民式-疆峰式铁矿床特征与含铁建造[J]. 矿床地质，30(3)：477-487.
薛步高. 2004. 滇东北伴(共)生锗矿地质特征及成因探讨[R]. 昆明：云南省经济委员会资料室.
薛传东，李峰，谈树成，等. 2001. 昆明地下热水资源开发利用的对策研究[J]. 地质灾害与环境保护，12(4)：25-28.
严城民，夏贵光，邓仁宏. 2002. 滇西北独龙江花岗岩及岩浆作用特征[J]. 云南地质，21(2)：21-33.
严桂英，张尚华，赵明开. 1992. 建水矿—一个黑锌锰矿族镁端元的新矿物[J]. 矿物学报，12(1)：69-77.
杨荆舟. 1984. 云南地质与矿产[M]. 昆明：云南人民出版社.
杨勤生. 2009. 滇东北油气盐矿产资源成矿条件与找矿前景[J]. 云南地质，28(1)：1-7.
杨艳华，和怀忠，任世川. 2004. 昆明盆地地热资源及开发[J]. 云南地质，23(1)30-37.
翟裕生，姚书振，蔡克勤. 2011. 矿床学(第三版)[M] . 北京：地质出版社.
翟裕生. 1996. 成矿系列研究[M]. 武汉：中国地质大学出版社.
翟裕生. 1996. 关于构造-流体-成矿作用研究的几个问题[J]. 地学前缘，3(3-4)：230-235.
翟裕生. 1997. 大型构造与超大型矿床[M]. 北京：地质出版社.
张鸿烈. 2000. 中国资源科学百科全书[M] . 北京：中国百科全书出版社.
张旗，张魁武，李达周. 9192. 横断山区镁铁-超镁铁岩[M]. 北京：科学出版社.
张旭，刘成林，朱炎铭，等. 2015. 滇东北龙马溪组页岩气地质条件及有利区初选[J]. 天然气地球科学，26(6)：1190-1199.
张翼飞，段锦荪，张罡. 2001. 滇西蛇绿岩带地质构造演化与澜沧江板块缝合线研究[M]. 昆明：云南科技出版社.
张翼飞. 2003. 云南东川地区含金剪切带型金矿[J]. 云南地质，22(4)：360-370.
赵隆业，陈基娘，王天顺. 1990. 中国油页岩物质成分及工业成因分类[R]. 国家自然科学基金项目(4870141).
赵鹏大，陈建平，陈建国. 2001. 成矿多样性与成矿谱系[J]. 地球科学，26(2)：111-117.
赵准. 1993. 怒江-澜沧江-金沙江区域矿床成矿系列[J]. 云南地质，12(3)：248-266.
钟大赉，丁林，刘福田，等. 2001. 造山带岩石层多向层架构造及其对新生代岩浆活动约束——以三江及邻区为例[J]. 中国科学，30：1-8.
周明辉，梁秋原. 2005. 楚雄盆地油气保存单元划分与评价[J]. 天然气工业，24(3)：303-308.
周希云，廖世南. 1989. 云南安宁盆地含油岩样的有机地球化学特征[J]. 海相沉积区油气地质，(1)：71-75.

Hhaosy. 1988. 曲靖盆地的天然气[EB/OL]. 新浪博客, 2010-09-07. http: //blog. sina. com.cn/s/blog-47ea oee40100164w. html.
R. Kleinberg, Working Document of the NPC Global Oil and Gas Study, TOPIC PAPER #27: Oil Shale. made Available July 18, 2007.
Walter Rühl, Geology of Petroleum, Vol. 6:Tar(Extra Heavy Oil) Sands and Oil Shales, Fedinand Enke Publishers,Stuttgart,1982.
Walter Youngquist, SHALE OIL--THE ELUSIVE ENERGY, HUBBERT CENTER NEWSLETTER HC#98/4-1-1, OCTOBER 1998.
国研网. 2016. 2015 中国锑产业[R/OL]. http://www.dss.gov.cn/News_wenzhang.asp? ArticleID=391304.
韩国上市网. 2013. 中国钼行业产业链及市场消费情况数据分析[R/OL]. http://www.51report.com/free/3006104.html.
韩国上市网. 2014. 中国盐业资源概况分析[R/OL]. http://www.51report.com/free/3039532.html.
和讯网. 2013. 镍锡品种基础知识介绍之锡[R/OL]. http://futures.hexun.com/2015-03-16/17409121.html.
诺美咨询. 2013. 中国磷矿供需情况及消费结构分析[R/OL]. https://wenku.baidu.com/view/83a880e50975f46527d3e142.html.
云南地热资源[EB/OL]. 云南百科信息网 yn. zwbk. org/lemma... 2014-12-01-快照-中文百科在线.
智研咨询集团. 2014. 2014 年中国稀土市场运行态势[R/OL]. http://www.ibaogao.com/free/0Z41504012014.html.
智研咨询集团. 2016. 2017-2022 年中国锗市场供需预测及投资战略研究报告[R/OL]. http://www.chyxx.com/research/201612/481638.html.
最小陆相含油气盆地: 景谷盆地[EB/OL]. zhaosy 1988, blog. sina. com. cn 2010-10-30-快照-新浪博客.

附录 A　矿产资源常用名词解释

【矿物】元素在各种地质作用的影响下，通过结晶作用、升华作用、化学（反应）作用等途径天然形成的结晶状单质或化合物。

【岩石】矿物以集合体形式出现，其可以由单一矿物或两种以上不同的矿物集合体组成。

【矿产】泛指一切埋藏于地壳或分布于地表的，可供人类经济利用的，有开采价值的矿物、岩石、油、气、水等自然资源。

【矿产资源】赋存于地壳内部或地壳表面的，由地质作用形成的呈固态、液态、气态的，具有现实和潜在经济意义的天然富集物。其中，地下水具有矿产资源和水资源双重属性。矿产资源具有特殊的自然特性、社会属性及经济属性。

【矿床成因类型】根据形成矿床的地质作用而划分的矿床类型。例如：按成矿作用分为内生矿床、外生矿床、变质矿床、叠生矿床。各个类型中又可按岩浆作用、汽化-热液作用、风化作用等形成相应的矿床类型。

【矿产工业类型】根据矿床的成因类型、工业意义、经济价值、矿石特点、矿床形态、围岩性质等因素所划分的矿产类型。例如：铜矿划分为斑岩型铜矿、层状铜矿、块状硫化物铜矿、矽卡岩型铜矿等。

【共生矿产】同一矿区或矿床内，两种或两种以上的元素或矿物分别达到工业指标的要求，并具有小型或小型以上规模的矿产，即为共生矿产。

【伴生矿产】主矿体（层、脉）中，伴生其他有用矿物、组分、元素，但未达到工业指标或具有一定规模的矿产。伴生矿产在技术经济上不具备单独开采价值，须与主要矿产一同综合开采、回收利用的矿产。

【矿床】在地壳中由成矿地质作用形成的，所含有用矿物资源的质和量符合当前经济和技术条件，并能被开采和利用的地质体。

【矿体】是矿床的主体和核心部分，是矿山开采的主要对象，是构成矿床的基本单位。矿体由矿石和脉石组成。矿体在空间上具有一定位置、形状、产状及规模。矿体特征的主要研究内容为：矿体形态、矿体产状、矿体围岩与夹石的特点、变化程度、变化规律。

【矿脉】沿着围岩的构造破碎带、断层带、韧性剪切带等构造裂隙充填或交代而成的脉状矿体。这种矿体的形成晚于围岩，脉宽从几毫米至数米，脉长从几米到几百米。

【矿层】沉积岩层序中或层状侵入体的层状矿体。其中，大多为同生矿床。一部分为后生矿床。矿层常被其中的岩石夹层分割为分层。因此，矿层可划分为简单的（无岩石夹层）和复杂的（有夹石层）。

【围岩】矿体周围的岩石称围岩。矿体与围岩的关系大致有两种情况：①矿体与围岩在组构和有用组分的含量上有显著的差别，接触界限清楚，如脉状充填矿体与围岩的关系；②矿体与围岩的分界线是过渡的，如某些外生矿床和浸染状交代矿体与围岩呈逐渐过渡关系。

【夹石】夹于矿体或矿体间，不符合工业要求的岩石。在煤层中，夹石称夹矸或矸石。

【矿石】是从矿体中开采出来的，在现有的技术和经济条件下，能够从中提取有用组分（元素、化合物或矿物）或利用其特性的自然矿物聚集体。矿石包括金属矿石、非金属矿石以及煤等有用的岩石。矿石的名称一般根据能够提取的有用元素或矿物进行命名。例如：提取铜元素的矿石称为铜矿石，提取石棉的矿石称为石棉矿石。

【矿石矿物】也称有用矿物，矿石中可被利用的金属或非金属矿物。例如：铁矿石中的磁铁矿和赤铁矿，铜矿石中的黄铜矿、斑铜矿及孔雀石。

【脉石矿物】也称无用矿物，矿石中不能利用的矿物。例如：铁矿石中的石英、角闪石，铜矿石中的石英、绢云母、绿泥石。

【共生组分】矿石（或矿床）中与主要有用组分在成因上相关，空间上共存，品位上达标，并可供单独处理的组分。

【伴生组分】矿石（或矿床）中虽与主要有用组分相伴，但不具有独立工业价值的元素、化合物及矿物，其存在与否和含量高低常影响着矿石质量。

【有益组分】可以回收的伴生组分，或能改变产品性能的伴生组分。例如：铜矿石中的金、银，镍矿石中的钴、硒，铁矿石中的钒、钛、锰、钴等组分。

【有害组分】对有用组分的选矿、冶炼、加工有危害的某些组分。例如：铁矿石中的硫、磷、砷、铅、锌，金矿石中的砷。

【矿石品位】矿石中有用矿物或有用组分的含量。矿石品位是衡量矿石质量的主要标志。

【质量分数】指某物质中某种成分的质量与该样品中总物质质量之比的百分数。矿产勘查、开发评价中常用来评价某种矿物含量高低，如金的质量分数为12.19%~21.56%等。

【边界品位】是划分矿体与非矿体界线的最低品位值。

【最低工业品位】在当前经济技术条件下能供开采和利用的矿体或矿段的最低平均品位。

【有害组分的最大允许含量】矿石在采矿、选矿、冶炼过程中起到不良影响，甚至影响产品质量的组分的最大限量。

【最小可采厚度】简称可采厚度，是指矿石符合质量要求时，可供开采的矿体最小厚度。

【夹石剔除厚度】又称最大允许夹石厚度，是指在资源/储量估算中时，允许夹在矿体中间的非工业矿体（夹石）的最大厚度。夹石剔除厚度一般为1~3 m。矿体厚度越大，夹石剔除厚度越大。

【最低工业米百分值】最低工业品位与最小可采厚度和乘积，是衡量矿产资源可供利用程度的一项综合指标。在矿体厚度小于最小可采厚度，矿石品位明显大于最低工业品位时使用。在矿石品位计算单位为g/t时，称为米克吨值。

【剥采比】又称剥离比、剥离率，是指露天开采的矿床或矿体，开采时需剥离的覆盖物（包括厚大矿层间的夹石和开拓安全角范围内的剥离物）与埋藏的矿石量相比的数值。矿体或矿床只有在等于或小于剥采比数值的情况下，才能进行露天开采。

【矿石品级】根据矿石的品位及有益和有害组分对矿石质量划分的不同级别。

【矿产资源储量】指矿产资源的蕴藏量，表示方式有矿石量、金属量、有用组分量、有用矿物储量等。表示方法多用质量（t、kg、克拉）计，少数用体积（m^3）计。矿产资源储量进一步划分为储量、基础储量、资源量。

【储量】是基础储量中的经济可采部分。是矿产资源中经过可行性研究、预可行性研究属于经济的部分。储量已经扣除设计、采矿损失的数量。

【基础储量】查明矿产资源的一部分，是矿产资源中经过可行性研究、预可行性研究属于经济的、边际经济的部分。基础储量未扣除设计、采矿损失的数量。

【资源量】是矿产资源的一部分。从地质可靠程度看，资源量包括查明矿产资源和潜在矿产资源。从经济意义看，资源量包括次边际经济的资源和内蕴经济的资源。

【矿产资源的经济意义】矿产资源的经济意义划分为：经济的、边际经济的、次边际经济的、内蕴经济的。前3者是可行性研究、预可行性研究的结果，后者只进行过概略研究。

【经济的资源储量】经过可行性研究和预可行性研究，矿产资源在当时的市场条件下进行开采，技术上可行，经济上合理，环境等其他条件允许。每年开采矿产品的平均价值，能满足投资回报的要求。在政府补贴或扶持和条件下，可以开发利用。

【边际经济的资源储量】在可行性研究或预可行性研究中，矿产资源开采不经济，但接近盈亏边界。在将来的技术、经济、环境等条件改善后，或政府给予的扶持条件改变后，可以变为经济的矿产资源。

【次边际经济的资源储量】在可行性研究或预可行性研究中，矿产资源开采不经济或技术不可行。只有在大幅度提高矿产品价格或技术进步的条件下，才能变为经济的矿产资源。

【内蕴经济的资源储量】矿产资源仅进行过概略性研究。由于不确定的因素较多，无法区分矿产资源是经济的、边际经济的、次边际经济的。

附录 B　矿产资源储量规模划分标准

2000 年 4 月 24 日，国土资源部以国土资发［2000］133 号的形式，印发了《矿产资源储量规模划分标准》。矿产资源/储量规模划分标准是根据中华人民共和国矿产资源法第十六条第六款规定，由国土资源部组织制定，并印发执行。

为便于排版，转载中格式略有调整（附表-1）。

确定资源/储量规模的地质单元中：①石油为油田；天然气、二氧化碳气为气田；②地热为地热田；③固体矿产（煤除外）为矿床；④地下水、矿泉水为水源地。

确定资源/储量规模依据的矿产资源储量：①石油、天然气、二氧化碳气为地质储量；②地热为电（热）能；③固体矿产为基础储量+资源量（仅限于 331、332、333），相当于《固体矿产地质勘探规范总则》（GB13908-92）中的 A+B+C+D+E 级（表内）储量；④地下水、矿泉水为允许开采量。

共生矿产的矿区，其规模以矿产资源/储量规模最大的矿种确定。

附表-1　矿产资源储量规模划分标准

矿种			单位		规模		
					大型	中型	小型
能源矿产	煤	煤田	原煤	10^8t	≥50	10~50	<10
		矿区	原煤	10^8t	≥5	2~5	<2
		井田	原煤	10^8t	≥1	0.5~1	<0.5
	油页岩		矿石	10^8t	≥20	2~20	<2
	泥炭		矿石	10^4t	≥1000	100~1000	<100
	石油		原油	10^4t	≥10000	1000~10000	<1000
	天然气		气量	10^8 m^3	≥300	50~300	<50
	铀	地浸砂岩型	金属	t	≥10000	3000~10000	<3000
		其他类型	金属	t	≥3000	1000~3000	<1000
	地热		热能	MW	≥50	10~50	<10
黑色金属	铁	贫矿	矿石	10^8t	≥1	0.1~1	<0.1
		富矿	矿石	10^8t	≥0.5	0.05~0.5	<0.05
	锰		矿石	10^4t	≥2000	200~2000	<200
	铬铁矿		矿石	10^4t	≥500	100~500	<100
	钒		V_2O_5	10^4t	≥100	10~100	<10
	钛	金红石原生矿	TiO_2	10^4t	≥20	5~20	<5
		金红石砂矿	矿物	10^4t	≥10	2~10	<2
		钛铁矿原生矿	TiO_2	10^4t	≥500	50~500	<50
		钛铁矿砂矿	矿物	10^4t	≥100	20~100	<20
有色金属	铜		金属	10^4t	≥50	10~50	<10
	铅		金属	10^4t	≥50	10~50	<10
	锌		金属	10^4t	≥50	10~50	<10
	铝土矿		矿石	10^4t	≥2000	500~2000	<500

续表

矿种			单位		规模		
					大型	中型	小型
有色金属	镍		金属	10^4t	≥10	2~10	<2
	钴		金属	10^4t	≥2	0.2~2	<0.2
	钨		WO_3	10^4t	≥5	1~5	<1
	锡		金属	10^4t	≥4	0.5~4	<0.5
	铋		金属	10^4t	≥5	1~5	<1
	钼		金属	10^4t	≥10	1~10	<1
	汞		金属	t	≥2000	500~2000	<500
	锑		金属	10^4t	≥10	1~10	<1
	镁（白云岩、菱镁矿）		矿石	10^4t	≥5000	1000~5000	<1000
贵金属	铂族		金属	t	≥10	2~10	<2
	金	岩金	金属	t	≥20	5~20	<5
		砂金	金属	t	≥8	2~8	<2
	银		金属	t	≥1000	200~1000	<200
稀有金属	铌	原生矿	Nb_2O_5	10^4t	≥10	1~10	<1
		砂矿	矿物	t	≥2000	500~2000	<500
	钽	原生矿	Ta_2O_5	t	≥1000	500~1000	<500
		砂矿	矿物	t	≥500	100~500	<100
	铍		BeO	t	≥10000	2000~10000	<2000
	锂	矿物锂矿	Li_2O	10^4t	≥10	1~10	<1
		盐湖锂矿	Li_2O	10^4t	≥50	10~50	<10
	锆		矿物	10^4t	≥20	5~20	<5
	锶		$SrSO_4$	10^4t	≥20	5~20	<5
	铷（盐湖中的铷另计）		Rb_2O	t	≥2000	500~2000	<500
	铯		Cs_2O	10^4t	≥2000	500~2000	<500
稀土金属	砂矿	独居石	矿物	t	≥10000	1000~10000	<1000
		磷钇矿	矿物	t	≥5000	500~5000	<500
	原生矿		TR_2O_3	10^4t	≥50	5~50	<5
	风化壳矿	铈族	氧化物	10^4t	≥10	1~10	<1
		钇族	氧化物	10^4t	≥5	0.5~5	<0.5
稀散元素	钪		Sc	t	≥10	2~10	<2
	锗		Ge	Kgb	≥200	50~200	<50
	镓		Ga	t	≥2000	400~2000	<400
	铟		In	t	≥500	100~500	<100
	铊		Tl	t	≥500	100~500	<100
	铪		Hf	t	≥500	100~500	<100
	铼		Re	t	≥50	5~50	<5
	镉		Cd	t	≥3000	500~3000	<500
	硒		Se	t	≥500	100~500	<100
	碲		Te	t	≥500	100~500	<100

续表

矿种			单位		规模		
					大型	中型	小型
工业矿物	金刚石	原生矿	矿物	10^4 克拉	≥100	20～100	<20
		砂矿			≥50	10～50	<10
	石墨	晶质	矿物	10^4t	≥100	20～100	<20
		隐晶质	矿石	10^4t	≥1000	100～1000	<100
	磷		矿石	10^4t	≥5000	500～5000	<500
	自然硫		S	10^4t	≥500	100～500	<100
	硫铁矿		矿石	10^4t	≥3000	200～3000	<200
	钾盐	固态	KCl	10^4t	≥1000	100～1000	<100
		液态	KCl	10^4t	≥5000	500～5000	<500
	硼（内生硼矿）		B_2O_3	10^4t	≥50	10～50	<10
	水晶	压电水晶	单晶	t	≥2	0.2～2	<0.2
		熔炼水晶	矿物	t	≥100	10～100	<10
		光学水晶	矿物	t	≥0.5	0.05～0.5	<0.05
		工艺水晶	矿物	t	≥0.5	0.05～0.5	<0.05
	刚玉		矿物	10^4t	≥1	0.1～1	<0.1
	蓝晶石		矿物	10^4t	≥200	50～200	<50
	硅灰石		矿物	10^4t	≥100	20～100	<20
	钠硝石		$NaNO_3$	10^4t	≥500	100～500	<100
	滑石		矿石	10^4t	≥500	100～500	<100
	石棉	超基性岩型	矿物	10^4t	≥500	50～500	<50
		镁质碳酸盐型	矿物	10^4t	≥50	10～50	<10
	蓝石棉		矿物	t	≥1000	100～1000	<100
	云母（工业原料）		矿石	t	≥1000	200～1000	<200
	钾长石		矿物	10^4t	≥100	10～100	<10
	石榴子石		矿物	10^4t	≥500	50～500	<50
	叶蜡石		矿物	10^4t	≥200	50～200	<50
	蛭石		矿石	10^4t	≥100	20～100	<20
	沸石		矿石	10^4t	≥5000	500～5000	<500
	明矾石		矿物	10^4t	≥1000	200～1000	<200
	芒硝		Na_2SO_4	10^4t	≥1000	100～1000	<100
	钙芒硝		Na_2SO_4	10^4t	≥10000	1000～10000	<1000
	石膏		矿石	10^4t	≥3000	1000～3000	<1000
	重晶石		矿石	10^4t	≥1000	200～1000	<200
	毒重石		矿石	10^4t	≥1000	200～1000	<200
	天然碱		$Na_2CO_3+NaHCO_3$	10^4t	≥1000	200～1000	<200
	冰洲石		矿物	10^4t	≥1	0.1～1	<0.1
	菱镁矿		矿石	10^8t	≥0.5	0.1～0.5	<0.1
	萤石	普通萤石	CaF_2	10^4t	≥100	20～100	<20
		光学萤石	矿物	t	≥1	0.1～1	<0.1

续表

矿种			单位		规模		
					大型	中型	小型
工业矿物	石盐（包括地下卤水）		NaCl	10^8t	≥10	1~10	<1
	镁盐		$MgCl$、$MgSO_4$	10^4t	≥5000	1000~5000	<1000
	碘		I	t	≥5000	500~5000	<500
	溴		Br	10^4t	≥5000	500~5000	<500
	砷		As	10^4t	≥5	0.5~5	<0.5
工业岩石	石灰岩	电石、制碱、化肥、熔剂用	矿石	10^8t	≥0.5	0.1~0.5	<0.1
		玻璃、制灰用	矿石	10^8t	≥0.1	0.02~0.1	<0.02
		水泥用（包括白垩）	矿石	10^8t	≥0.8	0.15~0.8	<0.15
	泥灰岩		矿石	10^8t	≥0.5	0.1~0.5	<0.1
	含钾岩石（包括含钾砂页岩）		矿石	10^8t	≥0.5	0.1~0.5	<0.1
	白云岩（冶金、化肥、玻璃用）		矿石	10^8t	≥0.5	0.1~0.5	<0.1
	硅质原料	标准砂	矿石	10^4t	≥2000	200~2000	<200
		玻璃用	矿石	10^4t	≥1000	200~1000	<200
		铸型用	矿石	10^4t	≥1000	100~1000	<100
		砖瓦用	矿石	10^4m^3	≥2000	500~2000	<500
		建筑用	矿石	10^4m^3	≥5000	1000~5000	<1000
		化肥用	矿石	10^4t	≥10000	2000~10000	<2000
		陶瓷用	矿石	10^4t	≥100	20~100	<20
	天然油石		矿石	10^4t	≥100	10~100	<10
	硅藻土		矿石	10^4t	≥1000	200~1000	<200
	页岩	砖瓦用	矿石	10^4m^3	≥2000	200~2000	<200
		水泥酸料用	矿石	10^4t	≥5000	500~5000	<500
	高岭土（包括陶瓷土）		矿石	10^4t	≥500	100~500	<100
	耐火粘土		矿石	10^4t	≥1000	200~1000	<200
	凹凸棒石		矿石	10^4t	≥500	100~500	<100
	海泡石粘土（包括伊利石粘土、累托石粘土）		矿石	10^4t	≥500	100~500	<100
	膨润土		矿石	10^4t	≥5000	500~5000	<500
	铁矾土		矿石	10^4t	≥1000	200~1000	<200
	其他粘土	铸型用	矿石	10^4t	≥1000	200~1000	<200
		砖瓦用	矿石	10^4t	≥2000	500~2000	<500
		水泥用	矿石	10^4t	≥2000	500~2000	<500
		保温材料用	矿石	10^4t	≥200	50~200	<50
	橄榄岩（化肥用）		矿石	10^8t	≥1	0.1~1	<0.1
	蛇纹岩	化肥用	矿石	10^8t	≥1	0.1~1	<0.1
		熔剂用	矿石	10^8t	≥0.5	0.1~0.5	<0.1
	玄武岩（铸石用）		矿石	10^4t	≥1000	200~1000	<200
	辉绿岩	铸石用	矿石	10^4t	≥1000	200~1000	<200
		水泥用	矿石	10^4t	≥2000	200~2000	<200
	水泥混合材料（安山玢岩、闪长玢岩）		矿石	10^4t	≥2000	200~2000	<200

续表

<table>
<tr><th colspan="3" rowspan="2">矿种</th><th colspan="2" rowspan="2">单位</th><th colspan="3">规模</th></tr>
<tr><th>大型</th><th>中型</th><th>小型</th></tr>
<tr><td rowspan="10">工业岩石</td><td colspan="2">建筑用石材</td><td>矿石</td><td>10^4m^3</td><td>≥5000</td><td>1000～5000</td><td><1000</td></tr>
<tr><td colspan="2">饰面用石材</td><td>矿石</td><td>10^4m^3</td><td>≥1000</td><td>200～1000</td><td><200</td></tr>
<tr><td colspan="2">珍珠岩、黑曜岩、松脂岩</td><td>矿石</td><td>10^4t</td><td>≥2000</td><td>500～2000</td><td><500</td></tr>
<tr><td colspan="2">浮石</td><td>矿石</td><td>10^4t</td><td>≥300</td><td>50～300</td><td><50</td></tr>
<tr><td colspan="2">粗面岩（水泥用、铸石用）</td><td>矿石</td><td>10^4t</td><td>≥1000</td><td>200～1000</td><td><200</td></tr>
<tr><td rowspan="2">凝灰岩</td><td>玻璃用</td><td>矿石</td><td>10^4t</td><td>≥1000</td><td>200～1000</td><td><200</td></tr>
<tr><td>水泥用</td><td>矿石</td><td>10^4t</td><td>≥2000</td><td>200～2000</td><td><200</td></tr>
<tr><td rowspan="2">大理岩</td><td>玻璃用</td><td>矿石</td><td>10^4t</td><td>≥5000</td><td>1000～5000</td><td><1000</td></tr>
<tr><td>水泥用</td><td>矿石</td><td>10^4t</td><td>≥2000</td><td>200～2000</td><td><200</td></tr>
<tr><td colspan="2">板岩（水泥配料）</td><td>矿石</td><td>10^4t</td><td>≥2000</td><td>200～2000</td><td><200</td></tr>
<tr><td rowspan="3">水气矿产</td><td colspan="2">地下水</td><td>允许开采量</td><td>m^3/d</td><td>≥100000</td><td>10000～100000</td><td><10000</td></tr>
<tr><td colspan="2">矿泉水</td><td>允许开采量</td><td>m^3/d</td><td>≥5000</td><td>500～5000</td><td><500</td></tr>
<tr><td colspan="2">二氧化碳气</td><td>气量</td><td>$10^8\ m^3$</td><td>≥300</td><td>50～300</td><td><50</td></tr>
</table>

注：标准砂包括冶金、水泥配料、水泥用。硅质原料包括石英岩、砂岩、天然石英砂、脉石英、粉石英。

附录C 矿山生产建设规模划分标准

2004年9月30日，国土资源部以国土资发〔2004〕208号，印发了《关于调整部分矿山生产建设规模标准的通知》（附表-2）。

附表-2 矿山生产建设规模分类

矿种类别	矿山生产建设规模				最低生产建设规模
	计量单位/年	大型	中型	小型	
煤（地下开采）	原煤 10^4 t	≥120	120~45	<45	
煤（露天开采）	原煤 10^4 t	≥400	400~100	<100	
石油	原油 10^4 t	≥50	50~10	<10	
油页岩	矿石 10^4 t	≥200	200~50	<50	
烃类天然气	10^8 m^3	≥5	5~1	<1	
二氧化碳气	10^8 m^3	≥5	5~1	<1	
煤成（层）气	10^8 m^3	≥5	5~1	<1	
地热（热水）	10^8 m^3	≥20	20~10	<10	
地热（热气）	10^8 m^3	≥10	10~5	<5	
放射性矿产	矿石 10^4 t	≥10	10~5	<5	
金（岩金）	矿石 10^4 t	≥15	15~6	<6	1.5×10^4 t/a
金（砂金船采）	矿石 10^8 m^3	≥210	210~60	<60	10^5 m^3/a
金（砂金机采）	矿石 10^8 m^3	≥80	80~20	<20	10^5 m^3/a
银	矿石 10^4 t	≥30	30~20	<20	
其他贵金属	矿石 10^4 t	≥10	10~5	<5	
铁（地下开采）	矿石 10^4 t	≥100	100~30	<30	3×10^4 t/a
铁（露天开采）	矿石 10^4 t	≥200	200~60	<60	5×10^4 t/a
锰	矿石 10^4 t	≥10	10~5	<5	2×10^4 t/a
铬、钛、钒	矿石 10^4 t	≥10	10~5	<5	
铜	矿石 10^4 t	≥100	100~30	<30	3×10^4 t/a
铅	矿石 10^4 t	≥100	100~30	<30	3×10^4 t/a
锌	矿石 10^4 t	≥100	100~30	<30	3×10^4 t/a
钨	矿石 10^4 t	≥100	100~30	<30	3×10^4 t/a
锡	矿石 10^4 t	≥100	100~30	<30	3×10^4 t/a
锑	矿石 10^4 t	≥100	100~30	<30	3×10^4 t/a
铝土矿	矿石 10^4 t	≥100	100~30	<30	6×10^4 t/a
钼	矿石 10^4 t	≥100	100~30	<30	3×10^4 t/a
镍	矿石 10^4 t	≥100	100~30	<30	3×10^4 t/a
钴	矿石 10^4 t	≥100	100~30	<30	
镁	矿石 10^4 t	≥100	100~30	<30	
铋	矿石 10^4 t	≥100	100~30	<30	

续表

矿种类别	矿山生产建设规模				最低生产建设规模
	计量单位/年	大型	中型	小型	
汞	矿石 10^4 t	≥100	100~30	<30	
稀土、稀有金属	矿石 10^4 t	≥100	100~30	<30	6×10^4 t/a
石灰岩	矿石 10^4 t	≥100	100~50	<50	
硅石	矿石 10^4 t	≥20	20~10	<10	
白云岩	矿石 10^4 t	≥50	50~30	<30	
耐火粘土	矿石 10^4 t	≥20	20~10	<10	
萤石	矿石 10^4 t	≥10	10~5	<5	
硫铁矿	矿石 10^4 t	≥50	50~20	<20	5×10^4 t/a
自然硫	矿石 10^4 t	≥30	30~10	<10	
磷矿	矿石 10^4 t	≥100	100~30	<30	10×10^4 t/a
蛇纹岩	矿石 10^4 t	≥30	30~10	<10	
硼矿	矿石 10^4 t	≥10	10~5	<5	
岩盐、井盐	矿石 10^4 t	≥20	20~10	<10	
湖盐	矿石 10^4 t	≥20	20~10	<10	
钾盐	矿石 10^4 t	≥30	30~5	<5	
芒硝	矿石 10^4 t	≥50	50~10	<10	
碘	矿石 10^4 t	按小型矿山归类			
砷、雌黄、雄黄、毒砂	矿石 10^4 t	按小型矿山归类			
金刚石	10^4 克拉	≥10	10~3	<3	
宝石	矿石 t	发证权限按中型划分、矿山建设规模按小型矿山归类			
云母	工业云母	按小型矿山归类			
石棉	石棉 10^4 t	≥2	2~1	<1	
重晶石	矿石 10^4 t	≥10	10~5	<5	
石膏	矿石 10^4 t	≥30	30~10	<10	
滑石	矿石 10^4 t	≥10	10~5	<5	
长石	矿石 10^4 t	≥20	20~10	<10	
高岭土、瓷土等	矿石 10^4 t	≥10	10~5	<5	
膨润土	矿石 10^4 t	≥10	10~5	<5	
叶蜡石	矿石 10^4 t	≥10	10~5	<5	
沸石	矿石 10^4 t	≥30	30~10	<10	
石墨	石墨 10^4 t	≥1	1~0. 3	<0. 3	
玻璃用砂、砂岩	矿石 10^4 t	≥30	30~10	<10	
水泥用砂岩	矿石 10^4 t	≥60	60~20	<20	
建筑石料	10^4 m^3	≥10	10~5	<5	
建筑用砂、砖瓦粘土	矿石 10^4 t	≥30	30~6	<6	
页岩	矿石 10^4 t	≥30	30~6	<6	
矿泉水	10^4 t	≥10	10~5	<5	

富煤地区山西、内蒙古、陕西为 15×10^4 t/年；北京、河北、辽宁、吉林、黑龙江、山东、安徽、甘肃、青海、宁夏、新疆为 9×10^4 t/年；云南、贵州、四川为 6×10^4 t/年；湖北、湖南、浙江、广东、广西、福建、江西等南方缺煤地区为 3×10^4 t/年。

表中未列矿种的生产建设规模分类参照同行业相近用途的矿种划分。

生产规模在小型矿山生产建设规模上限十分之一以下的，按小矿统计。

附录 D　云南省发现的重要岩石与矿物

地质矿产调查中，云南省发现许多较为重要的岩石与矿物。现择主要叙述如下。

一、退变质榴辉岩

2016 年，云南省地质调查院在开展“云南省耿马县大兴勘查区 1：5 万香竹林、勐永、勐撒、懂过、耿马、安雅、勐库幅区域地质矿产调查”过程中，首次在临沧市双江县勐库镇一带发现高压-超高压变质岩—退变质榴辉岩（附照片-1）。

退变质榴辉岩在云南省境内尚属首次发现，引起了国内外学者的高度重视。发现地位于全球著名“三江”特提斯构造带南部昌宁-孟连结合带内（附图-1），代表了特提斯大洋最终消亡的巨型缝合带，是泛华夏大陆与冈瓦纳大陆的分界，其形成时代可追溯至寒武纪之前，即特提斯洋的初始扩张承接于罗迪尼亚超大陆裂解。这一发现为昌宁-孟连结合带作为板块构造边界提供了更加丰富的岩石学依据，对揭示原-古特提斯洋盆的地质演化具有重要科学意义。古特提斯洋盆对原特提斯洋盆的继承性演化是通过扩张脊的侧向迁移完成的，不是原特提斯洋盆关闭后的再次打开。同时，也弥补了全球特提斯造山带中东段高压-超高压变质岩在云南省境内的空缺。

附照片-1　双江县勐库镇发现的深灰绿色块状退变质榴辉岩
主要由中粗粒状粉红色石榴子石及暗绿色角闪石组成
（手标本，孙载波供稿）

榴辉岩是由洋壳或陆壳岩石俯冲到地下 80～200 km 以深的地幔中，经高压-超高压变质作用后快速折返到地表形成的特殊岩石，是研究地球深部物理-化学条件的“探针”。榴辉岩的形成记录了俯冲带地球动力学演化的重要信息，具有极高的科研价值，且在全球的分布十分稀少。中国国土资源报、春城晚报等多家媒体对这一重大发现进行了报道。2016 年 3 月，李廷栋院士以及相关专家、学者到野外进行了实地考察，均对这一重要发现给予了高度评价。

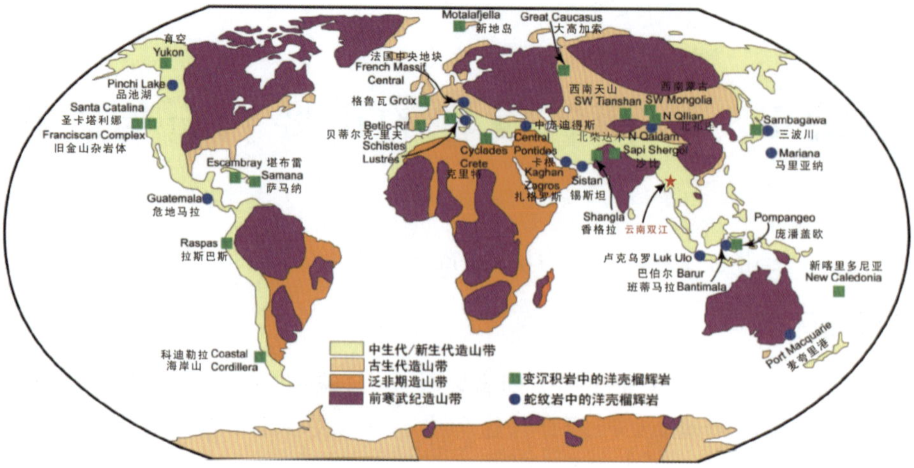

附图-1　全球洋壳榴辉岩分布图

（★本次榴辉岩发现位置双江县勐库镇，孙载波提供）

二、建水矿——一个黑锌锰矿族镁端元的新矿物

建水矿（Jianshuiite）

【化学组成】（Mg，Mn，Ca）$Mn_3^{4+}O_7 3H_2O$，Mg：Mn：Ca＝0.49：0.43：0.08。实验式：（$Mg_{0.51}Mn_{0.44}^{2+}Ca_{0.08}$）$_{\Sigma 1.03}$ $Mn_{3.03}^{4+}O_{7.10}$ 2.90H_2O。化学成分（%）：CaO 1.97，MgO 5.29，MnO_2 67.75，H_2O^+ 13.37，K_2O 0.00，Zn 0.00，SiO_2 1.20，Al_2O_3 0.78，P_2O_5 0.59，Fe_2O_3 0.52，总计 99.39。

【晶体结构】三斜晶系，空间群为 $P\bar{1}$。晶胞参数 a＝0.7534（4）nm，b＝0.7525（6），c＝0.8204（8）nm，α＝89.753（8）°，β＝117.375（6）°，γ＝120.000（6）°。

【形态】单晶细小（5 μm×0.5 μm），集合体疏松多孔。

【物理性质】棕-棕黑色，不透明，密度（比重）3.50～3.60 g/cm³，硬度 3.09。平均反射率（SiC 标准，空气中）23.0%，470 nm，19.1%，589 nm，18.6%，650 nm。V 射线衍射和红外图谱类似于黑锌锰矿。

【成因及产状】分布于地表，由含锰白云岩在表生条件下衍变的产物，与菱锰矿共生，是一种黑锌锰矿族端元的新矿物。

【建水矿发现】1984 年原云南省地质矿产局测试中心，在对建水县白显锰矿床芦寨矿区的“偏锰酸矿”研究时，发现一种含镁带结晶水的锰矿物。其 X 射线粉末衍射图谱及红外光谱与黑锰矿相似。云南省地质矿产局测试中心严桂英、张尚华、赵明开等人对该矿物物理和化学性质进行了研究，中国科学院上海硅酸盐研究所对晶体结构进行了研究，采用 X 射线粉晶衍射分析，证实是一种新矿物。1990 年 5 月被国际矿物学协会新矿物及矿物命名委员会（简称 IMA_ CNMMN）正式命名为建水矿（Jianshuiite）新矿物。标本存放原地质矿产部地质博物馆及云南省地质矿产局博物馆。

建水矿在过去该矿区的地质报告中一直被称为“偏锰酸矿”。它稳定地分布在地表氧化锰矿的顶板、底板，向下、向上尖灭。该矿区“偏锰酸矿”主要由钙锰矿、建水矿组成。建水矿的发现印证了该区锰矿床顶、底板在地表与深部岩性的一致性，皆为含锰白云岩，为成矿沉积环境分析提供了依据。“偏锰酸矿”一词在我国许多锰矿文献中常有出现，也是锰矿常见矿物之一。“偏锰酸矿”按新矿物和矿物命名委员会审定、科学出版社出版的“英汉矿物种名称”（1984）应译为水羟锰矿。我国过去对这一类矿物由于研究手段局限，常把疏松多孔的氧化锰矿物定为偏锰酸矿。象建水矿这样可以构成工业矿石实属罕见，建水矿的发现纠正了过去不正确的定名，丰富了我国锰矿床矿物学的研究资料，对我国微细矿物的研究有一定指导意义。

该研究成果获得地质矿产部1993年度科技成果四等奖，得到国内外矿物学界认可，所采用的压实集合体办法成功地测量了矿物的平均反射率，得到IMA_ CNMMN高度评价。

三、西盟石——一种新的铋矿物

西盟石（Ximengite）

【化学组成】$BiPO_4$。实验式：$Bi_{1.01}P_{0.99}O_4$。化学成分为：Bi_2O_3 76.34%，P_2O_5 22.92%。

【晶体结构】六方晶系，空间群为$P3_121$。一轴晶正光性，N>1.78，$H_V=279\sim283$ kg/cm²，$H_M=4.42$（4.41~4.43），晶胞参数为：a = 6.9860Å（16），c= 6.4753Å（28），V= 273.68 Å³，Z=3。

【形态】呈土状、变胶状、不规则粒状集合体，单晶粒径<0.001~0.1 mm。

【物理性质】无色透明，粉末为白色，油脂到玻璃光泽；性脆，无磁性，密度（比重）5.534 g/cm³（干晶体），硬度2.79~2.83。电子束下发黄绿色荧光，X射线衍射分析较强线为：6.052（*100*）（73），4.420（*101*）（91），3.493（*110*）（88），3.024（*200*）（100），2.854（*102*）（65）。

【成因及产状】西盟石产于云南省西盟县阿莫锡矿区，为低温热液交代产物，常与2种未定名铋矿物$Bi_2PO_4(OH)_3$（?）和$Bi_2SO_4(OH)_4$（?）伴生，偶尔还见磷铝铋石（Waylandite）及交代残余的独居石，它们构成独居石等的变余粒状形态嵌布于辉铋矿中。

【西盟石的发现】1982年，王春午同志采到西盟锡矿区一块辉铋矿（原定名为辉锑矿）标本，通过显微镜鉴定，发现辉铋矿中分布几种未知的微细铋矿物包裹体。经原云南省地质矿产局测试中心施加辛、杨霖昌、孟醒、张尚华、贾红作了研究，并对其中的六方磷酸铋（$BiPO_4$）作了较详细工作，确定为新矿物。1987年被国际矿物学协会新矿物及矿物命名委员会（简称IMA_ CNMMN）正式命名为西盟石（Ximengite）新矿物。标本存放原云南省地质矿产局博物馆。

西盟石发现丰富了我国铋矿物的研究资料，对我国微细矿物的研究有一定指导意义，同时对研究西盟式锡矿、指导找矿有重要指示作用。

该研究成果获得地质矿产部1988年度科技成果四等奖、云南省人民政府1988年度科技成果三等奖，并得到国内外矿物学界认为及IMA_ CNMMN高度评价。

四、腾冲铀矿——一种新发现的铀酰钼酸盐矿物

腾冲铀矿是云南省核工业二〇九地质大队顾孝义在我国滇西地区的铀矿点新发现的铀矿物。该矿物经初步鉴定后认为可能是一种新的未知矿物，后将样品送往核工业北京铀矿地质研究院分析测试。核工业北京铀矿地质研究院陈璋如等进行专题研究，确定该矿物为新的铀酰钼酸盐矿物，根据矿物产地命名为腾冲铀矿。经国际矿业协会新矿物及矿物命名委员会批准以予承认。该矿物与钼钙铀矿一样由钙、铀、钼三种金属元素，但在矿物中各种化学组分的含量，矿物的X射线衍射分析数据与其他矿物均不相同，因此确定为新矿物。样品保存在北京铀矿地质研究所。

【化学组成】腾冲铀矿（UO_3）：（MoO_3）= 3：1。理想化学式为 $CaO\cdot6UO_3\cdot2MoO_3\cdot12H_2O$。化学成分（%）：$UO_3$ 74.30、MoO_3 11.46、CaO 2.19、Na_2O 0.07、K_2O 0.09、MgO 0.02、MnO 0.02、Al_2O_3 0.66、Fe_2O_3 0.12、TiO_2 0.07、ThO_2 0.12、SiO_2 1.04、P_2O_3 0.28、H_2O^+ 9.00，总计99.44。

【地质产状】产于眼球状混合岩与混合片麻岩接触带中铀矿化点的氧化带内。矿点附近出露的主要岩石有混合岩、黑云石英片岩、黑云变粒岩。矿点内见到的原生铀矿物为晶质铀矿，次生铀矿物为钙铀云母、磷钍铀矿、水丝铀矿、钼钙铀矿。腾冲铀矿与水丝铀矿、钼钙铀矿、磷钍铀矿紧密共生。

【物理性质和光学性质】沿｛001｝呈云母片状、薄板状、板状晶体，未见具有正方形或长方形等规则的晶形轮廓，透明—半透明，玻璃光泽，解理｛001｝完全。硬度2~2.5，测定比重4.25。在紫外光照射、荧光显微镜下均无矿物发出的荧光。在光学显微镜下，腾冲铀矿呈黄色，在解理面上无多色性。二轴晶负光性，折光率$Np=1.663\pm0.002$，$Nm=1.760\pm0.002$，$Ng=1.762\pm0.002$，$2V=16°$，折算$2V=16°$。光性方位：$Np11C$。

【差热分析】差热曲线有 2 个明显的吸热效应，前者是矿物失水所致，后者是由于矿物熔融所致。574℃处的放热效应是与矿物分解，生成新相 U_3O_3 有关。矿物加热到 618℃时，外形无明显的变化，颜色变为褐色，失去原有的光泽，透明度变差，生成了新的物，出现 U_3O_8 的谱线。加热到 1000℃时，样品熔融后变成黑色粉末，但仍然出现 U_3O_8 的谱线。

【红外吸收光谱分析】红外谱图上出观比较特征的吸收峰，3430 cm^{-1} 和 1640 cm^{-1} 处的收峰是由于矿物中 H_2O 的存在而形成显示。920 cm^{-1} 处的吸收峰是由于（UO_2）$^{2+}$离子的伸缩振动所引起。780 cm^{-1} 处的吸收峰与钼铅矿出观 780 cm^{-1} 的强烈吸收峰一样，是由 2 个矿物中都含有［MoO_4］$^{2+}$离子团所引起。为了查明腾冲铀矿中是否存在羟基［OH］$^-$。用扩展谱法扩展了 3200～3600 cm^{-1}。结果表明，谱图上没有羟基［OH］$^-$吸收峰的显示。

【射线衍射研究】单晶体经魏森堡照相测定，衍射点指标的消光规律为 hkl，$k+l=2n$，hoo，$h=2n$。确定的空间群为 A 2_122，属斜方晶系。由四圆单晶衍射仪测定的晶胞参数为 $a_0=15.55$A°，$b_0=12.97$A°，$c_0=17.74$A°。

五、盈江铀矿——一种新发现的铀矿物

盈江铀矿是云南省核工业二〇九地质大队顾孝义在我国滇西地区的铀矿点上发现的新矿物，送往核工业北京铀矿地质研究院分析测试，后核工业北京铀矿地质研究院陈璋如等进行专题研究，定名盈江铀矿，经国际矿业协会新矿物及矿物命名委员会批准以予承认。样品保存在国家地质博物馆。

【化学组成】盈江铀矿的矿物化学式为（K_{1-x} · Ca_x）·（UO_2）$_3$·（PO_4）$_2$·OH_{1+x}·$4H_2O$，$x=0.35$。化学成分（%）：K_2O 2.46、CaO 1.57、Ce_2O_3 0.34、Y_2O_3 0.11、ThO_2 0.51、UO_3 76.54、P_2O_3 11.10、H_2O^+7.37，总计 100。

【地质产状】产于眼球状混合岩与混合片麻岩接触带中铀矿化点的氧化带，矿点附近出露的主要岩石为花岗混合岩，黑云石英片岩、黑云变粒岩。矿点内见到的原生铀矿物为晶质铀矿、铀方钍石，次生铀矿物为腾冲铀矿、水丝铀矿、钼钙铀矿、钙铀云母、黄钾铀矿。盈江铀矿与水丝铀矿、钼钙铀矿紧密共生，偶见其中残留有铀方钍石。

【物理性质和光学性质】呈致密状，微晶状集合体，未见完好的晶体，透明-半透明，金黄、黄色。半金刚光泽-树脂光泽，硬度 3～4。测定比重为 4.15 g/cm^3。在荧光显微镜下观察到微弱的绿黄色荧光，相对荧光强度 6%～8%。在光学显微镜下，矿物呈黄色。二轴晶负光性。折光率 $\gamma=1.710$，多色性为黄色，$\beta=1.692$ 淡黄色，$\alpha=1.669$ 几乎无色，正延长，$2V=83°$。

【差热分析】差热曲线上有 2 个明显的吸热效应，270℃以下为双重吸热谷，分别位于 196℃和 269℃处，是由于矿物中水的析出引起。944℃处的吸热是矿物脱水产物的烧结所致。

【红外吸收光谱分析】红外吸收光谱有以下特征吸收峰：3200～3600 cm^{-1} 和 1620 cm^{-1} 处的吸收峰是矿物中含 H_2O 和（OH）$^{-1}$所造成的显示，3200～3600 cm 强吸收峰中数个小劈分是（OH）的存在引起。990 cm^{-1}、1040 cm^{-1}、1085 cm^{-1} 处的吸收峰和 590 cm^{-1}、540 cm^{-1} 的吸收峰以及远红外区 260 cm^{-1} 处的吸收峰，是矿物中存在（PO_4）离子团所引起的显示。这与磷钙铀矿的谱带几乎一样，910 cm^{-1} 处的吸收峰是存在（UO_2）$^{2+}$离子团所引起的显示。

【射线衍射研究】X 射线粉晶衍射研究表明，该矿物的粉晶衍射数据与磷钙铀矿极为相似，以磷钙铀矿的晶胞参数 $a=15.85$，$b=17.42$，$c=13.76$A°作为初始晶胞。使用计算机程序计算盈江铀矿的晶胞参数，矿物属斜方晶系，空间群为 C222，晶胞参数为 $a=13.73$（1），$b=15.99$（1），$c=17.33$（2）A，$V=3804°$，$Z=8$。计算比重为 4.17 g/cm^3。

附录 E 区域年代地层与岩石地层划分

年代地层是根据地层形成的地质年代进行划分的地层单位。地质年代是时间序列，年代地层是地层系列。中国年代地层表见附表-3。

附表-3 中国区域年代地层与地质年代

界（代）	系（纪）	统（世）		下界年龄
		名　称	代号	Ma
新生界（代）Cz	第四系（纪）Q	全新统（世）	Qh	0.01
		更新统（世）	Qp	0.26
	新近系（纪）N	上新统（世）	N_2	5.3
		中新统（世）	N_1	23.3
	古近系（纪）E	渐新统（世）	E_3	32.0
		始新统（世）	E_2	56.5
		古新统（世）	E_1	65
中生界（代）Mz	白垩系（纪）K	上（晚）白垩统（世）	K_2	96
		下（早）白垩统（世）	K_1	137
	侏罗系（纪）J	上（晚）侏罗统（世）	J_3	
		中侏罗统（世）	J_2	
		下（早）侏罗统（世）	J_1	205
	三叠系（纪）T	上（晚）三叠统（世）	T_3	207
		中三叠统（世）	T_2	241
		下（早）三叠统（世）	T_1	250
上古生界（代）Pz_2	二叠系（纪）P	上（晚）二叠统（世）	P_3	257
		中二叠统（世）	P_2	277
		下（早）二叠统（世）	P_1	295
	石炭系（纪）C	上（晚）石炭统（世）	C_2	320
		下（早）石炭统（世）	C_1	345
	泥盆系（纪）D	上（晚）泥盆统（世）	D_3	372
		中泥盆统（世）	D_2	386
		下（早）泥盆统（世）	D_1	410
下古生界（代）Pz_1	志留系（纪）S	顶（末）志留统（世）	S_4	
		上（晚）志留统（世）	S_3	
		中志留统（世）	S_2	
		下（早）志留统（世）	S_1	438
	奥陶系（纪）O	上（晚）奥陶统（世）	O_3	
		中奥陶统（世）	O_2	
		下（早）奥陶统（世）	O_1	490

续表

界（代）	系（纪）	统（世）		下界年龄
		名　称	代号	Ma
下古生界（代）Pz_1	寒武系（纪）€	上（晚）寒武统（世）	$€_3$	500
		中寒武统（世）	$€_2$	513
		下（早）寒武统（世）	$€_1$	543
新元古界（代）Pt_3	震旦系（纪）Z	上（晚）震旦统（世）	Z_2	630
		下（早）震旦统（世）	Z_1	680
	南华系（纪）Nh	上（晚）南华统（世）	Nh_2	
		下（早）南华统（世）	Nh_1	800
	青白口系（纪）Qb	上（晚）青白口统（世）	Qb_2	900
		下（早）青白口统（世）	Qb_1	1000
中元古界（代）Pt_2	蓟县系（纪）Jx	上（晚）蓟县统（世）	Jx_2	1200
		下（早）蓟县统（世）	Jx_1	1400
	长城系（纪）Ch	上（晚）长城统（世）	Ch_2	1600
		下（早）长城统（世）	Ch_1	1800
古元古界（代）Pt_1	滹沱系（纪）Ht			2300
				2500
新太古界（代）Ar_3				2800
中太古界（代）Ar_2				3200
古太古界（代）Ar_1				3600
始太古界（代）Ar_0				

（第三届全国地层会议，2000）

云南省岩石地层的划分与命名，来源于《云南省成矿地质背景研究报告》（云南省国土资源厅、云南省地质调查局，2013）。地层分区与本文的构造单元划分方案不完全吻合。

云南地层发育，自古元古界—第四系均有出露。绝大多数地层剖面完整，层序清楚，化石较多，沉积环境资料丰富。部分地层赋存有丰富的磷、锰、铁、铜、铝、煤、锗、石盐、钾盐、芒硝、石灰岩、白云岩、硅藻土、大理岩、石英岩等沉积（变质）矿床。

据《云南省成矿地质背景研究报告》（云南省国土资源厅、云南省地质调查局，2013），云南岩石地层分属2个地层大区、6个地层区、10个地层分区。7个地层分区进行了地层小区划分，共划分出16个地层小区（附表-4）。

附表-4 云南省地层序列

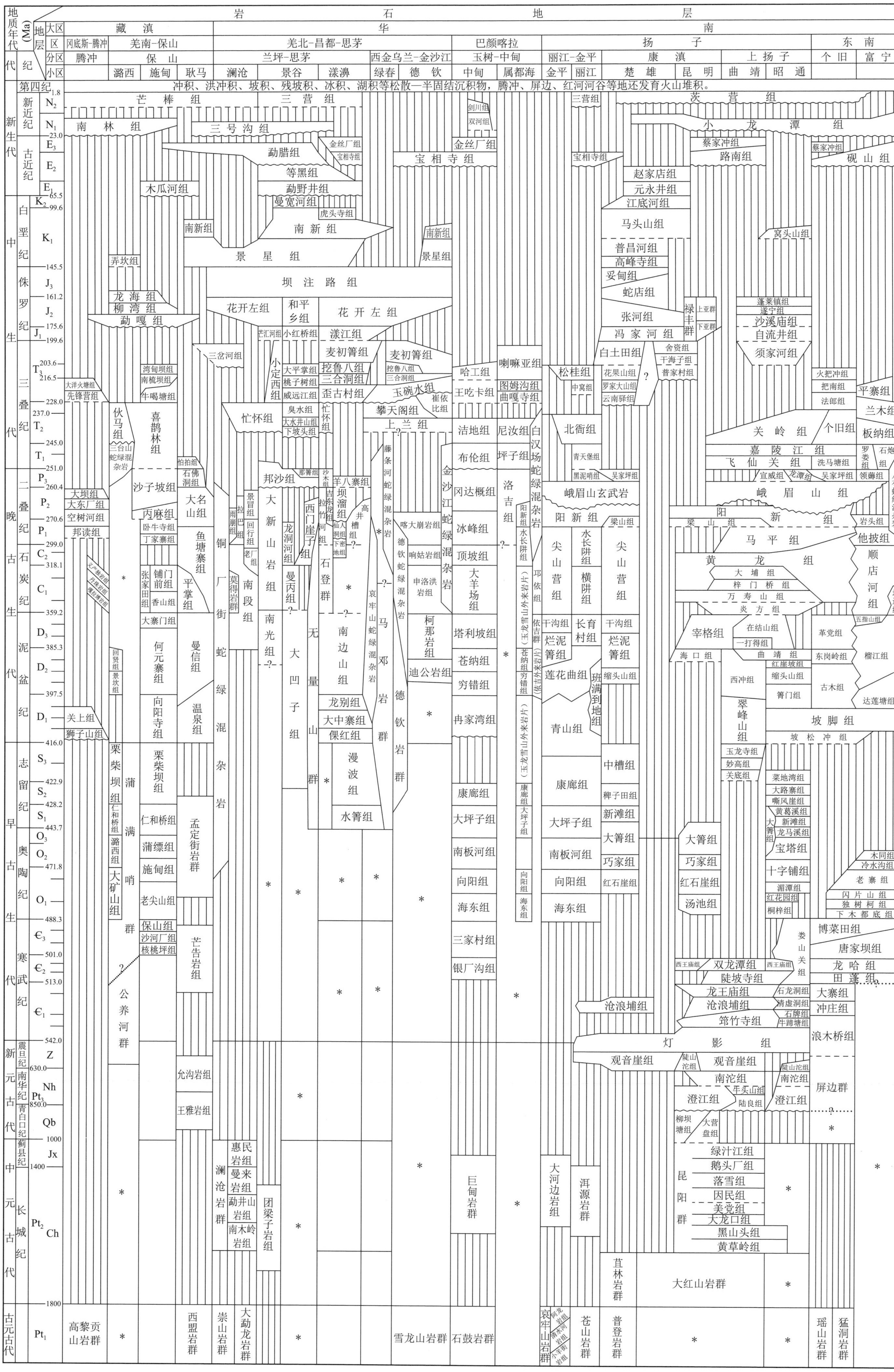

岩石地层
藏滇
华南
东南
冈底斯-腾冲
羌南-保山
羌北-昌都-思茅
巴颜喀拉
扬子
腾冲
保山
兰坪-思茅
西金乌兰-金沙江
玉树-中甸
丽江-金平
康滇
上扬子
个旧
富宁
潞西
施甸
耿马
澜沧
景谷
漾濞
绿春
德钦
中甸
属都海
金平
丽江
楚雄
昆明
曲靖
昭通
冲积、洪冲积、坡积、残坡积、冰积、湖积等松散—半固结沉积物，腾冲、屏边、红河河谷等地还发育火山堆积。

附录 F 云南省重要断裂

一、一级大地构造单元的边界断裂

一级大地构造单元的边界断裂自西向东为：怒江断裂、沧源断裂、双江-竹塘断裂、三江口断裂、金沙江-哀牢山断裂。

（一）怒江断裂

怒江断裂总体呈南北走向，北起贡山县丙中洛，向南沿怒江西岸延伸，至龙陵县城附近，与龙陵-瑞丽断裂相接，长逾 600 km。

怒江断裂面向西陡倾，显示逆冲-推覆特征。从北向南，断裂带宽度从 100 m±增加到 500～600 m，断裂面形态、构造岩类型和结构由简单变复杂。

龙陵-瑞丽断裂呈北东走向，经芒市后在瑞丽市弄岛延入缅甸，云南省境内长约 130 km。断裂总体向北西陡倾，具逆冲推覆断裂性质。北西盘的高黎贡山岩群推覆于南东盘的三叠系之上。在芒市三台山，有构造蛇绿混杂岩沿断裂产出。

怒江断裂北段为冈底斯-喜马拉雅造山系（Ⅸ）与班公湖-双湖-怒江-昌宁-孟连对接带（Ⅷ）之分界。

（二）沧源断裂

沧源断裂位于沧源、耿马、凤庆县营盘一带，北段近南北走向，南段走向为北北东。

断裂总体表现为向西逆冲的运动学特点，晚古生代的被动大陆边缘沉积、洋盆沉积，向西逆冲到早古生代的浅变质岩系之上。在永德县崇岗-永德县班卡一带，晚古生代的沉积物形成了一个规模较大的飞来峰。在沧源以南，该断裂被中侏罗统花开左组（J_2h）覆盖。在昌宁县城以北，断裂被澜沧江断裂所截。

沧源断裂是冈底斯-喜马拉雅造山系（Ⅸ）与班公湖-双湖-怒江-昌宁-孟连对接带（Ⅷ）的分界断裂。

（三）双江-竹塘断裂

双江-竹塘断裂展布于凤庆、双江、澜沧（竹塘）一带，临翔区以北为北北西向，以南近南北向。

断裂总体表现为向西逆冲的运动学特点。下盘（西盘）主要为新元古界澜沧岩群惠民岩组（Pt_3h）、石炭系南段组（Cn），普遍发育二叠纪—早三叠世的蓝闪石、多硅白云母等低温高压变质矿物，显示古特提斯洋关闭过程中俯冲增生杂岩的特点。上盘（东盘）主要为中元古界澜沧岩群南木岭岩组（Pt_2n）、勐井山岩组（Pt_2m）、曼来岩组（Pt_2ml）、临沧花岗岩，属临沧-勐海岩浆弧（$Ⅲ_4$）的一部分。

双江-竹塘断裂的西侧为班公湖-双湖-怒江-昌宁-孟连对接带（Ⅷ），东侧为羌塘-三江造山系（Ⅶ）。

（四）三江口断裂

三江口断裂是四川省小金河断裂的南延部分。断裂北段呈南西走向，至三江口后转为北西向，在哈巴雪山被近南北向格咱断裂截断。断裂南段经香格里拉市虎跳峡，过剑川坝子西侧沿黑惠江南下，至洱源县乔后与金沙江-哀牢山断裂带相抵，全长 300 km，属岩石圈-超岩石圈断裂。

断裂在平面上呈反“S”形，可能与晚三叠世至新生代由北往南的推覆滑移及东西向挤压产生的双向收缩有关。三江口一带的蛇绿构造混杂岩带属甘孜-理塘结合带的一部分。剑川-洱源县乔后一带，宽 100~2000 m 的破碎带既有顺时针扭动痕迹，又有逆时针扭动反转特征，主断面显示的逆冲特点。

三江口断裂是羌塘-三江造山系（Ⅶ）与扬子陆块区（Ⅳ）北段的分界断裂。

（五）金沙江断裂-哀牢山断裂

金沙江-哀牢山断裂在德钦县奔子栏由川入滇，在云南境内平面形态呈反“S”形展布，全长约 800 km。断裂北段大致沿金沙江河谷延伸（故名金沙江断裂），中段位于洱源县乔后-弥渡之间，南段沿哀牢山西坡延展。到元阳县城后逐渐离开哀牢山脉，沿藤条河延入越南。一般认为，金沙江-哀牢山断裂应与越南境内的黑水河断裂相连。

金沙江断裂在德钦县奔子栏一带，挤压破碎带宽 2~3 km，构造蛇绿混杂岩带宽 5 km。构造带保留较多深水相放射虫硅质岩和基性枕状熔岩，成群出现构造岩片状镁质超镁铁岩。推测断裂面陡倾或直立，属晚古生代超岩石圈断裂。

哀牢山断裂除具有金沙江断裂类似的特点外，还表现出十分复杂的逆冲-推覆与平移剪切的复合特征。深、浅变质的 2 个逆冲-推覆体间为宽 1~3 km 的糜棱岩带，平移剪切活动左行和右行现象同时存在。

金沙江-哀牢山断裂是羌塘-三江造山系（Ⅶ）与扬子陆块区（Ⅳ）、西金乌兰-金沙江-哀牢山结合带（Ⅶ-4）与中咱-中甸地块（Ⅶ-3）的分界断裂。

二、二级大地构造单元的边界断裂

二级大地构造单元的边界断裂自西向东为龙陵-瑞丽断裂、碧罗雪山-澜沧江断裂、吉岔断裂、芒怀-酒房断裂、羊拉-东竹林断裂、阿墨江断裂、香格里拉断裂。龙陵-瑞丽断裂已在怒江断裂中叙述，此处不再重复。

（一）碧罗雪山-澜沧江断裂

碧罗雪山-澜沧江断裂在云南境内划分为 3 段，向北进入藏东后与他念他翁山北麓的断裂带相连，向南与泰国清莱-湄南河-中马来西亚结合带相连。

北段自藏滇边界的梅里雪山丫口入滇，在云南境内长 300 km。断裂大致沿碧罗雪山主峰延伸，微向西倾，沿断裂的糜棱岩带宽 100~1000 m。西侧多为崇山岩群（Pt_1C）。东侧为中生界砂页岩及中酸性火山岩。

中段自隆阳区瓦窑至景谷县边江街北，总体呈北西向延伸，长 200 km。由于受北西向的瓦窑河-云县左行平移断裂影响而形迹不清。

南段自景谷县边江街向南经景洪市，到勐海县勐宋附近出境，断裂长约 300 km。受黑河断裂斜切影响而呈近南北向的反“S”形。主断面近于直立，断裂带由宽数百米的糜棱岩带和构造破碎带组成。据地震测深与地球物理资料，澜沧江断裂在石炭-二叠纪可能为一条超过地壳的深断裂。现今表现为平移韧性剪切带性质。

碧罗雪山-澜沧江断裂为崇山-临沧地块（Ⅶ-7）与昌都-兰坪-思茅地块（Ⅶ-5）的分界断裂。乌兰乌拉-澜沧江结合带（Ⅶ-6）呈构造岩片夹于该断裂中。

（二）吉岔断裂

吉岔断裂是乌兰乌拉-澜沧江结合带（Ⅶ-6）与昌都-兰坪-思茅地块（Ⅶ-5）北段的分界断裂。

断裂大致沿维西县-兰坪县一带的澜沧江河谷呈近南北向延伸，长约120 km。在维西县巴迪，吉岔断裂相交于东侧的德钦-雪龙山断裂。至兰坪县免娥，吉岔断裂相交于西侧的碧罗雪山断裂。继往南，吉岔断裂与芒怀-酒房断裂相连接。

吉岔断裂为向西倾斜的逆冲推覆断裂，断裂西盘（上盘）浅变质的吉东龙组（P_1j）、沙木组（P_2sm）逆冲推覆于东盘（下盘）的中生代红层之上。断裂带岩石强烈片理化，见大量构造分异的石英呈石香肠状沿片理分布，局部见石英脉变形为无根褶皱、钩状褶皱。挤压破碎带的最大宽度可达2 km左右。

（三）芒怀-酒房断裂

芒怀-酒房断裂（云南省地质调查局，2014）位于滇西南澜沧江东岸，大致与澜沧江断裂平行展布，是乌兰乌拉-澜沧江结合带（Ⅶ-6）与昌都-兰坪-思茅地块（Ⅶ-5）南段的分界断裂，省内长逾310 km。

断裂总体表现为向西倾斜，向东逆冲的特点。在云县漫湾-芒怀一带，该断裂明显被后期构造改造，并被无量山断裂所截。断裂北延后，与吉岔断裂相连接。二者特征与运动方式相同（云南省地质调查局，2014）。

（四）羊拉-东竹林断裂

羊拉-东竹林断裂源于是昌都-兰坪-思茅地块（Ⅶ-5）与西金乌兰-金沙江-哀牢山结合带（Ⅶ-4）北段的分界断裂。

羊拉-东竹林断裂为向西倾斜的逆冲推覆断裂。断裂东盘（下盘）的上古生界逆冲于西盘（上盘）的早中三叠世岛弧火山岩之上。沿断裂带出露宽约200 m的片理化带，糜棱岩化、千糜岩化现象明显。

德钦县东竹林，沿断裂出露典型的蛇绿构造混杂岩。混杂岩由超镁铁岩、镁铁岩、斜长花岗岩、紫红色放射虫硅质岩组成，属金沙江洋壳的残片。充填于断裂带中的鲁甸花岗岩划分为拉美荣超单元（$T_{1-2}LM$）和打米杵超单元（T_3DM），分别是早-中三叠世金沙江洋壳俯冲消减、晚三叠世早期金沙江弧陆碰撞造山的物质记录。

（五）阿墨江断裂

阿墨江断裂呈北西向沿哀牢山南坡向阿墨江方向延伸，长320 km。北端到南华兔街附近，与九甲-安定断裂带汇合而逐渐消失。向南基本沿李仙江延伸，至江城县大鹿马附近出国境。继往南，与越南境内的马江断裂相连。

阿墨江断裂由大致平行的2条主要断层组成，断面倾向北东，倾角40°~80°。两条主干断层相距20~30 km，所夹持的石炭系、二叠系复理石及碳酸盐沉积中，基性火山岩极为发育，并断续分布一系列镁铁岩-超镁铁岩体。断裂形成于晚古生代，对两侧石炭-二叠纪沉积和火山活动有控制作用，对中生代超镁铁岩侵位和兰坪-思茅红色盆地的沉积作用有明显控制作用。

阿墨江断裂是昌都-兰坪-思茅地块（Ⅶ-5）与西金乌兰-金沙江-哀牢山结合带（Ⅶ-4）南段的分界断裂。

（六）香格里拉断裂

香格里拉断裂经四川得荣进入云南后，大致沿姜唐永河呈南南东向延伸。经拿帕海到达香格里拉市小中甸后，香格里拉断裂与东侧的三江口断裂交汇。

断裂表现为断面西倾的高角度逆冲断裂，沿断裂发育宽为20~30 m的构造破碎带。西侧（上盘）由上古生界组成叠瓦状构造，逆冲于东侧（下盘）的三叠系之上。断裂具明显多期活动性。在新近纪，沿香格里拉断裂发生不均衡抬升，形成了拿帕海、香格里拉等断陷盆地。沿香格里拉断裂，温泉呈串珠状分布。

香格里拉断裂是中咱-中甸地块（Ⅶ-3）与甘孜-理塘弧盆系（Ⅶ-2）的分界断裂。

附录G　云南省地质简图

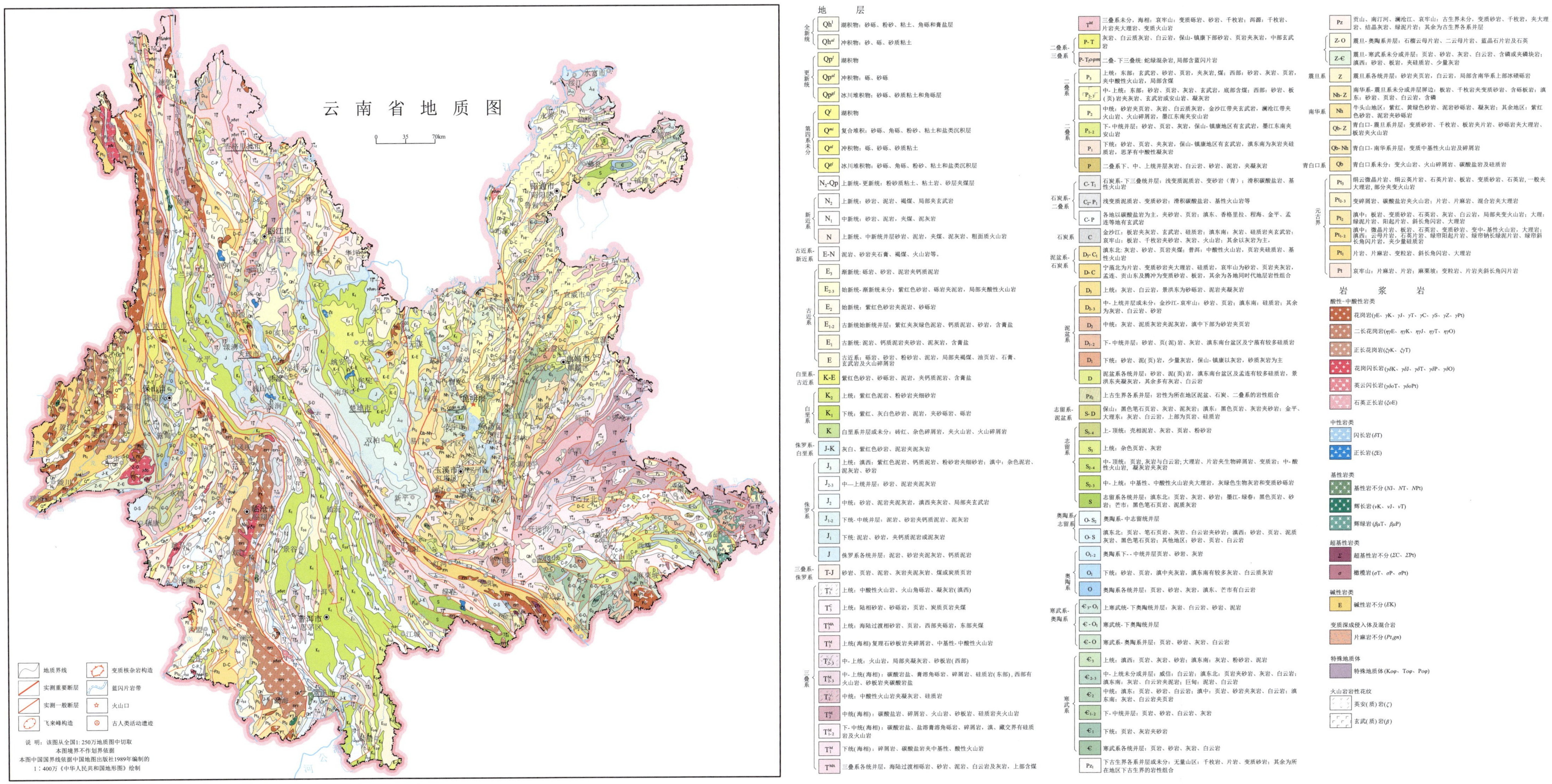

云南省地质图
0 35 70km
地质界线
实测重要断层
实测一般断层
飞来峰构造
变质核杂岩构造
蓝闪片岩带
火山口
古人类活动遗迹
说　明：该图从全国1: 250万地质图中切取
本图境界不作划界依据
本图中国国界线依据中国地图出版社1989年编制的
1∶400万《中华人民共和国地形图》绘制
地　层
岩　浆　岩

中国矿产地质志

“十三五”国家重点图书规划　国家出版基金项目

总　志

中国矿产地质志·总志
中国矿产地质志·矿产总志
中国矿产地质志·区带总志
……

全国志

1　**中国矿产地质志·矿产地名录卷（总1）**
6　**中国矿产地质志·典型矿床总述卷（总2）**
8　**中国矿产地质志·钨矿卷（矿1）**
中国矿产地质志·锑矿卷
中国矿产地质志·铜矿卷
中国矿产地质志·铅锌矿卷
中国矿产地质志·锰矿卷
中国矿产地质志·镍矿卷
中国矿产地质志·钼矿卷
中国矿产地质志·金矿卷
中国矿产地质志·银矿卷
中国矿产地质志·铝（土）矿卷
中国矿产地质志·锡矿卷
中国矿产地质志·钒钛铬矿卷
中国矿产地质志·铀矿卷
中国矿产地质志·稀土金属矿卷
中国矿产地质志·稀有金属矿卷
中国矿产地质志·稀散金属矿卷
中国矿产地质志·石墨矿卷
中国矿产地质志·宝玉石矿卷
中国矿产地质志·和田玉矿卷
中国矿产地质志·煤矿卷
中国矿产地质志·煤层气卷
中国矿产地质志·磷矿卷
中国矿产地质志·钾盐矿卷
9　**中国矿产地质志·石灰岩矿卷（矿2）**
中国矿产地质志·膨润土矿卷
中国矿产地质志·硼矿卷
中国矿产地质志·萤石矿卷
中国矿产地质志·重晶石矿卷
中国矿产地质志·硫矿卷
中国矿产地质志·芒硝矿卷
中国矿产地质志·石膏矿卷
中国矿产地质志·蓝晶石族矿卷
中国矿产地质志·化工矿产卷
中国矿产地质志·建材非金属卷
……

省　志

中国矿产地质志·北京卷
中国矿产地质志·天津卷
中国矿产地质志·河北卷
中国矿产地质志·山西卷
中国矿产地质志·内蒙古卷
中国矿产地质志·辽宁卷
中国矿产地质志·吉林卷
中国矿产地质志·黑龙江卷
中国矿产地质志·江苏上海卷
中国矿产地质志·浙江卷
中国矿产地质志·安徽卷
中国矿产地质志·福建卷
3　**中国矿产地质志·江西卷（赣1）**
中国矿产地质志·山东卷
中国矿产地质志·河南卷
中国矿产地质志·湖北卷
中国矿产地质志·湖南卷
中国矿产地质志·广东卷
中国矿产地质志·广西卷
中国矿产地质志·海南卷
中国矿产地质志·重庆卷
中国矿产地质志·四川卷
中国矿产地质志·贵州卷
中国矿产地质志·云南卷
中国矿产地质志·西藏卷
中国矿产地质志·陕西卷
中国矿产地质志·甘肃卷
中国矿产地质志·青海卷
中国矿产地质志·宁夏卷
中国矿产地质志·新疆卷
中国矿产地质志·台湾卷

省级重要矿种（组）志

中国矿产地质志·山东卷·金矿
中国矿产地质志·山东卷·铁矿
7 中国矿产地质志·河南卷·黑色金属矿产（豫1）
中国矿产地质志·甘肃卷·金矿
12 中国矿产地质志·云南卷·贵金属矿产（滇1）
13 中国矿产地质志·云南卷·铅锌矿产（滇2）
……

区带志

中国矿产地质志·长江中下游卷（带1）
中国矿产地质志·南岭卷
中国矿产地质志·西南三江卷
中国矿产地质志·大兴安岭卷
中国矿产地质志·小兴安岭-张广才岭卷
中国矿产地质志·辽东-吉南卷
中国矿产地质志·冈底斯卷
中国矿产地质志·渤海湾卷
中国矿产地质志·东海卷
中国矿产地质志·黄海卷
中国矿产地质志·南海卷
……

专题志

中国矿产地质志·中国成矿单元划分及其主要成矿单元特征
中国矿产地质志·大型变形构造与重要矿集区（成矿区带）关系
中国矿产地质志·中国前寒武纪成矿体系
中国矿产地质志·中国古生代成矿体系
中国矿产地质志·中国中生代成矿体系
中国矿产地质志·中国新生代成矿体系
中国矿产地质志·中国地球物理场与成矿
中国矿产地质志·中国地球化学场与成矿
中国矿产地质志·区域成矿规律研究历史和趋势
中国矿产地质志·华南洋演化与成矿
中国矿产地质志·小岩体成大矿
……

4 中国矿产地质志·新疆维吾尔自治区矿床成矿系列图（专1）
……

科学普及本

2 中国矿产地质志·建材非金属卷（普及本）（普1）
10 中国矿产地质志·化工矿产卷（普及本）（普3）
11 中国矿产地质志·铀矿卷（普及本）（普4）
……
中国矿产地质志·北京矿产地质
中国矿产地质志·天津矿产地质
中国矿产地质志·河北矿产地质
中国矿产地质志·山西矿产地质
中国矿产地质志·内蒙古矿产地质
中国矿产地质志·吉林矿产地质
中国矿产地质志·辽宁矿产地质
中国矿产地质志·黑龙江矿产地质
中国矿产地质志·江苏上海矿产地质
中国矿产地质志·浙江矿产地质
中国矿产地质志·安徽矿产地质
中国矿产地质志·福建矿产地质
中国矿产地质志·江西矿产地质
中国矿产地质志·山东矿产地质
中国矿产地质志·河南矿产地质
中国矿产地质志·湖北矿产地质
中国矿产地质志·湖南矿产地质
中国矿产地质志·广东矿产地质
中国矿产地质志·广西矿产地质
中国矿产地质志·海南矿产地质
中国矿产地质志·重庆矿产地质
中国矿产地质志·四川矿产地质
中国矿产地质志·贵州矿产地质
14 中国矿产地质志·云南矿产地质（普5）
中国矿产地质志·西藏矿产地质
5 中国矿产地质志·陕西矿产地质（普2）
中国矿产地质志·甘肃矿产地质
中国矿产地质志·青海矿产地质
中国矿产地质志·宁夏矿产地质
中国矿产地质志·新疆矿产地质
中国矿产地质志·台湾矿产地质
……

注：括号内容代表志书类别及序号，1 2 3……为出版顺序。